MyLab | Betriebswirtschaftslehre

Zugangscode für MyLab | Betriebswirtschaftslehre

umseitig

W0220276

1

VORBEREITUNG

Für die Registrierung benötigen Sie

- **eine gültige E-Mail-Adresse,**
- **die Kurs-ID Ihres Dozenten (im Falle der Nutzung in der Lehrveranstaltung).**
- **Zum Selbststudium ohne Kurs-ID des Dozenten genügt der Zugangscode. Diesen finden Sie umseitig.**

2

ONLINE-REGISTRIERUNG

Für die Registrierung bitte

- **http://deutsch.mylab-pearson.com öffnen und der Anleitung folgen.**
- **Nachdem Sie die Registrierung abgeschlossen haben, können Sie sich jederzeit auf http://deutsch.mylab-pearson.com einloggen.**

Die Nutzungsdauer beträgt 24 Monate. Der Zugangscode kann nur einmalig zur Registrierung verwendet werden und darf nicht an Dritte weitergegeben werden.

MyLab | Betriebswirtschaftslehre

Zugangscode für MyLab | Betriebswirtschaftslehre
Nutzungsdauer 24 Monate

RSDEBB-JEDDA-SYNCH-ISSUE-SOTUN-GENES

Betriebswirtschaftslehre

Betriebswirtschaftslehre

Georg Erdmann
Michael Krupp

Pearson

Bibliografische Information der Deutsche Nationalbibliothek
Die Deutsche Bibliothek verzeichnet diese Publikation in der Deutschen Nationalbibliografie; detaillierte bibliografische Daten sind im Internet über http://dnb.dnb.de abrufbar.

10 9 8 7 6 5 4 3 2 1

22 21 20 19 18

ISBN 978-3-86894-089-3 (Buch)
ISBN 978-3-86326-849-7 (E-Book)

www.pearson.de
A part of Pearson plc worldwide

Programmleitung: Martin Milbradt, mmilbradt@pearson.de
Lektorat: Elisabeth Prümm, epruemm@pearson.de
Korrektorat: Petra Kienle
Coverbild: www.shutterstock.com
Herstellung: Claudia Bäurle, cbaeurle@pearson.de
Satz: Gerhard Alfes, mediaService, Siegen (www.mediaservice.tv)
Druck und Verarbeitung: DZS-Grafik d.o.o., Ljubljana

Printed in Slovenia

Inhaltsübersicht

Inhaltsverzeichnis

B Übergreifende Ansätze der Wertschöpfungsoptimierung

Vorwort

Motivation

Betriebswirtschaftslehre – es gibt kaum ein anderes Studienfach, das sich in den vergangenen Jahrzehnten einer derart konstant hohen Beliebtheit erfreut.

Betriebswirtschaftslehre – es vergeht kaum ein Tag, an dem es nicht eine Unternehmensmeldung an die Spitze der Nachrichten schafft.

Betriebswirtschaftslehre – es gibt kaum einen Bereich, in dem sich Absolventen des Studienfachs Betriebswirtschaftslehre von Universitäten und Hochschulen gleichermaßen mit ihrem sowohl generalistischen als auch speziellen Wissen nicht zurechtfinden würden.

Die Arbeitswelt ist voll von Betriebswirten und Kaufleuten – der Studienabschluss in Betriebswirtschaftslehre ist das Fundament (wenn auch nicht der Garant) unzähliger großer (und kleinerer) Karrieren.

Die Bedeutung der Betriebswirtschaftslehre kann also nicht hoch genug eingeschätzt werden. Diesem Umstand trägt auch eine Vielzahl an unterstützender Literatur Rechnung. Es finden sich Lehrbücher zu Allgemeiner Betriebswirtschaftslehre ebenso wie zu Spezialthemen innerhalb des Fachgebiets.

Und jetzt kommt durch uns ein weiteres Buch hinzu – wieso? Was treibt uns an, der Vielzahl an bereits bestehenden Titeln einen weiteren hinzuzufügen?

Wir haben beschlossen, ein Lehrbuch zu verfassen, das – neben aller erforderlichen wissenschaftlichen Fundierung – auch die Unternehmensrealität abbildet, d. h. nicht versucht, mit akademischen Formeln die Welt zu erklären, sondern diese darzustellen, wie sie wirklich ist. Wir wollen so dem Leser einen Einblick und eine Hilfestellung zugleich geben. Das Buch ist Begleitlektüre während des Studiums und betriebswirtschaftliches Nachschlagewerk im Arbeitsleben nach dem Studienabschluss.

Merkmale

Worin unterscheidet sich unser Lehrbuch nun von den anderen? Besondere Merkmale sind:

Schwerpunktsetzung

- Unser Anspruch ist es, weiter zu gehen als andere Grundlagen-Lehrbücher der Betriebswirtschaftslehre: Das Buch ist als umfassender Begleiter während des gesamten Bachelorstudiums konzipiert.
- Das Werk orientiert sich an einem grundständigen Bachelorstudium der Betriebswirtschaftslehre zu Beginn, während und zum Abschluss eines regulären Studienverlaufs, d. h., es ist sowohl ein Grundlagenbuch als auch ein Vertiefungsbuch. Es kann damit in Vorlesungen zur allgemeinen Betriebswirtschaftslehre und im späteren Verlauf des Studiums gleichermaßen eingesetzt werden.
- Die in diesem Lehrbuch enthaltenen Kapitel können somit zum einen als Unterstützung für eine Vorlesung zur allgemeinen Betriebswirtschaftslehre dienen. Hierzu ist unten ein idealtypischer Plan für ein Semester mit 15 Semesterwochen erläutert.

- Die Kapitel können zum anderen aber auch zu späteren Zeitpunkten des Studiums verwendet werden. So sehen viele Studienverlaufspläne – nach den einleitenden Veranstaltungen einer Orientierungsphase – Pflichtveranstaltungen in den funktional gegliederten Bereichen der Betriebswirtschaftslehre vor. Auch für diese Aufbauphase können die vorliegenden Kapitel – dann jeweils einzeln – als Basisliteratur herangezogen werden.
- Darüber hinaus bieten die Kapitel auch weiterführende Literaturhinweise und ermöglichen so den vertieften Zugang zu den einzelnen Fachgebieten im Rahmen der Vertiefungsphase eines Bachelorstudiums.

Praxisbezug

- Die Co-Autoren sind alle Professoren an Hochschulen für angewandte Wissenschaften. Sie verfügen somit neben einer fundierten akademischen Ausbildung auch über umfangreiche Praxiserfahrung in ihrem jeweiligen Fachgebiet.
- Jedes Kapitel enthält ausführliche Beispielfälle und praxisorientierte Fallstudien mit real existierenden Unternehmen.

Inhalt

- Wir decken mit unserem Buch alle wesentlichen Themenbereiche der Betriebswirtschaftslehre ab.
- Im Vergleich zu vielen anderen Lehrbüchern haben wir auch folgende Aspekte berücksichtigt, die in der täglichen Unternehmenspraxis von Bedeutung sind:
  - Die Rechtsformen von Unternehmen werden ausführlich dargestellt.
  - Der Bereich der Buchführung wird grundlegend erläutert.
  - Es gibt ein eigenes Kapitel zu Steuern der Kapitalgesellschaft.
  - Lean Management wird als überaus erfolgreiche Philosophie der Unternehmensführung als eigenes Kapitel behandelt.
- Zusätzlich gibt es weitere Kapitel zu aktuellen Tendenzen in der Welt der Betriebswirtschaftslehre. Diese fügen sich wie Teile des Lehrbuchs in dessen Konzeption und Optik ein, werden aber, um stets eine Aktualität zu gewährleisten, nicht gedruckt, sondern online zur Verfügung gestellt. Beispielhaft sind als Themen Organisationswandel, Digitalisierung und Internationalisierung zu nennen.
- Darüber hinaus gibt es für Dozenten ein jährliches Dokument mit den Highlights des jeweiligen Jahres aus betriebswirtschaftlicher Sicht. Man liest häufig: „Nichts ist spannender als Wirtschaft!" – für unser Lehrbuch gilt: „Theorie ist nicht spannender als die reale Wirtschaft!" Diesem Motto folgend, werden aktuelle Ereignisse aus dem Wirtschaftsleben des jeweiligen Jahres dargestellt und können spannend in Vorlesungen eingebunden werden.

Didaktik

- Jedes Kapitel enthält für Selbstlerner Übungsaufgaben mit Lösungen, die online verfügbar sind. Für Dozenten stehen Lösungen zu den ausführlichen Beispielfällen mit real existierenden Unternehmen zur Verfügung.
- Diese und weitere Inhalte gibt es über den unten erläuterten Zugang zum Pearson MyLab | Betriebswirtschaftslehre mit zahlreichen lernunterstützenden Funktionalitäten für Studierende und Dozenten.
- **Rot markierte Begriffe** im Text bezeichnen Glossarbegriffe, deren Definitionen Sie ebenfalls über den Zugang zur eLearning Plattform erreichen.

- Das Buch gliedert sich in sechs Teile, von denen die ersten fünf in gedruckter Form vorliegen und der sechste Teil als Online-Kapitel verfügbar ist.

In den letzten Jahren wird verstärkt eine prozessorientierte Sicht auf Unternehmensführung sichtbar. Wir haben uns dennoch bewusst für eine funktionale Darstellung der Inhalte entschieden. Hierfür sind zwei Gründe von Bedeutung: Zum einen sind – trotz moderner Überlegungen zu Digitalisierung und geschäftsprozessorientierter Weiterentwicklung von Geschäftsmodellen – Unternehmen in der Realität nach wie vor funktional organisiert. Gleiches gilt im Übrigen auch für den Großteil der akademischen Ausbildungsangebote im Bereich der Betriebswirtschaft. Daneben sind wir der festen Überzeugung, dass man über ein fundiertes Verständnis der unterschiedlichen Unternehmensfunktionen verfügen muss, um zum einen sachlogische Zusammenhänge zwischen den Bereichen zu erkennen und zum anderen eine Neugestaltung derselben vorzunehmen. Dies heißt nicht, dass im vorliegenden Buch kein Wert auf Interdisziplinarität gelegt wird, vielmehr werden an einzelnen Stellen ganz gezielt integrative Aspekte erläutert, z. B. in ▶ *Kapitel 8* als übergreifende Einleitung für den Finanzteil.

▶ *Teil 1* als Einleitung befasst sich mit den Grundlagen der Betriebswirtschaftslehre. Hier werden neben der Einstufung der Betriebswirtschaftslehre als Wissenschaft der Gegenstand der Betriebswirtschaftslehre vorgestellt und wesentliche Begrifflichkeiten erörtert.

Der Hauptteil des Buchs besteht aus den ▶ *Teilen 2* bis *5*. Diese befassen sich mit den wesentlichen Entscheidungen und Funktionen eines modernen Unternehmens.

In ▶ *Teil 2* werden konstitutive Entscheidungen von Unternehmen behandelt. Dazu gehört die Festlegung der Unternehmensziele, die Berücksichtigung unterschiedlicher Interessengruppen in Unternehmen, das Treffen von Standortentscheidungen sowie von Entscheidungen zu Unternehmensverbindungen. Besonderes Augenmerk wird auf die Rechtsformen von Unternehmen gelegt. Diesem Teil wird aus unserer Sicht in anderen Standardwerken der betriebswirtschaftlichen Grundlagenliteratur zu wenig Aufmerksamkeit geschenkt. Betrachtet man die Realität in Unternehmen, sind Entscheidungen zur Rechtsform und die damit verbundenen Auswirkungen betriebswirtschaftlicher, juristischer und steuerlicher Art jedoch von wesentlicher Bedeutung.

▶ *Teil 3* befasst sich mit wichtigen Funktionen der Unternehmensführung. die für ein Unternehmen und seine Leistungserstellung bedeutsam sind. Unternehmen könnten theoretisch auch ohne diese erfolgreich sein, tatsächlich finden sich Strategie, Organisation und Personal aber in allen Unternehmen – sei es als eigenständige Abteilungen oder als Funktionen, die in anderen Unternehmensbereichen mit ausgeführt werden. Besonderes Augenmerk wird bei der Darstellung dieser Funktionen immer auf die Verbindung zu den operativen Tätigkeiten Beschaffung, Produktion und Vertrieb gelegt, da die Aufgaben der Unternehmensführung zwar von besonderer Relevanz sind, jedoch keine eigenständige Existenzberechtigung haben. So ist es z. B. nicht sinnvoll, in einem Unternehmen eine Abteilung Personal zu installieren, wenn das Unternehmen selbst gar keine operative Tätigkeit erbringt.

▶ *Teil 4* befasst sich mit der finanziellen Steuerung des Unternehmens aus unterschiedlichen Sichtweisen. Dazu gehören das externe Rechnungswesen und das interne Rechnungswesen, die Finanzierung eines Unternehmens einschließlich Investitionsrechnung sowie Steuern und Controlling. Besonders an diesem Abschnitt ist das einleitende Kapitel zu Finanzen, da die Abgrenzung der wesentlichen Begrifflichkeiten (Unterschiede zwischen Aufwand, Kosten etc.) vorweggenommen wird, was sonst jeweils in den inhaltlichen Kapiteln erfolgt. Hervorheben möchten wir, dass wir hier auch auf die Grundlagen der Buchführung eingehen, denn wir sind der Ansicht, dass diese für das Verständnis der Finanzen eines Unternehmens insgesamt und seiner organisatorischen Teilbereiche unabdingbar sind. Da quantitative Aspekte ausführlich beim internen Rechnungswesen behandelt werden, interpretieren wir das Controlling hier bewusst eher als qualitative Steuerungsfunktion.

▶ *Teil 5* befasst sich mit der eigentlichen Wertschöpfung eines Unternehmens. Das Kapitel folgt zunächst der klassischen, bereichsorientierten Logik von Einkauf/Beschaffung, Produktion und Vertrieb/Absatz. Logistik ist dabei als Querschnittsfunktion in alle genannten Bereiche integriert. Nach dieser klassischen Herangehensweise werden bereichsübergreifende Ansätze aufgegriffen. Supply Chain Management als koordinierende Funktion dient einer Abstimmung der bereichsorientiert ablaufenden Tätigkeiten, auch über Unternehmensgrenzen hinaus. Lean Management wird häufig nur der Produktion zugeordnet. Als grundsätzliches Managementkonzept spannt sich der Ansatz aber über alle Bereiche des Unternehmens und wird ebenfalls als übergreifender Ansatz losgelöst von Bereichen vorgestellt. Marketing wirkt deutlich stärker als der operative Vertrieb in andere Bereiche wie z. B. Produktentwicklung, entsprechend entfaltet Marketing nur als übergreifender Ansatz seine volle Erfolgswirkung.

▶ *Teil 6* ist als Online-Ausgabe konzipiert, um – abweichend von länger laufenden Zyklen gedruckter Bücher – stets aktuelle Tendenzen im Bereich der Betriebswirtschaftslehre inhaltlich dem Niveau des Buchs angemessen präsentieren zu können.

Ein Lernpfad – Vorschlag zum Einsatz in der Allgemeinen Betriebswirtschaftslehre

Auf Basis eines 15-wöchigen Semesters empfehlen wir die folgende Zuordnung der Kapitel:

Semesterwoche	Thema	Kapitel
1	Einführung in die Betriebswirtschaftslehre	1, 2, 3
2	Rechtsformen	4
3	Strategie, Personal & Organisation	5, 6, 7
4	Strategie, Personal & Organisation	5, 6, 7
5	Grundlagen Finanzen und Buchführung	8
6	Bilanzierung und Jahresabschluss	9
7	Kosten- und Leistungsrechnung	10
8	Investitionsrechnung und Unternehmensfinanzierung	11
9	Steuern	12
10	Controlling	13

Semesterwoche	Thema	Kapitel
11	Beschaffung	14
12	Produktion	15
13	Vertrieb	16
14	Supply Chain Management und Lean Management	17, 18
15	Marketing	19

Danksagung

Unser besonderer Dank geht an unsere Autoren, ohne deren Unterstützung dieses Werk nicht hätte erstellt werden können. Wir sind insbesondere dankbar, dass sie trotz der langen Projektlaufzeit immer kooperativ und konstruktiv mitgewirkt haben.

Ebenfalls danken wir dem Pearson Verlag, namentlich Herrn Martin Milbradt, Programmleiter Wirtschaft, für die Möglichkeit, dieses Werk veröffentlichen zu können sowie für die inhaltliche und organisatorische Begleitung auf unserem Weg.

Frau Elisabeth Prümm, Frau Claudia Bäurle, Frau Petra Kienle und Herrn Gerhard Alfes danken wir für Korrekturen, Layouten und vieles Sichtbare und Unsichtbare mehr, das zum Erscheinungsbild und zum Erscheinen des Buchs beigetragen hat. Herr Wolfgang Achatz hat für die fachmännische elektronische Umsetzung des MyLab | Allgemeine Betriebswirtschaftslehre gesorgt, auch ihm gilt unser Dank.

Ein besonderer Dank geht auch an unseren Kollegen Prof. Dr. Peter Richard, der die Idee zu diesem Lehrbuch hatte und die Erstellung lange Zeit koordiniert hat. Ohne ihn gäbe es dieses Werk nicht.

Widmen möchten wir dieses Buch unseren Ehefrauen und Kindern – wir versprechen auch, dass wir es nach dem Druck nur in der Lehre einsetzen und nicht als Gute-Nacht-Lektüre verwenden werden!

Augsburg, im Februar 2018
Prof. Dr. Georg Erdmann, Prof. Dr. Michael Krupp

Über die Autoren

Herausgeber

Georg Erdmann ist Professor für Finanzmanagement an der Hochschule Augsburg. Daneben ist er Prodekan der Fakultät für Wirtschaft sowie Leiter des Referats Existenzgründung.

Zuvor war er Professor für Rechnungswesen, Leiter des Masterstudiengangs Betriebswirtschaft sowie Prodekan der Fakultät Betriebswirtschaft an der Technischen Hochschule Nürnberg Georg Simon Ohm.

Nach Abitur und Berufsausbildung studierte Georg Erdmann Betriebswirtschaftslehre an der Ludwig-Maximilians-Universität in München. Anschließend promovierte er mit einer Arbeit im Bereich des Risk Management zum Dr. oec. publ.

Zu Beginn seiner Berufstätigkeit arbeitete er zunächst bei einer Big-4-Wirtschaftsprüfungsgesellschaft sowie bei einer großen öffentlich-rechtlichen Bank. Vor seiner Berufung an die Hochschule war Georg Erdmann viele Jahre als Finanzvorstand eines börsennotierten Immobilienunternehmens tätig. Dort verantwortete er die Bereiche Rechnungswesen, Controlling, Investor Relations sowie IT.

Neben seiner Lehrtätigkeit ist er als Berater von Unternehmern und Unternehmen im Bereich Unternehmensführung und Unternehmenssteuerung sowie als Business Angel aktiv. Georg Erdmann ist Co-Autor mehrerer Fachbücher, im Pearson Verlag erschienen ist ein Standardwerk zur Kostenrechnung.

Michael Krupp ist Professor für Logistik und Supply Chain Management an der Hochschule Augsburg. Bis Anfang 2018 leitete er das Referat Forschung im Ressort Forschung und Wissenschaft und koordinierte die Aktivitäten im Bereich Industrie 4.0 an der Hochschule Augsburg. Er ist Vertreter der Hochschule Augsburg im Innovationsbeirat der IHK Schwaben.

Zuvor leitete er die Gruppe „Service Engineering" und das Lab „Geschäftsmodellentwicklung" an der Fraunhofer-Arbeitsgruppe für Supply Chain Services SCS in Nürnberg.

Nach dem Abitur studierte Michael Krupp Sozialwissenschaften und Betriebswirtschaftslehre an den Universitäten Erlangen-Nürnberg und Sevilla sowie an der Fernuniversität Hagen. Er promovierte im Themenfeld „Supply Chain Management" am Lehrstuhl für Logistik in Nürnberg zum Dr. rer. pol. wirtschaftswissenschaftlicher Ausrichtung.

Neben seiner Lehrtätigkeit ist Michael Krupp in der angewandten Forschung aktiv. Nach seiner Berufung gründete er 2011 gemeinsam mit seinem Fachkollegen Peter Richard die heutige Forschungsgruppe für optimierte Wertschöpfung HSA_ops der Hochschule Augsburg. 2013 wurde mit Florian Waibel der dritte leitende Professor in die Forschungsgruppe berufen. Die HSA_ops bietet mit derzeit neun wissenschaftlichen Mitarbeitern umfassende Beratungsleistungen in den Bereichen Logistik, Materialwirtschaft und Produktion. Kernkompetenz der Forschungsgruppe ist die Steigerung der Prozesseffizienz in unternehmerischen Kernprozessen durch Vereinfachung, Standardisierung und Strukturierung der Arbeitsabläufe sowie eine verbesserte Unterstützung durch steuernde IT-Systeme.

Beitragende

Thomas Bartscher kann auf langjährige Erfahrungen in verschiedenen personalwirtschaftlichen Verantwortungsbereichen zurückgreifen. Seit 1998 vertritt er als Professor die Lehr- und Forschungsgebiete Human Resources Management, Transformations- und Innovationsmanagement an der THD – Technischen Hochschule Deggendorf.

Als Trainer/Coach und Unternehmensberater ist er seit mehr als 25 Jahren für Industrie- und Dienstleistungsunternehmen, Non-Profit-Organisationen und öffentliche Unternehmen tätig. Seine Schwerpunkte in der Beratung liegen in den Bereichen Strategisches Personalmanagement, Personal- und Organisationsentwicklung, Digitalisierung & Arbeit 4.0 und im Gestalten und Begleiten von damit einhergehenden Veränderungsprozessen.

Thomas Bartscher ist Co-Autor mehrerer Fachbücher, im Pearson Verlag erschienen ist ein Standardwerk zu Personalmanagement.

Micha Bloching ist Professor für deutsches und internationales Wirtschaftsrecht an der Hochschule Augsburg.

Nach Abitur und Studium der Rechts- und Wirtschaftswissenschaften an der Universität Heidelberg sowie Promotion dort zum Dr. jur. utr. im internationalen Insolvenzrecht arbeitete Micha Bloching zunächst als Mitarbeiter eines Rechtsanwalts am BGH in Karlsruhe. Seine Tätigkeit in München als Rechtsanwalt begann 1997 und zusätzlich als Steuerberater 2001, jeweils in verschiedenen Kanzleien, u. a. einer int. Großkanzlei. 2004 wurde er an die Hochschule Augsburg berufen.

Jan-Philipp Büchler ist Inhaber der Professur für Unternehmensführung und Global Business Management an der Fachhochschule Dortmund. Er lehrt des Weiteren an der Universität zu Köln (u. a. Market Strategies, Risk Management) und an der HEC, Paris (Brand Strategies).

Als akademischer Direktor des interdisziplinären Center for Applied Studies & Education in Management (CASEM) entwickelt er gemeinsam mit Partnern aus Lehre, Forschung und Unternehmenspraxis neue didaktische Ansätze für die Managementausbildung im Bereich der Fallstudiendidaktik und Managementsimulation mit einem Fokus auf Simulationen und insbesondere Business Wargaming. Er verfügt über eine langjährige Berufserfahrung in internationalen Positionen bei einem weltweit führenden Konsumgüterhersteller im Strategischen Controlling & Corporate Planning, Marketing und Business Development. Er ist Autor zahlreicher Publikationen zu den Themen Strategie, Innovation, Simulation und M&A sowie als Berater für den gehobenen Mittelstand aktiv.

Alexandra Coenenberg studierte an der Universität zu Köln Betriebswirtschaftslehre mit den Schwerpunkten Steuerlehre, Steuerrecht und Wirtschaftsprüfung nach einem erfolgreichen Abschluss einer Ausbildung zur Steuerfachangestellten. Im Anschluss daran begann sie ihre berufliche Laufbahn bei den Big-Four-Wirtschaftsprüfungsgesellschaften in Düsseldorf, Frankfurt und München, bei denen sie 15 Jahre insbesondere im Unternehmenssteuerrecht, M&A und internationalen Steuerrecht tätig war.

Während dieser Tätigkeit schloss Alexandra Coenenberg erfolgreich das Steuerberaterexamen ab und promovierte extern an der Universität Augsburg am Lehrstuhl für Steuerlehre und allgemeine Betriebswirtschaftslehre bei Prof. Dr. Michael Heinhold. Seit 2010 hat sie eine Professur für „Unternehmenssteuerrecht, internationales Steuerrecht und allgemeine Betriebswirtschaftslehre".

Ingo Fischer ist Professor für ABWL, insbesondere Personalmanagement, an der Hochschule für Wirtschaft und Recht Berlin (HWR). Daneben ist er Akademischer Direktor des internationalen Masterstudiengangs „International Business and Consulting" sowie Vorsitzender des Leistungsrats der HWR.

Nach Abitur und Studium der Volkswirtschaftslehre sowie Promotion im Bereich internationaler staatlicher sozialer Sicherungssysteme arbeitete Ingo Fischer zunächst bei einer Beratungsgesellschaft sowie anschließend in verschiedenen Managementfunktionen des HR-Bereichs von Großunternehmen. Vor seiner Berufung an die Hochschule war er viele Jahre als Bereichsleiter Personal- und Organisationsentwicklung in einem internationalen Pharma-Unternehmen tätig.

Neben seiner Lehrtätigkeit ist Ingo Fischer als Berater von Unternehmen sowie als Trainer und Prüfer für einen renommierten Personal-Fachverband aktiv. Ingo Fischer ist Co-Autor mehrerer Fachartikel, im Pearson-Verlag erschienen ist ein Standardwerk zum Management.

Kalina Kafadar ist Professorin für Internationale Rechnungslegung an der Hochschule Augsburg. Zusätzlich ist sie Leiterin des Studiengangs Steuern und Rechnungslegung.

Nach Abitur und Studium der Wirtschaftsmathematik sowie Promotion im Bereich der internationalen Rechnungslegung arbeitete Kalina Kafadar zunächst im Konzernrechnungswesen einer der größten Rückversicherungsgesellschaften sowie bei einem Automobilkonzern.

Neben ihrer Tätigkeit an der Hochschule Augsburg ist Frau Kafadar als rechnungslegungsnahe Beraterin von Unternehmen tätig.

Sebastian-Philipp Landschütz arbeitet seit 2015 als Spezialist für Six Sigma+LEAN bei der Schaeffler AG. Im Rahmen dieser Tätigkeit leitet er Projekte nach der DMAIC-Methode und Projekte zur Implementierung von Six Sigma+LEAN in Werken und Zentralbereichen. Hierbei ist er auch als Ausbilder und Mentor von Mitarbeitern des Unternehmens in Projektmanagement und Prozessverbesserungs-Methoden tätig. Eingetreten ist er in das Unternehmen im Jahr 2011 als Spezialist für Produktionslogistik, nach seinem Studium des Wirtschaftsingenieurwesen mit dem Schwerpunkt Produktion und Logistik an der Hochschule Ingolstadt. Hierbei verbrachte er Stationen bei den Firmen Daimler AG und Robert Bosch GmbH in der Produktionsoptimierung und im LEAN Management.

Regina Nissen hat langjährige Erfahrung in der Personalarbeit. Personalwirtschaftliche Themenstellungen wie Controlling, Vertragsmanagement, strategisches Personalmanagement, Changeprozesse, Arbeits- und Tarifrecht stellen Teile ihres Arbeitsgebiets dar. Insbesondere Coaching, Burnout-Prävention und fachliche Begleitung gehören zu ihrem inhaltlichen Repertoire. Als Geschäftsführerin der IPP-Institut GmbH Management- & Organisationsberatung engagiert sich die Diplom-Kauffrau für eine kontinuierliche Weiterentwicklung der aktuellen Themen im Personalmanagement.

Neben ihrer Lehrtätigkeit als Lehrbeauftragte an der THD – Technischen Hochschule Deggendorf – ist Frau Nissen u. a. als Lern-Coach aktiv. Regina Nissen ist Co-Autorin mehrerer Fachbücher, im Pearson-Verlag erschienen ist ein Standardwerk zu Personalmanagement.

Werner Pepels war Hochschullehrer für Marketing und Management. Er ist Autor zahlreicher Lehr- und Fachbücher sowie Herausgeber von Sammelwerken.

Werner Pepels studierte nach kaufmännischer Berufsausbildung Wirtschaft und Wirtschaftswissenschaften mit den Abschlüssen Diplom-Betriebswirt und Diplom-Kaufmann. Anschließend war er zwölf Jahre als Marketingberater, Etat-Direktor und Strategischer Planer tätig. Er war Geschäftsführender Gesellschafter (Partner) einer deutschen Werbeagentur.

1989 wurde Pepels zum Professor für Betriebswirtschaftslehre berufen. Er war von 1995 bis 2016 an der Westfälischen Hochschule, Campus Bocholt, im Studienschwerpunkt Marketing tätig.

Thomas Straub ist Professor für Internationales Management und Vize-Dekan an der Geneva School of Economics and Management (GSEM), Universität Genf in der Schweiz. Er ist verantwortlich für den Bereich Weiterbildung der Fakultät mit seinen ca. 45 Programmen.

Er unterrichtet dort außerdem die Kurse „Einführung in die Allgemeine Betriebswirtschaftslehre" und „Strategisches Management" sowie „Change Management". Zuvor war er Professor für Strategisches Management und Entrepreneurship an der Hochschule für Wirtschaft (HSW) Freiburg, Schweiz. Ebenso ist er Associate Professor am UNESCO Department der Universität Bukarest, Rumänien und er lehrte u. a. an der EDHEC Business School in Lille, Frankreich, und der Ecole hôtelière de Lausanne, Schweiz. Er ist Autor zahlreicher Publikationen und unabhängiger Berater. Professor Straub promovierte in Wirtschafts- und Sozialwissenschaften an der Universität Genf, Schweiz.

Florian Waibel ist Professor für Industriebetriebslehre und industrienahe Dienstleistungen an der Hochschule Augsburg. Nach dem Studium der Betriebswirtschaftslehre mit Schwerpunkt Logistik an der Friedrich-Alexander-Universität Erlangen-Nürnberg und der Universidad de Extremadura, Badajoz (Spanien) promovierte er im Fachbereich Logistik. Von 2001 bis 2008 war er Projektleiter und wissenschaftlicher Mitarbeiter bei der Fraunhofer Gesellschaft. Von 2008 bis 2013 hatte er Führungsaufgaben in der Industrie im Bereich Produktion, Logistik und SCM inne.

Er verfügt über mehrjährige Branchenerfahrung im Bereich Automotive (Schaeffler Technologies), Kosmetik, Büro-/Schreibwaren sowie Logistikdienstleistungen (Straße/Schiene). Neben seiner Lehrtätigkeit ist Florian Waibel in der angewandten Forschung in der Forschungsgruppe für optimierte Wertschöpfung HSA_ops aktiv. Sein Spezialgebiet ist die Beratung von KMUs im Bereich Prozessoptimierung/Prozessmanagement sowie in Logistik- und Fertigungsprozessen. Zudem leitet er im Bereich der Weiterbildung das berufsbegleitende Zertifikatsstudium zum/zur Prozessentwickler/in Logistik.

MyLab | Betriebswirtschaftslehre

Zusammen mit dem Buch erhalten Sie einen 24-monatigen Zugangscode zur dazugehörigen eLearning-Umgebung MyLab | Betriebswirtschaftslehre. Hier bekommen Sie Zugriff auf umfassende Online-Lernmaterialien, mit denen Sie die komplexen Inhalte anschaulich nachvollziehen können, wodurch ein nachhaltiges Verständnis möglich wird. Über 8 Millionen Studierende weltweit haben mit dieser Plattform schon erfolgreich gearbeitet.

Studierende

- Studierende erhalten das komplette Lehrbuch als eText zum Online-Lesen – immer und überall. Den eText können Sie auf PCs, Macs sowie allen gängigen Tablets und Smartphones abrufen und zu Ihrem Arbeitsdokument machen. Praktische Werkzeuge wie Markieren, Notizen, Kommentieren sowie das Setzen von Lesezeichen sind im eText integriert.
- Über eine Kapitelübersicht können Sie direkt die Schwerpunkte zu den einzelnen Kapiteln aufrufen und sich einen Gesamtüberblick verschaffen. Hier finden sich die Hauptthemen bzw. Hauptzielsetzungen, die vermittelt werden sollen. Zu jedem Kapitel finden Sie ein MCQ-Quiz, mit dem Sie Ihren jeweiligen Wissensstand testen können. In diesem Bereich finden Sie auch die Lösungen zu den Aufgaben im Buch.
- Zum Lernen und Einüben von Definitionen (im Text rot markierte Begriffe) finden Sie auf MyLab | Betriebswirtschaftslehre mehr als 300 digitale Lernkarten (Flashcards). Diese sind auch auf dem Tablet oder Smartphone mobil nutzbar.
- Eine umfangreiche Mediathek mit wichtigen Links zu Literaturquellen, Organisationen und anderen relevanten Websites unterstützt Sie bei der Erstellung von Hausarbeiten.

Dozenten

- Als Dozent stehen Ihnen Teaching Notes (PowerPoint-Folien) mit allen Abbildungen, Tabellen und wichtigen Textpassagen aus dem Buch zur Verfügung.
- Die Lösungen zu den praxisbezogenen Fallstudien im Buch sind exklusiv für Sie als Dozent erhältlich, so dass Sie diese in Ihre Lehrveranstaltungen einbauen können.
- Darüber hinaus gibt es zur praktischen Einordnung Ihres Wissens ein jährliches Dokument mit den Highlights des jeweiligen Jahres.
- Die Lösungen zu den Aufgaben des jährlichen Dokuments sind exklusiv für Sie als Dozent verfügbar.
- MyLab | Betriebswirtschaftslehre bietet Ihnen darüber hinaus noch die Möglichkeit, eigene Skripte hochzuladen und zusammen mit bestehendem Material eine zielgerichtete Lernumgebung für Ihre Studierenden zu schaffen.

Teil I als Einleitung befasst sich mit den Grundlagen der Betriebswirtschaftslehre. Hier werden neben der Einstufung der Betriebswirtschaftslehre als Wissenschaft der Gegenstand der Betriebswirtschaftslehre vorgestellt und wesentliche Begrifflichkeiten erörtert.

TEIL I

Grundlagen der Betriebswirtschaftslehre

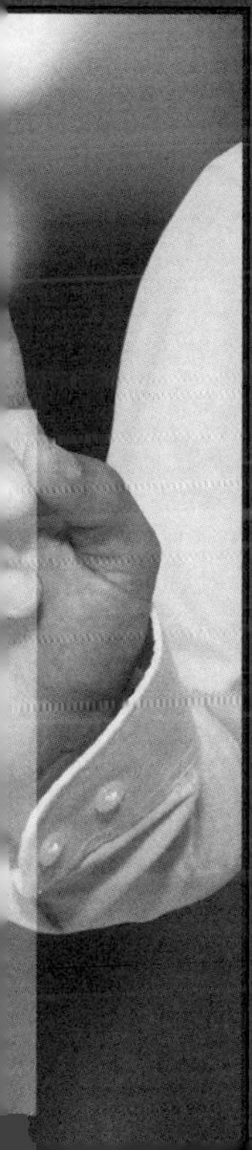

Lernziele

In diesem Kapitel werden Sie lernen,

- in welchen wissenschaftlichen Rahmen die Betriebswirtschaftslehre eingeordnet werden kann,
- wie sich Betriebswirtschaftslehre und Volkswirtschaftslehre als Teildisziplinen der Wirtschaftswissenschaften unterscheiden,
- was unter dem Begriff „Wirtschaften" zu verstehen ist und wie daraus wesentliche Grundprinzipien der Betriebswirtschaftslehre abgeleitet werden können,
- wie die Begrifflichkeiten Wirtschaftssubjekt, privater Haushalt, Betrieb und Unternehmen aus theoretischer Sicht definiert werden,
- wie aus dem Konzept der Wertschöpfung die grundlegenden betriebswirtschaftlichen Funktionen eines Unternehmens abgeleitet werden können,
- welche Teilgebiete der betriebswirtschaftlichen Forschung und Lehre in funktionaler und sektoraler Art unterschieden werden und
- welche Unternehmensformen und Begrifflichkeiten in der Praxis vorkommen.

Gegenstand der Betriebswirtschaftslehre

1

ÜBERBLICK

1.1 Die Betriebswirtschaftslehre als wissenschaftliche Disziplin

1.1.1 Ziele von Wissenschaft und Forschung

Die Betriebswirtschaftslehre ist seit vielen Jahren als eigenständige wissenschaftliche Disziplin anerkannt. Auch wenn sie nicht über die gleiche Historie verfügt wie andere Wissenschaften, wie z. B. Medizin oder Philosophie, die schon seit dem Altertum existieren, nimmt sie doch eine eigene Stellung im Kanon der wissenschaftlichen Forschung ein.

Wissenschaftliche Forschung bedeutet dabei, dass Personen oder Institutionen, d. h. Forscher oder Forschungseinrichtungen, Problemstellungen der realen Welt oder auch ideeller Art finden, analysieren und zu lösen versuchen. Inhaltlich kann Forschung folglich als Aktivität aufgefasst werden, die sich mit etwas Ungeklärtem beschäftigt und etwas Neues finden soll. Sieht man Forschung prozessual, hat sie einen Anfang, einen Verlauf und im Allgemeinen auch ein Ende, woran sich dann weitere Forschungsaktivitäten anschließen können.

Beispielsweise beschäftigt sich die medizinische Forschung mit dem Identifizieren von Krankheitserregern und der Suche nach Heilmethoden. Diese Ergebnisse gehen dann in weitere, neue Forschungsaktivitäten ein.

Ziele wissenschaftlicher Forschung können sein:

- Festlegung / Definition eines Problems
- Zeigen unterschiedlicher Lösungsmöglichkeiten für das Problem
- Entwicklung von Handlungsempfehlungen zur Problemvermeidung in Zukunft

Unterschiedliche wissenschaftliche Forschungsrichtungen legen auf die einzelnen Ziele unterschiedliches Gewicht. So wird in der Philosophie tendenziell eher an grundlegenden Problemdefinitionen geforscht („Was ist der Sinn des Lebens“?), während es in der Betriebswirtschaftslehre tendenziell eher um konkrete Handlungsempfehlungen geht („Welche Maßnahmen kann ein Unternehmen ergreifen, um den Umsatz zu steigern?“).

Forschung und die daraus abgeleiteten wissenschaftlichen Disziplinen werden von der Organisation für wirtschaftliche Zusammenarbeit und Entwicklung (OECD) eingeteilt in[1]:

- Naturwissenschaften, z. B. Mathematik, Physik, Biologie, Chemie
- Technische Wissenschaften, z. B. Elektrotechnik, Maschinenbau
- Humanmedizin und Gesundheitswissenschaften, z. B. Humanmedizin, Pharmazie
- Agrarwissenschaften und Veterinärmedizin, z. B. Land- und Forstwirtschaft, Veterinärmedizin
- Sozialwissenschaften, z. B. Psychologie, Wirtschaftswissenschaften, Rechtswissenschaften
- Geisteswissenschaften, z. B. Geschichte, Archäologie, Philosophie

Daneben gibt es andere Einteilungsmöglichkeiten, beispielsweise in Nichtmetaphysische Wissenschaften (Realwissenschaften, wie z. B. Wirtschaftswissenschaften und Idealwissenschaften, wie z. B. Mathematik) und Metaphysische Wissenschaften (z. B. Theologie oder Philosophie).

Letztendlich ist aber allen Formen der Wissenschaft gemeinsam, dass die dort tätigen Forscher etwas Neues (er)finden wollen, um neuartiges Wissen zu generieren und/oder um Probleme zu lösen.

1.1.2 Die Betriebswirtschaftslehre als Teildisziplin der Wirtschaftswissenschaften

Unabhängig von einer Betrachtung der Wirtschaftswissenschaften als Sozialwissenschaft oder Realwissenschaft ist es herrschende Meinung, dass die Wirtschaftswissenschaften aus den zwei einzelnen Wissenschaftsdisziplinen Volkswirtschaftslehre (VWL) und Betriebswirtschaftslehre (BWL) bestehen.

Volkswirtschaftslehre und Betriebswirtschaftslehre haben gemeinsam die Ziele,

- zu beschreiben, wie wirtschaftliche Zusammenhänge in der realen Welt sind (Deskriptionsfunktion),
- zu erforschen, weshalb diese Zusammenhänge genau so und nicht anders sind (Analysefunktion),
- zu empfehlen, wie Rahmenbedingungen, Zusammenhänge und Maßnahmen gestaltet werden sollten (Gestaltungsfunktion).

Dabei legen die beiden Teildisziplinen der Wirtschaftswissenschaften unterschiedliche inhaltliche Schwerpunkte.

Die **Volkswirtschaftslehre** befasst sich in der **Makroökonomie** mit Fragestellungen, die sich mit ganzen Volkswirtschaften sowie mit Beziehungen zwischen Volkswirtschaften beschäftigen. Das heißt, die Volkswirtschaftslehre erforscht wirtschaftliche Zusammenhänge in einer Volkswirtschaft (z. B. Staaten wie Deutschland) und zwischen Volkswirtschaften (z. B. Leistungsbeziehungen zwischen Deutschland und Frankreich). Dabei wird beschrieben, wie die Situation der Volkswirtschaft ist (z. B. Messung der Inflationsrate), weshalb die Situation so ist (z. B. Analyse der Gründe für einen Anstieg der Inflationsrate) und welche Maßnahmen ergriffen werden sollten, um die Situation zu ändern (z. B. Reduzierung der Geldmenge im Rahmen der Geldpolitik der Zentralbank zur Senkung der Inflation). Insbesondere bei dieser letzten Gestaltungsfunktion bestehen zwischen den einzelnen Forschern und Forschungsrichtungen zum Teil sehr große Unterschiede hinsichtlich der „richtigen" Maßnahme zur Behebung von erkannten und analysierten Problemen.

Daneben ist die Erforschung der sogenannten privaten Haushalte Gegenstand der **Mikroökonomie**, dem zweiten Teil der Volkswirtschaftslehre. Untersuchungsobjekt hier sind folglich nicht (große) Volkswirtschaften (wie z. B. Staaten), sondern Privatpersonen und ihre Beziehungen untereinander. Auch hier wird beschrieben, wie sich private Haushalte verhalten (z. B. Ermittlung von Nutzenfunktionen), wieso sie etwas tun oder unterlassen (z. B. psychologische Konsumforschung) und welche Maßnahmen erforderlich sind, um das Verhalten der privaten Haushalte zu steuern (z. B. Empfehlungen für Tarifgestaltung oder Steuererleichterungen). Die Grenze zur Wirtschaftspolitik, die eher ein Teil der oben beschriebenen Makroökonomie ist, ist dabei nicht immer klar zu ziehen.

Die **Betriebswirtschaftslehre** befasst sich im Gegensatz dazu mit wirtschaftlichen Zusammenhängen, die auf Ebene eines einzelnen Betriebs und bei Beziehungen zwischen Betrieben bestehen. Ein **Betrieb** ist dabei eine Institution, die Bedürfnisse von anderen Wirtschaftssubjekten erfüllt. Unternehmen als Spezialfall von Betrieben verfolgen dabei zusätzlich ein erwerbswirtschaftliches Ziel, d. h. im Allgemeinen die Erzielung von Gewinn. Dabei werden ebenfalls wiederum die Deskriptionsfunktion (z. B. an welchen Standorten produzieren Betriebe ihre Produkte), die Analysefunktion (z. B. weshalb werden unterschiedliche Standortstrategien verfolgt) und die Gestaltungsfunktion (z. B. wie sollte die Standortwahl idealerweise erfolgen) unterschieden. Auch hier bestehen ähnlich wie bei der Volkswirtschaftslehre zum Teil sehr große Unterschiede in den Empfehlungen zur „idealen" Gestaltung betriebswirtschaftlicher Maßnahmen.

Die unterschiedlichen Schwerpunkte von Volkswirtschaftslehre (Betrachtung ganzer Volkswirtschaften in der Makroökonomie und einzelner Individuen in der Mikroökonomie) und Betriebswirtschaftslehre (Betrachtung von Unternehmen/Betrieben) können anhand der folgenden Tabelle verdeutlicht werden.

VWL – Makroökonomie	VWL – Mikroökonomie	BWL
Schwerpunkt: Ganze Volkswirtschaften	Schwerpunkt: Einzelne Individuen	Schwerpunkt – Wirtschaftende Betriebe

Tabelle 1.1: Unterschiedliche Schwerpunkte von Volkswirtschaftslehre (Makroökonomie und Mikroökonomie) und Betriebswirtschaftslehre

1.1.3 Wissenschaftliche Ansätze der Betriebswirtschaftslehre

Innerhalb der betriebswirtschaftlichen Forschung selbst gibt es unterschiedliche Strömungen und Ansätze, die zwar alle die übergeordneten Funktionen Beschreibung, Analyse und Gestaltung erfüllen, eben aber mit jeweils anderen Sichtweisen und Untersuchungsschwerpunkten.

Der **faktortheoretische Ansatz** geht auf Gutenberg[2] zurück. Er betrachtet das Unternehmen als Produktionsstätte, in der elementare Produktionsfaktoren wie Arbeitskräfte, Betriebsmittel und Werkstoffe kombiniert werden, um eine Absatzleistung zu erzielen. Dispositive Produktionsfaktoren wie z. B. die Unternehmensleitung koordinieren dies. Schwerpunkt sind hier Produktivitätsanalysen sowie die Kostentheorie, der Ansatz ist im Kern mathematisch geprägt.

Der **entscheidungstheoretische Ansatz** geht auf Heinen[3] zurück. Hier werden zusätzlich zu den rein produktionsorientierten Faktoren auch menschliche Entscheidungen in unterschiedlichen Situationen (Umweltzuständen) berücksichtigt. Schwerpunkt ist hier die Bewertung verschiedener Handlungsalternativen und Auswahl der besten Alternative vor dem Hintergrund der Ziele des Unternehmens und des Informationsstands der Entscheidungsträger. Auch hier spielen mathematisch-formalistische Regeln eine wichtige Rolle.

Der **systemtheoretische Ansatz** geht auf Ulrich[4] zurück. Ein Unternehmen wird hierbei als System einzelner Bestandteile gesehen, die zusammen auf gemeinsame Ziele hinwirken. Dieses System wiederum ist in ein Geflecht externer Rahmenbedingungen eingebunden. Schwerpunkt ist die Analyse der Beziehungen der einzelnen Elemente innerhalb des Systems und zu anderen Systemen außerhalb des Unternehmens.

Der **verhaltensorientierte Ansatz** löst sich von der – auch in der Mikroökonomie verwendeten – Grundannahme, dass menschliches Verhalten und damit Entscheidungen in Unternehmen immer rational sind. Stattdessen wird versucht, explizit auch individuelle, verhaltensbezogene Aspekte in unternehmerische Entscheidungen einzubeziehen.

Der **institutionenökonomische Ansatz** geht ursprünglich auf mikroökonomische Fragen zurück. Er versucht zu erklären, warum Leistungsbeziehungen extern über einen Markt stattfinden und ab wann es sinnvoll ist, Leistungsbeziehungen innerhalb eines Unternehmens zu organisieren. Hier werden Theorien zu Verfügungsrechten (**Property Rights Theorie**), zur Trennung von Eigentum und Verfügungsmacht (**Principal Agent Theorie**) sowie zu **Transaktionskosten** unterschieden.

1.2 Die Grundkonzeption des Wirtschaftens und Begrifflichkeiten der Betriebswirtschaftslehre

1.2.1 Wirtschaften als Grundkonzept

Jedes Individuum, jeder Mensch hat **Bedürfnisse**, d. h. Wünsche, die er erfüllt wissen möchte. Diese Bedürfnisse sind im Allgemeinen unbegrenzt, so möchte beispielsweise jedes Kind möglichst viel Schokolade essen und jeder Arbeitnehmer möglichst viel Urlaub haben (selbstverständlich ohne dabei auf Gehalt verzichten zu müssen).

Die Befriedigung dieser Bedürfnisse erfolgt durch Güter, im Beispiel oben also „Schokolade" als materielles Gut oder „Urlaub" als immaterielles Gut. Diese Güter können entweder frei, d. h. beliebig verfügbar, oder knapp, d. h. nur in begrenzter Menge vorhanden, sein.

Häufig wird der Begriff des Bedürfnisses im Bereich der Wirtschaftswissenschaften noch eingeschränkter definiert: Ergänzt man Bedürfnisse um eine entsprechende Kaufkraft, ergibt sich ein **Bedarf**. Ein Bedarf ist also ein (nicht erfülltes) Bedürfnis verbunden mit einer Kaufkraft, um ein knappes Gut zur Bedürfnisbefriedigung zu erwerben.

Die Befriedigung von Bedürfnissen durch freie Güter ist aus ökonomischer Sicht grundsätzlich unproblematisch. So kann das Bedürfnis nach frischer Luft durch einen Waldspaziergang (freies Gut) erfüllt werden. Kritisch wird dies erst, wenn ursprünglich freie Güter zu knappen Gütern werden, beispielsweise wenn Trinkwasser nicht frei zugänglich ist oder ein Wald aus erwerbswirtschaftlichen Gründen zu einem Freizeitpark mit Eintrittsgebühr umgewandelt wird. Dann ist es nicht mehr möglich, dass Bedürfnisse „kostenlos" erfüllt werden. Dies wird in der Öffentlichkeit zurecht sehr kritisch gesehen.

Werden die Bedürfnisse durch Produktion und Bereitstellung von knappen Gütern erfüllt, bezeichnet man diesen Vorgang als Wirtschaften.

Wirtschaften ist folglich definiert als die Befriedigung von Bedürfnissen durch knappe Güter.

Eine andere Sicht definiert Wirtschaften als die Kombination von Produktionsfaktoren (Arbeitsleistung, Kapital, Betriebsmittel, Betriebsstoffe und Werkstoffe) zur Transformation von Einsatzgütern (Input) in Gebrauchsgüter (Output). Diese produktionsorientierte Sichtweise entspricht insofern der obigen Definition, als die hergestellten Gebrauchsgüter (Output) als knappe Güter zur Befriedigung von Bedürfnissen bzw. Bedarfen gesehen werden können.

Kombiniert man die Nachfrage nach Bedürfnisbefriedigung mit dem Angebot an Gütern, ergibt sich folgende Übersicht, die verdeutlicht, an welchen Stellen die Untersuchungsgebiete der Wirtschaftswissenschaften ansetzen.

	Freie Güter	**Knappe Güter**
Bedürfnis	Bedürfnisbefriedigung ohne wirtschaftlichen Transformationsprozess	Bedürfnisbefriedigung durch Wirtschaften, definitorisch ohne Kaufkraft
Bedarf	Nicht relevant Freie Güter stehen in unbegrenzter Menge und ohne Kosten zur Verfügung, deshalb besteht kein Bedarf	Bedürfnisbefriedigung durch Wirtschaften, definitorisch mit Kaufkraft, d. h. Kosten und Zahlungsmitteln

Tabelle 1.2: Zusammenfassung Freie Güter/Knappe Güter und Bedürfnis/Bedarf

1.2.2 Das ökonomische Prinzip als Generalnorm des Wirtschaftens

Aus obiger Übersicht wird die Grundproblematik des Wirtschaftens deutlich: Bedürfnisse sind zwar weitgehend unbegrenzt, Bedarfe haben allerdings die Einschränkung, dass die zur Verfügung stehende Kaufkraft im Allgemeinen begrenzt ist. Darüber hinaus sind die zur Erfüllung der meisten Bedürfnisse bzw. Bedarfe erforderlichen Güter knapp.

Aus den beiden Einschränkungen begrenztes Budget beim Nachfrager und begrenzte Anzahl an Gütern beim Anbieter, ausgedrückt durch Kosten für die Produktion weiterer Güter, folgt, dass Wirtschaften unter einer grundsätzlichen Prämisse zu erfolgen hat: Die Generalnorm des Wirtschaftens ist das ökonomische Prinzip, das auch als Rationalprinzip bezeichnet wird.

Das **ökonomische Prinzip** verlangt, dass die einem Wirtschaftssubjekt zur Verfügung stehenden Mittel streng nach wirtschaftlichen Gesichtspunkten eingesetzt werden müssen. Das heißt, dass Unternehmen effizient und effektiv arbeiten müssen, um so ein optimales Ergebnis zu erhalten.

Das ökonomische Prinzip kann auf drei Arten interpretiert werden:

- Beim **Minimalprinzip** wird versucht, ein gegebenes Ziel (Output) mit möglichst wenig Mitteln (Input) zu erreichen.
- Beim **Maximalprinzip** wird versucht, mit gegebenen Mitteln (Input) eine möglichst hohe Zielgröße (Output) zu erreichen.
- Beim **Optimumprinzip** (auch als **Extremumprinzip** bezeichnet) versucht ein Unternehmen, ein möglichst optimales Verhältnis zwischen eingesetzten Mitteln (Input) und damit erzieltem Ergebnis (Output) zu erzielen.

Beispiel: Ausprägungen des ökonomischen Prinzips

Minimalprinzip: Will ein Unternehmen beispielsweise einen Umsatz von 100 erzielen, setzt es dafür so wenige Vertriebsmitarbeiter wie möglich ein.

Maximalprinzip: Hat das Unternehmen beispielsweise fünf Vertriebsmitarbeiter, so versucht es, mit diesen einen möglichst hohen Umsatz zu erzielen.

Optimumprinzip: Das Unternehmen will mit möglichst wenigen Vertriebsmitarbeitern einen möglichst hohen Umsatz erzielen.

Während die ersten beiden Arten des ökonomischen Prinzips mathematisch-logisch exakt definiert werden können und damit auch einfach messbar sind, ist dies bei der dritten Ausprägung nicht ohne Weiteres möglich. So lassen sich beispielsweise die Erfüllung des Minimalprinzips und des Maximalprinzips formelmäßig wie folgt abbilden:

Formel 1.1: *Minimalprinzip*

$$\text{Output} = \text{const.}, \text{Input} \rightarrow \text{min!}$$

Formel 1.2: *Maximalprinzip*

$$\text{Input} = \text{const.}, \text{Output} \rightarrow \text{max!}$$

Die Zielfunktion beim Optimumprinzip ist dagegen nicht klar:

Formel 1.3: *Optimumprinzip*

$$\text{Input/Output} \rightarrow \text{optimal!}$$

Die Messung der Erfüllung des ökonomischen Prinzips erfolgt dabei über detailliertere Kennzahlen, die die Effizienz bzw. die Produktivität eines Unternehmens darstellen. Dies wird häufig auch als Wirtschaftlichkeitsprämisse bezeichnet.

Auch wenn das ökonomische Prinzip als Generalnorm das Leitbild für unternehmerische Entscheidungen ist, darf nicht vergessen werden, dass neben rein wirtschaftlichen Aspekten häufig auch noch andere Gesichtspunkte zu berücksichtigen sind. So werden in der betriebswirtschaftlichen Literatur auch die Prinzipien Ökologie und Humanität genannt, d. h., Unternehmen sollen nicht nur rein rational ökonomische Größen anstreben, daneben existieren auch umweltorientierte und personenbezogene Ziele.

Ein weiteres fundamentales Prinzip ist das des **finanziellen Gleichgewichts**. Dieses besagt, dass Unternehmen jederzeit über Liquidität verfügen müssen, um fällige Zahlungen leisten zu können. Daneben beinhaltet das Prinzip des finanziellen Gleichgewichts auch die Forderung nach einer angemessenen Verzinsung des eingesetzten Kapitals, insbesondere des Eigenkapitals.

1.2.3 Betriebe als Institutionen der Bedarfsdeckung

Leistungsbeziehungen auf Märkten finden zwischen **Wirtschaftssubjekten** statt. Wirtschaftssubjekte sind dabei private Haushalte und Betriebe, die sich hinsichtlich ihrer grundlegenden Ausrichtung unterscheiden:

Träger von Bedürfnissen und Bedarfen sind wie verdeutlicht Individuen. Schließen sich diese Individuen zu Gruppen zusammen, werden sie als private Haushalte bezeichnet. Bestehende Bedürfnisse können innerhalb eines privaten Haushalts erfüllt werden, dieser Bereich wird im Allgemeinen nicht von der Betriebswirtschaftslehre untersucht.

Bedürfnisse können auch außerhalb des privaten Haushalts erfüllt werden. Dieses auch als Arbeitsteilung bezeichnete Phänomen führt zur Entstehung von Betrieben. Betriebe entstehen also, wenn die Bedürfnisbefriedigung nicht intern organisiert wird, sondern extern erfolgt. Ein Betrieb ist somit eine planmäßig und auf Dauer eingerichtete Institution zur externen Erfüllung der Bedarfe von Individuen und privaten Haushalten.

Güterkreislauf und Geldkreislauf

Zwischen Betrieben und privaten Haushalten bestehen unterschiedliche Leistungsbeziehungen. In Betrieben werden die (knappen) Güter zur Bedarfsdeckung produziert und an die privaten Haushalte abgesetzt. Dabei können Betriebe selbst auch Leistungen anderer Betriebe beziehen und in die eigene Produktion einsetzen (Zukauf von Vorleistungen bzw. Vorprodukten). Ähnliches gilt für das Einbeziehen der privaten Haushalte und Individuen im Rahmen der Aktivitäten der Gütererstellung. So sind Individuen als Produktionsfaktor Arbeitskraft ebenfalls Lieferant von Gütern.

Im Gegenzug hat der Empfänger der Güter dem Leistenden eine Gegenleistung zu erbringen. Diese ist im Allgemeinen eine Geldleistung. Private Haushalte beziehen Geldleistungen für die Erbringung von Arbeitskraft, Unternehmen erhalten Geldleistungen für die Erstellung von knappen Gütern und deren Absatz an private Haushalte.

Zusammengefasst werden diese Leistungsbeziehungen im Güter- und Geldkreislauf:

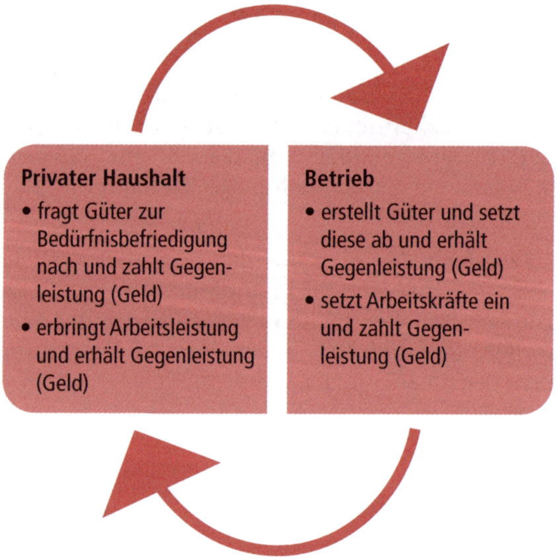

Abbildung 1.1: Zusammenhang Güterleistungen und Geldleistungen zwischen Betrieb und privatem Haushalt

Unternehmen und öffentliche Betriebe

Die zwei wesentlichen Arten von Betrieben sind Unternehmen und öffentliche Betriebe.

Ein **Unternehmen** (der Begriff der **Unternehmung** wird hier synonym verwendet) zeichnet sich dabei durch folgende Kriterien aus:

- Unternehmen befinden sich regelmäßig im **Privateigentum**, d. h., Eigentümer sind Individuen oder private Haushalte, nicht aber öffentliche Institutionen. Gewinne und Verluste werden somit individuell zugerechnet („privatisiert") und nicht von der Allgemeinheit getragen („sozialisiert").
- Das **Autonomieprinzip** sagt aus, dass Unternehmen selbstständige Entscheidungen treffen können, ohne dass der Staat hierauf (direkt) Einfluss nimmt. Dennoch haben sich unternehmerische Entscheidungen an Gesetze zu halten und es stehen viele Unternehmens(formen) unter staatlicher Aufsicht (z. B. Banken und Versicherungen). Der Staat überwacht also die unternehmerische Aktivität, er leitet sie aber nicht.
- Das **erwerbswirtschaftliche Prinzip** verlangt, dass Unternehmen grundsätzlich mit Gewinnerzielungsabsicht arbeiten. Mit dieser Gewinnerzielungsabsicht ist immer auch die Übernahme eines Marktrisikos durch die Eigentümer verbunden, d. h., es können auch Verluste entstehen.

Beispiele für Unternehmen sind privatwirtschaftliche Banken (Deutsche Bank), Fluggesellschaften (Lufthansa) oder Einzelhandelsunternehmen (Aldi).

Ein **öffentlicher Betrieb** zeichnet sich dagegen durch folgende Kriterien aus:

- Öffentliche Betriebe befinden sich im Eigentum des Staates, damit also im **Gemeinschaftseigentum**.
- Das **Organprinzip** sagt aus, dass öffentliche Betriebe mindestens in den Aufsichtsgremien, häufig aber auch in den Leitungsgremien durch staatlichen Einfluss gelenkt werden.
- Das **Prinzip der Gemeinnützigkeit** verlangt, dass öffentliche Betriebe grundsätzlich keine Gewinnerzielungsabsicht verfolgen dürfen bzw. sollten. Statt des erwerbswirtschaftlichen Prinzips kommen das Kostendeckungsprinzip (der öffentliche Betrieb deckt seine Kosten, das Ergebnis ist ausgeglichen) oder das Zuschussprinzip (der öffentliche Betrieb deckt seine Kosten nicht, der entstehende Verlust wird vom Staat gedeckt) zur Anwendung.

Beispiele für öffentliche Betriebe sind öffentlich-rechtliche Banken (Sparkassen, Landesbanken), Verkehrsgesellschaften (Deutsche Bahn) oder Eigenbetriebe (Stadttheater, städtischer Zoo).

Die Trennung zwischen Unternehmen und öffentlichen Betrieben ist allerdings in der Praxis nicht immer einwandfrei möglich. So sind öffentliche Betriebe auch als Wettbewerber zu Unternehmen tätig (Beispiel: Sparkassen im Wettbewerb mit privatwirtschaftlichen Banken), wobei auch eine Gewinnerzielungsabsicht bestehen kann. Daneben kommt es vor, dass privatwirtschaftliche Unternehmen durch staatliche Eingriffe geschützt bzw. gerettet werden (Beispiel: Einstieg des Staats als Eigentümer bei der Commerzbank, wodurch das oben erläuterte Prinzip, dass Gewinne und Verluste privaten Haushalten als Eigentümer zuzurechnen sind, außer Kraft gesetzt wird).

Eine weitere Form sind die sogenannten **Non-Profit-Organisationen** (NPO). Diese Betriebe verfolgen soziale, kulturelle und/oder ökologische Ziele und arbeiten ohne eine Gewinnerzielungsabsicht. Beispiele hierfür sind Greenpeace oder Ärzte ohne Grenzen.

Insbesondere in der Umgangssprache findet sich auch der Begriff **Firma** für einen Betrieb. Damit ist allerdings nicht das Unternehmen gemeint, sondern der Name, unter dem das Unternehmen rechtsverbindlich am Geschäftsverkehr teilnimmt.

1.3 Die Betriebswirtschaftslehre in Theorie und Praxis

1.3.1 Wertschöpfung und betriebswirtschaftliche Grundfunktionen

Die **Wertschöpfung** eines Unternehmens drückt aus, welchen (Mehr)Wert das Unternehmen innerhalb einer Periode erwirtschaftet hat. Sie bezeichnet den mit Geldeinheiten bewerteten Transformationsprozess innerhalb des Unternehmens. Ihre Höhe kann auf zwei Arten ermittelt werden:

Bei der **Entstehungsrechnung** steht die Schaffung von Wert im Vordergrund. Zur Berechnung werden die Vorleistungen (Rohstoffe, Maschinen, Betriebsmittel, aber keine Arbeitsleistungen), die das Unternehmen von anderen Wirtschaftssubjekten (Betrieben) bezogen hat, von den Produktionsleistungen (fertige Produkte, abgesetzte Erzeugnisse) abgezogen.

Formel 1.4: Berechnung der Wertschöpfung nach der Entstehungsrechnung

$$\text{Wertschöpfung} = \text{Umsatz} - \text{Materialaufwand} - \text{Abschreibung}$$

Es wird klar, dass ein Unternehmen nur dann einen Mehrwert schafft, d. h. „Wert schöpft“, wenn der erzielte Umsatz höher ist als die von Dritten bezogenen Leistungen (einschließlich dem Wertverzehr des Anlagevermögens abgebildet durch Abschreibungen).

Bei der **Verteilungsrechnung** wird der vom Unternehmen erzielte (Mehr)Wert auf verschiedene Anspruchsteller verteilt. Empfänger sind dabei Kapitalgeber, Mitarbeiter sowie der Staat.

Formel 1.5: Berechnung der Wertschöpfung nach der Verteilungsrechnung

$$\text{Wertschöpfung} = \text{Gewinn} + \text{Zinsen} + \text{Personalaufwand} + \text{Steueraufwand}$$

Es wird deutlich, dass das Konzept der Wertschöpfung nicht gleichbedeutend ist mit dem Gewinn des Unternehmens. Die Wertschöpfung ist der Unterschied zwischen bezogenen Leistungen und erbrachten Leistungen. Diese Differenz ist im Allgemeinen größer als der Gewinn, da sie an mehrere Interessengruppen, sog. „Stakeholder“ verteilt wird. Neben den Eigentümern, die den Gewinn erhalten, sind dies auch Fremdkapitalgeber (Zins), Mitarbeiter (Lohn) sowie der Staat (Steuern).

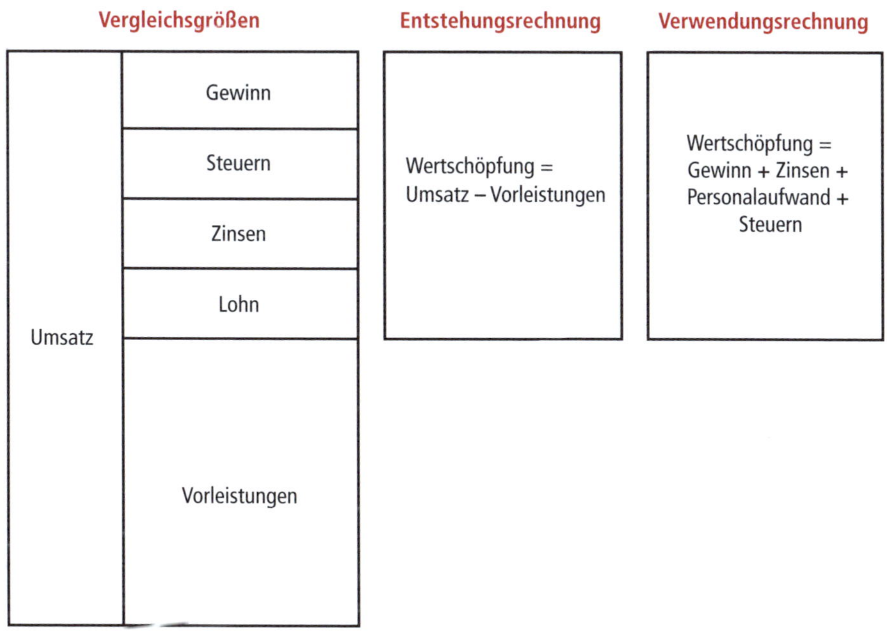

Abbildung 1.2: Darstellung der Wertschöpfung nach der Entstehungsrechnung und nach der Verteilungsrechnung

Das Konzept der Wertschöpfung teilt letztendlich den gesamten Umsatz eines Unternehmens in einzelne Bestandteile auf: Aufwand für Vorleistungen, Aufwand für Personal. Leistungen an Kapitalgeber sowie Steuern. Hieraus lässt sich dann die Wertschöpfung durch Kombination der Einzelteile ableiten.

Das Konzept der Ergebnisermittlung (handelsrechtliche Gewinn- und Verlustrechnung) zieht im Gegensatz dazu vom Umsatz sämtliche Kostenpositionen ab. Der Unterschied lässt sich auf Basis der Wertschöpfung verdeutlichen:

Formel 1.6: Von der Wertschöpfung zur Ergebnisrechnung

$$\text{Wertschöpfung} = \text{Umsatz} - \text{Materialaufwand} - \text{Abschreibung}$$

$$\text{Wertschöpfung} = \text{Gewinn} + \text{Zinsen} + \text{Personalaufwand} + \text{Steuern}$$

Daraus folgt:

$$\text{Umsatz} - \text{Materialaufwand} - \text{Abschreibung} = \text{Gewinn} + \text{Zinsen} + \text{Personalaufwand} + \text{Steuern}$$

Durch Umstellen ergibt sich die Grundstruktur einer Ergebnisrechnung:

$$\text{Gewinn} = \text{Umsatz} - \text{Materialaufwand} - \text{Abschreibung} - \text{Personalaufwand} - \text{Zinsen} - \text{Steuern}$$

Beispiel: Ermittlung der Wertschöpfung nach der Entstehungsrechnung und nach der Verwendungsrechnung

Ein Unternehmen bezieht Vorleistungen (Material) in Höhe von 90, die Abschreibungen betragen 10. Es werden Produkte mit einem Umsatz von 150 veräußert. Der Personalaufwand beträgt 20, Zinsen an Kreditgeber fallen in Höhe von 15 an. Der Steuersatz beträgt 33 %. Hieraus errechnet sich ein Steueraufwand von $[33\% \cdot (150 - 90 - 10 - 20 - 15)] = 5$.

Wertschöpfung nach der Entstehungsrechnung:
Umsatz abzüglich Vorleistungen = $150 - 100 = 50$.

Wertschöpfung nach der Verteilungsrechnung: Gewinn zuzüglich Zinsen zuzüglich Personalaufwand zuzüglich Steuern = $5 + 15 + 20 + 10 = 50$.

Der Gewinn beträgt hier $150 - 90 - 10 - 20 - 15 - 5 = 5$.

Wesentliche Unternehmensfunktionen und der Managementbegriff

Auf Basis der Elemente der Wertschöpfung lassen sich die Grundfunktionen eines Unternehmens ableiten. Dabei werden Kernfunktionen und Unterstützungsfunktionen unterschieden.

Kernfunktionen sind:

- **Einkauf:** Das Unternehmen hat Vorleistungen (Inputgüter) zu beschaffen.
- **Produktion:** Das Unternehmen hat aus den Vorleistungen Produkte (Outputgüter) zu erstellen, für die Kunden mehr zu zahlen bereit sind.
- **Absatz:** Das Unternehmen hat die mit einem Mehrwert versehenen Produkte an Kunden zu veräußern.

Unterstützungsfunktionen sind:

- **Personal:** Einstellung, Verwaltung und Weiterentwicklung geeigneten Personals
- **Finanzen:** Beschaffung und Verwaltung von Eigenkapital und Fremdkapital
- **Rechnungswesen/Steuern:** Berichterstattung gegenüber Dritten einschließlich dem Staat und Ermittlung von Zwangsabgaben

Die Koordination der einzelnen Aktivitäten erfolgt über eine als Unternehmensführung oder auch als **Management** bezeichnete **Funktion**. Diese ist somit für eine inhaltliche, zeitliche und organisatorische Abstimmung zwischen den Unternehmensbereichen und den dort ablaufenden Tätigkeiten zuständig.

Wird **Management** als **Prozess** aufgefasst, besteht dieser aus den Teilschritten Planung, Entscheidung, Ausführung und Kontrolle.

Der Begriff **Management** bezeichnet darüber hinaus auch einen organisatorischen **Teilbereich** eines Unternehmens, d. h., der Begriff kann als Institution bzw. als Abteilung (und nicht als Funktion oder Prozess) interpretiert werden.

1.3.2 Teilgebiete der Betriebswirtschaftslehre

Die Theorie der Betriebswirtschaftslehre unterteilt die eben angeführten Grundfunktionen (Kernfunktionen und Unterstützungsfunktionen) regelmäßig noch weiter. Diese Teilgebiete werden als funktionale Betriebswirtschafslehren bezeichnet.

Für den Bereich der eigentlichen Leistungserstellung (Einkauf, Produktion, Absatz) wird wie folgt differenziert:

- Forschung & Entwicklung
- Beschaffung
- Produktion
- Logistik
- Supply Chain Management
- Operations Research
- Vertrieb

Insbesondere im Bereich der Unterstützungsfunktionen haben sich im Lauf der Zeit mit wachsenden Unternehmensgrößen (und einer gestiegenen Anzahl an Absolventen der Betriebswirtschaftslehre, die in Unternehmen arbeiten) zahlreiche Spezialisierungen herausgebildet:

- Strategie
- Marketing
- Controlling
- Organisation
- Personal
- Buchführung und Rechnungswesen
- Steuern
- Kosten- und Leistungsrechnung
- Finanzwirtschaft
- Investitionsrechnung

Diese funktionale Sichtweise wird vorrangig auch im vorliegenden Werk der Betriebswirtschaftslehre angewandt.

Neben der funktionalen Gliederung der Betriebswirtschaftslehre kann auch eine Einteilung nach dem Wirtschaftszweig bzw. der Branche vorgenommen werden, um die jeweiligen Besonderheiten abzubilden. Diese Teilgebiete werden dann als sektorale oder spezielle Betriebswirtschafslehren bezeichnet. Man unterscheidet z. B.

- Industriebetriebslehre
- Betriebswirtschaftslehre des Handels
- Dienstleistungsbetriebslehre
- Bankbetriebslehre
- Versicherungsbetriebslehre
- Betriebswirtschaftslehre der Immobilienwirtschaft

1.3.3 Einteilungsmöglichkeiten von Unternehmen in der Praxis

Unternehmen können zunächst danach eingeteilt werden, ob sie ein produzierendes Unternehmen (Sachleistungsbetrieb) sind oder Dienstleistungen erbringen. In der Unternehmenspraxis erfolgt häufig eine weitergehende Einteilung nach dem **Wirtschaftszweig des Unternehmens**. Dabei werden die vier Teilbereiche Industrie, Handwerk, Handel und Dienstleistungen unterschieden. Daneben gibt es noch Finanzdienstleistungen wie Banken und Versicherungen.

Eine andere Einteilungsmöglichkeit ist nach der **Größe des Unternehmens**. Dabei wird zwischen kleinen, mittleren und großen Unternehmen unterschieden, wobei im Allgemeinen die Kennzahlen Umsatz, Bilanzsumme und Anzahl der Mitarbeiter zur Differenzierung herangezogen werden. Daneben gibt es aber auch qualitative Kriterien, wie z. B. Mitarbeit der Unternehmenseigentümer bzw. Trennung zwischen Eigentümer und Unternehmensleitung. Innerhalb dieser Gruppe wird auch zwischen Großunternehmen auf der einen Seite und zusammengefasst **kleinen und mittleren Unternehmen (KMU)** auf der anderen Seite unterschieden. Bei diesen gelten teilweise andere gesetzliche Regelungen, beispielsweise bei der externen Rechnungslegung, und Konzepte der Unternehmensführung sind an die Besonderheiten der jeweiligen Unternehmensform anzupassen. So sind z. B. bei international tätigen Unternehmen andere Methoden der Personalführung im Einsatz als bei einem mittelständisch geprägten Unternehmen, bei dem der Eigentümer direkt mitarbeitet.

Ein typisch deutsches Phänomen ist der sogenannte **Mittelstand**. Mittelständische Unternehmen sind oftmals nach Kennzahlen größer als KMU, aber durch eine bestimmte Art der Unternehmensführung (häufig innhabergeführt und/oder in Familienbesitz), Spezialisierung und Innovationskraft geprägt.

In diesem Zusammenhang ist auf die sogenannte **gespaltene Unternehmerfunktion** hinzuweisen. Ein Unternehmensgründer hat zwei unterschiedliche Funktionen, die der Kapitalaufbringung und die der Unternehmensführung. In der arbeitsteiligen Welt sind diese beiden Funktionen insbesondere bei größeren Unternehmen getrennt, so dass es Unternehmensführer (Manager) und Kapitalgeber (Eigentümer) mit zum Teil unterschiedlichen Ansprüchen gibt.

Eine weitere Einteilungsmöglichkeit ist nach dem **Lebenszyklus des Unternehmens**:

- **Phase der Unternehmensgründung:** Bei einer Neugründung wird ein vorher noch nicht existierendes Unternehmen neu gegründet. Dies wird häufig als **Start-up** bezeichnet. Dies ist insbesondere im Bereich von Technologie und Digitalisierung der Fall. Aber auch bestehende Unternehmen gründen neue Unternehmen, sog. Beteiligungen. Bei einer Gründung sind neben der eigentlichen Geschäftsidee und der (ersten) Produktentwicklung insbesondere die Rechtsformwahl, die Standortfrage und die Finanzierung von Bedeutung.
- **Phase des Unternehmenswachstums:** Hat ein Unternehmen ein oder mehrere marktgängige Produkte entwickelt (sog. **Proof of Concept**), schließt sich die Wachstumsphase an. Das Unternehmen weitet seine Geschäftsaktivitäten aus, öffnet neue Standorte, erschließt neue Märkte und/oder Kundengruppen und entwickelt weitere Produkte.
- **Phase der Unternehmensreife:** Ist auch das Unternehmenswachstum erfolgreich (sog. **Proof of Scale**), beginnt eine Phase der Stabilität für das Unternehmen. Auch hier ist selbstverständlich noch Wachstum möglich, allerdings im Allgemeinen nicht mehr im selben Ausmaß wie in der ersten Wachstumsphase. In dieser Phase kann das Wachs-

tum nicht mehr ausschließlich aus dem Unternehmen heraus (sog. **organisches Wachstum**), sondern auch durch Zukäufe und Unternehmensverbindungen (siehe ▶ *Kapitel 3*) erfolgen.

- **Unternehmenskrisen und Sanierung:** Eine Unternehmenskrise kann auf verschiedene Art und Weise entstehen. Eine intern ausgelöste Unternehmenskrise ist häufig Folge einer **Strategiekrise**. Daneben gibt es noch als extern ausgelöste Krisen entweder konjunkturell bedingte Krisen oder operative Krisen wie die Insolvenz eines zentralen Kunden. Nach einer Strategiekrise folgt im Allgemeinen eine **Ergebniskrise** mit stark sinkenden Gewinnen bzw. stark steigenden Verlusten. Hieran schließt sich eine **Liquiditätskrise** mit fehlenden Zahlungsmitteln zur Begleichung von ausstehenden Zahlungsverpflichtungen an. Sanierungsmaßnahmen umfassen die kurzfristige Liquiditätsbeschaffung (zur Behebung einer Liquiditätskrise), die Sicherung nachhaltiger Ergebnispotenziale (zur Behebung einer Ergebniskrise) sowie das Festlegen einer zukunftsfähigen Strategie (zur Behebung einer Strategiekrise).
- **Liquidation:** Die planmäßige Auflösung eines Unternehmens wird als Liquidation bezeichnet. Dabei werden bestehende Verträge beendet, Geschäftsbeziehungen abgewickelt, vorhandene Vermögensgegenstände veräußert, ausstehende Schulden beglichen und der verbleibende Saldo liquider Mittel an die Gesellschafter ausgezahlt. Eine Liquidation kann auch die Rechtsfolge gesetzlicher Regelungen sein (z. B. bei einer Verschmelzung).
- **Insolvenz:** Das Insolvenzrecht hat die Zielsetzung, in wirtschaftliche Schwierigkeiten geratenen Unternehmen bei der Überwindung einer Notlage zu helfen. Insofern ist ein Antrag auf Insolvenz nicht gleichbedeutend mit einer Auflösung des Unternehmens, er stellt vielmehr einen besonderen Anlass dar, um zu prüfen, ob und in welcher Form das Unternehmen (über-)lebensfähig ist.

  Insolvenz bedeutet die Vollstreckung von Forderungen, jedoch nicht als Einzelvollstreckung, sondern in der Form der Gesamtvollstreckung. Sinn und Zweck ist der Ersatz der Einzelvollstreckung (die Ansprüche von Gläubigern, die zuerst geltend gemacht werden, werden auch zuerst erfüllt) durch das Prioritätsprinzip (Grundsatz der gleichmäßigen Gläubigerbefriedigung), wenn absehbar ist, dass das Vermögen des Schuldners nicht mehr zur Befriedigung aller Gläubiger ausreicht.

  Solange mindestens eine natürliche Person unbeschränkt haftet (Personengesellschaften), ist die Stellung eines Insolvenzantrags freiwillig. Bei Kapitalgesellschaften ist ein Insolvenzgrund gegeben, wenn eine insolvenzrechtliche Überschuldung vorliegt (das Vermögen des Unternehmens deckt seine Verbindlichkeiten nicht mehr) oder wenn das Unternehmen (drohend) zahlungsunfähig ist, d. h., wenn das Unternehmen seine fälligen Zahlungsverpflichtungen (voraussichtlich) nicht begleichen kann. In diesen Fällen hat die Geschäftsführung unverzüglich einen Insolvenzantrag zu stellen.

  Spätestens mit der Eröffnung des Insolvenzverfahrens verliert der Schuldner die Verwaltungs- und Verfügungsbefugnis über sein Vermögen an den Insolvenzverwalter. Handelt es sich beim Schuldner um eine Gesellschaft, werden Vorstände/Geschäftsführer durch ihn faktisch entmachtet, obwohl sie im Amt bleiben können.

  Aus einem Insolvenzverfahren können sich drei mögliche Folgen für das Unternehmen ergeben:

  1. Das Unternehmen wird aufgelöst, dies führt zu einer oben erläuterten **Liquidation**. Regelmäßig wird dabei kein Saldo zur Ausschüttung an die Eigentümer mehr verbleiben.

2. Das Unternehmen bzw. seine Bestandteile werden an einen anderen Rechtsträger übertragen (sog. **übertragende Sanierung**).
3. Das Unternehmen wird saniert und fortgeführt (**Insolvenzplanverfahren** mit Fremdverwaltung oder Insolvenzplanverfahren mit Eigenverwaltung).

Je nach Erfolg der durchgeführten Sanierungsmaßnahmen bei 2) und 3) können Gläubiger noch (zumindest einen Teil ihrer) Forderungen erhalten und evtl. auch die Eigentümer des Unternehmens ihre gesellschaftsrechtliche Verfügungsmacht behalten.

ZUSAMMENFASSUNG

In diesem Kapitel haben Sie gelernt,

- in welchen wissenschaftlichen Rahmen die Betriebswirtschaftslehre eingeordnet werden kann,
- wie sich Betriebswirtschaftslehre und Volkswirtschaftslehre als Teildisziplinen der Wirtschaftswissenschaften unterscheiden,
- was unter dem Begriff „Wirtschaften" zu verstehen ist und wie daraus wesentliche Grundprinzipien der Betriebswirtschaftslehre abgeleitet werden können,
- wie die Begrifflichkeiten Wirtschaftssubjekt, privater Haushalt, Betrieb und Unternehmen aus theoretischer Sicht definiert werden,
- wie aus dem Konzept der Wertschöpfung die grundlegenden betriebswirtschaftlichen Funktionen eines Unternehmens abgeleitet werden können,
- welche Teilgebiete der betriebswirtschaftlichen Forschung und Lehre in funktionaler und sektoraler Art unterschieden werden und
- welche Unternehmensformen und Begrifflichkeiten in der Praxis vorkommen.

Wissenschaft ist die Suche nach und das Finden von etwas Neuem. Dabei geht es um die Lösung von Problemen realer oder ideeller Natur. Wirtschaftswissenschaften wollen wie alle wissenschaftlichen Forschungsrichtungen beschreiben, wie etwas ist, analysieren, weshalb es so ist und empfehlen, wie es gestaltet werden könnte. Die Betriebswirtschaftslehre ist neben der Volkswirtschaftslehre eine wissenschaftliche Teildisziplin der Wirtschaftswissenschaften. Ihr Schwerpunkt sind Betriebe, d. h. Wirtschaftssubjekte, deren Aufgabe es ist, Bedarfe anderer Wirtschaftssubjekte zu decken. Betriebe werden dabei zu Unternehmen, wenn sie erwerbswirtschaftlich geprägt sind. Die Volkswirtschaftslehre befasst sich dagegen mit dem privaten Haushalt und öffentlichen Haushalten (Staaten) als Wirtschaftssubjekte.

Wirtschaften bedeutet, mit vorhandenen Mitteln effizient umzugehen, d. h. sie so einzusetzen, dass entweder ein maximales Ergebnis erzielt werden kann (Maximalprinzip) oder dass ein bestimmtes Ergebnis mit möglichst wenig Mitteleinsatz erzielt werden kann (Minimalprinzip). Neben diesem rein ökonomischen Prinzip existieren auch weitere nicht wirtschaftliche Prinzipien, wie z. B. das Humanitätsprinzip.

Ein Unternehmen schafft dann Wert, wenn es in der Lage ist, von anderen Unternehmen bezogene Gegenstände (Input) über Produktionsprozesse in höherwertige Gegenstände zu verändern (Output) und diese an Kunden zu veräußern. Diese Leistungserbringung, bestehend aus Einkauf, Produktion und Absatz wird ergänzt durch unterstützende Funktionen wie Marketing, Rechnungslegung, Organisation und Personal.

Hieraus ergeben sich auch die wesentlichen funktionalen Teilgebiete der Betriebswirtschaftslehre. Daneben bestehen auch sektorale Untersuchungsgegenstände, wie z. B. Bankbetriebslehre.

In der Praxis wird nach der Größe zwischen kleinen, mittleren und großen Unternehmen ebenso unterschieden wie nach Wirtschaftszweigen zwischen Industrie, Handel und Dienstleistungsunternehmen.

Der Lebenszyklus eines Unternehmens besteht aus Gründungs-, Wachstums- und Reifephase. Ein Unternehmen wird durch eine Liquidation beendet. Werden Unternehmenskrisen nicht behoben, können sie zu einer Insolvenz des Unternehmens führen.

Ihr Wissen können Sie im eLearning-Bereich mit einem Verständnistest prüfen.

AUFGABEN

Aufgabe 1

Ordnen Sie die Betriebswirtschaftslehre als wissenschaftliche Teildisziplin ein.

Aufgabe 2

Welche Funktionen erfüllt die Betriebswirtschaftslehre?

Aufgabe 3

Grenzen Sie die Begriffe Betrieb, Unternehmen und Firma voneinander ab.

Aufgabe 4

Ein Unternehmen bezieht Vorleistungen (Material) in Höhe von 100, die Abschreibungen betragen 20. Es werden Produkte mit einem Umsatz von 200 veräußert. Der Personalaufwand beträgt 30, Zinsen an Kreditgeber fallen in Höhe von 20 an. Der Steuersatz beträgt 33 %.

Berechnen Sie den Gewinn des Unternehmens und die Wertschöpfung sowohl nach der Entstehungsrechnung als auch nach der Verteilungsrechnung.

Aufgabe 5

Nennen Sie jeweils zwei Beispiele für Kernfunktionen und für Unterstützungsfunktionen im Unternehmen.

Aufgabe 6

Erläutern Sie unterschiedliche Sichtweisen auf den Begriff Management.

Aufgabe 7

Nach welchen Kriterien werden kleine und mittlere Unternehmen in der Praxis abgegrenzt?

Aufgabe 8

Welche Lebensphasen eines Unternehmens kennen Sie?

Die Lösungen zu den Aufgaben finden Sie im eLearning-Bereich.

FALL GEGENSTAND DER BETRIEBSWIRTSCHAFTSLEHRE

Quelle: shutterstock.com, © Nirat.pix

Teil 1

Siegfried Schlau, Student des ersten Semesters der Betriebswirtschaftslehre, will beim Abiturtreffen bei seinen ehemaligen Klassenkameraden mit seinem Wissen über wissenschaftliche Leistungen in der Betriebswirtschaftslehre auftrumpfen. Dazu bereitet er einen Vortrag über „Wissenschaft in der Wirtschaft“ vor.

Helfen Sie Siegfried Schlau, indem Sie erläutern,

- was generell unter Wissenschaft zu verstehen ist,
- welche Funktionen Wissenschaft ausübt,
- wie die Wirtschaftswissenschaften im Allgemeinen und die Betriebswirtschaftslehre im Besonderen in die Struktur der Wissenschaften eingeordnet werden können und
- welche konkreten Ziele/Aufgaben die Betriebswirtschaftslehre verfolgt.

Quelle: shutterstock.com, © Firma V

Teil 2

Karla Klever hat nach dem Abitur ebenfalls ein Studium der Betriebswirtschaftslehre begonnen. Sie möchte Siegfried Schlau auf die Probe stellen, indem sie ihn mit der Aussage konfrontiert: „Unternehmen dienen nur dazu, dass die Eigentümer reich werden."

Helfen Sie Siegfried Schlau bei seiner Antwort, in dem Sie erläutern,

- wie Betriebe und Unternehmen definiert werden,
- welche Auswirkungen das ökonomische Prinzip auf die Handlungen von Unternehmen hat,
- welche weiteren Prinzipien in der Betriebswirtschaftslehre Anwendung finden.

Lehrende finden die Lösungen und weiteres, begleitendes Material in den eLearning-Dozentenressourcen.

Literaturhinweise

Schierenbeck, Henner; Wöhle, Claudia B.: Grundzüge der Betriebswirtschaftslehre, 19. Auflage, Berlin, DeGruyter Verlag, 2016.

Schmalen, Helmut; Pechtl, Hans: Grundlagen und Probleme der Betriebswirtschaftslehre, 15. Auflage, Stuttgart, Schäffer-Poeschel Verlag, 2013.

Straub, Thomas: Einführung in die Allgemeine Betriebswirtschaftslehre, 2. Auflage, München, Pearson Verlag, 2015.

Thommen, Jean-Paul; Achleitner, Ann-Kristin; Gilbert, Dirk Ulrich; Hachmeister, Dirk; Kaiser, Gernot: Allgemeine Betriebswirtschaftslehre, 8. Auflage, Wiesbaden, Springer Gabler Verlag, 2013.

Vahs, Dietmar; Schäfer-Kunz, Jan: Einführung in die Betriebswirtschaftslehre, 7. Auflage, Stuttgart, Schäffer-Poeschel Verlag, 2015.

Weber, Wolfgang; Kabst, Rüdiger; Baum, Matthias: Einführung in die Betriebswirtschaftslehre, 9. Auflage, Wiesbaden, Springer Gabler Verlag, 2015.

Wöhe, Günter; Döring, Ulrich; Brösel, Gerrit: Einführung in die Allgemeine Betriebswirtschaftslehre, 26. Auflage, München, Verlag Franz Vahlen, 2016.

In **Teil II** werden konstitutive Entscheidungen von Unternehmen behandelt. Dazu gehören die Festlegung der Unternehmensziele, die Berücksichtigung unterschiedlicher Interessengruppen in Unternehmen, das Treffen von Standortentscheidungen sowie von Entscheidungen zu Unternehmensverbindungen. Besonderes Augenmerk wird auf die Rechtsformen von Unternehmen gelegt.

TEIL II

Konstitutive Entscheidungen

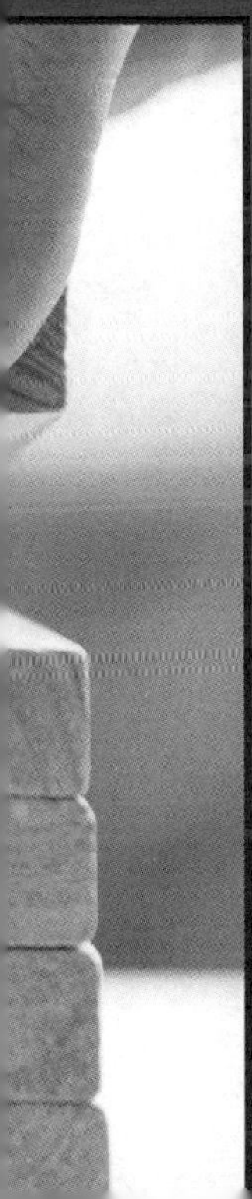

Lernziele

In diesem Kapitel werden Sie lernen,

- weshalb in Unternehmen Ziele eingesetzt werden,
- welche Ziele Unternehmen verfolgen, wie die Ziele hierarchisch gegliedert sind und welche Beziehungen zwischen Zielen bestehen können,
- wie Unternehmen Ziele inhaltlich und organisatorisch festlegen,
- welche Anspruchsgruppen Interessen an Unternehmen haben, worin sich diese Interessen unterscheiden und wie Unternehmen einen Ausgleich zwischen den Interessengruppen schaffen können und
- welche gesetzliche Vorschriften und sonstige Regelungen es gibt, um einzelne Anspruchsgruppen zu schützen und einen Interessenausgleich zwischen den Anspruchsgruppen herzustellen.

Unternehmensziele und Stakeholdermanagement

2

ÜBERBLICK

2.1 Unternehmensziele

2.1.1 Funktionen von Zielen

Ein Ziel ist definiert als ein angestrebter Zustand, der in der Zukunft durch Maßnahmen und Aktivitäten erreicht werden soll. Ziele sind somit Ausdruck der Leitlinien eines Unternehmens, sie verdeutlichen, welche zukünftigen Situationen durch Handlungen des Unternehmens eintreten sollen.

Ziele sind folglich gekennzeichnet durch

- **Willensorientierung** (es **soll** zukünftig etwas durch Maßnahmen erreicht werden),
- **Zukunftsorientierung** (es soll **zukünftig** etwas durch Maßnahmen erreicht werden) sowie
- **Aktivitätsorientierung** (es soll zukünftig etwas durch **Maßnahmen** erreicht werden).

Ziele erfüllen im Unternehmen folgende **Funktionen**:

- **Koordination der einzelnen Unternehmenseinheiten:** In Unternehmen arbeiten im Allgemeinen viele Menschen miteinander. Damit nicht jeder Einzelne nur für sich und nach seinen eigenen Vorstellungen arbeitet, werden Ziele eingesetzt.
- **Kommunikation der angestrebten Ergebnisse innerhalb der Organisation:** Durch die Festlegung von Zielen wird es möglich, den im Unternehmen Tätigen zu verdeutlichen, was erreicht werden soll.
- **Motivation von Mitarbeitern:** Durch Ziele soll die Motivation der Mitarbeiter erhöht werden, da ihre Tätigkeiten dann zweckorientiert sind, einen Sinn bekommen.
- **Messbarmachung der Leistung von Mitarbeitern und Organisationseinheiten:** Gleichzeitig wird es der Unternehmensführung und Vorgesetzten durch Ziele ermöglicht, zu überprüfen, in welchem Umfang einzelne Mitarbeiter oder Unternehmensteile zu deren Erfüllung beitragen. Diese Kontrollmöglichkeit steht teilweise der Motivationsfunktion entgegen.

2.1.2 Arten von Zielen

Ziele werden nach Inhalt, Ausmaß, zeitlichem und hierarchischem Bezug sowie nach Zielbeziehungen untereinander differenziert.

Nach dem **inhaltlichen Aspekt** werden finanzielle und nicht-finanzielle Ziele unterschieden. Der größte Teil der Unternehmensziele ist dem ökonomischen Prinzip entsprechend finanzieller Natur, z. B. Umsatz, Jahresergebnis, Renditegrößen. Daneben sind aber auch nicht-finanzielle Ziele, wie z. B. Mitarbeiterzufriedenheit, Kundenzufriedenheit, Umweltschutz, zu berücksichtigen. Dies wurde bei der Erläuterung des ökonomischen Prinzips im ▶ *Kapitel 1 „Gegenstand der Betriebswirtschaftslehre“* bereits deutlich, als das Humanitätsprinzip und das Ökologieprinzip angesprochen wurden.

Eine weitere inhaltliche Einteilung besteht in der Differenzierung in ökonomische Ziele (z. B. Umsatz, Jahresergebnis), ökologische Ziele (z. B. Umweltschutz) und soziale Ziele (z. B. Mitarbeiterzufriedenheit).

Kombiniert ergeben sich Ziele inhaltlich wie folgt:

	Finanzielle Ziele	**Nicht-finanzielle Ziele**
Ökonomische Ziele	z. B. Umsatz	z. B. Image des Unternehmens
Ökologische Ziele	z. B. Kosten für Umweltschutzmaßnahmen	z. B. Nachhaltigkeit der Leistungserstellung
Soziale Ziele	z. B. Kosten für Kantinenessen	z. B. Kundenzufriedenheit

Tabelle 2.1: Inhaltliche Strukturierung von Zielen

Nach dem **hierarchischen Aspekt** werden oberste Unternehmensziele, mittlere Unternehmensziele und nachgeordnete Unternehmensziele unterschieden. Dies ist insbesondere im Bereich der Unternehmensstrategie von Bedeutung. Um einen nachhaltigen Unternehmenserfolg sicherzustellen, muss ein Unternehmen auf die Identifikation und die Nutzung strategischer Erfolgspotenziale ausgerichtet werden.

Die **Vision** eines Unternehmens beinhaltet eine langfristige Sicht, wohin sich das Unternehmen entwickeln soll und was seine Einzigartigkeit ausmacht.

Die **Mission** eines Unternehmens drückt aus, wofür das Unternehmen steht, was es seinen Kunden bietet und worauf seine Existenzberechtigung beruht.

Vision und Mission werden zwar in der Theorie voneinander abgegrenzt, in der Unternehmenspraxis wird eine solche Trennung allerdings nicht immer klar und sprachlich nachvollziehbar ausgeführt.

Weitere Details zu den Begriffen Vision, Mission und strategische Ziele finden sich im ▶ *Kapitel 3 „Strategie“*.

Nach dem **zeitlichen Aspekt** werden strategische und operative Ziele unterschieden. Während die strategischen Ziele eher langfristig und allgemein formuliert sind, zeichnen sich die operativen Ziele durch eine kurze Frist und höhere Konkretisierung aus.

Strategische Ziele setzen Mission und Vision in konkret messbare Ziele um. Dabei geht es um langfristig angesetzte Zielgrößen und Werte, die übergreifend im gesamten Unternehmen erreicht werden sollen.

Operative Ziele brechen die strategischen Ziele auf steuerbare, regelmäßig kurzfristige Zielgrößen herunter.

Beispiel: Von der Vision zu den operativen Unternehmenszielen

Die fiktive Wohnen & Wert AG, ein Unternehmen der Immobilienbranche, kauft und vermietet Wohnungen in zahlreichen deutschen Großstädten.

Quelle: shutterstock.com, © paulista

Vision: Wir bieten in allen deutschen Städten mit mehr als 500.000 Einwohnern bezahlbaren Wohnraum für Familien.

Mission: Wir schaffen Wert(e): Wert für unsere Mieter und Wert für unsere Eigentümer. Unser Slogan lautet: Familie & Wohnraum = Wohnen & Wert.

Strategische Ziele:

- Immobilienbestand von mindestens jeweils 5.000 Wohnungen in den 20 größten deutschen Städten
- Vermietungsquote an Familien mit Kindern > 50 %
- Rendite auf das eingesetzte Kapital der Gesellschafter > 5 %

Operative Ziele im nächsten Geschäftsjahr:

- Ankauf von 10.000 Wohnungen
- Reduzierung des bestehenden Leerstands um 2 %
- Erzielung eines Jahresüberschusses von 100 Mio. €

2.1.3 Zielbeziehungen

Aus der obigen Darstellung der verschiedenen Zielarten wird deutlich, dass ein Unternehmen nicht immer alle Ziele gleichzeitig erreichen kann. Ziele stehen vielmehr zueinander in unterschiedlichen Beziehungen.

Bei **komplementären Zielbeziehungen** trägt die Erfüllung eines Ziels zur Erfüllung eines anderen Ziels bei. Dies wird beispielsweise bei hierarchisch aufgebauten Zielsystemen deutlich: Der Return on Investment (ROI) gibt an, welches Ergebnis mit einer Investition erzielt wird:

Formel 2.1: Return on Investment

$$ROI = \frac{Jahresergebnis}{Kapital}$$

Der ROI kann in die zwei Unterziele Umsatzrentabilität und Kapitalumschlagshäufigkeit unterteilt werden:

Formel 2.2: Aufteilung des Return on Investment

$$ROI = Umsatzrentabilität \times Kapitalumschlagshäufigkeit$$

$$ROI = \frac{Jahresergebnis}{Umsatz} \times \frac{Umsatz}{Kapital}$$

Hieraus folgt beispielsweise, dass der Anstieg des Jahresergebnisses als Ziel zur Erhöhung des Ziels Return on Investment führt, die beiden Ziele sind folglich komplementär zueinander.

Bei **konkurrierenden Zielbeziehungen** führt die (Mehr-)Erfüllung eines Ziels zu einer Mindererfüllung eines anderen Ziels. Erhöht das Unternehmen beispielsweise die Gehaltszahlungen an Mitarbeiter, führt dies – wenn nicht die am Markt erzielbaren Preise ebenfalls erhöht werden – zu einer Reduzierung des Jahresergebnisses.

Sich gegenseitig **ausschließende Zielbeziehungen** sind ein Extremum von konkurrierenden Zielbeziehungen: Wird ein Ziel erfüllt, ist ein anderes nicht mehr erfüllbar. Verfügt ein Unternehmen beispielsweise über begrenzte liquide Mittel (was der Regelfall sein dürfte) und muss sich zwischen dem Ziel „Eröffnung einer Niederlassung in China" und „Kauf einer Spezialmaschine" entscheiden, kann nur eines der beiden Ziele verfolgt werden.

Bei **neutralen Zielbeziehungen** beeinflussen sich die verschiedenen Ziele gegenseitig nicht. So ist beispielsweise die Zufriedenheit der Mitarbeiter unabhängig von den Umsatzerlösen.

In der Unternehmenspraxis sind diese theoretisch dargestellten Zielbeziehungen allerdings nicht immer kategorisch: So ist es z. B. denkbar, dass ein Unternehmen versucht, zusätzliche Finanzmittel zu erhalten, um sowohl die Niederlassung in China zu eröffnen als auch die Spezialmaschine zu kaufen. Auch ist es möglich, dass ein Anstieg der Mitarbeiterzufriedenheit zu höheren Umsatzerlösen führt, da motivierte Mitarbeiter bessere Verkäufer der Unternehmensleistungen sind.

Letztendlich ist es in jedem Unternehmen und in jedem Einzelfall zu entscheiden, wie die Ziele zueinander in Beziehung stehen und wie Prioritäten zwischen den Zielen gesetzt werden. Dies ist eine der wesentlichen Aufgaben der Unternehmensführung.

2.1.4 Inhaltliche und organisatorische Aspekte der Zielfindung in Unternehmen

Inhaltliche Aspekte des Zielfindungsprozesses

Es werden im Allgemeinen Sachziele und Formalziele unterschieden. Sachziele enthalten dabei Wertgrößen der unternehmerischen Aktivität, Formalziele sind daraus abgeleitet finanzwirtschaftliche Größen.

Beispiele für Sachziele sind:

- Marktvolumen und Absatz
- Produktionsmenge, Bestände und Beschaffungsmengen
- Maschinenkapazität und Kapazitätsauslastung
- Mitarbeiter und Produktivität
- Fertigungstiefe

Beispiele für Formalziele sind:

- Umsatz und Umsatzentwicklung
- Investitionen
- Ergebnisse und Ergebnisentwicklung
- Kosten und Kostenentwicklung

Weitere Details zu Sachzielen und Formalzielen finden sich im ▶ *Kapitel 13 „Controlling“*.

Organisatorische Aspekte des Zielfindungsprozesses

Die Zielfindung im Unternehmen kann organisatorisch auf unterschiedliche Art ablaufen.

So ist es denkbar, dass die Unternehmensleitung Ziele vorgibt, die nachgeordnete organisatorische Einheiten zu erfüllen haben (sog. Top-Down-Ansatz). Vorteil hier ist, dass es klare Ziele und Verantwortlichkeiten gibt. Insbesondere in größeren Unternehmen kann dies jedoch den Nachteil einer fehlenden (Markt-, Kunden-)Nähe haben, wenn die Unternehmensleitung nicht selbst operativ tätig ist.

Alternativ werden Ziele von den operativen Einheiten festgelegt (sog. Bottom-Up-Ansatz) und nach oben aggregiert. Hierdurch soll die bei den tatsächlich Verantwortlichen bestehende Markt- und Kundennähe in die Ziele einfließen. Allerdings kann es hier zu fehlender Koordination zwischen den einzelnen Zielen kommen.

Kombiniert man die beiden Ansätze, ergibt sich das sog. Gegenstromverfahren, das versucht, ihre Vorteile zu verbinden und die Nachteile auszugleichen. Allerdings wird dadurch der Zielfindungsprozess organisatorisch (deutlich) aufwändiger.

Weitere Details zur organisatorischen Festlegung von Zielen finden sich im ▶ *Kapitel 13 „Controlling“*.

2.2 Stakeholdermanagement – Anspruchsgruppen im Unternehmen und ihre Zielsetzungen

2.2.1 Stakeholder und ihre Interessen

Mit einem Unternehmen ist eine Vielzahl von Gruppen verbunden, die zum Teil sehr unterschiedliche Ansprüche haben. Diese Anspruchsgruppen werden regelmäßig als **Stakeholder** bezeichnet, weil sie ein Interesse („stake") am Unternehmen haben. Die Berücksichtigung der differenzierten Interessen wird folgerichtig als Stakeholdermanagement bezeichnet.

Unternehmen sind Institutionen zur externen Deckung von Bedarfen privater Haushalte. Aus dieser Definition kann abgeleitet werden, dass eine wesentliche Gruppe, die Ansprüche an ein Unternehmen stellt, dessen Kunden sind. Allerdings ist zwar der bestehende Bedarf von Kunden Auslöser für eine Unternehmensgründung, tatsächlich ausgeführt wird sie aber von den Gründern. Denn auch wenn es (unerfüllte) Kundenwünsche gibt, für deren Befriedigung Unternehmen gegründet werden, das Risiko eines Erfolgs oder Misserfolgs wird von den Eigentümern getragen. Deshalb werden die Eigentümer im sog. **Shareholdermanagement** als wichtigste Gruppe ansehen.

Eigentümer und Kunden haben naturgemäß unterschiedliche Ansprüche an ein Unternehmen: Kunden wollen einen möglichst hohen Nutzen aus der Bedarfsbefriedigung ziehen (konkret: viel Produkt für wenig Geld), während Eigentümer an hohen Gewinnen interessiert sind (konkret: hoher Umsatz mit geringen Produktionskosten). Hier können Interessenkonflikte entstehen, insbesondere wenn Unternehmen die Möglichkeit erhalten, bestehende Rahmenbedingungen nicht einzuhalten. Produziert beispielsweise ein Automobilunternehmen Kraftfahrzeuge, wird es eventuell versuchen, schadstoffmindernde Maßnahmen zu unterlassen, um so Kosten zu sparen und den Gewinn zu erhöhen. Kunden aber legen potenziell Wert genau auf einen geringen Schadstoffausstoß und darauf, dass die produzierten Fahrzeuge auch tatsächlich genutzt werden können.

Daneben gibt es noch eine Vielzahl weiterer am Unternehmen Interessierter mit teilweise stark divergierenden Interessen und Absichten:

Die **Unternehmensleitung**, verstanden in Ausübung der Managerfunktion, will zunächst auch eine Vergütung aus dem Unternehmen erhalten. Gleichzeitig ist es ihre Aufgabe, Informationen an unterschiedliche andere Anspruchsgruppen zu liefern, dies erfolgt z. B. über die externe Rechnungslegung. Sie ist jedoch tendenziell eher daran interessiert, die veröffentlichten Informationen über das Unternehmen so gering wie möglich zu halten, um keine Wettbewerbsnachteile zu haben und um aus Wirtschaftlichkeitsgründen Kosten zu sparen.

Mitarbeiter wollen einen sicheren Arbeitsplatz, gute Arbeitsbedingungen und hohe Vergütungen. Mitarbeiterinteressen werden häufig durch Betriebsräte vertreten. Dies sind gewählte Vertreter der Mitarbeiter, die als Teil der arbeitsrechtlichen **Mitbestimmung** mit der Unternehmensleitung entsprechende Verhandlungen führen. Daneben gibt es noch Gewerkschaften, die eine überbetriebliche Interessenvertretung darstellen.

Gläubiger haben als wesentliche Zielsetzung, dass ihre Forderungen beglichen werden. Sie geben z. B. Banken nur dann Darlehen an Unternehmen, wenn sie mit Sicherheit davon ausgehen können, dass der Darlehensnehmer sowohl die vereinbarten Zinsen bezahlt als auch das Darlehen am Ende der Laufzeit vollständig zurückzahlt. Gleiches gilt für **Lieferanten** als weitere wichtige Gläubigergruppe, die ebenfalls erwarten, dass ihre Rechnungen fristgerecht und vollständig gezahlt werden. Darüber hinaus möchten Lieferanten naturgemäß möglichst viel Umsatz mit dem Unternehmen erzielen, was wiederum im Konflikt mit den Interessen der Eigentümer und eventuell auch der Unternehmensführung steht, da diese möglichst wenig Kosten für bezogene Leistungen haben wollen, um mehr Gewinn erzielen zu können.

Der **Staat** hat ein großes Interesse daran, dass Unternehmen als Arbeitgeber existieren. Daneben stehen dem Staat aber auch die Steuerzahlungen der Unternehmen zu.

Die interessierte **Öffentlichkeit** (Wirtschaftsverbände, Kammern, Medien, Interessengruppen) schließlich will, dass Unternehmen Gesetze einhalten, nachhaltig wirtschaften und sich positiv in den Wirtschaftskreislauf einordnen. Dies wird auch als „Corporate Citizenship“ bezeichnet.

2.2.2 Einfluss der Gesellschafterstruktur auf die Unternehmensziele

Verfolgt man den Ansatz, dass Unternehmen sich vorrangig an den Zielen der Eigentümer orientieren, spricht man von einer „Shareholderorientierung“. Bekanntestes Beispiel hierfür ist der sog. Shareholder-Value-Ansatz, der die Maximierung des Unternehmenswerts für die Gesellschafter als oberstes Ziel setzt. Aber selbst wenn man die Eigentümerorientierung nicht als das alleinige Ziel eines Unternehmens ansieht und auch andere Stakeholder und ihre Interessen berücksichtigt werden sollen, hängen die Ziele doch wesentlich davon ab, wie sich die Gesellschafterstruktur zusammensetzt.

Eigentümer von **Familienunternehmen** sind der Gründer bzw. dessen Familienangehörige und Nachkommen. Hier stehen häufig die Vermögenssicherung sowie die Sicherung der unternehmerischen Unabhängigkeit im Vordergrund. Es herrscht eine langfristige, oft generationenübergreifende Investitionsperspektive vor, hinsichtlich der ergebnisorientierten Steuerung wird eine Steueroptimierung einer Gewinnmaximierung vorgezogen. Die Risikobereitschaft ist relativ niedrig, eben um eine langfristige Bestandssicherung zu ermöglichen.

Kapitalmarktorientierte Unternehmen befinden sich mehrheitlich im Eigentum einer großen Anzahl von Gesellschaftern, dies sind regelmäßig anonyme Aktionäre. Hier finden sich häufig eine Unternehmenswertorientierung (s. o. Shareholder Value) sowie eine Orientierung an ausschüttungsfähigen Gewinnen. Die Rendite für die Gesellschafter soll über Dividendenzahlungen und (positive) Kursentwicklung erzielt werden. Eine persönliche Bindung der Eigentümer an das Unternehmen besteht in aller Regel nicht.

Eine Zwischenform stellt die Beteiligung von institutionellen Kapitalgebern, z. B. Private Equity Fonds, an Unternehmen dar, allerdings ohne dass das Unternehmen kapitalmarktorientiert ist: Auch hier ist der Unternehmenswert eine zentrale Zielgröße, allerdings soll dieser über kurz- bis mittelfristige Maßnahmen erhöht werden. Verbunden mit einer meist hohen Risikoaffinität und einer hohen Bereitschaft zu strategischen Investitionen und Desinvestitionen erzielen die Eigentümer hier ihre Rendite regelmäßig über einen Weiterverkauf der Beteiligung, den sog. Exit. Dieses Vorgehen steht allerdings nicht selten im Widerspruch zu den Zielen der anderen Stakeholder.

2.2.3 Gesetzliche Regelungen zum Schutz und Ausgleich der Interessen

Auf Basis der unterschiedlichen Zielsetzungen der Anspruchsgruppen wird ersichtlich, dass die Unternehmensführung die besondere Aufgabe hat, einen Ausgleich zwischen diesen herzustellen. Letztendlich wird eine derartige Entscheidung zwar immer unternehmensindividuell ausfallen, dennoch ist eine Ausgewogenheit zwischen den Zielen erforderlich. Verfolgt ein Unternehmen beispielsweise ausschließlich die Interessen der Eigentümer (z. B. über Gewinnmaximierung auf Kosten der Kunden), so kann es zu Verwerfungen in den Beziehungen zu den Kunden kommen (z. B. wenn der Schadstoffausstoß von Autos nicht korrekt angegeben wird), die zu negativen wirtschaftlichen Konsequenzen führen können. Ebenfalls kritisch kann die Verfolgung allein kurzfristiger Interessen sein („kurzfristige Gewinnmaximierung"), da hierdurch das finanzielle Gleichgewicht des Unternehmens gestört werden kann. Neben der jederzeitigen Liquidität ist damit auch eine angemessene Verzinsung des eingesetzten Eigenkapitals, aber auch die nachhaltige Sicherung des Unternehmens gemeint.

Beispiel: Störung des finanziellen Gleichgewichts[1]

Lehman Brothers hat mit der Investition in hochriskante Finanzinstrumente sehr hohe Gewinne erzielt. Als der Markt für diese Instrumente einbrach, musste das Unternehmen im September 2008 Insolvenz anmelden.

Quelle: Wikimedia Commons, © Karsten11

Da die Unternehmensführung nicht immer in der Lage ist, richtige Entscheidungen zu treffen, und da es auch vorkommen kann, dass Entscheidungsträger in Unternehmen bewusst oder unbewusst falsche Zielprioritäten setzen, gibt es zahlreiche gesetzliche Regelungen, die die Interessen der am Unternehmen Beteiligten schützen sollen.

Arbeitnehmerschutzgesetze beinhalten den Schutz von Interessen der Arbeitnehmer. Zu nennen sind beispielsweise das Arbeitszeitgesetz, das Betriebsverfassungsgesetz und die Verordnung zum Schutze der Mütter am Arbeitsplatz. Inhaltlich zählen dazu ein besonderer Kündigungsschutz, Urlaubsansprüche sowie die betriebliche Mitbestimmung ausgeführt durch den Betriebsrat. Dieser verfügt über Mitbestimmungsrechte (Initiativ- und Vetorecht) und Mitwirkungsrechte (Beratungs-, Anhörungs- und Informationsrecht). Ebenfalls zum Themenbereich des Schutzes von Arbeitnehmerinteressen zählen Betriebsvereinbarungen, d. h. unternehmensbezogene Vereinbarungen zwischen Unternehmensführung und Arbeitnehmervertretung.

Das **Mitbestimmungsgesetz** legt fest, dass der Aufsichtsrat eines Unternehmens ab einer bestimmten Unternehmensgröße zu einem festgelegten Teil mit Arbeitnehmervertretern zu besetzen ist. Dadurch erhalten Arbeitnehmer zumindest indirekt Einfluss auf wesentliche strategische Entscheidungen des Unternehmens und der Unternehmensführung.

Umweltschutzgesetze sollen verhindern, dass Unternehmen wirtschaftlichen Erfolg auf Kosten der Umwelt erzielen. Dazu zählen beispielsweise das Bundes-Immissionsschutzgesetz, das Erneuerbare Energien Gesetz oder das Gesetz zur Regelung der Gentechnik.

Ein weiterer Schutz soll durch die Verpflichtung zur regelmäßigen und transparenten Dokumentierung von und Berichterstattung über Geschäftsvorfälle erzielt werden. Diesem Ziel dient beispielsweise die externe Rechnungslegung nach dem Handelsgesetzbuch. Dort ist insbesondere der Gläubigerschutzgedanke ein wesentlicher Baustein.

Die Regelungen der **Corporate Governance** fassen Gesetze, Normen und Vorschriften in einem einzigen Regelwerk zusammen, das als Leitfaden für gute und verantwortungsvolle Unternehmensführung dienen soll. Diese orientieren sich am Bild des ehrbaren Kaufmanns, der bei seinen Entscheidungen unterschiedliche Interessen berücksichtigen soll. In Deutschland werden die Regelungen durch die Regierungskommission **Deutscher Corporate Governance Kodex** festgelegt und herausgegeben.[2] Dieser Kodex enthält detaillierte Regelungen für Aktiengesellschaften, entfaltet seine Wirkung aber auch für Gesellschaften anderer Rechtsformen. Der DCGK ist zwar nicht unmittelbar bindend, allerdings verpflichtet § 161 AktG Vorstand und Aufsichtsrat börsennotierter AGs, zu erklären, inwieweit sie den Empfehlungen des DCGK entsprechen und an welchen Stellen nicht. Damit entfaltet er dennoch eine mittelbare Bindungswirkung. Bedenken aus dem Gedanken des demokratischen Legitimationserfordernisses der Gesetzgebung sind daher berechtigt. Dies gilt umso mehr, als entgegen § 161 AktG nicht bekanntgegebene Abweichungen vom DCGK die Anfechtung von Hauptversammlungsbeschlüssen begründen können und sogar Schadensersatzansprüche für diesen Fall diskutiert werden.

Der DCGK enthält neben den genannten Empfehlungen auch bloße Anregungen. Sein Umfang wird kritisiert. Auf aktuell[3] 15 Seiten zzgl. 4 Seiten Anhang finden sich u. a.

- Bestimmungen, die lediglich gesetzliche Regelungen wiederholen, etwa Abschnitt 4.3.1: „Vorstandsmitglieder unterliegen während ihrer Tätigkeit für das Unternehmen einem umfassenden Wettbewerbsverbot", weil § 88 AktG dies schon vorschreibt, oder Abschnitt 5.4.6 S. 1: „Die Vergütung der Aufsichtsratsmitglieder wird durch Beschluss der Hauptversammlung oder in der Satzung festgelegt", weil das bereits durch § 113 AktG so vorgegeben ist,
- Spezialregelungen, die z. T. auf viele Unternehmen passen, auf manche aber eben auch nicht, etwa
  - Abschnitt 5.1.2 Abs. 2 S. 1: „Bei Erstbestellungen [der Vorstände] sollte die maximal mögliche Bestelldauer von fünf Jahre nicht die Regel sein" oder
  - Abschnitt 5.3.3: „Der Aufsichtsrat soll einen Nominierungsausschuss bilden, der ausschließlich mit Vertretern der Anteilseigner besetzt ist und dem Aufsichtsrat für dessen Wahlvorschläge an die Hauptversammlung geeignete Kandidaten vorschlägt" und
- als überflüssig angesehene Normen, wie etwa
  - Abschnitt 2.1.1: „Die Aktionäre nehmen im Rahmen der satzungsmäßig vorgesehenen Möglichkeiten ihre Rechte vor oder während der Hauptversammlung wahr und üben dabei ihr Stimmrecht aus",
  - Abschnitt 3.1: „Vorstand und Aufsichtsrat arbeiten zum Wohle des Unternehmens eng zusammen" oder
  - Abschnitt 4.3.3 S. 1: „Die Vorstandsmitglieder sind dem Unternehmensinteresse verpflichtet."

Vergleichbare Regelungen wie den DCGK finden sich in den meisten europäischen Ländern. Bei international tätigen Unternehmen können auch die noch wesentlich strengeren Regelungen des US-amerikanischen **Sarbanes-Oxley-Acts** (SOX) zur Anwendung kommen.

ZUSAMMENFASSUNG

In diesem Kapitel haben Sie gelernt,

- weshalb in Unternehmen Ziele eingesetzt werden,
- welche Ziele Unternehmen verfolgen, wie die Ziele hierarchisch gegliedert sind und welche Beziehungen zwischen Zielen bestehen können,
- wie Unternehmen Ziele inhaltlich und organisatorisch festlegen,
- welche Anspruchsgruppen Interessen an Unternehmen haben, worin sich diese Interessen unterscheiden und wie Unternehmen einen Ausgleich zwischen den Interessengruppen schaffen können und
- welche gesetzliche Vorschriften und sonstige Regelungen es gibt, um einzelne Anspruchsgruppen zu schützen und einen Interessenausgleich zwischen den Anspruchsgruppen herzustellen.

Ziele sind Leitlinien in Unternehmen, die der Unternehmensleitung und Mitarbeitern dabei helfen, die Interessen der Stakeholder zu erreichen. Ziele werden dabei meistens in einem iterativen Prozess zwischen Unternehmensführung und Mitarbeitern erstellt.

Ziele sind vorrangig finanzieller Natur, Unternehmen haben aber explizit auch nicht-finanzielle Aspekte bei Zielfindung und Zielerreichung zu berücksichtigen. Dies ist insofern komplex, als Ziele häufig gegenläufig sind, d. h., nicht alle Ziele können immer gleichzeitig erreicht werden.

Abgeleitet werden die Ziele aus den Interessen der am Unternehmen Beteiligten und weiterer Anspruchsgruppen. Die wichtigste Gruppe sind dabei die Eigentümer. Dort kommt es je nach Ausgestaltung der Gesellschafterstruktur zu unterschiedlichen Prioritäten bei der Zielsetzung. Neben den Gesellschaftern sind aber auch andere wesentliche Interessengruppen zu berücksichtigen, zu nennen sind hier Kunden, Mitarbeiter, Gläubiger und sonstige externe Anspruchssteller wie z. B. der Staat.

Um einen möglichst gerechten Interessenausgleich zu erreichen und weniger starke Interessengruppen zu schützen, regelt der Staat trotz einer grundsätzlich bestehenden marktwirtschaftlichen Ordnung das Zusammenspiel der verschiedenen Interessengruppen mit Gesetzen und sonstigen Regelungen.

Ihr Wissen können Sie im eLearning-Bereich mit einem Verständnistest prüfen.

AUFGABEN

Aufgabe 1

Welche Funktionen erfüllen Ziele im Unternehmen?

Aufgabe 2

Unterscheiden Sie finanzielle und nicht-finanzielle Ziele.

Aufgabe 3

Welche Beziehungen können zwischen Zielen bestehen?

Aufgabe 4

Welche Anspruchsgruppen im Unternehmen gibt es und welches sind deren vorrangige Interessen?

Aufgabe 5

Wie drückt sich die Gesellschafterstruktur eines Unternehmens in seinen Zielsetzungen aus?

Aufgabe 6

Welche Regelungen existieren, um einen Ausgleich zwischen den unterschiedlichen Ansprüchen der Stakeholder herzustellen?

Die Lösungen zu den Aufgaben finden Sie im eLearning-Bereich.

FALL UNTERNEHMENSZIELE IM BRENNPUNKT

Beschreibung

Wilhelm Wichtig ist neuer Geschäftsführer eines mittelständischen Unternehmens mit 250 Mitarbeitern. An seinem ersten Arbeitstag trifft er sich mit dem Gründer und Mehrheitsgesellschafter des Unternehmens und fragt ihn, was das Unternehmen denn in Zukunft erreichen soll. Gleich nach diesem Gespräch ist ein Treffen mit dem Betriebsrat angesetzt, auch hier geht es um die kurz- und langfristigen Zielsetzungen des Unternehmens.

Quelle: shutterstock.com, © Minerva Studio

Aufgabenstellungen

Teil 1

Überlegen Sie, welche Ziele der 65-jährige Gründer dem Geschäftsführer seines Unternehmens vorgeben könnte.

Teil 2

Welche weiteren und gegebenenfalls anderen Ziele wird der Vorsitzende des Betriebsrats anstreben?

Lehrende finden die Lösungen und weiteres, begleitendes Material in den eLearning-Dozentenressourcen.

Literaturhinweise

Schierenbeck, Henner; Wöhle, Claudia B.: Grundzüge der Betriebswirtschaftslehre, 19. Auflage, Berlin, DeGruyter Verlag, 2016.

Schmalen, Helmut; Pechtl, Hans: Grundlagen und Probleme der Betriebswirtschaftslehre, 15. Auflage, Stuttgart, Schäffer-Poeschel Verlag, 2013.

Straub, Thomas: Einführung in die Allgemeine Betriebswirtschaftslehre, 2. Auflage, München, Pearson Verlag, 2015.

Thommen, Jean-Paul; Achleitner, Ann-Kristin; Gilbert, Dirk Ulrich; Hachmeister, Dirk; Kaiser, Gernot: Allgemeine Betriebswirtschaftslehre, 8. Auflage, Wiesbaden, Springer Gabler Verlag, 2013.

Vahs, Dietmar; Schäfer-Kunz, Jan: Einführung in die Betriebswirtschaftslehre, 7. Auflage, Stuttgart, Schäffer-Poeschel Verlag, 2015.

Weber, Wolfgang; Kabst, Rüdiger; Baum, Matthias: Einführung in die Betriebswirtschaftslehre, 9. Auflage, Wiesbaden, Springer Gabler Verlag, 2015.

Wöhe, Günter; Döring, Ulrich; Brösel, Gerrit: Einführung in die Allgemeine Betriebswirtschaftslehre, 26. Auflage, München, Verlag Franz Vahlen, 2016.

Lernziele

In diesem Kapitel werden Sie lernen,

- welche Begrifflichkeiten bezüglich des Standorts eines Unternehmens zu unterscheiden sind,
- welche Kriterien zur Entscheidung zwischen unterschiedlichen Standorten zum Einsatz kommen,
- welche Entscheidungen hinsichtlich Standortfragen aus strategischer und aus operativer Sicht zu treffen sind,
- weshalb Unternehmen bei der Erstellung betrieblicher Leistungen kooperieren und welche Formen der Zusammenarbeit es gibt,
- welche Formen des Unternehmenskaufs in der Praxis unterschieden werden und was die Unterschiede zwischen einem Share Deal und einem Asset Deal sind und
- welche Möglichkeiten es gibt, dass Unternehmensverbindungen geschlossen, verändert und wieder aufgelöst werden.

Standortwahl und Unternehmensverbindungen

3

ÜBERBLICK

3.1 Standortwahl

3.1.1 Begriffsbestimmung Standort

Ein Standort ist, aus räumlicher Sicht gesehen, ein Ort, an dem ein Unternehmen aktiv tätig ist. Am Standort eines Betriebs befinden sich somit seine Räumlichkeiten (Verwaltungsgebäude, Produktionsstätte, Ladengeschäft, Niederlassung, Geschäftsstelle, Filiale). Sind diese an verschiedenen geografischen Orten verteilt, hat der Betrieb mehrere Standorte.

Der Begriff des räumlichen Standorts muss nicht unbedingt gleichbedeutend mit der räumlichen Geschäftstätigkeit eines Unternehmens sein. So kann ein Unternehmen seinen Standort in München haben, die eigentliche Leistungserbringung erfolgt aber in verschiedenen Orten in ganz Deutschland, ohne dass dort Standorte unterhalten werden müssen.

Je nach Tätigkeit des Unternehmens und nach Bedeutung des Standorts dienen folgende Begriffe einer Präzisierung:

- **Niederlassung** und Zweigniederlassung werden organisatorisch als Synonym für Standort verwendet. Sie können aber auch eine juristische Bedeutung haben. Wenn ein Unternehmen in einem anderen Land einen Standort eröffnet, kann dieser als Zweigniederlassung besondere Rechte haben, ohne dass das Unternehmen einen rechtlichen Sitz in dem anderen Land hat.
- Unternehmenssitz, Hauptsitz oder **Unternehmenszentrale** sind ebenfalls organisatorische Begriffe. Teilweise findet sich hierfür auch der Begriff Hauptquartier, in Anlehnung an die englische Bezeichnung Headquarter (HQ).
- Der eigentliche **Sitz** eines Unternehmens ist die juristische Bezeichnung für den Standort. Der Sitz des Unternehmens ist der Ort der Unternehmensanschrift, das Unternehmen hat seinen Eintrag im Handelsregister am Sitz der Gesellschaft und hier werden Verträge juristisch geschlossen.
- Eine **Betriebsstätte** ist der Standort eines Unternehmens aus steuerlicher Sicht. Hat ein Unternehmen neben dem Hauptsitz eine weitere Betriebsstätte in einer anderen Stadt, fällt dort ein Teil der Gewerbesteuer an. Hat es eine Betriebsstätte in einem anderen Staat, so sind für diesen Teil des Unternehmens die steuerlichen Regeln des anderen Staates anzuwenden.

Entscheidungen über den Standort eines Unternehmens sind von konstitutiver, d. h. grundlegender Bedeutung. Erstens ist damit eine in der Regel langfristige Bindung verbunden, zweitens erfordert das Eröffnen eines Standorts zum Teil sehr hohe Investitionen und drittens legt die Standortentscheidung den Rahmen für die in Zukunft ablaufenden unternehmerischen Aktivitäten fest.

Die Standortentscheidung ist vom Zeitablauf gesehen nicht nur bei der Unternehmensgründung von Bedeutung. Auch wenn ein Unternehmen wächst, können Entscheidungen über bestehende oder zukünftige Standorte des Unternehmens oder einzelner Unternehmensteile erforderlich werden. Dies gilt zum einen für eine Standorteröffnung (dann ist die Entscheidung ähnlich wie bei der Unternehmensgründung), zum anderen aber auch wenn ein Unternehmen einen bestehenden Standort aufgibt, um an einem anderen Standort die unternehmerischen Aktivitäten fortzusetzen (sog. Standortverlagerung).

Hinsichtlich der eigentlichen Wahl des Standorts gibt es drei Freiheitsgrade:

- **Freiheit der Standortwahl:** Die Unternehmensgründer bzw. die Unternehmensführung können den Standort ohne Einschränkungen wählen. Dies trifft z. B. auf eine Unternehmensberatung oder eine Werbeagentur zu.
- **Eingeschränkte Freiheit der Standortwahl:** Gesetzliche Regelungen können die Wahl des Standorts beeinflussen. So dürfen sich beispielsweise Industriebetriebe nur in ausgewiesenen Gewerbegebieten ansiedeln. Daneben können auch ökonomische Rahmenbedingungen die Freiheit der Standortwahl einschränken. So ist es z. B. für eine Bankfiliale, einen Friseurladen oder ein Restaurant von großer Bedeutung, an welchem Standort das Unternehmen seine Leistungen anbietet.
- **Ortsgebundenheit der Standortwahl:** Ist für die betriebliche Leistungserbringung ein fester Standort juristisch oder wirtschaftlich vorgegeben, besteht keine Wahlmöglichkeit für die Entscheidungsträger. So ist z. B. das Betreiben einer Goldmine oder das Fördern von Erdöl auf Orte begrenzt, an denen diese Rohstoffe vorkommen. Und der Betrieb eines Kernkraftwerks wird nur an einem vorab gesetzlich festgelegten Ort möglich sein.

Je nach Anzahl und Verteilung der Standorte können folgende Unternehmenstypen unterschieden werden:

- **Lokale Unternehmen**/Einstandort-Unternehmen: Ein Unternehmen hat seinen Sitz und seine Unternehmensfunktionen an einem Standort gebündelt. Beispiel: Bäckerei.
- **Regionale Unternehmen**: Regionale Unternehmen können einen Standort haben oder innerhalb einer Region mehrere Standorte eröffnen. Beispiel: Lokal tätige Genossenschaftsbanken.
- **Nationale Unternehmen**: Sind innerhalb eines Staates mehrere Standorte vorhanden, bezeichnet man dies als national tätiges Unternehmen. Beispiel: Kaufhauskette Galeria Kaufhof.
- **Internationale Unternehmen** sind in mehr als einem Staat mit Standorten vertreten. Beispiel: Deutsche Post mit Tochtergesellschaften im europäischen Ausland.
- Transnationale oder **multinationale Unternehmen** haben Standorte auf (fast) der ganzen Welt. Häufig findet hier eine organisatorische Trennung statt, z. B. in die Regionen Amerikas (Nord- und Südamerika), EMEA (Europe, Middle East, Africa) und Asia/Pacific (Asien und Australien). Beispiel: Deutsche Bank.

3.1.2 Allgemeine Kriterien der Standortwahl

Die Entscheidung für einen Standort bzw. die Auswahl zwischen mehreren Standorten ist auf Basis des ökonomischen Prinzips als Vorteilhaftigkeitskriterium zu treffen. Grundsätzlich gilt, dass der Nutzen eines Standorts seine Kosten übersteigen muss. Während aber die Kosten regelmäßig im Allgemeinen relativ genau ermittelt werden können, bestehen Schwierigkeiten in der Bewertung des Nutzens eines Standorts. Neben dieser rein wirtschaftlichen Betrachtungsweise existieren auch weitere Aspekte, die in der Unternehmenspraxis bei Standortentscheidungen anzutreffen sind, z. B. persönliche Motive, Imagefaktoren oder der Einfluss politischer Entscheidungsträger.

Bei der Standortwahl werden häufig kombinierte Kriterien analysiert und interpretiert, um den „besten“ Standort zu finden. Diese Kriterien können entweder Muss-Kriterien sein, die erfüllt sein müssen, ansonsten scheidet der untersuchte Standort aus. Oder es handelt sich um Kann-Kriterien, die der zukünftige Standort erfüllen sollte bzw. könnte. Die Gewichtung der Kosten-Nutzen-Aspekte und der weiteren Kriterien kann auf unterschiedliche Weise erfolgen. So finden sich betriebswirtschaftliche Entscheidungsmodelle (z. B. Investitionsrechnungen) ebenso wie individuell-verhaltensorientierte Ansätze (z. B. Scoring-Modelle).

Beispiel: Einsatz eines Scoring-Modells zur Standortwahl

Ein Unternehmen steht vor der Entscheidung zwischen vier Standorten A, B, C und D. Die Unternehmensführung hat das Kriterium „Entfernung zum nächsten Autobahnanschluss maximal 30 km“ als Muss-Kriterium festgelegt. Die beiden weiteren Kriterien Wirtschaftlichkeit (Mietkosten) und Arbeitnehmerfreundlichkeit (subjektive Bewertung von 1 bis 6 auf Basis Erreichbarkeit, Parkplätze und Essensmöglichkeiten) werden im Verhältnis 2 zu 1 gewichtet.

Standort A: Entfernung zur Autobahn 25 km, Miete pro Monat 20.000 €, Arbeitnehmerfreundlichkeit Note 3

Standort B: Entfernung zur Autobahn 50 km, Miete pro Monat 5.000 €, Arbeitnehmerfreundlichkeit Note 1

Standort C: Entfernung zur Autobahn 20 km, Miete pro Monat 10.000 €, Arbeitnehmerfreundlichkeit Note 5

Standort D: Entfernung zur Autobahn 10 km, Miete pro Monat 25.000 €, Arbeitnehmerfreundlichkeit Note 2

Standort B scheidet aufgrund seiner zu großen Entfernung zur Autobahn aus. Die Entscheidung zwischen A, C und D wird auf Basis eines Scoring-Modells getroffen:

Standort	Wirtschaftlichkeit (Miete in €)	Rang	Arbeitnehmerfreundlichkeit (Note)	Rang	Ergebnis
A	20.000	2	3	2	2,0
C	10.000	1	5	3	1,67
D	25.000	3	2	1	2,33

Standort C hat das beste Ergebnis und ist auszuwählen. Diese Entscheidung erfolgt im Beispiel nicht allein aufgrund der geringsten Miete, sondern es wird zusätzlich die Arbeitnehmerfreundlichkeit als weiteres Kriterium in die Entscheidung einbezogen, auch wenn dies in diesem Fall nicht dazu geführt hat, einen anderen Standort zu wählen.

Hieran wird deutlich, dass die Gewichtung der Kriterien einen großen Einfluss auf die Entscheidung hat. Würden die Kriterien Wirtschaftlichkeit und Arbeitnehmerfreundlichkeit im Beispiel im Verhältnis 1 zu 2 gewichtet, wäre Standort D die beste Alternative. Und ohne das vorgegebene Muss-Kriterium Entfernung zur Autobahn wäre Standort B eindeutig die beste Entscheidung.

Die Kriterien für eine Standortwahl können konkret anhand der Wertschöpfung eines Unternehmens mit Beschaffung, Produktion und Absatz differenziert werden. Zusätzlich sind Kriterien zu berücksichtigen, die sich aus staatlichen, wirtschaftlichen und natürlichen Rahmenbedingungen ergeben.

Kriterien der Standortwahl aus **Beschaffungssicht** sind:

- Lieferanten: räumliche Nähe, Qualität, Kosten
- Mitarbeiter: Arbeitskosten, Qualifikationen
- Beschaffungslogistik und Transportkosten bei der Beschaffung von Vorleistungen
- Bei international tätigen Unternehmen: Zölle und Einfuhrregelungen

Kriterien der Standortwahl aus **Produktionssicht** sind:

- Umweltschutzerfordernisse
- Produktionslogistik
- Nähe zu forschungsaffinen Universitäten und Hochschulen oder zu technologieorientierten Gebieten („Silicon Valley")
- Behördliche Auflagen
- Energiekosten

Kriterien der Standortwahl aus **Absatzsicht** sind:

- Kunden: räumliche Nähe, Kaufkraft, Nachfrageverhalten
- Wettbewerber
- Distributionslogistik und Transportkosten beim Absatz der erzeugten Güter
- Bei international tätigen Unternehmen: Zölle und Ausfuhrvorschriften

Kriterien der Standortwahl aus **Sicht staatlicher Rahmenbedingungen** sind:

- Gesetze
- Infrastruktur (Verkehrswege, technische Infrastruktur)
- Politische und rechtliche Stabilität

Kriterien der Standortwahl aus **Sicht wirtschaftlicher Rahmenbedingungen** sind:

- Kapitalmärkte: Zugang, Kapitalangebot
- Zinsniveau, Inflationsrate
- Steuergesetzgebung, Subventionen
- Wechselkurse

Kriterien der Standortwahl aus **Sicht natürlicher Rahmenbedingungen** sind:

- Rohstoffe: Verfügbarkeit, Kosten
- Klimatische Bedingungen

3.1.3 Strategische und operative Standortwahl

Standortentscheidungen sind wie verdeutlicht konstitutiv. Innerhalb der Standortentscheidungen selbst ist zwischen langfristigen Aspekten und kurzfristigen Aspekten zu unterscheiden.

Strategische Standortwahl

Im Bereich der **strategischen Standortwahl** sind langfristige Vorgaben festzulegen hinsichtlich:

- Grundsätzliche Entscheidungen zur Anzahl an Standorten
- Entscheidungen zur räumlichen Aufteilung von Standorten (lokal, regional, national, international)
- Entscheidungen zur Zentralisierung oder Dezentralisierung der Leistungserstellung und zur organisatorischen Aufteilung der betrieblichen Aktivitäten auf die Standorte (Beschaffung, Produktion, Absatz, unterstützende Funktionen)

Hieraus ergeben sich Leitlinien, wie die Standortplanung des Unternehmens gestaltet werden soll.

Operative Standortwahl

Im Bereich der **operativen Standortwahl** sind die strategischen Vorgaben umzusetzen hinsichtlich:

- Entscheidungen zur Öffnung, zum Ausbau, zur Teilung, zur Verlagerung oder zur Schließung von Standorten
- Entscheidungen zur konkreten Wahl einzelner Standorte (Mikrostandort)
- Entscheidungen zur infrastrukturellen und logistischen Anbindung der einzelnen Standorte in den Prozess der Wertschöpfung

Diese operativen Aspekte konkretisieren folglich die strategischen Rahmengrundsätze und setzen die Standortplanung in die Praxis um. Dabei kommen die oben aufgeführten Kriterien zum Einsatz, um die Vorteilhaftigkeit einzelner Standorte zu ermitteln und zwischen unterschiedlichen organisatorischen Formen der Umsetzung einer Standortentscheidung entscheiden zu können.

3.2 Unternehmensverbindungen und Unternehmensumwandlungen

3.2.1 Marktlösung oder Unternehmensbildung

Markt oder Hierarchie?

Eine weitere konstitutive Entscheidung eines Unternehmens bzw. der Unternehmensführung sind Art und Weise sowie Umfang der durch das Unternehmen selbst erbrachten Leistungen, dies wird auch als **Fertigungstiefe** bezeichnet, sowie das Ausmaß der Kooperation mit anderen Unternehmen.

Bieten Wirtschaftssubjekte (private Haushalte) ihre Leistungen anderen an, sind diese zunächst spezialisiert und nur in denjenigen Bereichen aktiv, in denen Kompetenzen vorhanden sind und Wettbewerbsvorteile bestehen. Als Folge wird das Wirtschaftssubjekt nur fokussierte Leistungen erstellen und keine erforderlichen (Vor-)Leistungen selbst erbringen, sondern diese über den Markt zukaufen.

In einer so vereinfachten theoretischen Welt der vollständigen externen Arbeitsteilung werden also auf allen Stufen der Wertschöpfung Güter von unterschiedlichen Wirtschaftssubjekten produziert. Sämtliche Transaktionen und Leistungsbeziehungen finden zwischen einzelnen Wirtschaftssubjekten statt, regulatorischer Mechanismus ist einzig der Markt. Es kommen Angebot und Nachfrage als wesentliche Steuerungsgrößen zum Einsatz.

Ein Austausch über den Markt ist jedoch mit hohen Transaktionskosten verbunden. So sind geeignete Vertragspartner zu suchen und zu bewerten, Verträge sind zu verhandeln und abzuschließen und der eigentliche Leistungsaustausch ist durchzuführen und zu kontrollieren.

Je häufiger ein bestimmter Leistungsaustausch dabei erforderlich wird, desto höher sind die entsprechenden Such-, Durchführungs- und Kontrollkosten. Dies hat zur Folge, dass keine Skalen- oder Verbundeffekte entstehen, d. h., jedes Wirtschaftssubjekt arbeitet für sich, ohne dass Synergieeffekte entstehen. Und auch bei denjenigen Leistungsbeziehungen, die für ein Wirtschaftssubjekt einen besonderen Wert haben, d. h. individuell und/oder spezifisch sind, entstehen hohe Transaktionskosten. Denn bei diesen Leistungsaustauschen kann ein Bezug über den Markt ebenfalls nachteilig werden, da besondere Kriterien, wie z. B. Qualität der bezogenen Leistung, auch besondere Kontrollen erfordern.

Ist eine Leistungsbeziehung also besonders häufig und/oder besonders spezifisch, kann es für ein Wirtschaftssubjekt auf Basis des ökonomischen Prinzips vorteilhaft(er) sein, diese Leistungsbeziehung nicht mehr extern über den Markt, sondern innerhalb des eigenen Handlungsspektrums abzuwickeln. Es kommt zur Bildung von größeren Einheiten, es entstehen Unternehmen. Der Leistungsaustausch wird jetzt intern koordiniert. Dadurch sinken die laufenden Such- und Transaktionskosten, auch die Kontrollkosten können reduziert werden. Allerdings sinkt gleichzeitig die Flexibilität in den unternehmerischen Entscheidungen: Kann ein Wirtschaftssubjekt bei einem Leistungsaustausch über den Markt jeweils individuell über diesen entscheiden und auch kurzfristig beenden, ist dies bei einer internen Leistungserstellung und damit der Organisationsform Unternehmen nicht mehr ohne Weiteres möglich. Die Bindung wird also enger und damit langfristiger.

Spektrum der Organisationsformen

Zwischen den beiden eben dargestellten Extrempunkten der Leistungserbringung vollständiger Marktbezug und vollständige interne Leistungserstellung befindet sich ein Spektrum unterschiedlicher Gestaltungsmöglichkeiten.

Es werden die Formen vollständiger Fremdbezug, kurzfristige Vertragsbeziehung, mittelfristige Vertragsbeziehung, langfristige Vertragsbeziehung, Kooperation ohne Kapitalbeteiligung, Kooperation mit Kapitalbeteiligung und vollständige Eigenerstellung unterschieden.

Organisationsform	Beschreibung
vollständiger Fremdbezug	einmaliger Bezug am Markt
kurzfristige Vertragsbeziehung	Vertragslaufzeit bis zu einem Jahr
mittelfristige Vertragsbeziehung	Vertragslaufzeit bis zu drei Jahren
langfristige Vertragsbeziehung	Vertragslaufzeit länger als drei Jahre
Kooperation ohne Kapitalbeteiligung	Erstellung gemeinsam mit anderen Unternehmen
Kooperation mit Kapitalbeteiligung	Erstellung durch ein Gemeinschaftsunternehmen
vollständige Eigenerstellung	Erstellung ohne fremde Beteiligung

Tabelle 3.1: Charakterisierung unterschiedlicher Organisationsformen

Jede dieser Alternativen beschreibt eine unterschiedlich enge Beziehung zwischen den Transaktionspartnern, die Grenzen zwischen den dargestellten Alternativen sind dabei fließend. Sie unterscheiden sich hinsichtlich der erforderlichen Kapitalinvestition (beim Markt ist keine Investition erforderlich, bei der Bildung eines Unternehmens schon), der Flexibilität bzw. Bindungstiefe (beim Markt besteht nur eine vertragliche Bindung, beim Unternehmen bestehen weitergehende, nicht nur juristisch relevante Bindungen), sowie den Steuerungs- und Einflussmöglichkeiten (beim Markt existiert wenig Einfluss auf den Vertragspartner, beim Unternehmen gibt es weitgehende Einflussmöglichkeiten auf den Mitarbeiter).

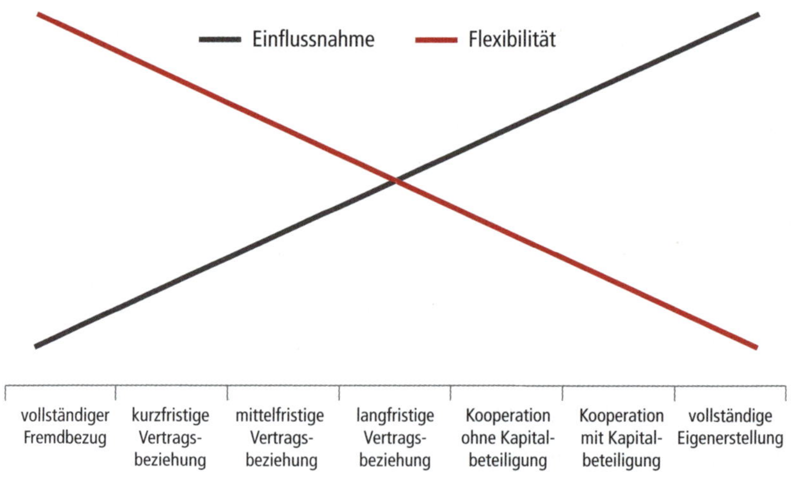

Abbildung 3.1: Zusammenhang Einflussnahme und Flexibilität bei unterschiedlichen Organisationsformen

Umsetzung der Organisationsformen

Die Beziehung zwischen den Partnern kann durch eine unterschiedliche Ausgestaltung der den Leistungsaustausch zugrunde liegenden Verträge ausgedrückt werden.

Der **klassische Vertrag** dient der Abwicklung einmaliger Leistungsbeziehungen, bei denen die Partner weder vor noch nach der Transaktion in Kontakt stehen. Daraus folgt, dass die einzelnen Transaktionen als voneinander unabhängig anzusehen sind. Kennzeichnend für diese Art von Verträgen ist, dass der Vertragsinhalt schon bei Vertragsabschluss genau festgelegt ist. Wichtig sind deshalb Gesetze, Verordnungen und formale Abmachungen. Problematisch können Transaktionen bzw. Verträge werden, wenn Unsicherheit und Opportunismus vorliegen, da dann eine Anpassung des Vertrags nur unter hohen Kosten möglich ist.

Erweiternd kann das Konzept des sog. **neoklassischen Vertrags** gesehen werden, bei dem absichtlich Lücken gelassen werden, die bei auftretenden Veränderungen gemäß den Intentionen der Vertragspartner geschlossen werden. Die Abwicklung der Verträge erfolgt dadurch, dass die Vertragspartner ihre gegenseitigen Interessen berücksichtigen und sie deshalb Streitigkeiten möglichst vermeiden.

Mit steigender Vertragsdauer und steigender Unsicherheit ergibt sich jedoch zur Aufrechterhaltung der ursprünglichen Vertragsabsichten die Notwendigkeit, eine noch weiter gehende Vertragsform zu verwenden. Der sog. **relationale Vertrag** entspricht einer langfristigen Verbindung, die vorwiegend aus informalen und impliziten Vereinbarungen besteht. Im Mittelpunkt der Betrachtung steht nicht mehr der eigentliche Vertragsinhalt, sondern die Beziehung zwischen den Vertragspartnern.

Die Organisationsformen finden in der betrieblichen Praxis ihre Anwendung als Unternehmensverbindungen. Diese können auf unterschiedliche Weise charakterisiert werden:

- Die Dauer einer Verbindung kann zeitlich befristet oder unbefristet sein.
- Die Ebene der Verbindung kann entweder horizontal (Verbindung mit einem Unternehmen einer vor- oder nachgelagerten Wertschöpfungsstufe), vertikal (Verbindung mit einem Unternehmen der gleichen Wertschöpfungsstufe) oder diagonal (Verbindung mit einem Unternehmen einer anderen Branche) sein. Beispiel: Einkaufspartnerschaft mit Wettbewerber oder Entwicklungspartnerschaft mit Zulieferer
- Die organisatorische Reichweite der Verbindung kann entweder unternehmensweit, d. h., sie umfasst alle Unternehmensaktivitäten, oder bereichsbezogen, d. h., sie umfasst ausgewählte Bereiche, oder funktionsbezogen, d. h., sie beinhaltet nur einzelne Unternehmensfunktionen, sein. Beispiel: Entwicklungspartnerschaft oder Einkaufspartnerschaft
- Nach der Intensität der Verbindung unterscheidet man die beiden im Folgenden ausführlich dargestellten Gruppen der Kooperationsformen und der Konzentrationsformen

3.2.2 Unternehmensverbindungen – Kooperationsformen

Bei einer Kooperation bleiben sowohl die wirtschaftliche als auch die rechtliche Selbstständigkeit der beteiligten Unternehmen erhalten. Kooperationen können über einen Vertragsabschluss begonnen und über eine Vertragsbeendigung am Ende einer vereinbarten Laufzeit wieder aufgelöst werden.

Je nach Intensität der Kooperation unterscheidet man:

- **Unternehmensverband, Interessenvertretung:** Die Kooperationspartner schließen sich zusammen, um gemeinsam ihre Interessen zu vertreten. Häufig erfolgt dies über einen gemeinsam gegründeten, nicht erwerbswirtschaftlich tätigen Verein. Beispiel: Intersport Gruppe, Leading Hotels of the World

- **Gelegenheitsgesellschaft, Arbeitsgemeinschaft, Konsortium:** Die Kooperationspartner bearbeiten gemeinsam ein Projekt. Beispiel: Arbeitsgemeinschaft bei großen Bauprojekten
- **Kartell:** Die Kooperationspartner bilden eine sehr enge Kooperation mit der Zielsetzung, Marktmechanismen auszuschalten. Kartelle sind aufgrund ihres Eingriffs in die marktwirtschaftlichen Mechanismen durch das Gesetz gegen Wettbewerbsbeschränkungen (GWB) grundsätzlich verboten. § 1 GWB: „Vereinbarungen zwischen Unternehmen, Beschlüsse von Unternehmensvereinigungen und aufeinander abgestimmte Verhaltensweisen, die eine Verhinderung, Einschränkung oder Verfälschung des Wettbewerbs bezwecken oder bewirken, sind verboten." Wenn Unternehmen sich verbotswidrig zu einem Kartell zusammenschließen, erfolgt dies im Allgemeinen ohne (schriftliche) Dokumentation der Zusammenarbeit. Beispiel: Zusammenschluss von Schienenherstellern (verbotswidriges Kartell)[1]
- **Franchise:** Bei dieser Form der Kooperation bietet ein Unternehmen eine Marke, einen Marktzugang, sein Know-how o. Ä. einem anderen Unternehmen zur Nutzung gegen Gebühr an. Der Franchisegeber entwickelt ein Produkt oder einen Marktzugang, der Franchisenehmer ist ein anderes Unternehmen, das das Produkt oder den Marktzugang nutzt. Beispiel: Mc Donald's Deutschland[2]
- **Genossenschaft:** Die Kooperationspartner schließen Teile ihrer Aktivitäten in einer Genossenschaft zusammen. Beispiel: Winzergenossenschaft
- **Gemeinschaftsunternehmen:** Die Kooperationspartner gründen ein gemeinsames Unternehmen, das inhaltlich die Ziele der Kooperation verfolgt. Dies wird häufig auch als Joint Venture bezeichnet. Beispiel: Toll Collect (LKW-Maut auf deutschen Autobahnen) als Gemeinschaftsunternehmen der Deutschen Telekom, Daimler und der Vinci-Gruppe

Die Formen unterscheiden sich im Einzelnen hinsichtlich der erforderlichen Investitionen zum Aufbau der Kooperation und der unternehmerischen Freiheitsgrade innerhalb einer Kooperation. Je enger die Kooperation, desto höher ist der Kapitalbedarf und desto niedriger sind die unternehmerischen Freiheitsgrade der beteiligten Unternehmen.

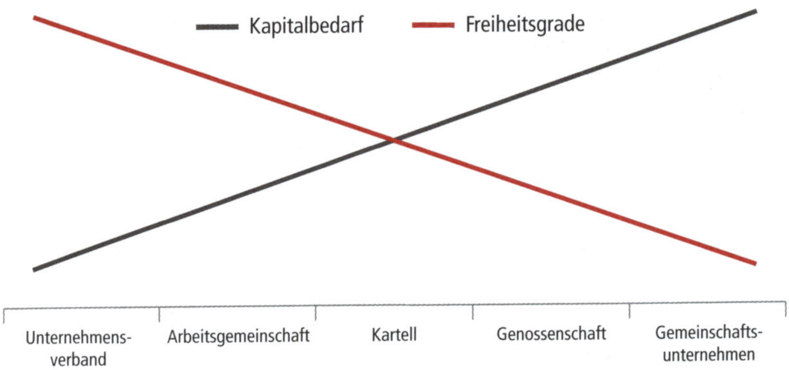

Abbildung 3.2: Zusammenhang zwischen Kapitalbedarf und unternehmerischen Freiheitsgraden bei unterschiedlichen Kooperationsformen

3.2.3 Unternehmensverbindungen – Konzentrationsformen

Während bei einer Kooperation die wirtschaftliche und die rechtliche Selbstständigkeit der beteiligten Unternehmen erhalten bleiben, werden diese bei den Konzentrationsformen eingeschränkt.

Wird nur die wirtschaftliche Selbstständigkeit eines Teils der Unternehmen eingeschränkt, während die rechtliche Selbstständigkeit der beteiligten Unternehmen erhalten bleibt, entsteht die Konzentrationsform **Konzern**. Werden sowohl die wirtschaftliche als auch die rechtliche Selbstständigkeit aufgegeben, entsteht die engste Form der Unternehmensverbindung, die Konzentrationsform **Verschmelzung** bzw. **Fusion**. Aufgrund der Aufgabe von wirtschaftlicher und/oder rechtlicher Unabhängigkeit sind für einen Zusammenschluss umfangreiche und aufwändige Schritte erforderlich.

Konzern

Ein Konzern besteht aus einzelnen rechtlich selbstständigen Unternehmen. Das heißt, ein Konzern kann kein Träger von eigenständigen Rechten und Pflichten sein, z. B. kann ein Konzern kein Darlehen aufnehmen oder Steuern zahlen.

Ein Konzern ist folglich eine Gruppe von Unternehmen, in denen ein oder mehrere Unternehmen (herrschende Unternehmen) die wirtschaftliche Kontrolle über ein oder mehrere andere Unternehmen (abhängige Unternehmen) ausüben, d. h., letztere Unternehmen sind zwar rechtlich selbstständig, aber wirtschaftlich abhängig. Diese Abhängigkeit setzt herrschenden Einfluss voraus (§ 17 Abs. 1 AktG), der i. d. R. durch Mehrheitsbesitz entsteht (§ 17 Abs. 2 AktG). Ein Konzern entsteht dabei nach § 18 Abs. 1 S. 1 AktG, sobald herrschendes und abhängige Unternehmen unter der einheitlichen Leitung des herrschenden Unternehmens zusammengefasst sind.

Juristisch kann ein Konzern in unterschiedlichen Formen auftreten:

- Der **Vertragskonzern** entsteht durch einen Beherrschungsvertrag. Dieser wird in der Praxis im Allgemeinen auch mit einem Gewinnabführungsvertrag verbunden (beide in § 291 AktG geregelt), i. d. R. damit im steuerrechtlichen Sinne eine Organschaft entsteht (§ 14 ff. KStG).
- Der **faktische Konzern** ist gesetzlich nicht definiert. Er wird angenommen, wenn zwar keine rechtliche Konzernleitungsmacht besteht, jedoch die – regelmäßig auf Mehrheitsbeteiligung beruhende – Abhängigkeit dazu führt, dass sich das beherrschte Unternehmen faktisch der Leitung durch das herrschende Unternehmen unterordnet.
- Die §§ 291 und 292 AktG definieren die verschiedenen **Unternehmensverträge**, insbesondere den Beherrschungs- und Gewinnabführungsvertrag. Durch einen **Beherrschungsvertrag** wird der Vorstand des beherrschten Unternehmens verpflichtet, die Weisungen des herrschenden Unternehmens zu befolgen. Der **Gewinnabführungsvertrag** verpflichtet das beherrschte Unternehmen, seinen gesamten Gewinn an das herrschende Unternehmen abzuführen. Besteht ein Gewinnabführungsvertrag, hat das herrschende Unternehmen jedoch gleichzeitig die Verpflichtung, jeden beim beherrschten Unternehmen entstehenden Jahresfehlbetrag auszugleichen. Wichtigste Voraussetzung eines Unternehmensvertrags ist die Zustimmung der jeweiligen Hauptversammlung der beteiligten Gesellschaften mit 3/4-Mehrheit (§ 293 AktG).

Organisatorisch kann ein Konzern in unterschiedlichen Formen auftreten.

- Bei einer echten **Holding**, auch als **Finanzholding** bezeichnet, sind die Aktivitäten der Konzerngesellschaften häufig ohne Bezug zueinander. Zentralisiert wird lediglich die finanzielle Unternehmensführung.
- Bei einer **Managementholding** haben die Aktivitäten der einzelnen Konzerngesellschaften untereinander operativen Bezug, beispielsweise hinsichtlich Technologie, Kunden oder Märkten. Es entstehen Synergieeffekte durch eine einheitliche Ressourcensteuerung, die Unternehmensführung wird zentralisiert.
- Beim **Stammhauskonzept** besteht eine starke operative Orientierung des Mutterunternehmens, es werden also nicht nur die Unternehmensführung, sondern darüber hinausgehend alle wesentlichen Funktionsbereiche zentralisiert.

Eingliederung und Ausschluss von Minderheitsaktionären (Squeeze-out)

Befinden sich mindestens 95 % des Grundkapitals einer Aktiengesellschaft im Eigentum eines einzigen Gesellschafters (Hauptgesellschaft), kann durch Beschlüsse der Hauptversammlungen beider Gesellschaften die beherrschte Aktiengesellschaft in die Hauptgesellschaft **eingegliedert** werden. Rechtsfolge ist, dass die Minderheitsaktionäre ihre Aktien an die Hauptgesellschaft gegen Abfindung verlieren. Ab diesem Zeitpunkt haftet die Hauptgesellschaft gesamtschuldnerisch für bereits bestehende sowie für später begründete Verbindlichkeiten der eingegliederten Aktiengesellschaft.

Der dem anglo-amerikanischen Recht entnommene **Squeeze-out** ist die gesetzlich vorgesehene Möglichkeit eines 95%-Aktionärs, durch Beschluss der Hauptversammlung Minderheitsaktionäre gegen Barabfindung auszuschließen und deren Aktien zu übernehmen.

3.2.4 Share Deal und Asset Deal als Formen des Unternehmenskaufs

Während die verschiedenen Formen der Umwandlungen keinen Einfluss auf die wirtschaftliche Inhaberschaft eines Unternehmens haben, bewirkt der Unternehmenskauf genau diesen Wechsel. Der Ablauf eines Unternehmenskaufs besteht im ersten Schritt aus der Unterzeichnung des schuldrechtlichen Kaufvertrags („Signing"). In einem zweiten Schritt („Closing") werden dann die erworbenen Sachen oder Rechte (Gesellschaftsanteile, Vermögensgegenstände etc.) dinglich übertragen.

Häufig werden derartige Unternehmenstransaktionen als **Mergers & Acquisitions (M&A)** bezeichnet, d. h. als Unternehmenskauf (Acquisition) und anschließende Verschmelzung (Merger).

Diese Konzentration kann auf zwei Arten erfolgen:

- **Share Deal**, bei dem der Erwerber vom Alt-Gesellschafter die Beteiligung („Share") an dem Zielunternehmen erwirbt und dessen neuer Gesellschafter wird.
- **Asset Deal**, bei dem der Erwerber die für den Geschäftsbetrieb erforderlichen Wirtschaftsgüter („Assets") vom Zielunternehmen erwirbt.

Share Deal

Bei einem **Share Deal** (deutsch: Anteilskauf) kauft ein Unternehmen die Anteile an einem anderen Unternehmen, d. h., es erwirbt Beteiligungsrechte vom Vorgesellschafter. Vertragsparteien sind hier der Käufer/das kaufende Unternehmen und der Gesellschafter des zu verkaufenden Unternehmens; der Vorgang findet also auf Gesellschafterebene statt. Das kaufende Unternehmen weist bilanziell den Zugang einer Beteiligung sowie den Abgang von liquiden Mitteln für die Kaufpreiszahlung aus. Die grundlegende Struktur des gekauften Unternehmens bzw. Zielunternehmens ändert sich nicht, es findet lediglich ein Austausch des Gesellschafters statt. Im Extremfall weiß das gekaufte Unternehmen bzw. dessen Unternehmensleitung nicht einmal, dass es einen neuen Eigentümer gibt.

Wirtschaftlich gesehen entsteht hier ein Konzern, wenn die Beteiligung (insbes. aufgrund der Stimmrechte) dem Mutterunternehmen (kaufendes Unternehmen) einen beherrschenden Einfluss auf das Tochterunternehmen (gekauftes Unternehmen) vermittelt. Werden die Unternehmen später miteinander verschmolzen (Fusion), geht ein Unternehmen in das andere Unternehmen ein und wird aufgelöst.

Der Share Deal ist vertragstechnisch deutlich leichter abzuwickeln als der Asset Deal, denn im Wesentlichen geht es lediglich um Verkauf und dingliche Übertragung von Beteiligungen. Wesentlicher Nachteil des Share Deal ist, dass sämtliche Verbindlichkeiten (die der Erwerber evtl. nicht kennt) des Zielunternehmens bei diesem weiter bestehen.

Wesentlicher Diskussionspunkt zwischen Verkäufer und Käufer sind daher (neben dem Preis) die Haftungen und Garantien (hauptsächlich des Verkäufers), auch Representations (kurz: „Reps“) und Warranties genannt. Sie können sich beziehen auf:

- wirksame Existenz der Gesellschaft
- unbelastete Inhaberschaft der Beteiligung
- Sachgüter- und Rechteausstattung
- bestehende Verbindlichkeiten
- (vergangene und zukünftige) Profitabilität
- Vorhandensein des Eigenkapitals, Korrektheit der Bilanz usw.
- Veräußerbarkeit der Beteiligung

Daneben werden aber auch Garantien des Käufers verlangt, z. B., dass das erworbene Unternehmen innerhalb einer gewissen Frist nicht in die Insolvenz geführt wird.

Asset Deal

Bei einem **Asset Deal** (deutsch: Übernahme von Vermögensgegenständen und Schulden) kauft ein Unternehmen ein anderes Unternehmen einzeln, d. h., alle Vermögensgegenstände, Schulden und Verträge werden im Wege der Einzelrechtsnachfolge übernommen. Vertragsparteien sind hier das kaufende Unternehmen und das verkaufende Unternehmen, der Vorgang findet also auf Gesellschaftsebene statt. Das kaufende Unternehmen weist bilanziell die übernommenen Vermögensgegenstände und Schulden aus. Das verkaufende Unternehmen verzeichnet einen Abgang von Vermögensgegenständen und Schulden und einen Zugang an liquiden Mitteln (Kaufpreis). Es existiert also weiterhin, allerdings ohne dass eine eigenständige operative Leistungsfähigkeit fortbesteht, u. U. also nur noch als leere Hülle.

Der Asset Deal ist vertragstechnisch aufwändiger als ein Share Deal, da jedes einzelne zu übertragende Wirtschaftsgut schuldvertraglich erfasst und später dinglich übertragen werden muss. Dies ist bei Grundstücken, Gebäuden und beweglichen Sachen im Allgemein unproblematisch. Bei Forderungen und laufenden Vertragsverhältnissen ist jedoch die Zustimmung der jeweils dritten Partei erforderlich.

Der Vorteil des Käufers ist aber, dass er unbekannte Verbindlichkeiten der veräußernden Gesellschaft nicht übernimmt, sondern nur die konkret gekauften. An der Gesellschafterstruktur der veräußernden Gesellschaft ändert sich nichts und sie haftet weiterhin für die bei ihr verbleibenden (d. h. nicht vom Käufer übernommenen) Verbindlichkeiten. Dennoch können für den Erwerber Risiken aus gesetzlich vorgeschriebener Haftungsübernahme bestehen, z. B. aus Firmenfortführung (§ 24 HGB), für betriebliche Steuern als Betriebsübernehmer aus § 75 AO oder für Arbeitsverhältnisse aus § 613 a BGB. Der Schwerpunkt der Garantien, die der Käufer sich vom Verkäufer geben lässt, liegt darin, dass die übernommenen Wirtschaftsgüter auch tatsächlich ein Unternehmen mit der vereinbarten wirtschaftlichen Leistungsfähigkeit darstellen.

3.2.5 Unternehmensumwandlungen – Verschmelzung und Spaltung

Verschmelzung/Fusion

Eine **Verschmelzung**, auch als **Fusion** bezeichnet, folgt der Formel „Aus zwei mach eins“, d. h., es werden Unternehmen zusammengelegt, wobei eines der Unternehmen (oder auch beide) seine/ihre Vermögensgegenstände und Schulden übertragen und damit seine/ihre rechtliche Existenz endet.

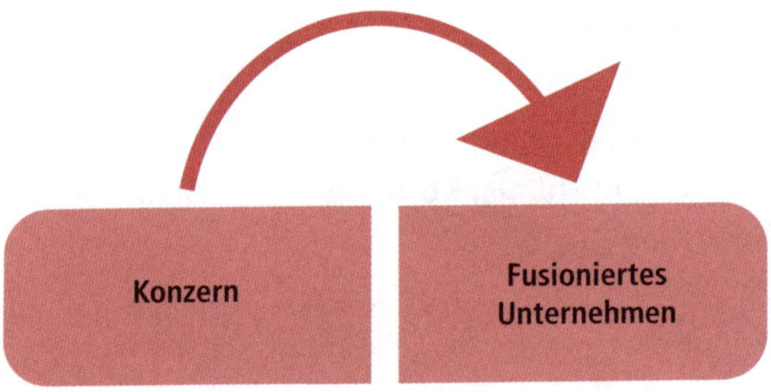

Abbildung 3.3: Übergang vom Konzern zum fusionierten Unternehmen durch Verschmelzung

Eine Verschmelzung kann durch Aufnahme oder durch Neugründung erfolgen.

Bei der **Verschmelzung durch Aufnahme** übertragen ein oder mehrere Unternehmen (sog. übertragende Rechtsträger) alle Vermögensgegenstände und Schulden auf ein anderes, bereits bestehendes Unternehmen (sog. übernehmender Rechtsträger). Dies ist vergleichbar mit einem Asset Deal. Allerdings gehen – anders als beim Asset Deal – bei einer Verschmelzung die übertragenden Unternehmen unter, das übernehmende Unternehmen besteht mit dem übernommenen Vermögen fort. Die Gesellschafter der übertragenden Unternehmen erhalten als Gegenleistung Anteile an dem übernehmenden Unternehmen.

In der Praxis unterscheidet man die Begriffe Upstream-Merger (eine Tochtergesellschaft wird auf die Muttergesellschaft verschmolzen), Downstream-Merger (die Muttergesellschaft wird auf eine Tochtergesellschaft verschmolzen) und Sidestep-Merger (Verschmelzung von Schwestergesellschaften).

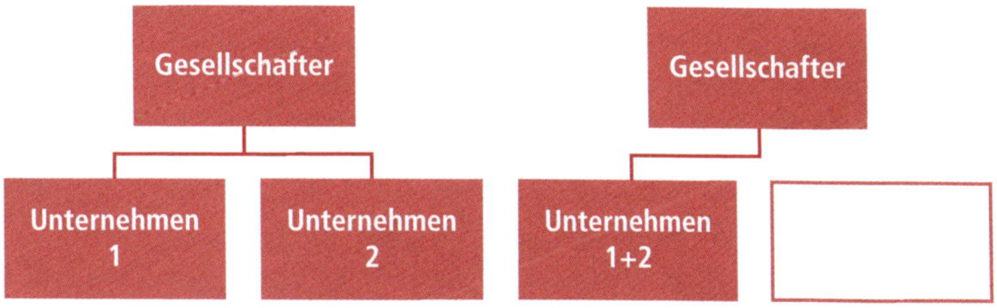

Abbildung 3.4: Verschmelzung durch Aufnahme (am Beispiel Sidestep-Merger)

Bei der **Verschmelzung durch Neugründung** übertragen zwei oder mehrere Unternehmen (sog. übertragende Rechtsträger) ihre Vermögensgegenstände und Schulden auf ein neu gegründetes Unternehmen (sog. übernehmender Rechtsträger). Die übertragenden Unternehmen gehen dabei unter, das übernehmende Unternehmen führt das übernommene Vermögen weiter. Die Gesellschafter der übertragenden Unternehmen erhalten als Gegenleistung Anteile an dem neu gegründeten übernehmenden Unternehmen.

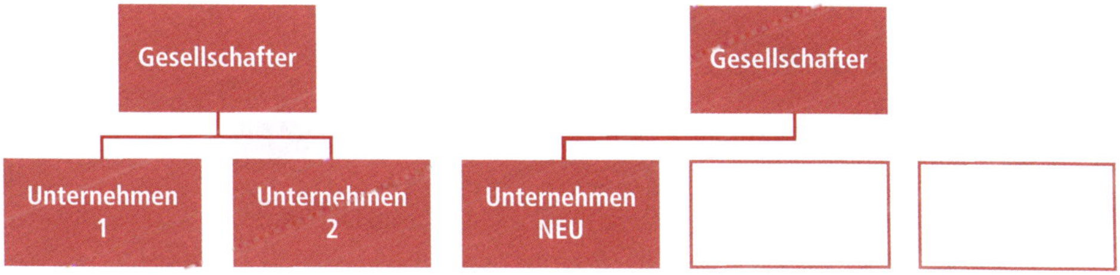

Abbildung 3.5: Verschmelzung durch Neugründung

Unternehmensumwandlung – Spaltungen

Eine eingegangene Unternehmensverbindung (Konzentration) kann durch eine **Spaltung** wieder aufgelöst werden. Die Spaltung entspricht der Formel: „Aus eins mach zwei."

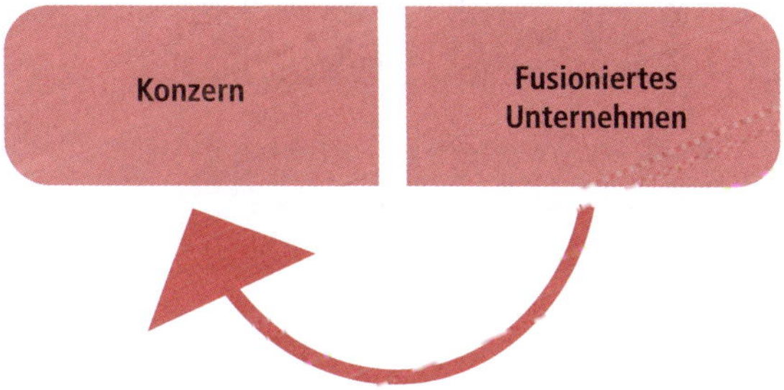

Abbildung 3.6: Übergang vom fusionierten Unternehmen zum Konzern durch Spaltung

Eine Spaltung kann durch Aufspaltung, Abspaltung oder Ausgliederung erfolgen.

Bei einer **Aufspaltung** werden alle Vermögensgegenstände und Schulden des aufzuspaltenden Unternehmens auf zwei oder mehrere Nachfolgegesellschaften aufgeteilt. Das Unternehmen erlischt ohne Liquidation. Die bisherigen Gesellschafter erhalten für ihre untergehenden Beteiligungen entsprechende Beteiligungen an den übernehmenden Unternehmen.

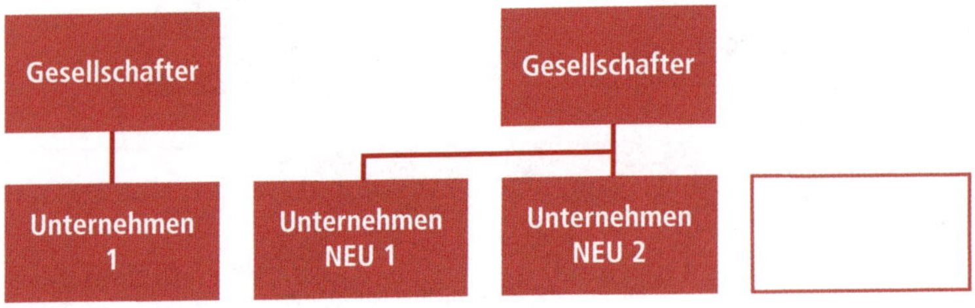

Abbildung 3.7: Aufspaltung

Bei einer **Abspaltung** überträgt das übertragende, sich spaltende Unternehmen nur einen Teil seines Vermögens auf ein oder mehrere andere, bereits bestehende oder neu gegründete Unternehmen. Es bleibt dabei als Teilunternehmen bestehen. Die bisherigen Gesellschafter des abspaltenden Unternehmens erhalten Anteile an dem/den übernehmenden Unternehmen. Hierdurch entsteht eine Schwesternstruktur.

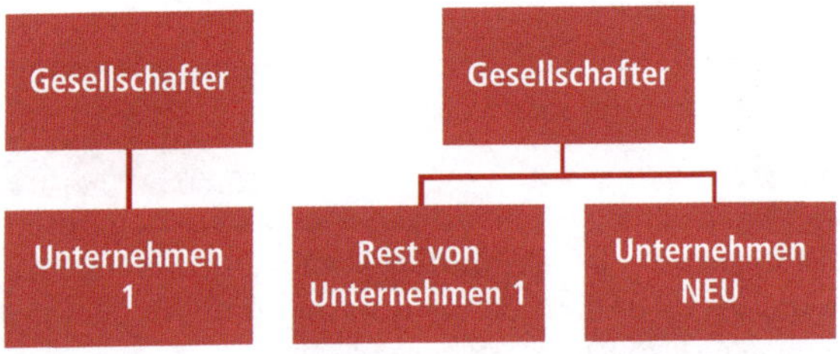

Abbildung 3.8: Abspaltung

Eine **Ausgliederung** entspricht der Abspaltung, d. h., es werden Teile des Vermögens an ein anderes Unternehmen übertragen, das übertragende Unternehmen bleibt dabei bestehen. Allerdings werden die Anteile am übernehmenden Unternehmen vom übertragenden Unternehmen (und nicht von dessen Gesellschaftern) gehalten, d. h., sie gehen in sein Vermögen über. Hierdurch entsteht eine „Mutter-Tochter-Struktur".

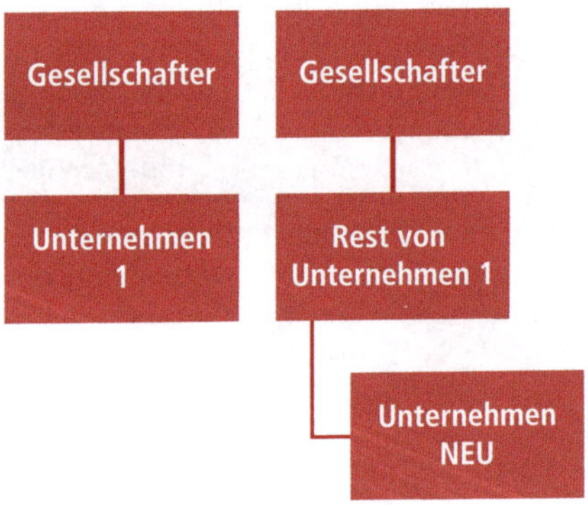

Abbildung 3.9: Ausgliederung

Neben Verschmelzung und Spaltung gibt es noch zwei weitere Formen der Unternehmensumwandlung, die sog. Teilübertragungen für Unternehmen der öffentlichen Hand und für Versicherungsunternehmen sowie den Formwechsel, d. h. den Wechsel der Rechtsform eines Unternehmens ohne Übertragung von Vermögens- oder Schuldpositionen.

ZUSAMMENFASSUNG

In diesem Kapitel haben Sie gelernt,

- welche Begrifflichkeiten bezüglich des Standorts eines Unternehmens zu unterscheiden sind,
- welche Kriterien zur Entscheidung zwischen unterschiedlichen Standorten zum Einsatz kommen,
- welche Entscheidungen hinsichtlich Standortfragen aus strategischer und aus operativer Sicht zu treffen sind,
- weshalb Unternehmen bei der Erstellung betrieblicher Leistungen kooperieren und welche Formen der Zusammenarbeit es gibt,
- welche Formen des Unternehmenskaufs in der Praxis unterschieden werden und was die Unterschiede zwischen einem Share Deal und einem Asset Deal sind und
- welche Möglichkeiten es gibt, dass Unternehmensverbindungen geschlossen, verändert und wieder aufgelöst werden.

Der Standort eines Unternehmens ist der Ort, an dem es seine Leistungen erbringt. Der Begriff kann organisatorisch, juristisch und steuerlich interpretiert werden. Standortentscheidungen sind bei Gründung, Wachstum, Verlagerung oder Schrumpfung des Unternehmens zu treffen. Da die Entscheidung für oder gegen einen Standort langfristige Konsequenzen nach sich zieht, sind Standortentscheidungen in der Regel auf Basis zahlreicher, zum Teil gegenläufiger Kriterien zu bilden.

Wesentliches Kriterium sind die Kosten eines Standorts, dazu zählen Kosten für Arbeitskräfte, Rohstoffe und sonstige Produktionsfaktoren, Kosten der Produktion und Logistikkosten. Weitere wichtige Einflussfaktoren sind das wirtschaftliche Umfeld, die Infrastruktur sowie staatliche Regularien, insbesondere Gesetze und Steuern.

Um zwischen Standorten entscheiden zu können, sind die Kriterien aus ökonomischer Sicht zu bewerten. Dabei kommen neben rein betriebswirtschaftlichen Aspekten auch weitere Gesichtspunkte hinzu, so dass eine Kombination (Scoring-Modell) erforderlich werden kann.

Neben der grundlegenden Frage nach den Standorten haben Unternehmen auch über den Umfang der eigenen Leistungserstellung zu entscheiden. Theoretisch findet die Bildung von Unternehmen dann statt, wenn eine interne Leistungserstellung weniger (Transaktions-)Kosten erzeugt als der Bezug der gleichen Leistung über einen externen Markt. Zwischen den beiden Extrempunkten vollständige Eigenerstellung und vollständiger Marktbezug existiert eine Vielzahl an möglichen Unternehmensverbindungen, die sich in der Intensität der Kooperation (oder Konzentration) und in der Entscheidungsfreiheit der beteiligten Partner unterscheiden.

Je mehr wirtschaftliche und rechtliche Selbstständigkeit aufgegeben werden, desto weniger individuelle Freiheit haben die Partner, dafür ist die Zusammenarbeit intensiver.

Wird die wirtschaftliche Selbstständigkeit eines der Partner vollständig aufgegeben und entsteht ein Abhängigkeitsverhältnis, werden die Unternehmen zusammengefasst als Konzern bezeichnet.

Wird auch die rechtliche Selbstständigkeit aufgegeben, entsteht ein einziges Unternehmen, dies bezeichnet man als Verschmelzung. Wird ein einheitliches Unternehmen aufgeteilt, also z. B. diese engste Form der Unternehmensverbindung wieder aufgelöst, bezeichnet man dies als Spaltung.

Eine Möglichkeit, ein anderes Unternehmen zu kaufen, ist der Erwerb der Anteile an dem Zielunternehmen (Share Deal). Bei einem Asset Deal werden dagegen nicht Eigentumsrechte am Zielunternehmen erworben, sondern von diesem die Vermögensgegenstände und Schulden übernommen.

Ihr Wissen können Sie im eLearning-Bereich mit einem Verständnistest prüfen.

AUFGABEN

Aufgabe 1

Grenzen Sie den Begriff Standort von den Begriffen Niederlassung, Sitz und Betriebsstätte ab.

Aufgabe 2

Welche Unternehmenstypen können nach Anzahl und Verteilung der Standorte unterschieden werden?

Aufgabe 3

Welche Kriterien sind bei der Standortwahl zu beachten?

Aufgabe 4

Erläutern Sie fünf unterschiedliche Kooperationsformen.

Aufgabe 5

Erläutern Sie den Unterschied zwischen einem Share Deal und einem Asset Deal.

Aufgabe 6

Erläutern Sie, was man unter einem Konzern versteht und wie ein Konzern entsteht.

Aufgabe 7

Unterscheiden Sie die Begriffe Upstream Merger und Downstream Merger.

Aufgabe 8

Nennen Sie drei unterschiedliche Formen der Spaltung.

Die Lösungen zu den Aufgaben finden Sie im eLearning-Bereich.

FALL STANDORTWAHL

Beschreibung

Das mittelständische Unternehmen Textil GmbH produziert und verkauft Kleidung in Deutschland. Die Unternehmensführung plant, die Produktion aus Deutschland in ein sog. Niedriglohnland zu verlegen. Bisher sind in der Fabrik 1.000 Mitarbeiter beschäftigt.

Quelle: shutterstock.com, © Kzenon

Aufgabenstellungen

1. Nennen Sie Kriterien, die für eine Standortverlagerung zu prüfen sind.
2. Erstellen Sie eine Argumentationslinie FÜR eine Standortverlagerung ins Ausland.
3. Erstellen Sie eine Argumentationslinie GEGEN eine Standortverlagerung ins Ausland.

Lehrende finden die Lösungen und weiteres, begleitendes Material in den eLearning-Dozentenressourcen.

Literaturhinweise

Schierenbeck, Henner; Wöhle, Claudia B.: Grundzüge der Betriebswirtschaftslehre, 19. Auflage, Berlin, DeGruyter Verlag, 2016.

Schmalen, Helmut; Pechtl, Hans: Grundlagen und Probleme der Betriebswirtschaftslehre, 15. Auflage, Stuttgart, Schäffer-Poeschel Verlag, 2013.

Straub, Thomas: Einführung in die Allgemeine Betriebswirtschaftslehre, 2. Auflage, München, Pearson Verlag, 2015.

Thommen, Jean-Paul; Achleitner, Ann-Kristin; Gilbert, Dirk Ulrich; Hachmeister, Dirk; Kaiser, Gernot: Allgemeine Betriebswirtschaftslehre, 8. Auflage, Wiesbaden, Springer Gabler Verlag, 2013.

Vahs, Dietmar; Schäfer-Kunz, Jan: Einführung in die Betriebswirtschaftslehre, 7. Auflage, Stuttgart, Schäffer-Poeschel Verlag, 2015.

Weber, Wolfgang; Kabst, Rüdiger; Baum, Matthias: Einführung in die Betriebswirtschaftslehre, 9. Auflage, Wiesbaden, Springer Gabler Verlag, 2015.

Wöhe, Günter; Döring, Ulrich; Brösel, Gerrit: Einführung in die Allgemeine Betriebswirtschaftslehre, 26. Auflage, München, Verlag Franz Vahlen, 2016.

Lernziele

In diesem Kapitel werden Sie lernen,

- welche Kriterien bei der Auswahl einer Unternehmensform zu beachten sind,
- den Unterschied zwischen Gemeinschaft und Gesellschaft zu erkennen,
- Selbstorganschaft und Fremdorganschaft zu verstehen,
- wie man ein Unternehmen gründet,
- wie man eine Gesellschaft beendet,
- wie sich die Regelungen bezüglich Geschäftsführung und Vertretung zwischen den Rechtsformen unterscheiden,
- wie die Haftung der Gesellschafter in den einzelnen Rechtsformen geregelt ist,
- welche Möglichkeiten der Eigenkapitalbeschaffung für Kapitalgesellschaften existieren,
- wie Jahresergebnisse festgestellt und verwendet werden und
- ob und wie ausländische Gesellschaftsformen in Deutschland gegründet und genutzt werden können.

Rechtsformen

4

ÜBERBLICK

Die Verfassung, nämlich Art. 14 GG (Eigentumsgarantie) und Art. 12 GG (Berufsfreiheit), schützen das Recht des Bürgers gegenüber dem Staat, sich unternehmerisch frei zu betätigen. Gleichwohl ist es auch dem Staat erlaubt, sich als Unternehmer zu bewegen. Privatrecht und öffentliches Recht stellen dem privaten und dem öffentlichen Unternehmer verschiedene Rechtsformen zur Verfügung.

4.1 Rechtsformen des deutschen öffentlichen Rechts

Volkswirtschaftlich sollten in einem marktwirtschaftlichen System unternehmerische Aktivitäten des Staates immer nachrangig gegenüber der unternehmerischen Betätigung der Bürger sein, denn der Staat ist nie ein Wettbewerber unter gleichen Bedingungen und beeinträchtigt dadurch die Funktionsfähigkeit der Märkte. Er bekommt immer den von ihm festgesetzten Preis für die von ihm angebotenen Leistungen – letztendlich durch Steuern –, auch wenn niemand die Leistungen haben möchte. Macht er unternehmerische Fehler, verfügt er über eine unerschöpfliche Kapitalquelle, denn es haftet der Steuerzahler, während dem Privaten der Ruin droht, wenn er sein Produkt oder seine Leistung nicht gewinnbringend verkauft.

Der Staat darf wählen, ob er eine unternehmerische Betätigung in öffentlich-rechtlicher, also verwaltungsrechtlicher oder in privatrechtlicher Form betreiben möchte, d. h., je nach dieser Wahl stehen ihm die öffentlich-rechtlichen oder die privatrechtlichen Rechtsformen zur Verfügung. An Recht und Gesetz, vor allem die Grundrechte, ist er allerdings in beiden Fällen gebunden. Das Verwaltungsrecht ist jedoch ein Recht, das der Staat für sich selbst geschaffen hat; es steckt voller Privilegien für den Staat (so wird z. B. ein Bescheid nach Ablauf der Rechtsbehelfsfristen bestandskräftig und damit unanfechtbar, auch wenn er rechtswidrig ist, sogar wenn er bewusst rechtswidrig erlassen worden ist).

Will der Staat öffentlich-rechtlich, also verwaltungsrechtlich agieren, stehen ihm einerseits unselbstständige Rechtsformen zur Verfügung, bei denen die unternehmerische Aktivität entweder Teil der Verwaltung ist und die daher keine eigene Rechtspersönlichkeit haben oder aber selbstständige Rechtsformen, nämlich rechtlich eigenständige juristische Personen des öffentlichen Rechts. Die Wahl der jeweiligen Rechtsform ist ganz entscheidend dadurch geprägt, welches Maß an Selbständigkeit der Staat der jeweiligen „Unternehmung" zugestehen möchte.

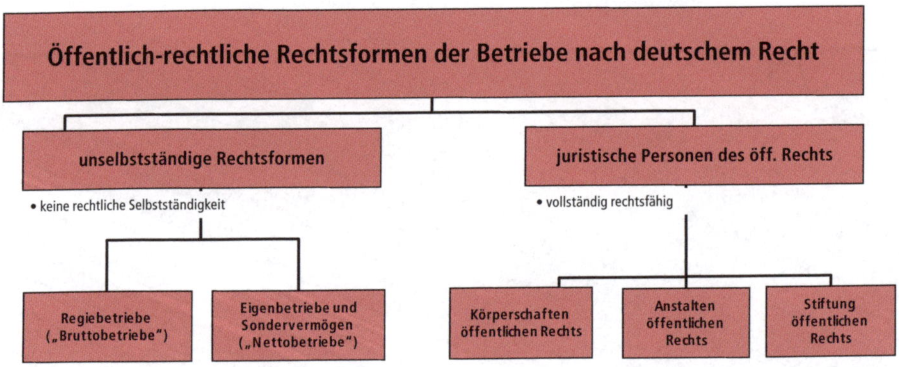

Abbildung 4.1: Rechtsformen des öffentlichen Rechts

4.1.1 Öffentlich-rechtliche Betriebe ohne Rechtspersönlichkeit

Der Staat kann sich in rechtlich unselbstständigen Rechtsformen mit Mitteln der Verwaltung unternehmerisch betätigen; sie werden auch als rechtlich unselbstständige Anstalten bezeichnet. Ihr Personal sind Angestellte und Beamte des Verwaltungsträgers und „ihr" Vermögen ist ebenfalls dasjenige der jeweiligen Behörde.

Regiebetriebe

Der **Regiebetrieb** (auch **Bruttobetrieb** genannt) ist die unselbstständigste Form unternehmerischer Aktivität des Staates. Er ist rechtlich und haushaltsmäßig Teil der Verwaltung. Sein Rechnungswesen ist bloß eine Unterabteilung des Haushalts des jeweiligen Verwaltungsträgers und zwar nach den Grundsätzen der **Kameralistik**, nicht gemäß kaufmännischer Buchführung. Aufgrund dessen fehlt es an unternehmerischen Anreizen für die Führungen der Regiebetriebe. Die Zahl der Regiebetriebe nimmt daher ab; sie sind meistens nur noch als kleinere Einheiten, gleichsam als Annex zur Verwaltung zu finden, z. B. als Druckerei der jeweiligen Behörde oder als Friedhofsgärtnerei, größere Regiebetriebe finden sich z. T. noch als Stadtbibliotheken, Schlachthöfe, Bürgerhäuser o. Ä.

Eigenbetriebe und Sondervermögen

Eigenbetriebe (auf Kommunalebene) und Sondervermögen (auf Bundes- und Landesebene) sind **Nettobetriebe**. Das heißt, ihr Vermögen und ihr Personal sind ebenfalls rechtlich nicht verselbstständigt, sondern Teil des Verwaltungsträgers, aber organisatorisch genießen sie Selbstständigkeit. Das wirkt sich so aus, dass ihre Buchhaltung nach kaufmännischen Grundsätzen autark geführt wird und die Einnahmen und Ausgaben nur noch als Saldo in den Haushalt des Verwaltungsträgers einfließen. Auch unterliegen sie nicht dem Haushaltsplan der Behörde, sondern sie erstellen einen eigenen Wirtschaftsplan.

Die innere Organisation ist i. d. R. in Form einer **Satzung** gestaltet. Innerhalb der o. g. Grenzen besteht dadurch die Möglichkeit, je nach Wunsch des jeweiligen Staates/Verwaltungsträgers, der „Unternehmensführung" mehr oder weniger Einflussmöglichkeiten einzuräumen. Typische Beispiele sind Krankenhäuser, Theater, Tierparke u. Ä.

Ein Nettobetrieb ist eine Durchbrechung des Vollständigkeitsprinzips des staatlichen Haushalts (und verletzt damit das Prinzip der Haushaltswahrheit, weil Haushaltspositionen ausgelagert werden und damit dem Bürger gegenüber zur demokratischen Haushaltskontrolle nicht mehr transparent sind). Nettobetriebe sind daher in der Praxis auch ein willkommenes Mittel des Staates, Schulden dem (ersten) Blick des Bürgers zu entziehen.

Die Rechtsgrundlage auf Bundesebene ist Art. 110 Abs. 1 GG, in dem es heißt:

> *„Alle Einnahmen und Ausgaben des Bundes sind in den Haushaltsplan einzustellen; bei Bundesbetrieben und bei Sondervermögen brauchen nur die Zuführungen oder die Ablieferungen eingestellt zu werden. Der Haushaltsplan ist in Einnahme und Ausgabe auszugleichen."*

§ 18 Abs. 2 HGrG konkretisiert das wie folgt:

> *„Bei Sondervermögen sind nur die Zuführungen oder die Ablieferungen im Haushaltsplan zu veranschlagen. Über die Einnahmen, Ausgaben und Verpflichtungsermächtigungen der Sondervermögen sind Übersichten dem Haushaltsplan als Anlagen beizufügen oder in die Erläuterungen aufzunehmen."*

Seine großen Sondervermögen Deutsche Post und Deutsche Bahn führte der Bund bereits vor Jahrzehnten in eine private Rechtsform über (eher irreführend ist die Aussage, er habe sie „privatisiert", da der Staat ja immer noch hundertprozentiger Anteilseigner ist und das (weitgehende) Monopol fortbesteht). Die Rechtsgrundlage auf Landes- und kommunaler Ebene findet sich in den entsprechenden Normen der Landeshaushaltsordnungen (LHO) und den jeweiligen Gemeindeordnungen.

4.1.2 Öffentlich-rechtliche juristische Personen

Der Staat kann sich für unternehmerische Zwecke aber auch rechtlich selbstständiger Einheiten, nämlich juristischer Personen (des öffentlichen Rechts) bedienen. Sie sind rechtsfähige Organisationen zur Wahrnehmung öffentlicher Aufgaben unter staatlicher Aufsicht, die i. d. R. durch ein Errichtungsgesetz entstehen. Sie sind (neben der Verwendung privatrechtlicher Rechtsformen durch den Staat) auch als Mittel des Staates geeignet, um Kredite aus dem Haushalt auszulagern und so z. B. sog. Schuldenbremsen (Art. 115 GG) zu umgehen.

Anstalten öffentlichen Rechts

Anstalten öffentlichen Rechts sind für einen besonderen andauernden Zweck zusammengefasste personelle und sachliche Mittel in der Hand eines öffentlichen Trägers. Sie sind als juristische Person selbstständig und von den sogenannten nicht rechtsfähigen Anstalten zu unterscheiden, die den Regie- oder Eigenbetrieben zuzurechnen sind. Unternehmerische Betätigungen in dieser Form führen auf Bundes- und Landesebene insbesondere die staatlichen (sog. öffentlich-rechtlichen) Rundfunkanstalten und die Staatsbanken (z. B. KfW, DtA) sowie auf kommunaler Ebene die Sparkassen und auf diese Art organisierte Krankenhäuser durch (soweit Letztere nicht als Regie- oder Eigenbetrieb arbeiten). Wie diese breite Fächerung bereits erahnen lässt, ermöglicht es das Rechtsinstitut der öffentlich-rechtlichen Anstalt aufgrund seiner Flexibilität, den unterschiedlichsten staatlichen Wünschen zu dienen. Daher lassen sich einheitliche Aussagen über ihre Struktur nur schwer tätigen.

Die Errichtungskörperschaft (Bund, Land, Gemeinde) ist i. d. R. der Träger der Anstalt. Diesem obliegt die Anstaltslast, d. h., er haftet im Innenverhältnis gegenüber der Anstalt.

Die Haftung gegenüber Dritten steht auf einem anderen Blatt; sie ist die sog. Gewährträgerhaftung. Aufgrund dieser können Dritte den Gewährträger in Haftung nehmen, soweit sie aus dem Vermögen der Anstalt selbst keine Befriedigung erlangen. Insbesondere bei den Landesbanken und Sparkassen wurde sie, z. B. von der EU-Kommission, als wettbewerbsverzerrend empfunden, weil diese Anstalten im Vergleich zu ihren privaten Wettbewerbern damit über ein mit unerschöpflichen Steuergeldern ausgestattetes Haftungspotenzial verfügen und somit nie insolvent werden können. Sie ist (mit Übergangsregelung) abgeschafft worden.

Im Rahmen des sogenannten „**Berliner Modells**" hat der Staat eine Mischform erfunden: Die öffentlich-rechtliche Anstalt wird den Weisungen einer privatrechtlichen juristischen Person unterworfen. Diese Unterwerfung einer mit Steuergeldern geschaffenen Institution unter die Entscheidungsbefugnisse eines privatrechtlichen Unternehmens wird von der Rechtsprechung wegen Verletzung des Demokratieprinzips zu Recht kritisch gesehen.

Körperschaften öffentlichen Rechts

Körperschaften verfügen (im Gegensatz zu Anstalten) über eine mitgliedschaftliche Struktur. Bei **Körperschaften öffentlichen Rechts** kann es sich um Gebietskörperschaften (wie z. B. Gemeinden, Landkreise u. Ä.), Verbandskörperschaften (wie z. B. die Zweckverbände oder Verbandsgemeinden) oder Personalkörperschaften handeln. Unter Letztere fallen z. B. die Universitäten sowie die Rentenversicherungen (des Bundes und der Länder), die Industrie- und Handelskammern sowie diverse Berufskammern (Rechtsanwaltskammern, Ärztekammern usw.).

Die Kammern und die Rentenversicherung sind Beispiele für Körperschaften mit Zwangsmitgliedschaft, was eine erhebliche Einschränkung der Freiheit ihrer Zwangsmitglieder bedeutet. Sie sind nämlich zu Mitgliedschaft und Beitragszahlung verpflichtet, können aber (im Rahmen der Mitgliedschaftsrechte) nur ganz eingeschränkt mitreden, wie viel Geld man von ihnen einzieht und welche Aktivitäten die Körperschaft mit dem Geld entfaltet (Erwerb eines Kammergebäudes, Reisen der Funktionäre zu befreundeten ausl. Kammern, Herausgabe einer (Mitglieder-)Zeitschrift usw.).

Stiftung öffentlichen Rechts

Stiftungen existieren sowohl im öffentlichen als auch im privaten Recht. Die Besonderheit der Stiftungen ist, dass es sich bei ihnen um juristische Personen handelt, die losgelöst von jeglichem Träger, Gesellschafter o. Ä. sind. Die Aufgabe der Stiftung ist es, den Willen des Stifters zu verwirklichen; bei der **Stiftung öffentlichen Rechts** ist das eine staatliche Instanz. Mit der Stiftungsgründung gibt der Stifter das Vermögen und die Einflussmöglichkeiten aus der Hand. Die Stiftung unterliegt von da an lediglich staatlicher Stiftungsaufsicht. Bestenfalls existieren noch Nutznießer, denen Erträge der Stiftung zukommen (Destinatäre).

4.2 Rechtsformen des deutschen Privatrechts

4.2.1 Einführung

Obgleich die Verfassung die unternehmerische Betätigung des Bürgers schützt (Art. 12 und 14 GG), erlaubt sie es dem Staat, einschränkende Regeln zu erlassen. Die Vielzahl öffentlich-rechtlicher (z. B. gewerberechtlicher) und verbraucherschützender Gesetze fällt ebenso darunter wie die Beschränkungen auf eine Zahl festgelegter Gesellschaftsformen.

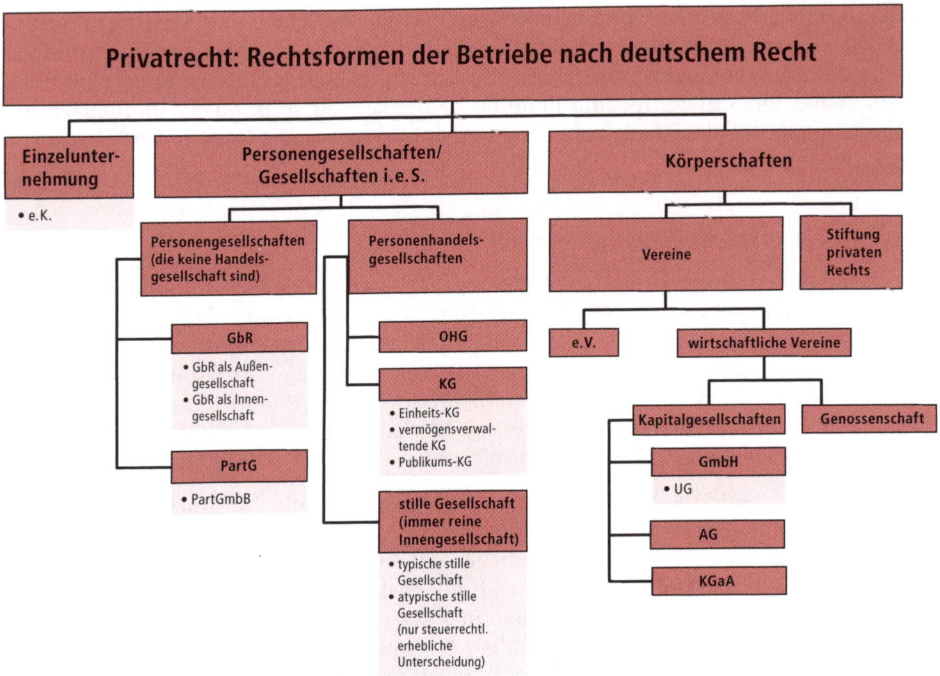

Abbildung 4.2: Rechtsformen des Privatrechts im Überblick

Jeder Bürger darf sich unternehmerisch betätigen. Sobald es aber um Gesellschaften geht, gilt im Gesellschaftsrecht (wie im Sachenrecht und anders als im Schuldrecht) ein **Typenzwang** (oder numerus clausus). Über die Gesellschaft bürgerlichen Rechts (GbR) hinaus (die als freier Zusammenschluss von Bürgern existiert, seit es Menschen gibt und daher immer zulässig ist) steht nur der gesetzlich zur Verfügung gestellte Katalog von Gesellschaftsformen zur Verfügung; die „Erfindung" einer neuen Rechtsform durch die Rechtsanwendungspraxis ist ausgeschlossen.

Aus diesen zur Verfügung stehenden Unternehmensformen muss der Unternehmer anhand der für seine Rechtsformentscheidung erheblichen Kriterien die richtige Rechtsform auswählen. Die wichtigsten Kriterien sind folgende:

- Gründungsaufwand/Kapitalerfordernis
- **Firma**, d. h. Name des Kaufmanns oder des Unternehmens im Rechtsverkehr
- Haftung/Kreditwürdigkeit
- Leitungsbefugnisse (insbes. **Geschäftsführung** und **Vertretung** sowie Gesellschafterrechte)
- Gewinn- und Verlustbeteiligung
- Steuerbelastung
- Registerpflicht sowie Publizitätspflicht der Rechnungslegung
- Abhängigkeit von Personen (z. B. Übertragbarkeit der Beteiligung, Fortbestand bei Gesellschafterwechsel/Erbfolge, Möglichkeit von Fremdmanagement)
- Arbeitnehmermitbestimmung
- Kosten

Dieser Katalog ist nicht abschließend. Auch setzen einzelne genannte Kriterien u. U. an mehreren gesellschaftsrechtlichen Regelungen an. So sind die Kosten zum einen bei der Gründung zu berücksichtigen, zum anderen aber auch beim laufenden Betrieb der Gesellschaft, z. B. durch die Erstellung von Jahresabschlüssen, Veröffentlichungen, dem Abhalten von Hauptversammlungen usw.

Auch existieren noch Kriterien, die bloß mittelbar an gesellschaftsrechtliche Regelungen anknüpfen. So ist die Möglichkeit der Fremdkapitalbeschaffung nicht unmittelbar gesellschaftsrechtlich geregelt, aber mittelbar von gesellschaftsrechtlichen Normierungen zur Haftung abhängig, denn die Kreditaufnahmemöglichkeit hängt von der Bonität ab und fällt daher bei persönlicher Haftung eines Gesellschafters gewiss leichter als bei vollständiger Haftungsbeschränkung.

Bei der nachfolgenden Vorstellung der verschiedenen Unternehmensformen soll jeweils auf diese und weitere Entscheidungskriterien eingegangen werden. Steuerbelastung, Rechnungslegung und Publizität sind jedoch einem gesonderten Kapitel dieses Buchs vorbehalten; die verschiedenartige steuerliche Behandlung wird daher hier bloß überblicksartig dargestellt.

4.2.2 Einzelunternehmung

Wenn sich ein Bürger unternehmerisch betätigen möchte, steht ihm dies nach Art. 12 und 14 GG frei. Auf eine gewerberechtlich erforderliche Erlaubnis hat er daher einen Anspruch. In § 1 Abs. 1 GewO heißt es deshalb:

> *„Der Betrieb eines Gewerbes ist jedermann gestattet, soweit nicht durch dieses Gesetz Ausnahmen oder Beschränkungen vorgeschrieben oder zugelassen sind.“*

Tritt eine einzelne Person als Rechtssubjekt auf, kann sie das als Einzelunternehmer tun; das Gesellschaftsrecht, welches grundsätzlich die Beziehungen mehrerer Personen (untereinander und zu Dritten) regelt, ist nicht einschlägig (eine andere Frage ist diejenige, ob er und seine Rechtshandlungen als Kaufmann dem Handelsrecht unterliegen). Die Einzelunternehmung ist demnach (wie die Gesellschaftsformen) eine Form der unternehmerischen Betätigung. Die natürliche Person (der Kaufmann oder der Unternehmer) haftet mit ihrem gesamten Privatvermögen ohne die Möglichkeit einer Haftungsbeschränkung, weil ja keine von ihrem Privatvermögen abgetrennte gesonderte Vermögensmasse besteht, die gesondert rechtsfähig wäre.

Der Unternehmer

Als **Unternehmer** i. S. d. § 14 BGB gilt diese natürliche Person, wenn sie „bei Abschluss eines Rechtsgeschäfts in Ausübung ihrer gewerblichen oder selbstständigen beruflichen Tätigkeit handelt“. Verschiedene Schutzvorschriften, insbes. des BGB, gelten nicht für Unternehmer, und umgekehrt sind **Verbraucher** (§ 13 BGB) in Geschäften mit dem Unternehmer besonders geschützt (z. B. das Widerrufsrecht nach §§ 312 ff. und 355 ff. BGB, der Verbrauchsgüterkauf nach §§ 474 ff. BGB oder Vermutungen zu Lasten des Unternehmers im AGB-Recht gemäß § 310 Abs. 3 Nr. 1 BGB).

Der Kaufmann

Die Begriffe Unternehmer und Kaufmann sind nicht identisch, überschneiden sich aber.

Wesen und Haftung

Betreibt die unternehmerisch tätige Person ein Handelsgewerbe, ist sie nach § 1 HGB Kaufmann und unterfällt damit den Bestimmungen des HGB. Das Handelsrecht unterwirft den Kaufmann geringeren Schutzvorschriften, und damit ist für ihn im Gegenzug der Rechtsverkehr erleichtert (z. B. gemäß § 350 HGB ist die Übernahme einer Bürgschaft für den Kaufmann im Gegensatz zu § 766 BGB formlos möglich; im Handelskauf besteht für den Käufer unverzügliche Rügepflicht nach § 377 HGB, sonst geht er seiner Rechte verlustig usw.).

Ein **Gewerbe** ist also immer Voraussetzung für die Kaufmannseigenschaft. Als Gewerbe gilt jede selbstständige, außengerichtete und planmäßige (d. h auf Dauer und eine unbestimmte Vielzahl von Geschäften ausgerichtete) Tätigkeit in Gewinnerzielungsabsicht; ausgeschlossen sind die freien Berufe, künstlerische und wissenschaftliche Berufe sowie die bloße Vermögensverwaltung. Teilweise wird als Definitionskriterium auch noch angesehen, dass die Tätigkeit weder verboten noch sittenwidrig ist; die gewerberechtliche Anmeldung ist hingegen lediglich deklaratorisch.

Weil freie Berufe (Ärzte, Apotheker, Rechtsanwälte, Steuerberater usw.) kein Gewerbe darstellen, sind damit die Freiberufler (obgleich Unternehmer) keine Kaufleute. Ferner sind gemäß § 1 Abs. 2 HGB diejenigen Gewerbe vom Kaufmannsbegriff ausgeschlossen, die (bei sachgerechter Führung) einen in kaufmännischer Weise eingerichteten Geschäftsbetrieb gar nicht erfordern, die also insbesondere wegen ihrer geringen Größe keine kaufmännische Buchführung, kein kaufmännisch ausgebildetes Personal usw. benötigen; dies sind – verkürzt ausgedrückt – die Kleingewerbetreibenden.

Der Kaufmann ist persönlich (direkt) für alle Verbindlichkeiten der Unternehmung unbegrenzt haftbar, denn es sind ja seine persönlichen Verbindlichkeiten und es existiert keine vom Privatvermögen abgegrenzte Vermögensmasse. Er ist also Vollhafter mit gesamtem (Geschäfts- und Privat-)Vermögen. Auch der Erwerber haftet bei Erwerb eines Handelsgeschäfts und Fortführung der bisher verwendeten Firma unbeschränkt und persönlich für die betrieblichen Altschulden, selbst bei Kennzeichnung der Unternehmensnachfolge durch Nachfolge-Zusatz (§ 25 HGB). Die Haftung des früheren Inhabers wirkt fort und verjährt erst nach fünf Jahren (§ 26 HGB).

Gründung/Auflösung, Firma und Register

Nach § 29 HBG hat der Kaufmann seine Firma zum **Handelsregister** (Abt. A) anzumelden; dies kann nur elektronisch öffentlich beglaubigt geschehen (§ 12 Abs. 1 HGB i. V. m. § 129 BGB). Die Anmeldung ist aber rein deklaratorisch, d. h., sie hat keinen Einfluss auf die Kaufmannseigenschaft. Die Daten des Handelsregisters sind nach § 8 b Abs. 2 Nr. 1 HGB auch über das Unternehmensregister publik. Grundsätzlich besteht keine darüber hinausgehende Publizitätspflicht im Unternehmensregister.

Nach § 17 Abs. 1 HGB ist die **Firma** der Name des Kaufmanns, unter dem er seine Geschäfte betreibt und unterschreiben kann. Bürgerlicher Name und Firma können aber auch divergieren: Es kann z. B. der Nachfolger (z. B. „Heinz Müller") weiterhin den Namen des Vorgängers (z. B. „Peter Müller") als Firma führen; dies kann mit (z. B. „Peter Müller Nachf.") oder ohne einen die Nachfolge anzeigenden Zusatz („Peter

Müller") erfolgen; in diesen Fällen fallen also bürgerlicher Name und Firma des Kaufmanns auseinander.

Nach § 18 Abs. 2 HGB ist allerdings Irreführung verboten, d. h., die **Firmenwahrheit** geht der Firmenkontinuität vor. Es darf durch die Firma also z. B. nicht der Eindruck erweckt werden, es hafteten mehr Personen, als es tatsächlich der Fall ist. Heinz Müller darf das Geschäft seines Vaters Peter Müller daher nicht unter „Peter Müller & Sohn" weiterführen, wenn Peter Müller bereits ausgeschieden ist oder unter „Peter Müller & Söhne", wenn er neben Peter Müller der einzige Inhaber ist.

Die Firma muss einen Hinweis zur Rechtsform führen, etwa „Eingetragener Kaufmann" bzw. „Eingetragene Kauffrau" oder eine allgemein verständliche Abkürzung, z. B. e. K., e. Kfr. oder e. Kfm. (§ 19 Abs. 1 Nr. 1 HGB).

Es gibt verschiedene Möglichkeiten der Rechtsnachfolge: Mit dem Tod des Einzelkaufmannes endet sein Geschäft. Grundsätzlich führen die Erben als Gesamtrechtsnachfolger (§ 1922 BGB) das Geschäft fort; dann ist es aber (ungeachtet der Firmierung) von da an das Geschäft der Erben. Bringt der Kaufmann sein Geschäft in eine Personen- oder Kapitalgesellschaft (z. B. anlässlich einer Sachgründung) ein, endet es und wird im Wege der Einzelrechtsnachfolge von der Gesellschaft fortgeführt. Eine partielle Gesamtrechtsnachfolge im Wege der Umwandlung gemäß UmwG ist für Kaufleute nur ganz eingeschränkt möglich, nämlich nach § 124 Abs. 1 UmwG nur die Ausgliederung.

Organe

Geschäftsführung und **Vertretung** geschieht allein durch den Kaufmann. Dies kann er nur teilweise delegieren (für Vertretung: **Prokura** und **Handlungsvollmacht**), jedoch nicht unter Ausschluss seiner selbst.

Prokura ist nach § 48 ff. HGB die Befugnis, den Kaufmann „bei allen Arten von gerichtlichen und außergerichtlichen Geschäften und Rechtshandlungen, die der Betrieb eines Handelsgewerbes mit sich bringt", zu vertreten (§ 49 Abs. 1 HGB).

Handlungsvollmacht ist gemäß § 54 HGB (unterhalb der Prokura) die Vollmacht, den Kaufmann bei „allen Geschäften und Rechtshandlungen, die der Betrieb eines derartigen Handelsgewerbes oder die Vornahme derartiger Rechtsgeschäfte gewöhnlich mit sich bringt", zu vertreten.

Jahresabschluss und Gewinn

Der Kaufmann ist verpflichtet, Bücher zu führen (§ 238 HGB) und einen Jahresabschluss aufzustellen (§ 242 HGB). Verluste trägt der Inhaber ebenso allein, wie ihm die Gewinne zustehen.

Die Besteuerung gemäß § 15 EStG richtet sich nach der persönlichen Steuerpflicht des Kaufmanns. Weil es sich um ein und dieselbe Vermögensmasse handelt, können z. B. Vergütungen für die Geschäftsführung durch den Kaufmann (anders als bei Kapitalgesellschaften) nicht steuermindernd als Betriebsausgaben abgezogen werden, sondern sind Entnahmen, die sich nicht gewinnmindernd auswirken. In der Umsatz- und der Gewerbesteuer wird das Unternehmen jedoch getrennt von der persönlichen Sphäre des Kaufmanns geführt.

Bedeutung

Wahrscheinlich sind die Mehrheit aller Unternehmen Einzelunternehmen. Der Kaufmann kommt zwar in allen gewerblichen Wirtschaftsbereichen – bis hin zu Mittel-

und Großunternehmen (z. B. Trigema) – vor, ist jedoch vorherrschend in Einzelhandel, Handwerk und Landwirtschaft.

4.2.3 Einführung in das Gesellschaftsrecht

Das Gesellschaftsrecht ist so alt wie die Menschheit. Der Umstand, dass Menschen sich mittels eines Vertrags zusammenschließen, um einen gemeinsamen Zweck zu erreichen, ist Ausfluss der naturrechtlichen menschlichen Freiheit. Somit waren Gesellschaften lange existent, bevor ein staatlicher Gesetzgeber auf den Plan trat.[1] Staatlich geschaffene Rechtsformen sind erst dann notwendig geworden, als vom allgemeinen Grundsatz abgewichen worden ist, dass jeder für sein Handeln dahingehend Verantwortung trägt, dass er für dessen Folgen auch haftet.

Schon das römische Recht kannte das Gesellschaftsrecht. Es wird traditionell als „das Recht der privatrechtlichen Personenvereinigungen, die zur Erreichung eines bestimmten gemeinsamen Zweckes durch Rechtsgeschäft begründet werden", bezeichnet[2] und unterfällt daher dem Privatrecht.

Uneingeschränkt trifft diese Definition nur noch auf das Recht der Personengesellschaften zu. Spätestens mit dem Aufkommen des Aktienrechts im 19. Jahrhundert wurde in Deutschland der Zusammenschlussgedanke durch das Motiv der Haftungsbeschränkung in den Hintergrund gedrängt. Die Industrialisierung wird als Anlass genannt, die das Erfordernis begründet haben soll, in der Öffentlichkeit Kapital zu sammeln, z. B. durch die Ausgabe von Anteilscheinen (Aktien), weil die Finanzierung einer Unternehmung durch eine überschaubare Personengruppe nun nicht mehr ohne Weiteres möglich gewesen sein sollte. Dies hat der Gesetzgeber genutzt (wie üblich wohl nicht ohne Einflussnahme bestimmter Wirtschaftskreise), die AG zu schaffen.

1861 wurde mit dem Allgemeinen Deutschen Handelsgesetzbuch für den deutschen Bund[3] (ADHGB) das erste Mal die Aktiengesellschaft (AG) deutschlandweit[4] eingeführt. Die AG ermöglichte es nicht nur, Kapital mehrerer Personen unproblematisch zu akkumulieren, ohne die Beteiligung der Kapitalgeber in der Geschäftsführung zu verlangen, sondern schuf erstmalig[5] die Möglichkeit, die Haftung zu beschränken, nämlich auf das Vermögen einer privatrechtlichen juristischen Person, ohne dass nicht wenigstens eine natürliche Person (wie heute z. B. noch bei der KG, vgl. § 161 Abs. 1 HGB) persönlich haftet. Dass diese Haftungsbeschränkung gar kein „Nebeneffekt", sondern offenes Ziel des Schaffens dieser Rechtsform war, verdeutlicht die Beschreibung der AG in Art. 207 Abs. 1 ADHGB:

> *„Eine Handelsgesellschaft ist eine Aktiengesellschaft, wenn sich die sämmtlichen Gesellschafter nur mit Einlagen betheiligen, ohne persönlich für die Verbindlichkeiten der Gesellschaft zu haften."*

Diesem Anreiz folgend breiteten sich Aktiengesellschaften rasant aus; die Zahl brach aber fast ebenso schnell auch wieder ein, weil die Haftungsbegrenzung zum Missbrauch einlädt (1872 gab es in Preußen 470, 1874 (nach einer Konkurswelle) nur noch 84 Aktiengesellschaften).

1892 folgte die Gesellschaft mit beschränkter Haftung (GmbH). Sie wurde zu einem wahren Exportschlager; sehr viele Länder dieser Erde schufen seitdem eine entsprechende Gesellschaftsform. Heute sind Ein-Personen-GmbHs (§ 1 GmbHG) und Ein-

Personen-AGs (§ 2 AktG) alltäglich (die zwölfte EG-Richtlinie zu Einpersonengesellschaften (RiLi 89/667/EWG) zwang alle Mitgliedstaaten, dies zu ermöglichen).

Erst um die Jahrtausendwende trat die angelsächsische Private Company Limited by Shares (Ltd.) in Deutschland einen Siegeszug an, der aber kurz darauf auch wieder abebbte (nur ein Grund ist die GmbH-Reform von 2008).

Bei den Kapitalgesellschaften ist also der Zusammenschluss von Personen kaum noch das Motiv zur Gesellschaftsgründung, sondern die Haftungsbeschränkung (neben – vor allem bei AG, SE und KGaA – dem Zugang zum Kapitalmarkt und der erleichterten Fungibilität der Anteile).

4.2.4 Gemeinsamkeiten aller Gesellschaften

Alle Gesellschaften zeichnen sich (anders als z. B. die Stiftung) dadurch aus, dass Gesellschafter (bei AG und SE: Aktionäre) ihre wirtschaftlichen Eigentümer sind. Diese können i. d. R. sowohl natürliche Personen als auch juristische Personen oder selbst wiederum Personengesellschaften sein.

Alle Gesellschaftsformen lassen sich auf zwei Grundtypen zurückführen, die beide im BGB geregelt sind:

- Die **Gesellschaft bürgerlichen Rechts** (§§ 705 ff. BGB) ist als nicht rechtsfähiger Zusammenschluss von Personen die Grundform der Personengesellschaften. Die §§ 705 ff. BGB gelten nämlich subsidiär für alle anderen Personengesellschaften (§ 105 Abs. 3 HGB, § 161 Abs. 2 HGB, § 2 Abs. 2, § 6 Abs. 3 usw. PartGG).
- Der **eingetragene Verein** (§§ 21 ff. und 55 ff. BGB) als juristische Person ist die Grundform aller Kapitalgesellschaften und der Genossenschaft, die allesamt nämlich (ausnahmsweise zulässige) wirtschaftliche Vereine (§ 22 BGB) darstellen. Am deutlichsten wird das heute noch bei dem kleinen Versicherungsverein auf Gegenseitigkeit (VVaG), auf den gemäß § 53 VAG weitgehend das Vereinsrecht Anwendung findet.

Entstehen

Daher lassen sich aus beiden Urformen Grundsätze des Entstehens herleiten, die für alle Gesellschaftsformen gelten:

- Jede Personengesellschaft entsteht durch einen Vertrag, worin sich mehrere Personen verpflichten, das Erreichen eines gemeinsamen Zwecks in einer bestimmten Weise, insbesondere durch das Erbringen von Beiträgen, zu fördern (§ 705 BGB). Der Vertrag ist formfrei (Ausnahme: § 3 Abs. 1 PartGG). Die z. T. erforderliche Eintragung (ins Handelsregister bei oHG und KG nach § 106 HGB oder ins Partnerschaftsregister nach § 4 PartGG) ist daher bloß deklaratorisch, d. h., auch ohne Eintragung ist die Gesellschaft entstanden.
- Jede juristische Person erfordert auch einen Vertrag/eine Satzung. Jedoch bedarf es zu ihrer Entstehung eines Hoheitsakts, i. d. R. der Registereintrag (bei der Stiftung der Genehmigung durch die Behörde). Eine Körperschaft entsteht daher erst mit ihrer Eintragung (z. B. ins Handels- oder Genossenschaftsregister) und nicht bereits mit Abschluss des **Gesellschaftsvertrags**.

Anmeldungen zum Handelsregister müssen auch für die Gesellschaften immer elektronisch öffentlich beglaubigt ergehen (§ 12 Abs. 1 HGB i. V m. § 129 BGB).

Gesetzliche Regelung

Die gesetzlich kodifizierten Regelungen der Personengesellschaften sind – wie im Schuldrecht üblich – grundsätzlich **dispositives Recht** oder nachgiebig, d. h., im Gesellschaftsvertrag können die Gesellschafter abweichende Vereinbarungen treffen (vgl. § 109 HGB), zumindest was das Innenverhältnis angeht. Hinsichtlich der Rechtsbeziehungen zu Dritten ist der Rechtsverkehr zu schützen und die Bestimmungen sind im Wesentlichen zwingend. Aufgrund besonderer gesellschaftsrechtlicher Kriterien haben Lehre und Rechtsprechung jedoch Grenzen auch für das Innenverhältnis entwickelt, wie z. B. den Minderheitenschutz oder die Gleichbehandlung der Gesellschafter.

Auch in GmbH und Genossenschaft herrscht – abgesehen von den zwingenden Satzungsbestimmungen des § 3 Abs. 1 GmbHG und § 6 Abs. 1 GenG – weitgehend Gestaltungsfreiheit. Besonders streng hingegen ist die AG, denn seit der Reform von 1965 herrscht Satzungsstrenge (§ 23 Abs. 5 AktG). Das heißt, was die innere Organisationsstruktur angeht, ist das AktG nicht abänderliches, **zwingendes Recht**; die Satzung darf nur vom Gesetz abweichende Regelungen treffen, wenn dies ausdrücklich im AktG zugelassen ist.

Geschäftsführung, Vertretung und Beteiligung

Für sämtliche Gesellschaftsformen ist es wichtig, zwischen Geschäftsführung und Vertretung zu unterscheiden.

- Die **Vertretung** ist nach § 164 Abs. 1 BGB die Befugnis, im Namen eines anderen und mit Vertretungsmacht für diesen eine (eigene) Willenserklärung abzugeben. Vertretung kann also per definitionem nur mit der Rechtsbeziehung der Gesellschaft gegenüber Dritten zu tun haben.
- Streng davon ist die **Geschäftsführung** zu unterscheiden, die im Innenverhältnis (der Gesellschaft) regelt, wer die Entscheidungen trifft.

Auch wenn gemäß der gesetzlichen Regelung oder in der Praxis durch Gesellschaftsvertrag oft beide Befugnisse denselben Organen zugestanden werden, muss diese Unterscheidung konsequent durchgehalten werden. Vorbildlich hierfür ist die gesetzliche Regelung für die oHG: Der zweite Titel (§§ 109 bis 122 HGB) ist mit "Rechtsverhältnis der Gesellschafter untereinander" überschrieben und betrifft dementsprechend die Geschäftsführung, wogegen der dritte Titel (§§ 123 bis 130 a HGB) die Überschrift „Rechtsverhältnis der Gesellschaft zu Dritten" trägt und somit die Vertretung regelt. Ähnlich deutlich ist die gesetzliche Unterscheidung bei der AG mit § 77 AktG für die Geschäftsführung und § 78 AktG für die Vertretung.

Jeden Gesellschafter einer Gesellschaft trifft eine **Treuepflicht** gegenüber der Gesellschaft und gegenüber den Mit-Gesellschaftern, z. B. nachteilige Einwirkungen auf das Gesellschaftsunternehmen zu unterlassen, in manchen Fällen Wettbewerbsverbote usw. Abhängig von der Rechtsform und der jeweils betroffenen Maßnahme sind diese in Inhalt und Intensität unterschiedlich ausgeprägt.

Beispiel: Innenverhältnis – Kompetenzverteilung in der Gesellschaft

Bei jeder Gesellschaft ist es Aufgabe der Geschäftsführung, einen Rechnungsabschluss oder Jahresabschluss aufzustellen (z. B. für AG: § 170 Abs. 1 AktG).

Dessen Feststellung ist jedoch – abhängig von der Rechtsform – den unterschiedlichsten Organen zugewiesen, z. B. bei der AG grundsätzlich dem Aufsichtsrat (§ 172 AktG), in der GmbH der Gesellschafterversammlung (§ 46 Nr. 1 GmbHG), bei der Genossenschaft der Generalversammlung (§ 48 Abs. 1 GenG) und in der KGaA der Hauptversammlung mit Zustimmung des Komplementärs (§ 286 Abs. 1 AktG).

Die Entscheidung über die Gewinnverwendung wiederum ist regelmäßig den Gesellschaftern überlassen (AG: § 174 AktG; GmbH: § 46 Nr. 1 GmbHG).

Beendigung

Je nach Gesellschaftsform können Gründe für das Ausscheiden des Gesellschafters vereinbart werden. Allen Rechtsformen ist aber gemein, dass dies grundsätzlich[6] nicht ganz ohne Abfindung geschehen kann, soweit die Beteiligung einen Vermögenswert darstellt. Unter Umständen kann der Gesellschaftsvertrag auch unterschiedlich hohe Abfindungen, abhängig vom Ausscheidensgrund, vorsehen.

Die **Auflösung einer Gesellschaft** bedeutet nicht das Ende ihrer Existenz, denn Letzteres darf erst erfolgen, wenn alles Gesellschaftsvermögen verteilt und vor allem alle Verbindlichkeiten beglichen sind. Mit Auflösung (z. B. durch Gesellschafterbeschluss) ändert sich demnach nur der Zweck der Gesellschaft; sie ist dann nicht mehr werbend tätig, sondern Gesellschaftszweck ist nun ihre Auflösung. Beispielhaft nennt das § 145 Abs. 1 HS 1 HGB:

„Nach der Auflösung der Gesellschaft findet die Liquidation statt."

Die damit beginnende **Liquidation** (bei der AG: Abwicklung) kann erst beendet werden, wenn das Vermögen ausgekehrt und die Verbindlichkeiten beglichen sind (beachte „Sperrjahr" nach § 73 Abs. 1 GmbHG, § 272 Abs. 1 AktG und § 90 Abs. 1 GenG). Währenddessen wird der Rechtsformzusatz der Firma um das Kürzel „i. L." oder „i. A." ergänzt (also z. B. „GmbH i. L." oder „AG i. A."). Erst danach kann die Gesellschaft beendet werden und es erfolgt die Löschung im Register (etwa § 273 Abs. 1 AktG). Selbst wenn nach der Löschung noch Vermögenswerte oder Verbindlichkeiten erkannt werden, ist das auch kein Problem: Dann wird die Liquidation wieder eröffnet („Nachtragsliquidation").

Die Eröffnung des Insolvenzverfahrens oder deren Ablehnung mangels Masse ist bei jeder Gesellschaft ebenfalls Auflösungsgrund (etwa § 262 Abs. 1 Nr. 3 u. 4 AktG, § 81 a GenG). Beendet ist die Gesellschaft erst dann, wenn das Insolvenzverfahren beendet (oder mangels Masse eingestellt) wird (§ 394 Abs. 1 FamFG).

Entstehen und Beendigung der Gesellschaften		
	Personengesellschaften	**Körperschaften**
Gründung/Entstehen	▪ Vertrag (§ 705 BGB) **grds. formfrei** (Ausnahme: § 3 Abs.1 PartGG) ▪ Eintragung ins Register **ist deklaratorisch** ⇒ Entstehen mit Vertragschluss (bei KG deshalb § 176 HGB beachten)	▪ Vertrag/Satzung mit Gründungsurkunde **grds. notarielle Beurkundung** (Ausnahme: § 5 GenG) ▪ Eintragung in Register **ist konstitutiv** ⇒ Entstehen mit Registereintrag
Auflösung/Beendigung	▪ **Änderung des Zwecks** von werbender Gesellschaft hin zum Zweck der Auflösung (gem. § 65 Abs. 2 GmbHG und § 267 AktG bekanntzumachen), etwa durch – Beschluss der Gesellschafter – Zweckerreichung – Insolvenzeröffnung – Fristablauf ▪ **Liquidations- und Auflösungsphase** (gem. § 73 GmbHG und § 272 Abs. 1 AktG mind. 1 Jahr) – Gläubiger befriedigen – Restvermögen an Gesellschafter auskehren ▪ **Beendigung**, gleichzeitig **Löschung** im Register (ist aber auch deklaratorisch, hindert also nicht die Eröffnung einer Nachtragsliquidation, z. B. wenn nachträglich Vermögen entdeckt wird)	

Abbildung 4.3: Entstehen und Beendigung von Gesellschaften

4.2.5 Gemeinsamkeiten aller Personengesellschaften

Das Recht der Personengesellschaften greift erst, wenn mehrere (natürliche oder juristische) Personen einen Vertrag schließen, der deren Pflichten festschreibt, um einen gemeinsamen Zweck zu erfüllen (§ 705 Abs. 1 BGB).

Entstehen – Gesellschaftsvertrag – Register

Der **Gesellschaftsvertrag** regelt die Pflichten, die die Gesellschafter zum Fördern des Gesellschaftszwecks zu erbringen haben. Dies kann das Erbringen von Kapital, Mitarbeit o. Ä. sein. Der Abschluss des Gesellschaftsvertrags einer Personengesellschaft ist formfrei möglich, wenn nicht aus anderen Bestimmungen (wie z. B. § 311 b BGB bei der Einbringung eines Grundstücks) ein Formzwang resultiert (Ausnahme sind die Partnerschaftsgesellschaft gemäß § 3 Abs. 1 PartGG und die EWIV gemäß Art. 7 EWIV-VO, deren Gesellschaftsverträge schriftlich abgeschlossen werden müssen). Auch Änderungen des Gesellschaftsvertrags sind dementsprechend formfrei möglich (außer bei PartG und EWIV). Der Gesellschaftsvertrag von Personengesellschaften ist nicht zum Handelsregister einzureichen, d. h., sein Inhalt bleibt vertraulich (auch hier bildet die EWIV gemäß Art. 7 EWIV-VO eine Ausnahme).

Mit Abschluss des Gesellschaftsvertrags entsteht jede Personengesellschaft. Evtl. erforderliche Registereintragungen (z. B. im Handelsregister nach § 106 HGB für die oHG und i. V. m. § 161 Abs. 2 HGB für die KG oder im Partnerschaftsregister nach § 4 Abs. 1 PartGG) sind rein deklaratorisch; d. h., auch wenn sie unterbleiben, ist die Gesellschaft wirksam gegründet. Dies kann haftungsrechtlich gefährlich für die Gesellschafter sein, weil die Gesellschaft zwar bereits existiert, aber evtl. vereinbarte

Haftungsbeschränkungen, z. B. diejenige des Kommanditisten nach § 171 HGB, vor Eintragung nach § 176 HGB nicht wirksam eingewendet werden können.

Wegen der geringeren formalen Anforderungen sind die Unterhaltskosten bei Personengesellschaften geringer als bei Kapitalgesellschaften.

Handelt es sich bei dem Zweck, zu dessen Erreichen sich die Personen vertraglich zusammengeschlossen haben, um den Betrieb eines Handelsgewerbes, so liegt eine Personenhandelsgesellschaft vor. Die Personenhandelsgesellschaften gelten nach § 6 Abs. 1 HGB als Formkaufmann. Betreibt also eine GbR ein Handelsgewerbe, wird sie automatisch – unabhängig davon, ob die Gesellschaft im Handelsregister eingetragen ist oder nicht und egal, ob die Gesellschafter sich dessen bewusst sind oder nicht – zu einer offenen Handelsgesellschaft (oHG). Auf diese finden die Bestimmungen des BGB über das Gesellschaftsrecht in §§ 705 ff. BGB zwar weiterhin Anwendung, jedoch nur noch nachrangig, d. h., soweit in den (spezielleren) §§ 105 ff. HGB nichts Abweichendes geregelt ist.

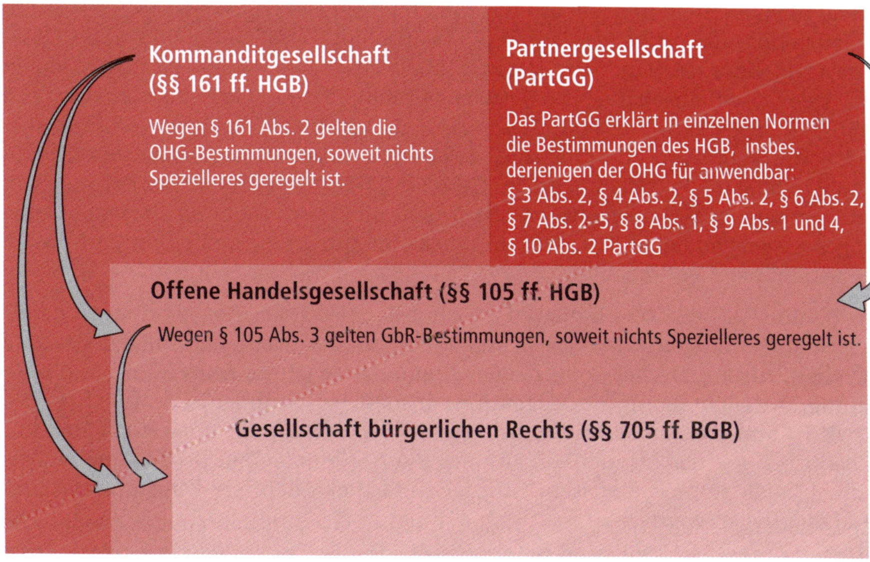

Abbildung 4.4: Hierarchie der Rechtsnormen bei Personengesellschaften

Rechtsfähigkeit und Gesellschaftsvermögen

Sämtliche Personengesellschaften sind teilrechtsfähig. Gemäß § 124 HGB können sie Eigentum erwerben, Verbindlichkeiten eingehen, klagen, verklagt werden usw. Dies wird durch die Rechtsprechung inzwischen analog auch auf die GbR angewandt.

Die Personengesellschaft kann ein eigenes Gesellschaftsvermögen haben, muss es aber nicht (es gibt auch Personengesellschaften ohne eigenes Vermögen, z. B. eine Stimmbindungs-Gesellschaft von Gesellschaftern einer anderen Gesellschaft). Die Gesellschafter können Eigenkapital in die Gesellschaft einlegen oder die Gesellschaft kann auch Fremdkapital von Gesellschaftern oder von dritter Seite aufnehmen.

Dementsprechend kann auch das Beteiligungsrecht so geregelt sein, dass (manche) Gesellschafter (unterschiedlich hoch) am Kapital beteiligt sind und andere gar nicht.

Auf die (jeweils gesamtschuldnerische) Haftung der Gesellschafter hat dies aber keinerlei Auswirkung.

Gesamthand – Abgrenzung zur Bruchteilsgemeinschaft

Gibt es keinen gemeinsamen Zweck, zu dessen Erreichen sich die Vertragsparteien verpflichtet haben, sondern erschöpft sich die Gemeinsamkeit mehrerer natürlicher oder juristischer Personen lediglich im bloßen Halten eines Rechts, z. B. das Miteigentum (§§ 1008 ff. BGB), liegt eine (Bruchteils-)Gemeinschaft vor (§§ 741 ff. BGB). Diese **Gemeinschaft** ist etwas anderes als eine Gesellschaft. Gemeinschaften halten z. B. Eigentum oder Rechte wie Patente, und die wohl bekannteste Form ist die Wohnungseigentumsgemeinschaft nach dem WEG (allerdings zwingend verbunden mit dem Sondereigentum an bestimmten Räumen), und es existieren Millionen von einfachen Grundstückgemeinschaften (§§ 1008 ff BGB). Eine Gemeinschaftsordnung kann Verwaltung und Nutzung der gemeinschaftlich gehaltenen Rechte regeln (§ 745 BGB).

Während die Gesellschaften (ebenso wie die Erbengemeinschaft) jeweils eine **Gesamthand** darstellen, das heißt, das gesamte Gesellschaftsvermögen gehört allen Gesellschaftern zur gesamten Hand – es ist gesamthänderisch gebunden –, ist in der Gemeinschaft jeder Gemeinschafter zu einem Bruchteil am Gemeinschaftsvermögen berechtigt, d. h., er kann frei über diesen Bruchteil an dem einzelnen Vermögenswert verfügen, ihn veräußern oder belasten. Bei der Gesellschaft kann der Gesellschafter bestenfalls nur seine Beteiligung an der Gesamtheit des Gesellschaftsvermögens, nämlich an der ganzen Gesellschaft veräußern, belasten usw., nicht an deren einzelnen Vermögensgegenständen (§ 719 BGB) und dies ohnehin grundsätzlich nur mit Zustimmung der anderen Gesellschafter.

Hält z. B. eine GbR mehrere Immobilien, kann der Gesellschafter nicht seine Beteiligung an den jeweiligen Immobilien veräußern, sondern lediglich an der gesamten Gesellschaft. Aber auch dies kann man sich zunutze machen, denn während die Verpflichtung zur Übertragung des Eigentums insbes. bei Grundstücken (nach § 311 b Abs. 1 BGB) und die Auflassung selbst (gemäß § 925 BGB) der notariellen Beurkundung bedürfen, gilt das für den Verkauf und die Abtretung einer Beteiligung an einer GbR nicht, auch wenn sie ausschließlich Grundstücke hält; sie kann grundsätzlich formfrei übertragen werden[7].

Beispiel: Gesellschaft – Gemeinschaft

Kommt es z. B. Ehegatten darauf an, ihr Familienheim später einmal ohne Beachtung der Formbestimmungen des § 311 b BGB, also unter Einsparen der Notarkosten, zu veräußern, sollten sie es nicht (wie gemeinhin üblich) als Gemeinschaft, sondern als Gesellschaft bürgerlichen Rechts (z. B. mit dem Gesellschaftszweck der Vermietung des Grundstücks) erwerben. Der Gesellschaftsvertrag kann mündlich oder gar konkludent in der logischen Sekunde vor der Beurkundung beim Notar abgeschlossen worden sein. Wenn die Ehegatten dann das Grundstück veräußern, veräußern sie lediglich die Beteiligung an der GbR, was grundsätzlich formfrei möglich ist. Erschwerung beim Verkauf ist allerdings, dass der Käufer intensiv prüfen muss, ob und in welchem Umfang die Eheleute auch tatsächlich (noch) Gesellschafter der GbR sind.

Haftung

Die persönliche Haftung nicht nur des Gesellschaftsvermögens, sondern mindestens eines Gesellschafters mit seinem Privatvermögen für Verbindlichkeiten der Gesellschaft gegenüber Dritten, ist das Wesensmerkmal der Personengesellschaften (Ausnahme PartGmbB). Nach § 124 HGB (direkt oder analog) kann jede Personengesellschaft Verbindlichkeiten eingehen und muss dafür haften. Gemäß § 128 HGB (direkt oder analog) haften aber auch unmittelbar die Gesellschafter für die Verbindlichkeiten der Gesellschaft. Haften mehrere Gesellschafter, sind sie **Gesamtschuldner** nach § 421 BGB. Letzteres heißt, dass sich der Gläubiger der Gesellschaft bequem ggf. nur einen Gesellschafter aussuchen kann, bei dem er die Gesellschaftsschuld bis zur vollen Höhe beitreibt. Dieser Gesellschafter muss sich dann im Innenverhältnis über § 426 Abs. 1 und 2 BGB um den Ausgleich bei seinen Mitgesellschaftern bemühen (und deren Zahlungsausfall- und Insolvenzrisiko tragen).

Neu eintretende Gesellschafter haften für bereits begründete Verbindlichkeiten (§ 130 HGB analog) und ausscheidende Gesellschafter haften innerhalb zeitlicher Grenzen ebenfalls für in diesem Zeitpunkt bereits begründete Verbindlichkeiten (§ 736 Abs. 2 BGB i. V. m. § 160 HGB).

Für die Haftung des Gesellschafters gegenüber der Gesellschaft oder gegenüber den anderen Gesellschaftern für Verletzungen seiner Vertragspflichten gilt grundsätzlich § 708 BGB. Danach haftet der Gesellschafter, z. B. für fehlerhafte Geschäftsführung, Verletzung der Treupflicht o. Ä., nur gemäß dem Sorgfaltsmaßstab, den er auch in eigenen Angelegenheiten anzuwenden pflegt. Nach § 277 BGB heißt das, dass er aber zumindest immer für grob fahrlässige Pflichtverletzungen einstehen muss. Dies gilt zwar für grundsätzlich alle Personengesellschaften, jedoch dann nicht, wenn diese nicht mehr personalistisch organisiert sind, sondern eine **Publikumsgesellschaft** darstellen.

Geschäftsführung und Vertretung

Bei allen Personengesellschaften gilt das Prinzip der **Selbstorganschaft**: Durch den Gesellschaftsvertrag kann zwar von der gesetzlichen Verteilung der Geschäftsführungs- und der Vertretungsbefugnis abgewichen werden, z. B. indem man einzelne Gesellschafter ausschließt. Es dürfen jedoch durch Gesellschaftsvertrag nie alle Gesellschafter von der Geschäftsführung und nie alle persönlich haftenden Gesellschafter von der organschaftlichen Vertretung ausgeschlossen sein.

- Die Geschäftsführung muss also immer von mindestens einem Gesellschafter und die organschaftliche Vertretung sogar immer von mindestens einem persönlich haftenden Gesellschafter wahrgenommen werden.
- Bei der Geschäftsführung, die ja nicht nach außen wirkt, ist das Prinzip der Selbstorganschaft abgeschwächt; sie darf bei der KG auch alleine durch Kommanditisten wahrgenommen werden, nicht jedoch durch einen Dritten.

Unternehmensleitung und Beteiligung sind daher zwingend in Personalunion vereint.

Bei Publikumsgesellschaften wird auch die weitgehende Übertragung von Geschäftsführungskompetenzen auf einen Dritten zugelassen, solange auch mindestens ein Gesellschafter ebenfalls die Geschäftsführungsbefugnis hat.

Die geschäftsführenden Gesellschafter erhalten zwar Ersatz ihrer Auslagen (§ 670 BGB), eine Vergütung erhalten sie jedoch nur, wenn dies vereinbart ist. Oft wird ihnen aber durch den Gesellschaftsvertrag eine höhere Gewinnbeteiligung zugestanden.

Gesellschafterrechte

Die Willensbildung der Gesellschafter findet in der Form von Beschlüssen statt. Gesellschafterbeschlüsse in der Personengesellschaft sind nichts anderes als mehrseitige Rechtsgeschäfte. Die Stimmabgaben der Gesellschafter sind deren Willenserklärungen.

Dementsprechend kommen Gesellschafterbeschlüsse grundsätzlich nur bei Zustimmung aller (Einstimmigkeit) zustande (vgl. § 709 BGB, § 119 Abs. 1 HGB). Der Gesellschaftsvertrag kann jedoch Abweichendes regeln, also z. B. einen einfachen oder qualifizierten Mehrheitsentscheid festschreiben oder unterschiedliche Gewichtung der Stimmrechte anordnen. Gerne wird in Gesellschaftsverträgen (anders als § 119 Abs. 2 HGB, der die Mehrheit nach Köpfen vorsieht) die Mehrheit nach Kapitalbeteiligung vereinbart. Soweit eine Mehrheitsentscheidung in den Kernbereich der Mitgliedschaft, wie z. B. Gewinn- und Stimmrecht, eingreift, ist das nur zulässig, wenn dies im Interesse der Gesellschaft geboten und dem betroffenen Gesellschafter unter Berücksichtigung seiner eigenen schutzwerten Belange zumutbar ist.

- Soweit es sich um Änderungen des Gesellschaftsvertrags handelt oder die Grundlagen der Gesellschaft betroffen sind, unterliegen Gesellschafterbeschlüsse den allgemeinen Vertragsregeln des BGB (über **Stellvertretung**, Selbstkontrahieren, Nichtigkeit, Geschäftsfähigkeit usw.). Deutlich wird das z. B. daran, dass bei solchen Beschlüssen Eltern wegen § 181 BGB ihre Kinder nicht vertreten können, wenn sie selbst in derselben Gesellschafterversammlung auch in eigenem Namen abstimmen.
- Geht es aber in Beschlüssen lediglich um Geschäftsführungsmaßnahmen, handelt es sich um Sozialakte, auf die z. B. das Verbot des Selbstkontrahierens keine Anwendung findet, so dass bei derartigen Beschlüssen in einer Familiengesellschaft Eltern einerseits ihre minderjährigen Kinder vertreten und gleichzeitig in eigenem Namen abstimmen können.

Ein rechtswidriger Beschluss ist demnach überhaupt nicht erst entstanden, weil kein wirksames Rechtsgeschäft zustande gekommen ist; er ist nichtig. Besteht Streit hierüber, kann gegenüber den anderen Gesellschaftern Nichtigkeits-Feststellungsklage erhoben werden. Der Gesellschaftsvertrag kann jedoch (ähnlich wie bei der Kapitalgesellschaft) vorsehen, dass hierfür eine Klagefrist (ähnlich § 246 Abs. 1 AktG) einzuhalten ist und nach deren Verstreichen der Beschluss Wirksamkeit erlangt.

Ein Gesellschafterwechsel, z. B. durch die Veräußerung der Beteiligung, bedarf der Zustimmung aller anderen Gesellschafter, weil er letztendlich eine Vertragsänderung bedeutet. Dies kann jedoch im Gesellschaftsvertrag zugelassen, mithin diese Zustimmung antizipiert oder von einem Mehrheitsbeschluss abhängig gemacht werden. Demgemäß können unproblematisch auch Vorkaufs-, Ankaufsrechte u. Ä. darin vereinbart werden.

Steuer

Einkommensteuerlich sind die Personengesellschaften keine Besteuerungsobjekte, sondern die Einkünfte werden dem einzelnen Gesellschafter (i. d. R. als Einkünfte aus Gewerbebetrieb nach § 15 EStG oder je nach Tätigkeit der Gesellschaft z. B. als Einkünfte aus Vermietung und Verpachtung nach § 21 EStG) zugerechnet. Das hat den Vorteil, dass dieser sie mit evtl. Verlusten verrechnen kann und sie seinem persönlichen Tarif unterliegen. Diese Einkünfte werden zuvor im Wege **einheitlicher und gesonderter Feststellung** (§§ 179 ff. AO) auf Ebene der Gesellschaft ermittelt. Daher können auch die einzelnen Gesellschafter die bloß bei ihnen persönlich angefallenen Sonderbetriebsausgaben nur in diesem Rahmen feststellen lassen; sie müssen sie daher der für die einheitliche und gesonderte Feststellung von der Gesellschaft bevollmächtigten Person mitteilen, sonst können sie nicht in der ESt berücksichtigt werden. Unternehmerlohn ist immer eine Entnahme des Gewinns und kann nicht als Betriebsausgabe abgezogen werden.

Gewerbesteuerlich und umsatzsteuerlich werden auch die Personengesellschaften gesondert von der Sphäre der Gesellschafter als eigenständiges Steuersubjekt behandelt.

4.2.6 Gemeinsamkeiten aller Körperschaften

Eine juristische Person des privaten Rechts stellt eine eigenständige Vermögensmasse dar, die vollständig rechtsfähig ist (dies ist eine Besonderheit, auch gegenüber den teilrechtsfähigen Personengesellschaften). Das hat für deren Mitglieder den Vorteil, dass sie nicht mit ihrem (Privat-)Vermögen haften. Das darf rechtspolitisch durchaus hinterfragt werden. In einer Zeit, in der regelmäßig, insbesondere von Politikern, über verantwortungsloses Handeln von Managern geschimpft wird (wobei die Verantwortungslosigkeit von Politikern, die Geld des Steuerzahlers großzügig ausgeben, keinesfalls geringer ist), wäre es zielführender (insbesondere von staatlicher Seite) zu fragen, welche Anreize gerade der Gesetzgeber für verantwortungsloses Handeln setzt. Es gehört eigentlich zu den marktwirtschaftlichen Grundprinzipien, dass jeder für sein (wirtschaftliches) Handeln die Verantwortung, also auch die persönliche Haftung, übernehmen muss. Durch die Begrenzung der Haftung auf eine vom Privatvermögen des Handelnden getrennte Vermögensmasse wird aber genau der falsche Anreiz gesetzt. Eine volkswirtschaftliche Rechtfertigung der Haftungsbegrenzung durch die Schaffung juristischer Personen seitens des Gesetzgebers gibt es nicht. Ein gewaltiger Teil der Gesetzgebung und Rechtsprechung zu juristischen Personen, insbesondere zu Managerverantwortlichkeit und Durchgriffshaftung, um immer wieder erneut erkannten Missbräuchen entgegenzuwirken, würde sich erübrigen.

Die juristischen Personen des privaten Rechts untergliedern sich in Stiftungen einerseits und den weiten Oberbegriff der Körperschaften (mit mitgliedschaftlicher Struktur) andererseits.

- Stiftungen werden, insbesondere in Familienunternehmen, gerne benutzt, um die Unternehmerinitiative zu bündeln und generationenübergreifend zu erhalten.
- Körperschaften zeichnen sich durch ihre mitgliedschaftliche Struktur aus. Grundform ist der eingetragene Verein (§§ 21 ff. und 55 ff BGB). AG, GmbH usw. nennen sich zwar Kapitalgesellschaften, sind als juristische Personen aber gar keine Gesellschaften i. e. S. Die Genossenschaft ist zwar auch Körperschaft, aber bei genauer Betrachtung keine Kapitalgesellschaft, weil ihr Organisationsgefüge nicht auf dem Kapitalbeitrag fußt.

Entstehen/Beendigung und Gesellschaftsvertrag

Kapitalgesellschaften können zu jedem gesetzlich zulässigen (auch gemeinnützigen) Zweck errichtet werden; ihr Zweck ist (anders als bei Personenhandelsgesellschaften) nicht auf den Betrieb eines Handelsgewerbes oder die Vermögensverwaltung beschränkt.

Die Gründung einer juristischen Person bedarf ebenfalls einer Form von Vertrag. Auch wenn es sich nicht unbedingt um einen Vertrag i. S. d. BGB handeln muss (insbes. bei Ein-Personen-Gründungen), verwendet das Gesetz diesen Begriff (§ 2 Abs. 1 GmbHG). Bei den Kapitalgesellschaften bedarf er notarieller Beurkundung (§ 23 Abs. 1 AktG, § 2 Abs. 1 GmbHG) und ist mit der Anmeldung beim Register einzureichen (§ 8 Abs. 1 Nr. 1 GmbHG, § 36 AktG, § 11 Abs. 2 Nr. 1 GenG) und damit öffentlich. Bei der Genossenschaft genügt Schriftform (§ 5 GenG). Der Gesellschaftsvertrag von Körperschaften wird auch als **Satzung** bezeichnet. Allein diese Formalien begründen bereits höhere Unterhaltskosten der Kapitalgesellschaften gegenüber den Personengesellschaften.

Da mit der Gründung der juristischen Person eine eigenständige Vermögensmasse entsteht, genügt für ihr Entstehen – anders als bei den Personengesellschaften – nicht der bloße Vertragsschluss, sondern immer ist ein Hoheitsakt erforderlich. Bei den Kapitalgesellschaften ist das die Eintragung ins Handelsregister, bei der Genossenschaft die Eintragung ins Genossenschaftsregister. Das heißt, auch mit notarieller Beurkundung des Gründungsvertrags samt Satzung ist die Gesellschaft noch nicht entstanden, sondern lediglich die Vor-Gründungs- oder Vor-Gesellschaft als besondere Form einer Personengesellschaft.

Die **Liquidation/Abwicklung** einer Kapitalgesellschaft hat eine Mindestdauer von einem Jahr (§ 73 GmbHG, § 272 Abs. 1 AktG).

Vorgesellschaft

Die Haftung vor Entstehen der Kapitalgesellschaft unterliegt besonderen Haftungsregeln, insbesondere der unbeschränkten persönlichen Handelndenhaftung nach § 11 GmbHG und § 41 AktG, so dass bei Tätigkeitsbeginn vor dem Eintragungszeitpunkt Vorsicht geboten ist. Beginnt die Tätigkeit sogar noch vor der notariellen Beurkundung des Gründungsvertrags, liegt eine GbR oder eine (nicht eingetragene) oHG vor.

Haftung vor notarieller Beurkundung

- Die Vorgründungsgesellschaft entsteht mit der (i. d. R. konkludenten) Abrede der gemeinschaftlichen Vorbereitung einer Gründung der Kapitalgesellschaft durch die Gesellschafter. Alle Gesellschafter haften persönlich wie bei der GbR (bzw. beim Betrieb eines Handelsgewerbes wie bei der oHG).

Haftung zwischen notarieller Beurkundung und Eintragung

- Mit Abschluss eines notariellen Gesellschaftsvertrags entsteht die Vor-GmbH/Vor-AG (alternativ auch Vorgesellschaft, Gründungsgesellschaft oder auch GmbH/AG in Gründung bzw. GmbH/AG i. G. genannt). Die Vorgründungsgesellschaft wird damit i. d. R. konkludent liquidiert und das Vermögen sowie etwaige Schulden werden auf die Vor-GmbH/Vor-AG übertragen.
- Die Vor-GmbH/Vor-AG ist eine rechtsfähige Personengesellschaft eigener Art. Vorschriften des GmbHG/AktG sind anwendbar, sofern nicht die jeweilige Gesetzesnorm zwingend die Eintragung der Gesellschaft voraussetzt. Mit Eintragung gehen alle Rechte und Pflichten automatisch auf die GmbH/AG über.
- Bereits die Vor-Gesellschaft ist körperschaftsteuerpflichtig; die Verpflichtung entfällt jedoch, wenn die Gesellschaft nicht zur Eintragung gelangt.

Rechtsfähigkeit, Gesellschaftsvermögen und Beteiligung

Alle Körperschaften sind als juristische Personen vollständig rechtsfähig; sie können Eigentum erwerben, klagen, verklagt werden usw. Die Kapitalgesellschaften gelten kraft gesetzlicher Fiktion (§ 3 Abs. 1 AktG, § 13 Abs. 3 GmbHG) als Handelsgesellschaften und damit gemäß § 6 Abs. 1 HGB (und die Genossenschaft gemäß § 17 Abs. 2 GenG) als Formkaufmann.

Die Aktien oder Geschäftsanteile der Kapitalgesellschaften sind grundsätzlich übertragbar und vererblich, soweit die Satzung keine **Vinkulierung** vorsieht. Sind sie nicht als Aktien verbrieft, werden sie als Rechte mittels einfachen Vertrags übertragen (§§ 413, 398 BGB; beachte vor allem bei der GmbH die Formbestimmung des § 15 Abs. 3 GmbHG für das dingliche und des Abs. 4 für das schuldrechtliche Geschäft). In Urkunden verbriefte Aktien werden als Wertpapiere übertragen, **Inhaberaktien** wie Sachen (§§ 929 ff. BGB) und **Namensaktien** durch Indossament. Dadurch ist auch ein Börsenhandel verbriefter Aktien möglich. Der Erwerb eigener Aktien oder Geschäftsanteile durch die Gesellschaft selbst ist reglementiert, damit sie ihr eigenes Haftkapital nicht auf diese Weise aufzehrt (§ 33 GmbHG, § 71 AktG).

Jede Körperschaft hat ein Nominalkapital (Grund- oder Stammkapital). Hierfür schreibt der Gesetzgeber bei den Kapitalgesellschaften Mindesthöhen vor (z. B. € 25.000 nach § 5 Abs. 1 GmbHG, € 50.000 nach § 7 AktG und € 120.000 nach Art. 4 Abs. 2 SE-VO), die aber nicht immer in voller Höhe bereits bei Gründung eingezahlt sein müssen; die Gesellschafter/Aktionäre haften aber jedenfalls dafür. Ausnahme ist die Unternehmergesellschaft (UG) nach § 5 a GmbHG, die kein Mindestkapital kennt.

Charakteristikum aller juristischen Personen ist die Haftungsbeschränkung; für Verbindlichkeiten der juristischen Person haftet allein ihr Vermögen, nicht dasjenige der Gesellschafter. Eine Durchgriffshaftung (auf das Vermögen der Gesellschafter) ist im deutschen Recht auf sehr wenige Tatbestände beschränkt, wie z. B. Vermögensvermischung, existenzvernichtender Eingriff (§ 826 BGB) u. Ä. Auch die bloße Unterkapitalisierung per se begründet keine Durchgriffshaftung. Die Haftungsbeschränkung läuft für den Gesellschafter in der Praxis tatsächlich oft ins Leere, nämlich z. B. dann, wenn Banken sich aufgrund der dünnen Kapitaldecke einer GmbH Sicherheiten, insbes. Bürgschaften, aus dem Privatvermögen des Gesellschafters oder dessen Ehepartners geben lassen. Dann verbleiben den Gesellschaftern im Wesentlichen nur noch die Nachteile der Kapitalgesellschaft, nämlich die höheren Gründungs- und Unterhaltskosten.

Da die Haftungsbeschränkung zum Missbrauch einlädt, ist dem Gesetzgeber aus Gründen des Gläubigerschutzes der Kapitalschutz wichtig. Er knüpft hierfür ganz wesentlich an das (im Handelsregister eingetragene) Nominalkapital an (Grundkapital oder Stammkapital) und verbietet z. B. die Rückzahlung davon an Gesellschafter (§§ 30 f. GmbHG, § 57 AktG). Das Nominalkapital sagt aber nichts über das in der Gesellschaft tatsächlich vorhandene (den Gläubigern zur Haftung zur Verfügung stehende) Vermögen aus (sondern hat bestenfalls Indizwirkung, denn es muss ja mal erbracht worden sein). Gesetzgeber und Rechtsprechung haben eine Vielzahl von komplexen Regelungen zu Kapitalerbringung und -erhaltung geschaffen, die dem Missbrauch Herr zu werden versuchen. Das rechtliche Rahmenwerk ist bei Kapitalgesellschaften daher umfangreich und aufwändig zu handhaben.

Der Gesetzgeber knüpft Gläubigerschutz am Nominalkapital an:

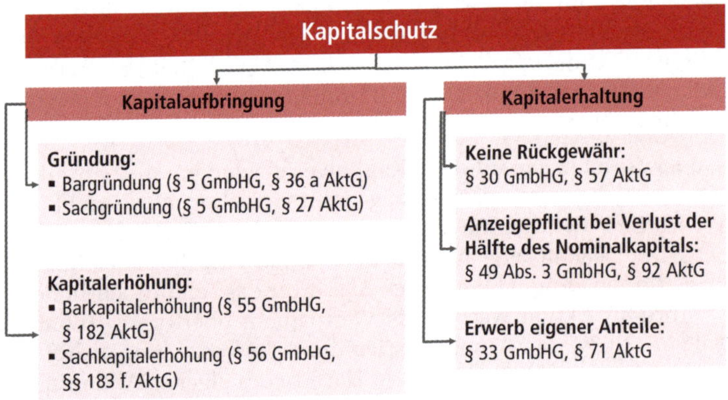

Abbildung 4.5: Kapitalschutz

Zur Kapitalbeschaffung können bestehende oder neue Gesellschafter Eigenkapital einlegen (Einlage)) oder aber die Gesellschaft Fremdkapital bei Gesellschaftern oder Dritten aufnehmen. Möglich ist die Einlage von Barmitteln oder von Sachen und Rechten. Die Kapitaleinlage kann als einfache, sogenannte **verdeckte Einlage** geschehen. Dies ist insbesondere in einer Ein-Personen-Gesellschaft ein praktikabler Weg: Der Gesellschafter überträgt ohne Entgelt ein Wirtschaftsgut auf die Gesellschaft; steuerlich erhöhen sich seine Anschaffungskosten für die Beteiligung.

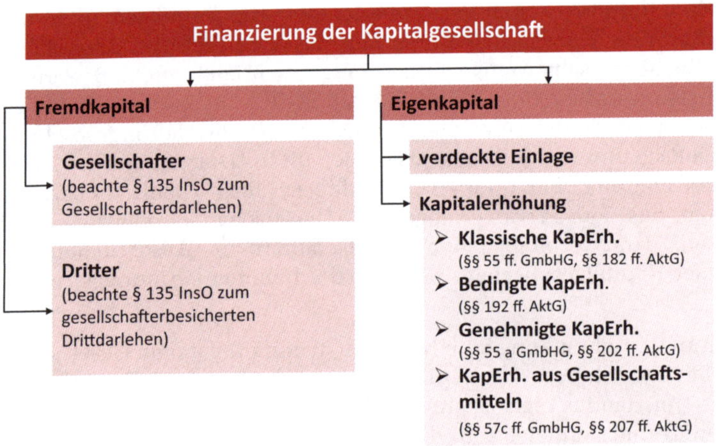

Abbildung 4.6: Finanzierung der Kapitalgesellschaft

Immer dann, wenn die Einlagen nicht den bestehenden Beteiligungsverhältnissen der Gesellschafter entsprechen oder wenn neue Gesellschafter auf diese Weise hinzutreten, sollte die Einlage nur gegen Gewährung neuer Beteiligungsrechte erfolgen, als **Kapitalerhöhung** des Nominalkapitals gegen Einlage. Anderenfalls würde der einlegende Gesellschafter keine Gegenleistung erhalten. Eine weitere Motivation für eine Einlage gegen Kapitalerhöhung ist steuerlicher Natur, denn § 20 UmwStG ermöglicht die steuerneutrale Einbringung von Wirtschaftsgütern zu Buchwerten nur bei einer Gewährung neuer Anteile an der Gesellschaft.

Grundsatz der Kapitalerhöhung ist, dass die bisherigen Gesellschafter ein ihrem Anteil entsprechendes **Bezugsrecht** auf die neuen Anteile haben, damit sie nicht **verwässert** werden, d. h. dass sich ihr prozentualer Anteil nicht durch Einlagen anderer verringert. Kodifiziert ist Letzteres in § 186 AktG (und knapper in § 55 Abs. 2 GmbHG), er gibt aber einen allgemeinen Rechtsgrundsatz wieder. Der Gesetzgeber hat jedoch Ausnahmen vom gesetzlichen Bezugsrecht unter bestimmten materiellrechtlichen und formalen Voraussetzungen zugelassen, z. B. zur Gewährung von Mitarbeiteroptionen bei einer AG (§ 192 AktG).

KAPITAL-ERHÖHUNG	„normale" Kapitalerhöhung	bedingte Kapitalerhöhung	genehmigtes Kapital	KapErh. aus Gesellschafts-mitteln
Grundsätzliche Regelung	§§ 182 ff. AktG §§ 55 ff. GmbHG	§§ 192 ff. AktG	§§ 202 ff. AktG § 55 a GmbHG Vorstand/ GeFü wird von HV/ GesVers ermächtigt, Kapital zu erhöhen	§§ 207 ff. AktG, §§ 57 c ff. GmbHG; Rücklagen werden in Grundkapital gewandelt
Einlagen	Bar- oder Sacheinlage; §§ 183 f. AktG, § 56 GmbHG	Bar- oder Sacheinlage; § 194 AktG	Bar- oder Sacheinlage; §§ 205 ff. AktG, § 55a Abs. 3 GmbHG	keine Einlage, Kapital- u. Gewinnrücklagen werden umgewandelt; § 208 AktG, § 57 d GmbHG
Bezugsrecht	Bezugsrecht nach § 186 AktG, § 55 Abs. 2 GmbHG	§ 192 AktG enthält Ausnahmen von § 186 AktG	§ 203 Abs. 2 AktG verweist auf § 186 Abs. 4 AktG	ausnahmslos bisherige Aktionäre im Beteiligungsverhältnis; § 212 AktG, § 57 j GmbHG
Wirksamwerden	Wirksamwerden mit Eintragung; § 189 AktG, § 54 Abs. 3 GmbHG	Wirksamwerden mit Aktienausgabe; § 200 AktG	Wirksamwerden mit Eintragung; § 203 Abs. 1, § 189 AktG	Wirksamwerden mit Eintragung; § 211 AktG

Abbildung 4.7: Kapitalerhöhung

Voraussetzung bei Kapitalerhöhungen ist, dass die Einlage im Werte mindestens der Erhöhung des Nominalkapitals entsprechen muss. Dies wird bei deren Anmeldung auch vom Registergericht überprüft. Grundsätzlich muss ein Gesellschafter bei Gründung und Kapitalerhöhung seine Einlage in bar leisten (**Bareinlage**). Erbringt er eine **Sacheinlage**, hat er dies entsprechend zu dokumentieren; das Gesetz sieht hierfür besondere (Form-)Vorschriften vor (§ 5 Abs. 4 GmbHG und § 27 AktG für die Gründung sowie § 56 GmbHG und § 183 AktG für die Kapitalerhöhung), damit eingelegte Sachen nicht zu Lasten der Gesellschaftsgläubiger überbewertet werden.

Die Gesellschafter sind oft versucht, dies zu umgehen, indem sie die Sacheinlage verschleiern („**verschleierte Sacheinlage**"), also eine Bargründung oder -kapitalerhöhung durchführen, die bei wirtschaftlicher Betrachtung aber eine Sacheinlage darstellt. Klassischer Fall ist derjenige, dass der Gesellschafter eine Bargründung oder -kapitalerhöhung durchführt, aber kurz darauf für das eingebrachte Geld der Gesellschaft etwas verkauft, z. B. sein (altes) Auto über Wert, damit er auf diese Weise „sein" Geld aus der Gesellschaft zurückerhält. Besteht ein enger zeitlicher und sachlicher Zusammenhang, so dass es sich bei wirtschaftlicher Betrachtung tatsächlich um eine Sacheinlage handelt, liegt eine verdeckte Sacheinlage vor. Die Bareinlageschuld ist nicht getilgt, jedoch wird nach Eintragung der Wert der Sacheinlage angerechnet (§ 19 Abs. 4 GmbHG, § 27 Abs. 3 AktG). Geschäftsführer/Vorstand und beteiligten Gesellschaftern/Aktionären droht Strafbarkeit, insbesondere wegen der falschen Versicherung gegenüber dem Handelsregister, dass die Einlage erbracht sei und ihnen zur freien Verfügung stehe (§ 8 Abs. 2 S. 1, § 57 Abs. 2 S. 1 GmbHG, § 37 Abs. 1 S. 1, § 184 Abs. 1 S. 2 AktG).

Viele Gesellschafter stehen jedoch vor dem Dilemma, dass ihre Gesellschaft Kapital benötigt, sie aber kein weiteres Eigenkapital zuschießen möchten, das im Insolvenzfall voll verloren wäre. Somit entschließen sie sich, der Gesellschaft Fremdkapital in Form eines Gesellschafterdarlehens oder eines von Gesellschafter besicherten Drittdarlehens zuzuführen. Dies ist nicht verboten, in der Insolvenz werden solche **Gesellschafterdarlehen** oder -sicherheiten aber ähnlich wie Eigenkapital behandelt. Gleiches gilt für wirtschaftlich entsprechende Leistungen, wie etwa die Besicherung eines Drittdarlehens durch den Gesellschafter oder die Gebrauchsüberlassungen (z. B. Vermietung) von Sachen des Gesellschafters an die Gesellschaft (§ 135 Abs. 2 u. 3 InsO).

In der Insolvenz der Gesellschaft sind Forderungen des Gesellschafters auf Rückgewähr eines Gesellschafterdarlehens gemäß § 39 Abs. 1 Nr. 27, 5 InsO dementsprechend nachrangig, und Rückzahlungen oder Besicherungen dieses Anspruchs im Vorfeld der Insolvenz oder der Einzelvollstreckung sind anfechtbar (§ 135 InsO, §§ 6 f. AnfG). Hatte der Gesellschafter lediglich ein Drittdarlehen besichert, hat der Gesellschafter die dem Drittgläubiger gewährte Leistung zur Insolvenzmasse zu erstatten (§ 142 Abs. 3 InsO, § 6 a Abs. 3 AnfG). Bei Gebrauchsüberlassungen darf der Insolvenzverwalter den Gegenstand ein Jahr weiter nutzen (§ 135 Abs. 3 InsO).

Tückisch ist, dass das Gesellschafterdarlehen bei der Prüfung, ob eine Gesellschaft nach § 15 a InsO insolvenzanmeldepflichtig ist, gleichwohl als Verbindlichkeit im Überschuldungsstatus zu passivieren (§ 19 Abs. 2 Satz 2 InsO) und auch bei der Zahlungsunfähigkeitsprüfung als Verbindlichkeit zu berücksichtigen ist, solange kein **qualifizierter Rangrücktritt** (in den Rang des § 39 Abs. 2 InsO) vereinbart worden ist.

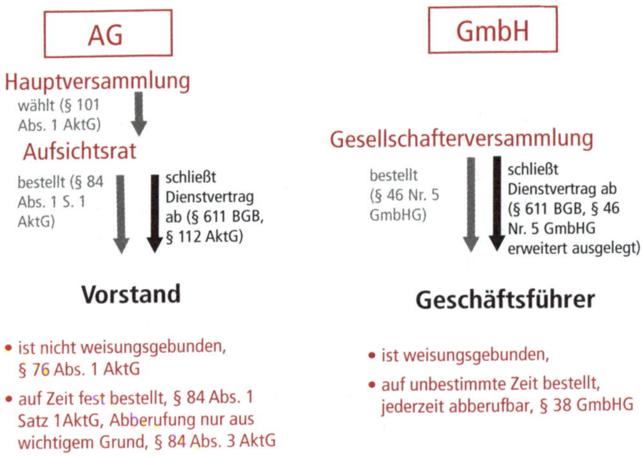

Abbildung 4.8: Organe der Kapitalgesellschaft

Organe

Die Organmitgliedschaft in einer juristischen Person ist vollkommen unabhängig von den Beteiligungsverhältnissen, also auch ein völlig Fremder kann eine Organstellung bekleiden (Fremdorganschaft). Ausnahme stellt die Genossenschaft dar, bei der Selbstorganschaft gilt (§ 9 Abs. 2 S. 1 GenG).

Geschäftsführung und Vertretung

Juristische Personen handeln durch ihre vertretungsberechtigten Organe, also Vorstand oder Geschäftsführung. Organe sind nie Arbeitnehmer der Gesellschaft im arbeitsrechtlichen Sinne, weil man nicht zugleich Arbeitnehmer einerseits und Organ des Arbeitgebers andererseits sein kann. Sozialversicherungsrechtlich können GmbH-Geschäftsführer aber sehr wohl als Arbeitnehmer gelten[8].

AG und GmbH verkörpern, was Weisungsabhängigkeit und Laufzeit der Organstellung angeht, zwei verschiedene Grundtypen der Unternehmensleitung.

- Der GmbH-Geschäftsführer ist weisungsgebunden und jederzeit abberufbar (§ 38 GmbHG),
- wogegen der AG-Vorstand weisungsfrei (§ 76 Abs. 1 AktG) und zwingend fest auf Zeit zu bestellen ist (§ 84 Abs. 1 AktG), weil die Weisungsfreiheit anderenfalls ins Leere liefe.
- Mischform ist der Vorstand der Genossenschaft, der jederzeit abberufen werden kann (§ 24 Abs. 3 Satz 2 GenG), aber weisungsfrei ist (§ 27 Abs. 1 Satz 1 GenG).

Die Organstellung einer Person ist rechtlich streng von einer evtl. parallel dazu bestehenden schuldrechtlichen Rechtsbeziehung zur Gesellschaft z. B. in Form eines (nicht zwingend erforderlichen) Dienstvertrags zwischen dem Vorstand und der AG zu unterscheiden, in dem Vergütung u. Ä. geregelt ist; beide Rechtsbeziehungen bestehen nebeneinander. So hat die Ernennung einer Person zum Vorstand/Geschäftsführer nichts mit ihrem evtl. Dienstvertrag mit der AG/GmbH zu tun (auch wenn das Ernennungsorgan und dasjenige, das den Dienstvertrag abschließt, regelmäßig dasselbe ist, nämlich bei der GmbH die Gesellschafterversammlung und bei der AG und der dualistischen SE der Aufsichtsrat). Man kann z. B. auch ohne Dienstvertrag Vorstand oder Geschäftsführer sein, oder besteht ein solcher, führt – umgekehrt – die Abberufung als Vorstand oder Geschäftsführer nicht zwangsläufig zur Beendigung des Dienstvertrages (teilweise wird in Satzungen aber geregelt, dass die Abberufung als Organ als Kündigung des Dienstvertrags gilt).

- Möchten die GmbH-Gesellschafter den Geschäftsführer ohne irgendeinen Grund loswerden, können sie ihn nach § 38 GmbHG jederzeit als Organ abberufen. Seinen Dienstvertrag können sie jedoch, soweit er befristet abgeschlossen ist, nicht ordentlich kündigen und eine außerordentliche Kündigung bedarf eines wichtigen Grundes (§ 626 BGB). War die Gesellschaft (wie üblicherweise im Dienstvertrag vereinbart ist) vertraglich verpflichtet, ihn zum Geschäftsführer zu bestellen, liegt in der Abberufung ohne wichtigen Grund eine Vertragsverletzung der GmbH. Der Geschäftsführer kann dann i. d. R. seinerseits nach § 626 BGB außerordentlich kündigen und Schadensersatz aus den §§ 280 ff., 628 BGB geltend machen.
- Will sich die AG vom Vorstand trennen, bedarf es bereits für die Abberufung eines wichtigen Grundes, weil er ja auf Zeit bestellt ist (§ 84 Abs. 3 AktG).

Haftung der Organe

Die Organe der Kapitalgesellschaft haften dieser gegenüber für Schäden aus schuldhaften Pflichtverletzungen persönlich, also mit ihrem Privatvermögen. Als Verschuldensmaßstab genügt schon einfache Fahrlässigkeit (§ 276 Abs. 1 BGB). Zum Schutz werden **D&O-Versicherungen** („Directors and Officers") angeboten, die gegen Ansprüche der Gesellschaft (und natürlich auch ihres evtl. späteren Insolvenzverwalters) gegen ihre Organe versichert (im Gegensatz zu einer Haftpflichtversicherung, die gegen Ansprüche Dritter versichert).

Aber nicht jede unternehmerische Entscheidung, die zu einem Schaden führt, stellt eine Pflichtverletzung dar. Der Unternehmensführung muss ein Ermessensspielraum zugestanden werden, denn nicht jedes eingegangene Risiko, das (in der ex post-Betrachtung) zu einem Schaden des Unternehmens geführt hat, war pflichtwidrig. Anderenfalls würde sich niemand mehr trauen, unternehmerische Entscheidungen zu treffen, die auch nur das geringste Risiko bergen. Um die Abgrenzung zwischen schadensersatzbegründenden Pflichtverletzungen und bloßen unternehmerischen Fehlentscheidungen zu erleichtern, hat die Rechtsprechung aus dem angloamerikanischen Recht die **Business Judgement Rule** (für AGs auch in Abschnitt 3.8 des Deutschen Corporate Governance Kodex (DCGK) wiedergegeben) übernommen:

Hat ein Vorstand oder Geschäftsführer

- bei einer unternehmerischen Entscheidung
- frei von Sonderinteressen und sachfremden Einflüssen
- dem Wohle der Gesellschaft dienend
- auf angemessener Informationsgrundlage

gehandelt, besteht die unwiderlegliche Vermutung der Pflichtenkonformität („safe harbour"). Dies gilt jedoch nur, wenn die Entscheidung in einem ordnungsgemäßen Verfahren zustande gekommen ist (beachte z. B. Genehmigungs- und Zustimmungserfordernisse des Aufsichtsrats oder der Gesellschafterversammlung).

Die Entlastung eines Organs durch die Gesellschafter- oder Hauptversammlung bedeutet die Billigung seiner Amtsführung sowie (außer bei der AG nach § 120 Abs. 2 Satz 2 AktG) den Verzicht auf alle (Schadensersatz-)Ansprüche, die der Gesellschafterversammlung aufgrund der Rechenschaftslegung (samt aller zugänglich gemachten Unterlagen) bei Anwendung der im Verkehr erforderlichen Sorgfalt erkennbar waren.

Vertretung der Gesellschafter

Die Gesellschafter/Aktionäre/Mitglieder sind bei den Körperschaften in Form einer Gesellschafter-/Haupt-/Generalversammlung organisiert. Soweit nichts anderes in der Satzung geregelt ist, entscheidet die einfache Mehrheit, wobei das Gesetz an verschiedenen Stellen (typischerweise Satzungsänderung, Kapitalmaßnahmen und Auflösung) qualifizierte Mehrheiten vorschreibt, i. d. R. 3/4-Mehrheiten.

Die Beschlüsse in der Kapitalgesellschaft sind (anders als bei der Personengesellschaft) zwar kein Vertrag, jedoch auch ein (mehrseitiges) Rechtsgeschäft, aber eigener Art. Auch hier sind die allgemeinen Vorschriften über Willenserklärungen nur eingeschränkt anwendbar. Wie bei den Personengesellschaften wird auch hier, wenn Beschlüsse lediglich Geschäftsführungsmaßnahmen zum Gegenstand haben, z. B. § 181 BGB ebenfalls nicht angewandt, so dass Eltern in eigenem Namen einerseits und in Vertretung ihrer Kinder andererseits in derselben Gesellschafterversammlung auftreten können.

Im Unterschied zu Personengesellschaften wird ein ordnungsgemäß festgestellter und verkündeter Beschluss (ähnlich einem Verwaltungsakt) aber auch dann wirksam, wenn er rechtswidrig ist. Um ihn „aus der Welt zu schaffen", muss vom Gesellschafter fristgemäß Anfechtungsklage gegen die Gesellschaft erhoben werden, anderenfalls wird er unanfechtbar und erwächst in Bestandskraft (die §§ 241 ff., insbes. § 243 AktG gelten bei den anderen Körperschaften weitgehend analog, wobei das GenG mit § 51 eine eigene knappe Regelung enthält). Ausnahme sind (von Anfang an) nichtige Beschlüsse; Nichtigkeit liegt aber nur bei sehr schwerwiegenden Mängeln vor (siehe etwa zur AG § 241 AktG).

Mitbestimmung

Die Mitbestimmung auf Unternehmensebene (zu unterscheiden von derjenigen auf Betriebsebene durch das BetrVG) ist durch das DrittelbG, das MitbestG und das MontanMitbestG geregelt:

- Kapitalgesellschaften (einschl. Genossenschaften) mit mehr als 2.000 Arbeitnehmern sind von § 1 Abs. 1 MitbestimmungsG (MitbestG) erfasst. Das heißt, es ist jedenfalls (also auch bei Gesellschaften wie der GmbH, bei denen das grundsätzlich nicht zwingend ist) ein Aufsichtsrat zu bilden, der zur Hälfte von Arbeitnehmervertretern besetzt wird (§ 7 MitbestG).
- § 1 Abs. 1 des DrittelbeteiligungsG (DrittelbG) schreibt in derartigen Gesellschaften mit bereits mehr als 500 Arbeitnehmern die Besetzung des Aufsichtsrats mindestens zu einem Drittel mit Arbeitnehmervertretern vor.
- Der Anwendungsbereich des MontanmitbestimmungsG (MontanMitbestG) ist heute nur noch sehr gering.

Die europäischen Körperschaften SE und SCE ermöglichen durch SEBG und SCEBG deutlich flexiblere Regelungen der Arbeitnehmermitbestimmung, nämlich auf Basis einer Vereinbarung zwischen Arbeitnehmern und Arbeitgebern.

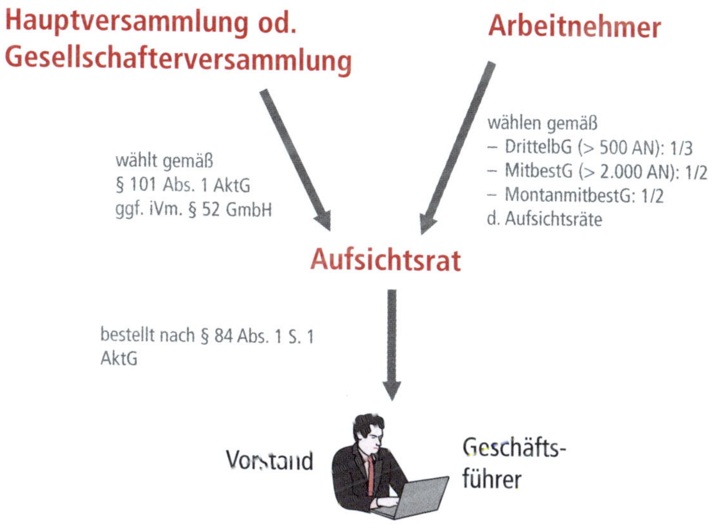

Abbildung 4.9: Mitbestimmung

Steuer

Die Körperschaft ist Steuersubjekt unter dem Körperschaftsteuergesetz (KStG) mit einem einheitlichen Steuersatz, unabhängig von dem Tarif des Gesellschafters. Sie erzielt immer gewerbliche Einkünfte (§ 8 Abs. 2 KStG). Vergütungen für Organe, auch wenn diese Gesellschafter sind, sind gemäß § 4 Abs. 4 EStG i. V. m. § 8 Abs. 1 KStG als Betriebsausgaben gewinnmindernd abziehbar (um dies zu deckeln, hat die Finanzrechtsprechung das Institut der verdeckten Gewinnausschüttung geschaffen: Finanzbeamte und -richter entscheiden, welche Geschäftsführervergütung sie für „angemessen" halten). Erst an die Gesellschafter ausgeschüttete Dividenden sind bei diesen als Einkünfte aus Kapitalvermögen nach § 20 EStG steuerpflichtig.

Kapitalgesellschaften (einschließlich Genossenschaften) sind unabhängig davon, welche Einkünfte sie erzielen, nach § 2 Abs. 2 GewStG immer gewerbesteuerpflichtig.

Umsatzsteuerlich besteht zwischen Kapital- und Personengesellschaften grundsätzlich kein Unterschied.

4.2.7 Personengesellschaften – Außengesellschaften

Gesellschaft bürgerlichen Rechts (GbR/BGB-Gesellschaft)

Die Gesellschaft bürgerlichen Rechts ist die Grundform aller Personengesellschaften. Sie ist die allgemeinste Form eines vertraglichen Zusammenschlusses von mehreren Personen zum Verfolgen eines Zwecks. Ihr Anwendungsbereich erstreckt sich von der Gelegenheits-GbR (z. B. für einen Kegelausflug, der einen Bus mietet) bis zur Arbeitsgemeinschaft (ARGE) mehrerer Bauunternehmen für ein großes Bauprojekt. Ihre Bestimmungen (§§ 705 bis 740 BGB) gelten subsidiär, also soweit keine speziellere Regelung besteht, auch für alle anderen Personengesellschaften (z. B. § 105 Abs. 3 HGB). Allerdings gelten auch umgekehrt bestimmte Regelungen der oHG analog für die GbR (etwa §§ 124, 128 f. HGB) oder kraft ausdrücklicher gesetzlicher Verweisung (etwa § 160 HGB aufgrund der Verweisung in § 736 Abs. 2 BGB). Da der Gesellschaftsvertrag formfrei abgeschlossen werden kann und keine Eintragungspflicht in ein Register besteht, sind sich viele GbR-Gesellschafter gar nicht dessen bewusst, dass sie (z. B. beim gemeinsamen Mieten eines Busses für den Kegelausflug) Gesellschafter einer GbR samt persönlicher Haftung geworden sind.

Wesen und Haftung

In den letzten Jahren hat die Rechtsprechung die Rechtsfähigkeit der GbR derjenigen der oHG immer stärker angenähert, so dass auch die GbR nun (analog § 124 HGB) Verbindlichkeiten in eigenem Namen eingehen, verklagt werden (es müssen nicht mehr alle Gesellschafter verklagt werden, sondern die GbR kann als Beklagte benannt werden), Eigentum erwerben, ins Grundbuch eingetragen oder selber Gesellschafter einer GbR werden kann.

Die Haftung für Verbindlichkeiten der GbR liegt nicht allein beim Gesellschaftsvermögen (analog § 124 HGB), sondern (analog §§ 128 f. HGB) auch die Gesellschafter haften unbeschränkt und unmittelbar gesamtschuldnerisch, § 421 BGB. Eine Haftungsbeschränkung kann die GbR für einzelne (insbes. risikoreiche) Geschäfte mit dem Vertragspartner vereinbaren, z. B. individualvertraglich die Haftung auf das Gesellschaftsvermögen beschränken; pauschal, also insbes. durch AGBs, ist dies aber nicht möglich, eine „GbRmbH" gibt es also nicht.

Neu eintretende Gesellschafter haften für bereits begründete Verbindlichkeiten der GbR (§ 130 HGB analog). Ausscheidende Gesellschafter haften für in diesem Zeitpunkt bereits begründete Verbindlichkeiten der GbR, soweit diese innerhalb der nächsten fünf Jahre fällig werden, § 736 Abs. 2 BGB i. V. m. § 160 HGB.

Die Haftung einzelner Gesellschafter gegenüber der Gesellschaft oder gegenüber Mit-Gesellschaftern für schuldhafte Vertragspflichtverletzungen (und damit auch bei fehlerhafter Geschäftsführung) ist vom Sorgfaltsmaßstab her gemäß § 708 BGB auf die Sorgfalt in eigenen Angelegenheiten (also i. d. R. Vorsatz und grobe Fahrlässigkeit) beschränkt.

Gründung/Auflösung, Firma und Register

Die Gründung erfolgt durch nicht formgebundenen Gesellschaftsvertrag mindestens zweier Gesellschafter, der nicht beim Register hinterlegt werden muss. Es besteht kein Registererfordernis und daher keine Transparenz nach außen[9]. Die GbR hat keine Firma, weil sie – anders als die Personenhandelsgesellschaften nach § 6 HGB – kein Kaufmann ist.

Sie kann im Rechtsverkehr einen Namen führen. Dieser wird i. d. R. unter Zuhilfenahme von Gesellschafternamen gebildet. Irreführung muss ausgeschlossen sein; insbesondere darf keine Verwechselung mit einer oHG oder Partnerschaftsgesellschaft bestehen.

Aus den Auflösungsgründen ist die starke Personalisierung der GbR (z. B. im Gegensatz zur oHG) erkennbar.

- Wenn die Gesellschaft nicht auf Dauer eingegangen ist, kann die Auflösung auch durch Zweckerreichung erfolgen; dies geschieht insbesondere bei „Gelegenheitsgesellschaften" konkludent (§ 726 BGB).
- Ist die Gesellschaft hingegen unbefristet abgeschlossen worden, kann jeder Gesellschafter sie kündigen (§ 723 BGB); dies wird i. d. R. aber von den Gesellschaftern im Gesellschaftsvertrag (zumindest für eine bestimmte Zeit) ausgeschlossen.
- Typisch für die sehr personalistische GbR ist aber, dass nicht nur die Insolvenzeröffnung über das Vermögen der Gesellschaft, sondern auch über dasjenige des Gesellschafters (§ 728 BGB) sowie dessen Tod (§ 727 BGB) die Auflösung bewirken. Dies ist bei anderen Personengesellschaften anders, z. B. bei der oHG, wo nach § 131 Abs. 3 Nr. 2 HGB ausdrücklich – wie bei jeder Gesellschaftsform – nur die Insolvenz über das Vermögen der Gesellschaft die Auflösung begründet. Daher werden die § 727 (Tod) und § 728 (Gesellschafterinsolvenz) BGB in GbR-Verträgen gerne abbedungen. In ersterem Falle ist eine gesellschaftsvertragliche Nachfolgeregelung sinnvoll, für die Insolvenz des Gesellschafters vereinbart man gerne eine Ausschlussklausel, wonach er gegen die gerade noch gesetzlich zulässige Mindestabfindung ausgeschlossen werden kann, damit die Insolvenzmasse nicht von der Abfindung profitiert, wobei diese Spielräume kaum noch existieren.

Organe

Zum Schutze der ausnahmslos persönlich haftenden Gesellschafter (die ohne Beachtung irgendeiner Form in eine GbR „hineinstolpern" können) sind Geschäftsführung und Vertretungsregelung sehr träge ausgestaltet. Die Geschäftsführung steht nach § 709 BGB nur allen Gesellschaftern gemeinschaftlich zu; die Vertretung ist mangels Regelung im Gesellschaftsvertrag gemäß § 714 BGB ebenso wie die Geschäftsführung ausgestaltet. Entsteht also eine Gelegenheits-GbR für einen Kegelausflug, kann diese nur Verbindlichkeiten eingehen, z. B. den Reisebus mieten (wofür alle Gesellschafter gesamtschuldnerisch haften), wenn sie durch alle Gesellschafter vertreten worden ist oder die Gesellschafter einen bevollmächtigt haben. Anderenfalls ist es lediglich die Verbindlichkeit dieses Gesellschafters, der den Vertrag abgeschlossen hat.

Geschäftsführung und Vertretung stehen aber zur Disposition durch den Gesellschaftsvertrag, können also anders vereinbart werden. Einzelne Gesellschafter können von der Geschäftsführungsbefugnis ausgeschlossen werden (§ 710 BGB); aber auch dann entscheiden die verbleibenden Gesellschafter-Geschäftsführer mangels anderer Regelung einstimmig (§ 710 S. 2 i. V m. § 709 Abs. 1 BGB). Ist hingegen Geschäftsführung durch Mehrheitsentscheid festgelegt, wird mangels anderer Vertragsbestimmung nach Köpfen (und nicht nach Kapitalanteilen) abgestimmt (§ 709 Abs. 2 ggf. i. V. m. § 710 BGB). Ist Einzelgeschäftsführungsbefugnis vereinbart, haben die anderen geschäftsführenden Gesellschafter ein Widerspruchsrecht (§ 711 BGB).

Bei jeder gesellschaftsvertraglichen Regelung ist jedoch die Beschränkung durch das Prinzip der Selbstorganschaft zu beachten. Das heißt, ein fremder Dritter kann weder Geschäftsführer[10] noch organschaftlicher Vertreter der Gesellschaft sein (die Bevollmächtigung eines Dritten durch vertretungsberechtigte Gesellschafter ist jedoch nicht ausgeschlossen).

Gemäß § 713 i. V m. § 670 BGB erhalten die geschäftsführenden Gesellschafter zwar Ersatz ihrer Auslagen, eine Vergütung bekommen sie jedoch nur, wenn dies vereinbart ist. Oft wird den geschäftsführenden Gesellschaftern durch den Gesellschaftsvertrag eine höhere Gewinnbeteiligung zugeteilt.

Gesellschafter, die nicht zur Geschäftsführung befugt sind, können sich nach § 716 BGB von den Angelegenheiten der Gesellschaft unterrichten, die Geschäftsbücher und Papiere einsehen und sich eine Übersicht über das Gesellschaftsvermögen anfertigen.

Entscheidungen, die nicht der Geschäftsführung zuzuordnen sind, verbleiben bei den Gesellschaftern. Geschäftsführung wird bei der GbR sehr weit verstanden; darunter fallen alle zur Zweckerreichung notwenigen Handlungen. Ein Abgrenzungskriterium zu denjenigen Kompetenzen, die den Gesellschaftern verbleiben, liefert das BGB nicht, weil kraft Gesetzes ja ohnehin alle Gesellschafter (einstimmig) entscheiden. Eine Abgrenzung von den **Grundlagengeschäften** ist aber jedenfalls dann von Nöten, wenn der Gesellschaftsvertrag spezielle Regelungen über die Geschäftsführung enthält. Grundlagengeschäfte sind Tätigkeiten, die auf die Grundlagen der Tätigkeit, Organisation oder Zusammensetzung der Gesellschaft oder auf die Rechtsbeziehungen der Gesellschafter untereinander bezogen sind, insbesondere Änderungen des Gesellschaftsvertrags, aber auch diejenigen Beschlüsse, die die wesentlichen Rechte und Pflichten der Gesellschafter betreffen, z. B. die Bestellung von Geschäftsführern, eines Jahresabschlussprüfers, Kündigung, Auflösung oder sonstige Strukturänderungen. Wenn nichts anderes geregelt ist, ist bei diesen Gesellschafterbeschlüssen Einstimmigkeit erforderlich, die aber gesellschaftsvertraglich abdingbar ist (§ 709 BGB).

Gewinn/Verlust und Steuern

Zum Aufstellen eines Jahresabschlusses ist die GbR handelsrechtlich nicht verpflichtet, jedoch haben die Gesellschafter einen Anspruch auf einen Rechnungsabschluss durch die geschäftsführenden Gesellschafter (§ 721 BGB). Bei kleinen und Gelegenheitsgesellschaften ist dies erst bei Auslösung der Gesellschaft durchzuführen (§ 721 Abs. 1 BGB). Bei größeren GbRs besteht jedoch die Verpflichtung der geschäftsführenden Gesellschafter, einen Rechnungsabschluss am jeweiligen Geschäftsjahresende zu erstellen (§ 722 Abs. 2 BGB). Für dessen Feststellung sind hingegen alle Gesellschafter, also auch die nicht-geschäftsführenden zuständig.

Mangels anderweitiger vertraglicher Regelung werden gemäß § 722 BGB der Gewinn sowie die Verlusttragung im Innenverhältnis (nicht gegenüber Dritten; gegenüber diesen besteht ja gesamtschuldnerische Haftung) nach Köpfen verteilt. Da die Beiträge – sowohl des Kapitals als auch der Mitarbeit – in aller Regel unterschiedlich hoch sind, empfiehlt sich dringend eine diesbezügliche gesellschaftsvertragliche Regelung.

Steuerlich fallen die Gewinne und Verluste auf der Ebene des jeweiligen Gesellschafters mit dem Vorteil an, dass dieser sie mit evtl. Verlusten verrechnen kann und sie nur seinem persönlichen Tarif unterliegen. Geschäftsführergehälter u. Ä. können aber nicht als Betriebsausgaben steuermindernd geltend gemacht werden.

Gesellschaftsvermögen und Beteiligung

Ein Gesellschafter kann mit oder ohne Einlage Gesellschafter sein. Das Gesellschaftsvermögen ist gemeinschaftliches Vermögen der Gesellschafter zur gesamten Hand. Ein Mindestkapital ist gesetzlich nicht vorgeschrieben, da eine persönliche Haftung besteht; die GbR muss gar kein Vermögen haben.

Beiträge der Gesellschafter können im Gesellschaftervertrag festgeschrieben werden. Sie können in der Erbringung von Dienst- oder Werkleistungen, der Gewährung von Kapital, der Bereitstellung eines Grundstücks, beweglicher Sachen, von Rechten, Geschäftsgeheimnissen, gewerblichen Schutzrechten, eines Kundenstamms bestehen oder sogar in einem bloßen Unterlassen (z. B. von Wettbewerb) sein (§ 706 BGB).

Bedeutung

Neben der Gelegenheits-GbR wird im Wirtschaftsleben die GbR oft als Zusammenschluss von Freiberuflern sowie als Arbeitsgemeinschaft (ARGE), z. B. von Bauunternehmungen, genutzt, um größere Projekte gemeinsam abwickeln zu können. Das Risiko der persönlichen Haftung der Gesellschafter besteht in all diesen Fällen.

Offene Handelsgesellschaft (oHG)

Die oHG ist nach § 105 Abs. 1 HGB eine Personengesellschaft wie die GbR, aber sozusagen eine Spezialform, deren Gesellschaftszweck auf den Betrieb eines Handelsgewerbes unter gemeinschaftlicher Firma gerichtet ist. Auch eine GbR, die kein Handelsgewerbe betreibt, kann durch Eintragung ins Handelsregister (Abt. A) zur oHG werden (§ 105 Abs. 2 HGB). Durch § 49 Abs. 2 StbG und § 27 Abs. 2 WPO ist sie ungeachtet dessen auch den steuerberatenden und wirtschaftsprüfenden Berufen eröffnet

Neben den §§ 105 ff. HGB gelten die §§ 705 ff. BGB subsidiär (§ 105 Abs. 3 HGB).

Die OHG hat keine eigene Rechtspersönlichkeit, weil sie keine juristische Person ist. Trotzdem kann sie unter ihrer Firma Rechte erwerben, Verbindlichkeiten eingehen, klagen und verklagt werden (124 HGB). Hierfür haften die Gesellschafter persönlich (128 HGB).

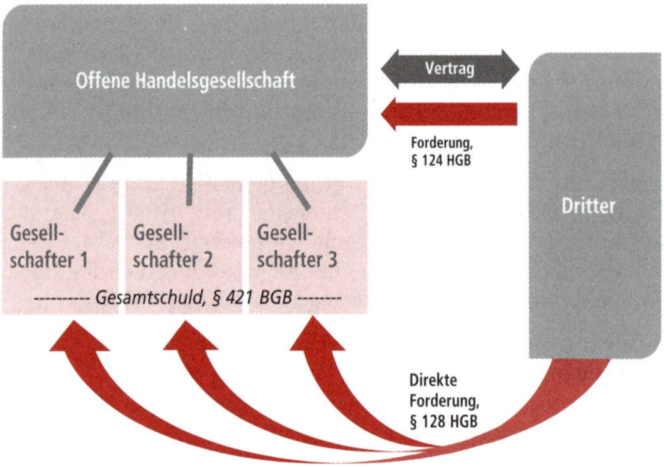

Abbildung 4.10: Verpflichtung der oHG

Wesen und Haftung

Die Freiheit von einem Mindestkapitalerfordernis und die Einlagen werden wie bei der GbR gehandhabt. Nach § 124 HGB kann selbstverständlich auch die oHG Rechte erwerben, Verbindlichkeiten eingehen usw. Für Verbindlichkeiten der Gesellschaft haften gemäß § 128 HGB die Gesellschafter den Gläubigern gegenüber unmittelbar und zwar als Gesamtschuldner (§ 421 BGB).

Neu eintretende Gesellschafter haften für bereits begründete Verbindlichkeiten der oHG (§ 130 HGB). Nach ihrem Ausscheiden haften Gesellschafter für in diesem Zeitpunkt bereits begründete Verbindlichkeiten der oHG, soweit diese innerhalb der nächsten fünf Jahre fällig werden (§§ 159, 160 HGB). Wegen des Rechtsscheins des Handelsregisters (§ 15 Abs. 1 HGB) beginnt diese Frist mit Eintragung des Ausscheidens ins Handelsregister (§ 160 Abs. 1 S. 2 HGB).

Die Haftung einzelner Gesellschafter gegenüber der Gesellschaft oder gegenüber Mit-Gesellschaftern für schuldhafte Vertragspflichtverletzungen (und damit auch bei fehlerhafter Geschäftsführung) ist vom Sorgfaltsmaßstab her gemäß § 708 BGB auf die Sorgfalt in eigenen Angelegenheiten beschränkt.

Gründung/Auflösung, Firma und Register

Die Gründung erfolgt durch einen nicht formgebundenen Gesellschaftsvertrag mindestens zweier Gesellschafter.

Eine Handelsregisteranmeldung (Abt. A) ist nach § 106 HGB erforderlich und zwar öffentlich beglaubigt (§ 12 Abs. 1 HGB). Alle Gesellschafter sind im Handelsregister namentlich verzeichnet; der Gesellschaftsvertrag wird aber nicht hinterlegt, bleibt also vertraulich.

- Die Handelsregisteranmeldung ist aber grundsätzlich deklaratorisch, d. h., die Gesellschaft entsteht mit Abschluss des Gesellschaftsvertrags, auch ohne Registereintrag, und eine GbR wird ungeachtet fehlenden Eintrags automatisch zur oHG, sobald ihr Gesellschaftszweck der Betrieb eines Handelsgewerbes ist.

- Eine GbR, die kein Handelsgewerbe betreibt (sondern ein nicht-kaufmännisches Gewerbe nach § 1 Abs. 2 HGB oder bloße Vermögensverwaltung), wird allerdings erst mit (konstitutiver) Registereintragung zur oHG (§ 105 Abs. 2 HGB), vorher ist sie eine GbR.

Die Firma besteht aus dem Familiennamen eines oder mehrerer Gesellschafter mit einem Zusatz, der das Gesellschaftsverhältnis andeutet, oder gar aller Gesellschafter (Personenfirma), Beispiel: Möller & Kunze, Möller oHG, Kunze & Co; Möller & Cie. (§ 19 Abs. 1 Nr. 2 HGB). Die Firmenwahrheit erfordert, dass nicht mehrere Gesellschafter suggeriert werden, als vorhanden sind. Eine Kennzeichnung der Haftungsbeschränkung ist erforderlich, wenn keine natürliche Person persönlich haftet (§ 19 Abs. 2 HGB), z. B. Müller GmbH & Co.

Die Auflösung erfolgt, vorbehaltlich anderer Vertragsregelungen, durch

- Zeitablauf (§ 131 Abs. 1 Nr. 1 HGB),
- Beschluss der Gesellschafter (§ 131 Abs. 1 Nr. 2 HGB),
- Insolvenzeröffnung über das Vermögen der Gesellschaft (§ 131 Abs. 1 Nr. 3 HGB) oder
- Kündigung (§ 132 HGB i. V. m. § 723 BGB), was aber abdingbar ist, z. B. indem eine Mindestlaufzeit vereinbart wird.

Die Insolvenz über das Vermögen lediglich eines Gesellschafters oder dessen Tod führen nicht zur Auflösung der Gesellschaft, sondern lediglich zum Ausscheiden des Gesellschafters (§ 131 Abs. 3 HGB); die oHG besteht trotzdem fort, ist dadurch also weniger personenabhängig als die GbR. Verstirbt ein Gesellschafter, können dessen Erben die Umwandlung in eine Kommanditbeteiligung (§ 139 HGB) verlangen; der ererbte Kapitalanteil kann damit (ohne unbeschränkte Haftung des Gesellschafters) weiterhin in der Unternehmung verbleiben.

Organe

Geschäftsführung und Vertretung sind kraft Gesetzes für die oHG deutlich flexibler geregelt als für die GbR, weil sie in aller Regel bewusst eingegangen wird und die Gesellschafter nicht besonders vor Alleingängen anderer vertretungsberechtigter Gesellschafter geschützt werden müssen.

Grundsätzlich ist jeder Gesellschafter zur Geschäftsführung befugt, es sei denn, dass er durch Gesellschaftsvertrag davon ausgeschlossen ist (§ 114 Abs. 2 HGB). Von diesen geschäftsführenden Gesellschaftern hat jeder Gesellschafter Einzelgeschäftsführungsbefugnis, aber es besteht ein Widerspruchsrecht der anderen geschäftsführenden Gesellschafter (§§ 114, 115 HGB).

Anders als die GbR unterscheidet § 116 HGB für die oHG nicht nur zwischen den in die Kompetenz der Gesellschafter fallenden Grundlagengeschäften einerseits und Geschäftsführungsmaßnahmen andererseits, sondern innerhalb Letzterer auch zwischen gewöhnlichen (Abs. 1) und außergewöhnlichen (Abs. 2) Geschäftsführungsmaßnahmen. Abgrenzungskriterium sind Inhalt, Zweck, Umfang, Bedeutung oder Risiko des Geschäfts.

- Unter gewöhnliche Geschäftsführungsmaßnahmen fallen Routinegeschäfte, die in einem Handelsgewerbe normalerweise vorkommen.

- Außergewöhnliche Geschäftsführungsmaßnahmen bedürfen eines Beschlusses sämtlicher, auch der nicht geschäftsführenden Gesellschafter. Sonderfall ist die Erteilung von Prokura, die jedenfalls der Zustimmung aller geschäftsführenden Gesellschafter bedarf (§ 116 Abs. 3 HGB).

Ähnlich der Geschäftsführung ist die Vertretung geregelt. Grundsätzlich besteht für alle Gesellschafter Einzelvertretungsbefugnis (§ 125 HGB), soweit nichts anderes vereinbart wird, also z. B. einzelne von der Vertretung ausgeschlossen worden sind. Auch Gesamtvertretungsbefugnis kann vereinbart werden. Jede derartige Vereinbarung muss wegen des Rechtsscheins des Handelsregisters (§ 15 HGB) aber in dieses eingetragen werden, um sie einem Dritten entgegenhalten zu können. Klare Regelungen und Abgrenzungen im Gesellschaftsvertrag sind daher notwendig und empfehlenswert; eine betragsmäßige Begrenzung (z. B. bis € 100.000) ist daher nicht möglich, § 109 HGB.

Geschäftsführung und Vertretung stehen beide zur Disposition des Gesellschaftsvertrags, jedoch verbietet das Prinzip der Selbstorganschaft auch hier, die Geschäftsführung oder die Vertretung fremden Dritten zu übertragen; mindestens ein Gesellschafter der oHG muss immer die Geschäftsführung und die Vertretung innehaben.

Gemäß § 110 HGB i. V. m. § 670 BGB haben die geschäftsführenden Gesellschafter zwar Anspruch auf Ersatz ihrer Auslagen, jedoch nicht auf Vergütung. Selbstverständlich kann dies vereinbart werden. Gewöhnlich wird das bei der Gewinnverteilung berücksichtigt.

Soweit die Gesellschafter zuständig sind (z. B. Grundlagengeschäfte), entscheiden sie grundsätzlich einstimmig (§ 119 Abs. 1 HGB). Der Gesellschaftsvertrag kann Mehrheitsentscheide festlegen, jedoch nicht, soweit der Kernbereich der Mitgliedschaft betroffen ist. Ist nichts bestimmt, richtet sich diese Mehrheit nach Köpfen und nicht nach Kapitalanteilen (§ 119 Abs. 2 HGB).

Einzelne Gesellschafter (die von der Geschäftsführung ausgeschlossen sind) haben Kontrollrechte nach § 118 HGB. Sie können sich von den Angelegenheiten der Gesellschaft unterrichten, die Geschäftsbücher und Papiere einsehen und sich eine Bilanz und einen Jahresabschluss anfertigen.

Jahresabschluss und Gewinn

- Die Aufstellung des Jahresabschlusses ist Aufgabe der geschäftsführenden Gesellschafter.
- Dessen Feststellung hingegen ist Grundlagengeschäft und bedarf daher eines Beschlusses aller Gesellschafter.

Soweit der Gewinn ausreicht, hat kraft Gesetzes jeder Gesellschafter nach § 121 Abs. 1 HGB einen Anspruch auf eine Verzinsung seines Kapitalanteils i. H. v. 4 %. Darüber hinausgehender Gewinn wird gemäß § 121 Abs. 3 HGB nach Köpfen verteilt, ebenso wie der Verlust im Innenverhältnis. Nach § 122 BGB darf jeder Gesellschafter grundsätzlich bis zu 4 % seines Kapitalanteils entnehmen.

All dies ist gesellschaftsvertraglich anders vereinbar, was sich bei unterschiedlichen Beiträgen der Gesellschafter auch empfiehlt. Gerne wird der Kapitalanteil des Gesellschafters als Verteilungsmaßstab genommen. Auch kann der Gesellschaftsvertrag die Gewinnverteilung einem Beschluss sämtlicher Gesellschafter unterwerfen. Dies muss nicht einstimmig geschehen; auch eine Mehrheitsklausel ist im Gesellschaftsvertrag zulässig.

Bedeutung

In Handel und Handwerk findet man die oHG häufig. Da immer mehr Unternehmer das Privileg der Haftungsbeschränkung von Kapitalgesellschaften dem Vorteil der höheren Bonität und der geringeren Unterhaltskosten vorziehen, nimmt ihre Bedeutung derzeit ab.

Kommanditgesellschaft (KG)

Die KG ist eine oHG, die mindestens einen Gesellschafter hat, der persönlich nicht unbeschränkt, sondern bloß mit seiner Einlage haftet (Kommanditist), aber auch mindestens einen Gesellschafter, der persönlich unbeschränkt haftet (Komplementär), § 161 Abs. 1 HGB. Sie wird wie die anderen Personengesellschaften durch entsprechenden Gesellschaftsvertrag gegründet. Sie kann aber auch dadurch entstehen, dass bei Tod eines persönlich haftenden Gesellschafters dessen Erben die Umwandlung in eine Kommanditbeteiligung (§ 139 HGB) verlangen; der ererbte Kapitalanteil kann damit (ohne unbeschränkte Haftung des Erben) weiterhin in der Unternehmung verbleiben. Die KG ist in den §§ 161 bis 177 a HGB geregelt. Abgesehen von der Besonderheit für Kommanditisten gelten für sie alle Bestimmungen der oHG (über § 161 Abs. 2 HGB) entsprechend.

Wesen und Haftung

Der Kommanditist haftet den Gesellschaftsgläubigern gegenüber unmittelbar für die Verbindlichkeiten der Gesellschaft wie die Vollhafter (§ 128 i. V. m. § 161 Abs. 2 HGB), jedoch ist seine Haftung durch § 172 Abs. 1 HGB auf die ins Handelsregister eingetragene Haftsumme begrenzt. Eine Mindestsumme ist weder für das Gesellschaftsvermögen noch für die Kommanditeinlage vorgeschrieben.

Soweit der Kommanditist seine Hafteinlage bereits (in die Gesellschaft) geleistet hat, haftet er den Gläubigern gegenüber sogar gar nicht mehr (§ 171 Abs. 1 HGB). Wird die Kommanditeinlage jedoch zurückgezahlt, lebt die Haftung nach § 172 Abs. 4 HGB wieder auf. In der Praxis wird oft übersehen, dass praktisch jede Zahlung der KG an den Kommanditisten, die weder in einer Gewinnausschüttung besteht noch durch ein Drittgeschäft begründet ist, als solche Rückzahlung der Kommanditeinlage gilt und die Haftung wieder aufleben lässt. Diese (ins Handelsregister eingetragene) Hafteinlage des Kommanditisten ist etwas anderes als eine ggf. bloß gesellschaftsvertraglich zwischen den Gesellschaftern vereinbarte Einlageverpflichtung (auch wenn in der Praxis oft beide gleich hoch sind). Letztere hat als bloße Vereinbarung zwischen den Gesellschaftern keine haftungsrechtlichen Auswirkungen.

Erbringt ein Gesellschafter seine Einlage nicht in bar, sondern durch das Einbringen von Sachen oder Rechten, ist es eine Frage unter den Gesellschaftern, wie diese zu bewerten sind. Handelt es sich hierbei jedoch um einen Kommanditisten, der ja nur mit seiner Einlage haftet, berührt die Frage der Bewertung die Haftung und damit den Gläubigerschutz. Anders als bei den Kapitalgesellschaften ist für die Überprüfung der Werthaltigkeit kein Verfahren bei Einbringung vorgesehen, sondern derartige Streitfragen (ob und in welcher Höhe die Einlage werthaltig erbracht worden ist) müssen dann im Rahmen des Haftungsprozesses gegen den Kommanditisten geklärt werden.

Wenn ein Kommanditist seine Gewinne nicht entnimmt, besteht die Gefahr, dass sie durch nachfolgende Verluste aufgezehrt werden. Sollte erst dann die Entnahme dieser (früheren) Gewinne erfolgen, wenn sie durch nachfolgende Verluste bereits wieder aufgezehrt worden sind, liegt eine Zahlung der KG an den Kommanditisten vor, die nicht in Gewinnauszahlung besteht, also eine Rückzahlung der Kommanditeinlage, und es lebt die Haftung durch § 172 Abs. 4 HGB wieder auf. Dies kann man verhindern, indem der Gesellschaftsvertrag für den Kommanditisten getrennte Konten für das Verbuchen von Gewinnen und Verlusten vorsieht. Werden nämlich die Verluste auf ein gesondertes Verlustkonto gebucht, zehren sie die früheren Gewinne nicht auf, sondern Letztere bleiben auf dem Gewinnkonto stehen und können auch noch nach dem Anfallen von Verlusten haftungsunschädlich ausgeschüttet werden.

Die KG entsteht wie jede Personengesellschaft mit Gesellschaftsvertragsabschluss. Da die Haftungsbeschränkung des Kommanditisten nach § 172 Abs. 1 HGB aber nur besteht, soweit die Haftsumme im Handelsregister eingetragen ist, besteht bis zur Eintragung der Gesellschaft ein Zustand, in dem der Kommanditist wie ein Vollhafter haftet (§ 176 HGB). Daher wird empfohlen, im Gesellschaftsvertrag zu vereinbaren, dass die Gesellschaft nicht mit Vertragsabschluss, sondern erst mit Eintragung ins Handelsregister beginnt.

Gründung/Auflösung, Firma und Register

Gründung und Handelsregisterpflicht sind wie bei der oHG geregelt. Aber auch die Kommanditisten müssen namentlich und mit der Höhe ihrer Einlage im Handelsregister bezeichnet werden (§ 162 HGB), anderenfalls haften sie nach § 176 HGB wie persönlich haftende Gesellschafter (unbeschränkt).

Die Firma muss wie bei der oHG mindestens den Familiennamen eines Vollhafters mit einem Zusatz enthalten, der das Gesellschaftsverhältnis andeutet. Sie muss einen Hinweis zur Rechtsform führen, etwa „Kommanditgesellschaft" oder eine allgemein verständliche Abkürzung, z. B. Möller & Kunze KG, Kunze KG (§ 19 Abs. 1 Nr. 3 HGB). Wenn keine natürliche Person persönlich haftet, sondern der einzige Vollhafter selbst einer Haftungsbeschränkung unterliegt, z. B. als juristische Person, muss diese Haftungsbeschränkung gekennzeichnet werden (§ 19 Abs. 2 HGB), also z. B. GmbH & Co. KG.

Auflösung sowie die Frage der Haftung eintretender und ausscheidender Gesellschafter ist wie bei der oHG. Auch der Tod des Kommanditisten ist kein Auflösungsgrund; die Erben rücken in seine Rechtsstellung ein (§ 177 HGB).

Organe

Geschäftsführung und Vertretung der Vollhafter sind wie bei der oHG geregelt.

Die Kommanditisten sind nach § 164 HGB von der Geschäftsführung grundsätzlich ausgeschlossen; sie obliegt allein den persönlich haftenden Gesellschaftern gemäß § 125 HGB i. V. m. § 161 Abs. 2 HGB. Kommanditisten haben lediglich beschränkte interne Kontrollrechte (Abschriften des Jahresabschlusses, Einsicht in Geschäftsbücher, § 166 HGB), die schwächer sind als diejenigen der von der Geschäftsführung ausgeschlossenen oHG-Gesellschafter (so ausdrücklich § 166 Abs. 2 HGB) und sogar als die eines GmbH-Gesellschafters. Allerdings ist für außergewöhnliche Geschäfte (§ 116 Abs. 2 HGB) ein Gesamtbeschluss aller Gesellschafter, auch der Kommanditisten, erforderlich. Die Geschäftsführungsverteilung ist jedoch gesellschaftsvertraglich abdingbar; trotz Selbstorganschafts-Prinzip darf auch (alleine) ein Kommanditist die Geschäftsführung übernehmen.

Von der organschaftlichen Vertretung der KG (nach außen) sind die Kommanditisten wegen der Selbstorganschaft jedoch zwingend ausgeschlossen (§ 170 HGB). Sie können lediglich als Prokurist oder Handlungsbevollmächtigter die Gesellschaft vertreten. Mindestens ein persönlich haftender Gesellschafter muss also immer die organschaftliche Vertretung innehaben.

Die Gesellschafterrechte sind grundsätzlich wie in der oHG geregelt. Grundlagengeschäfte und Vertragsänderungen bedürften allerdings eines Beschlusses unter Beteiligung der Kommanditisten.

Jahresabschluss und Gewinn

- Die Aufstellung des Jahresabschlusses obliegt den geschäftsführenden Gesellschaftern. Der Kommanditist ist also nur beteiligt, wenn er Geschäftsführer ist.
- Die Feststellung des Jahresabschlusses als Grundlagengeschäft liegt hingegen in der Hand aller Gesellschafter, auch der Kommanditisten.
- Eine gesellschaftsvertragliche Bestimmung oder ein Beschluss über die Gewinnverwendung bedarf der Mitwirkung auch der Kommanditisten.

Kraft Gesetzes hat auch der Kommanditist gemäß § 168 Abs. 1 HGB einen Anspruch auf Gewinn i. H. v. 4 % seines Kapitalanteils. Der übersteigende Gewinn ist in einem angemessenen Verhältnis zu verteilen (§ 168 Abs. 2 HGB). Mangels anderer Bestimmungen richtet sich dies nach der Höhe der Haftung, der Höhe der Kapitalanteile, der Mitarbeit usw. Der Kommanditist hat jedoch kein Recht auf Privatentnahme (§ 169 Abs. 1 S. 1 HGB).

Steuerlich ist die Verlustabzugsfähigkeit beim Kommanditisten durch § 15 a EStG auf die Höhe seiner im Handelsregister eingetragenen Haftsumme begrenzt. Übersteigende Verluste können nur in die Zukunft vorgetragen werden.

Bedeutung

Die KG eignet sich neben Produktion, Handel und Handwerk u. a. als Rechtsträger von Familienunternehmen, weil unternehmerisch (noch) passive Familienmitglieder die Rolle des Kommanditisten bekleiden können. Auch ist sie beliebtes Instrument zur Gestaltung geschlossener Fonds, bei denen die Anleger weder unbeschränkt haften noch unternehmerisch tätig sind, aber Anlaufverluste steuerlich nutzen wollen (beachte hier aber § 15 a EStG); für derartige Publikums-KGs hat die Rechtsprechung besondere Regeln entwickelt.

Sonderformen der Kommanditgesellschaft

Körperschaft als Komplementär, insbesondere GmbH & Co. KG

Der Typenzwang im Gesellschaftsrecht lässt das „Erfinden" neuer Gesellschaftsformen durch die Bürger nicht zu. Verbindungen mehrerer verschiedener Gesellschaften sind hingegen möglich.

Die wohl häufigste ist die Kombination der KG mit einer Körperschaft. Indem eine juristische Person die Rolle des einzigen persönlich haftenden Gesellschafters übernimmt, lassen sich deren Vorteile mit denjenigen der Personengesellschaft kombinieren; am bekanntesten ist die GmbH & Co. KG. Hierbei haftet also keine natürliche Person unbeschränkt mit ihrem Privatvermögen, sondern nur noch die GmbH mit ihrem Gesellschaftsvermögen sowie die Kommanditisten in Höhe ihrer Einlage. Üblicherweise übernimmt die Komplementär-GmbH keinen Kapitalanteil, sondern nur die persönliche Haftung.

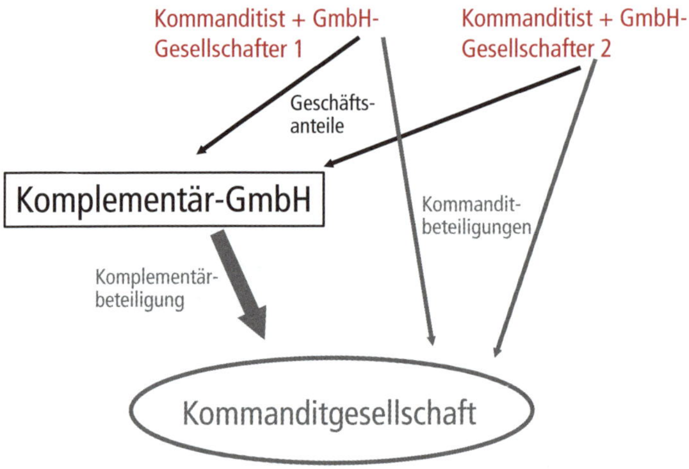

Abbildung 4.11: Grundstruktur einer GmbH & Co. KG

- Die Vertretung übernimmt zwingend (Selbstorganschaft) die Komplementär-GmbH und bei dieser deren GmbH-Geschäftsführer.
- Die Geschäftsführung überlässt man i. d. R. auch der Komplementär-GmbH (abweichend bei der vermögensverwaltenden KG).

Damit die Haftungsbegrenzung dem Rechtsverkehr erkennbar ist, muss der haftungsanzeigende Formzusatz des einzigen Komplementärs auch in der Firma der KG geführt werden, also GmbH & Co. KG, AG & Co. KG o. Ä. Auch gelten Kapitalschutzbestimmungen, die für die Komplementär-Gesellschaft bestehen, also insbesondere für die GmbH, auch für die GmbH & Co. KG. So gelten z. B. auch die Regelungen über Gesellschafterdarlehen in § 39 Abs. 1 Nr. 5, Abs. 4, 5 i. V. m. § 135 InsO, die durch § 30 GmbHG verbotene Rückzahlung von Stammkapital kann durch Leistungen der KG an die Gesellschafter verletzt sein, und auch die Insolvenzanmeldepflicht aus § 15 a InsO gilt gleichermaßen für die GmbH & Co. KG. Nicht zuletzt hat auch die Rechtsprechung einige Sonderregeln gegenüber der klassischen KG entwickelt. Ob die Haftungsprivilegierung für Gesellschafter nach § 708 BGB für die Komplementär-GmbH gilt, ist umstritten.

Mitbestimmungsrechtlich werden in der GmbH & Co. KG und der AG & Co. KG die Arbeitnehmer der KG durch § 5 MitbestG der Komplementärin zugerechnet.

Steuerlich muss immer ein der Haftungssumme der GmbH angemessener Gewinn bei ihr anfallen. Dieser unterliegt der Körperschaftsteuer und zwingend der Gewerbesteuer (allerdings auch den gewerbesteuerlichen Vorteilen für Mieten, Zinsen usw.). Gleichzeitig sind in der GmbH Geschäftsführervergütungen u. ä. Aufwendungen gewinnmindernd als Betriebsausgaben abziehbar.

Einheitsgesellschaft/Einheits-GmbH & Co. KG

Sind – wie oft üblich – die Gesellschafter der GmbH & Co. KG sowohl an der KG als Kommanditisten als auch an der GmbH beteiligt, müssen bei Gesellschafterwechsel die Beteiligungen an beiden Gesellschaften veräußert werden. Hinzu kommt, dass GmbH-Geschäftsanteile dem notariellen Beurkundungserfordernis aus § 15 Abs. 3 und 4 GmbH für Verkauf und Abtretung unterworfen sind. § 15 Abs. 4 GmbHG erfasst aber auch den Verkauf der Kommanditbeteiligung, weil dieser ja i. d. R. mit Verkauf des GmbH-Geschäftsanteils wirtschaftlich nur zusammenhängend und nicht gesondert gewollt ist.

Diese Beurkundungspflicht lässt sich insgesamt dadurch vermeiden, dass man eine sogenannte Einheitsgesellschaft gründet, deren Zulässigkeit von der Rechtsprechung anerkannt ist. Gesellschafter ihrer eigenen Komplementär-GmbH ist die KG selbst. Dies erreicht man, indem die GmbH-Gesellschafter nach Gründung ihre Geschäftsanteile in die KG einlegen. Man kann auf diese Weise die Gesellschaftsbeteiligung veräußern, indem man allein die Kommanditanteile formfrei verkauft und formfrei abtritt.

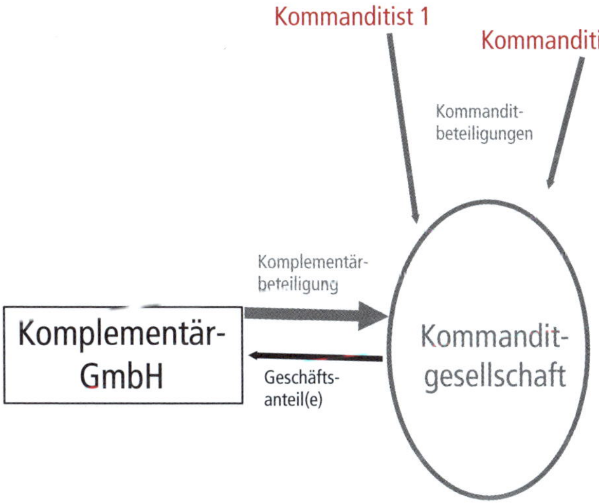

Abbildung 4.12: Einheits-KG

Bei der Gestaltung des Gesellschaftsvertrags ist aber darauf zu achten, dass die Geschäftsführung in der KG immer dann, wenn sie die Gesellschafterrechte in der GmbH ausübt, allein den Kommanditisten obliegt (weil sich sonst „die Katze in den Schwanz beißt"); die Geschäftsführung kann ja trotz Selbstorganschaft ausschließlich den Kommanditisten überlassen sein. Soweit in diesem Zusammenhang die KG nach außen vertreten werden muss (z. B. in der Gesellschafterversammlung der Komplementär-GmbH), führt der Geschäftsführer der Komplementär-GmbH lediglich Weisungen der Kommanditisten aus.

Vermögensverwaltende und gewerblich geprägte GmbH & Co. KG

Zweck einer oHG oder KG muss nicht zwangsläufig der Betrieb eines Handelsgewerbes sein; auch bloß vermögensverwaltend tätige Personengesellschaften können gemäß § 105 Abs. 2 (i. V. m. § 161 Abs. 2) HGB kraft Eintragung oHG oder KG werden. Steuerlicher Nachteil der üblichen GmbH & Co. KG, bei der nur Kapitalgesellschaften unbeschränkt haften und nur sie die Geschäftsführung übernehmen, ist derjenige, dass die Einkünfte – ungeachtet ihrer tatsächlichen Qualität – immer gewerblich sind. Die gewerbliche Prägung entsteht nach § 15 Abs. 3 Nr. 2 EStG dadurch, dass ausschließlich Kapitalgesellschaften persönlich haftende Gesellschafter sind und nur diese oder Personen, die nicht Gesellschafter sind, zur Geschäftsführung befugt sind. Also erzielt eine derartige GmbH & Co. KG auch dann, wenn sie bloß Vermietung betreibt, keine Einkünfte gemäß § 21 EStG, sondern gewerbliche Einkünfte. Das zieht nicht nur die Gewerbesteuerpflicht nach sich, sondern auch, dass sie ihren Gewinn durch Betriebsvermögensvergleich ermittelt (§ 4 Abs. 1 EStG) und ihr Vermögen damit steuerverstrickt ist, d. h. bei Veräußerung oder – noch schlimmer – bei Stilllegung oder Entnahme (also wenn gar keine Liquidität in die Gesellschaft fließt) Wertzuwächse im Gesellschaftsvermögen versteuert werden müssen; dies kann zum Ruin eines Unternehmens führen.

Sobald die Geschäftsführung nicht mehr ausschließlich persönlich haftenden Gesellschaftern oder Dritten zusteht, ist ein Tatbestandsmerkmal des § 15 Abs. 3 Nr. 2 EStG nicht mehr erfüllt und die Fiktion gewerblicher Einkünfte damit hinfällig. Das Prinzip der Selbstorganschaft lässt ja zu, dass Kommanditisten sogar die alleinige Geschäftsführung übernehmen. Die organschaftliche Vertretung verbleibt zwingend bei der Komplementär-GmbH, die aber letztendlich ausführt, was der geschäftsführende Kommanditist im Innenverhältnis entschieden hat. Diese vermögensverwaltende GmbH & Co. KG ist beliebt, um z. B. bei der Immobilienverwaltung nicht-gewerbliche Einkünfte nach § 21 EStG mit der Haftungsbegrenzung zu verbinden.

Publikums-KG

Die KG verbindet einerseits den Vorteil, dass sich Kommanditisten beteiligen können, ohne unbeschränkte Haftung und ohne Geschäftsführungs- und Vertretungsverantwortung übernehmen zu müssen und die Kommanditanteile leicht abgetreten werden können sowie andererseits die Besonderheit der Personengesellschaften, dass die Gesellschaft einkommensteuerlich kein eigenes Subjekt, sondern transparent ist; der Steuereffekt tritt auf der Ebene des Gesellschafters (Mitunternehmer i. S. d. § 15 EStG) auf. Das macht die KG (in aller Regel als GmbH & Co. KG, also ohne dass jemand unbeschränkt haftet) zum passenden Vehikel für (geschlossene) Fonds aller Art, bei denen es darauf ankommt, dass (nicht nur irgendwann einmal Gewinne erzielt werden, sondern) auf Ebene der Gesellschafter (hier der Kommanditisten) steuerlich nutzbare Verluste anfallen. Insbesondere bei der Produktion von Wirtschaftsgütern, die nicht aktiviert werden, wie z. B. selbstgeschaffener immaterieller Wirtschaftsgüter in Form von Urheberrechten an Filmen o. Ä. gemäß § 5 Abs. 2 EStG, entstehen dann von Anfang an für den Kommanditisten steuerlich nutzbare Verluste.

Bei der Publikums-KG tritt eine Vielzahl von Kommanditisten i. d. R. einem vorformulierten Gesellschaftsvertrag bei. Teilweise werden die Anleger noch nicht einmal unmittelbar beteiligt, sondern bloß mittels eines Treuhänders. Daher hat die Rechtsprechung für diese Typenverformung der KG Sonderregeln entwickelt, wie z. B. dass den Gründern versprochene Vorteile nur wirksam sind, wenn sie schriftlich vereinbart wurden oder dass die privilegierte Haftung der Gesellschafter aus § 708 BGB hier nicht gilt.

Partnerschaftsgesellschaft

Rechtsanwälten blieben durch das Berufsrecht im Gegensatz zu Steuerberatern, Wirtschaftsprüfern und anderen Freiberuflern die Gesellschaftsformen GmbH, AG, oHG und KG mit dem entsprechenden Privileg der Haftungsbegrenzung lange Zeit versagt. Es wurden daraufhin Bedenken im Hinblick auf die Gleichbehandlung aus Art. 3 Abs. 1 GG geäußert.

Wesen und Haftung

1994 schuf der Gesetzgeber (auf Initiative des Bundesjustizministeriums) die Partnerschaftsgesellschaft, die speziell auf Rechtsanwälte zielte. Die Ungleichbehandlung innerhalb der rechts- und steuerberatenden Berufe war damit selbstverständlich nicht beseitigt. Demgemäß wurde später dann doch noch die Rechtsanwalts-GmbH für zulässig erklärt (§ 59 c BRAO); AG und KG bleiben Anwälten aber nach wie vor (gleichheitswidrig) verschlossen. Das PartGG zeichnet sich durch schwache gesetzgeberische Qualität aus.

Die Partnerschaftsgesellschaft

- steht gemäß § 1 Abs. 1 PartGG nur Angehörigen freier Berufe offen,
- der Gesellschaftsvertrag bedarf nach § 4 Abs. 1 PartGG ungewöhnlicherweise der Schriftform,
- durch § 4 PartGG wurde ein gesondertes Partnerschaftsregister eingeführt und
- das Recht der oHG findet subsidiär Anwendung, was leider (anders als etwa in § 105 Abs. 3 oder § 161 Abs. 2 HGB) nur sehr unübersichtlich verteilt an vielen Stellen des Gesetzes erwähnt wird (§ 2 Abs. 2, § 4 Abs. 1, § 5 Abs. 2, § 6 Abs. 3, § 7 Abs. 2, 3 und 5, § 8 Abs. 1, § 9 Abs. 1 und 4, § 10 Abs. 2 PartGG).

Wesentlicher Unterschied zu GbR und oHG ist, dass die Haftung für Fehler in „der Bearbeitung eines Auftrags" neben dem Gesellschaftsvermögen nur das Privatvermögen des handelnden Gesellschafters umfasst, nicht jedoch dasjenige der anderen Gesellschafter (§ 8 Abs. 2 PartGG).

Name und Bedeutung

Der Name der Partnerschaft muss den Namen mindestens eines Partners, den Zusatz „und Partner" oder „Partnerschaft" sowie die Berufsbezeichnungen aller in der Partnerschaft vertretenen Berufe enthalten (§ 2 Abs. 1 S. 1 PartGG).

Durch die gegenüber der GbR unwesentliche Haftungsbegrenzung und erst recht seit der berufsrechtlichen Zulassung der Rechtsanwalts-GmbH ist die praktische Bedeutung der PartG gering, außerhalb des Rechtsanwaltsberufs hat sie praktisch keine Bedeutung.

Partnerschaftsgesellschaft mit beschränkter Berufshaftung (PartG mbB)

Auf das anhaltend geringe Interesse an der Partnerschaftsgesellschaft hat der Gesetzgeber erneut reagiert und am 15.07.2013 (BGBl. I 2386 ff.) die Partnerschaftsgesellschaft mit beschränkter Berufshaftung geschaffen. Diese ist im Gegensatz zu ihrer Grundform ohne Haftungsbegrenzung begeistert von der Praxis aufgenommen worden[11]. Voraussetzung ist nach § 8 Abs. 4 PartGG eine Berufshaftpflichtversicherung mit einer Versicherungssumme von mind. € 1 Mio. (StB) bzw. € 2,5 Mio. (RAe) im Einzelfall und mind. € 4 Mio. (StB) bzw. € 10 Mio. (RAe) im Kalenderjahr (vgl. etwa § 67 Abs. 2 StBerG, § 51 a Abs. 2 BRAO). Der Name der Partnerschaft muss den Zusatz „mit beschränkter Berufshaftung" oder die Abkürzung „mbB" oder eine andere allgemein verständliche Abkürzung dieser Bezeichnung enthalten. Im Gegensatz zur „voll haftenden" Partnerschaft darf sie anstatt „und Partner" oder „Partnerschaft" auch die Kürzel „Part" oder „PartG" verwenden (§ 8 Abs. 4 S. 3 PartGG).

4.2.8 Reine Innengesellschaften und ähnliche Vertragsbeziehungen

Gesellschaften, die nach außen im Rechtsverkehr nicht in Erscheinung treten, sind reine Innengesellschaften; die Gesellschafterstellung wird also nicht bekannt. Innengesellschaften dienen

- zur einfachen Kapitalbeschaffung,
- zur Umgehung von Wettbewerbs- oder Konkurrenzverboten,
- zur Steuerverringerung,
- zur Regelung der Erbfolge,
- zur Übertragung betrieblicher Gegenstände (auch Beteiligungen) an nicht haftende Familienmitglieder (schenkungsweise) und
- zur Koordination („Poolung“) von Stimmrechten innerhalb des Gesellschafterkreises einer anderen Gesellschaft.

Die GbR eignet sich, weil sie nach außen nicht erkennbar sein muss und insbesondere nicht im Handelsregister vermerkt ist, hervorragend, auch als reine Innengesellschaft geführt zu werden. Für derartige Innen-Personengesellschaften gelten jedoch Besonderheiten, weil ja kein Rechtsverkehr zu schützen ist. So existiert keine organschaftliche Vertretung (nach außen). Ob die Haftung eines Gesellschafters gegenüber der Gesellschaft oder den Mit-Gesellschaftern für Vertragspflichtverletzungen (und damit auch für fehlerhafte Geschäftsführung) auch bei reinen Innengesellschaften nach § 708 BGB auf die Sorgfalt in eigenen Angelegenheiten beschränkt ist, ist z. B. umstritten.

Es gibt aber auch Gesellschaftsformen, die per definitionem zwingend reine Innengesellschaften sind.

Stille Gesellschaft

Die stille Gesellschaft entsteht durch einen formfreien Gesellschaftsvertrag eines Kapitalgebers und eines Kaufmannes. Gesellschaftszweck ist die Erzielung von Gewinnen durch die Förderung des Handelsgewerbes des Inhabers. Sie hat daher kein Gesellschaftsvermögen, sondern der Stille tätigt eine Einlage in das Handelsgeschäft, die in das Vermögen des Inhabers des Handelsgewerbes übergeht (§ 230 Abs. 1 HGB); diese besteht in Geld oder in jedem anderen durch Geld messbaren Vorteil. Also stellt die stille Gesellschaft keine Handelsgesellschaft dar, sondern nur ein Schuldverhältnis zwischen beiden.

Geregelt ist die stille Gesellschaft in den §§ 230 bis 237 HGB, subsidiär gelten die §§ 705 ff. BGB.

Ist der Haupt-Gesellschafter kein Kaufmann (sondern z. B. ein Freiberufler), handelt es sich nicht um eine stille Gesellschaft, sondern um eine GbR (in der Form der Innengesellschaft), ähnlich wie bei der Unterbeteiligung.

Wesen und Haftung

Da die stille Gesellschaft reine Innengesellschaft ist, tritt sie als Gesellschaft und insbesondere der stille Gesellschafter nach außen nicht in Erscheinung, auch nicht im Handelsregister; sie führt auch keine Firma. Es gibt kein Mindestkapital. Gegenüber Dritten handelt alleine der Inhaber des Handelsgeschäfts (jedoch „zum gemeinsamen

Nutzen"), und alleine er wird berechtigt und verpflichtet (§ 230 Abs. 2 HGB). Daher trägt der Stille auch kein Haftungsrisiko gegenüber Dritten.

Der mezzanine Charakter der stillen Beteiligung (zwischen Eigenkapital und Fremdkapital) zeigt sich in der Insolvenz des Handelsgeschäfts. Anders als ein Gesellschafter, der ja in der Insolvenz seine Einlage verliert (auch der Kommanditist), ist der Stille gemäß § 236 Abs. 1 HGB Insolvenzgläubiger i. S. d. § 38 InsO und damit im Rang etwas besser gestellt. Andererseits ist jedoch nach § 136 InsO jede Rückzahlung der Einlage des Stillen innerhalb des letzten Jahres vor Insolvenzantragstellung durch den Insolvenzverwalter anfechtbar.

Ob die Haftung eines Gesellschafters gegenüber dem Mit-Gesellschafter für Vertragspflichtverletzungen (und damit auch für fehlerhafte Geschäftsführung) auch bei der stillen Gesellschaft (als reiner Innengesellschaft) nach § 708 BGB auf die Sorgfalt in eigenen Angelegenheiten beschränkt ist, ist umstritten.

Die Auflösung erfolgt durch

- Zeitablauf des Vertrags,
- Insolvenz des Inhabers des Handelsgeschäfts,
- Tod des Kaufmanns (§ 234 Abs. 1 HGB), nicht jedoch der Tod des stillen Gesellschafters (§ 234 Abs. 2 HGB) sowie
- die Kündigung (§ 234 Abs. 1 HGB).

Organe

Geschäftsführung und Vertretung obliegen alleine dem Inhaber des Handelsgeschäfts. Der Stille entwickelt keine Unternehmerinitiative und er hat grundsätzlich keine Einwirkungsrechte auf die Unternehmensleitung. Ihm stehen nur eingeschränkte Kontrollrechte nach § 233 HGB zu (abschriftliche Mitteilung des Jahresabschlusses und Prüfung der Richtigkeit unter Einsicht der Bücher/Papiere). Aber auch die Kontrollrechte können durch Gesellschaftsvertrag erweitert oder eingeschränkt werden. Ähnlich dem Kommanditisten einer KG kann durch Gesellschaftsvertrag dem stillen Gesellschafter sogar Recht und Pflicht zur Geschäftsführung gegeben werden, sogar in gleichem Umfang wie dem Inhaber. Wegen Selbstorganschaft ist die organschaftliche Vertretung durch den stillen Gesellschafter aber (wie beim Kommanditisten) ausgeschlossen.

Es können mehrere stille Beteiligungen an einem Handelsgewerbe bestehen. Jeder kann stiller Gesellschafter sein, also natürliche oder juristische Personen, Handelsgesellschaften, Vereine, Erbengemeinschaften usw. Auf der anderen Seite, derjenigen des Unternehmers, muss jedoch ein Handelsgewerbe stehen (z. B. e. K., oHG, KG, GmbH, AG usw.), anderenfalls (bei einer Unternehmung, die kein Handelsgewerbe ist) handelt es sich um eine BGB-Innengesellschaft (ohne Gesellschaftsvermögen), und wenn auf der unternehmerischen Seite (anstatt Handelsgeschäft) lediglich eine Beteiligung (an einer Gesellschaft) steht, liegt eine Unterbeteiligung vor.

Jahresabschluss und Gewinn

Aufstellung und Feststellung des Jahresabschlusses geschieht ohne den stillen Gesellschafter.

Gesetzlich (mangels anderweitiger Regelung) ist der Stille gemäß § 231 HGB am Gewinn mit einem „den Umständen nach angemessenen Anteil" (§ 231 HGB) beteiligt und am Verlust nur bis zur Höhe seiner Einlage (§ 232 Abs. 2 HGB). Während des laufenden Geschäftsjahres bestehen keine Entnahmerechte, der Stille kann nur eine Auszahlung seines Gewinnanteils fordern.

Gesellschaftsvertraglich kann die Gewinnverteilung auch anders bemessen werden, z. B. als fester Gewinn vorab, prozentual bemessen anhand des Verhältnisses der Einlagen zueinander (nach Abzug von Gewinnanteilen für die Tätigkeit des Geschäftsinhabers) o. Ä.; hier herrscht weitgehende Vertragsfreiheit. Ein völliger Ausschluss der Gewinnbeteiligung ist jedoch nicht möglich, weil es sich sonst um ein Darlehen handeln würde.

Auch die Verlustbeteiligung kann vertraglich geändert werden, z. B. einerseits ganz ausgeschlossen oder andererseits derjenigen eines Kommanditisten angeglichen werden. Bei der typisch stillen Gesellschaft erzielt der Stille Einkünfte aus Kapitalvermögen (§ 20 EStG).

Bedeutung

Die stille Gesellschaft ist probates Mittel zur Verbreiterung der Eigenkapitalbasis, ohne Mitspracherechte abzugeben. In der Praxis ist sie ein gerne genutztes Instrument von (Private Equity-)Fonds oder anderen Investoren, die eine Kapitalbeteiligung ohne unternehmerische Verantwortung wünschen. Auch ist sie eine Möglichkeit zur Umgehung von Konkurrenz- oder Wettbewerbsverboten oder zur Beteiligung von Mitarbeitern, um diesen einen unternehmerischen Anreiz zu bieten.

Atypische stille Gesellschaft

Während der stille Gesellschafter typischerweise Einkünfte aus Kapitalvermögen nach § 20 EStG erzielt, kann es für ihn unter Umständen attraktiver sein, anstatt dessen gewerbliche Einkünfte gemäß § 15 EStG zu haben, nämlich gerade dann, wenn diese negativ sind. Das ist vor allem interessant, wenn eine Unternehmung Verluste erzielt, die sofort als Betriebsausgaben abgezogen werden können und nicht erst aktiviert werden müssen, wie z. B. für die Schaffung immaterieller Vermögensgegenstände, deren Aktivierung durch § 5 Abs. 2 EStG ausgeschlossen ist; z. B. bei Filmfonds. Dafür muss die Stellung des Stillen derjenigen eines unternehmerisch tätigen Gesellschafters vergleichbar sein. Diese steuerlich induzierte Variante nennt man „atypische stille Gesellschaft“.

Während der typische stille Gesellschafter an Gewinn (und Verlust) beteiligt ist, jedoch nicht am Wertzuwachs des gesamten Vermögens (an den stillen Reserven bei Auflösung), trägt der atypische stille Gesellschafter Mitunternehmerinitiative und Mitunternehmerrisiko.

- Mitunternehmerinitiative ist z. B. zu bejahen, wenn der stille Gesellschafter die Stimm-, Kontroll- und Widerspruchsrechte eines Kommanditisten hat.
- Das Mitunternehmerrisiko wird bejaht, wenn der stille Gesellschafter neben Gewinn und Verlust auch an den stillen Reserven beteiligt ist.

Partiarisches Darlehen

Das partiarische Darlehen ist oft schwierig von der stillen Gesellschaft abzugrenzen. Der Darlehensgeber tritt auch hier nach außen nicht in Erscheinung. Er erhält – wie auch bei der stillen Gesellschaft vereinbar – eine gewinnabhängige Verzinsung des angelegten Kapitals. Unterscheidungskriterium zur stillen Gesellschaft ist das Fehlen des bei der stillen Gesellschaft bestehenden gemeinsamen Zwecks nach § 705 BGB. Das Partiarische Darlehen ist daher gar keine Gesellschaftsform, sondern ein Darlehen.

Unterbeteiligung

Auch die Unterbeteiligung ist eine von der stillen Gesellschaft abzugrenzende Innengesellschaft. Hier ist der Unterbeteiligte jedoch nicht an einem Handelsgeschäft (eines Voll-Kaufmanns) beteiligt, sondern an einer Vermögensverwaltung, einem anderen nicht-kaufmännischen Unternehmen oder einer Gesellschaftsbeteiligung des Haupt-Gesellschafters. Die Unterbeteiligung ist eine GbR, auf die die Vorschriften über die stille Gesellschaft weitgehend analog Anwendung finden.

Praktisch findet man die Unterbeteiligung oft bei Managementbeteiligungen, insbes. in Sanierungen, wenn nämlich der Haupt-Gesellschafter (z. B. einer GmbH) den (Sanierungs-)Geschäftsführer durch Beteiligung am Wertzuwachs der Gesellschaft motivieren möchte, ihn aber als unmittelbaren Gesellschafter aus der Gesellschaft heraushalten möchte, um im Falle der Trennung diesen nicht als Gesellschafter weiter dulden zu müssen.

4.2.9 Körperschaften

Gesellschaft mit beschränkter Haftung (GmbH)

Häufigste Kapitalgesellschaft in Deutschland ist die GmbH. Sie wurde mit dem GmbHG von 1892 als eine Körperschaft mit 20.000 Reichsmark Stammkapital geschaffen, weil das Aktienrecht nach seiner Revision von 1884, die auf eine schwere Krise folgte, stark verschärft wurde und damit die AG für den Mittelstand kaum nutzbar geworden war. Nicht nur die Wirtschaft in Deutschland hat das Privileg der Haftungsbeschränkung auf eine derart kleine Vermögensmasse dankbar angenommen, die GmbH erwies sich geradezu als Exportschlager; sehr viele Länder haben dieses Konzept übernommen (und mit fortschreitender Inflation ist das Kapitalerfordernis real geringer geworden). Ein Reformversuch von 1971, der das GmbHG auf 200 Paragraphen aufblähen wollte, ist gescheitert, weil er der GmbH fast alle ihre Erleichterungen (und damit Vorteile) gegenüber der AG genommen hätte. Später wurde die Möglichkeit der Ein-Personen-Gründung eingeführt.

Um die Jahrtausendwende wurde es durch die EuGH Rechtsprechung zur Niederlassungsfreiheit (Art. 49 bis 55 EUAV) möglich, dass im Ausland gegründete Gesellschaften ihren Sitz nach Deutschland verlegen, ohne ihre Rechtsform zu verlieren. In dieser Folge fing die britische Private Company Limited by Shares ohne Mindestkapital an, der GmbH harte Konkurrenz zu machen und den Rang abzulaufen. Der Gesetzgeber meinte, reagieren zu müssen, und hat die GmbH 2008 grundlegend umgestaltet, insbesondere die Unternehmergesellschaft geschaffen. Die Mindestsumme von € 25.000 Stammkapital wurde demgemäß aufgeweicht; GmbHs, die diese nicht erreichen, sind nun zulässig, müssen aber den Zusatz „Unternehmergesellschaft“ oder „UG“ tragen. Erreicht das Kapital nach Kapitalerhöhungen irgendwann einmal die € 25.000, kann die UG zur „normalen“ GmbH werden (§ 5 a Abs. 5 GmbHG).

Wesen

Obgleich Körperschaft (§ 13 Abs. 1 GmbHG) gilt die GmbH aufgrund gesetzlicher Fiktion als Handelsgesellschaft (§ 13 Abs. 3 GmbHG) und damit als Formkaufmann i. S. d. § 6 Abs. 1 HGB. Was den Gesellschaftszweck angeht, ist die GmbH vielseitiger als die Personenhandelsgesellschaften; er ist nicht auf den Betrieb eines Handelsgeschäfts beschränkt, sondern kann z. B. auch in der Verfolgung gemeinnütziger Zwecke liegen, sog. „gGmbH" (§ 4 S. 2 GmbHG). Was die Satzungsgestaltung angeht, bietet die GmbH mehr Freiheiten als die formstrenge AG; es lassen sich z. B. Sonderrechte, Mehrstimmrechte u. Ä. vereinbaren.

Gründung/Auflösung, Firma und Register

Eine notarielle Beurkundung von Gründungsvertrag und Satzung ist erforderlich (§ 2 Abs. 1 GmbHG). Mit dem MoMiG von 2008 wurde in § 2 Abs. 1 a GmbHG eine Gründung im vereinfachten Verfahren unter Verwendung gesetzlicher Muster eingeführt, wenn die GmbH höchstens drei Gesellschafter und nur einen Geschäftsführer hat. Eine öffentlich beglaubigte Handelsregisteranmeldung (Abt. B) ist notwendig (§ 7 GmbHG i. V. m. § 12 Abs. 1 HGB). Der Gründungsvertrag und die Satzung sind notariell beurkundet beizufügen (§ 8 Abs. 1 GmbHG); die Satzung ist also öffentlich. Da es sich bei der GmbH um eine Körperschaft handelt, entsteht sie erst mit Eintragung ins Handelsregister (die Vor-GmbH ist in § 11 GmbHG geregelt). Es besteht ein formelles und materielles Prüfungsrecht des Gerichts. Anders als bei der AG sind die Gesellschafter publik: Gemäß § 40 GmbHG ist eine Gesellschafterliste beim Handelsregister durch die Geschäftsführung ständig aktuell zu halten.

Personen-, Sach- und Phantasiefirma sind zulässig. Der Rechtsformzusatz „Gesellschaft mit beschränkter Haftung" oder eine allgemein verständliche Abkürzung ist erforderlich, etwa „GmbH" (§ 4 GmbHG); in Österreich früher üblich: „GesmbH" oder „Ges. mbh".

Die Auflösung erfolgt i. d. R. durch Gesellschafterbeschluss mit 3/4-Mehrheit der abgegebenen Stimmen (§ 60 Abs. 1 Nr. 2 GmbHG). Mit der Auflösung beginnt eine mindestens einjährige Liquidationsphase (§ 73 GmbHG). Im Weiteren erfolgt die Auflösung unter anderem durch Eröffnung eines Insolvenzverfahrens über das Gesellschaftsvermögen (§ 60 Abs. 1 Nr. 4 GmbHG). Tod oder Insolvenz eines Gesellschafters oder Organs haben auf die Existenz der GmbH hingegen keinen Einfluss.

Organe

Die Gesellschafter sind in der Gesellschafterversammlung organisiert (§ 48 GmbHG), dem obersten Organ der GmbH. Beschlüsse der Gesellschafterversammlung bedürfen nur bei Satzungsänderungen der notariellen Beurkundung und dann auch einer 3/4-Mehrheit (§ 53 Abs. 2 GmbHG). Im Übrigen beschließt sie – soweit in der Satzung nicht anders geregelt – formfrei und mittels einfacher Mehrheit.

Die Gesellschafterversammlung hat die in § 46 GmbHG beschriebenen Kompetenzen, entscheidet also z. B. nach Nr. 7 über Prokuristen und Handlungsbevollmächtigte (wobei die Erteilung der Prokura/Vollmacht im Außenverhältnis nach § 48 Abs. 1 HGB i. V. m. § 35 GmbHG dem Geschäftsführer als Vertretungsorgan obliegt). Ferner bestellt die Gesellschafterversammlung einen oder mehrere Geschäftsführer, beruft diese auch wieder ab, schließt ggf. auch die Dienstverträge mit ihnen ab und ist für deren Entlastung zuständig (§ 46 Nr. 5 GmbHG). Nicht zuletzt entscheidet selbstverständlich auch sie über die Auflösung der Gesellschaft (§ 60 Abs. 1 Nr. 2 GmbHG).

Die einzelnen Gesellschafter haben beschränkte Einsichts- und Auskunftsrechte nach § 51 a GmbHG, die jedoch stärker sind als die entsprechenden Rechte eines Kommanditisten.

Den Geschäftsführern obliegen die Geschäftsführung und die Vertretung der Gesellschaft (§ 35 GmbHG); Fremdorganschaft ist zulässig (§ 6 Abs. 3 GmbHG). Es bedarf nur mindestens eines Geschäftsführers (§ 6 Abs. 1 GmbHG), aber er muss zwingend natürliche Person sein. Mangels abweichender Bestimmung sind mehrere Geschäftsführer lediglich gemeinschaftlich vertretungs- (§ 35 Abs. 2 GmbHG) und geschäftsführungsbefugt (§ 77 AktG analog). Die Satzung kann jedoch Einzelvertretungsbefugnis anordnen oder vorsehen, dass durch Gesellschafterbeschluss Geschäftsführern generell Einzelvertretungsbefugnis oder auch Befreiung von den Beschränkungen des § 181 BGB erteilt wird; diese werden dann ins Handelsregister eingetragen. Soll Einzelvertretungsbefugnis oder § 181-BGB-Befreiung bloß für einzelne Geschäfte beschlossen werden, ist eine derartige Gestattung allerdings durch einfachen Gesellschafterbeschluss, also auch ohne satzungsmäßige Grundlage und ohne Eintragung ist Handelsregister, möglich.

Der Geschäftsführer unterliegt – ungeachtet irgendwelcher Regelungen in der Satzung oder im Dienstvertrag – bereits kraft Gesetzes einem Wettbewerbsverbot. Anders als ein AG-Vorstand (§ 76 AktG) ist der GmbH-Geschäftsführer der Gesellschafterversammlung gegenüber weisungsgebunden. Es besteht ein umfassendes Recht zur Prüfung und Überwachung der Geschäftsführer. Sinnvoll aus Gesellschaftersicht ist es, eine Geschäftsordnung für die Geschäftsführung zu erlassen, die für bestimmte (z. B. nach Umfang, Risiko und Bedeutung abgegrenzte) Geschäfte (im Innenverhältnis) die Zustimmung der Gesellschafterversammlung verlangt.

Geschäftsführer können durch die Gesellschafterversammlung (§ 46 Nr. 5) unbefristet bestellt werden und sind jederzeit abberufbar (§ 38 Abs. 1 GmbHG), jeweils durch die Gesellschafterversammlung (§ 46 Nr. 5 GmbHG). Hatte der Geschäftsführer neben der Organbestellung mit der GmbH einen Dienstvertrag geschlossen, wird dieser durch die Abberufung nicht berührt, sondern gilt fort. Auch für dessen Abschluss und Kündigung ist die Gesellschafterversammlung nach § 46 Nr. 5 GmbHG zuständig.

Weitere Aufgaben der Geschäftsführung sind unter anderem

- die Aufstellung und Vorlegung (§ 42 a GmbHG) des (geprüften) Jahresabschlusses und Lageberichts und
- die Einberufung der Gesellschafterversammlung (§ 49 GmbHG).

Ein Aufsichtsrat kann freiwillig gebildet werden (§ 52 GmbHG), es sei denn, die Mitbestimmungsgesetze (§ 1 DrittelbG, § 1 MitbestG und § 1 MontanmitbestG) schreiben seine Bildung zur Repräsentation der Arbeitnehmer zwingend vor. In letzterem Fall ist die je 30-prozentige Frauenquote einzuhalten (§ 52 Abs. 2 GmbHG).

Beteiligung und Kapital

Das Stammkapital beträgt mindestens € 25.000 (§ 5 Abs. 1 GmbHG), nicht jedoch für die UG. Es ist in Geschäftsanteile eingeteilt, die auf einen Nennbetrag lauten. Einlagen der Gesellschafter können aus Bar- oder Sacheinlagen bestehen (§§ 5, 56 GmbHG). Sacheinlagen sind voll zu leisten. Von Bareinlagen sind auf jeden Geschäftsanteil mindestens 25 % einzuzahlen (§ 7 Abs. 2 S. 1 GmbHG), mindestens aber insgesamt € 12.500. Die Kapitalerbringungs- und -erhaltungsvorschriften sind bei der GmbH, die regelmäßig personalisierter und von geringer Kapitalausstattung ist als die AG, von besonderer Bedeutung; verdeckte Sachgründungen oder verdeckte Sachkapitalerhöhungen finden sich am häufigsten bei der GmbH.

Anders als bei den Personengesellschaften können Beteiligungen an Kapitalgesellschaften grundsätzlich frei abgetreten werden; die Satzung kann allerdings eine Vinkulierung vorsehen (z. B. Veräußerungsbeschränkungen, Zustimmungserfordernisse von der Gesellschafterversammlung oder dem Geschäftsführer, Vorkaufsrechte, Ankaufsrechte usw., § 15 Abs. 5 GmbHG). Der GmbH-Geschäftsanteil ist ein Recht, das nach den §§ 413, 398 BGB abgetreten wird. Seine Fungibilität wird aber (im Gegensatz zur Aktie) erheblich dadurch eingeschränkt, dass er zum einen nicht in einem Wertpapier verbrieft werden kann und zum anderen das Gesetz sowohl für diese Abtretung durch § 15 Abs. 3 GmbHG als auch für das schuldrechtliche Geschäft (i. d. R. Kaufvertrag) durch § 15 Abs. 4 GmbHG die notarielle Beurkundung vorschreibt. Ein Börsenhandel mit GmbH-Geschäftsanteilen ist daher nicht möglich.

Zur Verstärkung der Eigenkapitalbasis können Kapitalerhöhungen gegen Bareinlage (§ 55 GmbHG) oder gegen Sacheinlage (§ 56 GmbHG) durchgeführt werden. Dies geschieht durch Satzungsänderung, bedarf also auch der notariellen Beurkundung (§§ 55 ff. GmbHG). Seit 2008 ist, wie in der AG, die Kapitalerhöhung aus Gesellschaftsmitteln möglich (§ 57 c GmbHG), indem Rücklagen in Stammkapital umgewandelt werden. Ferner wurde 2008 (wie bei der AG) genehmigtes Kapital eingeführt, indem nicht nur allein die Gesellschafterversammlung über eine Kapitalerhöhung entscheiden kann, sondern diese die Geschäftsführer durch Satzung ermächtigen kann, das Kapital innerhalb bestimmter Grenzen zu erhöhen (§ 55 a GmbHG).

Der Erwerb eigener Geschäftsanteile durch die GmbH ist ohne besondere Gründe möglich, jedoch setzen die Kapitalerhaltungsvorschriften Grenzen. Der Geschäftsanteil muss voll eingezahlt sein und es muss eine Rücklage gebildet werden können, ohne dass das Stammkapital verletzt wird (§ 33 GmbHG).

Haftung

Wie bei jeder juristischen Person (§ 13 GmbHG) ist die Haftung der Gesellschaft für Gesellschaftsverbindlichkeiten ab ihrem Entstehen auf das Gesellschaftsvermögen beschränkt; die Gesellschafter haften nicht mit ihrem privaten Vermögen. Gegenüber der Gesellschaft haften sie lediglich für ihre Einlage. Soweit diese von einem Gesellschafter nicht erbracht werden kann, haften jedoch (nach **Kaduzierung**) auch die anderen Gesellschafter (§ 24 GmbHG). Die komplexen Regelungen von Gesetzgeber und Rechtsprechung zur Haftungsdurchbrechung, z. B. bei Kapitalersatz oder existenzvernichtendem Eingriff, finden bei der GmbH ihren größten Anwendungsbereich, weil diese typischerweise schwächer kapitalisiert ist als andere Körperschaften.

Dass die Haftung des Gesellschafters auf die Einlage begrenzt ist, heißt nicht, dass auch das Risiko des (Zweit-)Erwerbers eines Geschäftsanteils auf den Verlust der Beteiligung (und des Kaufpreises) begrenzt ist, vielmehr kann er deutlich höheren Verlustgefahren ausgesetzt sein. Ist z. B. durch den Verkäufer die Bareinlage nicht oder lediglich in Form einer verschleierten Sacheinlage erbracht worden, besteht die Einlageforderung der Gesellschaft gegen den Gesellschafter aus § 19 GmbHG weiter, aber auch gegen seinen Rechtsnachfolger aus § 22 GmbHG. Diese Haftung des Erwerbers für die ausstehende Einlage kann daher deutlich höher sein als dasjenige, was er seinem Rechtsvorgänger als Kaufpreis bezahlt hat. Die Haftung vor Eintragung (§ 11 GmbHG) wurde bereits oben dargestellt.

Die Geschäftsführer haften gegenüber der Gesellschaft mit ihrem persönlichen Vermögen für schuldhafte Pflichtverletzungen, § 43 GmbHG (zur Business Judgement Rule siehe oben). Der Anspruch verjährt erst fünf Jahre nach Entstehen (§ 43 Abs. 4 GmbHG).

Jahresabschluss und Gewinn

Die Geschäftsführung stellt einen Jahresabschluss auf. Dessen Feststellung sowie die Entscheidung über die Ergebnisverwendung obliegen allerdings der Gesellschafterversammlung (§ 46 Nr. 1 GmbHG), die den Gewinn ausschütten, in Rücklagen einstellen, auf zukünftige Rechnung vortragen oder irgendeine Kombination dessen beschließen kann. Die Verteilung der Gewinne und Verluste bestimmt sich i. d. R. nach dem Nennbetrag der Geschäftsanteile, soweit dies in der Satzung nicht anders geregelt ist.

Vorweggenommene Gewinnausschüttung, also während des Geschäftsjahrs oder nach dessen Ende vor Erstellung des Jahresabschlusses, ist aufgrund der stärkeren Personalisierung deutlich einfacher als bei der Aktiengesellschaft möglich. Erforderlich ist nur die begründete Erwartung eines Gewinns bei gewissenhafter Prüfung nach ordentlichen kaufmännischen Grundsätzen. Die Auszahlung erfolgt dann unter dem Vorbehalt eines entsprechenden Jahresergebnisses. Wird der erwartete Gewinn nicht erreicht, hat die Gesellschaft einen Anspruch gegen den empfangenden Gesellschafter auf Rückzahlung der nicht gedeckten Vorab-Dividende.

Bedeutung

Die GmbH ist eine der häufigsten Rechtsformen in Deutschland. Sie eignet sich für Unternehmen aller Größen und ist daher bei operativ tätigen Unternehmen von Handwerk bis Industrie ebenso zu finden wie als bloße Holding oder Vermögensverwaltungsgesellschaft. Die GmbHs (einschließlich der GmbH & Co. KGs) umfassen den größten Teil des Mittelstands. Wegen der Haftungsbeschränkung einerseits und des gegenüber der AG geringeren Aufwandes ist sie auch als Holding-Gesellschaft beliebt. Auch im gemeinnützigen Bereich wird sie als gGmbH verwendet.

Unternehmergesellschaft (UG)

Die UG ist keine eigenständige Rechtsform, sondern eine besondere Form der GmbH – etwa eine „GmbH light", die durch die GmbH-Reform von 2008 geschaffen wurde, als der deutsche Gesetzgeber auf die zunehmende Zahl von Ltd. (mit geringer Kapitalanforderung) reagierte.

Die UG erfordert nach § 5 a Abs. 1 i. V. m. § 5 Abs. 2 GmbHG ein Mindestkapital von lediglich einem Euro; Sacheinlagen sind nach § 5 a Abs. 2 S. 2 GmbHG ausgeschlossen. § 5 a Abs. 3 GmbHG schreibt für jeden Jahresabschluss das Zuführen von einem Viertel des (um einen Verlustvortrag aus dem Vorjahr geminderten) Jahresüberschusses in eine gesetzliche Rücklage vor. Wenn die UG dann durch eine Kapitalerhöhung (§ 5 a Abs. 3 GmbHG) die von § 5 Abs. 1 GmbHG für die GmbH vorgeschriebenen € 25.000 erreicht, wird sie zur „vollwertigen" GmbH.

Der Rechtsformzusatz in der Firma lautet: „Unternehmergesellschaft" oder „UG" (§ 5 a Abs. 1 GmbHG). Das geringe Kapitalerfordernis bei Gründung korrespondiert mit dem Bewusstsein des Rechtsverkehrs über die geringe Bonität.

Aktiengesellschaft (AG)

Im Gegensatz zur GmbH ermöglicht die Aktiengesellschaft den Zugang zum Kapitalmarkt und damit deutlich bessere Möglichkeiten der Eigenkapitalbeschaffung. Sie ist für die Beteiligung anonymer Aktionäre geschaffen worden.

Historisch war die AG die erste Kapitalgesellschaft auf deutscher Bundesebene. Da sie mit dem ADHGB für den deutschen Bund von 1861 geschaffen worden ist, ist sie vor allem in Österreich auch heute noch ganz ähnlich geregelt. Zu einer Teilreform des Aktienrechts kam es nach der Weltwirtschaftskrise durch die Brüning'sche Notverordnung vom 19.11.1931, durch die vor allem die Aufsichtsmittel des Aufsichtsrats erweitert und der Erwerb eigener Aktien eingeschränkt wurde. 1937 trat das AktG in Kraft, welches in der Folge mehrfach geändert wurde (insbesondere 1965) und 1994 eine wesentliche Reform erfuhr, die u. a. Formerleichterungen einführte und damit die AG auch für den Mittelstand attraktiver gemacht hat („kleine AG“).

Der gesetzliche Rahmen ist formstrenger und noch deutlich komplexer als bei der GmbH. Soweit AGs aber börsennotiert oder zumindest im Freiverkehr notiert sind, unterliegen sie einem noch komplizierteren Regelungswerk, sowohl des jeweiligen Börsensegments als auch der staatlichen Gesetzgebung. Zum einen unterscheidet das AktG zwischen börsennotierten AGs (mit erheblich höheren Formalanforderungen, z. B. in § 130 AktG) und anderen. Schärfere Kapitalmarktbestimmungen greifen aber auch schon bei bloßer Notierung im Freiverkehr (insbesondere das WpHG mit Ad-hoc-Publizität, Insiderhandelsregeln usw.). Auch der Deutsche Corporate Governance Codex (DCGK) belastet börsennotierte AGs. Er ist zwar nicht unmittelbar bindend, allerdings verpflichtet § 161 AktG Vorstand und Aufsichtsrat, zu erklären, inwieweit sie den Empfehlungen des DCGK entsprechen und wo nicht. Aufgrund der CSR-Richtlinie müssen bestimmte AGs seit 2017 sogar über wesentliche nichtfinanzielle Aspekte berichten (Umwelt-, Arbeitnehmer- und Sozialbelange, Achtung der Menschenrechte und Bekämpfung von Korruption und Bestechung).

Wesen

Auch die AG ist juristische Person (§ 1 Abs. 1 S. 1 AktG), gilt aber aufgrund gesetzlicher Fiktion (§ 3 Abs. 3 AktG) auch als Handelsgesellschaft und damit als Formkaufmann i. S. d. § 6 Abs. 1 HGB, so dass sie (wie die GmbH) im Gesellschaftszweck nicht auf den Betrieb eines Handelsgewerbes beschränkt ist. Eine Ein-Personen-AG ist möglich (§ 2 AktG).

Gründung/Auflösung, Firma und Register

Die Aktiengesellschaft als juristische Person entsteht mit Eintragung ins Handelsregister (§§ 1, 41 AktG).

Die Formalien für Gründung und Anmeldung (§§ 36 ff. AktG) der AG mit notarieller Beurkundung von Satzung und Gründungsvertrag (§ 23 Abs. 1 AktG) und öffentlich beglaubigte Handelsregisteranmeldung (Abt. B) samt Satzungshinterlegung (§ 36 AktG i. V. m. § 12 Abs. 1 HGB) sind, was die Formerfordernisse angeht, im Wesentlichen mit denjenigen der GmbH vergleichbar, jedoch etwas aufwändiger. Es ist nämlich auch ein Gründungsbericht sowie ggf. eine externe Gründungsprüfung erforderlich (§§ 32 f. AktG).

Das Registergericht hat ein formelles und materielles Prüfungsrecht. Die Aktionäre sind dem Handelsregister grundsätzlich nicht zu entnehmen[12], die Satzung ist aber öffentlich.

Wie bei der GmbH sind eine Personen-, eine Sach- oder eine Phantasiefirma zulässig. Der Zusatz „Aktiengesellschaft“ oder eine allgemein verständliche Abkürzung, etwa „AG“, ist erforderlich (§ 4 AktG).

Seit der Reform von 1965 herrscht Satzungsstrenge nach § 23 Abs. 5 AktG. Das heißt, was die innere Organisationsstruktur angeht, ist das AktG zwingend; die Satzung darf nur abweichen, wenn dies ausdrücklich zugelassen ist. Die Gestaltungsmöglichkeiten sind daher deutlich geringer als bei der GmbH. Eine personalistischere Gestaltung, z. B. mit Sonder- oder Mehrstimmrechten, ist in der AG somit ausgeschlossen (siehe etwa § 12 Abs. 2 AktG).

Die Auflösung erfolgt i. d. R. durch Hauptversammlungsbeschluss mit 3/4-Mehrheit des bei der Beschlussfassung vertretenen Grundkapitals (§ 262 Abs. 1 Nr. 2 AktG). Mit Auflösung beginnt eine mindestens einjährige Abwicklungsphase (§ 272 Abs. 1 AktG). Im Weiteren erfolgt die Auflösung unter anderem durch Eröffnung eines Insolvenzverfahrens über das Gesellschaftsvermögen (§ 262 Abs. 1 Nr. 3 AktG). Tod oder Insolvenz eines Aktionärs oder Organs haben auf die Existenz der AG keinen Einfluss.

Organe

Die Hauptversammlung als Organ der Aktionäre (§§ 118 ff. AktG) ist das oberste Organ der AG. Eine ordentliche Hauptversammlung (§ 175 AktG) findet mindestens einmal jährlich statt; sonstige Einberufungsfälle sind in § 121 und § 92 Abs. 1 AktG geregelt.

Das Procedere über deren Einberufung, Bekanntmachung usw. in den §§ 121 ff. AktG bedeutet einen spürbaren Mehraufwand gegenüber der GmbH. Hauptversammlungen von börsennotierten AGs bedürfen außerdem immer der notariellen Niederschrift, von anderen AGs nur dann, wenn Beschlüsse mit qualifizierten Mehrheiten zu fällen sind (§ 130 Abs. 1 Satz 2 AktG), also insbesondere Satzungsänderungen (§ 179 Abs. 2 AktG) und Kapitalmaßnahmen. Die Niederschrift jeder Hauptversammlung ist jedenfalls zum Handelsregister einzureichen (§ 130 Abs. 5 AktG).

Die Kompetenzen der Hauptversammlung finden sich vor allem in § 119 AktG.

- Sie beschließt mit einfacher Stimmenmehrheit (§ 133 AktG) u. a.
  - über die Bestellung der Aktionärsvertreter im Aufsichtsrat (§ 101 AktG) und deren Vergütung (§ 113 AktG),
  - über die Gewinnverwendung (§ 119 Abs. 1 Nr. 2, § 174 AktG) und
  - bestellt den Abschlussprüfer sowie ggf. Sonderprüfer (§ 119 Abs. 1 Nr. 7 AktG).
- Sie entscheidet (falls nicht anders vereinbart mit 3/4-Mehrheit des vertretenen Kapitals) über
  - Satzungsänderungen (§ 119 Abs. 1 Nr. 5 i. V. m. § 179 AktG),
  - Kapitalerhöhungen (§§ 182 ff. AktG) und -herabsetzungen (§§ 222 ff. AktG) sowie
  - die Auflösung der AG (§ 262 Abs. 1 Nr. 2 AktG).

Nicht zuletzt beschließt sie über die Entlastung von Aufsichtsrat und Vorstand. Bei den Entlastungen sind die Stimmrechte der von Mitgliedern der betroffenen Organe selbst gehaltenen oder vertretenen Aktien ausgeschlossen (§ 136 AktG). Anders als bei der GmbH stellt die Entlastung aber keinen Verzicht auf Ansprüche gegen die Organmitglieder dar, sondern bloße Billigung der Verwaltung (§ 120 Abs. 2 Satz 2 AktG).

Darüber hinaus hat die Rechtsprechung in verschiedenen Urteilen („Holzmüller" und „Gelatine") eine ungeschriebene Zuständigkeit der Hauptversammlung für Geschäftsführungsmaßnahmen geschaffen, die so tief in die Mitgliedschaftsrechte der Aktionäre und deren im Anteilseigentum verkörpertes Vermögensinteresse eingreifen, dass diese Auswirkungen an die Notwendigkeit einer Satzungsänderung heranreichen[13]. Daher ist auch in diesen Fällen eine 3/4-Mehrheit des vertretenen Kapitals erforderlich. Diese richterliche Rechtsfortbildung mag auf den ersten Blick zum Schutz des Aktionärsinteresses begrüßenswert erscheinen, führt aber zu Rechtsunsicherheit und erhöhtem Rechtsberatungsbedarf.

Der einzelne Aktionär hat neben seinem Stimmrecht vor allem das Fragerecht in der Hauptversammlung. Sein Auskunftsanspruch kann nur in bestimmten wenigen Fällen verweigert werden (§§ 131 f. AktG). In der Praxis nehmen viele Aktionäre notierter Gesellschaften ihre Rechte in der Hauptversammlung, insbesondere ihr Stimmrecht, kaum wahr, sondern delegieren es per Depot-Vollmachten generell an ihre Bank. Die Bank als Fremdkapitalgeber steht aber in einem klassischen Interessenkonflikt zu dem Eigenkapitalgeber (vergleichbar § 181 od. § 1795 BGB, ihr Vertretungsrecht ist aber leider nicht gesetzlich ausgeschlossen). Dies führt dazu, dass gegen das Depot-Stimmrecht und börsennotierte AGs die Vorwürfe der sog. „Deutschland-AG" erhoben werden: Die Organe würden nicht unbedingt das Aktionärsinteresse vertreten, sondern sich gegenseitig schützen und belohnen[14]. Der Gesetzgeber reagiert mit immer neuen Regelungen zum vorgeblichen Aktionärsschutz, z. B. über die angeblich angemessene Höhe von Vorstandsbezügen (§ 87 AktG), zu Beschränkungen für den Vergleich über Schadensersatzansprüche, mit der Mindestselbstbeteiligung bei D&O-Versicherungen (§ 93 AktG) usw. Tatsächlich ist das aber der untaugliche Versuch, das subjektive Unternehmerinteresse (des Aktionärs) staatlicherseits zu objektivieren, was mit dem Grundprinzip in der Marktwirtschaft, dass nämlich der Kapitalgeber frei entscheidet, unvereinbar ist. Sichergestellt ist dadurch nur, dass die Arbeit für den staatlichen Gesetzgeber und die vorbereitende Exekutive nie ausgehen wird. Auch hier gilt, wie bei allen staatlichen Aktivitäten, dass Legislative und Ministerialverwaltung an einer dauerhaften Problemlösung kaum interessiert sein können, weil sie damit ihr Tätigwerden entbehrlich machen würden.

Vertretung (§ 78 AktG) und Geschäftsführung (§ 77 AktG) obliegen dem Vorstand. Bis zu einem Grundkapital i. H. v. € 3 Mio. genügt eine Person, darüber müssen es mindestens zwei Personen sein, falls die Satzung nicht davon befreit (§ 76 Abs. 2 AktG). Fremdorganschaft ist selbstverständlich zulässig, aber der Vorstand muss natürliche Person sein. Auch der AG-Vorstand unterliegt bereits kraft Gesetzes einem Wettbewerbsverbot (§ 88 AktG).

Wie bei der GmbH haben mehrere Vorstände mangels abweichender Regelung Vertretungsmacht und Geschäftsführungskompetenz jeweils gemeinschaftlich inne (§ 77 Abs. 1 S. 1, § 78 Abs. 2 S. 1 AktG). Auch die Befreiungsmöglichkeit von der Beschränkung des § 181 BGB ist, wie bei der GmbH, im Einzelfall immer durch Beschluss (des Aufsichtsrats) und generell nur aufgrund satzungsmäßiger Ermächtigung möglich. Allerdings wird der Vorstand die AG nie in einem Rechtsgeschäft gegenüber sich selbst vertreten können (§ 181 Fall 1 BGB), weil gegenüber Vorstandsmitgliedern ausschließlich der Aufsichtsrat die AG vertritt (§ 112 AktG); eine Befreiung ist also nur von § 181 Fall 2 BGB (Doppelvertretung) möglich.

Die Zuständigkeit für die Ernennung und Abberufung der Vorstände sowie Abschluss und Kündigung ihrer Dienstverträge liegt beim Aufsichtsrat (§ 84 AktG). Auch bei der AG ist die Trennung zwischen gesellschaftsrechtlicher Organstellung einerseits und ggf. zusätzlich abgeschlossenem schuldrechtlichen Dienstvertrag andererseits zu beachten. Der AG-Vorstand ist (anders als der GmbH-Geschäftsführer) aber weisungsfrei (§ 76 AktG) und – weil diese Unabhängigkeit anderenfalls faktisch leerliefe – immer auf bestimmte Zeit, max. fünf Jahre, fest (vom Aufsichtsrat) berufen (§ 84 Abs. 1 AktG). Eine Abberufung vor Ablauf ist nur aus wichtigem Grund möglich (§ 84 Abs. 3 AktG). Der Vorstandsposten ist für Fremdmanager damit attraktiver als derjenige des GmbH-Geschäftsführers.

Weitere Aufgaben des Vorstands sind unter anderem

- die Einrichtung eines Überwachungssystems zur frühen Erkennung gefährdender Entwicklungen (§ 91 Abs. 2 AktG),
- die regelmäßige Berichterstattung an Aufsichtsrat und Hauptversammlung, besondere Vorgänge sind jederzeit zu unterbreiten (§ 90 Abs. 1 und 2 AktG),
- die Führung der erforderlichen Handelsbücher (§ 91 Abs. 1 AktG),
- die Aufstellung und Vorlegung (§ 170 AktG) des (geprüften) Jahresabschlusses und Geschäftsberichts sowie eines Gewinnverwendungsvorschlags,
- die Einberufung der Hauptversammlung (§ 121 Abs. 2 AktG) und
- die Vorbereitung und Ausführung von Hauptversammlungsbeschlüssen (§ 83 AktG).

Der Aufsichtsrat hat mindestens drei Mitglieder (§ 95 AktG). Gewählt wird er von der Hauptversammlung (§ 101 AktG) für die Dauer von bis zu fünf Jahren (§ 102 AktG), die auch über seine Vergütung entscheidet (§ 113 AktG). Greifen die Mitbestimmungsgesetze (MitbestG, DrittelbG oder MontanMitbestG), sind neben den von den Aktionären gewählten Mitgliedern auch von den Arbeitnehmern gewählte Vertreter im Aufsichtsrat vertreten (§ 96 AktG). Der Aufsichtsrat wählt aus seiner Mitte einen Vorsitzenden und mindestens einen Stellvertreter (§ 107 Abs. 1 Satz 1 AktG).

Der Aufsichtsrat bestellt den Vorstand (§ 84 Abs. 1 AktG), d. h., er ist sowohl für die Berufung in das Organverhältnis als auch für den Abschluss eines evtl. Dienstvertrags mit den Vorständen zuständig. Er hat den Vorstand zu überwachen. Dafür kann er Bücher und Schriften der Gesellschaft einsehen (§ 111 Abs. 1 u. 2 AktG) und der Vorstand hat ihm Bericht zu erstatten (§ 90 AktG). Der Aufsichtsrat darf bereits kraft Gesetzes eine Geschäftsordnung für den Vorstand erlassen, auch wenn die Satzung ihn nicht dazu ermächtigt (§ 77 Abs. 2 AktG). Darin kann er Zustimmungsvorbehalte für bestimmte Geschäfte festlegen (§ 111 Abs. 4 Satz 2 AktG). Geschäftsführungsaufgaben darf er hingegen nicht selbst wahrnehmen (§ 111 Abs. 4 Satz 1 AktG). Die gleichzeitige Mitgliedschaft in Vorstand und Aufsichtsrat ist untersagt (nur in ganz engen Grenzen können Aufsichtsräte stellvertretende Vorstände sein, § 105 AktG).

Der Gesetzgeber ist offensichtlich bereits seit über einhundert Jahren der Ansicht, dass Aufsichtsräte eine Tätigkeit ausüben, die wenig Qualifikation erfordert, aber übermäßig vergütet ist.

- Noch heute sind Aufsichtsratsvergütungen nach § 10 Nr. 4 KStG nur zur Hälfte als Betriebsausgaben abziehbar[15]. Begründung für die Vorgängerregelung, das Reichsstempelgesetz von 1906, war, dass „die Tätigkeit in einem Aufsichtsrat wenig Aufwand erfordert und mit keiner Verantwortung verbunden ist“[16].
- Mit § 96 Abs. 2 u. 3 AktG zwingt der Gesetzgeber nämlich börsennotierte AGs, die der Mitbestimmung unterliegen, im Aufsichtsrat Geschlechterquoten von je 30 % einzuhalten. Bei der Einführung von (Geschlechter-)Quoten in jedem anderen Beruf würde sich der Gesetzgeber dem Einwand aussetzen, dass gar nicht genügend willige und qualifizierte Bewerber des jeweiligen Geschlechts zur Verfügung stünden (etwa bei der Einführung von Geschlechterquoten für Vorstände, Maurerinnen, Müllfrauen und Kindergärtner). Bei Aufsichtsräten erwartet er diesen Einwand jedoch nicht, weil er wohl immer noch annimmt, dass das „jeder“ machen kann, und an diesem „bequemen“ Job beide Geschlechter teilhaben sollen.[17]

Beteiligung und Kapital

Das Grundkapital beträgt mindestens € 50.000 (§ 7 AktG) und ist in Aktien eingeteilt. Einlagen der Aktionäre können aus Bar- oder Sacheinlagen bestehen (§§ 27, 183 AktG). Sacheinlagen sind voll zu leisten. Von Bareinlagen ist mindestens 25 % des geringsten Ausgabebetrags einzuzahlen (§ 36 a AktG). Inhaberaktien dürfen jedoch erst ausgegeben werden, wenn der Ausgabebetrag voll geleistet ist, Namensaktien jedoch bereits vorher (§ 10 Abs. 2 AktG).

Aktien müssen nicht zwingend auf einen Nennbetrag lauten, auch Stückaktien sind zulässig (§ 8 Abs. 1 AktG) und sogar üblich, jedoch darf der auf eine Aktie entfallende Betrag des Grundkapitals € 1 nicht unterschreiten (§ 8 Abs. 3 S. 3 AktG). Aktien können zum Börsenhandel zugelassen werden. Sie können in Urkunden verbrieft sein oder als bloßes nicht verbrieftes Recht existieren; der Anspruch auf Verbriefung kann in der Satzung ausgeschlossen werden (§ 10 Abs. 5 AktG). Nicht verbriefte Aktien werden (wie z. B. die GmbH-Geschäftsanteile) nach §§ 413, 398 BGB durch einfachen Vertrag abgetreten, jedoch formfrei.

Verbriefte Aktien existieren als Wertpapier, nämlich entweder als Inhaberaktien oder als Namensaktien.

- **Inhaberaktien** lauten auf den (jeweiligen) Inhaber der Urkunde, so dass durch einfache Übereignung der Urkunde als Sache (i. d. R. nach §§ 929 ff. BGB) die Aktionärsstellung übergeht. In der Praxis werden heute aber kaum noch effektive Urkunden-Stücke an die Aktionäre ausgeliefert, sondern es besteht nur eine an zentraler Stelle (Clearstream Banking AG als einzige deutsche Wertpapiersammelbank i. S. d. § 1 Abs. 3 DepotG) hinterlegte Globalurkunde, an der die Aktionäre verhältnismäßig Miteigentümer sind (§ 9 a DepotG).
- **Namensaktien** hingegen lauten auf einen bestimmten Namen, der im Aktienregister der AG geführt wird (§ 67 AktG). Da Namensaktien (wie Wechsel) Orderpapiere sind, erfordert die Übertragung zusätzlich ein Indossament (§ 68 AktG). Mit der Einführung elektronischer Aktienverzeichnisse hat die Namensaktie auch an den Börsen erheblich an Bedeutung gewonnen. Namensaktien können vinkuliert sein, d. h., ihre Übertragung kann von der Zustimmung eines Gesellschaftsorgans abhängig sein (§ 68 Abs. 2 AktG). Weitere Vorteile der Namensaktie sind ein besserer Überblick und Transparenz für die AG über ihre Inhaberstruktur, mit der Möglichkeit gezielter Kommunikationspolitik in der Form von Direktansprache für besseres Investor-Relations- und Finanzierungsmarketing. Nicht zuletzt können sie als Finanzierungsmittel dienen, weil sie bereits ausgegeben werden dürfen, auch wenn der Ausgabebetrag noch nicht vollständig geleistet ist (§ 10 Abs. 2 AktG).

Die leichte Übertragbarkeit der Aktien erleichtert die Regelung der Unternehmensnachfolge. Sind die Aktien jedoch an einem organisierten Markt notiert, ist sogar bei der Unternehmensnachfolge das Kapitalmarktrecht zu beachten (z. B. § 35 WpÜG).

Als Mittel der Eigenkapitalbeschaffung sieht das AktG (ebenso wie bei der GmbH) neben normalen Kapitalerhöhungen gegen Bar- oder Sacheinlage (§§ 182 ff.) die Kapitalerhöhung aus Gesellschaftsmitteln (§§ 207 ff.) und genehmigtes Kapital (§§ 202 ff.) vor. Darüber hinaus gibt es aber auch die bedingte Kapitalerhöhung (§§ 192 ff.). Letztere ermöglicht es, insbesondere zur Gewährung von Aktienoptionen an Mitarbeiter (§ 192 Abs. 2 Nr. 2 AktG), das gesetzliche Bezugsrecht der aktuellen Aktionäre (§ 186 AktG) innerhalb bestimmter Grenzen erleichtert auszuschalten.

Eine Rückzahlung der Einlage ist – strenger als § 30 GmbHG – durch § 57 AktG verboten. Der Erwerb eigener Aktien durch die AG ist nur möglich, soweit eine Ermächtigung durch die Hauptversammlung hierfür existiert. Die Fälle, in denen das zulässig ist, sowie die Höchstgrenzen nennt § 71 AktG. Auch bei der AG muss jedoch die Aktie voll eingezahlt sein und es muss eine Rücklage gebildet werden können, ohne dass das Grundkapital verletzt wird (§ 77 Abs. 2 S. 2 u. 3 AktG).

Will der Gründer Geldgeber am Kapitalmarkt gewinnen, ohne die Unternehmensführung aus der Hand zu geben, bietet sich das Instrument der **Vorzugsaktie** an. Diese ist mit keinem Stimmrecht ausgestattet, erhält zur Kompensation aber ein bevorzugtes Dividendenrecht (§§ 139 f. AktG). Behalten also die Gründer die (Mehrheit der) **Stammaktien** in ihrer Hand, können sie am Kapitalmarkt Vorzugsaktien emittieren, ohne die Stimmenmehrheit in der Hauptversammlung einzubüßen, solange die Vorzugsdividende gezahlt wird (§ 140 Abs. 2 AktG). Z. B. nutzte die frühere Dr. Ing. h.c. F. Porsche AG dieses Instrument, so dass beim Börsengang die Stimmrechte der Gründerfamilien nicht verwässert wurden. Maximal die Hälfte der Aktien dürfen Vorzugsaktien sein (§ 139 Abs. 2 AktG). In der Regel werden diese am Kapitalmarkt mit einem Abschlag gegenüber den Stammaktien gehandelt, „spülen somit weniger Geld in die Kasse“; dies ist aber der Preis für die gesicherte Stimmrechtsmehrheit.

Haftung

Als juristische Person haftet nur die AG selbst gegenüber Drittgläubigern; die Haftung der Aktionäre ist ausgeschlossen. Die Haftung der AG ist damit auf ihr Gesellschaftsvermögen beschränkt. Eine Haftung der Aktionäre für ausstehende Einlagen anderer Aktionäre existiert – anders als bei der GmbH – bei der (anonymeren) AG nicht. Die Haftung für die Zahlungspflicht des Vormannes besteht jedoch sehr wohl (§ 65 AktG). Die Haftung vor Eintragung (§ 41 AktG) wurde bereits oben dargestellt.

Vorstände haften für schuldhafte Pflichtverletzungen in der Amtsausübung (§ 93 AktG). Auch hier gilt wie bei der GmbH die fünfjährige Verjährung, aber bei börsennotierten Gesellschaften beträgt sie sogar zehn Jahre (§ 93 Abs. 6 AktG), jeweils ab Entstehen des Anspruchs. Für eine von der AG für ihre Vorstände abgeschlossene D&O-Versicherung wird eine mindestens 10%ige Selbstbeteiligung durch den Vorstand gesetzlich angeordnet (§ 92 Abs. 2 S. 3 AktG). Besonderheit gegenüber der GmbH ist ferner, dass nur mit Zustimmung der Hauptversammlung und nicht vor Ablauf von drei Jahren die AG auf einen Schadensersatzanspruch gegen einen Vorstand verzichten oder sich mit dem Vorstand vergleichen kann (§ 93 Abs. 4 S. 3 AktG).

Aufsichtsräte haften wie Vorstände für Pflichtverletzungen in der Amtsausübung (§ 116 i. V. m. § 93 AktG), wobei die Mindestselbstbeteiligung bei der D&O-Versicherung für sie nicht gilt.

Jahresabschluss und Gewinn

Wie bei der GmbH wird der Jahresabschluss samt Lagebericht und Gewinnverwendungsvorschlag vom Geschäftsführungsorgan, dem Vorstand, aufgestellt (§ 170 AktG). Feststellung des Jahresabschlusses und Gewinnverwendungskompetenz sind jedoch komplexer geregelt und fallen auseinander. Der Aufsichtsrat prüft Jahresabschluss, Lagebericht und Gewinnverwendungsvorschlag (§ 171 Abs. 1 AktG) und berichtet der Hauptversammlung darüber (§ 172 Abs. 2 AktG). Nach § 172 AktG stellt der Aufsichtsrat (gemeinsam mit dem Vorstand) den Jahresabschluss fest (Vorstand und Aufsichtstrat können das jedoch auch der Hauptversammlung überlassen, § 173 AktG).

Die Zuständigkeit für die Entscheidung über die Gewinnverwendung liegt zwingend bei der Hauptversammlung, die allerdings an den festgestellten Jahresabschluss gebunden ist (§ 174 Abs. 1 AktG). Sie kann nach § 58 Abs. 3 AktG, soweit ihr die Satzung keine andere Kompetenz einräumt, Dividende ausschütten, den Gewinn in Gewinnrücklagen (§ 272 Abs. 3 HGB, also alle nach § 266 Abs. 3 III. Nr. 1–4 HGB) einstellen oder ihn auf neue Rechnung vortragen (so dass sich der Bilanzgewinn in den Folgejahren erhöht). Jedoch dürfen Vorstand und Aufsichtsrat kraft Gesetzes bereits bei der Feststellung (unter Umgehung der Hauptversammlung) einen Teil des Jahresüberschusses thesaurieren. Nach § 58 Abs. 2 AktG können sie nämlich beschließen, einen Teil des Jahresüberschusses in andere Gewinnrücklagen (§ 266 Abs. 3 A. III. Nr. 4 HGB) einzustellen; das kann bis zur Hälfte des Gewinns umfassen, soweit die Satzung nicht mehr ermöglicht oder es auf weniger begrenzt. Ferner sind ohnehin 5 % des Jahresüberschusses (vermindert um einen Verlustvortrag) in eine gesetzliche Rücklage einzustellen, bis diese gemeinsam mit den Kapitalrücklagen nach § 272 Abs. 2 Nr. 1–3 HGB (§ 266 Abs. 3 A. II. HGB) 10 % des Grundkapitals erreichen (§ 150 AktG).

Die Verteilung der Gewinne und Verluste erfolgt gemäß dem Verhältnis der auf die Aktien entfallenden Nennbeträge. In der Satzung können hiervon abweichende Bestimmungen festgelegt werden (insbes. höhere Dividende auf Vorzugsaktien). Abschlagszahlungen auf den Bilanzgewinn werden bei der AG selten durchgeführt, weil dies einen (aufwändigen) vorläufigen Jahresabschluss erfordert und in der Höhe begrenzt ist (§ 59 Abs. 2 AktG).

Bedeutung

Die AG ist die wichtigste Rechtsform größerer Unternehmen, da sie auch den Weg zum Kapitalmarkt eröffnet. Die Zahl der Aktiengesellschaften im Mittelstand ist mit der Formerleichterung 1994 erheblich gewachsen. Im Handwerk ist sie wegen ihrer teuren Handhabung und komplizierten Regelungen noch unüblich, wiewohl sie einfachere Möglichkeiten der Mitarbeiterbeteiligung bietet als andere Gesellschaftsformen.

Kommanditgesellschaft auf Aktien (KGaA)

Die KGaA wurde ebenfalls mit dem ADHGB von 1861 eingeführt, ist also auf deutscher Bundesebene so alt wie die AG. Heute ist sie in den §§ 278–290 AktG geregelt.

Wesen

Dogmatisch wird die KGaA heute wegen ihrer eigenen Rechtspersönlichkeit (juristische Person) als Kapitalgesellschaft, also als Körperschaft angesehen (§ 278 Abs. 1 AktG) und im zweiten Buch des AktG behandelt. Das war aber nicht immer so; im ADHGB wurde sie unter den „echten" Handelsgesellschaften unter dem Titel „Von der Kommanditgesellschaft" geführt. Jedenfalls handelt es sich um eine hybride Rechtsform.

Weitgehend findet Aktienrecht Anwendung (§ 278 Abs. 3 AktG). Im Gegensatz zur AG folgt sie jedoch dem marktwirtschaftlichen Prinzip, dass (zumindest) einer für sein wirtschaftliches Handeln die Verantwortung und damit auch die persönliche Haftung übernehmen muss, in diesem Fall der persönlich haftende Gesellschafter. Dessen Position ist, auch was Veräußerbarkeit und Vererbbarkeit angeht, wie diejenige des Komplementärs in der KG geregelt (§ 278 Abs. 2 AktG verweist auf das Recht der KG). Auch gilt nicht die Satzungsstrenge des § 23 Abs. 5 AktG. Vielmehr gilt größere Freiheit in der Satzungsgestaltung bezüglich der inneren Organisationsstruktur, weil § 278 Abs. 2 AktG auf das Recht der Personenhandelsgesellschaften verweist.

Gründung/Auflösung, Firma und Register

Die Gründung unterscheidet sich kaum von derjenigen der AG. Allerdings ist der persönlich haftende Gesellschafter auch Gründer (§ 280 AktG) und muss ins Handelsregister eingetragen werden (§ 282 AktG).

Es ist wie bei AG eine Personen-, Sach- und Phantasiefirma zulässig. Der Rechtsformzusatz „Kommanditgesellschaft auf Aktien“ oder eine allgemein verständliche Abkürzung, etwa „KGaA“ (§ 279 Abs. 1 AktG) ist erforderlich sowie (wie bei GmbH & Co. KG) die Kennzeichnung der Haftungsbeschränkung, wenn keine natürliche Person persönlich haftet (etwa „GmbH & Co. KGaA“), § 279 Abs. 2 AktG.

Für die Auflösung verweist § 289 Abs. 1 AktG auf § 191 HGB, also im Wesentlichen sind dies Gesellschafterbeschluss, Zeitablauf und Eröffnung des Insolvenzverfahrens über das Vermögen der KGaA. Beim Tod des Komplementärs, Insolvenz über sein Vermögen u. Ä. findet keine Auflösung statt (§ 131 Abs. 3 HGB i. V. m. § 289 Abs. 1 AktG). Tod oder Insolvenz eines Kommanditaktionärs haben auf die Existenz der AG ohnehin keinen Einfluss. Im Übrigen gelten die gleichen Auflösungsgründe wie bei der AG (§§ 262 ff. AktG). Die Abwicklung wird wie bei der AG durchgeführt.

Organe

Zentrales Organ ist der persönlich haftende Gesellschafter. Geschäftsführung und Vertretung obliegen ihm gleichermaßen wie dem persönlich haftenden Gesellschafter in der Personenhandelsgesellschaft (§ 278 Abs. 2 AktG i. V. m. §§ 114, 125 HGB). Bei mehreren Komplementären können also auch einzelne von der Geschäftsführung oder Vertretung ausgeschlossen werden. Ein Vorstand existiert nicht; auf alle persönlich haftenden Gesellschafter finden die wesentlichen Vorschriften über den Vorstand Anwendung (§ 283 AktG).

Die Gesamtheit der Kommanditaktionäre bildet – wie in der AG – eine Hauptversammlung. Diese ist aber grundsätzlich schwächer als bei der AG. So bedürfen z. B. Beschlüsse der Hauptversammlung immer dann der Zustimmung aller persönlich haftenden Gesellschafter (auch der nicht geschäftsführenden), wenn in einer KG das Einverständnis von Komplementären und Kommanditisten erforderlich wäre (§ 285 Abs. 2 AktG). Das erfasst strukturverändernde Maßnahmen und Satzungsänderungen sowie außergewöhnliche Geschäfte, die ja bei der oHG/KG die Zustimmung aller Gesellschafter erfordern (§ 278 Abs. 2 AktG i. V. m. § 116 Abs. 2 und § 164 HGB). Letzteres ist eine Befugnis, über die die Hauptversammlung der AG hingegen nicht verfügt. Die Satzung kann sogar weitere Entscheidungen der gemeinsamen Zustimmung unterwerfen. Auch die Feststellung des vom persönlich haftenden Gesellschafter aufgestellten Jahresabschlusses liegt bei der Hauptversammlung (und nicht beim Aufsichtsrat wie bei der AG).

Soweit Komplementäre nicht selbst Aktien halten, haben sie kein Stimmrecht in der Hauptversammlung, jedoch ein Teilnahmerecht. Halten sie selbst Aktien, dürfen sie das Stimmrecht für diese (oder für andere von ihnen vertretene Aktionäre), z. B. bei Wahl und Entlastung des Aufsichtsrats, Wahl des Abschlussprüfers usw., wegen möglicher Interessenskonflikte nicht ausüben (§ 285 Abs. 1 Satz 2 u. 3 AktG).

Der Aufsichtsrat wird wie in der AG von der Hauptversammlung gewählt (§ 285 Abs. 1 Nr. 1 AktG). Er untersteht aber nicht dem Mitbestimmungsrecht der Arbeitnehmer. Der Aufsichtsrat ist schwächer als bei der AG, denn es gibt ja kein Vertretungs- und Geschäftsführungsorgan, das er bestellen könnte (diese Aufgabe nimmt ja der persönlich haftende Gesellschafter wahr). Auch ist im Gegenzug dazu, dass der Komplementär ein stärkeres Vertretungs- und Geschäftsführungsorgan als der AG-Vorstand ist, die Überwachungsaufgabe des Aufsichtsrats eingeschränkt. Anders als der AG-Aufsichtsrat (nach § 111 Abs. 4 Satz 2 AktG) kann er Zustimmungsvorbehalte nicht von sich aus (z. B. in einer Geschäftsordnung) festlegen, sondern bloß, wenn er durch Satzung dazu ermächtigt ist. Das oben erwähnte Zustimmungsrecht der Kommanditaktionäre zu außergewöhnlichen Geschäften aus § 278 Abs. 2 AktG i. V. m. § 116 Abs. 2 HGB kann die Satzung jedoch dem Aufsichtsrat delegieren, was ihm wiederum eine Befugnis verleiht, die der AG-Aufsichtsrat nicht kraft Gesetzes hat, sondern allenfalls mittels einer Geschäftsordnung konstituieren kann.

Beteiligung und Kapital

Das Mindestkapital beträgt wie bei der AG € 50.000 (§ 278 Abs. 2 i. V. m. § 7 AktG) und die Aktien sind wie bei der AG geregelt. Der persönlich haftende Gesellschafter kann, wie bei allen Personengesellschaften, entweder eine Kapitalbeteiligung halten oder nicht.

Haftung

Die Aktionäre haften wie bei der AG, der Komplementär hingegen unbeschränkt mit seinem Privatvermögen (§ 278 Abs. 2 AktG i. V. m. §§ 124, 128 f. HGB). Der Gesellschaft gegenüber haftet er wie der Vorstand nach § 93 i. V. m. § 283 Nr. 3 AktG. Der Aufsichtsrat haftet wie bei der AG nach § 116 i. V. m. § 278 Abs. 3 AktG, trägt aber weniger Verantwortung.

Jahresabschluss und Gewinn

Der persönlich haftende Gesellschafter ist als Geschäftsführungsorgan für die Aufstellung von Jahresabschluss, Lagebericht und Gewinnverwendungsvorschlag verantwortlich (§ 283 Nr. 8–11 AktG). Der Aufsichtsrat prüft wie in der AG. An der Feststellung des Jahresabschlusses ist der Aufsichtsrat jedoch nicht beteiligt; diese geschieht durch die Hauptversammlung mit Zustimmung des Komplementärs (§ 286 Abs. 1 AktG).

Wie in der AG beschließt die Hauptversammlung über die Verwendung des Gewinns (§ 174 Abs. 1 i. V. m. § 278 Abs. 3 AktG). Was dessen Verteilung angeht, empfiehlt sich dringend eine Satzungsregelung. Anderenfalls gilt wie in der KG gemäß § 168 HGB eine 4%ige Verzinsung der Kapitalanteile und die Verteilung des darüber hinausgehenden Gewinns in einem „den Umständen nach angemessenen Verhältnis“ (z. B. Höhe der Haftung, Höhe der Kapitalanteile, Mitarbeit usw.).

Wie bei oHG und KG hat der persönlich haftende Gesellschafter ein Entnahmerecht (§ 122 HGB), jedoch innerhalb der Grenzen des § 288 AktG, also ausgeschlossen, soweit der Verlustanteil des Komplementärs seinen Kapitalanteil übersteigt oder soweit Zahlungsverpflichtungen den Gewinnvortrag, Kapital- und Gewinnrücklagen und Kapitalanteile übersteigen.

Steuerlich ist die KGaA wie jede Körperschaft der KSt unterworfen. Jedoch ist der Komplementär Mitunternehmer und erzielt Einkünfte aus Gewerbebetrieb (§ 15 Abs. 1 S. 1 Nr. 3 EStG). Zwischen ihm und Kommanditaktionären ist eine einheitliche und gesonderte Feststellung nach § 180 Abs. 1 Nr. 2 a AO durchzuführen. Seine Vergütung (nicht die Gewinnvorabverteilung) ist bei der KGaA als Betriebsausgabe abzuziehen (auch hier beurteilt das Finanzamt die Angemessenheit, um verdeckte Gewinnausschüttungen zu verhindern).

Bedeutung

Die KGaA ist nicht weit verbreitet, weil die persönliche Haftung unbeliebt ist; die Kreditwürdigkeit ist dadurch allerdings extrem hoch. Im Gegenzug dazu räumt die KGaA dem Komplementär aber starke Rechte ein. Daher ist sie für Familienunternehmen attraktiv, weil das ermöglicht, sich nicht von Fremdaktionären „das Heft aus der Hand nehmen" zu lassen. Will der Gründer Geldgeber am Kapitalmarkt gewinnen, ohne die Unternehmensführung aus der Hand zu geben, ist die KGaA daher ein probates Vehikel, wenn er die Funktion des persönlich haftenden Gesellschafters übernimmt. Im Gegenzug ist sie schlechter geeignet, Fremdmanagement aufzunehmen.

Durch die Kombination der KGaA mit einer Körperschaft als persönlich haftendem Gesellschafter als GmbH & Co. KGaA, AG & Co. KGaA, SE & Co. KGaA oder Stiftung & Co. KGaA kann die persönliche Haftung ausgeschaltet werden. Die Rechtsprechung hat allerdings für diejenigen Konstellationen, in denen der persönlich haftende Gesellschafter keine natürliche Person ist, ebenso wie in der GmbH & Co. KG, Sonderregeln geschaffen. Diese Kombination ist auch mitbestimmungsrechtlich interessant. Anders als in GmbH & Co. KG und AG & Co. KG werden die Arbeitnehmer der KGaA nicht durch § 5 MitbestG der Komplementärin zugerechnet. Allerdings gibt es Stimmen, die (contra legem) eine Analogie befürworten.

Eingetragene Genossenschaft (eG)

Die Genossenschaft entstand 1889 aus den Grundgedanken der Selbsthilfe und des verantwortlichen Handelns mit „demokratischem" Aufbau. Ausweislich des § 1 Abs. 1 GenG muss ihr Zweck darauf gerichtet sein, „den Erwerb oder die Wirtschaft ihrer Mitglieder oder deren soziale oder kulturelle Belange durch gemeinschaftlichen Geschäftsbetrieb zu fördern". Dies ist das fundamentale Abgrenzungskriterium zu anderen Vereinigungen. Sie darf daher weder der reinen Gewinnerzielung einerseits noch überwiegend bloß ideellen Zwecken andererseits dienen. Oft dient sie daher neben ökonomischen auch sozial-ökonomischen Funktionen mit sozial-ethischem Charakter (z. B. die Raiffeisen-Genossenschaften). Sie ermöglicht dadurch z. B. auch eine Identität von Kunden und Unternehmer.

Wesen

Die Genossenschaft ist juristische Person (§ 17 GenG) und Körperschaft, aber keine Kapitalgesellschaft i. e. S., weil ihr Organisationsgefüge nicht auf dem Erfordernis eines in der Satzung festgelegten Grund- oder Stammkapitals beruht. Anders als AG (§ 3 Abs. 1 AktG) und GmbH (§ 13 Abs. 3 GmbHG) ist sie nicht Handelsgesellschaft kraft gesetzlicher Fiktion, gilt aber nach § 17 Abs. 2 GenG als Formkaufmann i. S. d. § 6 Abs. 1 HGB.

Gründung/Auflösung, Firma und Register

Die Gründung erfordert mindestens drei Mitglieder (§ 4 GenG). Die Satzung bedarf (anders als bei den Kapitalgesellschaften) bloß der Schriftform (§ 5 GenG). Die (konstitutive, § 13 GenG) Eintragung erfolgt nicht im Handels-, sondern im Genossenschaftsregister (§§ 10 f. GenG), das allerdings auch beim Amtsgericht geführt wird, und bedarf (wie beim Handelsregister) der öffentlich beglaubigten Form (§ 157 GenG

i. V. m. § 6 Abs. 1 u. 2 Nr. 1 GenRegVO). Die Satzung ist zu hinterlegen (§ 11 Abs. 2 Nr. 1 GenG). Die Mitgliederliste wird hingegen nicht beim Register, sondern bei der Genossenschaft geführt (§ 30 GenG), allerdings erhalten Dritte bei berechtigtem Interesse Einsicht (§ 31 GenG).

Zulässig ist eine Sachfirma (ohne Personennamen) mit Zusatz „eingetragene Genossenschaft" oder „eG" (§ 3 GenG).

Jede Genossenschaft muss einem Verband angehören, dem das Prüfungsrecht verliehen worden ist (§ 54 GenG). Ein Mindestkapital ist von Gesetzes wegen nicht vorgeschrieben, jedoch muss sich der Prüfungsverband gutachterlich dazu äußern, „ob nach den persönlichen oder wirtschaftlichen Verhältnissen, insbesondere der Vermögenslage der Genossenschaft, eine Gefährdung der Belange der Mitglieder oder der Gläubiger der Genossenschaft zu besorgen ist" (§ 11 Abs. 2 Nr. 3 GenG).

Die Auflösung erfolgt i. d. R. durch Generalversammlungsbeschluss mit 3/4-Mehrheit der abgegebenen Stimmen (§ 78 GenG). Mit Auflösung beginnt eine mindestens einjährige Liquidationsphase (§ 90 Abs. 1 GenG). Im Weiteren erfolgt die Liquidation unter anderem auf Antrag der obersten Landesbehörde (§ 81 GenG). Tod oder Insolvenz eines Mitglieds oder Organs haben auf die Existenz der Genossenschaft keinen Einfluss.

Organe

Die wirtschaftlichen Inhaber, die Mitglieder (früher Genossen), sind in der Generalversammlung organisiert. Nicht nur die Gründung, sondern auch die laufenden Formalien sind einfacher als bei der AG ausgestaltet: Eine privatschriftliche Niederschrift der Generalversammlung ist ausreichend; ein Notar ist also auch hierfür nicht erforderlich (§ 47 Abs. 2 GenG). Auch ist die Niederschrift nicht beim Register einzureichen, sondern lediglich von der Genossenschaft aufzubewahren (§ 47 Abs. 4 GenG).

Besonderheit gegenüber der AG ist, dass Genossenschaften mit mehr als 1.500 Mitgliedern eine Vertreterversammlung in der Satzung vorsehen können, die die Generalversammlung weitgehend ersetzt (§ 43 a GenG), weil bei dieser Mitgliederzahl Generalversammlungen schwierig und aufwändig durchzuführen sind.

Wesensmerkmal und deutliche Abgrenzung gegenüber den Kapitalgesellschaften ist, dass das Stimmrecht der Mitglieder in der Generalversammlung nicht an die Höhe der Beteiligung gebunden ist („Gleichberechtigung der Mitglieder"), sondern jedes Mitglied eine Stimme hat. Mehrstimmrechte darf die Satzung nur unter gewissen Voraussetzungen zulassen (§ 43 Abs. 3 GenG).

Die Generalversammlung stellt (ebenfalls abweichend von der grundsätzlichen Regelung in der AG) den Jahresabschluss fest und beschließt die Gewinnverwendung (§ 48 Abs. 1 GenG). Sie entscheidet (falls nicht anders vereinbart mit 3/4-Mehrheit) über Satzungsänderungen (§ 16 GenG) und Auflösung der Gesellschaft (§ 78 GenG). Die Generalversammlung wählt den Aufsichtsrat (§ 36 Abs. 1 GenG) und (anders als bei der AG) den Vorstand (§ 24 Abs. 2 GenG), entlastet diese (§ 48 Abs. 1 GenG). Sie kann mit 2/3-Mehrheit Aufsichtsratsmitglieder vorzeitig abberufen (§ 36 GenG).

Eine stärkere Personalisierung als bei AG und GmbH ist bei der Genossenschaft dadurch gegeben, dass sowohl Vorstände als auch Aufsichtsräte keine fremden Dritten sein dürfen, sondern Mitglieder der Genossenschaft sein müssen (oder Organe der Mitglieder, soweit es sich bei Letzteren um juristische Personen handelt, denn Vorstände müssen natürliche Personen sein) – es gilt die sonst nur bei Personengesellschaften gültige Selbstorganschaft (§ 9 Abs. 2 S. 1 GenG).

Der Vorstand ist (wie bei der AG) weisungsfrei (§ 27 Abs. 1 S. 1 GenG; Genossenschaften mit bis 20 Mitgliedern dürfen jedoch in der Satzung Weisungsgebundenheit festschreiben), kann aber (wie bei der GmbH) jederzeit abberufen werden (§ 24 Abs. 3 S. 2 GenG). Er besteht grundsätzlich aus zwei Personen; die Satzung kann eine höhere Zahl und bei Genossenschaften mit nicht mehr als 20 Genossen auch eine geringere Zahl ermöglichen (§ 24 Abs. 2 GenG). Wie bei AG und GmbH vertreten mehrere Vorstände mangels abweichender Regelung gemeinschaftlich (§ 25 GenG).

Obgleich Vorstände von der Generalversammlung gewählt werden (§ 24 GenG), kann der Aufsichtsrat sie vorläufig des Amtes entheben (§ 40 GenG). Für den Abschluss der Dienstverträge mit den Vorständen ist ebenfalls der Aufsichtsrat zuständig (§ 39 GenG) und nicht die Generalversammlung. In der Praxis wird gerne von der durch § 24 Abs. 2 S. 2 GenG vorgesehenen Satzungsregelung Gebrauch gemacht, auch Bestellung und Abberufung dem Aufsichtsrat anstatt der Generalversammlung zuzuordnen.

Ein Aufsichtsrat besteht aus mindestens drei Personen (§ 36 Abs. 1 GenG). Bei Genossenschaften mit nicht mehr als 20 Mitgliedern ist er aber gar nicht erforderlich; die Satzung kann darauf verzichten, so dass seine Aufgaben von der Generalversammlung wahrgenommen werden (§ 9 Abs. 1 S. 2 GenG). Besteht aber ein Aufsichtsrat, wird er nach § 36 GenG von der Generalversammlung gewählt (soweit nicht die Mitbestimmungsgesetze ein Wahlrecht der Arbeitnehmer für ihre Vertreter festlegen). Auch bei der Genossenschaft ist die gleichzeitige Mitgliedschaft in Vorstand und Aufsichtsrat untersagt (§ 37 GenG).

Wie bei der AG überwacht der Aufsichtsrat den Vorstand und hat vergleichbare Kontroll- und Einsichtsrechte (§ 38 GenG). Er prüft Jahresabschluss, Lagebericht und Gewinnverwendungsvorschlag (§ 38 Abs. 1 S. 5 GenG). Ebenfalls wie bei der AG vertritt der Aufsichtsrat die Genossenschaft gegenüber dem Vorstand; besteht kein Aufsichtsrat, tut das ein von der Generalversammlung gewählter Bevollmächtigter (§ 39 Abs. 1 GenG).

Beteiligung und Kapital

Grundsätzlich hält jedes Mitglied nur einen Geschäftsanteil; die Satzung kann jedoch anderes vorsehen (§ 7 a Abs. 1 GenG). Deren Einlagen können aus Bar- oder Sacheinlagen bestehen (§ 7 Abs. 3 GenG); mindestens 10 % sind einzuzahlen (§ 7 Nr. 1 GenG).

Die Fungibilität der Anteile ist gering; es besteht vielmehr grundsätzlich eine persönliche Bindung der Genossen. Mit dem Tod eines Mitglieds treten zwar dessen Erben ein, jedoch nur vorübergehend, denn mit Ende des bei Erbfall laufenden Geschäftsjahres endet ihre Mitgliedschaft; die Satzung kann jedoch eine Nachfolgeregelung vorsehen (§ 77 GenG).

Will ein Genosse seine Mitgliedschaft beenden, sieht das Gesetz die Kündigung (§§ 65 ff. GenG), die anschließende Auseinandersetzung mit ihm sowie die Auszahlung seines Guthabens vor (§ 73 GenG). Die Übertragung der Mitgliedschaft oder des Geschäftsanteils ist nicht möglich, sondern lediglich die schriftliche Übertragung des Guthabens auf eine andere Person, die bereits Mitglied ist oder Mitglied wird; dies kann in der Satzung ausgeschlossen werden (§ 76 GenG).

Haftung

Nach der Eintragung im Genossenschaftsregister haftet wie bei jeder juristischen Person für die Verbindlichkeiten der Genossenschaft gegenüber Gläubigern nur das Genossenschaftsvermögen (§ 2 GenG). Eine Besonderheit gegenüber anderen Körperschaften ist aber die Nachschusspflicht der Mitglieder. Ist die Genossenschaft überschuldet, kann die Generalversammlung mit Dreiviertelmehrheit beschließen, dass die Mitglieder Nachschüsse max. bis zur Höhe ihres Geschäftsanteils zu leisten haben (§ 87 a Abs. 2 GenG). Werden in der Insolvenz die Gläubiger nicht ausreichend befriedigt, besteht ebenfalls eine Nachschusspflicht, aber unbegrenzt (§ 105 Abs. 1 GenG). Ist in der Satzung nichts anderes geregelt, sind die Nachschüsse nach Köpfen zu leisten. Beiträge, zu denen einzelne Mitglieder nicht in der Lage sind, werden auf die anderen Genossen verteilt (§ 105 Abs. 3 GenG). Die Nachschusspflicht kann in der Satzung jedoch ausgeschlossen werden, wovon heute die meisten Genossenschaften Gebrauch machen.

Vorstände haften auch bei der Genossenschaft für schuldhafte Pflichtverletzungen in der Amtsausübung (§ 34 GenG). Auch hier gilt die fünfjährige Verjährung ab Entstehen des Anspruchs (§ 34 Abs. 6 GenG). Aufsichtsräte haften gleichermaßen für schuldhafte Pflichtverletzungen in der Amtsausübung (§ 41 i. V. m. § 34 GenG).

Jahresabschluss und Gewinn

Wie in der AG stellt der Vorstand Jahresabschluss, Lagebericht und Gewinnverwendungsvorschlag auf; der Aufsichtsrat prüft diese (§ 38 Abs. 1 GenG). Anders als in der AG (§ 172 AktG) und eher ähnlich der GmbH (§ 46 Nr. 1 GmbHG) ist allerdings die Generalversammlung nicht nur für die Gewinnverwendung, sondern auch für die Feststellung des Jahresabschlusses zuständig (§ 48 Abs. 1 GenG). Die Verteilung der Gewinne und Verluste erfolgt gemäß der Verhältnisse der Geschäftsguthaben.

Die Pflichtprüfung durch den Verband, dem die Genossenschaft angehört, ist unabhängig von den Prüfungserfordernissen, die das HGB nennt. Diese muss mindestens alle zwei Jahre erfolgen (§§ 53 ff. GenG).

Bedeutung

Man findet die Genossenschaft überwiegend im landwirtschaftlichen Bereich oder im Bankbereich als Kreditgenossenschaften (Volks- und Raiffeisenbanken), als Absatz-, Einkaufs- (EDEKA), Produktions-, Konsum-, Wohnungsbau- und Versicherungsgenossenschaften. Nach Zahl ist ihre Bedeutung gering. Nach über 100-jähriger Geschichte kann sie evtl. auf eine Renaissance in der Alternativökonomie hoffen. Ihre geringe Bedeutung dürfte darauf zurückzuführen sein, dass der „demokratische" Gedanke bei wirtschaftlichen Investitionen nicht passt und Investitionen in Genossenschaften nicht attraktiv macht. Die meisten Investoren möchten über ihre Investition selbst entscheiden, wünschen dementsprechend ein ihrem Kapitalanteil angemessenes Stimm- und Beteiligungsrecht und wollen sich nicht einer Mehrheit nach Köpfen beugen.

Versicherungsverein auf Gegenseitigkeit (VVaG)

Bevor Bismarck aus Gründen der Staatsraison 1883 die staatliche Sozialversicherung mit Pflichtmitgliedschaft schuf, hatten sich auf Ebene von Kirchen, Gewerkschaften, Unternehmen usw. Gemeinschaften gebildet, in denen sich die Mitglieder verpflichtet hatten, sich im Risikofall gegenseitig abzusichern[18]. Soweit sie sich hierfür überhaupt staatlich organisierter Rechtsformen bedienten, waren dies meistens Vereine. Mit der Einführung der staatlichen Pflicht-Sozialversicherung 1883 mussten diese dezentralen (und daher dem Staat suspekten) Strukturen enden. Angesichts dessen, dass heute das Ende der Finanzierbarkeit der sogenannten Sozialversicherung absehbar ist, können derartige Initiativen erneut Bedeutung erlangen. Eine speziell für Versicherungen mit dem Zweck der gegenseitigen Absicherung zur Verfügung gestellte Rechtsform ist der Versicherungsverein auf Gegenseitigkeit (VVaG), der nachfolgend allerdings nur knapp dargestellt werden soll.

Wesen

Der VVaG ist juristische Person und von seinem Zweck her auf den Betrieb der „Versicherung seiner Mitglieder nach dem Grundsatz der Gegenseitigkeit" beschränkt. Mit dem Abschluss des Versicherungsvertrags wird die Mitgliedschaft begründet; jedes Mitglied ist also zugleich Versicherer und Versicherungsnehmer.

Die Rechtsgrundlagen des VVaG sind kompliziert, denn zunächst finden sie sich in §§ 15 ff. VAG. Aber § 16 VAG erklärt ferner die Kaufmanns-Bestimmungen des HGB für anwendbar, in Einzelfällen verweist das VAG jedoch auch auf das AktG (z. B. § 34 VAG für den Vorstand, § 35 Abs. 3 VAG für den Aufsichtsrat und §§ 36 f. VAG für die der Hauptversammlung ähnlichen Obersten Vertretung).

Für VVaGs, „die bestimmungsgemäß einen sachlich, örtlich oder dem Personenkreis nach eng begrenzten Wirkungskreis haben", also sogenannte „kleinere Vereine", gelten gemäß § 53 VAG nur wenige der Bestimmungen des VAG, i. Ü. finden die allgemeinen Vereinsvorschriften der §§ 24–53 BGB Anwendung und auf den Aufsichtsrat nach § 53 Abs. 3 VAG sogar einige Bestimmungen des GenG. Ob ein Verein ein kleinerer Verein ist, entscheidet die Aufsichtsbehörde (§ 53 Abs. 4 VAG).

Wie alle Unternehmen der Versicherungsbranche (unabhängig von ihrer Rechtsform) unterliegen auch VVaGs der stark reglementierenden staatlichen Versicherungsaufsicht. Für wirtschaftlich bedeutsame VVaGs ist das die Bundesanstalt für Finanzdienstleistungen (BaFin), für weniger bedeutsame sind es die zuständigen Landesbehörden.

Gründung und Firma

Die Gründung (und damit die Rechtsfähigkeit) erfordert neben der notariellen Beurkundung der Satzung (§ 17 Abs. 2 VAG) und der Eintragung ins Handelsregister (§§ 30 f. VAG) eine Erlaubnis der Aufsichtsbehörde (§ 15 VAG). Letztere führt zum Entstehen als juristische Person.

Die Firma soll den Sitz des Vereins erkennen lassen und muss einen Rechtsformzusatz („VVaG") tragen (§ 18 Abs. 2 VAG). Eine Mindestanzahl von Gründern ist im VAG nicht vorgesehen, jedoch müssen die unten aufgeführten Organe mit der Mindestmitgliederzahl besetzt werden.

Organe

Oberstes Organ ist die oberste Vertretung (§ 29 VAG). In ihr sind die Mitglieder bzw. deren Vertreter organisiert. Sie ähnelt der AG-Hauptversammlung. Daher sind auch die entsprechenden aktienrechtlichen Vorschriften weitgehend anwendbar (§ 36 VAG). Sie kann aber, ähnlich wie bei der Genossenschaft, als Vertreterversammlung organisiert sein (§ 29 VAG).

Geschäftsführung und Vertretung obliegen nach § 34 VAG einem mindestens zweiköpfigen Vorstand, Aufsichtsorgan ist der Aufsichtsrat. Auf beide findet weitgehend das AktG Anwendung.

Bedeutung

Praktisch agieren viele große Versicherungen als AG. Die Zahl von VVaGs liegt derzeit bei etwa 1.100. Wenige hundert davon stehen unter Bundesaufsicht, der Rest unter Landsaufsicht. Da es bei anonymen Versicherungen (wie bei jedem Umverteilungssystem) leider rationalem Verhalten eines Mitglieds entspricht, diese maximal auszunutzen, steigt wieder der Bedarf nach überschaubaren und personalisierten Versicherungsorganisationen, für die der kleinere VVaG die geeignete Rechtsform ist.

Stiftung privaten Rechts

Rechtsgrundlage aller Stiftungen privaten Rechts sind die §§ 80 ff. BGB. Die staatliche Stiftungsaufsicht ist in den Stiftungsgesetzen der Länder geregelt. Die Stiftung kann selbst Unternehmensträger sein, was aber eher selten ist; Pionier war hier die Carl-Zeiss-Stiftung in Jena. Häufiger ist es, dass eine Stiftung lediglich Beteiligungen an unternehmerisch tätigen Gesellschaften hält, wie z. B. beim Lebensmitteleinzelhändler Lidl, dem Waffenhersteller Diehl oder dem Mediengiganten Bertelsmann. Das in der Praxis wohl bekannteste Beispiel einer privatrechtlichen Stiftung ist die Stiftung Volkswagenwerk, die als Kompromiss aus einem Disput zwischen dem Bund, dem Land Niedersachsen, den Gewerkschaften u. a. über die Entschädigung von NS-Zwangsarbeitern beim Aufbau des Volkswagenwerks entstand.

Privatrechtliche Stiftungen können als gemeinnützige (von der KSt befreite) Stiftungen oder als sog. Familienstiftungen, die dem Interesse einer oder mehrerer Familien dienen, errichtet werden. Da Familienstiftungen alle 30 Jahre der Steuerpflicht nach ErbStG unterworfen sind (§ 1 Abs. 1 Nr. 1 ErbStG), ist das Motiv zu deren Gründung weniger in einer Steuerersparnis zu finden, als in der Schwierigkeit, angesichts des deutschen Pflichtteilsrechts (§§ 2303 ff. BGB) Familienunternehmen trotz Erbfalles zusammenzuhalten. Anderenfalls gehen Familienunternehmen sonst oft an mehrere Abkömmlinge, was konfliktträchtig ist, oder der Erbe des Unternehmens kann (neben der Erbschaftssteuer) nicht auch noch die Pflichtteilsansprüche der Geschwister befriedigen und muss das Familienunternehmen veräußern.

Die Stiftung ist als juristische Person eine rechtlich verselbstständigte Vermögensmasse, die dadurch entsteht, dass ein Stifter in dem Stiftungsgeschäft die verbindliche Erklärung abgibt, „ein Vermögen zur Erfüllung eines von ihm vorgegebenen Zweckes zu widmen" (§ 81 Abs. 1 BGB). Das Stiftungsgeschäft bedarf bloß der schriftlichen Form und muss die Satzung der Stiftung enthalten. Stiftungen können auch durch Verfügung von Todes, insbes. Testament, wegen errichtet werden (§ 83 BGB). Wie jede juristische Person entsteht die Stiftung aber erst durch einen Hoheitsakt, in diesem Fall die staatliche Anerkennung der Stiftung (§ 80 Abs. 1 BGB). Ab dieser Anerkennung ist der Widerruf nicht mehr möglich (§ 81 Abs. 2 BGB), und der Stifter hat die Herrschaft über das zugewandte Vermögen aus der Hand gegeben. Von da an entscheidet unter staatlicher Stiftungsaufsicht nach § 86 i. V. m. § 26 BGB allein das Geschäftsführungs- und Vertretungsorgan, nämlich der Stiftungsvorstand (sowie evtl. noch ein Stiftungsrat), über die Mittelverwendung. Aus diesem Grunde ist es außerordentlich bedeutsam, im Stiftungsgeschäft den Stiftungszweck hinreichend konkret zu bestimmen. Insbesondere bei Familienstiftungen existieren auch Nutznießer, denen Erträge der Stiftung zukommen (Destinatäre), die aber keinen Einfluss auf die Stiftung nehmen können (es sei denn, dass sie zugleich Organ der Stiftung sind).

4.3 Rechtsformen außerhalb des deutschen Rechts

4.3.1 Rechtsformen des europäischen Rechts

Nach Meinung mancher Autoren stammen bereits 80 % unserer Rechtssetzung vom europäischen Gesetzgeber[19]. Dieser macht natürlich auch vor dem Gesellschaftsrecht nicht halt, zumal die Gesetzgebungskompetenz der Europäischen Gemeinschaft alles andere als klar abgegrenzt ist[20]. Als hauptsächliche Ermächtigungsgrundlage wird die Niederlassungsfreiheit in Art. 49 ff. EUAV angesehen.

Die EU-Rechtssetzung folgt eigenen Regeln. Sie geschieht durch **Verordnungen**, die unmittelbare Geltung entfalten, oder durch **Richtlinien**, die erst unmittelbar wirken, wenn sie in nationales Recht (i. d. R. durch den nationalen Gesetzgeber) umgesetzt werden. Nahezu allen EU-Rechtssetzungsakten ist gemein, dass der EU-Gesetzgeber ihnen eine Präambel voranstellt, in der er erklärt, was er eigentlich beabsichtigte; diese enthält keine unmittelbaren Regelungen, ist aber auch nicht unverbindlich. Auf diese Weise verlagert der Gesetzgeber das Risiko, dass er nicht in der Lage gewesen ist, klare verständliche Bestimmungen zu treffen, auf den Bürger, weil dieser ja der Präambel hätte entnehmen können, was der Gesetzgeber eigentlich gewollt hat.

Europäische Personengesellschaften

Europäische Wirtschaftliche Interessenvereinigung (EWIV)

Erste vom europäischen Gesetzgeber geschaffene Rechtsform war die Europäische Wirtschaftliche Interessenvereinigung (EWIV)[21], die aber im eigentlichen Sinne keine Gesellschaft ist, sondern Kooperationsorganisation von Gesellschaften in verschiedenen Mitgliedstaaten. Sie hat keine große Bedeutung. Es wirkt, als habe die EG bei ihrer Einführung versucht, mittels dieser unbedeutenden Gesellschaftsform „einen Fuß in die Tür" der Gesetzgebungskompetenz im Gesellschaftsrecht zu bekommen.

Die EWIV hat ausweislich Art. 3 Abs. 1 EWIV-VO nur Hilfscharakter, denn es heißt darin: „Sie hat nicht den Zweck, Gewinn für sich selbst zu erzielen. Ihre Tätigkeit muss im Zusammenhang mit der wirtschaftlichen Tätigkeit ihrer Mitglieder stehen und darf nur eine Hilfstätigkeit hierzu bilden." Vorbild ist die französische Groupement d'Intérêt Économique (die jedoch eine eigene Rechtspersönlichkeit hat). Rechtsgrundlage ist die EG-Verordnung 2137/85 sowie das deutsche EWIVAG, welches am 01.01.1989 in Kraft getreten ist. Letzteres erklärt in § 1 die Vorschriften über die Handelsgesellschaften subsidiär für anwendbar. Dementsprechend ist sie nach deutschem Recht keine juristische Person, sondern lediglich teilrechtsfähig wie die Personenhandelsgesellschaften (vgl. § 124 HGB). Neben der EWIV-VO findet das Recht desjenigen Mitgliedstaats Anwendung, in dem die Gesellschaft ihren Sitz hat (Art. 2 Abs. 1 EWIV-VO).

Mitglieder können nur Gesellschaften oder gewerblich oder freiberuflich tätige natürliche Personen (Art. 4 Abs. 1 EWIV-VO) aus mindestens zwei verschiedenen Mitgliedstaaten sein. Gemäß Art. 24 haften für die Verbindlichkeiten der Gesellschaft die Mitglieder unbeschränkt und gesamtschuldnerisch (§ 421 BGB). Die „gemeinschaftlich handelnden Mitglieder" (Art. 16 Abs. 1 EWIV-VO), d. h. die Mitgliederversammlung, ist das höchste Organ. Nach Art. 20 Abs. 1 EWIV-VO wird die EWIV ausschließlich durch die Geschäftsführer vertreten. Mehrere Geschäftsführer haben grundsätzlich

Einzelvertretungsbefugnis (Art. 20 Abs. 1 EWIV-VO). Die Bildung weiterer Organe ist möglich.

Europäische Privatrechtsgesellschaft (Societas Privata Europaea, SPE) oder Europäische Einpersonengesellschaft (Societas Unius Personae, SUP)

Nachdem das Projekt einer Europäischen Privatgesellschaft (Societas Privata Europaea – SPE) am Widerstand der Mitgliedstaaten gescheitert war, hat die Europäische Kommission 2014 einen neuen Vorschlag für eine europäische Einpersonengesellschaft vorgelegt, die EU-einheitlich den Namen „SUP" verwenden soll.

Dass Einpersonengesellschaften in jedem Mitgliedstaat möglich sein müssen, mithin nicht mehr der Gedanke des Zusammenschlusses, sondern allein die (volkswirtschaftlich zweifelhafte) Motivation der Haftungsbeschränkung für die Gesellschaftsgründung leitend ist, war der EG schon seit langem wichtig. Schon 1989 wurde die zwölfte Richtlinie zu Einpersonengesellschaften (89/667/EWG) verabschiedet, die die Möglichkeit von Einpersonengründungen in allen Mitgliedstaaten vorschrieb. Die nun geplante SUP soll sogar zwingend (!) eine Einpersonengesellschaft sein, die online gegründet werden kann und Mindestkapital i. H. v. nur € 1 erfordert. Einzige Motivation zur Gründung ist also die Haftungsbegrenzung. Die SUP soll – anders als die anderen europäischen Gesellschaftsformen – nicht im Wege einer unmittelbar geltenden Verordnung geschaffen werden, sondern in einer Richtlinie, die die Mitgliedstaaten dergestalt umzusetzen haben, dass sie eine (EU-weit harmonisierte) Unterform zu ihren nationalen Gesellschaftsformen schaffen (in Deutschland dann wohl die GmbH bzw. die UG).

Kritiker sehen hier einen Eingriff in die nationalen Gesellschaftsrechte, wofür der EU die Gesetzgebungskompetenz fehlt. Im Übrigen ist es höchst bedenklich, eine alleine der Haftungsbegrenzung dienende Gesellschaftsform zu schaffen, deren Gründung durch das Online-Gründungsverfahren (zu Lasten der Transparenz und Verlässlichkeit) auch noch erheblich vereinfacht würde. Sie befürchten die Förderung einer unseriösen „neuen europäischen Kultur der Briefkastengesellschaften".[22]

Europäische Kapitalgesellschaften

Größte Bedeutung unter den europäischen Gesellschaftsformen hat die Europäische Aktiengesellschaft, genannt Societas Europaea (SE). 2006 kam die Europäische Genossenschaft hinzu, genannt Societas Cooperativa Europaea (SCE). Geregelt sind sie jeweils in EG-Verordnungen, die teilweise aber nur Rahmen aufstellen, die der nationale Gesetzeber durch Gesetze ausgefüllt hat. Auf die jeweilige SE und SCE findet die nationale Ausprägung des Rechts ihres Sitzstaates Anwendung. Beiden Rechtsformen ist gemein, dass sie nur grenzüberschreitend gegründet werden können, also z. B. durch eine grenzüberschreitende Verschmelzung, durch die Gründung einer gemeinsamen Tochter von Gründern in zwei verschiedenen europäischen Staaten usw.

Europäische Aktiengesellschaft (Societas Europaea, SE)

Seit 2005 können in Deutschland SEs gegründet werden und bereits nicht wenige Unternehmen haben davon Gebrauch gemacht (z. B. Porsche, Allianz, BASF, Fresenius). Die Rechtsgrundlagen sind unübersichtlich; sie finden sich in der EG-VO 2157/2001 (SE-VO), die allerdings nur einen Mindestrahmen setzt und i. Ü. auf nationales Recht verweist; die SE unterliegt dem Recht desjenigen Staates, in dem sie ihren Sitz hat. Dies führt zu europaweit recht unterschiedlichen SE-Statuten. In Deutschland finden sie sich darüber hinaus im deutschen SE-Ausführungsgesetz (SEAG); subsidiär verweisen die (europ.) SE-VO und das (dt.) SEAG aber auf das nationale Aktienrecht.

Das Gesetzgebungsverfahren zog sich über fast 40 Jahre hin. Als Hauptgrund für die Verzögerung werden die Vorstellungen des deutschen Staates zur Arbeitnehmermitbestimmung genannt[23]. In der SE ist sie nun in der EG-VO 86/2001 und dem SE-Beteiligungsgesetz (SEBG) dergestalt geregelt, dass die Organe mit einer extra zu diesem Zwecke gewählten Arbeitnehmervertretung versuchen, eine einverständliche Regelung der Mitbestimmung herbeizuführen. Gelingt das nicht, gilt das Mitbestimmungsstatut des Staates, in dem die SE ihren Sitz hat, soweit eine der Gründungsgesellschaften schon zuvor mitbestimmungspflichtig war.

Wesen

Die SE ist eine klassische Kapitalgesellschaft, die in vielem der deutschen AG ähnelt und auch ins Handelsregister eingetragen wird (§ 3 SEAG). Die Gestaltungsfreiheit für die Satzung ist aber weiter. So ermöglicht das SEAG sowohl eine dualistische SE (mit Aufsichts- und Leitungsorgan wie bei der AG, §§ 15 ff. SEAG) als auch eine monistische SE mit nur einem Organ nach angelsächsischem Vorbild („Board"), §§ 20 ff. SEAG; dies wird in der Satzung festgelegt.

Gründung und Firma

Die Gründung der SE muss durch einen grenzüberschreitenden Vorgang erfolgen, nämlich Verschmelzung (§§ 5 ff. SEAG, Art. 17 ff. SE-VO), Gründung einer Holding-SE (§§ 9 ff. SEAG, Art. 32 ff. SE-VO), Gründung einer Tochter-SE (Art. 35 f. SE-VO) oder Umwandlung einer bestehenden AG in eine SE (Art. 37 SE-VO); die Gründung durch natürliche Personen ist allerdings ausgeschlossen (Art. 2 SE-VO). Die Firma muss den Zusatz „SE" tragen (Art. 11 Abs. 1 SE-VO).

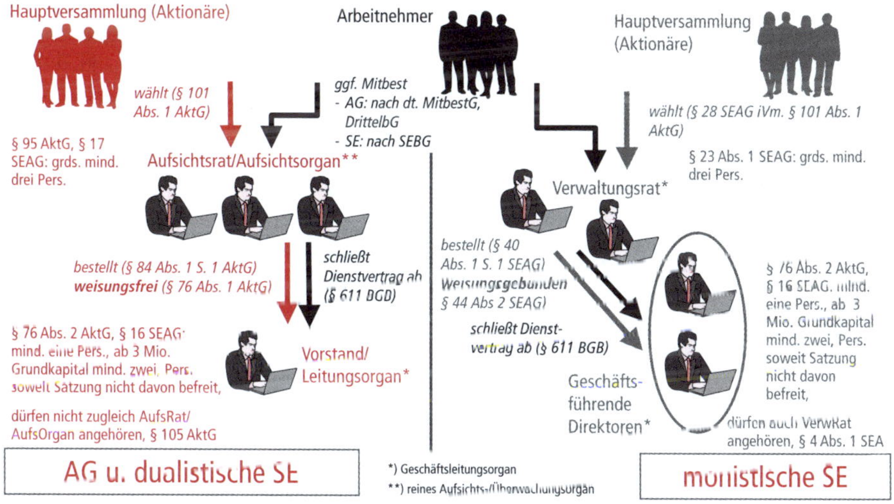

Abbildung 4 13: Monistische und dualistische SE

Organe

Auf die dualistische SE findet weitgehend das AktG Anwendung. Die Organe werden jedoch Leitungsorgan und Aufsichtsorgan genannt. Eine Besonderheit ist, dass (weitergehend als nach § 105 AktG und § 37 GenG) Mitglieder des Aufsichtsorgans für die Dauer von max. einem Jahr in das Leitungsorgan abgestellt werden können (§ 15 SEAG). Die in der deutschen Diskussion immer wieder geforderte stärkere Trennung von Aufsichtsrat und Vorstand wird dadurch konterkariert. Nach seiner Rückkehr in das Aufsichtsorgan darf die abgestellte Person nämlich dann ihre eigene letztjährige Tätigkeit im Leitungsorgan kontrollieren.

Entscheidet sich die Satzung für das monistische System, ist ihr Leitungsorgan der Verwaltungsrat, der sich auf die wesentlichen Leitungsaufgaben konzentriert. Das Tagesgeschäft der Geschäftsführung (§ 40 Abs. 2 S. 1 SEAG) und Vertretung (§ 41 SEAG) liegt in den Händen der geschäftsführenden Direktoren.

Der Verwaltungsrat trägt die Gesamtverantwortung für die Leitung der monistischen SE; im Gesetz heißt es: „Der Verwaltungsrat leitet die Gesellschaft, bestimmt die Grundlinien ihrer Tätigkeit und überwacht deren Umsetzung“ (§ 22 Abs. 1 SEAG). Ähnlich den Regelungen des AktG zum Aufsichtsrat ist Folgendes: Der Verwaltungsrat muss grundsätzlich mindestens drei Mitglieder umfassen (§ 23 Abs. 1 SEAG), die von der Hauptversammlung bestellt werden (Art. 43 Abs. 3 SE-VO, § 28 Abs. 1 SEAG), die auch über deren Vergütung entscheidet. Sie sind weisungsfrei und können von der Generalversammlung mit Dreiviertelmehrheit vor Ablauf der Amtszeit abberufen werden (§ 29 SEAG). Der Verwaltungsrat wählt aus seiner Mitte einen Vorsitzenden, Art. 45 SE-VO (der ähnlich § 27 Abs. 2 MitbestG auch bei einem mitbestimmten Verwaltungsrat ein Mitglied der Aktionärsvertreter sein muss). Der Verwaltungsrat hat das originäre Recht, eine Geschäftsordnung für die geschäftsführenden Direktoren zu erlassen (§ 40 Abs. 2 S. 2 SEAG). Er vertritt die SE ihnen gegenüber (§ 41 Abs. 5 SEAG).

Die geschäftsführenden Direktoren sind an Weisungen des Verwaltungsrats gebunden (Art. 44 Abs. 2 SE-VO). Sie werden vom Verwaltungsrat bestellt und können jederzeit abberufen werden (§ 40 Abs. 5 SEAG). Auch in der SE ist zwischen der Organstellung und einem evtl. parallel abgeschlossenen Dienstvertrag zu unterscheiden (so deutlich aus § 40 Abs. 5 SEAG ersichtlich); für den Abschluss des Dienstvertrags ist der Verwaltungsrat zuständig.

Die geschäftsführenden Direktoren können (anders als § 105 und § 111 Abs. 4 S. 1 AktG) auch gleichzeitig Verwaltungsräte sein, solange sie nur die Minderheit im Verwaltungsrat stellen (§ 40 Abs. 1 S. 2 SEAG). Dies führt zu einer gegenüber dem dualistischen Modell deutlich stärkeren Machtkonzentration in diesen Personen. Sind diese Direktoren mit Doppelfunktion bei Abstimmungen im Verwaltungsrat aus rechtlichen Gründen an der Abgabe ihrer Stimme gehindert (z. B. bei der Beschlussfassung über ihren eigenen Dienstvertrag), erhält der Vorsitzende insoweit eine zusätzliche Stimme (§ 35 Abs. 3 SEAG). Schwierigkeiten ergeben sich bei dieser Doppelfunktion aber daraus, dass ja für den Abschluss des Dienstvertrags der Direktoren der Verwaltungsrat zuständig ist, über die Vergütung der Verwaltungsräte jedoch die Hauptversammlung entscheidet (§ 38 Abs. 1 SAG i. V. m. § 113 AktG) und beide Kompetenzen kaum scharf zu trennen sind.

Vertretungsorgan der Aktionäre ist auch in der monistischen SE die Hauptversammlung (Art. 38 SE-VO, §§ 50 f. SEAG). Ihre Kompetenzen ähneln sehr stark denen in der AG. Auffällig ist, dass mangels anderer Satzungsbestimmung für eine Satzungsänderung grundsätzlich bereits die einfache Mehrheit der abgegebenen Stimmen ausreicht, sofern mindestens die Hälfte des Grundkapitals vertreten ist (§ 51 SEAG).

Beteiligung und Kapital

Die Beteiligung der Aktionäre ist wie in der AG gestaltet. Das Kapital muss mindestens € 120.000 betragen (Art. 4 Abs. 2 SE-VO).

Jahresabschluss und Gewinn

In der monistischen SE sind die geschäftsführenden Direktoren für die Aufstellung des Jahresabschlusses verantwortlich (§ 47 Abs. 1 SEAG). Im Übrigen läuft das Verfahren wie bei der AG: Prüfung (§ 47 Abs. 3 SEAG i. V. m. § 171 AktG) und Feststellung (§ 47 Abs. 5 SEAG) geschehen i. d. R. durch den Verwaltungsrat. Über die Gewinnverwendung entscheidet die Hauptversammlung (§ 48 Abs. 1 SEAG) auf Vorschlag des Verwaltungsrats und dieser wiederum auf Vorschlag der geschäftsführenden Direktoren (§ 47 Abs. 1 SEAG).

Bedeutung

Die SE findet sich hauptsächlich bei größeren Unternehmen. EU-weit haben sich in den rund zehn Jahren seit ihrer Einführung mehr als 1.800 Unternehmen für diese Rechtsform entschieden. Die dualistische Verfassung wird bisher von mehr Unternehmen in Deutschland gewählt als das monistische System. Letzteres ist z. B. für inhabergeprägte oder Familienunternehmen interessant, weil geschäftsführende Direktoren, die gleichzeitig im Verwaltungsrat sitzen, eine starke Machtkonzentration nutzen können. Wie Investoren dies langfristig aufnehmen werden, ist allerdings noch ungewiss.

Europäische Genossenschaft (Societas Cooperative Europaea, SCE)

Die SCE ist die jüngste europäische Rechtsform. Die Struktur der Rechtsgrundlagen ist ähnlich unübersichtlich wie bei der SE: Sie finden sich in der EG-VO 1435/2003 (SCE-VO); neben den EU-Vorschriften ist das Recht des Sitzstaates maßgebend (Art. 17 Abs. 1 SCE-VO). Daher gilt ergänzend das dt. SCE-Ausführungsgesetz (SCEAG) und subsidiär das GenG (Art. 8 Abs. 1 SCE-VO). Die Arbeitnehmerbeteiligung ist in der EU-Richtlinie zur Beteiligung der Arbeitnehmer (2003/72/EG) sowie dem SCEBG geregelt.

Wesen

Ähnlich der dt. Genossenschaft dient die SCE dazu, „den Bedarf ihrer Mitglieder zu decken oder deren wirtschaftliche oder soziale Tätigkeit zu fördern“ (Art. 1 Abs. 3 SCE-VO). Allerdings kann die Satzung neben diesen „nutzenden Mitgliedern“ auch bloße Kapitalanleger als „nicht nutzende Mitglieder“ zulassen (Art. 14 Abs. 1 Unterabs. 2 SCE-VO).

Gründung

Wie bei der SE muss die Gründung durch einen grenzüberschreitenden Vorgang erfolgen (Art. 2 SCE-VO). Anders als bei der SE kann die Gründung aber auch durch mindestens fünf natürliche Personen geschehen, die in mindestens zwei Mitgliedstaaten ihren Sitz haben (Art. 2 Abs. 1 SCE-VO). Auch die SCE muss zwingend Mitglied in einem Prüfungsverband sein (Art. 71 SCE-VO).

Organe

Wie bei der deutschen Genossenschaft hat jedes Mitglied in der Generalversammlung grundsätzlich nur eine Stimme. Die Satzung kann aber Mehrstimmrechte zulassen. Es dürfen jedoch höchstens fünf Stimmen je Mitglied oder 30 % der gesamten Stimmrechte auf diese Weise zugeteilt werden, je nachdem, welche Zahl niedriger ist (Art. 59 SCE-VO, § 29 SCEAG). Auch Vertreterversammlungen in der Form von Sektor- oder Sektionsversammlungen sind bei Genossenschaften mit unterschiedlichen Tätigkeiten, Tätigkeiten in mehr als einer Gebietseinheit, mehreren Niederlassungen oder mit mehr als 500 Mitgliedern möglich (Art. 63 Abs. 1 SCE-VO).

Auch bei der SCE lässt der nationale Gesetzgeber den Gründern die Freiheit, in der Satzung entweder ähnlich der deutschen Genossenschaft eine dualistische (§§ 2 ff.) oder eine monistische Führung (§§ 17 ff.) vorzusehen.

Bei der dualistischen SCE unterliegen Geschäftsführung und Vertretung dem Leitungsorgan, das weisungsfrei ist (Art. 37 Abs. 1 SCE-VO) und aus mindestens zwei Personen bestehen muss (§ 14 SCEAG). Grundsätzlich werden seine Mitglieder vom Aufsichtsorgan gewählt, die Satzung kann aber auch die Wahl durch die Generalversammlung vorsehen (§ 12 SCEAG). Das Aufsichtsorgan besteht aus mindestens drei Mitgliedern, soweit nicht Mitbestimmungsregelungen greifen (§ 15 SCEAG), und wird von der Generalversammlung gewählt (Art. 39 Abs. 2 SCE-VO). Gleichzeitige Mitgliedschaft in Aufsichts- und Leitungsorgan ist grundsätzlich ausgeschlossen, jedoch darf – wie bei der SE – das Aufsichtsorgan eines seiner Mitglieder zur Wahrnehmung der Aufgaben eines Mitglieds des Leitungsorgans abstellen (Art. 37 Abs. 3 SCE-VO).

Wie die SE wird die monistische SCE von einem Verwaltungsrat geleitet, der die Grundlinien ihrer Tätigkeit bestimmt und deren Umsetzung überwacht (§ 18 Abs. 1 SCEAG). Er besteht aus mindestens fünf Personen, bei Genossenschaften mit nicht mehr als 20 Mitgliedern genügen auch drei. Sie werden von der Generalversammlung gewählt und können mit Dreiviertelmehrheit vor Ablauf der Amtszeit abberufen werden (§ 20 SCEAG). Geschäftsführende Direktoren führen die Geschäfte und vertreten die monistische SCE (§§ 22 f. SCEAG). Wie bei der SE können auch Mitglieder des Verwaltungsrats zu geschäftsführenden Direktoren bestellt werden, sofern die Mehrheit des Verwaltungsrats weiterhin aus nicht geschäftsführenden Mitgliedern besteht. Die geschäftsführenden Direktoren werden vom Verwaltungsrat bestellt, sind ihm gegenüber weisungsgebunden und können jederzeit abberufen werden (§ 22 SCEAG). Ihnen gegenüber vertritt der Verwaltungsrat die Genossenschaft (§ 23 Abs. 5 SCEAG).

Ob das Prinzip der Selbstorganschaft gilt, also wie bei der deutschen eG Nicht-Mitglieder nicht Vorstand, Aufsichtsrat, Verwaltungsrat oder geschäftsführender Direktor sein werden dürfen, ist umstritten. Die Amtsdauer der Organe wird in der Satzung festgehalten und kann maximal sechs Jahre betragen (Art. 45 Abs. 1 SCE-VO).

Beteiligung und Kapital

Das Grundkapital muss mindestens EUR 30.000 betragen (Art. 3 Abs. 2 SCE-VO), kann jedoch, ohne dass die Satzung geändert werden muss, herauf- oder herabgesetzt werden (Art. 1 Abs. 2 Unterabs. 2, Art. 2 Abs. 5 SCE-VO). Es ist in Geschäftsanteile eingeteilt, die auf den Namen lauten (Art. 4 Abs. 3 SCE-VO). Diese können mit Zustimmung der Generalversammlung oder des Leitungs- oder Verwaltungsorgans unter den in der Satzung festgelegten Bedingungen an ein Mitglied oder jede andere Person, die die Mitgliedschaft erwirbt, abgetreten oder veräußert werden (Art. 4 Abs. 11 SCE-VO), was die Fungibilität gegenüber der eG deutlich erhöht und die Geschäftsanteile der

Namensaktie annähert. Gemäß Art. 64 SCE-VO kann die SCE zur Finanzierung Schuldverschreibungen emittieren.

Haftung

Die Organe haften für schuldhafte Pflichtverletzungen gemäß dem Recht des Sitzstaates (Art. 51 SCE-VO). Auch die SCE kennt die mittelbare Haftung der Genossen, allerdings als Ausnahme (Art. 1 Abs. 2 Unterabs. 3 S. 1 SCE-VO). Erforderlich ist allerdings, dass bei deren Fehlen der Firma der SCE der Zusatz „mit beschränkter Haftung" angefügt wird (Art. 1 Abs. 2 Unterabs. 3 S 2 SCE-VO).

Jahresabschluss und Gewinn

In der monistischen SCE stellen die geschäftsführenden Direktoren den Jahresabschluss auf und der Verwaltungsrat hat ihn zu prüfen (§ 27 Abs. 1 SCEAG). Feststellung (§ 27 Abs. 1 SCEAG) und Gewinnverwendungsbeschluss (Art. 67 Abs. 2 SCE-VO) sind Aufgabe der Generalversammlung. Für die Prüfung durch einen Prüfungsverband verweist das SCEAG auf das GenG (§§ 32, 34 SCEAG).

4.3.2 Internationales Gesellschaftsrecht und ausländische Gesellschaftsformen

Das internationale Gesellschaftsrecht/Gesellschaftskollisionsrecht der meisten kontinentaleuropäischen Länder, so auch Deutschlands, knüpfte an den faktischen Sitz einer Gesellschaft an. Das heißt, das Gesellschaftsrecht, dem eine Gesellschaft unterliegt, richtet sich nach dem Recht ihres Sitzstaates (Sitzstatut). Verlegt also z. B. eine ausländische Aktiengesellschaft ihren Sitz nach Deutschland, unterliegt sie von da an (vor deutschen Gerichten) dem deutschen Recht. Da sie aber nicht die formalen Gründungsformalien einer deutschen AG durchlaufen hat, kann sie nur als GbR oder oHG behandelt werden, so dass nach ihrem Umzug plötzlich persönliche Haftung der Aktionäre besteht und Fremdvorständen keine Vertretungsmacht mehr zusteht.

Die Rechtsprechung des EuGH in den Entscheidungen „Daily Mail", „Centros", „Inspire Art" und „Überseering" zur Niederlassungsfreiheit in Art. 49 AEUV lief seit den 90er-Jahren jedoch darauf hinaus, dass diese Grundfreiheit auch für Gesellschaften zu gelten hat und das Sitzstatut dagegen verstößt. Also gilt innerhalb der Europäischen Gemeinschaft etwa seit der Jahrtausendwende das im angelsächsischen Rechtsraum schon bisher geltende Gründungsstatut. Das Gesellschaftsrecht ändert sich also nicht mit Sitzverlegung innerhalb der EU, sondern richtet sich nach Zuzug aus dem EU-Ausland auch vor deutschen Gerichten weiterhin nach dem Recht des Gründungsstaats.

In Beziehung zu Staaten außerhalb der EU gilt im deutschen Kollisionsrecht aber weiterhin das Sitzstatut; d. h., in Drittstaaten gegründete Gesellschaften unterliegen mit Sitzverlegung deutschem Gesellschaftsstatut. Da das Vereinigte Königreich mit Vollzug des Brexit Drittstaat wird, werden in Deutschland ansässige Ltd. in diesem Zeitpunkt dasselbe (eingangs beschriebene) erleiden, was eine Gesellschaft aus einem Drittstaat bei Sitzverlegung nach Deutschland erfährt – die Ltd. wird zur „Unlimited"[24].

Die englische Private Company Limited by Shares (Ltd.)

Größter Profiteur der Freizügigkeits-Rechtsprechung des EuGH war die englische Private Company Limited by Shares (Ltd.)[25], die in der Folge einen wahren Gründungsboom in Deutschland erfuhr. Sie ist von der Public Limited Company by Shares (p. l .c.) zu unterscheiden, die ebenso, wie viele ihrer kontinental-europäischen „Konkurrenten“, ein Mindestkapital erfordert und daher außerhalb Großbritanniens keinen so großen Anklang findet wie die Ltd. Grundsätzlich geschieht in der Praxis die Gründung der Ltd. von Deutschland aus dergestalt, dass die Gründer in das Vereinigte Königreich reisen, dort die Gründungsformalien durchführen und sofort die Hauptverwaltung nach Deutschland verlegen. Am Gründungsort hält die Ltd. nur noch einen Briefkasten und ist im Companies House verzeichnet. Wie bei GmbH und AG haben sich aber schnell Angebote zum Zweiterwerb bereits gegründeter Mantel-Gesellschaften eröffnet, so dass sich inzwischen die Reise für die Gründer erübrigt.

Wesen

Die Ltd. ist eine juristische Person englischen Rechts und bleibt diesem (als Gründungsstatut) auch dann unterworfen, wenn sie ihren Sitz in ein anderes EU-Land verlegt, zumindest solange das Vereinigte Königreich EU-Mitglied ist. Die Rechtsgrundlage der englischen Ltd. findet sich im Companies Act von 1985, reformiert 2006 (CA 2006)[26].

Gründung

Die Gründung kann allein durch eine Person erfolgen und erfordert keinen Notar. Das Gründungsformular[27] mit den erforderlichen Unterlagen ist mit einem Registrierungsantrag beim Companies Registration Office, The Registrar of Companies Companies House, einzureichen (Sec. 9 Abs. 2 CA 2006). Rechtsfähig wird diese juristische Person erst mit der Ausstellung des Certificate of Incorporation durch den Registrar of Companies (Sec. 15 Abs. 1 CA 2006).

Verlegt eine Ltd. ihren Sitz nach Deutschland, begründet sie damit nach deutschem Recht eine Zweigniederlassung gemäß §§ 13 d ff. HGB, die zum Handelsregister anzumelden ist. Ein Registered Office in England, Schottland, Wales oder Nordirland muss beibehalten werden, dient aber nur noch für amtliche Mitteilungen (Sec. 59 Abs. 1 CA 2006), so dass ein Briefkasten ausreicht.

Organe

Die Gesellschafterversammlung entscheidet grundsätzlich mit einfacher Mehrheit, aber auch für sie ist die 3/4-Mehrheit bei außerordentlichen und speziellen Beschlüssen vorgeschrieben. Die Satzung („Articles“) kann bestimmen, ob die Stimmen nach Köpfen oder nach Kapitalanteilen gewertet werden.

Geschäftsführung und Vertretung obliegt mindestens einem Director (Sec. 154 Abs. 1 CA 2006). Die Bestellung (Sec. 282 CA 2006) oder zumindest die Genehmigung seiner Bestellung geschieht durch die Gesellschafterversammlung. Ähnlich § 38 GmbHG für den Geschäftsführer darf auch bei der Ltd. die Möglichkeit der jederzeitigen Abberufbarkeit nicht ausgeschlossen werden (Sec. 282 CA 2006). Eine Weisungsbefugnis der Gesellschafter ist nicht vorgesehen, jedoch besteht die Möglichkeit, die Kompetenzen der Direktoren durch eine Geschäftsordnung (auch integriert in die Satzung möglich) einzugrenzen. Wegen der erwähnten Anmeldepflicht für die Niederlassungen in § 13 g Abs. 2 HGB i. V. m. § 8 Abs. 1 Nr. 2 GmbHG sind auch die Direktoren zum Handelsregister des deutschen Niederlassungsorts anzumelden.

Auch in der Ltd. wird zwischen Organstellung und Dienstvertrag unterschieden (Sec. 282 CA 2006). Bei Letzterem ist jedoch zu beachten, dass er bei einer in Deutschland tätigen Gesellschaft gemäß Art. 3 Abs. 1 Rom I VO (konkludente Rechtswahl) oder Art. 4 Abs. 1 b Rom I VO (objektive Anknüpfung mangels Rechtswahl) deutschem Schuldrecht unterliegen dürfte.

Beteiligung und Kapital

Ein Mindestkapital wird nicht verlangt. Dokumentiert ist die Beteiligung durch ein Share Certificate. Ähnlich der AG (mit Vorzugsaktien) kann die Ltd. Anteile mit unterschiedlichen Rechten ausgeben. Für die Übertragung ist ein Anteilsveräußerungsformular vorgesehen (Stock Transfer Form), das der Veräußerer unterzeichnet und samt seinem Share Certificate dem Erwerber übergibt, der dann beides an die Gesellschaft sendet, damit diese ihm ein neues Share Certificate ausstellt (Sec. 770 f. CA 2006).

Haftung

Bei der Gründung ist anzugeben, ob eine Ltd. by Share gegründet wird, bei der die Haftung auf die Summe der Anteile beschränkt ist, oder eine Ltd. by Guarantee, bei der eine Garantiesumme als Haftungsobergrenze genannt wird. Eine Durchgriffshaftung auf das Vermögen der Gesellschafter nach englischem Recht („piercing the corporate veil") ist möglich, aber selten. Ob für eine in Deutschland ansässige Ltd. eine Durchgriffshaftung nach deutschem Recht einschlägig ist, wird sehr kontrovers diskutiert.

Ein Nachteil des Auseinanderfallens von Satzungssitz und Hauptverwaltung ist, dass gemäß Art. 63 Abs. 1 i. V. m. Art. 4 Abs. 1 EuGVO beide Orte als allgemeiner Gerichtsstand gelten, also die in Deutschland ansässige Ltd. jederzeit auch an ihrem Satzungssitz in England verklagt werden kann, wo sich i. d. R. nur noch ein Briefkasten befindet.

Jahresabschluss und Gewinn

Die Direktoren haben einen Jahresabschluss nach englischem Recht aufzustellen und der Gesellschafterversammlung zur Genehmigung vorzulegen bzw. den Gesellschaftern zu übersenden (Sec. 415 ff. CA 206). Die deutsche Finanzverwaltung akzeptiert allerdings keinen englischen Abschluss, so dass zusätzlich eine den deutschen steuerlichen Vorschriften entsprechende Rechnungslegung zu erstellen ist, was Mehrkosten verursacht. Beachtlich ist, dass über Gewinnausschüttungen die Direktoren entscheiden, denn sie können Auszahlungen aus den Gewinnen (auch der Vergangenheit) vornehmen (Sec. 830 CA 2006).

Bedeutung

In Deutschland fand sich die Ltd. überwiegend bei kleinen Unternehmen, die die € 25.000 Stammkapital für eine GmbH nicht aufbringen wollten, aber auch vereinzelt als Komplementär bei großen KGs (Müller Großhandels Ltd. & Co. KG). Entsprechend gering war deren Kreditwürdigkeit. Nicht nur wegen Einführung der UG im Jahr 2008 ging die Zahl der Ltd.-Gründungen erheblich zurück, sondern weil die Parallelität von deutschem (Insolvenz-, Steuer-, Dienstvertrags- usw.) Statut neben englischem Gesellschaftsstatut einen erheblichen Aufwand bedeutet.

Die Corporation nach dem Recht des US-Staates Delaware

Eine Gesellschaftsform, die sich seit Jahrzehnten international größter Beliebtheit erfreut, ist die Corporation nach dem Recht des US-Staates Delaware[28]. Das Gesellschaftsrecht unterliegt in den USA grundsätzlich der Gesetzgebungsbefugnis der Einzelstaaten. Ungeachtet des im autonomen dt. int. Privatrecht immer noch gültigen Sitzstatuts ist die Anerkennung in Deutschland und die Anwendung ihres Gründungsstatuts aufgrund bilateraler Abkommen möglich.

Das Gesellschaftsrecht von Delaware gilt als liberal und unbürokratisch. Aber auch die Qualität der Rechtsprechung des Chancery Court wird als Standortfaktor genannt. Anders als sonst in den USA üblich sind dessen Richter nämlich auf Gesellschaftsrecht spezialisiert, und es handelt sich ausschließlich um Berufsrichter (chancellors), keine Jury von Laien. Hunderttausende von weltweit agierenden Corporations haben ihren Gründungsort dort. Der Staat von Delaware (mittels der Konzessionsgebühren) und ansässige Dienstleister (Rechtsanwälte, Banken usw.) profitieren erheblich davon.

Rechtsgrundlage ist das Delaware General Corporation Law (DGCL)[29]. Nach § 101 DGCL ist eine Einmann-Gründung möglich. Die Gesellschafter müssen nur dem Agenten bekannt sein. Die Freiheit bei der Satzungsgestaltung ist außergewöhnlich groß. Gemäß der im angelsächsischen Recht traditionell gültigen Gründungstheorie ist wie bei der Ltd. Company nach englischem Recht die Wahl eines ausländischen Verwaltungssitzes möglich; der Gründungssitz verbleibt in Delaware; ein Agent (§ 132 (a) DGCL), faktisch jedoch nur eine Adresse, muss in Delaware bleiben. Gemäß dem US-amerikanischen Kollisionsrecht („Internal Affairs Doctrine") besteht jedoch weiterhin Unterwerfung unter die dortige Gerichtsbarkeit (§ 321 (b) DGCL).

Eine Mindestsumme des Stammkapitals (Stated Capital) wird gesetzlich nicht verlangt. Bis zur Höhe des Authorized Capital dürfen Anteile (Shares) ausgegeben werden. Hierfür kann eine Einlage in Geld, Sachen oder Dienstleistungen erbracht werden. Über deren Werthaltigkeit entscheiden die Directors (§ 152 DGCL). Die Aktien können verbrieft werden (§ 158 DCGL). Ein Bezugsrecht der Aktionäre als Verwässerungsschutz (vgl. § 186 AktG) existiert kraft Gesetzes nicht, kann aber im Certificate of Incorporation geregelt werden. Dies macht diese Gesellschaftsform für neu hinzutretende Investoren interessant. Eine Durchgriffshaftung („piercing the corporate veil") existiert auch hier nur in seltenen Ausnahmefällen.

Gesellschaftsrechtlich (zu unterscheiden vom US-Steuerrecht) ist die Corporation nicht verpflichtet, einen Jahresabschluss aufzustellen. Gerne wird diese Pflicht aber in der Satzung vereinbart. Was die Gewinnausschüttung angeht, ist die Corporation freier als die deutsche AG, allerdings bestehen auch Grenzen, z. B. zur Kapitalerhaltung und zur Wahrung der Zahlungsfähigkeit. Über die Ausschüttung entscheiden die Directors (§ 170 DCGL), jedoch setzt ihnen das Certificate of Incorporation i. d. R. Grenzen.

In Deutschland ist die Corporation nach dem Recht von Delaware grundsätzlich nur bei Gesellschaften zu finden, die ohnehin einen engen Bezug zu den USA haben. Für kleine Unternehmen ist die Unterwerfung unter die dortige Gerichtsbarkeit lästig und für größere stellen die US-Kapitalmarktvorschriften ein Hemmnis dar.

ZUSAMMENFASSUNG

In diesem Kapitel haben Sie gelernt,

- welche Kriterien bei der Auswahl einer Unternehmensform zu beachten sind,
- den Unterschied zwischen Gemeinschaft und Gesellschaft zu erkennen,
- Selbstorganschaft und Fremdorganschaft zu verstehen,
- wie man ein Unternehmen gründet,
- wie man eine Gesellschaft beendet,
- wie sich die Regelungen bezüglich Geschäftsführung und Vertretung zwischen den Rechtsformen unterscheiden,
- wie die Haftung der Gesellschafter in den einzelnen Rechtsformen geregelt ist,
- welche Möglichkeiten der Eigenkapitalbeschaffung für Kapitalgesellschaften existieren,
- wie Jahresergebnisse festgestellt und verwendet werden und
- ob und wie ausländische Gesellschaftsformen in Deutschland gegründet und genutzt werden können.

Gesellschafter, denen das Gesellschaftsvermögen zur gesamten Hand zusteht, schließen sich zum Erreichen eines gemeinsamen Zwecks vertraglich zusammen und vereinbaren Beiträge dazu. Die Gemeinschaft erschöpft sich hingegen im bloßen Halten eines Rechts; z. B. beim Miteigentum (§§ 1008 ff. BGB) liegt eine (Bruchteils-)Gemeinschaft vor (§§ 741 ff. BGB). Darin ist jeder Gemeinschafter zu einem Bruchteil am Gemeinschaftsvermögensgut berechtigt, d. h., er kann frei über diesen Bruchteil an dem einzelnen Vermögenswert verfügen. Bei der Gesellschaft kann der Gesellschafter bestenfalls nur seine Beteiligung an der Gesamtheit des Gesellschaftsvermögens, nämlich an der Gesellschaft veräußern, belasten usw., nicht an deren einzelnen Vermögensgegenständen (§ 719 BGB) und dies ohnehin grundsätzlich nur mit Zustimmung der anderen Gesellschafter.

Für die deutschen Personengesellschaften gilt das Prinzip der Selbstorganschaft, im Gegensatz zu den Kapitalgesellschaften, bei denen Fremdorganschaft möglich ist (beachte die Sonderrolle der Genossenschaft). Selbstorganschaft bedeutet, dass die Geschäftsführung immer von mindestens einem Gesellschafter wahrgenommen werden muss und die organschaftliche Vertretung sogar immer von mindestens einem persönlich haftenden Gesellschafter. Die Selbstorganschaft erschwert das Gewinnen von fremdem Management.

Eine Personengesellschaft entsteht durch den Abschluss eines Gesellschaftsvertrags, in dem die Gesellschafter sich zur Förderung eines gemeinsamen Zwecks verpflichten. Die Körperschaft entsteht – auch wenn zuvor ein Gründungsvertrag abgeschlossen worden ist – erst durch einen Hoheitsakt, i. d. R. die Eintragung in ein Register.

Auf die Auflösung einer Gesellschaft, z. B. durch Beschluss, folgt eine Liquidations-/Abwicklungsphase, während derer Vermögen verwertet und Verbindlichkeiten beglichen werden, bei Kapitalgesellschaften mit mindestens ein Jahr Dauer. Erst danach endet die Gesellschaft und erlischt im Register. Die Eröffnung einer Nachtragsliquidation ist trotzdem noch möglich.

Die Vertretung (einer Gesellschaft) ist die Befugnis, im Namen eines anderen eine Willenserklärung abzugeben, §§ 164 ff. BGB, also z. B. einen Vertrag mit einem Dritten zu schließen, der die Gesellschaft bindet. Diese Befugnis liegt bei den Personengesellschaften zwingend bei (allen oder einzelnen) persönlich haftenden Gesellschaftern (§ 714 BGB, § 125 HGB) und bei den Körperschaften beim Vertretungsorgan (GmbH-Geschäftsführung nach § 35 GmbHG, AG-Vorstand nach § 78 AktG, Genossenschafts-Vorstand nach § 24 GenG).

Die Geschäftsführung bezeichnet die Kompetenz zur Willensbildung im Innenverhältnis. In Abgrenzung zu den Entscheidungen, die den Gesellschaftern zustehen (Grundlagengeschäfte) sind das alle zur Zweckerreichung notwenigen Handlungen. Ausgenommen sind Tätigkeiten, die auf die Grundlagen der Tätigkeit, Organisation oder Zusammensetzung der Gesellschaft oder auf die Rechtsbeziehungen der Gesellschafter untereinander bezogen sind. Bei den Personengesellschaften obliegt die Geschäftsführung grundsätzlich den Gesellschaftern (§ 709 BGB, §§ 114 ff. HGB), wenn nichts anderes geregelt ist, bei den persönlich haftenden Gesellschaftern (§ 164 HGB). Bei den Körperschaften führen die Geschäfte die GmbH-Geschäftsführer nach § 35 GmbHG, der AG-Vorstand nach § 77 AktG und der Vorstand der Genossenschaft nach § 34 GenG.

Bei den juristischen Personen haftet für Verbindlichkeiten der Körperschaft nur deren Vermögen. Ausnahme ist die Nachschusspflicht in der Genossenschaft nach § 87 a Abs. 2 und § 105 Abs. 1 GenG. In den Personengesellschaften haften die Gesellschafter unmittelbar für Verbindlichkeiten der Gesellschaft nach § 128 HGB, und zwar als Gesamtschuldner, § 421 BGB, so dass der Gläubiger bei einem Gesellschafter seiner Wahl die gesamte Schuld beitreiben kann. Dieser muss sich dann im Innenverhältnis bei seinen Mit-Gesellschaftern um Ausgleich bemühen, § 426 Abs. 1 und 2 BGB. Kommanditisten haften jedoch nur bis zur Höhe ihrer ins Handelsregister eingetragenen Haftsumme, § 171 Abs. 1, § 172 Abs. 1 HGB.

In Kapitalgesellschaften sind Bar- oder Sacheinlagen möglich.

Eine „verdeckte Einlage“ geschieht, indem der Gesellschafter einfach ein Wirtschaftsgut auf die Gesellschaft überträgt.

Anders ist es bei einer Einlage gegen Kapitalerhöhung, bei der der Gesellschafter im Gegenzug dazu ein (neues) Beteiligungsrecht erhält. Auch hier sind Bar- oder Sacheinlagen (§§ 55 f. GmbHG, §§ 182 ff. AktG) möglich. Dies geschieht durch Satzungsänderung, bedarf also auch der notariellen Beurkundung (§§ 55 ff. GmbHG, §§ 182 ff. AktG).

- Kapitalerhöhungen aus Gesellschaftsmitteln sind möglich (§ 57 c GmbHG, §§ 207 ff. AktG), indem Rücklagen in Stammkapital umgewandelt werden.
- Beim genehmigten Kapital kann nicht nur allein die Gesellschafterversammlung über eine Kapitalerhöhung entscheiden, sondern das Geschäftsführungsorgan ist durch Satzung ermächtigt, das Kapital innerhalb bestimmter Grenzen zu erhöhen (§ 55 a GmbHG, §§ 202 ff. AktG).
- Bei der AG existiert auch eine bedingte Kapitalerhöhung (§§ 192 ff. AktG). Mit Eintritt einer Bedingung, z. B. Ausübung einer Aktienoption, erfolgt die Kapitalerhöhung.

Den Jahresabschluss stellt immer das Geschäftsführungsorgan auf. Über die Gewinnverwendung entscheiden immer alle Gesellschafter. Die Feststellung des Jahresabschlusses obliegt

- bei den Personengesellschaften allen Gesellschaftern,
- bei der GmbH der Gesellschafterversammlung, § 46 Abs. 1 GmbHG,
- bei der AG grundsätzlich dem Aufsichtsrat, § 172 AktG,
- bei der KGaA der Hauptversammlung mit Zustimmung des Komplementärs, § 286 Abs. 1 AktG und
- bei der Genossenschaft der Generalversammlung, § 48 Abs. 1 GenG.

Seit den grundlegenden Entscheidungen des EuGH zur Niederlassungsfreiheit kann auch eine im EU-Ausland gegründete Gesellschaft ihren Sitz verlegen. Also kann man z. B. in England eine Ltd. gründen und deren Sitz nach Deutschland verlegen. Eine Gründung in Deutschland ist nach wie vor nicht möglich. Praktisch fällt das aber kaum noch ins Gewicht, weil auch die Beteiligung an einer im EU-Ausland bereits gegründeten (Vorrats-)Gesellschaft erworben werden kann. Gesellschaften aus Drittländern unterliegen hingegen deutschem Recht, wenn sie ihren Sitz nach Deutschland verlegen. Eine ausländische AG wird dann hier lediglich als Personengesellschaft angesehen (mit allen nachteiligen Folgen, wie persönlicher Haftung der Gesellschafter usw.).

Ihr Wissen können Sie im eLearning-Bereich mit einem Verständnistest prüfen.

AUFGABEN

Aufgabe 1

A, B, C und D schließen sich zu einem Kegelausflug zusammen. A mietet namens der Gruppe einen Bus für einen Kegelausflug. Busunternehmer U fordert Bezahlung von C.

Ist die Forderung berechtigt?

Aufgabe 2

A, B und C betreiben seit Jahren eine Unternehmensberatungsgesellschaft, ohne die Gesellschaftsform näher zu spezifizieren und ohne je irgendeine Eintragung vorgenommen zu haben. Gegenstand war immer die Beratung im Zusammenhang mit einer bestimmten kaufmännischen Software der Y AG. Im Laufe der Jahre nahm aber der Verkauf der Software einen immer größeren Raum ein, so dass sie seit einem Jahr nur noch den Verkauf der Programme betreiben.

Nun schließt B namens der Gesellschaft mit der Y AG einen Software-Rahmenlieferungsvertrag ab, der einen festen Bezugspreis für die Dauer von zwei Jahren festschreibt. Als A und C das erfahren, sind sie verärgert. Sie schreiben an die Y AG, der Vertrag sei nicht wirksam, weil nicht alle drei oder nicht zumindest zwei von ihnen unterschrieben hätten.

Wer hat Recht?

Aufgabe 3

A, B und C schließen einen KG-Gesellschaftsvertrag, wonach A Komplementär sowie B und C Kommanditisten (mit je € 500 Einlage) sind. Am 01.07. beginnen sie mit der Tätigkeit. Am 20.07. wird die KG in das Handelsregister eingetragen. X nimmt B und C aus einem am 10.07. mit der Gesellschaft abgeschlossenen Kaufvertrag i. H v. € 100.000 in Anspruch (A ist vermögenslos).

Hat X einen Anspruch gegen B und C?

Aufgabe 4

K, H und L sind als Kommanditisten der Pleite, Pech und Pannen GmbH & Co. KG mit einer Haftsumme von jeweils € 10.000 in das Handelsregister eingetragen. An Gewinn und Verlust sind sie alle drei jeweils mit 20 % beteiligt.

Der Gesellschaftsvertrag sieht vor, dass H seine Einlageverpflichtung dadurch erfüllen soll, dass er seinen Kleinwagen, dessen objektiver Wert aber nur € 6.500 beträgt, in die KG einbringt, was auch geschieht. L ist ihrer Einlageverpflichtung aufgrund kurzzeitiger Liquiditätsengpässe noch gar nicht nachgekommen. Nur K hat seine € 10.000 eingezahlt.

Die Gesellschaft hat seit ihrer Gründung nur Verluste gemacht, insgesamt bisher € 150.000. Erst im letzten Geschäftsjahr 2017 ist zum ersten Mal ein Gewinn i. H. v. € 50.000 angefallen. Allein K hat sich seinen Gewinnanteil i. H. v. € 10.000 auszahlen lassen.

M macht aus einem Maschinenkaufvertrag mit der KG eine Forderung i. H. v. € 40.000 geltend und will diese so schnell wie möglich realisieren. Weder das Gesellschaftsvermögen noch das Privatvermögen der persönlich haftenden Gesellschafterin wirken, als reichten sie zur Deckung aus. Er möchte daher K, H und L persönlich in Anspruch nehmen.

Hat M einen Anspruch an L, H und/oder K?

Aufgabe 5

A und B gründen die C GmbH mit einem Stammkapital von € 25.000; jeder hat € 12.500 aufzubringen, was sie auch tun. Als erste operative Maßnahme möchte die GmbH einen Dienstwagen anschaffen. Wenige Wochen nach Eintragung verkauft daher A der C GmbH sein altes Auto im Wert von € 6.000 für € 12.500. Sieben Jahre später fällt die GmbH in Insolvenz. Der Insolvenzverwalter verlangt von A die Rückzahlung der € 12.500.

Besteht der Anspruch?

Aufgabe 6

Der einzige Geschäftsführer G der C GmbH erteilt dem A Prokura, ohne die Zustimmung der Gesellschafterversammlung zu haben. A schließt mit Z namens der GmbH einen Kaufvertrag ab. Z verlangt Zahlung von der G GmbH, die sich weigert, weil sie die Vertretungsmacht des A anzweifelt.

Hat Z einen Anspruch gegen die GmbH?

Aufgabe 7

Vorstand und Aufsichtsrat der A AG sitzen am 22.01.2018 vor Ihnen. Der Jahresabschluss zum 31.12.2017 ist schon auf-, aber noch nicht festgestellt und weist einen Jahresüberschuss von € 450.000 aus. Der anstehende Beschluss des Aufsichtsrats sowie die Hauptversammlung einschließlich Gewinnverwendungsvorschlag sollen vorbereitet werden.

Die A AG hat ein Grundkapital von € 200.000, ausgewiesen durch 200.000 nennwertlose Stückaktien, und ist im Freiverkehr notiert. Die gesetzlichen Rücklagen der A AG betragen 10 % des Grundkapitals; andere Rücklagen hat die AG nicht. Eine von § 58 Abs. 2 AktG abweichende Satzungsbestimmung existiert auch nicht.

Die Mandanten wünschen sich einen höheren „free float", also die Zahl der (gehandelten) Aktien und damit des Grundkapitals zu erhöhen, denn 200.000 Aktien seien ihres Erachtens zu wenig, um einen ordentlichen Aktienhandel stattfinden zu lassen; das Doppelte wäre besser.

Was raten Sie den Mandanten?

Die Lösungen zu den Aufgaben finden Sie im eLearning-Bereich.

FALL RECHTSFORMEN

Beschreibung

Spekulant S möchte ein Patent erwerben, dem er eine hervorragende Wertentwicklung zutraut, einige Jahre halten und dann später verkaufen oder durch Lizenzeinräumungen verwerten. Gleichzeitig sieht er aber auch das Risiko von Patentverletzungsklagen auf den Patentinhaber zukommen, die hohe Schadensersatzforderungen nach sich ziehen könnten.

Quelle: shutterstock.com, © Kzenon

Aufgabenstellungen

Beraten Sie S bei der Wahl einer geeigneten Rechtsform für den Patenterwerb. Erörtern Sie insbesondere Aspekte von Aufwand/Kosten von Gründung und laufendem Unterhalt, Steuerbelastung, Ergebnisverwendung und Haftung für

1. eine Kapitalgesellschaft,
2. eine Personengesellschaft,
3. eine Kombination aus Kapital- und Personengesellschaft.
4. Leiten Sie aus 1) – 3) eine idealtypische Vorgehensweise ab.

Lehrende finden die Lösungen und weiteres, begleitendes Material in den eLearning-Dozentenressourcen.

Literaturhinweise

Bitter, Georg; Heim, Sebastian: Gesellschaftsrecht, 3. Auflage, München, Franz Vahlen Verlag, 2016.

Eisenhardt, Ulrich; Wackerbarth, Ulrich: Gesellschaftsrecht I. Recht der Personengesellschaften, 16. Auflage, Heidelberg, München u. a., C. F. Müller, 2015.

Grunewald, Barbara: Gesellschaftsrecht, 10. Auflage, Tübingen, Mohr Siebeck Verlag, 2017.

Kindler, Peter: Grundkurs Handels- und Gesellschaftsrecht, 8. Auflage, München, C. H. Beck Verlag, 2016.

Koch, Jens: Gesellschaftsrecht, 10. Auflage, München, C. H. Beck Verlag, 2017.

Schäfer, Carsten: Gesellschaftsrecht, 4. Auflage, München, C. H. Beck Verlag, 2015.

Stehle, Heinz; Stehle, Anselm; Leuz, Norbert: Die rechtlichen und steuerlichen Wesensmerkmale der verschiedenen Gesellschaftsformen, 22. Auflage, Stuttgart, Richard Boorberg Verlag, 2017.

Weller, Marc-Philippe; Prütting, Jens: Handels- und Gesellschaftsrecht, 9. Auflage, München, Franz Vahlen Verlag, 2016.

Wiedemann, Herbert; Frey, Kaspar (2016): Gesellschaftsrecht, 9. Auflage, München, C. H. Beck Verlag.

Windbichler, Christine: Gesellschaftsrecht, 24. Auflage, München, C. H. Beck Verlag, 2017.

Teil III befasst sich mit wichtigen Funktionen der Unternehmensführung. die für ein Unternehmen und seine Leistungserstellung bedeutsam sind. Unternehmen könnten theoretisch auch ohne diese erfolgreich sein, tatsächlich finden sich Strategie, Organisation und Personal aber in allen Unternehmen – sei es als eigenständige Abteilungen oder als Funktionen, die in anderen Unternehmensbereichen mit ausgeführt werden.

Quelle: shutterstock.com, © Jirsak

TEIL III

Unternehmensführung

Lernziele

In diesem Kapitel werden Sie lernen,

- Herkunft und historische Entwicklung sowie wesentliche Begrifflichkeiten zur Unternehmensstrategie zu erläutern,
- wie eine Strategie entwickelt werden kann,
- wie Chancen und Bedrohungen auf Basis unterschiedlicher Ebenen der Umwelt und Stärken und Schwächen auf Basis von Ressourcen und Wertaktivitäten analysiert werden können,
- welche Bedeutung das SWOT-Inventar und die TOWS-Matrix für strategische Handlungsoptionen haben und
- wie Wettbewerbsstrategien in Abhängigkeit von Strategiekonzeptionen definiert werden können.

Strategie

5

ÜBERBLICK

5.1 Grundlagen des strategischen Managements

Strategisches Management ist als solches keine Unternehmensfunktion, sondern legt die Ausrichtung der einzelnen Funktionen eines Unternehmens gegenüber seiner Umwelt fest.

Strategisches Management beschäftigt sich mit der nachhaltigen Entwicklung, Planung und Umsetzung unternehmerischer Ziele nach innen und der Ausrichtungen des Unternehmens gegenüber seiner Umwelt. Strategische Entscheidungen werden in der Regel von der Geschäftsleitung getroffen, die auch Management genannt wird.

Die **strategischen Entscheidungen** der Geschäftsleitung eines Unternehmens legen die Rahmenbedingungen für sämtliche weiteren Entscheidungen des Unternehmens fest. Strategische Entscheidungen bestimmen im Allgemeinen das Verhalten und die Handlungen eines Unternehmens und im Besonderen den langfristigen Aufbau und Einsatz von Kompetenzen, Ressourcen, Investitionen und die strategische Ausrichtung des Unternehmens.

Bevor wir uns mit den Begrifflichkeiten, der Strategieentwicklung, wesentlichen Ansätzen und den grundlegenden strategischen Herausforderungen beschäftigen, soll zunächst der Frage nachgegangen werden, woher der Begriff des strategischen Managements als solcher stammt.

5.1.1 Herkunft und historische Entwicklungsphasen des strategischen Denkens

Die Anfänge des **strategischen Managements** können in der Welt des Militärs verortet werden und bezeichnen die Kunst, ein Heer zu führen. In der Tat stammt etymologisch gesehen das Wort „Strategie" aus dem Griechischen von „stratos" (Heer) und „agein" (Steuer). Ursprünglich beschäftigte sich die Strategie mit dem Verhalten von Armeen. Um drei Namen von berühmten militärischen Strategen zu nennen, sollen Sun Tzu, Machiavelli und von Clausewitz hervorgehoben werden. Diese drei Männer können als Väter des strategischen Managements bezeichnet werden. Im sechsten Jahrhundert vor Christus schrieb der chinesische General Sun Tzu (ca. 534–453 v. Chr.) in seinem Buch „Die Kunst des Krieges", dem ersten Buch über Strategie überhaupt, dass der Krieg eine Kunst sei, die nicht dem Zufall überlassen werden dürfe, sondern der Entwicklung einer Strategie bedürfe, um den Gegner zu besiegen. Auch Niccolò Machiavelli (1469–1527) formulierte in seinem Werk „Il Principe" („Der Fürst") Ratschläge und Techniken, um die Macht im zersplitterten Italien der Renaissance zu erlangen und zu bewahren. Der preußische General Carl von Clausewitz (1780–1831) kann schließlich als Gründer des modernen strategischen Managements im 18./19. Jahrhundert betrachtet werden. Er entwickelte ein Vokabular, das bis zum heutigen Tag in der Geschäftswelt benutzt wird. Zudem ist ersichtlich, dass die Definition von Strategie in seinem Hauptwerk „Vom Kriege" umfassend formuliert wurde. Laut von Clausewitz legt die Strategie „den Kriegsplan fest, das heißt die Ziele und die Taktiken, welche in den verschiedenen Feldzügen gewählt werden, wie auch das angemessene Verhalten bei jedem einzelnen Kampf".

Obwohl das Militär bereits früh in der Geschichte den Sinn von Strategie und deren Wichtigkeit für das Gewinnen von Kriegen verstanden hatte, interessierten sich Unternehmen erst sehr spät dafür, dieses Wissen für sich zu nutzen. In der Tat ist das Denken von Unternehmen seit der industriellen Revolution im 19. Jahrhundert bis in die

60er-Jahre bestrebt, die Produktivität als solche zu verbessern. Ingenieure leiten Unternehmen und eifern vor allem danach, neue Mittel und Wege zur Produktivitätssteigerung zu entwickeln. Ingenieure suchen nach wissenschaftlichen Lösungen, um den Produktionsprozess zu rationalisieren, wodurch die Ressourcennutzung minimiert und gleichzeitig die produzierte Menge maximiert werden soll. Dieses Prinzip einer Prozesssteuerung wird als **Taylorismus**, in Anlehnung an den amerikanischen Ingenieur Frederick Taylor (1856–1915), bezeichnet. Die sogenannten „Goldenen 1930er Jahre" waren eine besonders erfolgreiche Zeit für die meisten Unternehmen. Marktwachstum war vorhanden, der Wettbewerb gering und Haushalte konsumierten zunehmend neue Produkte wie Fernseher, Haushaltsgeräte oder Autos. In den späten 60er-Jahren setzte allmählich eine Marktsättigung ein, da der Absatz von Haushaltsgeräten für die nachhaltige Produktion von Wichtigkeit war. Beispielsweise stieg in Frankreich die Sättigung des Markts an Fernsehgeräten laut dem Institut National de la Statistique et des Études Économiques (INSEE)[1] von 20 Prozent im Jahr 1962 auf bereits fast 80 Prozent im Jahr 1970. Unter diesen Bedingungen waren Unternehmer gezwungen, sich neuen Herausforderungen zu stellen: Wie können Haushalte motiviert werden, sich neu auszustatten? Gibt es alternative Absatzmärkte für bestehende Produkte? Auf welche Art können Verbraucher dazu bewegt werden, in einem konkurrenzintensiven Markt das Produkt des eigenen Unternehmens und nicht das der Konkurrenz zu wählen?

Der Fokus lag nicht mehr nur darauf, die Produktivität des eigenen Unternehmens zu erhöhen, sondern ebenfalls darauf, sich gewisse Fragen über die Mittel und Wege zu stellen, welche die Menge an verkauften Gütern des eigenen Unternehmens erhöhen. Während dieser Zeit nahm die Strategie einen wichtigen Platz im Denken der Führungskräfte ein. Zu jener Zeit entstanden viele **Wirtschaftshochschulen** oder **Business Schools** in Europa und den Vereinigten Staaten. Von nun an wurde es als notwendig erachtet, das Führen eines Unternehmens zu erlernen, da es bei Strategiefragen nicht mehr ausreichte zu improvisieren. Diese Fragestellungen sollten nicht dem Zufall überlassen werden, sondern bedurften einem spezifizierten Beruf des Managers, um ein Unternehmen erfolgreich führen zu können. Zur selben Zeit begannen Unternehmensberater Führungskräften von Organisationen brauchbare **Management-Tools**, sprich Management-Instrumente bzw. -Werkzeuge anzubieten, die zu strategischem Denken anregen und helfen sollten, zunehmend komplexere, strategische Entscheidungen treffen und diese umsetzen zu können. Das Ende der 70er-Jahre war durch eine Internationalisierung des Wettbewerbs gekennzeichnet. Insbesondere japanische Unternehmen wie Sony, Yamaha, Honda oder Casio überschwemmten die Märkte Europas und Nordamerikas mit innovativen Produkten zu hoher Qualität und zu niedrigen Preisen.

Diese **Hypercompetition** (Hyperwettbewerb) drängte Führungskräfte dazu, sich neuen Herausforderungen zu stellen. Hieraus ergaben sich folgende Fragen: Wie können unsere Produkte an die unterschiedlichen Märkte angepasst werden? Wie können wir einen Kunden zufriedenstellen, der Zugang zum internationalen Markt hat und der mit den bisherigen Standardprodukten nicht mehr zufrieden ist? Wie können wir innovativere Produkte produzieren, die eine breitere Palette von Bedürfnissen abdecken?

Aufgrund des Ausmaßes negativer Externalitäten und des dadurch zunehmenden Drucks von Stakeholdern entstand in den 1980er-Jahren in Unternehmen der **Umweltschutzgedanke**. Daraus entwickelte sich die Idee einer nachhaltigen Entwicklung. Parallel dazu gab es zur gleichen Zeit weitere soziale Themen, welche in der Gesellschaft debattiert wurden und schließlich von Unternehmen aufgegriffen wurden. Seit den 1990er-Jahren verschmelzen diese Themen zu einem ganzheitlichen Verständnis für **soziale Verantwortung** und nehmen Einzug in das Strategische Management von Unternehmen. In Europa entwickelte sich die Debatte um soziale Verantwortung von Unternehmen etwas verzögert und inhaltlich anders als in den USA. Dies lag wohl am ausgeprägten Sozialsystem wie auch am traditionell stärker verankerten Verantwortungsbewusstsein europäischer Unternehmen. Aus diesem Kontext entwickelten sich folgende Fragestellungen: Inwiefern ist rechtskonformes Handeln von Unternehmen auch **moralisch** vertretbar? Wie wird soziale Verantwortung in das Kontrollsystem von Unternehmen (**Corporate Governance**) integriert? Welche Spannungsfelder zwischen **Anspruchsgruppen** in Bezug auf soziale Verantwortung entstehen? Welcher Handlungsspielraum entsteht dabei für Unternehmen? Inwiefern lassen sich soziale Verantwortung und Gewinnmaximierung vereinbaren?

Vor diesem Hintergrund muss der Frage nachgegangen werden, welche Bedeutung dem strategischem Management in der heutigen Zeit zukommt. Zudem sollen die wichtigen Begriffe, die in diesem Kontext von Relevanz sind, behandelt werden.

5.1.2 Begrifflichkeiten des Strategischen Managements

Wie bereits geschildert, haben sich der Kontext und die Problematik von Unternehmen im Lauf der Geschichte wesentlich verändert. Zudem lässt sich eine Veränderung hinsichtlich des Verständnisses und der Definition des Begriffs „Strategisches Management" im Zeitverlauf feststellen. Die Begriffe **Strategisches Management, Unternehmensstrategie** sowie **Unternehmenspolitik** werden deshalb in diesem Buch als Synonyme behandelt. Im gängigen Sprachgebrauch wird als weiteres Synonym für diese Begriffe nur der Begriff **Strategie** verwendet.

In Bezug auf die aktuelle Bedeutung des Strategischen Managements werden zwei weitere wichtige und gleichzeitig komplementäre Definitionen vorgestellt:

Gemäß Alfred Chandler (1962) bedeutet Strategisches Management „die wesentlichen, langfristigen Ziele einer Organisation und anschließend die richtigen Aktionen und Arten der Ressourcenzuweisung zu bestimmen, welche die Erreichung dieser Ziele ermöglichen".

Michael E. Porter (1985) definiert Strategie als „die Kunst der Entwicklung von nachhaltigen Wettbewerbsvorteilen".

Das Erreichen von Unternehmenszielen, sprich die **Performance** (Leistung) oder die Bildung von **Wettbewerbsvorteilen,** steht stets im Zentrum dieser Definitionen. Beide Begrifflichkeiten erfahren daher in ▶*Tabelle 5.1* eine knappe Erläuterung.

Begriff	Definition	Beispiel
Performance (Leistung)	Die Performance (Leistung) ist das von einem Unternehmen erreichte Ergebnis im Verhältnis zu den eingesetzten Ressourcen. Im Allgemeinen kann zwischen ökonomischer und sozialer Performance unterschieden werden.	Ein Performance-Indikator für ein Krankenhaus ist die Anzahl an geretteten Leben. Die Performance kann jedoch auch anhand der Rendite oder ähnlicher Faktoren gemessen werden.

Tabelle 5.1: Wesentliche Begrifflichkeiten des strategischen Managements

Begriff	Definition	Beispiel
Wettbewerbsvorteil	Ein Wettbewerbsvorteil entspricht einem Trumpf, den ein Unternehmen einsetzt, um seine Wettbewerber zu übertreffen.	Das gute Image eines Unternehmens kann auf dessen Kompetenzen oder Ressourcen wie beispielsweise einer einzigartigen Verkaufsmacht basieren und kann somit einen Wettbewerbsvorteil gegenüber anderen Wettbewerbern bilden.

Tabelle 5.1: Wesentliche Begrifflichkeiten des strategischen Managements *(Forts.)*

Das Verdienen von Geld bzw. das Erwirtschaften von Gewinnen sind nicht die einzigen Ziele im Geschäftsleben eines Unternehmens. So war Geld beispielsweise für Steve Jobs nicht das einzige Ziel, das ihn dazu anregte, das Unternehmen Apple zu gründen und aufzubauen. Eine Unternehmensstrategie basiert demnach gleichwohl auf weiteren **wesentlichen Grundelementen**, auch **Leitbild** genannt: dem Zweck bzw. der Absicht, der Vision, der Mission und schließlich den konkreten Zielen. Diese vier Grundelemente sind von zentraler Bedeutung für das strategische Denken eines Unternehmens und werden bereits bei der Gründung des Unternehmens festgelegt, um sich nach innen wie außen auszurichten.

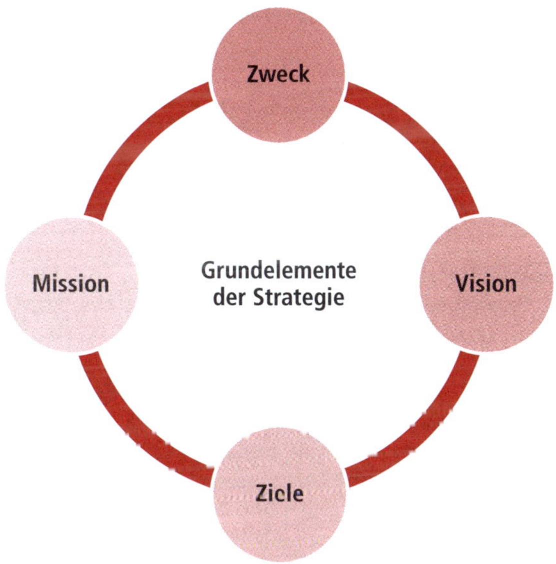

Abbildung 5.1: Vier Grundelemente der Strategie

Die vier Grundelemente können am Beispiel der Medizin wie folgt beschrieben werden:

- Der **Zweck** bzw. die Absicht beschreibt eine allgemeine Absichtserklärung bzw. ein übergeordnetes Ziel des Unternehmens wie beispielsweise die Entwicklung von Forschungs- und Entwicklungsprogrammen, um die bestmöglichen Lösungen für die Behandlung von kardiovaskulären Erkrankungen anzubieten. Der Zweck bzw. die Absicht gibt Antwort auf die Frage: Wozu gibt es dieses Unternehmen? Was ist der Sinn der Existenz des Unternehmens?
- Die **Vision** beschreibt bildlich die Ambition bzw. das Bestreben eines Unternehmens, sprich einen gewünschten zukünftigen Zustand wie beispielsweise die beste regionale Klinik für die Behandlung von Herz-Kreislauf-Erkrankungen zu sein. Die Vision gibt Antwort auf die Frage: Was wollen wir als Unternehmen erreichen?
- Die **Ziele** beschreiben die Quantifizierung eines Zwecks oder einer Absicht wie beispielsweise das Erreichen einer Erfolgsquote, die bei 90 Prozent der behandelten Patienten liegt. Die Ziele geben Antwort auf die Frage: Was soll das Unternehmen konkret langfristig erreichen?
- Die **Mission** beschreibt die Daseinsberechtigung und bestimmte Werte und Prinzipien eines Unternehmens wie beispielsweise für eine Fachklinik die Behandlung von Herz-Kreislauf-Erkrankungen der Patienten einer bestimmten Region. Die Mission gibt Antwort auf die Frage: Welche Werte und Prinzipien sollen das Handeln der Organisation und ihrer Mitglieder leiten?

Nachdem die Herkunft und die wesentlichen Begrifflichkeiten des Strategischen Managements behandelt wurden, wenden wir uns nun der Frage zu, auf welche Weise eine Strategie konkret zustande kommt. Im folgenden Abschnitt steht das Thema Strategieentwicklung im Fokus der Betrachtung.

5.1.3 Wie entwickelt man eine Strategie?

Dieser Abschnitt beschäftigt sich mit der Frage nach dem konkreten Vorgehen bei der Entwicklung einer Strategie. In diesem Kontext schlug Henry Mintzberg in einem Artikel „Five P's for Strategy“ (1987) und später in seinem Werk „The Rise and Fall of Strategic Planning“ (1994) das sogenannte **5P-Modell** vor. Dieses Modell, das fünf wesentliche Dimensionen der Strategie illustriert, stellt den Ausgangspunkt für die Entwicklung von Strategien dar. Die Interaktion zwischen den einzelnen Dimensionen kann wie folgt beschrieben werden: Eine geplante Strategie (Plan) wird durch Aktionssequenzen bzw. Muster (Pattern) formalisiert. Diese Aktionssequenzen werden wiederum durch List (Ploy), einem taktischen Verhalten gegenüber der Konkurrenz, ausgeführt, welches so die Wettbewerbsposition (Position) des Unternehmens festlegt. Diese neue Wettbewerbsposition schafft neue Perspektiven (Perspective), die wiederum die zukünftigen Aktionspläne beeinflussen.

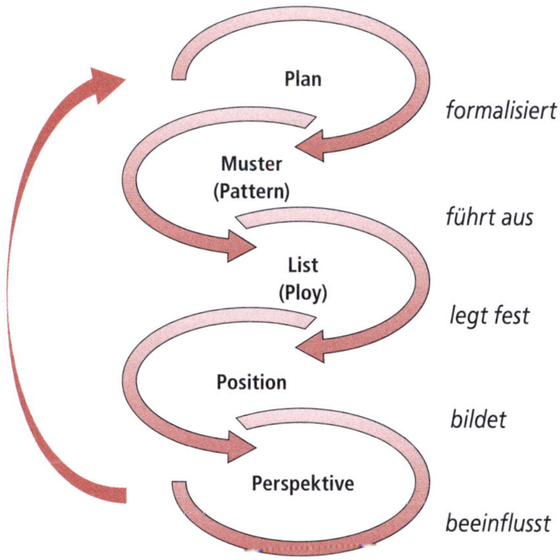

Abbildung 5.2: Das 5P-Modell der Strategie von Mintzberg

Zusammenfassend lässt sich die Bedeutung der 5Ps wie folgt festhalten:

- **Plan (Plan):** eine geplante Strategie
- **Muster (Pattern):** eine formalisierte Strategie
- **List (Ploy):** ein Manöver gegenüber der Konkurrenz, um im Wettbewerb zu überleben
- **Position (Position):** die realisierte Positionierung im Markt
- **Perspektive (Perspective):** die Grundlage für neue Strategien

In diesem Kontext ist anzumerken, dass der Ablauf der Strategieentwicklung innerhalb dieses Modells je nach Unternehmen variieren kann. So kommt es durchaus vor, dass sich ein Unternehmen weniger auf die Entwicklung eines Plans fokussiert und sich dieser erst im Laufe des Ausführens der List formalisiert. Wir unterscheiden daher zwischen einem geplanten Strategieansatz bei der Realisierung von Strategie und einem emergenten Strategieansatz: Anhänger des geplanten Strategieansatzes betrachten strategische Entscheidungen als im Voraus definiert und daher als absichtlich und geplant (intendiert). Andere wiederum bevorzugen eher den emergenten Strategieansatz, da dieser den täglichen Aufbau von Strategie durch sämtliche Einflüsse auf das Unternehmen betont.

Schließlich definiert, koordiniert und überwacht die Unternehmensstrategie die unterschiedlichen Unternehmensfunktionen bzw. -aktivitäten mit dem Ziel, Kundennutzen bei gleichzeitiger Erreichung einer möglichst hohen Unternehmensrendite zu maximieren.

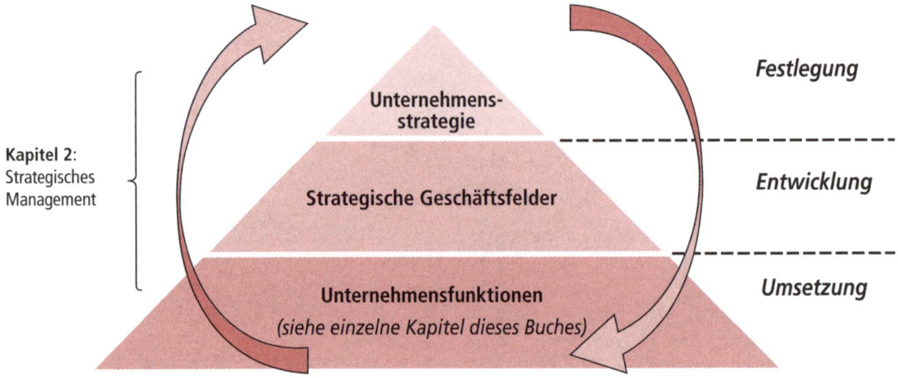

Abbildung 5.3: Die Strategiepyramide

Jedes Kapitel dieses Buchs behandelt eine wichtige Aktivität eines Unternehmens. Ziel dieses Kapitels ist es, einige grundlegende Prinzipien des strategischen Managements zu erläutern. Wie in ▶*Abbildung 5.3* veranschaulicht, werden wir uns auf die beiden oberen Ebenen der Strategiepyramide konzentrieren. Diese sind die Festlegung der Unternehmensstrategie und die Entwicklung von strategischen Geschäftsfeldern. Wie ▶*Abbildung 5.3* zeigt, konzentrieren sich die Unternehmensfunktionen auf die Umsetzung des strategischen Managements. Das strategische Management nimmt eine bedeutende und übergeordnete Rolle im Unternehmen ein, da es die Ausrichtung der einzelnen Unternehmensfunktionen determiniert. Im nächsten Abschnitt werden die wesentlichen Strategieansätze im Detail beschrieben.

5.2 Marktanalyse

Die Unternehmensumwelt verleiht dem Unternehmen die Mittel, um zu überleben. Sie ist der Ursprung von Bedrohungen, aber auch von Chancen. Man spricht hierbei auch vom **marktorientierten Ansatz** bzw. **Market-Based View,** welcher in den 1970er-Jahren v. a. durch Mason und Bain entwickelt wurde. Die wesentlichen Aussagen dieses Paradigmas liegen im sogenannten **Structure-Conduct-Performance-Approach** (Marktstruktur-Marktverhalten-Marktergebnis-Ansatz) nach Mason (1939) und Bain (1951; 1956). Dieser sogenannte SCP-Ansatz sieht den Erfolg eines Unternehmens in der strategischen Anpassungsfähigkeit an extern gegebene Faktoren. Dieser Ansatz leitet die Unternehmensstrategie von den Charakteristika der jeweiligen Branche ab, wie z. B. Standards einer Branche. Es handelt sich hierbei um eine von außen nach innen gerichtete Outside-In-Perspektive: Das Unternehmen analysiert zunächst die Umwelt, um anschließend im Inneren die Ziele und Maßnahmen zu formulieren, die einen Wettbewerbsvorteil gewährleisten sollen.

Später wurde er dann durch Michael E. Porter (1986) weiterentwickelt. Porter schlägt einen Ansatz vor, bei dem die Unternehmensstrategie auf einer Branchenanalyse basiert. Dieses Vorgehen ermöglicht dem Unternehmen die Branchenattraktivität, sprich die potenzielle Rentabilität des Unternehmens zu verstehen und einzuschätzen. Des Weiteren geht es darum, sich in dieser Branche zu positionieren, die richtige Strategie zu formulieren und diese schließlich umzusetzen, um auf diese Weise Gewinne zu erwirtschaften. Die Einteilung der Unternehmensumwelt in Branchen oder Sektoren ist häufig (noch) nicht ausreichend, um Konkurrenz vollkommen zu verstehen. In diesen Fällen ist es sinnvoll, strategische Gruppen zu bilden.

Die Unternehmensumwelt lässt sich somit in unterschiedliche Ebenen einteilen, welche das Unternehmen beeinflussen:

- Makro-Umwelt
- Branche (Sektor)
- Strategische Gruppe

Nachfolgend wird für jede dieser Umweltebenen ein entsprechendes Analyseinstrument vorgestellt:

1. **PESTEL-Modell:** Dieses Modell dient dazu, die Einflüsse der Makro-Umwelt eines Unternehmens strukturiert zu analysieren.
2. **5-Kräfte-Modell:** Dieses Modell dient dazu, die fünf Wettbewerbskräfte, die auf die Branche bzw. den Sektor einwirken, in der bzw. dem das Unternehmen tätig ist, zu identifizieren und zu evaluieren.
3. **Strategie-Mapping:** Dieses Modell wird angewandt, um die unterschiedlichen strategischen Gruppen innerhalb einer Branche grafisch abzubilden und einzuordnen.

Zusammenfassend stellt folgende Abbildung die einzelnen Umweltebenen und die jeweiligen Analysetools grafisch dar:

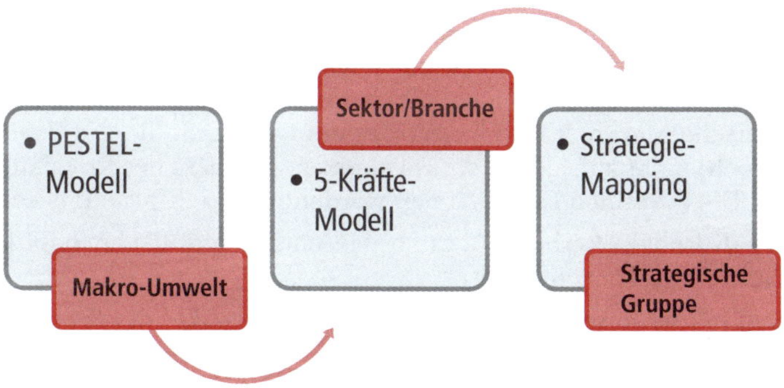

Abbildung 5.4: Umweltebenen und entsprechende Analysetools

5.2.1 PESTEL-Analyse

Ziel des PESTEL-Modells ist es, die Einflüsse der Makro-Umwelt auf ein Unternehmen zu analysieren. PESTEL stammt aus dem Englischen und steht für Political (politische), Economical (ökonomische), Sociocultural (soziokulturell), Technolocigal (technologische), Ecological (ökologische) und schließlich Legal (rechtliche) Dimension.

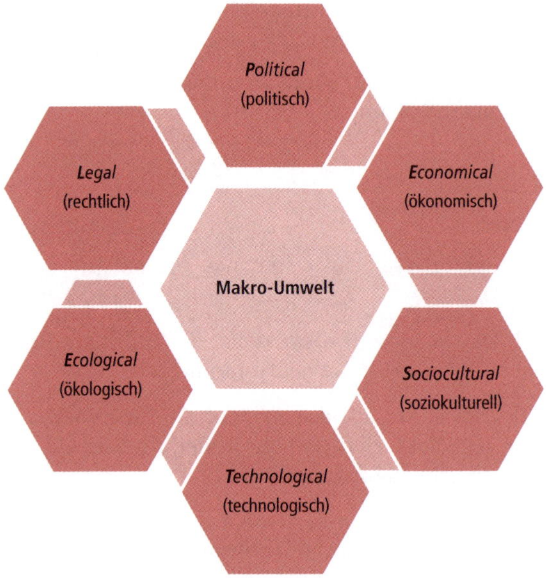

Abbildung 5.5: PESTEL-Analyse

Bei der PESTEL-Analyse geht es stets darum, wesentliche Tendenzen in der Makro-Umwelt zu identifizieren, welche einen Einfluss auf die Unternehmung haben. Die einzelnen Dimensionen beeinflussen sich auch untereinander. So liegt in einer Demokratie der Ursprung eines Gesetzes in der Regel in der soziokulturellen Dimension. Wird diese Tendenz ernst genommen, hält sie Einzug in die politische Debatte. Sofern sich eine politische Mehrheit bildet, entsteht ein Gesetz. Sollte die Bevölkerung mit dem Gesetz (noch) nicht zufrieden sein, so kann es sein, dass der Kreislauf wieder von vorne beginnt. Die einzelnen Dimensionen werden nun nachfolgend beschrieben:

- **Political (politische):** Hierbei geht es vorwiegend um politische Stabilität, Steuern, Außenhandel, sozialer Schutz.
- **Economical (ökonomische):** Diese Dimension überdenkt vorwiegend Themen wie Wirtschaftszyklen, Währungsschwankungen, Zinspolitik, Konjunktur, Inflation und Arbeitslosigkeit.
- **Sociocultural (soziokulturelle):** Bei dieser Dimension kann es sich um Themen wie Demographie, soziale Ungleichheiten, Geschmack und Kultur, Einstellungen und schließlich Bildung handeln.
- **Technolocigal (technologische):** Es geht dabei oft um Ausgaben in Forschung und Entwicklung, neue technologische Trends und Möglichkeiten und Technologietransfer.
- **Ecological (ökologische):** Es kann sich hierbei um Normen in Bezug auf Umweltschutz handeln, neue und umweltfreundlichere Teilprodukte, Entsorgung und Energieverbrauch.
- **Legal (rechtliche):** Dies ist die einzige Dimension, bei der es keine Tendenzen gibt. Diese ergeben sich rein aus der politischen Debatte. Es handelt sich hierbei typischerweise um Normen, Arbeitsrecht, Recht in Bezug auf Monopole und Gesundheitsrecht.

5.2.2 5-Kräfte-Modell

Ziel des 5-Kräfte-Modells ist es, die Attraktivität einer Branche wie beispielsweise die der Luftfahrt, der Automobile, der Telekommunikation oder auch der von Wein oder Bier durch die Analyse der sogenannten fünf Wettbewerbskräfte zu bestimmen. Generell kann das Modell sowohl auf Ebene der Branche bzw. des Sektors als auch auf Ebene der strategischen Gruppe angewendet werden.

Porter unterscheidet hierbei folgende fünf Wettbewerbskräfte:

- Bedrohung durch potenzielle neue Konkurrenten,
- Bedrohung durch Substitute (Ersatzprodukte),
- Verhandlungsstärke der Kunden,
- Verhandlungsstärke der Lieferanten und
- Rivalität unter den bestehenden Unternehmen innerhalb der Branche oder der strategischen Gruppe.

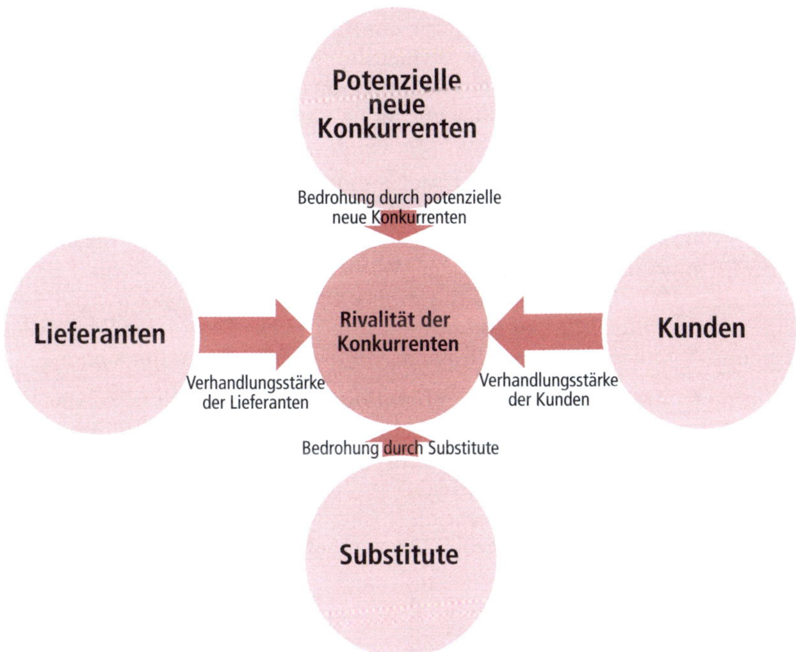

Abbildung 5.6: Das 5-Kräfte-Modell von Porter

Die einzelnen Kräfte des Modells in ▶ *Abbildung 5.6* lassen sich wie folgt beschreiben.

- **Bedrohung durch potenzielle neue Konkurrenten:** Potenzielle neue Konkurrenten sind jene Unternehmen, die sich derzeit noch außerhalb der Branche befinden, doch möglicherweise in (naher) Zukunft in diese eintreten können. In der Brauereibranche könnte beispielsweise ein potenzieller Wettbewerber eine Supermarktkette sein, die beabsichtigt, eigenes Bier zu brauen.

- **Bedrohung durch Substitute bzw. Ersatzprodukte:** Unternehmen, die nicht der Branche angehören, stellen Produkte oder Dienstleistungen, sprich Substitute her, die ähnliche Bedürfnisse zu einem vergleichbaren Preis befriedigen. Beispielsweise kann Wein für bestimmte Verbraucher den Konsum von Bier ersetzen.
- **Verhandlungsstärke der Kunden:** Generell können mehrere Arten von Kunden unterschieden werden: Intermediäre Kunden, auch Business-to-Business-Kunden genannt wie beispielsweise Zwischenhändler, und schließlich Endkunden bzw. Verbraucher. Die Verhandlungsmacht eines Kunden hängt von seiner Bedeutung für das verkaufende Unternehmen ab. So verfügen beispielsweise in der Brauereibranche große Supermarktketten über eine hohe Verhandlungsmacht, da sie in großen Mengen Bier abnehmen und ihnen daher eine hohe Bedeutung zukommt. Eine kleine Bar verfügt hingegen über eine sehr begrenzte Verhandlungsmacht, da diese in Relation zu einer Supermarktkette lediglich eine geringe Menge an Bier abnimmt, welche für den Verkäufer unwesentlich ist.
- **Verhandlungsstärke der Lieferanten:** Die Verhandlungsmacht der Lieferanten hängt im Wesentlichen von der Bedeutung ihres Produkts für das Unternehmen ab. Ein großer Hopfenlieferant, der aus derselben Region wie die Brauerei stammt, die er beliefert, besitzt eine hohe Verhandlungsmacht: Zum einen, da Hopfen für das Brauen von Bier unverzichtbar ist, und zum anderen, da aufgrund der geografischen Nähe hohe Transportkosten und hohe Umweltbelastungen vermieden werden.
- **Rivalität unter den bestehenden Unternehmen:** Diese Kraft betrifft die gesamten Unternehmen, die in einer Branche tätig sind und um Marktanteile ringen. Der Grad der Rivalität kann je nach Branche variieren und hängt im Wesentlichen von der Anzahl sowie der Ähnlichkeit der Wettbewerber ab. Auf internationaler Ebene gibt es mehrere Großbrauereien wie Heineken N.V. (u. a. Heineken- und Karlsberg-Bier), Anheuser-Busch InBev (u. a. Stella- und Becks-Bier) oder SABMiller (u. a. Miller- und Castle-Bier), die in direktem Wettbewerb zueinander stehen.

Schließlich wirkt die dynamische Kombination dieser fünf Kräfte auf die Intensität des Wettbewerbs und damit auf die Rentabilität der Branche ein, welche wiederum die Möglichkeit eines Unternehmens beeinflusst, Gewinne zu erwirtschaften. In manchen Branchen, bei denen der Staat (Regierung) oder Stiftungen eine besonders wichtige Rolle spielen, ist es sinnvoll, diese als zusätzliche Kraft auf die Branchenstruktur mitaufzunehmen, um deren Rolle gesondert zu analysieren.

5.2.3 Strategie-Mapping

Da die Branche als solche häufig zu vage ist, um direkte Konkurrenten eines Unternehmens zu identifizieren, werden Unternehmen einer Branche in der Regel unterschiedlichen strategischen Gruppen zugeordnet. Eine strategische Gruppe umfasst alle Unternehmen einer Branche, die direkt miteinander konkurrieren und ähnliche strategische Eigenschaften aufweisen. Obwohl Porsche und Renault der Automobilbranche zugeordnet werden können, stehen sie nicht in direkter Konkurrenz zueinander. Strategisch sind beide Unternehmen völlig anders ausgerichtet.

Die Bildung von strategischen Gruppen hängt von denjenigen Kriterien ab, die ausgewählt werden, um sie zu kategorisieren. Ziel ist es, hierbei Kriterien zu identifizieren, die helfen, diese Zuordnung so gut wie möglich durchzuführen. Anhand des **Strate-**

gie-Mappings können Unternehmen einer Branche nach zwei Dimensionen gegliedert und somit strategische Gruppen identifiziert werden.

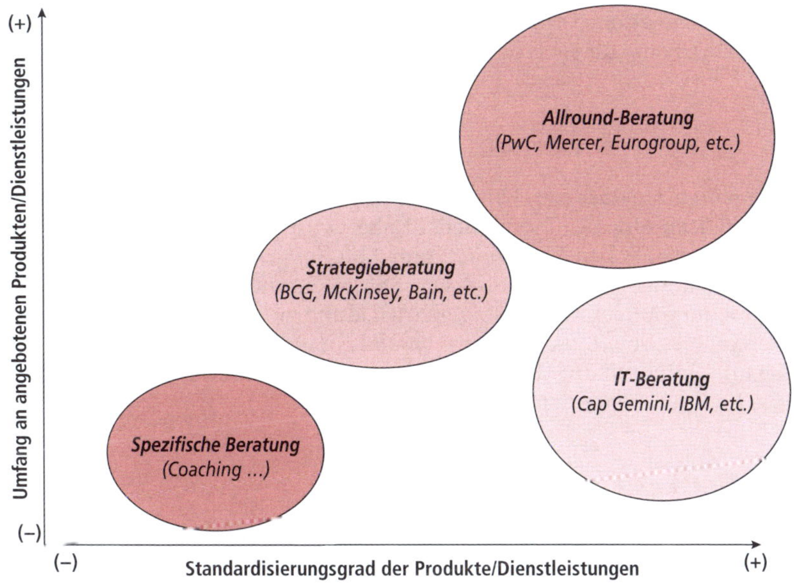

Abbildung 5.7: Beispiel des Strategie-Mappings für die Unternehmensberatungsbranche

▶*Abbildung 5.7* zeigt ein Beispiel des Strategie-Mappings bezüglich der Unternehmensberatungsbranche. Die Branche wird in vier strategische Gruppen unterteilt. Bei der Unternehmensberatung handelt es sich um eine Branche, die Unternehmen hilft, Entscheidungen zu treffen und diese umzusetzen. Die Aufteilung entlang der zwei Achsen erlaubt es, folgende vier strategische Gruppen zu charakterisieren:

- **IT-Beratung:** Die IT-Beratung wird von Unternehmen durchgeführt, die diese nach standardisierten Methoden vornehmen. Hierbei spricht man von dem People-to-Document-Ansatz: hohe Standardisierung der Leistungen, die sich ausschließlich auf IT-Dienstleistungen beschränken (geringer Umfang).
- **Allround-Beratung:** Beratungsunternehmen bieten auf breiterer Basis standardisierte Dienstleistungen an, die die unterschiedlichen Aktivitäten des Unternehmens betreffen wie beispielsweise IT, Human Ressource Management oder Controlling.
- **Strategieberatungsfirmen:** Die „reinen" Strategieberatungsfirmen bieten in erster Linie Beratung an, die sich ausschließlich mit strategischen Fragen der Unternehmensführung beschäftigt (durchschnittlicher Umfang). In der Regel werden kaum standardisierte Methoden angewandt. Oft werden auf den Kunden zugeschnittene Lösungen angeboten (durchschnittlicher Grad an Standardisierung).
- **Spezifische Beratungsunternehmen:** Diese Unternehmen beschränken sich ausschließlich auf bestimmte Typen von Beratungstätigkeiten, die sehr stark individualisiert auf den Kunden zugeschnitten sind. Dieses Vorgehen wird als People-to-People-Ansatz bezeichnet.

Zu beachten ist, dass die Einteilung einer Branche in unterschiedliche strategische Gruppen von jedem Unternehmen selbst durchgeführt werden muss. Ziel ist es hierbei, die Akteure zu identifizieren, mit denen sich das Unternehmen in direktem Wettbewerb befindet. Jede strategische Gruppe ist durch eine spezifische Wettbewerbsdynamik und daher auch durch eine für sie typische Durchschnittsrendite charakterisiert.

5.3 Unternehmensanalyse

Die Unternehmensanalyse beschäftigt sich mit den internen Ressourcen, Aktivitäten und Kompetenzen eines Unternehmens. Dabei wird versucht, aus den in den unterschiedlichen betrieblichen Funktionen und Abteilungen vorhandenen Einzelinformationen ein möglichst objektives Bild von Stärken und Schwächen für die Unternehmensführung im Rahmen der Strategieentwicklung zu zeichnen. Die Instrumente der **Wertkettenanalyse** sowie der **Ressourcenanalyse** eignen sich für eine systematische Erfassung und Beschreibung der Aktivitäten und Kompetenzen der Unternehmung als Grundlage für ein Stärken-Schwächen-Profil.

5.3.1 Wertkettenanalyse

Die **Wertkette** beschreibt ein Unternehmen als eine strukturierte Abfolge voneinander unterscheidbarer Aktivitäten, deren Durchführung sowohl mit Kosten als auch mit einem Wertbeitrag verbunden ist, für welchen die Kunden des Unternehmens eine Zahlungsbereitschaft aufweisen. Als Residuum aller Unternehmensaktivitäten und ihrer jeweiligen Kosten wird die Gewinnspanne ausgewiesen.

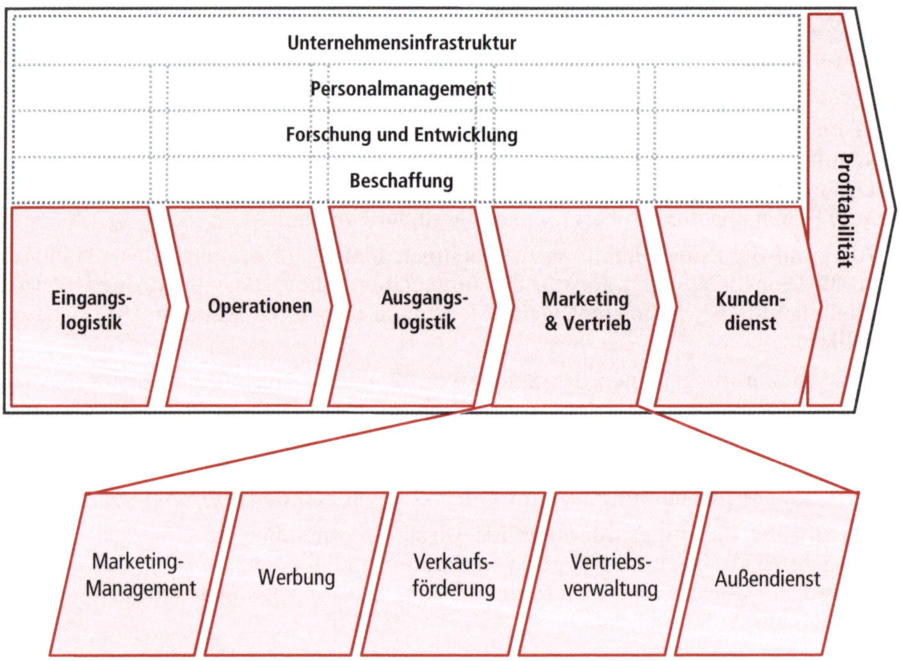

Abbildung 5.8: Wertkette nach Porter

Die Aktivitäten werden entsprechend ihres Bezugs zur Leistungserstellung in zwei Kategorien unterschieden. Primäre Wertaktivitäten weisen einen direkten Bezug zur Leistungserstellung auf und umfassen:

- **Eingangslogistik:** Bereitstellung von Roh-, Hilfs- und Betriebsstoffen,
- **Operationen:** Produktions-, Veredelungs- und Qualitätssicherungsaktivitäten,
- **Ausgangslogistik:** Abwicklung und Erfüllung von Kundenaufträgen,
- **Marketing und Vertrieb:** Vertriebs- und Verkaufsaktivitäten,
- **Kundendienst:** Service- und Schulungsaktivitäten.

Sekundäre Wertaktivitäten unterstützen die primären Aktivitäten funktionsübergreifend als Querschnittsfunktion und sichern dadurch Effektivität und Effizienz der primären Aktivitäten. Sie gliedern sich nachfolgend in:

- **Beschaffung:** Einkauf von Einsatzstoffen für sämtliche Primäraktivitäten,
- **Forschung:** Entwicklung technologischer Produkt-/Prozessverbesserungen,
- **Personalmanagement:** Bereitstellung und Entwicklung von Personal,
- **Unternehmensinfrastruktur:** Unterstützung der Geschäftsführungsaktivitäten.

Die Wertkette stellt ein generisches Schema zur systematischen Wertanalyse aller Aktivitäten im Wertschöpfungsprozess einer Unternehmung dar. Wertketten sind im Aufbau und in ihrer Struktur allerdings unternehmensspezifisch ausgestaltet, so dass folgende Analyseschritte grundsätzlich zu empfehlen sind.

1. **Systematisierung von Wertaktivitäten auf Unternehmensebene**

   Die einzelnen Aktivitäten in der Wertkette lassen sich in ihre jeweiligen Bestandteile z. B. einzelne Arbeitsschritte, untergliedern. Im Rahmen dieser Darstellung ist jede Aktivität abzugrenzen und entsprechend ihrer Wettbewerbsrelevanz zu Wertaktivitäten zusammenzufassen. Dazu schlägt Porter vor, das Ausmaß des wirtschaftlichen Zusammenhangs der Aktivitäten zu untersuchen, das Differenzierungspotenzial gegenüber den Wettbewerbern zu ermitteln sowie den Kostenanteil und Wertbeitrag an den Gesamtkosten bzw. -wert zu berechnen.

2. **Differenzierte Analyse von Kostentreibern und Wertbeitrag**

   Die verursachten Kosten und der Wertbeitrag von Aktivitäten erlauben eine systematische Identifikation der Hebel für eine Beeinflussung der Gewinnspanne. Dazu bietet sich eine strategische Kostenanalyse bspw. auf dem Verfahren der Prozesskostenrechnung an. Die Kosten einzelner Wertschöpfungsaktivitäten werden dabei prozessbezogen ermittelt, mit dem Ziel, die Kostentreiber zu identifizieren. Als Kostentreibor werden solche Aktivitäten bezeichnet, die maßgeblich die Kosten der Leistungserstellung beeinflussen.

3. **Vergleichende Analyse innerhalb der Branche**

   Im Vergleich mit direkten Wettbewerbern können die gesamte Wertkette oder einzelne Wertaktivitäten z. B. mittels Benchmarking verglichen werden. Da Branchen in der Regel eine typische Wertkettenstruktur aufweisen, dient diese Analyse der Identifikation von Stärken und Schwächen sowie der Erarbeitung von Differenzierungspotenzial hinsichtlich der Tiefe und Breite der Wertaktivitäten.

4. Interorganisatorische Analyse der vertikalen Verbindungen

Die Wertkettenanalyse beschränkt sich nicht nur auf das Unternehmen selbst, sondern ermöglicht auch Analysen der Wertaktivitäten, die in direktem Austausch mit Kunden oder Zulieferern stehen, und erlaubt somit eine Analyse der unternehmensübergreifenden Verbindungen und Aktivitäten. Die Einbeziehung dieser interorganisatorischen Verbindungen und deren Neuordnung eröffnen einen größeren Alternativenraum für die Erarbeitung strategischer Handlungsoptionen.

Die Wertkettenanalyse ist für eine systematische Analyse der Wertaktivitäten hinsichtlich Kosten- und Wertbeiträgen einzelner Aktivitäten sowie für vergleichende Analysen geeignet. Dabei wird eine unternehmensinterne Perspektive auf Gruppen von Aktivitäten, die von betrieblichen Funktionen und Organisationseinheiten durchgeführt werden, eingenommen. Eine kundenorientierte Perspektive auf die Aktivitäten, die den zentralen Kundennutzen erfüllen, kann mit sog. Aktivitätensystemen (Activity Systems) erfolgen.[2] Dabei werden Aktivitäten nicht sequenziell entlang der Wertkette abgebildet, sondern in ihren wechselseitigen und nutzenorientierten Bezügen im Hinblick auf die strategische Wettbewerbspositionierung des Unternehmens.

5.3.2 Ressourcenanalyse

Die Ressourcen und Fähigkeiten eines Unternehmens bilden die Kompetenzbasis für das angebotene Leistungsspektrum an Produkten und Dienstleistungen.[3] Als Ressourcen können grundsätzlich alle Mittel und Einsatzfaktoren verstanden werden, die einem Unternehmen zur Verfügung stehen.

Unterschiedliche Ansätze zur Klassifikation von **Ressourcen** eignen sich für eine systematische Differenzierung. Sie können unter anderem nach ihrer Art als physische, humane, organisationale, finanzielle und technologische Ressourcen klassifiziert werden. Außerdem können sie entsprechend ihrer Gegenständlichkeit und Separierbarkeit in tangible und intangible Ressourcen unterteilt werden. Tangible Ressourcen sind materieller Natur und umfassen z. B. Rohstoffe, Produktionsanlagen oder finanzielle Mittel. Intangible Ressourcen weisen einen immateriellen und impliziten Charakter auf und sind schwer zu separieren, wie z. B. Qualifikation und Wissen von Mitarbeitern sowie Patente oder Markennamen.

Ressourcen schaffen für sich genommen keinen Wert, sondern erst spezifische Fähigkeiten zur Planung, Umsetzung und Kontrolle versetzen ein Unternehmen in die Lage, auf der Basis einer bestimmten Ressourcenausstattung Strategien zu planen und zu implementieren, welche die Effektivität und Effizienz des Unternehmens steigern.[4] Fähigkeiten beschreiben also, ob ein Unternehmen in der Lage ist, seine Ressourcen gezielt zu nutzen bzw. weiterzuentwickeln.[5] Sie umfassen organisationale Prozesse und Routinen, Planungs- und Kontrollsysteme, Anreiz- und Führungssysteme sowie personengebundene Führungsfähigkeiten.

Die Ressourcen und Fähigkeiten eines Unternehmens können differenziert werden in:

- tangible (materielle) und intangible (immaterielle) Ressourcen;
- personale (personengebundene) und organisationale (personenungebundene) Fähigkeiten.

Kernkompetenzen sind solche besonderen Ressourcen und Fähigkeiten, die in einem gegebenen Marktumfeld zur Realisierung eines dauerhaften Wettbewerbsvorteils beitragen und damit erfolgskritisch sind. Der Begriff der Kernkompetenz (Core Competence) bezeichnet ein „Bündel an Fähigkeiten und Technologien, die es einem Unternehmen ermöglichen, seinen Kunden einen bestimmten Nutzen anzubieten. [...] Beim Aufbau von Kernkompetenzen geht es [...] darum, die Vorteile besser zu verstehen, die einem Unternehmen aus der mehr oder weniger exklusiven Bereitstellung vielfältiger Kundennutzen erwachsen.“[6]. Diese Perspektive betrachtet ein Unternehmen als ein Portfolio spezifischer Kombinationen von Ressourcen und Fähigkeiten, die erst durch spezifische Kombination und Interaktion einen Wettbewerbsvorteil schaffen können.

Die Grundannahme dieser Betrachtungsweise basiert auf dem **ressourcenorientierten Ansatz**. Demnach liegt die wesentliche Ursache für Wettbewerbsvorteile und die Erklärung unternehmerischen Erfolgs in der unterschiedlichen Ausstattung und Nutzung von Ressourcen von Unternehmen. Das Verhältnis von Ressourcen, Fähigkeiten und Kernkompetenzen ist allerdings problematisch, da in der Praxis alle denkbaren Fähigkeiten und Ressourcen eines Unternehmens allzu leicht als Kernkompetenz eingeordnet werden. Die Identifikation von Kernkompetenzen und deren präzise Abgrenzung zu gewöhnlichen Kompetenzen ist ein wesentlicher Schritt für die spätere Formulierung von Wettbewerbsstrategien. Die Identifikation von Kernkompetenzen kann anhand von Kriterienkatalogen durchgeführt werden. Das Schema nach Barney (2011) untersucht Ressourcen und Fähigkeiten anhand der vier Kriterien Wert, Seltenheit, Imitierbarkeit und Unternehmensspezifität.[7]

Wert (Value): Ressourcen und Fähigkeiten sind für das Unternehmen wertvoll, indem sie einen relevanten Nutzen für Kunden bei einem wettbewerbsfähigen Kostenniveau schaffen und einen dafür angemessenen Gewinn erzielen.[8] Die Wertkettenanalyse bietet für diesen Prüfschritt eine geeignete Ausgangsbasis, da sie die Analyse auf die Profitabilität aller Aktivitäten ausrichtet.

Seltenheit (Rarity): Ressourcen müssen selten, bestenfalls sogar einzigartig sein, so dass nur ein oder sehr wenige Unternehmen über eine derartige Ressource verfügen, um einen Differenzierungsvorteil zu erhalten. Differenzierung, die durch Seltenheit begründet ist, kann beispielsweise in Form von patentierten Rezepturen, Technologien oder geschützten Marken erfolgen. Wenn mehrere Wettbewerber über die gleichen Ressourcen verfügen, sind diese dennoch keinesfalls wertlos. In solch einem Fall wird von sog. Schwellenressourcen bzw. -fähigkeiten gesprochen, die ein Unternehmen mindestens besitzen muss, um am Wettbewerb teilzunehmen.[9]

Imitierbarkeit (Imitability): Ressourcen dürfen idealerweise nicht oder nur zu hohen Kosten von Wettbewerbern kopierbar sein. Dies ist im Falle von Pfadabhängigkeit (eine im Handlungsverlauf unternehmensindividuelle und nicht reproduzierbare Abfolge von strategischen Entscheidungen, die zu einem spezifischen Wissensaufbau führen) und Ressourceninterdependenz (wechselseitige Verbindungen und Abhängigkeiten von internen und externen Ressourcen) gegeben.

Unternehmensspezifität (Organisational Specificity): Die Einbindung von Ressourcen in die spezifischen Geschäftsprozesse und die Unternehmensorganisation ermöglicht deren vollständige Nutzung als Quelle eines dauerhaften Wettbewerbsvorteils. Der Grad der organisationsspezifischen Einbindung und Nutzung lässt sich anhand der Interaktion von Ressourcen und ihrer kausalen Mehrdeutigkeit beschreiben, die eine Reproduzierbarkeit verhindern und damit die Grundlage für einen dauerhaften Wettbewerbsvorteil darstellen.

Ist die Ressource wertvoll?	Ist die Ressource selten?	Ist die Ressource nicht kopierbar?	Bedeutung für die Wettbewerbs-situation	Organisationale Voraussetungen zur Nutzung
Nein	–	–	Wettbewerbs-nachteil	Nein
Ja	Nein	–	Wettbewerbs-parität	
Ja	Ja	Nein	Temporärer Wettbewerbs-vorteil	
Ja	Ja	Ja	Dauerhafter Wettbewerbs-vorteil	Ja

Abbildung 5.9: VRIO-Schema[10]

Das VRIO-Schema ist ein Instrument zur Identifikation und Abgrenzung der Kernkompetenzen von den gewöhnlichen Ressourcen und Fähigkeiten. Die Kriterien sind miteinander additiv verknüpft. Wettbewerbsvorteile, die auf Ressourcen und Kompetenzen beruhen, sind zeitlich umso dauerhafter, je mehr Kriterien erfüllt werden. Ressourcen und Fähigkeiten, die wertvoll und selten sind, können einen temporären Wettbewerbsvorteil begründen. Kernkompetenzen liegen nach diesem Ansatz erst dann vor, wenn Ressourcen und Fähigkeiten zusätzlich nicht imitierbar und organisationsspezifisch verankert sind.

Sollten derartige Ressourcen und Fähigkeiten nicht oder nur unzureichend vorliegen, müssen sie gegebenenfalls systematisch für die relevanten Produktmärkte entwickelt werden. Die Kompetenz-Produktmarkt-Matrix differenziert zwischen bestehenden und neu zu entwickelnden Kompetenzen sowie Produktmärkten.[11]

Kernkompetenzen / Markt	Markt: Bestehend	Markt: Neu
Neu	***Herausragende Position*** Welche neuen Kernkompetenzen müssen wir aufbauen, um unsere Exklusivposition in unseren derzeitigen Märkten zu schützen und auszubauen?	***Mega Chancen*** Welche neuen Kompetenzen müssen wir aufbauen, um an den spannendsten Märkten der Zukunft teilnehmen zu können?
Bestehend	***Lücken füllen*** Welche Chancen haben wir, unsere Positionen auf den bestehenden Märkten zu verbessern, indem wir unsere bestehenden Kernkompetenzen besser nutzen und ausschöpfen?	***Weiße Flecken*** Welche neuen Produkte oder Dienstleistungen können wir entwickeln, indem wir unsere derzeitigen Kernkompetenzen in kreativer Weise neu einsetzen oder anders kombinieren?

Abbildung 5.10: Kompetenz-Produktmarkt-Matrix[12]

Die Zusammenführung von Kompetenzen im Unternehmen und externen Erfordernissen aus den Marktaktivitäten erlaubt es, Empfehlungen für strategische Handlungsoptionen in Bezug auf die marktorientierte Entwicklung von Ressourcen und Kompetenzen auszusprechen. In der Matrix ergeben sich die folgenden Handlungsempfehlungen:

- **Lücken füllen:** Kompetenzerweiterung für gegenwärtigen Marktpositionsausbau,
- **Herausragende Position:** Kompetenzaufbau zukünftiger Wettbewerbsvorteile,
- **Weiße Flecken:** Anwendung bestehender Kompetenzen in neuen Märkten,
- **Mega-Chancen:** Aufbau neuer Kompetenzen für zukünftige Märkte.[13]

Die Analyseergebnisse geben Hinweise auf bestehende Stärken und Schwächen des Unternehmens sowie zukunftsgerichtete Anforderungen für die strategische Entwicklung von Ressourcen und Kompetenzen.

5.3.3 Stärken-Schwächen-Profil

Als Ergebnis der Wertketten- und Ressourcenanalyse erhält das Unternehmen eine systematische Übersicht der **Erfolgsfaktoren**, d. h. aller Ressourcen und Fähigkeiten, welche die Basis für differenzierende Wertaktivitäten im Wettbewerb darstellen. Im abschließenden Teil der Unternehmensanalyse sind die ermittelten Erfolgsfaktoren in strategischer Hinsicht in einer Profildarstellung als Stärken bzw. Schwächen zu bewerten. Hierzu bietet sich das folgende Vorgehen an:

1. **Referenzsystem definieren**

   Da Stärken und Schwächen stets relativer Natur sind, erfordern sie ein Referenzsystem. Es können unterschiedliche Bezugsrahmen verwendet werden:

   - *Internes Benchmarking:* Vergleich der eigenen Erfolgsfaktoren im Zeitablauf,
   - *Wettbewerbsbenchmarking:* Erfolgsfaktorvergleich mit Wettbewerbern,
   - *Funktionales Benchmarking:* Branchenübergreifender Erfolgsfaktorvergleich.

   Die Wahl des Bezugsrahmens ist von zentraler Bedeutung für die Identifikation von Erfolgsfaktoren und deren Bewertung als Stärke oder Schwäche sowie der daraus folgenden strategischen Implikation.

2. **Erfolgsafktoren inventarisieren**

   Die Erfolgsfaktoren sollten umfassend und objektiv aus den Markt- und Kundenanforderungen abgeleitet werden. Ausgehend von den Ergebnissen der Wertketten- und Ressourcenanalyse kann ein Erfolgsfaktorinventar erstellt werden. Das Inventar kann einen funktionalen Aufbau entsprechend der Wertkette oder einen kunden- bzw. bedürfnisorientieren Aufbau aufweisen.

3. **Relevante Erfolgsfaktoren auswählen**

   Die Auswahl der relevanten Erfolgsfaktoren sollte zur Komplexitätsreduktion der strategischen Analyse und Bewertung begrenzt werden. Dazu empfiehlt es sich, eine Befragung von Experten, Kunden, Zulieferern oder anderen maßgebenden Anspruchsgruppen sog. Stakeholder durchzuführen, um die wichtigsten Erfolgsfaktoren aus der Marktperspektive auszuwählen.

4. **Bewertungsverfahren durchführen**

   Als praktische Grundlage für die Profildarstellung von Stärken und Schwächen kann ein mehrdimensionales Punktwert-Modell herangezogen werden. Dabei wird für jeden ausgewählten Erfolgsfaktor die eigene Position in Abhängigkeit zur jeweiligen Vergleichsdimension eingestuft. Dazu empfehlen sich expertengestützte und funktionsübergreifende Bewertungsverfahren. Anschließend werden die Ausprägungen der Erfolgsfaktoren in Punktwerte transformiert und über alle Vergleichsdimensionen zu einem Gesamtwert addiert. Sofern mehrere Unternehmen oder strategische Geschäftseinheiten (SGE) verglichen werden, erfolgt dies für jedes Unternehmen bzw. jede SGE.

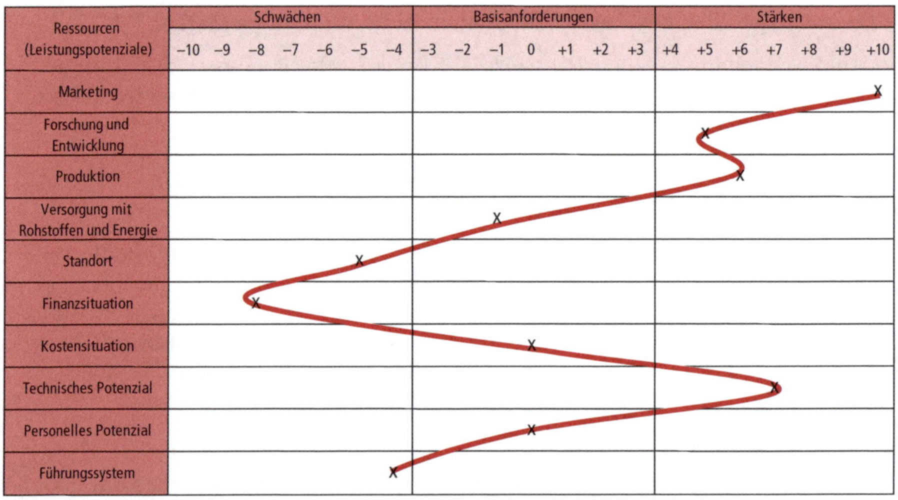

Abbildung 5.11: Profildarstellung von strategischen Stärken und Schwächen[14]

5. Strategische Empfehlungen ableiten

Die Ausprägungen der Gesamtwerte aller Erfolgsfaktoren ergeben in der grafischen Profildarstellung eine Übersicht der strategischen Stärken und Schwächen sowie der Basisanforderungen:

- Strategische Stärken begründen Wettbewerbsvorteile und stellen die unmittelbare Grundlage für die Strategieformulierung dar.
- Strategische Schwächen zeigen fehlende, aber notwendige Ressourcen und Kompetenzen, die es durch geeignete Strategieformulierung aufzubauen gilt.
- Basisanforderungen weisen durchschnittliche Ausprägungen auf und können in Abhängigkeit von der Strategieformulierung ausgebaut werden.

Im Profilvergleich werden die relativen Stärken und Schwächen herausgearbeitet und die Profilabweichungen analysiert. Bei der Interpretation ist zu beachten, dass abweichende Profile nicht zwangsläufig nahelegen sollten, die Profillücken zu schließen. Profilabweichungen können auch durch unterschiedliche Strategien begründet sein.[15] So kann eine negative Profilabweichung in einem Erfolgsfaktor (z. B. Verkaufspreis) im Rahmen einer Premiumstrategie nicht per se als Schwäche gewertet werden. Die Profilanalyse von Stärken und Schwächen bietet daher eine geeignete Ausgangsbasis für die Formulierung **strategischer Optionen**.

5.4 Strategische Optionen

Die voneinander getrennten Marktanalyse und Unternehmensanalyse werden im Folgenden mittels einer integrierten Betrachtung verbunden. Dabei werden vor allem Interdependenzen zwischen den externen Faktoren (Chancen/Bedrohungen) und internen Faktoren (Stärken/Schwächen) in einer SWOT identifiziert. Eine Interdependenz kann beispielsweise darin bestehen, dass im Unternehmen vorhandene Ressourcen eingesetzt oder entwickelt werden, um eine sich bietende Marktchance wahrzunehmen. Aus diesen wechselseitigen Beziehungen des Unternehmens mit seiner Umwelt wird ein breites Spektrum strategischer Handlungsoptionen für die Ausrichtung des Unternehmens entlang seiner gesamten Wertkette abgeleitet.

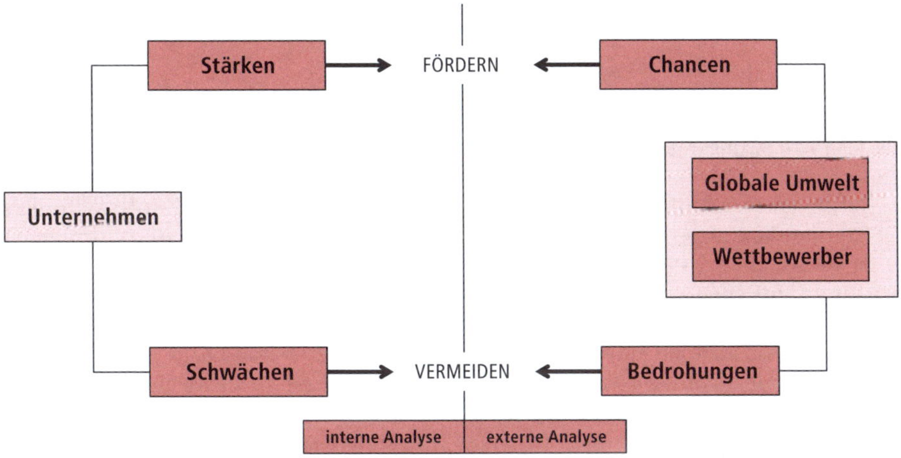

Abbildung 5.12: Integration externer und interner Analysedimensionen

In der Unternehmenspraxis haben sich dazu das **SWOT-Inventar** und die **TOWS-Matrix** etabliert. Die Akronyme entstehen durch die Aneinanderreihung der Anfangsbuchstaben der Begriffe Strenghts, Weaknesses, Opportunities und Threats.[16]

5.4.1 SWOT-Inventar

In einem ersten Schritt werden die Stärken und Schwächen des Unternehmens sowie die gegenwärtigen und zukünftigen Chancen und Gefahren in der Unternehmensumwelt in einer **SWOT** inventarisiert. Es empfiehlt sich, alle Faktoren nach ihrer Wichtigkeit zu ordnen und als S_i, W_i, O_i, T_i, mit $i = 1 \dots n$ zu nummerieren. Diese Zusammenfassung systematisiert die wichtigsten externen und internen Faktoren aus den vorangegangenen Analysen in vier übersichtlichen Listen und erlaubt damit eine ausführliche Situationsbeschreibung.

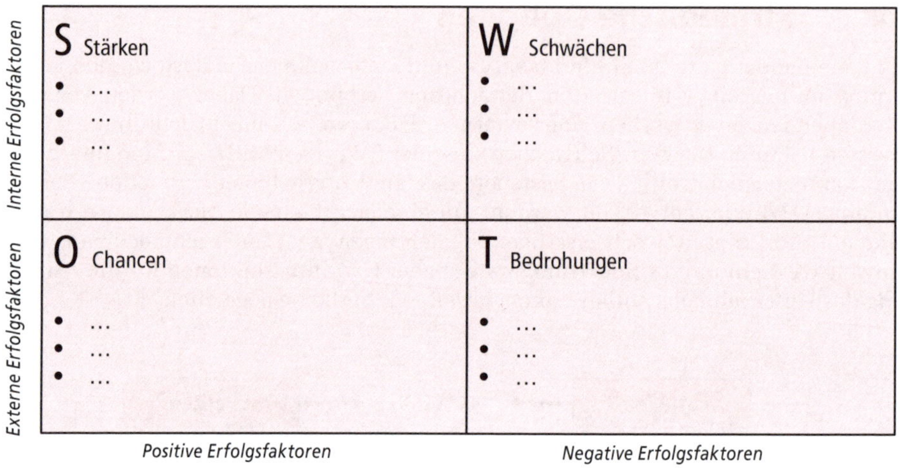

Abbildung 5.13: SWOT-Inventar

Bei der Inventarerstellung ist auf die Abgrenzung der Einfluss- und Erfolgsfaktoren zu den internen und externen Dimensionen zu achten und auf Konsistenz zu prüfen. Die Dimensionen intern und extern, beeinflussbar und nicht direkt beeinflussbar, erfordern eine eindeutige Zuordnung der Faktoren bei der Beurteilung, welche Faktoren in die Dimension Stärke bzw. Schwäche und welche in die Dimension Chance bzw. Bedrohung einzuordnen sind. So stellt beispielsweise eine hohe Kundenloyalität eine Stärke des Unternehmens dar. Wenn allerdings ein Trend zu beobachten ist, demzufolge traditionelle Kundenbindungen an Bedeutung verlieren, kann diese Entwicklung eine Bedrohung darstellen, die unter Umständen eine aktuelle Stärke zukünftig erodieren lassen kann. Im geschilderten Beispiel sind der Faktor Kundenloyalität als Stärke im Sinne einer loyalen Kundenbasis aufzuführen und die generelle Abnahme von Kundenbindungen als Bedrohung aufzulisten.

Der Detaillierungsgrad aller Einfluss- und Erfolgsfaktoren ist von erheblicher Bedeutung für die anschließende Ableitung strategischer Handlungsoptionen. Die Analyse der Wechselwirkungen von externen und internen Faktoren muss dabei auf die strategische Analyseebene z. B. Unternehmen, SGE, Marke abgestimmt und hinreichend detailliert sein. Je besser die zugrunde liegende Datenbasis aufbereitet ist, desto präziser und konkreter können die strategischen Handlungsempfehlungen abgeleitet werden.

5.4.2 TOWS-Matrix

Die **TOWS-Matrix** integriert die interne Unternehmens- und die externe Umweltperspektive und untersucht die wechselseitigen Beziehungen mit dem Ziel, strategische Handlungsoptionen abzuleiten und zu formulieren.

Die Grundstruktur wird durch eine zweidimensionale Matrix mit einer Umweltachse und einer Unternehmensachse gebildet. Die Achsen sind jeweils nach den positiven und negativen Ausprägungen der Faktoren unterteilt, so dass sich eine Vier-Felder-Matrix ergibt. In jedem dieser Felder werden die interne und externe Analysedimension miteinander in Beziehung gestellt. Dazu werden die ermittelten Faktoren entsprechend der Zuordnung aus dem SWOT-Inventar an die Seiten der Matrix geschrieben.

	W Schwächen	S Stärken
T Bedrohungen	**WT-Strategien: Defensivstrategien**	**ST-Strategien: Präventionsstrategien**
O Chancen	**WO-Strategien: Entwicklungsstrategien**	**SO-Strategien: Offensivstrategien**

Abbildung 5.14: TOWS-Matrix

Die Gegenüberstellung verdeutlicht, inwiefern die Stärken und Schwächen des Unternehmens oder einer SGE angesichts der erwarteten Entwicklungen im relevanten Marktumfeld von Bedeutung und im Hinblick auf die identifizierten Chancen und Bedrohungen angemessen sind. Dazu werden die wechselseitigen Wirkungsbeziehungen in den vier Handlungsfeldern durch Konfrontation jeder einzelnen Kombination von den entsprechenden S_i und W_i mit den O_i und T_i untersucht. In jedem der Quadranten der TOWS-Matrix lassen sich diese Handlungsoptionen systematisch nach vier unterschiedlichen Prinzipien ableiten.

SO-Prinzip

In diesem Handlungsfeld finden sich aktuelle Wettbewerbsvorteile. Es lassen sich strategische Optionen ableiten, die auf den stark ausgeprägten Kompetenzen und Ressourcen des Unternehmens basieren und auf die Nutzung von aktuellen oder zukünftigen Chancen in der Unternehmensumwelt ausgerichtet sind. Die Leitfragen zur Untersuchung der SO-Kombinationen lauten daher:

- Welche Stärken passen zu welchen Chancen?
- Wie können Stärken zur Realisierung von Chancen genutzt werden?

In diesem Handlungsfeld werden vor allem offensive Wachstumsstrategien formuliert. Die Normstrategie empfiehlt den Ausbau der Geschäftsaktivitäten.

WO-Prinzip

Dieses Handlungsfeld beschreibt einen Gestaltungsspielraum, der durch den Abbau von Schwächen bzw. den Aufbau neuer Stärken zukünftig nutzbar wird. Es lassen sich strategische Optionen ermitteln, die dabei helfen, Chancen zukünftig wahrzunehmen, um Schwächen zu reduzieren bzw. gezielt Kompetenzen oder Ressourcen aufzubauen, die mittelfristig die vorhandenen Schwächen zu Stärken entwickeln. Die folgenden Leitfragen sind dazu geeignet:

- Welche Schwächen werden durch die Wahrnehmung von Chancen reduziert?
- Wie können Schwächen abgebaut werden, um Chancen zu nutzen?

Die Normstrategie empfiehlt, einen bestehenden Rückstand in der Ressourcenausstattung gegenüber der allgemeinen Branchenentwicklung aufzuholen.

ST-Prinzip

In diesem Handlungsfeld verfügt das Unternehmen über ausgewiesene Stärken, die jedoch unmittelbaren oder zukünftigen Bedrohungen im Marktumfeld ausgesetzt sind. Strategische Optionen, die auf der Basis vorhandener Stärken aktuelle oder zukünftige Bedrohungen reduzieren, lassen sich durch folgende Leitfragen ableiten:

- Welche Bedrohungen werden durch welche bestehenden Stärken reduziert?
- Wie können Stärken genutzt werden, um Bedrohungen zu vermeiden?

Die Normstrategie empfiehlt, aktuelle Stärken bzw. die gegenwärtige Wettbewerbsposition abzusichern.

WT-Prinzip

Dieses Handlungsfeld ist durch ein hohes Bedrohungspotenzial gekennzeichnet, da die bestehenden Schwächen eine besondere Anfälligkeit für die identifizierten Bedrohungen aufweisen. Es müssen daher solche Handlungsoptionen erarbeitet werden, welche die internen Schwächen abzubauen helfen. Geeignete Leitfragen sind:

- Welche Kombinationen von Bedrohungen und Schwächen können sich gegenseitig verstärken?
- Wie können Schwächen abgebaut werden, um Bedrohungen zu vermeiden?

Die Normstrategie formuliert typischerweise defensive Strategieempfehlungen, die beispielsweise den Rückzug aus bestehenden Geschäftsfeldern beinhalten kann.

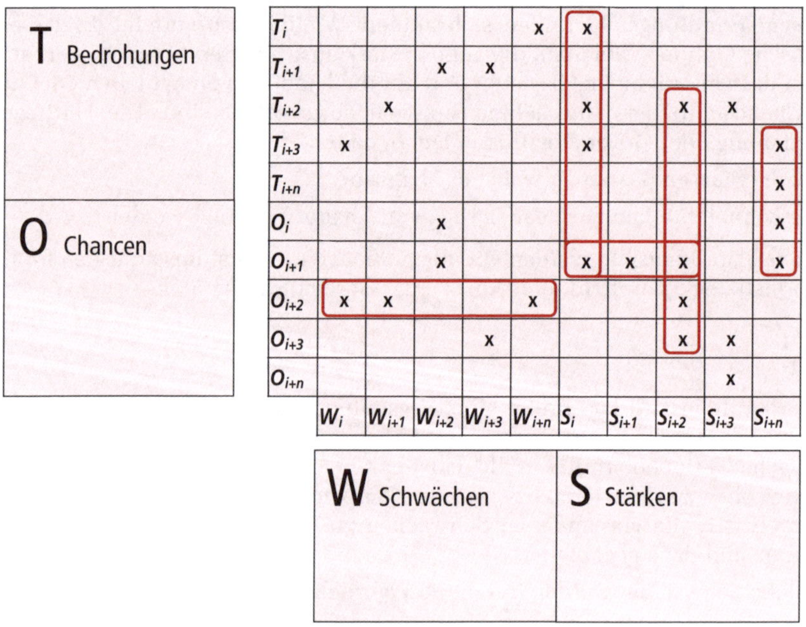

Abbildung 5.15: Ableitung von Handlungsoptionen in der TOWS-Matrix

Da die generierten strategischen Handlungsoptionen sich teilweise überschneiden oder sich gegebenenfalls gegenseitig ausschließen können, empfiehlt es sich, die Handlungsoptionen zu strategischen Maßnahmenbündeln z. B. mittels einer grafischen Zusammenfassung zu verdichten. Solche sich ergänzenden oder verstärkenden Maßnahmen werden durch Bündelung von solchen abgegrenzt, die eine dazu unabhängige oder gegensätzliche Wirkung aufweisen.

Abschließend werden die strategischen Maßnahmenbündel derart zusammengefasst, dass sie eine Wettbewerbsstrategie ergeben, die der Realisierung der Unternehmensziele dient. Unterschiedliche Wettbewerbsstrategiekonzeptionen werden im ▶ *Abschnitt 5.6 „Strategiekonzeption"* dargestellt.

5.4.3 Portfolioanalyse

Die **Portfolioanalyse** unterstützt die Strategieentwicklung durch eine systematische Verdichtung möglicher strategischer Handlungsoptionen in der Regel auf der Betrachtungsebene einer SGE. Die Aufgabe besteht darin, die Auswahl, Priorisierung und Ausrichtung aller SGE mit Hilfe folgender Leitfragen vorzunehmen:

- Welche Geschäfte sollen ausgebaut werden (Investition)?
- Welche Geschäfte sollten aufgegeben werden (Desinvestition und Fokussierung)?
- Welche Geschäftsaktivitäten sollten aufgenommen werden (Diversifikation)?

Das Ziel der Portfolioanalyse und Portfolioplanung ist eine integrierte Unternehmens- und Geschäftssteuerung. Auf der Basis einheitlich definierter Bewertungskennzahlen wird ein ausgewogenes Gesamtportfolio von Geschäftsaktivitäten aus Unternehmenssicht entworfen, das die Ressourcenallokation für alle SGE festlegt. Dies erfolgt im Sinne einer Ausgewogenheit anhand von zahlungsflussbezogenen Erfolgskriterien insbesondere dem Cashflow. So können suboptimale Strategien vermieden werden, die bei einer isolierten Steuerung von SGE ohne Berücksichtigung von Synergien oder gemeinsamer Fähigkeiten und Ressourcen auftreten können.[17] Aus der generalisierten Beschreibung der strategischen Situation aller SGE und der Zusammenfassung individueller Analysen lassen sich schließlich Normstrategien für die Entwicklung der strategischen Geschäftseinheiten ableiten.

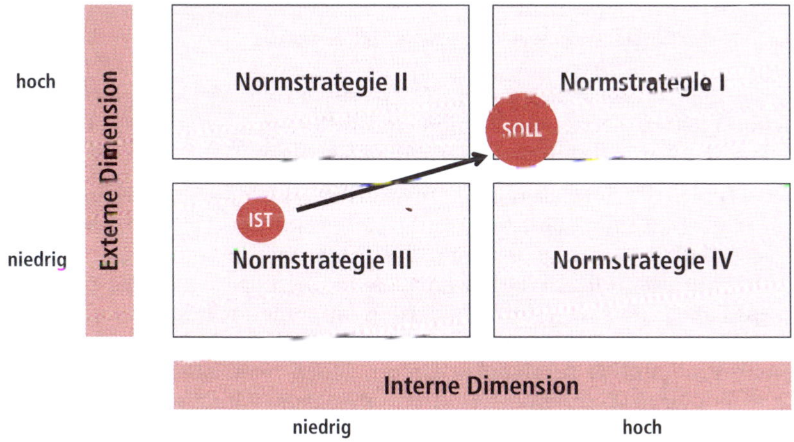

Abbildung 5.16: Grundstruktur der Portfoliodarstellung

Portfoliokonzepte beschreiben das Erfolgspotenzial einer SGE grundsätzlich auf internen Erfolgsfaktoren und externen Einflussfaktoren, die bereits in der Umwelt- und Unternehmensanalyse ermittelt worden sind. Die Darstellung in einer Matrix beinhaltet auf der Ordinate die externe Dimension, die nicht unmittelbar durch das Unternehmen zu beeinflussen ist, und auf der Abszisse die interne Dimension zur Beurteilung der relativen Position einer SGE im gegebenen Wettbewerbsumfeld. Die Portfoliomatrix ist in mindestens vier Felder unterteilt, deren Grenzen durch zu ermittelnde Schwellenwerte, z. B. durchschnittliche Branchenwerte, definiert sind. Die SGE werden als Positionskreis in der Matrix verortet, wobei der Kreisdurchmesser die Bedeutung einer SGE anhand des Beurteilungskriteriums, z. B. Umsatz oder Ergebnis, darstellt. Die IST-Position entspricht der aktuellen Geschäftsfeldposition einer SGE. Alle SGE, die in einem wertmäßig abgegrenzten Bereich des Portfolios positioniert sind, werden anhand der gleichen Normstrategie zur Erreichung ihrer Soll-Position ausgerichtet und geführt.

In der Unternehmenspraxis haben sich verschiedene Portfolioansätze etabliert. Eine zusammenfassende Darstellung der am häufigsten benutzten marktorientierten Portfoliomodelle findet sich in der nachfolgenden Übersicht.

Marktwachstums-Marktanteils-Portfolio | **Marktattraktivitäts-Wettbewerbsvorteils-Portfolio**

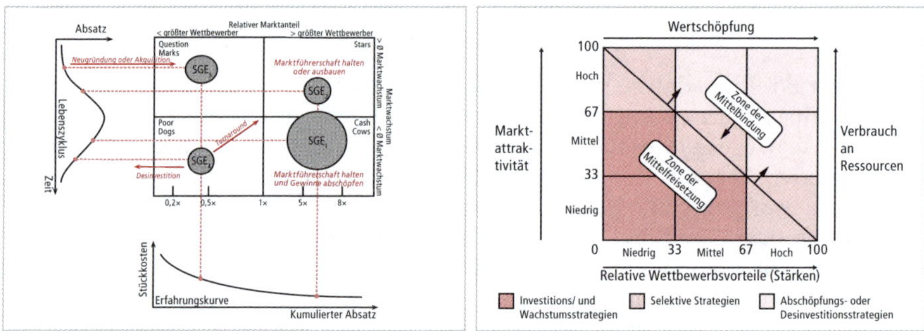

- Monofaktorportfolio
- Einheitliche Bewertungsgrundlage:
  - Marktwachstum
  - Relativer Marktanteil

- Multifaktorportfolio
- Unternehmensspezifische Bewertungsgrundlage:
  - Marktattraktivität
  - Relativer Wettbewerbsvorteil

Abbildung 5.17: Vergleich ausgewählter marktorientierter Portfoliomodelle

Das von der Boston Consulting Group (BCG) entwickelte **Marktwachstums-Marktanteils-Portfolio** verwendet als sog. Monofaktorportfolio auf jeder Achse lediglich einen Erfolgsfaktor aus der Markt- bzw. Unternehmensanalyse.[18]

Die interne Dimension wird durch den relativen Marktanteil als das Umsatzverhältnis zwischen einer SGE zum stärksten Wettbewerber auf der Abszisse beschrieben. Der relative Marktanteil wird entsprechend des Erfahrungskurvenkonzepts als Indikator für die relative Kosten- und Wettbewerbsposition herangezogen. Das **Erfahrungskurvenkonzept** besagt, dass sich die Stückkosten mit zunehmender kumulierter Produktions- und Absatzmenge verringern und so zur einer vorteilhaften Kostenstruktur und überlegenen Profitabilität führen. Ein Unternehmen realisiert Kostenvorteile, indem es seine kumulierte Produktions- und Absatzmenge schneller ausweiten kann als seine Wettbewerber, d. h. Marktanteile gewinnt. Unternehmen bzw. SGE sollten daher nach einem hohen relativen Marktanteil streben.

Die externe Dimension wird durch das Marktwachstum als prozentuale Wachstumsrate auf der Ordinate abgetragen. In Anlehnung an das **Produktlebenszykluskonzept** wird das Marktwachstum als Indikator für die Marktattraktivität betrachtet. Märkte mit hohen Wachstumsraten stellen demnach eine Chance zur Erzielung von Umsatzwachstum bei attraktiver Profitabilität dar, während niedrige Wachstumsraten auf unattraktive Geschäftsfelder hinweisen, die sich tendenziell am Ende des aktuellen Lebenszyklus befinden. In beiden Dimensionen der Matrix wird somit ein starker Zusammenhang zwischen Wachstum und Gewinn unterstellt.

Die SGE werden in der Matrix anhand der vorgestellten Kriterien in den vier Feldern verortet und als Kreisfläche illustriert, die in skalierter Form den Umsatz darstellt. Die Felder empfehlen allgemeine Normstrategien für die Ressourcenallokation sowie für die zukünftige Entwicklung der SGE und können mit den in der TOWS-Matrix generierten Handlungsempfehlungen abgeglichen und ergänzt werden.

- **Question Marks:** Diese SGE befinden sich in attraktiven Wachstumsmärkten, in denen sie allerdings einen geringen relativen Marktanteil aufweisen und aufgrund ihrer Marktposition weitere Investitionen erfordern, da der Mittelrückfluss noch nicht den Mittelbedarf deckt. Da die strategische Empfehlung für eine Investitions- oder Desinvestitionsstrategie von der Einschätzung hinsichtlich der zukünftigen Markt- und Geschäftsentwicklung abhängt, wird die SGE als Question Mark bezeichnet.
- **Stars:** Diese SGE sind in Märkten mit überdurchschnittlichen Wachstumsraten aktiv und haben eine überlegene Kosten- und Wettbewerbsposition aufgrund ihres hohen relativen Marktanteils erlangt. Der Markt befindet sich bereits in der ausgeprägten Wachstumsphase und die SGE ist Marktführer. Es empfiehlt sich, mittels Investitionsstrategie weitere Mittel und Ressourcen in einen Star zu lenken, um die Marktführerschaft zu erhalten oder auszubauen und das Erfolgspotenzial so nachhaltig sichern zu können.
- **Cash Cows:** Diese SGE haben einen hohen relativen Marktanteil in einem reifen oder ansatzweise gesättigten Markt, der bereits unterdurchschnittliche Wachstumsraten ausweist oder stagniert. Die hohen Produktions- und Absatzvolumina im Wettbewerbsvergleich führen zu einer überlegenen Kostenstruktur und Profitabilität. Die SGE generiert mehr liquide Mittel als zum regulären Geschäftsbetrieb erforderlich sind, so dass hieraus Investitionen in Question Marks und Stars finanziert werden können.
- **Poor Dogs:** Diese SGE weisen einen geringen relativen Marktanteil in einem Umfeld mit unterdurchschnittlichem oder stagnierendem Marktwachstum aus. Das Marktumfeld befindet sich bereits in der fortgeschrittenen Sättigungsphase oder in der Degenerationsphase. Der relative Marktanteil ist unter Umständen rückläufig, da stärkere Wettbewerber inzwischen verbesserte Leistungen anbieten und ihre Marktposition ausgeweitet haben. In Abhängigkeit der individuellen Situation ist daher zwischen den strategischen Optionen einer Desinvestition oder einer moderaten Fortführung zu entscheiden.

Der Monofaktoransatz ist vor allem hinsichtlich der Validität seiner verwendeten Erfolgskriterien kritisch zu hinterfragen. Es darf bezweifelt werden, dass das Marktwachstum allein bestimmend für die Attraktivität eines Markts und ein hoher Marktanteil kennzeichnend für eine starke Wettbewerbsposition ist. An dieser Kritik knüpfen die Konzepte auf der Basis von Multifaktorportfolios an, die eine Vielzahl von Einfluss- und Erfolgsfaktoren berücksichtigen und abbilden. Allerdings eignet sich die

Marktanteils-Marktwachstums-Matrix aufgrund ihrer Einfachheit und Verständlichkeit gut für die Verwendung in einer Branchen- oder Wettbewerbsanalyse zur vergleichenden Darstellung von strategischen Geschäftseinheiten der relevanten Wettbewerber.

In einem Multifaktorportfolio wie dem **Marktattraktivitäts-Wettbewerbsvorteils-Portfolio** von McKinsey werden eine Vielzahl unterschiedlicher Erfolgsfaktoren für beide Analysedimensionen herangezogen, so dass diese nicht mehr auf einer einzelnen Kennzahl beruhen, sondern auf mehreren gewichteten Messgrößen.[19] Somit erlaubt dieser Ansatz eine unternehmens- bzw. branchenspezifische Auswahl und Gewichtung der Einfluss- und Erfolgsfaktoren unter Berücksichtigung von Spezifika der Branche und des Unternehmens.

Dabei sind zunächst die relevanten externen und internen Faktoren auszuwählen z. B. auf der Basis der Profildarstellungen der Chancen und Bedrohungen sowie der Stärken und Schwächen. Diese erste Auswahl ist elementar für die spätere Bewertung und Analyse sowie die strategischen Schlussfolgerungen.

Anschließend erfolgt eine Gewichtung aller Faktoren, wobei für die Dimensionen Marktattraktivität und Wettbewerbsvorteil die prozentualen Gewichte in der Summe jeweils normiert werden. Bei der Verteilung der Gewichte bietet es sich zunächst an, Klassen von Faktoren zu bilden und diesen eine Gewichtung zu geben. Im Folgenden werden diese Gewichtungen auf die einzelnen Faktoren je Klasse heruntergebrochen. Im Anschluss erfolgt eine Bewertung aller Faktoren auf einer einheitlichen Skala mittels der Punktwertmethode.

Die Positionierung der Geschäftsaktivitäten erfolgt anhand der Gesamtpunktwerte für die Dimensionen Marktattraktivität und Wettbewerbsvorteil, die sich jeweils aus der Addition der gewichteten Punktwerte je Faktor ergeben. Die Positionierung beschränkt sich auf die exakte Zuordnung von Geschäften in die neun Felder der Matrix. Basierend auf der aktuellen bzw. zukünftigen Positionierung der Geschäftsaktivitäten können die strategischen Handlungsoptionen nachfolgend zu einigen grundsätzlichen Normstrategien zusammengefasst werden:

- **Investitionsstrategie:** Geschäftsaktivitäten, die sich in den Feldern rechts oben in der Matrix befinden, zeichnen sich durch eine sehr gute Wettbewerbsposition in überdurchschnittlich attraktiven Märkten aus. Diese sollen strategische Maßnahmen für überdurchschnittliches Wachstum auf der Basis von Investitionen durchführen. Investitionen in zentrale Erfolgsfaktoren z. B. Marken, Forschung und Entwicklung oder Vertrieb erlauben den Ausbau der Wettbewerbsposition und ermöglichen die Gestaltung der Marktentwicklung.
- **Offensivstrategien:** Geschäftsaktivitäten mit einer relativ schwachen Wettbewerbsposition in hochattraktiven Märkten erfordern umfangreiche Investitionen, um einen Rückstand gegenüber Wettbewerbern aufzuholen und die eigene Wettbewerbsposition z. B. hinsichtlich Qualität, Technologie, Service etc. zu verbessern. Die zentrale Voraussetzung dafür ist ein überdurchschnittliches Erfolgspotenzial.
- **Selektive Strategien:** Geschäftsaktivitäten mit einer durchschnittlichen Wettbewerbsposition in einem durchschnittlich attraktiven Markt befinden sich in einer relativ offenen Situation und meist schwierigen Beurteilung des Erfolgspotenzials. In diesem Fall wird generell ein selektives Vorgehen empfohlen. Die strategischen Optionen können daher von moderater Fortführung der Geschäftsaktivitäten bis zum Rückzug aus dem Markt reichen.

- **Defensivstrategien:** Geschäftsaktivitäten, die ausgeprägte Wettbewerbsvorteile besitzen, aber sich in einem relativ unattraktiven Markt befinden, weisen tendenziell ein zukünftig abnehmendes Erfolgspotenzial auf. Als wesentliche strategische Option bieten sich moderate Investitionsmaßnahmen in einem Rahmen an, der notwendig ist, um die bestehende Wettbewerbsposition zu erhalten. Dies ist insbesondere dann wichtig, wenn diese internen Erfolgsfaktoren auf einer gemeinsam genutzten Ressourcen- oder Kompetenzbasis mit anderen Geschäftsaktivitäten beruhen.
- **Desinvestitionsstrategien:** Geschäftsaktivitäten mit einer relativ schwachen Wettbewerbsposition in durchschnittlich bis unterdurchschnittlich attraktiven Märkten wird in Abhängigkeit davon, ob das Erfolgspotenzial noch zufriedenstellend ist oder eher gering, empfohlen, die Mittelrückflüsse mit minimalem Ressourceneinsatz zu maximieren und abzuschöpfen. Mittel- bis langfristig wird die Desinvestition dieser Geschäftsaktivität empfohlen.

Das Multifaktorportfolio ist aus der Kritik an dem vereinfachenden Monofaktorportfolio entstanden und versucht die Vielfalt der Einfluss- und Erfolgsfaktoren zu berücksichtigen. Damit wird bewusst eine erhöhte Komplexität der Bewertung und Analyse akzeptiert, die allerdings für eine unternehmensspezifische Darstellung unvermeidlich und mit den dargestellten Methoden handhabbar ist.

Schwierigkeiten können sich aus der Verwendung gewichteter Punktzahlen ergeben, wenn die Bewertungen geschäftsbereichs- und funktionsübergreifend durchgeführt werden. Aufgrund mangelnder Übereinstimmung bei der Bewertung, die u. a. durch Unverständnis oder Bereichsegoismen begründet sein kann, besteht eine Tendenz zu Bewertungen in der Skalenmitte. Dies lässt nur in sehr eingeschränktem Maße eine differenzierte Strategieentwicklung zu. Darüber hinaus besteht in der unternehmensindividuellen Zusammenstellung und Gewichtung der internen und externen Faktoren eine nicht unerhebliche Gefahr kognitiver Verzerrungen.

Der wesentliche Nutzen dieses Ansatzes liegt darin, die Geschäftsaktivitäten im aktuellen Wettbewerbsraum darzustellen und strategische Optionen für die zukünftige Positionierung der Geschäftsaktivitäten mit der Hilfe von Normstrategien zusammenzufassen. Es gilt, anschließend diese Optionen auf Konsistenz zu prüfen und implementierungsfähige Strategien zu formulieren.

Neben diesen Portfoliomodellen sind weitere marktorientierte Ansätze entwickelt worden; sie unterscheiden sich ausschließlich in den Kriterien der betrachteten Dimensionen. Ebenfalls sehr bekannt ist das Marktlebenszyklus-Wettbewerbspositions-Portfolio von Arthur D. Little.[20] Weiterhin lassen sich eine Vielzahl themenspezifischer Portfoliomodelle unterscheiden, welche die Grundidee der Portfoliotechnik z. B. auf Beschaffungsrisiken[21], Technologiemanagement[22] oder Länder- bzw. Regionalentwicklung[23] übertragen, sowie diverse Hybridmodelle wie Markt-Technologie-Portfolios. Sämtliche Portfoliomodelle verdichten mehrere Einflussgrößen systematisch und fokussieren dadurch die strategische Analyse auf einen spezifischen thematischen Aspekt.

5.5 Strategieauswahl

Die Auswahl von strategischen Handlungsoptionen setzt zunächst voraus, dass diese plausibel, realisierbar und konsistent mit den Unternehmenszielen sind. Dazu ist es erforderlich, die folgenden Prüfschritte für die Strategiealternativen zu durchlaufen[24]:

- **Plausibilitätsprüfung:** Die im Rahmen der strategischen Analyse getroffenen Annahmen über die wesentlichen Einflussgrößen und Erfolgsfaktoren müssen auf ihre Nachvollziehbarkeit und Begründbarkeit hin überprüft werden. Insbesondere sind subjektive und kognitive Verzerrungen aufgrund von Interessen oder persönlichen Präferenzen bzw. Wahrnehmungsmustern der Entscheider zu vermeiden.
- **Realisierbarkeitsprüfung:** Es muss sichergestellt werden, dass vorhandene Ressourcen und Fähigkeiten ausreichend sind, um die Strategiealternative zu realisieren. Insbesondere sind dabei die Auswirkungen auf die Kapitalstruktur und die Kapitalkosten zu beachten.
- **Konsistenzprüfung:** Die Vereinbarkeit einer Strategiealternative mit den Anforderungen der Unternehmensumwelt (sog. strategischer Fit) muss sichergestellt werden, d. h. eine Prüfung, ob die Strategie die zentralen Einflussgrößen und Entwicklungen berücksichtigt, die in der Umweltanalyse herausgearbeitet worden sind.

  Darüber hinaus muss die Konsistenz der strategischen Alternativen untereinander und mit den normativen Anforderungen an das Unternehmen abgeglichen werden. Wenn z. B. Strategiealternativen zu nicht vertretbaren Konsequenzen führen, die im Widerspruch zu Unternehmenszielen stehen, muss eine derartige Strategiealternative überarbeitet oder eliminiert werden.

Nach diesen Prüfschritten können die bestätigten Strategiealternativen übersichtlich mit Hilfe der **Strategiewahlmatrix** (Strategy Selection Matrix) abgebildet werden.[25] Die Matrix beschreibt die Strategiewahl als grundlegende Entwicklungsentscheidung auf der Basis der vorhandenen Ressourcen und Fähigkeiten und damit verbunden mit der Bedeutung von internen oder externen Quellen für profitables Wachstum.

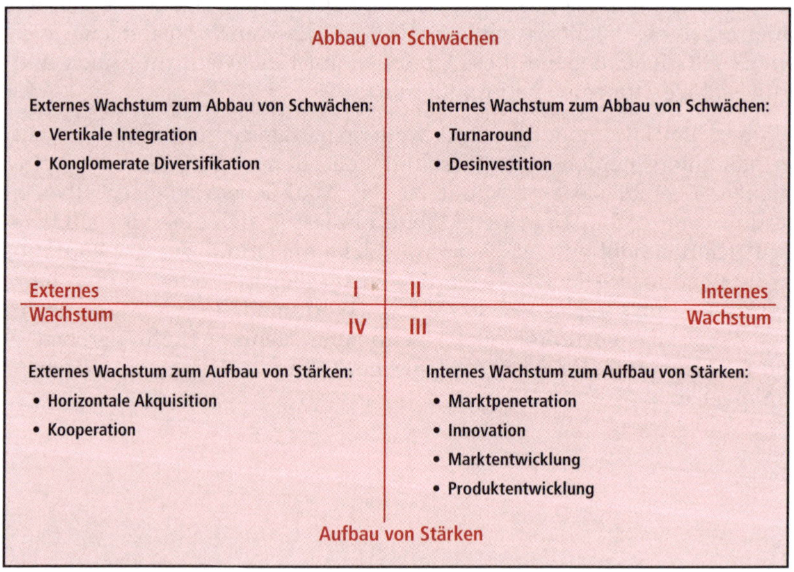

Abbildung 5.18: Strategiewahlmatrix

Auf der horizontalen Achse werden die Wachstumsquellen – differenziert nach internem (organisch) und externem Wachstum – abgetragen. Organisches Wachstum wird aus unternehmensinternen Quellen realisiert und bedeutet, dass ein Unternehmen auf der Basis der vorhandenen Fähigkeiten, Kompetenzen, Ressourcen, Produkte und Leistungen in bestehenden oder neuen Märkten wächst. Externe Wachstumsquellen werden außerhalb der bestehenden Unternehmensgrenzen identifiziert und z. B. mittels Akquisition oder Kooperation realisiert. Auf der vertikalen Achse wird die strategische Fitness im Unternehmen für die Implementierung der Strategie vermerkt. Sie zeigt auf, wie umfangreich vorhandene Ressourcen und Fähigkeiten bereits vorhanden sind bzw. inwieweit die Strategien dem Abbau von Schwächen oder dem Aufbau von Stärken dienen.

Im ersten Strategiefeld werden Strategiealternativen eingeordnet, die auf externe Wachstumsquellen zum Abbau von Schwächen zurückgreifen. Vertikale Integrationsstrategien dienen der Risikoreduktion durch Zugriff auf Produktionsfaktoren und Einsatzstoffe sowie dem Zugang zur Distribution und sollen das bestehende Kerngeschäft stärken. Konglomerate Diversifikationsstrategien verfolgen eine Risikoverteilung auf unterschiedliche Geschäftsfelder, die häufig keine Verbindungen miteinander haben, wodurch allerdings neue Risiken für das Unternehmen in diesen neuen Geschäftsfeldern entstehen können, da gegebenenfalls keine ausreichenden Kompetenzen bestehen. Die Wertschaffung erfolgt bei diesen Strategiealternativen durch eine Verbesserung der Risikostruktur.

Im zweiten Strategiefeld werden interne Quellen zum Abbau von Schwächen herangezogen, um am bestehenden Geschäft festzuhalten. Turnaroundstrategien erfordern eine veränderte Ressourcenallokation zwischen SGE und verlangen in der Regel Restrukturierungs- oder Sanierungsmaßnahmen, um bestehende Ineffizienzen abzubauen und das Geschäft zurück auf die Erfolgsspur zu bringen. Desinvestitionsstrategien bedeuten den (teilweisen) Verkauf einer SGE, der dann notwendig wird, wenn die Investitionen und der Ressourceneinsatz für einen Turnaround nicht die erforderlichen Mindestergebnisse realisieren.

Im dritten Strategiefeld werden vorhandene Stärken genutzt bzw. auf der Basis interner Wachstumsquellen weiter ausgebaut. Die beschriebenen Strategien können dazu dienen, Größen- und Kostenvorteile zu erlangen und damit die Wettbewerbsposition zu stärken. Marktpenetrationsstrategien fokussieren auf bestehende Märkte und das gegebene Produktsortiment. Die Strategiealternativen, die hier zugeordnet werden, reinvestieren die Ressourcen in bestehende Geschäfte und verstärken bestehende Marktpositionen im Kerngeschäft, so dass zukünftige Cashflows abgesichert werden. Innovationsstrategien bauen auf überdurchschnittlichen Kompetenzen im Bereich der Forschung und Entwicklung sowie der Vermarktung auf. Strategien, die auf den Auf- oder Ausbau von technologischen Wettbewerbsvorteilen gerichtet sind, können hier zugeordnet werden. Markt- und Produktentwicklungsstrategien erweitern die bestehenden Geschäftsaktivitäten auf neue Märkte oder in angrenzende Produktkategorien. Solche Strategien, die bestehende Kompetenzen oder Produkte in neue angrenzende Geschäftsfelder weiterentwickeln, können häufig zu einer Beschleunigung des Wachstums beitragen und die Zahlungsströme überdurchschnittlich erhöhen. Derartige Strategiealternativen setzen meist eine exzellente Organisation und effiziente Geschäftsprozesse voraus.

Im vierten Strategiefeld liegt der Schwerpunkt auf einer Beschleunigung der Wachstumsaktivitäten durch die umfangreichen Erweiterungen der Geschäftsbasis und der damit verbundenen Skalen- und Verbundeffekte. Horizontale Akquisitionsstrategien bedeuten den Zukauf von Geschäftsaktivitäten derselben Wertschöpfungsstufe und erhöhen unmittelbar den Output und verbessern in der Regel die Marktposition in bestehenden Geschäftsfeldern. Solche Strategiealternativen versuchen meist, mehrere Werttreiber gleichzeitig zu hebeln, d. h. sowohl das Umsatzwachstum zu erhöhen, die operative Umsatzrendite zu erhöhen als auch durch Zusammenlegung von Standorten die Kapitalbindung zu reduzieren. Zunächst bedeutet eine solche Strategie jedoch eine erhebliche Investition, die erst einmal finanziert werden muss. Kooperationsstrategien umfassen unterschiedliche gesellschaftsrechtliche Formen wie z. B. die Bildung von Gemeinschaftsunternehmen (Joint Ventures) oder strategischen Allianzen (Strategic Alliance). Der Aufbau von Kompetenzen und Ressourcen gemeinsam mit externen Kooperationspartnern setzt komplementäre Ressourcen bei den Partnern voraus und reduziert dann in der Regel den Investitionsbedarf und teilt die Risiken. Insofern hebeln Kooperationsstrategien sowohl über den Werttreiber Risikostruktur als auch über den Ausbau der Ressourcenbasis bei gleichbleibender Kapitalstruktur.

Die ausformulierten Strategiealternativen lassen sich in der Strategiewahlmatrix transparent und übersichtlich abbilden. Der Fit aller strategischen Maßnahmen sollte auf der Ebene der Geschäftseinheiten und des Unternehmens geprüft werden. Abschließend müssen die Strategiealternativen konsistent in eine wettbewerbsorientierte Strategiekonzeption integriert werden.

5.6 Strategiekonzeption

Die Konzeption der Wettbewerbsstrategie unterstützt die konsistente Positionierung der strategischen Geschäftseinheiten (SGE) eines Unternehmens auf der Basis ihrer Stärken und den Aufbau einer verteidigungsfähigen Wettbewerbsposition. Dabei können grundlegend generische, hybride und dynamische Wettbewerbsstrategien unterschieden werden.

5.6.1 Generische Wettbewerbsstrategien

Generische Wettbewerbsstrategien begründen einen langfristigen Schwerpunkt für die Wettbewerbspositionierung und Ressourcenallokation und kombinieren offensive und defensive strategische Handlungsoptionen miteinander. Dabei wird nach der Quelle des strategischen Vorteils im Unternehmen und dem strukturellen strategischen Zielobjekt differenziert.[26]

Während die Wettbewerbsstrategien Kostenführerschaft und Differenzierung auf die Bearbeitung des Gesamtmarkts ausgerichtet sind, konzentriert sich die Nischenstrategie auf ausgewählte Marktsegmente. Damit begrenzt ein Unternehmen die Angebotsbreite der Produkt- und Marktaktivitäten zugunsten der Angebotstiefe durch Spezialisierung. Der Fokus auf eine Marktnische dient der präziseren bzw. günstigeren Erfüllung von Ansprüchen und Bedürfnissen einer speziellen Zielgruppe gegenüber solchen Wettbewerbern, die den Gesamtmarkt bedienen.[28] Da die Nischenstrategie als Kostenführer sowie als Differenzierer verfolgt werden kann, stellt sie eine Modifizierung der beiden vorgenannten Wettbewerbsstrategien und kein eigenständiges Strategiemuster im engeren Sinne dar. [29]

Abbildung 5.19: Generische Wettbewerbsstrategien[27]

Kostenführerschaft

Die Kombination von strategischen Optionen zur Realisierung eines Kostenvorteils gegenüber den Wettbewerbern dient dem Aufbau der **Kostenführerschaft** (Cost Leadership). Der Aufbau eines Kostenvorteils setzt zunächst eine kostenorientierte Analyse der Wertkette voraus.

Die konsequente Ausrichtung der Wertaktivitäten auf die Kostenführerschaft bedingt meist ein überdurchschnittliches Maß an Standardisierung und Vereinfachung, so dass die angebotenen Produkte oder Leistungen in der Regel dem Branchenstandard entsprechen, allerdings diesen meist nicht in Qualitäts- oder Servicedimensionen übertreffen. Der Kundennutzen besteht in einem günstigen Preis-Leistungs-Verhältnis. Der zentrale Wettbewerbsfaktor auf dem Absatzmarkt ist daher der niedrigere Preis im Vergleich zu Wettbewerbern, weshalb die Kostenführerschaft auch häufig als Kosten-/Preisführerschaft bezeichnet wird. Die identifizierten Kostentreiber erfordern eine konsequente Optimierung und sind in der nachfolgenden Übersicht dargestellt.

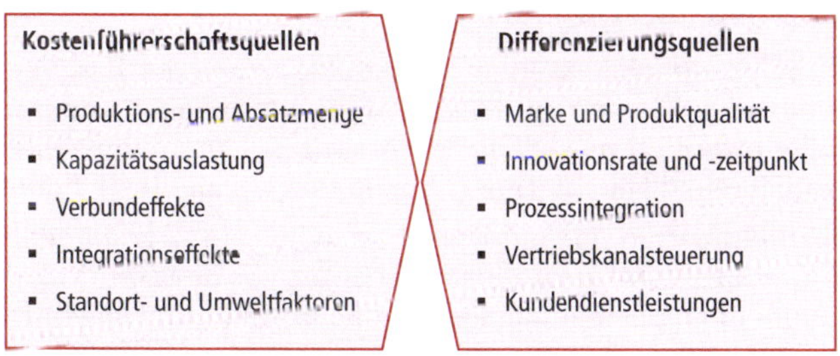

Abbildung 5.20: Kostenführerschafts- und Differenzierungsquellen

Die Kostenführerschaftsstrategie erscheint insbesondere dann sinnvoll, wenn signifikante Potenziale zur Kostenreduktion bestehen oder hohe Preiselastizitäten im relevanten Markt existieren. Kostenreduktion ist in einer Branche möglich, solange Skaleneffekte noch nicht vollständig realisiert sind oder wenn Prozessoptimierung zu signifikanten Einsparungen führt. Hohe Preiselastizitäten erlauben es, die Absatz- und Produktionsmengen durch Preissenkungen überdurchschnittlich zu erhöhen und somit Kostendegressionseffekte zu realisieren.

Differenzierung

Die Kombination von strategischen Handlungsoptionen zum Aufbau unverwechselbarer Leistungen gegenüber Wettbewerbern dient der Differenzierung. Die Gestaltung differenzierter Leistungen ist auf die Erfüllung eines unterscheidbaren und relevanten Zusatznutzens ausgerichtet, der aus der Kundenperspektive eine Preisprämie rechtfertigt. Wenn diese Preisprämie über den Kosten liegt, die durch die Differenzierung des Angebots verursacht werden, besteht die Möglichkeit, eine überdurchschnittliche Profitabilität zu erzielen. Eine Differenzierungsstrategie erfordert die konsequente Ausrichtung aller relevanten Aktivitäten entlang der Wertkette. Dabei ist es für einen dauerhaften Differenzierungsvorteil entscheidend, dass Wettbewerber im Sinne des ressourcenorientierte Ansatzes die Quelle der Differenzierung nicht schnell imitieren können.

Während die Produkteigenschaften in der Regel ein relativ einfaches Einfallstor für Imitatoren darstellen, liegen insbesondere in der Produkt- und Leistungskomplexität sowie in der Markenidentität zentrale Differenzierungsquellen, die bereits eine kostenintensive Barriere darstellen. In Anlehnung an den ressourcenorientierten Ansatz stellen die Differenzierungsmerkmale einen nachhaltigen Wettbewerbsvorteil dar, weil diese selten und schwierig zu imitieren sind, da sie z. B. in der spezifischen Organisationsstruktur und den betrieblichen Prozessen und Funktionen des Unternehmens verankert sind.[30] Solche Differenzierungsquellen sind in der obigen Abbildung zusammengefasst.

Die Differenzierungsstrategie erscheint insbesondere dann sinnvoll, wenn Skalen- und Verbundeffekte in reifen Märkten bereits weitgehend ausgeschöpft sind.[31] Außerdem bietet sich die Differenzierung bei größeren Preissetzungsspielräumen aufgrund geringerer Preiselastizität an, sofern die Marktleistungen noch ein deutliches Verbesserungspotenzial aufweisen.[32] Schließlich ist die Differenzierungsstrategie sinnvoll, wenn ein Produkt oder eine Leistung derart komplex ist, dass eine Standardisierung unmöglich oder zumindest kostenintensiv ist.[33]

Porter entwirft die generischen Wettbewerbsstrategien auf der Basis der Unvereinbarkeitsprämisse, die eine eindeutige Entscheidung zwischen Kostenführerschaft und Differenzierung erforderlich macht, um nachhaltigen Unternehmenserfolg und Wertschaffung zu realisieren.[34] Die folgenden Annahmen liegen dieser Prämisse zugrunde:

- **Konvexitätsannahme:** In vielen Branchen wird ein Zusammenhang zwischen Marktanteil und Profitabilität unterstellt, der einen konvexen Kurvenverlauf zeigt. Dieser Zusammenhang besagt, dass eine hohe Profitabilität sowohl von kleinen als auch von großen Unternehmen erreicht werden kann. Weiterhin wird unterstellt, dass die Kostenführerschaft einen hohen Marktanteil aufweist, der für die Realisierung von Skaleneffekten Voraussetzung ist. Die Differenzierungs- und Nischenstrategie sind aufgrund von Exklusivität und Marktabgrenzung zwar mit einem kleineren Marktanteil verbunden, allerdings aufgrund von Präferenzen und geringerer Preissensibilität mit einer höheren Profitabilität.

Eine Situation, in der weder ausreichend große Produktions- und Absatzmengen zur Realisierung von Skaleneffekten noch die Ansprache exklusiver Kundengruppen mit differenzierten Angeboten möglich ist, wird aufgrund geringer Profitabilität als **Stuck-in-the-Middle**, also zwischen den Stühlen, bezeichnet.[35]

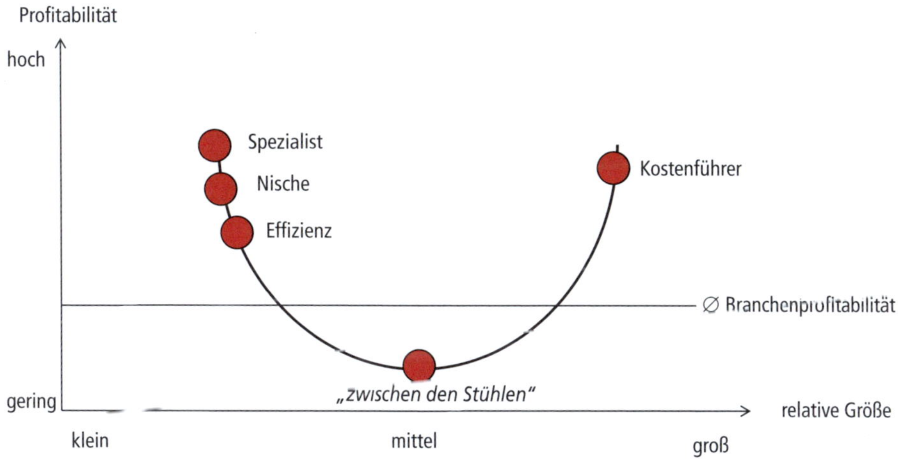

Abbildung 5.21: Erfolgskurve: relativer Marktanteil und Profitabilität[36]

- **Konsistenzannahme:** Die strategischen Optionen und Maßnahmen sind bei der Realisierung einer Wettbewerbsstrategie nicht vollständig konsistent, d. h. miteinander vereinbar. Grundlegende Maßnahmen im Rahmen einer Kostenführerschaftsstrategie sind inkonsistent zu der Strategie der Differenzierung, da durch Differenzierungsentscheidungen Kosten verursacht werden, die im Rahmen einer Kostenführerschaft nicht oder nur unzureichend gedeckt werden können. Umgekehrt sind die Kostensenkungspotenziale eines differenzierten Unternehmens sehr begrenzt, da Kostensenkungen meist eine Leistungsreduktion erfordern und damit die Alleinstellung bzw. Differenzierung grundsätzlich aufheben oder verringern können.[37]
- **Konzentrationsannahme:** Die Ausrichtung aller Ressourcen, Strukturen und Prozesse im Unternehmen auf den angestrebten Wettbewerbsvorteil ist erforderlich, da die entstehenden Inkonsistenzen der strategischen Maßnahmen zum Verlust von Wettbewerbsvorteilen und rückläufiger Profitabilität führen.[38] Die Gefahr für Unternehmen, die ihre Anstrengungen auf die konsequente Effizienz- und Kostenoptimierung in allen Wertaktivitäten und gleichzeitig auf eine einzigartige Leistungserstellung richten, in keiner der beiden Strategien aus einer mittelmäßigen Wettbewerbsposition herauszukommen, wird daher als hoch bewertet.[39]

Die generischen Wettbewerbsstrategien überzeugen grundsätzlich durch ihre Klarheit und Einfachheit. Allerdings zeigen empirische Untersuchungen, dass auch Kombinationen der generischen Wettbewerbsstrategien erfolgreich sein können.

5.6.2 Hybride Wettbewerbsstrategien

Die **hybride Wettbewerbsstrategie** kombiniert grundlegende strategische Handlungsoptionen aus beiden generischen Wettbewerbsstrategien zur Realisierung einer überlegenen Wettbewerbsposition, die gleichzeitig durch eine hohe Leistungsdifferenzierung sowie eine preisliche Positionierung unterhalb der relevanten Wettbewerbsangebote gekennzeichnet ist.

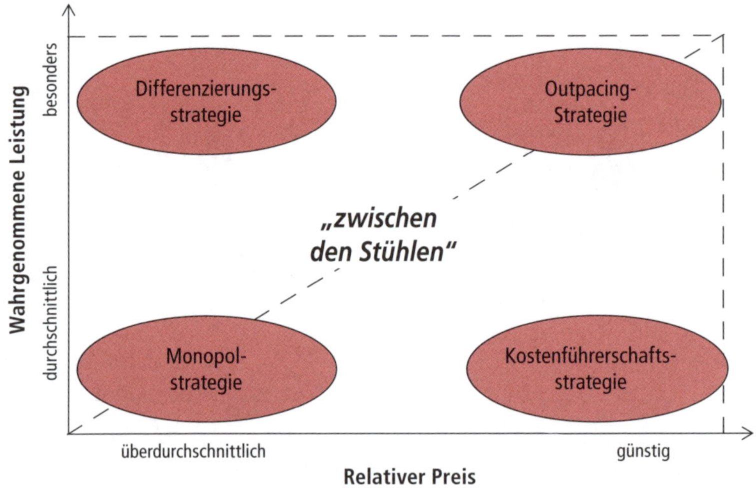

Abbildung 5.22: Systematik von Wettbewerbsstrategien[40]

Die als Outpacing-Position beschriebene Wettbewerbsposition soll gegenüber Wettbewerbern mit Kostenführerschafts- oder Differenzierungsstrategie gleichermaßen überlegen sein. Hybride Wettbewerbsstrategien lassen sich wie nachfolgend gezeigt in drei grundsätzliche Kategorien einteilen.

Die sequenzielle Hybridstrategie entkoppelt die generischen Strategien Kostenführerschaft und Differenzierung durch einen zeitlich nachgeordneten Ablauf bzw. eine wechselseitige Abfolge.[42] Nachdem ein Unternehmen sich zunächst für eine Kostenstrategie oder eine Differenzierungsstrategie entschieden hat, versucht es sukzessiv die jeweils andere strategische Option auszubauen, indem es seine Differenzierungsmerkmale sukzessiv auf weitere Produkte oder Marktsegmente ausdehnt, damit größere Produktions- und Absatzmengen zu Skaleneffekten und Kostenreduktion führen. Dadurch erhöht sich der Preisspielraum und ermöglicht einen Kostenvorteil gegenüber anderen differenzierten Unternehmen. Inwieweit daran anschließende Preissenkungen die bestehende Differenzierung aus Kundenperspektive gefährden, ist allerdings umstritten.[43]

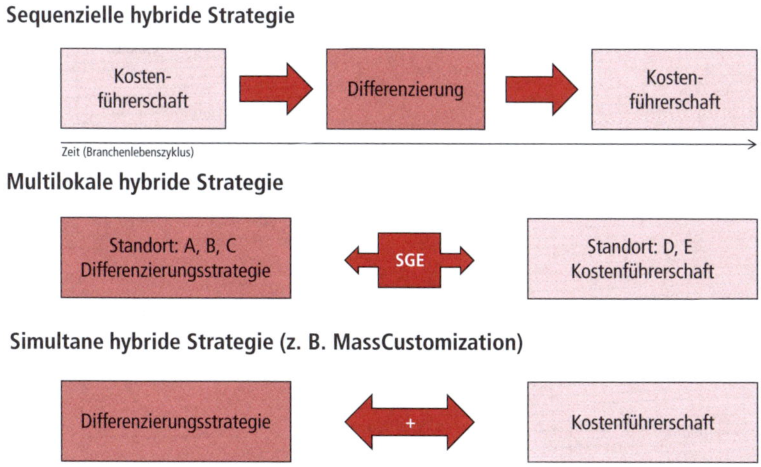

Abbildung 5.23: Hybride Wettbewerbsstrategien[41]

Die multilokale Hybridstrategie entkoppelt Kostenführerschafts- und Differenzierungsstrategie aufgrund geografischer Gegebenheiten bzw. regionaler Marktunterschiede.[44] Im Rahmen sog. dualer Internationalisierungsstrategien können Unternehmen durch globale Produktionsstrukturen einen Kostenvorteil erlangen und im Rahmen lokaler Sortiments- und Markenanpassungen eine differenzierte Marktbearbeitung z. B. in Wachstumsmärkten umsetzen.[45]

Die simultane Hybridstrategie kombiniert gleichzeitig Kostenführerschaft und Differenzierung und erfordert von Beginn an die Realisierung von Wettbewerbsvorteilen entlang beider Wettbewerbsdimensionen, um mit den besten Unternehmen der Branche mitzuhalten. Dies kann nur dann gelingen, wenn ein von den Wettbewerbern bisher nicht erkannter oder genutzter Differenzierungsvorteil zugrunde gelegt wird und gleichzeitig effizientere Produktions-, Distributions- oder Vermarktungsmethoden verwendet werden.[46]

Obgleich empirische Studien die Existenz von Hybridstrategien belegen, ist der nachhaltige Erfolg hybrider Wettbewerbsstrategien noch nicht auf einer breiten Grundlage bestätigt.[47] Die generischen Wettbewerbsstrategien, die sich in ihren strategischen Optionen zumindest teilweise widersprechen, stellen bei gleichzeitiger Realisierung ein Spannungsfeld dar, das kontextabhängig stets neu bewertet und ausgestaltet werden muss. Als Konsequenz lassen sich **dynamische Wettbewerbsstrategien** ableiten.

5.6.3 Dynamische Wettbewerbsstrategien

In vielen Branchen ist das Wettbewerbsumfeld durch zunehmende Unsicherheit, Komplexität und eine wachsende Dynamik gekennzeichnet. Somit wird die Abfolge von Wettbewerbsinteraktionen intensiver und schneller. Diese Entwicklung drückt sich z. B. in aggressivem Wettbewerbsverhalten bei der Preissetzung und verkürzten Reaktionszeiten auf Verhaltensweisen von Wettbewerbern aus. In der Folge werden bestehende Marktpositionen und Eintrittsbarrieren schneller und häufiger angegriffen. Die Wettbewerbsinteraktionen intensivieren sich in einem mehrstufigen Prozess. Dabei verschieben sich zunächst die Wettbewerbsparameter und schließlich wird die gesamte Branchenstruktur durch den sog. Hyperwettbewerb verändert.[48]

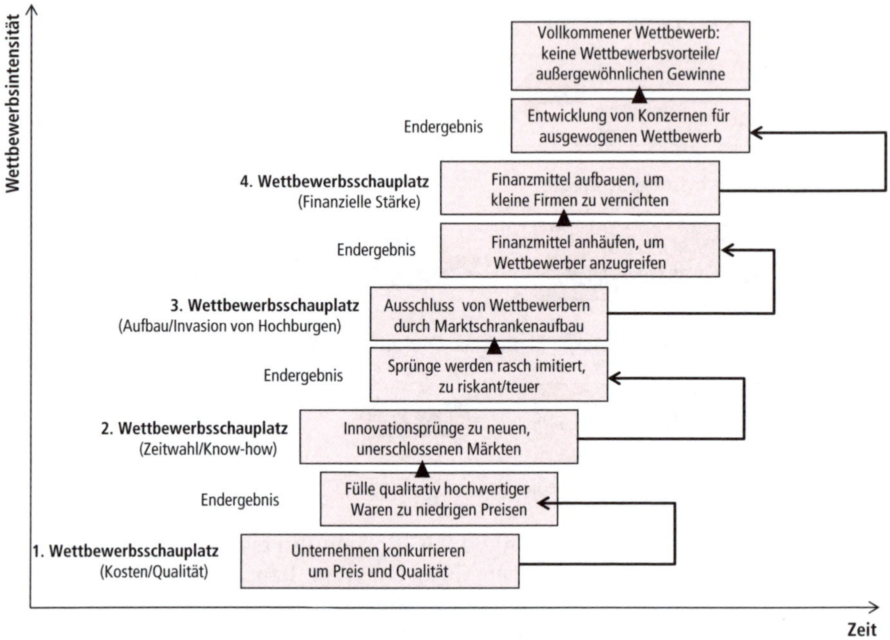

Abbildung 5.24: Wettbewerbsschauplätze im Hyperwettbewerb[49]

In der Ausgangssituation konvergiert das Wettbewerbsverhalten aufgrund von Kostenführerschafts- und Differenzierungsstrategien schrittweise zu einem hoch qualitativen und ausdifferenzierten Angebot auf einem gleichzeitig niedrigen Preisniveau im Sinne einer von zahlreichen Unternehmen angestrebten Outpacing-Position. Diese Entwicklung beginnt, sobald die Produktqualität in einer reifen Branche ein relativ vergleichbares Niveau erreicht hat und in der Folge Marktanteilsgewinne ausschließlich durch aggressive Preissenkungen errungen werden. Diese Wettbewerbsinteraktion löst eine abwärts gerichtete Preis-Qualitätsspirale aus, die durch gleichzeitige Preisreduktionen und Qualitätssteigerungen gekennzeichnet ist und im Ergebnis eine sinkende Branchenprofitabilität bewirkt.

Auf der nachfolgenden Stufe versuchen Unternehmen durch Innovationen Wettbewerbsvorteile als First Mover zu erlangen. Allerdings konzentrieren sich die Wettbewerber darauf, in kürzester Zeit eine Imitation oder ein gegebenenfalls leicht verbessertes, aber grundsätzlich ähnliches Angebot auf den Markt zu bringen. Die kurze Reaktionszeit und gegenseitigen Nachahmungszyklen führen erneut zu einer Angleichung der Wettbewerbspositionen, so dass die Innovation als solche keinen dauerhaften Wettbewerbsvorteil darstellt. Stattdessen besteht der Wettbewerb im Aufbau einer Ressourcenbasis und Unternehmensorganisation, die es zum richtigen Zeitpunkt und in kürzester Zeit ermöglicht, entweder als Erstanbieter oder als Imitator zu agieren.

Auf diese Stufe folgt der Aufbau von Marktschranken auf dem Gesamtmarkt, mit dem Ziel, potenzielle Wettbewerber auszugrenzen. Marktschranken werden in dem Hyperwettbewerbsansatz als nicht dauerhaft unterstellt, d. h. sie erodieren im Zeitablauf. In der Zeit, in der Marktschranken bestehen, werden vor allem finanzielle Ressourcen angesammelt, um die Marktposition von Wettbewerbern anzugreifen oder selbst eine starke und verteidigungsfähige Position aufzubauen.

Auf der letzten Wettbewerbsstufe werden die vorhandenen finanziellen Ressourcen genutzt, um eine Marktkonsolidierung durchzuführen und vor allem kleinere und mittlere Wettbewerber aus dem Markt zu drängen oder diese aufzukaufen. Im strukturellen Wettbewerbsergebnis stehen sich große Unternehmen auf einem globalen Markt gegenüber.

Entlang des Eskalationspfads ist die Branchenstruktur einem fortlaufenden und sich beschleunigenden Wandel unterworfen. Wettbewerbsvorteile haben bestenfalls temporär Bestand. Aus diesem Problem entwickelt D'Aveni Anforderungen an eine dynamische Wettbewerbsstrategie, die auf das Konzept der kreativen Zerstörung im Sinne Schumpeters zurückgreift: „Statt nach dauerhaften Wettbewerbsvorteilen zu suchen, konzentrieren sich Strategen im neuen Wettbewerbsumfeld nun auf den Aufbau einer Reihe temporärer Vorteile. Statt Stabilität und Gleichgewicht wird nun die Erschütterung des Status Quo zum strategischen Ziel."[50]

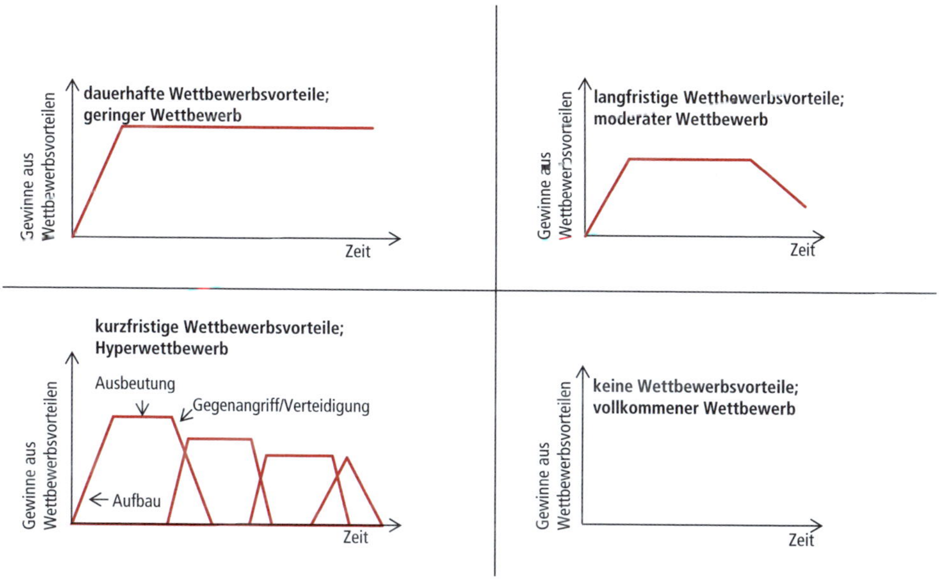

Abbildung 5.25: Dauerhaftigkeit von Wettbewerbsvorteilen[51]

Nur solange ein bestehender Wettbewerbsvorteil zu überdurchschnittlichen Gewinnen beiträgt, wird eine Strategie auf dieser Grundlage realisiert. Bei Angriffen von Wettbewerbern werden bestehende Wettbewerbsvorteile proaktiv zerstört und parallel neue bzw. andere Wettbewerbsvorteile aufgebaut. Ebenso werden Vorteile der Wettbewerber gezielt angegriffen, um deren Gewinngrundlage zu zerstören. Diese Strategiekonzeption stellt damit eine langfristige Festlegung, d. h. statische Strategieformulierung in Frage und empfiehlt generell dynamische Strategien, die eine hohe Prognosefähigkeit von Wettbewerbsinteraktionen, schnelle Reaktions- und Anpassungsfähigkeiten sowie effiziente Prozesse erfordern.[52]

Das Konzept dynamischer Wettbewerbsstrategien beschreibt eine Entwicklung, die vor allem in reifen bzw. stagnierenden Branchen zu beobachten ist, und berücksichtigt in hohem Maße die kreativen und temporären Aspekte der Strategieentwicklung in Abhängigkeit von strategischen Interaktionen im Wettbewerbsumfeld. Allerdings fehlen diesem Ansatz konkrete strategische Gestaltungsempfehlungen.

ZUSAMMENFASSUNG

In diesem Kapitel haben Sie gelernt,

- Herkunft und historische Entwicklung sowie wesentliche Begrifflichkeiten zur Unternehmensstrategie zu erläutern,
- wie eine Strategie entwickelt werden kann,
- wie Chancen und Bedrohungen auf Basis unterschiedlicher Ebenen der Umwelt und Stärken und Schwächen auf Basis von Ressourcen und Wertaktivitäten analysiert werden können,
- welche Bedeutung das SWOT-Inventar und die TOWS-Matrix für strategische Handlungsoptionen haben und
- wie Wettbewerbsstrategien in Abhängigkeit von Strategiekonzeptionen definiert werden können.

Herkunft und historische Entwicklung sowie wesentliche Begrifflichkeiten: Die Anfänge des Strategischen Managements liegen im militärischen Bereich. Nach und nach hielt es Einzug in die Unternehmensleitung. Performance (Leistung) und Wettbewerbsvorteil sind wichtige Begriffe, an denen sich ein Unternehmen orientiert. Generell werden stets langfristige Ziele verfolgt, welche zu nachhaltigen Wettbewerbsvorteilen führen sollen.

Entwicklung einer Strategie: Die Mission, die Vision, der Zweck und die Absicht sind vier Grundelemente der Strategie. Dem Strategischen Management kommt in der Unternehmung eine bedeutende und übergeordnete Rolle zu. Es legt die Unternehmensstrategie fest, entwickelt strategische Geschäftsfelder und unterstützt die Umsetzung in den einzelnen Unternehmensfunktionen.

Chancen und Bedrohungen mittels der Analyse unterschiedlicher Ebenen der Umwelt: Chancen und Bedrohungen lassen sich mittels drei unterschiedlichen Ebenen der Umwelt erfassen. Folgende Analyseinstrumente können hierfür angewandt werden: PESTEL für die Analyse der Makro-Umwelt; 5-Kräfte-Modell für die Analyse der Branche bzw. des Sektors; Strategie-Mapping für die Analyse der Strategischen Gruppe.

Stärken und Schwächen mittels der Analyse von Ressourcen und Wertaktivitäten: Stärken und Schwächen können anhand der Wertkettenanalyse, der Ressourcenanalyse und des Stärken-Schwächen-Profils systematisch erfasst werden. Die Wertkettenanalyse ermöglicht es, den Wertbeitrag aller untersuchten Aktivitäten zu ermitteln. Die Ressourcenanalyse prüft sämtliche Ressourcen und Fähigkeiten auf ihren Wertbeitrag, ihre Seltenheit, Imitierbarkeit und Spezifität.

SWOT-Inventar und TOWS-Matrix für strategische Handlungsoptionen: Die Einflussfaktoren aus der externen Umweltanalyse und die Erfolgsfaktoren der internen Unternehmensanalyse werden mit Hilfe des SWOT-Inventars systematisch zusammengefasst und mittels einer TOWS-Matrix einander gegenübergestellt, um strategische Handlungsoptionen systematisch abzuleiten.

Wettbewerbsstrategiedefinition in Abhängigkeit von Strategiekonzeptionen: Die Strategieauswahl kann aufgrund der drei Prüfschritte Plausibilitätsprüfung, Realisierbarkeitsprüfung und Konsistenzprüfung vollzogen werden.

Die strategischen Handlungsoptionen sind konsistent zu strategischen Maßnahmenbündeln zu verdichten und zu einer Wettbewerbsstrategie entsprechend vorgestellter Strategiekonzeptionen zu entwickeln. Dabei können generische, hybride und dynamische Strategiekonzeptionen unterschieden werden.

Ihr Wissen können Sie im eLearning-Bereich mit einem Verständnistest prüfen.

AUFGABEN

Aufgabe 1

Bitte nennen Sie ein geeignetes Modell, welches es erlaubt, die Makro-Umwelt eines Unternehmens zu analysieren.

Aufgabe 2

Bei der sogenannten SWOT-Analyse gibt es zwei Dimensionen, welche sich auf die Umwelt einer Organisation beziehen. Bitte nennen Sie diese beiden Dimensionen.

Aufgabe 3

In Bezug auf die dynamischen Wettbewerbsstrategien sind Stärken und Schwächen stets relativer Natur und erfordern ein Referenzsystem. Bitte beschreiben Sie die drei Bezugsrahmen, welche hierbei verwendet werden.

Aufgabe 4

Auf welchen Ebenen der Unternehmensumwelt kann das 5-Kräfte-Modell von Michael E. Porter angewandt werden?

Aufgabe 5

In Bezug auf die TOWS-Matrix, welche beiden Leitfragen kann man beim sogenannten ST-Prinzip ableiten?

Zur Erinnerung: In diesem Handlungsfeld verfügt das Unternehmen über ausgewiesene Stärken, die jedoch unmittelbaren oder zukünftigen Bedrohungen im Marktumfeld ausgesetzt sind. Strategische Optionen, die auf der Basis vorhandener Stärken aktuelle oder zukünftige Bedrohungen reduzieren, lassen sich durch die besagten Leitfragen ableiten.

Aufgabe 6

Die Portfolioanalyse unterstützt die Strategieentwicklung durch eine systematische Verdichtung möglicher strategischer Handlungsoptionen in der Regel auf der Betrachtungsebene einer SGE.

Bitte formulieren Sie drei Leitfragen, welche helfen, die Auswahl, Priorisierung und Ausrichtung aller SGE vorzunehmen.

Die Lösungen zu den Aufgaben finden Sie im eLearning-Bereich.

FALL STRATEGISCHES MANAGEMENT

GEA Farm Technologies (FT) ist ein führender Lösungs- und Systemanbieter für die Milchproduktion und Nutztierhaltung. Das in Bönen (Westfalen) beheimatete Unternehmen ist ein Geschäftssegment der im M-DAX gelisteten GEA Group und steuert Geschäftsaktivitäten in über 60 Ländern. Dazu hat GEA FT seine Geschäftsaktivitäten in die drei Business Units (BU) „Melken & Kühlen“, „Tier & Stalltechnik“ und „Hygiene & Services“ gegliedert, die ihrerseits mehrere Kompetenzfelder aufweisen.[53]

Die Kompetenzfelder unterscheiden sich durch verschiedene Prozesstechnologien und decken insgesamt sämtliche Anwendungsbereiche in der Milchwirtschaft ab. Diese Kompetenzfelder hat GEA FT im Rahmen seiner grundlegenden Strategie „Total Solutions“ definiert. Auf der Basis umfangreicher Marktforschung hat das Unternehmen dazu das Konzept „Farm of the Future“ entwickelt. Dieses ist in zwölf Funktionsbereiche aufgeteilt, die sich auf die wichtigsten Herausforderungen der heutigen Milchviehwirtschaft beziehen. Dabei sind solche interdependenten Problemfelder identifiziert worden, die durch ein ganzheitliches Prozess- und Technologiemanagement gelöst werden können.

Abbildung 5.26: GEA-Unternehmenssitz in Düsseldorf
Quelle: http://www.gea.com/de/press/media-center/images/index.jsp

Die Problemfelder umfassen das Ressourcenmanagement (Energie, Wasser, Futtermittel), Entsorgungsmanagement (Gülle), Fütterungsmanagement, Milchproduktion sowie Qualitätsmanagement (inkl. Hygiene und Pflege) und vor allem die Optimierung aller Schnittstellen durch Wissensmanagement, intelligente Stallsysteme und effizientes Farm Management. GEA FT hat als erstes Unternehmen in der Branche einen integrierten Ansatz für die gesamte Wertkette der Milchlandwirtschaft erarbeitet, in dem die Schnittstellen durch geeignete Prozesstechnologien, Produktionsanlagen und Servicelösungen optimiert werden.

Allerdings verfügte GEA FT zunächst nicht über sämtliche dazu erforderliche Technologien und Kompetenzen, sondern musste diese erst langfristig selbst aufbauen oder durch Kooperationen erlernen bzw. durch Akquisitionen erwerben. Die Umsetzung dieser Strategie war daher ein sehr langfristiger Prozess.

Geschäftsmodellentwicklung als langfristiger Prozess

Die Strategie „Total Solutions" bietet ein integriertes Leistungsangebot für sämtliche Prozesse und Arbeitsschritte in einem bäuerlichen Milchbetrieb. Dieses Leistungsangebot ist langfristig in mehreren Entwicklungsschritten erarbeitet worden. Zunächst hat GEA FT die landwirtschaftliche Wert- bzw. Prozesskette und die jeweils erforderlichen Technologien und Kompetenzen nach Verfahrensschritten gegliedert:

Abbildung 5.27: Prozesskette und Kompetenzen nach Verfahrensschritten[54]

In der Ausgangssituation für die langfristige Portfoliostrategie beherrschte GEA FT die verfahrenstechnischen Prozessabläufe rund um das bisher definierte Kerngeschäft Melk-, Kühl- und Lagertechnik. In einem ersten Entwicklungsschritt hat GEA FT in der Zeit von 1998 bis 2000 die bereits bestehenden technologischen Kompetenzen im Kerngeschäft systematisch ausgebaut und durch selektive Akquisitionen im internationalen Marktumfeld gestärkt. Dabei wurden keine grundlegend neuen Technologien erworben, sondern v. a. die geografische Marktabdeckung erweitert. Im Mittelpunkt stand die Erschließung relevanter ausländischer Milchmärkte wie z. B. USA und Frankreich durch die Akquisition lokaler/regionaler Unternehmen mit starken Marktpositionen und bestehendem Vertriebsnetz. In dieser Zeit hat GEA FT bereits begonnen, die Automatisierung der Melktechnik, z. B. durch Robotik, voranzutreiben.

In einem zweiten Entwicklungsschritt hat das Unternehmen sukzessive unter der Leitidee der „Farm of the Future" ein vollumfängliches Angebot von Maschinen und Technologien entlang des gesamten Bewirtschaftungsprozesses eines Milchbauernhofs entwickelt.

Ausgehend von der bestehenden Kompetenz im Maschinen- und Anlagenbau, insb. im Hinblick auf die Konstruktion und Produktion von Melkanlagen und Separatoren, akquiriert GEA FT ab dem Jahr 2004 eine Reihe von profitablen, eigentümergeführten Unternehmen mit spezifischem Wissen aus dem Maschinen- und Anlagenbau zum Aufbau eines umfassenden Prozessleistungsangebots in Geschäftsfeldern, die das Kerngeschäft ergänzen:

2012	MILFOS	Akquisition Milfos International Ltd. NZ (Milchvieh, Weidewirtschaft)
2010	FIL	Farmers Industries Ltd. NZ (Hygiene, Verbrauchsmaterialien)
2010	MULLERUP	Akquisition SKIOLD MULLERUP A/S DK (Automatische Fütterung)
2009	DE BOER	Akquisition DB Willaard Holding BV NL (Stalleinrichtung)
2008	NORBCO	Akquisition Norbco Inc USA (Stalleinrichtung)
2007	HOULE	Akquisition J. Houlle & Fils Kanada (Gülletechnik)
2004	AGROSERVE	Akquisition von Agroserve Ltd. UK (Hygieneartikel und Nachmarktaktikel)
2000	AGROB	Akquisition von AgroB Kanada (Anlagen- und Tierhygiene
1999	ORION	Joint-Venture mit Orion Ltd. Japan (Nr. 1 im japanischen Markt)
1999	SURGE	Akquisition Babson Brothers Inc. USA (Melktechnik)
1998	JAPY	Akquisition Hugonet S.A. France

Abbildung 5.28: Strategische Akquisitionen zum Kompetenz- und Geschäftsmodellausbau

Für die Umsetzung dieser Akquisitionsstrategie hat GEA FT mehrere Akquisitionskriterien entwickelt, die von den Zielunternehmen erfüllt werden müssen. Dazu zählen vor allem die technologische Kompetenz im Bereich der Nahrungsmittelanwendungen und die gemeinsamen bzw. sich ergänzenden Kunden und Absatzkanäle in Bezug auf GEA FT. Beide Kriterien begünstigen die Realisierung von Synergieeffekten – sowohl hinsichtlich der gemeinsamen Kosten- und Kompetenzbasis als auch hinsichtlich der absatzmarktbezogenen Vermarktung. Insofern hat GEA FT mit seiner Akquisitionsstrategie einen konsequenten Ausbau seines Kerngeschäfts verfolgt. Sämtliche akquirierten Unternehmen werden in die Business Units der GEA FT integriert. Dabei bleiben die lokalen Marken der akquirierten Unternehmen erhalten, da sie nicht nur eine hohe Bekanntheit bei Landwirten aufweisen, sondern auch aufgrund von langfristig aufgebauten und vertrauensvollen Vertriebskontakten präferenzbildend sind. Die akquirierten Unternehmen ergänzen die bestehenden Technologien, Applikationen und Kompetenzen im Maschinen- und Anlagenbau. GEA FT vervollständigt somit schrittweise die Technologien und Kompetenzen entlang der gesamten Prozesskette und kann den Landwirten alle Anlagen und Technologien zur professionellen Bewirtschaftung aus einer Hand anbieten, inklusive der Wartung und Pflege:

Die Akquisitionen haben nicht nur das Technologie- und Kompetenzportfolio erweitert, sondern auch das regionale Geschäftsportfolio erheblich ausgedehnt. GEA FT besitzt im Jahr 2013 Geschäftsaktivitäten mit eigenen Niederlassungen in allen relevanten Milchwirtschaftsräumen und setzt weltweit mehr als eine halbe Milliarde Euro um:

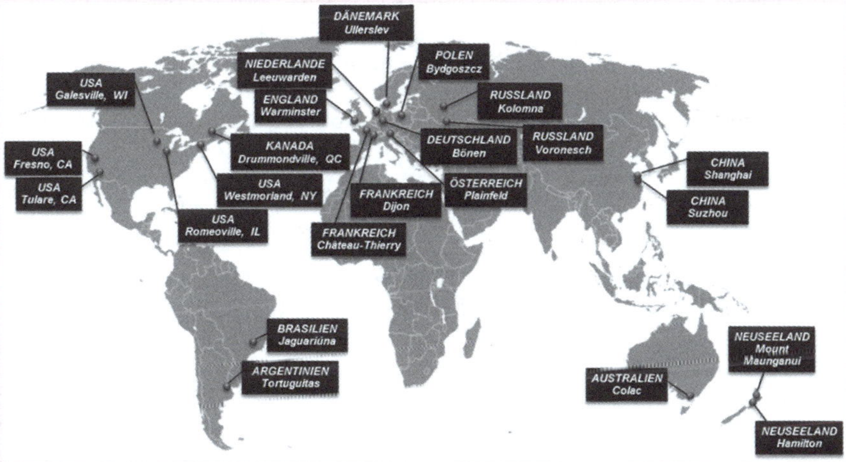

Abbildung 5.29: Weltweite Geschäftsaktivitäten von GEA FT

Mit den weltweiten Geschäftsaktivitäten insbesondere in den USA, Brasilien und Argentinien sowie in Australien, Neuseeland und China sowie Russland versucht GEA FT bestmöglich von den Megatrends Bevölkerungswachstum und Urbanisierung sowie Umwelt- und Ressourcenschonung zu profitieren. Die Weltbevölkerung wächst nämlich zunehmend und eine immer größere Anzahl von Menschen wünscht sich ein Leben in der Stadt. Nach Schätzungen der Vereinten Nationen werden im Jahr 2050 mehr als zwei Drittel der Weltbevölkerung in Städten leben. Die Urbanisierungsentwicklung führt zu anderen Lebens- und Essgewohnheiten sowie einem veränderten Ressourcenumgang. Diese Entwicklungen sind bereits besonders gravierend in Süd- und Ostasien sowie in Lateinamerika und werden sich zukünftig auch in Afrika verstärken. Hierdurch nimmt die Nachfrage nach Ressourcen, insbesondere Energie, Wasser und Nahrungsmittel erheblich zu. Die Urbanisierung, d. h. Herausbildung von großen Agglomerationen und v. a. im asiatischen Raum von sog. Mega-Cities, die mehr als fünf Millionen Einwohner umfassen, verstärkt sich zunehmend. Steigende Löhne und Gehälter fördern in vielen Schwellenländern die Entstehung oder Ausdehnung einer Mittelklasse, deren steigende Qualitätsansprüche an Nahrungsmittel und Medikamente mit einer höheren Ausgabenbereitschaft einhergeht. Hierbei spielen höhere Hygiene- und Qualitätsstandards eine zentrale Rolle. Diese Entwicklung bietet ein attraktives Marktpotenzial für die Nahrungsindustrie in Form von veredelten Nahrungsmitteln und Fertiggerichten. Gleichzeitig wächst das Bewusstsein für den notwendigen Schutz lebenswichtiger Rohstoffe und Ressourcen, da in vielen Schwellenländern Anbau- bzw. Abbauflächen knapp werden. Somit steigt die Nachfrage nach energieeffizienten Produktionsanlagen und schonenden Produktionsprozessen z. B. mit energiesparenden und wärmerückgewinnenden Maschinen.

Integriertes Leistungsangebot schafft Kundennutzen

Der einzigartige Kundennutzen bei GEA FT besteht in einem kompatiblen Angebot von Maschinen und Anlagen, das durch die erfahrenen Berater und Servicetechniker individuell auf die Betriebsform der Landwirte abgestimmt wird – inklusive Design und Planung des Stall- und Betriebskonzepts bis hin zum täglichen Herden- und Betriebsmanagement. Die Maschinen und Anlagen sind dabei sowohl auf die Bedienungs- und Wartungsfreundlichkeit für den Landwirt als auch auf die Bedürfnisse der Kühe ausgelegt. GEA FT hat dazu eine umfassende Studie zur Untersuchung des Zusammenhangs zwischen Milchqualität, -quantität und Kuhgesundheit durchführen lassen: Höherer „Kuhkomfort" erhöht die Milchqualität und -quantität. So genießen Kühe es förmlich, sich an Dingen zu reiben – es gehört zu ihrer Natur. Dabei tragen saubere Kühe erheblich zur allgemeinen Stallhygiene, weniger Erkrankungen, besserer Milch und kontinuierlicher Milchproduktion bei.

Die angebotenen Anlagen sind dabei konsequent auf die natürlichen Bedürfnisse des Milchviehs ausgelegt und gewährleisten individuelle Bewegungstherapien, spezielle automatisierte und ausgewogene Futterkonfigurationen, optimale und individuelle Melkzeiten sowie natürliche Pflegeaktivitäten und Ruhezeiten. Dabei kommt dem Landwirt zunehmend die Rolle des „Managers" zu, der die Abläufe optimal konfiguriert, Melkzeiten, Fütterung und Futterzusammensetzung automatisiert und gleichzeitig an die Bedürfnisse der individuellen Kuh anpasst. Die „glücklicheren" Kühe geben bessere und vor allem mehr Milch. Nach Angaben des Deutschen Bauernverbands stieg die Produktivität der deutschen Landwirtschaft zwischen 1991 und 2011 um 123 Prozent. Das heißt: Während die Zahl der Landwirtschaftsbetriebe stetig sinkt, nehmen ihre Erträge zu. 2007 gab es noch rund 321.600 landwirtschaftliche Betriebe in Deutschland, 2012 rund 10,6 Prozent weniger. Dafür wachsen die wirtschaftlichen Flächen und die Zahl der gehaltenen Tiere pro Betrieb und deren Leistung. 1995 gab eine Milchkuh im Schnitt rund 5.400 Kilogramm Milch pro Jahr. Rund 20 Jahre später liegt die Milchleistung bei gut 7.200 Kilogramm.

Die Digitalisierung ist für die Bauern hingegen kein Problem, denn die Industrie 4.0 ist auch in der Landwirtschaft angekommen. Landwirtschaftliche Produkte werden bereits ab dem Zeitpunkt der Ernte bzw. Erzeugung digital erfasst und im Sinne der „Traceability" für Produzenten, Handel und Konsumenten bis zum Erzeuger rückverfolgbar gemacht. Die Wertschöpfungskette von Nahrungsmittelerzeugung, -verarbeitung und -vertrieb wird daher durch den digitalen Informationsaustausch über Wertschöpfungsstufen hinweg zunehmend integriert.

Aufgabenstellungen

1. Bitte führen Sie auf Basis der Fallstudie eine PESTEL-Analyse durch. Welchen Einfluss können die Tendenzen auf GEA ausüben?
2. Bitte identifizieren und beurteilen Sie die Kernkompetenzen von GEA mit Hilfe des ressourcenbasierten Ansatzes. Inwiefern verändern sich diese Kompetenzen im Rahmen des Wechsels von der bisherigen Strategie „Melken und Kühlen“ zu „Total Solutions“?
3. Handelt es sich bei der Strategie „Total Solutions“ um eine Strategie, die als Anpassungsmaßnahme zum Markt im Sinne des SCP-Paradigmas verstanden werden kann (Outside-In-Perspektive), oder spielen eher ressourcenbasierte Faktoren eine Rolle (Inside-Out-Perspektive)?
4. Welche Handlungsalternative aus der Kompetenz-Produktmarkt-Matrix spiegelt sich in der Entwicklung der „Total Solutions“-Strategie wider?
5. Zu welchen Normstrategien aus dem Marktattraktivitäts-Wettbewerbsvorteils-Portfolio können Sie die strategischen Maßnahmen von GEA Farm Technologies im Zeitraum von 2004–2014 zuordnen?

Lehrende finden die Lösungen und weiteres, begleitendes Material in den eLearning-Dozentenressourcen.

Literaturhinweise

Büchler, J. P.: Strategie entwickeln, umsetzen und optimieren, München, Pearson Verlag, 2014.

Büchler, J. P.: Fallstudienkompendium Hidden Champions – Innovationen für den Weltmarkt. Wiesbaden, Springer Gabler Verlag, 2018.

Grant, R.; Nippa, M.: Strategisches Management. Analyse, Entwicklung und Implementierung von Unternehmensstrategien. 5., aktualisierte und erweiterte Auflage, München, Pearson, 2006.

Hungenberg, H.: Strategisches Management im Unternehmen. Ziele – Prozesse – Verfahren. Wiesbaden, Springer Gabler Verlag, 2014.

Johnson, G.; Scholes, K; Whittington, R.: Strategisches Management – Eine Einführung: Analyse, Entscheidung und Umsetzung, 9. Auflage, München, Pearson Verlag, 2011.

Porter, M. E.: Wettbewerbsstrategie. Methoden zur Analyse von Branchen und Konkurrenten, 12. Auflage, Frankfurt/Main, Campus, 2013.

Lernziele

In diesem Kapitel lernen Sie,

- sechs wichtige Elemente der Organisationsgestaltung zu beschreiben,
- mechanistische und organische Strukturen einander gegenüberzustellen,
- traditionelle Formen der Organisationsstrukturierung zu beschreiben,
- moderne Formen der Organisationsgestaltung zu beschreiben,
- zu diskutieren, wie sich Organisationen für eine Zusammenarbeit organisieren,
- flexible Arbeitssysteme zu erklären, welche Organisationen nutzen,
- heutige Herausforderungen in Bezug auf Organisationsgestaltung zu diskutieren und
- kritisch die klassischen Ansätze der Organisationsgestaltung hinsichtlich ihrer „blinden Flecken“ zu betrachten.

Organisation

6

ÜBERBLICK

Das Themengebiet der **Organisation** und Organisationsgestaltung stellt ein vielfältiges und komplexes Phänomen in der Realität und in der Wissenschaft dar. Vor dem Hintergrund der Entwicklungen in unserer Gesellschaft und in der Welt geht die Breite dieses Themengebiets inzwischen über die Gestaltung von internen Organisationstrukturen deutlich hinaus. Neuere Entwicklungen lenken den Blick inzwischen auf Fragen, die sich mit dem Auflösen von klassischen Organisationsgrenzen befassen und damit interorganisationale Dimensionen (z. B. die Organisation von zwischenbetrieblichen Beziehungen) zum Untersuchungsgebiet machen. Der Schwerpunkt in diesem Beitrag liegt auf den Grundlagen der Organisationsgestaltung aus einer praktischen Perspektive. Neuere Fragestellungen können nur knapp skizziert werden. Schließlich wird mit der Skizzierung einer kritischen Perspektive das Themengebiet abgerundet.

6.1 Grundlagen der Organisationsgestaltung

Viele Firmen, die sich neuen Herausforderungen in ihrem Umfeld gegenüber sehen, ergreifen Umstrukturierungsmaßnahmen, um stärker und erfolgreicher zu werden. **Organisationsstruktur** und -gestaltung spielen oft eine entscheidende Rolle, besonders im Hinblick auf die schwierige Herausforderung der Entwicklung neuer Produkte, der sich ein Unternehmen stellen muss. Dies deutet an, wie wichtig die richtige **Organisationsgestaltung** ist, damit ein Unternehmen auch strategisch seine Ziele effektiv und effizient erreichen kann.

6.1.1 Elemente der Organisationsstruktur

Nur wenige Aspekte des Themengebiets „Management" haben in den letzten Jahren solche tiefgreifenden Veränderungen erfahren wie die Organisationsprozesse und Organisationsstrukturen. Manager bewerten traditionelle Ansätze neu, um neue strukturelle Gestaltungsmöglichkeiten zu entwickeln, die die Arbeitsergebnisse der Mitarbeiter erleichtern und fördern, die effizient und zugleich flexibel sind.

Die Grundkonzepte der Organisationsgestaltung, die von frühen Management-Vordenkern wie Henri Fayol und Max Weber formuliert wurden, gaben Managern strukturelle Prinzipien vor. Seit der ersten Veröffentlichung einiger dieser Prinzipien sind über 90 Jahre vergangen. Angesichts dieser langen Zeit und all der Veränderungen, die sich inzwischen vollzogen haben, könnte man meinen, diese Grundprinzipien seien heute nutzlos: Dies ist jedoch keineswegs der Fall. Die meisten dieser Prinzipien liefern heute noch wertvolle Einblicke in die Gestaltung effektiver und effizienter Organisationen. Allerdings zeigten sich im Laufe der Jahre auch die Grenzen dieser ersten Ansätze.

Das Konzept[1] „Organisation" oder was ist „Organisation[2]"?

Das Konzept bzw. der Begriff der **Organisation** hat eine vielfältige Bedeutung. Grundlegend kann im Begriffsverständnis zwischen der Organisation als einem System bzw. einer **Institution** (institutioneller Organisationsbegriff) und der Organisation als einer **Funktion** und Aufgabe der Unternehmensführung (funktional-instrumenteller Organisationsbegriff), z. B. zur Schaffung von Strukturen, unterschieden werden. Auf beide Organisationsbegriffe soll im Weiteren ein Blick geworfen werden.

Organisation als System/Institution

March und Simon boten folgendes Verständnis an: „Organizations are systems of coordinated action among individuals and groups whose preferences, information, interests or knowledge differ. Organization theories describe the delicate conversion of conflict into cooperation, the mobilization of resources and the coordination of effort that facilitate the joint survival of an organization and its members."[3]

Andere Autoren haben Varianten dieser Konzeptualisierung verfasst. Gemeinsam sind ihnen folgenden Charakteristika des institutionellen Organisationsverständnisses:

1. ein System mit mehreren Akteuren,
2. identifizierbare „Grenzen" des Systems,
3. Ziele bzw. eine Intention des gesamten Systems,
4. teilnehmende Akteure liefern einen zielführenden Beitrag.

Erstens: Das System muss mehr als einen Akteur haben; d. h., ein einzelner Selbständiger ist danach keine Organisation.

Zweitens muss die Gruppe dieser Akteure klar durch organisationale Grenzen identifizierbar sein. Die **Grenzen der Organisation** bestimmen die Mitgliedschaft und werden ergänzt durch Regeln des Ein- und Austritts. Für Unternehmen (gewinnorientierte Organisationen) sind die Grenzen zunächst klar definiert: (Mit-)Eigentum oder ein Arbeitsvertrag sind i. d. R. Kennzeichen für eine Mitgliedschaft. Die Existenz einer solchen imaginären Grenze heißt aber nicht, dass das System geschlossen ist. Nicht nur, dass Eigentümer und Mitarbeiter auch in anderen Lebensbereichen aktiv sind, ist eine Erklärung. Auch das Ausscheiden und Hinzukommen neuer Akteure zeigt die Offenheit der Grenzen.

Drittens sollte es möglich sein, der Organisation ein **Ziel oder eine Intention** zuzuschreiben. Das Ziel mag implizit sein und selbst wenn es explizit ist, muss es nicht identisch mit den persönlichen Zielen der Akteure sein. Typischerweise, selbst wenn das Ziel einfach nur das Überleben der Organisation ist, kann es als Generierung und Nutzung von Vorteilen gemeinsamer Aktivitäten verstanden werden, die von einem Akteur alleine nicht erzielt werden könnten.

Viertens, die Anstrengungen der **Akteure** sollen einen Beitrag zur **Zielerreichung** der Organisation liefern. Diese eher intuitive Bedingung ist nicht immer gegeben, auch wenn Organisationen bewusst so gestaltet werden.

Diese institutionelle Definition des Begriffs Organisation ist sehr umfassend und reicht von Zweier-Teams über Gruppen, Abteilungen, Unternehmensbereiche bis hin zu Konzernen. Jede für sich kann als Organisation betrachtet werden, allerdings mit unterschiedlichen Dimensionen an Dauerhaftigkeit und Größenordnung.

Gemäß dieser Konzeptualisierung bestimmen Grenzen und Ziele zusammen eindeutig eine Organisation. Die einzelnen Akteure der Organisation wiederum können unterschiedliche Organisationen bilden, jede mit anderen Zielen. Deswegen sind Akteure alleine kein eindeutiger Indikator.

Organisation als Funktion, Organisieren als Problemlösung

Organisation als eine **Funktion** und Aufgabe der **Unternehmensführung** ist verbunden mit Aktivitäten des Organisierens, um Ordnung herzustellen und Chaos zu vermeiden. Weick hat überzeugend dargelegt, dass Organisation und Organisieren nicht identisch sind.[4] Organisieren ist ein Prozess, also eine Aneinanderreihung von Aktivitäten, den man als einen Problemlösungsprozess interpretieren kann, als eine Suche durch den Problemraum.[5]

Dabei wird von der Annahme ausgegangen, dass die einzelnen Akteure der Organisation begrenzte Kapazitäten haben, Information zu beschaffen und zu verarbeiten. Darüber hinaus wird angenommen, dass sie „entlohnt" werden müssen für ihre Anstrengungen im Dienste der Organisation, ohne dass gesagt ist, dass diese Entlohnung in monetärer Form erfolgen muss. Solche Eigenschaften der Akteure vorausgesetzt, muss eine Organisation zwei fundamentale und miteinander verbundene Probleme lösen: **Arbeitsteilung** und Integration der Aktivitäten und Anstrengungen.

Die Arbeitsteilung bezieht sich auf das „Übersetzen" und Herunterbrechen der Gesamtaufgabe in (zum Organisationsziel beitragende) (Teil-)Aufgaben zwecks einer nachfolgenden Allokation/Zuordnung dieser Aufgaben zu individuellen Akteuren. Es geht also zunächst um die Vermessung und Differenzierung von Aufgaben durch eine vorausgehende Analyse der Gesamtaufgabe und deren Teilung. Erfolgt eine solche Differenzierung nicht alleine nach Aufgaben (horizontale Differenzierung), sondern auch nach Verantwortungsbereichen und -umfang, dann spricht man von einer vertikalen Differenzierung, welche zu einer Führungshierarchie führt.

Die **Aufgabensynthese** und **Aufgabenallokation** befassen sich dann mit der Zusammenführung und Zuordnung der über die Aufgabenanalyse und -teilung gewonnenen (Teil-)Aufgaben zu individuellen Akteuren und Akteursgruppen. Im traditionellen Unternehmen sind die Stellen- und Rollenbeschreibungen sowie die Besetzung dieser Stellen/Positionen die üblichen Mechanismen, um Aufgabenbündel und Akteure zusammenzubringen.

Die Integration von Aktivitäten und Anstrengungen der Akteure stellt die Lösung des Kooperations- und Koordinationsproblems innerhalb der Organisation dar.[6] Das Kooperationsproblem soll durch die Bereitstellung/Setzung von (Motivations- und Verhaltens-)Anreizen behoben werden, während das Koordinationsproblem durch Information gelöst wird. Beide Probleme müssen gelöst werden, da ansonsten die Integration nicht erfolgt.[7]

Dabei kann man das **Koordinationsproblem** hinsichtlich zweier Dimensionen beleuchten: statisch und dynamisch. Die statische Dimension fokussiert die Frage nach der **Aufgabenanalyse** und **-synthese**, also der sogenannten **Aufbauorganisation**. Die dynamische Dimension stellt (Teil-)Aufgaben in den Kontext von Personen, Orten und Zeit resp. Reihenfolge, womit Arbeitsanalyse und -synthese adressiert werden. Die **Arbeitsorganisation** und **Prozessperspektive** fügen damit dem „Organisieren" eine weitere Facette der **Ablauforganisation** hinzu, die hier nicht weiter vertieft werden kann.

Die Bereitstellung von Belohnungen bezieht sich auf das Problem der Zuordnung von (monetären und nichtmonetären) Belohnungen zu den verschiedenen Akteuren, um sie zur Kooperation zu motivieren. Jede Organisation muss solche Anreizmechanismen für die Akteure haben, um sie zu den richtigen (Leistungs-)Beiträgen im Sinne der Organisation zu bewegen, aber auch um Eintritt/Beitritt und Verbleiben in der Organisation zu sichern.

Die Bereitstellung von Informationen beruht auf der Herausforderung, dass jeder Akteur in der Organisation Informationen benötigt, um seine Aufgaben erledigen und seine Aktivitäten mit den anderen Akteuren koordinieren zu können. Koordinierte Aktivitäten erfordern das Vorhandensein ausreichender Informationen, damit die interagierenden Personen so handeln können, als ob sie die Aktivitäten der anderen vorhersehen.

Die Universalität der Organisationsprobleme

Die Lösungen zu diesen grundlegenden Herausforderungen – Aufgabenanalyse und -synthese, Ablaufanalyse und -synthese, Anreizsetzung und Informationsbereitstellung – sind eine Voraussetzung, dass Organisationen überleben können, und begründen die Universalität des Organisationsproblems.

Eben wurde der Begriff des Organisierens als eine Management-Funktion zur Einteilung und Strukturierung von Arbeitshandlungen definiert, damit die Ziele der Organisation erreicht werden. Hierbei handelt es sich um eine wichtige Aufgabe, im Zuge deren Manager die Struktur einer Organisation festlegen. Die **Organisationsstruktur** bezeichnet vor allem die formale Zusammenstellung von **Arbeitsstellen** innerhalb einer Organisation. Diese Struktur, die visuell mit einem **Organigramm** bzw. **Organisationsplan** dargestellt werden kann, erfüllt vielerlei Zwecke. Manager schaffen oder verändern die Struktur, indem sie Organisationsgestaltung betreiben – eine Aufgabe, die Entscheidungen bezüglich sechs wichtiger pragmatischer Elemente beinhaltet: die Spezialisierung der Arbeit, die **Abteilungsbildung**, die **Weisungskette**, die **Führungsspanne**, die **Zentralisierung** oder **Dezentralisierung** und die Formalisierung.[8]

■ Teilt die zu erledigende Gesamtaufgabe in spezifische Aufgaben und Abteilungen ein
■ Ordnet Aufgaben und Verantwortlichkeiten spezifischen Stellen zu
■ Koordiniert verschiedene organisatorische Aufgaben
■ Fasst Stellen zu organisatorischen Einheiten zusammen
■ Schafft Beziehungen zwischen Stellen, Gruppen und Abteilungen
■ Schafft formale Berichtslinien
■ Teilt Organisationsressourcen zu und nutzt sie

Tabelle 6.1: Zwecke des Organisierens

Spezialisierung der Arbeit

Beispiel: Arbeitsteilung in der Footballproduktion

Bei einem amerikanischen Sportartikelhersteller produzieren 150 Mitarbeiter mit einer durchschnittlichen Firmenzugehörigkeit von über 20 Jahren jeden Football, der in der US-amerikanischen Nationalliga, der National Football League, zum Einsatz kommt, sowie die meisten der Bälle, die in College- und High-School-Spielen verwendet werden. Um die täglichen Produktionsziele erfüllen zu können, spezialisieren sich die Arbeiter auf Aufgaben wie Formen, Nähen oder auch Säumen.[9] Es handelt sich hierbei um **Arbeitsteilung (Spezialisierung der Arbeit)**, sprich um die Aufteilung von Aufgabenkomplexen in eng definierte, sich wiederholende einzelne Aufgaben. Jeder einzelne Mitarbeiter „spezialisiert sich" auf einen bestimmten Teil einer Aufgabe, anstatt die gesamte Aufgabe (Herstellung eines Balls) auszuführen. Auf diese Weise erfolgt eine Steigerung der Arbeitsleistung. Das Konzept der Arbeitsteilung wurde bereits oben angesprochen.

Durch **Spezialisierung** können die verschiedensten Fähigkeiten der Mitarbeiter optimal genutzt werden. In den meisten Organisationen erfordern manche Aufgaben hoch entwickelte Fähigkeiten, während andere von Mitarbeitern mit geringeren Fähigkeiten übernommen werden können. Wären alle Mitarbeiter gleichermaßen an allen Produktionsschritten beteiligt, würden sie alle die notwendigen Fähigkeiten benötigen, um schwierige und komplizierte Aufgaben zu erfüllen. Somit würden die meisten Mitarbeiter unter ihrem Leistungsniveau arbeiten, mit Ausnahme der Zeiten, in denen sie die schwierigen Aufgaben erledigen. Zudem werden gut ausgebildete Mitarbeiter höher bezahlt als andere, so dass ohne Arbeitsteilung viele Arbeitnehmer einen geringeren Lohn erhalten würden. Es handelt sich somit um einen ineffizienten Einsatz von Ressourcen. Dieses Konzept erklärt, warum ein Herzchirurg nach einer OP selten selbst die Wunde zunäht. Dies übernehmen meist Assistenzärzte, die noch in der Ausbildung sind.

Frühe Befürworter der Arbeitsteilung waren überzeugt, dass sich daraus große Produktionssteigerungen ergeben würden. Zu Beginn des 20. Jahrhunderts machte diese Verallgemeinerung durchaus Sinn. Da die Spezialisierung noch nicht weit verbreitet war, ergab sich durch ihre Einführung in fast allen Fällen eine Produktivitätssteigerung. Doch auch ein gutes Konzept kann übertrieben werden. Irgendwann nämlich überwiegen die menschlichen **Nachteile der Arbeitsteilung** (Langeweile, Übermüdung, Stress, geringe Produktivität, schlechte Qualität, mehr Fehlzeiten, hohe Fluktuation) die wirtschaftlichen Vorteile.[10] Eine Produktivitätskurve sinkt ab einem bestimmten Ausmaß an Arbeitsteilung, wobei dies immer aufgaben- und tätigkeitsspezifisch zu betrachten ist.

Heutige Sichtweise

Viele Manager sehen die Spezialisierung auch heute noch als wichtig und richtig an, da sie die Mitarbeiter effizienter macht. So setzt etwa McDonald´s auf eine hochgradige Spezialisierung aller Arbeitsschritte, damit dessen Produkte effizient und schnell hergestellt und an den Kunden verkauft werden können: Schließlich befindet man sich ja in der „Fast-Food"-Branche! Ein Mitarbeiter nimmt die Bestellung am Drive-in-Schalter entgegen, andere braten die Hamburger und setzen sie zusammen, wieder andere arbeiten an der Fritteuse, füllen die Getränke ab und verpacken die Bestellungen. Eine solche ausschließliche Konzentration auf die Maximierung der Effizienz trägt zur Steigerung der Produktivität bei. Irgendwann jedoch führt zusätzliche Spezialisierung nicht mehr automatisch zu höherer Produktivität. Aus diesem Grund setzen viele Unternehmen nur auf ein Minimum an Arbeitsteilung und geben ihren Mitarbeitern stattdessen eine breite Palette an Aufgaben.

Abteilungsbildung

Nachdem darüber entschieden wurde, welcher Mitarbeiter welche Arbeitsaufgaben übernehmen soll, müssen die einzelnen Aufgaben wieder in Gruppen zusammengefasst werden, damit die Arbeit koordiniert und integriert erledigt werden kann. Die Zusammenfassung von Arbeitsstellen und Arbeitspositionen in organisatorischen Einheiten wird als **Abteilungsbildung** bezeichnet. Es gibt zwar fünf gängige Formen der Abteilungsbildung, doch kann jede Organisation eine eigene Methode der Klassifizierung entwickeln. In einem Hotel könnte es beispielsweise Abteilungen für die Rezeption, für die Gastronomie, für die Wäsche und für die Hausmeisterdienste geben. ▸*Abbildung 6.1* zeigt die fünf üblichen Formen der Abteilungsbildung sowie deren Vor- und Nachteile.

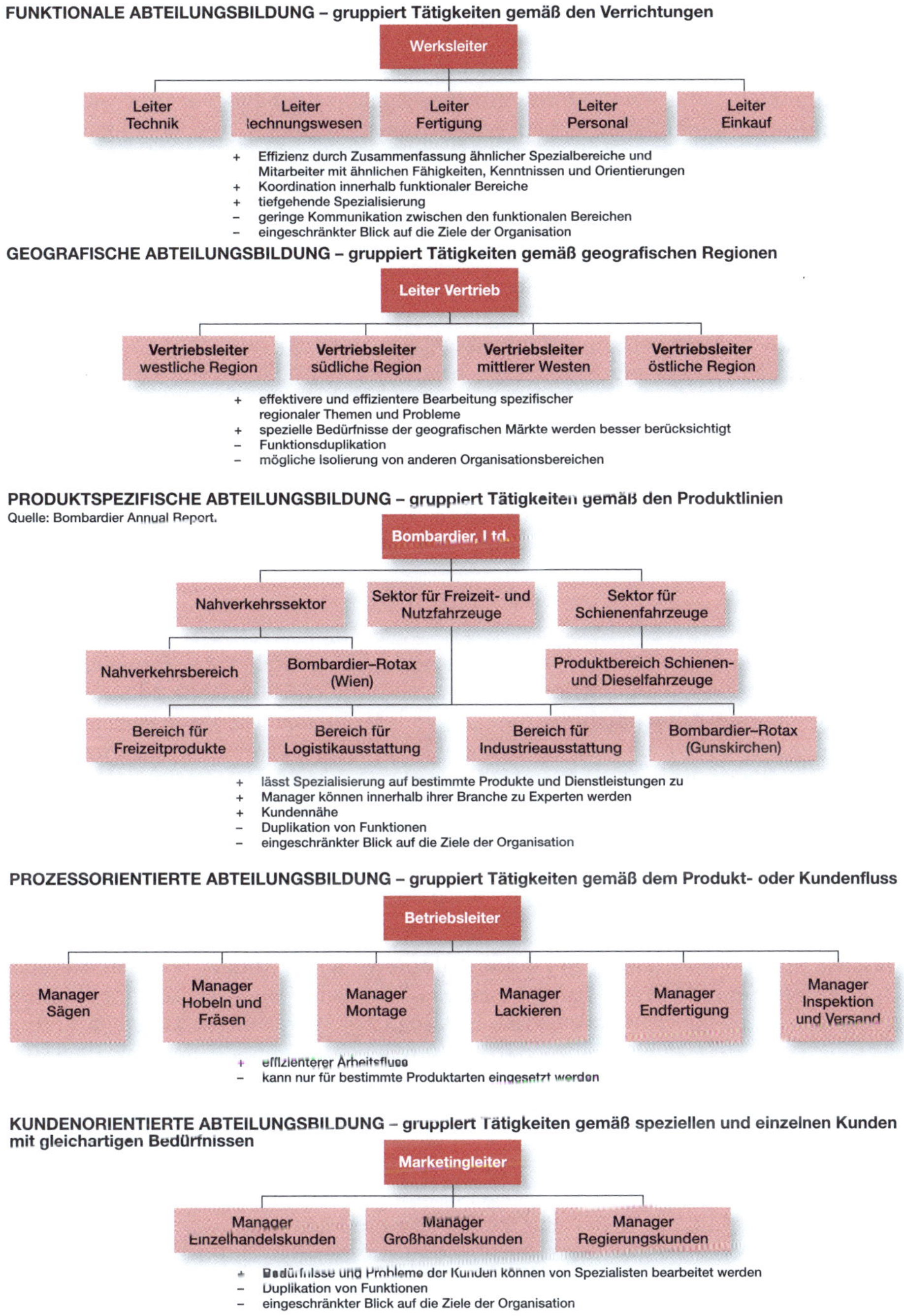

Abbildung 6.1: Organigramme der fünf üblichen Formen der Abteilungsbildung

Heutige Sichtweise. Die meisten großen Unternehmen setzen Kombinationen aller oder einiger der verschiedenen Formen der Abteilungsbildung ein. Ein großer japanischer Elektronikhersteller etwa organisiert seine Abteilungen nach funktionalen Gesichtspunkten, seine Produktionseinheiten gemäß seiner Prozesse und seine Marketing-Aufgaben anhand der sieben geografischen Regionen. Die Verkaufsregionen wiederum werden in verschiedene Kundengruppen eingeteilt.

Ein beliebter Trend bei der Abteilungsbildung ist die zunehmende Berücksichtigung der Kunden. Dieser Ansatz funktioniert so gut, da es für den Erfolg einer Organisation entscheidend ist, ihre Kunden anzuwerben und zu halten: Es geht dabei um die Beobachtung der Kundenwünsche und um die schnelle Reaktion auf diesbezügliche Veränderungen. Auch der Einsatz von Arbeitsteams wird immer beliebter, vor allem da die zu erledigenden Aufgaben zunehmend komplexer werden und immer mehr unterschiedliche Fähigkeiten erfordern. Eine besondere Form, die viele Organisationen nutzen, ist das **funktionsübergreifende Team**: eine **Arbeitsgruppe**, die sich aus Mitarbeitern verschiedener funktionaler Bereiche zusammensetzt.[11] Im Unternehmensbereich der Materialplanung und Logistik des Autobauers Ford etwa hat ein funktionsübergreifendes Team aus Mitarbeitern der Bereiche „Finanzwesen", „Einkauf", „Technik" und „Qualitätskontrolle" zusammen mit Vertretern externer Logistikunternehmer zahlreiche Ideen zur Verbesserung ihrer Arbeit entwickelt.[12]

Weisungskette

Wohin wendet sich ein Mitarbeiter, der bei der Arbeit plötzlich ein Problem hat? Er muss wissen, wer sein Vorgesetzter ist. Hier kommt die **Weisungskette** oder **Berichtslinie** ins Spiel: eine **Autoritätslinie**, die sich von den obersten Führungsebenen einer Organisation bis zu den unteren Ebenen zieht und festlegt, wer an wen berichtet und wer an wen Weisungen erteilen darf. Manager müssen sie bei der Organisation der Arbeit immer beachten, denn sie beantwortet Fragen wie „An wen berichte ich?" oder „An wen wende ich mich, wenn ich ein Problem habe?". Um das Prinzip der Weisungskette zu verstehen, muss man sich zunächst mit drei weiteren wichtigen Konzepten vertraut machen: mit Autorität, Verantwortung und Führungseinheit.

Autorität. Für die frühen Vordenker, die sich mit dem Thema des Managements befassten, spielte das Konzept der Autorität eine wichtige Rolle. Sie sahen diese als den Klebstoff, der eine Organisation zusammenhält: Autorität bezeichnet die **inhärenten Rechte** einer Management-Position, Mitarbeitern Anweisungen zu geben und zu erwarten, dass diese auch befolgt werden.[13] Manager innerhalb der Weisungskette haben die Autorität, ihre Aufgabe zu erfüllen, nämlich die Arbeit anderer zu koordinieren und zu überwachen. Diese Autorität konnte nach unten weitergegeben werden, so dass Manager niedrigerer Führungsebenen bestimmte Rechte erhielten, aber auch innerhalb bestimmter Grenzen operieren mussten. Die Vordenker betonten, dass Autorität immer an die Position eines Managers innerhalb der Organisation gekoppelt war und mit den persönlichen Eigenschaften nichts zu tun hat. Sie gingen davon aus, dass die inhärenten Rechte einer **formalen Position** die einzige Einflussquelle darstellte und dass eine Anweisung daher befolgt werden würde. Autorität hat aber auch eine damit verbundene Verantwortung zur Folge.

Ein weiterer früher Management-Forscher, Chester Barnard, regte eine andere Perspektive auf Autorität an: Diese Ansicht, **Akzeptanztheorie der Autorität** genannt, besagt, dass Autorität auf der Bereitschaft der Untergebenen basiert, diese zu akzeptieren.[14] Akzeptiert ein Mitarbeiter die Anweisung eines Managers nicht, gibt es folglich auch keine Autorität. Barnard gab jedoch an, dass Untergebene Anweisungen befolgen würden, wenn folgende Bedingungen erfüllt wären:

1. Die Untergebenen verstehen die Anweisung.
2. Sie glauben, dass die Anweisung mit dem Zweck der Organisation konform ist.
3. Die Anweisung steht nicht mit ihrer persönlichen Einstellung im Widerspruch.
4. Sie sind in der Lage, die Anweisung wie erteilt auszuführen.

Barnards Akzeptanztheorie der Autorität scheint durchaus sinnvoll, vor allem wenn es darum geht, dass ein Mitarbeiter in der Lage sein muss, die ihm übertragene Aufgabe zu erfüllen. Käme etwa der Präsident einer Universität in einen Hörsaal und würde von einem Professor der Wirtschaftswissenschaften verlangen, eine Operation am offenen Herzen durchzuführen, so müsste er diese Aufgabe gemäß einer naiven Sichtweise der Autorität auch erfüllen. Barnards Perspektive folgend würde der Professor stattdessen mit seinem Vorgesetzten darüber sprechen, dass ihm Ausbildung und Erfahrung auf diesem Gebiet fehlen und dass die Durchführung einer solchen Aufgabe sicher nicht im besten Interesse des Patienten wäre. Dies ist zwar ein extremes – und auch sehr unrealistisches – Beispiel, doch es beweist eindeutig, dass es unrealistisch ist, Autorität als totale Kontrolle über die Handlungen von Mitarbeitern zu sehen. Eine Ausnahme stellen ganz bestimmte Umstände dar, wie sie sich beispielsweise im Militärdienst ergeben: Von einem Soldat wird durchaus erwartet, stets die Befehle seines Vorgesetzten auszuführen. Barnard war dennoch davon überzeugt, dass Mitarbeiter die meisten der an sie gerichteten Anweisungen befolgen würden, sofern sie dazu in der Lage seien.

Frühe Management-Forscher unterschieden zudem zwischen zwei Formen von Autorität: zwischen der Linienautorität und der Stabsautorität. Die **Linienautorität** berechtigt einen Manager dazu, die Arbeit eines ihm direkt zugeordneten Mitarbeiters anzuweisen. Die Linienautorität bezeichnet die Autoritätsbeziehung zwischen Arbeitgeber und Arbeitnehmer, die sich entlang der Weisungskette von der Unternehmensspitze bis zur untersten Führungs- bzw. Ausführungsebene durch die gesamte Organisation zieht. Als Verbindungsglied in der Weisungskette hat ein Manager mit Linienautorität das Recht, die Arbeit seiner Mitarbeiter anzuweisen und bestimmte Entscheidungen zu treffen, ohne andere zu Rate zu ziehen. Arbeitsrechtlich spricht man vom **Direktionsrecht** des Vorgesetzten. Innerhalb der Weisungskette untersteht natürlich jeder Manager wiederum den Anweisungen seines jeweiligen Vorgesetzten.

Zu bedenken ist dabei, dass der Begriff „Linie" hier gelegentlich verwendet wird, um **Linienmanager** von **Stabsmanagern** abzugrenzen. In diesem Zusammenhang bezieht sich der Begriff „Linienmanager" auf Führungskräfte, deren Funktion innerhalb der Organisation direkt dazu beiträgt, die Ziele der Organisation durch die Herstellung von Gütern oder Dienstleistungen zu erreichen. In einer Produktionsfirma befinden sich die Linienmanager typischerweise unter anderem in den Bereichen „Fertigung" und „Vertrieb", während die Manager in den Bereichen „Personal" und „Rechnungswesen" als Stabsmanager mit Personalverantwortung betrachtet werden. Ob die Funktion eines Managers eher als die eines Linien- oder die eines Stabsmanagers definiert wird, ist abhängig von den Zielen der jeweiligen Organisation und deren Geschäftsmodell. In einer Zeitarbeitsfirma etwa haben Manager, die Vorstellungsgespräche führen, eine Linienfunktion. Ebenso ist die Gehaltsabrechnung in einer darauf spezialisierten Firma eine Linienfunktion. In einem klassischen Produktionsunternehmen sind solche Positionen **Stabspositionen**.

Je größer und komplexer eine Organisation ist, desto weniger Zeit, Fachwissen und Ressourcen bleiben den Linienmanagern, um alle ihre Aufgaben effektiv zu erfüllen. Aus diesem Grund schaffen Organisationen Funktionen mit **Stabsautorität**. Es handelt sich hierbei um Positionen mit spezifischer Verantwortung, die geschaffen wurden, um Linienmanager zu unterstützen und zu beraten. Der Leiter eines Krankenhauses etwa, der den Einkauf aller benötigten Vorräte seines Hauses nicht effektiv alleine übernehmen kann, richtet eine Einkaufsabteilung, also eine Stabsfunktion ein. Der Leiter dieser Einkaufsabteilung verfügt wiederum über Linienautorität über seine Mitarbeiter. Ist der Leiter der Einkaufsabteilung berechtigt, den anderen Abteilungen des Krankenhauses Weisungen im Hinblick auf den Einkauf von Materialien (Medikamente, Geräte etc.) zu geben, dann verfügt er über Stabsautorität, die sich nur auf seinen Verantwortungsbereich Einkauf bezieht. Zudem könnte der Krankenhausleiter mit seinen eigenen Aufgaben zeitlich überfordert sein und einen persönlichen Assistenten einstellen – wiederum eine Position, die als Stabsfunktion eingestuft wird.

Verantwortung. Wenn Manager ihre Autorität einsetzen, um ihren Mitarbeitern Aufgaben zuzuweisen, haben diese Mitarbeiter die Pflicht, die ihnen übertragenen Aufgaben auszuführen. Diese Verpflichtung oder Erwartung, übernommene Pflichten zu erfüllen, wird als Verantwortung bezeichnet. Mitarbeiter können für ihre Arbeit auch zur Rechenschaft gezogen werden. Die Zuweisung von **Arbeitsautorität** ohne Verantwortung und **Rechenschaftspflicht** kann zu **Missbrauch** führen. Ebenso sollte aber auch kein Mitarbeiter zur Verantwortung oder Rechenschaft gezogen werden, wenn es um Aufgaben geht, die ihm nicht per Autorität übertragen wurden. Diese Regelung gilt natürlich auch für Manager, die von ihren Vorgesetzten Autorität übertragen bekommen.

Führungseinheit. Das Prinzip der Führungseinheit schließlich – eines der 14 Management-Prinzipien nach Fayol – besagt, dass jeder Mitarbeiter nur einem Vorgesetzten berichten sollte. Ohne eine solche Führungseinheit könnten widersprechende Anweisungen verschiedener Vorgesetzter zu Problemen führen.

Heutige Sichtweise

Frühe Management-Theoretiker wie Fayol, Weber, Taylor oder Barnard waren noch davon überzeugt, dass Konzepte wie die Weisungskette, Autorität, Verantwortung und Führungseinheit von entscheidender Bedeutung waren, doch inzwischen haben sich die Ansichten geändert.[15] Heute wird diesen Prinzipien weit weniger Beachtung geschenkt. Auch die Informationstechnologie hat dafür gesorgt, dass traditionelle Konzepte heute weniger wichtig sind. Heute können alle Mitarbeiter in Sekundenschnelle auf Informationen zugreifen, die früher nur dem Management vorbehalten waren. Auch die Kommunikation innerhalb der gesamten Organisation ist möglich, ohne dabei der Weisungskette folgen zu müssen. Schließlich berichten heute viele Mitarbeiter mehreren Vorgesetzten – vor allem in Organisationen, die verstärkt auf Projektarbeit setzen –, wodurch das Prinzip der Führungseinheit aufgeweicht wird. Solche Arrangements können jedoch sehr gut funktionieren, wenn die Kommunikation und das Konfliktmanagement aller beteiligten Parteien stimmen.

Führungsspanne

Wie viele Mitarbeiter kann ein Manager effektiv und effizient führen? Um diese Frage geht es beim Konzept der Führungsspanne. Aus traditioneller Sicht konnte – und sollte – ein Manager nie mehr als fünf oder sechs Mitarbeiter führen. Die Festlegung der Führungsspanne ist sehr wichtig, da durch sie zum Großteil auch bestimmt wird, wie viele **Führungsebenen** und Manager eine Organisation benötigt: eine wichtige Frage, die sich auch auf die Effizienz einer Organisation auswirkt. Bei ansonsten gleichbleibenden Gegebenheiten bedeutet dies: je größer die Führungsspanne, also die (durchschnittliche) Anzahl der direkt Geführten, desto effizienter die Organisation. Das folgende Beispiel verdeutlicht den Grund dafür.

Beispiel: Kosten unterschiedlicher Führungsspannen

Zwei Organisationen beschäftigen jeweils 4.096 Mitarbeiter. Organisation A mit einer durchschnittlichen Führungsspanne von acht Mitarbeitern weist zwei Management-Ebenen weniger auf und benötigt 780 Manager weniger als Organisation B mit einer Führungsspanne von vier Mitarbeitern. Liegt das Durchschnittsgehalt eines Managers bei 42.000 EUR, könnte Organisation B mit der geringeren Führungsspanne pro Jahr ca. 3,27 Millionen EUR einsparen! Was die Kosten betrifft, sind größere Führungsspannen somit eindeutig effizienter. Ab einem gewissen Punkt jedoch wirkt sich eine größere Führungsspanne negativ auf die Effektivität der Organisation aus, wenn sich die Leistungen der Mitarbeiter verschlechtern, da den Managern die Zeit fehlt, alle effektiv zu führen und anzuleiten.

Heutige Sichtweise

Die moderne Perspektive der Führungsspanne erkennt, dass es keine Zauberformel gibt. Viele Faktoren beeinflussen die Anzahl der Mitarbeiter, die ein Manager effektiv und effizient führen kann. Zu diesen Faktoren zählen die Fähigkeiten und Fertigkeiten des Managers und der Mitarbeiter sowie die Beschaffenheit der zu erledigenden Aufgaben. Hat es ein Manager beispielsweise vorwiegend mit gut ausgebildeten und erfahrenen Mitarbeitern zu tun, funktioniert eine größere Führungsspanne gut. Weitere einschränkende Größen, die über die richtige Führungsspanne entscheiden, sind etwa Ähnlichkeit und Komplexität der Aufgaben, die räumliche Nähe der Mitarbeiter, das Ausmaß an Standardabläufen, die Qualität des Informationssystems innerhalb der Organisation, die Tragfähigkeit der Organisationskultur und der bevorzugte Managementstil.[16]

In jüngster Zeit geht die Entwicklung in Richtung immer größere Führungsspannen, was sich mit dem Trend deckt, dass Manager Entscheidungsprozesse beschleunigen, ihre Flexibilität steigern, näher am Kunden sind, Mitarbeitern Mitspracherecht einräumen und Kosten senken wollen. Viele Manager erkennen, dass sie ihre Führungsspanne erweitern können, wenn ihre Mitarbeiter genau wissen, was sie selbst zu tun haben, und auch die Abläufe innerhalb der gesamten Organisation kennen.

Zentralisierung und Dezentralisierung

Eine der Fragen, die im Rahmen des Organisierens beantwortet werden muss, lautet: „Auf welcher Organisationsebene werden Entscheidungen getroffen?" **Zentralisierung** ist das (Aus-)Maß an Entscheidungsfindung, welches in den oberen Ebenen einer Organisation konzentriert ist. Treffen Top-Manager wichtige Entscheidungen ohne Absprache mit anderen Mitgliedern der Organisation, so ist diese stark zentralisiert. Je mehr sich hingegen Manager und Mitarbeiter der mittleren und unteren Organisationsebenen in Entscheidungen einbringen können oder diese tatsächlich selbst treffen, desto größer ist das (Aus-)Maß der **Dezentralisierung** einer Organisation. Es ist allerdings immer zu bedenken, dass die Frage nach Dezentralisierung oder Zentralisierung nicht immer eine eindeutige Antwort haben muss. Dies sind relative und nicht absolute Begriffe: Eine Organisation ist niemals völlig zentralisiert oder völlig dezentralisiert.

Frühe Management-Theoretiker regten an, dass das Ausmaß der Zentralisierung einer Organisation von der jeweiligen Situation abhängen solle.[17] Ihr Ziel war der optimale und effiziente Einsatz der Mitarbeiter. Traditionelle Organisationen wiesen die Struktur einer Pyramide auf, wobei Macht und Autorität in den oberen Regionen der Organisation konzentriert waren. Legt man diese Struktur zugrunde, so waren historisch gesehen die zentralisierten Entscheidungen die wichtigsten. Heute jedoch sind die meisten Organisationen viel komplexer und reagieren flexibler auf die Veränderungen ihres dynamischen Umfelds. Dementsprechend sind viele Manager inzwischen davon überzeugt, dass Entscheidungen von denjenigen getroffen werden müssen, die dem Problem am nächsten stehen, unabhängig davon, welcher Organisationsebene sie angehören. Im Laufe der letzten Jahrzehnte nahm die Zentralisierung innerhalb von Organisationen zunehmend ab.[18]

Die folgende Tabelle stellt einige Faktoren zusammen, die die Entscheidung für Zentralisierung oder Dezentralisierung in einer Organisation beeinflussen.[19]

Mehr Zentralisierung	Mehr Dezentralisierung
■ Das Umfeld ist stabil.	■ Das Umfeld ist komplex und unsicher.
■ Manager der unteren Ebenen sind im Hinblick auf Entscheidungen nicht so fähig oder erfahren wie Manager der oberen Ebenen.	■ Manager der unteren Ebenen sind im Hinblick auf Entscheidungen fähig und erfahren.
■ Manager der unteren Ebenen wollen kein Mitspracherecht bei Entscheidungen.	■ Manager der unteren Ebenen wollen ein Mitspracherecht bei Entscheidungen.
■ Die Organisation befindet sich in einer Krise oder läuft Gefahr zu scheitern.	■ Die Unternehmenskultur ist offen und ermöglicht allen Managern mitzuentscheiden.
■ Das Unternehmen ist groß.	■ Das Unternehmen ist geografisch weit verbreitet.
■ Die effektive Umsetzung von Unternehmensstrategien ist davon abhängig, ob die Manager der oberen Ebenen bei Entscheidungen das letzte Wort haben.	■ Die effektive Umsetzung von Unternehmensstrategien ist von der Einbeziehung und der Flexibilität der Manager und der Mitarbeiter abhängig.

Tabelle 6.2: Zentralisierung oder Dezentralisierung

Heutige Sichtweise

Heute wählen Manager häufig das Maß an Zentralisierung oder Dezentralisierung, das es ihnen ermöglicht, ihre Entscheidungen optimal umzusetzen und die Ziele der Organisation zu erreichen.[20] Eine Lösung, die in einer Organisation funktioniert, muss allerdings nicht zwangsläufig ebenso gut für eine andere Organisation funktionieren. Aus diesem Grund müssen Manager immer das geeignete Maß an Dezentralisierung für jede Organisation und auch für jeden Arbeitsbereich bestimmen.

Da die meisten Organisationen mittlerweile flexibler sind und schneller auf Veränderungen ihres Umfelds reagieren, gab es auch eine eindeutige Verschiebung hin zu einem dezentralen Entscheidungsprozess.[21] Dieser Trend wird auch als **Empowerment** bezeichnet und bedeutet, den Mitarbeitern mehr Entscheidungsbefugnis zu geben. Besonders in großen Unternehmen befinden sich Manager der unteren Ebenen „näher am Geschehen" und wissen genauer über anstehende Probleme und deren Lösungen Bescheid als Manager, die sich weiter oben in der Hierarchie befinden.

Formalisierung und Standardisierung

Formalisierung (bzw. Standardisierung) ist das Maß an Vereinheitlichung der Arbeitsstellen einer Organisation und der Lenkung des **Mitarbeiterverhaltens** nach Regeln und **Standardabläufen**. Herrscht in einer Organisation ein hohes Maß an Formalisierung, so gibt es genaue **Stellenbeschreibungen**, zahlreiche Regeln und klar definierte Abläufe der Arbeitsschritte. Die Mitarbeiter haben wenig Mitspracherecht bei den Entscheidungen, welche Arbeit wann und wie erledigt wird. Ist das Maß an Formalisierung hingegen gering, können Mitarbeiter sehr wohl mitentscheiden, wie sie ihre Arbeit verrichten.

Heutige Sichtweise

Obwohl ein gewisses Maß an Formalisierung notwendig ist, um Einheitlichkeit und Kontrolle zu wahren, verlassen sich heute immer weniger Organisationen auf strikte Regeln und Standardabläufe zur Regulierung des Mitarbeiterverhaltens. Interessant ist beispielsweise die folgende Situation:

Ein Kunde betritt die Filiale einer großen Drogeriemarkt-Kette und gibt 37 Minuten nach dem intern festgelegten Annahmeschluss einen Film zur Entwicklung und Abholung noch am gleichen Tag ab. Obwohl der zuständige Mitarbeiter weiß, dass er sich an die Regeln halten muss, ist ihm bewusst, dass er den Film ohne Probleme entwickeln könnte. Zudem möchte er den Kunden möglichst zufriedenstellen. Also nimmt er den Film an, verletzt damit die interne Regel seiner Organisation und hofft, dass sein Manager es nicht merken wird.[22]

Hat der Mitarbeiter etwas falsch gemacht? Er hat zwar die Regeln gebrochen, aber dadurch den Umsatz gesteigert und guten Kundendienst geleistet.

Im Bewusstsein, dass es zahlreiche Situationen gibt, in denen geltende Regeln zu restriktiv sein können, geben viele Organisationen ihren Mitarbeitern inzwischen mehr Handlungsfreiheit und Verantwortung, diejenigen Entscheidungen zu treffen, die sie unter bestimmten Umständen für richtig halten. Das bedeutet nicht, dass alle Regeln über Bord geworfen werden, denn bestimmte Regeln müssen unbedingt von allen Mitarbeitern eingehalten werden. Diese sollten ihnen aber auch unbedingt erklärt werden, damit die Mitarbeiter verstehen, weswegen es wichtig ist, sie zu befolgen. Andere Regeln jedoch können freier interpretiert werden.[23]

6.1.2 Mechanistische und organische Strukturen

Führt man die oben dargestellten Grundelemente einer Organisationsstrukturierung zusammen und kombiniert sie in ihren stärksten Ausprägungen, ergeben sich zwei Extremformen für eine Organisationsstruktur, die als mechanistische und organische Organisation bezeichnet werden.[24] Es ist davon auszugehen, dass die Organisationsstrukturen der meisten Unternehmen zwischen beiden Extremformen anzusiedeln sind.

Die **mechanistische Organisation** war das Ergebnis einer speziellen Kombination der oben dargestellten sechs Elemente einer Struktur. Die Einhaltung des Prinzips der Weisungskette garantierte die Existenz einer formalen Autoritäten-Hierarchie, wobei jeder Mitarbeiter von einem Vorgesetzten geführt und überwacht wurde. Eine geringe Führungsspanne sorgte für vielschichtige, unpersönliche Strukturen. War die Distanz zwischen der obersten und untersten Organisationsebene groß, so lag es nahe, dass das Top-Management mehr Regeln und Richtlinien festlegte. Da das Management die Aktivitäten der unteren Organisationsebenen nicht durch direkte Beobachtung kontrollieren konnte, wurden stattdessen Regeln definiert. Der Glaube der frühen Management-Forscher an ein hohes Maß an Spezialisierung schuf Aufgabenbereiche, die einfach und von Routine- und Standardabläufen geprägt waren. Weitere Spezialisierung durch den Einsatz von Abteilungsbildung steigerte noch die unpersönliche Atmosphäre und den Bedarf an zusätzlichen Management-Ebenen zur Koordinierung der jeweiligen Abteilungen.

Die **organische Organisation** ist ein Organisationsdesign, welches hochgradig anpassungsfähig und flexibel ist. Anstelle standardisierter Aufgabenbereiche und vieler Regeln ermöglicht eine organische Organisation, sich je nach Bedarf anzupassen.[25] Arbeitsteilung gibt es zwar, doch sind die Aufgaben der Mitarbeiter nicht standardisiert. Die Mitarbeiter sind meist fachlich hoch qualifiziert und in der Lage, mit verschiedensten Problemen umzugehen. Sie benötigen nur wenige formale Regeln oder direkte Überwachung, da sie aufgrund ihrer Ausbildung mit den Standards professionellen Verhaltens bestens vertraut sind. So muss ein Ingenieur auf einer Ölbohrinsel beispielsweise keine spezifischen Standardabläufe einhalten, wenn es darum geht, neue Ölquellen inmitten des Meers zu lokalisieren. Er kann die meisten Probleme selbstständig oder nach Absprache mit Kollegen lösen. Professionelle Standards weisen ihm hier den Weg. In einer organischen Organisation gibt es wenig Zentralisierung, so dass jeder Mitarbeiter schnell auf Probleme reagieren kann. Zudem kann von den Top-Managern nicht erwartet werden, über das gesamte Fachwissen zu verfügen, um alle nötigen Entscheidungen zu treffen.

Die folgende Tabelle fasst die Charakteristika beider Formen zusammen.

Mechanistisch	Organisch
■ hohe Spezialisierung	■ funktionsübergreifende Teams
■ starre Abteilungsbildung	■ hierarchieübergreifende Teams
■ klare Weisungskette	■ freier Informationsfluss
■ enge Führungsspannen	■ breite Führungsspannen
■ Zentralisierung	■ Dezentralisierung
■ hohe Formalisierung	■ geringe Formalisierung

Tabelle 6.3: Mechanistische oder organische Organisation

6.1.3 Kontingenzfaktoren der Strukturwahl

In der Regel denken Top-Manager sehr genau darüber nach, welche Organisationsstruktur für ihr Unternehmen am geeignetsten ist. Dies hängt insbesondere von vier sogenannten **Kontingenzfaktoren**[26] ab: **Strategie**, **Größe**, **Technologie** und **Umfeldunsicherheit** der Organisation.

Strategie und Struktur

Die Struktur einer Organisation sollte das Erreichen gesteckter Ziele fördern. Da Ziele ein wichtiger Bestandteil der Organisationsstrategien sind, ist es nur logisch, dass Strategie und Struktur eng miteinander verknüpft sind. Alfred Chandler war der Erste, der dieses Gebiet wissenschaftlich untersuchte.[27] Er befasste sich eingehend mit mehreren großen amerikanischen Unternehmen und kam zu dem Schluss, dass Veränderungen der Firmenstrategien auch die Struktur dieser Firmen veränderten, um so die Umsetzung der neuen Strategie zu fördern.

Forschungsarbeiten zeigten, dass bestimmte Strukturformen für verschiedene **Organisationsstrategien** am besten funktionieren.[28] Strebt eine Organisation bedeutungsvolle und einzigartige Innovationen an, dann funktionieren die Flexibilität und die frei verfügbare Information der organischen Struktur gut. Die mechanistische Organisation mit ihrer Effizienz, Stabilität und den engmaschigen Kontrollen funktioniert dort am besten, wo Firmen ihre Kosten streng kontrollieren müssen.

Größe und Struktur

Es gibt zahlreiche wissenschaftliche Belege dafür, dass die Größe einer Organisation deren Struktur beeinflusst.[29] Große Unternehmen – mit einer Mitarbeiterzahl über 2.000 – neigen zu mehr Spezialisierung, Abteilungsbildung, Zentralisierung und zu einer größeren Anzahl von Regeln und Richtlinien als kleine Organisationen. Übersteigt die Größe allerdings ein gewisses Maß, so sinkt deren Einfluss auf die Struktur. Dies liegt daran, dass eine Organisation, die aus 2.000 Menschen besteht, in der Regel bereits eine relativ mechanistisch geprägte Struktur aufweist. Kommen weitere 500 Mitarbeiter hinzu, verändert sich die Struktur dadurch nicht wesentlich. Fügt man einer Organisation mit ursprünglich 300 Mitarbeitern dagegen 500 neue hinzu, so wird diese dadurch in jedem Fall mechanistischer.

Technologie und Struktur

Jede Organisation nutzt irgendeine Technologie, um Inputs in Outputs zu verwandeln. Die Mitarbeiter des Whirlpool-Werks in Manaus in Brasilien etwa montieren Mikrowellen und Klimaanlagen auf einem standardisierten Fließband. Die Mitarbeiter von FedEx Kinko´s Office and Print Services führen spezielle Gestaltungs- und Druckaufträge für ihre Kunden aus und Mitarbeiter des Bayer-Werks in Karachi in Pakistan stellen Pharmaprodukte in einem unterbrechungslosen Produktionsprozess her.

Die ersten Forschungsarbeiten zum Thema „Auswirkungen der Technologie auf die Struktur" gehen auf Joan Woodward zurück: Woodward nahm kleine Fertigungsunternehmen in Südengland unter die Lupe, um herauszufinden, in welchem Maß Elemente der strukturellen Gestaltung zum Erfolg der Unternehmen in Beziehung standen.[30] Sie konnte dabei allerdings erst ein durchgehendes Muster erkennen, als sie die Firmen nach drei unterschiedlichen Technologien einteilte, die sich in ihrer Komplexität unterschieden: Die erste Kategorie, die **Serienfertigung**, beschrieb die Produktion von Gütern in Serien oder kleineren Mengen. Die zweite Kategorie, die **Massenproduktion**, bezeichnete die Produktion von Gütern in großer Stückzahl. Die dritte Kategorie schließlich – Unternehmen, die die komplexeste Technologie anwenden – definierte sie als **Prozessproduktion**, also die Herstellung von Gütern in **unterbrechungslosen Prozessen**. Die folgende Tabelle zeigt eine Zusammenfassung von Woodwards Ergebnissen.

Auch andere Studien haben gezeigt, dass Organisationen ihre Struktur ihrer Technologie anpassen, was jedoch davon abhängig ist, wie routinemäßig die Technologie eingesetzt wird.[31] Allgemein gilt: je mehr Routine beim Einsatz der Technologie, desto mechanistischer die Struktur. Organisationen, die Technologien nicht routinemäßig, sondern auf unterschiedliche Art und Weise nutzen, neigen eher zu einer organischen Struktur.[32]

	Serienfertigung	Massenproduktion	Prozessproduktion
Strukturelle Eigenschaften	Geringe vertikale Differenzierung	Mittlere vertikale Differenzierung	Hohe vertikale Differenzierung
	Geringe horizontale Differenzierung	Hohe horizontale Differenzierung	Geringe horizontale Differenzierung
	Geringe Formalisierung	Hohe Formalisierung	Geringe Formalisierung
Effektive Struktur	Organisch	Mechanistisch	Organisch

Tabelle 6.4: Woodwards Ergebnisse zu Technologie und Struktur

Umfeldunsicherheit und Struktur

Manche Organisationen agieren in einem vergleichsweise stabileren und einfacheren Umfeld mit geringerer Unsicherheit, andere hingegen müssen sich mit einem dynamischen und komplexen Umfeld mit vielen Unsicherheiten auseinandersetzen. Manager versuchen, diese Umfeldunsicherheit zu verringern, indem sie die Organisationsstruktur entsprechend anpassen.[33] In einem stabilen und unkomplizierten Umfeld kann eine mechanistische Gestaltung effektiver sein. Je größer dagegen die Unsicherheit, desto mehr benötigt die Organisation die Flexibilität einer organischen Ausrichtung. So gibt die große Unsicherheit des Umfelds von Ölförderfirmen diesen vor, dass sie flexibel sein müssen. Ähnlich sieht es in der Softwarebranche aus, die getrieben z. B. durch Internet 4.0 oder Big Data neue Formen und Anwendungen schnell entwickeln muss.

Heutige Sichtweise

Der Nachweis des Zusammenhangs zwischen Umfeld und Struktur kann mit erklären, warum so viele Manager heute ihre Organisationen neu strukturieren, um schlanker, schneller und flexibler zu werden. Weltweite wirtschaftliche Rezessionen, globaler Wettbewerb, immer schnellere Produktinnovationen von Konkurrenten und immer höhere Nachfrage nach mehr Qualität und schnellerer Lieferung sind Beispiele für Kräfte eines dynamischen Umfelds. Mechanistische Organisationen sind nicht in der Lage, auf solch schnelle Veränderungen und Unsicherheiten schnell genug zu reagieren. Folglich kann man beobachten, dass sich immer mehr Organisationen einer organischen Struktur annähern.

6.1.4 Traditionelle Formen der Organisationsstrukturierung

Bei ihren Entscheidungen bezüglich der Organisationsform können Manager zwischen mehreren typischen Gestaltungsmöglichkeiten wählen. Dieser Abschnitt befasst sich mit den traditionellen Formen der **Unternehmensstrukturierung**.

Solche typischen Organisationsformen bilden das Grundgerüst, auch **Primärorganisation** genannt, die vielfach durch weitere Strukturierungsformen (**Sekundärorganisation**) ergänzt werden.[34]

Einfache Struktur

Die meisten Unternehmen beginnen ihre Aktivitäten mit einer einfachen Struktur, eine Organisationsstruktur mit keinen oder nur wenigen Abteilungen, großen Kontrollbereichen, zentraler Autorität, die meist bei einer Person liegt, und mit geringer Formalisierung.[35] Je mehr Mitarbeiter eingestellt werden, desto schneller verändert sich diese einfache Struktur – sie wird spezialisierter und formalisierter. Regeln und Richtlinien werden eingeführt, Arbeiten werden spezialisierter, neue Abteilungen entstehen, Management-Ebenen werden hinzugefügt und die Organisation wird zunehmend bürokratischer. Jetzt können Manager zum Beispiel eine funktionale oder eine divisionale Struktur für ihre Organisation wählen.

Funktionale Struktur

Die **funktionale Struktur** ist eine Organisationsstruktur, die ähnliche oder verwandte Aufgaben- und Tätigkeitsgebiete in Gruppen zusammenfasst (z. B. Buchhaltung, Produktion, Vertrieb). Man kann diese Struktur auch als funktionale Abteilungsbildung betrachten, die auf die gesamte Organisation angewandt wird.

Divisionale Struktur

Die **divisionale Struktur** ist eine Organisationsstruktur, die aus separaten, semiautonomen Einheiten, Geschäftsbereichen oder Divisionen besteht.[36] Dabei können diese Einheiten nach verschiedenen Objekten beziehungsweise Kriterien gebildet werden, wie Produkten oder Produktgruppen, Regionen oder Kundengruppen. In einer solchen Struktur verfügt jede separate Einheit über ein gewisses Maß an Autonomie, wobei der Leiter der Einheit die volle Verantwortung für seine Mitarbeiter und für die Leistung seiner Einheit trägt. In der divisionalen Struktur fungiert die Unternehmensspitze oder der Mutterkonzern jedoch oft als (für die Einheit externes) Überwachungsorgan, das die verschiedenen Einheiten koordiniert und überwacht und auch häufig bestimmte unterstützende Leistungen, etwa finanzieller oder rechtlicher Art, zur Verfügung stellt. Die METRO Group war zum Beispiel bis vor einiger Zeit in vier Divisionen unterteilt: METRO Cash & Carry (Selbstbedienungsgroßhandel), Media Markt und Saturn (Elektrofachmärkte), Real SB-Warenhäuser und Galeria Kaufhof (Warenhausgeschäft).[37]

Eine Zusammenfassung der Stärken und Schwächen jeder dieser Formen ist in folgender Tabelle dargestellt.

Einfache Struktur

- Stärken: Diese Organisationsform erlaubt es, schnell, flexibel und kostengünstig zu sein und klare Zuständigkeitsbereiche festzulegen.
- Schwächen: Diese Organisationsform ist nicht geeignet für wachsende Organisationen und birgt das Risiko der Verantwortungskonzentration bei einer Person.

Tabelle 6.5: Traditionelle Formen der Organisationsgestaltung

Funktionale Struktur ■ Stärken: Es ergeben sich Vorteile durch Kostenersparnis aufgrund von Spezialisierung (Größenvorteile, minimale Duplikation von Menschen und Maschinen). Die Mitarbeiter werden mit anderen in Gruppen zusammengefasst, die ähnliche Aufgaben haben. ■ Schwächen: Die Verfolgung funktionaler Ziele kann dazu führen, dass Manager das Wohl des gesamten Unternehmens vernachlässigen, funktionale Spezialisten arbeiten isoliert und verstehen nicht, was andere Abteilungen leisten.
Divisionale Struktur ■ Stärken: Der Fokus liegt auf Ergebnissen – Manager sind ganzheitlich für Produkte und Dienstleistungen ihres Bereichs verantwortlich. ■ Schwächen: Die Duplikation von Aktivitäten und Ressourcen steigert die Kosten und mindert die Effizienz.

Tabelle 6.5: Traditionelle Formen der Organisationsgestaltung *(Forts.)*

6.2 Moderne Organisationsgestaltung

Da sich Organisationen den Anforderungen des heutigen Umfelds anpassen müssen, befasst sich dieses Kapitel mit den modernen Aspekten der Organisationsgestaltung. Zunächst werden dabei einige moderne Formen der Organisationsstrukturierung vorgestellt. Daraufhin wird diskutiert, wie Organisationen mit den neuen Anforderungen umgehen, indem sie neue Varianten der Zusammenarbeit anstreben, flexible Arbeitsmodelle nutzen und Mitarbeiter vorübergehend beschäftigen. Abschließend folgt eine Beschreibung einiger struktureller Herausforderungen, denen sich Manager heute stellen müssen.

6.2.1 Moderne Formen der Organisationsgestaltung

Beispiel: Organisation bei der Entwicklung von Windows 7

Microsoft 7, das Betriebssystem für PC, war das Ergebnis eines dreijährigen Arbeitsprojekts, das sich durch die enge Zusammenarbeit Tausender Menschen auszeichnete, die gleichzeitig an verschiedensten Aspekten des Produkts arbeiteten.[38] Dieser Ansatz stand im scharfen Kontrast zur Entwicklung des Vorgängers Windows Vista: Hier hatten sich die Entwicklungsteams allmählich zu „einer Reihe festgefahrener Einsiedler“ entwickelt, die jeweils für ganz spezielle technische Merkmale und Details verantwortlich waren und ihre Pläne nicht mit denen der anderen Teams austauschten. Der von jeder einzelnen Gruppe kreierte Programmiercode für Vista funktionierte allein für sich genommen gut, sorgte jedoch bei der Integration mit den Codes anderer Gruppen für technische Probleme. Diese Designprobleme trugen zusammen mit internen Kommunikationsdefiziten zu zahlreichen Produktverzögerungen und -defekten bei. Der damalige Vorstandsvorsitzende Steve Ballmer war sehr darauf bedacht, einen solchen Fehler nicht zu wiederholen. Um Windows wiederaufzubauen, riss Microsoft Wände ein: Zur Ermöglichung einer effizienten und effektiven Arbeit wurden die Barrieren innerhalb der Organisationsstruktur abgebaut.

Auch viele andere Manager realisieren, dass sich die traditionellen Formen der Organisationsstruktur oft nicht mehr für das komplexe, dynamische Umfeld von heute eignen. Heute müssen Organisationen vor allem schlank, flexibel und innovativ sein – sie müssen organischer sein als früher. So suchen Manager nach neuen kreativen Möglichkeiten, um ihre Organisation zu strukturieren und ihre Arbeit zu organisieren. Diese modernen Gestaltungsformen sind zum Beispiel Teamstrukturen, Matrix- und Projektstrukturen, **grenzenlose Organisationen** und lernende Organisationen.

Teamstruktur

- Definition:
  - Bei einer Teamstruktur handelt es sich um eine Struktur, bei der die gesamte Organisation aus Arbeitsgruppen oder Teams und nicht aus festen Abteilungen besteht.
- Vorteile:
  - Die Mitarbeiter werden aktiv beteiligt und mit einbezogen.
  - Es gibt weniger Barrieren zwischen den funktionalen Bereichen.
- Nachteile:
  - Es besteht keine klare Weisungskette.
  - Der Leistungsdruck liegt bei den Teams.

Matrixstruktur

- Definition:
  - Bei einer „Matrix" handelt es sich um eine Struktur, wo der Mitarbeiter oder eine Abteilung zwei Führungskräften (z. B. aus einer Funktion, einer Produktlinie oder einem Projekt) unterstellt ist und eine duale Weisungskette etabliert wird.
- Vorteil:
  - Eine einseitige Sichtweise und einseitige Entscheidungen werden vermieden.
- Nachteil:
  - Es können Aufgaben- und Personenkonflikte entstehen.

Projektstruktur

- Definition:
  - Bei der Projektstruktur handelt es sich um eine Struktur, die Spezialisten verschiedener Funktionsbereiche bestimmten Projekten zuteilt, wobei diese nach Abschluss des Projekts zu ihren jeweiligen Aufgaben zurückkehren. „Projekt" bezeichnet eine Struktur, bei der die Mitarbeiter ständig an verschiedenen Projekten arbeiten. Nach Abschluss eines Projekts beginnt sofort die Arbeit an einem neuen.
- Vorteile:
  - Es ergibt sich eine fließende und flexible Struktur, die gut auf Umfeldveränderungen reagieren kann.
  - Entscheidungsprozesse ereignen sich schnell.
- Nachteile:
  - Die Aufteilung der Mitarbeiter je nach Projekt ist sehr komplex.
  - Es können Aufgaben- und Personenkonflikte entstehen.

Tabelle 6.6: Moderne Formen der Organisationsgestaltung

Grenzenlose Struktur
■ Definition: – Hierbei handelt es sich um eine Struktur, die nicht durch künstliche horizontale, vertikale oder externe Grenzen definiert oder eingeschränkt wird. Dazu zählen auch virtuelle oder Netzwerkorganisationen. ■ Vorteile: – Eine derartige Struktur ist hochgradig flexibel und reaktiv. – Sie nützt Talente, wo immer möglich. ■ Nachteile: – Auf eine grenzenlose Struktur kann nur in geringem Maß Kontrolle ausgeübt werden. – In einer derartigen Struktur ist die Kommunikation schwierig.
Lernende Struktur
■ Definition: – Bei der lernenden Struktur handelt es sich um eine Struktur, bei der die Mitarbeiter beständig neues Wissen erwerben, miteinander teilen und anwenden. ■ Vorteil: – Wissen wird innerhalb der gesamten Organisation gemeinsam genutzt und kann nachhaltige Grundlage für einen Wettbewerbsvorteil sein. ■ Nachteile: – Manche Mitarbeiter teilen ihr Wissen nur zögerlich aus Angst vor Machtverlust. – Eine große Anzahl erfahrener Mitarbeiter befindet sich kurz vor dem Eintritt in den Ruhestand.

Tabelle 6.6: Moderne Formen der Organisationsgestaltung *(Forts.)*

Team- und Projektstrukturen

Beispiel: Google arbeitet in Teamstrukturen

Larry Page und Sergey Brin, gemeinsame Gründer von Google, schufen eine Organisationsstruktur, die die meisten großen Projekte in kleinen, hochkonzentrierten Teams bearbeitet.[39] Eine Teamstruktur bezeichnet eine Organisationsstruktur, in der die gesamte Organisation aus einzelnen Arbeitsteams besteht.[40] Da es keine traditionelle Linienautorität in Form eines Managements gibt, welche sich von oben nach unten durch die gesamte Organisation zieht, bildet bei dieser Struktur die Beteiligung der Mitarbeiter einen entscheidenden Faktor. Arbeitsteams planen und führen ihre Aufgaben so aus, wie sie es selbst für richtig halten. Konsequenterweise tragen die Teams dann auch die volle (Selbst-)Verantwortung für ihre Leistungen und Ergebnisse.

In großen Organisationen ergänzt eine Teamstruktur typischerweise eine funktionale oder divisionale Grundstruktur und ermöglicht es dem Unternehmen so, zum einen über die Effizienz einer mechanistischen Struktur zu verfügen und zum anderen die Flexibilität der Teams zu nutzen. Aus diesen Gründen setzen Unternehmen wie Amazon, Boeing, Hewlett-Packard, Louis Vuitton, Motorola oder auch Xerox verstärkt auf

Mitarbeiterteams, um ihre Produktivität zu steigern. Man spricht dann von der Teamstruktur als **Sekundärstruktur**, die die Primär- oder Grundstruktur ergänzt.

Manche Organisationen setzen eine **Projektstruktur** ein, innerhalb derer die Mitarbeiter beständig an Projekten mitarbeiten. Anders als bei einer klassischen Strukturierung gibt es hier keine formalen Abteilungen, in die die Mitarbeiter nach Abschluss eines Projekts zurückkehren. Stattdessen beginnen sie mit all ihren Fähigkeiten, Fertigkeiten und Erfahrungen sofort ein neues Projekt. Auch werden all diese Projektarbeiten in Teams ausgeführt. Unternehmensberatungen und Werbeagenturen sind typische Unternehmen, die mit Projektstrukturen arbeiten. Das Design-Unternehmen IDEO etwa bildet Projektteams, löst diese wieder auf und bildet neue Projektteams, je nach anfallendem Arbeitsbedarf. Mitarbeiter werden Teammitglieder, weil sie nützliche Fähigkeiten und Fertigkeiten für dieses spezielle Projekt mitbringen. Ist ein Projekt abgeschlossen, beginnt sofort das nächste.[41]

Projektstrukturen sind meist flexible Formen der Organisationsgestaltung, die keine starre Abteilungsbildung oder Organisationshierarchien aufweisen, die Entscheidungsprozesse oder entsprechendes Handeln verlangsamen können. In dieser Struktur agieren Manager als Vermittler, Mentoren und Berater. Sie eliminieren oder minimieren Hindernisse innerhalb der Organisation und stellen sicher, dass den Teams alle notwendigen Ressourcen zur Verfügung stehen, damit diese ihre Arbeit effizient und effektiv ausführen können. In diesem Fall ist die Projektstruktur die sogenannte Primärstruktur der Organisation. Werden Projekte systematisch ergänzend zu einer fixierten Primärstruktur eingesetzt, spricht man von der Sekundärstruktur.

Matrixstruktur

Eine andere beliebte moderne Gestaltungsmöglichkeit stellt die **Matrixstruktur** dar: Die Matrixstruktur bezeichnet eine Organisationsstruktur, in welcher Mitarbeiter oder Abteilungen zwei Führungskräften unterschiedlicher Abteilungen (z. B. dem Leiter einer Funktion wie Marketing oder Finanzen und dem Leiter einer Produktlinie oder dem Leiter eines Projekts) unterstellt sind. Ein einzigartiger Aspekt dieser Struktur besteht in der dadurch entstehenden dualen Weisungskette, auch **doppelte Berichtslinien** genannt. Die Mitarbeiter innerhalb einer Matrixstruktur berichten an zwei Manager: häufig an ihren funktionalen sowie an ihren Produkt- oder Projektmanager. Beide Manager teilen sich die Autorität. Der Projektmanager besitzt Autorität bezüglich der Projektaufgaben der Mitglieder seines Teams, die an der Erreichung der Projektziele arbeiten. Entscheidungen bezüglich Beförderungen, Gehaltsempfehlungen und jährlicher Kontrollen liegen in der Verantwortung des funktionalen Managers. Die Matrixstruktur „verletzt" somit die Regel der Führungseinheit, die besagt, dass jeder Mitarbeiter nur an einen Vorgesetzten berichten sollte. Dennoch kann diese Struktur effektiv und effizient funktionieren, wenn sich beide Manager regelmäßig austauschen, wenn sie die Arbeitsbelastung der Mitarbeiter koordinieren und bestehende Konflikte gemeinsam lösen.

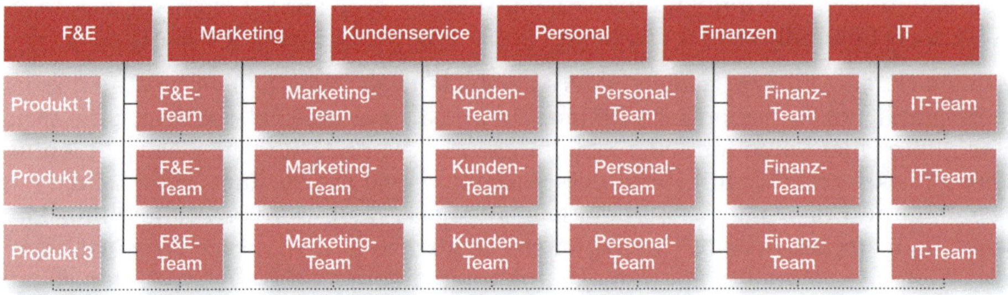

Abbildung 6.2: Beispiel einer Matrixstruktur

Die grenzenlose Organisation

Beispiel: Der LHC als grenzenlose Struktur

Der Large Hadron Collider ist ein 6 Milliarden Euro teurer Teilchenbeschleuniger, der in einem Tunnel mit 27 km Länge in 175 m Tiefe in der Nähe von Genf in der Schweiz steht. „Dieser Teilchenbeschleuniger ist so groß, dass für einen kurzen Statusbericht 2.900 Autoren verantwortlich zeichnen; er ist so komplex, dass Wissenschaftler in 34 Ländern 100.000 Computer bereithalten, um die von ihm eingehenden Daten zu verarbeiten; und er ist so empfindlich, dass ein darüber fliegender Vogel, der ein Stückchen Brot fallen lässt, einen Kurzschluss seiner Stromversorgung auslösen könnte."[42] Doch zur optimalen Nutzung des enormen Potenzials dieses Teilchenbeschleunigers mussten viele Wissenschaftler rund um die Welt geografische, organisatorische und fachliche Grenzen überschreiten, um noch gewagtere Experimente durchführen zu können.

Die strukturellen Arrangements, die getroffen wurden, um an und mit diesem massiven Teilchenbeschleuniger zu arbeiten, sind Beispiele für eine weitere moderne Organisationsform: für die **grenzenlose Organisation**. Innerhalb dieser Organisationsform wurden alle künstlichen (auch geografischen) Grenzen eliminiert.[43] Der Begriff wurde durch den ehemaligen Vorstandsvorsitzenden von General Electric Jack Welch, geprägt: Welch wollte seinen Konzern zu einer solchen grenzenlosen Organisation formen und alle externen Barrieren zwischen dem Konzern und seinen Kunden und den Zulieferern abbauen. Auch wenn die Vorstellung, Barrieren niederreißen zu wollen, etwas merkwürdig ist, so zeigt sich doch, dass viele Organisationen heute gerade deshalb so effektiv und erfolgreich arbeiten können, weil sie so unstrukturiert und flexibel sind. Für sie besteht die ideale Struktur gerade darin, keine starre, einengende und vordefinierte Struktur zu besitzen.[44]

Was aber ist unter dem Begriff „Grenzen" genau zu verstehen? Es lassen sich zwei Arten von Grenzen ausmachen:

Interne Grenzen: Sie verlaufen horizontal aufgrund von Spezialisierung und Abteilungsbildung und verlaufen vertikal zwischen den einzelnen Organisationsebenen und Hierarchien.

Externe Grenzen: Sie trennen die Organisation von ihren Kunden, Zulieferern und anderen externen Stakeholdern. Um diese externen Grenzen zu überwinden, können Manager virtuelle oder Netzwerkstrukturen einsetzen.

Netzwerkorganisationen. Eine Netzwerkorganisation besteht aus relativ autonomen Mitgliedern (Personen und/oder Unternehmen), die langfristig durch ein gemeinsames Ziel miteinander verbunden sind und koordiniert zusammenarbeiten. Sie kann sich auf interne wie auch externe Netzwerke beziehen.[45] Diese Organisationsform wird auch als **modulare Organisation** bezeichnet, wenn sie von Firmen der Fertigungsbranche genutzt wird.[46] Dadurch können sich die Organisationen auf die Aktivitäten konzentrieren, die sie am besten können, und alle anderen Aufgaben an diejenigen Firmen fremd vergeben, die darin wiederum am besten sind. Die Strategie des britischen Mikrochip-Designers ARM besteht beispielsweise darin, sich möglichst viele Partner zu suchen, mit denen Verträge über die Fertigung und das Marketing abgeschlossen werden. Da ARM selbst keine Mikrochips herstellt, kann es seine Kunden ohne Probleme dazu auffordern, genau die Produkte zu bestellen, die sie benötigen. ARM-Chips sind das Herzstück von 98 Prozent aller Handys weltweit. Diese Flexibilität ist vor allem auf dem Handymarkt sehr wertvoll: Hier können maßgeschneiderte Chips und Software einen echten Wettbewerbsvorteil bedeuten.[47]

Virtuelle Organisationen. Die meisten Studenten absolvieren mindestens ein Praktikum, wenn nicht sogar mehrere Praktika. Inzwischen könnte man ein solches Praktikum aber auch bequem von der Couch aus mit dem Laptop auf dem Schoß absolvieren und müsste nicht mehr in einer dunklen Büronische sitzen.[48] Solche virtuellen Praktika erfreuen sich großer Beliebtheit und werden vor allem von kleinen und mittelständischen Unternehmen und Internetfirmen angeboten. Die virtuellen Praktikanten sind dabei hauptsächlich mit Aufgaben aus den Bereichen „Recherche“, „Vertrieb“, „Marketing“ und „Entwicklung sozialer Medien“ beschäftigt: mit Aufgaben, die überall zu erledigen sind, sofern dem Praktikanten mittels Laptop oder Computer ein Internetanschluss zur Verfügung steht. Einige Organisationen sind sogar so strukturiert, dass die meisten Mitarbeiter als virtuelle Mitarbeiter arbeiten können.

Eine virtuelle Organisation besteht aus einem kleinen Kern von Vollzeitmitarbeitern sowie externen Spezialisten, die je nach Bedarf vorübergehend für bestimmte Projekte beschäftigt werden.[49]Als Beispiel hierfür ist Strawberry Frog zu nennen, eine internationale Werbeagentur mit Niederlassungen in Amsterdam, New York, Sao Paulo und Mumbai. In der Verwaltung arbeiten sehr wenige Mitarbeiter, doch gibt es ein globales Netzwerk aus (virtuellen) Freiberuflern, die je nach Bedarf für Kundenprojekte beauftragt werden. Durch dieses Netzwerk kann das Unternehmen über eine Vielzahl an Talenten verfügen ohne unnötige Gemeinkosten oder strukturelle Komplexität.[50] Eine virtuelle Organisation kann man als eine spezielle Netzwerkorganisation bezeichnen, deren Mitglieder gemeinsam eine wirtschaftliche Leistung erbringen und die gegenüber Dritten wie ein eigenständiges Unternehmen auftritt.[51]

Die lernende Organisation

Das wettbewerbsintensive globale Umfeld vieler Unternehmen macht es unerlässlich, dass hinter den Kulissen alles reibungslos funktioniert. Um dies zu gewährleisten, setzen Unternehmen auf Methoden, um z. B. gleichmäßige Abläufe und den Austausch von Innovationen über alle Unternehmensbereiche zu ermöglichen. Es geht um eine lernende Organisation, die die Fähigkeit entwickelt, beständig zu lernen, sich anzupassen und sich zu verändern. Heute liegt die Herausforderung für das Management darin, gut ausgebildete Mitarbeiter zu inspirieren und zu befähigen, täglich neue Probleme zu lösen, die nicht vorhergesehen werden können. In einer lernenden Organisation erwerben und teilen die Mitarbeiter ständig neues Wissen und wenden dieses Wissen auf ihre Entscheidungen und Handlungsweisen an. Einige Organisationstheoretiker sind der Meinung, dass diese Fähigkeit einer Organisation – also zu lernen und das Gelernte auch anzuwenden – den einzigen nachhaltigen Wettbewerbsvorteil darstellt.[52] Welche strukturellen Merkmale muss nun eine lernende Organisation aufweisen?

Mitarbeiter der gesamten Organisation – in allen funktionalen Bereichen und auch auf allen Organisationsebenen – müssen Informationen miteinander teilen und bei ihren Arbeitsaktivitäten zusammenarbeiten. Ein solches Umfeld darf nur minimale strukturelle und physische Grenzen aufweisen, damit alle Mitarbeiter gemeinsam optimale Arbeit leisten und voneinander lernen können. Solche Arbeitsteams mit Eigenverantwortung stellen ein wichtiges Strukturmerkmal einer lernenden Organisation dar. Sie entscheiden, welche Arbeiten erledigt werden und welche Probleme gelöst werden müssen. Handeln die Teams eigenverantwortlich, so werden keine „Chefs" benötigt, die anleiten und kontrollieren. Manager fungieren hier vielmehr als Vermittler, Unterstützer und Anwälte.

6.2.2 Zusammenarbeit organisieren

Es ist offensichtlich, dass sich die Arbeitswelt verändert hat: Heute müssen Organisationen bei der Erledigung notwendiger Aufgaben flexibler sein, ohne dass Effektivität und Effizienz darunter leiden. Dazu kommt, dass es von entscheidender Bedeutung ist, innovativ zu sein und Innovationen schnell auf den Markt bringen zu können. Betrachtet man all diese Faktoren, wird immer klarer, dass traditionelle Entscheidungsprozesse von oben nach unten gemäß der traditionellen Weisungskette oder auch eng definierte funktionale Zusammenarbeit nicht mehr besonders effektiv sind. Daher fördern viele Unternehmen die Zusammenarbeit der Mitarbeiter untereinander. Eine Organisation kann sich für eine rein interne – also nur unter den Mitarbeitern der Organisation – oder auch externe – mit anderen Beteiligten außerhalb der Organisation – Kooperation entscheiden. In beiden Fällen ist es wichtig, dass Manager erkennen, ob und wie sich eine solche Zusammenarbeit mit der Organisationsstruktur verträgt, und dass zahlreiche Herausforderungen auftreten, bis diese reibungslos funktionieren kann. Im Folgenden werden verschiedene Formen, insbesondere der internen Kooperation näher betrachtet.

Interne Zusammenarbeit

Sind Manager der Meinung, die Mitarbeiter sollten mehr und enger zusammenarbeiten, um die anstehenden Aufgaben auf koordinierte und integrierte Weise bewältigen zu können, ohne die Vorteile fester Strukturen gleich aufgeben zu wollen, so haben sie mehrere verschiedene strukturelle Optionen. Die am häufigsten eingesetzten Formen sind dabei **funktionsübergreifende Teams**, **Task Forces** und **Communities of Practice**.

Funktionsübergreifende Teams. Organisationen setzen teambasierte Strukturen ein, weil sie davon überzeugt sind, dass Teams flexibler und schneller auf Umfeldveränderungen reagieren können als traditionelle Abteilungen oder andere dauerhaft angelegte Arbeitsgruppen. Teams können sich rasch formieren und orientieren, gegebenenfalls neu orientieren und sich auch rasch wieder auflösen. Das funktionsübergreifende

Team definiert sich als Arbeitsgruppe, die sich aus Mitarbeitern verschiedener funktionaler Bereiche zusammensetzt. Bildet sich ein solches Team, so sind die Teammitglieder damit beauftragt, gemeinsam Probleme zu lösen, die den jeweiligen funktionalen Bereich betreffen. Idealerweise verschwinden dabei die künstlichen Grenzen zwischen den Funktionen und das Team kann sich darauf konzentrieren, gemeinsam daran zu arbeiten, die Ziele der Organisation zu verwirklichen.

Das Konzept der funktionsübergreifenden Teams wird sogar im Gesundheitswesen angewandt. So treffen sich in gut organisierten Krankenhäusern Intensivpflege-Teams bestehend aus einem Facharzt für Intensivmedizin, einem Pharmazeuten, einem Sozialarbeiter, einem Ernährungswissenschaftler, der leitenden Intensivschwester, einem Beatmungsspezialisten und einem Geistlichen täglich mit der zuständigen Schwester jedes Patienten und diskutieren, wie die jeweilige Behandlung am besten fortzusetzen sei. Krankenhäuser schreiben es dieser Teamarbeit zu, dass seltener Behandlungsfehler gemacht werden, dass die Aufenthaltsdauer der Patienten in der Intensivstation gesunken ist und dass sich die Kommunikation zwischen den Angehörigen und dem Fachpersonal verbessert hat.[53]

Task Forces. Eine weitere strukturelle Option, die eine Organisation nutzen könnte, bildet die **Task Force** oder der **Ad-hoc-Ausschuss**, eine temporär bestehende Arbeitsgruppe, die bestimmte kurzfristige Probleme bearbeitet, welche mehrere Abteilungen betreffen. Der entscheidende Unterschied zum funktionsübergreifenden Team ist, dass die Task Force nur vorübergehend besteht. Ihre Mitglieder führen daneben häufig viele ihrer alltäglichen Aufgaben aus, während sie an einer Task Force mitarbeiten. Doch gewiss müssen auch die Mitglieder einer Task Force produktiv zusammenarbeiten, um das ihnen übertragene Problem zu lösen. Ist dieses Problem behoben, wird die Task Force nicht länger benötigt und die Mitglieder kehren zu ihren regulären Aufgaben zurück. Viele Organisationen – von Regierungsbehörden über Universitäten bis hin zu Wirtschaftsunternehmen – setzen Task Forces ein.

Anfang des Jahres 2008 hatten amerikanische Soldaten, die afghanische und irakische Truppen ausbilden sollten, Probleme damit, einen Panzerfaustwerfer zu benutzen. Der Kommandeur der Einheit stellte eine Frage dazu in eines der Internetforen der U. S. Army, in denen sich Soldaten weltweit austauschen können. Innerhalb weniger Tage stellte ein Soldat, der ähnliche Erfahrungen mit einem solchen Werfer gemacht hatte, eine einfache Lösung zur Vermeidung von Fehlzündungen ins Internet: Damit war das Problem gelöst.[54] Eine solche interne Form der Zusammenarbeit wird Community of Practice oder **Wissens-** bzw. **Lerngemeinschaft** genannt und bezeichnet eine Gruppe von Menschen, welche ein gemeinsames Problem zu lösen haben oder das Interesse an einem bestimmten Thema teilen und ihr Wissen und ihre Fachkenntnisse zu diesem Thema durch regelmäßige Interaktion miteinander vertiefen.[55] So tauschen etwa die Reparaturtechniker von Xerox „Kriegsgeschichten" untereinander aus, um ihre Erfahrungen zu kommunizieren und anderen zu helfen, schwierige Reparaturprobleme zu lösen.[56]

Wie effizient sind diese Wissensgemeinschaften jedoch wirklich? Eine wissenschaftliche Studie ergab, dass Communities of Practice wertsteigernd wirken können, indem sie die Effektivität der Arbeitsleistung der Mitarbeiter dadurch steigern, dass diese besseren Zugang zu Ideen, Wissen und Best Practices haben, die innerhalb der Gemeinschaft ausgetauscht werden.[57] ▶ *Tabelle 6.7* gibt Tipps, wie solche Lerngemeinschaften funktionieren können.

■ Die Unterstützung des Top-Managements sichern und klare Ziele und Erwartungen festlegen
■ Ein Umfeld schaffen, das für Mitarbeiter attraktiv ist und sie dazu bringt, immer wieder Wissen, Ratschläge und Erfahrungen auszutauschen
■ Regelmäßige Treffen der Wissensgemeinschaft fördern – ob persönlich oder online
■ Regelmäßige Kommunikation der Gemeinschaftsmitglieder etablieren und fördern
■ Konzentration auf die wirklich wichtigen Probleme der Organisation
■ Klare Verantwortlichkeiten festlegen und Management-Kontrolle gewährleisten

Tabelle 6.7: So können Communities of Practice funktionieren[58]

Vieles spricht für eine engere Zusammenarbeit der Mitarbeiter untereinander. Es gibt aber auch Nachteile, die es zu beachten gilt. Die folgende Tabelle fasst einige der Vor- und Nachteile solcher Gemeinschaftsprojekte auf.

Vorteile	Nachteile
■ Mehr Kommunikation und Koordination	■ Potenzial für interpersonelle Konflikte
■ Größeres innovatives Output	■ Verschiedene Ansichten und konkurrierende Ziele
■ Mehr Möglichkeiten, komplexe Probleme zu lösen	■ Logistische Probleme bei der Koordination
■ Informationen und Best Practices werden geteilt	

Tabelle 6.8: Nutzen und Risiken von Kooperationen[59]

Externe Zusammenarbeit

Bemühungen um externe Zusammenarbeit sind mittlerweile recht häufig, vor allem im Bereich der Produktinnovation. Im Folgenden sollen zwei Formen der externen Zusammenarbeit genauer betrachtet werden: die **offene Innovation** sowie die **strategischen Partnerschaften**. Beide Formen versorgen Organisationen mit notwendigen Informationen, mit Unterstützung und mit wichtigen Beiträgen zur Erledigung von Aufgaben und zur Erreichung von Organisationszielen. Es ist jedoch wichtig, dass die beteiligten Manager die Herausforderungen beider Formen und ihrer Anpassung an die jeweilige Organisationsstruktur genau verstehen.

Offene Innovation. Die Tage, an denen Unternehmen ihre eigenen Produktideen entwickelten und sie selbst herstellten, vermarkteten und an die Kunden auslieferten, könnten gezählt sein. Heute versuchen es viele Unternehmen mit offener Innovation: mit der Erweiterung der Suche nach neuen Ideen über die Grenzen der Organisation hinaus. Innovationen können dabei leicht von außen nach innen und umgekehrt weitergegeben werden.

Procter & Gamble, Starbucks, Dell, Best Buy und Nike beispielsweise haben allesamt digitale Plattformen kreiert, die es ihren Kunden ermöglichen, bei der Entwicklung neuer Ideen und Nachrichten zu helfen.[60] Deutlich zeigt sich hierbei, dass viele erfolgreiche Unternehmen beim Prozess der Produktentwicklung direkt mit ihren Kunden zusammenarbeiten. Andere kollaborieren mit Zulieferern, mit anderen externen Stakeholdern oder sogar mit Konkurrenten.

Strategische Partnerschaften. Im heutigen Umfeld suchen Unternehmen überall nach neuen Vorteilen, die sie nutzen können. Eine Möglichkeit dazu bieten strategische Partnerschaften: Partnerschaften zwischen zwei oder mehreren Organisationen, die Ressourcen und Fähigkeiten gemeinsam nutzen, um ein bestimmtes Ziel zu erreichen. Einige gute Argumente für solche Partnerschaften lauten wie folgt:

- Durch die Flexibilität und Formlosigkeit dieser Arrangements wird deren Effizienz gefördert.
- Sie bieten Zugang zu neuen Märkten und Technologien und bringen weniger Bürokratie beim Zusammenstellen und Auflösen von Projektteams mit sich.
- Die Risiken und der finanzielle Aufwand werden von mehreren Parteien gemeinsam übernommen.
- Die Marken werden weiterhin unabhängig voneinander wahrgenommen.
- Es entstehen große Synergien durch die Arbeit mit Partnern, welche über unterschiedliche Fähigkeiten verfügen.
- Die Rivalen können hier häufig harmonisch zusammenarbeiten.
- Partnerschaften können – von einfach bis hoch komplex – unterschiedlichste Formen annehmen.
- Die Mitgliederzahl ist sehr flexibel.
- Die F&E-Aktivitäten sind durch die Kartellgesetze geschützt.[61]

Strategische Partnerschaften werden zwar zunehmend beliebter, doch besteht die Herausforderung für Manager darin, zum einen die Vorteile dieser Arrangements nutzen zu können, zum anderen diese Arrangements harmonisch in die strukturelle Gestaltung der Organisation einzufügen.

6.2.3 Flexible Arbeitssysteme

Für viele Berufstätige der heutigen Zeit ist das Leben eine nahtlose Mischung aus Zuhause und Büro, Arbeit und Freizeit. Dank moderner Technologien können viele Arbeiten heute überall und zu jeder Tages- oder auch Nachtzeit erledigt werden. Die Organisationen können ihre Struktur diesen neuen Gegebenheiten anpassen und bieten daher immer häufiger flexible Arbeitssysteme an. Diese nutzen nicht nur die Möglichkeiten neuer Technologien aus, sondern ermöglichen es den Unternehmen, die Mitarbeiter flexibel einzusetzen, wo und wann sie gebraucht werden. Der folgende Abschnitt befasst sich mit verschiedenen Formen flexibler Arbeitssysteme, darunter **Telearbeit** und die **komprimierte Arbeitswoche**, **Gleitzeit** und **Job-Sharing**. Wie bei den bereits beschriebenen neuen strukturellen Optionen müssen auch hier die zuständigen Manager beurteilen können, welche Auswirkungen diese auf den Entscheidungsprozess, auf die Kommunikation, auf die Autoritätsbeziehungen oder auch auf die Effizienz und Effektivität haben.

Flexibler Arbeitsort: Telearbeit

Die Informationstechnologie hat vielen Mitarbeitern die **Telearbeit** ermöglicht und die Veränderungen des externen Umfelds haben sie für viele Unternehmen zur Notwendigkeit werden lassen. Der Begriff Telearbeit beschreibt typischerweise Arbeitsarrangements, bei denen Mitarbeiter ganz oder teilweise von zu Hause aus arbeiten und mit ihrem Arbeitgeber via Internet verbunden sind. Zwar eignet sich nicht jede Arbeit für ein solches Arrangement, doch nimmt die Zahl der Telearbeitsplätze stetig zu.

Von zu Hause aus zu arbeiten, galt als besonderes Privileg für einige wenige Mitarbeiter: Eine solche Arbeitsweise wurde nicht oft gestattet. Heute dagegen sehen viele Unternehmen Telearbeit als wirtschaftliche Notwendigkeit an. So wird es dadurch möglich, dass eine steigende Zahl an Telearbeitern einem Unternehmen die Möglichkeit gibt, weiter zu wachsen, ohne zusätzliche Fixkosten wie etwa für Mieten oder für die Büroausstattung tragen zu müssen. Zudem sehen viele Firmen dieses Arbeitssystem als Chance, hohe Benzinpreise zu umgehen und talentierte Arbeitskräfte anzuziehen, die ihre Arbeitszeit freier und selbstbestimmter gestalten möchten.

Trotz all dieser offensichtlichen Vorteile zögern immer noch viele Manager, ihre Mitarbeiter zu „Heimarbeitern" werden zu lassen.[62] Sie argumentieren, dass Mitarbeiter dabei unnötig viel Zeit damit verschwenden könnten, im Internet zu surfen oder online zu spielen, anstatt zu arbeiten, oder dass sie Kunden ignorieren könnten und die Gemeinschaft und sozialen Austausch am Arbeitsplatz vermissen würden. Des Weiteren sind das Management und die Führung dieser Mitarbeiter für viele Vorgesetzte ein Problem. Wie kann man mit einem Mitarbeiter interagieren und sein Vertrauen gewinnen, wenn dieser nicht physisch anwesend ist? Was, wenn seine Arbeitsleistung nicht gut genug ist? Wie lassen sich Verbesserungsvorschläge anbringen? Eine weitere große Herausforderung besteht darin, sicherzustellen, dass Firmeninformationen weiterhin sicher und geschützt sind, auch wenn die Mitarbeiter von zu Hause aus arbeiten.

Doch auch Mitarbeiter äußern häufig Bedenken, wenn es um Telearbeit geht, vor allem hinsichtlich der „Isolation" vom Arbeitgeber und von Kollegen. Unternehmen richten jedoch eine ganze Reihe von Programmen und Prozessen ein, um dem entgegenzuwirken und das Zugehörigkeitsgefühl der Mitarbeiter zu steigern. Dazu zählen regelmäßige internetgestützte Konferenzen, die Zuweisung eines Karriereberaters für jeden Mitarbeiter und vierteljährliche gemeinsame Events in den Hauptbüros. Es kann auch geschehen, dass sich die Grenze zwischen Arbeitszeit und Freizeit für einen Telearbeiter zunehmend auflöst, wodurch großer Stress ausgelöst werden kann.[63] Manager und Organisationen müssen sich dieser organisatorischen Probleme annehmen, möchten sie Telearbeit anbieten.

Flexible Arbeitszeit

Die **Flexibilisierung der Arbeitszeit** ist eine weitere Facette moderner Organisationsgestaltung. Aus verschiedenen wirtschaftlichen (z. B. Ausweitung der Öffnungszeiten) und personalpolitischen Gründen (z. B. Familienfreundlichkeit) werden ehemals fixe Arbeitszeiten zunehmend flexibler.

Die beispielhaften Begründungen deuten an, dass Organisationen immer häufiger ihre Arbeitszeitsysteme neu strukturieren und flexible Möglichkeiten anbieten müssen. Ein solcher Ansatz ist die **komprimierte Arbeitswoche**: eine Arbeitswoche, in der die

Arbeitnehmer mehr Arbeitsstunden täglich leisten, dafür aber weniger Tage pro Woche arbeiten. Üblich sind in der Regel vier 10-Stunden-Tage (ein 4–40 Programm).

Eine weitere Alternative ist die Gleitzeit: eine Arbeitszeitregelung, bei der jeder Arbeitnehmer verpflichtet ist, eine gewisse Zahl an Wochenarbeitsstunden zu leisten, er innerhalb gewisser Grenzen jedoch frei wählen kann, wann er diese Arbeitsstunden leistet. Ein Gleitzeitsystem legt meist bestimmte Kernzeiten fest, in denen alle Mitarbeiter anwesend sein müssen. Die Zeiten für Arbeitsbeginn und Arbeitsende sowie für Mittagspausen sind jedoch frei wählbar. Gleitzeitsysteme sind heute weit verbreitet in den Unternehmen.

Eine weitere Form eines Arbeitssystems wird als Job-Sharing bezeichnet: Die Aufteilung einer Vollzeitarbeitsstelle auf zwei oder mehr Personen. Job-Sharing eignet sich für viele unterschiedliche Stellen. Auch in Zeiten eines wirtschaftlichen Abschwungs kann dieses Modell dazu beitragen, Freistellungen zu verhindern.[64]

Flexibilisierte Belegschaft

Viele Organisationen auch in Deutschland bauen im Zuge von Verschlankung und Umstrukturierung immer mehr unbefristete Vollzeitstellen ab und greifen zunehmend auf Mitarbeiter mit zeitlich befristeten Arbeitsverträgen, Leiharbeitnehmer oder Freiberufler zurück, die sie je nach Bedarf einsetzen können. Eine der meistgenannten Prognosen im Rahmen einer Umfrage unter Personalexperten lautete, dass es Organisationen bis in zehn Jahren meisterhaft beherrschen werden, geeignete Talente und Mitarbeiter passend für kurzfristigen Bedarf ausfindig zu machen und zu engagieren, und dass sie erhebliche Energie darauf verwenden werden, eine kleine Kerngruppe fähiger Mitarbeiter langfristig zu halten.[65]

Die Filmindustrie dient als Paradebeispiel für den strukturellen Ansatz der flexibilisierten Belegschaft: Hier ist praktisch jeder ein „freier Mitarbeiter“ und bewegt sich von einem Projekt zum nächsten, wobei er seine jeweiligen Fähigkeiten – Regie führen, Casting, Kostümgestaltung, Maske oder Schauspielerei – je nach Bedarf einsetzt. Eine solche Gruppe findet sich zusammen, um einen Film zu machen, und löst sich nach Abschluss der Dreharbeiten sofort wieder auf. Nach Beendigung eines Films orientiert sich jeder wieder neu und sucht nach seinem nächsten Projekt. Diese Form der Zeitarbeit ist typisch für alle Organisationen, die viel mit Projekten arbeiten. Doch gewiss können Mitarbeiter mit Zeitvertrag auch vorübergehend ein Unternehmen unterstützen, das zum Beispiel saisonbedingt viel Arbeit zu verrichten hat. Welche organisatorischen Probleme kann diese Zeitarbeit mit sich bringen?

Eines der Hauptprobleme, dem sich Unternehmen hinsichtlich des Themas „flexibilisierte Belegschaft“ stellen müssen, ist die Bestimmung, welche Arbeitskräfte nun echte **Leiharbeitnehmer** oder **Freiberufler** sind.[66] Diese Entscheidung ist nicht so einfach oder unwichtig, wie sie zunächst scheinen mag: Für Freiberufler müssen die Unternehmen keine Sozialversicherungsbeiträge bezahlen; und für sie gelten zudem auch viele Gesetze zur Regelung von Arbeit und Arbeitsplatz nicht. Es ist somit wichtig, bei der Definition eines freiberuflichen Mitarbeiters stets die rechtlichen Grenzen zu wahren. Die rechtliche Definition eines freiberuflichen Mitarbeiters beruht auf dem Ausmaß an Kontrolle, die ein Unternehmen über diese Person hat. Kontrolliert das Unternehmen, was der Mitarbeitende tut und wie er es tut? Je größer diese Kontrolle ist, desto eher wird der Mitarbeitende als angestellter und nicht als freier Mitarbeiter eingestuft.[67] Bei der richtigen Einstufung von Mitarbeitern geht es allerdings nicht nur um rechtliche und steuerliche Fragen, auch die strukturellen Auswirkungen bezüglich der Erledigung der Arbeit und bezüglich des Lösens anstehender Probleme sind hier relevant.

Ein weiteres schwieriges Thema im Zusammenhang mit flexibilisierten Belegschaften sind der Auswahlprozess und die Platzierung dieser Mitarbeiter an der richtigen Stelle im Unternehmen – und zwar dort, wo ihre Fähigkeiten und Fertigkeiten benötigt und optimal genutzt werden können.[68] Es ist Aufgabe des Personalmanagements, diese wichtigen Entscheidungen so zu treffen, dass die richtigen Mitarbeiter zur rechten Zeit am rechten Ort sind, um anstehende Aufgaben effektiv und effizient zu erledigen. Jede Organisation, die potenzielle Probleme mit Zeitarbeitern auf ein Minimum reduzieren möchte, muss besondere Sorgfalt auf den Auswahlprozess dieser Mitarbeiter verwenden.

Der letzte Aspekt, der hier erwähnt werden soll, ist die Bedeutung der Leistung, die eine flexibilisierte Arbeitskraft erbringt: Ebenso wie ein fest angestellter Mitarbeiter wird auch eine solche Arbeitskraft ins Boot geholt, um bestimmte Aufgaben zu übernehmen. Es ist daher wichtig, dass zuständige Manager entsprechende Methodiken eingerichtet haben, um auch mit solchen Arbeitskräften Ziele, Zeitpläne und Abgabetermine vereinbaren zu können.[69] Auch die erbrachte Leistung muss entsprechend überwacht werden können, vor allem dann, wenn diese außerhalb des Firmengeländes arbeiten.

6.2.4 Aktuelle Herausforderungen der Organisationsgestaltung

Manager, die nach der richtigen Organisationsform suchen, welche Mitarbeiter unterstützt und es ihnen ermöglicht, effizient und effektiv zu arbeiten, müssen sich bestimmten Herausforderungen stellen. Dazu gehört es, die Verbindung zwischen allen Mitarbeitern aufrechtzuerhalten und mit globalen Strukturproblemen richtig umzugehen.

Kommunikation und Zusammenarbeit erhalten

Viele Konzepte der Organisationsgestaltung wurden während des 20. Jahrhunderts entwickelt, als die meisten Arbeiten auf dem Firmengelände und unter der Aufsicht eines Managers ausgeführt wurden. Diese Arbeiten waren gut vorhersehbar und konstant, die meisten Mitarbeiter waren in Vollzeit beschäftigt und auf unbestimmte Zeit angestellt.[70] Die oben dargestellten Flexibilisierungsentwicklungen haben die gleichzeitige zeitliche und räumliche Anwesenheit aller Mitarbeiter aufgeweicht.

Viele Beispiele zeigen, es besteht eine der wichtigsten Herausforderungen der Organisationsgestaltung für Manager darin, eine Möglichkeit zu finden, einerseits Flexibilität anzubieten und andererseits eine weitverzweigte Schar von mobilen Mitarbeitern miteinander und mit dem Unternehmen in Kontakt zu halten. Die mobile Computertechnologie und die Kommunikationstechnologie ermöglichen es den Organisationen und Mitarbeitern, in Verbindung zu bleiben und produktiver zu arbeiten. So verfügen nahezu alle Smartphones über Internetzugang, E-Mail-Programm, Kalender und über Kontakte, die überall genutzt werden können, wenn ein mobiles Netzwerk zur Verfügung steht. Zudem können diese Geräte auch genutzt werden, um sich Zugang zu Unternehmensdatenbanken und zum Unternehmensintranet zu verschaffen. Auch Videokonferenzen sind mittels Breitbandzugang und Webcam möglich. Viele Firmen gewähren ihren Mitarbeitern eigene Zugangsdaten mit ständig wechselnder Verschlüsselung, damit sie sich auch von einem externen Computer aus in Firmennetzwerke einloggen und auf E-Mail-Konten und Firmendaten zugreifen können. Handys können problemlos zwischen Handy- und Festnetz umgeschaltet werden. Das wichtigste Thema bei aller Mobilität ist und bleibt jedoch die Sicherheit. Unternehmen müssen ihre wichtigen und sensiblen Informationen schützen. Sicherheitsprobleme konnten durch entsprechende Software-Programme und durch andere Sicherheitsmechanismen minimiert werden.

Das Management globaler Strukturprobleme

Gibt es globale Unterschiede bei den Organisationsstrukturen? Ähnelt die Struktur australischer Organisationen der Struktur amerikanischer Unternehmen? Sind deutsche Firmen gleich strukturiert wie französische oder mexikanische? Angesichts der globalen Ausrichtung des heutigen Wirtschaftsumfelds müssen sich Manager auch mit diesen Fragen auseinandersetzen. Forscher kamen zu dem Schluss, dass sich Strukturen und Strategien aller Unternehmen weltweit sehr ähnlich sind, „während die Verhaltensweisen innerhalb der Unternehmen ihre kulturelle Einzigartigkeit widerspiegeln.“[71] Was bedeutet dieser Unterschied zwischen Strategie und Kultur für den Entwurf effektiver und effizienter Strukturen? Wenn Manager Strukturen gestalten oder verändern, müssen sie die kulturellen Auswirkungen bestimmter Gestaltungselemente bedenken. So zeigte beispielsweise eine Studie, dass die **Formalisierung** – Regeln und bürokratische Mechanismen – in wirtschaftlich weniger weit entwickelten Ländern eine größere Bedeutung haben könnten als in weiter entwickelten Ländern, in denen die Mitarbeiter in der Regel besser ausgebildet sind.[72] Eine weitere Studie ergab, dass Organisationen, deren Mitarbeiter eine große **Machtdistanz** gewohnt sind (z. B. Griechenland, Frankreich und die meisten lateinamerikanischen Länder), mechanistische Strukturen viel leichter akzeptieren als Mitarbeiter aus Ländern mit geringer Machtdistanz. Andere strukturelle Gestaltungselemente können auch von kulturellen Unterschieden beeinflusst werden.

Unabhängig davon, welche Form der Organisationsgestaltung Manager für ihre Organisation wählen, so sollte die gewählte Struktur stets dazu beitragen, dass die Mitarbeiter ihre beste – effektivste und effizienteste – Arbeit leisten können. Die Struktur sollte die Mitarbeiter in ihrer Arbeit fördern und unterstützen. Schließlich ist die Organisationsstruktur letztendlich nur ein Mittel zum Zweck.

6.3 Kritische Perspektiven

Die in den vorangegangenen Abschnitten zusammengefassten Erkenntnisse sind vor allem dem sogenannten Mainstream oder einer orthodoxen Sichtweise zum Konzept Organisation zuzuordnen. Diese ist vermutlich auch vorherrschend unter den Praktikern. Gleichwohl muss man einräumen, dass die organisationale Realität ein komplexes Phänomen ist, in welchem unterschiedliche Sichtweisen bestehen, die auch mit unterschiedlichen Interessen verbunden sein können. Effizienz und Effektivität sind nicht die einzigen Kriterien, nach denen man Organisationen und das Phänomen „Organisation“ beleuchten kann. Macht, Freiheit, Ungleichheit oder persönliche Identität sind andere Konzepte, die man heranziehen kann, um das Phänomen von Organisationen zu beleuchten. Letztere stehen bisher weniger im Fokus einer betriebswirtschaftlichen bzw. Management-Sichtweise. Gleichwohl können sie ebenfalls einen interessanten Beitrag zum Erkenntnisgewinn liefern und aufgeklärten Managern helfen, die Realität differenzierter zu durchdringen.

Aus diesem Anlass sollen in diesem Abschnitt einige Aspekte einer kritischen Perspektive skizziert werden, die dazu beitragen können, die Thematik „Organisation" abzurunden.

Die in den obigen Abschnitten dargestellten Mainstream-Ansätze bzgl. Organisationsstrukturen und -design unterteilen sich in zwei Lager – das klassische und das moderne Lager. Klassische Theorien gehen davon aus, dass es möglich ist, Prinzipien der Organisation zu identifizieren, und dass diese universell anwendbar sind, unabhängig vom Kontext, in dem die Organisation steht. Moderne Theorien des Mainstreams betonen die Bedeutung der Anpassung der Gestaltung von Organisationen an die Anforderungen und Möglichkeiten des Kontextes.

Beide Mainstream-Lager verstehen Organisationstrukturen und deren Design als unteilbaren und rationalen Prozess, in dessen Mittelpunkt die Erzielung von Effektivität und Effizienz, zwei zentralen Fixpunkten, steht. Beide gehen davon aus, dass ein grundlegender Konsens aller Stakeholder die Organisationen untermauert, und beide Mainstream-Ansätze fokussieren sich auf die Verbesserung der Managementkontrolle zur Steigerung von Effizienz und Effektivität der Organisation. Aber keiner der Mainstream-Ansätze zollt Themen wie Macht und Ungleichheit in Organisationen viel Aufmerksamkeit. Im Gegensatz dazu beleuchten und betonen kritische Ansätze Organisationsstrukturen und -design als kulturelle und politische Prozesse, die auch im Kontext von gesellschaftlichen Verhältnissen zu analysieren sind. Die kritischen Perspektiven gehen davon aus, dass der Konflikt in Organisationen endemisch ist, und versuchen aus dieser Perspektive, Licht auf die Frage von Managementkontrolle zu werfen.

Kritische Ansätze

Ein wichtiger Unterschied zwischen Mainstream und kritischen Ansätzen sind die Annahmen über Konsens und Konflikt in Organisationen und Gesellschaft. Mainstream-Ansätze gehen davon aus, dass Konsens zwischen z. B. Mitarbeitern und Eigentümer eines Unternehmens die Norm ist. Ein Konflikt wird als ein Abweichen von der Norm betrachtet, das in der Regel durch die Verbesserung der Kommunikation gelöst werden kann, so dass jeder sich der gemeinsamen Ziele wieder bewusst wird. Das Entfernen von „Unruhestiftern" ist eine weitere Form der „Konfliktlösung". Die Befürworter des Mainstreams verweisen weiterhin auf das weitgehende Fehlen von offenen Konflikten, wie Streiks, um ihre Annahmen zu untermauern.

Demgegenüber argumentieren kritische Ansätze, dass ein Konsens oft erzwungen ist: Die Abwesenheit von offenem Konflikt zeigt eher die relativ machtlose Position der Mitarbeiter in Bezug auf die Eigentümer, als dass sie ein Zeichen der zugrunde liegenden Harmonie sei. Kritische Denker sehen das Design der Struktur einer Organisation als wesentlich für die Erhaltung dieses Zwangs zum Konsens. Wenn eine Struktur als eine rationale und kostengünstige Lösung verstanden wird, so wie es die Mainstream-Ansätze anstreben, ist jede Herausforderung, die ihre Legitimität in Frage stellt, wahrscheinlich abzulehnen. Kritische Ansätze versuchen zu zeigen, dass solche Organisationsstrukturen die Bedingung sind, aber auch Konsequenzen für die Reproduktion von Macht und Ungleichheit zur Folge haben. Dies ist eine Frage, die von den Mainstream-Ansätzen weitgehend unbeachtet ist. Sie nehmen den Wert der kapitalistischen Prinzipien der wirtschaftlichen Organisation als selbstverständlich an.

Diese Form der kritischen Analyse wurde insbesondere von Braverman[73] initiiert und ist ursprünglich auf Karl Marx zurückzuführen. Braverman argumentiert, dass die

Struktur und das Design der Arbeit unter dem Regime des Taylorismus die Gedanken von den Handlungen getrennt haben, und das im Namen der Wissenschaft.

Manager denken, während die Rolle der Arbeitnehmer auf das „Tun" reduziert wird, was Letztere von ihrer Arbeit entfremdet und ihnen wenig Kontrolle über ihre Arbeit gibt. Bravermans Ideen wurden weitgehend durch kritische Organisationstheoretiker akzeptiert. Er wurde jedoch auch für seinen Mangel an Rücksicht auf die Subjektivität der Arbeit kritisiert. Damit ist gemeint, dass Braverman das Management als allmächtig einstuft, dabei aber zu wenig anerkennt, dass das Management auf die Kooperation und Zusammenarbeit mit den Arbeitnehmern angewiesen ist.

Ein ausgewogenerer Ansatz wäre es, die Organisationsstruktur als Ergebnis der Dialektik der Kontrolle zu betrachten, mit einer Interdependenz zwischen den Gruppen innerhalb der Organisation. Ein gutes Beispiel für die Dialektik der Kontrolle ist die Struktur in einer Vorlesung (mit anderen Worten die Beziehung zwischen Dozent und Studenten). Es könnte so scheinen, dass Dozenten die volle Kontrolle haben, da sie den Inhalt des Kurses, Formen der Prüfung usw. festlegen. Allerdings benötigt der Dozent die Kooperation der Studenten, die Vorlesung zu besuchen und sich zu beteiligen. Daher sind Existenz und Wiedergabe der Struktur auch vom Verhalten der Studenten abhängig, die vordergründig machtlos gegenüber dem Dozenten erscheinen.

Dieses Beispiel zeigt eine wichtige Annahme von vielen kritischen Arbeiten in Bezug auf Macht: Macht wird als eine Beziehung gesehen und hängt davon ab, ob diejenigen, die ihr unterworfen sind, dem auch zustimmen. Der Mainstream neigt dazu, Macht als einseitig von einer Gruppe gehalten und verwendet zu sehen.

Ein weiterer einflussreicher Beitrag zu den kritischen Ansätzen ist von Michel Foucault geliefert worden.[74] Insbesondere seine Vorstellungen über die Disziplinarmechanismen sind nützlich für die Sicht zur Ausübung der Steuerung in Organisationen. Seine zentrale Aussage ist, dass die direkte Kontrolle ersetzt wird von anderen, moderneren Formen der Überwachung und Disziplin, die mit mehr Distanz genutzt werden. Im Kontext eines Unternehmens könnte dies der Ersatz der direkten Aufsicht und Kontrolle der Leistung durch den Vorgesetzten durch Leistungsziele und -kennzahlen sein. Die Bedeutung dieser Kennzahlen hängt vom Ausmaß ab, in dem die Mitarbeiter die Bedeutung der Ziele verinnerlichen. Eine weitere Dimension ist es, Selbst-Disziplinierung bei den Individuen zu produzieren. Foucaults Analyse wird weitergeführt durch die Aussage, dass durch die Institutionalisierung der Disziplinarmacht die Strukturen der modernen Arbeitsorganisation festgelegt und gepflegt werden.

Zusammenfassend kann man sagen, dass die kritischen Ansätze wichtige Beiträge zum Denken über Aufbaustrukturen und deren Design geleistet haben. Dazu gehören die Schaffung eines Bewusstseins für die Beziehung zwischen diesen Aspekten und dem weiteren politisch-ökonomischen Kontext. Anstatt Organisationsdesign als ein technisches Verfahren zu sehen, um die möglichst rationelle, effiziente Lösung zu finden, erkennen kritische Ansätze, dass es ein historischer und politischer Prozess ist, der Kämpfe zwischen den Gruppen beinhaltet, die unterschiedliche Interessen verfolgen.

Wie bei jedem Ansatz haben auch die kritischen Ansätze ihre Grenzen. Ihnen wird z. B. vorgehalten, zu viel Aufmerksamkeit auf die menschliche Dimension zu legen und daher breitere Strukturen der Macht, wie den globalen Kapitalismus, zu vernachlässigen. Sie seien auch übermäßig theoretisch und sehr idealistisch. Dies vor allem, weil das Publikum für kritische Ansätze eher Studierende und Akademiker sind, und weniger praktizierende Manager.

ZUSAMMENFASSUNG

In diesem Kapitel haben Sie gelernt,

- sechs wichtige Elemente der Organisationsgestaltung zu beschreiben,
- mechanistische und organische Strukturen einander gegenüberzustellen,
- traditionelle Formen der Organisationsstrukturierung zu beschreiben,
- moderne Formen der Organisationsgestaltung zu beschreiben,
- zu diskutieren, wie sich Organisationen für eine Zusammenarbeit organisieren,
- flexible Arbeitssysteme zu erklären, welche Organisationen nutzen,
- heutige Herausforderungen in Bezug auf Organisationsgestaltung zu diskutieren und
- kritisch die klassischen Ansätze der Organisationsgestaltung hinsichtlich ihrer „blinden Flecken“ zu betrachten.

Die wichtigsten Elemente der Organisationsgestaltung sind die Spezialisierung der Arbeit, die Weisungskette, die Führungsspanne, die Abteilungsbildung, die Zentralisierung oder Dezentralisierung und die Formalisierung. Traditionell wurde die Spezialisierung als Möglichkeit angesehen, Arbeitsaktivitäten in verschiedene Aufgabenbereiche zu unterteilen. Aus heutiger Sicht ist die Spezialisierung zwar ein wichtiger Organisationsmechanismus, der jedoch zu Problemen führen kann. Die Weisungskette und die ihr verwandten Konzepte – Autorität, Verantwortung und Führungseinheit – wurden als wichtige Instrumente zur Bewahrung der Kontrolle in Organisationen betrachtet. Heute gelten sie hingegen als weniger relevant. Traditionell wurde die Führungsspanne so definiert, dass ein Manager nicht mehr als fünf oder sechs Mitarbeiter führen sollte. Heute macht man die Breite der Führungsspanne eher von den Fähigkeiten und Fertigkeiten des Managers und der Mitarbeiter sowie von der jeweils gegebenen Situation abhängig.

Es gibt folgende Formen der Abteilungsbildung: Funktional gruppiert sie Aufgaben gemäß der ausgeführten Funktionen; produktbezogen werden Aufgaben je nach Produktlinie gruppiert; geografisch gruppiert sie Aufgaben gemäß geografischer Regionen; prozessbezogen werden Aufgaben gemäß Produkt- oder Kundenfluss gruppiert; und kundenbezogen gruppiert sie Aufgaben je nach den spezifischen und einzigartigen Kundengruppen.

Eine einfache Struktur wird von geringer Abteilungsbildung, von einer großen Führungsspanne, von einer zentralen Autoritätsperson und von einer geringen Formalisierung charakterisiert. Eine funktionale Struktur fasst ähnliche oder verwandte Berufsfelder in Gruppen zusammen. Eine divisionale Struktur setzt sich aus einzelnen Unternehmensbereichen zusammen.

Eine mechanistische Organisation weist eine starre und engmaschig kontrollierte Struktur auf. Eine organische Organisation ist hingegen hochgradig anpassungsfähig und flexibel.

Die Struktur einer Organisation sollte deren Strategien unterstützen. Ändern sich die Strategien, sollte sich die Struktur entsprechend auch verändern. Hat eine Organisation jedoch eine bestimmte Größe erreicht – etwa ab 2.000 Mitarbeitern –, so ist sie in der Regel eher mechanistisch strukturiert. Die Technologie einer Organisation kann ebenfalls deren Struktur beeinflussen. Eine organische Struktur funktioniert am besten bei Serienfertigung und Prozessproduktion. Mechanistische Strukturen eignen sich dagegen für Massenproduktionen am besten. Je unsicherer das Umfeld einer Organisation, desto mehr benötigt diese die Flexibilität einer organischen Struktur.

Bei einer Teamstruktur besteht die gesamte Organisation aus Arbeitsteams. Die Matrixstruktur teilt Spezialisten aus verschiedenen funktionalen Bereichen einem Projekt oder mehreren Projekten zu, die jeweils von einem Projektmanager geleitet werden. Bei der Projektstruktur arbeiten alle Mitarbeiter ständig an verschiedenen Projekten. Eine virtuelle Organisation besteht aus einem kleinen Kern Vollzeitbeschäftigter sowie externen Spezialisten, die je nach Bedarf für bestimmte Projekte eingestellt werden. Eine Netzwerkorganisation setzt die eigenen Mitarbeiter für bestimmte Aktivitäten ein und verfügt zudem über ein Netzwerk externer Zulieferer, die andere benötigte Teile oder Prozesse zur Verfügung stellen. Eine lernende Organisation hat die Fähigkeit entwickelt, beständig zu lernen, sich anzupassen und zu verändern. Sie verfügt über bestimmte Strukturmerkmale wie etwa dem Teilen von Informationen, der Zusammenarbeit bei Arbeitsaktivitäten, minimalen strukturellen und physischen Barrieren und Arbeitsteams mit Eigenverantwortung.

Die Bemühungen einer Organisation zur Zusammenarbeit können intern oder extern sein. Interne strukturelle Optionen zur Zusammenarbeit sind funktionsübergreifende Teams, Task Forces und Communities of Practice. Externe Optionen zur Zusammenarbeit sind etwa offene Innovation und strategische Partnerschaften.

Flexible Arbeitsmodelle geben Organisationen die Flexibilität, Mitarbeiter einzusetzen, wann und wo sie gebraucht werden. Strukturelle Optionen sind etwa Telearbeit, komprimierte Arbeitswochen, Gleitzeit und Job-Sharing.

Die beiden größten Herausforderungen in Bezug auf die Organisationsgestaltung bestehen darin, die Verbindung zwischen Mitarbeitern und Unternehmen aufrechtzuerhalten, sowie das Management globaler Strukturprobleme.

Effizienz und Effektivität, typische Mainstream-Kriterien für die Organisationgestaltung, sind nicht die einzigen Kriterien, nach denen man Organisationen und das Phänomen „Organisation“ beleuchten kann. Macht, Freiheit, Ungleichheit oder persönliche Identität sind andere Konzepte, die man heranziehen kann, um das Phänomen von Organisationen zu beschreiben.

Ein wichtiger Unterschied zwischen Mainstream und kritischen Ansätzen sind die Annahmen über Konsens und Konflikt in Organisationen und Gesellschaft. Mainstream-Ansätze gehen davon aus, dass Konsens zwischen z. B. Mitarbeitern und Eigentümer eines Unternehmens die Norm ist. Demgegenüber argumentieren kritische Ansätze, dass ein Konsens oft erzwungen ist: Kritische Denker sehen das Design der Struktur einer Organisation als wesentlich für die Erhaltung dieses Zwangs zum Konsens.

Ihr Wissen können Sie im eLearning-Bereich mit einem Verständnistest prüfen.

AUFGABEN

Aufgabe 1

Welche der folgenden Fragestellungen sind der Aufbauorganisation, welche sind der Ablauforganisation zuzuordnen?

a) Soll das Materiallager im Produktionsgebäude oder im Verwaltungsgebäude untergebracht werden?

b) Sollen die Sekretariatsarbeiten des Vertriebsleiters auf eine Ganztags- oder zwei Halbtagsstellen übertragen werden?

c) Sollen in einer Montagehalle die vom Prüfingenieur zu prüfenden Aggregate zum Prüfer transportiert werden oder soll der Prüfer seine Verrichtung am Standort des Aggregats vornehmen?

d) Ist zur Anleitung und Überwachung der Monteure eine zweite Meisterstelle nötig?

e) Soll sich ein Unternehmen, das Militärtechnik, Frachtschiffe und Lokomotiven herstellt, eine funktionale oder eine divisionale Organisationsstruktur geben?

f) Soll der Produktionsbereich in 5 Abteilungen mit jeweils 80 Stellen oder in 8 Abteilungen mit jeweils 50 Stellen untergegliedert werden?

Aufgabe 2

Im Rahmen Ihrer Vorlesung sollen Sie eine Gruppenarbeit bis zu einem bestimmten Zeitpunkt durchführen und ein bestimmtes Ergebnis abliefern. Wie gehen Sie vor? Beachten Sie dabei u. a. folgende Fragen: Welche organisatorisch-strukturellen Elemente/Bausteine können Sie dabei zugrunde legen? Welche (Arbeits-)Zeiten, (Arbeits-)Formen und Formen der Kommunikation und Zusammenarbeit wollen Sie anwenden?

Die Lösungen zu den Aufgaben finden Sie im eLearning-Bereich.

FALL ORGANISATIONSENTWICKLUNG BEI DER FELIX SCHOELLER GRUPPE

Beschreibung

Die Felix Schoeller Gruppe ist ein Spezialpapierhersteller, der Kundengruppen bedient, die besondere Ansprüche an die Eigenschaften, Einsatzmöglichkeiten und die Qualität der verwendeten Papiere haben.

Abbildung 6.3: Werk Osnabrück Quelle: Felix Schoeller Group, Mediathek

Das Geschäft der Konfektionierung von Spezialpapieren für die Raumgestaltung, Transferpapiere im Textildruck und im Besonderen hochwertigen Fotopapieren zeichnete sich in den vergangenen Jahren durch ein sehr dynamisches Wachstum aus. Mit diesem Wachstum wurden der Maschinenpark ebenso wie das Personal beständig aufgebaut.

Die Konfektionierung von Fotopapier im Kundenformat, wie sie beispielsweise von Druckstationen in Drogerien oder Werbeagenturen verwendet werden, steht dabei mitten im Wandel von weitestgehend standardisierten Produkten in großen Losgrößen hin zu einem großen Spektrum von sehr kleinteiligen Aufträgen in immer größerer Sortenvielfalt. Dies erfordert es, neben dem steten technologischen Fortschritt, einen Wandel innerhalb der Organisation mit dynamischen Strukturen und internen Prozessen nachzuvollziehen, um mit Flexibilität den Kundenanforderungen begegnen zu können.

Dem zunehmenden Auftragsvolumen wurde bisher mit technisch präzise konfigurierten Maschinen begegnet. Die Fortentwicklung der Organisations- und Führungsstruktur, die gezielte Personalauswahl und die systematische Qualifizierung des Maschinenpersonals blieben hinter dem Wachstum zurück. Im Laufe der letzten fünf Jahre bildete sich somit eine von der Technologie ausgehende Organisationsstruktur heraus. Die Belastung der Mitarbeiter nahm beständig zu, gleichzeitig war ein deutlicher Rückgang der Motivation und Zufriedenheit der Mitarbeiter zu verzeichnen.

In der organisatorischen Berichtslinie untersteht dem Werkleiter ein Produktionsleiter für die technisch-organisatorische Verantwortung und ein Personalleiter für das Personalmanagement. Die Produktion wird dabei in der Berichtslinie Produktionsleiter – Schichtleiter geführt. Hier führt ein Produktionsleiter drei Schichtleiter, diese wiederum sind jeweils für bis zu 60 Mitarbeiter in einer Schicht verantwortlich (siehe ▶*Abbildung 6.4*).

Die Ergebnisse einer 2016 unternehmensweit durchgeführten Mitarbeiterumfrage setzten mit den klar herausgestellten Schwachstellen in Bezug auf Führungsleistung und Belastung dabei den Auftakt, um mit einer neuen Organisationsstruktur in wesentlichen Punkten des Arbeitsumfelds (Führung durch Vorgesetzte sowie eigene Arbeitsbelastung) eine deutliche Verbesserung erzielen zu können.

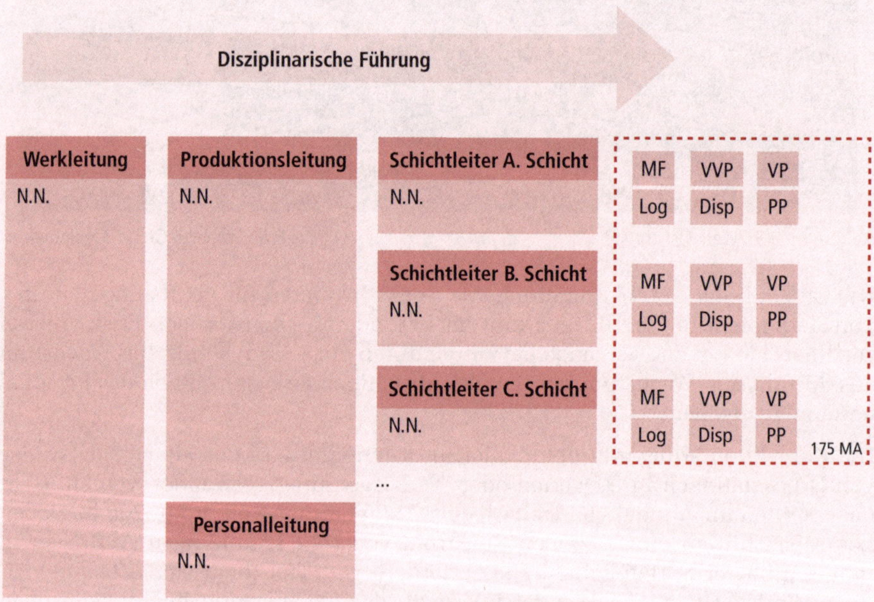

Legende

Mitarbeiter im Produktionsprozess „Rolle schneiden"
MF = Maschinenführer / **VVP** = verantwortliche Verpacker

Mitarbeiter im vor- und nachgelagerten Produktionsprozess
Papierrollenbereitstellung, Verpackung **VP** = Verpacker

Mitarbeiter in **produktionsbegleitenden** Prozessen
Log = Materialhandling, **Disp** = Materialdisposition, **PP** = Qualitätsprüfung

Abbildung 6.4: Bisherige Organisationsstruktur Konfektionierung

Zielsetzungen

Ausgehend von den Ergebnissen der Mitarbeiterumfrage rückten folgende Ziele in den Mittelpunkt der organisatorischen Veränderung:

- *Angemessene Führungsspannen:* Das im Unternehmen etablierte Führungsverständnis, welches im Begriff „Sinnstiftung" seinen Ausdruck findet („Versteh, was du tust."), galt es durch eine Führungsmannschaft in den Produktionsalltag zu übersetzen. Dabei wurde eine Führungsspanne von circa 15 Mitarbeitern gesetzt, um der Führungskraft die Möglichkeit zu geben, sowohl in quantitativer als auch in qualitativer Hinsicht die Mitarbeiter im Sinne einer Gesprächs- und Feedbackkultur zu führen.
- *Überschaubare Arbeitsplatzrotation:* Um den Mitarbeitern die Möglichkeit zu geben, sich (wieder) stärker mit dem gefertigten Produkt zu identifizieren und damit aus intrinsischem Antrieb heraus für eine hohe Qualität einzustehen, galt es den Arbeitsrahmen anders zu strukturieren, bestehende Rotationskreise (Wechsel zwischen unterschiedlichen Maschinen) zu verkleinern und damit insbesondere die psychische Belastung zu reduzieren.
- *Zielgerichtete Qualifikationsstruktur:* Schließlich galt es, die notwendigen Qualifikationen zur Bedienung der Maschinen so zu strukturieren, dass eine hohe Kosteneffizienz erreicht wird. Wenn eine Qualifikationszunahme bei den Mitarbeitern entsteht, die einen Personalkostenanstieg aufgrund einer dadurch verursachten Entgelt-Höhergruppierung bedingt, sind entsprechende Gegensteuerungsmaßnahmen zur Begrenzung des Gesamtpersonalkostenanstiegs zu entwickeln.

Aufgabenstellungen

Sie sind Organisationsberater und sollen dem Unternehmen einen Lösungsansatz für eine organisatorische Veränderung unterbreiten. Vor dem Hintergrund der o. g. Ziele soll eine effiziente und effektive Organisation sichergestellt sein.

Welche Maßnahmen schlagen Sie vor? Begründen Sie diese.

Lehrende finden die Lösungen und weiteres, begleitendes Material in den eLearning-Dozentenressourcen.

Literaturhinweise

Bea, F. X.; Göbel, E.: Organisation, 4. Auflage, Stuttgart, UTB Verlag, 2010.

Frese, R.; Graumann, M.; Theuvsen, L.: Grundlagen der Organisation, Wiesbaden, Gabler Verlag, 2012.

Jones, G. R.; Bouncken, R. B.: Organisation. Theorie, Design und Wandel, München, Pearson Verlag, 2008.

Kieser, A.; Walgenbach, P.: Organisation, 6. Auflage, Stuttgart, Schäffer-Poeschel Verlag, 2010.

Schreyögg, G.: Organisation. Grundlagen moderner Organisationsgestaltung, 9. Auflage, Wiesbaden, Springer Gabler Verlag, 2016.

Schulte-Zurhausen, M.: Organisation, 6. Auflage, München, Vahlen Verlag, 2014.

Vahs, D.: Organisation. Einführung in die Organisationstheorie und -praxis, 9. Auflage, Stuttgart, Schäffer-Poeschel Verlag, 2015.

Lernziele

In diesem Kapitel werden Sie lernen,

- wie wichtig das Personalkapazitätsmanagement für die Steuerung der variierenden Personalbedarfe im Unternehmen ist,
- wie entscheidend ein Prozess der Nachfolgeplanung für die zukünftige Sicherung und Besetzung von unternehmensrelevanten Positionen ist,
- wie sich das Personalmanagement auf die Herausforderungen im Rahmen der Personalrekrutierung vorbereiten kann,
- wie sich die Personalentwicklung in den Unternehmenskontext einfügen lässt und
- welche Folgen einer Personalanpassung damit für Mitarbeiter, aber auch das Unternehmen verbunden sind und wie mit diesen adäquat umgegangen werden kann.

Personal

7

ÜBERBLICK

7.1 Einleitung

Die im Gesamtkontext von Organisationen verwendeten Begrifflichkeiten zum Personalmanagement haben sich in den vergangenen Jahren nachhaltig verändert und in eigener wie auch fremder Wahrnehmung eine permanente Weiterentwicklung erfahren. Dank einer dergestalten Entwicklung von einer rein administrativen Funktion hin zu einer strategischen Partnerschaft erfährt das Personalmanagement zusehends an Beachtung. Stetig steigende Herausforderungen und Erwartungen, denen sich Unternehmen heute zu stellen haben, führen dazu, dass ein antizipativ agierendes Personalmanagement nun vermehrt als Berater und Begleiter fungieren kann.

Gestalter des Personalmanagements sind vor allem das Top-Management, die Führungskräfte, die Mitarbeitervertretung und der Personalbereich im direkten Zusammenspiel. Ihre Aufgabe liegt u. a. darin, sich mit den Belangen des Personals zu beschäftigen und für die Organisation adäquate Rahmenbedingungen zu schaffen. Hier liegt eine besondere Bedeutung in den lebenszyklusorientierten Handlungsfeldern, dem Herzstück der Personalarbeit, die sich von der Planung über die Gewinnung und Einstellung unter Berücksichtigung der Betreuung sowie einer Entwicklungsperspektive bis zum Ausscheiden eines Mitarbeiters erstrecken. Aufgabe des Personalmanagements ist, zu jeder Zeit das jeweils benötigte Personal sowohl in der erforderlichen Menge als auch Güte der Organisation zur Verfügung zu stellen. Diese Aussage bezieht sich nicht nur auf die Rekrutierung neuer Mitarbeiter. Sie bedeutet auch, dass es dem Personalmanagement obliegt, die bereits in der Organisation beschäftigten Mitarbeiter im Unternehmen zu halten und einer ungewollten Fluktuation entgegenzuwirken. Dies wird möglich durch die Manifestierung einer positiven Arbeitgebermarke, dem Employer Branding, und das Aufzeigen von Entwicklungsmöglichkeiten durch Qualifizierungsprogramme und Karrierechancen. Bedeutsam sind auch attraktive Arbeitsplätze, mit einer entsprechenden Arbeitsplatzgestaltung und nicht zuletzt einer mitarbeiterorientierten Unternehmenskultur, die auch den Aspekt der Mitarbeiterführung und der Mitarbeiterdiversifikation berücksichtigt. Auch die Gesunderhaltung der in der Organisation beschäftigten Mitarbeiter erfährt eine zunehmende Fokussierung.

Andererseits trägt das Personalmanagement auch Verantwortung. Verantwortung, nicht nur seinen Stakeholdern gegenüber, sondern auch den Mitarbeitern. Diese Verantwortung mit Leben zu füllen, bedeutet auch, Entscheidungen zu treffen. Und nicht immer sind diese Entscheidungen für alle Beteiligten nachvollziehbar. Nicht nur den Einzelnen, sondern das Organisationsgefüge als Ganzes gilt es dabei zu betrachten. Unternehmen sind gefordert, sich schnell wandelnden Marktzyklen, veränderten technischen und rechtlichen Anforderungen anzupassen. Disruptive Geschäftsmodelle von Marktteilnehmern und neuartige Kundenbedürfnisse machen Change-Prozesse notwendig. Veränderungen brauchen Mut, denn häufig gehen diese mit Personalreduzierungen einher und der Personalabbau gehört zu den unangenehmen Aufgaben des Personalmanagements. Trennungsmanagement gewinnt demnach eine immer stärkere Bedeutung für alle an diesem Prozess beteiligten Akteure.

Steht das Empowerment der Mitarbeiter, also deren Selbstbefähigung und Stärkung von Eigenmacht und Autonomie, zukünftig im Vordergrund der Betrachtung, so erwächst die Frage, welche Rolle und Funktion das Personalmanagement in der Zukunft einnehmen kann. Die Arbeitswelt, wie wir sie heute kennen, wird sich zunehmend schneller weiterentwickeln. Mit der exponentiell fortschreitenden Digitalisierung verändern sich die Arbeitsinhalte und die Ausgestaltung der Arbeitsplätze.

Allerdings erfährt auch die Haltung der Mitarbeiter zum Thema Arbeit eine beständige Neuausrichtung. Arbeitsformen wie Freelancing, Arbeitnehmerüberlassung oder auch Subcontracting nehmen in der Arbeitswirklichkeit wieder deutlich zu. In all diesen Entwicklungen liegen für das Personalmanagement aber auch neue Gestaltungsoptionen und Gestaltungschancen, die es zu bewerten und dann auch zu nutzen gilt.

7.2 Personalkapazitätsmanagement

7.2.1 Grundlagen

Das **Personalkapazitätsmanagement** zielt darauf ab, die Personalbedarfe in einem Unternehmen zu ermitteln und dann entsprechend zu besetzen. Über eine vorausschauende Personalplanung lassen sich frühzeitig variierende Beschäftigungssituationen erfassen und in einem Planungsprozess berücksichtigen.

Das Personalkapazitätsmanagement nimmt eine strategisch wichtige Rolle im Unternehmenskontext ein. Es trägt neben den anderen relevanten Teilplanungen wie Finanz-. Beschaffungs-. Absatz- oder auch Umsatzplanung zu einer Gesamtunternehmensplanung bei. Ein Personalkapazitätsmanagement, das nur auf eine Fortschreibung eines aktuellen Personalbestands oder nur im Rahmen einer Ersatzplanung, z. B. Ersatz durch Abgang, agiert, ist sicher die Ausnahme. Wahrscheinlicher ist der Fall, dass ein Unternehmen sich heute mit einem schnelllebigen Beschaffungsumfeld auseinandersetzen muss und auf dieses mit einem vorausschauenden, anpassungsfähigen Kapazitätsmanagement reagieren muss.

Wird die aktuelle sowie auch die vorweggenommene, zukünftige Personalsituation betrachtet, lassen sich Aussagen über die personellen Maßnahmen und die mit ihnen verbundenen Auswirkungen ableiten. Diese dienen dann dazu, Unternehmen bei anstehenden Personalentscheidungen zu unterstützen und die erforderliche Personalausstattung sowohl in quantitativer als auch in qualitativer Hinsicht zur Verfügung zu stellen.

Das Personalkapazitätsmanagement ist somit eine wesentliche Voraussetzung für eine stabilisierende Personal- und Unternehmenspolitik. Folgen saisonaler, konjunktureller oder struktureller Schwankungen lassen sich mit ihrer Hilfe erfassen und ein vorausschauendes Gegensteuern möglich machen.

Das Personalkapazitätsmanagement nimmt aus unterschiedlichen Gründen eine besondere Rolle unter den betrieblichen Teilplanungen ein. Die Personalkosten, insbesondere in Dienstleistungsunternehmen, stellen den größten Kostenblock bezogen auf die Gesamtkosten eines Unternehmens dar. Es ist also aus Sicht des Unternehmens geboten, eine möglichst genaue Personaldimensionierung anzustreben, die auf Personalüberhänge verzichtet. Ebenso gilt es, eine Personalunterdeckung zu vermeiden.

7.2.2 Teilbereiche des Personalkapazitätsmanagements

Für viele Unternehmen ist ein Nutzen des Personalkapazitätsmanagements nicht sofort ersichtlich und die angebotenen Verfahren werden als eher kompliziert empfunden. Denn das Personalkapazitätsmanagement setzt zunächst einmal voraus, dass die notwendigen Informationen im Unternehmen vorliegen, also systematisch erfasst und aufbereitet werden. Als notwendige Informationen werden neben Unternehmenspläne, Organigramme, strategische Entwicklungen, Stellenprofile, Kennzahlen zu Personalbestand oder avisierte Änderungen usw. angesehen. Das macht Personalkapazitätsmanagement zu einem strategischen Planungsinstrument. Die strategische Personalplanung oder auch Strategic Workforce Planning ist damit ein Führungsinstrument, welches sicherstellt, dass die Unternehmensstrategie durch ein zielgerichtetes Personalmanagement umgesetzt wird. Ziel ist hierbei nicht, genaue Zahlen zum Personalbestand zu generieren oder kurzfristige Personalanpassungen vorzunehmen. Vielmehr baut Strategic Workforce Planning auf einem Diskurs der Unternehmensleitung mit dem Personalbereich über die künftige Unternehmensstrategie und deren Auswirkungen auf die Personalplanung auf. Daraus werden anschließend die Personalplanung, die Prognose zum Personalbedarf und Personalangebot sowie eine Personalstrategie zur Umsetzung der Unternehmensstrategie abgeleitet. Strategic Workforce Planning hilft Unternehmen, kritische Positionen im Hause und Fähigkeiten der Mitarbeiter zu identifizieren und genau zu bestimmen. Daraus ergeben sich Handlungsoptionen, um den Anforderungen auch zukünftig begegnen zu können.

Die Möglichkeiten von Strategic Workforce Planning werden heute allerdings erst von wenigen Unternehmen vollständig ausgeschöpft. Der Einsatz von Szenarientechniken, die mögliche Entwicklungen antizipieren, ist noch nicht weit verbreitet. Viele Unternehmen stützen ihre Planungen daher auf einfache Gap-Analysen und die lineare Extrapolation vorhandener Personaldaten.

Die nachfolgende Darstellung zeigt anschaulich, dass das Modell der Strategic Workforce Planning von PWC[1] einen guten Überblick für weiterführende Planungsschritte bietet.

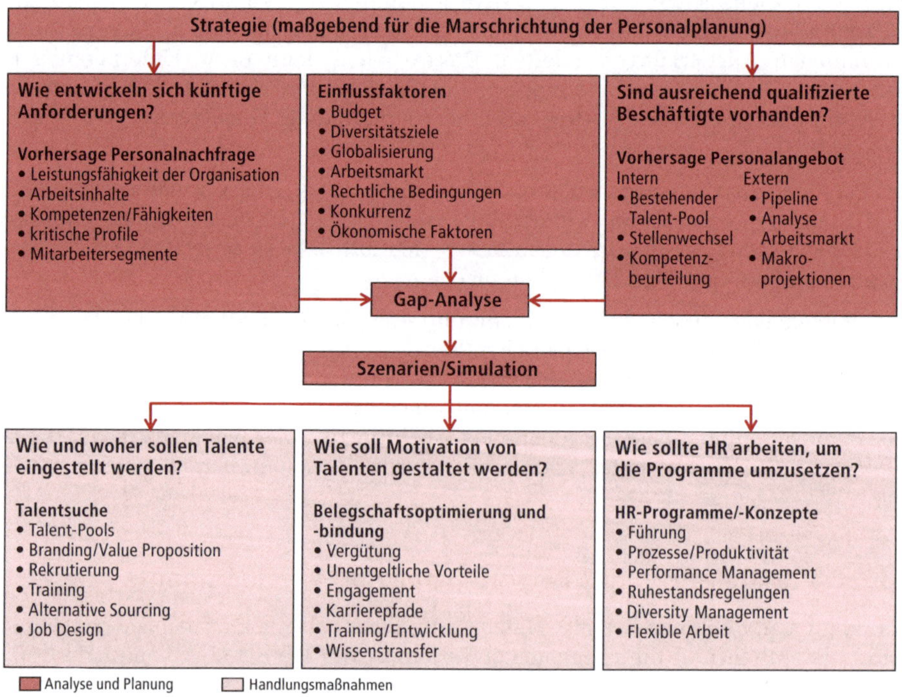

Abbildung 7.1: Modell der Strategic Workforce Planning

Um weitere Planungsschritte vorzunehmen, wird das gesamte Personalkapazitätsmanagement, zu dem Strategic Workforce Planning gehört, weiter untergliedert. Das Personalkapazitätsmanagement setzt sich folglich aus mehreren Teilplanungen zusammen.[2] Diese können dann sowohl quantitativ als auch qualitativ durchgeführt werden.

Die quantitative Betrachtung berücksichtigt ausschließlich die Höhe der Mitarbeiterzahl. Hierbei wird die Frage nach der Anzahl der benötigten Mitarbeiter gestellt und beantwortet.

Die qualitative Betrachtung hingegen konzentriert sich auf die Qualifikationen, Fähigkeiten und Kompetenzen der Mitarbeiter. Hierbei steht die Frage nach der erforderlichen Qualifikation im Vordergrund.

Zu den Teilbereichen im Personalkapazitätsmanagement werden die folgenden Aktivitäten gezählt:

- Personalbedarfsplanung
- Personalanpassungsplanung
- Personalentwicklungsplanung
- Personaleinsatzplanung
- Personalkostenplanung

Diese werden im Folgenden detailliert erläutert.

Personalbedarfsplanung

Als **Personalbedarfsplanung** werden alle Maßnahmen zur Ermittlung von Anzahl und benötigter Qualifikation von Mitarbeitern bezeichnet, die in Organisationseinheiten zu einem bestimmten künftigen Zeitpunkt benötigt werden.

Damit ermittelt die quantitativ oder auch qualitativ durchgeführte Personalbedarfsplanung die Anzahl der Mitarbeiter mit der jeweiligen Qualifikation und dem genauen Zeitpunkt, zu dem die Beschäftigten der Organisation zur Verfügung stehen. Ferner wird ein Abgleich gemacht, aus dem ersichtlich wird, wie viele Mitarbeiter tatsächlich benötigt werden, ob eine personelle Über- oder Unterdeckung vorliegt und ob daraus personalpolitische Maßnahmen erfolgen müssen.

Personalanpassungsplanung

Das Ergebnis der Personalbedarfsplanung wird analysiert und bewertet. Erfolgt aus dieser Bewertung die Notwendigkeit, Personalanpassungsmaßnahmen durchzuführen, sind diese quantitativ und temporär zu initiieren. Dies können bei Personalbestandsüberhängen Abbaumaßnahmen sein, bei Personalbestandsunterdeckungen Rekrutierungsbedarfe.

Personalentwicklungsplanung

Ergibt sich durch die Personalbedarfsplanung kein quantitativer, wohl aber ein qualitativer Anpassungsbedarf, besteht für das Unternehmen die Möglichkeit, diesen durch Personalentwicklungsmaßnahmen zu decken. Qualifikationsdefizite können über Weiterbildungen ausgeglichen werden.

Welche Qualifikationsmaßnahmen den Mitarbeitern angeboten werden sollen, legt die Personalentwicklungsplanung fest. Hierdurch wird sichergestellt, dass die Mitarbeiter auch künftige Anforderungen in der Organisation bewältigen können und es zu einem weiteren Kompetenzaufbau im Unternehmen kommt.

Personaleinsatzplanung

Die **Personaleinsatzplanung** ordnet das verfügbare Personal den vorhandenen Stellen zu. Unter Berücksichtigung des Arbeitsvolumens ist die Mitarbeiterkapazität optimal zu planen. Das Ziel der Personaleinsatzplanung ist es, dass zu jeder Zeit die richtige Anzahl an entsprechend qualifizierten Mitarbeitern für die Stellen vorhanden ist.

Dies erfordert eine

- qualitative Personaleinsatzplanung,
- quantitative Personaleinsatzplanung
- sowie zeitliche Personaleinsatzplanung.

Alle diese drei Formen der Planung müssen im Rahmen der Personaleinsatzplanung betrachtet werden.

Personalkostenplanung

Personalkosten stellen einen großen Teil der Gesamtkosten eines Unternehmens dar und werden durch die Personalkostenplanung ermittelt. Die Personalkostenplanung dient der Kalkulation sowie dem Controlling innerbetrieblicher Kosten. Auf Basis bereits vorhandener Zahlen und Daten werden zukünftige Personalkosten für das noch nicht abgerechnete Planungsjahr hochgerechnet, dies z. B. durch Tarifsteigerungen oder Varianzen im Personalbedarf. Die Personalkostenplanung unterscheidet zwischen den Personalbasiskosten und den Personalzusatzkosten. Die Personalbasiskosten sind alle Kosten, die in direktem Zusammenhang mit der Leistungserstellung stehen. Hierzu zählen z. B. Grundlöhne, Leistungs- und Prämienlöhne. Die Personalzusatzkosten sind alle Kosten, die über die Personalbasiskosten hinausgehen. Dabei gibt es gesetzliche Personalzusatzkosten wie der Arbeitgeberanteil zur Kranken- oder Rentenversicherung, tarifliche Personalzusatzkosten wie Urlaubs- oder Weihnachtsgeld und die freiwilligen Personalzusatzkosten wie Arbeitskleidung, Dienstfahrzeuge oder Weiterbildungsmaßnahmen.

7.2.3 Besondere Bedeutung der Personalbedarfsplanung

Die quantitative und qualitative Personalbedarfsplanung ist die Grundlage für bedarfsorientierte Personalanpassungsplanung, ebenso für eine benötigte Personalentwicklungs- sowie eine Personaleinsatzplanung. Basis für die Personalkostenplanung ist der Personalbestand. Aufgrund der besonderen Bedeutung der Personalbedarfsplanung fokussieren sich die folgenden Ausführungen auf diese und zeigen den Kontext zu den jeweiligen Teilplanungen auf.

Grundmodell der Personalbedarfsplanung

Die Personalbedarfsplanung oder auch Kapazitätsplanung ist von hoher strategischer Relevanz und verfolgt das Ziel, auf Grundlage der Planungsparameter einen Abgleich zwischen Unternehmenszielen und Personalplänen[3] zu schaffen. Der aktuelle Personalbestand wird dabei mit dem prognostizierten Bedarf abgeglichen und im Falle einer Abweichung als Entscheidungsgrundlage für Personalmaßnahmen herangezogen.

Für die Aufgabenbewältigung in den Unternehmen werden unterschiedlichste Mitarbeiter mit verschiedenen Qualifikationen benötigt. Die quantitative Betrachtung der Personalzahlen ist regelmäßig durch laufende Kontrollen, insbesondere der Planungsprämissen, zu ergänzen[4]. Sie ist weiterhin um eine qualitative Betrachtung zu erweitern.

Die qualitative Betrachtung orientiert sich an den verschiedenen Mitarbeitergruppen. Hierbei erfährt die tatsächliche Qualifikation der einzelnen Betrachtungsgruppen besondere Aufmerksamkeit. Neben Unterscheidungskriterien wie Berufsbezeichnungen werden auch Ausbildungsgrade bewertet.

Hieraus ergibt sich ein Grundmodell der Personalbedarfsplanung[5], welches in der nachfolgenden Abbildung seine Darstellung findet. Die einzelnen Schritte dieses Modelles werden in den folgenden Abschnitten dezidiert erläutert.

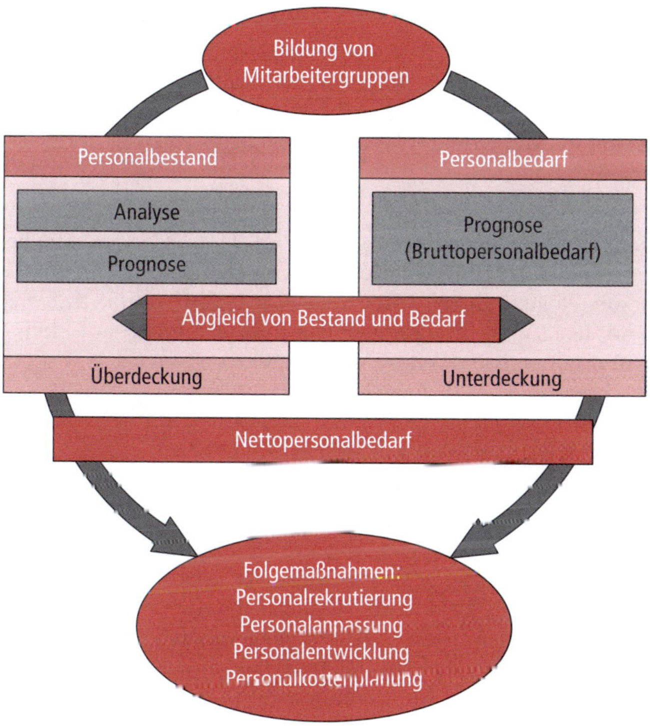

Abbildung 7.2: Grundmodell der Personalbedarfsplanung[6]

7.2.4 Bildung von Mitarbeitergruppen

Ein Unternehmen sollte die Qualifikationen seiner Mitarbeiter kennen, um so einen Überblick über die vorhandenen Qualifikationsressourcen zu haben. Die frühzeitige Identifikation von vorhandenen Potenzialen der Mitarbeiter erlaubt eine bessere, ressourcenorientierte Steuerung des Personalbestandes und damit verbunden des optimalen Personaleinsatzes. Dabei ist zu beachten, dass nicht alle benötigten Qualifikationsgruppen gleichermaßen unternehmenserfolgskritisch sind oder auf dem Arbeitsmarkt problemlos rekrutiert werden können. Hilfreich ist die Bildung von Mitarbeitergruppen, um der Betrachtung eine qualitative Komponente zu verleihen. Die Anzahl der Mitarbeitergruppen orientiert sich an der Unternehmensgröße und den Bedarfen des jeweiligen Unternehmens.

Erfahrungsgemäß sollten die Gruppen

- intern möglichst homogen,
- extern möglichst heterogen und
- planungsrelevant sein.

Unter interner Homogenität kann verstanden werden, dass die Gruppenmitglieder sich hinsichtlich ihrer Aufgaben und Qualifikationen stark ähneln. Facharbeiter aus der Produktionsabteilung, die in eine Gruppe zusammengeführt werden, erfüllen beispielsweise diese Forderung. Eine weitere Gruppe könnte in der der kaufmännischen Auszubildenden liegen.

Externe Heterogenität liegt vor, wenn durch die Beschreibung einer Gruppe sich diese gut von anderen Gruppen unterscheiden lässt. Zum Beispiel Facharbeiter aus der Produktion unterscheiden sich von der Gruppe von Lageristen. Für eine spätere Selektion und daraus abzuleitender Maßnahmen ist eine solche Einteilung in Mitarbeitergruppen hilfreich.

Planungsrelevant ist eine Gruppe, wenn sie für das Unternehmen eine besondere wirtschaftliche Bedeutung hat. Dies könnte dann der Fall sein, wenn die Gruppe besonders hohe Personalkosten durch eine spezielle Qualifikation aufweist. Oder aber durch den Grad der Ausbildungsspezialisierung zu einer auf dem Arbeitsmarkt schwer zu rekrutierenden Mitarbeitergruppe gehört.

7.2.5 Alters- und Personalstrukturanalyse

In einem zweiten Schritt zur Personalbedarfsplanung wird der aktuelle Personalbestand hinsichtlich der Alters- und Personalstruktur analysiert. In vielen Unternehmen ist schon heute die aktuelle Altersstruktur der Erwerbstätigen dadurch gekennzeichnet, dass vergleichsweise wenige Mitarbeiter im Alter von 55 und mehr Jahren gemeinsam mit einer ebenfalls kleinen Gruppe der unter 30-Jährigen einer großen Anzahl von Mitarbeitern mittleren Alters gegenüberstehen. Im Planungskontext schafft eine **Alters- und Personalstrukturanalyse** somit Klarheit über die Unternehmenssituation hinsichtlich ihrer Mitarbeiterschaft.

Die Alters- und Personalstrukturanalyse betrachtet die Zusammensetzung der Mitarbeiterschaft zu einem bestimmten Zeitpunkt und liefert alterstypologische Grundmuster in Organisationen. Auf Basis dieser Informationen können dann dringliche und notwendige Maßnahmen identifiziert und abgeleitet werden.

Hierbei sollten folgende Daten erfasst werden und in der Analyse Beachtung finden:

- Neben dem Alter der Mitarbeiter werden auch Personaldaten wie Qualifikation, Weiterbildungen, Funktion, Abteilung, Absenzen, Geschlecht und jeweilige Arbeitszeitmodelle betrachtet.
- Zukunftsszenarien auf Basis der gegenwärtigen Personalsituation in 1-Jahres-, 5- oder 10-Jahres-Zeiträumen werden unter verschiedenen Aspekten simuliert.
- Wichtige Führungskennzahlen lassen sich ermitteln und so kann Aufschluss auf künftige Bedarfe abgeleitet werden.
- Ferner ermöglicht die Analyse Aussagen für eine Ableitung von Maßnahmen in verschiedenen Handlungsfeldern. Diese können neben einer grundsätzlichen Personalentwicklung auch die Nachfolgeplanung, Aus- und Weiterbildung, das Gesundheitsmanagement, die Arbeitsorganisation oder Arbeitsgestaltung sein.

Eine Alters- oder Personalstrukturanalyse ist ein wichtiger Schritt, um Ungleichgewichte in der Alters- und Personalstruktur festzustellen und im Idealfall zu einer ausgewogenen Altersstruktur zu gelangen. Aus der ermittelten Struktur können auch besondere Maßnahmen zum Erhalt der Arbeits- und Beschäftigungsfähigkeit folgen, etwa wenn sich ein Anstieg des Durchschnittsalters in der Belegschaft abzeichnet.

Alters- und Personalstrukturanalysen können ein wichtiges Führungsinstrument sein und das Bewusstsein für die Notwendigkeit einer vorausschauenden, strategischen Auseinandersetzung mit den Folgen der demografischen Entwicklung schärfen.

7.2.6 Prognose des Personalbestandes zum Planungshorizont

Der Ist-Personalbestand wird aufgrund der vorhandenen Daten betrachtet und ins Verhältnis zum prognostizierten Planungszeitpunkt gesetzt. Im Ergebnis soll eine Aussage getroffen werden können, wie hoch der Bedarf an Mitarbeitern am Planungshorizont sein wird.

Der Personalbestand wird ermittelt, indem prognostizierte Abgänge subtrahiert und erwartete Zugänge zum aktuellen Personalbestand addiert werden. Tritt hierbei eine signifikante Abweichung zum aktuellen Personalbestand auf, ergibt sich ein Ersatzbedarf.

Der Personalbestand wird durch Abgänge dauerhaft oder auch zeitlich begrenzt vermindert. Typische Abgänge finden sich in Verrentungen, aber auch in Kündigungen, die sowohl durch den Arbeitgeber als auch durch den Arbeitnehmer veranlasst sein können. Unter die temporären Abgänge fallen Mutterschutzzeiten, Eltern- oder auch Pflegezeiten, Freistellungen für die persönliche Weiterbildung oder auch die Inanspruchnahme von Langzeiturlauben, wie z. B. Sabbaticals.

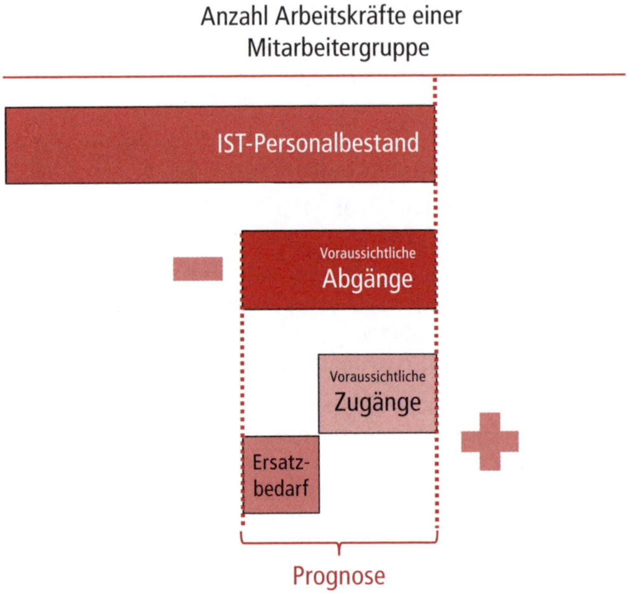

Abbildung 7.3: Prognose des Personalbestandes durch Berücksichtigung von Abgängen und Zugängen[7]

Auch durch Zugänge wird der Personalbestand dauerhaft oder auch nur temporär erhöht. Im Falle der Zugänge gibt es typische Ereignisse, die diese zur Folge haben. Zunächst einmal sind dies geplante Einstellungen. Ferner Übernahmen aus Ausbildungsverhältnissen, Elternzeitrückkehrer oder auch Langzeitarbeitsunfähige, die über die betriebliche Wiedereingliederung bestandserhöhend wirken.

Viele Veränderungen durch Ab- und Zugänge sind vorhersehbar oder aber statistisch erfassbar. Verrentungen z. B. sind exakt planbar. Auch gibt es Erfahrungswerte, die in die Planung mit einfließen können.

7.2.7 Prognose des Bruttopersonalbedarfes

Die Prognose des **Bruttopersonalbedarfes** ist der nächste Schritt bei der Erstellung einer Personalbedarfsplanung. Als Bruttopersonalbedarf wird dabei die Anzahl der Mitarbeiter bezeichnet, die für die Leistungserbringung eines Unternehmens benötigt wird.

Der Bruttopersonalbedarf lässt sich wiederum in die Komponenten Einsatzbedarf sowie den Reservebedarf untergliedern.[8] Hierbei bezieht sich der Einsatzbedarf auf die Höhe der erforderlichen Mitarbeiter, die das Leistungsvolumen eines Unternehmens decken. Der Reservebedarf soll dann die möglichen Fehlzeiten der Mitarbeiter, verursacht z. B. durch Krankheit, Urlaub, Weiterbildungsmaßnahmen oder andere Absentismusgründe, ausgleichen.

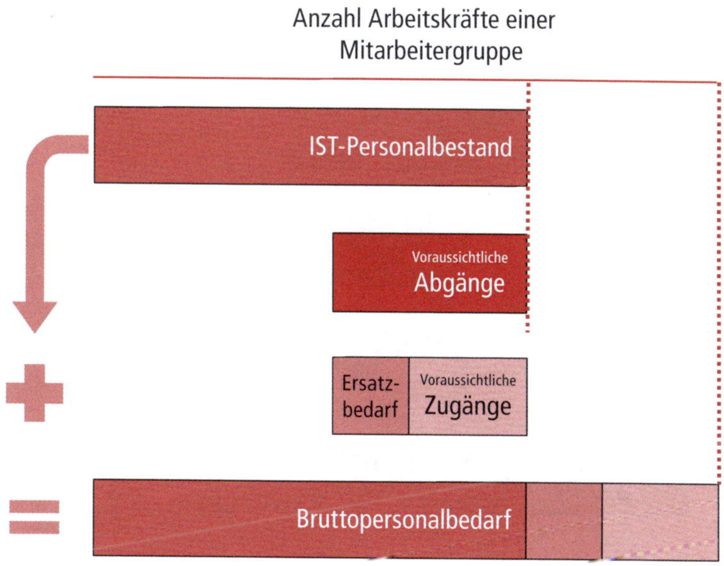

Abbildung 7.4: Der Bruttopersonalbedarf im System der Personalbedarfsplanung[9]

Da der Planungshorizont in der Zukunft liegt, unterliegen alle Prognosen einer gewissen Unsicherheit. Die Planungsgenauigkeit wird umso schwieriger, je weiter in die Zukunft geplant werden soll. Faktoren wie strategische, konjunkturelle und technologische Änderungen beeinflussen maßgeblich die Planungsqualität. Eine Zeitstabilitätshypothese könnte an dieser Stelle hilfreich sein. Hierbei wird für eine Prognose unterstellt, dass sich die wesentlichen planungsrelevanten Größen in der nahen Zukunft so entwickeln, wie sie sich zuletzt entwickelt haben. Demnach erfolgt eine Fortschreibung der bisherigen planungsrelevanten Annahmen.

7.2.8 Ermittlung des Nettopersonalbedarfes

Die prognostizierten Zahlen für den Personalbedarf sowie die des Personalbestandes bilden die Grundlage zur Ermittlung des **Nettopersonalbedarfes**. Unter Nettopersonalbedarf wird dabei die Anzahl der Mitarbeiter verstanden, die über die bereits verfügbaren Mitarbeiter hinaus für die Leistungserbringung eines Unternehmens zukünftig benötigt wird.

Auch der Nettopersonalbedarf lässt sich wieder in zwei Komponenten Ersatzbedarf und Neubedarf untergliedern. Unter Ersatzbedarf ist die Wiederbesetzung freiwerdender Stellen zu verstehen. Der Neubedarf beschreibt tatsächlich neu entstehende Planstellen. Die folgende Abbildung verdeutlicht die Zusammenhänge zwischen den genannten Größen.

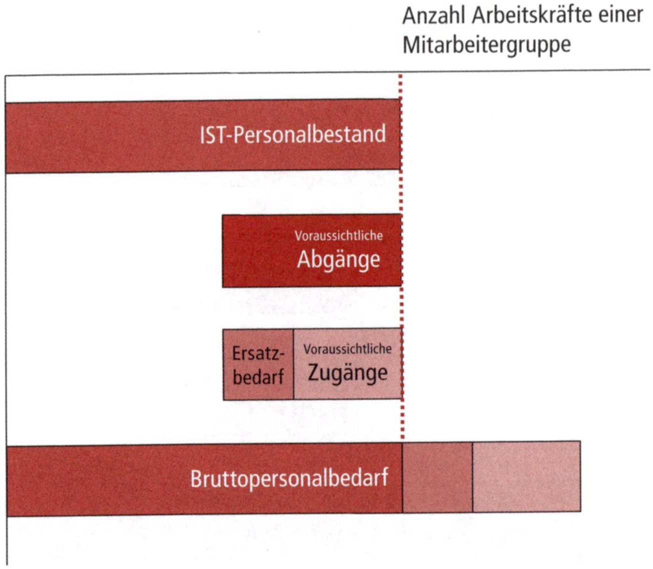

Abbildung 7.5: Ermittlung des Nettopersonalbedarfes[10]

Rechnerisch ergibt sich der Nettopersonalbedarf wie folgt:

Nettopersonalbedarf
Bruttopersonalbedarf
– Ist-Personalbestand am Planungsanfang
+ Voraussichtliche Abgänge
– Voraussichtliche Zugänge
= Nettopersonalbedarf

Tabelle 7.1: Nettopersonalbedarf

7.2.9 Bestimmung von Handlungsoptionen

Bei der Berechnungsmethode des Nettopersonalbestandes wird in den seltensten Fällen ein Ergebnis von null herauskommen. Wahrscheinlicher ist ein Ergebnis, das eine Personalüberdeckung oder aber eine Personalunterdeckung anzeigt.

Ist im Ergebnis der Personalbedarf kleiner als der Bestand, so spricht man von einer Personalüberdeckung oder auch einem Personalüberhang. Daraus leiten sich gegebenenfalls Personalanpassungsmaßnahmen ab.

Ist hingegen der Bedarf größer als der Bestand, so spricht man von einer Personalunterdeckung. Dieser ist aktiv entgegenzuwirken, indem ein erkannter Personalrekrutierungsbedarf in eine Rekrutierungsmaßnahme mündet.

Handelt es sich bei der ermittelten Personalunterdeckung allerdings um eine Gruppe von Mitarbeitern, die aufgrund ihrer Spezialisierung oder besonderer Kenntnisse nicht ohne Weiteres am Arbeitsmarkt gefunden werden können, so ist zu prüfen, ob eine Qualifizierung der bereits beschäftigten Mitarbeiter diese Deckungslücke ausfüllen kann. Hier könnten gegebenenfalls Qualifizierungsangebote entwickelt und umgesetzt werden.

7.2.10 Nachfolgeplanung

Nachfolgeplanung wird zunehmend als ein strategisch bedeutender Wettbewerbsfaktor verstanden. Denn in vielen Unternehmen wird in den nächsten Jahren das Thema der Nachfolgeplanung in immer größerem Umfang von strategischer Bedeutung werden. Die Anzahl der geplanten Abgänge aufgrund von Ruhestand wird neben Unternehmenslenkern (Übernahme von Unternehmen durch Nachfolger) auch in zunehmendem Maße Mitarbeiter in Schlüsselpositionen in den Unternehmen betreffen. Damit diese identifiziert und entsprechend frühzeitig nachbesetzt werden können, kann die bereits vorgestellte Alters- und Personalstrukturanalyse genutzt werden. Die identifizierten Schlüsselpositionen gilt es vorausschauend nachzubesetzen. Hier liegt eine Schnittstelle zwischen der Personalplanung, der Rekrutierung und der Personalentwicklung vor. So werden die unterschiedlichen Perspektiven als Nachfolgemanagement für die Übernahme von Unternehmen durch Nachfolger, die interne Nachfolge durch Nachbesetzung von Nachwuchskräften im Kontext der Personalentwicklung und dem integrativen Nachfolgemanagement beschrieben.[11]

Eine strukturierte Nachfolgeplanung ist folglich ein wichtiges Instrument der Mitarbeiterbindung, um qualifizierte Mitarbeiter im Unternehmen zu halten und diesen eine Entwicklungsperspektive im Unternehmen aufzuzeigen. Ein gutes Nachfolgemanagement sollte im Idealfall drei bis fünf Jahre vor einem anstehenden Wechsel erfolgen. In der Praxis allerdings sind bisher eher ein bis zwei Jahre üblich, wenn eine Nachfolgeplanung überhaupt gemacht wird.[12]

Im Rahmen von Basel II führt dann auch eine fehlende Nachfolgeplanung zu einem schlechteren Ratingergebnis eines Unternehmens, wenn das Unternehmen z. B. im Rahmen von Kreditbeantragungen weiteres Kapital benötigt. Für Banken ist es von größter Wichtigkeit, Kontinuität in der Unternehmensführung zu erkennen. Hierzu gehört neben der Qualifizierung des Managements eben auch eine erkennbare strategisch orientierte langfristige und nachvollziehbare Personalplanung.

Aufstiegs- und Karriereplanung ist auch für die Mitarbeitergewinnung von Bedeutung. Wird auf ein Nachfolgemanagement verzichtet, kann es zu plötzlich auftretenden Vakanzen und damit zu erheblichen Kosten kommen. Mangelhafte Übergaben von Aufgaben und Positionen an potenzielle Nachfolger können zu deren Überforderung führen.

Eine gelungene Nachfolgeplanung gliedert sich in drei aufeinander aufbauende Phasen. In der Vorbereitungsphase wird mit Hilfe einer Alters- und Personalstrukturanalyse der Nachfolgebedarf ermittelt. Für die nachzubesetzende Stelle wird ein Anforderungsprofil erstellt.

In einer zweiten Phase erfolgt der Auswahlprozess eines geeigneten Nachfolgers. Ergebnis dieses Prozesses kann auch sein, dass potenzielle Kandidaten für die Nachbesetzung noch Entwicklungsbedarf haben. Eine Fort- und Weiterbildung als flankierende Maßnahme würde dann wiederum die Schnittstelle zur Personalentwicklung darstellen.

Die dritte Phase beschreibt den Eintritt des Nachfolgenden und den Austritt oder Stellenwechsel des Übergebenden. In dieser Phase liegt der größte Gestaltungsspielraum einer systematischen Wissensübergabe. Um Wissen im Unternehmen zu halten, bieten sich verschiedene Modelle an. Neben der Arbeit in altersgemischten Teams sind auch Tandemlösungen denkbar. Beide Modelle setzen auf die Interaktion eines älteren und eines jüngeren Kollegen, die im täglichen Miteinander lernen und Wissen transferieren. Auch Mentoringprogramme begleiten diese Form von Weitergabe des Erfahrungswissens. Ebenso fördern Wissensstafetten den aktiven Austausch zwischen den Akteuren. Ist eine Verschriftlichung von Wissen für ein Unternehmen wichtig, dann ist der Aufbau von Wikis oder FAQ-Datenbanken eine Alternative.[13]

Es gibt auch andere, umfangreichere Möglichkeiten, das im Unternehmen vorhandene Wissen auszubauen und langfristig zu erhalten. Eine dieser Möglichkeiten findet sich im Aufbau einer Wissensbilanz. Hierbei wird das gesamte Unternehmen auf seine Ressourcen hin untersucht. Dabei soll das intellektuelle Kapital systematisch erfasst, bewertet und weiterentwickelt werden. Eine Anleitung zum Aufbau einer Wissensbilanz findet sich auf der Internetseite des Bundesministeriums für Wirtschaft und Technologie.[14] Der Arbeitskreis Wissensbilanz fördert die wissenschaftliche Weiterentwicklung und die praktische Anwendung einer Wissensbilanz als strategisches Managementinstrument.

7.3 Personalrekrutierung und Personalauswahl

7.3.1 Grundlagen

Unternehmen stehen immer wieder der Situation gegenüber, geeignete Mitarbeiter für ihre Organisation gewinnen zu wollen. Ob es sich dabei um Ersatzeinstellungen für ausgeschiedene Mitarbeiter handelt oder um die Besetzung neuer Positionen, ist hierbei unerheblich. Dem Unternehmen stehen für einen Rekrutierungsprozess unterschiedliche Wege zur Verfügung. Im Vorfeld sollten allerdings grundlegende Entscheidungen, die Einfluss auf den Suchprozess haben, geklärt werden.

Die folgenden Ausführungen geben einen Überblick über wichtige Gestaltungsfelder der **Personalrekrutierung** und Personalauswahl. Es wird deutlich, wie strategisch bedeutsam eine professionelle Gestaltung des gesamten Rekrutierungsprozesses ist, um letztlich die Gesamtperformanz des Unternehmens zu erhalten und nachhaltig zu stärken. Denn qualifizierte Mitarbeiter sind heute mehr denn je der entscheidende Faktor für den Unternehmenserfolg, nicht erst seit der Diskussion um den Fachkräftemangel. Hat ein Bewerber das Vertragsangebot angenommen, ist die Einarbeitung des neuen Mitarbeiters am Arbeitsplatz, das sog. Onboarding, zu organisieren. Neben dem Kennenlernen der Arbeitskollegen, mit denen er regelmäßig zusammenarbeiten wird, sind hier die Einführung in die Arbeitsabläufe und die Unterstützung über zusätzliche Qualifizierungsmaßnahmen hilfreich, um die Potenziale des Mitarbeiters möglichst schnell im Sinne der Organisation einsetzen zu können.

Die Verantwortung der Personalabteilung bei der Personalrekrutierung und danach bei der Personalauswahl liegt zunächst in der professionellen Prozesskonzeption. Ausgehend von den organisationalen Erfordernissen und den daraus abgeleiteten Jobprofilen ist für Letztere dann jeweils zu definieren, welche Prozessteilschritte als erforderlich erachtet werden, wie diese konkret ausgestaltet sein sollen und welche Qualitätsstandards (Key Performance Indikators – KPIs) Berücksichtigung finden. In der operativen Umsetzung sorgt die Personalabteilung dann dafür, dass die zuvor definierten Teilschritte und Qualitätsstandards eingehalten werden. Insoweit übernimmt die Personalabteilung die Prozesstreiber- und Prozesssicherungsfunktion. Mit dem Management stimmen dann die Personaler die Architektur des Rekrutierungsprozesses und die Qualitätsstandards ab. Zusammen werden auch die jeweiligen Verantwortlichkeiten im Prozess festgelegt. Grundsätzlich ist das Management inhaltlich bei der Definition der Jobprofile gefordert und trifft die Auswahlentscheidungen im Prozess. Die Personalabteilung berät die Führungskräfte hierbei und unterstützt im Sinne eines Dienstleisters, indem sie diese professionell betreut und administrativ entlastet.

Neue Mitarbeiter ohne gründliche Vorüberlegungen einzustellen, ist in der Regel nicht zielführend. Mangelhafte Planungen im Vorfeld einer Rekrutierungsmaßnahme führen neben der Entscheidung für einen letztendlich ungeeigneten Bewerber zu beachtlichen Kosten für die Organisation.

Durch vakante Stellen können betriebliche Abläufe und Prozesse ins Stocken geraten, die Produktion sich verzögern oder terminierte Aufträge nicht zeitentsprechend bearbeitet werden.

Zielorientierung und Nachhaltigkeit im Rekrutierungsprozess sind daher nicht nur aus finanzieller Sicht sinnvoll. Organisationen erleben durch optimierte Planungsprozesse eine Professionalität, die sich im gesamten Prozess widerspiegelt.

Zwei zentrale Entscheidungen sollen dabei betrachtet werden: zuerst die Sondierung, wo der gewünschte Bewerber zu finden ist, und dann die geeignete Methode zur Auswahl des zukünftigen Mitarbeiters.

7.3.2 Arten der Personalrekrutierung

Die Personalrekrutierung erfolgt auf zwei Wegen, der internen und der externen Personalsuche. In der Regel wird eine Position zuerst intern ausgeschrieben, wenn die Chance besteht, einen geeigneten Kandidaten auf diesem Weg zu finden. Erst in einem zweiten Schritt erfolgt dann die externe Ausschreibung.

Zunächst einmal ist es sinnvoll, folgende Fragestellungen zu formulieren und zu beantworten:

- Wie ist das Qualifikations- und Anforderungsprofil der zu besetzenden Stelle beschrieben?
- Wann soll die Stelle besetzt werden?
- Handelt es sich bei der Besetzung um eine befristete oder um eine unbefristete Stelle?
- Wo soll der Einsatz des neuen Mitarbeiters erfolgen?
- Wie hoch sind die mit der Besetzung verbundenen finanziellen Aufwendungen?
- Wie ist die Stelle hinsichtlich der Entlohnung eingruppiert?

Stellenausschreibung

Das am 18.08.2006 in Kraft getretene Allgemeine Gleichbehandlungsgesetz (AGG) verbietet Diskriminierung. Das heißt, Unternehmen müssen aufgrund des AGG ihre Stellenanzeigen so neutral wie möglich formulieren. So müssen die Inserate nicht nur geschlechtsneutral sein, Stellenanzeigen dürfen auch keine Formulierungen wie z. B.

„junges Team" mehr enthalten, denn kein Bewerber darf aufgrund seines Alters benachteiligt werden.

Somit kommen jetzt auch Bewerber in Betracht, die bislang aufgrund starrer Altersgrenzen ausgegrenzt worden sind, und auch männliche Kandidaten können sich problemlos um die Stelle der Sekretärin bewerben.

Das AGG regelt nicht nur die Einstellung von Mitarbeitern, sondern auch Details zum laufenden Arbeitsverhältnis und zur Kündigung. Gegebenenfalls kann man auf Schadensersatz klagen, wenn man aufgrund

- seines Geschlechts,
- seiner ethnischen Herkunft,
- seiner Weltanschauung,
- seiner Religion,
- seines Alters,
- seiner sexuellen Identität
- oder einer Behinderung

diskriminiert wird. Das beklagte Unternehmen ist dann in der Beweispflicht und muss nachweisen, dass keine Diskriminierung im Sinne des AGG vorliegt. Hat ein Bewerber den Verdacht, das Unternehmen hätte gegen das AGG verstoßen, kann innerhalb von zwei Monaten eine entsprechende Klage eingereicht werden. Unternehmen sind verpflichtet, ihre Mitarbeiter im Hinblick auf die Inhalte des AGG zu schulen, und müssen alle Bewerbungsprozesse schriftlich dokumentieren und für mindestens drei Monate ab Zugang der Ablehnung archivieren.

Der Rekrutierungsprozess lässt sich im Überblick wie folgt darstellen:

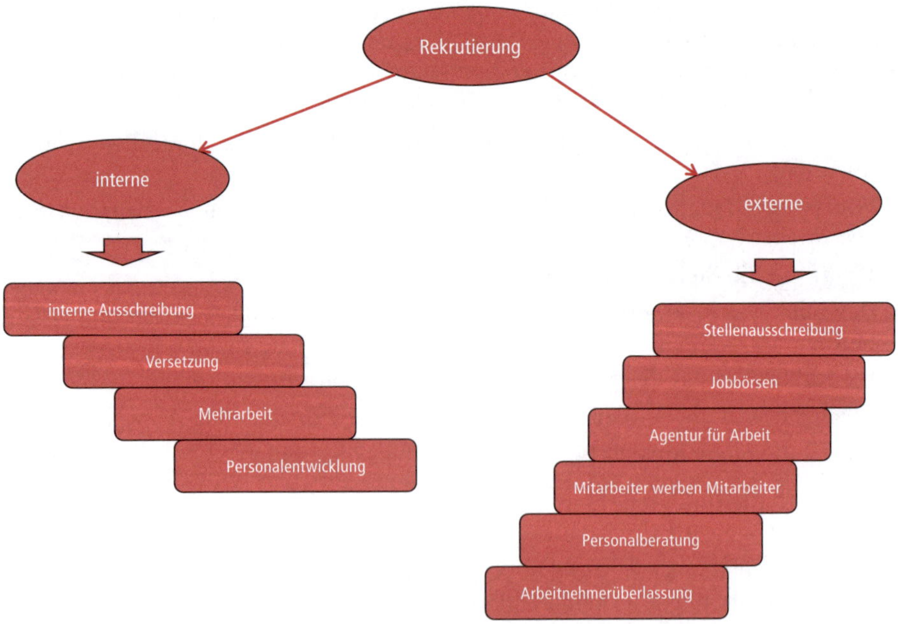

Abbildung 7.6: Rekrutierungsprozess[15]

Interne Personalrekrutierung

Eine interne Stellenausschreibung richtet sich ausschließlich in die Organisation hinein. Gemäß § 93 BetrVG darf der Betriebsrat verlangen, dass zu besetzende Arbeitsplätze zunächst innerhalb des Betriebes, also intern, ausgeschrieben werden. Voraussetzung hierfür ist eine entsprechende Beschlussfassung des Betriebsrates. Hier ist zu berücksichtigen, dass bei internen Ausschreibungen auch Tochtergesellschaften im In- und Ausland erfasst sein können.

Für eine interne Besetzung ist nicht nur eine Versetzung eines Mitarbeiters denkbar. Eine kurzfristig eintretende Mehrbelastung kann auch über vorhandene Mitarbeiter abgedeckt werden, z. B. durch die Anordnung von Überstunden, Urlaubsstopp oder Urlaubsverschiebungen. Dies wird auch als interne Personalrekrutierung ohne Personalbewegung bezeichnet.

Personalentwicklung

Entscheidet sich ein Unternehmen für die Besetzung vakanter Positionen durch eigene Mitarbeiter, die bisher noch nicht in Ganze über den erforderlichen Qualifikationsstand verfügen, so kann auf Personalentwicklungsmaßnahmen zurückgegriffen werden, um Wissensdefizite auszugleichen oder fehlende Qualifikationen zu erlangen.

Besonders bei der beruflichen Weiterbildung von Mitarbeitern, die bisher im Bereich der Geringqualifizierung eingesetzt waren, oder älteren Mitarbeitern, die nicht über die geforderten Kompetenzen verfügen, unterstützt der Bund finanziell mit unterschiedlichen Förderprogrammen. Beispielhaft sei hier das Sonderprogramm WeGebAU (Förderung der Weiterbildung Geringqualifizierter und beschäftigter älterer Arbeitnehmer in Unternehmen) des Bundes genannt. Dieses Programm verfolgt das Ziel, neue Chancen im Unternehmen wahrzunehmen, durch fachliche Weiterqualifizierung bestehende Arbeitsplätze zu sichern, das Qualifikationsniveau zu verbessern, einem drohenden Fachkräftemangel entgegenzuwirken und damit letztendlich auch Personalfreisetzungen zu vermeiden.

Begriffsbeschreibung Geringqualifizierte

Eine gesetzliche Definition des Personenkreises der Geringqualifizierten existiert nicht. Das Recht der Arbeitsförderung definiert jedoch einen Grundsatz für die Anerkennung der Notwendigkeit einer beruflichen Weiterbildung bei all jenen Arbeitslosen, die nicht über einen Berufsabschluss verfügen. Der § 81 Absatz 2 Nr. 1 Sozialgesetzbuch III legt zudem fest, dass von einem fehlenden Berufsabschluss auch auszugehen ist, wenn aufgrund einer mehr als vier Jahre ausgeübten Beschäftigung in an- oder ungelernter Tätigkeit eine dem Berufsabschluss entsprechende Beschäftigung nicht mehr auszuüben ist.[16]

Gefördert werden geringqualifizierte Mitarbeiter ohne anerkannten Berufsabschluss mit mindestens zweijähriger Ausbildungsdauer sowie Mitarbeiter mit Berufsabschluss, die aufgrund einer mehr als vier Jahre ausgeübten Beschäftigung in an- oder ungelernter Tätigkeit bzw. Arbeitslosigkeit, Kindererziehung und Pflege eines Angehörigen eine dem Berufsabschluss entsprechende Beschäftigung voraussichtlich nicht mehr ausüben können. Wenn ein anerkannter Berufsabschluss bzw. eine berufsanschlussfähige Teilqualifikation erworben wird, können die Weiterbildungskosten bis zu 100 v. H. übernommen werden. Auch die weiterbildungsbedingten Ausfallzeiten können mit einem Arbeitsentgeltzuschuss bis zu 100 v. H. gefördert werden.

Vor- und Nachteile der internen Personalrekrutierung

Die interne Personalrekrutierung kann für Unternehmen deutliche Vorteile bieten. Ein geringerer zeitlicher und damit auch finanzieller Aufwand spricht für eine interne Besetzung. Auch das Risiko von Fehlbesetzungen ist deutlich geringer, da der intern rekrutierte Mitarbeiter mit seiner Qualifikation und seinen Kompetenzen bekannt ist und seinerseits auch das Unternehmen bereits kennt. Lange Einarbeitungszeiten entfallen, da Prozesse und Strukturen des Unternehmens vertraut sind und es somit einfacher ist, den Mitarbeiter in bestehende Betriebsabläufe zu integrieren.

Größter Nachteil einer internen Besetzung ist, dass damit an einer anderen Stelle eine Vakanz entsteht, die gegebenenfalls nachbesetzt werden muss. Mit einer internen Besetzung entscheidet sich ein Unternehmen bewusst gegen die Chance, durch einen externen Kandidaten neue Impulse in das Unternehmen zu bringen.

Sollte die interne Besetzung mit einer Beförderung gleichgesetzt werden, so kann es innerhalb einer Mitarbeitergruppe zu Spannungen kommen, wenn ähnlich gut qualifizierte Kollegen sich ebenfalls um die offene Stelle bemüht haben, diese Position nun aber nicht bekleiden.

Externe Personalrekrutierung

Findet sich über eine interne Stellenausschreibung kein geeigneter Kandidat, so ist der Weg frei für eine externe Personalrekrutierung. Hierbei stehen einem Unternehmen die unterschiedlichsten Rekrutierungswege zur Verfügung.

Falls dann eine vakante Stelle über eine Anzeige in der Zeitung oder in Internetstellenmärkten ausgeschrieben wird, sollte bei der Gestaltung der Anzeige darauf geachtet werden, dass potenzielle Bewerber sich auch wirklich angesprochen fühlen. Überzeugende und aussagekräftige Stellenausschreibungen sprechen einen möglichen Kandidaten eher an. Stellenbeschreibungen sollten so formuliert sein, dass deutlich wird, in welchem Maße die ausgeschriebene Position formulierte Unternehmensziele unterstützt. Wenn der Wert einer Aufgabe oder Position für das Unternehmen klar beschrieben wird, werden Kandidaten angesprochen, die sich selber ehrgeizige Ziele setzen und ein hohes Maß an Eigenmotivation mitbringen. Die Definition einer möglichst eindeutigen Zielgruppe für die ausgeschriebene Position verhindert, dass sich zu viele ungeeignete Kandidaten bewerben. Allerdings begrenzt eine zu enge Definition den Bewerberpool und grenzt mögliche Quereinsteiger aus. Gerade in Zeiten interdisziplinärer Teams können gerade Quereinsteiger durch ihre Flexibilität für ein Unternehmen bereichernd sein.[17] Darüber hinaus bringen Quereinsteiger oft eine hohe Motivation und große Eigeninitiative mit ins Unternehmen. Als Mitarbeiter, die ihr altes berufliches Umfeld hinter sich gelassen haben, verfügen sie häufig über eine hohe Lernbereitschaft, Kreativität und Innovationskraft. Gleiches gilt für branchenfremdes Wissen und neue Sichtweisen. Und natürlich stärken sie auch die Diversity im Unternehmen.

Die externe Personalrekrutierung erfolgt auf unterschiedlichen Wegen am Arbeitsmarkt bzw. auf den unterschiedlichen Rekrutierungskanälen. Hierbei kann entweder eine passive oder eine aktive Vorgehensweise gewählt werden. Die passive Personalrekrutierung nutzt den Suchimpuls des Bewerbers, die aktive Rekrutierung geht auf potenzielle Interessenten zu.

Die Agentur für Arbeit kann in vielen Rekrutierungsfällen behilflich sein, vakante Positionen zu besetzen. Hierfür bietet sich die Job-Börse der Agentur für Arbeit an.[18]

In vielen Unternehmen gibt es aber auch spezielle Programme, mit denen geeignete Bewerber gesucht werden. So setzen viele Unternehmen auf die eigenen Mitarbeiter, die in ihrem Freundes- oder Bekanntenkreis als Multiplikatoren fungieren und das Unternehmen über Empfehlungsprogramme bekannt machen. So können „Mitarbeiter werben Mitarbeiter"-Programme über eine Incentivierung attraktiv gestaltet werden.

Der Rekrutierungsweg über Personalberater oder Headhunter ist in der Regel mit hohen Kosten verbunden und daher nur bei der Besetzung bestimmter Positionen angezeigt.

Kurzfristige Arbeitsmehrbelastungen können auch über Mitarbeiter gedeckt werden, die im Rahmen der Arbeitnehmerüberlassung ins Unternehmen kommen. Aber auch diese Form der Beschäftigung stellt keine dauerhafte Besetzungsalternative dar, da auch sie mit hohen Kosten verbunden ist.

Vor- und Nachteile der externen Personalrekrutierung

Die Vorzüge einer externen Personalrekrutierung liegen in der größeren Auswahlmöglichkeit durch einen erweiterten Bewerberpool. Mit jedem neuen Mitarbeiter werden neues Wissen, andere Kompetenzen und eine große Vielfalt an Erfahrungen in ein Unternehmen gebracht. Neue Impulse und Sichtweisen erweitern den eigenen Wahrnehmungsbereich eines Unternehmens.

Die externe Personalrekrutierung für Positionen für Führungskräfte kann zu einer größeren Akzeptanz der Mitarbeiter führen. Vor dem Hintergrund einer Aufstiegskarriere allerdings kann eine externe Rekrutierung zu Frustration bei den bestehenden Mitarbeitern führen, da ihnen der interne Aufstieg verwehrt wurde.

Als nachteilig bei der externen Personalrekrutierung können auch die hohen Personalrekrutierungskosten gewertet werden. Für unternehmensfremde Mitarbeiter bedeutet dies, längere Einarbeitungszeiten berücksichtigen zu müssen. Ferner besteht immer ein Fehlbesetzungsrisiko. Es ist nachgewiesen, dass die Fluktuationsraten bei externen Neueinstellungen höher liegen als bei der Besetzung mit internen Mitarbeitern.

7.3.3 Maßnahmen der Personalauswahl

Ist der Rekrutierungsprozess mit der Wahl eines geeigneten Rekrutierungsweges angestoßen und sind erste Bewerbungen eingegangen, geht es in einem zweiten Schritt darum, die richtige Personalauswahl zu treffen.

Auswahlprozesse sollten dabei mit der Analyse der Bewerbungsunterlagen beginnen, die Durchführung von Einstellungstestverfahren und gestufte Vorstellungsgespräche beinhalten, bis eine Gruppe von geeigneten Kandidaten selektiert ist, die grundsätzlich für die vakante Position in Frage kommt.

Um eine möglichst große Zahl an Bewerbungen sichten zu können, ohne den damit einhergehenden immensen zeitlichen Aufwand betreiben zu müssen, schlagen heute einige Unternehmen den Weg der zeitversetzten Videointerviews zur weiteren Vorselektion ein oder sie nutzen andere online-gestützte Bewerbungsverfahren. In den einzelnen Prozessschritten werden jeweils die besten und geeignetsten Kandidaten selektiert und in die nächste Runde eingeladen.

Am Ende dieses Prozesses steht schließlich die Entscheidung für einen Bewerber, dem ein Vertragsangebot unterbreitet wird.

Bewerbungsunterlagen

Die eingehenden Bewerbungen über den Bewerbungszeitraum hinweg sind zu sammeln, hinsichtlich der geforderten Mindestkriterien zu überprüfen und vorzuselektieren. Interessante, passende Bewerbungen werden dann detaillierter betrachtet. Einschlägige Literatur und aktuelle Websites geben hier einen guten Überblick.

Bewerbungsunterlagen sollten sich an der Position, dem Unternehmen und der Branche orientieren, für das bzw. die eine Bewerbung eingereicht wird. So sollte eine Bewerbung um eine obere Führungsposition in einem internationalen Konzern professionell und adäquat umfangreich gestaltet sein. Für eine Bewerbung um einen Arbeitsplatz in der Produktion eines kleinen Betriebs ist das vielleicht so nicht erforderlich.

Testverfahren

Bewerberinterviews werden in der Praxis häufig durch Eignungstests bei der Personalauswahl ergänzt. Hier stehen den Unternehmen unterschiedlichste Verfahren zur Verfügung. Neben Intelligenz-, Leistungs-, Stress- und Konzentrationstests werden insbesondere auch Persönlichkeitstests immer häufiger eingesetzt. Aufgrund des zeitlichen und finanziellen Aufwands werden sie in erster Linie in mittleren und größeren Unternehmen regelmäßig genutzt.

Zeitversetzte Videointerviews

Um eine große Anzahl von Bewerbern sichten zu können, ohne diese zu einem Interview ins Haus einzuladen, nutzen viele Unternehmen bereits das Instrument der zeitversetzten Videointerviews. Charakteristisch für diese Interviews ist, dass sich die Bewerber per Webcam vorstellen und auf Fragen antworten, die von einem Unternehmen gestellt werden. Diese Fragen sind für den Bewerber im Vorfeld klar und werden nicht erst in den Videos gestellt. Bewerber werden vor der Videoaufzeichnung über die Fragen, die Antwortmöglichkeiten und die Zeit, in der sie antworten müssen, informiert. Dies kann entweder schriftlich vorab per Mail oder ebenfalls durch ein Video stattfinden, welches von der Personalabteilung des Unternehmens an den Bewerber versendet wird. Wenn die Videos aufgezeichnet wurden, können sie von der Personalabteilung angesehen und ausgewertet werden. Wichtige Faktoren, die bei der Auswertung eine Rolle spielen, sind der Inhalt der Aufzeichnung, die Sprachgewandtheit des Bewerbers, der Auftritt des Bewerbers und der Kleidungsstil des Bewerbers.

Im Unterschied zu den schon länger praktizierten Live-Video-Interviews können bei dieser Lösung Bewerber die Zeit der Beantwortung in einem gewissen Rahmen selber wählen und benötigen nur ihre Webcam als technische Voraussetzung.

Bewerbung per Sprachcomputer

In der Bewerbungsphase mit Persönlichkeitsprofilen zu arbeiten, ist ein gängiges Instrument in der Praxis. Dies allerdings ausschließlich anhand der Stimme eines Bewerbers zu tun, ist noch sehr ungewöhnlich. Das Start-up Precire Technologies[19] aus Aachen nutzt genau diese Form, um potenzielle Bewerber für eine Position vorzuselektieren. Ein Computerprogramm analysiert dabei die individuelle Ausdrucksform, Wortwahl und Sprechweise eines Kandidaten und leitet daraus linguistische, psychologische und kommunikationsbezogene Merkmale ab. Dabei werden neben Natural-Language-Processing-Verfahren zusätzlich spezifische Textmuster, wie Wortkombinationen, Wortfolgen oder auch Satzstrukturen, erfasst. Diese Muster werden auf Basis hochwertiger Referenzdatensätze zu objektiven Vorhersagemodellen.

Online-Bewerbung

Es gibt unterschiedliche Varianten der E-Mail-Bewerbung, die von einem Unternehmen gewünscht werden können. Eine beliebte Variante stellt die Kurzbewerbung per E-Mail dar. Diese wird auch häufig von Bewerbern genutzt, die ihr Interesse an einer Tätigkeit in einem Unternehmen bekunden wollen, ohne auf eine konkrete Stellenanzeige Bezug zu nehmen. Diese Initiativbewerbungen stellen einen ersten Kontakt zum Unternehmen her. Laut einer Studie zu Rekrutierungstrends 2016 der Universität Bamberg[20] sind Kurzprofile aus Bewerbersicht deutlich im Kommen. Kurzprofile, die in Karrierenetzwerken und Internet-Stellenbörsen veröffentlicht werden, enthalten die wichtigsten Daten und Hintergründe zu einer Person. Mit diesen Profilen können Unternehmen auf einen Blick erfassen, um welchen Stellensuchenden es sich handelt. Die Studienergebnisse zeigen, dass Stellensuchende die Bedeutung von Kurzprofilen in Karrierenetzwerken und Internet-Jobbörsen im Vergleich zum Vorjahr als wichtiger einschätzen. Weiter nahmen die befragten Teilnehmer an, dass sich dieser Trend auch in Zukunft fortsetzen wird. Eine ähnliche Tendenz zeigt auch die Unternehmensbefragung; momentan stellen Kurzprofile allerdings nur für wenige Unternehmen einen wichtigen Bestandteil der Bewerbung dar.

Das Bewerbungsschreiben kann dabei direkt in einer Mail abgefasst sein oder als Anhang im PDF-Format beigefügt werden, ebenso wie der Lebenslauf und ggf. ein digitales Bewerbungsfoto. Ein Hinweis auf die Zusendung weiterer Unterlagen vervollständigt eine Kurzbewerbung.

Bei einer vollständigen E-Mail-Bewerbung entsprechen Inhalt und Aufbau einer Papierbewerbung. Hierbei empfiehlt es sich, alle Bewerbungsunterlagen in einer Datei als Anhang beizufügen.

Vorstellungsgespräche

Das Einstellungsinterview ist der letzte Bestandteil im Personalauswahlprozess. Es dient dazu, die bisher gewonnenen Eindrücke zu verifizieren, den Bewerber persönlich zu erleben, darüber hinaus Motivation und Eignung für die ausgeschriebene Position zu bewerten.

Zu berücksichtigen ist, dass es in Vorstellungsgesprächen auch Fragen bzw. Themenstellungen gibt, die vom Gesetzgeber als nicht zulässig eingestuft werden. Unerlaubte Fragen dürfen vom Bewerber auch unwahr beantwortet werden.

Bei bestimmten Positionen ist die Frage nach Vermögensverhältnissen, insbesondere Schulden, erlaubt, so etwa bei Bankangestellten oder Kassierern. Auch die Frage nach Vorstrafen ist bei Juristen oder angehenden Polizeibeamten legitim.

7.3.4 Bewerbermanagementsysteme

Bewerbermanagementsysteme können die Bewerberauswahl verbessern und eine höhere Bewerberqualität sicherstellen. Die Gesamtkosten des Rekrutierungsprozesses sollen gesenkt werden. Die meisten Anbieter decken standardmäßig bestimmte Kernfunktionen ab, die ein Bewerbermanagementsystem erfüllen soll. Dazu zählen etwa die Verwaltung von Stellenausschreibungen und Bewerbungen, das Erstellen von Bewerberprofilen und Talent-Pools sowie Kommunikationsdienste zum Bewerbungsprozess.

Wünschenswert für ein Bewerbermanagementsystem ist die Erfassung eigener Karrierewebsites, von Online-Stellenbörsen, Social-Media-Plattformen oder auch der Printanzeigen. Ferner ist wichtig, dass das System auch Online-Formulare, Bewerbungen per Mail, Bewerbungen per Post mit Scannerschnittstelle erfasst. Matching- und Suchfunktion, Prescreening nach persönlichen Kriterien, Ranking nach A-/B-/C-Kandidaten runden das Anforderungsprofil an ein aussagefähiges Bewerbermanagementsystem ab. Wenn unterschiedliche Mitarbeiter oder Mitarbeitergruppen während eines Bewerbungsprozesses auf den Status quo blicken wollen, sollte ein Status updates mit Kommentar- und Bewertungsfunktionen hinterlegt sein. Auch eine Interviewplanung für Mitarbeiter, Eingangsbestätigungen, Zwischenbescheide, Absagen für Bewerber, Online-Assessments externer Dienstleister oder erhobene Kennzahlen zum Rekrutierungsprozess stellen sinnvolle Ergänzungen innerhalb eines Bewerbermanagementsystems dar.

7.3.5 Candidate Experience Management

Jeder Kontakt mit potenziellen Bewerbern zählt im Wettbewerb um die Gewinnung der gesuchten Mitarbeiter. Die umworbenen Fach- und Führungskräfte begegnen dem Unternehmen auf Karrieremessen, Stellenanzeigen oder auf der Unternehmenswebseite. So kommt es zu einem Erstkontakt bezogen auf ein Stellenangebot oder ein Gespräch auf der Messe. Dabei sind die Aufmachung und der Inhalt der Stellenanzeige ein Markenversprechen des Unternehmens. Die Bewerberkorrespondenz gleicht einer Visitenkarte. Die Bewerber sammeln Eindrücke, wenn sie eine Eingangsbestätigung auf ihre Bewerbung erhalten, bei Bewerbungsgesprächen und wenn sie den Anstellungsvertrag lesen.

Candidate Experience Management („Kandidatenerfahrungsmanagement“) hat das Ziel, jede Begegnung eines Bewerbers mit dem potenziellen Arbeitgeber in ein positives und motivierendes Erlebnis zu wandeln. Der Kandidat wird während des gesamten Kontakts wie ein Kunde behandelt.

Damit wird zunächst erreicht, dass die Wunschkandidaten das Bewerbungsverfahren nicht abbrechen. Wenn es dem Unternehmen gelingt, positive Erfahrungen mit dem Gesamtprozess zu vermitteln, kann erreicht werden, dass selbst abgelehnte Bewerber das Unternehmen als Arbeitgeber weiterempfehlen. Der Erlebenszyklus, die sogenannte Candidate Journey, von der Stellenanzeige bis zur Einarbeitungsphase, kann zu einem nachhaltigen Employer-Branding-Instrument werden. Jeder Bewerber, ob er letztendlich eingestellt wird oder nicht, ist ein Multiplikator. Es liegt im Interesse des Unternehmens, dass ein angenehmer und wertschätzender Bewerbungsprozess von allen daran Beteiligten kommuniziert wird. Ein erfolgreiches Candidate Experience Management bringt nicht nur schnelle Vorteile in der Rekrutierung. Der gute Ruf des Unternehmens verbreitet sich und wirkt positiv im Wettbewerb um Fach- und Führungskräfte und gegebenenfalls sogar um Kunden.

7.3.6 Onboarding

Der gesamte Onboarding-Prozess beginnt mit der Unterzeichnung des Arbeitsvertrags und endet frühestens nach Ablauf der Probezeit, spätestens nach einem Jahr. Für Unternehmen ist es besonders effizient, wenn die Aufgaben und Abläufe des gesamten Onboarding-Prozesses standardisiert werden, indem Checklisten und Leitfäden erstellt, Verantwortlichkeiten und Terminierungen festgelegt werden. Dies spart Zeit bei einer Neueinstellung und nach jeder Einarbeitung können den Checklisten und Leitfäden Ergänzungen und Verbesserungen hinzugefügt werden. Vereinfacht lässt sich der Onboarding-Prozess wie in nachfolgender Abbildung darstellen:

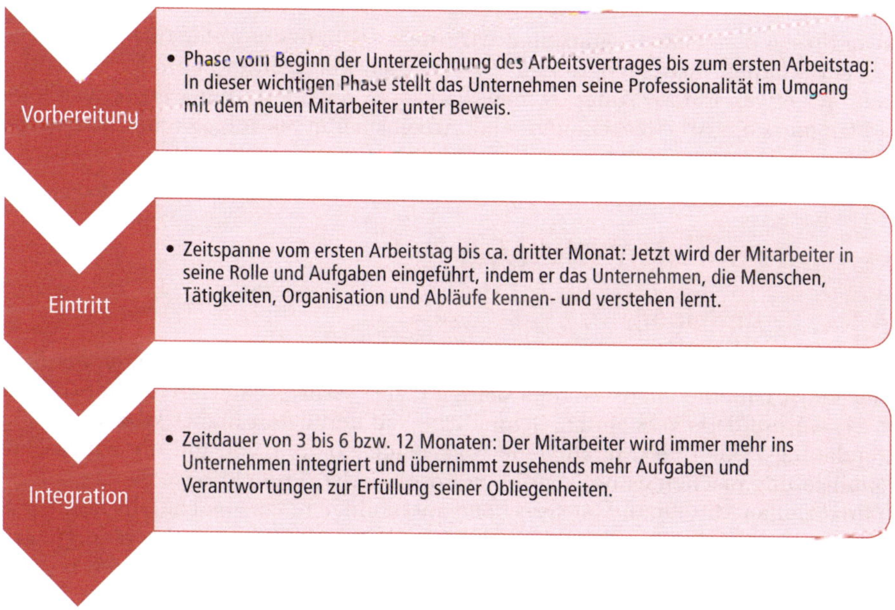

Abbildung 7.7: Onboarding Prozess

Alle am Onboarding-Prozess Beteiligten sollten über ihre Funktionen informiert sein und der ausgestattete Arbeitsplatz des neuen Mitarbeiters sollte bereitstehen.

Die Integration eines neuen Mitarbeiters ist besonders wichtig, damit es keine Diskrepanz zwischen den beiderseitigen Erwartungshaltungen gibt. Führungskräfte, die den neuen Mitarbeiter nur aus einem Vorstellungsgespräch und den Bewerbungsunterlagen kennen, werden enttäuscht, wenn dieser nach einigen Wochen immer noch nicht produktiv ist. Und der neue Mitarbeiter, der hohe Erwartungen in den neuen Job gesetzt hat, steht nach Wochen immer noch ohne das nötige Arbeitsmaterial, zugewiesene Projekte und Wissen zur Unternehmenskultur da. Hierunter leidet die Produktivität und das Potenzial des neuen Mitarbeiters wird nicht ausgeschöpft. Im schlimmsten Fall führt eine mangelhafte Integration zu einer Kündigung seitens des Mitarbeiters. Um es nicht so weit kommen zu lassen, ist das Feedback im gesamten Onboarding-Prozess von größter Wichtigkeit. Was bringt die beste Einarbeitungsphase, wenn deren Nutzen nicht evaluiert ist oder der neue Mitarbeiter nicht angemessen integriert wurde. Daher ist es wichtig, nach einem gewissen Zeitraum ein Feedback-Gespräch mit den neuen Kollegen durchzuführen.

7.3.7 Veränderungen der Rolle der Personaler

Auch die Rolle der Personaler ändert sich. Um in Zukunft erfolgreich die richtigen Mitarbeiter für das Unternehmen zu gewinnen, wird ein Umdenken in den Unternehmen stattfinden müssen und ein erweitertes Profil von Recruitern erwartet werden. Ein stärkeres, proaktives Vorgehen, um passende Mitarbeiter zu gewinnen, erfordert die Nutzung unterschiedlichster Rekrutierungsmöglichkeiten. Mit einer marktspezifischen Expertise ausgestattet, steht der Recruiter Fach- und Führungskräften als strategischer Partner aktiv gegenüber. Recruiter nehmen dann nicht mehr nur die Rolle eines Dienstleisters ein, sondern fungieren vielmehr als Berater.

Neben diesen beratenden Tätigkeiten wird insbesondere der unterstützende Umgang mit dem Internet, insbesondere den sozialen Netzwerkplattformen oder auch Blogs, immer wichtiger. Ein Recruiter ist auch Verkäufer, denn auf immer enger werdenden Märkten muss ein Arbeitgeber auch seine Arbeitgebermarke anbieten und sein gegebenes Markenversprechen einlösen.

7.4 Personalentwicklung

7.4.1 Grundlagen

Das Wissen, die Qualifikationen, Kenntnisse, Fertigkeiten und Fähigkeiten der Mitarbeiter eines Unternehmens werden als einer der strategischen Produktionsfaktoren des 21. Jahrhunderts verstanden. Schnelllebigkeit und damit immer kürzer werdende Veränderungszyklen der Märkte, eine wachsende Komplexität und die zunehmende Digitalisierung machen es notwendig, mit optimierten Produktionsabläufen, adäquaten finanziellen Mitteln und entsprechend ausgebildetem Personal auf die gestiegenen Anforderungen zu reagieren. Kompetentes, veränderungsfähiges und veränderungsbereites Personal nimmt in diesem Kontext einen immer größeren Stellenwert ein, weshalb der **Personalentwicklung** eine besondere Bedeutung zukommt.

Doch Kompetenz- bzw. Leistungsträger sind bereits heute in einigen Branchen und Berufsgruppen knapp, wie die Diskussion um den Fachkräftemangel zeigt. Die demografischen Entwicklungstendenzen in fast allen Industriestaaten lassen annehmen, dass dieser Trend anhalten wird und sich der Kampf um die „Besten“ zukünftig noch weiter verschärft. Unternehmer beginnen daher umzudenken.

Begriffsabgrenzung

Mit „Personalentwicklung“ werden ganz unterschiedliche Aspekte assoziativ in Verbindung gebracht, was die Gegenstandsbeschreibung dieses Begriffes erschwert und es erforderlich macht, einen Definitionsversuch vorzunehmen. In der Literatur wird eine Fülle von unterschiedlichen Definitionen von „Personalentwicklung“ angeboten und auch unter Praktikern herrscht keine einheitliche Begriffsbestimmung. Berufsausbildung, Qualifizierungsmaßnahmen, Weiterbildung, Lernen am Arbeitsplatz, Seminarteilnahmen, aber auch Coaching, Wissenstransfer, Karriereplanung, lebensphasenorientiertes Lernen, optimale Arbeitsplatzgestaltung und viele andere Begriffe finden sich im Kontext zur Personalentwicklung wieder. Daher erscheint es sinnvoll, eine Definition vorzuschlagen, an der exemplarisch verdeutlicht werden kann, was Personalentwicklung bezweckt und wie sie im Unternehmen etabliert und gelebt werden kann: „Personalentwicklung umfasst alle Maßnahmen der Bildung, der Förderung und der Organisationsentwicklung, die von einer Person oder Organisation zur Erreichung spezieller Zwecke zielgerichtet, systematisch und methodisch geplant, realisiert und evaluiert werden.“[21]

Die Personalentwicklung leitet ihren Handlungsauftrag aus den strategischen Zielen des Unternehmens ab. Diese wiederum sollten an die Ziele einer langfristigen Unternehmensentwicklung gekoppelt sein. Von besonderem Wert ist dabei die Nachhaltigkeit der Personalentwicklung ihrer Mitarbeiter, die auch durch langfristig angelegte Qualifizierungen befördert wird. Denn Mitarbeiter sollen sich nach ihren eigenen beruflichen Vorstellungen, aber auch im Sinne der Unternehmensziele entwickeln.

Zu beachten ist, dass die abgeleiteten Maßnahmen und Konzepte der Personalentwicklung grundsätzlich zielgruppenorientiert gestaltet sein sollten. Je nach Anspruchs- bzw. Adressatengruppe sind Personalentwicklungsmaßnahmen individuell aufzusetzen.

Die Personalentwicklung verfolgt das Ziel, Mitarbeiter oder Mitarbeitergruppen des Unternehmens bei der effizienten und erfolgreichen Bewältigung der Arbeitsaufträge bzw. dem Erreichen der Unternehmensziele durch geeignete Maßnahmen zu unterstützen. Damit umfasst die Personalentwicklung alle Maßnahmen der strategischen Personalplanung, der Personalauswahl, der Aus-, Fort- und Weiterbildung sowie der Förderung und Beurteilung von Mitarbeitern. Im optimalen Fall leitet sich die strategische Personalplanung aus der Unternehmensstrategie ab und die Planungsparameter sind bekannt und fixiert.

Die strategische Personalplanung gibt Auskunft darüber, wie künftig die Auswahl, Qualifizierung und Entwicklung der Mitarbeiter zielführend umgesetzt werden müssen. Bei der Personalauswahl geht es nicht nur um Neueinstellungen, sondern auch um die Besetzung von Vakanzen, z. B. im Rahmen der Nachfolgeplanung. Die Personalqualifikation soll dazu beitragen, Mitarbeiter durch Schulungen, Trainings oder andere Maßnahmen weiterzuentwickeln und so eine Diskrepanz zwischen Ist- und Soll-Profil auszugleichen, um den Anforderungen eines Arbeitsplatzes zu entsprechen. Ein stringenter Personalentwicklungsprozess kann auf Personalbeurteilungen nicht verzichten. Diese geben Rückmeldungen zur Standortbestimmung des Mitarbeiters, welche Qualifizierungsbedarfe ggf. vorliegen und welche Entwicklungspotenziale seitens der Vorgesetzten gesehen werden.

In vielen Unternehmen stehen die Fragen nach Bildungsbedarfsanalysen, Qualifizierungsbedarfen oder auch allgemeiner Weiterbildung im Vordergrund. Zuerst gilt es aber festzustellen, welche Akteure welcher Motivation folgen. Die Mitarbeiter dürfen von Personalentwicklungsmaßnahmen zu allererst einmal ein Erhalten oder eine Verbesserung ihrer Fähigkeiten und ihrer Performanz erwarten, die Führungskräfte darüber hinaus noch leistungsstärkere und motivierte Mitarbeiter und die Unternehmensleitung sichtbare/messbare Verbesserungen u. a. für den betriebswirtschaftlichen Unternehmenserfolg und die Mitarbeitervertretung das Einhalten der rechtlichen Aspekte. In diesem Erwartungsspannungsfeld muss sich die Personalentwicklung positionieren und für die jeweiligen Akteure Angebote unterbreiten. Deren Zielebenen dürften sich allerdings unterscheiden. Hieraus ergeben sich unterschiedliche Aufgabenschwerpunkte für die Personalentwicklung, die im Weiteren dargestellt werden sollen. Ziel der Personalentwicklung liegt demnach vereinfacht beschrieben neben der Ermittlung des Bildungsbedarfs, im Angebot adäquater Maßnahmen, in der Durchführung bzw. Begleitung und dann in der Evaluation und der Transfersicherung.

Identifikation von Personalentwicklungspotenzialen

Alle Mitarbeiter in einem Unternehmen bringen Potenziale mit, die einem Schatz gleichen, der gehoben werden sollte. Hierbei ist es Aufgabe der Führungskraft mit Unterstützung durch den Personalbereich, die in den Mitarbeitern inhärent vorhandenen Potenziale zu erkennen und dann weitergehend zu fördern und zu entwickeln.

Hierfür stehen unterschiedliche Methoden und Verfahren zur Verfügung, wobei die Potenzialanalyse oder auch Leistungsbeurteilungsverfahren in der Praxis häufig genutzte Instrumente darstellen.

Potenzialanalyse

Hierbei ist die Zielsetzung des Unternehmens, Aussagefähigkeit über strategische Entwicklungstendenzen, antizipierte Anforderungsprofile oder auch eine angestrebte Organisationskultur etablieren zu wollen, zu berücksichtigen. Ausgangspunkt und damit wesentliche Voraussetzung für eine Potenzialanalyse ist immer das Vorhandensein eines vorgegebenen Anforderungsprofiles.

Hauptaufgabe der Potenzialanalyse ist folglich, auf Basis einer Bestandsaufnahme die Einsatzfähigkeit eines Mitarbeiters für zukünftige Aufgaben zu antizipieren und Aussagen darüber zu treffen, welche Entwicklungsmaßnahmen notwendig oder förderlich sind, damit zukünftige Aufgabenstellungen und Situationen gemeistert werden können. Auch wenn Potenzialanalysen als prognostische Verfahren gelten, so sind sie keineswegs als statisch zu sehen. Ihre Aufgabe ist auch, dynamischen Prozessen Rechnung zu tragen.

Der Potenzialanalyse werden unterschiedliche Verfahren zugeordnet. Die biografische Datenerfassung, das Mitarbeitergespräch mit der Führungskraft im Sinne eines Entwicklungs- oder Fördergespräches, das Führungskräftefeedback, ein Peer Rating, Assessment Center, Hearings, 360° Feedback, aber auch weiterführende psychologische Testverfahren (z. B. IQ-Test) lassen sich hierbei nennen.

Leistungsbeurteilungsverfahren

Unter Leistungsbeurteilungsverfahren fallen die freien Beobachtungen, aber auch Feedback-Gespräche, Einstufungsverfahren, Kennzeichnungsverfahren, Auswahlverfahren oder Peer Rating. Leistungsbeurteilungsverfahren weisen im starken Maße auf den Ist-Zustand eines Qualifikationsniveaus hin. Dem Beurteilenden werden beim Einstufungsverfahren bestimmte Beurteilungskriterien vorgegeben sowie eine zugehörige Skalierung, mit deren Hilfe er die jeweiligen Kriterien einordnet und bemisst. Der Vorteil dieses Verfahrens liegt darin, dass es sich leicht standardisieren lässt und eine Vergleichbarkeit der Ergebnisse erzielt werden kann. Durch die Vorgabe möglichst objektiver Kriterien soll Subjektivität minimiert werden und eine frühzeitige Reflexion mit den Anforderungskriterien erreicht werden.

Für eine Entscheidung, Personalentwicklungsmaßnahmen zum Einsatz zu bringen, können Verfahren zur Leistungsbeurteilung und zur Potenzialeinschätzung dienlich sein. Inwieweit diese Verfahren notwendig oder sinnvoll sind, hängt nicht zuletzt von der eigenen Organisation und deren Strukturen ab.

Stringent entwickelte Qualifikationsstrukturen sind damit eine nachhaltige Investition in die aktuelle und zukünftige Entwicklung von Organisationen. Doch nicht nur die Verbesserung der Wettbewerbssituation bzw. des Unternehmenserfolges rechtfertigen eine systematische Personalentwicklung. Darüber hinaus gibt es noch eine Reihe weiterer Ziele, die verfolgt werden können. Zum einen kann die Perspektive des Unternehmens und zum anderen die der Mitarbeiter betrachtet werden.

Neben den organisatorischen und personenbezogenen PE-Zielen wird häufig noch eine dritte Kategorie benannt, die gesellschaftspolitische Perspektive. Ziele auf dieser Ebene können beispielsweise sein:

- Employability (langfristige Beschäftigungssicherung),
- die optimale Allokation der Human-Ressourcen,
- die Gewährung des Grundrechts auf Persönlichkeitsentfaltung,
- Chancengleichheit und soziale Mobilität.

Im Modell von Mudra[22] ist schließlich der systematische und bedarfsgerechte Weiterbildungsprozess selbst als bedeutsames Strukturelement benannt. Nachfolgende Grafik verdeutlicht die Designelemente eines solchen Prozesses und hebt dabei die Verzahnung von Transfermanagement und **Bildungscontrolling** hervor.

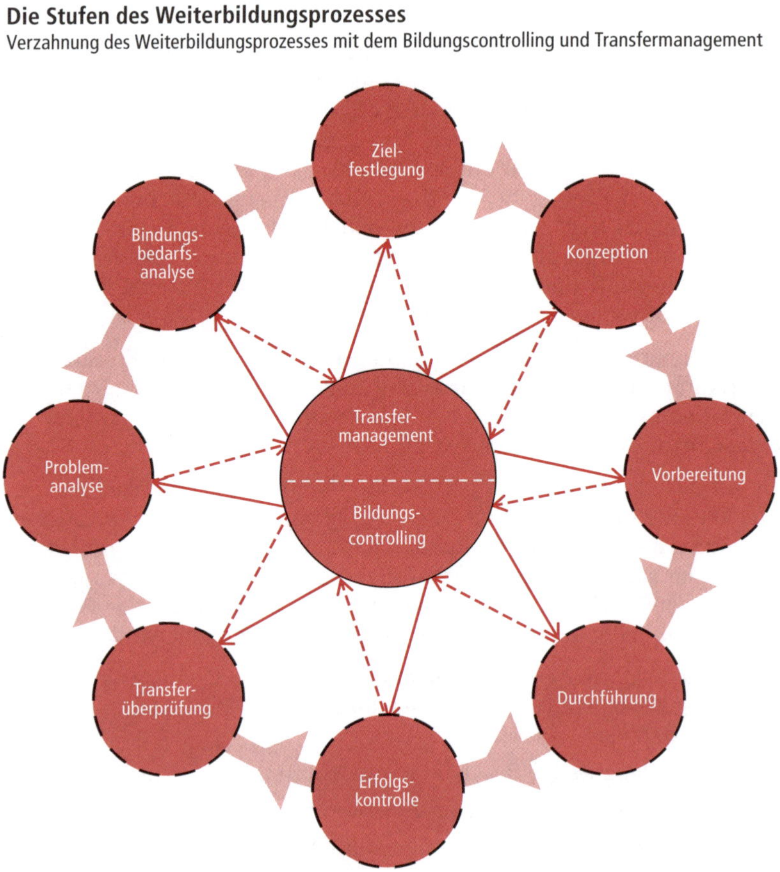

Abbildung 7.8: Designelemente im Weiterbildungsprozess[23]

7.4.2 Funktionszyklus systematischer Personalentwicklung

Die systematische Personalentwicklung kann als Aktionsfolge verstanden werden, sie dient als Voraussetzung der methodischen Absicherung zur Erreichung und Überprüfung von Effektivität und Effizienz. Diese verschafft der Personalentwicklung Akzeptanz und sichert ihr so die erforderlichen Ressourcen zur Umsetzung aktiver Personalentwicklung.

Bedarfsanalyse, Ziele setzen, kreatives Gestalten, Realisieren, Erfolgskontrolle und Transfersicherung sind die einzelnen Phasen systematischer Personalentwicklung. Der Funktionszyklus ist ein abgestimmtes Verfahren zur Planung, Steuerung und Kontrolle konkreter Personalentwicklungsmaßnahmen.

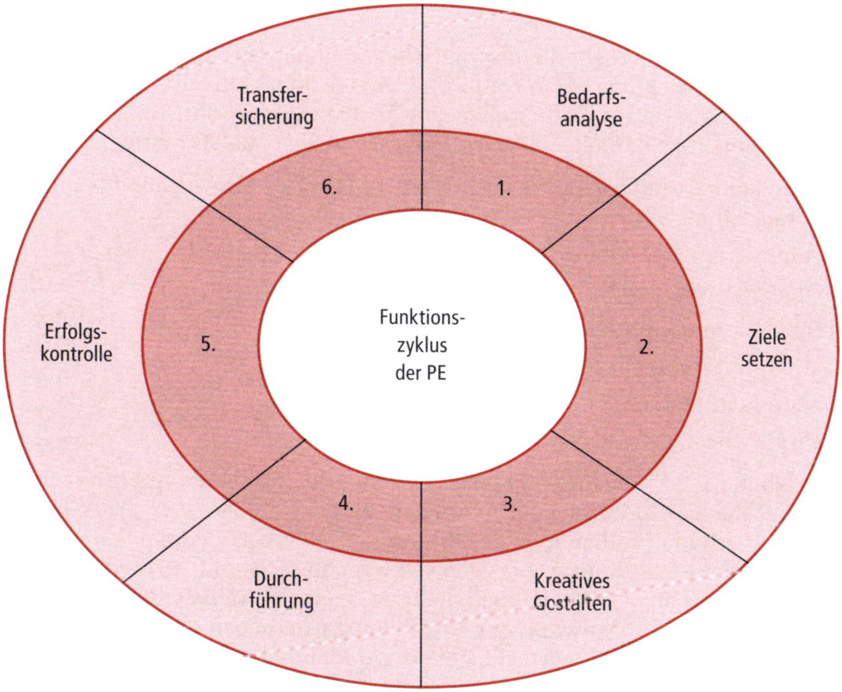

Abbildung 7.9: Funktionszyklus systematischer Personalentwicklung[24]

Bedarfsanalyse

Zu Beginn einer systematischen Personalentwicklung steht nach Becker die Bedarfsanalyse. Diese Anforderungsanalyse ermittelt die gegenwärtigen und zukünftigen Tätigkeiten und Anforderungen. Tätigkeits- und Anforderungsanalysen werden in der Praxis zunehmend auf Stellenbündelniveau erhoben.

Ziele setzen

Ziele beschreiben nicht nur die künftigen Fördermaßnahmen. Bei der Zielformulierung sind der Zielbereich (kognitiv, affektiv, psychomotorisch) und die Zielebene (taxonomischer Anspruch) ebenso zu entwickeln und zu fixieren. Die Lern- und Entwicklungsziele sollen SMART sein[25]:

- **Specific** – Lern- und Entwicklungsziele müssen das angestrebte Ergebnis konkret beschreiben und so festlegen, welches Qualifikationsniveau erreicht werden soll.
- **Measurable** – Lern- und Entwicklungsziele müssen messbar und/oder beobachtbar beschrieben sein.
- **Attainable** – Lern- und Entwicklungsziele müssen erreichbar, herausfordernd und widerspruchsfrei formuliert sein.
- **Relevant** – Lern- und Entwicklungsziele müssen für die Akteure bedeutsam sein.
- **Trackable** – die Erreichung der Lern- und Entwicklungsziele muss für die Akteure steuerbar sein.

Kreatives Gestalten

Das kreative Gestalten beschreibt die zeitliche, sachliche und personelle Infrastruktur einer Personalentwicklung. Also wann und in welchem Umfang soll die Maßnahme stattfinden, welche Ressourcen stehen zur Verfügung und sind alle maßgeblichen Akteure involviert (Mitarbeiter, Trainer, Vorgesetzte, Personalvertretung).

Folgende Planungsstufen können nach Mentzel (1997)[26] als Vorgabe für interne Bildungsveranstaltungen dienen:

- Formulierung der Lernziele
- Abgrenzung der Lerngruppen
- Programm- und Zeitplanung
- Bestimmung der Lehrmethoden
- Auswahl der Medien
- Nominierung der Referenten

Grundsätzlich sollte frühzeitig im Planungsablauf die Entscheidung getroffen werden, ob eine off-the-job-Bildungsveranstaltung, z. B. im Rahmen von Workshops oder Seminaren stattfinden soll oder ob das Bildungsangebot von externen Veranstaltern in Form von Inhouse-Schulungen ins eigene Unternehmen geholt wird oder aber ob die Mitarbeiter vor Ort an einem Seminar bei einem externen Anbieter teilnehmen sollen. Die Aufgabe der Personalentwicklung liegt dann darin, neben den didaktisch-methodischen Aspekten der Bildungsmaßnahmen die Planung der Lernorte, das einzusetzende Personal sowie die zeitlichen Rahmenbedingungen festzulegen.

Durchführung

Diese Phase beschreibt die eigentliche produktive Phase einer Personalentwicklungsmaßnahme. Ob die Realisierung dieser Maßnahmen dabei intern, extern, on-the-job, into-the-job, near-the-job oder off-the-job erfolgt, ist nebensächlich.

Für die Durchführung von Bildungsmaßnahmen könnten somit zusammenfassend folgende Empfehlungen formuliert werden:

- Die Ziele und Inhalte der Bildungsmaßnahme sollten für die Teilnehmer zu Beginn übersichtlich dargestellt werden.
- Die Struktur der einzelnen Lehreinheiten sollte den Teilnehmern bekannt sein.
- Es sollten mit den Teilnehmern Vereinbarungen über Verfahrensfragen getroffen werden (z. B. die Dauer der einzelnen Abschnitte und Pausen; die Möglichkeit, Zwischenfragen zu stellen).
- Der Lehrende sollte in der Lage sein, zu erkennen, ob und wie die Teilnehmer die Lehrinhalte wahrgenommen haben und inwieweit sie womöglich über- oder unterfordert sind.
- Eine Motivationssteigerung der Teilnehmer kann durch die Stärkung der Mitbestimmung und die Verantwortungsübernahme bei der Gestaltung und Durchführung des Seminars erreicht werden.

Teilnehmerrückmeldungen sind wichtig, werden aber als Bestandteil von Evaluation und Bildungscontrolling erst unter diesem Punkt benannt.

Erfolgskontrolle

Die Erfolgskontrolle misst und bewertet die Effektivität und Effizienz erfolgter Personalentwicklungsmaßnahmen[27]. Eine wenig systematische Bedarfsanalyse, nicht präzise formulierte Lernziele, unzureichende Evaluationsmethoden und die mangelnde Akzeptanz der an Personalentwicklungsmaßnahmen beteiligten Organisationsmitglieder behindern die Erfolgskontrolle. Denn in der Praxis zeigt sich immer wieder, dass Defizite bei der Implementierung geeigneter Messkriterien die Erfassung von Wissenserwerb erschweren. Dem kann entgegengesteuert werden, wenn ein Einvernehmen über die Zielvorgaben herrscht.

Ziele der Erfolgskontrolle könnten demnach sein:

- Optimaler Einsatz der Mitarbeiter
- Qualifizierung der Fach- und Führungskräfte
- Ermittlung des weiteren Schulungsbedarfs
- Motivation der Mitarbeiter
- Feststellen der Wünsche der Mitarbeiter
- Überprüfung der festgelegten Lerninhalte und -ziele
- Überprüfung, ob die richtigen Lehrmethoden eingesetzt wurden
- Überprüfung, inwieweit der Trainer passend ist

Transfersicherung

In der Praxis erfährt die Transfersicherung häufig Realisierungsmängel, da sie sich vorrangig auf eine aufwandsminimale Erfolgskontrolle in Form einer Zufriedenheitskontrolle (z. B. Happyness sheets) beschränkt und die Regeln der Transfersicherung somit keine oder nur eine unzureichende Berücksichtigung finden. Um dieses Hemmnis zu überwinden, soll ein Einblick in die Lernpsychologie helfen, Verständnis für die Bedeutung von Transfersicherung zu erlangen.

Wirklich signifikante Lern- und Bildungsprozesse enden nicht mit dem Abschluss einer Weiterbildungsveranstaltung. Im Idealfall werden vielmehr dort Anstöße und Lernplattformen geboten, die ein Weiterdenken und -verfolgen erst initiieren. Gelerntes wird dann nicht nur übertragen, sondern es findet ein weiterführender Lernprozess statt, der dazu führt, dass in der jeweiligen Lebenssituation weiter gelernt wird. Wirkungsvolles Transfermanagement bedeutet daher, kreative Wege zu finden, um die Mitarbeiter des Unternehmens zum Weiterlernen zu inspirieren und diese Prozesse zu unterstützen. Anspruchsvolle Lernszenarien nutzen dazu die gesamte Bandbreite methodisch-didaktischer Gestaltungsmöglichkeiten.

Lernen ist ein individueller, autopoietischer und aktiver Prozess, bei welchem Wissen, Emotionen, Fertigkeiten, aber auch Verhalten, Einstellungen und Werte durch Erfahrungen verändert werden. Lernen ist also ein Prozess, der individuell und erfahrungsbezogen konstruiert. Hierbei agiert der Mitarbeiter aktiv, indem er seine eigene Erfahrungs- und Erlebenswelt in den Lernprozess einbringt und dabei individuell vorhandenes Wissen und Können anpasst. Anders formuliert werden Informationen zu eigenem Wissen umgewandelt, d. h. in bestehende Wissensstrukturen eingegliedert. Erfahrungsbezug ist demnach zentral für die Verankerung und somit Bedeutung der Lerninhalte.

Ferner ist für den nachhaltigen Erfolg des Lernens die Haltung der Mitarbeiter entscheidend. Für die Personalentwicklung bedeutet das, den Mitarbeiter dabei zu unterstützen, den Mehrwert einer Bildungsmaßnahme zu erkennen. Eine Bildungsmaßnahme muss also vier wesentliche Bedingungen erfüllen:

- Informationen müssen dem Mitarbeiter als sinnvoll und relevant erscheinen.
- Informationen müssen hilfreich in der eigenen Arbeitssituation sein.
- Informationen dürfen nicht redundant sein.
- Informationen müssen an vorhandenes Wissen des Mitarbeiters anknüpfen, damit sie integriert werden können.

Zusammenfassend ergeben sich sieben Regeln der Transfersicherung:

1. Es gilt, Qualifikationsbedarfe zu erkennen.
2. Teilnehmer sollten in Planung und Auswertung einbezogen werden.
3. Lerngegenstand und angestrebtes Lernergebnis sollten im Vorfeld klar bekannt und benannt sein.
4. Die Inhalte des Lerngegenstands sollten dem Funktionsfeld ähnlich sein.
5. Ausreichende Übungsphasen vertiefen das Erlernte.
6. Die Bedeutung der Transferphase für den wirtschaftlichen Erfolg der betrieblichen Weiterbildung muss erkannt werden.
7. Möglichkeit einer Nachverfolgung sollte geschaffen werden (z. B. über Erfahrungsaustausch, Multiplikatoren, Zirkel, Diskurs mit dem Vorgesetzten).

Grundvoraussetzung für einen gelingenden Transfer ist also die Identifizierung des Lernverhaltens und der relevanten Lerngegenstände des Einzelnen. Nur wenn etwas wirklich erlernt wurde, kann es auch in den Arbeitsalltag transferiert werden. Betrachtet man den Mitarbeiter in diesem Lerntransferprozess, so sind die Teilnehmer einer Lernveranstaltung durchgängig vom Lehrenden darin zu unterstützen, dass sie ihr Selbstverständnis als Lernende verändern, Lernkompetenzen entwickeln, Verantwortung für ihr Lernen übernehmen und Lernen als einen aktiven selbstgesteuerten Prozess sehen. Dadurch besteht die Aufgabe des Lehrenden verstärkt darin, Lernsituationen so vorzubereiten und zu gestalten, dass auf die individuellen Lern- und Entwicklungsbedürfnisse der Teilnehmer eingegangen werden kann. Ohne die Einbettung der Weiterbildungsinhalte in einen natürlichen Anwendungskontext mit konkreten Handlungsbezügen ist das nicht möglich.

Zusammengefasst ist ein Gelingen für den Lerntransfer dann gegeben, wenn Lernen:

- als kontinuierlicher, nicht abgeschlossener Prozess begriffen wird,
- der Lernende bereit ist, seinen Lernprozess selbstverantwortlich zu steuern und seine Wirklichkeitskonstruktionen zu überdenken bzw. zu verändern sowie
- die Lehre, vorrangig die praxisnahe Lernbegleitung und nicht die reine Wissensvermittlung ernst nimmt.

Erfolgreiche Personalentwicklung leistet einen erheblichen Beitrag zur Veränderungs- und Anpassungsfähigkeit einer Unternehmung und kann somit auch als ein strategischer Erfolgsfaktor verstanden werden. Darüber hinaus unterstützt eine zielgerichtete Personalentwicklung die langfristige Bindung von Mitarbeitern, indem sie die Motivation, Zufriedenheit und das Leistungspotenzial der Mitarbeiter steigert. Eine erhöhte Mitarbeiterbindung wirkt sich wiederum positiv auf den Unternehmenserfolg aus, da so Wissen und Können als wichtige Wettbewerbsfaktoren im Unternehmen gesichert, Fluktuationskosten und Fehlzeiten reduziert sowie die Produktivität und Rentabilität erhöht werden.

Bildungscontrolling

Das Bildungscontrolling versteht sich als ein Teilbereich des betrieblichen Controllings folglich als Steuerungskonzept des Bildungswesens. Es bezieht alle Planungsschritte einer Weiterbildungsmaßnahme mit ein, um im Funktionszyklus zu bleiben, also von der Bedarfsanalyse bis zur Transfersicherung.

Das Bildungscontrolling betrachtet zwei Seiten, die monetäre und die qualitative Sicht auf eine Bildungsmaßnahme. Vereinfacht formuliert geht es also dabei um Kosten- versus Nutzencontrolling.

Dies wird insbesondere deutlich, wenn aus Vereinfachungsgründen der Kauf einer Maschine betrachtet wird. Zuerst wird die Entscheidung getroffen, ob eine bestimmte Maschine tatsächlich gebraucht wird und welchen Nutzen sie bringen soll. Dann folgen alle Schritte der Beschaffung und zuletzt werden die Kosten betrachtet. Im Idealfall reflektiert das Controlling diesen Entscheidungsprozess und kann die Wirtschaftlichkeit der Investition nachweisen. Vergleichbar kann und sollte der Prozess im Bildungscontrolling ablaufen, dann auch hier gelten die gleichen Prämissen. Bildungscontrolling ist als Begriff in der Praxis häufig negativ besetzt, da immer noch „to control" mit kontrollieren statt mit steuern verbunden wird. In der aktuellen Diskussion wird daher immer häufiger der Begriff Bildungsmanagement verwendet, um eine negative Performanz zu umgehen und der unvorteilhaften semantischen Assoziation entgegenzuwirken.

Beispielhafte Kennzahlen zur Erfassung von Kosten für die Weiterbildung im Rahmen des Bildungscontrollings:

- Weiterbildungskosten in Prozent vom Gesamtumsatz
- Durchschnittliche Kosten jährlicher Weiterbildung pro Beschäftigtem
- Direkte Weiterbildungskosten
- Indirekte Weiterbildungskosten
- Kosten je Weiterbildungstag
- Raum-, Reise-, Verpflegungskosten für Weiterbildungsmaßnahmen
- Bildungsplanungskosten
- Kosten für die Erfolgskontrolle von Bildungsmaßnahmen
- Kosten für die Entwicklung von Weiterbildungsmaßnahmen
- Weiterbildungsinvestitionsfaktor (Weiterbildungskosten gesamt/Summe Vollzeitäquivalente)

In welcher Ausprägung diese Aufzählung noch zu ergänzen ist, hängt von den Bedürfnissen und Anforderungen der eigenen Organisation ab. In der Regel gilt aber auch bei diesen, nur die Kennzahlen auszuwählen, die wirklich gebraucht werden.

Evaluation von Bildungsmaßnahmen

Evaluation hat gerade für den Bildungsbereich eine besondere Bedeutung, da diese eine permanente Verständigung der beteiligten Akteure über Ziel- und Inhaltsfragen erfordert und voraussetzt. Es gibt allerdings keine allgemein gültige Definition von Evaluation. Hilfreich sind synonym verwendete Bezeichnungen wie Erfolgs-, Wirkungs- oder Qualitätskontrolle, aber auch Begleit-, Effizienz- oder Bewertungsbetrachtung. Der englische Begriff „to evaluate" in der Bedeutung von bewerten, begutachten wird im heutigen Sprachgebrauch hilfsweise herangezogen. Unterschiedliche Definitionsversuche zur Evaluation weisen dennoch einige zentrale Bestimmungselemente auf. So ist eine Evaluation zielorientiert und verbunden mit dem Zweck, praktische Maßnahmen zu bewerten, zu legitimieren oder über sie zu befinden. Grundlage hierfür ist eine systematisch gewonnene Datenbasis. Voraussetzungen, Zusammenhänge, Prozesse, aber auch Anforderungen einer Maßnahme werden hierbei betrachtet. Eine Evaluation beinhaltet immer eine Bewertung. Dies bedeutet, dass methodisch gewonnene Daten unter Berücksichtigung von Wertmaßstäben unter Anwendung bestimmter Regeln betrachtet werden sollen. Eine Evaluation bezieht sich auf Bereiche geplanter, durchgeführter und beendeter Maßnahmen. Eine Evaluation ist immer Bestandteil der Entwicklung, Realisierung und Kontrolle von durchgeführten Bildungsmaßnahmen.

Bewertungskriterien einer Evaluation ergeben sich aus nachfolgend aufgeführten Fragen:

1. Was genau soll evaluiert werden?
2. Wer nimmt die Evaluation vor?
3. Wie detailliert wird evaluiert?
4. Womit bzw. woran soll evaluiert werden?

Je nach Unternehmenserfordernis ist eine umfassende, realitätsgetreue und ergebnisorientierte Evaluation gewünscht. In der Praxis werden häufig quantitative Verfahren, z. B. statistische Erhebungen, mit qualitativen Verfahren, z. B. Befragungen, kombiniert. Der Vorteil liegt hierbei in der breiter aufgestellten Datenbasis, mit deren Hilfe genauere Aussagen möglich sein sollen.

Evaluiert wird dabei mit Hilfe von Befragungen, Beobachtungen, Gesprächen, Inhaltsanalysen und Tests. Für die summarische Evaluation werden in erster Linie standardisierte Fragebogen eingesetzt; in der formativen Evaluation überwiegen nicht standardisierte Instrumente wie Gespräche und Diskussionsrunden.

Das Bildungscontrolling kann also als Argumentationshilfe dienen, da dies neben der monetären auch die qualitative Sicht auf Bildungsmaßnahmen fördert.

7.5 Personalanpassung

7.5.1 Grundlagen und Maßnahmen der Personalanpassung

Veränderungen und Anpassungen organisatorischer Art sind fester Bestandteil eines kontinuierlich stattfindenden Organisationsentwicklungsprozesses in Unternehmen. Dabei bedeuten Maßnahmen der **Personalanpassungen** immer eine tiefgreifende Veränderung für die betroffenen Mitarbeiter, aber auch für das Unternehmen in Gänze. Ob diese Maßnahmen als Personalumstrukturierung, Personalabbau, Kündigungen,

Downsizing oder anders bezeichnet werden, ist dabei nebensächlich. Vor dem Ausspruch einer Kündigung sollte ggf. auch die Suche nach alternativen Einsatzmöglichkeiten für Mitarbeiter zu bedenken sein. Durch personelle Anpassungen entsteht in einem Unternehmen immer eine Dynamik, die es zu lenken gilt. Denn auch in Maßnahmen zur Personalanpassung können Chancen für Mitarbeiter wie auch Unternehmen liegen. Es gilt, diese Chancen zu erkennen und nutzbringend für alle Betroffenen einzusetzen.

7.5.2 Gründe und Herausforderungen der Personalanpassung

Übersteigt der aktuelle Personalbestand den Personalbedarf oder ist offensichtlich, dass dieser Umstand eintreten wird, so sind Personalanpassungsmaßnahmen einzuleiten. Es liegt somit ein Personalüberhang vor, der auch als negativer Nettopersonalbedarf bezeichnet wird.

Die Personalanpassung umfasst dabei alle Maßnahmen, mit denen der Personalüberhang in qualitativer, quantitativer, örtlicher und zeitlicher Hinsicht abgebaut wird.

Personalanpassung bezeichnet auf das Unternehmen bezogen die Verminderung des personellen Produktivitätspotenzials eines Unternehmens. Daneben wird der Begriff auch für personelle Einzelmaßnahmen verwendet, deren Ziel die Beendigung von Arbeitsverhältnissen ist.

Um die Notwendigkeit einer Personalanpassungsmaßnahme zu beurteilen, müssen die Ursachen, die zu einem Personalüberhang geführt haben, zuerst einmal analysiert werden. Ergebnis der Analyse kann sein, dass eine reaktive oder eben auch eine antizipative Personalanpassungsmaßnahme erforderlich ist.

Für das Entstehen eines Personalüberhanges kann es unterschiedlichste Gründe geben. So hat ein konjunkturbedingter Absatzrückgang gravierende Folgen für das Unternehmen. In Zeiten allgemein schwacher Nachfrage kann weniger abgesetzt werden, als das Unternehmen mit seiner Belegschaft produzieren könnte.

Saisonaler Absatzrückgang bedingt, dass jahreszeitlich wechselnde Zeiten starker und schwacher Nachfrage ausgeglichen werden müssen.

Eine strategische Neuausrichtung kann Veränderungen im Leistungsangebot des Unternehmens bedeuten und führt ggf. zu notwendigen Änderungen der Belegschaftsstruktur. Auch gravierende technische Änderungen in Form neuer technischer Anforderungen ändern die Anforderungen an Kompetenzprofile der Mitarbeiter Eventuell werden Mitarbeiter mit bestimmten Qualifikationen nicht mehr im Unternehmen benötigt.

Werden Betriebsteile stillgelegt oder kommt es zu Schließungen von Betrieben oder Betriebsteilen, wird der Personalbestand auf null reduziert und es ist erforderlich, dass Personalanpassungsmaßnahmen eingeleitet werden.

Aber durch Fehler des Managements in der Personalplanung können Personalanpassungen erforderlich werden. Planungsfehler entstehen dann, wenn ein zukünftiger zu hoher Personalbedarf prognostiziert wird oder aber der vorhandene Personalbestand zu gering angesetzt wird In der Folge wird Personal aufgebaut und beschäftigt, für das aber in der Zukunft keine Arbeit mehr vorhanden ist.

Hierbei werden Maßnahmen zur Personalanpassung verbunden mit oder ohne Personalabbau unterschieden. Maßnahmen ohne Personalabbau zielen darauf ab, das zur

Verfügung stehende Arbeitskräftepotenzial des Unternehmens zu vermindern, ohne Kündigungen auszusprechen. Maßnahmen mit Personalabbau beenden dagegen die Zusammenarbeit mit einem oder mehreren Mitarbeitern.

Eine der anspruchsvollsten Managementaufgaben liegt in der Beendigung von Arbeitsverhältnissen. Hier gilt es besondere Herausforderungen zu meistern:

- Der Verlust des Arbeitsplatzes wird von Psychologen auch zu den Critical Life Events (kritische Lebensereignisse) gezählt. Das Beschäftigungsverhältnis sichert für Mitarbeiter als finanzielle Erwerbsquelle den Lebensstandard. Eine Beendigung des Arbeitsverhältnisses bedeutet für betroffene Mitarbeiter existenzielle Ängste und die Sorgen vor sozialem Abstieg.
- Mitarbeiter gehen davon aus, dass eine hohe Leistungsbereitschaft den eigenen Arbeitsplatz sichert. Kommt es dennoch im Unternehmen zu Kündigungen, wird die bisherige Leistungsbereitschaft nicht nur von Betroffenen, sondern auch von verbleibenden Mitarbeitern in Frage gestellt. Nach Kündigungswellen sind Leistungseinbrüche der verbleibenden Mitarbeiter eines Unternehmens keine Seltenheit.
- Personalanpassungen im größeren Umfang werden nicht nur intern, sondern auch extern in der Öffentlichkeit durch die Medien wahrgenommen. Das Image des Unternehmens kann durch Kündigungswellen nachhaltig Schaden nehmen und zu einem Attraktivitätsverlust als Arbeitgeber führen.
- Mit jedem Mitarbeiter, den ein Unternehmen verliert, geht auch ein Kompetenzträger verloren. Insbesondere langjährige, gut ausgebildete Mitarbeiter tragen mit ihrem Weggang zu einem Verlust von Erfahrungswissen bei.
- Personalabbaumaßnahmen sind mit erheblichem finanziellen Aufwand verbunden. Neben Abfindungszahlungen und einem Sozialplan sind auch Training und Beratungskosten sowie Arbeitsgerichtskosten zu berücksichtigen. Dies sind dabei die direkten Kosten. Daneben existieren noch die verdeckten Kosten, wie z. B. Vertretungskosten, Fehlerquoten, Fluktuation, Loyalitäts- und Vertrauensverluste, Imageverluste bei Kunden.
- Folgt nach Reorganisationsmaßnahmen mit Personalfreisetzungen eine Belebung der Auftragssituation, kann es zu Einstellungsbedarfen kommen. Die zuvor freigesetzten Mitarbeiter müssen dann am Markt teuer wieder rekrutiert werden.

Bevor ein Unternehmen zu Maßnahmen der Personalanpassung mit Personalabbau greift, sollten grundsätzlich alternative Maßnahmen der Personalanpassung ohne Personalabbau geprüft werden. Die dargestellten Herausforderungen zeigen deutlich auf, dass Entlassungen immer nur das letzte Mittel sein sollten.

7.5.3 Maßnahmen der Personalanpassung ohne Personalabbau

Maßnahmen der **Personalanpassung ohne Personalabbau** können dann ergriffen werden, wenn ein Unternehmen bezüglich der Arbeitsauslastung temporären Schwankungen unterlegen ist, die langfristig allerdings wieder eine Zunahme der Auslastung erwarten lassen.

Maßnahmen der Personalanpassung ohne Personalabbau sind organisatorische oder personalpolitische Maßnahmen, die auf eine Umverteilung der vorhandenen Arbeit auf die Beschäftigten des Unternehmens abzielen. So sollen Kündigungen seitens des Arbeitgebers vermieden werden.

Mit der Personalanpassung wird eine Umverteilung der Arbeitslast bzw. eine Reduktion des Personalüberhanges angestrebt. Hierbei können unternehmens- und personalpolitische, qualitative sowie quantitative Maßnahmen zur Personalanpassung herangezogen werden.

Unternehmens- und personalpolitische Maßnahmen bedingen ein aktives Eingreifen der Unternehmensführung, um drohende Anpassungsmaßnahmen abzufedern.

7.5.4 Maßnahmen der Personalfreisetzung mit Personalabbau

Ist ein Rückgang des Personalbedarfes nicht nur temporär oder kann dieser mit alternativen Maßnahmen zur Minderung des Personalüberhanges nicht schnell genug abgebaut werden, muss auf die Maßnahmen der **Personalanpassung mit Personalabbau** durch z. B. Kündigung zurückgegriffen werden. Hierbei ist besonders darauf zu achten, dass die richtigen Kündigungsfristen bei jeder einzelnen Kündigung beachtet werden. An jedem Beendigungszeitpunkt des jeweiligen Arbeitsverhältnisses orientieren sich wiederum Fristen, wie z. B. der Bezug von Arbeitslosengeld.

Maßnahmen der Personalanpassung mit Personalabbau haben eine quantitative Verringerung des Mitarbeiterbestandes zum Ziel. Hierbei wird das Arbeitsverhältnis einzelner Beschäftigungsverhältnisse oder auch von Mitarbeitergruppen durch eine einseitige Willenserklärung des Arbeitgebers beendet.

Auch die Nichtverlängerung von befristeten Arbeitsverträgen fällt unter den Begriff der Maßnahmen mit Personalabbau. Diese sind rechtlich allerdings unproblematisch, da die Arbeitsverträge im beiderseitigen Einvernehmen von vornherein nur für eine bestimmte Zeitspanne abgeschlossen wurden. Ähnliches gilt für die Nichtweiterführung von Arbeitnehmerüberlassungen.

Der Arbeitgeber beendet mit einer Kündigung das Arbeitsverhältnis. Diese Kündigung muss immer schriftlich erfolgen und dem Arbeitnehmer als Empfänger zugegangen sein.

Der schwerwiegenden Folgen eines Arbeitsplatzverlustes Rechnung tragend hat der Gesetzgeber klare Regelungen zum Kündigungsschutz geschaffen.

Der allgemeine Kündigungsschutz gilt für alle Arbeitnehmer. Er ergibt sich aus den Kündigungsfristen des Bürgerlichen Gesetzbuches (BGB) sowie den Regelungen des Kündigungsschutzgesetzes (KSchG).

Daneben gibt es besondere Personengruppen, für die eigene Schutzvorschriften gelten. Dies sind Schwangere und Mütter, die beispielsweise bis zu einem Zeitraum von vier Monaten nach der Entbindung vor Entlassungen geschützt sind (§ 9 Mutterschutzgesetz), schwerbehinderte Arbeitnehmer, die einen besonderen Schutz durch § 85 SGB IX erfahren, und Organe der Betriebsratsverfassung (z. B. Betriebsratsmitglieder, Personalvertreter), die durch § 15 KSchG einen besonderen Schutz genießen.

Ordentliche und außerordentliche Kündigung

Bei Kündigungen wird immer zwischen zwei Arten der Kündigung unterschieden, der ordentlichen (fristgemäße) Kündigung und der außerordentlichen (fristlose) Kündigung.

Eine **ordentliche Kündigung** ist eine Kündigung unter Einhaltung einer gesetzlichen, tarifvertraglich oder einzelvertraglich vereinbarten Kündigungsfrist.

Die ordentliche Kündigung oder auch fristgemäße Kündigung benötigt keine wichtigen Gründe, um ausgesprochen zu werden. Hier ist in erster Linie zu beachten, dass die Kündigungsfristen eingehalten werden. Wie lang diese Fristen sind, ist im Einzelfall zu prüfen. Innerhalb der Probezeit besteht eine kürzere Kündigungsfrist. Diese beträgt, so keine abweichende Regelung getroffen wurde, zwei Wochen. Abweichende Vereinbarungen können zwischen Arbeitgeber und Arbeitnehmer im Arbeitsvertrag festgeschrieben werden. Jedoch darf diese Zwei-Wochenfrist nicht unterschritten werden.

Die Probezeit muss ausdrücklich vereinbart sein und darf eine Dauer von sechs Monaten nicht überschreiten. Wichtig ist auch, dass bei einer Probezeitkündigung kein Kündigungstermin eingehalten werden muss. Zu beachten ist allerdings, dass die Kündigung innerhalb der vereinbarten Probezeit dem Kündigungsempfänger, also demjenigen, der die Kündigung erhalten soll, zugeht. Das Ende der Kündigungsfrist kann gemäß der gängigen Rechtsprechung des BAG auch durchaus nach dem Ende der Probezeit liegen.

Die Kündigungsfrist beginnt am Tag nach Zugang der Kündigung. Zugang bedeutet dabei, dass der Empfänger der Kündigung diese zur Kenntnis genommen hat oder zur Kenntnis nehmen konnte.

Eine **außerordentliche Kündigung** ist eine Kündigung aus wichtigem Grund, die ohne Einhaltung einer Frist oder mit einer sog. Auslauffrist ausgesprochen wird.

Bei der außerordentlichen Kündigung eines Arbeitsverhältnisses muss grundsätzlich keine Kündigungsfrist eingehalten werden. Allerdings ist das Vorliegen eines besonderen Grunds zwingend. Dieser Grund muss so gravierend sein, dass eine Fortsetzung des Arbeitsverhältnisses nicht zumutbar ist.

Zumeist liegen diese Gründe in erheblichen Pflichtverletzungen des Arbeitsvertrages. So können bei Arbeitnehmern Arbeitsverweigerung, Verdacht auf Straftaten, die sich auf das Arbeitsverhältnis auswirken, grobe Beleidigungen oder auch das Drohen mit einer Arbeitsunfähigkeit Gründe sein, die den Arbeitgeber berechtigen, eine fristlose Kündigung auszusprechen. Die Rechtsprechung zu Kündigungsgründen ist äußerst vielfältig. In vielen Fällen wird vom Arbeitgeber vor Ausspruch einer Kündigung eine Abmahnung gefordert.

Aber auch der Arbeitnehmer darf fristlos kündigen. Ein Kündigungsrecht kann z. B. dann bestehen, wenn der Arbeitgeber die Gesundheit des Arbeitnehmers gefährdet, indem er z. B. Arbeitsschutzvorschriften missachtet. Bei Zahlungsrückstand des Arbeitgebers mit den Lohnforderungen ist nur dann eine fristlose Kündigung möglich, wenn der Lohnrückstand sehr erheblich ist und der Arbeitnehmer den Arbeitgeber vorher erfolglos gemahnt hat.

Der allgemeine Kündigungsschutz wird durch das Kündigungsschutzgesetz beschrieben. Allerdings greift dieser nicht für Beschäftigte in Kleinbetrieben.

Als Kleinbetrieb gelten Betriebe, in denen in der Regel nicht mehr als zehn Beschäftigte in Vollzeit arbeiten (§ 23 Abs. 1 Kündigungsschutzgesetz). Bei der Berechnung der Zahl der Vollzeitbeschäftigten werden Teilzeitbeschäftigte nur anteilig berücksichtigt.

Bei einer Arbeitszeit

- bis zu 20 Wochenstunden mit 0,5,
- bis zu 30 Wochenstunden mit 0,75 und
- über 30 Wochenstunden mit 1.

Auszubildende werden nicht mitgezählt.

Beschäftigte, deren Arbeitsverhältnis bereits vor dem 1.1.2004 bestanden hat, haben Kündigungsschutz nach dem KSchG, wenn ihr Arbeitgeber mindestens sechs Beschäftigte am 31.12.2003 und später hatte. Beschäftigte, deren Arbeitsverhältnis nach dem 31.12.2003 begonnen hat, werden dabei nicht mitgezählt.

Der Kündigungsschutz gemäß § 1 Abs. 1 KSchG setzt außerdem voraus, dass das Arbeitsverhältnis in demselben Betrieb oder Unternehmen ohne Unterbrechung länger als sechs Monate bestanden hat.

Allgemeiner Kündigungsschutz heißt, die Kündigung muss sozial gerechtfertigt sein. Wann eine Kündigung sozial gerechtfertigt ist, bestimmt das Gesetz. Eine sozial ungerechtfertigte Kündigung ist unwirksam.

Die Kündigung des Arbeitsverhältnisses kann sozial gerechtfertigt sein, wenn sie

- durch Gründe bedingt ist, die in der Person oder im Verhalten des Arbeitnehmers liegen, oder
- durch dringende betriebliche Erfordernisse bedingt ist, die einer Weiterbeschäftigung des Arbeitnehmers entgegenstehen (§ 1 Abs. 2 Satz 1 KSchG).

Eine betriebsbedingte Kündigung ist sozial ungerechtfertigt, wenn die Kündigung

- gegen eine Richtlinie nach § 95 des Betriebsverfassungsgesetzes (BVerfG) verstößt

oder

- der Arbeitnehmer an einem anderen Arbeitsplatz in demselben Betrieb oder in einem anderen Betrieb des Unternehmens weiterbeschäftigt werden kann und
- der Betriebsrat aus einem dieser Gründe der Kündigung binnen einer Frist von einer Woche nach § 102 des Betriebsverfassungsgesetzes schriftlich widersprochen hat (§ 1 Abs. 2 Kündigungsschutzgesetz)

oder

- der Arbeitgeber bei der Auswahl des Arbeitnehmers die Dauer der Betriebszugehörigkeit, das Lebensalter, die Unterhaltspflichten und die Schwerbehinderung des Arbeitnehmers nicht ausreichend berücksichtigt hat (§ 1 Abs. 3 Kündigungsschutzgesetz – Sozialauswahl).

Die Richtlinie nach § 95 Betriebsverfassungsgesetz sieht vor, dass Arbeitgeber und Betriebsrat in einer Betriebsvereinbarung Auswahlrichtlinien für Kündigungen vereinbaren können. In der überwiegenden Praxis werden hier für den Fall betriebsbedingter Kündigungen die zu beachtenden sozialen Gesichtspunkte festgelegt und ihr Verhältnis zueinander gewichtet.

Dies kann etwa in Form sogenannter Punktetabellen geschehen, in denen den gesetzlichen Sozialauswahlkriterien eine bestimmte Anzahl von Punkten zugeordnet werden. Danach müssen bei der Sozialauswahl folgende Kriterien berücksichtigt werden:

- Dauer der Betriebszugehörigkeit,
- Lebensalter,

- bestehende Unterhaltsverpflichtungen und
- Schwerbehinderung des Arbeitnehmers/der Arbeitnehmerin.

Die Anzahl der Gesamtpunktezahl des jeweiligen Mitarbeiters entscheidet dann über den Grad der sozialen Schutzwürdigkeit. Daneben finden sich vielfach auch Regeln über die Bestimmung des Kreises der vergleichbaren Arbeitnehmer mit gleichartigen Tätigkeiten, unter denen die Sozialauswahl vorgenommen wird.

Personenbedingte Kündigung

Der häufigste Fall der personenbedingten Kündigung ist die krankheitsbedingte Kündigung. Hierbei wird zwischen Kündigungen wegen häufiger Kurzzeiterkrankungen und Langzeiterkrankungen unterschieden.

Darüber hinaus können beispielsweise der Wegfall einer erforderlichen Berufsausübungserlaubnis, die fehlende fachliche oder persönliche Eignung, Arbeitsverhinderung wegen der Ableistung einer Gefängnisstrafe oder eine fehlende Arbeitserlaubnis bei Ausländern Gründe für eine personenbedingte Kündigung darstellen.

Neben einem kündigungsrelevanten Sachverhalt müssen noch weitere Voraussetzungen erfüllt sein, damit eine wirksame personenbedingte Kündigung gegeben ist. Dies sind:

- **Erhebliche Beeinträchtigung vertraglicher oder betrieblicher Interessen:** Die Auswirkungen der Minderleistung des Arbeitnehmers müssen nachweisbar sein. Der Arbeitgeber muss außergewöhnliche und ihm nicht zumutbare Belastungen geltend machen, die ihm durch die Arbeitsunfähigkeit des Mitarbeiters entstehen. Bei kleineren Unternehmen, die krankheitsbedingte Ausfälle oft nicht leicht kompensieren können, kommen hier beispielsweise Störungen im Betriebsablauf in Betracht. Den Stillstand von Maschinen oder die Überlastung des verbleibenden Personals aufgrund des Ausfalles muss der Arbeitgeber also nicht ohne Weiteres hinnehmen. Allerdings muss der Arbeitgeber nachweisen, dass eine ausreichende Personalreserve vorhanden ist, die einzelne Krankheitsfälle von Mitarbeitern auffangen kann. Daneben können auch wirtschaftliche Belastungen eine erhebliche Beeinträchtigung für den Arbeitgeber darstellen. Das ist z. B. der Fall, wenn ihn bei mehreren Kurzzeiterkrankungen des Mitarbeiters, die nicht miteinander in Zusammenhang stehen, eine Entgeltfortzahlungspflicht von mehr als sechs Wochen pro Jahr trifft (bei einer langandauernden Krankheit ist die Entgeltfortzahlung ohnehin auf sechs Wochen begrenzt).
- **Negativprognose:** Der Arbeitgeber soll durch die Kündigung die Möglichkeit haben, sich vor künftigen unzumutbaren Belastungen zu schützen. Dies gilt insbesondere dann, wenn davon auszugehen ist, dass der Arbeitnehmer seine Leistung in Zukunft mit großer Sicherheit ganz oder teilweise nicht erbringen kann.
- **Vorrangige mildere Mittel:** Eine personenbedingte Kündigung ist nur dann gerechtfertigt, wenn dem Arbeitgeber zur Verfolgung seiner betrieblichen oder vertraglichen Ziele kein milderes Mittel zur Verfügung steht.

  Ein Beispiel für ein derartiges milderes Mittel ist das betriebliche Eingliederungsmanagement bei krankheitsbedingter Kündigung. Sind Beschäftigte innerhalb eines Jahres länger als sechs Wochen ununterbrochen oder wiederholt arbeitsunfähig, hat der Arbeitgeber gemäß § 84 Abs. 2 SGB IX das sogenannte betriebliche Eingliederungsmanagement (BEM) durchzuführen.

Die Durchführung des BEM ist im Fall einer möglichen krankheitsbedingten Kündigung regelmäßig als vorrangige Intervention vor Ausspruch der Kündigung erforderlich. Der Arbeitgeber muss den Mitarbeiter zudem im Vorfeld über die Ziele und den Umfang des BEM hinweisen und ausreichend aufklären.

Da das BEM für den Arbeitnehmer freiwillig ist, kann es nur nach dessen Zustimmung durchgeführt werden. Lehnt der Arbeitnehmer ein BEM ab, muss er in einem späteren Kündigungsschutzprozess jedoch selbst darlegen und beweisen, dass für ihn doch noch eine leidensgerechte Weiterbeschäftigungsmöglichkeit besteht.

Verzichtet der Arbeitgeber hingegen auf die Durchführung eines BEM, so muss er bei einer späteren Kündigung aus krankheitsbedingten Gründen beweisen, dass der Arbeitsplatz auch mit Durchführung eines BEM nicht hätte erhalten werden können. In der Praxis dürfte sich dies oft als schwierig darstellen.

- **Interessenabwägung:** Sind alle anderen Voraussetzungen gegeben, muss der Arbeitgeber schließlich noch eine Interessenabwägung vornehmen, an deren Ende die Interessen des Arbeitgebers die des Arbeitnehmers überwiegen müssen. Dabei sollten insbesondere folgende Aspekte berücksichtigt werden:
  - Dauer der Betriebszugehörigkeit des Mitarbeiters
  - Der bisherige evtl. fehlerfreie Verlauf des Arbeitsverhältnisses
  - Alter des Mitarbeiters und ggf. Unterhaltsverpflichtungen
  - Maßgeblicher Zeitpunkt für die Beurteilung der Voraussetzungen ist der Zugang der Kündigung beim Arbeitnehmer. Unbeachtlich ist deshalb alles, was danach passiert, wie beispielsweise etwaige ärztliche Therapien.

Verhaltensbedingte Kündigung

Eine fristlose Kündigung kann immer nur eine verhaltensbedingte Kündigung sein. Das Gesetz verlangt für eine fristlose Kündigung einen wichtigen Grund, der so schwerwiegend ist, dass den Arbeitsvertragsparteien eine Fortsetzung des Arbeitsverhältnisses bis zum Ende der Kündigungsfrist unter Berücksichtigung aller Umstände des Einzelfalles und unter Abwägung der Interessen beider Seiten nicht mehr zugemutet werden kann (§ 626 Bürgerliches Gesetzbuch).

Eine fristlose Kündigung kann ferner nur ausgesprochen werden, wenn zwischen der Kenntnisnahme des wichtigen Grundes und dem Ausspruch der Kündigung nicht mehr als zwei Wochen verstrichen sind. Auf Verlangen muss der Kündigungsgrund dem Gekündigten unverzüglich schriftlich mitgeteilt werden (§ 626 Abs. 2 BGB).

Eine verhaltensbedingte Kündigung setzt grundsätzlich eine Abmahnung voraus. Mit der Abmahnung wird das Vorliegen eines Verstoßes angezeigt und auf die Konsequenzen für den Fall einer Wiederholung hingewiesen. Eine einmalige Abmahnung wegen eines konkreten Verhaltens reicht im Vorfeld der Kündigung aus. Wichtig ist, dass sich Abmahnung und Kündigung auf das gleiche bzw. ein gleichartiges Verhalten beziehen. Für weiteres Fehlverhalten sind jeweils eigenständige Abmahnungen mit der Aufführung von Konsequenzen erforderlich.

Betriebsbedingte Kündigung

Will ein Unternehmen betriebsbedingte Kündigungen aussprechen, so sind zu den allgemeinen Voraussetzungen noch weitere Sachverhalte darzulegen. So müssen betriebliche Erfordernisse vorliegen, die im Ergebnis zu einer Verringerung des Bedarfes an Arbeitsleistungen führen. Dies wäre dann der Fall, wenn ein Unternehmen Filialen oder Abteilungen schließen müsste oder sich Arbeitsabläufe so gravierend ändern würden, dass bestimmte Arbeitsplätze entbehrlich werden. Diese Entscheidung zu treffen, obliegt dem Unternehmen gemäß des Grundsatzes der freien Unternehmerentscheidung und ist von Arbeitsgerichten nur begrenzt überprüfbar. Es kann nur bewertet werden, ob eine Unternehmensentscheidung offensichtlich unsachlich, unvernünftig oder willkürlich war. Ferner kann das Gericht prüfen, ob durch die Maßnahme wirklich das Beschäftigungsbedürfnis des Arbeitgebers für die Arbeitnehmer entfallen ist.

Dringliche betriebliche Erfordernisse könnten demnach sein

- Rationalisierungsmaßnahmen, wie Personalreduzierungen durch Leistungsverdichtung,
- Änderungen des Anforderungsprofiles für einen Arbeitsplatz,
- Übertragung von bestimmten Arbeiten auf einen Subunternehmer (Outsourcing).

Weiterhin gilt es darzulegen, dass es für das Unternehmen keine Möglichkeit gibt, den Arbeitnehmer auf einem anderen Arbeitsplatz weiterzubeschäftigen. Eine Weiterbeschäftigung wäre dann möglich, wenn sie für den Arbeitnehmer und den Arbeitgeber durchführbar und zumutbar ist. Dafür müsste im Unternehmen ein freier und vergleichbarer Arbeitsplatz vorhanden sein, für welchen der Arbeitnehmer ausreichend qualifiziert ist.

Als frei ist ein Arbeitsplatz anzusehen, wenn er zum Zeitpunkt der Kündigung nicht durch einen Mitarbeiter besetzt ist, innerhalb oder kurz nach der Kündigungsfrist frei wird. Besteht im Unternehmen ein solcher Arbeitsplatz, ist es dem Arbeitgeber untersagt, im Kündigungszeitraum externe Bewerber zur Besetzung dieses Arbeitsplatzes einzustellen. Als frei gilt prinzipiell auch jeder Arbeitsplatz, der im Kündigungszeitraum von einem Mitarbeiter im Rahmen der Arbeitnehmerüberlassung besetzt ist.

Vergleichbar ist ein Arbeitsplatz, wenn der Arbeitnehmer aufgrund seiner Fähigkeiten und Qualifikationen zur Bewältigung der Arbeitsleistung fähig ist. Die Kriterien hierfür kann der Arbeitgeber im Rahmen seines unternehmerischen Ermessens festlegen.

Schließlich muss der Arbeitgeber bei der Auswahl des gekündigten Arbeitnehmers soziale Gesichtspunkte ausreichend berücksichtigen, d. h., er darf keinen Fehler bei der Sozialauswahl machen (§ 1 Abs. 3 Kündigungsschutzgesetz – Sozialauswahl).

Nach der gängigen Rechtsprechung müssen alle Voraussetzungen vorliegen, damit eine betriebsbedingte Kündigung wirksam ist. Fehlt auch nur eine dieser Voraussetzungen, ist die Kündigung unwirksam.

Abfindung

Die Mitarbeiter haben bei Kündigungen grundsätzlich keinen Anspruch auf eine Abfindung, es sei denn, dies ist im Sozialplan ausdrücklich vereinbart oder das Arbeitsgericht hat im Rahmen eines Kündigungsschutzprozesses den Arbeitgeber zur Zahlung einer Abfindung verurteilt.

Beteiligungsrechte des Betriebsrates nach § 102 BetrVG

Vor Ausspruch einer personenbedingten Kündigung muss der Arbeitgeber nach § 102 BetrVG den Betriebsrat anhören und ihm dabei alle Umstände der Kündigung mitteilen. Dieser hat anschließend eine Woche Zeit, zu widersprechen. Äußert sich der Betriebsrat innerhalb dieser Zeit nicht, so gilt seine Zustimmung als erteilt.

Der Arbeitgeber kann die Kündigung grundsätzlich trotz eines Widerspruches des Betriebsrates aussprechen. Erhebt der gekündigte Arbeitnehmer jedoch daraufhin eine Kündigungsschutzklage, so kann dieser verlangen, bis zum rechtskräftigen Abschluss des Kündigungsschutzverfahrens zu unveränderten Arbeitsbedingungen weiterbeschäftigt zu werden.

Anzeigepflichtige Entlassungen (Massenentlassung)

Das Recht des Arbeitgebers, Massenentlassungen nach freier Entscheidung durchzuführen, wird durch §§ 17ff KSchG legitimiert.

7.5.5 Praxisorientierte Handlungsfelder

Personalanpassungen sind wegen ihrer materiellen und existenziellen Bedeutung für die Betroffenen mit massiven Emotionen verbunden. Daher sind Unternehmen gut beraten, den Trennungsprozess vorzubereiten und strukturiert durchzuführen. Dies nicht nur vor dem Hintergrund, dass eine ausgesprochene Kündigung dem Mitarbeiter gegenüber klar formuliert wird. Auch gilt es zu beachten, dass ein Unternehmen im Rahmen eines Trennungsprozesses möglichst wenig Image-Schaden nimmt und nicht nur dem gekündigten Mitarbeiter Lösungswege aufgezeigt werden, sondern auch Erklärungsansätze für die verbleibenden Mitarbeiter bereitstehen.

Trennungsmanagement

Eine besonders schwierige Herausforderung für Personalverantwortliche liegt in der Umsetzung des **Trennungsmanagements**. Unter dem Begriff Trennungsmanagement können alle betrieblichen Maßnahmen zur Handhabung von Personalbestandsreduktionen zusammengefasst werden.[28]

Dem ständigen Wandel unterliegende dynamische Märkte schaffen für Unternehmen immer wieder Situationen, sich aufgrund unterschiedlicher Personalbedarfe von Mitarbeitern trennen zu müssen. Auf die veränderten Anforderungen zu reagieren, kommt somit immer wieder und immer häufiger vor. Trennungsmanagement ist damit Teil des Unternehmensalltages. Die Auswirkungen für alle an diesem Prozess beteiligten Akteure allerdings werden immer noch unterschätzt. Einem langjährigen Mitarbeiter zu kündigen oder im Unternehmen wertgeschätzte Kollegen entlassen zu müssen, ist eine besonders fordernde Aufgabe. Ohne eine professionelle Vorbereitung können Stress, Unsicherheit, Konflikte im Unternehmen oder sogar traumatische Situationen die Folge sein. Hier gilt es für Unternehmen wie Führungskräfte gleichermaßen, eine Form der Kultur zu entwickeln, die ein adäquates Umgehen mit dieser besonderen Situation schafft.

Trennungskultur

„**Trennungskultur** ist die Summe aller Regeln und Maßnahmen, die zu Fairness und Professionalität bei Trennungen und Veränderungen in Unternehmen führen.“[29]

Unternehmen und ihre Führungskräfte sollten eine Trennungskultur entwickeln. Darunter ist zu verstehen, dass die im Rahmen einer Personalfreisetzung notwendigerweise zu führenden Kommunikationsvorgänge in einer Art ablaufen, die als ehrlich, menschlich, von Respekt geprägt und als empathisch gekennzeichnet werden kann.

Das Thema Trennungsmanagement betrachtet viele unterschiedliche Aspekte in einem ausgesprochen dynamischen und komplexen System. Durch das Zusammenwirken verschiedener betroffener Akteure wird der hoch emotionale Prozess der Trennung zu einer Herausforderung für alle Beteiligten. Um diesen Prozess angemessen zu gestalten, bedarf es einer reflektierten Herangehensweise und Vorbereitung des Trennungsmanagements.

Wann ist Trennungsmanagement gelungen?

Entlassungen, die auf einem Sozialplan mit Interessenausgleich beruhen, sind klar formuliert und in ihrem Ergebnis final. Hierbei gibt es für den gekündigten Mitarbeiter wenig Verhandlungsspielraum. Anders gestaltet sich die Trennung von einem Mitarbeiter aus anderen Gründen. Ohne die Bereitschaft des Mitarbeiters, einem Trennungsprozess zuzustimmen, ist eine einseitige Beendigung des Arbeitsverhältnisses schwierig. Ziel eines Trennungsgespräches ist also, eine einvernehmliche Lösung zu finden. Ein gelungenes Trennungsmanagement beachtet hierbei die Würde des Menschen und hat ein Interesse daran, dass alle am Trennungsprozess Beteiligten stabil und mit möglichen geringen Verletzungen und Schäden aus dem Prozess hervorgehen. Ein Trennungsmanagement kann dann als gelungen betrachtet werden, wenn alle Akteure mit dem Ergebnis zufrieden sind und mit den Konsequenzen leben können. Dies beinhaltet auch die Beachtung der verbleibenden Mitarbeiter. Denn jeder ausscheidende Mitarbeiter hinterlässt nicht nur eine organisationsbedingte Lücke, sondern vielmehr noch eine soziale Lücke im Beziehungsgeflecht des Unternehmens.

Wie kann also Trennungsmanagement gelingen?

Trennungsmanagement ist eine Führungsaufgabe und obliegt damit der Führungskraft. Das Trennungsgespräch ist von der Führungskraft zu gestalten und zu führen. Um ein zielführendes Gespräch führen zu können, bedarf es einer optimalen inhaltlichen Vorbereitung. Jedes Gespräch ist anders und dennoch gilt für alle Gespräche, dass der Trennungswunsch klar und unmissverständlich formuliert wird. Trennungsgespräche sind Teil des unternehmerischen Alltags und damit Teil der Organisationsentwicklung des Unternehmens. Im Unternehmen sollte also ein einheitlicher Sprachgebrauch geführt werden. Das Trennungsgespräch sollte in respektvoller und wertschätzender Art gestaltet werden. Keinesfalls sollte der Mitarbeiter im Gesprächsverlauf gedemütigt oder unter Druck gesetzt werden. Ebenfalls ist die Androhung von Repressalien nicht opportun. Das Trennungsgespräch kann vielmehr als eine Art Motivationsgespräch betrachtet werden, da der zu kündigende Mitarbeiter über die Führungskraft zu einem Einvernehmen motiviert werden soll.

Wo liegen die größten Herausforderungen für die Führungskräfte?

Nicht alle Führungskräfte sind auf Trennungsgespräche vorbereitet und in dem Umgang mit einer derartigen Belastungssituation geübt. Führungskräfte in Trennungssituationen berichten immer wieder über das Auftreten von Stresssymptomen, wie Schlafstörungen, Kopfschmerzen und Bluthochdruck. So hat Kastner diese psychischen Reaktionen durch die Dynaxität als Mischung aus Dynamik und Komplexität als Ursache für die Belastungen heutiger Führungskräfte ausgemacht.[30] Im Jahre 1998 berichtete ein amerikanischer Herzspezialist aus Boston von Patienten, die einen Herzinfarkt überlebt haben. Auf Nachfrage zu Ursachen des Infarktes nannten diese hohen Zeitdruck und die Notwendigkeit, eine Kündigung auszusprechen.[31]

Im Trennungsgespräch gilt für Führungskräfte, sich bewusst auf die anstehende Stresssituation vorzubereiten. Dies beinhaltet auch, eine reflektierte Haltung zur eigenen Rolle im Trennungskontext zu finden. Die Führungskraft sollte authentisch bleiben und die anstehenden Reaktionen des Gesprächspartners aushalten können. Eine gute Vorbereitung, z. B. durch Workshops oder durch den Erfahrungsaustausch mit anderen Führungskräften, kann die notwendige Sicherheit geben. Empathie und Einfühlungsvermögen in die Situation des Gegenübers erleichtern den Zugang zum Gesprächspartner.

Wie kann die Rolle der Führungskraft durch die Personalabteilung unterstützt werden?

Gerade im Trennungsprozess steht die Personalabteilung vor vielfältigen Herausforderungen. In erster Linie fungiert sie

- als strategischer Berater für die Unternehmensleitung,
- als Unterstützer für die Führungskräfte,
- als Ansprechpartner für die Mitarbeiter und Personalvertretung und
- als Arbeitgebervertreter vor Gericht,

also als Experte in Sachen Personalmanagement. Dennoch bleibt das Trennungsgespräch Auftrag der Führungskraft. Die Personalabteilung hat ihre Aufgabe vorrangig in der Beratung und Unterstützung der Führungskraft. Zunächst einmal muss die Führungskraft befähigt werden, Trennungsprozesse reflektiert und strukturiert durchführen zu können. Dies ist Aufgabe der Personalentwicklung, denn das Trennungsmanagement ist auch Organisationsentwicklung. Durch Vorbereitungsveranstaltungen und Workshops können Gesprächssituationen simuliert und eingeübt werden. Dies gibt der Führungskraft Sicherheit für die anstehenden Gespräche. Empfehlenswert ist, das Trennungsgespräch als Personaler gemeinsam mit der Führungskraft zu führen. So kann im Gesprächsverlauf auch die arbeitsrechtliche Komponente dargestellt werden und der Personaler mit seiner Expertise beratend unterstützen.

In der Regel werden weitere Gesprächstermine angesetzt, um im Ergebnis eine tragfähige Lösung zu finden. Die Personalabteilung ist gut beraten, wenn sie einen Notfallplan entwickelt, der unerwartete Konfliktsituationen mit dem von der Kündigung betroffenen Mitarbeiter antizipiert. Entlassungen können bei den Betroffenen zu extremen Situationen führen. Im Zusammenhang mit Personalabbau wird auch über eine erhöhte Suizidgefahr und Mortalität berichtet. Im Akutfall können Notfallliste mit Ansprechpartnern wie Arbeitnehmervertreter, bestimmte Kollegen der Personalabteilung, medizinischer und sozialer Dienst, Suchtberater, Therapeuten, Telefonseelsorge, Ärztlicher Notdienst o.Ä. durchaus hilfreich sein.

Auch die Arbeitnehmervertreter gilt es, in den Trennungsprozess zu involvieren. Es ist dabei Aufgabe des Personalmanagements, gemeinsam lösungsorientiert zu agieren und zu einem tragfähigen Ergebnis zu gelangen.

Die nachfolgende Abbildung verdeutlicht noch einmal die verschiedenen Elemente einer Trennungskultur auf einen Blick.

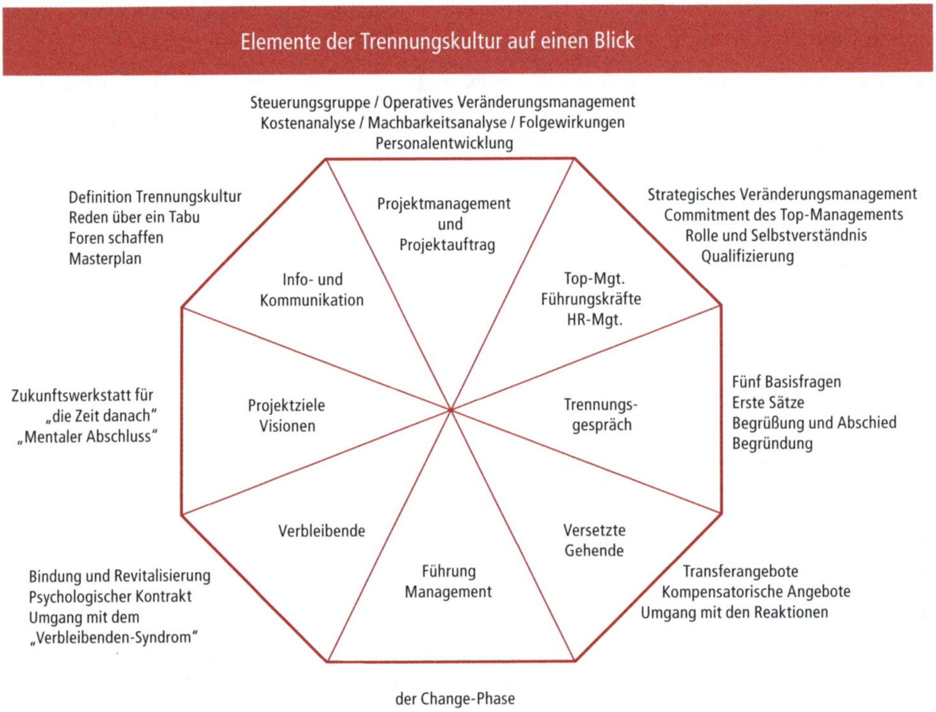

Abbildung 7.10: Trennungskultur und Mitarbeiterbindung[32]

Outplacement

Im Trennungsprozess kann die professionelle **Outplacement**- bzw. Newplacement-Beratung Bestandteil der Trennungsvereinbarung sein. In der Regel trägt der Arbeitgeber die Kosten für eine externe Begleitung des gekündigten Mitarbeiters. Sie reicht bis zum Abschluss eines neuen Arbeitsvertrages oder zu einer Existenzgründung. Damit stellt das Outplacement bzw. Newplacement ein Instrument zur operativen Unterstützung im Rahmen der Personalfreisetzung dar. Insgesamt bezeichnen die Begriffe Outplacement bzw. Newplacement somit eine von Unternehmen finanzierte Dienstleistung für ausscheidende Mitarbeiter, die als professionelle Hilfe zur beruflichen Neuorientierung und Neupositionierung angeboten wird.

Die Herausforderungen einer Neupositionierung am Arbeitsmarkt werden mit Hilfe eines externen Beratungsunternehmens begleitet. Zunächst einmal wird eine Aufarbeitung des Arbeitsplatzverlustes angestrebt. Neben einer umfassenden Potenzialanalyse des Mitarbeiters und dem Erstellen des individuellen Qualifikationsprofiles sollen persönliche Ziele definiert und Stärken und Schwächen analysiert werden. Gemeinsam entwickelte Strategien zur Bewerbungsinitiative sollen den Mitarbeiter befähigen, möglichst zügig wieder in eine Beschäftigung zu kommen. In der Newplacement-Beratung werden Bewerbungssituationen simuliert und trainiert. Dies gibt insbesondere jenen Mitarbeitern, deren aktive Bewerbungsphasen schon länger zurückliegen, Sicherheit im Umgang mit den anstehenden Einstellungsverfahren und Gesprächen. Die Begleitung durch ein professionelles Newplacement befähigt den Mitarbeiter, seine Neupositionierung auf dem Arbeitsmarkt aktiv anzugehen.

Einzel-Newplacement ist die intensive individuelle Beratung zur beruflichen Neuorientierung. Sie verbindet Elemente des Coachings und der Karriereberatung und ist inhaltlich angelehnt am Career Coaching Professional. Dabei werden die Teilnehmer unterstützt, einen neuen beruflichen Weg zu gestalten. Diese Form der intensiven Einzelbetreuung wird aufgrund der hohen Kosten in der Regel nur Fach- und Führungskräften sowie dem Management angeboten und zeitlich limitiert.

Ein Gruppen-Newplacement kann dann sinnvoll sein, wenn durch Organisationsveränderungen ganze Abteilungen geschlossen werden, in größerem Maße Arbeitsplätze entfallen oder bestimmte Mitarbeitergruppen freigesetzt werden.

Outplacement bietet aus Sicht des Unternehmens folgende Vor- und Nachteile:

Vorteile	Nachteile
■ Beugt Imageverlust innerhalb und außerhalb des Unternehmens vor ■ Vermeidet Rechtsstreitigkeiten ■ Spart Abfindungen, da die Outplacement-Dienstleistung als Teil des Entgegenkommens vom Arbeitgeber übernommen wird ■ Signalisiert Wertschätzung des entlassenen Mitarbeiters ■ Erhält Leistungsfähigkeit der verbliebenen Mitarbeiter, da der Arbeitgeber erkennbar seine Fürsorgepflicht ehrlich erfüllt ■ Reduziert emotionale Belastung der Beteiligten ■ Erfüllt den „psychologischen Vertrag", wonach man sich auch in schwierigen Zeiten „aufeinander verlassen kann"	■ Hohe Kosten ■ Verlängerung des Trennungsprozesses ■ Schafft mit erstmaligem Einsatz „Präzedenzfall" ■ Outplacement ist reaktiv und verhindert nicht die Personalfreisetzung

Tabelle 7.2: Vor- und Nachteile des Outplacement[33]

Gesetzliche Transferleistungen im Rahmen der Arbeitsförderung

Die Vorschriften und Verfahren zur Förderung von Transfermaßnahmen durch die Agenturen für Arbeit unterliegen regelmäßigen Anpassungen. So beschreibt aktuell das Bundesministerium für Arbeit und Soziales „Transferleistungen" wie folgt:

„**Transferleistungen** dienen der Flankierung von Personalanpassungsmaßnahmen infolge von Betriebsänderungen. Durch die Transferleistungen sollen die Vermittlungsaussichten der Arbeitnehmer, die von Arbeitsplatzabbau betroffen sind, verbessert werden."[34]

Ob und in welcher Form der Einsatz von Transferleistungen Bestandteil der Verhandlungen im Interessenausgleich ist, entscheiden die Verhandlungspartner.

ePlacement

Eine besondere Form des Outplacement stellt die ePlacement-Variante dar. Eine omnipräsente Bereitstellung von leistungsstarken Datennetzen und eine zunehmend IT-versierte Mitarbeiterschaft eröffnen neue Wege der Beratungen.

Die klassische Outplacement-Beratung stellt einen nicht unerheblichen Kosten- und Zeitfaktor dar. Das virtuelle ePlacement kann diesen Prozess kostengünstiger, zeitsparender und dennoch individuell gestalten. Zu Beginn wird auch bei dieser Variante eine Bestandsaufnahme der Ist-Situation des Betroffenen vorgenommen. Doch statt Präsenzzeiten vor Ort organisieren zu müssen, führen online Tasks und telefonische Beratungstermine durch den Begleitungsprozess. Für einige Teilnehmer liegt der Charme dieser Form der Betreuung in der Anonymität.

7.5.6 Betroffene der Personalanpassung

Nicht nur der gekündigte Mitarbeiter ist von dieser Personalanpassung betroffen, sondern ebenso eine Vielzahl anderer Menschen in dem Unternehmen oder seinem Umfeld.

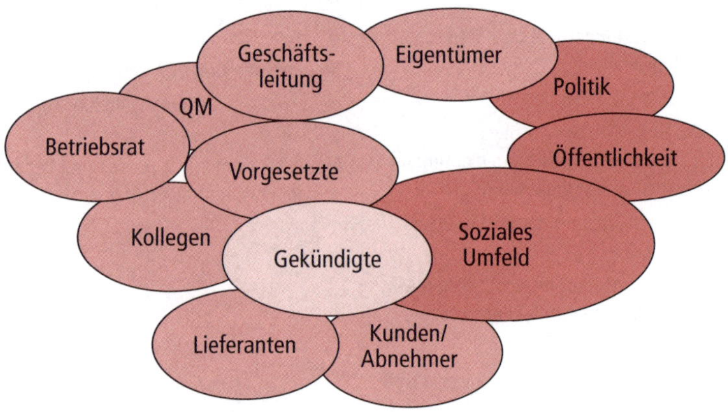

Abbildung 7.11: Betroffene der Personalanpassung[35]

Führungskräfte, die Abbaugespräche führen müssen, sind in besonderem Maße gefordert. Sie müssen sich mit der Situation des Gekündigten auseinandersetzen und als Überbringer der schlechten Nachricht fungieren. Sie müssen aber auch mit den verbliebenen Mitarbeitern in den Diskurs gehen. Dabei wird das Verhalten der gekündigten, aber auch das der verbleibenden Mitarbeiter im hohen Maße emotional geprägt sein. Der Führungskraft wird neben Unverständnis und Uneinsicht auch Wut, Enttäuschung und Frustration entgegenschlagen.

Aber auch die verbliebenen Kollegen durchleben oftmals eine starke Unsicherheit. Diese nicht nur bezogen auf die eigene Arbeitsplatzunsicherheit, sondern auch gegenüber dem gekündigten Kollegen. Bei einem größeren Abbauvorhaben spielen plötzlich Konkurrenzgedanken bezogen auf mögliche Sozialpunkte eine entscheidende Rolle.

Auch das Verhältnis und Verhalten dem gekündigten Kollegen gegenüber kann starke Verunsicherung bei den verbliebenen Kollegen auslösen.

Auch Betriebsräte empfinden sich häufig in einer Dilemmasituation. Einerseits wollen sie möglichst viel für den Einzelnen herausholen, anderseits aber nicht durch Einzelinteressen das Gesamtgefüge im Unternehmen schwächen.

Aber auch die Außensicht auf das Unternehmen kann sich ändern. So könnten Lieferanten oder Kunden gewohnte Ansprechpartner verlieren. Die Qualität könnte durch Demotivation der verbliebenen Mitarbeiter verursacht sinken oder aber durch den Abgang von Know-how-Trägern begründet sein.

Finden die Abbaumaßnahmen in bevölkerungsschwächeren Regionen statt, könnten auch ökonomische Folgen entstehen. Mit Wegfall der Arbeitsstelle vermindert sich das Einkommen, der Konsum sinkt, der Einzelhandel und die Gastronomie spüren es, die Region leidet.[36]

Eine Personalanpassungsmaßnahme sollte folglich gut strukturiert und dezidiert vorbereitet werden. Sie stellt eine insgesamt große Anforderung an alle Beteiligten dar.

ZUSAMMENFASSUNG

In diesem Kapitel haben Sie gelernt,

- wie wichtig das Personalkapazitätsmanagement für die Steuerung der variierenden Personalbedarfe im Unternehmen ist,
- wie entscheidend ein Prozess der Nachfolgeplanung für die zukünftige Sicherung und Besetzung von unternehmensrelevanten Positionen ist,
- wie sich das Personalmanagement auf die Herausforderungen im Rahmen der Personalrekrutierung vorbereiten kann,
- wie sich die Personalentwicklung in den Unternehmenskontext einfügen lässt und
- welche Folgen einer Personalanpassung damit für Mitarbeiter, aber auch für das Unternehmen verbunden sind und wie mit diesen adäquat umgegangen werden kann.

Personalkapazitätsmanagement zielt darauf ab, die Personalbedarfe in einem Unternehmen zu ermitteln und dann entsprechend zu besetzen.

Die Nachfolgeplanung besteht aus drei aufeinander aufbauenden Phasen. In der Vorbereitungsphase wird mit Hilfe einer Alters- und Personalstrukturanalyse der Nachfolgebedarf ermittelt. Für die nachzubesetzende Stelle wird ein Anforderungsprofil erstellt. Danach folgt der Auswahlprozess eines geeigneten Nachfolgers. Die dritte Phase beschreibt den Eintritt des Nachfolgenden und den Austritt oder Stellenwechsel des Übergebenden. In dieser Phase liegt der größte Gestaltungsspielraum einer systematischen Wissensübergabe.

Die professionelle Gestaltung des Prozesses der Personalrekrutierung ist von strategischer Bedeutung.

Dabei kommen den unterschiedlichen Formen der Personalgewinnung Stellenausschreibungen, interne Personalrekrutierung, Personalentwicklungsmaßnahmen und externe Personalrekrutierung besondere Bedeutung zu. Zur strukturierten Vorgehensweise werden auch Bewerbermanagementsysteme eingesetzt. Ist der geeignete Bewerber gefunden und eingestellt, ist besonderes Augenmerk auf die Einarbeitung, das sog. Onboarding, zu legen.

Personalentwicklung umfasst alle Maßnahmen der Bildung, der Förderung und der Organisationsentwicklung, die von einer Person oder Organisation zur Erreichung spezieller Zwecke zielgerichtet, systematisch und methodisch geplant, realisiert und evaluiert werden. Die besondere Bedeutung der Personalentwicklung liegt in der Nutzung des Wissens, der Qualifikationen, Kenntnisse, Fertigkeiten und Fähigkeiten der Mitarbeiter als strategische Produktionsfaktoren. Schnelllebigkeit und damit immer kürzer werdende Veränderungszyklen der Märkte, eine wachsende Komplexität und die zunehmende Digitalisierung machen es notwendig, mit optimierten Produktionsabläufen, adäquaten finanziellen Mitteln und entsprechend ausgebildetem Personal auf die gestiegenen Anforderungen zu reagieren. Kompetentes, veränderungsfähiges und veränderungsbereites Personal nimmt in diesem Kontext einen immer größeren Stellenwert ein.

Personalanpassungsmaßnahmen werden erforderlich, wenn der aktuelle Personalbestand den Personalbedarf übersteigt oder in absehbarer Zeit übersteigen wird. Die Personalanpassung umfasst dabei alle Maßnahmen, mit denen der Personalüberhang in qualitativer, quantitativer, örtlicher und zeitlicher Hinsicht abgebaut wird. Unterschieden werden Maßnahmen ohne Personalabbau, d. h. organisatorische oder personalpolitische Maßnahmen, die auf eine Umverteilung der vorhandenen Arbeit auf die Beschäftigten des Unternehmens abzielen, und Maßnahmen mit Personalabbau. Hierbei werden einzelne oder mehrere Beschäftigungsverhältnisse durch den Arbeitgeber beendet, wobei man eine ordentliche Kündigung und eine außerordentliche Kündigung unterscheidet.

Ihr Wissen können Sie im eLearning-Bereich mit einem Verständnistest prüfen.

AUFGABEN

Aufgabe 1

Was versteht man im Rahmen des Personalkapazitätsmanagements unter einer Personalüberdeckung bzw. einer Personalunterdeckung?

Aufgabe 2

Warum sind Onboarding-Prozesse so wichtig für eine Organisation?

Aufgabe 3

Wie lässt sich die Personalentwicklung in den Unternehmenskontext einbetten?

Aufgabe 4

Welche Maßnahmen zur Personalanpassung kennen Sie?

Die Lösungen zu den Aufgaben finden Sie im eLearning-Bereich.

FALL PERSONALMANAGEMENT BEI UPS[37]

Der United Parcel Service (UPS) mit seinen markanten braunen Lieferwagen ist der weltweit größte internationale Paketdienst. Jeden Tag liefert das Unternehmen 15 Millionen Pakete und Dokumente in den USA und in über 200 weiteren Ländern aus. UPS verdient mit diesen effizienten Auslieferungen, wozu über 99.000 Mitarbeiter einen ganz wesentlichen Beitrag leisten, sein Geld. Das Jahresgehalt eines Fahrers liegt bei ca. 75.000 US-$.

Abbildung 7.12: UPS-Paketzustellung in London Quelle: 123rf.com, © Andriy Popov

Teil 1

UPS hat erkannt, dass das Personalmanagement eine der größten Herausforderungen für das Unternehmen ist. Insbesondere muss das Unternehmen die Einstellung und die Ausbildung von etwa 25.000 neuen Fahrern im Laufe der nächsten fünf Jahre sicherstellen, um die Generation der Baby Boomer zu ersetzen, die allmählich ins Rentenalter eintritt.

Teil 2

Das traditionell bei UPS eingesetzte Trainingskurssystem funktionierte nicht mehr, da etwa 30 Prozent der Bewerber für eine Fahrerstelle die Kurse nicht schafften. Nach und nach gelangte das Unternehmen zu der Überzeugung, dass die neuen Bewerber, meist zwischen 20 und 30 Jahren, am besten auf High-Tech-Trainingsanwendungen und weniger gut auf Bücher und Vorträge ansprachen.

Teil 3

UPS hat deshalb einen Plan entwickelt, der sein bewährtes Geschäftsmodell der Uniformität und der Effizienz mit einem neuen Trainingsansatz für Fahrer kombiniert. In einem UPS-Trainingszentrum außerhalb von Washington DC verbringen die Bewerber um eine Fahrerstelle eine Woche mit Training und Ausbildung für die Aufgaben eines Fahrers. Sie bewegen sich dabei von einer Station zur nächsten und üben die „340 Methoden" des Unternehmens ein: Es handelt sich hierbei um Techniken, die von Industrie-Ingenieuren entwickelt wurden und bei jeder Aufgabe – vom Einladen der Pakete bis zur Auswahl eines Pakets vom Regal im Lieferwagen – Sekunden einsparen und die Sicherheit verbessern sollen. Dabei spielen die Anwärter ein Videospiel, bei dem sie am Steuer ihres Lieferwagens sitzen und Hindernisse identifizieren müssen. Nach den Computersimulationen geht es für die Bewerber nach „Clarksville", in eine Phantasiestadt mit Miniaturhäusern und -firmen. Sie fahren dort einen realen Lieferwagen und müssen innerhalb von 19 Minuten fünf Zustellungen erfolgreich ausführen. Der „Ausrutsch-Simulator" hilft den Bewerbern dabei, sich im Interesse der eigenen Sicherheit vorsichtig auf vereisten Böden zu bewegen.

Teil 4

Bisher kommen diese neuen Trainingsmethoden sehr gut an: Von den 1.629 Bewerbern, die das neue, insgesamt sechswöchige Programm absolviert haben, das auch 30 Tage hinter dem Steuer eines echten UPS-Lieferwagens beinhaltet, fielen nur zehn Prozent durch.

Aufgabenstellungen

Zu den drei Teilen können die folgenden Aufgabenstellungen auf Basis der Inhalte dieses Kapitels bearbeitet werden.

1. Erläutern Sie die besondere Bedeutung der Personalbedarfsplanung.
2. Erläutern Sie das Vorgehen bei der Alters- und Personalstrukturanalyse.
3. Erläutern Sie die besondere Bedeutung der Nachfolgeplanung.
4. Erläutern Sie, was unter Onboarding zu verstehen ist.
5. Erläutern Sie unterschiedliche Möglichkeiten der Durchführung von Personalentwicklungsmaßnahmen.

Lehrende finden die Lösungen und weiteres, begleitendes Material in den eLearning-Dozentenressourcen.

Literaturhinweise

Bartscher, Thomas; Nissen, Regina: Personalmanagement – Grundlagen, Handlungsfelder, Praxis, 2. Auflage, München, Pearson Verlag 2017.

Berthel, Jürgen; Becker, Fred G.: Personal-Management – Grundzüge für Konzeptionen betrieblicher Personalarbeit, 11. Auflage, Stuttgart, Schäffer-Poeschel Verlag, 2017.

Lindner-Lohmann, Doris; Lohmann, Florian; Schirmer, Uwe: Personalmanagement (BA KOMPAKT), 3. Auflage, Wiesbaden, Springer Gabler Verlag, 2016.

Oechsler, Walter; Paul, Christopher: Personal und Arbeit – Einführung in das Personalmanagement, 10. Auflage, Berlin, De Gruyter Oldenbourg Verlag, 2015.

Rowold, Jens: Human Resource Management: Lehrbuch für Bachelor und Master, 2. Auflage, Wiesbaden, Springer Gabler Verlag, 2015.

Scholz, Christian: Personalmanagement – Informationsorientierte und verhaltenstheoretische Grundlagen, 6. Auflage, München, Vahlen Verlag, 2014.

Stock-Homburg, Ruth: Personalmanagement: Theorien – Konzepte – Instrumente, 3. Auflage, Wiesbaden, Springer Gabler Verlag, 2013.

Teil IV befasst sich mit der finanziellen Steuerung des Unternehmens aus unterschiedlichen Sichtweisen. Dazu gehören das externe Rechnungswesen und das interne Rechnungswesen, die Finanzierung eines Unternehmens einschließlich Investitionsrechnung sowie Steuern und Controlling. Besonders an diesem Abschnitt ist das einleitende Kapitel zu Finanzen, da die Abgrenzung der wesentlichen Begrifflichkeiten (Unterschiede zwischen Aufwand, Kosten etc.) vorweggenommen wird. Darüber hinaus enthält es eine Einführung der Buchführung, die für das Verständnis der Finanzen eines Unternehmens von grundlegender Bedeutung ist.

TEIL IV

FACT – Finance, Accounting, Controlling, Taxation

Lernziele

In diesem Kapitel werden Sie lernen,

- wie der Finanzbereich eines Unternehmens definiert werden kann und welches seine grundlegenden Aufgaben sind,
- welche Teilbereiche im Finanzbereich existieren und welches die Gemeinsamkeiten und Unterschiede der einzelnen Teilbereiche sind,
- welche Begrifflichkeiten und Rechengrößen in den Teilbereichen des Finanzbereichs angewendet werden,
- welche Zusammenhänge zwischen wesentlichen finanziellen Zielgrößen und unterschiedlichen Sichtweisen auf den Unternehmenserfolg bestehen,
- welches die Grundlagen der Buchführung sind,
- wie erfolgsneutrale und erfolgswirksame Geschäftsvorfälle einschließlich der Umsatzsteuer buchhalterisch zu behandeln sind,
- wie die Buchführung in einem Unternehmen organisiert wird.

Einführung Finanzen und Grundlagen der Buchführung

8

ÜBERBLICK

8.1 Der Finanzbereich eines Unternehmens

8.1.1 Definitorische Abgrenzungen

Ziel dieses einleitenden Kapitels ist es, ein Verständnis für die Begriffe und Aufgaben der einzelnen Teile des Finanzbereichs zu schaffen. Gleichzeitig soll auch eine Klammer um sie gebildet werden, die das Erkennen und Verstehen von Gemeinsamkeiten und Unterschieden ermöglicht.

In der betriebswirtschaftlichen Lehre wird im **Finanzbereich** zum einen regelmäßig eine Trennung in funktionale Teilgebiete (externes Rechnungswesen, Controlling, Finanzen etc.) vorgenommen. Diese Trennung ist historisch bedingt, so ist z.B. Controlling eine vergleichsweise „junge" Disziplin. Gleichzeitig spiegelt dies aber auch die Realität in Unternehmen wider, bei denen die Abteilungen Buchführung, Externes Rechnungswesen, Controlling, Steuern und Finanzwesen eigenständige Abteilungen sind.

Der Finanzbereich stellt zum anderen ein planmäßiges, regelmäßiges und im Allgemeinen institutionalisiertes Informationssystem innerhalb des Unternehmens dar, dessen Funktion in der

- vorwiegend mengen- und wertmäßigen Planung, Steuerung, Erfassung und Dokumentation von ökonomisch relevanten Daten über
- vergangene, gegenwärtige und zukünftige wirtschaftliche Tatbestände und Vorgänge im Unternehmen sowie über
- zurückliegende, bestehende und zukünftige wirtschaftliche Beziehungen des Unternehmens zu seiner Umwelt,
- deren Speicherung,
- der nachfolgenden Aufbereitung und Analyse entsprechend den zugrunde liegenden Zwecken und
- der Weitergabe an interne und externe Informationsnutzer

besteht.

Der Finanzbereich ist in die Gesamtorganisation des Unternehmens integriert und dient der Unternehmensführung als Instrument zur Planung, Steuerung und Überwachung des jeweiligen unternehmerischen Zielerreichungsgrads.

Der Finanzbereich setzt sich zusammen aus einem institutionalisierten Teil, in dem, aufbauend auf seinen grundlegenden Zwecken, laufend wiederkehrende Rechnungen (Grundrechnungen) durchgeführt werden (z. B. Buchhaltung, Kalkulation, Steuererklärung), sowie aus spezifischen Sonderrechnungen, die nur für bestimmte außergewöhnliche Zwecke durchgeführt werden (z. B. Ad-hoc-Analysen).

In der Praxis besteht der Finanzbereich aus unterschiedlich genannten und abgegrenzten Teilsystemen, begrifflich ist zwischen den zugeordneten Fachtermini und Rechengrößen zu unterscheiden:

- **Externes Rechnungswesen:** Dieses auch als externe Rechnungslegung bezeichnete Teilsystem befasst sich mit den Rechengrößen **Aufwand** und **Ertrag**. Begriffe in der Praxis sind Finanzbuchhaltung, Geschäftsbuchhaltung, Buchhaltung und Buchführung. Darauf aufbauend sind die Bereiche Bilanzierung, Konzernrechnungslegung und internationale Rechnungslegung sowie Jahresabschlusspolitik und -analyse.
- **Internes Rechnungswesen:** Dieses auch als Kosten- und Leistungsrechnung bezeichnete Teilsystem befasst sich mit den Rechengrößen Kosten und Erlöse.

Begriffe in der Praxis sind betriebswirtschaftliche Abteilung und Betriebsbuchhaltung, darauf aufbauend auch Controlling.

- **Finanzwirtschaft und Investitionsrechnung:** Dieses Teilsystem berücksichtigt als Rechengrößen **Einzahlungen** und **Auszahlungen**, häufig auch als **Cashflow** bezeichnet. Dies wird in der Praxis häufig im externen Rechnungswesen oder im Controlling angesiedelt, denkbar ist insbesondere bei größeren Unternehmen aber auch eine eigene Stelle Treasury zur Koordination der Zahlungsflüsse im Unternehmen.
- **Steuern:** Dieses Teilsystem berücksichtigt die Rechengrößen **Betriebseinnahmen** und **Betriebsausgaben**. Es wird die Überleitungsrechnung von der Handelsbilanz zur Steuerbilanz dargestellt und darauf aufbauend werden das zu versteuernde Einkommen für Körperschaftsteuerzwecke sowie der Gewerbeertrag ermittelt. Unter Berücksichtigung der entsprechenden Tarifbelastung wird die Höhe der Körperschaftsteuer und der Gewerbesteuer berechnet.

Es gibt zahlreiche definitorische und inhaltliche Gemeinsamkeiten zwischen den einzelnen Teilbereichen. Und auch in der Praxis ist nicht immer eindeutig, welcher Unternehmensbereich welche Aufgabe wahrnimmt, so ist z.B. die Investitionsrechnung häufig im Controlling angesiedelt oder das externe Rechnungswesen steuert die Liquidität.

In der Lehre an Universitäten und Hochschulen und auch im Großteil der wirtschaftswissenschaftlichen Literatur wird jeder der Teilbereiche separat behandelt: Es finden sich Lehrveranstaltungen und Lehrbücher zu Buchführung und Bilanzierung, zu Kosten- und Leistungsrechnung, zu Finanzwirtschaft des Unternehmens und zu Steuern.

Auch wenn diese einzelnen Themenbereiche individuell verstanden sein müssen und jeweils Wert auf Details zu legen ist, ist es ebenso unabdingbar, dass Studierende die Gesamtzusammenhänge erkennen und nachvollziehen können. Für das Verständnis betriebswirtschaftlicher Zusammenhänge und die Anwendung im Finanzbereich eines Unternehmens ist es deshalb unerlässlich, nicht nur das jeweilige System zu verstehen, sondern eben auch übergreifende Einflussfaktoren sowie grundlegende Gemeinsamkeiten und wechselseitige Abhängigkeiten zu erkennen. Dies erfolgt in diesem einleitenden Kapitel, das wesentliche finanzorientierte Aspekte vor die Klammer der folgenden Abschnitte zieht.

8.1.2 Allgemeine Aufgaben des Finanzbereichs

Betrachtet man die Zwecke des Finanzbereichs, so lassen sich drei grundlegende Funktionen unterscheiden, die in allen Teilsystemen vorkommen:

1. *Planungsrechnungen* dienen sowohl als Grundlage für die Entscheidungsfindung als auch für den Entscheidungsvollzug, indem sie Ziele und Handlungsrahmen für Entscheidungsträger im Unternehmen festlegen sowie die planmäßigen Auswirkungen bestimmter Handlungsalternativen auf den unternehmerischen Zielerreichungsgrad bestimmen.
2. *Kontrollrechnungen* beziehen sich auf vergangene Ereignisse. Sie dienen der Information über tatsächliche Abläufe und Ergebnisse und durch Vergleich mit entsprechenden Planwerten der Überwachung der tatsächlichen Zielerreichung. Durch Analyse von Plan-Ist-Abweichungen sollen einerseits Informationen für künftige Entscheidungen und Maßnahmen generiert werden, andererseits soll

durch den Kontrollprozess von vornherein ein hohes Maß an Zielerreichung sichergestellt werden. Wenn mit Planungsrechnungen gearbeitet wird, gehören Kontrollrechnungen in Form von Ist-Rechnungen und gegebenenfalls von Abweichungsanalysen unverzichtbar zum Instrumentarium des Finanzbereichs.

3. *Dokumentationsrechnungen* resultieren entweder aus gesetzlichen Verpflichtungen (z. B. handels- oder steuerrechtlicher Art) oder aus vertraglichen Vereinbarungen (z. B. bei Kredit- oder Lizenzverträgen) und dienen somit der rechtlich gesicherten Ermittlung von Ergebnissen, an die sich Ansprüche knüpfen können. Der Dokumentationsaufgabe sind in besonderem Maße das externe Rechnungswesen und seine Abschlussinstrumente **Bilanz** und **Gewinn- und Verlustrechnung (GuV)** sowie die Unternehmenssteuern gewidmet. Aber auch dem internen Rechnungswesen stellen sich Dokumentationsaufgaben, z. B. im Zusammenhang mit der bilanziellen Herstellungskostenermittlung für fertige und unfertige Erzeugnisse sowie für Eigenleistungen.

8.1.3 Teilsysteme des Finanzbereichs – Aufgaben, Begriffe und Rechengrößen

Teilsysteme und Aufgaben

Unternehmen streben regelmäßig (neben weiteren Zielen) die beiden Zielsetzungen „Liquidität“ und „Erfolg“ an. Diese werden in unterschiedlichen Teilsystemen des Finanzbereichs gesteuert, woraus unterschiedliche Schwerpunkte resultieren.

Diese korrespondieren mit den oben dargestellten vier Teilsystemen des Finanzbereichs externes Rechnungswesen, internes Rechnungswesen, Finanzwirtschaft (Finanzrechnung, Finanzierungsrechnung) und Steuern:

- **Externes Rechnungswesen:** Erstellung der Bilanz, Ermittlung des Jahresergebnisses (Gewinn); verwendet werden Erträge und Aufwendungen.
- **Internes Rechnungswesen:** Kosten- und Leistungsrechnung, Ermittlung des Betriebsergebnisses, Kalkulation von Produkten und Dienstleistungen; verwendet werden Leistung und Kosten.
- **Finanzwirtschaft bzw. Finanzrechnung und Finanzierungsrechnung:** Ermittlung des Kapitalbedarfs, Durchführung der Investitionsrechnung, Finanzierung des Unternehmens; verwendet werden Einzahlungen und Auszahlungen sowie **Einnahmen** und **Ausgaben**.
- **Steuern:** Erstellung der Steuerbilanz, Ermittlung des steuerlichen Ergebnisses und der Steuerzahlungen des Unternehmens; verwendet werden Betriebseinnahmen und Betriebsausgaben.

Im Folgenden werden die vier Teilsysteme in der Reihenfolge ihres Liquiditätsbezugs dargestellt.

Finanzwirtschaft, Finanzrechnung und Finanzierungsrechnung

Finanz- und Finanzierungsrechnungen bilden das liquiditätsorientierte Teilsystem des Finanzbereichs. Sie werden in der Regel für das gesamte Unternehmen oder für Teilbereiche durchgeführt.

Finanz- und Finanzierungsrechnungen dienen sowohl der Planung, Dokumentation und Rechenschaftslegung als auch der Kontrolle der Planrechnungen, die der Prognose von Zahlungsüber- und -unterdeckungen und damit der Aufrechterhaltung des finanziellen Gleichgewichts dienen.

Ein Unternehmen ist dann ausreichend liquide, wenn es in der Lage ist, jederzeit seinen eingegangenen Zahlungsverpflichtungen nachzukommen. Der Liquiditätssteuerung kommt daher eine zentrale Bedeutung für das Fortbestehen eines Unternehmens zu, da insbesondere in ökonomischen Krisensituationen rechtliche Konsequenzen (Insolvenz) einer unzureichenden Liquiditätssituation des Unternehmens zu beachten sind.

Es bedarf daher, abgeleitet aus den grundlegenden Zwecken des Finanzbereichs, einer stromgrößenorientierten Liquiditätsrechnung, deren Hauptaufgabe die Sicherung der kurz-, mittel- und langfristigen Liquidität sowie die Ermittlung des jeweils korrespondierenden Kapitalbedarfs unter Beachtung von Rentabilitäts- und Risikoaspekten ist. Ziel der finanziellen Unternehmensführung muss es folglich sein, die Zahlungsströme so aufeinander abzustimmen, dass die Zahlungsfähigkeit des Unternehmens unter Beachtung der Unsicherheit zukünftiger Zahlungen zu jedem Zeitpunkt gewährleistet ist und gleichzeitig das übergeordnete Rentabilitätsziel berücksichtigt wird.

Externes Rechnungswesen: Jahresabschluss, Bilanz und Gewinn- und Verlustrechnung

Hauptaufgaben des Jahresabschlusses (bestehend aus Bilanz und Gewinn- und Verlustrechnung) sind neben der Dokumentation der Geschäftsvorfälle die Rechnungslegung der Unternehmensleitung gegenüber den am Unternehmen interessierten Gruppen, die Ermittlung des ausschüttbaren Periodengewinns sowie der Kapitalerhalt.

Da Unternehmen prinzipiell gegründet werden, um für eine unbegrenzte Dauer den Beteiligten zur Erfüllung ihrer Interessen zu dienen, genügt es nicht, erst am Ende der gesamten Betriebstätigkeit eine auf Zahlungen beruhende Totalerfolgsrechnung durchzuführen. Die dargestellten Zwecke bedingen vielmehr Rechnungen, die sich auf zeitlich begrenzte Teilperioden beziehen.

Internes Rechnungswesen: Kosten- und Leistungsrechnung

Aufgaben der Kosten- und Leistungsrechnung sind die Erfassung, Verteilung und Zurechnung der Kosten, die bei der betrieblichen Leistungserstellung und -verwendung entstehen. Als Instrument der innerbetrieblichen Abrechnung hat die Kosten- und Leistungsrechnung die Aufgabe, den Weg der Produktionsfaktoren im betrieblichen Kombinationsprozess zu verfolgen und jenen Werteverbrauch und Wertezuwachs zahlenmäßig abzubilden, der durch die betriebliche Leistungserstellung und Leistungsverwertung verursacht wird.

Ziel ist dabei zum einen die Kalkulation der Kosten der betrieblichen Leistungen und zum anderen die Ermittlung des Betriebsergebnisses, das sich vom buchhalterisch ermittelten Ergebnis (Jahresüberschuss, Gewinn) unterscheiden kann.

Steuern

Aufgabe der Steuern ist es, die aufgrund der unternehmerischen Tätigkeit anfallende Steuerbelastung des Unternehmens zu ermitteln. Neben den Ertragsteuern fallen auch ertragsunabhängige Verkehrssteuern (wie z. B. Umsatzsteuer) und Besitzsteuern (wie z. B. Grundsteuer) an, die gegenüber den Finanzbehörden zu erklären sind.

Teilsysteme und Rechengrößen

Die beiden Zielsetzungen „Liquidität" und „Erfolg" werden in den unterschiedlichen Teilsystemen des Finanzbereichs jeweils auf eine andere Art erfasst, was zur Verwendung unterschiedlicher Rechengrößen führt.

Regelmäßig unterscheidet man die vier (fünf) Begriffspaare:

- Einzahlungen und Auszahlungen (bzw. Einnahmen und Ausgaben),
- Erträge und Aufwendungen,
- Leistungen und Kosten sowie
- Betriebseinnahmen und Betriebsausgaben.

Einzahlungen und Auszahlungen

Die Bestandsgröße **liquide Mittel** besteht aus den Positionen Kasse, Bank sowie Zahlungsmitteläquivalente (z. B. Schecks).

Die Bestandsgröße liquide Mittel wird durch die Stromgrößen Einzahlungen und Auszahlungen verändert.

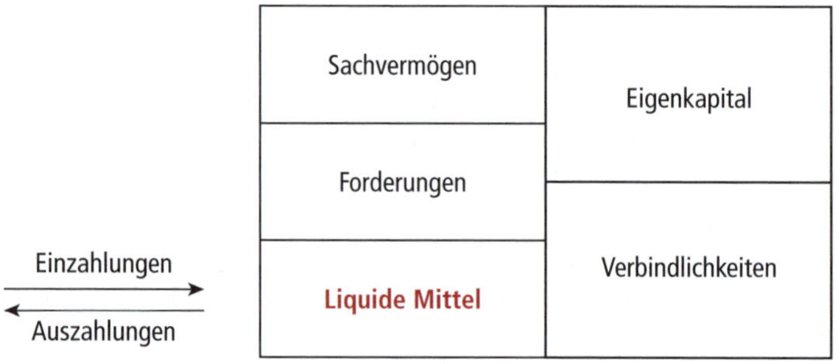

Abbildung 8.1: Bestandsgröße liquide Mittel und Stromgrößen Einzahlungen und Auszahlungen

Die Finanzrechnung verfolgt eine, auf die ermittelbare Barliquidität abgestellte Perspektive. Die Finanzierungsrechnung ist dagegen an einer – je nach Fristigkeit der einbezogenen Forderungen und Verbindlichkeiten – umfassenderen, längerfristigen Liquiditätsperspektive orientiert.

Einnahmen und Ausgaben

Während Finanzrechnungen auf den Wertgrößen Ein- und Auszahlungen, definiert als Veränderungen der Bestandsgröße liquide Mittel, aufbauen, beruhen Finanzierungsrechnungen auf den Stromgrößen Einnahmen und Ausgaben, die als Veränderungen der Bestandsgröße Geldvermögen definiert werden.

Das **Geldvermögen** besteht aus der Bestandsgröße liquide Mittel zuzüglich Forderungen und abzüglich Verbindlichkeiten.

Die Bestandsgröße Geldvermögen wird durch die Stromgrößen Einnahmen und Ausgaben verändert.

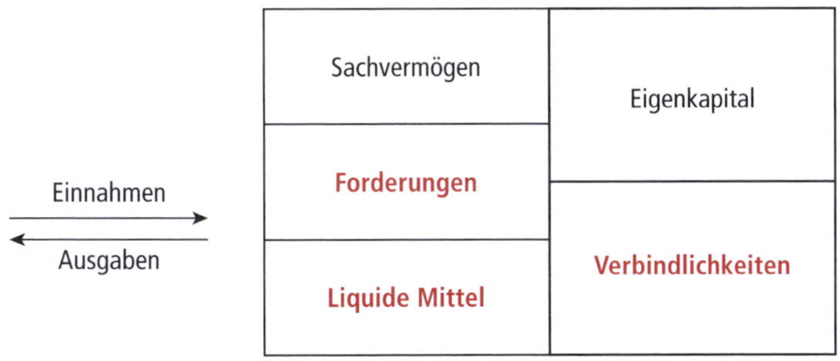

Abbildung 8.2: Bestandsgröße Geldvermögen und Stromgrößen Einnahmen und Ausgaben

Ertrag und Aufwand

Das externe Rechnungswesen enthält eine periodenbezogene Rechnung, die für einen bestimmten Zeitraum und für das gesamte Unternehmen alle Zu- und Abgänge von Gütern mit ihren Werten erfasst. Erträge und Aufwendungen lassen sich folglich als periodisierte, erfolgswirksame Ein- und Auszahlungen bzw. als gesamte Wertentstehung und gesamter Werteverzehr einer Periode definieren. Wertentstehung bzw. Werteverzehr können sich dabei auf Nominalgüter (liquide Mittel, Forderungen, Verbindlichkeiten) oder auf Realgüter (Sachvermögen) beziehen.

Erträge und Aufwendungen unterscheiden sich dadurch von Einnahmen und Ausgaben, dass außer dem Geldvermögen (= liquide Mittel zuzüglich Forderungen abzüglich Verbindlichkeiten) zusätzlich auch Veränderung der Sachvermögen berücksichtigt werden. Die Erfolgsrechnung ist deshalb eine im Vergleich zur Finanzierungsrechnung umfassendere Rechnung, die auf die Veränderung der Bestandsgröße „Reinvermögen" (= Eigenkapital) abstellt.

Das **Reinvermögen** besteht aus der Bestandsgröße Geldvermögen zuzüglich Sachvermögen.

Die Bestandsgröße Reinvermögen wird durch die Stromgrößen Ertrag und Aufwand verändert.

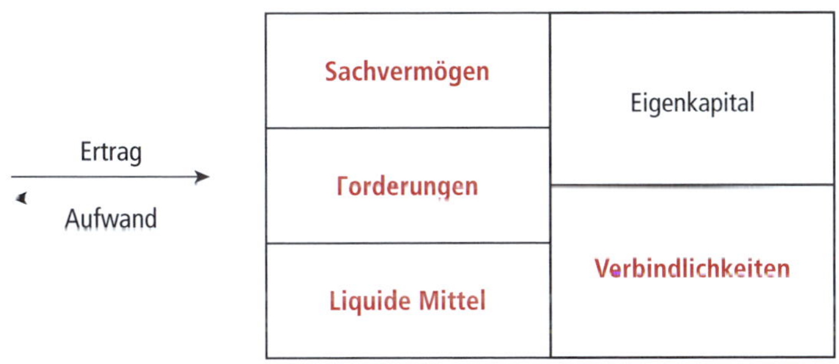

Abbildung 8.3: Bestandsgröße Reinvermögen und Stromgrößen Ertrag und Aufwand

In der **zeitpunktbezogenen** Bilanz werden die Vermögensbestände, die erst in späteren Perioden zu Auszahlungen und Einzahlungen führen, sowie sämtliche Kapitalbestände erfasst. Der Periodenerfolg ergibt sich hier als Veränderung der Differenz zwischen Vermögen und Fremdkapital (= Eigenkapital, Reinvermögen) von der Anfangsbilanz zur Schlussbilanz.

Formel 8.1: Ermittlung des Periodenerfolgs durch Reinvermögensvergleich

$$\text{Gewinn} = \left(\text{Eigenkapital}_{t1} - \text{Eigenkapital}_{t0}\right)$$

$$= \left(\text{Vermögen}_{t1} - \text{Schulden}_{t1}\right) - \left(\text{Vermögen}_{t0} - \text{Schulden}_{t0}\right)$$

In der **zeitraumbezogenen** Erfolgsrechnung, die auch als Gewinn- und Verlustrechnung bezeichnet wird, erfolgt die Darstellung der Wertgrößen Ertrag und Aufwand, d. h., die Veränderungen des Reinvermögens werden hier direkt dargestellt. Der Periodenerfolg ergibt sich hier als Saldo der Erträge und Aufwendungen. Dieser Wert entspricht dem Periodenerfolg bei der zeitpunktbezogenen Betrachtung.

Formel 8.2: Ermittlung des Periodenerfolgs durch Saldierung der Aufwendungen und Erträge

$$\text{Gewinn} = \left(\text{Eigenkapital}_{t1} - \text{Eigenkapital}_{t0}\right) = \sum \text{Erträge} - \sum \text{Aufwendungen}$$

Leistung und Kosten

Unter Leistung versteht man den Wert des Zugangs an Gütern, Dienstleistungen und Geld, der aufgrund der betrieblichen Tätigkeit innerhalb einer Periode entstanden ist. Leistung ist folglich das Ergebnis der Realisierung des Produktions- und Absatzprogramms eines Unternehmens. Kosten sind leistungsbedingter Werteverzehr des ordentlichen Betriebsgeschehens. Dies wird häufig auch als „sachzielbezogen" bezeichnet.

Um eine betriebliche Leistung erstellen zu können, müssen Produktionsfaktoren (Kapital, Arbeitsleistungen, Know-how) eingesetzt werden. Da diese Produktionsfaktoren nicht in beliebiger Menge vorhanden, sondern knapp sind, muss dafür ein Preis bezahlt werden. Die Preise für die Produktionsfaktoren sind betriebliche Kosten.

Das **betriebsnotwendige Reinvermögen** besteht aus dem betriebsnotwendigen Geldvermögen zuzüglich dem betriebsnotwendigen Sachvermögen.

Die Bestandsgröße betriebsnotwendiges Reinvermögen wird durch die Stromgrößen Leistung und Kosten verändert.

Abbildung 8.4: Bestandsgröße betriebsnotwendiges Reinvermögen und Stromgrößen Leistung und Kosten

Schematisch entspricht diese Darstellung derjenigen beim externen Rechnungswesen, inhaltlich unterscheiden sich jedoch die Begrifflichkeiten, da im Bereich des internen Rechnungswesens auf die Betriebsbedingtheit abgestellt wird, während beim externen Rechnungswesen sämtliche Wertzugänge und Wertverzehre berücksichtigt werden.

Berücksichtigt man die Definition von Leistung, so wird deutlich, dass es nicht ausreichend ist, nur Produktionsfaktoren zu verzehren und diesen Verzehr mit Preisen zu bewerten. Der Werteverzehr muss mit der Umsetzung des Sachziels des Unternehmens, d. h. mit der betrieblichen Leistungserstellung zusammenhängen.

Bezüglich der Definition von Kosten gibt es zwei unterschiedliche Ansichten:

- **Pagatorischer Kostenbegriff:** Dieser Kostenbegriff bezieht sich nicht auf den tatsächlichen Wert, der mit dem Verbrauch von Gütern und Dienstleistungen einhergeht, sondern nur auf die Auszahlungen, die damit zusammenhängen. Somit ist ein Werteverzehr nur gegeben, wenn damit eine gleichlautende Auszahlung verbunden ist. Dieser Kostenbegriff ist rein zahlungsorientiert und entspricht im Wesentlichen dem Aufwandsbegriff aus dem externen Rechnungswesen.
- **Wertmäßiger Kostenbegriff:** Dieser Kostenbegriff schließt auch die Werteverzehre mit ein, die nicht durch Auszahlungen entstanden sind. Das heißt, Kosten entstehen durch jeglichen Verbrauch von Gütern und Dienstleistungen, der zur Erstellung der betrieblichen Leistung, zum Absatz und zur Aufrechterhaltung der Betriebsbereitschaft dient. Es liegt hier eine Leistungsorientierung vor. Im Vergleich zum pagatorischen Kostenbegriff berücksichtigt der wertmäßige Kostenbegriff somit auch kalkulatorische Kosten.

Beispiel: Unterschied pagatorischer und wertmäßiger Kostenbegriff

Ein Unternehmen hat vor mehreren Jahren einen Rohstoff für 100 € gekauft, der Rohstoff ist zu diesem Wert bilanziert. Der Marktpreis des Rohstoffs ist zwischenzeitlich auf 200 € gestiegen.

Veräußert das Unternehmen den Rohstoff für 150 €, erzielt es aus pagatorischer Sicht einen Gewinn von 50 €, da es 50 € mehr Einzahlungen als Auszahlungen erzielt hat. Dies ist auch das buchhalterische Ergebnis („Gewinn").

Aus wertmäßiger Sicht sollte das Unternehmen aber als Kosten nicht 100 € (gleichbedeutend mit den in der Vergangenheit getätigten Auszahlungen) ansetzen, sondern die Wiederbeschaffungskosten von 200 €. Veräußert das Unternehmen den Rohstoff für 150 €, erzielt es sonst einen betrieblichen Verlust („Betriebsergebnis") von 50 €.

Der wertmäßige Kostenbegriff ist mehr als der pagatorische Kostenbegriff geeignet, die Steuerungsfunktion der Kostenrechnung zu erfüllen. Der pagatorische Kostenbegriff hingegen führt wegen des Zahlungsbezugs zu mehr Objektivität.

Betriebseinnahmen und Betriebsausgaben

Die steuerliche Seite des Finanzbereichs befasst sich mit Betriebseinnahmen und Betriebsausgaben.

Die **Steuerbilanz** eines Unternehmens wird auf Basis der handelsrechtlichen Bilanz, d. h. auf Basis der Ergebnisse des externen Rechnungswesens, erstellt. Dieser Zusammenhang wird auch als Maßgeblichkeit bezeichnet. Grundsätzlich führt die Maßgeblichkeit der Handelsbilanz für die Steuerbilanz dazu, dass beide Bilanzen identisch sind. Dies wird jedoch in vielen Fällen nicht so sein, da es zahlreiche Ausnahmen gibt. Dies wird als Durchbrechung der Maßgeblichkeit bezeichnet.

Betriebseinnahmen entsprechen also grundsätzlich, aber nicht immer den Erträgen eines Unternehmens, Betriebsausgaben entsprechen also grundsätzlich, aber nicht immer den Aufwendungen des Unternehmens. Betriebseinnahmen und Betriebsausgaben stellen somit zumindest bei einer längerfristigen Betrachtung auch auf Zahlungsflüsse ab. Einzahlungen erhöhen das steuerpflichtige Einkommen, Auszahlungen vermindern es.

Schematisch lassen sich diese Zusammenhänge wie folgt verdeutlichen:

Die Bestandsgröße steuerliches Eigenkapital wird durch die Stromgrößen Betriebseinnahme und Betriebsausgabe verändert.

Abbildung 8.5: Bestandsgröße steuerliches Eigenkapital und Stromgrößen Betriebseinnahme und Betriebsausgabe

Schematisch entspricht diese Darstellung derjenigen beim externen Rechnungswesen, inhaltlich unterscheiden sich jedoch die Begrifflichkeiten, da auf die steuerliche Anrechenbarkeit abgestellt wird.

Das steuerliche Ergebnis eines Unternehmens wird einmal im Jahr auf Basis eines sog. Reinvermögensvergleichs ermittelt. Dies entspricht der oben erläuterten Darstellung der Ermittlung des Periodenerfolgs im externen Rechnungswesen durch den Vergleich der Anfangsbilanz mit der Schlussbilanz (siehe ▶ *Formel 8.1*).

8.2 Grundlagen der Buchführung

8.2.1 Bilanz, Konto, Sollbuchung, Habenbuchung

Die **Bilanz** ist eine Art „Speicher", der Einzahlungen und Auszahlungen des Unternehmens auf einen bestimmten Stichtag bezogen zeigt. Es handelt sich somit um einen zeitpunktbezogenen Ausschnitt aus der Unternehmenshistorie, der sich allerdings laufend ändert, auch wenn eine Bilanz nicht täglich erstellt wird.

In der Bilanz finden sich historische Werte (sogenannte Buchwerte) und in der Regel keine aktuellen oder zukunftsbezogenen Zeitwerte. Abgeleitet wird die Bilanz aus dem (Eröffnungs-)Inventar bzw. fortgeführt aus den Bilanzen der Vorjahre (Bilanzidentitätsprinzip).

Die in Kontenform dargestellte Bilanz hat zwei Seiten:

Auf der rechten Seite (Passivseite) wird die Herkunft der in das Unternehmen eingezahlten Mittel ausgewiesen. Dabei kann es sich entweder um Einzahlungen der Unternehmenseigentümer (Eigenkapital) oder um Einzahlungen von Gläubigern/Kreditgebern (Fremdkapital) handeln.

Auf der linken Seite (Aktivseite) wird die Mittelverwendung ausgewiesen, d. h. die Nutzung der im Unternehmen eingezahlten Mittel. Dies wird als Vermögen bezeichnet. Auf der Aktivseite unterscheidet man je nach Zielsetzung der Nutzung der Vermögenspositionen in Anlagevermögen (bei eher langfristiger Nutzung, z. B. Bürogebäude, Maschinen, Fuhrpark) und Umlaufvermögen (bei eher kurzfristiger Nutzung, z. B. Forderungen gegen Kunden, Vorräte, Bankguthaben).

Die Grundstruktur der Bilanz ergibt sich damit wie folgt:

Aktivseite (Mittelverwendung)			**Passivseite (Mittelherkunft)**
Anlagevermögen	50	Eigenkapital	50
Umlaufvermögen	50	Fremdkapital	50
Gesamt	**100**	**Gesamt**	**100**

Jede Veränderung der Bilanz berührt mindestens zwei Bilanzposten, wobei auch nach der Veränderung immer gelten muss, dass die Summe der Aktivseite der Summe der Passivseite entspricht.

Da nicht nach jeder Veränderung eine neue Bilanz erstellt wird, wird die Bilanz in einzelne Positionen aufgegliedert, die als Konten bezeichnet werden. Diese Konten haben zwei Seiten (Soll- und Habenseite), auf denen der Anfangsbestand, der Endbestand und die Veränderungen der jeweiligen Position erfasst werden. Somit werden auf einem derartigen **Konto** der aus der Anfangsbilanz übernommene Anfangsbestand, die Zu- und Abgänge innerhalb der Periode sowie der Endbestand, der in die Schlussbilanz eingeht, gebucht.

Jedes Konto kann entweder „links" oder „rechts" gebucht werden, die Fachbegriffe hierfür sind „**Soll**" und „**Haben**". Aus didaktischen Gründen finden sich in der Theorie häufig sogenannte „T-Konten", um die Soll- und die Habenseite zu verdeutlichen, während in EDV-Systemen in der Praxis die Konten in Listenform erfasst werden.

Soll	**(Aktiv- oder**	**Passiv-)Konto**	**Haben**
Sollbuchung 1	Betrag	Habenbuchung 1	Betrag
Sollbuchung 2	Betrag	Habenbuchung 2	Betrag

Prinzipiell unterscheidet man zwischen aktiven und passiven **Bestandskonten**.

Aktive Bestandskonten erfassen das Vermögen, also sämtliche materiellen und immateriellen Gegenstände, die ein Unternehmen besitzt (z. B. Grundstücke, Vorräte, Maschinen, Bargeld, Forderungen, Lizenzen und Patente). Der Anfangsbestand und Zugänge werden im „Soll" gebucht, Abgänge und der Endbestand (Saldo) werden im „Haben" gebucht. Aktive Bestandskonten werden auf die Aktivseite der Bilanz abgeschlossen:

Soll		Aktivkonto	Haben
Anfangsbestand	Betrag	Abgänge	Betrag
Zugänge	Betrag	Endbestand	Betrag

Passive Bestandskonten dokumentieren das Eigenkapital sowie die Schulden des Unternehmens. Der Anfangsbestand und die Zugänge werden im „Haben" gebucht, Abgänge und der Endbestand (Saldo) werden im „Soll" gebucht. Passive Bestandskonten werden auf die Passivseite der Bilanz abgeschlossen:

Soll		Passivkonto	Haben
Abgänge	Betrag	Anfangsbestand	Betrag
Endbestand	Betrag	Zugänge	Betrag

Neben diesen Bestandskonten existieren auch sog. **Erfolgskonten**, auf denen das Ergebnis der wirtschaftlichen Tätigkeit des Unternehmens (Ertrag/Aufwand bzw. Gewinn/Verlust) abgebildet wird.

Beispiel: Grundlegende Buchungssätze

Sollbuchung Bankkonto 100 / Habenbuchung Eigenkapital 100

Die Sollbuchung geschieht hier auf einem Aktivkonto (hier Bankkonto) und führt somit dort zu einem Zugang. Die Habenbuchung erfolgt auf einem Passivkonto (hier Eigenkapital) und dokumentiert ebenfalls einen Zugang. Demnach drückt der obige Buchungssatz folgenden Sachverhalt aus:

„Der Gesellschafter hat einen Geldbetrag von 100 aus seinem Privatvermögen genommen und auf das Bankkonto des Unternehmens eingezahlt, wodurch sich sein Eigenkapital(anteil) erhöht hat."

Abgekürzt wird ein Buchungssatz wie folgt:

	per Konto Soll	Betrag	an	Konto Haben	Betrag
also:	per Bank	100	an	Eigenkapital	100
oder kürzer:	Bank		an	Eigenkapital	100
oder noch kürzer:	Bank		/	EK	100

Ein weiteres Beispiel ist:

Sollbuchung Anlagevermögen 100 / Habenbuchung Fremdkapital 100

bzw.:	AV	/	FK	100

Erläuterung: „Das Unternehmen hat eine Maschine für 100 gekauft und den Kaufpreis noch nicht bezahlt, d. h., es schuldet dem Lieferanten noch 100."

Wie bereits dargestellt, führt jede Veränderung der Bilanz (= Geschäftsvorfall) zur Veränderung von mindestens zwei Positionen. Entsprechend der Logik der doppelten

Buchführung (die auch als Doppik bezeichnet wird) werden folglich bei jeder Buchung mindestens zwei Konten (ein Konto im Soll und ein Konto im Haben) angesprochen, es können jedoch auch mehr als zwei Konten angesprochen werden. Wichtig ist, dass die Summe der Sollbeträge der Summe der Habenbeträge entspricht.

Eröffnungsbilanzkonto und Schlussbilanzkonto

Bestandskonten werden aus der Bilanz entnommen, d. h., sie übertragen einen Bestandswert über einen (Bilanz)Stichtag. Sie sind folglich dadurch gekennzeichnet, dass diese bereits zu Beginn eines Geschäftsjahres einen Anfangsbestand besitzen. Hat ein Unternehmen beispielsweise bereits Maschinen im Wert von 100.000 € in der Schlussbilanz des Vorjahres, muss dieser Anfangsbestand auf die Bestandskonten übernommen werden. Er wird dabei nicht einfach auf das Konto übertragen, vielmehr wird dieser bereits buchhalterisch erfasst und eingebucht. Hierzu benötigt man ein Hilfskonto, das sog. Eröffnungsbilanzkonto (EBK), welches aus buchhalterischen Gründen spiegelverkehrt zur Bilanz aufgebaut ist.

Die Buchungssätze lauten dann

- für alle aktiven Bestandskonten
  per Aktivkonto an Eröffnungsbilanzkonto Betrag
- und für alle passiven Bestandskonten
  per Eröffnungsbilanzkonto an Passivkonto Betrag

Beispiel: Eröffnungsbuchung von Bestandskonten

Aktivseite	**Schlussbilanz des Vorjahres**		**Passivseite**
Anlagevermögen	100	Eigenkapital	50
Bank	0	Fremdkapital	50
Gesamt	**100**	**Gesamt**	**100**

Eröffnungsbuchungen zum Beginn des Geschäftsjahres:

per Anlagevermögen	an	EBK	100
per EBK	an	Eigenkapital	50
per EBK	an	Fremdkapital	50

Als Eröffnungsbilanzkonto (EBK) des aktuellen Geschäftsjahres ergibt sich dann:

Soll	**Konto EBK**		**Haben**
Eigenkapital	50	Anlagevermögen	100
Fremdkapital	50		
Kontensumme	100	Kontensumme	100

Während des nun laufenden Geschäftsjahres werden die Veränderungen auf den einzelnen Konten erfasst. Am Ende eines Geschäftsjahres ergeben die Endbestände der Bestandskonten die Schlussbilanz. Hierfür werden diese auf das Schlussbilanzkonto (SBK) abgeschlossen. Der Aufbau des Schlussbilanzkontos entspricht dem der Bilanz, somit werden die aktiven Bestände auf der Sollseite und die passiven Bestände auf der Habenseite des SBK gezeigt. Die Buchungen lauten:

- für alle aktiven Bestandskonten:
  per Schlussbilanzkonto an Aktivkonto Betrag
- und für alle passiven Bestandskonten:
  per Passivkonto an Schlussbilanzkonto Betrag

Beispiel: Abschlussbuchung eines aktiven Bestandskontos

Soll	Konto Bank		Haben
Anfangsbestand	0		
Zugänge	100		

Der Endbestand ergibt sich durch Abgleich der Soll- und der Habenseite. Da beide Seiten gleich groß seien müssen, folgt ein Endbestand in Höhe von 100 auf der Passivseite. Dieser wird nun in das Schlussbilanzkonto übertragen:

per SBK an Bank 100

Somit entsprechen sich auf dem Aktivkonto Bank die Soll- und die Habenseite und das Konto ist abgeschlossen. Auf dem SBK sieht man nach dieser Buchung den Bankbestand von 100 auf der Sollseite.

Soll	Konto Bank (nach Kontenabschluss)		Haben
Anfangsbestand	0		
Zugänge	100	Endbestand	100
Kontensumme	100	Kontensumme	100

8.2.2 Arten von Geschäftsvorfällen

Während des Geschäftsjahres werden die laufenden Geschäftsvorfälle auf den Konten erfasst. Grundsätzlich unterscheidet man bei allen Geschäftsvorfällen zwischen erfolgsneutralen und erfolgswirksamen Geschäftsvorfällen.

- Bei erfolgsneutralen Geschäftsvorfällen liegt kein Aufwand oder Ertrag vor. Das Eigenkapital bleibt unverändert bzw. verändert sich lediglich aufgrund einer Erhöhung (Einlage, Kapitalerhöhung) oder Verminderung (Entnahme, Gewinnausschüttung) des Eigenkapitals durch den Eigentümer, aber nicht aufgrund eines betrieblichen Erfolgs oder Misserfolgs.

- Bei erfolgswirksamen Geschäftsvorfällen liegt ein Aufwand oder Ertrag vor. Das Eigenkapital verändert sich somit aufgrund der Geschäftstätigkeit des Kaufmanns, d. h., es entsteht ein Erfolg oder Misserfolg.

Es gibt vier grundlegende Arten von Bilanzveränderungen: Bilanzverlängerung, Bilanzverkürzung, Aktivtausch, Passivtausch.

- **Bilanzverlängerung:** Mindestens ein Aktivposten und mindestens ein Passivposten nehmen zu.
- **Bilanzverkürzung:** Mindestens ein Aktivposten und mindestens ein Passivposten nehmen ab.
- **Aktivtausch:** Mindestens ein Aktivposten nimmt zu und mindestens ein Aktivposten nimmt ab.
- **Passivtausch:** Mindestens ein Passivposten nimmt zu und mindestens ein Passivposten nimmt ab.

Prinzipiell können alle Arten von Bilanzveränderung erfolgsneutral oder erfolgswirksam sein. Lediglich der Aktivtausch ist immer ein erfolgsneutraler Geschäftsvorfall, da kein Passivkonto gebucht wird und das Konto Eigenkapital ja ein Passivkonto ist.

8.2.3 Erfolgsneutrale Buchungen in der Bilanz

Die eben beschriebenen vier Typen von Geschäftsvorfällen werden im Folgenden an Beispielen verdeutlicht. In diesem Kapitel werden ausschließlich Beispiele dargestellt, die erfolgsneutral sind.

Als Ausgangssituation dient die folgende Bilanz.

1. Eröffnungsbilanz

Aktivseite	**Eröffnungsbilanz**		**Passivseite**
Anlagevermögen	0	Eigenkapital	0
Bank	0	Fremdkapital	0
Gesamt	**0**	**Gesamt**	**0**

Bilanzverlängerung

Beispiel: Erhöhung des Eigenkapitals durch Einzahlung von Barmitteln

Sachverhalt: Die Unternehmensgründer zahlen Eigenkapital von 100 auf das Bankkonto ein.

2. Buchung auf Kontenebene mit Buchungssatz
per Bank an Eigenkapital 100

Soll		Konto Bank	Haben
Anfangsbestand	0		
Zugänge	100		

Soll		Konto Eigenkapital	Haben
		Anfangsbestand	0
		Zugänge	100

3. Schlussbilanz

Aktivseite		Schlussbilanz	Passivseite
Anlagevermögen	0	Eigenkapital	100
Bank	100	Fremdkapital	0
Gesamt	**100**	**Gesamt**	**100**

Beispiel: Aufnahme eines Bankkredits (Fortführung des Beispiels)

Sachverhalt: Das Unternehmen erhält ein Darlehen von einer Bank in Höhe von 100.

1. Eröffnungsbilanz

Aktivseite	Eröffnungsbilanz		Passivseite
Anlagevermögen	0	Eigenkapital	100
Bank	100	Fremdkapital	0
Gesamt	**100**	**Gesamt**	**100**

2. Buchung auf Kontenebene mit Buchungssatz:
per Bank an Fremdkapital 100

Soll	Konto Bank		Haben
Anfangsbestand	100		
Zugänge	100		

Soll	Konto Fremdkapital		Haben
		Anfangsbestand	0
		Zugänge	100

3. Schlussbilanz

Aktivseite	Schlussbilanz		Passivseite
Anlagevermögen	0	Eigenkapital	100
Bank	200	Fremdkapital	100
Gesamt	**200**	**Gesamt**	**200**

Bilanzverkürzung

Beispiel: Rückzahlung Bankkredit (Fortführung des Beispiels)

Sachverhalt: Es wird ein Teil des Darlehens in Höhe von 50 zurückgezahlt.

1. Eröffnungsbilanz

Aktivseite		Eröffnungsbilanz	Passivseite
Anlagevermögen	0	Eigenkapital	100
Bank	200	Fremdkapital	100
Gesamt	**200**	**Gesamt**	**200**

2. Buchung auf Kontenebene mit Buchungssatz
per Fremdkapital an Bank 50

Soll		Konto Bank	Haben
Anfangsbestand	200	Abgänge	50

Soll		Konto Fremdkapital	Haben
Abgänge	50	Anfangsbestand	100

3. Schlussbilanz

Aktivseite		Schlussbilanz	Passivseite
Anlagevermögen	0	Eigenkapital	100
Bank	150	Fremdkapital	50
Gesamt	**150**	**Gesamt**	**150**

Beispiel: Auszahlung einer Dividende (Fortführung des Beispiels)

Sachverhalt: Das Unternehmen zahlt den Eigentümern eine Dividende von 50.

1. Eröffnungsbilanz

Aktivseite	**Eröffnungsbilanz**		**Passivseite**
Anlagevermögen	0	Eigenkapital	100
Bank	150	Fremdkapital	50
Gesamt	**150**	**Gesamt**	**150**

2. Buchung auf Kontenebene mit Buchungssatz
per Eigenkapital an Bank 50

Soll	**Konto Bank**		**Haben**
Anfangsbestand	150	Abgänge	50

Soll	**Konto Eigenkapital**		**Haben**
Abgänge	50	Anfangsbestand	100

3. Schlussbilanz

Aktivseite	**Schlussbilanz**		**Passivseite**
Anlagevermögen	0	Eigenkapital	50
Bank	100	Fremdkapital	50
Gesamt	**100**	**Gesamt**	**50**

Aktivtausch

Beispiel: Kauf eines Vermögensgegenstands (Fortführung des Beispiels)

Sachverhalt: Das Unternehmen kauft eine Maschine für 20.

1. Eröffnungsbilanz

Aktivseite		Eröffnungsbilanz	Passivseite
Anlagevermögen	0	Eigenkapital	50
Bank	100	Fremdkapital	50
Gesamt	**100**	**Gesamt**	**100**

2. Buchung auf Kontenebene mit Buchungssatz
per Anlagevermögen an Bank 20

Soll		Konto Bank	Haben
Anfangsbestand	100	Abgänge	20

Soll		Konto Anlagevermögen	Haben
Anfangsbestand	0		
Zugänge	20		

3. Schlussbilanz

Aktivseite		Schlussbilanz	Passivseite
Anlagevermögen	20	Eigenkapital	50
Bank	80	Fremdkapital	50
Gesamt	**100**	**Gesamt**	**100**

Beispiel: Gewährung eines Darlehens (Fortführung des Beispiels)

Sachverhalt: Das Unternehmen gewährt einem Kunden einen Kredit in Höhe von 10.

1. Eröffnungsbilanz

Aktivseite	**Eröffnungsbilanz**		**Passivseite**
Anlagevermögen	20	Eigenkapital	50
Bank	80	Fremdkapital	50
Gesamt	**100**	**Gesamt**	**100**

2. Buchung auf Kontenebene mit Buchungssatz
per Darlehen an Bank 10

Soll	**Konto Bank**		**Haben**
Anfangsbestand	80	Abgänge	10

Soll	**Konto Darlehen**		**Haben**
Anfangsbestand	0		
Zugänge	10		

3. Schlussbilanz

Aktivseite	**Schlussbilanz**		**Passivseite**
Anlagevermögen	20	Eigenkapital	50
Darlehen	10	Fremdkapital	50
Bank	70		
Gesamt	**100**	**Gesamt**	**100**

Passivtausch

Beispiel: Refinanzierung eines Bankdarlehens (Fortführung des Beispiels)

Sachverhalt: Das Unternehmen wandelt ein kurzfristiges Bankdarlehen in Höhe von 10 in ein langfristiges Bankdarlehen um.

1. Eröffnungsbilanz

Aktivseite		Eröffnungsbilanz	Passivseite
Anlagevermögen	20	Eigenkapital	50
Darlehen	10	Fremdkapital	50
Bank	70		
Gesamt	**100**	**Gesamt**	**100**

2. Buchung auf Kontenebene mit Buchungssatz
per Fremdkapital (kurzfristig) an Fremdkapital (langfristig) 10

Soll		Konto Fremdkapital (kurzfristig)	Haben
Abgänge	10	Anfangsbestand	50

Soll		Konto Fremdkapital (langfristig)	Haben
		Anfangsbestand	0
		Zugänge	10

3. Schlussbilanz

Aktivseite		Schlussbilanz	Passivseite
Anlagevermögen	20	Eigenkapital	50
Darlehen	10	Fremdkapital (lfr.)	10
Bank	70	Fremdkapital (kfr.)	40
Gesamt	**100**	**Gesamt**	**100**

Beispiel: Umwandlung Fremdkapital in Eigenkapital (Fortführung des Beispiels)

Sachverhalt: Die Bank wandelt ihr langfristiges Darlehen in eine Unternehmensbeteiligung um.

1. Eröffnungsbilanz

Aktivseite	Eröffnungsbilanz		Passivseite
Anlagevermögen	20	Eigenkapital	50
Darlehen	10	Fremdkapital (lfr.)	10
Bank	70	Fremdkapital (kfr.)	40
Gesamt	**100**	**Gesamt**	**100**

2. Buchung auf Kontenebene mit Buchungssatz
per Fremdkapital (langfristig) an Eigenkapital 10

Soll	Konto Fremdkapital (langfristig)		Haben
Abgänge	10	Anfangsbestand	10

Soll	Konto Eigenkapital		Haben
		Anfangsbestand	50
		Zugänge	10

3. Schlussbilanz

Aktivseite	Schlussbilanz		Passivseite
Anlagevermögen	20	Eigenkapital	60
Darlehen	10	Fremdkapital (lfr.)	0
Bank	70	Fremdkapital (kfr.)	40
Gesamt	**100**	**Gesamt**	**100**

8.2.4 Erfolgswirksame Buchungen in der Gewinn- und Verlustrechnung (GuV)

Die bisher dargestellten möglichen Grundgeschäftsvorfälle waren rein bilanzielle Vorgänge, sie verändern das Eigenkapital des Unternehmens nicht durch einen wirtschaftlichen Erfolg oder Misserfolg (sondern – wenn überhaupt – nur durch Kapitalmaßnahmen, also durch Einzahlungen der Eigentümer bzw. Auszahlungen an die Eigentümer). Ziel eines Unternehmens ist es aber, Gewinn zu erzielen, d. h., das Eigenkapital durch wirtschaftlichen Erfolg zu erhöhen.

Beispiel: Zahlung von Gehältern (direkt im Eigenkapital)

Sachverhalt: Ein Unternehmen zahlt dem Mitarbeiter ein Gehalt in Höhe von 10.

1. Eröffnungsbilanz

Aktivseite	**Eröffnungsbilanz**		**Passivseite**
Anlagevermögen	50	Eigenkapital	50
Bank	50	Fremdkapital	50
Gesamt	**100**	**Gesamt**	**100**

2. Buchung auf Kontenebene mit Buchungssatz
per Eigenkapital an Bank 10

Soll	**Konto Eigenkapital**		**Haben**
Zahlung Gehälter	10	Anfangsbestand	50

Soll	**Konto Bank**		**Haben**
Anfangsbestand	50	Zahlung Gehälter	10

3. Schlussbilanz

Aktivseite	**Schlussbilanz**		**Passivseite**
Anlagevermögen	50	Eigenkapital	40
Bank	40	Fremdkapital	50
Gesamt	**90**	**Gesamt**	**90**

Durch welche Vorgänge kann ein Unternehmen einen wirtschaftlichen Erfolg erzielen und wie wird dieser buchhalterisch erfasst? Es handelt sich hierbei um Vorgänge, die den Wert des Anteils der Unternehmenseigner (= Eigenkapital) verändern. Solche Sachverhalte können z. B. der Verkauf von Produkten oder Dienstleistungen oder die

Zahlung von Gehältern sein. Diese Sachverhalte könnten direkt im Eigenkapital abgebildet werden. Entsprechend der Buchungen im Konto Eigenkapital (Passivkonto) werden Vorgänge, die zu einem positiven Ergebnis führen (Mehrung des Eigenkapitals), im Haben gebucht. Vorgänge, die ein negatives Ergebnis erzeugen (Minderung des Eigenkapitals), werden im Soll gebucht.

Zum Zweck einer besseren Übersichtlichkeit und aufgrund gesetzlicher Vorgaben werden diese Buchungen jedoch regelmäßig nicht direkt im Eigenkapital vorgenommen. Stattdessen wird die zeitpunktbezogene Sicht der Bilanz um eine zeitraumbezogene Darstellung der innerhalb einer Periode anfallenden erfolgswirksamen Sachverhalte erweitert. Diese eigene Rechnung ist die sogenannte Gewinn- und Verlustrechnung (GuV). Die GuV bzw. das GuV-Konto ist folglich ein Unterkonto des Eigenkapitals. Jede GuV-Buchung ist also immer eine Buchung im Eigenkapital des Unternehmens.

Beispiel: Zahlung von Gehältern (über GuV-Konto)

Sachverhalt: Ein Unternehmen zahlt dem Mitarbeiter ein Gehalt in Höhe von 10.

1. Eröffnungsbilanz

Aktivseite	Eröffnungsbilanz		Passivseite
Anlagevermögen	50	Eigenkapital	50
Bank	50	Fremdkapital	50
Gesamt	**100**	**Gesamt**	**100**

2. Buchung auf Kontenebene mit Buchungssatz
per GuV-Konto an Bank 10

Soll	Konto GuV		Haben
Zahlung Gehälter	10		

Soll	Konto Bank		Haben
Anfangsbestand	50	Zahlung Gehälter	10

Das GuV-Konto wird über das Eigenkapitalkonto abgeschlossen:

Soll	**Konto GuV**		**Haben**
Zahlung Gehälter	10	Kontoabschluss	10

Soll	**Konto Eigenkapital**		**Haben**
Abschluss GuV-Konto	10	Anfangsbestand	50

3. Schlussbilanz

Aktivseite	**Schlussbilanz**		**Passivseite**
Anlagevermögen	50	Eigenkapital	40
Bank	40	Fremdkapital	50
Gesamt	**90**	**Gesamt**	**90**

Im Ergebnis führt diese Vorgehensweise zu einem identischen Eigenkapital, allerdings ist diese Vorgehensweise bedingt durch den separaten Ausweis der Mehrungen und Minderungen des Eigenkapitals transparenter.

Für eine noch transparentere Darstellung des unternehmerischen Erfolgs wird das GuV-Konto selbst noch weiter in einzelne Konten unterteilt.

Mehrungen des Eigenkapitals (Erfolge, positive Ergebnisbeiträge) werden als Ertrag bezeichnet, sie werden auf sogenannte Ertragskonten gebucht. Buchungen auf Ertragskonten erfolgen regelmäßig im Haben (dies entspricht einer Erhöhung des Eigenkapitals).

- **Ertragskonten:** Ertrag bedeutet Wertzufluss. Auf einem Ertragskonto wird der Wertzuwachs des Eigenkapitals erfasst. Die zentrale Ertragsart eines Unternehmens sind in der Regel Umsatzerlöse, es gibt aber auch andere Ertragsformen.

Minderungen des Eigenkapitals (Misserfolge, negative Ergebnisbeiträge) werden als Aufwand bezeichnet, sie werden auf sogenannte Aufwandskonten gebucht. Buchungen auf Aufwandskonten erfolgen regelmäßig im Soll (dies entspricht einer Minderung des Eigenkapitals).

- **Aufwandskonten:** Aufwand bedeutet Werteverzehr. Auf einem Aufwandskonto wird eine Minderung des Eigenkapitals erfasst. Beispiele sind Personalkosten und Abschreibungen.

Die Summe aller Erfolgskonten (Aufwands- und Ertragskonten) wird als Gewinn- und Verlustrechnung (nicht zu verwechseln mit dem GuV-Konto) bezeichnet.

- **Erfolgskonten** erfassen erfolgswirksame Vorgänge, d. h. Gewinne und Verluste des Unternehmens. Diese Konten bilden zusammen die Gewinn- und Verlustrechnung (GuV) des Jahresabschlusses.

Erfolgswirksame Buchungen bzw. Erfolgskonten werden am Periodenende über das GuV-Konto abgeschlossen (und dieses wiederum im Eigenkapital), sie starten in der nächsten Periode ohne Bestand, d. h. ohne Saldovortrag (denn Gewinn und Verlust werden jedes Jahr von neuem erzielt).

Beispiel: Erfolgswirksame Buchungen (Dienstleistungen)

Sachverhalt: Ein Unternehmen berät einen Kunden für 20, es fallen Personalkosten von 15 an.

1. Eröffnungsbilanz

Aktivseite	Eröffnungsbilanz		Passivseite
Anlagevermögen	50	Eigenkapital	50
Bank	50	Fremdkapital	50
Gesamt	**100**	**Gesamt**	**100**

2. Buchung auf Kontenebene mit Buchungssatz

per Bank	an	Umsatzerlöse	20
per Personalkosten	an	Bank	15

Soll	Konto Bank		Haben
Anfangsbestand	50	Abgänge	15
Zugänge	20		

=> Es ist ersichtlich, dass das Bankkonto saldiert um 5 ansteigt, also einen Endbestand von 55 aufweist.

Soll	Konto Umsatzerlöse (Ertragskonto)		Haben
		Leistung an Kunden	20

Soll	Konto Personalkosten (Aufwandskonto)		Haben
Zahlung Gehälter	15		

=> Saldiert man die Erträge (20) und die Aufwendungen (15), ergibt sich ein Periodenergebnis („Gewinn") von 5. Diese Erhöhung des Eigenkapitals wird über das GuV-Konto in das Eigenkapital eingebucht.

3. Schlussbilanz

Aktivseite	**Schlussbilanz**		**Passivseite**
Anlagevermögen	50	Eigenkapital	50
Bank	65	Periodengewinn	5
		Fremdkapital	50
Gesamt	**105**	**Gesamt**	**105**

Beispiel: Erfolgswirksame Buchungen (Kauf und Verkauf von Waren)

Sachverhalt: Ein Unternehmen verkauft Vorräte mit einem Buchwert von 15 an einen Kunden zu einem Preis von 20.

1. Eröffnungsbilanz

Aktivseite	**Eröffnungsbilanz**		**Passivseite**
Bank	85	Eigenkapital	50
Vorräte	15	Fremdkapital	50
Gesamt	**100**	**Gesamt**	**100**

2. Buchung auf Kontenebene mit Buchungssatz

per	Bank	an	Umsatzerlöse	20
per	Materialaufwand	an	Vorräte	15

Soll	**Konto Bank**		**Haben**
Anfangsbestand	85		
Zugänge	20		

=> Es ist ersichtlich, dass das Bankkonto um 20 ansteigt, also einen Endbestand von 105 aufweist.

Soll	**Konto Vorräte**		**Haben**
Anfangsbestand	15	Abgänge	15

=> Es ist ersichtlich, dass das Vorratskonto um 15 sinkt, also einen Endbestand von 0 aufweist (es sind alle Vorräte veräußert worden).

Soll	**Konto Umsatzerlöse (Ertragskonto)**		**Haben**
		Verkauf Vorräte	20

Soll	**Konto Materialaufwand (Aufwandskonto)**		**Haben**
Warenabgang Vorräte	15		

=> Saldiert man die Erträge (20) und die Aufwendungen (15), ergibt sich ein Periodenergebnis („Gewinn") von 5. Dieses erhöht das Eigenkapital.

3. Schlussbilanz

Aktivseite	**Schlussbilanz**		**Passivseite**
Bank	105	Eigenkapital	50
		Periodengewinn	5
		Fremdkapital	50
Gesamt	**105**	**Gesamt**	**105**

8.2.5 Behandlung der Umsatzsteuer in der Buchführung

Die Umsatzsteuer ist eine Verkehrssteuer, die der Staat auf sämtliche (umsatzsteuerpflichtigen) Verkehrsvorgänge (Waren- und Dienstleistungen) erhebt. Die Umsatzsteuer wird auf jeder Wirtschaftsstufe erhoben und daher als Allphasennettoumsatzsteuer mit Vorsteuerabzug bezeichnet. Sie ist eine indirekte Steuer, die letztendlich vom Endverbraucher zu tragen ist, jedoch vom Unternehmer an das Finanzamt abgeführt wird. Das heißt, dass Leistungen auf Zwischenstufen zwar besteuert werden, der zahlende Unternehmer diese Umsatzsteuerzahlungen aber vom Finanzamt als Vorsteuerbeträge erstattet bekommt. Erst der Endverbraucher, der nicht mehr zum Vorsteuerabzug berechtigt ist, zahlt den Bruttopreis und trägt somit die gesamte Umsatzsteuer auf den Endpreis.

Der Produzent erbringt eine Leistung an den Händler für 100 € + 19 % USt. Der Produzent hat keinen Vorlieferanten und somit keine Vorsteuer. Der Produzent führt die 19 € USt, die er vom Händler erhält, an das Finanzamt ab.

Der Händler verarbeitet das Produkt und liefert Fertigerzeugnisse an den Endkunden für 200 € + 19 % USt (38 €). Der Händler führt diese 38 € an das Finanzamt ab und darf sich die Umsatzsteuer von 19 €, die er an den Produzenten bezahlt hat, als Vorsteuer vom Finanzamt erstatten lassen. Nach Verrechnung der zu zahlenden Umsatzsteuer von 38 € und der zu erstattenden Vorsteuer von 19 € muss der Händler 19 € an das Finanzamt abführen.

Produzent	→	**Händler**	→	**Endkunde**
erstellt Leistung	100 netto	liefert Leistung	200 netto	
erstellt Rechnung	100 + USt.	erstellt Rechnung	200 + Ust.	
erhält USt. auf 100 (+19)		Zahlt Vorsteuer auf 100 (–19)		Zahlt USt. auf 200 (–38)
		Erhält USt. aus 200 (+38)		
Saldo Umsatzsteuer (+19) wird abgeführt		Saldo Umsatzsteuer (+19) wird abgeführt		Effektiver Zahler der Steuer (–38)

Abbildung 8.6: Übersicht Umsatzsteuer

Der Endverbraucher zahlt 238 € und führt weder Umsatzsteuer ab noch ist er zum Vorsteuerabzug berechtigt.

Das Finanzamt erhält 38 € von den Unternehmern, die jedoch wirtschaftlich vom Endverbraucher getragen werden.

Beispiel: Behandlung der Umsatzsteuer bei Kauf und Verkauf von Waren

Sachverhalt: Ein Unternehmen kauft Vorräte mit einem Nettowert von 100 und zahlt an den Lieferanten zusätzlich 19 % Umsatzsteuer (= 19). Anschließend verkauft das Unternehmen die Vorräte für 200 und stellt dem Kunden zusätzlich 19 % (= 38) in Rechnung.

Eröffnungsbilanz

Bank	150	Eigenkapital	150
Gesamt	**150**	**Gesamt**	**1500**

1. Kauf Vorräte

Buchung auf Kontenebene mit Buchungssatz

per Vorräte	100	an	Bank 119
per geleistete Vorsteuer	19		

Das Unternehmen darf die gezahlte Umsatzsteuer (häufig als Vorsteuer bezeichnet) beim Finanzamt geltend machen, d. h. dort verrechnen. Das Konto geleistete Vorsteuer ist also ein Forderungskonto und enthält Forderungen gegenüber dem Finanzamt, die Umsatzsteuer wird hier im Soll gebucht (Erhöhung des Kontos entspricht Erhöhung der Forderung).

Soll	**Konto Bank**		**Haben**
Anfangsbestand	150	Abgänge	119

Soll	**Konto Vorräte**		**Haben**
Anfangsbestand	0		
Zugänge	100		

Soll	**Konto Vorsteuer (Forderung gegen Finanzamt)**		**Haben**
Kauf Vorräte	19		

2. Verkauf Vorräte

Buchung auf Kontenebene mit Buchungssatz

per	Bank	238	an	Umsatzerlöse	200
	Mehrwertsteuer	38			
per	Materialaufwand		an	Vorräte	100

Soll	**Konto Bank**		**Haben**
Anfangsbestand	150	Abgänge	119
Zugänge	238		

Soll	**Konto Vorräte**		**Haben**
Anfangsbestand	0		
Zugänge	100	Abgänge	100

Soll		Konto Umsatzerlöse (Ertragskonto)	Haben
		Verkauf Vorräte	200

Soll		Konto Materialaufwand (Aufwandskonto)	Haben
Warenabgang Vorräte	100		

Soll		Konto Mehrwertsteuer (Verbindlichkeit gegen Finanzamt)	Haben
		Verkauf Vorräte	38

Das Unternehmen muss die vereinnahmte Umsatzsteuer (häufig als Mehrwertsteuer bezeichnet) an das Finanzamt abführen. Das Konto abzuführende Umsatzsteuer ist also ein Verbindlichkeitskonto und enthält Verbindlichkeiten gegenüber dem Finanzamt, die Umsatzsteuer wird hier im Haben gebucht (Erhöhung des Kontos entspricht Erhöhung der Verbindlichkeit). Dies ist so ähnlich wie bei der Lohnsteuer, die ja auch an das Finanzamt abgeführt wird.

Im Gegenzug darf ein Unternehmen aber die (oben) gezahlte Umsatzsteuer, die als Vorsteuer bezeichnet wird, anrechnen:

3. Ergebnisberechnung und Verrechnung Umsatzsteuer

Saldiert man die Erträge (200) und die Aufwendungen (100), ergibt sich ein Periodenergebnis („Gewinn") von 100. Dieses erhöht das Eigenkapital. Gleichzeitig muss auch das Bankkonto um 100 ansteigen.

Das Unternehmen hat eine Verbindlichkeit gegenüber dem Finanzamt in Höhe von 38 und eine Forderung gegenüber dem Finanzamt in Höhe von 19. Saldiert man diese beiden Werte, ergibt sich eine Nettoschuld in Höhe von 19.

Aktivseite		Zwischenbilanz	Passivseite
Bank	269	Eigenkapital	150
		Periodengewinn	100
Vorsteuer	19	Mehrwertsteuer	38
Gesamt	**288**	**Gesamt**	**288**

Der Saldo aus dem Forderungs- und dem Verbindlichkeitskonto (+19 – 38 = –19) wird abgerechnet und an das Finanzamt gezahlt.

Buchung auf Kontenebene mit Buchungssatz
per Mehrwertsteuer 38 an Vorsteuer 19
Bank 19

Soll	Konto Mehrwertsteuer (Verbindlichkeit gegen Finanzamt)		Haben
Umsatzsteuerabrech-	38	Verkauf Vorräte	38

Soll	Konto Vorsteuer (Forderung gegen Finanzamt)		Haben
Kauf Vorräte	19	Umsatzsteuer-abrechnung	19

Soll	Konto Bank		Haben
Anfangsbestand	150	Abgänge	119
Zugänge	238		

Aktivseite	Schlussbilanz		Passivseite
Bank	250	Eigenkapital	150
		Periodengewinn	100
Gesamt	**250**	**Gesamt**	**250**

Das Unternehmen hat folglich aus der Transaktion einen Gewinn (= Passivseite) von 100 erzielt, der in der Bank (= Aktivseite) eingezahlt wird. Die Vorsteuer und die Umsatzsteuer sind nur durchlaufende Posten ohne Ergebniswirkung.

8.2.6 Kontenrahmen und Organisation der Buchführung

Kontenrahmen

In der Praxis werden regelmäßig zahlreiche unterschiedliche Konten buchhalterisch genutzt. Dabei kann es sich um erfolgsneutrale Konten (z. B. für Vermögensgegenstände) oder um erfolgswirksame Konten (z. B. Aufwand für Personal) handeln. Alle Buchhaltungskonten (d. h. Bilanzkonten und GuV Konten) eines Unternehmens werden nummeriert und in einem sogenannten Kontenrahmen zusammengefasst, der häufig folgende Struktur aufweist. In der Regel werden die Kontenklassen logisch durchnummeriert, z. B.

Kontenklasse 0	Anlagevermögen
Kontenklasse 1	Umlaufvermögen
Kontenklasse 2	Eigenkapital
Kontenklasse 3	Fremdkapital
Kontenklasse 4	Ertragsbuchungen
Kontenklasse 5	Aufwandsbuchungen

Zwischen den übergeordneten Kontenklassen und den einzelnen Buchungskonten (die auch Sachkonten genannt werden) gibt es noch die weiteren Gliederungsebenen Kontengruppe und Kontenart:

Kontenklasse, z. B. 0 Anlagevermögen

- Kontengruppe, z. B. 01 Grundstücke und Gebäude
  - Kontenart, z. B. 011 Bürogebäude
    - Konto, z. B. 0111 Immobilie Schlossallee
    - Konto, z. B. 0112 Immobilie Hauptbahnhof
- Kontengruppe, z. B. 02 Sachanlagevermögen
  - Kontenart, z. B. 021 Fuhrpark
    - Konto, z. B. 0211 PKW B-MW 127

Kontenklasse, z. B. 3 Fremdkapital

- Kontengruppe, z. B. 31 Darlehensverbindlichkeiten
  - Kontenart, z. B. 311 Bankverbindlichkeiten
    - Konto, z. B. 3111 Kredit für Immobilie Schlossallee
    - Konto, z. B. 3112 Kredit für Immobilie Hauptbahnhof

Organisation der Buchführung

In der Praxis der Buchführung werden Buchungen in einem sogenannten **Journal** und in einem sogenannten **Hauptbuch** erfasst. Hier sind die einzelnen Sachkonten, d. h. die Konten, auf denen die Buchungen stattfinden, enthalten.

Das **Journal** dokumentiert alle Geschäftsvorgänge chronologisch (zeitlich) mit Datum, Betrag, Verweis auf einen Beleg und Kontierung auf dem Sollkonto bzw. Habenkonto. Das Journal stellt die Grundlage der Buchführung dar und beinhaltet die Buchungsanweisung für das Hauptbuch.

Das **Hauptbuch** erfasst alle Buchungen der Grundlage Journal auf den in den Buchungssätzen genannten Konten. Die Bestandskonten werden zu Beginn eines jeden Geschäftsjahres mit den Endbeständen des Vorjahres eröffnet, während die Erfolgskonten wie erläutert keinen Saldovortrag (Bestand) aufweisen. Durch die Aufzeichnungen im Hauptbuch wird also die sachlich geordnete Auflistung der einzelnen Geschäftsvorfälle durchgeführt.

Einzelne Teilgebiete der Buchführung werden auch in sogenannten **Nebenbüchern** erfasst, man unterscheidet dabei u. a.:

- In der **Debitorenbuchhaltung** werden **Debitoren**, d. h. Kunden und Forderungen, erfasst.
- In der **Kreditorenbuchhaltung** werden **Kreditoren**, d. h. Lieferanten und Verbindlichkeiten, erfasst.
- In der **Anlagebuchhaltung** werden Gegenstände des Anlagevermögens erfasst.
- In der **Personalbuchhaltung** werden Löhne und Gehälter erfasst.
- In der **Materialbuchhaltung** werden Lager und Vorratsvermögen erfasst.
- Darüber hinaus gibt es **weitere Nebenbücher**: z. B. Mietbuchhaltung für Immobilien.

Die so gebuchten Sachverhalte werden dann auf die entsprechenden Sachkonten im Hauptbuch übertragen, d. h., alle diese Nebenbücher gehen in das Hauptbuch ein, aus dem die Bilanz abgeleitet wird.

ZUSAMMENFASSUNG

In diesem Kapitel haben Sie gelernt,

- wie der Finanzbereich eines Unternehmens definiert werden kann und welches seine grundlegenden Aufgaben sind,
- welche Teilbereiche im Finanzbereich existieren und welches die Gemeinsamkeiten und Unterschiede der einzelnen Teilbereiche sind,
- welche Begrifflichkeiten und Rechengrößen in den Teilbereichen des Finanzbereichs angewandt werden und
- welche Zusammenhänge zwischen wesentlichen finanziellen Zielgrößen und unterschiedlichen Sichtweisen auf den Unternehmenserfolg bestehen.

Der Finanzbereich eines Unternehmens besteht aus den Teilsystemen Finanzwirtschaft, externes Rechnungswesen, internes Rechnungswesen und Steuern. Er dient der Unternehmensleitung einerseits als Lieferant von Informationen für Planung, Steuerung und Kontrolle und unterstützt somit das Treffen zielgerichteter Entscheidungen. Andererseits ermöglicht es der Finanzbereich, dass das Unternehmen intern wie extern dokumentiert, welche Geschäftsvorfälle sich ereignet haben und wie diese den Unternehmenserfolg – gemessen durch unterschiedliche Rechengrößen – beeinflusst haben.

Inhaltlich werden im Finanzbereich eines Unternehmens mehrere Seiten der gleichen Medaille dargestellt. Zahlungsflüsse sind die Grundlage aller betriebswirtschaftlichen Entscheidungen, diese werden jedoch in den einzelnen Teilbereichen unterschiedlich abgebildet.

Die Abbildung von Zahlungsflüssen erfolgt in der Finanzwirtschaft im ursprünglichen Sinn, da dort direkt mit Einzahlungen und Auszahlungen gesteuert wird.

Die buchhalterische und bilanzielle Abbildung von Zahlungsflüssen grenzt Zahlungen in Perioden ab, wobei der Zeitpunkt der Zahlung nicht die gleiche Relevanz aufweist wie die Ergebnisauswirkungen der Zahlungen. Dieses als Periodisierungsprinzip bezeichnete Vorgehen führt beispielsweise dazu, dass Anschaffungen von Maschinen zwar zu einem Zahlungsabfluss führen, in der Buchhaltung und Bilanzierung jedoch nicht sofort zu einer Verringerung des Eigenkapitals führen, sondern erst während der Nutzungsdauer durch die aufwandswirksame Buchung von Abschreibungen.

In der Kosten- und Leistungsrechnung werden Zahlungsflüsse häufig nur indirekt abgebildet, dies trifft vor allem auf den Bereich der Kosten zu, da diese im Allgemeinen nicht zwingend pagatorisch – also an Zahlungen anknüpfend –, sondern wertmäßig definiert werden.

Im Bereich der Steuern sind Zahlungsflüsse nur bei Privatpersonen (sog. Istversteuerer) direkt relevant, bei Unternehmen (sog. Sollversteuerer) wird als Grundlage auf das externe Rechnungswesen und damit auf abgegrenzte Zahlungen zurückgegriffen, so dass Zahlungsflüsse indirekt berücksichtigt werden.

Darüber hinaus haben Sie in diesem Kapitel gelernt,

- welches die Grundlagen der Buchführung sind,
- wie erfolgsneutrale und erfolgswirksame Geschäftsvorfälle einschließlich der Umsatzsteuer buchhalterisch zu behandeln sind und
- wie die Buchführung in einem Unternehmen organisiert wird.

Die Buchhaltung als Grundlage aller finanzwirtschaftlich relevanten Entscheidungen eines Unternehmens erfasst sämtliche Geschäftsvorfälle auf einzelnen Konten. Diese Konten können entweder den Bestand an Vermögensgegenständen, Schulden und Eigenkapital aufweisen, dann handelt es sich um Bestandskonten, oder sie zeigen eine Veränderung des Reinvermögens (Eigenkapitals) des Unternehmens, dann handelt es sich um Aufwands- und Ertragskonten. Die Umsatzsteuer ist dabei ein durchlaufender Posten, d. h., sie verändert nicht den Erfolg (Gewinn oder Verlust) des Unternehmens.

Da die Buchführung und damit die laufende Aufzeichnung der Geschäftsvorfälle gesetzlich normiert ist, erfolgt die organisatorische Umsetzung in Unternehmen regelmäßig auf ähnliche Art und Weise: Sämtliche Konten werden in einem Kontenplan strukturiert zusammengefasst, wesentliche Teilbereiche der Buchhaltung werden in Nebenbüchern geführt, die zum Hauptbuch zusammengefasst werden.

Ihr Wissen können Sie im eLearning-Bereich mit einem Verständnistest prüfen.

AUFGABEN

Aufgabe 1

a) Grenzen Sie die grundlegenden Rechengrößen Einzahlungen/Auszahlungen, Einnahmen/Ausgaben, Erträge/Aufwendungen, Leistungen/Kosten sowie Betriebseinnahme/Betriebsausgabe voneinander ab.

b) Nennen Sie die auf diesen Rechengrößen beruhenden Teilsysteme des Finanzbereichs eines Unternehmens.

Aufgabe 2

Ein Unternehmen kauft im September 50 kg eines Rohstoffs zu 200 €/kg. Die Bezahlung erfolgt im September und Oktober mit je 5.000 €. Der Rohstoff wird in der Produktion im Oktober (10 kg), im November (25 kg) und im Dezember (15 kg) verbraucht.

In welchem Monat sind in welcher Höhe Auszahlungen, Ausgaben, Aufwendungen und Kosten angefallen?

Aufgabe 3

a) Nennen Sie vier Arten von rein bilanziellen Geschäftsvorfällen und zeigen Sie anhand jeweils eines Beispiels die zugrunde liegende Buchungslogik.

b) Nennen Sie vier Arten von erfolgswirksamen Geschäftsvorfällen und zeigen Sie anhand jeweils eines Beispiels die zugrunde liegende Buchungslogik.

Aufgabe 4

Zu Beginn eines Geschäftsjahres werden die Bilanz und die Gewinn- und Verlustrechnung eröffnet, am Ende des Geschäftsjahres werden sie abgeschlossen.

a) Woher stammen die Eröffnungswerte der Bilanz?

b) Mit welchen Buchungssätzen eröffnen Sie die aktiven und die passiven Bilanzkonten?

c) Mit welchen Buchungssätzen schließen Sie die aktiven und die passiven Bilanzkonten ab?

d) Mit welchen Buchungssätzen eröffnen Sie das GuV-Konto bzw. die Aufwands- und Ertragskonten?

e) Mit welchen Buchungssätzen schließen Sie die Aufwands- und Ertragskonten bzw. das GuV-Konto? Unterscheiden Sie hierbei die Fälle Jahresüberschuss und Jahresfehlbetrag.

Aufgabe 5

Ein Unternehmen hat ein Eigenkapital von 1.000, das vollständig in die Bank eingezahlt ist.

Es kauft Vorräte für 100 und zahlt bar. Anschließend werden die Vorräte für 200 verkauft, dabei fallen Personalkosten (Vertrieb) in Höhe von 20 an.

Buchen Sie die Geschäftsvorfälle (ohne Berücksichtigung von Umsatzsteuer).

Aufgabe 6

Ein Unternehmen plant, eine Maschine für 100.000 € für vier Jahre zu nutzen. Es steht vor der Entscheidung zwischen Kauf und Miete der Maschine.

Fall 1: Das Unternehmen kauft die Maschine für 100.000 €. Die Nutzungsdauer beträgt vier Jahre, die Maschine wird über diese Laufzeit linear abgeschrieben.

Fall 2: Das Unternehmen mietet die Maschine für vier Jahre und zahlt eine jährliche Miete von 25.000 €.

Welche Auswirkungen hat das jeweils auf Eigenkapital und Liquidität des Unternehmens?

Die Lösungen zu den Aufgaben finden Sie im eLearning-Bereich.

FALL BUCHFÜHRUNG

Beschreibung

Einzelhandelsunternehmen, wie z. B. Media Markt, führen regelmäßig Marketingaktionen durch. Eine dieser Aktionen läuft unter dem Motto „Wir schenken Ihnen die Mehrwertsteuer". So bietet das Unternehmen z. B. einen Flachbildfernseher Samsung Q7 zum Endpreis (inklusive 19 % Mehrwertsteuer) von 2.299 € an, die Mehrwertsteuer wird „geschenkt".[1]

Quelle: 123rf.com, © olegdudko

Aufgabenstellungen

1. Ermitteln Sie den Nettoverkaufspreis und die im Angebotspreis enthaltene Mehrwertsteuer.

2. Nehmen Sie an, der Fernseher hat in der Bilanz von Media Markt einen Buchwert in Höhe von 1.000 €. Buchen Sie den Verkaufsvorgang beim ursprünglichen Verkaufspreis und ermitteln Sie das Periodenergebnis.

3. Media Markt gibt nun einen Preisnachlass in Höhe von 367,07 € (dies entspricht dem Betrag der Mehrwertsteuer bei 1). Welchen Nettoverkaufspreis erzielt das Unternehmen jetzt? Um wie viel ändert sich das Periodenergebnis des Unternehmens?

4. Wie hoch ist der tatsächliche Rabatt in %, den Media Markt gewährt?

Lehrende finden die Lösungen und weiteres, begleitendes Material in den eLearning-Dozentenressourcen.

Literaturhinweise

Zum Finanzbereich mit den Teilen Externes Rechnungswesen, Kosten- und Leistungsrechnung, Finanzwirtschaft und Investitionsrechnung sowie Steuern wird auf die Literatur der folgenden Kapitel verwiesen.

Zu Grundlagen der Buchführung:

Buchholz, Rainer; Döring, Ulrich: Buchhaltung und Jahresabschluss, 14. Auflage, Berlin, Erich Schmidt Verlag, 2014.

Reichhardt, Michael: Grundlagen der doppelten Buchführung, Wiesbaden, Springer Gabler Verlag, 2017.

Lernziele

In diesem Kapitel werden Sie lernen,

- welches die Aufgaben, Adressaten und Inhalte des externen Rechnungswesens sind,
- welche Rechtsgrundlagen einschließlich der Grundsätze ordnungsmäßiger Buchführung zur Anwendung kommen,
- aus welchen Teilen der Jahresabschluss eines Unternehmens besteht,
- welche Positionen auf der Aktivseite einer Bilanz auszuweisen sind,
- welche Positionen auf der Passivseite einer Bilanz auszuweisen sind und
- welche grundlegenden Regelungen für die Rechnungslegung nach internationalen Vorschriften bestehen.

Bilanzierung und Jahresabschluss

9

ÜBERBLICK

9.1 Grundlagen des externen Rechnungswesens

9.1.1 Begriff des externen Rechnungswesens

Das externe Rechnungswesen ist der Teil des Finanzbereichs, der gesetzlich normiert ist und allen Unternehmensinteressenten zur Verfügung steht. Das betriebliche Rechnungswesen ist ein Informationssystem. In diesem werden Daten erfasst über gegenwärtige und zukünftige Tatbestände und Vorgänge im Betrieb sowie über die Beziehungen des Betriebs mit seiner Umwelt. Als Umweltbeziehungen werden Güter- und Geldströme zwischen dem Unternehmen und den Absatz-/Beschaffungsmärkten (Kunde und Lieferant) sowie dem Staat und dem Geld-/Kapitalmarkt subsumiert. Diese ökonomisch relevanten Daten werden mengen- und wertemäßig erfasst. Die Aufgabe des Rechnungswesens ist dann neben der systematischen Erfassung dieser Daten auch die Aufbereitung, Darstellung und Auswertung/Analyse dieser Zahlen.

9.1.2 Aufgaben des externen Rechnungswesens

In der Literatur finden sich unterschiedliche Strukturierungen der Aufgaben des externen Rechnungswesens. Eine häufig zu findende Aufteilung erfolgt in drei Bereiche:

Informationsfunktion/Dokumentationsfunktion

Die externe Rechnungslegung soll Rechenschaft über das Unternehmen ablegen und so Informationsbedürfnisse unterschiedlicher Adressatengruppen erfüllen. Aufgrund der vorhandenen Interessensvielfalt und auch der Interessensgegensätze der Adressaten und der Unternehmensleitung ist eine objektivierte und normierte Berichterstattung notwendig. Hieraus folgt die gesetzliche Normierung des externen Rechnungswesens.

Zahlungsbemessungsfunktion

Diese auch als Ausschüttungsbemessungsfunktion bezeichnete Aufgabe führt zur Ermittlung eines Gewinns, der zu freiwilligen oder pflichtgemäßen Auszahlungen führt. Beispiele hierfür sind Ausschüttungen an die Unternehmenseigentümer und Steuerzahlungen an den Staat.

Unterschiedliche Wünsche bzgl. der Höhe der Ausschüttung entstehen vor allem durch Interessensgegensätze zwischen Gläubigern und Gesellschaftern oder Mehrheits- und Minderheitsaktionär sowie der Unternehmensleitung. Diese Interessenskonflikte regelt der Gesetzgeber u. a. durch eine Begrenzung der auszuschüttenden Beträge bei Kapitalgesellschaften (aufgrund der Haftungsbeschränkung).

Vermögensverteilungsfunktion

Die Eigentümer eines Unternehmens haben auf Basis ihrer Anteilsverhältnisse – zumindest theoretisch – einen Anspruch auf das Vermögen des Unternehmens. So lässt sich anhand einer Bilanz feststellen, wie hoch der Wert des Vermögens ist und mit welchem Anteil der einzelne Gesellschafter daran partizipiert.

9.1.3 Adressaten des externen Rechnungswesens

Zu den Adressaten zählen unternehmensinterne und unternehmensexterne Adressaten. Jede Gruppe hat eigene Ansprüche an Inhalte und Aufbereitung der externen Rechnungslegung. Ziel des Gesetzgebers ist es, das Spannungsfeld zwischen den verschiedenen Anspruchsgruppen zu lösen.

Unternehmensinterne Anspruchsgruppen

Die Unternehmensleitung hat eine Doppelrolle, sie ist nicht nur Adressat der externen Rechnungslegung, sondern auch ihr Ersteller. Ihr stehen aber zur Unternehmenssteuerung neben der externen Rechnungslegung auch weitere Teile des Finanzbereichs zur Verfügung. Aus diesem Grund ist sie tendenziell eher daran interessiert, die veröffentlichten Informationen über das Unternehmen so gering wie möglich zu halten, um keine Wettbewerbsnachteile zu haben und um aus Wirtschaftlichkeitsgründen Kosten zu sparen.

Mitarbeiter sind an Informationen über ihren Arbeitgeber interessiert, um z. B. die Sicherheit des Arbeitsplatzes einzuschätzen und einen Überblick über die Lage des Unternehmens zu erhalten, den sie im Allgemeinen durch die tägliche Arbeit nicht erhalten.

Unternehmensexterne Anspruchsgruppen

Für bestehende und potenzielle Eigentümer sind die veröffentlichten Informationen des **Jahresabschlusses** häufig die einzige Informationsquelle über das Unternehmen. Dies gilt insbesondere bei großen Kapitalgesellschaften, bei denen die Gesellschafter nicht im Unternehmen arbeiten.

Auch Gläubiger erhalten regelmäßig nur die veröffentlichten Informationen der externen Rechnungslegung, werden aber in verschiedenen Rechnungslegungssystemen durch unterschiedliche Regelungen besonders geschützt, z. B. durch Ausschüttungssperren.

Der Staat hat nicht nur ein Interesse daran, dass Unternehmen als Arbeitgeber fortbestehen. Wichtig ist auch seine Rolle als Fiskus, denn die Steuerzahlungen von Unternehmen basieren (zum großen Teil) auf Ergebnissen der externen Rechnungslegung. Besonders hinzuweisen ist auf den häufig bestehenden Zusammenhang zwischen Handelsrecht und Steuerrecht: Die Ermittlung eines steuerlichen Gewinns erfolgt auf Basis einer sogenannten Steuerbilanz (= Bilanz nach Steuerrecht). Diese wiederum wird auf der Grundlage der sogenannten Handelsbilanz (= Bilanz nach Handelsrecht) erstellt. Das heißt, die externe Rechnungslegung hat direkte Auswirkungen auf die Steuerzahlungen eines Unternehmens. Dieser Zusammenhang wird als Maßgeblichkeit der Handelsbilanz für die Steuerbilanz bezeichnet.

Auch Kunden und sonstige Geschäftspartner können an Informationen über das Unternehmen interessiert sein, z. B. um die langfristigen Chancen einer Geschäftsbeziehung einschätzen zu können. Problem ist hierbei, dass ein Unternehmen nicht bekanntgeben möchte, welche Gewinne es mit seinen Kunden erzielt.

Schließlich gibt es noch weitere Interessierte an einem Unternehmen, z. B. Wettbewerber, Analysten, Wirtschaftsauskünfte, Verbände etc.

9.1.4 Begriffliche Grundlagen des externen Rechnungswesens

Das externe Rechnungswesen verwendet die Begriffe Aufwand und Ertrag, die das Reinvermögen verändern. Das interne Rechnungswesen arbeitet dagegen mit Kosten und Leistungen bzw. Erlösen, die das betriebsnotwendige Vermögen beeinflussen.

- **Aufwand:** Der Aufwand beschreibt generell einen Einsatz oder eine Leistungserbringung, um einen gewissen Nutzen zu erzielen. Er stellt einen betrieblichen Wertverzehr dar. Beispielsweise kann dieser in Geldeinheiten, Arbeitsstunden oder auch in Materialbedarf gemessen werden. Betriebswirtschaftlich bedeutet der Begriff Aufwand den bewerteten Verbrauch sämtlicher Güter, sprich von Waren und Dienstleistungen, während einer bestimmten Periode.
- **Ertrag:** Die positive Ergebniskomponente ist der Ertrag. Generell bezeichnet Ertrag das Resultat wirtschaftlicher Leistung. Betriebswirtschaftlich bedeutet Ertrag den Wertzuwachs eines Unternehmens. Dieser Wertzuwachs wird gemäß des Prinzips der Erfolgswirksamkeit einer betreffenden Periode zugeordnet.

Der Bestimmung von Aufwand und Ertrag im externen Rechnungswesen geschieht auf Basis einer sog. pagatorischen Rechnung; dies bedeutet, dass bei der Bestimmung der Rechengrößen unmittelbar an Einzahlungen und Auszahlungen, d. h. an Zahlungsströme mit der Außenwelt des Unternehmens angeknüpft wird (bspw. Mitarbeiter, Lieferanten, Kunden, Staat usw.). So stellen bei der Ermittlung des Materialverbrauchs die tatsächlich bezahlten Beträge und nicht die evtl. veränderten Wiederbeschaffungskosten die Rechengrundlage dar.

9.1.5 Rechtsgrundlagen des externen Rechnungswesens

Die Rechtsgrundlagen des externen Rechnungswesens sind in den einzelnen Ländern unterschiedlich geregelt. Grundsätzlich besteht eine Übereinkunft darin, allgemeine Praktiken einzuhalten und zu akzeptieren, die jedoch landesspezifisch ausgelegt werden.

Im Folgenden werden die Rechtsgrundlagen des externen Rechnungswesens nach deutschem Recht, im Wesentlichen kodifiziert im Handelsgesetzbuch (HGB), detailliert behandelt. Vergleichbare Vorschriften finden sich beispielsweise auch im Schweizer Obligationenrecht sowie im Österreichischen Unternehmensgesetzbuch. Bekannt sind auch die US-amerikanischen **United States Generally Accepted Accounting Principles (US-GAAP)**, die jedoch eine unterschiedliche Philosophie als das deutsche HGB verfolgen.

Weiterhin gibt es auch internationale, d. h. länderübergreifende Rechnungslegungssysteme. Von besonderer Bedeutung sind hier die **International Financial Reporting Standards (IFRS)**, die auch in Deutschland teilweise Anwendung finden. Diese werden im ▶ *Abschnitt 9.4* dieses Kapitels näher erläutert.

Die Grundlage für den Jahresabschluss stellt die Dokumentation aller Geschäftsvorfälle mittels der Finanzbuchhaltung dar. Somit leitet sich die Pflicht zur Erstellung eines Jahresabschlusses aus der Buchführungspflicht ab.

Buchführungspflicht gem. HGB und Steuerrecht

Die Rechtsgrundlage des externen Rechnungswesens stellt in Deutschland zunächst das deutsche Handelsrecht (HGB) dar. Dieses findet grundsätzlich für alle Kaufleute seine Anwendung, da gem. § 238 HGB gilt, dass alle Kaufleute zur Führung von Büchern verpflichtet sind.

Unter der Führung von Büchern subsumiert man die folgenden Pflichten:

- Erstellung eines Inventars,
- die Erfassung der Geschäftsvorfälle (Buchführungspflicht) und
- die Erstellung eines Jahresabschlusses.

Ein Jahresabschluss besteht mindestens aus einer Bilanz und einer Gewinn- und Verlustrechnung (§ 242 Abs. 3 HGB), kann aber je nach Rechtsform und Größe auch noch weitere Bestandteile haben (vgl. hierzu ▶ *Abschnitt 9.2.1*).

Die Vorschriften zu Inventar, Buchführungspflicht und Jahresabschlusserstellung gelten grundsätzlich für alle Kaufleute. Hiervon werden lediglich Kleinunternehmer mit einem Umsatz von weniger als 600.000 € und einem Jahresüberschuss von weniger als 60.000 € ausgenommen, wenn diese an zwei aufeinanderfolgenden Bilanzstichtagen beide genannten Größenkriterien unterschreiten (§ 241a HGB).

Auch aus dem Steuerrecht ergibt sich eine steuerrechtliche Buchführungspflicht. Hier regelt die Abgabenordnung (AO) die Verpflichtung zur Erstellung eines steuerrechtlichen Jahresabschlusses. Man unterscheidet zwischen einer originären oder derivativen Buchführungspflicht. Die derivative Buchführungspflicht ergibt sich aus § 140 AO. Demnach ist zunächst jeder hierzu verpflichtet, der nach anderen Gesetzen (wie bspw. HGB oder Börsengesetz) einer solchen Pflicht unterliegt. Demnach ist jeder Kaufmann auch zur Erstellung eines steuerrechtlichen Jahresabschlusses verpflichtet.

Zudem regelt § 141 AO die originäre steuerrechtliche Buchführungspflicht für Gewerbetreibende und Land- und Forstwirte. Diese müssen bei Überschreiten einer der Größenkriterien (Umsatz > 600.000 €, Nutzungswert der land- und forstwirtschaftlichen Fläche > 25.000 € oder Gewinn > 60.000 €) und nach Hinweisen der Finanzbehörde einen steuerrechtlichen Jahresabschluss abgeben, auch wenn diese Gewerbetreibenden oder Land- und Forstwirte nach Handelsrecht keiner Buchführungspflicht unterliegen.

Aufbau des HGB

Die Rechnungslegungsgrundlagen für alle Kaufleute sowie Spezialvorschriften (z. B. für Kapitalgesellschaften) sind im dritten Buch des deutschen Handelsgesetzbuchs (HGB) enthalten.

Rechnungslegungsgrundlagen	
Jahresabschluss des (Einzel)Kaufmanns/Personengesellschaft	§§ 238–263 HGB
Ergänzende Vorschriften für Kapitalgesellschaften	§§ 264–289 HGB
Vorschriften für Konzernabschlüsse	§§ 290–315 HGB
Vorschriften zur Prüfung von Jahresabschlüssen	§§ 316–324 HGB
Vorschriften zur Offenlegung von Jahresabschlüssen	§§ 325–329 HGB
Vorschriften für Jahres- und Konzernabschlüsse von Kreditinstituten	§§ 340–340j HGB
Vorschriften für Jahres- und Konzernabschlüsse von Versicherungsunternehmen	§§ 341–341j HGB

Tabelle 9.1: Grundlagen der Rechnungslegung nach HGB

Die Regelungen für Kapitalgesellschaften sind zum Teil größenabhängig definiert, d. h., kleine und mittelgroße Kapitalgesellschaften haben Erleichterungen bei der Erstellung, Prüfung und Offenlegung ihrer Jahresabschlüsse. Die Größenklassen orientieren sich an den Kriterien Bilanzsumme, Umsatzerlöse und durchschnittliche Mitarbeiterzahl. Kapitalgesellschaften müssen an zwei aufeinanderfolgenden Abschlussstichtagen zwei der in § 267 HGB genannten Kriterien einer Klasse erfüllen, um der jeweiligen Klasse zugeordnet zu werden.

	Bilanzsumme (in Mio. €)	**Umsatzerlöse (in Mio. €)**	**Durchschnittliche Mitarbeiterzahl**
kleine	< 6,0	< 12,0	< 50
mittelgroße	< 20,0	< 40,0	< 250
große	> 20,0	> 40,0	> 250

Tabelle 9.2: Größenklassen für Kapitalgesellschaften nach § 267 HGB

Stets als große Kapitalgesellschaft werden alle kapitalmarktorientierten Kapitalgesellschaften im Sinne des § 264d HGB klassifiziert (§ 267 Abs. 5 HGB). Unter einem kapitalmarktorientierten Unternehmen versteht man ein Unternehmen, das entweder Eigenkapitalpapiere (z. B. Aktien) oder Fremdkapitalpapiere (z. B. Anleihen) an einem organisierten Markt handelt oder eine Zulassung zu einem organisierten Markt beantragt hat.

Als Untergruppe der kleinen Kapitalgesellschaften sieht § 267a HGB die sog Kleinstkapitalgesellschaften vor, die an zwei aufeinanderfolgenden Stichtagen zwei der drei folgenden Kriterien nicht überschreiten:

- Bilanzsumme 350.000 €
- Umsatzerlöse 700.000 €
- durchschnittlich maximal 10 Mitarbeiter

Diese Kleinstkapitalgesellschaften erfahren Erleichterungen bei der Aufstellung und Offenlegung des Jahresabschlusses.

Weitere relevante Rechtsquellen

Für Einzelunternehmer und Personengesellschaften, die an drei aufeinanderfolgenden Stichtagen die folgenden Größenkriterien überschreiten, gelten zudem die Regelungen des Publizitätsgesetzes (§ 1 PublG):

- Bilanzsumme 65 Mio. €
- Umsatzerlöse 130 Mio. €
- durchschnittlich mehr als 5.000 Mitarbeiter

Für diese sog. Großunternehmen gelten dann die Ausführungen für Kapitalgesellschaften (§ 5 PublG) aus dem HGB.

Zudem existieren Gesetze, die Auswirkungen auf die Rechnungslegung einzelner Rechtsformen haben. So beeinflusst bspw. das Aktiengesetz (AktG) zusätzlich die Rechnungslegung von Aktiengesellschaften, z. B. hinsichtlich der Ergebnisverwendung oder Möglichkeiten zur Zahlung von Dividenden, während das GmbH-Gesetz (GmbHG) Einfluss auf die Rechnungslegung von GmbHs hat.

Eine weitere Instanz, die die deutsche (Konzern-)Rechnungslegung beeinflusst, ist das Deutsche Rechnungslegungs-Standards Committee (DRSC). Diese privatrechtliche Vereinigung nimmt nach § 342 HGB einen öffentlichen Auftrag wahr und entwickelt die deutsche Konzernrechnungslegung im Hinblick auf eine Internationalisierung weiter. Der DRSC erlässt zu diesem Zweck einzelne Standards, die die handelsrechtliche Konzernrechnungslegung ergänzen. Auf die Bilanzierung von Einzelunternehmen nehmen diese Standards indirekten Einfluss, da eine Anwendung im Einzelabschluss empfohlen wird.

9.1.6 Grundsätze ordnungsmäßiger Buchführung

Generalnormen für Buchführung und Bilanzierung

Die **Grundsätze ordnungsmäßiger Buchführung (GoB)** sind zum Teil kodifizierte, übergeordnete Normen zur Steuerung des Bilanzierungsverhaltens. Gem. § 238 HGB sind diese von allen Kaufleuten zu beachten. Die GoBs fangen dem Grundsatz des deutschen Rechtsverständnisses folgend alle vom Gesetzgeber nicht explizit geregelten Sachverhalte auf und sollen so die „Richtigkeit" eines Jahresabschlusses ermöglichen.

§ 238 Abs. 1 S. 1 HGB (Generalnorm für die Buchführung)

„Jeder Kaufmann ist verpflichtet, Bücher zu führen und in diesen seine Handelsgeschäfte und die Lage seines Vermögens nach den Grundsätzen ordnungsmäßiger Buchführung ersichtlich zu machen."

§ 243 Abs. 1 HGB (Generalnorm für den Jahresabschluss)

„Der Jahresabschluss ist nach den Grundsätzen ordnungsmäßiger Buchführung aufzustellen."

§ 264 Abs. 2 S. 1 HGB (Zusätzliche Generalnorm für Kapitalgesellschaften)

„Der Jahresabschluss der Kapitalgesellschaft hat unter Beachtung der Grundsätze ordnungsmäßiger Buchführung ein den tatsächlichen Verhältnissen entsprechendes Bild der Vermögens-, Finanz- und Ertragslage der Kapitalgesellschaft zu vermitteln."

Vergleichbare Grundsätze finden sich auch in anderen Rechnungslegungsvorschriften, häufig werden sie mit *„true and fair view"* bezeichnet.

Grundlagen ordnungsmäßiger Buchführung

Die Buchführung basiert auf einer Vielzahl verschiedener Vorschriften (Gesetze und Verordnungen sowie Empfehlungen und Gepflogenheiten der Praxis). Sie stellen ein System allgemeiner Anforderungen an die Buchführung dar, das die praktische Buchführung in eine festgelegte Ordnung bringen soll, um damit den Zielen und Aufgaben des Rechnungswesens gerecht werden zu können. Folgende Regelungen aus den §§ 238 und 239 HGB sind für die Organisation der Buchführung relevant:

- **Grundsatz der Klarheit und Übersichtlichkeit:** Die Buchführung muss so beschaffen sein, dass sie einem sachverständigen Dritten innerhalb angemessener Zeit einen Überblick über die Geschäftsvorfälle und über die Lage des Unternehmens vermitteln kann. Die Geschäftsvorfälle müssen sich in ihrer Entstehung und Abwicklung verfolgen lassen.

- **Grundsatz der Vollständigkeit:** Alle Geschäftsvorfälle müssen lückenlos in der Art und Weise erfasst werden, in der sie sich tatsächlich ereignet haben, wobei keine Vorgänge anders dargestellt, hinzugefügt oder weggelassen werden dürfen.
- **Grundsatz der Richtigkeit und Wahrheit:** Die verwendeten Konten müssen korrekt bezeichnet werden. Hierzu dienen u. a. der in ▶ *Kapitel 8* erläuterte Kontenrahmen und die hieraus abgeleiteten Kontenpläne.
- Zudem müssen zahlreiche formelle Vorschriften berücksichtigt werden, zu denen u. a. folgende zählen:
  - Fortlaufende Nummerierung der verwendeten Blätter bzw. Seiten
  - Unzulässigkeit von Bleistifteintragungen
  - Vermeidung von Zwischenräumen zwischen Buchungen
  - Nachprüfbarkeit von Buchungen durch entsprechende Belege
  - Herstellung eines Zusammenhangs zwischen Geschäftsfall, Beleg und Konto der Buchführung
- **Grundsätze der Zeitgerechtigkeit und Ordnung:** Die Aufzeichnung der Geschäftsfälle soll in zeitlicher Nähe zu ihrer Entstehung stattfinden. Die geordnete Eintragung und Aufbewahrung dient dem Zweck der späteren Nachprüfbarkeit.

Grundlagen ordnungsmäßiger Bilanzierung

Über die reinen Buchführungsgrundsätze hinaus gibt es weitere Regelungen, die eine sachgerechte, periodengerechte, einwandfreie und nachvollziehbare Bilanzierung sicherstellen sollen. Zur Strukturierung dieser Grundsätze ordnungsmäßiger Bilanzierung gibt es unterschiedliche Möglichkeiten. Häufig verwendet wird die Einteilung in **Rahmengrundsätze**, **Systemgrundsätze**, **Grundsatz der Gewinnermittlung** und **Grundsätze der Kapitalerhaltung**.

Rahmengrundsätze

- **Wirtschaftlichkeit:** Entsprechend seinen Zielsetzungen hat der Jahresabschluss zwar zu informieren, dies darf jedoch nicht zu einer übermäßigen wirtschaftlichen Belastung des Unternehmens führen.
- **Klarheit** (§ 243 Abs. 2 HGB): Der Jahresabschluss ist klar und übersichtlich aufzustellen.
- **Vollständigkeit** (§ 246 Abs. 1 HGB): Es sind sämtliche Vermögensgegenstände, Schulden, Rechnungsabgrenzungsposten, Aufwendungen und Erträge in den Jahresabschluss aufzunehmen, soweit gesetzlich nichts anderes bestimmt ist (also nicht ein Bilanzierungsverbot besteht oder ein Bilanzierungswahlrecht ausgeübt wird).
- **Stichtagsprinzip** (§ 252 Abs. 1 Nr. 3 HGB): Wesentlich sind die Wertverhältnisse am Bilanzstichtag. Ereignisse nach dem Bilanzstichtag, die einen Wert begründen (sog. wertbegründende Tatsachen), sind deshalb nicht zu berücksichtigen, Erkenntnisse, die einen Wert genauer berechnen lassen (sog. wertaufhellende Tatsachen), sind bei der Bilanzerstellung zu berücksichtigen.
- **Stetigkeitsprinzip** (§§ 246 Abs. 3 und 252 Abs. 1 Nr. 6 HGB): Die angewandten Ansatz- und Bewertungsmethoden sind beizubehalten, um eine Vergleichbarkeit der Jahresabschlüsse zu gewährleisten. Denn viele Tendenzen sind nicht aus

einem einzigen Jahresabschluss, sondern erst im Zeitablauf, d. h. im Vergleich mehrerer Jahresabschlüsse miteinander zu erkennen.

Systemgrundsätze

- **Bilanzidentität** (§ 252 Abs. 1 Nr. 1 HGB): Die Wertansätze der Eröffnungsbilanz eines Jahres müssen mit den Werten der Schlussbilanz des Vorjahres übereinstimmen.
- **Unternehmensfortführung** (§ 252 Abs. 1 Nr. 2 HGB): Dies bedeutet, dass keine Liquidations- oder Zerschlagungswerte angesetzt werden, sondern Fortführungswerte der Bilanzpositionen. Dies wird als **Going-Concern**-Bilanzierung bezeichnet.
- **Einzelbewertung/Verrechnungsverbot** (§§ 252 Abs. 1 Nr. 3 HGB und 246 Abs. 2 HGB): Jeder Vermögensgegenstand und jeder Schuldposten sind einzeln zu bewerten. Wertminderungen bei einer Position dürfen nicht durch Wertsteigerungen bei einer anderen Position ausgeglichen werden.
- **Periodisierungsprinzip** (§ 252 Abs. 1 Nr. 5 HGB): Aufwendungen und Erträge des Geschäftsjahres sind unabhängig von den Zeitpunkten der entsprechenden Zahlungen im Jahresabschluss zu berücksichtigen. Dies wird auch als Prinzip der Periodenabgrenzung bezeichnet.
- **Pagatorisches Prinzip** (§ 252 Abs. 1 Nr. 5 HGB): Aufwendungen und Erträge beruhen in letzter Konsequenz immer auf Ein- und Auszahlungen. Im Gegensatz dazu steht das wertmäßige Prinzip der Kosten- und Leistungsrechnung, das auch mit kalkulatorischen Positionen arbeitet.

Grundsätze der Gewinnermittlung

- **Realisationsprinzip** (§ 252 Abs. 1 Nr. 4 HGB): Eine Ertragsrealisation darf erst bei Gefahrenübergang erfolgen, nicht bereits bei einer Angebotserstellung oder einem Vertragsabschluss, aber auch nicht erst bei Zahlungseingang.
- **Zeitliche Abgrenzung** (§ 250 HGB): Eine Aufwands- oder Ertragsrealisation von streng zeitraumbezogenen Aufwendungen und Erträgen (z.B. Mieten, Beiträge, Versicherungen) darf nur für den die Abrechnungsperiode betreffenden Teil erfolgen.

Grundsätze der Kapitalerhaltung

- **Imparitätsprinzip** (§ 252 Abs. 1 Nr. 4 HGB): Verlustbeiträge müssen im Zeitpunkt ihres Erkennens antizipiert werden, Gewinnbeiträge dürfen nicht antizipiert werden, diese dürfen gemäß dem Realisationsprinzip erst mit Lieferung oder Leistung erfasst werden. Als Konsequenz ergibt sich, dass Verluste vorwegzunehmen sind, sobald sie erkennbar sind.
- **Vorsichtsprinzip** (§ 252 Abs. 1 Nr. 4 HGB): Die Konkretisierung dieses aus dem Gläubigerschutzprinzip folgenden Grundsatzes zeigt sich auf der Aktivseite im Anschaffungskostenprinzip und dem (strengen und gemilderten) Niederstwertprinzip sowie einem Höchstwertprinzip auf der Passivseite.

9.2 Bilanzierung und Jahresabschluss

9.2.1 Bestandteile des Jahresabschlusses

Bestandteile für alle Kaufleute

Unabhängig von der Rechtsform sind alle Kaufleute zur Erstellung eines Inventars und eines Jahresabschlusses verpflichtet. Dabei besteht der **Jahresabschluss** mindestens aus Bilanz und GuV (§ 242 Abs. 3 HGB).

Das **Inventar** ist eine zeitpunktbezogene Aufstellung des Vermögens und der Schulden des Unternehmens mit Art, Menge und Wert in Staffelform. Hierin können (müssen) auch Werte aufgeführt sein, die nicht in der Bilanz enthalten sind, z. B. abgeschriebene Vermögensgegenstände. Durch Abzug der Schulden von den Vermögensgegenständen ergibt sich als Residualgröße das Eigenkapital (Wert der Anteile der Eigentümer) des Unternehmens.

Erstellt wird das Inventar durch eine körperliche Bestandsaufnahme, die sogenannte **Inventur**. Diese ist grundsätzlich jährlich durchzuführen, kann jedoch aus Wirtschaftlichkeitsgesichtspunkten durch eines der folgenden Verfahren vereinfacht werden:

- Stichprobeninventur § 241 Abs. 1 HGB
- Permanente Inventur § 241 Abs. 2 HGB
- Vor- oder nachgelagerte Stichtagsinventur § 241 Abs. 3 HGB

Bilanz

Die **Bilanz** ist eine zeitpunktbezogene Aufstellung aller bilanzierungsfähigen Vermögensgegenstände und Schulden sowie des Eigenkapitals des Unternehmens in Kontoform. Dabei sind die Vermögensgegenstände auf der linken Seite (= Aktivseite) und die Schulden und das Eigenkapital auf der rechten Seite (Passivseite) ausgewiesen. Die Passivseite gibt somit Auskunft über die Kapitalherkunft (Vermögensquellen) und die Aktivseite über die Kapitalverwendung (Vermögensverwendung).

Die Bilanz leitet sich aus dem Inventar ab. Im Gegensatz zum Inventar ist die Bilanz in Kontoform (Inventar: Staffelform) aufzustellen, sie weist das Eigenkapital separat aus (Inventar: Eigenkapital ist Saldogröße) und enthält nur bilanzierungsfähige Vermögensgegenstände und Schulden (Inventar: alle Vermögens- und Schuldpositionen des Unternehmens). Zudem enthält diese keine Mengenangaben mehr. Sie ist also übersichtlicher als das Inventar.

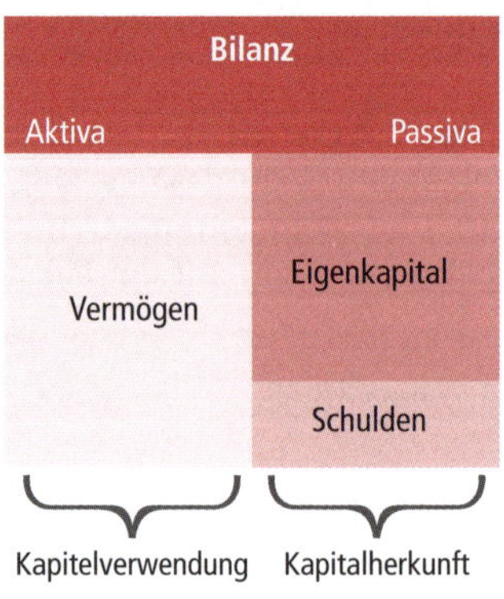

Abbildung 9.1: Schematische Darstellung der Bilanz

Für Kapitalgesellschaften gibt das HGB in § 266 HGB eine detaillierte Gliederungsvorschrift vor. Ein vereinfachtes Bilanzschema in Anlehnung an § 266 HGB sieht folgende Positionen vor:

Aktivseite	**Bilanz**		**Passivseite**
Anlagevermögen	Immaterielles AV	Eigenkapital	gezeichnetes Kapital
	Sachanlagevermögen		Kapitalrücklage
	Finanzanlagevermögen		Gewinnrücklage
Umlaufvermögen	Vorräte		Ergebnisvortrag
	Forderungen		Jahresergebnis
	Wertpapiere des UV	Rückstellungen	
	Liquide Mittel	Verbindlichkeiten	
Rechnungsabgrenzungsposten		Rechnungsabgrenzungsposten	

Abbildung 9.2: Bestandteile der Bilanz einer Kapitalgesellschaft nach § 266 HGB

Gewinn- und Verlustrechnung

Die **Gewinn- und Verlustrechnung** ist eine zeitraumbezogene Rechnung mit einer detaillierten Aufgliederung der erfolgswirksamen Geschäftsvorfälle in Konto- oder Staffelform. Sie gibt somit Auskunft über die erfolgswirksame Veränderung des Eigenkapitals und stellt Aufwendungen und Erträge der Berichtsperiode gegenüber.

Auch für die GuV sieht das HGB für Kapitalgesellschaften einen verpflichtenden Aufbau vor. Nach § 275 HGB ist folgender Aufbau vorgesehen, der das Ergebnis des Unternehmens in mehreren Stufen darstellt:

Umsatzerlöse
– Kosten
= (Ordentliches) Betriebsergebnis
+/– Finanzergebnis
= Ergebnis vor Steuern
– Steuern
= Jahresüberschuss/Jahresfehlbetrag

Abbildung 9.3: Struktur einer Gewinn- und Verlustrechnung

Durch das Einfügen von Stufen und Zwischensummen erhält der Jahresabschlussadressat einen Einblick in die Quellen des Unternehmensergebnisses, d. h., in welcher Höhe es durch das operative Geschäft und durch das Finanzergebnis beeinflusst wird.

Das ordentliche Betriebsergebnis kann durch zwei unterschiedliche Verfahren ermittelt werden.

- Beim **Gesamtkostenverfahren** (GKV) werden alle Kosten der hergestellten Erzeugnisse (produktionsorientiert) ausgewiesen, etwaige Veränderungen des Lagers werden über Bestandsveränderungen abgebildet.

- Beim **Umsatzkostenverfahren** (UKV) werden (nur) die Kosten der abgesetzten Erzeugnisse (absatzorientiert) ausgewiesen.

Beide Verfahren führen zum gleichen Betriebsergebnis, jedoch ist die Darstellungsweise unterschiedlich.

Ergänzende Bestandteile für Kapitalgesellschaften

Kapitalgesellschaften müssen Firma, Sitz, Registergericht und die Nummer, unter der die Gesellschaft in das Handelsregister eingetragen ist, im Rahmen ihres Jahresabschlusses angeben (§ 264 Abs. 1a HGB). Zudem müssen Kapitalgesellschaften den Jahresabschluss um einen Anhang ergänzen. Für mittelgroße und große Kapitalgesellschaften besteht darüber hinaus die Pflicht, den Jahresabschluss um einen Lagebericht zu ergänzen (§ 264 Abs. 1 HGB). Handelt es sich um eine kapitalmarktorientierte Kapitalgesellschaft (im Sinne des § 264d HGB), die keinen Konzernabschluss erstellen muss, so ist der Jahresabschluss dieser Gesellschaft noch um eine Kapitalflussrechnung und einen Eigenkapitalspiegel zu ergänzen. Wahlweise kann ergänzend auch noch eine Segmentberichterstattung veröffentlicht werden (§ 264 Abs. 1 HGB). Im Folgenden werden die einzelnen Bestandteile erläutert.

Anhang

Der **Anhang** dient der Erläuterung und der Ergänzung der Angaben aus Bilanz und GuV. Für Kapitalgesellschaften ist der Anhang Bestandteil des Jahresabschlusses (§ 264 Abs. 1 HGB). Lediglich Kleinstkapitalgesellschaften können von der Erstellung des Anhangs befreit werden, wenn sie bestimmte Informationen (wie bspw. Haftungsverhältnisse) unterhalb der Bilanz angeben (§ 264 Abs. 1 S. 5 HGB).

Der in §§ 284 bis 288 HGB geregelte Anhang liefert Informationsarten hinsichtlich Angabe, Ausweis, Aufgliederung, Erläuterung, Darstellung und Begründung. Er hat vier Funktionen:

1. **Erläuterungsfunktion § 284 Abs. 2 Nr. 1 HGB:** Der Anhang soll Zahlen aus Bilanz und GuV erläutern, z. B.
   - Allgemeine Angaben zu Inhalt und Gliederung von Bilanz und GuV
   - Angabe zu Bilanzierungs- und Bewertungsmethoden
2. **Ergänzungsfunktion § 285 HGB:** Der Anhang liefert über Bilanz und GuV hinausgehende Informationen, z. B.
   - Angaben zu Mitarbeitern
   - Aufstellung des Anteilsbesitzes
3. **Entlastungsfunktion § 284 Abs. 1 HGB:** Der Anhang kann Informationen anstelle von Bilanz oder GuV enthalten, z. B.
   - Verbindlichkeitenspiegel (§ 285 Nr. 1 HGB)
4. **Korrekturfunktion:** Vermitteln Bilanz oder GuV kein den tatsächlichen Verhältnissen entsprechendes Bild der Vermögens-, Finanz- und Ertragslage der Kapitalgesellschaft (Generalnorm des § 264 Abs. 2 HGB), so hat der Anhang nach § 264 Abs. 2 S. 2 HGB diese falschen Aussagen zu korrigieren.

Kapitalflussrechnung/Cashflow-Rechnung

Die **Kapitalflussrechnung** ist eine periodenbezogene Aufstellung zur Erklärung der Veränderung der liquiden Mittel, sie wird auch als Cashflow-Rechnung bezeichnet. Sie dient folglich der Erklärung der Veränderung der liquiden Mittel (Positionen Kasse, Bank und Zahlungsmitteläquivalente). Die Positionen Zahlungsmittelbestand, Periodenanfang und Zahlungsmittelbestand Periodenende stimmen dabei konsequenterweise mit den in der Bilanz ausgewiesenen Anfangs- und Endbeständen überein. Ähnlich wie die GuV weist auch die Kapitalflussrechnung mehrere Ebenen auf.

Zahlungsmittelbestand am Anfang der Periode
+/– Mittelzufluss/Mittelabfluss aus der laufenden Geschäftstätigkeit
+/– Mittelzufluss/Mittelabfluss aus der Investitionstätigkeit
+/– Mittelzufluss/Mittelabfluss aus der Finanzierungstätigkeit
= Zahlungsmittelbestand am Ende der Periode

Abbildung 9.4: Aufbau der Kapitalflussrechnung

Beispiel: Kapitalflussrechnung

Zahlungsmittelbestand Periodenanfang	100
Mittelzu-/abfluss aus Geschäftstätigkeit	+50
Mittelzu-/abfluss aus Investitionstätigkeit	−30
Mittelzu-/abfluss aus Finanzierungstätigkeit	+20
Zahlungsmittelbestand Periodenende	140

Erläuterung:

Die liquiden Mittel des Unternehmens betrugen am 1.1. des Jahres 100. Sie wurden erhöht durch Zuflüsse aus dem operativen Geschäft (+50) sowie aus Finanzierungsaktivitäten (+20), vermindert wurden sie durch Investitionen (−30). Hieraus ergibt sich ein Endbestand der liquiden Mittel zum 31.12. des Jahres in Höhe von 140.

Eigenkapitalspiegel

Der **Eigenkapitalspiegel** ist eine periodenbezogene Aufstellung zur Erklärung der Veränderung des Eigenkapitals, die neben den erfolgswirksamen Veränderungen, die in der GuV abgebildet werden, auch die nicht erfolgswirksamen Änderungen (z. B. Kapitalerhöhungen, Dividenden) enthält. Folgende unterschiedliche Sachverhalte können zu Veränderungen des Eigenkapitals führen:

- **Periodenergebnis:** Jahresüberschuss/Jahresfehlbetrag
- **Auszahlungen an Gesellschafter:** Dividenden und sonstige Ausschüttungen
- **Einzahlungen der Gesellschafter:** Kapitalerhöhungen und sonstige Einzahlungen

- **Sonstige Wertänderungen:** z. B. aufgrund von Änderungen in der Bilanzierung oder nicht ergebniswirksam gebuchten Veränderungen des Eigenkapitals (dies kommt im HGB selten vor, häufiger sind solche Änderungen in internationalen Rechnungslegungsvorschriften zu finden).

Die einzelnen Positionen des Eigenkapitals müssen dabei konsequenterweise mit den in der Bilanz ausgewiesenen Anfangs- und Endbeständen übereinstimmen.

Beispiel: Eigenkapitalspiegel

Eigenkapital-position	Stand 1.1.	Periodenergebnis laut GuV	Divi-dende	Kapital-erhöhung	Stand 31.12.
Gezeichnetes Kapital	500			100	600
Kapitalrücklage	1.000			400	1.400
Gewinnrücklage	300		−100		200
Bilanzgewinn	500	300			800
Summe	2.300	300	−100	500	3.000

Erläuterung:

Das Eigenkapital betrug am 1.1. des Jahres 2.300, es wurde im Lauf des Jahres erhöht durch den Gewinn des Geschäftsjahres (+300) sowie durch eine Kapitalerhöhung (+500), vermindert wurde es durch die Zahlung einer Dividende (−100). Hieraus ergibt sich ein Eigenkapital zum 31.12. des Jahres in Höhe von 3.000.

Segmentberichterstattung

Die **Segmentberichterstattung** ist eine periodenbezogene Aufstellung zu Teilbereichen des Unternehmens. Sie enthält wesentliche GuV- und Bilanzpositionen (sogenanntes Segmentergebnis und Segmentvermögen) gegliedert nach Geschäftsbereichen (primäres Segment) und nach Regionen (sekundäres Segment).

Beispiel: Segmentberichterstattung

	Segment 1: Privatkunden	Segment 2: Firmenkunden	Segment 3: Interne Bereiche	Summe aller Segmente (entspricht in der Regel den Werten der GuV)
Umsatz	100	50	0	150
dem Segment zuordenbare Aufwendungen	−20	−20	−40	−80
Segmentergebnis	80	30	−40	70

Lagebericht

Der **Lagebericht** ist kein Bestandteil des Jahresabschlusses, wird aber mit diesem erstellt. Alle mittelgroßen und großen Kapitalgesellschaften sind zur Erstellung verpflichtet (§ 264 Abs. 1 S. 1 HGB). Der Lagebericht ist ein Bericht der Unternehmensleitung zum abgelaufenen Geschäftsjahr und Ausblick auf die (nähere) Zukunft (§ 289 HGB).

Die Unternehmensführung stellt dort u. a. die folgenden Inhalte dar:

1. Verlauf des Geschäftsjahres (sogenannter Wirtschaftsbericht, § 289 Abs. 1 S. 1 HGB): Die Erläuterung erfolgt meistens anhand von Kennzahlen zu Vermögens-, Finanz- und Ertragslage.
2. Lage am Bilanzstichtag (sogenannter Wirtschaftsbericht, § 289 Abs. 1. S. 1 HGB): Hier werden Aussagen zur Situation der Kapitalgesellschaft am Stichtag getroffen.
3. Ausblick auf die zukünftige Entwicklung der Gesellschaft (sogenannter Prognosebericht, § 289 Abs. 1 S. 4 HGB): Die Unternehmensführung hat darüber hinaus die geplante und/oder erwartete weitere Entwicklung der Kapitalgesellschaft einzuschätzen.

Darüber hinaus sind Aussagen zu Niederlassungen (Niederlassungsbericht), Forschung & Entwicklung (F&E-Bericht) und zu Risiken (Risikobericht) (§ 289 Abs. 2 HGB) des Unternehmens zu treffen.

Nach § 289a HGB haben die gesetzlichen Vertreter börsennotierter Aktiengesellschaften zusätzlich eine Erklärung zur Unternehmensführung abzugeben, die ggf. eine Erklärung zur Anwendung des Corporate Governance Kodex nach § 161 AktG enthält.

Bestandteile des Konzernabschlusses

Neben der Pflicht zur Erstellung eines handels- bzw. steuerrechtlichen Jahresabschlusses (Einzelabschluss), kann in einem Unternehmensverbund auch die Pflicht zur Erstellung eines Konzernabschlusses entstehen. Ein Konzern ist eine Gruppe rechtlich selbstständiger Unternehmen, die wirtschaftlich von einem Unternehmen geleitet wird. Der Konzernabschluss ist dabei ein eigenständiger Abschluss.

Ein HGB-Konzernabschluss enthält neben Konzernbilanz, Konzern-Gewinn- und Verlustrechnung und Konzernanhang noch Konzernkapitalflussrechnung, den Konzerneigenkapitalspiegel und wahlweise eine Konzernsegmentberichterstattung (§ 297 HGB). Für alle Bestandteile gelten die gleichen Regelungen wie im Einzelabschluss. Zudem müssen alle Konzerne einen Konzernlagebericht erstellen.

In Deutschland kann dieser Abschluss entweder nach HGB oder nach den International Financial Reporting Standards (IFRS) erstellt werden, abhängig davon, ob das Mutterunternehmen kapitalmarktorientiert ist. Wird das Mutterunternehmen als kapitalmarktorientiert eingestuft, so besteht die Pflicht, den Konzernabschluss nach IFRS zu erstellen (§ 315e Abs. 1 und 2 HGB). Für alle nicht kapitalmarktorientierten Mutterunternehmen besteht ein Wahlrecht, den Konzernabschluss nach HGB oder IFRS zu erstellen (§ 315e Abs. 3 HGB).

9.2.2 Erstellung, Offenlegung und Prüfung des Jahresabschlusses

Je nach Rechtsform und Größenklasse des Unternehmens ergeben sich unterschiedliche Anforderungen an Inhalte und Fristen hinsichtlich der Erstellung, Offenlegung und Prüfung des Jahresabschlusses.

Erstellung des Jahresabschlusses

Der **Jahresabschluss** wird nach Ablauf des Geschäftsjahrs durch die Unternehmensleitung erstellt. Dabei räumt das Gesetz einen gewissen Ermessensspielraum ein. Dieser wird durch das Prinzip der vernünftigen kaufmännischen Beurteilung begrenzt. Diese Objektivierung zielt darauf ab, dass die Unternehmensleitung ihre Annahmen auf Grundlage von betriebswirtschaftlichen Kenntnissen und ohne Anwendung von Willkür trifft. Dadurch soll das Ergebnis dieser Beurteilungen auch für Außenstehende nachvollziehbar sein.

Für die Erstellung des Jahresabschlusses werden auf Basis der buchhalterischen Erfassung der laufenden Geschäftsvorfälle unter Beachtung der Grundsätze ordnungsmäßiger Bilanzierung sowohl erstens Abgrenzungsbuchungen vorgenommen als auch zweitens Entscheidungen über Wertansätze getroffen.

Für Einzelunternehmer und Personengesellschaften gilt, dass diese den Jahresabschluss innerhalb einer einem ordnungsmäßigen Geschäftsgang entsprechenden Zeit zu erstellen haben (§ 243 Abs. 3 HGB). Pauschal geht man hier von einer Zwölfmonatsfrist aus. Kapitalgesellschaften müssen den Jahresabschluss grundsätzlich innerhalb von drei Monaten erstellen (§ 264 Abs. 1 S. 3 HGB). Es gibt aber u. a. folgende Vereinfachungen hinsichtlich der Erstellung des Jahresabschlusses:

- Nach § 264 Abs. 1 S. 4 HGB dürfen kleine Kapitalgesellschaften den Jahresabschluss innerhalb von sechs Monaten (Regelfall drei Monate) erstellen.
- Nach § 288 HGB dürfen kleine und mittelgroße Kapitalgesellschaften weniger Informationen in den Anhang aufnehmen.

Nach § 264 Abs. 1 S. 4 HGB brauchen kleine Kapitalgesellschaften keinen Lagebericht zu erstellen. Ergänzend brauchen kleine Kapitalgesellschaften nach §264 Abs. 1 S. 4 HGB keinen Lagebericht erstellen.

Offenlegung des Jahresabschlusses

Der Jahresabschluss von Kapitalgesellschaften ist nach § 325 HGB beim elektronischen Bundesanzeiger (*https://bundesanzeiger.de/*) einzureichen und zu veröffentlichen. Kommt ein Unternehmen dieser Pflicht nicht nach, können Bußgelder verhängt werden. Der Betreiber des elektronischen Bundesanzeigers prüft die fristgerechte Einreichung sowie die Vollständigkeit der eingereichten Unterlagen, nicht aber die Qualität der Unterlagen.

Die **Offenlegung** beim Bundesanzeiger hat für alle Kapitalgesellschaften, Großunternehmen und Konzerne spätestens ein Jahr nach dem Abschlussstichtag des Geschäftsjahres zu erfolgen (§ 325 Abs. 1a und Abs. 3 HGB). Für kapitalmarktorientierte Kapitalgesellschaften und Mutterunternehmen muss die Offenlegung des Einzel- bzw. Konzernabschlusses innerhalb von vier Monaten nach dem Abschlussstichtag erfolgen (§ 325 Abs. 4 HGB).

Es gibt folgende Vereinfachungen hinsichtlich der Offenlegung des Jahresabschlusses:

- Kleinstkapitalgesellschaften können ihre Offenlegungspflicht erfüllen, indem sie die Bilanz zur dauerhaften Hinterlegung beim Betreiber des elektronischen Bundesanzeigers einreichen (§ 326 Abs. 2 HGB). Dieser Jahresabschluss kann dann nur durch Antrag beim Bundesanzeiger eingesehen werden.
- Nach § 326 HGB brauchen kleine Kapitalgesellschaften nur die Bilanz und den Anhang zu veröffentlichen. Zudem muss der Anhang die Angaben zur GuV nicht enthalten.
- Nach § 327 HGB brauchen mittelgroße Kapitalgesellschaften nur eine verkürzte Bilanz sowie GuV und den Anhang zu veröffentlichen.

Prüfung des Jahresabschlusses

Pflichtprüfung und freiwillige Prüfung

Mittelgroße und große Kapitalgesellschaften haben nach § 316 HGB ihren Jahresabschluss und ihren Lagebericht prüfen zu lassen. Dies trifft auch auf große Personengesellschaften zu. Kleine Kapitalgesellschaften, Einzelunternehmer und Personengesellschaften unterliegen keiner gesetzlichen Prüfungspflicht.

Neben dieser sogenannten Pflichtprüfung gibt es auch freiwillige Prüfungen für kleinere Unternehmen, beispielsweise wenn das Unternehmen Fremdkapital aufnimmt und der Kapitalgeber einen Nachweis verlangt, dass die Buchhaltung den gesetzlichen Bestimmungen entspricht.

Die **Prüfung der Jahresabschlüsse** erfolgt durch einen unabhängigen Abschlussprüfer (Wirtschaftsprüfer oder Wirtschaftsprüfungsgesellschaft). Mittelgroße Kapitalgesellschaften können von einem vereidigten Buchprüfer geprüft werden (§ 319 Abs. 1 S. 2 HGB). Der Abschlussprüfer prüft nach § 317 HGB, ob die Buchführung und der Jahresabschluss den Grundsätzen ordnungsmäßiger Buchführung (GoB) entsprechen, gemäß Gesetz und Satzung erstellt worden sind, und ob der Lagebericht in Einklang mit dem Jahresabschluss steht. Über das Ergebnis berichtet der Abschlussprüfer in einem nur dem Unternehmen zur Verfügung gestellten sehr detaillierten sogenannten Prüfungsbericht (§ 321 HGB) sowie einem zu veröffentlichenden Bestätigungsvermerk, das sogenannte Testat (§ 322 HGB). Dieses Testat kann, wenn leichte Mängel in der Jahresabschlusserstellung vorliegen, eingeschränkt werden. Bei schwerwiegenden Mängeln ist das Testat zu versagen.

Deutsche Prüfstelle für Rechnungslegung

Eine weitere Prüfungsinstanz für börsennotierte Gesellschaften ist die Deutsche Prüfstelle für Rechnungslegung (DPR e. V., umgangssprachlich als „Bilanzpolizei" bezeichnet). Diese überprüft auf Stichprobenbasis oder anlassbezogen die veröffentlichten Abschlüsse der börsennotierten Gesellschaften (§ 342b Abs. 2 HGB). Ziel dieser zusätzlichen Prüfung ist eine Stärkung des Finanzplatzes Deutschland durch eine transparente Rechnungslegung, deren Einhaltung auch überprüft wird.

9.2.3 Ansatz von Vermögenswerten und Schulden

Vermögenswerte und Schulden werden immer dann in der Bilanz erfasst, wenn diese

- der Definition eines Vermögensgegenstandes oder einer Schuld entsprechen (= Bilanzierungsfähigkeit),
- dem Vermögen des Bilanzierenden (wirtschaftlich) zugerechnet werden können und
- gesetzlich nichts anderes bestimmt ist, d. h., sofern nicht ein Bilanzierungsverbot (der VGG darf nicht aktiviert, d. h. nicht in die Bilanz aufgenommen werden) oder ein Bilanzierungswahlrecht (der Bilanzierende kann selbst entscheiden, ob er den VGG bilanziert) besteht.

Zudem werden gem. § 246 Abs. 1 HGB in der Bilanz auch noch **Rechnungsabgrenzungsposten** erfasst.

Bilanzierungsfähigkeit

Ein Sachverhalt ist bilanzierungsfähig, wenn dieser die Eignung besitzt, in die Bilanz aufgenommen zu werden. Grundsätzlich besitzen alle Vermögensgegenstände und Schulden eine solche Eigenschaft (abstrakte Bilanzierungsfähigkeit). Die Begriffe Vermögensgegenstand und Schuld werden nicht im HGB definiert, vielmehr ergibt sich deren Definition aus den GoB.

Unter Vermögensgegenständen versteht man die Sachverhalte und Gegenstände, die

- dem Unternehmen aufgrund von Ausgaben zugegangen sind,
- für das Unternehmen einen künftigen wirtschaftlichen Nutzen darstellen,
- selbstständig bewertbar sind und
- einzeln verwertbar (veräußerbar) sind.

Unter Schulden versteht man die Sachverhalte, die

- für das Unternehmen eine bestehende oder hinreichend sichere Belastung des Vermögens darstellen,
- auf einer rechtlichen oder wirtschaftlichen Verpflichtung basieren und
- selbstständig bewertbar sind.

Im Steuerrecht hat die BFH-Rechtsprechung für eine Auslegung der Pendants des positiven und negativen Wirtschaftsguts gesorgt. Dabei entspricht der Begriff der Schulden dem des negativen Wirtschaftsguts. Die Definitionen des Vermögensgegenstands und des positiven Wirtschaftsguts unterscheiden sich aber insofern, dass für das Vorliegen eines positiven Wirtschaftsguts keine Einzelveräußerbarkeit vorliegen muss.

Positionen der Aktivseite

Nach dem Vollständigkeitsprinzip sind sämtliche VGG in die Bilanz aufzunehmen, die dem Bilanzierenden wirtschaftlich zugerechnet werden können und für die es keine Ansatzwahlrechte oder -verbote gibt, die dem Ansatz entgegenstehen (§ 246 Abs. 1 HGB).

Bilanzierungsverbote sind explizit in § 248 Abs. 1 HGB geregelt. Demnach sind

- Gründungskosten und Kosten der Eigenkapitalbeschaffung,
- Aufwendungen für den Abschluss von Versicherungsverträgen
- Aufwendungen für bestimmte selbst geschaffene immaterielle VGG des **Anlagevermögens** wie Marken und Kundenlisten etc.

nicht aktivierungsfähig. Hintergrund ist zum einen die Unsicherheit, die den selbsterstellten immateriellen Vermögenswerten inhärent ist, zum anderen aber die periodengerechte Erfolgsermittlung, die hierdurch sichergestellt werden soll. Auch steuerrechtlich gelten diese Aktivierungsverbote aufgrund der Maßgeblichkeit.

Bilanzierungswahlrechte bestehen hinsichtlich

- der Aktivierung eines Disagios nach § 250 Abs. 3 HGB,
- der Aufwendungen bei der Entwicklung von selbst geschaffenen immateriellen VGG des Anlagevermögens (z. B. selbst erstellte Software), die nicht durch das Bilanzierungsverbot aus § 248 Abs. 3 HGB abgedeckt sind und
- aktiver latenten Steuern im Einzelabschluss (§ 274 Abs. 1 HGB).

Für die Bilanzierungswahlrechte hat das Steuerecht jeweils eigene Regelungen. So unterliegt das Disagio einer Aktivierungspflicht (§ 5 Abs. 5 EStG). Für die selbst erstellten immateriellen Vermögenswerte des Anlagevermögens gilt im Steuerrecht ein generelles Aktivierungsverbot (§ 5 Abs. 2 EStG), und latente Steuern werden in der Steuerbilanz grundsätzlich nicht erfasst.

Die wirtschaftliche Zurechenbarkeit ist das entscheidende Kriterium, wer einen Vermögensgegenstand bilanzieren darf. Dies bedeutet, dass nicht nur die Gegenstände in der Bilanz erfasst werden, die im juristischen Eigentum des Bilanzierenden sind. Vielmehr werden auch die betrieblich genutzten Vermögensgegenstände erfasst, die der Bilanzierende wie eigene Vermögenswerte nutzen kann und für deren Verlust er haften muss, auch wenn diese im juristischen Eigentum eines Dritten sind. Beispiele, bei denen der Unterschied zwischen juristischem und wirtschaftlichem Eigentum zum Tragen kommen kann, sind Leasingverträge, Kommissionswaren oder auch Waren, die mit Eigentumsvorbehalt verkauft worden sind, u. Ä.

Positionen der Passivseite

Auf der **Passivseite** unterscheidet man nach Kapital, das den Eigentümern des Unternehmens zusteht (Eigenkapital), und Kapital, das Dritten zusteht (Fremdkapital). Entscheidend hierbei ist die Fälligkeit des eingesetzten Kapitals, da jegliches Fremdkapital zu einem bestimmten Zeitpunkt rückzahlungspflichtig ist. Eigenkapital dagegen besitzt keine Fälligkeit, sondern steht dem Unternehmen auf unbestimmte Zeit zur Verfügung.

Zum **Eigenkapital** gehören das gezeichnete Kapital, Mehreinzahlungen der Gesellschafter, die in der sogenannten Kapitalrücklage erfasst werden, und einbehaltene Gewinne, die entweder als Gewinnrücklage oder als Ergebnisvortrag ausgewiesen werden. Auch das laufende Jahresergebnis (Gewinn/Verlust) ist Bestandteil des Eigenkapitals, da es den Gesellschaftern zusteht.

Zum **Fremdkapital** zählen Verbindlichkeiten und **Rückstellungen**. Unterschieden werden sichere Verpflichtungen (Verbindlichkeiten) und unsichere Verpflichtungen (Rückstellungen). Die Unsicherheit kann hinsichtlich Existenz, Höhe und/oder Zeitpunkt der Inanspruchnahme des Unternehmens bestehen. Bei dem Grunde, der Höhe und dem Zeitpunkt nach sicheren Verpflichtungen werden Verbindlichkeiten angesetzt, ansonsten Rückstellungen.

Ein Ansatz von Schulden erfolgt gem. § 246 Abs. 1 HGB immer dann, wenn diese dem Bilanzierenden zuzurechnen sind und kein Passivierungsverbot oder -wahlrecht dem entgegensteht. Aufgrund des Vorsichtsprinzips sind beim Ansatz von Schulden nicht die wirtschaftlichen, sondern die rechtlichen Verhältnisse ausschlaggebend.

Bilanzierungsverbote gibt es im Bereich der Schulden lediglich für die Bildung anderer als im Gesetz genannten Rückstellungen (§ 249 Abs. 2 Satz 1 HGB). Hiermit möchte man vermeiden, dass dem Bilanzierenden eine Möglichkeit gegeben wird, Gewinne in spätere Perioden zu verschieben. Im Steuerrecht greift im Bereich der Schulden prinzipiell der Maßgeblichkeitsgrundsatz. Demnach gilt das Ansatzverbot auch für das Steuerrecht. Ergänzend enthält das Steuerrecht Sonderregelungen bzgl. des Ansatzes (§ 5 Abs. 4, 4a, 4b EStG). So gilt u. a. im Steuerrecht ein Verbot zur Bildung von Rückstellungen für drohende Verluste aus schwebenden Geschäften (§ 5 Abs. 4a EStG), die in der Handelsbilanz anzusetzen sind.

Bilanzierungswahlrechte bestehen im Bereich der Passivseite für alle Pensionszusagen, die vor dem 1.1.1987 vom Unternehmen getätigt wurden. Hier gilt der Bestandsschutz für die Zusagen, die vor der Änderung des HGB im Jahr 1987 gegeben wurden. Dieses Wahlrecht gilt auch im Steuerrecht.

9.2.4 Bewertung von Vermögensgegenständen und Schulden

Hinsichtlich der Bewertung ist zunächst das Gläubigerschutzprinzip und daraus folgend das Vorsichtsprinzip anzuführen. Das führt dazu, dass die Positionen der Aktivseite eher niedrig bewertet werden und (Schuld-)Positionen auf der Passivseite eher höher bewertet werden. Eine Erhöhung einer Aktivposition führt konsequenterweise zu einem Anstieg des Eigenkapitals und es gäbe die Möglichkeit zu die Haftungsmasse reduzierenden Ausschüttungen an die Eigentümer. Gleiches gilt bei einer Verringerung des Fremdkapitals.

Darüber hinaus ist die Fortführungsprämisse (§ 252 Abs. 1 Nr. 2 HGB) anzuführen, d. h., die Bewertung der VGG und Schulden erfolgt unter dem Gesichtspunkt der Unternehmensfortführung und nicht etwa einer Liquidation. Ergänzend sind das Einzelbewertungsprinzip (§ 252 Abs. 1 Nr. 3 HGB) und das Verrechnungsverbot (§ 246 Abs. 2 HGB) zu nennen, d. h., die Bewertung der Vermögensgegenstände und Schulden erfolgt einzeln.

Man unterscheidet zeitlich die Zugangs- oder Erstbewertung (mit welchem Wert wird ein VGG/die Schuld das erste Mal in die Bilanz aufgenommen?) und die Folgebewertung (mit welchem Wert ist der VGG/die Schuld an den folgenden Bilanzstichtagen auszuweisen?).

Bewertung der Positionen der Aktivseite

Erstbewertung von Vermögensgegenständen

Die **Zugangsbewertung** erfolgt zu Anschaffungskosten (AK) oder Herstellungskosten (HK), zusammengefasst auch als Anschaffungs- oder Herstellungskosten (AHK) bezeichnet.

Anschaffungskosten (AK) entstehen, wenn ein Unternehmen einen VGG von extern anschafft. Die Anschaffungskosten setzen sich nach § 255 Abs. 1 HGB zusammen aus:

Erwerbskosten (netto)

\+ Anschaffungsnebenkosten (z. B. Grunderwerbsteuer, Zölle, Fracht)

\+ nachträgliche Anschaffungskosten (z. B. Kaufpreisnachzahlungen, nachträgliche Erschließung)

\+ Kosten der Herstellung der Betriebsbereitschaft (z. B. Betonierungskosten für Hochofen)

− Anschaffungspreisminderungen (Rabatte, Skonti), wenn direkt zurechenbar

= Anschaffungskosten

Beispiel: Anschaffungskosten

Ein Unternehmen kauft ein Grundstück für 100. Die Gebühren für Notar und Grundbuch betragen 5. Das Grundstück wird an das öffentliche Leitungsnetz angeschlossen, hierfür fallen 3 an. Die Anschaffungskosten setzen sich zusammen aus:

Erwerbskosten	100
+ Anschaffungsnebenkosten	5
+ nachträgliche Anschaffungskosten	3
= Anschaffungskosten gesamt	108

Der Ansatz zu **Herstellungskosten** (HK) erfolgt für alle VGG, die ein Unternehmen selbst erstellt und am Ende des Geschäftsjahrs noch auf Lager hat. In den Rechnungslegungssystemen gibt es Vorgaben, welche Positionen dabei angesetzt werden müssen, welche angesetzt werden können und welche nicht angesetzt werden dürfen.

Aufwands-/Kostenart	§ HGB	Handelsrecht
Einzelkosten (Material und Fertigung)	255 Abs. 2 S. 2	Aktivierungspflicht
Teile notwendiger Gemeinkosten (Material und Fertigung)	255 Abs. 2 S. 2	Aktivierungspflicht
Kosten der allgemeinen Verwaltung	255 Abs. 2 S. 3	Aktivierungswahlrecht
Forschungs- und Vertriebskosten	255 Abs. 2 S. 4	Aktivierungsverbot
Zinsen für Fremdkapital (falls direkt zurechenbar)	255 Abs. 3	Aktivierungswahlrecht
Kosten für freiwillige soziale Leistungen und für die betriebliche Altersvorsorge	255 Abs. 2 S. 3	Aktivierungswahlrecht

Tabelle 9.3: Bestandteile der Herstellungskosten nach 255 HGB

Das Unternehmen hat hier einen Spielraum bei der Bewertung der selbst erstellten VGG. Entweder werden nur die Mindestkosten angesetzt. Dies bedeutet einen niedrigeren Bilanzansatz des VGG, höhere Aufwendungen in der aktuellen Periode sowie einen niedrigeren Bestandsabgang in Folgeperioden. Denkbar ist auch, dass zusätzliche Kosten aktiviert werden, dies führt im Vergleich zum Mindestwert zu einem höheren Bilanzansatz in der aktuellen Bilanz, niedrigeren Aufwendungen in der aktuellen Periode sowie einem höheren Bestandsabgang in Folgeperioden.

Beispiel: Herstellungskosten nach HGB

Kostenart	Wert	Mindestwert	Höchstwert
Einzelkosten	10.000	10.000	10.000
+ Teile notwendiger Gemeinkosten	5.000	5.000	5.000
+ Kosten der allgemeinen Verwaltung	2.000		2.000
+ Vertriebskosten	1.000		
+ Zinsen für Fremdkapital (direkt zurechenbar)	500		500
= Herstellungskosten gesamt	18.5000	15.000	17.500

Die **Herstellungskosten** liegen im Beispiel zwischen 15.000 und 17.500. Folglich wird der VGG mit einem Wert zwischen 15.000 und 17.500 bilanziert. Je höher der Bilanzansatz in dieser Periode, desto höher ist auch das Eigenkapital (und das Jahresergebnis) in dieser Periode.

Wird der VGG in einer späteren Periode veräußert oder abgeschrieben, sind die Aufwendungen jedoch dann im Vergleich ebenfalls höher. Summiert man die Ergebnisse über alle Perioden, ergibt sich das gleiche Gesamtergebnis.

Folgebewertung von Vermögensgegenständen

Hinsichtlich der **Folgebewertung** ist zunächst auf die planmäßige Abschreibung des Anlagevermögens (§ 253 Abs. 3 HGB) hinzuweisen. Die AHK für Güter des Anlagevermögens sind als Aufwand auf die planmäßige Nutzungsdauer zu verteilen, dies geschieht mit der planmäßigen Abschreibung. Wird beispielsweise eine Maschine im Jahr 1 für einen Betrag von 100 gekauft, so führt dies sofort zu einer Reduzierung des Bestands an liquiden Mitteln (Auszahlung), jedoch noch nicht zu einem Aufwand in gleicher Höhe, d. h., das Eigenkapital sinkt nicht um 100. Hierbei handelt es sich um einen Aktivtausch. Der korrespondierende Aufwand entsteht nicht durch die Anschaffung, sondern erst durch Nutzung der Maschine. Dieser Aufwand wird als Abschreibung erfasst, die die Anschaffungskosten auf die planmäßige Nutzungsdauer verteilt. Weist die Maschine im Beispiel eine planmäßige Nutzungsdauer von zehn Jahren auf und verteilt das Unternehmen die Anschaffungskosten gleichmäßig (sogenannte lineare Abschreibung), so wird in jedem Geschäftsjahr ein Aufwand in Höhe von 10 erfasst.

Die planmäßige Nutzungsdauer bemisst sich herbei an wirtschaftlichen Maßstäben. Entscheidend ist demnach die Frage, wie lange der VGG im Unternehmen eingesetzt werden kann. Als Anhaltspunkte können hier die steuerlichen Abschreibungstabellen oder Herstellerangaben dienen.

Wichtig ist das sogenannte Anschaffungs- oder Herstellungskostenprinzip (§ 253 Abs. 1 HGB). Dieses fordert, dass Positionen der Aktivseite maximal mit ihren fortgeführten Anschaffungs- oder Herstellungskosten bewertet werden dürfen, als Obergrenze fungieren also immer die Anschaffungs- oder Herstellungskosten für nicht abnutzbare VGG bzw. die Anschaffungs- oder Herstellungskosten vermindert um die planmäßigen Abschreibungen für abnutzbare VGG des Anlagevermögens. Steigt der Wert eines VGG über diese fortgeführten Anschaffungs- oder Herstellungskosten, darf das Unternehmen den höheren Wert nicht bilanzieren.

Der Wertansatz ist jedoch nach unten zu korrigieren, wenn der beizulegende Zeitwert für den Vermögensgegenstand unter dem aktuellen Buchwert liegt. Dies führt dann zu sogenannten außerplanmäßigen Abschreibungen, also zusätzlichem Aufwand für das Unternehmen. Dabei unterscheidet man zwischen dem strengen Niederstwertprinzip im **Umlaufvermögen** (§ 253 Abs. 4 HGB) und dem gemilderten Niederstwertprinzip im Anlagevermögen (§ 253 Abs. 3 HGB). Das strenge Niederstwertprinzip besagt, dass niedrigere Wertansätze im Bereich des Umlaufvermögens immer zu bilanzieren sind, unabhängig davon, ob es sich um eine dauerhafte oder eine nicht dauerhafte Wertminderung handelt. Das gemilderte Niederstwertprinzip sieht dagegen eine Abschreibung für die VGG des Anlagevermögens nur dann vor, wenn es sich um eine dauerhafte Wertminderung handelt. Vorübergehende Wertminderungen können lediglich im Bereich des Finanzanlagevermögens (dauerhafte Beteiligungen, Wertpapiere, etc.) erfasst werden.

Sollte in den Folgejahren der Grund für eine außerplanmäßige Abschreibung wegfallen, so ist die in den Vorjahren vorgenommene Abschreibung zu korrigieren und der VGG wieder auf die fortgeführten Anschaffungs- und Herstellungskosten zuzuschreiben (§ 253 Abs. 5 HGB).

Im Steuerrecht ist dagegen eine außerplanmäßige Abschreibung auf Wirtschaftsgüter grundsätzlich nur dann zulässig, wenn es sich um eine dauerhafte Wertminderung handelt. Die Frage, wann eine dauerhafte Wertminderung vorliegt, wird hier durch das BMF-Schreiben 2016/0666535 vom 2. September 2016 geregelt. Sollten die Gründe für eine außerplanmäßige Abschreibung entfallen, so ist auch hier eine Wertaufholung Pflicht (§ 6 Abs. 1 Nr. 1, 1a, 2 EStG).

Bewertung der Positionen der Passivseite

Zugangsbewertung

Die **Zugangsbewertung** der Positionen der Passivseite ist mit Ausnahme der Rückstellungsbewertung regelmäßig unproblematisch, da es sich hierbei normalerweise um feststehende Geldbeträge handelt, die als Wertansatz übernommen werden können. § 253 Abs. 1 S. 2 HGB fordert folglich, dass Verbindlichkeiten mit ihrem Erfüllungsbetrag anzusetzen sind.

Bei Rückstellungen gibt es einen Ermessensspielraum und damit Bewertungsspielräume, da diese nach § 253 Abs. 1 S. 2 HGB mit dem Betrag anzusetzen sind, der nach vernünftiger kaufmännischer Beurteilung zu ihrer Erfüllung notwendig ist. Während im Handelsrecht Kosten- und Preissteigerungen zu berücksichtigen sind, bleiben diese bei der Bestimmung des Erfüllungsbetrags im Steuerrecht außen vor (§6 Abs. 1 Nr. 3a f)). Hier ergeben sich also Bilanzierungsspielräume, denn die Bildung bzw. Erhöhung von Rückstellungen ist immer aufwandswirksam (Buchungssatz: per Aufwand an Rückstellung).

Beispiel: Bildung und Bewertung von Rückstellungen

Sachverhalt: Ein Unternehmen erwartet, dass es aufgrund einer Schadensersatzklage einen Betrag von 100 im kommenden Geschäftsjahr zahlen muss.

1. Eröffnungsbilanz des ersten Geschäftsjahres

Aktivseite			**Passivseite**
Anlagevermögen	500	Eigenkapital	1.000
Bank	500	Fremdkapital	0
Gesamt	**1.000**	**Gesamt**	**1.000**

2. Buchung auf Kontenebene
per Erhöhung Rückstellung für Schadensersatz 100
an Rückstellungen für Schadensersatz 100

3. Schlussbilanz des ersten Geschäftsjahres

Aktivseite			**Passivseite**
Anlagevermögen	500	Eigenkapital	900
Bank	500	Fremdkapital	100
Gesamt	**1.000**	**Gesamt**	**1.000**

Durch die Bildung der Rückstellung (Aufwand) sind das Jahresergebnis und in der Folge das Eigenkapital gesunken, obwohl noch kein Schadensersatz geleistet werden musste.

Wird der Schadensersatz in der Folgeperiode gezahlt, sinkt der Zahlungsmittelbestand und die Rückstellung wird aufgelöst.

4. Buchung auf Kontenebene
per Rückstellungen für Schadensersatz 100 an Bank 100

5. Schlussbilanz des zweiten Geschäftsjahres

Aktivseite			**Passivseite**
Anlagevermögen	500	Eigenkapital	900
Bank	400	Fremdkapital	0
Gesamt	**900**	**Gesamt**	**900**

Beispiel: Abwandlung des Fallbeispiels

1. Eröffnungsbilanz des ersten Geschäftsjahres

Aktivseite		**Passivseite**	
Anlagevermögen	500	Eigenkapital	1.000
Bank	500	Fremdkapital	0
Gesamt	**1.000**	**Gesamt**	**1.000**

Bildet das Unternehmen allerdings im ersten Jahr eine Rückstellung mit einem anderen Wert, so verändern sich das Jahresergebnis und das Eigenkapital. Setzt die Unternehmensleitung z. B. einen Wert von 80 an (das Unternehmen erwartet also eine Zahlungsverpflichtung von 80 im kommenden Jahr), ergibt sich folgende Schlussbilanz des ersten Jahres:

2. Buchung auf Kontenebene
per Erhöhung Rückstellung für Schadensersatz 80
an Rückstellungen für Schadensersatz 80

3. Schlussbilanz des ersten Geschäftsjahres

Aktivseite		**Passivseite**	
Anlagevermögen	500	Eigenkapital	920
Bank	500	Fremdkapital	80
Gesamt	**1.000**	**Gesamt**	**1.000**

Durch die Bildung der Rückstellung (Aufwand) sind das Jahresergebnis und in der Folge das Eigenkapital gesunken, obwohl noch kein Schadensersatz geleistet werden musste. Allerdings ist in diesem Beispiel der Aufwand geringer, so dass das Jahresergebnis höher ausfällt.

Wird der Schadensersatz in Höhe von 100 in der Folgeperiode gezahlt, sinkt der Zahlungsmittelbestand und die Rückstellung wird aufgelöst. Dabei entsteht ein zusätzlicher Aufwand, da die Rückstellung im ersten Geschäftsjahr nicht in ausreichender Höhe gebildet worden ist.

4. Buchung auf Kontenebene
per Rückstellungen für Schadensersatz 80 an Bank 80 und
per Aufwand für Schadensersatz 20 an Bank 20

5. Schlussbilanz des zweiten Geschäftsjahres

Aktivseite			**Passivseite**
Anlagevermögen	500	Eigenkapital	900
Bank	400	Fremdkapital	0
Gesamt	**900**	**Gesamt**	**900**

Das Unternehmen hat folglich im ersten Geschäftsjahr einen „zu hohen" Gewinn ausgewiesen, wodurch im zweiten Geschäftsjahr ein zusätzlicher Aufwand entstanden ist.

Des Weiteren sind Rückstellungen, wenn ihre Inanspruchnahme mehr als zwölf Monate nach dem Bilanzstichtag erwartet wird, mit ihrem Barwert zu erfassen (§ 253 Abs. 2 HGB). Als Diskontierungszinssatz dient im HGB der laufzeitadäquate, durchschnittliche Marktzinssatz der vergangenen sieben Jahre, welcher von der deutschen Bundesbank veröffentlicht wird (§ 253 Abs. 2 Satz 4 HGB). Lediglich Rückstellungen, die aus Altersversorgungsverpflichtungen oder ähnlichen langfristigen Verpflichtungen resultieren, dürfen aus Vereinfachungsgründen pauschal mit dem Zinssatz diskontiert werden, der sich bei einer Restlaufzeit von 15 Jahren ergibt (§ 253 Abs. 2 Satz 2 HGB). Im Steuerrecht sind Rückstellungen mit einer Laufzeit von mehr als 12 Monaten grundsätzlich mit 5,5 % zu diskontieren (§ 6 Abs. 1 Nr. 3a EStG). Gleiches gilt im Steuerrecht auch für Verbindlichkeiten, die am Bilanzstichtag eine Laufzeit von mehr als zwölf Monaten haben und nicht auf einer Anzahlung oder Vorauszahlung beruhen (§ 6 Abs. 1 Nr. 3a EStG).

Folgebewertung

Hinsichtlich der **Folgebewertung** gilt zunächst, dass Verbindlichkeiten nicht mit einem niedrigeren Betrag als dem beim Zugang erfassten Wert in der Bilanz ausgewiesen werden dürfen. Des Weiteren hat das sogenannte Höchstwertprinzip seine Gültigkeit, was das Pendant zum Niederstwertprinzip der Aktivseite darstellt. Demnach müssen Schulden mit einem höheren Betrag angesetzt werden, wenn vermutet wird, dass für die Erfüllung der Schuld ein höherer Betrag aufgewendet werden muss.

Rückstellungen werden zu jedem Bilanzstichtag überprüft, welcher Betrag zur Erfüllung vermutlich aufgewendet werden muss, und ggf. angepasst. Rückstellungen, die aufgrund ihrer Laufzeit von mehr als 12 Monaten diskontiert wurden, werden in den Folgeperioden um ihren Zinsanteil erhöht. Dieses Aufbauen der Rückstellung über die Laufzeit bedeutet einen Zinsaufwand für das Unternehmen (Aufwandsbuchungen).

9.2.5 Rechnungsabgrenzungsposten

Abgrenzungsbuchungen sind erforderlich, um die Grundsätze ordnungsmäßiger Buchführung zu berücksichtigen. Insbesondere das Periodisierungsprinzip bedingt, dass bereits erfolgte oder noch ausstehende Zahlungsflüsse in eine andere Rechnungsperiode abgegrenzt werden müssen. Hierbei unterscheidet man die transitorischen und die antizipativen Rechnungsabgrenzungsposten je nachdem, ob die Zahlung vor oder nach der Aufwands-/Ertragserfassung gelagert ist.

- Bei transitorischen Abgrenzungsposten liegt die Einzahlung oder die Auszahlung vor dem Bilanzstichtag, Ertrag oder Aufwand werden aber erst in späteren Perioden erfasst. Diese Posten werden als aktiver oder passiver Rechnungsabgrenzungsposten in der Bilanz ausgewiesen (§ 250 Abs. 1 und 2 HGB).
- Bei antizipativen Abgrenzungsposten werden in der aktuellen Abrechnungsperiode Erträge oder Aufwendungen erfasst, die Einzahlung oder die Auszahlung erfolgt jedoch erst in späteren Perioden. Diese Posten werden als sonstige Forderungen oder sonstige Verbindlichkeiten in der Bilanz ausgewiesen.

Voraussetzung für alle Abgrenzungsposten ist das Vorliegen von streng zeitraumbezogenen Aufwendungen und Erträgen, wie bspw. Versicherungsbeiträge, Miete und Pacht, Zinszahlungen, Kfz-Steuer usw.

Beispiel: Abgrenzung von vorausgezahlten Versicherungsprämien (transitorische Abgrenzung)

Ein Unternehmen zahlt am 01.07. eines Jahres eine Versicherungsprämie für zwölf Monate in Höhe von 120.

1. Eröffnungsbilanz des ersten Geschäftsjahres

Aktivseite		Passivseite	
Anlagevermögen	500	Eigenkapital	1.000
Bank	500	Fremdkapital	0
Gesamt	**1.000**	**Gesamt**	**1.000**

2. Buchung auf Kontenebene
per Aufwand für Versicherungen 120 an Bank 120

3. Vorläufige Schlussbilanz des ersten Geschäftsjahres

Aktivseite		Passivseite	
Anlagevermögen	500	Eigenkapital	880
Bank	380	Fremdkapital	0
Gesamt	**880**	**Gesamt**	**880**

Diese Bilanz ist nicht korrekt, da sie nicht das Periodisierungsprinzip beachtet!

Die Zahlung der Versicherungsprämie führt zu einer Reduzierung des Bestands an liquiden Mitteln, das ist korrekt.

Allerdings betrifft die Zahlung von 120 nicht nur das aktuelle Geschäftsjahr, ein Teil (genauer gesagt die Hälfte) betrifft das kommende Geschäftsjahr. Aus diesem Grund ist eine Abgrenzungsbuchung erforderlich:

4. Buchung auf Kontenebene
per Aktive Rechnungsabgrenzung (ARAP) 60
an Aufwand für Versicherungen 60

5. Endgültige Schlussbilanz des ersten Geschäftsjahres

Aktivseite			**Passivseite**
Anlagevermögen	500	Eigenkapital	940
Bank	380	Fremdkapital	0
ARAP	60		
Gesamt	**940**	**Gesamt**	**940**

Durch die Abgrenzungsbuchung ist zum einen die Aktivseite gestiegen, der ARAP ist eine Art „Merkposten" der bereits geleisteten Zahlung. Zum anderen steigt auch das Eigenkapital, da ein Teil der im Soll erfassten Aufwendungen wieder neutralisiert wird, dadurch wird das Ergebnis im Vergleich zur fehlerhaften Bilanzierung oben erhöht.

Im Folgejahr ist der Merkposten ARAP wieder aufzulösen, was zu einer periodengerechten Zuordnung der Aufwendungen führt:

6. Buchung auf Kontenebene
per Aufwand für Versicherungen 60
an Aktive Rechnungsabgrenzung (ARAP) 60

7. Schlussbilanz des zweiten Geschäftsjahres

Aktivseite			**Passivseite**
Anlagevermögen	500	Eigenkapital	880
Bank	380	Fremdkapital	0
Gesamt	**880**	**Gesamt**	**880**

Beispiel: Abgrenzung von im Nachhinein gezahlter Miete (antizipative Abgrenzung)

Ein Unternehmen mietet eine Lagerhalle für zwölf Monate in der Zeit vom 01.07. eines Jahres bis 30.06. des Folgejahres für eine Miete in Höhe von 120. Die Mietzahlung erfolgt am 30.6. des Folgejahres.

1. Eröffnungsbilanz des ersten Geschäftsjahres

Aktivseite		Passivseite	
Anlagevermögen	500	Eigenkapital	1.000
Bank	500	Fremdkapital	0
Gesamt	**1.000**	**Gesamt**	**1.000**

2. Buchung auf Kontenebene
---

3. Vorläufige Schlussbilanz des ersten Geschäftsjahres

Aktivseite		Passivseite	
Anlagevermögen	500	Eigenkapital	1.000
Bank	500	Fremdkapital	0
Gesamt	**1.000**	**Gesamt**	**1.000**

Diese Bilanz ist nicht korrekt, da sie nicht das Periodisierungsprinzip beachtet!

Die Mietzahlung wird erst im Folgejahr fällig und wird daher im aktuellen Geschäftsjahr nicht berücksichtigt, das ist korrekt.

Allerdings betrifft die Miete von 120 nicht nur das kommende Geschäftsjahr, in dem die Zahlung fällig wird, ein Teil (genauer gesagt die Hälfte) betrifft das aktuelle Geschäftsjahr. Aus diesem Grund ist eine Abgrenzungsbuchung erforderlich:

4. Buchung auf Kontenebene
per Mietaufwand 60 an Sonstige Verbindlichkeiten 60

5. Endgültige Schlussbilanz des ersten Geschäftsjahres

Aktivseite		Passivseite	
Anlagevermögen	500	Eigenkapital	440
Bank	500	Sonst. Verbindlichkeiten	60
		Fremdkapital	500
Gesamt	**1.000**	**Gesamt**	**1.000**

Durch die Abgrenzungsbuchung ist zum einen das Fremdkapital gestiegen. Zum anderen verringert sich das Eigenkapital, da hierdurch die Mietaufwendungen des aktuellen Geschäftsjahrs erfasst werden.

Im Folgejahr ist die sonstige Verbindlichkeit aufzulösen, wenn es zur Zahlung der vereinbarten Miete kommt.

6. Buchung auf Kontenebene

per Mietaufwand	60	an	Bank	60
per Sonstige Verbindlichkeit	60	an	Bank	60

7. Schlussbilanz des zweiten Geschäftsjahres

Aktivseite			**Passivseite**
Anlagevermögen	500	Eigenkapital	880
Bank	380	Fremdkapital	0
Gesamt	**880**	**Gesamt**	**880**

9.2.6 Ausweis

Grundsätzlich gibt es für Einzelunternehmer und Personalgesellschaften sehr geringe Ausweisanforderungen. Gem. § 247 Abs. 1 HGB ist das Vermögen in Anlage- und Umlaufvermögen zu unterschieden, und Eigen- und Fremdkapital sind separat auszuweisen. Zudem müssen Rechnungsabgrenzungsposten gezeigt werden. Beim Anlagevermögen sind nach § 247 Abs. 2 HGB Gegenstände, die dauernd dem Geschäftsbetrieb dienen, auszuweisen. Dies kann für einzelne Gegenstände von Unternehmen zu Unternehmen unterschiedlich sein, z. B. können Immobilien entweder im Anlagevermögen (bei einem eigengenutzten Bürogebäude) oder im Umlaufvermögen (bei einem Immobilienhändler) bilanziert werden.

Für Kapitalgesellschaften gelten dagegen die oben erläuterten ausführlichen Gliederungsvorschriften für Bilanz (§ 266 HGB) und GuV (§ 275 HGB).

9.3 Besonderheiten des externen Rechnungswesens nach internationalen Rechnungslegungsvorschriften (IFRS)

9.3.1 Grundlagen der internationalen Rechnungslegung

Aufgaben

Die Zielsetzung der internationalen Rechnungslegung nach den International Financial Reporting Standards (IFRS) liegt insbesondere in der Informationsvermittlung für gegenwärtige und potenzielle Investoren, es werden aber auch nachgeordnet die Ansprüche weiterer Adressaten berücksichtigt. Keine Zielsetzung der IFRS-Rechnungslegung ist dagegen im Gegensatz zur deutschen bzw. kontinentaleuropäischen Rechnungslegung die Ermittlung eines ausschüttungsfähigen Gewinns oder der Erhalt des Kapitals des Unternehmens. Zudem sind die IFRS vollständig losgelöst von steuerrechtlichen Gedanken und Vorschriften.

Adressaten

Neben den bereits genannten gegenwärtigen und potenziellen Investoren werden in den IFRS-Rechtsgrundlagen auch Mitarbeiter, Gläubiger, Lieferanten, Kunden, der Staat sowie die Öffentlichkeit genannt. Vor dem Hintergrund der besonderen Informationsfunktion der IFRS sind deren Zielsetzungen (z. B. Kapitalerhalt, um Verbindlichkeiten zu begleichen) aber von nachgeordneter Bedeutung.

Rechtsgrundlagen

Die IFRS stellen kein geschlossenes System dar wie die Regelungen des HGB, dies entspricht der angelsächsischen Denkweise des case law, d. h. der Einzelfallbehandlung. Regelungswürdige Sachverhalte werden in einzelnen Standards behandelt, mit denen alle denkbaren Möglichkeiten erfasst werden sollen. Dennoch gibt es auch in den IFRS eine grundlegende Basis für die Rechnungslegung, das sogenannte framework. In diesem sind konzeptionelle Grundsätze, wie z. B. das Prinzip der Unternehmensfortführung (**Going-Concern Principle)** oder das Prinzip der Periodenabgrenzung, auch als **Accrual Principle** bezeichnet, festgelegt.

Da die IFRS länderübergreifende Rechtsnormen sind, entfalten sie nur dann eine nationale Wirkung, wenn in den entsprechenden Landesgesetzen entsprechende Öffnungsklauseln enthalten sind. So sieht z. B. das deutsche HGB vor, dass ein Konzernabschluss nach IFRS anstelle eines eigentlich erforderlichen Konzernabschlusses nach HGB erstellt werden kann bzw. muss (§ 315e HGB).

9.3.2 Normsetzende Institution

Das **International Accounting Standard Board (IASB)** ist die Instanz, die die internationalen Vorschriften zu den IFRS erlässt. Es geht auf die 1973 in London gegründete Vereinigung, das International Accounting Standard Committee (IASC), zurück und verfolgt das Ziel, die internationalen Rechnungslegungsvorschriften weltweit zu verbreiten und weiterzuentwickeln.

Die Hauptaufgabe des IASB ist die Entwicklung und Veröffentlichung von Rechnungslegungsstandards, den IFRS. Bis zum Jahr 2001 wurde diese Aufgabe vom IASC (International Accounting Standard Committee) erledigt. In dieser Zeit wurden die verabschiedeten Standards als International Accounting Standards (IAS) bezeichnet. Diese alten Standards haben heute noch ihre Gültigkeit, außer sie wurden durch neue Standards ersetzt. Aktuell sind 17 IFRS und 22 IAS (IAS 1 – IAS 41, die Nummerierung ist nicht durchgängig) anzuwenden (Stand Juni 2017). Ergänzt werden die Standards (IAS und IFRS) noch durch offizielle Interpretationen (SIC bzw. IFRIC).

Um diese vom IASB verabschiedeten Standards offiziell auch in EU-Recht zu transformieren, bedarf es eines offiziellen Gesetzgebungsverfahrens auf EU-Ebene, das sog. Endorsementverfahren. Durch diesen offiziellen Akt werden die vom IASB (oder von der Vorgängerorganisation IASC) verabschiedeten Standards Teil der EU-Verordnung, die die Anwendung der IFRS vorschreibt. Diese EU-Verordnung ist wiederum die Basis für die Pflicht bzw. das Wahlrecht, einen IFRS-Konzernabschluss als Alternative zum HGB-Konzernabschluss zu erstellen. Somit wird der internationale Standard zunächst in EU-Recht und dann in nationales Recht transformiert.

9.3.3 Bestandteile eines IFRS-Abschlusses

Die Bestandteile der Rechnungslegung nach IFRS ähneln im Wesentlichen den dargestellten nach deutscher Rechnungslegung vorgesehenen Teilen. Diese sind in IFRS 1.10 aufgeführt:

- Bilanz (Balance sheet)
- Gewinn- und Verlustrechnung und Darstellung des sonstigen Ergebnisses (Statement of profit or loss and other comprehensive income)
- Anhang (Notes)
- Kapitalflussrechnung (Cashflow statement)
- Eigenkapitalspiegel (Statement of changes in equity)

Die Segmentberichterstattung (Segment reporting) ist als Teil des Anhangs für alle kapitalmarktorientierten Unternehmen verpflichtend. Gerade im Anhang gehen die vorgeschriebenen Informationen eines IFRS-Abschlusses zum Teil deutlich über die in einem HGB-Abschluss geforderten Informationen hinaus.

Innerhalb der IFRS gibt es keine Pflicht zur Erstellung eines eigenen Lageberichts gem. den internationalen Vorschriften. Für deutsche Unternehmen ergibt sich diese Pflicht jedoch aus dem HGB. Dies bedeutet, dass ein IFRS-Abschluss eines deutschen Unternehmens stets einen Lagebericht enthält, der den Anforderungen des § 289 HGB (bzw. § 315 HGB für den Konzernabschluss) entspricht.

9.3.4 Wesentliche Bilanzierungsgrundsätze nach IFRS

Im Gegensatz zum HGB enthalten die IFRS keine Differenzierung bzgl. Größe oder Rechtsform. Die Bestimmungen der IFRS gelten grundsätzlich für alle Unternehmen, nur an einigen wenigen Stellen gibt es spezielle Regelungen für kapitalmarktorientierte Unternehmen (so ist bspw. eine Segmentberichterstattung nach IFRS 8 nur für kapitalmarktorientierte Unternehmen gefordert).

Grundsätzlich sind Ansatz und Bewertung nach IFRS stets in den entsprechenden Standards geregelt. Es gibt keinen Standard, der hier eine allgemein gültige Regelung enthält.

Ansatz

Grundsätzlich sind die Aktivierungs- und Passivierungskriterien, d. h. die Voraussetzungen für einen Ansatz eines Vermögenswerts oder einer Schuld, der deutschen Rechnungslegung vergleichbar. Dabei wird die Frage des Ansatzes von Vermögenswerten oder Schulden in zwei Stufen geprüft. Zunächst müssen die Posten die Definitionsmerkmale erfüllen, anschließend wird dann geprüft, ob ein Ansatz möglich ist.

Aktivseite

Für einen Ansatz als Vermögenswert ist demnach zunächst die Definition zu prüfen (F 4.4a). Vermögenswerte werden im Framework definiert als Ressourcen,

- die aus einem vergangenen Ereignis resultieren,
- über die das Unternehmen verfügen kann und
- aus denen ein zukünftiger wirtschaftlicher Nutzen resultieren wird.

Sind diese Kriterien alle erfüllt, wird im zweiten Schritt geprüft, ob die vorliegenden Informationen verlässlich genug sind, so dass ein Ansatz gerechtfertigt ist. Hierzu wird geprüft, ob

- es wahrscheinlich ist, dass wirtschaftlicher Nutzen dem Unternehmen zufließt,
- sich die Kosten bzw. der Wert verlässlich ermitteln lassen (F 4.38, F 4.44).

Diese Definition geht über die Definition eines VGG nach HGB hinaus und führt somit zu einer umfassenderen Aktivierung. Grundsätzlich sind die Aktivierungskriterien, d. h. die Voraussetzungen für einen Ansatz eines Vermögenswerts, der deutschen Rechnungslegung vergleichbar. In Teilen gehen die Ansatzpflichten jedoch weiter, um der Zielsetzung einer umfassenden Information der Eigentümer gerecht zu werden.

Passivseite

Für einen Ansatz als Schuld ist zunächst die Definition zu prüfen (F 4.4b). Schulden werden im Framework definiert als

- gegenwärtige Verpflichtung,
- die aus Ereignissen in der Vergangenheit resultiert und
- die voraussichtlich zu einem Abfluss von Ressourcen führt, die für das Unternehmen einen wirtschaftlichen Nutzen darstellen.

Sind diese Kriterien alle erfüllt, wird im zweiten Schritt geprüft, ob die vorliegenden Informationen verlässlich genug sind, so dass ein Ansatz gerechtfertigt ist. Hierzu wird geprüft, ob

- es wahrscheinlich ist, dass wirtschaftlicher Nutzen bei dem Unternehmen abfließt,
- sich die Kosten bzw. der Wert verlässlich ermitteln lassen (F 4.38, F 4.46).

Grundsätzlich sind die Passivierungskriterien, d. h. die Voraussetzungen für einen Ansatz einer Schuldposition, der deutschen Rechnungslegung vergleichbar. In Teilen sind die Ansatzpflichten jedoch eingeschränkt, um der Zielsetzung einer umfassenden Information der Eigentümer gerecht zu werden. Beispielsweise ist die Verpflichtung, Rückstellungen zu bilden, nach IFRS nur für sog. Außenverpflichtungen möglich. Demnach sind die Aufwandsrückstellungen, wie sie das HGB zulässt, in den IFRS nicht gestattet.

Bewertung

Ähnlich wie im HGB unterscheiden die IFRS bei der Bilanzierung zwischen einer Erst- und einer Folgebewertung. Die Erstbewertung erfolgt auch hier zu Anschaffungs- und Herstellungskosten. Die Folgebewertung ist abhängig vom entsprechenden Standard und kann zu fortgeführten Anschaffungskosten, zum Fair Value, zum Nutzungswert usw. erfolgen (sog. Mixed Measurement Approach). Somit ist in bestimmten Fällen ein Ansatz über den Anschaffungskosten zu Marktwerten erlaubt oder vorgeschrieben (sog. Fair-Value-Bilanzierung). Dies ist beispielsweise bei Finanzderivaten und bei als Finanzinvestition gehaltenen Immobilien der Fall.

Anschaffungs- und Herstellungskosten

Die Anschaffungskosten nach IFRS enthalten alle mit der Anschaffung verbundenen Kosten und entsprechen somit denen nach HGB. Im Bereich der Herstellungskosten wird nach HGB auf die produktionsbezogenen Vollkosten abgestellt. Dies bedeutet, dass alle Materialkosten, Fertigungseinzel- und Fertigungsgemeinkosten miteinbezogen werden müssen genauso wie alle produktionsbezogenen Verwaltungskosten. Folglich besteht für die Kosten der allgemeinen Verwaltung nach IFRS ein Einbeziehungsverbot. Im Bereich der Fremdkapitalzinsen ist eine Aktivierung verpflichtend, wenn die Herstellungskosten direkt der Herstellung zugeordnet werden können, die Herstellung einen erheblichen Zeitraum umfasst (i. d. R. mehr als zwölf Monate) und es sich nicht um Vermögenswerte handelt, die in großen Mengen angefertigt werden (IAS 23).

Beispiel: Herstellungskosten nach IFRS

Bei der Produktion von Vorratsvermögen (große Menge identischer Produkte) fallen folgende Kosten an.

Kostenart	Wert	Mindestwert	Höchstwert
Einzelkosten	10.000	10.000	10.000
+ Teile produktionsbezogener GK	5.000	5.000	5.000
+ Kosten der allgemeinen Verwaltung	2.000		
+ Vertriebskosten	1.000		
+ Zinsen für Fremdkapital (direkt zurechenbar)	500		
= Herstellungskosten gesamt	18.500	15.000	15.000

Die Herstellungskosten liegen im Beispiel nach IFRS bei 15.000. Folglich wird der Vermögenswert mit einem Wert von 15.000 bilanziert. Im Gegensatz zur Bilanzierung nach HGB enthalten die IFRS hier keine Wahlrechte.

Beizulegender Zeitwert (Fair Value)

Unter dem beizulegenden Zeitwert versteht man nach IFRS 13 den Preis, der beim Verkauf von Vermögenswerten an einem geordneten Markt erzielt werden kann, bzw. der Preis, der bezahlt werden müsste, um eine Verbindlichkeit zu übertragen. Dabei ist es entscheidend, dass es sich nicht um einen Kauf oder Verkauf in einer Notsituation handelt. Falls tatsächliche Marktpreise vorliegen, so sind diese als beizulegende Zeitwerte zu verwenden. Liegen solche Daten nicht vor, so kann man sich mit Wiederbeschaffungskosten oder Bewertungstechniken helfen.

In der IFRS-Rechnungslegung spielt der Fair Value sowohl bei der Erstbewertung (bspw. Finanzinstrumente) als auch bei der Folgebewertung eine entscheidende Rolle. In der Folgebewertung wird der Fair Value nicht nur berücksichtigt, wenn Wertminderungen vorliegen, sondern auch, um Wertsteigerungen in der Bilanz abzubilden (bspw. bei Finanzinstrumenten oder wahlweise bei als Finanzinvestition gehaltenen Immobilien, die vermietet werden). Zudem wird der Fair Value häufig im Rahmen von Anhangangaben gefordert.

Abbildung von Wertänderungen nach IFRS

Wertänderungen, d. h. Erhöhungen oder Verminderungen des Bilanzwerts, können nach IFRS über zwei Wege abgebildet werden. Entweder wird die Wertänderung erfolgswirksam als Aufwand oder Ertrag gebucht und hat somit eine Wirkung in der Gewinn- und Verlustrechnung (vergleichbar den Regelungen des HGB, dort sind aber nur Wertminderungen zulässig) oder die Wertänderung wird direkt im Eigenkapital bilanziert, in den sonstigen Rücklagen. In letzterem Fall hat die Wertänderung keine Erfolgswirkung, sondern wird im sonstigen Ergebnis erfasst (other comprehensive income). Hierüber berichtet dann die Darstellung des gesamten Ergebnisses (Gesamtergebnisrechnung), in der neben dem Gewinn oder Verlust alle ergebnisneutralen Eigenkapitaländerungen ausgewiesen werden.

Ausweis

Im Gegensatz zum HGB enthalten die IFRS kein festes Gliederungsschema für Bilanz oder die Ergebnisrechnung. Vielmehr werden in IAS 1.54 eine Liste von Bilanzpositionen bzw. in IAS 1.82 Positionen der Erfolgsrechnung aufgelistet, die – falls vorhanden – separat aufgeführt werden müssen. Zudem ist für die Bilanz in der Regel eine Trennung in kurz- und langfristiges Vermögen vorgegeben.

ZUSAMMENFASSUNG

In diesem Kapitel haben Sie gelernt,

- welches die Aufgaben, Adressaten und Inhalte des externen Rechnungswesens sind,
- welche Rechtsgrundlagen einschließlich der Grundsätze ordnungsmäßiger Buchführung zur Anwendung kommen,
- aus welchen Teilen der Jahresabschluss eines Unternehmens besteht,
- welche Positionen auf der Aktivseite einer Bilanz auszuweisen sind,
- welche Positionen auf der Passivseite einer Bilanz auszuweisen sind und
- welche grundlegenden Regelungen für die Rechnungslegung nach internationalen Vorschriften bestehen.

Das externe Rechnungswesen hat im Wesentlichen eine Informationsfunktion/Dokumentationsfunktion, eine Zahlungsbemessungsfunktion und eine Vermögensverteilungsfunktion. Adressaten sind dabei unternehmensinterne Anspruchsgruppen, wie z. B. Mitarbeiter, und unternehmensexterne Anspruchsgruppen, wie z. B. Gläubiger, deren Interessen am Unternehmen jedoch unterschiedlich sein können.

Für die externe Rechnungslegung gelten die Vorschriften des Handelsgesetzbuchs, für Kapitalgesellschaften zusätzlich Regelungen des Aktiengesetzes und des GmbH-Gesetzes. Daneben gibt es die Grundsätze ordnungsmäßiger Buchführung (GoB), die übergeordnete Normen zur Steuerung des Bilanzierungsverhaltens darstellen.

Der Jahresabschluss eines Unternehmens besteht aus Bilanz und Gewinn- und Verlustrechnung. Bei Kapitalgesellschaften ist der Anhang zusätzlicher Bestandteil des Jahresabschlusses. Ist die Kapitalgesellschaft kapitalmarktorientiert, sind zusätzlich eine Kapitalflussrechnung und ein Eigenkapitalspiegel aufzustellen, wenn kein Konzernabschluss aufgestellt wird, eine Segmentberichterstattung ist ein freiwilliger Bestandteil des Jahresabschlusses. Alle mittelgroßen und großen Kapitalgesellschaften haben zusätzlich einen Lagebericht zu erstellen.

Die wesentlichen Positionen der Aktivseite einer Bilanz sind:

- Anlagevermögen
  - Immaterielles Anlagevermögen
  - Sachanlagevermögen
  - Finanzanlagevermögen
- Umlaufvermögen
  - Vorräte
  - Forderungen
  - Liquide Mittel
- Rechnungsabgrenzungsposten

Die wesentlichen Positionen der Passivseite einer Bilanz sind:

- Eigenkapital
  - Gezeichnetes Kapital (Grundkapital/Stammkapital)
  - Kapitalrücklage
  - Gewinnrücklage
  - Jahresergebnis/Ergebnisvortrag/Bilanzgewinn
- Fremdkapital
  - Verbindlichkeiten
  - Rückstellungen
- Rechnungsabgrenzungsposten

Die Bestandteile der Rechnungslegung nach IFRS ähneln im Wesentlichen den dargestellten, nach deutscher Rechnungslegung vorgesehenen Teilen:

- Bilanz (Balance sheet)
- Gewinn- und Verlustrechnung und Darstellung des sonstigen Ergebnisses (Statement of profit and loss and other comprehensive income)
- Anhang (Notes)
- Kapitalflussrechnung (Cashflow statement)
- Eigenkapitalspiegel (Statement of changes in equity)

Ihr Wissen können Sie im eLearning-Bereich mit einem Verständnistest prüfen.

AUFGABEN

Aufgabe 1

Nennen Sie drei Kriterien, die das externe Rechnungswesen beschreiben.

Aufgabe 2

Nennen Sie die Aufgaben des externen Rechnungswesens.

Aufgabe 3

Welche Bestandteile hat die externe Rechnungslegung für Personengesellschaften?

Aufgabe 4

Welche zusätzlichen Bestandteile hat die externe Rechnungslegung für Kapitalgesellschaften?

Aufgabe 5

Welche Bestandteile hat die externe Rechnungslegung für Konzerne?

Aufgabe 6

Welche Positionen werden auf der Aktivseite einer Bilanz ausgewiesen?

Aufgabe 7

Welche Positionen werden auf der Passivseite einer Bilanz ausgewiesen?

Aufgabe 8

Woraus setzen sich die Herstellungskosten gem. HGB zusammen?

Aufgabe 9

Was versteht man unter dem strengen Niederstwertprinzip? Wo gilt dieses?

Aufgabe 10

Welches sind die wesentlichen Unterschiede zwischen der Rechnungslegung nach deutschem Handelsrecht und nach internationalen Rechnungslegungsvorschriften?

Die Lösungen zu den Aufgaben finden Sie im eLearning-Bereich.

FALL EXTERNES RECHNUNGSWESEN

Quelle: shutterstock.com, © Forest Run

Beschreibung

Das Konzernmutterunternehmen Klassik Radio AG mit Sitz in Deutschland ist an der Frankfurter Börse notiert. Der HGB-Jahresabschluss der Klassik Radio AG enthält an den Bilanzstichtagen 2016 folgende Werte:[1]

Bilanzstichtag	Bilanzsumme	Umsatz	Arbeitnehmer
31.12.2015	12,199 Mio. €	1,915 Mio. €	10
31.12.2016	11,775 Mio. €	1,978 Mio. €	10

Aufgabenstellungen

1. Nehmen Sie die Klassifizierung des Unternehmens als große, mittelgroße oder kleine Kapitalgesellschaft zum 31.12.2016 auf Basis der Zahlen von 2016 vor.

2. Aus welchen Bestandteilen besteht der **Jahresabschluss** 2016 der Klassik Radio AG? Nennen Sie die gesetzliche Grundlage.

3. Aus welchen Bestandteilen besteht der **Konzernabschluss** der Klassik Radio AG? Gemäß welchen Rechnungslegungsnormen ist dieser zu erstellen? Nennen Sie die gesetzliche Grundlage.

4. Welche Regelungen bzgl. Prüfung und Offenlegung gelten für den Einzelabschluss und den Konzernabschluss der Klassik Radio AG?

5. Was würde sich bei den Antworten zu den Fragen 1) – 4) ändern, wenn die Klassik Radio AG weder börsennotiert wäre noch sonst irgendwelche Wertpapiere ausgegeben hätte?

Lehrende finden die Lösungen und weiteres, begleitendes Material in den eLearning-Dozentenressourcen.

Literaturhinweise

Baetge, Jörg; Kirsch, Hans-Jürgen; Thiele, Stefan: Bilanzen, 14. Auflage, Düsseldorf, IDW Verlag, 2017.

Coenenberg, Adolf G.; Haller, Axel; Schultze, Wolfgang: Jahresabschluss und Jahresabschlussanalyse, 24. Auflage, Stuttgart, Schäffer-Poeschel Verlag, 2016.

Küting, Karlheinz; Pfitzer, Norbert; Weber, Claus-Peter: IFRS oder HGB? Systemvergleich und Beurteilung, 2. Auflage, Stuttgart, Schäffer-Poeschel Verlag, 2013.

Schildbach, Thomas; Stobbe, Thomas; Brösel, Gerrit: Der handelsrechtliche Jahresabschluss, 10. Auflage, Herne, Verlag Wissenschaft & Praxis, 2013.

Lernziele

In diesem Kapitel werden Sie lernen,

- die Aufgaben, Elemente und Systeme der Kosten- und Leistungsrechnung zu unterscheiden und deren unterschiedliche Anwendungsbereiche zu erkennen,
- die Begriffe „Kosten“ und „Erlöse“ zu definieren und sie von anderen Begriffen des betrieblichen Rechnungswesens abzugrenzen,
- Kostenarten zu definieren und insbesondere die Begriffe „fixe und variable Kosten“ sowie „Einzelkosten und Gemeinkosten“ voneinander zu unterscheiden sowie Arten kalkulatorischer Kosten zu erkennen,
- die Begriffe „Kostenstelle“ und „Kostenstellenrechnung“ zu definieren und verschiedene Kriterien der Kostenstellengliederung zu unterscheiden sowie Grundzüge der innerbetrieblichen Leistungsverrechnung zu verstehen,
- verschiedene Kalkulationsverfahren mit ihren Charakteristika zu unterscheiden,
- eine kurzfristige Erfolgsrechnung nach unterschiedlichen Abrechnungsmethoden vorzunehmen, die die Erfolgsbeiträge der unterschiedlichen Kostenträger aufzeigen.
- die Unterschiede zwischen Voll- und Teilkostenrechnung zu erkennen und deren jeweilige Einsatzmöglichkeiten zu begründen und
- Verfahren der Teilkostenrechnung für unterschiedliche Entscheidungssituationen anzuwenden.

Kosten- und Leistungsrechnung

10

ÜBERBLICK

10.1 Grundlagen der Kosten- und Leistungsrechnung

10.1.1 Aufgaben der Kosten- und Leistungsrechnung

Aufgaben der Kosten- und Leistungsrechnung sind die Erfassung, Verteilung und Zurechnung der Kosten, die bei der betrieblichen Leistungserstellung und -verwendung entstehen. Als Instrument der innerbetrieblichen Abrechnung hat die Kosten- und Leistungsrechnung die Aufgabe, den Weg der Produktionsfaktoren im betrieblichen Kombinationsprozess zu verfolgen und jenen Werteverbrauch und Wertezuwachs zahlenmäßig abzubilden, der durch die betriebliche Leistungserstellung und Leistungsverwertung verursacht wird.

Die Kosten- und Leistungsrechnung hat in Konkretisierung der allgemeinen Aufgaben des betrieblichen Rechnungswesens drei zentrale Aufgabenbereiche.

Abbildung und Dokumentation des Unternehmensprozesses

Aufgabe ist hier die Prognose der zukünftigen Kosten sowie die Ermittlung der realisierten Kosten.

Bereitstellung von Kosteninformationen für Planung, Steuerung und Kontrolle

Mit Hilfe der erfassten Daten können zukunftsbezogene Entscheidungen getroffen werden. So ist die Kostenrechnung geeignet, die Festlegung des Produktions- und Absatzprogramms zu unterstützen. Darüber hinaus ist es durch Kostenrechnung möglich, unter verschiedenen Produktionsverfahren das für das Unternehmen optimale Verfahren auszuwählen. Des Weiteren benötigen die betrieblichen Entscheidungsträger (Vorstand, Abteilungsleitung etc.) Informationen, um die Wirtschaftlichkeit zu kontrollieren und die Unternehmensprozesse entsprechend zu steuern. Betriebliche Ressourcen sollen nicht verschwendet werden, sondern so effizient und gewinnbringend wie möglich eingesetzt werden. Damit die Unternehmensleitung ihre Lenkungs- und Steuerungsaufgabe erfüllen kann, muss sie einerseits zukunftsbezogen planen und anderseits vergangenheitsbezogen kontrollieren, um Abweichungen zu entdecken.

Konkret werden u. a. die folgenden Informationen ermittelt:

- Ermittlung von **Preisuntergrenzen** für Verkaufspreise

  Die Daten der Kostenrechnung sind Grundlage für die Kalkulation der Selbstkosten. Jedes auf Gewinnerzielung ausgerichtete Unternehmen wird bestrebt sein, zumindest seine Selbstkosten durch den Verkaufspreis zu decken. Aufgrund dessen stellen die Daten des internen Rechnungswesens wesentliche Informationen für die Preisfindung und insbesondere für die Festlegung von Preisuntergrenzen bereit.

- Ermittlung von **Preisobergrenzen** für Einkaufspreise

  Auf der anderen Seite kann aber auch die Beschaffungsabteilung aufgrund der Informationen aus dem Rechnungswesen eine Preisobergrenze für Lieferanten vorgeben.

- **Verrechnungspreise** für innerbetriebliche Leistungen

  In einem Unternehmen werden nicht ausschließlich Leistungen erstellt, die an die Märkte abgegeben werden, sondern es werden auch Leistungen zwischen den einzelnen betrieblichen Abteilungen ausgetauscht. So nimmt beispielsweise die Verwaltung die Reparaturabteilung in Anspruch, wenn der Fahrradständer vor dem Verwaltungsgebäude repariert wird. Um unternehmenspolitische Entscheidungen treffen zu können, ist es erforderlich, auch diese Leistungen zuzuordnen und zu bewerten.
- Nachweis der Selbstkosten bei öffentlichen Aufträgen

Ermittlung des Betriebserfolgs

Durch die Gegenüberstellung der in einer Periode angefallenen Kosten und der in diesem Zeitraum erzielten Erlöse kann eine kurzfristige Erfolgsrechnung durchgeführt werden. Warum ist das notwendig, es wird doch auch ein Jahresabschluss aufgestellt, der schon über die Ergebnisse informiert? Die Kosten- und Leistungsrechnung liefert Entscheidungshilfen, die der lediglich einmal im Jahr zu erstellende Jahresabschluss nicht zur Verfügung stellen kann. So wird auch im Laufe eines Geschäftsjahres eine Vielzahl an Informationen benötigt. Darüber hinaus weist der Jahresabschluss den Gewinn des gesamten Unternehmens aggregiert aus. Die Kosten- und Leistungsrechnung lässt dagegen differenziert erkennen, welche Produkte, Produktgruppen oder Geschäftsbereiche in welchem Umfang an der Entstehung des Betriebsergebnisses (Differenz aus Erlösen und Kosten) beteiligt waren. Auch kann die Kostenrechnung aufgrund ihrer betriebsbezogenen Definition eher die betrieblichen Sachverhalte abbilden als die gesetzlich reglementierte externe Rechnungslegung. Mit Hilfe der kurzfristigen Erfolgsrechnung werden demnach aktuelle und aussagefähige Informationen gewonnen, die der Unternehmenssteuerung dienen.

10.1.2 Begriffe der Kosten- und Leistungsrechnung

Begriffserläuterungen zur Kosten- und Leistungsrechnung

Leistung und Kosten

Unter **Leistung** versteht man den Wert des Zugangs an Gütern, Dienstleistungen und Geld, der aufgrund der betrieblichen Tätigkeit innerhalb einer Periode entstanden ist. Leistung ist folglich das Ergebnis der Realisierung des Produktions- und Absatzprogramms eines Unternehmens. Kosten sind leistungsbedingter Werteverzehr des ordentlichen Betriebsgeschehens. Dies wird häufig auch als „sachzielbezogen“ bezeichnet. Ein synonymer Begriff ist **Erlös**.

Um eine **betriebliche Leistung** erstellen zu können, müssen Produktionsfaktoren (Kapital, Arbeitsleistungen, Know-how) eingesetzt werden. Da diese Produktionsfaktoren nicht in beliebiger Menge vorhanden, sondern knapp sind, muss dafür ein Preis bezahlt werden. Die Preise für die Produktionsfaktoren sind betriebliche Kosten.

Kosten sind also grundsätzlich

$$\text{Menge der Produktionsfaktoren} \times \text{Preise der Produktionsfaktoren}$$

Denkt man an die Definition von Leistung, so erkennt man, dass es nicht genügt, nur Produktionsfaktoren zu verzehren und diesen Verzehr mit Preisen zu bewerten. Dieser

Verzehr muss mit der Umsetzung des Sachziels des Unternehmens, d. h. mit der betrieblichen Leistungserstellung zusammenhängen.

Bezüglich der Definition von Kosten gibt es zwei unterschiedliche Ansichten:

- **Pagatorischer Kostenbegriff:** Dieser Kostenbegriff bezieht sich nicht auf den tatsächlichen Wert, der mit dem Verbrauch von Gütern und Dienstleistungen einhergeht, sondern nur auf die Auszahlungen, die damit zusammenhängen. Somit ist ein Werteverzehr nur gegeben, wenn damit eine gleichlautende Auszahlung verbunden ist. Dieser Kostenbegriff ist rein zahlungsorientiert und entspricht im Wesentlichen dem Aufwandsbegriff aus dem externen Rechnungswesen.
- **Wertmäßiger Kostenbegriff:** Dieser Kostenbegriff schließt auch die Werteverzehre mit ein, die nicht durch Auszahlungen entstanden sind. Das heißt, Kosten entstehen durch jeglichen Verbrauch von Gütern und Dienstleistungen, der zur Erstellung der betrieblichen Leistung, zum Absatz und zur Aufrechterhaltung der Betriebsbereitschaft dient. Es liegt hier eine Leistungsorientierung vor. Im Vergleich zum pagatorischen Kostenbegriff berücksichtigt der wertmäßige Kostenbegriff somit auch **kalkulatorische Kosten**.

Im Vergleich zum pagatorischen Kostenbegriff berücksichtigt der wertmäßige Kostenbegriff auch kalkulatorische Kosten sowie Opportunitätskosten. Diese Kosten entstehen, weil Produktionsfaktoren durch den Verbrauch zugunsten einer Leistung einer anderen entzogen werden. Der wertmäßige Kostenbegriff ist mehr als der pagatorische Kostenbegriff geeignet, die Steuerungsfunktion der Kostenrechnung zu erfüllen. Der pagatorische Kostenbegriff hingegen führt wegen des Zahlungsbezugs zu mehr Objektivität.

Bei der Kosten- und Leistungsrechnung handelt es sich um eine kalkulatorische Rechnung. Zur Steuerung der Wirtschaftlichkeit und zur Preisbestimmung wird die Kostenrechnung verwendet. Zur Erfolgsrechnung wird die Kostenrechnung um die Leistungsrechnung ergänzt.

10.1.3 Abgrenzung zwischen internem und externem Rechnungswesen

Unterschiede zwischen externem und internem Rechnungswesen

Aufgabe des externen Rechnungswesens, bestehend aus Finanz- oder Geschäftsbuchhaltung, ist es, die Geschäftsvorfälle zwischen Unternehmen und Außenwelt zahlenmäßig zu erfassen. Sie wird jeweils am Ende einer längeren Periode (meist ein Jahr) mit dem gesetzlich normierten Jahresabschluss abgeschlossen, der neben seiner Informationsfunktion für die Unternehmensleitung eine zentrale Informationsquelle für alle am Unternehmen interessierten außenstehenden Parteien (Eigentümer, Gläubiger, Arbeitnehmer, Staat) darstellt.

Demgegenüber bezieht sich das interne Rechnungswesen, das in kürzeren Zyklen (meist Wochen oder Monate) innerhalb der Kosten- und Leistungsrechnung abgeschlossen wird, überwiegend auf den Bereich des mengen- und wertmäßigen Güterverzehrs zum Zwecke der eigentlichen betrieblichen Leistungserstellung und -verwertung.

- Zeitbezug: Das externe Rechnungswesen ist primär vergangenheitsorientiert, während das interne Rechnungswesen tendenziell zukunftsorientiert ist.

- Das externe Rechnungswesen wird (auch) an externe Adressaten veröffentlicht, das interne Rechnungswesen ist dagegen der Unternehmensführung vorbehalten.
- Das externe Rechnungswesen beruht auf gesetzlichen Regelungen (v. a. HGB), während die Entscheidung für sowie die Gestaltung des internen Rechnungswesens unternehmensindividuell ist.
- Das externe Rechnungswesen erfasst Werte, während das interne Rechnungswesen Mengen und Werte erfasst.

Abgrenzung Aufwand und Ertrag vs. Kosten und Erlöse

Während Erträge und Aufwendungen das Reinvermögen eines Unternehmens (= Eigenkapital) verändern, beziehen sich die Begriffe Leistungen und Kosten auf das sog. betriebsnotwendige Vermögen des Unternehmens. Dieses ergibt sich, wenn man vom Reinvermögen nicht betriebsnotwendige Positionen von Vermögen und Verbindlichkeiten abzieht.

In den meisten Fällen stehen den Aufwendungen Kosten in der gleichen Höhe gegenüber, man spricht dann von Zweckaufwand bzw. Grundkosten.

Es gibt aber auch Aufwendungen, die nicht als Kosten verrechnet werden. Dies sind sog. neutrale Aufwendungen, weil sie eben keinen Bezug zur betrieblichen Leistungserstellung haben. Sie unterscheiden sich in betriebsfremde (z. B. Spende für das Rote Kreuz), periodenfremde (z. B. Nachzahlung Gewerbesteuer Vorjahre) und außerordentliche (z. B. Brand Fabrikgebäude) Aufwendungen.

Kosten, die dem Grunde und/oder der Höhe nach keine Aufwendungen sind, sind kalkulatorische Kosten. **Kalkulatorische Kosten** sollen die gemäß handels- und steuerrechtlichen Vorschriften ermittelten Daten der Buchhaltung für die Zwecke der Kostenrechnung aufbereiten. Durch den Ansatz von kalkulatorischen Kosten soll der aus kostenrechnerischer Sicht „richtige“ Werteverzehr von Produktionsfaktoren erfasst werden. Sie unterscheiden sich in **Anderskosten** (Kosten sind auch Aufwandspositionen, jedoch werden sie in der Kostenrechnung in anderer Höhe verrechnet, z. B. kalkulatorische Abschreibungen) und in **Zusatzkosten** (Kosten werden zusätzlich zu den Aufwendungen verrechnet, z. B. kalkulatorischer Unternehmerlohn).

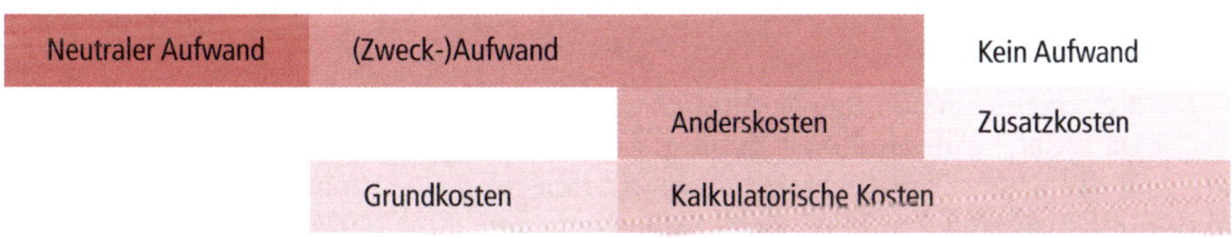

Abbildung 10.1: Zusammenhang zwischen Aufwand und Kosten

Auf der Leistungsseite lassen sich die gleichen Überlegungen anstellen:

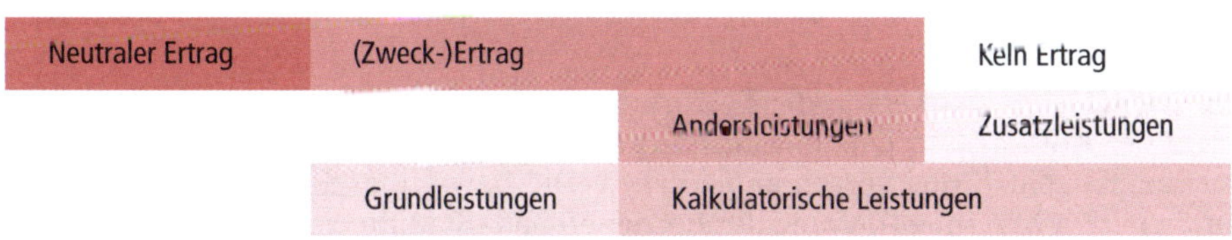

Abbildung 10.2: Zusammenhang zwischen Ertrag und Leistung

10.2 Systeme der Kosten- und Leistungsrechnung

10.2.1 Kostenrechnungsbegriffe

Kosteneinflussgrößen

Die Gesamtkosten eines Unternehmens werden von verschiedenen Kosteneinflussgrößen bestimmt. Diese können danach unterschieden werden, ob es sich um unternehmerische Entscheidungen handelt, d. h., das Unternehmen kann die Größen beeinflussen, oder ob es sich um feststehende Rahmenbedingungen handelt, auf die das Unternehmen keinen Einfluss hat.

Bei den Entscheidungen im Produktionsbereich kennzeichnet die Betriebsgröße die gesamte Fertigungskapazität, das Produktionsprogramm bestimmt die zeitliche und mengenmäßige Verteilung der erzeugten Güter in einer fixierten Qualität und die Beschäftigung meint die Zahl der in einer Periode gefertigten Menge. Die Produktionsbedingungen betreffen die Gestaltung des Produktionsablaufs, z. B. arbeits- oder kapitalintensiv. Die Faktorqualität beschreibt die für die Produktion notwendigen Eigenschaften der Produktionsfaktoren, z. B. Öle oder Fette einer bestimmten DIN-Qualität. Faktorpreise sind nur teilweise vom Unternehmen beeinflussbar, z. B. über den Bezug höherer Mengen. Sie können deshalb auch als Rahmenbedingungen bezeichnet werden.

Entscheidungen in den sonstigen Bereichen betreffen unterstützende Tätigkeiten, wie z. B. die Höhe der Marketingausgaben, die Finanzierungskosten sowie die Personalpolitik des Unternehmens.

Alle bisher beschriebenen Entscheidungen sind grundsätzlich vom Unternehmen beeinflussbar. Abhängig von der Entscheidung können diese allerdings auch den Charakter von Rahmenbedingungen annehmen, insbesondere bei kurzfristigen Entscheidungen. So lässt sich z. B. die Betriebsgröße selten sehr kurzfristig verändern.

Rahmenbedingungen sind für das Unternehmen als extern vorgegeben anzusehen, da es auf diese keinen Einfluss hat. Hierzu gehören beispielsweise politische, technische oder rechtliche Rahmenbedingungen.

Kostenfunktionen und Kostenverläufe

Kosten sind als der bewertete Verbrauch von Produktionsfaktoren zur Erstellung und zum Absatz der betrieblichen Leistung sowie zur Aufrechterhaltung der Betriebsbereitschaft definiert. Damit werden in der Kosten- und Leistungsrechnung die zur Produktion eingesetzten Produktionsfaktoren bewertet, d. h. mit Faktorpreisen multipliziert. Das Mengengerüst der Produktion wird somit um ein Wertgerüst ergänzt. Auf die gleiche Art kann die Ausbringungsmenge in die Wertgröße Erlös transformiert werden, indem sie mit einem gegebenen Marktpreis multipliziert wird. Der unternehmerische Gewinn (Betriebsergebnis) ergibt sich dann als Differenz zwischen den Erlösen und den Kosten.

Ein wichtiger Aspekt liegt in der Bewertung des Verbrauchs der Produktionsfaktoren, der in der Kosten- und Leistungsrechnung nicht immer in der gleichen Höhe wie in der Finanzbuchhaltung vorgenommen wird. Die Bewertung der Produktionsfaktoren führt zu einer Vereinheitlichung der Rechengrößen. Statt die verbrauchten Mengen in Kilogramm oder Stunden anzugeben, erfolgt eine einheitliche Messung in Geldeinheiten. Die Gesamtkostenfunktion K eines Produktionsprozesses stellt sich dann folgendermaßen dar:

Formel 10.1: Gesamtkostenfunktion in Abhängigkeit von den Produktionsfaktoren

$$K = q_1 \cdot r_1 + q_2 \cdot r_2 + \ldots + q_n \cdot r_n$$

Die Faktoreinsatzmengen sind dabei r_1 bis r_n und die dazugehörigen Preise q_1 bis q_n. Da die Faktoreinsatzmengen von der Ausbringungsmenge abhängen, gibt die Kostenfunktion gleichzeitig die Abhängigkeit der Kosten von der Ausbringungsmenge wieder. Entscheidungsparameter ist dabei die Ausbringungsmenge m, während die Kosten die abhängige Variable bilden.

Formel 10.2: Gesamtkostenfunktion in Abhängigkeit von der Ausbringungsmenge

$$K = f(m)$$

Ein Instrument zur Quantifizierung von Kosten sind also Kostenfunktionen, die aufzeigen sollen, welche Kostenbestimmungsfaktoren die Kosten verursachen und welche funktionalen Zusammenhänge hierbei wirksam werden.

Die Gesamtkosten K (alle entstehenden Kosten) einer Periode setzen sich aus einer Vielzahl von Kostenarten zusammen (z. B. Materialkosten, Löhne, Abschreibungen etc.). Man kann dabei in fixe und variable Kosten unterscheiden. **Fixe Kosten** reagieren nicht auf eine Veränderung des Beschäftigungsgrads, **variable Kosten** dagegen ändern sich mit der Höhe des Beschäftigungsgrads. Man kann grundsätzlich folgende Möglichkeiten des **Kostenverlaufs** in Abhängigkeit von der Ausbringungsmenge unterscheiden:

1. **Proportionaler/Linearer Verlauf:** Jede relative Beschäftigungsänderung führt zur gleichen relativen Änderung der Kostenhöhe. Eine Steigerung der Menge um 20 % verursacht damit auch 20 % mehr Kosten. Dies ist z. B. bei Akkordlöhnen oder beim Materialverbrauch mit konstanten Preisen der Fall.

2. **Degressiver Verlauf:** Eine relative Beschäftigungsänderung führt zu einer geringeren relativen Kostenänderung. Die Kosten steigen damit langsamer als die Ausbringungsmenge, sie verhalten sich unterproportional. Eine Steigerung der Menge um 20 % verursacht damit z. B. nur 15 % mehr Kosten. Sinkende Rohstoffkosten aufgrund höherer Einkaufsmengen sind hier ein Beispiel.

3. **Progressiver Verlauf:** Die Kosten steigen hier schneller als die Ausbringungsmenge, sie verhalten sich überproportional. Eine Steigerung der Menge um 20 % verursacht damit z. B. 30 % mehr Kosten. Dies kann der Fall sein, wenn Anlagen mit hoher Intensität gefahren werden und so steigende Kosten verursachen, wie z. B. der Kraftstoffverbrauch eines Pkw bei zunehmender Geschwindigkeit.

4. **Fixer Verlauf:** Jede relative Beschäftigungsänderung führt zu einer Kostenänderung von null. Die Gesamtkosten verändern sich also bei einer Veränderung der Ausbringungsmenge nicht, sondern verhalten sich konstant. Dies ist z. B. der Fall bei Abschreibungen auf Gebäude, festen Mietzahlungen oder Gehältern, die nicht mit der Leistung gekoppelt sind.

5. **Intervallfixer Verlauf:** Innerhalb bestimmter Beschäftigungsbereiche verhalten sich diese Kosten fix. Beim Überschreiten bestimmter Beschäftigungsgrenzen steigen die Kosten sprunghaft an, um dann bis zum nächsten Beschäftigungsin-

tervall wieder fix, aber auf höherem Niveau zu verlaufen. Wenn pro Fertigungsmaschine 200 Stück im Monat bearbeitet werden können und Kosten für die Abschreibung in Höhe von 5.000 € pro Monat vorliegen, so verursacht die Produktion einer über 200 Stück liegenden Menge einen Sprung der Kosten auf 10.000 €, da eine neue, zweite Maschine beschafft werden muss, die nun zusätzliche (fixe) Kosten von 5.000 € verursacht.

Die Kostenverläufe von 1. bis 3. bezeichnet man als variable Kosten, da sie sich im Gegensatz zu fixen Kosten bei Beschäftigungsschwankungen ändern. Häufig werden mit variablen Kosten die linearen Kosten gemeint. Intervallfixe Kosten nehmen eine Mittelstellung zwischen den fixen und den variablen Kosten ein.

Zur Darstellung der (Gesamt)Kosten eines Unternehmens werden regelmäßig variable und fixe Kosten zusammengefasst:

Formel 10.3: Summierung variabler Kosten und Fixkosten zu Gesamtkosten

$$K = m \cdot k_v + K_f$$

z. B. $K = m \cdot 5$ €/Stück + 100 €

Für kostentheoretische und kostenrechnerische Zwecke, z. B. für die Bestimmung der optimalen Produktionsmenge, benötigt man aber nicht nur Informationen über die Gesamtkosten bei einer bestimmten Ausbringungsmenge, sondern auch über die entsprechenden Durchschnitts- und Grenzkosten.

Die **Durchschnittskosten** k sind die Kosten je Produkteinheit, also die durchschnittlichen Stückkosten. Man errechnet sie, indem man die Gesamtkosten durch die Ausbringungsmenge dividiert:

Formel 10.4: Berechnung der Durchschnittskosten

$$K = K / m = (m \cdot k_v + K_f) = k_v + (K_f / m)$$

z. B. $k = (m \cdot 5$ €/Stück + 100 €) / m = 5 €/Stück + 100 € / m

Die **Grenzkosten** K' sind der Gesamtkostenzuwachs, der durch die Produktion der jeweils nächsten Einheit verursacht wird. Sie sind ebenfalls auf eine Einheit bezogen und entsprechen der Zu- bzw. Abnahme der Gesamtkosten bei einer Erhöhung bzw. Verringerung der Ausbringungsmenge um diese Einheit. Mathematisch stellen sie die Steigung der Gesamtkostenkurve dar. Sie werden durch die erste Ableitung der Gesamtkostenfunktion errechnet:

Formel 10.5: Berechnung der Grenzkosten

$$K' = \partial K / \partial m = k_v + 0$$

z. B. $K' = (m \cdot 5$ €/Stück + 100 €) nach m ableiten = 5 €/Stück + 0

Variable Kosten vs. Fixe Kosten

Variable Kosten

Bei den variablen Kosten handelt es sich um ausbringungsmengenabhängige Kosten, d. h., variable Kosten sind Kosten, die mit steigendem Leistungsumfang steigen bzw. mit sinkendem Leistungsumfang sinken. Sie sind also von der Nutzung der Kapazität durch die Erstellung von Leistungen abhängig und variieren mit der Menge des Outputs.

Beispiele:

- Materialkosten
- Herstellkosten
- Vertriebskosten

Fixe Kosten

Fixe Kosten sind dagegen unabhängig vom Leistungsumfang, d. h. nicht von der Höhe der Ausbringungsmenge abhängig. Bevor ein Betrieb die Produktion aufnehmen kann, müssen bestimmte Grundvoraussetzungen (Kauf oder Miete von Betriebsmitteln, Aufbau einer Organisation usw.) erfüllt sein. Output (Produktion) setzt die Herstellung der Betriebsbereitschaft voraus. Diese Herstellung der Betriebsbereitschaft verursacht Kosten, die man als fixe Kosten bezeichnet. Sie bleiben in der Höhe unverändert, egal ob z. B. 50 Autos pro Tag gefertigt werden oder 500.

Beispiele:

- Miete
- Personalkosten für Angestellte
- Zinsen für Fremdkapitalnutzung

Für die Frage, ob eine Kostenart zu den fixen oder variablen Kosten zu rechnen ist, sind vor allem zwei Kriterien wichtig. Wie lang ist der Entscheidungszeitraum und wie teilbar sind die Produktionsfaktoren?

Langfristig gesehen sind alle Kosten variabel. Beispielsweise ist bei Angestellten eine sofortige Kündigung nicht möglich, da die Kündigungsfrist u. U. sechs Wochen oder länger zum Quartalsende beträgt. Auf ein Jahr betrachtet sind die hier verursachten Kosten jedoch variabel. Ob Kosten also fix oder variabel sind, hängt somit von der jeweiligen Entscheidungssituation ab.

Ein weiterer Grund für fixe Kosten liegt in der mangelhaften Teilbarkeit vieler Produktionsfaktoren. Die Folge hiervon ist, dass viele Kosten nicht kontinuierlich mit jeder Änderung des Beschäftigungsgrads steigen, sondern in gewissen Sprüngen verlaufen. Je kleiner die Beschäftigungsintervalle bei einem derartigen intervallfixen Kostenverlauf werden, desto eher nähert sich der Verlauf dem Verlauf variabler Kosten an.

Einzelkosten vs. Gemeinkosten

Einzelkosten

Einzelkosten sind Kosten, die einem Bezugsobjekt (regelmäßig Kostenträger) direkt zugerechnet werden können. Einzelkosten (auch direkte Kosten genannt) sind die Kosten für Material, Lohn etc., die man nachweisbar für ein bestimmtes Stück, einen einzelnen Auftrag oder eine einzelne Dienstleistung aufgewendet hat.

Gemeinkosten

Während die Einzelkosten einem bestimmten Kostenträger (Produkt, Dienstleistung) direkt zugerechnet werden können, ist dies bei den **Gemeinkosten** nicht der Fall. Sie lassen sich also nicht direkt auf eine bestimmte Leistung zurechnen, da sie für mehrere oder alle Leistungen eines Kostenbereichs entstanden sind. Gemeinkosten sind auch diejenigen Kosten, bei denen eine Zurechnung theoretisch möglich wäre, diese aber aus Wirtschaftlichkeitsgesichtspunkten unterbleibt.

Die Entscheidung, ob variable Kosten/fixe Kosten bzw. Einzelkosten/Gemeinkosten vorliegen, hängt vom jeweiligen Unternehmen, dem Betrachtungsstandpunkt und der jeweiligen Entscheidungs-/Kontrollaufgabe ab.

10.2.2 Vergleich variable Kosten/fixe Kosten und Einzelkosten/Gemeinkosten

Da die Begrifflichkeiten variable Kosten/fixe Kosten sowie Einzelkosten/Gemeinkosten sehr ähnlich sind, ist zu klären, ob es einen direkten Zusammenhang zwischen den Begriffspaaren gibt.

Variable Kosten sind in der Regel Einzelkosten, da sie durch die Produktion, z. B. eines Tischs, verursacht werden und diesem folglich zugerechnet werden können. Sie könnten vermieden werden, wenn dieses Produkt nicht produziert würde. Gemeinkosten sind meist fixe Kosten, sie können oder sollen nicht direkt dem Produkt zugerechnet werden und sind deshalb regelmäßig unabhängig von der Ausbringungsmenge.

Ein eindeutiger Zusammenhang kann aber nicht hergestellt werden, denn es gibt variable Kosten, die nicht einzeln je Kostenträger ermittelt werden (können oder sollen), bzw. Gemeinkosten, die nicht fix sind.

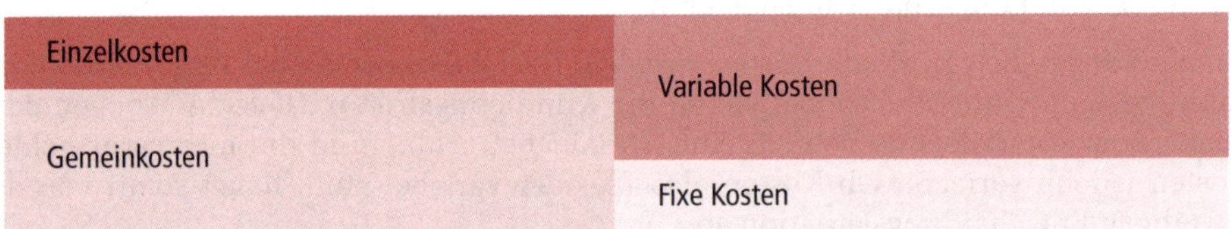

Abbildung 10.3: Zusammenhang variable Kosten/fixe Kosten und Einzelkosten/Gemeinkosten

Es gilt also:

Einzelkosten sind immer variabel, aber variable Kosten sind nicht immer Einzelkosten.

Fixe Kosten sind immer Gemeinkosten, aber Gemeinkosten sind nicht immer fixe Kosten.

10.2.3 Kostenrechnungssysteme

Kostenartenrechnung/Kostenstellenrechnung/Kostenträgerrechnung

Nach dem Kriterium **Abrechnungsweg der Kosten** lassen sich folgende Kostenrechnungssysteme unterscheiden.

Die **Kostenartenrechnung** steht am Anfang der Kostenrechnung und dient der Erfassung und Gliederung aller im Laufe der jeweiligen Abrechnungsperiode angefallenen Kostenarten. Die Fragestellung lautet: „Welche Kosten sind angefallen?“ Die Erfassung der Kosten erfolgt in Zusammenarbeit mit der Finanzbuchhaltung. Regelmäßig werden dazu die dort erfassten gesamten Aufwendungen um die neutralen Aufwendungen gekürzt, in Kosten übergeleitet und um kalkulatorische Kosten ergänzt.

Einzelkosten werden dabei direkt auf die Kostenträger erfasst, während Gemeinkosten über die Kostenstellenrechnung verteilt/geschlüsselt werden.

In der **Kostenstellenrechnung** werden dann die Kosten auf die Betriebsbereiche (Abteilungen, Regionen, u. ä.) verteilt, in denen sie angefallen sind. Diese Verteilung wird im Zuge der Betriebsabrechnung vorgenommen und verfolgt einen doppelten Zweck: Einmal ist es für die Kostenkontrolle und -beeinflussung wichtig zu wissen, wo die Kosten entstanden sind. Zum anderen ist eine genaue Stückkostenberechnung nur möglich, wenn die betrieblichen Leistungen (Kostenträger) mit den Kosten derjenigen Stellen (Abteilungen) belastet werden, die diese Leistungen erbringen. Die Fragestellung lautet: „Wo sind die Kosten angefallen?“

Die **Kostenträgerrechnung** (Selbstkostenrechnung, Stückkostenrechnung, Kalkulation, Betriebsergebnisrechnung) hat die Aufgabe, für alle erstellten Güter und Dienstleistungen (Kostenträger) die Stückkosten sowie das Betriebsergebnis der Periode zu ermitteln. Die Fragestellungen lauten: „Wofür sind die Kosten angefallen?“ und „Welches Ergebnis wurde mit den Kostenträgern innerhalb eines Zeitraums erzielt?“

Vollkostenrechnung/Teilkostenrechnung

Nach dem Kriterium **Verrechnungsumfang der Kosten** lassen sich folgende Kostenrechnungssysteme unterscheiden:

In der **Vollkostenrechnung** werden sämtliche Kosten auf die Kostenträger geschlüsselt/verteilt. Vollkostenrechnungen sind für bestimmte kostenrechnerische Zwecke allerdings nicht uneingeschränkt geeignet. Möchte zum Beispiel ein Unternehmen mit nicht ausgelasteter Kapazität wissen, zu welchen Preisen zusätzlich produzierte Güter oder Dienstleistungen abgesetzt werden können, helfen Vollkostenrechnungen nicht weiter. Eine Kalkulation auf Vollkostenbasis würde nämlich nicht nur die Kosten berücksichtigen, die in Folge der zusätzlichen Produktion anfallen, sondern auch alle übrigen, von der zusätzlichen Produktion unabhängigen Kosten einschließen.

In der **Teilkostenrechnung** werden nur die Kosten einem Kostenträger zugerechnet, die durch diesen Kostenträger verursacht wurden. Kosten, die durch mehrere Kostenträger entstanden sind, werden zu einem gemeinsamen Block zusammengefasst und nicht auf die einzelnen Kostenträger verteilt. Teilkostenrechnungen vertreten dabei die Auffassung, dass die Kostenträger nicht mit den Kosten belastet werden dürfen, die nicht nach dem Verursachungsprinzip zugerechnet werden können. Deshalb übernimmt die Teilkostenrechnung nur eine Verteilung der direkt zurechenbaren Kosten auf die Kostenträger und rechnet die restlichen Kosten en bloc erst in der Erfolgsrechnung ab. Wichtig zu verstehen ist, dass aber auch hier alle Kosten erfasst bzw. verrechnet werden.

Istkostenrechnung/Normalkostenrechnung/Plankostenrechnung

Nach dem Kriterium **Zeitbezug der Kosten** lassen sich folgende Kostenrechnungssysteme unterscheiden:

Die **Istkostenrechnung** ermittelt die tatsächlich angefallenen Kosten einer Kostenart, einer Kostenstelle oder eines Kostenträgers. Istkosten sind die in der Vergangenheit tatsächlich angefallenen Kosten.

Formel 10.6: Istkosten

$$\text{Istkosten} = \text{Istmenge} \times \text{Istpreise}$$

Die Ermittlung der Istkosten erfolgt nach Abschluss einer Periode. Als Basis für Entscheidungen ist die Istkostenrechnung tendenziell ungeeignet. Die Informationen kommen zu spät, eine Steuerung während einer Periode ist nicht möglich. Die Istkostenermittlung ist sehr aufwändig. Alle Preis- und Mengenschwankungen sind zu berücksichtigen. In einer dynamischen Welt werden bedingt durch Preisänderungen unterschiedliche Herstell- oder Selbstkosten für das gleiche Produkt ermittelt. Auch Mengenschwankungen führen zu unterschiedlichen Herstell- oder Selbstkosten. Trotz dieser Kritik ist die Istkostenrechnung wichtig für die Kostenkontrolle und als Grundlage für die Normalkostenrechnung. Eine Kostenkontrolle ist ohne Istkostenrechnung (und ohne Sollvorgaben aus der Normal- oder Plankostenrechnung) nicht möglich.

Die **Normalkostenrechnung** ist eine Weiterentwicklung der Istkostenrechnung. Sie ersetzt die aus der Istkostenrechnung bekannten und periodisch schwankenden Istkosten durch konstante Normalkosten. Die Normalkostenrechnung baut also auch auf Vergangenheitswerten auf.

Normalkosten sind bestimmte Kosten, die nicht mit ihrem tatsächlichen, sondern mit durchschnittlichen Mengen und Preisen angesetzt werden. Als Normalkosten bezeichnet man Kosten, die sich als Durchschnitt der Istkosten vergangener Perioden ergeben. Sie beziehen sich daher zugleich auf eine durchschnittliche Auslastung oder Normalbeschäftigung. Durch die Durchschnittsbildung werden die Besonderheiten vergangener Perioden eliminiert. Die Normalkostenrechnung ist insofern ebenso wie die Istkostenrechnung vergangenheitsbezogen. Normalpreise und Normalmenge haben Vorgabecharakter und dienen als Basis der Kostenkontrolle.

Formel 10.7: Normalkosten

$$\text{Normalkosten} = \text{Normalmenge} \times \text{Normalpreise}$$

Die **Plankostenrechnung** ist ein Verfahren, bei dem im Voraus bestimmte und bei planmäßigem Betriebsablauf als erreichbar angesehene Kosten von den dafür Verantwortlichen ermittelt und später mit den tatsächlich angefallenen Kosten verglichen werden.

Plankosten sind Kosten, die in der Zukunft voraussichtlich anfallen werden. Dabei sind sowohl die Verbrauchsmengen als auch die zugehörigen Werte der in der Zukunft zum Verbrauch anstehenden Mengen zu prognostizieren. Sie sind zukunftsorientiert und haben Vorgabecharakter. Basis der Festlegung ist ein angestrebter optimaler Betriebsablauf.

Formel 10.8: Plankosten

$$\text{Plankosten} = \text{Planmenge} \times \text{Planpreise}$$

Die Einteilungskriterien Abrechnungsweg, Verrechnungsumfang und Zeitbezug treten stets kombiniert auf, da die Ist-, Normal- und Plankostenrechnungen jeweils als Voll- oder Teilkostenrechnung ausgestaltet werden können und regelmäßig eine Einteilung in Kostenarten-, Kostenstellen- und Kostenträgerrechnung vorgenommen wird.

10.2.4 Verrechnungsprinzipien der Kostenrechnung

Die Verrechnung (Verteilung, Zurechnung, Zuordnung, Schlüsselung) von Kosten auf Bezugsgrößen erfolgt nach bestimmten Grundprinzipien:

- **Verursachungsprinzip:** Das Verursachungsprinzip (Kausalitätsprinzip) ist die dominierende Regel der Kostenverrechnung. Es besagt, dass dem einzelnen Kostenträger nur die Kosten zugerechnet werden dürfen oder können, die dieser verursacht hat. Anrechenbar sind hiernach nur jene Kosten, die bei der Erstellung einer zusätzlichen Kostenträgereinheit zusätzlich anfallen bzw. bei der Einschränkung der Leistungserstellung um eine Einheit wegfallen.

  Bei der Verrechnung von Gemeinkosten in der Vollkostenrechnung kann das Verursachungsprinzip nicht eingehalten werden. Eine Möglichkeit ist nun, Gemeinkosten überhaupt nicht mehr auf einzelne Kostenträger zu verrechnen. Diesen Weg geht die Teilkostenrechnung, die den einzelnen Kostenträgern nur die Einzelkosten zurechnet. Will man aus bestimmten Gründen dennoch alle Kosten, also auch die Gemeinkosten, auf die einzelnen Leistungen verteilen (d. h. Vollkosten ermitteln), muss man das Durchschnittsprinzip oder das Tragfähigkeitsprinzip anwenden.
- **Durchschnittsprinzip**/Proportionalitätsprinzip: Beim Durchschnittsprinzip lautet die Fragestellung nicht: Welche Kosten sind durch welche Leistungen verursacht worden? Sondern: Welche Kosten entfallen im Durchschnitt auf welchen Kostenträger? Im Falle eines Einprodukt-Betriebs werden die gesamten Fixkosten durch die gesamte Leistungsmenge dividiert. Im Falle des Mehrprodukt-Betriebs muss diese Verteilung mit Hilfe bestimmter Schlüsselgrößen (=Proportionalitätsprinzip) vorgenommen werden.
- **Tragfähigkeitsprinzip:** Nach dem Tragfähigkeitsprinzip erfolgt die Kostenverrechnung auf Zurechnungsobjekte nach ihrer Fähigkeit, zur Abdeckung der Gesamtkosten beizutragen. Während dem Durchschnittsprinzip die Gleichverteilungsüberlegung zugrunde liegt, stehen beim Kostentragfähigkeitsprinzip Belastbarkeitsüberlegungen im Mittelpunkt. Die Belastbarkeit eines Kostenträgers mit nicht verursachungsgerecht zurechenbaren Kosten wird als umso größer angesehen, je größer die Differenz zwischen dem Erlös dieses Kostenträgers und den ihm verursachungsgerecht zurechenbaren Einzelkosten/variablen Kosten ist, d. h. je mehr „Gewinn“ (korrekt: **Deckungsbeitrag**) der Kostenträger erzielt.

10.3 Kostenartenrechnung

10.3.1 Inhalte und Aufgaben der Kostenartenrechnung

Die **Kostenartenrechnung** dient der Erfassung und Gliederung aller im Verlauf der entsprechenden Abrechnungsperiode angefallenen Kostenarten. Der Güterverbrauch (Mengen × Werte) wird damit zahlenmäßig bestimmt. Die Fragestellung lautet: „Welche Kosten sind angefallen?“

Aufgaben der Kostenartenrechnung

- Definition von Kosten (siehe Abgrenzung Aufwand/Kosten)
- Schaffung von Grundlagen für eine exakte und eindeutige Zuordnung der Kosten auf die Kostenstellen und Kostenträger (Vorbereitung dieser Rechnungen)

- Ermöglichung einer kostenartenorientierten Planung und Kontrolle

Die Erfassung der Kosten erfolgt in Zusammenarbeit mit der Finanzbuchhaltung. Regelmäßig werden dazu die Aufwendungen um die neutralen Aufwendungen gekürzt, in Kosten übergeleitet und um kalkulatorische Kosten ergänzt.

10.3.2 Systematisierungskriterien für Kostenarten

Kostenarten lassen sich nach verschiedenen Kriterien einteilen:

- Nach der Art/Typ/Sache der verbrauchten Produktionsfaktoren gliedert man z. B. in Materialkosten, Personalkosten, Dienstleistungskosten oder Betriebsmittelkosten.
- Nach der Art der betrieblichen Funktionen unterteilt man z. B. in Beschaffungskosten, Fertigungskosten, Vertriebskosten oder Verwaltungskosten.
- In Abhängigkeit von der Zurechenbarkeit unterscheidet man Einzelkosten (genauer: Kostenträgereinzelkosten) und Gemeinkosten (genauer: Kostenträgergemeinkosten). Einzelkosten oder auch direkte Kosten lassen sich unmittelbar den einzelnen betrieblichen Leistungen (Kostenträgern) zurechnen. Dies hat zur Folge, dass sie unmittelbar aus der Kostenartenrechnung ohne eine Verrechnung über die Kostenstellen auf die Kostenträger erfasst werden. Ein Beispiel hierfür sind Materialkosten wie das verwendete Holz für einen Tisch. Gemeinkosten oder auch indirekte Kosten sind nicht unmittelbar, sondern nur indirekt den einzelnen Kostenträgern zurechenbar. Da sie nicht von einer Produkteinheit allein verursacht werden, ist bei ihnen das Verursachungsprinzip bei der Zuordnung der Kosten nicht einzuhalten. Deshalb werden sie abrechnungstechnisch über einzelne Kostenstellen geleitet und mit Hilfe besonderer Bezugsgrößen (Schlüssel) verteilt. Beispiele sind die Kosten von Wachdienst, Pförtner, Heizung oder Versicherungsprämien für Produktionsgebäude.

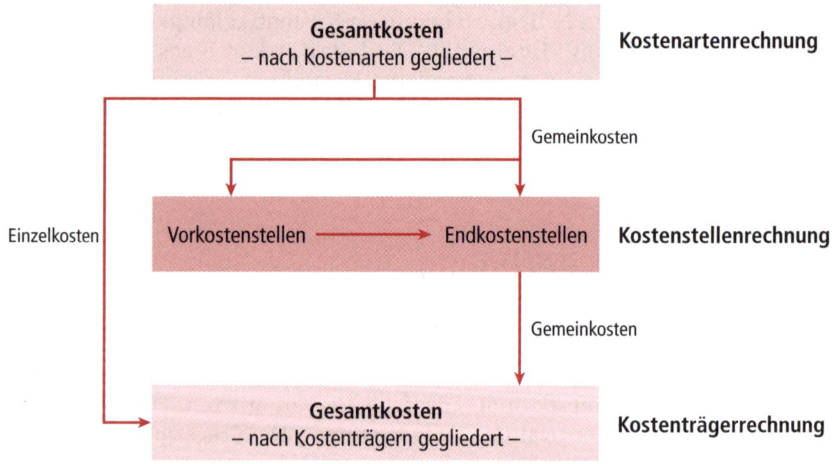

Abbildung 10.4: Systematisierungskriterien für Kostenarten

- Nach dem Verhalten bei einer Veränderung der Ausbringungsmenge (Beschäftigung) unterscheidet man variable Kosten und fixe Kosten. Variable Kosten ändern sich bei einer Änderung der Beschäftigung (z. B. Produktionsmenge). Fixe Kosten bleiben dagegen konstant.

- Nach der Art der Erfassung der Kosten differenziert man aufwandsgleiche Kosten und kalkulatorische Kosten. Aufwandsgleiche Kosten stimmen mit den entsprechenden Zahlen aus der Finanzbuchhaltung überein. Kalkulatorische Kosten (Anderskosten und Zusatzkosten) dagegen werden eigens für Zwecke der Kostenrechnung bewertet oder erfasst.
- In Abhängigkeit von der Herkunft der Kosten unterscheidet man primäre Kosten und sekundäre Kosten. Primären Kosten liegen Mengen zugrunde, die vom Unternehmen von außen bezogen wurden. Sekundäre Kosten sind der in Geldeinheiten bewertete Verbrauch an innerbetrieblichen Leistungen.

Die verschiedenen Gliederungsgesichtspunkte werden bei der Aufstellung eines Kostenartenplans kombiniert, wobei die Kosten in erster Linie nach sachlichen Kriterien (Art der Produktionsfaktoren) gegliedert werden. In weiteren Unterteilungen werden dann auch die betrieblichen Funktionen oder die Art der Verrechnung berücksichtigt.

10.3.3 Grundsätze der Kostenartenrechnung

- **Grundsatz der Vollständigkeit:** Alle Kosten müssen innerhalb der Kostenartenrechnung erfassbar sein und erfasst werden.
- **Grundsatz der Eindeutigkeit (Überschneidungsfreiheit):** Alle Kostenarten müssen klar definiert sein. Einzelne Kosten dürfen nur genau einer Kostenart zugeordnet werden können. Dies fordert, dass für den Inhalt einer Kostenart vorrangig nur eine Kostenposition bestimmend sein darf. Mit der Einhaltung dieses Grundsatzes schafft man „saubere" Kostenarten, denen die anfallenden Kosten zweifelsfrei zugeordnet werden können.
- **Grundsatz der Einheitlichkeit (Kontinuität):** Durch einheitliche Kontierungsvorschriften muss sichergestellt sein, dass die Zurechnung der Kosten aufgrund der vorliegenden Belege einheitlich erfolgt. Aus Gründen der Vergleichbarkeit der Ergebnisse der Kostenrechnung ist es wichtig, die gleichen Kostenpositionen auch in jeder Abrechnungsperiode den gleichen Kostenarten zuzuordnen.

10.3.4 Erfassung wesentlicher Kostenarten

Materialkosten

Materialkosten sind die mit ihren Preisen bewerteten Verbrauchsmengen an Roh-, Hilfs- und Betriebsstoffen. Ihre Erfassung erfolgt in zwei Schritten: Zunächst werden die Verbrauchsmengen ermittelt und anschließend bewertet. Hierbei sind organisatorisch die Materialabrechnung, die Betriebsabrechnung und die Finanzbuchhaltung beteiligt.

Fertigungsmaterial bzw. die dafür anfallenden Kosten wird nach seinem Einsatz im Produktionsprozess unterschieden in

- **Rohstoffkosten:** Darunter sind die Kosten der (Fertigungs-)Materialien zu verstehen, die den Hauptbestandteil des Kostenträgers bilden (z. B. Holz für einen Tisch). Rohstoffkosten sind regelmäßig Einzelkosten, weil sie je Leistungseinheit unmittelbar erfasst werden und jeder Leistungseinheit auch unmittelbar (d. h. ohne Schlüsselung) zugerechnet werden können.

- **Hilfsstoffkosten:** Darunter sind die Kosten der Materialien zu verstehen, die zwar wie Rohstoffe in die jeweilige Leistung einfließen, die aber nur unwesentliche Bestandteile bilden (z. B. Leim für einen Tisch). Hilfsstoffe werden meist (aus Wirtschaftlichkeitsgründen) nicht je Leistung erfasst. In diesem Fall sind die Hilfsstoffkosten Gemeinkosten. Sie werden kostenstellenweise erfasst und je nach Beanspruchung der Kostenstelle durch den jeweiligen Kostenträger diesem mittelbar (= indirekt) über einen Kostenverrechnungssatz zugerechnet.
- **Betriebsstoffkosten:** Darunter sind die Kosten der Materialien zu verstehen, die der Fertigung dienen, aber nicht in die Kostenträger eingehen (z. B. Maschinenschmierstoffe, Reinigungsmaterial). Betriebsstoffe werden meist nicht kostenträgerweise erfasst, sondern als Gemeinkosten auf die Kostenstellen verrechnet.

Fertigungsmaterial wird nach seiner Verrechnung innerhalb der Kostenrechnung unterschieden in

- **Materialeinzelkosten** werden direkt auftragsweise bzw. produktweise erfasst und als Einzelkosten dem Kostenträger direkt zugerechnet.
- **Materialgemeinkosten** sind Materialnebenkosten, die für die Beschaffung, die Lagerung, den innerbetrieblichen Transport, den Schwund etc. der eingesetzten Materialien anfallen. Materialgemeinkosten werden in der Regel auf eigenen Kostenstellen erfasst und als Gemeinkostenzuschlag auf die Materialeinzelkosten in die Kostenträgerrechnung mit einbezogen.

Ermittlung von Verbrauchsmengen

Der Verbrauch an Fertigungsmaterial kann auf unterschiedliche Art ermittelt werden:

Formel 10.9: Ermittlung des Materialverbrauchs nach der **Inventurmethode**

$$\text{Materialverbrauch} = \text{Anfangsbestand} + \text{Zugänge} - \text{Endbestand}$$

Formel 10.10: Ermittlung des Materialverbrauchs nach der **Skontrationsmethode**

$$\text{Materialverbrauch} = \sum \text{der Entnahmen}$$

Formel 10.11: Ermittlung des Materialverbrauchs nach der **Rückrechnungsmethode**

$$\text{Materialverbrauch} = \text{ProduzierteMenge} \times \text{Sollverbrauchsmenge je Produktionsfaktor}$$

Beispiel: Ermittlung von Verbrauchsmengen

Ein Unternehmen fertigt Möbel aller Art. Ein Hauptbestandteil der Artikel ist Holz. Für den Lagerbestand an Holz liegen die nachstehenden Angaben für den Monat November in kg vor. Es wurden insgesamt 40 Tische (Sollverbrauch je Tisch 5 kg Holz) und 40 Stühle (Sollverbrauch je Stuhl 2 kg) hergestellt.

Datum	Bestand/Bewegung	kg
01.11.	Anfangsbestand laut Inventur	100
05.11.	Zugang	50
12.11.	Abgang	100
17.11.	Abgang	50
18.11.	Zugang	200
22.11.	Abgang	150
28.11.	Zugang	200
30.11.	Endbestand laut Inventur	220

Nach der Inventurmethode ergibt sich ein Materialverbrauch von
100 kg + 50 kg + 200 kg + 200 kg − 220 kg = 330 kg.

Nach der Skontrationsmethode ergibt sich ein Materialverbrauch von
100 kg + 50 kg + 150 kg = 300 kg.

Nach der Rückrechnungsmethode ergibt sich ein Materialverbrauch von
40 Tische × 5 kg/Tisch + 40 Stühle × 2 kg/Stuhl = 280 kg.

Die Skontrationsmethode ist die genaueste Methode. Abweichungen zur Inventurmethode (die regelmäßig einen höheren Materialverbrauch ermittelt) liegen z. B. in Schwund oder Diebstahl begründet. Abweichungen zur Rückrechnungsmethode (die im Beispiel einen niedrigeren Materialverbrauch ermittelt) liegen z. B. in Ausschuss oder fehlerhaften Sollverbrauchsmengen begründet.

Durch die Bewertung der Verbrauchsmengen mit den Faktorpreisen erhält man die Materialkosten. Dem wertmäßigen Kostenbegriff folgend, werden hier regelmäßig nicht historische Anschaffungskosten, sondern aktuelle Wiederbeschaffungskosten angesetzt.

Personalkosten

Personalkosten werden nach der vertraglichen bzw. organisatorischen Stellung der Leistungserbringer unterschieden in

- **Unternehmer/Familienangehörige:** Kalkulatorische Entgelte (Kalkulatorischer Unternehmerlohn, Kalkulatorisches Gehalt)
- **Angestellte:** Gehälter

- **Arbeiter:** Löhne
- **Freie Mitarbeiter:** Provisionen, Honorare

Personalkosten werden nach ihrer Verrechnung innerhalb der Kostenrechnung unterschieden in

- **Personaleinzelkosten**
- **Personalgemeinkosten**

Löhne für Arbeiter und Gehälter für Angestellte sind das für den Produktionsfaktor „Arbeit" zu bezahlende Entgelt. Löhne können Einzelkosten (Fertigungslöhne) und auch Gemeinkosten (Hilfslöhne) sein. Gehälter sind meist nur als Gemeinkosten verrechenbar.

Unterschieden werden Bruttogehälter und Nettogehälter. In die Kostenrechnung gehen die Bruttogehälter ein, da die Differenzen zwischen Bruttogehältern und Nettogehältern vom Unternehmer nur im Auftrag des Finanzamts (Einkommensteuer) bzw. im Auftrag der Krankenkasse (Arbeitnehmeranteil zur Sozialversicherung) einbehalten und an die genannten Institutionen abgeführt werden müssen und insofern Kosten des Unternehmens darstellen.

Überleitung Nettoentgelt, Bruttoentgelt und Nebenkosten in die Personalkosten

  Nettoentgelt
+ Lohnsteuer/Einkommensteuer
+ Arbeitnehmeranteil zur gesetzlichen Sozialversicherung
= Bruttoentgelt
+ Arbeitgeberanteil zur gesetzlichen Sozialversicherung
+ Sonderzahlungen (Weihnachts- und Urlaubsgeld)
+ Berufsausbildungskosten
+ Freiwillige Sozialleistungen inkl. Pensionen
+ Sonstige Sonderzahlungen (z. B. Erfolgsprämien, Gewinnbeteiligungen, Reisekosten)
– Rückzahlungen (Entlohnung im Krankheitsfall, Subventionen u. ä.)
= Personalkosten

Beispiel: Berechnung der Personalkosten je Stunde

Es werden 100 % Produktivität unterstellt.

Gehalt/Personalkosten (in €)		Arbeitszeit (in Tagen)		∅ Personalkosten
Bruttoentgelt + Bonus + Soz.Vers. = Gesamtkosten	50.000 5.000 5.500 = 60.500	Jahr – Wochenende – Urlaub – Krankheit – Freistellung = Arbeitstage	365 – 104 – 30 – 6 – 5 = 220	60.500 € / 220 Tage = 275 € pro Tag 275 € / 8 Stunden = 34,375 € pro Stunde

Da allerdings nicht während der ganzen Anwesenheitszeit produktiv gearbeitet wird, sind die gesamten Personalkosten regelmäßig nur jener Anwesenheitszeit zuzurechnen, die tatsächlich produktive Leistungen (für Kostenträger) erbringt (Leistungslöhne, Leistungsgehälter). Durch eine derartige Belastung mit anteiligen Nichtleistungsgehältern ergibt sich eine weitere Erhöhung des Personalkostensatzes. Dies ist jedoch nur unternehmensindividuell zu ermitteln.

Fremdleistungen

Kosten für **Fremdleistungen** entstehen durch den Verbrauch von außen bezogener Leistungen, die nicht Material- oder Personalkosten darstellen. Sie werden durch Fremdrechnungen erfasst und i. d. R. als aufwandsgleiche Kosten verrechnet. Zu Fremdleistungskosten können gerechnet werden:

- Miete
- Telefon, Porto
- Marketing, Werbung
- Fracht, Transport
- Patent- und Lizenzgebühren

Fremdleistungskosten werden kostenstellenweise verrechnet. Sie haben häufig Gemeinkostencharakter oder können nur teilweise als (Sonder-)Einzelkosten verrechnet werden. Transportkosten, Ausgangsfrachten und Verpackungsmaterial sind beispielsweise (Sonder-)Einzelkosten des Vertriebs, Lizenzkosten können als (Sonder-) Einzelkosten der Fertigung verrechnet werden.

Steuern, Gebühren, Beiträge

- *Steuern* sind einmalige oder laufende Zwangsabgaben an den Staat, an die Länder und an die Gemeinden, für die keine konkreten Gegenleistungen erhalten werden.
- *Gebühren* fallen für ganz spezielle Leistungen an und werden zweckgebunden verwendet, z. B. Müllgebühren.
- *Beiträge* werden zum Ausgleich für unternehmerische Vorteile durch öffentliche Leistungen erhoben, z. B. Beitrag zur Industrie- und Handelskammer.

Gebühren und Beiträge sind als Kosten zu erfassen, soweit sie betriebsbedingt, periodenbezogen und nicht außerordentlich sind.

Ob Steuern als Kosten zu erfassen sind, ist diskussionswürdig:

- *Kostensteuern* sind als Gemeinkosten zu erfassen, z. B. Grundsteuer, Kfz-Steuer, Versicherungsteuer.
- *Gewinnsteuern* (Gewerbesteuer, Einkommensteuer, Körperschaftsteuer) sollten dagegen nicht als Kosten berücksichtigt werden, da der Gewinn nicht unmittelbar mit der betrieblichen Tätigkeit zusammenhängt.

Kalkulatorische Kosten

Kalkulatorische Kosten sind Kosten, denen entweder Aufwand in anderer Höhe oder gar kein Aufwand gegenübersteht. Man spricht von **Anderskosten**, wenn buchhalterisch ein anderer Aufwand verrechnet wird, und von **Zusatzkosten**, wenn Kosten nur in der Kostenrechnung angesetzt werden. Beide Formen beruhen auf dem wertmäßigen Kostenbegriff.

- **Kalkulatorische Abschreibungen:** Die bilanzielle Abschreibung dient der Verteilung der buchhalterischen (d. h. pagatorischen) Anschaffungs- oder Herstellungskosten auf den Nutzungszeitraum. Die kalkulatorische Abschreibung verwendet Widerbeschaffungskosten und hat zusätzlich auch eine Finanzierungsfunktion, d. h., die Verrechnung der Abschreibung als Kosten der betrieblichen Leistung, die über Umsatzerlöse wieder verdient werden, ermöglicht es dem Unternehmen, die Betriebsmittel in Zukunft wieder neu zu beschaffen.
- **Kalkulatorische Zinsen:** Der Einsatz finanzieller Mittel in den Produktionsprozess führt zu Kapitalbindung. Das kostenmäßige Äquivalent für diese Kapitalbindung sind Zinsen. Zinsen für Fremdkapital sind pagatorische Kosten und finden sich im externen Rechnungswesen wieder. Zinsen für das eingesetzte Eigenkapital finden sich im externen Rechnungswesen nicht wieder, müssen aber aus opportunitätskostentheoretischen Gründen in der Kostenrechnung erfasst werden.
- **Kalkulatorischer Unternehmerlohn:** Einzelkaufleute oder Personengesellschaften dürfen für die Mitarbeit der Eigentümer keinen Aufwand verrechnen. Da sie aber regelmäßig auch eine laufende Vergütung erhalten, wird in der Kostenrechnung ein kalkulatorischer Unternehmerlohn angesetzt.
- **Kalkulatorische Miete:** Auch die Wirtschaftsgüter, die ein Unternehmer seinem Betrieb unentgeltlich überlässt, dürfen in der Buchhaltung nicht erfasst werden, deshalb sind auch hierfür kalkulatorische Mieten in der Kostenrechnung anzusetzen.
- **Kalkulatorische Wagnisse:** Für spezielle Risiken des Unternehmens sind – buchhalterisch nicht vorab erfasste – Wagnispositionen als Kosten anzusetzen.

10.4 Kostenstellenrechnung

10.4.1 Inhalte und Aufgaben der Kostenstellenrechnung

Die **Kostenstellenrechnung** erfasst bzw. verteilt die im Unternehmen anfallenden Kosten auf einzelne Bereiche. Während die Kostenartenrechnung zeigt, welche Kosten entstanden sind, beantwortet die Kostenstellenrechnung die Fragestellung: „Wo sind die Kosten angefallen?“ Unter einer Kostenstelle versteht man dabei einen organisatorischen Teilbereich des Unternehmens, der kostenrechnerisch selbstständig abgerechnet wird. Dies kann eine Abteilung, ein Geschäftsbereich, eine Region o. Ä. innerhalb des Unternehmens sein.

Aufgaben der Kostenstellenrechnung

- Darstellung und Verrechnung der Leistungsbeziehungen innerhalb des Unternehmens
- Erhöhung der Genauigkeit der Kalkulation durch eine mittelbare Zurechnung der nicht direkt zurechenbaren Kosten (Kostenträgergemeinkosten) auf die Kostenträger
- Lieferung relevanter (Gemein-)Kosten für Planungszwecke aus einzelnen Unternehmensbereichen
- Planung und Kontrolle auf Ebene der Kostenstellen und dadurch Kontrolle der Wirtschaftlichkeit an dem Ort, an dem die Kosten zu verantworten und zu beeinflussen sind

Von diesen Aufgaben kann die letzte als eigenständige Aufgabe der Kostenstellenrechnung bezeichnet werden, während die anderen Aufgaben unterstützend für das gesamte Aufgabengebiet der Kostenrechnung sind, indem sie der Vorbereitung der Kalkulation und der Betriebsergebnisrechnung dienen.

10.4.2 Systematisierungskriterien für Kostenstellen

Die Kostenstellenaufteilung innerhalb eines Unternehmens hängt von verschiedenen Kriterien ab:

- Branche
- Unternehmensgröße
- Produktionsprogramm
- Angestrebte Möglichkeiten der Kostenermittlung und -überwachung

Je detaillierter die Kostenstelleneinteilung ist, desto eher lassen sich exakte Maßstäbe der Kostenverursachung finden und desto genauer werden Kostenkontrolle und Kalkulation. Gleichzeitig steigt damit aber auch der Aufwand in der Kostenrechnung an.

Die Einteilung des Unternehmens in Kostenstellen kann nach verschiedenen Kriterien erfolgen:

- Gliederung nach betrieblichen Funktionen (Materialstellen, Fertigungsstellen, Vertriebsstellen, Verwaltungsstellen)
- Gliederung nach organisatorischen Gesichtspunkten (Verantwortungsbereiche)
- Gliederung nach räumlichen Gesichtspunkten (Halle, Werk, Baustelle, Filiale, Niederlassung, Region)
- Gliederung nach der Art der Abrechnung (Vorkostenstellen, Endkostenstellen)

Gliederung von Kostenstellen nach der Art der Abrechnung

- **Vorkostenstellen:** Vorkostenstellen sind jene Kostenstellen, deren Kosten nicht unmittelbar in die Kostenträgerrechnung übernommen werden, sondern auf andere Kostenstellen (Endkostenstellen) im Rahmen der innerbetrieblichen Leistungsverrechnung weiterverrechnet werden.
  - Allgemeine Kostenstellen sind jene Kostenstellen, die nicht unmittelbar mit der Fertigung in Zusammenhang stehende Kosten erfassen (z. B. innerbetrieblicher Transport, Kantine).
  - Hilfskostenstellen sind Kostenstellen des fertigungsnahen Bereichs (z. B. Arbeitsvorbereitung, Qualitätssicherung, Werkzeugbau).
- **Endkostenstellen** sind Kostenstellen, deren Kosten nicht auf andere Kostenstellen, sondern auf Kostenträger weiterverrechnet werden.
  - Hauptkostenstellen sind jene Kostenstellen, die direkt der Erstellung von Marktleistungen dienen und deren Kosten mit Hilfe von Bezugsgrößen direkt in die Kostenträgerrechnung übernommen werden (z. B. Fertigung).
  - In Nebenkostenstellen werden Leistungen erstellt, die nicht zum betrieblichen Hauptzweck gehören (z. B. Buchhaltung). Allerdings werden die Kosten – im Unterschied zu allgemeinen Kostenstellen und Hilfskostenstellen – nicht intern verrechnet, sondern direkt in der Kostenträgerrechnung berücksichtigt.

	Gliederung nach der Abrechnungsart	
	Vorkostenstellen	Endkostenstellen
Gliederung nach Produktions-/Leistungserstellungsbezug	Allgemeine Kostenstellen	Nebenkostenstellen
	Hilfskostenstellen	Hauptkostenstellen

Abbildung 10.5: Systematisierung von Kostenstellen nach Produktionsbezug und Abrechnungsart

10.4.3 Grundsätze der Kostenstellenrechnung

Bei der Einteilung der Unternehmung in Kostenstellen sollten die folgenden Grundsätze beachtet werden:

- Eindeutigkeit (Überschneidungsfreiheit): Das Unternehmen muss so in Kostenstellen aufgeteilt werden, dass jede Kostenposition eindeutig und genau einer Kostenstelle zugeordnet werden kann. Darüber hinaus sollten sich alle Kostenbelege ohne große Schwierigkeiten zuordnen lassen.
- Jede Kostenstelle muss ein selbstständiger Verantwortungsbereich sein, um der Kontrollfunktion der Kostenrechnung gerecht zu werden. Nur so ist eine wirksame Überwachung der Entscheidungsträger gewährleistet.
- Für jede Kostenstelle müssen sich genaue Maßstäbe (Bezugsgrößen) der Kostenverursachung finden lassen. Andernfalls besteht durch die Wahl falscher Gemeinkostensätze die Gefahr einer fehlerhaften Kostenträgerstückrechnung (Kalkulation).

Nach dem Wirtschaftlichkeitsprinzip sind Kostenstellen so zu bilden, dass zwar einerseits die Ziele der Kostenstellenrechnung erreicht werden, andererseits aber der damit verbundene Aufwand wirtschaftlich vertretbar ist.

10.4.4 Innerbetriebliche Leistungsverrechnung

Aufgaben und Durchführung der Betriebsabrechnung

Ein wichtiger Bestandteil bzw. ein organisatorisches Hilfsmittel der Kostenstellenrechnung ist der Betriebsabrechnungsbogen (BAB). Die Kostenstellenrechnung und die **innerbetriebliche Leistungsverrechnung** können kontenmäßig oder tabellarisch durch Verwendung eines BAB durchgeführt werden. Der BAB ist eine Tabelle, in der regelmäßig vertikal die Kostenarten und horizontal die Kostenstellen aufgeführt werden.

Aufgaben der innerbetrieblichen Leistungsverrechnung

- Verteilung der Gemeinkosten zwischen den Kostenstellen zur Vorbereitung der Kostenträgerstückrechnung (Kalkulation)
- Ermöglichung der Berechnung von Kennzahlen zur Kontrolle der Wirtschaftlichkeit der einzelnen Kostenstellen

Ablauf der innerbetrieblichen Leistungsverrechnung

1. Aufnahme der Einzelkosten: Da Einzelkosten den Kostenträgern direkt zurechenbar sind, werden sie in der Betriebsabrechnung gesondert behandelt (z. B. als Bezugsgröße).

2. Aufnahme und Verteilung primärer Gemeinkosten: Es werden die Gemeinkosten (Kostenstelleneinzelkosten und Kostenstellengemeinkosten) in den BAB übernommen und auf die Kostenstellen verteilt.

3. Nach Verrechnen der Kostenarten auf die Kostenstellen werden die Kosten pro Kostenstelle festgestellt und in einer Zwischensumme (= Summe der primären Gemeinkosten pro Kostenstelle) ausgewiesen.

4. Umlage der Kosten der allgemeinen Kostenstellen: Diese werden auf die nachgelagerten Hilfskostenstellen verrechnet.

5. Umlage der Kosten der Hilfskostenstellen: Die gesammelten Kosten der Hilfskostenstellen werden gemäß der jeweiligen Inanspruchnahme auf die Endkostenstellen verrechnet. Diese Verrechnung als sekundäre Gemeinkosten ist der wesentliche Teil der innerbetrieblichen Leistungsverrechnung. Eine erneute Addition der Kosten pro Endkostenstelle ergibt die gesamten Gemeinkosten jeder Endkostenstelle.

6. Ermittlung der Gemeinkostenzuschläge: Die Zuschläge je Endkostenstelle ergeben sich aus dem Verhältnis von Gemeinkosten und einer Bezugsgröße, regelmäßig den Einzelkosten.

Die Schritte 3. und insbesondere 4. sind dabei die eigentliche innerbetriebliche Leistungsverrechnung.

Methoden zur Durchführung der innerbetrieblichen Leistungsverrechnung

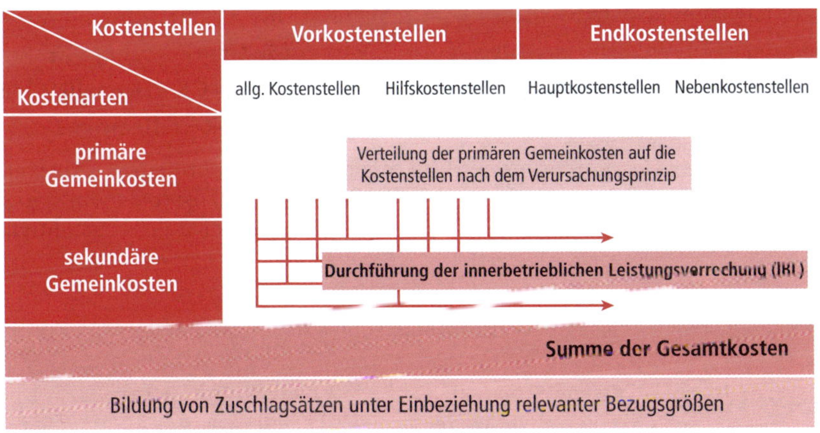

Abbildung 10.6: Überblick innerbetriebliche Leistungsverrechnung

Anbauverfahren

Beim **Anbauverfahren** werden die Leistungsaustauschbeziehungen zwischen den einzelnen Vorkostenstellen vernachlässigt. Die primären Gemeinkosten werden nur auf die leistungsempfangenden Endkostenstellen verrechnet.

Stufenleiterverfahren (Treppenverfahren)

Beim **Stufenleiterverfahren** werden die Leistungsaustauschbeziehungen zwischen den einzelnen Vorkostenstellen nur in eine Richtung berücksichtigt, d. h., es werden die nachgelagerten Stellen belastet. Dabei wird eine Korrektur der Leistungserbringung in Höhe der nicht rückbelasteten Leistungen vorgenommen.

Simultanverfahren

Beim **Simultanverfahren** werden alle wechselseitigen Leistungsbeziehungen berücksichtigt. Für die beteiligten Stellen werden simultan Verrechnungssätze errechnet. Dieses Verfahren stellt die mathematisch exakte Lösung dar.

Nach der Durchführung der innerbetrieblichen Leistungsverrechnung sind alle entstandenen Gemeinkosten auf die Endkostenstellen umgelegt. Nun werden Zuschlagssätze auf die Einzelkosten errechnet, um zukünftige Planungen, z. B. in Form von Produktkalkulationen, zu ermöglichen. Allgemein erhält man einen Gemeinkostenzuschlagsatz aus folgender Grundbeziehung:

Gemeinkostenzuschlagsatz einer Kostenstelle =
∑ Gemeinkosten der Kostenstelle / Bezugsgröße der Kostenstelle

Häufig verwendet werden die Zuschlagssätze der Endkostenstellen Material, Fertigung, Verwaltung und Vertrieb.

- Materialgemeinkostenzuschlagssatz = ∑ Material-GK / Material-EK
- Fertigungsgemeinkostenzuschlagssatz = ∑ Fertigungs-GK / Fertigungs-EK
- Verwaltungsgemeinkostenzuschlagssatz = ∑ Verwaltungs-GK / Herstellkosten
- Vertriebsgemeinkostenzuschlagssatz = ∑ Vertriebs-GK / Herstellkosten

Die Ermittlung der Herstellkosten wird im folgenden ▶ *Abschnitt 10.5 „Kostenträgerrechnung“* in der Zuschlagskalkulation erklärt. Sondereinzelkosten der Fertigung bleiben bei der Verwendung der Herstellkosten als Zuschlagsbasis unberücksichtigt.

10.5 Kostenträgerrechnung

10.5.1 Inhalte und Aufgaben der Kostenträgerrechnung

Die **Kostenträgerrechnung** verteilt die Kostenarten auf die Kostenträger. Sie hat einerseits den Zweck, die Herstell- und Selbstkosten, die bei der Erstellung von absatzfähigen oder innerbetrieblichen Leistungen entstehen, auf die Leistungseinheiten (Kostenträger) zu verrechnen und damit die (Angebotspreis-)Kalkulation zu ermöglichen. Darüber hinaus wird auch das Ergebnis einer Abrechnungsperiode ermittelt, um dadurch die Geschäftsfelder zu steuern.

Die Fragestellungen hierzu lauten: „Wofür sind die Kosten angefallen?“ und „Welches Ergebnis wurde mit den Kostenträgern erzielt?“

Verursacher der Kosten sind die im Betrieb erzeugten Leistungen (= Kostenträger, weil sie die von ihnen verursachten Kosten tragen müssen). Unter Kostenträger versteht man dabei also die hergestellten Leistungen eines Unternehmens. Dies können sein:

- Absatzleistungen sind Leistungen, die für den Markt (= für den Absatz, für den Verkauf) bestimmt sind.
- Innerbetriebliche Leistungen sind aktivierbare und nicht aktivierbare Leistungen, die für das Unternehmen selbst bestimmt sind.

Die Kostenträger lassen sich wie folgt systematisieren:

Vorkostenträger (innerbetriebliche Leistungen)	Endkostenträger	
	Nebenkostenträger (Nebenleistung)	Hauptkostenträger (Kernleistung)

Abbildung 10.7: Systematisierung von Kostenträgern

Aufgaben der Kostenträgerrechnung

- Bestimmung von Herstell- und Selbstkosten der Kostenträger
- Ermittlung von Angebotspreisen, d. h. Lieferung von Informationen für preispolitische Entscheidungen
- Durchführung der kurzfristigen Erfolgsrechnung (Betriebsergebnisrechnung)
- Ermittlung von Verrechnungspreisen für innerbetriebliche Leistungsbeziehungen
- Bilanzielle Bewertung von Vorräten und selbsterstellten Anlagen

Diese Aufgaben werden im Rahmen der Kostenträgerzeit- und der Kostenträgerstückrechnung erfüllt:

Die **Kostenträgerzeitrechnung** ist eine Periodenrechnung, die nach Leistungsarten gegliedert die in der Abrechnungsperiode insgesamt anfallenden Leistungen und Kosten sowie das Betriebsergebnis ermittelt. Die Fragestellung lautet: Welches Ergebnis erzielen die Kostenträger innerhalb eines Zeitraums?

Die **Kostenträgerstückrechnung** ist eine einzelleistungsbezogene Rechnung. Sie ermittelt die Herstell- bzw. Selbstkosten der betrieblichen Leistungseinheiten (eben Kostenträger) und ist damit die eigentliche Kalkulation. Die Fragestellung lautet: Wofür fallen die Kosten an?

Nach dem Zeitpunkt der Kalkulationsdurchführung unterscheidet man die Vorkalkulation (Kalkulation vor der Leistungserstellung für Planungszwecke zur Ermittlung von Angebotspreisen, z. B. Preisuntergrenzen für Verkauf, Preisobergrenzen für Einkauf), die Zwischenkalkulation (Kalkulation während der Produktion bei längerer Produktionsdauer) und die Nachkalkulation (Kalkulation nach der Leistungserstellung auf Istkostenbasis).

Die Kostenträgerstückrechnung kann mit Istkosten, Normalkosten oder mit Plankosten arbeiten.

10.5.2 Kostenträgerzeitrechnung – Betriebsergebnisrechnung

Im Rahmen der **Kostenträgerzeitrechnung** werden die Kosten einer bestimmten Abrechnungsperiode gegliedert nach Kostenarten festgestellt und den betrieblichen Leistungen zugeordnet. Es wird damit der betriebliche Periodenerfolg ermittelt. In der Kostenträgerzeitrechnung findet durch Einbeziehung der Erfolgsseite der Schritt von der reinen Kostenrechnung zur Kosten- und Leistungsrechnung statt. Die Perioden, in denen Kostenträgerzeitrechnungen durchgeführt werden, sind kürzer als die Abschlussintervalle im externen Rechnungswesen. Man bezeichnet sie deshalb auch kurzfristige Erfolgsrechnung oder **Betriebsergebnisrechnung** (BER).

Diese liefert der Unternehmensführung Entscheidungsunterlagen, die der Jahresabschluss aus mehreren Gründen nicht zur Verfügung stellen kann. Der Jahresabschluss kommt zu spät, da er in der Regel erst mehrere Monate nach Abschluss des Wirtschaftsjahrs zur Verfügung steht. Er gliedert in der GuV die Kosten nach Aufwandsarten und die Leistungen nach Ertragsarten, ohne für jeden einzelnen Kostenträger den Anteil am Gesamterfolg aufzuzeigen. Insofern ist die GuV eine zu hoch aggregierte Rechnung. Darüber hinaus ist der Jahresabschluss gesetzlich reglementiert, d. h., er beinhaltet keine kalkulatorischen Positionen.

Das ordentliche Betriebsergebnis kann durch zwei unterschiedliche Verfahren ermittelt werden, das Gesamtkostenverfahren (GKV, auch: Produktionserfolgsrechnung) und das Umsatzkostenverfahren (UKV, auch: Absatzerfolgsrechnung).

Gesamtkostenverfahren

Hier werden alle Kosten der hergestellten Erzeugnisse (produktionsorientiert) ausgewiesen, der Fokus liegt folglich auf den Kostenarten.

Umsatzerlöse	Der Umsatz ergibt sich aus den Verkäufen der Periode (direkt ablesbar im Rechnungswesen, Bruttoumsatz – Erlösschmälerungen = Nettoumsatz) für die gewöhnliche Geschäftstätigkeit.
Bestandsveränderung	Im GKV werden alle Kosten der erbrachten (abgesetzten und nicht abgesetzten) Leistungen erfasst. Deshalb wird die Zu- oder Abnahme der Vorräte über Bestandsveränderungen ergebniswirksam abgebildet.
Gesamtleistung	Ergebnis, das die gesamte „Leistung" des Unternehmens (Umsatz + Bestandsveränderungen) innerhalb der Periode darstellt.
Kosten	Es werden sämtliche Kosten der Periode erfasst. Die Gliederung der Kosten erfolgt dabei nach Kostenarten: Materialkosten, Personalkosten, sonstige betriebliche Kosten, Abschreibungen
Ergebnis	Betriebsergebnis (identisch mit UKV, wenn die Bestandsbewertung nach gleichen Kriterien erfolgt)
Wertung	Einfach zu erstellende, dennoch aussagefähige Betriebsergebnisrechnung

Abbildung 10.8: Charakteristika des Gesamtkostenverfahrens

Umsatzkostenverfahren

Hier werden (nur) die Kosten der abgesetzten Erzeugnisse (absatzorientiert) ausgewiesen, der Fokus liegt auf den Kostenträgern.

Umsatzerlöse	Der Umsatz ergibt sich aus den Verkäufen der Periode (direkt ablesbar im Rechnungswesen, Bruttoumsatz – Erlösschmälerungen = Nettoumsatz) für die gewöhnliche Geschäftstätigkeit.
Herstellkosten	Es werden nur die Herstellkosten der abgesetzten Leistungen ausgewiesen, diese sind im Rechnungswesen separat zu ermitteln.
Bruttoergebnis	Zwischensumme, um das „Rohergebnis" der Periode (Umsatz abzüglich Herstellkosten) darzustellen.
Aufwand	Es werden die Kosten der in der Periode abgesetzten Leistungen/Produkte erfasst. Die Gliederung der Kosten erfolgt dabei nach Kostenträgern (Herstellkosten) und nach Funktionsbereichen (Kostenstellen): Vertriebskosten, Verwaltungskosten
Ergebnis	Betriebsergebnis (identisch mit GKV, wenn die Bestandsbewertung nach gleichen Kriterien erfolgt)
Wertung	Schwieriger zu erstellende Betriebsergebnisrechnung „scheinbar" mehr Aussagekraft

Abbildung 10.9: Charakteristika des Umsatzkostenverfahrens

Schematische Darstellung Gesamtkostenverfahren und Umsatzkostenverfahren

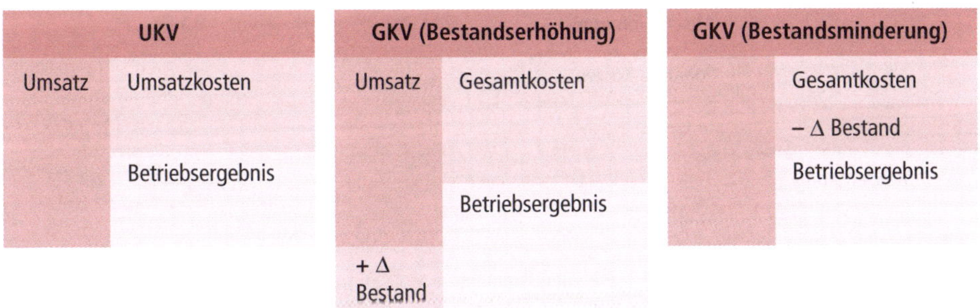

Abbildung 10.10: Schematische Darstellung von Gesamtkostenverfahren und Umsatzkostenverfahren

Beispiel: Zusammenhang Gesamtkostenverfahren und Umsatzkostenverfahren

Hergestellte Menge 100 Stück; Abgesetzte Menge 80 Stück; Verkaufspreis 3 €/Stück

	Fertigung	Verwaltung	Vertrieb	Gesamt
Materialkosten	100 €	0 €	0 €	100 €
Personalkosten	20 €	10 €	20 €	50 €
Abschreibungen	30 €	5 €	5 €	40 €
Sonstige Kosten	10 €	5 €	5 €	20 €
Gesamt	160 €	20 €	30 €	210 €

Herstellkosten pro Stück = 160 € / 100 Stück = 1,60 €/Stück

1. Gesamtkostenverfahren

Umsatz/Leistungen	Umsatzerlöse (80 Stück · 3 €)	240 €	
	Bestandserhöhung (20 Stück · 1,60 €)	32 €	
	= Gesamtleistung		272 €
Kosten	Materialkosten	100 €	
	Personalkosten	50 €	
	Abschreibungen	40 €	
	Sonstige Kosten	20 €	
	= Gesamtkosten		210 €
Betriebsergebnis			62 €

2. Umsatzkostenverfahren

Umsatz/Leistungen	Umsatzerlöse (80 Stück · 3 €)	240 €
Kosten	Herstellkosten der abgesetzten Produkte (80 Stück · 1,60 €)	128 €
	Verwaltungskosten	20 €
	Vertriebskosten	30 €
Betriebsergebnis		62 €

Vergleich Gesamtkostenverfahren und Umsatzkostenverfahren

Höhe und Ausweis der Umsatzerlöse sind bei beiden Arten der Erfolgsrechnungen identisch. Das Betriebsergebnis ist bei beiden Arten der Erfolgsrechnung identisch.

Da im GKV alle Kosten der Periode ausgewiesen werden, ist die betriebliche Leistung durch Bestandsveränderungen anzupassen. Bei Bestandsaufbau ergibt sich eine Erhöhung des Ergebnisses durch eine positive Bestandsveränderung („Aktivierung des Lagers"), bei Bestandsabbau ergibt sich eine Verminderung des Ergebnisses durch eine negative Bestandsveränderung („De-Aktivierung des Lagers").

Im UKV werden nur die Kosten der abgesetzten Erzeugnisse ausgewiesen. Es können folglich auch Kosten der Periode nicht ausgewiesen bzw. Kosten aus Vorperioden ausgewiesen werden, sofern sie den nicht abgesetzten bzw. den abgesetzten Erzeugnissen zuzuordnen sind.

Die Bewertung des Vorratsvermögens hängt nicht von der Wahl der Gewinn- und Verlustrechnungsmethode ab, sondern von der Wahl des Kostenrechnungssystems (Voll- oder Teilkostenrechnung).

10.5.3 Kostenträgerstückrechnung – Kalkulation

Innerhalb der **Kostenträgerstückrechnung** werden die (Gesamt-)Kosten der betrieblichen Leistung je Stück ermittelt. Die Einzelkosten werden direkt aus der Kostenartenrechnung übernommen, die Gemeinkosten werden über die Kostenstellenrechnung den einzelnen Produkten zugerechnet. Aufgabe ist, die bei der Herstellung eines Produkts bzw. bei der Erstellung einer Dienstleistung anfallenden Herstell- oder Selbstkosten zu errechnen: Was hat die Erstellung dieser Leistung konkret gekostet?

Je nach Produkt und Fertigungsverfahren kommen unterschiedliche Kalkulationsverfahren (Verfahren zur Verteilung der Kosten auf die Kostenträger) zur Anwendung:

Fertigungsverfahren	Kalkulationsverfahren
Massenfertigung (ein einheitliches Produkt) z. B. Strom	Ein- und mehrstufige Divisionskalkulation
Einzel- und Serienfertigung (mehrere verschiedenartige Produkte) z. B. Autos	Zuschlagskalkulation
Sortenfertigung (mehrere artähnliche Produkte) z. B. Stahl	Äquivalenzziffernrechnung
Kuppelfertigung (mehrere gleichzeitig und zwangsläufig anfallende Produkte) z. B. Rohöl	Kuppelproduktkalkulation

Abbildung 10.11: Zusammenhang Produktionsverfahren und Kalkulationsverfahren

Einstufige, zweistufige und mehrstufige Divisionskalkulation

Alle **Divisionskalkulationsverfahren** trennen die Gesamtkosten nicht in Kostenträgereinzel- und Kostenträgergemeinkosten. Es werden nur die Einheitskosten der Kostenträger durch Division ermittelt. Divisionskalkulationen dividieren die Gesamtkosten eines Betriebs oder eines Betriebsbereichs ohne Unterscheidung in Einzel- und Gemeinkosten durch die produzierten oder die verkauften Einheiten.

Einstufige Divisionskalkulation

Die Einheitskosten des Produkts erhält man durch Division der Gesamtkosten des Betriebs durch die produzierte Menge *n* der Produkte. Der gesamte Betrieb hat die Funktion einer einzigen Kostenstelle.

Formel 10.12: Berechnung der Durchschnittskosten bei der einstufigen Divisionskalkulation

$$k = K / m$$

k: Durchschnittskosten (€ / Einheit)
K: Gesamtkosten des Betriebs
m: produzierte Menge des Kostenträgers

Voraussetzungen der einstufigen Divisionskalkulation

- Herstellung eines einheitlichen Produkts
- Keine Lagerbestandsveränderungen bei Halbfabrikaten und Fertigfabrikaten, d. h. produzierte Menge je Periode = verkaufte Menge je Periode

Als Nachteil dieser Kalkulationsform sind das Fehlen einer Unterteilung nach Betriebsbereichen bzw. Fertigungsstufen sowie die fehlende Differenzierung nach Kostenarten zu nennen.

Eine genaue Kostenkontrolle ist damit nicht möglich.

Beispiel: Einstufige Divisionskalkulation

Es existieren die folgenden drei Kostenarten, die Fertigungsmenge beträgt 32.000 Stück.

Kostenart	Gesamtkosten in €	Stückkosten in €
Materialeinzelkosten	350.980	10,96
Fertigungslöhne	230.760	7,21
Kostenträgergemeinkosten	465.380	14,54
Gesamt	1.047.120	32,72

Die Stückkosten ergeben sich mit $k = K / m$ = 1.047.120 € / 32.000 Stück = 32,72 €/Stück.

Zwei- und mehrstufige Divisionskalkulation

Die **mehrstufige Divisionskalkulation** ist dann anzuwenden, wenn sich aufgrund der Produktionsbedingungen eine verursachungsgerechtere Verrechnung der Kosten auf die Kostenträger durch eine Aufteilung in mehrere Leistungsstufen erreichen lässt. Wird die Kostenerfassung in mehrere Kostenstellen bzw. mehrere Produktionsstufen gegliedert, spricht man folglich von einer mehrstufigen Divisionskalkulation.

Bei einem Einproduktbetrieb mit Lagerbestandsveränderungen wird die Kalkulation beispielsweise zweistufig durchzuführen sein. Die Herstellkosten werden dabei auf alle produzierten Kostenträger verteilt. Die Verwaltungskosten und Vertriebskosten werden nur auf die verkauften Einheiten verteilt, die dadurch zusätzliche Kosten tragen müssen. Teilweise werden – analog zur Feststellung der Herstellungskosten im externen Rechnungswesen – auch die Verwaltungskosten auf die produzierten Kostenträger verteilt, die verkauften Einheiten werden dann nur mit den Vertriebskosten belastet.

Beispiele:

- Teile der Produktion werden weiterverarbeitet.
- Ein Ausgangsprodukt wird zu mehreren Endprodukten verarbeitet.
- Fertigung eines einheitlichen Produkts mit Zwischenlagern in den einzelnen Produktionsstufen
- Bewertung von Halb- und Fertigfabrikaten bei mehrstufigen Produktionsprozessen für die Bilanzierung

Vorgehen:

- Ermittlung der Gesamtkosten K_i je Stufe und Periode mit Hilfe einer Kostenstellenrechnung
- Division der Gesamtkosten je Stufe und Periode durch die Anzahl der Produkte, die diese Stufe innerhalb dieses Zeitraums durchlaufen haben (m_i), ergibt die Einheitskosten der i-ten Stufe: $k_i = K_i / m_i$
- Summierung der so ermittelten Einheitskosten aller Stufen, die das Produkt durchlaufen hat: $k = \Sigma k_i$

Beispiel: Mehrstufige Divisionskalkulation

Ein Produkt wird in zwei Stufen hergestellt und anschließend verkauft.

Stufe 1: Hergestellte Menge 1.000 Stück, Herstellkosten 100.000 €

Stufe 2: Hergestellte Menge 800 Stück, Herstellkosten 24.000 €

Verkauf: 500 Stück, Verwaltungs- und Vertriebskosten 25.000 €

Herstellkosten = (100.000 € / 1.000 Stück) + (24.000 € / 800 Stück) = 100 €/Stück + 30 €/Stück = 130 €/Stück

Selbstkosten = (100.000 € / 1.000 Stück) + (24.000 € / 800 Stück) + (25.000 € / 500 Stück) = 100 €/Stück + 30 €/Stück + 50 €/Stuck = 180 €/Stück

Zuschlagskalkulation

Werden im betrieblichen Produktionsprozess verschiedene Produkte in mehrstufigen Fertigungsabläufen mit unterschiedlicher Kostenverursachung gefertigt, so ist in der Kostenträgerrechnung die **Zuschlagskalkulation** anzuwenden. Im Gegensatz zu den Divisionskalkulationen trennt die Zuschlagskalkulation Kostenträgereinzel- und Kostenträgergemeinkosten. Die Einzelkosten werden den Kostenträgern direkt zugerechnet, die Gemeinkosten werden mittels Zuschlagsätzen, die sich aus der Betriebsabrechnung im Rahmen der Kostenstellenrechnung ergeben, weiterverrechnet.

Dieses Verfahren baut also auf der in der Kostenartenrechnung vorgenommenen Differenzierung in Kostenträgereinzelkosten und Kostenträgergemeinkosten auf. Es versucht über die Kostenträgereinzelkosten eines Produkts hinaus einen möglichst verursachungsgerechten Gemeinkostenanteil pro Produkt/Leistung zu ermitteln. Dazu werden die Gemeinkosten entweder als prozentualer Anteil der gesamten Einzelkosten (summarische Zuschlagskalkulation) oder als prozentualer Anteil bestimmter Einzelkostenarten (differenzierte Zuschlagskalkulation) erfasst. Diese Gemeinkostenzuschlagsätze werden mit der jeweiligen Zuschlagsbasis multipliziert. Die hierdurch erzielten Ergebnisse werden zu den jeweiligen Kostenträgereinzelkosten addiert.

Die Reihenfolge, in der die einzelnen Kosten dem Kostenträger zugerechnet werden, wird im Kalkulationsschema festgelegt. In einem allgemeinen Kalkulationsschema für Produktionsbetriebe unterscheidet man meist folgende Kostenbestandteile in der angegebenen Reihenfolge:

Materialeinzelkosten	80.000 €		
+ Materialgemeinkosten	27.000 €	33,75 %	bezogen auf Materialeinzelkosten
+ Fertigungseinzelkosten	150.000 €		
+ Fertigungsgemeinkosten	80.000 €	53,33 %	bezogen auf Fertigungseinzelkosten
+ Sondereinzelkosten Fertigung (SEK)	5.000 €		
= Herstellkosten	342.000 €		
+ Verwaltungsgemeinkosten	30.000 €	8,90 %	bezogen auf Herstellkosten **ohne** SEK
+ Vertriebsgemeinkosten	45.000 €	13,35 %	bezogen auf Herstellkosten **ohne** SEK
+ Sondereinzelkosten Vertrieb	3.000 €		
= Selbstkosten	410.000 €		

Die Zuschlagsätze werden regelmäßig auf Basis von Istkosten ermittelt und anschließend für zukünftige Produktkalkulationen angewendet, bei denen die Einzelkosten ermittelbar sind und für die Gemeinkostenzuschläge erforderlich sind.

Beispiel: Zuschlagskalkulation

Ein Unternehmen kalkuliert mit den folgenden Zuschlagssätzen:

Forschungs- und Entwicklungskosten: 50 %

Gemeinkosten: 30 %

Vertriebskosten: 40 %

Die Einzelkosten betragen 100.000 €. Wie hoch sind die Selbstkosten?

Einzelkosten	100.000 €
+ F&E-Kosten (50 %)	50.000 €
+ Gemeinkosten (30 %	30.000 €
+ Vertriebskosten (40 %)	40.000 €
= Selbstkosten	220.000 €

Maschinenstundensatzrechnung

Eine Alternative zur Berechnung der Fertigungsgemeinkosten besteht in der Verwendung sog. **Maschinenstundensätze**. Anstatt die Kosten für Maschinen (z. B. Abschreibungen, kalkulatorische Zinsen, Instandhaltung) als Zuschlag auf die Fertigungseinzelkosten zu verrechnen, wird ein Kostensatz je Zeiteinheit ermittelt. Multipliziert mit der Standardstückbearbeitungszeit ergeben sich die Maschinengemeinkosten des Produkts.

Beispiel: Kalkulation mit Maschinenstundensätzen

Eine Maschine kostet 100.000 € und wird 10 Jahre genutzt. Der kalkulatorische Zinssatz beträgt 10 %. Die jährlichen Instandhaltungskosten betragen 5.000 €. Die Maschine wird 2.000 Stunden pro Jahr genutzt.

Der Maschinenstundensatz beträgt dann

Abschreibungskosten		10.000 €
Zinskosten (durchschnittlich gebundenes Kapital 100.000 €/2)	10 % · 50.000 €	5.000 €
Instandhaltungskosten		5.000 €
Gesamtkosten p. a.		20.000 €
verteilt auf 2.000 Stunden		10 €/Stunde

Teilweise werden auch Personalkosten in den Maschinenstundensatz einbezogen, dies ist insbesondere dann der Fall, wenn die Personaleinzelkosten im Vergleich zu den Personalgemeinkosten niedrig sind.

Äquivalenzziffernrechnung

Ein- und mehrstufige Divisionskalkulationen setzen für ihre Anwendung ein Einproduktunternehmen voraus. Die **Äquivalenzziffernrechnung** ist zu verwenden, wenn es sich dabei um artverwandte (= ähnliche) Produkte handelt, die auch als Sorten bezeichnet werden.

Beispiele:

- Hüttenindustrie
- Ziegelwerke
- Brauereien

Die Äquivalenzziffernkalkulation unterstellt, dass bei Sortenfertigung die Kosten der verschiedenen Produktarten aufgrund von fertigungstechnischen Ähnlichkeiten in einem bestimmten Verhältnis zueinander stehen, das der Kostenverursachung entspricht. Die Äquivalenzziffer eines Produkts gibt an, in welchem Verhältnis die Kosten dieses Produkts zu den Kosten eines Standardprodukts/Einheitsprodukts mit der Äquivalenzziffer 1 stehen.

Schritte zur Durchführung einer Äquivalenzziffernkalkulation:

1. Bildung der Äquivalenzziffern (*ÄZ*) gemäß der Kostenverursachung
   - Häufigstes oder übliches Produkt (Einheitsprodukt): *ÄZ* = 1
   - Produkte mit höheren Materialkosten, längerer Bearbeitungszeit, besserer Ausführung: *ÄZ* > 1
   - Produkte mit niedrigeren Materialkosten, kürzerer Bearbeitungszeit, schlechterer Ausführung: *ÄZ* < 1
2. „Gleichwertig machen" durch Multiplikation der tatsächlichen Einheiten je Produkt mit der jeweiligen Äquivalenzziffer. Daraus ergeben sich die Verrechnungseinheiten je Produkt, die sog. Einheitsmenge.
3. Bildung der Kosten pro Verrechnungseinheit: k = Gesamtkosten / Summe der Verrechnungseinheiten. Dies stellt die Selbstkosten pro Stück der Einheitsmenge dar.
4. Bestimmung der Kosten pro Einheit: Die Selbstkosten pro Einheit der einzelnen Produkte erhält man durch Multiplikation von k mit der jeweiligen Äquivalenzziffer.
5. Bestimmung der Kosten pro Sorte: Die Kosten der einzelnen Sorten erhält man durch Multiplikation der Selbstkosten pro Stück mit der tatsächlich produzierten Menge der Sorte.

Beispiel: Äquivalenzziffernkalkulation

Die Kosten für die Herstellung von Weizenbier und hellem Bier betragen insgesamt 27.000 €.

Produkt	Menge	*ÄZ*	*EM*	*k*	Gesamtkosten
Weizen	150 hl	1,0	150	100 €/l · 1,0 = 100 €/l	150 hl · 100 €/hl = 15.000 €
Helles	100 hl	1,2	120	100 €/l · 1,2 = 120 €/l	100 hl · 120 €/hl = 12.000 €

$k = K / EM$ = 27.000 € / 270 hl Einheitsmenge = 100 €/hl Einheitsmenge

Falsch wäre es, die Kosten von 27.000 € auf die produzierte Menge von 250 hl zu verteilen, da dann beide Sorten aus Kostenrechnungsgesichtspunkten als gleichwertig angesehen werden würden.

Kuppelproduktkalkulation

Die bisher besprochenen Kalkulationsverfahren gelten für Produktionsprozesse, die verschiedene Produkte unabhängig voneinander herstellen. Die Kuppelproduktion ist dadurch gekennzeichnet, dass bei einem einzigen Produktionsprozess automatisch mehrere Produkte entstehen.

Beispiele:

- Gasherstellung: Gas, Koks, Teer, Ammoniak
- Raffinerie: Benzin, Öl, Gas
- Hochofenprozess: Roheisen, Schlacke

Aufgabe der Kuppelproduktkalkulation ist es, die Gesamtkosten des Produktionsprozesses auf die anfallenden Produkte zu verteilen. Die Anwendung des Verursachungsprinzips oder des Durchschnittsprinzips/Proportionalitätsprinzips ist hier nicht möglich, es muss mit Hilfe des Tragfähigkeitsprinzips eine Näherungslösung erreicht werden. Die Tragfähigkeit (Belastungsfähigkeit) der einzelnen Produkte ist dabei jeweils abhängig vom erzielbaren Marktpreis und den direkt zurechenbaren Kosten. Je nachdem, ob der Produktionsprozess ein Hauptprodukt und mehrere Nebenprodukte oder mehrere gleichwertige Produkte ergibt, kommen zwei unterschiedliche Kalkulationsmethoden zur Anwendung.

Die **Restwertmethode** wird angewendet bei der Produktion eines Hauptprodukts und eines oder mehrerer Nebenprodukte, denen Einzelkosten zugeordnet werden können. Das Hauptprodukt wird als das belastungsfähigste angesehen. Die Deckungsbeiträge aus den Nebenprodukten (Erlöse minus Einzelkosten) werden von den nicht zurechenbaren Gemeinkosten (= Kosten des Kuppelproduktionsprozesses) abgezogen, d. h., die Nebenprodukte tragen die Kosten des Kuppelproduktionsprozesses anteilig in Höhe ihrer Deckungsbeiträge, so dass sie ein Betriebsergebnis von null erzielen. Die danach verbleibenden Restkosten des Kuppelproduktionsprozesses werden dem Hauptprodukt zugerechnet.

Beispiel: Kuppelkalkulation mit Restwertmethode

Die Kosten für die Herstellung von Rotwein (Hauptprodukt) und Trester (Nebenprodukt) betragen insgesamt 55.000 €.

Produkt	Menge	Preis	Einzelkosten	Umsatz	Kuppelkosten	Betriebsergebnis
Rotwein	10.000 l	9 €/l	30.000 €	90.000 €	40.000 €	20.000 €
Trester	1.000 kg	20 €/kg	5.000 €	20.000 €	15.000 €	0 €

Deckungsbeitrag (Trester) = 20.000 € – 5.000 € = 15.000 €

Restwert = 55.000 € – 15.000 € = 40.000 €

Das Nebenprodukt erhält also 15.000 € der Kuppelkosten, den Restwert von 40.000 € trägt das Hauptprodukt.

Die **Verteilungsmethode** wird angewendet, wenn Haupt- und Nebenprodukte nicht eindeutig unterschieden werden können. Man bildet Äquivalenzziffern, die die Verteilung der Kosten auf die Kuppelprodukte widerspiegeln. Das rechnerische Verfahren entspricht somit der Äquivalenzziffernrechnung. Dort wird allerdings als Maßstab für die Kostenverteilung die Kostenverursachung herangezogen, während die Verteilungsmethode nach der Kostentragfähigkeit, abgeleitet aus den Marktpreisen/Umsatzerlösen, arbeitet.

Beispiel: Kuppelkalkulation mit Verteilungsmethode

Die Kosten für die Herstellung von Butter und Sahne betragen insgesamt 55.000 €.

Produkt	Menge	Preis	Einzelkosten	Umsatz	Kuppelkosten	Betriebsergebnis
Butter	1.000 kg	20 €/kg	5.000 €	20.000 €	10.000 €	5.000 €
Sahne	10.000 l	9 €/l	30.000 €	90.000 €	45.000 €	15.000 €

55.000 € / (20 €/kg · 1.000 kg + 9 €/l · 10.000 l) = 0,50

Das heißt, jeder 1 € Umsatz erzeugt 0,50 € Kosten.

Auf dieser Basis werden die Kuppelkosten verteilt, z. B. bedeuten 20.000 € Umsatz einen Anteil von 10.000 € an den Kuppelkosten.

Ermittlung von Preisunter- und -obergrenzen

Eine Erweiterung des einfachen Schemas der Zuschlagskalkulation führt ausgehend von den Selbstkosten zur Ermittlung eines Angebotspreises (sog. progressive Kalkulation), d. h. zur Festlegung einer **Preisuntergrenze**. Diese Vorgehensweise kann auch bei allen anderen Kalkulationsverfahren angewendet werden, bei denen die Selbstkosten nicht auf Basis von Zuschlagssätzen (sondern z. B. durch Divisionskalkulation) ermittelt wurden.

= Bruttozielpreis (Angebotspreis) ohne USt.	410.000 €		
+ Gewinnzuschlag	41.000 €	10 %	bezogen auf Selbstkosten (denkbar z. B. auch auf Nettoerlös)
= Nettozielpreis/Nettoerlös	451.000 €		
+ Rabatte/Skonto	13.950 €	3 %	bezogen auf Bruttozielpreis ohne USt.
= Bruttozielpreis (Angebotspreis) ohne USt.	464.950 €		
+ Umsatzsteuer	88.340 €	19 %	bezogen auf Bruttozielpreis ohne USt.
= Bruttozielpreis (Angebotspreis) ohne USt.	553.290 €		

Abbildung 10.12: Ermittlung von Preisuntergrenzen

Die Ermittlung von **Preisobergrenzen** errechnet vom Verkaufspreis zurück zu den einzelnen Kostenpositionen (sog. retrograde Kalkulation).

= Bruttozielpreis (Angebotspreis) mit USt.	553.290 €		
– Umsatzsteuer	88.340 €	19 %	bezogen auf Bruttozielpreis ohne USt.
= Bruttozielpreis (Angebotspreis) ohne USt.	464.950 €		
– Rabatte/Skonto	13.950 €	3 %	bezogen auf Bruttozielpreis ohne USt.
= Nettozielpreis/Nettoerlös	451.000 €		
– Gewinnzuschlag	41.000 €	10 %	bezogen auf Selbstkosten oder auf Nettoerlös
= Selbstkosten	410.000 €		
– Vertriebsgemeinkosten	45.000 €		
– Verwaltungsgemeinkosten	30.000 €		
= Herstellkosten	342.000 €		
– Fertigungskosten	235.000 €		
= Materialkosten	107.000 €		

Abbildung 10.13: Ermittlung von Preisobergrenzen

10.6 Deckungsbeitragsrechnung

10.6.1 Mängel der Vollkostenrechnung und Ansatzpunkte der Teilkostenrechnung

Kostenrechnungssysteme erfassen, speichern und werten Kosten nach Regeln aus, die jeweils durch die Zielsetzungen der Kostenrechnung vorgegeben werden. Die Kostenrechnung hat unterschiedliche Aufgaben, die nicht mit einem einzigen System gleichzeitig erfüllt werden können. Die Aufgaben aller Kostenrechnungssysteme liegen in der

- Bereitstellung betrieblicher Informationen für den Planungsbereich (Planungsaufgabe),
- Unterrichtung der Unternehmensleitung über die Handlungen der von ihr beauftragten Personen (Informationsaufgabe) sowie
- Wirtschaftlichkeitskontrolle und der Kontrolle der unternehmerischen Erfolge (Kontrollaufgabe).
- Weiterhin soll die Erfolgslage des Betriebs sowie die Ermittlung von Selbstkosten dokumentiert werden (Dokumentationsaufgabe).

Kostenrechnungssysteme unterscheiden sich im Weg und in der Gewichtung der Schwerpunkte sowie im zeitlichen Aspekt, den sie bei der Erfüllung dieser Aufgaben wahrnehmen. Sie können nach dem Umfang der auf die Kostenträger verrechneten Kosten unterteilt werden in Vollkosten- und Teilkostenrechnungssysteme. Vollkosten sind die einem Bezugsobjekt (Produkt, Auftrag, Kostenträger) zugerechneten gesamten direkten und indirekten Kosten. Hier werden also alle angefallenen Kosten auf die Kostenträger verrechnet. Teilkosten sind dagegen die einem Bezugsobjekt möglichst direkt zurechenbaren Kosten. Dabei sollten korrekterweise die direkt verursachten Einzelkosten angesetzt werden, i. d. R. werden aber die beschäftigungsabhängigen (variablen) Kosten angesetzt. Es werden also nur bestimmte Teile der angefallenen Kosten auf die Kostenträger verrechnet, der Rest wird unverteilt betrachtet.

Mängel der Vollkostenrechnung

Grundlegender Mangel der Vollkostenrechnung ist die Umlage der Gemeinkosten auf einzelne Leistungseinheiten, denn jede Schlüsselung von Gemeinkosten widerspricht dem Verursachungsprinzip der Kostenrechnung. Nach diesem Prinzip sind einer einzelnen Leistungseinheit nur diejenigen Kosten zuzurechnen, die durch den Werteverzehr der Erstellung dieser Einheit ausgelöst werden. Hierzu gehören Gemeinkosten aber nicht, da sie definitionsgemäß nicht direkt den hergestellten Produkten zugerechnet werden können (oder sollen) und somit nicht eingespart werden, wenn die Leistungseinheit nicht produziert wird.

Langfristig muss ein Unternehmen seine Gesamtkosten über den Absatzpreis decken. Berechnet man den Absatzpreis auf Basis der Vollkosten, geht man davon aus, dass jedes verkaufte Stück sowohl Einzelkosten als auch Gemeinkosten deckt. Stellt man nun die Produktion ein, spart man zwar die Einzelkosten, die Gemeinkosten aber bleiben bestehen und müssen durch die anderen Produkte gedeckt werden. Dies hat zur Folge, dass die Kosten der übrigen Produkte steigen und ihr kalkulierter Absatzpreis zu niedrig ist.

Der Einsatz von Vollkostenrechnungssystemen kann also, obwohl alle Kosten zugeordnet werden, zu Fehlentscheidungen (im Beispiel zu fehlerhafter Produktkalkulation) führen. Dies hat zur Folge, dass die Vollkostenrechnung keinen Beitrag zur **Preispolitik** leisten kann.

Beispiel: Mängel der Vollkostenrechnung

Plandaten: Menge 100 Stück, Einzelkosten 50 € je Stück, Gemeinkosten 3.000 €

=> Plan-Vollkosten pro Stück = 50 € + (3.000 € / 100) = 80 €

=> Der Verkaufspreis wird in Folge mit 85 € festgelegt.

=> Erwartetes Betriebsergebnis: (85 €/Stück × 100 Stück − 80 €/Stück × 100 Stück) = 500 €

Sinkt nun die tatsächlich produzierte und verkaufte Menge auf z. B. 60 Stück, wird jedes einzelne Stück „teurer“, denn es muss mehr anteilige Gemeinkosten tragen:

=> Ist-Vollkosten pro Stück = 50 € + (3.000 € / 60) = 100 €

=> Der Verkaufspreis mit 85 € ist zu niedrig.

=> Realisiertes Betriebsergebnis: (85 €/Stück × 60 Stück − 100 €/Stück × 60 Stück) = −900 €

Da alle Kosten unabhängig von ihrer Verursachung auf die Kostenträger zugerechnet und geschlüsselt werden, kann ein Produkt aufgrund der Schlüsselung von Gemeinkosten ungerechtfertigt überproportional belastet werden und dadurch zu einem „Verlustprodukt“ werden.

Beispiel: Mängel der Vollkostenrechnung

Die Schlüsselung der Gemeinkosten erfolgt nach der Anzahl der Produkte.

Ermittlung des Betriebsergebnisses mit „Verlustprodukt“

	Produkt 1	Produkt 2	Produkt 3	Gesamt
Umsatz	1.000	1.000	700	2.700
− Einzelkosten	300	300	600	1.200
− Gemeinkosten	200	200	200	600
= Betriebsergebnis	500	500	−100	900

Ermittlung des Betriebsergebnisses ohne „Verlustprodukt“

	Produkt 1	Produkt 2	Produkt 3	Gesamt
Umsatz	1.000	1.000		2.000
− Einzelkosten	300	300		600
− Gemeinkosten	300	300		600
= Betriebsergebnis	400	400		800

Dies hat zur Folge, dass die Vollkostenrechnung keinen Beitrag zur **Produkt- oder Programmpolitik** leisten kann. Denn ein Produkt, dessen Absatzpreis über den Einzelkosten liegt, trägt noch zur Deckung der Gemeinkosten bei, obwohl es laut Vollkostenrechnung Verluste bringen kann.

Eine Orientierung der Programm-, Produkt- und Preispolitik an den im Rahmen der Vollkostenrechnung errechneten Selbstkosten kann aufgrund der hier enthaltenen geschlüsselten Gemeinkosten zu Fehlentscheidungen führen. Besonders problematisch erweist sich, dass der Einfluss der Schlüsselung auf die ausgewiesenen Kosten nicht deutlich wird. Denn die Selbstkosten sind eine Mischung von Kostenträgereinzelkosten und Kostenträgergemeinkosten. Die Auswahl der Schlüsselung der Gemeinkosten ist dabei der entscheidende Punkt. Sie drängt die Unternehmensleitung in programm-, produkt- oder preispolitische Entscheidungen, ohne dass dies den Entscheidungsträgern bewusst ist.

Besonders bei kurzfristigen Dispositionen (z. B. der Entscheidung über die kurzfristige Annahme eines Auftrags bei freien Kapazitäten oder der Optimierung des Produktionssortiments) sind gewöhnlich nur die Einzelkosten relevant, während die Beurteilung und Beeinflussung der Gemeinkosten eine längerfristige Betrachtung erfordert. Klar ist, dass langfristig mindestens eine Deckung der gesamten Kosten durch die am Markt erzielten Leistungen (= Preise) erfolgen muss. Der Vollkostenrechnung kommt daher bei langfristigen Entscheidungen eine große Bedeutung zu. Im kurzfristigen Bereich führt sie jedoch wegen der oft nicht verursachungsgemäßen Schlüsselung von Kosten häufig zu falschen Ergebnissen.

Beispiel: Kalkulation mit Zuschlagskosten

Ein Unternehmen kalkuliert mit den folgenden Zuschlagssätzen:

Forschungs- und Entwicklungskosten: 50 %

Gemeinkosten: 30 %

Vertriebskosten: 40 %

Die Einzelkosten betragen 100.000 €. Die Forschungs- und Entwicklungskosten sind bereits bei einem anderen Projekt verrechnet, d. h. bezahlt. Wie hoch sind die Selbstkosten?

Einzelkosten	100.000 €
+ F&E-Kosten (50 %)	50.000 €
+ Gemeinkosten (30 %	30.000 €
+ Vertriebskosten (40 %)	40.000 €
= Selbstkosten	220.000 €

Diese Lösung ist zu hinterfragen: Da die F&E-Kosten bereits bezahlt sind, dürfen sie nicht mehr berücksichtigt werden. Kurzfristig ist dieser (vollkostenbasierte) Zuschlag also nicht anzusetzen. Die Selbstkosten betragen dann 170.000 €.

Teilkostenrechnungen versuchen die Konsequenzen aus diesen Kritikpunkten zu ziehen. Ihr gemeinsames Kennzeichen ist, dass nur ein Teil der Kosten auf die Kostenträger verrechnet wird. Teilkostenrechnungen versuchen somit nicht, die gesamten Selbstkosten eines Produkts wie im Rahmen der Vollkostenrechnung zu ermitteln, und vermeiden damit wesentliche Schwächen von Vollkostenrechnungssystemen. Der Unterschied liegt in der Auswahl der den Kostenträgern zugerechneten Kosten. Aufgrund der verursachungsgerechteren Behandlung (d. h. der Nicht-Umlage) der Gemeinkosten werden Teilkostenrechnungen zu einem wertvollen Instrument der Unternehmensleitung, das eine wirksame Kostenkontrolle und Erfolgsanalyse gestattet.

Teilkostenrechnungen werden zu **Deckungsbeitragsrechnungen** und überschreiten damit die Grenze zur Erfolgsrechnung, wenn Erlöse einbezogen werden. Hiermit wird eine genaue Analyse des Erfolgs möglich, was Grundlagen für die Absatzpolitik liefert. Ziel ist es dabei, Entscheidungshilfen für die kurzfristige Annahme oder Ablehnung eines Auftrags, für die Optimierung der Produktion und für die Sortimentspolitik bereitzustellen.

Bei der Anwendung von Teilkostenrechnungssystemen ist aber darauf zu achten, dass diese regelmäßig statt der theoretisch korrekten Unterscheidung in Zurechenbarkeit (Einzel- und Gemeinkosten) eine Trennung in Mengenabhängigkeit (variable und fixe Kosten) vornehmen. Dies geschieht aus Praktikabilitätsgründen, denn die Aufteilung nach dem Verhalten bei Beschäftigungsänderungen ist normalerweise einfacher anzuwenden als das Verursachungsprinzip. Da bei einem linearen Kostenverlauf die variablen Kosten gleich den Grenzkosten sind, wird für die Teilkostenrechnung häufig auch der Begriff Grenzkostenrechnung verwendet.

10.6.2 Kostenauflösung/Kostenspaltung

Damit ein Teilkostenrechnungssystem eingesetzt werden kann, ist es erforderlich, die Gesamtkosten in variable Kosten und fixe Kosten aufzuteilen. Eine der wichtigsten Voraussetzungen für den Erfolg einer Teilkostenrechnung ist eine möglichst genaue Kostenauflösung.

Dazu gibt es die folgenden Verfahren:

- **Grafische Verfahren:** Hier werden die Kosten-Beschäftigungs-Informationen (Kostenfunktionen) in ein Diagramm eingetragen und es wird grafisch die beste Variante für den Kostenverlauf ermittelt.
- **Mathematische Verfahren:** Hier wird auf Basis von zwei Kosten-Beschäftigungs-Informationen eine Kostenfunktion abgeleitet. Die variablen Kosten werden durch die Frage ermittelt: Wie ändern sich die Gesamtkosten, wenn sich die Menge ändert? Berechnet wird also die Kostenänderung dividiert durch die Mengenänderung.

$$k_v = (K_1 - K_2) / (n_1 - n_2)$$

$$K_f = K_1 - n_1 \cdot k_v = K_2 - n_2 \cdot k_v$$

Beispiel: Kostenauflösung mit mathematischem Verfahren

Produktionsmenge (= Absatzmenge) Juni = 1.000 Stück / Gesamtkosten Juni = 13.000 €

Produktionsmenge (= Absatzmenge) Juli = 800 Stück / Gesamtkosten Juli = 11.000 €

k_v = (13.000 € – 11.000 €) / (1.000 Stück – 800 Stück) = 10 €/Stück

K_f = 13.000 € – 1.000 Stück × 10 €/Stück = 11.000 € – 800 Stück × 10 €/Stück = 3.000 €

- **Statistische Verfahren:** Hier wird auf Basis von mehreren Kosten-Beschäftigungs-Informationen eine Kostenfunktion durch lineare Regression abgeleitet.

Problematisch bei allen Verfahren der Kostenauflösung ist das als Kostenremanenz bezeichnete Verhalten von Kosten: Kosten entstehen relativ leicht sofort bei Einsatz eines Produktionsfaktors bzw. bei der Entscheidung, einen Produktionsfaktor einzusetzen. Allerdings sind sie nicht mit derselben Geschwindigkeit abzubauen, denn sie sind zumindest für einen gewissen, regelmäßig längeren Zeitraum fix.

10.6.3 Einfach gestufte Deckungsbeitragsrechnung

Hauptaufgabe der Deckungsbeitragsrechnung ist die Bewältigung von Planungsproblemen in der Kosten- und Leistungsrechnung. Mit Hilfe der Deckungsbeitragsrechnung soll festgestellt werden, welche betrieblichen Leistungen in welchem Umfang dazu beitragen, die fixen Kosten des Unternehmens zu decken. Dazu wird für jedes Produkt eine Art „Netto-Erlös" berechnet, der genau dafür zur Verfügung steht. Damit lässt sich besser analysieren, welche Produkte einen großen Erfolgsbeitrag haben und welche einen weniger großen.

Die Deckungsbeitragsrechnung ist eine Form der Erfolgsrechnung, die auf der Trennung zwischen variablen Kosten und fixen Kosten beruht. Dabei werden nur die variablen Kosten ihren Kostenträgern zugeordnet. Die Fixkosten werden als ein Block betrachtet. Man geht davon aus, dass die Fixkosten nicht durch die Produktion eines bestimmten Produkts entstehen, sondern durch die gesamte Leistungserstellung. Der Deckungsbeitrag wird als Differenz zwischen Erlösen und produktionsabhängigen (variablen) Kosten ermittelt: $db = u - k_v$.

Vollkostenrechnung		Teilkostenrechnung	
U	Umsatz	U	Umsatz
		$-K_v$	– variable Kosten
$-K$	– Gesamtkosten	$= DB$	= Deckungsbeitrag
		$-K_f$	– Fixkosten
$= BE$	= Betriebsergebnis	$= BE$	= Betriebsergebnis

Abbildung 10.14: Schema der Einfach gestuften Deckungsbeitragsrechnung

Das Betriebsergebnis bei Vollkostenrechnung entspricht dem Betriebsergebnis bei Teilkostenrechnung, sofern es keine Veränderungen im Lagerbestand (Lageraufbau, Lagerabbau) gibt, da lediglich die gesamten Kosten in fixe Kosten und variable Kosten aufgeteilt werden, ihre absolute Höhe und der Umfang der Verrechnung als Kosten ändern sich dadurch nicht.

Der **Deckungsbeitrag** hat zwei Funktionen: Erstens gibt er den Betrag an, mit dem das einzelne verkaufte Produkt bzw. die einzelne verkaufte Dienstleistung seine eigenen, direkt zugerechneten (variablen) Kosten (über-)deckt und so zur Deckung der (nicht umgelegten) fixen Kosten beiträgt. Zweitens lässt sich über die Summe aller Deckungsbeiträge ermitteln, ob und in welcher Höhe die fixen Kosten tatsächlich gedeckt sind und wie hoch das Betriebsergebnis ist.

Ziele der Deckungsbeitragsrechnung

- Hilfe bei Planung und Kontrolle von Kalkulationen
- Verhindern von Fehlschlüssen, die durch das Vollkostenprinzip entstehen
- Herausfinden, welches Produkt den größten Deckungsbeitrag hat
- Hilfe bei der Entscheidung, ob es sich lohnt, kurzfristig einen Auftrag anzunehmen, der nur wenig mehr als die variablen Kosten deckt. Denn immerhin hilft dieser Auftrag dann, die fixen Kosten zu decken, und entlastet dadurch die anderen Produkte und erhöht das Betriebsergebnis.
- Hilfe bei der Entscheidung, ob kurzfristig Marktaktivitäten (Rabatte, Preissenkungen) möglich sind (evtl. weil man weiß, dass die anderen Produkte durch ihre hohen Deckungsbeiträge dieses Produkt kurzfristig mittragen und man sich einen Marktvorteil schaffen kann)

Beispiel: Vergleich Vollkostenrechnung und Teilkostenrechnung bei freien Kapazitäten

Ein Unternehmen steht vor der Frage, ob es bei freien Kapazitäten einen Auftrag kurzfristig annehmen soll.

Vollkostenrechnung		**Teilkostenrechnung**	
Erlöse	35.000 €	Erlöse	35.000 €
Materialeinzelkosten	9.000 €	Materialeinzelkosten	9.000 €
Materialgemeinkosten	900 €	Fertigungseinzelkosten	8.000 €
Fertigungseinzelkosten	8.000 €	Variable Gemeinkosten	11.000 €
Fertigungsgemeinkosten	16.000 €		
(= Herstellkosten	33.900 €)		
Verwaltungsgemeinkosten	3.390 €		
– gesamte Selbstkosten	37.290 €	– variable Selbstkosten	28.000 €
= Betriebsergebnis („Verlust")	– 2.290 €	= Betriebsergebnis („Gewinn")	7.000 €

Obwohl die Vollkostenkalkulation einen Verlust ausweist, wird bei freien Kapazitäten der Auftrag auf jeden Fall angenommen, da der positive Deckungsbeitrag in Höhe von 7.000 € zur Deckung der ohnehin anfallenden fixen Kosten beiträgt und sich so das Betriebsergebnis insgesamt verbessert.

Mit diesem Beispiel wird offensichtlich, dass die beiden Kostenrechnungssysteme unterschiedliche Zielsetzungen verfolgen. Ein Unternehmen muss daher in Abhängigkeit von der zu beantwortenden Frage und dem entsprechenden Zeithorizont das jeweils geeignete System einsetzen bzw. mehrere Systeme parallel anwenden, um die Konsequenzen von Entscheidungen umfassend zu analysieren.

10.6.4 Anwendungen der Deckungsbeitragsrechnung zur Entscheidungsunterstützung

Beschaffung

Im Rahmen der Beschaffung sind Entscheidungen hinsichtlich Eigenerstellung oder Fremdbezug von Leistungen (auch als Outsourcing oder Make-or-buy-Entscheidung bezeichnet) zu treffen.

- Entscheidung bei freier Kapazität

  Ein Unternehmen sollte eine Leistung so lange selbst erstellen, wie gegenüber der Alternative Fremdbezug ein positiver Deckungsbeitrag besteht. Erst wenn die Fremdleistungskosten (Einstandspreis für die Fremdleistung sowie ggf. anteilige Opportunitätskosten) unter den eigenen Grenzkosten liegen, führt die Entscheidung für den Fremdbezug zu einer Senkung der Gesamtkosten. Die eigene Leistung wird also so lange erstellt, wie ihre variablen Kosten unter denen des Fremdbezugs liegen.

- Entscheidung bei ausgelasteter Kapazität

  In diesen Fällen ist es notwendig, die knappe Kapazität so zwischen den alternativen Verwendungsmöglichkeiten aufzuteilen, dass das Gesamtergebnis am größten wird. Zur Ermittlung dieser Differenz sind für jeden Auftrag der Deckungsbeitrag über die Grenzkosten (variable Kosten und zusätzliche erweiterungsbedingt anfallende Kosten) bei Eigenerstellung und der Deckungsbeitrag über die Grenzkosten bei Fremdbezug zu bilden und zu vergleichen. Es wird so lange die eigene Leistung erstellt, wie ihr Deckungsbeitrag über dem des Fremdbezugs liegt.

Produktion

Auch im Bereich der Produktion kann die Deckungsbeitragsrechnung als Entscheidungshilfe angewendet werden.

- Entscheidung bei freier Kapazität

  Es werden alle Produkte mit positivem Deckungsbeitrag produziert.

- Entscheidung bei ausgelasteter Kapazität

  Hier ist zunächst eine Rangfolge der einzelnen Produkte nach ihrem Deckungsbeitrag je Engpassfaktor vorzunehmen. Anschließend werden die Produkte in der Reihenfolge ihres (relativen) Engpassdeckungsbeitrags produziert, bis die Kapazität ausgeschöpft ist.

Beispiel: Ermittlung der Produktionsreihenfolge bei Vorliegen eines Engpasses

Ein Unternehmen verfügt über eine Maschinenkapazität von 100 Stunden pro Monat. Für den kommenden Monat liegen nachstehende, beliebig teilbare Aufträge vor:

Auftrag	I	II	III
Kapazitätsbelastung	30 h	40 h	50 h
Deckungsbeitrag	1.000 €	1.100 €	1.200 €

Auf Basis des relativen Deckungsbeitrags sollten die Aufträge wie folgt abgearbeitet werden:

Auftrag	Kapazitäts-belastung	Deckungs-beitrag	Deckungs-beitrag pro h	Reihen-folge	Menge	Deckungs-beitrag
I	30 h	1.000 €	33,3 €	1	30 h	1.000 €
II	40 h	1.100 €	27,5 €	2	40 h	1.100 €
III	50 h	1.200 €	24,0 €	3	30 h	720 €

Vertrieb

- Entscheidung bei freier Kapazität

  Bei freier Betriebskapazität darf durch die Annahme eines zusätzlichen Auftrags keine Erfolgsverschlechterung eintreten. Es sind nur die variablen Kosten zu ermitteln, die bei Auftragsannahme zusätzlich anfallen, und von den Erlösen abzuziehen.
- Entscheidung bei ausgelasteter Kapazität

  Stehen mehrere alternative Aufträge zur Wahl, die in Summe die zur Verfügung stehende Kapazität übersteigen, so ist die Auftragskombination zu wählen, die die höchste Deckungsbeitragssumme erbringt.

Bestimmung von Preisuntergrenzen

Als erfolgswirksame Preisuntergrenze ist jener Preis zu verstehen, bei dessen Unterschreiten das Erfolgsziel des Unternehmens nicht erreicht werden könnte. Dabei ist zwischen kurz- und langfristigen Preisuntergrenzen zu unterscheiden.

Bei der Berechnung von kurzfristig erfolgswirksamen Preisuntergrenzen bleiben die kurzfristig nicht veränderbaren (nicht abbaubaren, nicht beeinflussbaren) Kosten (= Gemeinkosten, Fixkosten, Strukturkosten) außer Acht.

Bei der Berechnung von langfristig erfolgswirksamen Preisuntergrenzen sind dagegen alle Kosten zu berücksichtigen, da langfristig alle Kosten durch die Verkaufspreise zu decken sind.

Break-Even-Analyse

Die **Break-Even-Analyse** berechnet den Punkt bzw. das Absatzvolumen, bei dem die Summe der erzielten Deckungsbeiträge gleich dem Fixkostenblock ist. Der Kostendeckungspunkt (break even point, „toter Punkt") berechnet sich wie folgt.

Formel 10.13: Ermittlung der Break-Even-Menge

$$U = K$$
$$p + n = k_v \cdot n + K_f$$
$$=> n = \frac{K_f}{p - k_v}$$

Formel 10.14: Ermittlung des Break-Even-Umsatzes

$$U = \frac{K_f}{1 - (k_v / p)}$$

Beispiel: Break-Even-Analyse

Preis = 1.000 €/Stück, k_v = 600 €/Stück, K_f = 5.000 €

Menge	0	5	10	15	20	25	30
Umsatz		5.000 €	10.000 €	15.000 €	20.000 €	25.000 €	30.000 €
variable Kosten		3.000 €	6.000 €	9.000 €	12.000 €	15.000 €	18.000 €
Gesamtkosten	5.000	8.000 €	11.000 €	14.000 €	17.000 €	20.000 €	23.000 €
Betriebsergebnis	−5.000	−3.000 €	−1.000 €	1.000 €	3.000 €	5.000 €	7.000 €

Break-Even-Menge: 5.000 € / (1.000 €/Stück – 600 €/Stück) = 12,5 Stück

Break-Even-Umsatz: 5.000 € / [1– (600 €/Stück / 1.000 €/Stück)] = 12.500 €

10.6.5 Mehrfach gestufte Deckungsbeitragsrechnung

Werden zur Ermittlung des Betriebsergebnisses dem gesamten Periodendeckungsbeitrag die gesamten Periodenfixkosten ungeteilt, d. h. in einem Block (= Fixkostenblock), gegenübergestellt, liegt eine einfach gestufte oder einfache Deckungsbeitragsrechnung vor. Dies wird auch als globale oder summarische Deckungsbeitragsrechnung oder einfache Fixkostendeckungsrechnung bezeichnet.

Die undifferenzierte Behandlung als ein Block wird als Mangel der einfach gestuften Deckungsbeitragsrechnung angesehen, weshalb sie zu einer **mehrfach gestuften Deckungsbeitragsrechnung** weiterentwickelt werden kann. Ziel dieser Weiterentwicklung ist es, die Vorteile der Teilkostenrechnung mit denen der Vollkostenrechnung zu vereinen. Die mehrfach gestufte Deckungsbeitragsrechnung zeigt auf, welchen Beitrag die einzelnen Kostenträger, Kostenträgergruppen, Bereiche etc. auf verschiedenen Ebenen zum Betriebsergebnis leisten. Die Rechnung gibt gleichzeitig Auskunft über die Vorteilhaftigkeit einzelner Kostenträger, Kostenträgergruppen, Bereiche etc. gegenüber anderen. Sie können dann entsprechend ihrer Vorteilhaftigkeit gereiht und in Produktion und Absatz gefördert werden.

Grundgedanke der mehrfach gestuften Deckungsbeitragsrechnung ist die Trennung des Gesamtfixkostenblocks in Teilblöcke. Unterstellt man, dass sich bestimmte Fixkosten einem Kostenträger, einer Kostenträgergruppe, einem Bereich, einer Sparte etc. zurechnen lassen, und erfolgt eine Aufspaltung des Fixkostenblocks in eben diese Teilblöcke, spricht man von einer mehrfach gestuften oder mehrfachen Deckungsbeitragsrechnung. Dies wird auch als stufenweise oder differenzierende Deckungsbeitragsrechnung oder als verfeinerte oder stufenweise Fixkostendeckungsrechnung bezeichnet.

Einfach gestufte DB-Rechnung		Mehrfach gestufte DB-Rechnung	
U	Umsatz	U	Umsatz
$-K_v$	– variable Kosten	$-K_v$	– variable Kosten
$= DB$	Deckungsbeitrag	$= DB\ 1$	Deckungsbeitrag 1
		$-K_{fP}$	– Produktfixkosten
		$= DB\ 2$	Deckungsbeitrag 2
$-K_f$	– Fixkosten	$-K_{fPG}$	– Produktgruppenfixkosten
		$= DB\ 3$	Deckungsbeitrag 3
		$-K_{fU}$	– Unternehmensfixkosten
BE	= Betriebsergebnis	BE	= Betriebsergebnis

Abbildung 10.15: Schema der mehrfach gestuften Deckungsbeitragsrechnung

Das Betriebsergebnis ist in beiden Fällen identisch, da lediglich die Fixkosten auf mehrere Ebenen aufgeteilt werden, wodurch sich ihre Höhe aber nicht ändert.

Man unterscheidet dabei z. B.

- Produktfixkosten/Kostenträgerfixkosten (Abschreibungen, Zinsen oder Mieten für Spezialmaschinen, Entwicklungskosten, Lizenzen, Spezialwerkzeuge etc.)
- Produktgruppenfixkosten/Kostenträgergruppenfixkosten (Abschreibungen und Zinsen für Maschinen, Hallen, die der Fertigung einer Produktgruppe dienen, fixe Kosten des Absatzes einer Produktgruppe)
- Bereichsfixkosten (fixe Kosten für abgegrenzte Unternehmensbereiche, wie Materialbereich, Fertigungsbereich, Verwaltungsbereich etc.)
- Unternehmensfixkosten (Fixkosten für allgemeine Hilfskostenstellen, für die Unternehmensleitung etc.)

In der Praxis findet man zwischen drei und sieben Hierarchiestufen zur Zuordnung der Fixkosten.

Um eine direkte Zuordnung vornehmen zu können und ein unverzerrtes Bild der tatsächlichen Erfolgslage des Unternehmens zu geben, müssen die Kosten von der jeweiligen Bezugsgröße verursacht worden sein. Ist dies nicht der Fall, muss die Verrechnung auf der nächsten Stufe der Deckungsbeitragsrechnung vorgenommen werden. Insofern bildet sich eine Bezugsgrößenhierarchie bei der Deckungsbeitragsrechnung.

Auch wenn die mehrfach gestufte Deckungsbeitragsrechnung in Erscheinungsbild und Aussagekraft der Vollkostenrechnung ähnelt, handelt es sich hier doch um ein Teilkostenrechnungssystem, da nicht alle Kosten auf die Kostenträger geschlüsselt werden.

Für die Zurechnungsebenen werden Wirtschaftlichkeitsforderungen aufgestellt. So soll ein Erzeugnis seine eigenen Fixkosten, mehrere zu einer Gruppe zusammengefasste Erzeugnisse ihre gemeinsamen Fixkosten tragen und die weitergegebenen Deckungsreste die Bereichsfixkosten abdecken etc.

Ausnahmen davon sind denkbar,

- wenn es sich um sog. komplementäre Produkte handelt (z. B. Tische und Stühle: Werden Tische mit negativen Deckungsbeitrag aus dem Programm genommen, werden auch keine Stühle mehr verkauft),
- wenn die (Verlust-)Produkte eine besondere strategische Bedeutung aufweisen,
- wenn die (Verlust-)Produkte aus Imagegründen beibehalten werden sollen oder
- wenn die Fixkosten nicht eingespart werden können (Kostenremanenz).

Neben einer Differenzierung nach einzelnen Produkten und Produktgruppen kann eine derartige Rechnung auch mit Hilfe anderer Kriterien erstellt werden. Denkbar sind hier z. B. Kunden und Kundengruppen, Regionen oder auch eine Kombination mehrerer Kriterien. Dadurch können Fragestellungen wie z. B. „Mit welchen Kunden erzielen wir in welchen Regionen welches Betriebsergebnis?“ beantwortet werden.

Vergleich der mehrfach gestuften Deckungsbeitragsrechnung mit der einfach gestuften Deckungsbeitragsrechnung

Vorteile:

- Ermittlung von Nettogewinnen für bestimmte Produktgruppen und Bereiche
- Verbesserung der Überwachung der Fixkosten
- Schaffung einer ausreichenden Entscheidungsgrundlage für
  - kurz- und mittelfristige Preisbildung
  - Ausgestaltung von Produktionsprogrammen und -verfahren
  - Auswahl des Vertriebskanals mit den relativ geringsten Kosten
  - Entscheidungen zwischen Eigenfertigung und Fremdbezug

Nachteile:

- Arbeitsaufwändiger
- Gleichartige Gruppenbildung wird vorausgesetzt
- Kostenzuordnung auf verschiedenen Ebenen muss organisatorisch und (edv-) technisch möglich sein

10.6.6 Vergleich Vollkostenrechnung und Teilkostenrechnung bei Lagerveränderungen

Die Wahl des Kostenrechnungssystems hängt nicht nur von der Entscheidungsaufgabe ab, sie beeinflusst auch das ermittelte Betriebsergebnis der einzelnen Perioden, sofern es Lagerbestandsveränderungen (Lageraufbau, Lagerabbau) gibt. Dies hängt mit der Bewertung der in das Lager bzw. aus dem Lager gehenden Produkte zusammen. Denn diese tragen z. T. Kosten, die dann in der laufenden Periodenrechnung nicht mehr berücksichtigt werden, sondern erst in kommenden Perioden (bei Lagerabbau) als Kosten erfasst werden.

Bei einer Teilkostenrechnung werden den nicht verkauften Produkten nur Teilkosten (variable Herstellkosten) zugewiesen, insofern tragen sie weniger Kosten.

- Bei einem Lagerbestandsaufbau werden hier folglich weniger Kosten in das Lager übertragen, es verbleiben mehr Kosten (eben die fixen Herstellkosten) in der Betriebsergebnisrechnung der Periode. Das Betriebsergebnis sinkt im Vergleich zu einer Vollkostenrechnung.
- Bei einem Lagerbestandsabbau dagegen (d. h., die gelagerten Produkte werden verkauft), steigt das Betriebsergebnis im Vergleich zu einer Vollkostenrechnung an, denn hier werden weniger Kosten (eben nur die variablen Herstellkosten der Vorperioden, denn die dort angefallenen fixen Herstellkosten waren bereits verrechnet) aus dem Lager in die Betriebsergebnisrechnung übernommen.

Anders formuliert: Bei einer Vollkostenrechnung werden die vollen Kosten „ins Lager gelegt", wodurch die fixen Kosten der „eingelagerten Produkte" das laufende Betriebsergebnis nicht mehr belasten, bzw. werden die vollen Kosten „aus dem Lager geholt", wodurch die fixen Kosten der „ausgelagerten Produkte" das Betriebsergebnis zusätzlich belasten.

Bei der Vollkostenrechnung werden die Ergebnisse also eher geglättet, insbesondere bei Unternehmen mit hohen Fixkosten und großen Unterschieden zwischen produzierter und verkaufter Menge.

Schematische Darstellung der Unterschiede zwischen Vollkostenrechnung und Teilkostenrechnung

Vollkostenrechnung

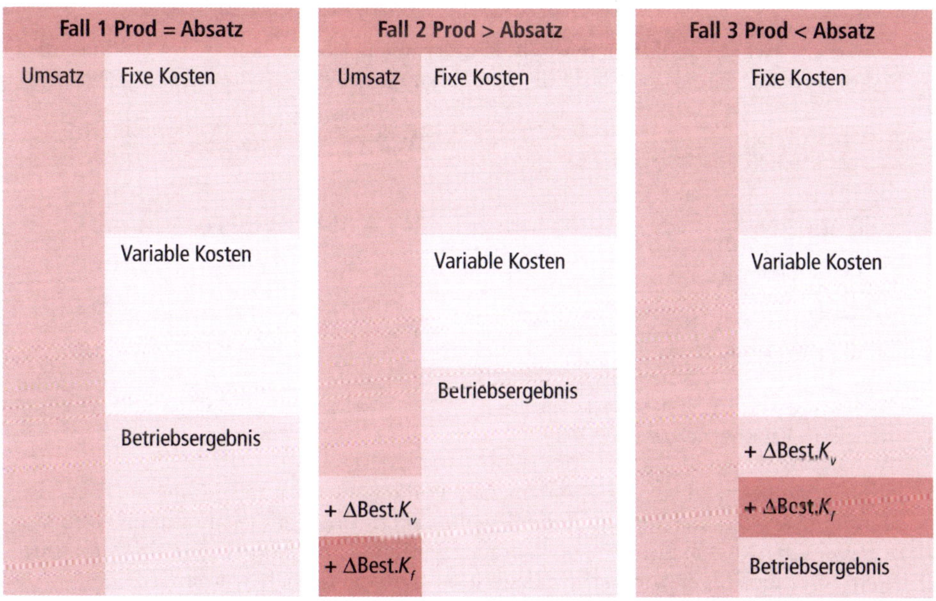

Abbildung 10.16: Schematische Darstellung der Betriebsergebnisrechnung bei Vollkostenrechnung

Teilkostenrechnung

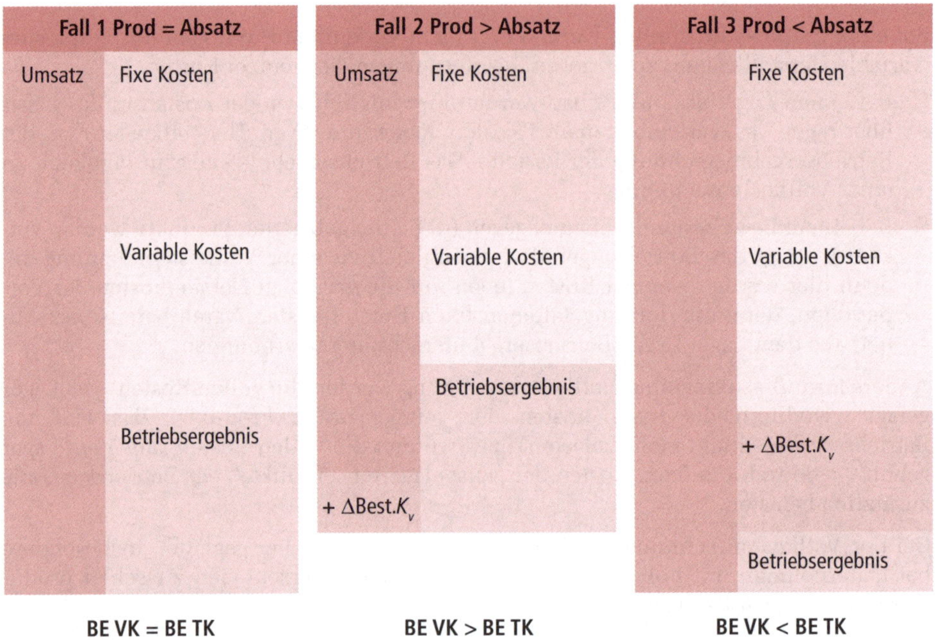

Abbildung 10.17: Schematische Darstellung der Betriebsergebnisrechnung bei Teilkostenrechnung

Beispiel: Unterschied zwischen Vollkostenrechnung und Teilkostenrechnung bei Lagerveränderungen

Es werden zwei Produkte hergestellt, die variablen Kosten betragen 4 €/Stück, die Fixkosten 10 €. Ein Produkt wird für 15 € verkauft, das andere Produkt eingelagert.

	VKR	TKR
Umsatz	15 €	15 €
./. Kosten	4 € + (10 € / 2) = −9 €	− 4 €
= Deckungsbeitrag		11 €
./. Kosten		− 10 €
= Betriebsergebnis	6 €	1 €
Wert des Lagers (d. h. Kosten, die nicht in dieser Periode im Betriebsergebnis erfasst sind)	9 €	4 €

Es ist ersichtlich, dass das Ergebnis bei Vollkostenrechnung höher ausfällt, da hier mehr Kosten aus der laufenden Ergebnisrechnung herausgenommen werden, d. h. weniger Kosten zum Abzug gebracht werden. Dieses Ergebnis kehrt sich um, wenn in einer Folgeperiode die gelagerten Stücke veräußert werden.

10.6.7 Bewertung Vollkostenrechnung/Teilkostenrechnung

Grundsätzlich eignet sich die Deckungsbeitragsrechnung gut zur unterstützenden Erfüllung von Planungsaufgaben. Unternehmen können flexibel auf unternehmensinterne Erfolgs- und Bezugsgrößen zurückgreifen. Eine wie auch immer vorgenommene Schlüsselung der Gemeinkosten wird vermieden. Ihr Einsatz als „das“ Steuerungssystem ist allerdings umstritten, problematisch bei der Deckungsbeitragsrechnung sind die notwendigen Steuerungsparameter für die Kosten- und Erlösgruppen und der fehlende langfristige Zeitbezug.

Deshalb darf keine einseitige Auswertung der Deckungsbeitragsrechnung vorgenommen werden. So ist es zwar möglich, eine Erfolgskontrolle von Produkten zu erhalten, auch Preisentscheidungen können getroffen werden. Solange die Umsatzerlöse die zugerechneten variablen Kosten und auch einen Teil der Fixkosten decken, kann kurzfristig ein positiver Erfolg erwartet werden. Langfristig kann diese Politik jedoch zu einer Unterdeckung der Fixkosten und somit zu Verlusten des Unternehmens führen. Die Deckungsbeitragsrechnung ist folglich kein langfristiges Kalkulationsinstrument, sie ist in diesem Bereich durch Vollkostenrechnungen zu ergänzen.

Darüber hinaus ist bei beiden Kostenrechnungssystemen die Anzahl der abgesetzten Produkte zu berücksichtigen. Während dies bei der Vollkostenrechnung dafür erforderlich ist, die gesamten Kosten auf die Kostenträger zu verteilen, ist die Menge bei der Deckungsbeitragsrechnung wichtig, um die Gewinnschwelle zu ermitteln. Insofern unterscheiden sich die beiden Systeme zwar in ihrer Fragestellung und ihren Lösungswegen, die Antworten (und praktischen Probleme) sind jedoch, vom Zeithorizont einmal abgesehen, ähnlich.

Beispiel: Bedeutung der Menge bei Vollkostenrechnung und Teilkostenrechnung

Ein Unternehmen hat Fixkosten von 1.000 € und variable Kosten von 5 € je Stück.

In der Vollkostenrechnung wird auf Basis der Absatzmenge ermittelt, wie die Fixkosten zu verteilen sind. Werden z. B. 1.000 Stück abgesetzt, werden 1 € Fixkosten je Stück verrechnet. Daraus wird dann der Angebotspreis errechnet. Von besonderer Bedeutung ist also die Menge.

In der Teilkostenrechnung wird auf Basis des Verkaufspreises ermittelt, welchen Deckungsbeitrag ein Stück erzielt. Anschließend wird berechnet, wie viele Stück insgesamt zu verkaufen sind, um die Fixkosten zu decken. Bei einem Absatzpreis von z. B. 7 € je Stück ergibt sich ein Stückdeckungsbeitrag von 2 €. Zur Deckung der Fixkosten sind folglich 500 Stück erforderlich. Von besonderer Bedeutung ist also auch hier die Menge.

ZUSAMMENFASSUNG

In diesem Kapitel haben Sie gelernt,

- die Aufgaben, Elemente und Systeme der Kosten- und Leistungsrechnung zu unterscheiden und deren unterschiedliche Anwendungsbereiche zu erkennen,
- die Begriffe „Kosten“ und „Erlöse“ zu definieren und sie von anderen Begriffen des betrieblichen Rechnungswesens abzugrenzen,
- Kostenarten zu definieren und insbesondere die Begriffe „fixe und variable Kosten“ sowie „Einzelkosten und Gemeinkosten“ voneinander zu unterscheiden sowie Arten kalkulatorischer Kosten zu erkennen,
- die Begriffe „Kostenstelle“ und „Kostenstellenrechnung“ zu definieren und verschiedene Kriterien der Kostenstellegliederung zu unterscheiden sowie Grundzüge der innerbetrieblichen Leistungsverrechnung zu verstehen,
- verschiedene Kalkulationsverfahren mit ihren Charakteristika zu unterscheiden,
- eine kurzfristige Erfolgsrechnung nach unterschiedlichen Abrechnungsmethoden vorzunehmen, die die Erfolgsbeiträge der unterschiedlichen Kostenträger aufzeigen.
- die Unterschiede zwischen Voll- und Teilkostenrechnung zu erkennen und deren jeweilige Einsatzmöglichkeiten zu begründen und
- Verfahren der Teilkostenrechnung für unterschiedliche Entscheidungssituationen anzuwenden.

Die Kosten- und Leistungsrechnung als internes Rechnungswesen hat die wesentlichen Aufgaben der Abbildung und Dokumentation des Unternehmensprozesses, der Bereitstellung von Kosteninformationen für Planung, Steuerung und Kontrolle sowie der Ermittlung des Betriebserfolgs.

Kosten sind dabei definiert als leistungsbedingter Werteverzehr. Im Unterschied zum Aufwandsbegriff des externen Rechnungswesens entstehen Kosten also nur, wenn der Wertverbrauch in Zusammenhang mit der betrieblichen Tätigkeit des Unternehmens steht.

Ziel der Aufteilung in Kostenarten-, Kostenstellen- und Kostenträgerrechnung ist die Kalkulation von Angebotspreisen für die Produkte und Dienstleistungen des Unternehmens.

Dazu wird zunächst in der Kostenartenrechnung erfasst, welche Kosten angefallen sind. Kosten, die direkt auf Produkte erfasst werden können, sog. Einzelkosten, gehen auch direkt in die Kostenträgerrechnung ein. Kosten, die nicht direkt für ein Produkt ermittelt werden können, sog. Gemeinkosten, werden über die Kostenstellenrechnung und die dort durchgeführte innerbetriebliche Leistungsverrechnung in die Kostenträgerrechnung übernommen.

In der Kostenträgerrechnung erfolgen schließlich die Kalkulation der betrieblichen Leistungen (Kostenträgerstückrechnung) sowie die Ermittlung des Betriebsergebnisses, das das Unternehmen mit den Kostenträgern innerhalb einer bestimmten Periode erzielt hat (Kostenträgerzeitrechnung).

Je nach unternehmerischer Aufgabenstellung kommen Vollkostenrechnungssysteme oder Teilkostenrechnungssysteme zum Einsatz. Vollkostenrechnungssysteme verteilen dabei alle Kosten, d. h. direkt zurechenbare Einzelkosten und nicht direkt zurechenbare Gemeinkosten, auf die Produkte, so dass die gesamten Kosten für ein einzelnes Produkt ersichtlich werden. Teilkostenrechnungen dagegen erfassen nur die direkten Kosten, die Gemeinkosten werden ungeschlüsselt als Block berücksichtigt.

Ihr Wissen können Sie im eLearning-Bereich mit einem Verständnistest prüfen.

AUFGABEN

Aufgabe 1

Unterscheiden Sie variable und fixe Kosten sowie Einzel- und Gemeinkosten. Wie stehen die einzelnen Begriffe zueinander in Beziehung?

Aufgabe 2

Es gelten für ein Unternehmen für das vergangene Geschäftsjahr folgende Daten:

Produktionsmenge	20.000 Stück
Absatzmenge	15.000 Stück
Verkaufspreis je Stück	12 €
Material- und Fertigungseinzelkosten	15.000 €
Material- und Fertigungsgemeinkosten	25.000 €
Verwaltungs- und Vertriebsgemeinkosten	10.000 €

Für das Folgejahr gelten folgende Daten:

Produktionsmenge	0 Stück
Absatzmenge	5.000 Stück
Verkaufspreis je Stück	14 €
Material- und Fertigungseinzelkosten	0 €
Material- und Fertigungsgemeinkosten	0 €
Verwaltungs- und Vertriebsgemeinkosten	5.000 €

a) Ermitteln Sie das Betriebsergebnis für das vergangene Geschäftsjahr.
b) Ermitteln Sie das Betriebsergebnis für das Folgejahr.

Aufgabe 3

Aus der Kostenrechnung liegen die folgenden Werte vor:

Materialeinzelkosten	20.000 €
Materialgemeinkosten	7.000 €
Fertigungseinzelkosten	45.000 €
Fertigungsgemeinkosten	70.000 €
Verwaltungsgemeinkosten	15.000 €
Vertriebsgemeinkosten	40.000 €

a) Ermitteln Sie die Herstellkosten, die Selbstkosten und die Zuschlagssätze für Materialgemeinkosten, Fertigungsgemeinkosten, Verwaltungsgemeinkosten und Vertriebsgemeinkosten für die differenzierte Zuschlagskalkulation.

b) Ermitteln Sie alternativ den Maschinenstundensatz, wenn 50 % der Fertigungsgemeinkosten maschinenbezogen sind und die Maschine eine jährliche Laufzeit von 2.000 Stunden aufweist.

Aufgabe 4

Ermitteln Sie das Betriebsergebnis anhand einer einfach gestuften Deckungsbeitragsrechnung auf Basis der folgenden Angaben:

	Tische	Stühle	Schränke
Menge	1.000	4.000	1.500
Nettoverkaufspreis	750 €	200 €	1.000 €
Variable Kosten	350 €	120 €	750 €

Die Fixkosten betragen 750.000 €.

Aufgabe 5

Die „My Home Is My Castle GmbH" kauft ganze Häuser auf eigene Rechnung, lässt diese von Dritten sanieren und verkauft anschließend einzelne Wohnungen mithilfe eines externen Vertriebspartners. Das Unternehmen kauft ein Haus mit 10 Wohneinheiten und insgesamt 800 m² zu einem Preis von 1.000.000 €. Die Nebenkosten des Erwerbs betragen 5 %. Der Bauleiter kalkuliert mit Sanierungskosten von 20.000 € je Wohneinheit, hierauf fallen 10 % Projektsteuerungskosten an. Die Gemeinkosten für Verwaltung und Vertrieb liegen bei jeweils 25.000 €. Beim Verkauf fallen 3 % Maklerprovision (bezogen auf einen angestrebten Verkaufspreis von 150.000 € je Wohnung) an.

a) Kalkulieren Sie die Selbstkosten auf Basis einer Zuschlagskalkulation.

b) Berechnen Sie das Betriebsergebnis und die Rendite bezogen auf den Umsatz.

Aufgabe 6

a) Ermitteln Sie die variablen Kosten und die fixen Kosten eines Produktionsprozesses (jeweils gesamt und pro Stück) auf Basis der folgenden Angaben.
   - Produktionsmenge (= Absatzmenge) Juni = 10.000 Stück
   - Produktionsmenge (= Absatzmenge) Juli = 12.000 Stück
   - Gesamtkosten Juni = 110.000 €
   - Gesamtkosten Juli = 126.000 €
   - Verkaufspreis je Stück = 14 €

b) Was ist der Break-Even-Punkt? Wie hoch ist die Break-Even-Menge? Wie hoch ist der Break-Even-Umsatz?

Aufgabe 7

Ein Unternehmen produziert 100 Stück eines Produkts. Die variablen Kosten betragen 12 €/Stück. Die Fixkosten der Produktion betragen 500 €. Der Verkaufspreis beträgt 20 €/Stück.

a) Erstellen Sie die Kostenfunktion und berechnen Sie die Gesamtkosten.

b) Berechnen Sie das Betriebsergebnis, wenn alle 100 produzierten Stücke verkauft werden können.

c) Berechnen Sie das Betriebsergebnis nach Vollkostenrechnung und nach Teilkostenrechnung, wenn 80 Stück verkauft werden können (d. h. 20 Stück werden gelagert).

d) Erläutern Sie den Unterschied zwischen dem Betriebsergebnis nach Vollkostenrechnung und dem Betriebsergebnis nach Teilkostenrechnung.

Die Lösungen zu den Aufgaben finden Sie im eLearning-Bereich.

FALL KOSTENTRÄGERSTÜCKRECHNUNG (KALKULATION) MITHILFE EINER ZUSCHLAGSKALKULATION

Beschreibung

Die ISARIA Wohnbau AG ist ein Projektentwickler in der Immobilienbranche. Das Unternehmen kauft Baugrundstücke in München und Hamburg, baut darauf Wohnanlagen und verkauft einzelne Wohnungen schlüsselfertig an Eigennutzer sowie private Kapitalanleger. In den vergangenen zwanzig Jahren hat das Unternehmen auf diesem Weg über 2.900 Wohnungen mit einem Umsatzvolumen von über 900 Mio. € erstellt und verkauft. In den kommenden fünf Jahren plant die ISARIA Wohnbau, Projektentwicklungen mit einem Umsatzvolumen von ca. 1 Mrd. € zu realisieren.[1]

Quelle: shutterstock.com, © Yurii Andreichyn

Kalkuliert werden die Projekte nach Angaben des Unternehmens wie folgt:

„Auch in Zukunft wird sich die ISARIA Wohnbau auf die Akquisition und die Realisierung von Wohnbauprojekten konzentrieren. Hierbei zielen wir auf eine Projektgröße von ca. 100 bis 500 Wohnungen pro Projekt bei einem Investitionsvolumen ab ca. 15 Mio. € je Grundstück und erwarteten Rohertragsmargen von mindestens 15 %. Die Gesamtinvestitionskosten dieser Projekte belaufen sich in der Regel auf 50 Mio. € aufsteigend.“[2]

Aus dem Jahresabschluss der ISARIA Wohnbau AG können Sie die folgenden Werte für 2016 ermitteln:[3]

Umsatz	91.665.000 €
Personalaufwand	6.599.000 €
%-Anteil Personalaufwand (bezogen auf den Umsatz)	?
Vertriebskosten	2.470.000 €
%-Anteil Vertriebskosten (bezogen auf den Umsatz)	?
Kaufpreis Grundstücke	42.770.000 €
Kaufnebenkosten	2.492.000 €
%-Anteil Nebenkosten (bezogen auf den Kaufpreis Grundstücke)	?

Die durchschnittlichen Baukosten pro m^2 liegen in Deutschland bei 1.631 €/m^2.[4]

Die durchschnittliche Wohnfläche je Einwohner beträgt 43,8 m^2.[5]

1. Wie hoch war der durchschnittliche Verkaufspreis einer Wohnung des Unternehmens in der Vergangenheit?

2. Berechnen Sie die prozentualen Quoten für Personalaufwand, Vertriebsaufwand und Kaufpreis-Nebenkosten.

3. Skizzieren Sie, wie eine differenzierte Zuschlagskalkulation aufgebaut ist, und überlegen Sie, wie die einzelnen Positionen für die Immobilienbranche gestaltet werden können.

4. Erstellen Sie eine Kostenträgerstückrechnung für ein Immobilienprojekt insgesamt und je Wohnung auf Basis der folgenden Angaben:

- Kaufpreis Grundstück: 15.000.000 €
- Kaufnebenkosten: Berechnung mit Nebenkostenquote wie bei 2) berechnet
- Die Fertigungskosten bestehen aus den Baukosten und zusätzlich 10 % Baunebenkosten/Projektsteuerungskosten.
- Verwaltungskosten: Berechnung mit Personalkostenquote wie bei 2) berechnet
- Verwaltungskosten: Berechnung mit Vertriebskostenquote wie bei 2) berechnet
- Gesamtinvestition: 50.000.000 €
- Verkaufspreis: Berechnung mit 15 % Gewinnmarge (bezogen auf Verkaufspreis)
- Anzahl Wohnungen: Berechnung auf Basis durchschnittlicher Verkaufspreis je Wohnung wie bei 1) berechnet

5. Wie viel Ergebnis erzielt das Unternehmen mit dem Verkauf einer Wohnung?

Lehrende finden die Lösungen und weiteres, begleitendes Material in den eLearning-Dozentenressourcen.

Literaturhinweise

Coenenberg, Adolf G.; Fischer, Thomas M.; Günther, Thomas: Kostenrechnung und Kostenanalyse, 9. Auflage, Stuttgart, Schäffer-Poeschel Verlag, 2016.

Deimel, Klaus; Erdmann, Georg; Müller, Stefan; Isemann, Rainer: Kostenrechnung, München, Pearson Verlag, 2017.

Friedl, Gunther; Hofmann, Christian; Pedell, Burkhard: Kostenrechnung, 3. Auflage, München, Vahlen Verlag, 2017.

Lernziele

In diesem Kapitel werden Sie lernen,

- welches die Aufgaben, Begriffe und Inhalte der Finanzwirtschaft sind,
- welche Funktionen Finanzmärkte ausüben und welche Rahmenbedingungen hierzu aus theoretischer Sicht erfüllt sein müssen,
- Investitionsentscheidungen mithilfe statischer und dynamischer Verfahren durchzuführen und diese zu bewerten,
- den kurzfristigen und den langfristigen Kapitalbedarf eines Unternehmens zu ermitteln,
- Formen der Innenfinanzierung und der Außenfinanzierung sowohl mit Eigenkapital als auch mit Fremdkapital anzuwenden und
- Unterschiede zwischen den Finanzierungsformen und ihren Kosten zu bewerten.

Investitionsrechnung und Unternehmensfinanzierung

11

ÜBERBLICK

11.1 Begriffe, Aufgaben und Teilgebiete der Finanzwirtschaft

11.1.1 Aufgaben und Teilgebiete der Finanzwirtschaft

Finanzwirtschaftliche Ziele

Die Finanzwirtschaft eines Unternehmens soll die folgenden übergeordneten Ziele erfüllen:

- Sicherung der ständigen Zahlungsbereitschaft des Unternehmens unter Berücksichtigung des Grundsatzes, dass Liquidität und Sicherheit Priorität vor Rentabilität haben
- Ausstattung der operativen Unternehmensbereiche und der dort ablaufenden Prozesse mit den erforderlichen finanziellen Mitteln
- Bedarfsgerechte Erschließung und Nutzung von Finanzierungsmöglichkeiten
- Optimierung der Finanzierungskosten und -risiken
- Generierung eines Finanzergebnisbeitrags (unter Abwägung von Rentabilität und Risiko)
- Reduzierung der Währungsrisiken aus dem operativen Geschäft, aus Kapital- und Dividendenzahlungen sowie aus der Anlage und Aufnahme von Finanzmitteln

Die Finanzwirtschaft eines Unternehmens hat die Aufgabe, den **güterwirtschaftlichen Bereich** und die dort ablaufenden Prozesse mit den erforderlichen finanziellen Mitteln auszustatten.

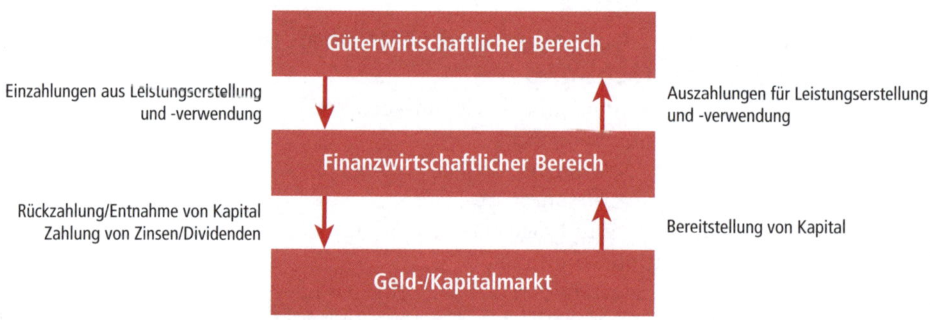

Abbildung 11.1: Zusammenhang zwischen güterwirtschaftlichem und finanzwirtschaftlichem Bereich und korrespondierende Zahlungsströme

Teilgebiete/Organisatorische Einheiten der Finanzwirtschaft

Die Finanzwirtschaft eines Unternehmens besteht aus verschiedenen Teilbereichen, die in der Praxis häufig mit englischsprachigen Bezeichnungen versehen sind:

- Finanzierungs-Management
- Liquiditäts-Management/Cash-Management/Treasury

Diese Funktionen können entweder in einer übergeordneten Organisationseinheit oder – je nach Größe des Unternehmens – auch in einzelnen Abteilungen wahrgenommen werden. Auch eine regionale Aufteilung ist denkbar, so z. B. wenn ein international tätiges Unternehmen Aufgaben der Finanzwirtschaft wie das Devisen-Management an eine ausländische Organisationseinheit überträgt.

Aufgaben des Finanzierungs-Managements

- Entwicklung von Finanzierungskonzepten
- Ermittlung des Kapitalbedarfs und des Finanzierungsvolumens
- Versorgung des Unternehmens mit externen Finanzmitteln
- Unternehmensweite Steuerung und Überwachung von Krediten und Kreditlinien
- Vergabe von Intercompany-Krediten
- Analyse des Zins(änderungs)risikos aus (Re)Finanzierungsmaßnahmen
- Gestaltung von Standards zu Verträgen und Konditionen

Aufgaben des Liquiditäts-Managements/Cash-Management/Treasury

- Aufrechterhaltung der ständigen Zahlungsfähigkeit
- Überwachung von Cashflows durch Steuerung des unternehmensexternen Zahlungs- und Kreditverkehrs und durch interne Liquiditätssteuerung
- Maximierung der Erträge aus (kurzfristigen) Geldanlagen
- Unterstützung der unternehmerischen Risikopolitik im Zins- und Währungsbereich

11.1.2 Finanzwirtschaftliche Grundbegriffe

Aus finanzwirtschaftlicher Sicht sind im Wesentlichen die Begriffe **Investition** und Finanzierung von Bedeutung.

Der Begriff der **Investition** kann auf unterschiedliche Weise definiert werden:

- **Traditioneller/Vermögensorientierter Investitionsbegriff:** Eine Investition ist eine für eine längere Frist beabsichtigte Bindung finanzieller Mittel in materiellen oder immateriellen Vermögensgegenständen. Dies erfolgt in der Absicht, diese Objekte in Verfolgung einer individuellen Zielsetzung zu nutzen. Als Investition wird hier die Umwandlung von Kapital in Vermögen bzw. die Kapitalverwendung definiert, unabhängig davon, ob tatsächlich ein Zahlungsvorgang stattfindet.
- **Dispositionsbestimmter Investitionsbegriff:** Investition bedeutet die Bindung von finanziellen Mitteln, wodurch die Dispositionsfreiheit des Unternehmens verringert wird. Finanzmittel können dann nur noch eingeschränkt anderweitig verwendet werden, wenn sie bereits als Kapital in Vermögen gebunden wurden.
- **Zahlungsbestimmter Investitionsbegriff:** Eine Investition ist eine Handlung, die zu unterschiedlichen Zeitpunkten Ein- und Auszahlungen verursacht, wobei dieser Vorgang immer mit einer Auszahlung beginnt.

  ⇒ Eine Investition stellt somit die Verwendung von Kapital dar.

Der Begriff der **Finanzierung** kann auf unterschiedliche Weise definiert werden:

- **Traditioneller/Kapitalorientierter Finanzierungsbegriff:** Finanzierung ist die Bereitstellung des zur Beschaffung von produktiven Faktoren und Finanzanlagen benötigten Kapitals.
- **Dispositionsbestimmter Finanzierungsbegriff:** Finanzierung bedeutet die Generierung von finanziellen Mitteln, wodurch die Dispositionsfreiheit des Unternehmens erhöht wird.
- **Zahlungsbestimmter Finanzierungsbegriff:** Finanzierung ist eine Handlung, die zu unterschiedlichen Zeitpunkten Ein- und Auszahlungen verursacht, wobei dieser Vorgang immer mit einer Einzahlung beginnt.

  ⇒ Eine Finanzierung stellt somit die Beschaffung von Kapital dar.

Neben Kapitalverwendung und Kapitalbeschaffung ist die Kapitalverwaltung, d. h. die Abwicklung der laufenden Ein- und Auszahlungen, eine dritte finanzwirtschaftliche Funktion.

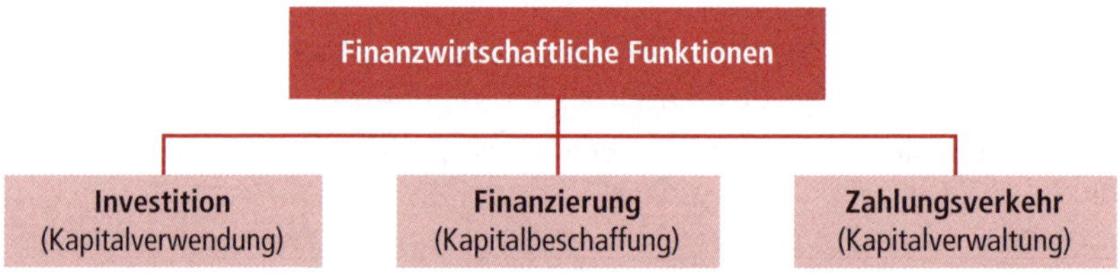

Abbildung 11.2: Investition, Finanzierung und Zahlungsverkehr als Teilbereiche der Finanzwirtschaft

11.2 Finanzmarkttheoretische Grundlagen der Finanzwirtschaft

11.2.1 Begrifflichkeiten zu Finanzmärkten

Der Begriff **Finanzmarkt** bezeichnet als Oberbegriff alle Formen von kurz-, mittel- und langfristig orientierten Märkten, auf denen Angebot und Nachfrage nach unterschiedlichen Finanzprodukten zusammentreffen.

Nach dem Zeithorizont und dem Umfang der gehandelten Produkte unterscheidet man Finanzmärkte in Geldmarkt und Kapitalmärkte:

- Mit **Geldmarkt** werden Finanzmärkte bezeichnet, auf denen Produkte mit einer Laufzeit von unter einem Jahr gehandelt werden.
- Der **Kapitalmarkt** im weiteren Sinne ist ein Markt, auf dem mittel- bis langfristige Eigen- und Fremdkapitalinstrumente gehandelt werden.
- Der Kapitalmarkt im engeren Sinne ist ein Markt für mittel- bis langfristige Finanzprodukte, insbesondere Aktien und **Anleihen**.
- Unter der Bezeichnung Kapitalmarkt im engsten Sinne wird ein organisierter Markt verstanden, d. h., hier finden Regulierung und Aufsicht statt.

Weitere Begriffe, die im Kontext des Finanzmarkts verwendet werden, sind:

- **Kreditmarkt** im weiteren Sinne: Hierunter werden Märkte verstanden, an denen Fremdkapital gehandelt wird.

- Auf einem Kreditmarkt im engeren Sinne werden nicht gesicherte Fremdkapitalprodukte gehandelt.
- Auf dem Markt für Derivate werden derivative Finanzinstrumente, wie z. B. Optionen und Futures gehandelt.

Die Verwendung dieser Bezeichnungen ist jedoch gesetzlich nicht geregelt und in der Praxis nicht immer einheitlich.

11.2.2 Funktionen von Finanzmärkten

Finanzmärkte üben unterschiedliche Funktionen aus, dazu gehören insbesondere Transformationsaufgaben. Diese werden im Einzelnen wie folgt differenziert:

Fristentransformation bedeutet die Umwandlung von Laufzeiten unterschiedlicher Vermögenswerte und Kapitalanlagen. Legt beispielsweise ein Privatkunde Geld kurzfristig bei einer Bank an, kann diese einen länger laufenden Kredit an einen Unternehmenskunden vergeben.

Liquiditätstransformation bedeutet die Übertragung von liquiden Mitteln zwischen einzelnen Wirtschaftssubjekten. Auch dies lässt sich am Beispiel der Einlage mehrerer Privatkunden bei einer Bank und der anschließenden Vergabe eines Darlehens durch die Bank an einen einzigen Darlehensnehmer verdeutlichen.

Unter **Risikotransformation** versteht man die Übertragung von Risiken zwischen einzelnen Wirtschaftssubjekten sowie die Aufteilung von Risikopositionen auf unterschiedliche Risikoträger. Dies erfolgt beispielsweise bei der Absicherung von Schadensfällen durch Versicherungsverträge.

Die Funktion des **Informationstransfers** beinhaltet das Generieren, Aufbereiten und Übermitteln von finanzmarktorientierten Informationen. Hierzu gehören im Einzelnen Dienstleistungen wie Finanzberatung, Erstellung von Unternehmensanalysen und die Vermittlung von Kapitalanlageprodukten und Versicherungsverträgen.

11.2.3 Theoretische Grundannahmen zu Finanzmärkten

In der wirtschaftswissenschaftlichen Literatur werden zahlreiche Annahmen getroffen, um die theoretische Funktionsfähigkeit von Finanzmärkten zu gewährleisten. Diese sind in der Unternehmens- und Finanzmarktpraxis häufig nicht vollständig erfüllt. Dennoch sind sie hilfreich, um Konzepte zu begründen und Argumente für und gegen einzelne Maßnahmen auf Unternehmensebene (z. B. Entscheidung zwischen verschiedenen Investitionsalternativen) oder Finanzmarktebene (z. B. Regulierung bestimmter Finanzprodukte durch den Gesetzgeber) zu begründen.

Im Einzelnen werden die folgenden Annahmen zu sogenannten perfekten bzw. vollständigen Finanzmärkten getroffen:

Informationseffizienz: Alle Marktteilnehmer haben den gleichen Informationsstand. Hier werden im theoretischen Kontext unterschiedliche Formen, wie z. B. starke oder schwache Informationseffizienz unterschieden.

Keine Transaktionskosten: An- und Verkäufe von Finanzprodukten, Aufnahme und Rückzahlung von Darlehen, Ausgabe von Aktien etc. erfolgen ohne Kosten und Gebühren.

Einheitlicher Zinssatz: Der Zinssatz, den ein Wirtschaftssubjekt (Unternehmen oder Privatpersonen) für Guthaben (Kapitalanlagen) erhält, und der Zinssatz, der für Darlehen (Kapitalaufnahmen) gezahlt werden muss, sind identisch.

Atomistische Struktur: Die Anzahl der Teilnehmer in Finanzmärkten ist begrenzt, d. h. nicht unendlich. Gleichzeitig ist die Anzahl aber so hoch, dass Entscheidungen eines einzelnen Wirtschaftssubjekts keinen Einfluss auf den Markt haben.

Keine Volumenbeschränkung: Kapitalaufnahme (Darlehen) und Kapitalanlage (Investitionen) sind in unbegrenzter Höhe möglich.

Eine weitere Annahme ist die sogenannte Arbitragefreiheit von Finanzmärkten. Mit Arbitrage bezeichnet man die Möglichkeit, durch Handeln risikolose Gewinne zu erzielen. Würde die Aktie eines Unternehmens beispielsweise an der Frankfurter Börse 80 € kosten und an der Stuttgarter Börse 78 €, könnte ein risikoloser Arbitragegewinn erzielt werden, indem man die Aktie in Stuttgart für 78 € kauft und sie im selben Augenblick in Frankfurt für 80 € verkauft.

In der Theorie ist diese Möglichkeit ausgeschlossen. Dies führt dazu, dass Finanzprodukte und Finanzinstrumente zu jeder Zeit an jedem Ort den gleichen Preis haben müssen. In der Praxis kann es jedoch aufgrund von Marktineffizienzen vorkommen, dass risikolose Arbitragegewinne möglich sind.

Eine weitere Annahme ist das sogenannte **Separationstheorem**, das in zwei Formen auftritt:

Erstens ermöglicht es, dass Unternehmen bzw. deren Führungskräfte Investitionsentscheidungen unabhängig von den individuellen Vorstellungen der Unternehmenseigentümer treffen können.

Zweitens kann über eine Investition unabhängig von den Finanzierungsentscheidungen des Unternehmens entschieden werden, d. h. ohne die einzelnen Finanzierungsarten und konkreten Finanzierungskonditionen zu berücksichtigen.

11.2.4 Finanzmarkgesetzgebung und Finanzmarktregulierung

Finanzmärkte sind größtenteils reguliert, d. h., sie sind gesetzlich reglementiert und stehen unter öffentlicher Aufsicht. Grund hierfür ist, dass es immer wieder zu Fehlverhalten von Teilnehmern des Finanzmarkts gekommen ist und kommt (z. B. Anlagebetrug, Bilanzskandale etc.).

Zielsetzung der Finanzmarktregulierung ist eine Stabilisierung der Finanzmärkte sowie die Aufrechterhaltung ihrer Funktionsfähigkeit. Dies erfolgt sowohl durch Gesetzgebung als auch durch laufende Überwachung.

Beispiele für nationale finanzmarktrelevante Gesetze sind:

- Kreditwesengesetz (KWG)
- Kapitalanlagegesetzbuch (KAGB)
- Wertpapierhandelsgesetz (WpHG)

Die Überwachung erfolgt auf europäischer Ebene durch die Europäische Zentralbank, auf nationaler Ebene durch die jeweiligen Zentralbanken, in Deutschland beispielsweise durch die Deutsche Bundesbank. Daneben hat auch die Bundesanstalt für Finanzdienstleistungsaufsicht (BaFin) einen Teil der Aufsicht inne.

11.3 Grundlagen, Aufgaben und Methoden der Investitionsrechnung

11.3.1 Finanzmathematische Grundlagen der Investitionsrechnung

Ein grundlegendes Konzept für die Finanzwirtschaft ist der sogenannte **Zeitwert des Geldes**. Dieser bedeutet, dass ein Geldbetrag, der zum jetzigen Zeitpunkt (Gegenwart bzw. „heute") anfällt, in der Zukunft mehr wert ist, bzw. dass ein Geldbetrag, der in der Zukunft anfällt, zum jetzigen Zeitpunkt (bzw. „heute") weniger wert ist. Grund für die Wertunterschiede „heute" und „Zukunft" sind Zinsen, die über die zwischenzeitliche Anlage des Geldes im Zeitraum von „heute" bis „Zukunft" verdient werden könnten.

Finanzmathematisch wird dieser zeitliche Effekt durch die **Aufzinsung** und **Abzinsung** von Beträgen abgebildet.

Aufzinsung und Endwert

Bestimmt wird der Wert, den ein zu einem bestimmten Zeitpunkt angelegter Kapitalbetrag zu einem späteren Zeitpunkt unter Berücksichtigung von Zinsen und Zinseszinsen annimmt. Dieser Wert wird als **Endwert** oder Zukunftswert bezeichnet.

Beispiel: Berechnung Endwert einer Zahlung

Der Endwert in einem Jahr von 100 € „heute" bei einem Zinssatz von 3 % p. a. beträgt 103 €. Nach zwei Jahren beträgt der Endwert 106,09 €.

Verallgemeinert gilt:

Formel 11.1: Berechnung des Endwerts einer Zahlung

$$EW_T = Z_0 \cdot (1+i)^T$$

EW_T: Endwert im Zeitpunkt $t = T$
Z_0: Zahlung im Zeitpunkt $t = 0$
i: Zinssatz
T: Anzahl Perioden

Abzinsung und Barwert

Bei der Abzinsung wird der Wert bestimmt, der zu einem bestimmten Zeitpunkt „heute" eingesetzt werden muss, um zu einem späteren Zeitpunkt über einen bestimmten Betrag verfügen zu können. Dieser Wert wird als **Barwert** oder Gegenwartswert bezeichnet. Der Vorgang des Abzinsens wird häufig auch als **Diskontierung** bezeichnet.

Beispiel: Berechnung Barwert einer Zahlung

Der Barwert einer Zahlung von 103 € in einem Jahr ist bei einem Zinssatz von 3 % p. a. 100 €. Anders ausgedrückt: Um in einem Jahr einen Wert von 103 € zu erhalten, müsste man bei einem Zinssatz von 3 % p. a. „heute" 100 € anlegen.

Formel 11.2: Berechnung des Barwerts einer Zahlung

$$BW_0 = \frac{Z_T}{(1+i)^T}$$

BW_0: Barwert im Zeitpunkt $t = 0$
Z_T: Zahlung im Zeitpunkt $t = T$
i: Zinssatz
T: Anzahl Perioden

Kapitalwert

Besteht eine Zahlungsreihe nicht nur aus einer einzigen Zahlung, sondern weist Ein- und Auszahlungen zu unterschiedlichen Zeitpunkten auf, die abgezinst und saldiert werden, wird der sog. Kapitalbarwert bzw. **Kapitalwert** ermittelt. Dieser ist die Summe aller auf einen Zeitpunkt abgezinsten Ein- und Auszahlungen einer Zahlungsreihe.

Dadurch werden Zahlungen, die zu unterschiedlichen Zeitpunkten anfallen, auf einen gemeinsamen Zeitpunkt diskontiert und so vergleichbar gemacht. Häufig wird dieser Begriff in Zusammenhang mit der Realisation eines Investitionsobjekts verwendet.

Beispiel: Berechnung Kapitalwert einer Zahlungsreihe

Ein Unternehmen hat heute eine Auszahlung von 100 € und in einem Jahr eine Einzahlung von 105 €. Der Kapitalwert bei einem Zinssatz von 3 % beträgt −100 € + 105 € / (1,03)^1 = −100 € + 101,94 € = +1,94.

Formel 11.3: Berechnung des Kapitalwerts einer Zahlungsreihe

$$KW_0 = \sum_{t=0}^{n} \frac{Z_t}{(1+i)^t}$$

KW_0: Kapitalwert im Zeitpunkt $t = 0$
Z_t: Zahlung im Zeitpunkt t
i: Zinssatz
n: Anzahl Perioden
t: Zählvariable Zeit

Die Zahlungen einer Zahlungsreihe werden in der Regel jeweils auf das Periodenende bezogen, d. h., es werden jeweils nachschüssige Zahlungen angenommen. Wenn Zahlungen nicht am Periodenende erfolgen, sind die Endwert-, Barwert- und Kapitalwertberechnungen entsprechend anzupassen, um die Zeitunterschiede wertmäßig auszugleichen.

11.3.2 Ziele und Arten von Investitionen

Investitionen haben für Unternehmen eine besondere Bedeutung. Die Unternehmensführung muss strategische Entscheidungen zur Erreichung der Unternehmensziele treffen. Zudem müssen alle Handlungen innerhalb des Unternehmens auf die Unternehmensziele und die verschiedenen am Unternehmen beteiligten Interessensgruppen ausgerichtet werden. Mit der Durchführung von Investitionen sollen unterschiedliche unternehmerische Ziele erreicht werden.

Erfolgswirtschaftliche Ziele von Investitionen

- Schaffung der Grundlagen für zukünftiges Erfolgspotenzial
- Erschließung von neuen Märkten, Kundengruppen und Regionen
- Verbesserung der Effizienz von Unternehmensprozessen

Finanzwirtschaftliche Ziele von Investitionen

- Erhöhung des operativen Cashflows durch Rückflüsse aus dem Investitionsvorhaben
- Schaffung einer verbesserten Ausgangssituation für strategische Unternehmensfinanzierung
- Schaffung der finanziellen Möglichkeiten zur Übernahme anderer Unternehmen

Investitionen können auf mehrere Arten zu Gruppen zusammengefasst und kategorisiert werden. Hieraus ergeben sich unterschiedliche Investitionsarten.

Investitionen können nach Investitionsobjekten strukturiert werden:

- Realinvestitionen
  - (materielle) güterwirtschaftliche Investitionen
  - (immaterielle) Potentialinvestitionen
- Finanzinvestitionen
  - anlageorientiere Investitionen
  - spekulative Investitionen

Investitionen können nach dem Investitionsanlass strukturiert werden:

- Errichtungsinvestitionen
- Laufende Investitionen
  - Ersatzinvestitionen
  - Reparaturinvestitionen
- Ergänzungsinvestitionen
  - Erweiterungsinvestitionen
  - Veränderungsinvestitionen
    - Rationalisierungsinvestitionen
    - Umstellungsinvestitionen
    - Diversifizierungsinvestitionen
  - Sicherungsinvestitionen

11.3.3 Der Investitionsprozess

Zur Erreichung der mit einer Investition verbundenen Ziele ist es zweckmäßig, einen strukturierten Investitionsprozess durchzuführen und diesen nachzuhalten. Ein mehrstufiger Ablauf für Planung, Entscheidung und Kontrolle von Investitionen besteht aus

1. Feststellung der Notwendigkeit für eine Investition
2. Ermittlung der Ziele der Investition
3. Suche nach Investitionsalternativen
4. Wahl des Investitionsrechnungsverfahrens und Festlegung der Rechenparameter
5. Durchführung der eigentlichen Investitionsrechnung
6. Umsetzung der Entscheidung
7. Kontrolle der konkreten Investition sowie der zugrunde gelegten Annahmen
8. Regelmäßige Überprüfung des allgemeinen Investitionsprozesses

11.3.4 Aufgaben und Fragestellungen der Investitionsrechnung

Kriterien zur Investitionsbeurteilung

Die Investitionstätigkeit eines Unternehmens ist gekennzeichnet durch ihre hohe Kapitalbindung, die Langfristigkeit der Entscheidungen und durch ihre hohe Interdependenz mit anderen Unternehmensbereichen. Es gilt daher, möglichst alle quantifizierbaren und nicht quantifizierbaren Konsequenzen von Investitionsentscheidungen bezüglich der Zielerreichung vorab zu bewerten.

Zur Beurteilung von Investitionen können wirtschaftliche und nicht-wirtschaftliche Kriterien herangezogen werden.

- Finanzwirtschaftliche Motive (z. B. Maximierung der Einzahlungsüberschüsse, d. h. des Kapitalwerts einer Investition)
- Marketingmotive (z. B. Öffentlichkeitswirksamkeit, Image)
- Persönliche Motive (z. B. Macht, Einfluss)
- Altruistische Motive (z. B. Soziales Engagement)

In der wirtschaftswissenschaftlichen Literatur ist die Maximierung der Einzahlungsüberschüsse das wesentliche Entscheidungskriterium. Dies schließt jedoch nicht aus, dass es in der Unternehmenspraxis auch zur Anwendung anderer (zum Teil subjektiv geprägter) Motive kommen kann.

Fragestellungen der Investitionsrechnung

Investitionsrechnungen können eingesetzt werden, um die folgenden Fragestellungen zu beantworten:

- Frage nach der absoluten Vorteilhaftigkeit einer Investition: Soll eine Investition durchgeführt oder soll auf die Durchführung verzichtet werden?
- Frage nach der relativen Vorteilhaftigkeit einer Investition: Welche von mehreren Investitionen soll durchgeführt werden? Wichtig ist, dass sich die einzelnen

geprüften Investitionsalternativen gegenseitig vollständig ausschließen, da erst dann ein Vergleich möglich ist. Wichtig ist auch, dass zusätzlich die absolute Vorteilhaftigkeit (mindestens der relativ besten bzw. ausgewählten Investitionsalternative) geprüft wird und gegeben ist.

- Frage nach dem optimalen Zeitpunkt für eine Investition: Wann soll eine Investition durchgeführt werden?
- Frage nach der optimalen Nutzungsdauer einer Investition: Wie lange soll das zur Wahl stehende Investitionsprojekt genutzt werden?
- Frage nach dem optimalen Investitionsprogramm: Welche Investitionen sollten bei gegebenen knappen Finanzmitteln in welcher Anzahl gleichzeitig vorgenommen werden?

Die Investitionsrechnung hilft also bei der Entscheidung, ob eine Investition durchgeführt werden soll oder nicht (sog. **Durchführungsentscheidung**) und bei der Entscheidung zwischen Investitionsalternativen (sog. **Auswahlentscheidung**) sowie bei der Entscheidung über zeitliche Implikationen von Investitionen.

Strukturierung der Investitionsrechnungsmethoden

Zusammenfassend können Investitionsrechnungsverfahren danach unterschieden werden, ob sie die Nutzungsdauer bestimmen sollen oder ob Auswahlentscheidungen oder Durchführungsentscheidungen bei vorgegebener Nutzungsdauer getroffen werden sollen.

Bei Durchführungs- und Auswahlentscheidungen unterscheidet man Situationen unter Sicherheit, d. h. Situationen, bei denen die wesentlichen Rahmenbedingungen als bekannt und einschätzbar gelten, und Situationen unter Unsicherheit.

Investitionsrechnungsverfahren unter Sicherheit wiederum gliedern sich in statische Verfahren und dynamische Verfahren.

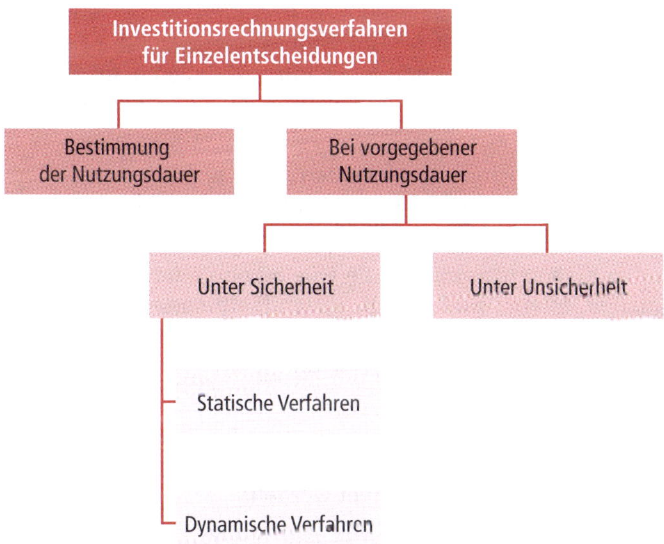

Abbildung 11.3: Klassifizierung von Methoden der Investitionsrechnung

11.3.5 Statische Methoden der Investitionsrechnung

Statische Methoden der Investitionsrechnung verdichten die über mehrere Jahre laufenden Ergebnisse einer Investition auf eine einzige Periode, i. d. R. ein Jahr. Durch die Betrachtung dieser „Durchschnittsperiode“ soll eine Entscheidung über die absolute Vorteilhaftigkeit einer Investition (Durchführungsentscheidung) oder die relative Vorteilhaftigkeit bei Auswahl zwischen mehreren Investitionsmöglichkeiten (Auswahlentscheidung) getroffen werden.

Statische Methoden der Investitionsrechnung greifen bei ihren Berechnungen nicht auf zahlungsstromorientierte Rechnungsgrößen (Einzahlungen und Auszahlungen), sondern auf rechnungswesenorientierte Größen (Aufwendungen und Erträge bzw. Kosten und Leistungen) zurück.

Vor diesem Hintergrund sind statische Methoden der Investitionsrechnung aus theoretischer Sicht nicht geeignet, um unternehmenszieladäquate Entscheidungen über Investitionen zu fundieren. Allerdings kommen sie in der Unternehmenspraxis nach wie vor häufig zum Einsatz.

Kostenvergleichsrechnung

Die **Kostenvergleichsrechnung** berechnet die durchschnittlichen Kosten einer Investition bezogen auf eine allgemeine Durchschnittsperiode und wählt bei einer Auswahlentscheidung (Prüfung der relativen Vorteilhaftigkeit) die Investitionsalternative mit den niedrigeren bzw. den niedrigsten Durchschnittskosten. Dabei werden für die Investitionsalternativen quantitativ und qualitativ gleiche Erträge angesetzt. Eventuell ist eine Anpassung der Erträge an unterschiedliche Kapazitäten der Investitionsalternativen erforderlich. Bei Anwendung der Kostenvergleichsrechnung ist zudem zu beachten, dass die Investitionsalternativen gleich lange Laufzeiten aufweisen müssen. Ansonsten kann die Durchschnittsbetrachtung der Kosten zu falschen Ergebnissen führen.

Die Kostenvergleichsrechnung ist für Durchführungsentscheidung (Prüfung der absoluten Vorteilhaftigkeit) nicht sinnvoll anwendbar, da alleine auf Basis einer Kostengröße keine Entscheidung getroffen werden kann, ob eine Investition getätigt werden soll oder nicht.

Die für eine Vergleichsrechnung relevanten Kosten einer Investition setzen sich zusammen aus den laufenden Kosten p. a. und den auf die Durchschnittsperiode umgerechneten Einmalkosten für Anschaffung und Finanzierung der Investition.

Zu den laufenden Kosten p. a. zählen alle wiederkehrenden Kosten, die aufgrund der Investition anfallen. Hierzu zählen z. B. Instandhaltungskosten für Maschinen oder Kosten für Personal. Zu beachten ist, dass diese Kosten über die Laufzeit der Investition konstant angesetzt werden müssen, da die Kostenvergleichsrechnung mit durchschnittlichen Werten kalkuliert.

Die Anschaffungskosten und die Finanzierungskosten müssen ebenfalls berücksichtigt werden. Da sie jedoch nicht laufend, sondern nur einmalig anfallen, müssen sie auf die Durchschnittsperiode umgerechnet werden.

Die **Anschaffungskosten** werden über die Laufzeit verteilt und durch eine lineare Abschreibung berücksichtigt. Etwaige Liquidationserlöse am Ende der Investitionslaufzeit sind dabei abzuziehen.

Beispiel: Berechnung der jährlichen Abschreibung

Ein Unternehmen kauft eine Maschine für 100, die über 10 Jahre genutzt wird. Nach Ablauf der Nutzungsdauer soll die Maschine für 20 veräußert werden.

Über 10 Jahre ist ein Wert von (100 – 20 =) 80 abzuschreiben. Verteilt auf 10 Jahre, ergibt sich ein jährlicher Abschreibungsbetrag von 8.

Formel 11.4: Berechnung des jährlichen Abschreibungsbetrags

$$A = \frac{I_0 - L}{n}$$

A: Jährlicher Abschreibungsbetrag
I_0: Investition im Zeitpunkt $t = 0$
L: Liquidationserlös
n: Anzahl Perioden

Die **Finanzierungskosten** setzen sich zusammen aus dem durchschnittlich investierten Kapital und einem Zinssatz für die Kapitalkosten.

Das durchschnittlich investierte Kapital wird regelmäßig mit Hilfe einer Vereinfachung berechnet, indem die Anschaffungskosten zuzüglich etwaiger Liquidationserlöse durch zwei geteilt werden.

Formel 11.5: Berechnung des jährlichen Abschreibungsbetrags

$$KAP = \frac{I_0 + L}{2}$$

KAP: Durchschnittliches gebundenes Kapital
I_0: Investition im Zeitpunkt $t = 0$
L: Liquidationserlös

Der Zinssatz für die Kapitalkosten ist entweder der Zinssatz, der für eine Fremdfinanzierung gezahlt werden muss, oder die Renditeerwartung von Eigenkapitalgebern, dann handelt es sich um einen kalkulatorischen Zins. Auch eine Mischung von Eigen- und Fremdkapitalkosten ist denkbar.

Beispiel: Berechnung der Kapitalkosten

Ein Unternehmen kauft eine Maschine für 100, die über 10 Jahre genutzt wird. Nach Ablauf der Nutzungsdauer soll die Maschine für 20 veräußert werden. Der Zinssatz für die Finanzierung beträgt 5 %.

Über 10 Jahre ist ein Wert von [(100 + 20) / 2 =] 60 gebunden. Dieser ist mit 5 % zu verzinsen, so dass sich jährliche Zinskosten von 3 ergeben.

Formel 11.6: Berechnung der Kapitalkosten auf Basis des durchschnittlich gebundenen Kapitals

$$K = i \cdot KAP = i \cdot \frac{I_0 + L}{2}$$

K: Kapitalkosten
i: Zinssatz
I_0: Investition im Zeitpunkt $t = 0$
L: Liquidationserlös

Beispiel: Kostenvergleichsrechnung

Ein Unternehmen steht vor der Entscheidung zwischen zwei Maschinen A und B.

	A	B
Anschaffungskosten	1.000.000 €	2.000.000 €
Liquidationserlös	0	1.000.000 €
Nutzungsdauer	5 Jahre	5 Jahre
Zinssatz	8 %	8 %
Laufende Kosten p. a.	200.000 €	200.000 €
Anzahl Produkte p. a.	600.000 Stück	700.000 Stück

Welche Maschine hat die geringeren Durchschnittskosten pro Stück?

	A	B
Abschreibung p. a.	1.000.000 € / 5 = 200.000 €	(2.000.000 € – 1.000.000 €) / 5 = 200.000 €
Durchschnittlich investiertes Kapital	(1.000.000 € / 2) = 500.000 €	(2.000.000 € + 1.000.000 €) / 2 = 1.500.000 €
Finanzierungskosten p. a.	8 % · 500.000 € = 40.000 €	8 % · 1.500.000 € = 120.000 €
Laufende Kosten p. a.	200.000 €	200.000 €
Gesamtkosten p. a.	(200.000 € + 40.000 € + 200.000 € =) 440.000 €	200.000 € +120.000 € + (200.00 € =) 520.000 €
Durchschnittskosten pro Stück	440.000 € / 600.000 = 0,73 €/Stück	520.000 € / 700.000 = 0,74 €/Stück

Maschine A hat die geringeren Durchschnittskosten pro Stück und ist auszuwählen.

Zusätzlich ist zu prüfen, ob die zur Entscheidung stehende Investition überhaupt durchgeführt werden soll oder ob die Nichtausführung der Investition (sog. Unterlassungsalternative) wirtschaftlich gesehen vorteilhafter ist. Ein Beispiel hierfür ist die Möglichkeit des Zukaufs externer Produkte von einem anderen Anbieter. Wenn die Kosten des externen Zukaufs niedriger sind als die Durchschnittskosten des Produkts bei Durchführung der Investitionen, dann ist auf die Investition zu verzichten. Wenn das Unternehmen im obigen Beispiel das mit den Maschinen herzustellende Produkt für 0,70 € extern zukaufen kann, sollte es nicht in Maschine A investieren.

Gewinnvergleichsrechnung

Die **Gewinnvergleichsrechnung** erweitert die Fragestellung der Kostenvergleichsrechnung, indem sie zusätzlich die aufgrund der Durchführung der Investition entstehenden Erträge individuell berücksichtigt. Der Gewinn wird ermittelt, indem von den geplanten Erträgen die geplanten Kosten abgezogen werden. Die Erträge setzen sich zusammen aus der mit der Investition zusammenhängenden Anzahl verkaufter Produkte und dem Verkaufspreis je Produkt. Die Kosten werden wie bei der Kostenvergleichsrechnung als laufende Kosten und als umgerechnete Einmalkosten ermittelt.

Die Gewinnvergleichsrechnung ist für eine Durchführungsentscheidung (Prüfung der absoluten Vorteilhaftigkeit) nur bedingt sinnvoll, da grundsätzlich jede Investition mit einem Gewinn durchgeführt werden sollte.

Für eine Auswahlentscheidung (Prüfung der relativen Vorteilhaftigkeit) ist das Entscheidungskriterium, die Investitionsalternative mit dem höheren bzw. dem höchsten Durchschnittsgewinn p. a. zu wählen.

Allerdings verwendet auch die Gewinnvergleichsrechnung nur eine Durchschnittsperiode. Daraus folgt, dass wiederum nur Alternativen mit gleicher Laufzeit verglichen werden sollten. Darüber hinaus wird gefordert, dass die Alternativen gleiche Kapazität aufweisen. Denn nur in diesem Fall ist es gewährleistet, dass gleichwertige Ergebnisse erzielt werden. Bei der Gewinnvergleichsrechnung wird deshalb teilweise ein Ausgleichsposten für unterschiedliche Kapazitäten angesetzt, denn wenn eine Alternative eine geringere Kapazität aufweist, können auch nur weniger Produkte verkauft werden. Hier ist eine Anpassung durch Zukauf von außerhalb o. Ä. denkbar.

Beispiel: Gewinnvergleichsrechnung (Fortsetzung des Beispiels)

Ein Unternehmen steht vor der Entscheidung zwischen zwei Maschinen A und B.

	A	B
Anschaffungskosten	1.000.000 €	2.000.000 €
Liquidationserlös	0	1.000.000 €
Nutzungsdauer	5 Jahre	5 Jahre
Zinssatz	8 %	8 %
Laufende Kosten p. a.	200.000 €	200.000 €
Anzahl Produkte p. a.	600.000 Stück	700.000 Stück
VK-Preis pro Produkt	0,90 €/Stück	0,90 €/Stück

Welche Maschine hat den höheren Durchschnittsgewinn p. a.?

	A	B
Umsatz p. a.	600.000 · 0,90 € = 540.000 €	700.000 · 0,90 € = 630.000 €
Gesamtkosten p. a. (siehe Beispiel oben)	440.000 €	520.000 €
Gewinn p. a.	100.000 €	110.000 €

Maschine B hat den höheren Durchschnittsgewinn p. a. und ist auszuwählen.

Bei der oben erläuterten Kapazitätsanpassung würde auch Maschine A in der Kalkulation 700.000 Stück veräußern können, zu klären wäre aber der Preis bei einem externen Zukauf.

Eine Abwandlung der Gewinnvergleichsrechnung, die auch in der Praxis häufig vorkommt, ist die Ermittlung eines **Return on Investment (ROI)** für das Investitionsprojekt. Dazu wird der Durchschnittsgewinn durch das durchschnittlich investierte Kapital geteilt, wodurch sich eine relative Verzinsung ergibt. Dabei werden zur Ermittlung des Durchschnittsgewinns häufig auch die Kapitalkosten (entsprechend der Verzinsung des durchschnittlich gebundenen Kapitals) hinzuaddiert. Dies geschieht, um eine Art „Bruttoergebnis" zu erhalten, das unabhängig von der gewählten Finanzierung ist.

Formel 11.7: Return on Investment (RoI)

$$\text{ROI} = \frac{\text{Gewinn (p.a.)} + \text{Kapitalkosten (p.a.)}}{\text{Investiertes Kapital}}$$

Beispiel: Return on Investment (Fortsetzung des Beispiels)

	A	B
Gewinn p. a.	100.000 €	110.000 €
Durchschnittlich investiertes Kapital	(1.000.000 € / 2) = 500.000 €	(2.000.000 € + 1.000.000 €) / 2 = 1.500.000 €
Finanzierungskosten p. a.	8 % · 500.000 € = 40.000 €	8 % · 1.500.000 € = 120.000 €
Return on Investment	(100.000 € + 40.000 €) / 500.000 € = 28,0 %	(110.000 € + 120.000 €) / 1.500.000 € = 15,3 %

Maschine A hat den höheren ROI und ist auszuwählen.

Das Kriterium Return on Investment hat den Vorteil, dass es auch zur Ermittlung der absoluten Vorteilhaftigkeit einer Investition verwendet werden kann, indem der ROI mit einer vorab festgelegten Größe, der Sollverzinsung (siehe unten Kapitalkosten), verglichen wird.

Beispiel: Entscheidung mithilfe des ROI (Fortsetzung des Beispiels)

Das Unternehmen steht vor der Entscheidung, ob es Maschine B kaufen soll (Maschine A steht nicht zur Verfügung). Die von der Unternehmensleitung vorgegebene Sollverzinsung liegt bei 10 %. Da die Maschine einen ROI von 15,3 % erzielt, soll die Investition durchgeführt werden.

Amortisationsrechnung

Die **Amortisationsrechnung** stellt und beantwortet die Frage, wie lange es dauert, bis die für eine Investition eingesetzten Mittel dem Unternehmen wieder zugeflossen sind, d. h. in welchem Zeitraum sich die Investition „amortisiert". Dieser Zeitraum wird auch als Kapitalwiedergewinnungszeit bezeichnet.

Ermittelt wird folglich, wie lange es dauert, bis der kumulierte Amortisationsbetrag die ursprüngliche Investitionssumme abzüglich etwaiger Liquidationserlöse erreicht hat. Dieser Amortisationsbetrag besteht im Allgemeinen nicht allein aus dem Gewinn (durchschnittlich p. a. bei der Durchschnittsmethode bzw. Gewinne der einzelnen Jahre bei der kumulativen Methode), sondern es werden hier die Abschreibungskosten hinzuaddiert. Dies geschieht, um eine Art „liquides Ergebnis" zu erhalten, da Abschreibungen nicht zu Auszahlungen führen. Die Fragestellung lautet ja: „Wie lange dauert es, bis das investierte Kapital wieder zurückgeflossen ist?" Hier wird deutlich, dass die statischen Verfahren durch die Berücksichtigung erfolgsorientierter Größen anstelle von zahlungsstromorientierten Größen Schwächen haben.

Mithilfe der Amortisationsrechnung können sowohl die absolute als auch die relative Vorteilhaftigkeit von Investitionen ermittelt werden, d. h., sie ist für Durchführungsentscheidungen und für Auswahlentscheidungen anwendbar.

Die Amortisationsdauer kann auf zwei Arten ermittelt werden, die Durchschnittsmethode und die kumulative Methode.

Bei der **Durchschnittsmethode** wird die Investitionssumme abzüglich etwaiger Liquidationserlöse durch den durchschnittlichen Amortisationsbetrag p. a. geteilt. Diese Kennzahl (gemessen in Jahren) wird mit einer Vorgabe verglichen. Ist das Ergebnis niedriger als die Vorgabe, fließen die in die Investition gebundenen Mittel schneller zurück als vorgegeben. Die Investition ist dann durchzuführen, anderenfalls nicht. Bei zwei Investitionsvorhaben ist das mit der kürzeren Amortisationsdauer vorzuziehen.

Beispiel: Berechnung der Amortisationsdauer (Durchschnittsmethode) (Fortsetzung des Beispiels)

	A	B
Anschaffungskosten	1.000.000 €	2.000.000 €
Liquidationserlös	0	1.000.000 €
Abschreibung p. a.	1.000.000 € / 5 = 200.000 €	(2.000.000 € – 1.000.000 €) / 5 = 200.000 €
Gewinn p. a.	100.000 €	110.000 €
Amortisationsbetrag p. a.	100.000 € + 200.000 € = 300.000 €	110.000 € + 200.000 € = 310.000 €
Amortisationsdauer	1.000.000 € / 300.000 € = 3,33 Jahre	(2.000.000 € – 1.000.000 €) / 310.000 € = 3,23 Jahre

Maschine B hat die kürzere Amortisationsdauer und ist auszuwählen.

Bei der **kumulativen Methode** besteht die Möglichkeit, für jedes Jahr individuelle Amortisationsbeträge zu ermitteln. Diese werden so lange addiert, bis der ursprüngliche Investitionsbetrag abzüglich etwaiger Liquidationserlöse erreicht bzw. übertroffen wird. Auch hier wird das Ergebnis mit einem Vorgabewert (in Jahren) verglichen bzw. sind Investitionen mit kürzerer Laufzeit denen mit längerer Laufzeit vorzuziehen.

Beispiel: Berechnung der Amortisationsdauer (kumulative Methode)

Maschine	Jahr 0	Jahr 1	Jahr 2	Jahr 3	Jahr 4	Jahr 5
A	–120.000	+30.000	+40.000	+40.000	+20.000	+10.000
kumuliert	–120.000	–90.000	–50.000	–10.000	+10.000	+20.000

Maschine	Jahr 0	Jahr 1	Jahr 2	Jahr 3	Jahr 4	Jahr 5
B	–100.000	+20.000	+30.000	+20.000	+10.000	+20.000
kumuliert	–100.000	–80.000	–50.000	–30.000	–20.000	0

Maschine A hat die kürzere Amortisationsdauer (< 4 Jahre) und ist auszuwählen.

11.3.6 Dynamische Methoden der Investitionsrechnung

Dynamische Methoden der Investitionsrechnung erfassen die mit einer Investition anfallenden Periodenergebnisse zu unterschiedlichen Zeitpunkten, d. h., der Zeitwert des Geldes wird hier explizit berücksichtigt.

Dynamische Methoden der Investitionsrechnung greifen bei ihren Berechnungen auf zahlungsstromorientierte Rechnungsgrößen zurück, d. h., sie erfassen die mit einer Investition verbundenen Auszahlungen und Einzahlungen direkt.

Die Zeitstruktur der Ein- und Auszahlungen wird in die Betrachtung integriert, indem die zu unterschiedlichen Zeitpunkten anfallenden Zahlungen auf einen gemeinsamen Vergleichszeitpunkt abgezinst (Barwert) oder aufgezinst (Endwert) werden.

Dynamische Verfahren der Investitionsrechnung lassen sich danach einteilen, ob sie einen einheitlichen Kalkulationszinssatz für alle Perioden ansetzen oder ob periodenspezifische Zinssätze zum Einsatz kommen. Darüber hinaus kann danach differenziert werden, zu welchem Zinssatz Rückflüsse aus dem Investitionsvorhaben (d. h. Einzahlungsüberschüsse in späteren Perioden) wieder angelegt werden können.

Kapitalwertmethode

Die **Kapitalwertmethode** ermittelt die absolute Vorteilhaftigkeit einer Investition, indem sie ihren Kapitalwert ermittelt. Ist der Kapitalwert größer als null, ist die Investition vorteilhaft, ist er kleiner als null, ist die Investition nicht vorteilhaft. Damit sind Durchführungsentscheidungen (Prüfung der absoluten Vorteilhaftigkeit) möglich.

Für Auswahlentscheidungen (Prüfung der relativen Vorteilhaftigkeit) vergleicht man den Kapitalwert von zwei oder mehreren Investitionsalternativen. Die Alternative mit dem höheren bzw. dem höchsten Kapitalwert ist vorzuziehen.

Der Kapitalwert eines Investitionsobjekts bringt zum Ausdruck, um welchen Betrag der Barwert der Einzahlungen höher (bei positivem Kapitalwert) oder niedriger (bei negativem Kapitalwert) ist als der Barwert der Auszahlungen. Bei einem positiven Kapitalwert steigt folglich das Reinvermögen eines Unternehmens bezogen auf den Entscheidungszeitpunkt an, wenn es die Investition ausführt.

Dabei wird die Kapitalwertmethode im Allgemeinen als Barwertmethode angewendet, d. h., alle Aus- und Einzahlungen werden mit dem Kalkulationszinssatz auf den Betrachtungszeitpunkt „heute“ diskontiert. Möglich, aber selten verwendet, ist auch der Einsatz als Endwertmethode, bei der alle Aus- und Einzahlungen auf den in der Zukunft liegenden Endzeitpunkt der Investition aufgezinst werden.

Formel 11.8: Berechnung des Kapitalwerts

$$KW_0 = \sum_{t=0}^{n} \frac{Z_t}{(1+i)^t}$$

KW_0 : Kapitalwert im Zeitpunkt $t = 0$

Z_t: Zahlung im Zeitpunkt t

i: Zinssatz

n: Anzahl Perioden

t: Zählvariable Zeit

Zu beachten ist, dass es sich beim Kapitalwert um (ab- oder auf-) gezinste Werte und nicht um absolute Beträge handelt. Das heißt, der Kapitalwert einer Investition kann höher sein als der Kapitalwert einer anderen, obwohl der Saldo aus tatsächlichen Aus- und Einzahlungen der nach dem Kapitalwertkriterium bevorzugten Alternative geringer ist als der Saldo der nicht berücksichtigten Alternative. Dies liegt in der Berücksichtigung des Zeitwerts des Geldes begründet.

Beispiel: Berechnung des Kapitalwerts

Ein Unternehmen muss zwischen den Investitionen A und B mit folgenden Zahlungsströmen entscheiden:

Investition	Jahr 0	Jahr 1	Jahr 2	Jahr 3
A	−100	+40	+40	+40
B	−100	+25	+25	+73

Im Beispiel wäre es falsch, Investition B aufgrund der höheren absoluten Rückflüsse (+23 im Vergleich zu +20 bei Investition A) zu wählen, denn dies würde nicht die unterschiedlichen Zeitpunkte der Zahlungen berücksichtigen.

Stattdessen ist der Zeitwert des Geldes zu berücksichtigen und der Kapitalwert mit einem Diskontierungszinssatz von 8 % zu berechnen.

Investition	Jahr 0	Jahr 1	Jahr 2	Jahr 3
A	−100	+40	+40	+40
Barwert $i = 8$ %	−100	+37,04	+34,29	+31,75
Barwert kumuliert	−100	−62,96	−28,67	**+3,08**

Der Kapitalwert ist größer als null, deshalb ist Investition A vorteilhaft.

Investition	Jahr 0	Jahr 1	Jahr 2	Jahr 3
B	−100	+25	+25	+73
Barwert $i = 8$ %	−100	+23,15	+21,43	+57,95
Barwert kumuliert	−100	−76,85	−55,42	**+2,53**

Der Kapitalwert ist größer als null, deshalb ist Investition B vorteilhaft.

Vergleicht man die Investitionen A und B, ist A vorzuziehen, da sie einen höheren Kapitalwert aufweist. Dies ist ein anderes Ergebnis als bei der Berücksichtigung der absoluten Werte.

Vereinfachungen der Kapitalwertmethode

Die Kapitalwertmethode berücksichtigt Aus- und Einzahlungen, die zu unterschiedlichen Zeitpunkten in der Zukunft anfallen. Da die Planung der zukünftig mit einer Investition verbundenen Beträge (insbesondere Einzahlungen) nicht immer problemlos möglich ist, werden teilweise Vereinfachungen vorgenommen.

So ist es denkbar, dass 1) die Einzahlungen über einen bestimmten Zeitraum konstant bleiben (sog. **Annuität**) und 2) die Einzahlungen unendlich lange konstant bleiben (sog. **Ewige Rente**).

Zu 1) Entstehen bei einer Investition nach der Auszahlung A_0 konstante Einzahlungen E über einen begrenzten Zeitraum 1 bis T, kann die allgemeine Formel zur Berechnung des Kapitalwerts wie folgt vereinfacht werden:

Statt $KW_0 = \sum_{t=0}^{T} \frac{E_t}{(1+i)^t}$ verwendet man

Formel 11.9: Berechnung des Kapitalwerts bei endlich lange laufenden konstanten Einzahlungsüberschüssen

$$KW_0 = -A_0 + E \cdot \frac{(1+i)^T - 1}{(1+i)^T \cdot i}$$

Der Faktor $\frac{(1+i)^T - 1}{(1+i)^T \cdot i}$ wird dabei als Rentenbarwertfaktor bezeichnet, da er den Barwert einer Rente mit gleich hohen Zahlungen berechnet.

Beispiel: Berechnung des Kapitalwerts mithilfe einer Annuität (Fortsetzung des Beispiels)

Anstatt die Barwerte der Rückflüsse aus Investition A einzeln für jedes Jahr auszurechnen, hätte auch eine Annuität in Höhe von 40 über 3 Jahre berechnet werden können:

$$40 \cdot \frac{(1+0{,}08)^3 - 1}{(1+0{,}08)^3 \cdot 0{,}08} = 103{,}08$$

Zieht man von diesem Wert die Anschaffungsauszahlung A_0 ab, erhält man den Kapitalwert:

$$KW_0 = -100 + 40 \; \frac{(1+0{,}08)^3 - 1}{(1+0{,}08)^3 \cdot 0{,}08} = 3{,}08$$

Zu 2) Entstehen bei einer Investition nach der Auszahlung A_0 konstante Einzahlungen E über einen unendlich langen Zeitraum, kann die allgemeine Formel zur Berechnung des Kapitalwerts wie folgt vereinfacht werden:

Statt $KW_0 = \sum_{t=0}^{\infty} \frac{E}{(1+i)^t}$ verwendet man

Formel 11.10: Berechnung des Kapitalwerts bei unendlich lange laufenden konstanten Einzahlungsüberschüssen

$$KW_0 = -A_0 + \frac{E}{i}$$

Der Faktor $\frac{E}{i}$ wird dabei als Ewigkeitsfaktor bezeichnet, da er den Barwert einer unendlich lange laufenden Rente mit gleich hohen Zahlungen berechnet.

Beispiel: Berechnung des Kapitalwerts mithilfe der ewigen Rente (Fortsetzung des Beispiels)

Wenn Investition *A* statt nur drei Jahre lang unendlich lange jährliche Rückflüsse in Höhe von 40 erzielt, beträgt der Wert dieser Rückflüsse („ewige Rente") $\frac{40}{0{,}08} = 500$ und der Kapitalwert der Investition liegt bei $-100 + 500 = 400$.

Methode des internen Zinsfußes

Grundkonzept

Die **Methode des internen Zinsfußes** ermittelt die implizit mit einer Investition verbundene Verzinsung, d. h. den relativen Erfolg einer Investition bezogen auf den Kapitaleinsatz. Sie ähnelt damit der Return-on-Investment-Methode als Variante der Gewinnvergleichsrechnung, allerdings verwendet sie als dynamische Methode der Investitionsrechnung Aus- und Einzahlungen und berücksichtigt deren unterschiedliche Zeitpunkte.

Der interne Zinsfuß oder auch interne Zinssatz ist derjenige Kalkulationszinssatz, bei dem der Kapitalwert einer Investition bzw. der damit verbundenen Aus- und Einzahlungen genau null beträgt. Er entspricht somit derjenigen internen Rendite, die die Investition aufweist.

Formel 11.11: Darstellung des internen Zinsfußes (I)

$$KW_0 = \sum_{t=0}^{n} \frac{Z_t}{(1+r)^t} = 0$$

KW_0 : Kapitalwert im Zeitpunkt $t = 0$
Z_t: Zahlung im Zeitpunkt t
r: interner Zinsfuß
n: Anzahl Perioden

Der interne Zinssatz ist konsequenterweise zugleich auch derjenige Kalkulationszinssatz, bei dem der saldierte Barwert aller Auszahlungen und der saldierte Barwert aller Einzahlungen identisch sind.

Formel 11.12: Darstellung des internen Zinsfußes (II)

$$\sum_{t=0}^{n} \frac{A_t}{(1+r)^t} = \sum_{t=0}^{n} \frac{E_t}{(1+r)^t}$$

A_t: Auszahlung im Zeitpunkt t
E_t: Einzahlung im Zeitpunkt t
r: interner Zinsfuß
n: Anzahl Perioden
t: Laufvariable Zeit

Der Unterschied zur Kapitalwertmethode besteht darin, dass bei der Methode des internen Zinsfußes nicht ein absoluter Wert ermittelt wird, der den Barwert des Vermögenswertzuwachses darstellt, sondern ein relativer Wert in Form einer Rentabilitätsgröße. Dieser Wert kann dann mit einem Vorgabewert für die Sollverzinsung (Kapitalkosten, s. u.) verglichen werden.

Der interne Zinssatz stellt somit die Verzinsung des jeweils in einem Investitionsobjekt gebundenen Kapitals zu verschiedenen Zeitpunkten dar. Der Grundgedanke ist, dass ein Unternehmen das Ziel verfolgen sollte, in diejenigen Investitionsprojekte zu investieren, deren interne Verzinsung über der Sollverzinsung liegt.

Eine Investition ist absolut vorteilhaft, wenn ihr interner Zinssatz größer ist als ein vorgegebener Sollzinssatz. Damit sind Durchführungsentscheidungen möglich.

Werden zwei oder mehrere Investitionsalternativen verglichen, ist das Investitionsprojekt mit der höheren bzw. der höchsten internen Verzinsung vorzuziehen.

Beispiel: Interpretation des internen Zinsfußes (Fortsetzung des Beispiels)

Der interne Zinsfuß von Investition A beträgt 9,70 %. Setzt man diesen als Diskontierungszinssatz an, ergibt sich ein Kapitalwert von null:

Investition	Jahr 0	Jahr 1	Jahr 2	Jahr 3
A	−100	+40	+40	+40
Barwert i = 9,70 %	−100	+36,46	+33,24	+30,30
Barwert kumuliert	−100	−63,54	−30,30	**0**

Bei Diskontierung mit einem Zinssatz von weniger als 9,7 %, ergibt sich ein positiver Kapitalwert.

Bei Diskontierung mit einem Zinssatz von mehr als 9,7 %, ergibt sich ein negativer Kapitalwert.

Der interne Zinsfuß von Investition B beträgt 9,16 %. Setzt man diesen als Diskontierungszinssatz an, ergibt sich ein Kapitalwert von null:

Investition	Jahr 0	Jahr 1	Jahr 2	Jahr 3
B	−100	+25	+25	+73
Barwert $i = 9{,}16\ \%$	−100	+22,90	+20,98	+56,12
Barwert kumuliert	−100	−77,10	−56,12	**0**

Vergleicht man Investition A mit Investition B, ist Investition A vorzuziehen, da sie eine höhere interne Verzinsung aufweist.

Die Methode des internen Zinsfußes ist einfach einsetzbar, insbesondere weil die Verwendung von Rentabilitätskennzahlen und daraus abgeleitete Soll-Ist-Vergleiche häufig zur Anwendung kommen.

Beispiel: Entscheidung mithilfe des internen Zinsfußes (Fortsetzung des Beispiels)

Ein Unternehmen steht vor der Entscheidung über die Investitionsalternative A mit einer internen Verzinsung von 9,7 %. Es hat Finanzierungskosten (dies entspricht der Sollverzinsung) von 9,5 %. Da der interne Zinsfuß der Investition höher ist als die Sollverzinsung, sollte die Investition durchgeführt werden.

Hat das Unternehmen dagegen nur die Investitionsalternative B mit einem internen Zinsfuß von 9,16 % zur Entscheidung, so ist keine Investition durchzuführen.

Berechnung des internen Zinsfußes

Die Berechnung des internen Zinssatzes ist bei einer Nutzungsdauer der Investition von bis zu zwei Perioden mathematisch durchführbar, da die Kapitalwertformel nach dem gesuchten Zinssatz r aufgelöst werden kann.

Berechnung im 1-Perioden-Fall

Formel 11.13: Berechnung des internen Zinsfußes im 1-Perioden-Fall

$$-A_0 + \frac{E_1}{(1+r)^1} = 0 => r = \frac{E_1}{A} - 1$$

A_0: Auszahlung im Zeitpunkt 0
E_1: Einzahlung im Zeitpunkt 1
r: interner Zinsfuß

Beispiel: Berechnung des internen Zinsfußes im 1-Perioden-Fall

Eine Investition mit einer Auszahlung in Höhe von 100 führt nach einem Jahr zu einer Einzahlung von 105. Der interne Zinsfuß beträgt $r = \frac{105}{100} - 1 = 5\%$.

Berechnung im 2-Perioden-Fall

Formel 11.14: Berechnung des internen Zinsfußes im 2-Perioden-Fall

$$-A_0 + \frac{E_1}{(1+r)^1} + \frac{E_2}{(1+r)^2} = 0 => \text{nach } r \text{ auflösen}$$

A_0: Auszahlung im Zeitpunkt 0
$E_{1,2}$: Einzahlung in den Zeitpunkten 1 und 2
r: interner Zinsfuß

Beispiel: Berechnung des internen Zinsfußes im 2-Perioden-Fall

Eine Investition mit einer Auszahlung in Höhe von 100 führt nach einem Jahr zu einer Einzahlung von 5 und nach zwei Jahren zu einer Einzahlung von 104. Der interne Zinsfuß beträgt 4,51 %.

Berechnung im Mehr-Perioden-Fall

Die Berechnung des internen Zinssatzes ist bei einer Nutzungsdauer der Investition von mehr als zwei Perioden mathematisch anspruchsvoll, da die Formel nicht nach dem gesuchten Zinssatz r aufgelöst werden kann.

Hier kann eine Lösung mithilfe eines Computers oder durch eine Iteration ermittelt werden. Dazu werden Zinssätze so lange eingesetzt und verändert, bis der Kapitalwert (annähernd) null ist.

Alternativ kann eine Näherungslösung mithilfe der sog. Regula falsi ermittelt werden: Es werden mit zwei beliebig gewählten Zinssätzen (einer größer als der vermutete interne Zinsfuß, einer kleiner) zwei Kapitalwerte ausgerechnet. Unterstellt man einen linearen Verlauf der Kapitalwert-Kalkulationszins-Beziehung, kann der interne Zinssatz durch folgende Formel berechnet werden.

Formel 11.15: Näherungsweise Berechnung des internen Zinsfußes mit der Regula falsi

$$r = i_1 - KW_0(i_1) \cdot \frac{i_2 - i_1}{KW_0(i_2) - KW_0(i_1)}$$

r: interner Zinsfuß
i_1: Zinssatz 1
i_2: Zinssatz 2
$KW_0(i_1)$: Kapitalwert bei Diskontierung mit Zinssatz i_1
$KW_0(i_2)$: Kapitalwert bei Diskontierung mit Zinssatz i_2

Beispiel: Berechnung des internen Zinsfußes im Mehr-Perioden-Fall (Fortsetzung des Beispiels)

Investition	Jahr 0	Jahr 1	Jahr 2	Jahr 3
A	−100	+40	+40	+40
Barwert (8 %)	−100	+37,04	+34,29	+31,75
Barwert kumuliert	−100	−62,96	−28,67	+**3,08**

Bei 8 % ist der Kapitalwert positiv, d. h., wird dieser Kapitalisierungszinssatz verwendet, ist die Investition durchzuführen.

Investition	Jahr 0	Jahr 1	Jahr 2	Jahr 3
A	−100	+40	+40	+40
Barwert (10 %)	−100	+36,36	+33,06	+30,05
Barwert kumuliert	−100	−63,64	−30,58	**−0,53**

Bei 10 % ist der Kapitalwert negativ, d. h., wird dieser Kapitalisierungszinssatz verwendet, ist die Investition nicht durchzuführen.

Aus den Ergebnissen bei Diskontierungszinssatz 8 % (Kapitalwert positiv) und 10 % (Kapitalwert negativ) lässt sich näherungsweise der interne Zinsfuß errechnen:

$$r = 8\% - 3{,}08 \cdot \frac{10\% - 8\%}{-0{,}53 - 3{,}08} = 9{,}71\%$$

Der korrekte interne Zinsfuß von Investition A beträgt 9,70 %, d. h., die regula falsi kann als Näherungslösung angesehen werden.

Probleme bei der Verwendung des internen Zinsfußes

Neben diesen mathematischen Problemen gibt es weitere Einschränkungen für die Anwendung der Methode des internen Zinsfußes, denn seine Anwendung ist nicht in allen Entscheidungssituationen sinnvoll.

Eindeutig ist eine Entscheidung bei Anwendung der internen Zinsfußmethode nur dann, wenn nur ein positiver Zinssatz existiert, also die Summe der Einzahlungen größer ist als die Summe der Auszahlungen.

Um Mehrdeutigkeitsprobleme in der mathematischen Lösung zu vermeiden, sollten nur Investitionen betrachtet werden, die mit einer Auszahlung beginnen und danach nur noch Einzahlungen aufweisen.

Bei Auswahlentscheidungen (Beurteilung der relativen Vorteilhaftigkeit) kann die Methode des internen Zinsfußes zu fehlerhaften Ergebnissen führen, wenn sich die zu vergleichenden Investitionsobjekte hinsichtlich ihrer Kapitalbindung und/oder ihrer Nutzungsdauer unterscheiden, da der interne Zinsfuß lediglich die relative Verzinsung des eingesetzten Kapitals angibt, aber nicht den absoluten Vermögenszuwachs.

11.4 Ermittlung des Kapitalbedarfs

11.4.1 Grundlagen zur Kapitalbedarfsermittlung

Der **Kapitalbedarf** ist sowohl für ein Unternehmen insgesamt als auch für die Finanzwirtschaft des Unternehmens von großer Bedeutung. Er ist die Grundlage für die Planung der Finanzierung des Unternehmens, denn aus der Höhe und dem zeitlichen Anfall des Kapitalbedarfs werden unterschiedliche Formen der Finanzierung abgeleitet. Gleichzeitig ist er für die Bestimmung einer ausreichenden Liquidität erforderlich. Denn nur wenn ein Unternehmen seinen Kapitalbedarf und dessen Veränderungen im Zeitablauf kennt, kann es entsprechende Finanzierungsmaßnahmen ergreifen und so die jederzeitige Zahlungsfähigkeit sicherstellen.

Der Kapitalbedarf kann auf unterschiedliche Arten ermittelt werden. Kennzeichnend ist, dass die zu seiner Berechnung erforderlichen Informationen nicht notwendigerweise zentral verfügbar sind, sondern an verschiedenen Stellen im Unternehmen vorliegen. Deshalb umfasst die Kapitalbedarfsplanung neben der rein analytischen Vorgehensweise der Erfassung von Ein- und Auszahlungen auch organisatorische und systemtechnische Aspekte.

Der Kapitalbedarf wird organisatorisch beeinflusst von:

- Strategie
- Geschäftsmodell
- Organisation und Prozessen
- Produkten, Kunden, Regionen

Der Kapitalbedarf wird finanztechnisch beeinflusst von:

- Aktuellem Liquiditätsstand
- Höhe, Zeitpunkt und Wahrscheinlichkeit der Einzahlungen
- Höhe, Zeitpunkt und Wahrscheinlichkeit der Auszahlungen
- Zeitunterschiede zwischen Ein- und Auszahlungen

Zu unterscheiden sind der Kapitalbedarf, der für kurzfristige Aktivitäten erforderlich ist, z. B. für die (Vor)Finanzierung von Wareneinkäufen, und der mittel- bis langfristige Kapitalbedarf, bei dem die Mittel länger gebunden sind, z. B. bei Investitionen.

11.4.2 Ermittlung des kurzfristigen Kapitalbedarfs

Mit **kurzfristigem Kapitalbedarf** werden in der Regel Kapitalbedarfe bis zu einem Monat bezeichnet. Teilweise finden sich in Unternahmen aber auch andere Zeithorizonte für den Begriff kurzfristig. So kann bei einem Handelsunternehmen eine wöchentliche Planung erforderlich sein, während bei einem eher langfristig orientierten Geschäftsmodell wie z. B. Immobilienvermietung der kurzfristige Kapitalbedarf auch im Quartals- oder Halbjahresrhythmus geplant werden kann.

Die wesentliche Fragestellung beim kurzfristigen Kapitalbedarf ist: „Wie lange dauert es, bis die Auszahlungen an Lieferanten wieder durch Einzahlungen von Kunden zurückgeflossen sind?"

Der kurzfristige Kapitalbedarf orientiert sich am Geschäftsmodell und den unternehmensindividuellen Prozessen. Beispielhaft angeführt werden soll hier der in Industrie- und Handelsunternehmen häufig anzufindende **Cash-Conversion-Cycle** (CCC), d. h. der Zeitraum, in dem in Maschinen und/oder Vorräten gebundene Liquidität dem Unternehmen wieder als frei verfügbare Liquidität zufließt.

Der CCC setzt sich aus verschiedenen Zeiträumen zusammen:

- Zeitraum der Bindung liquider Mittel in Roh,- Hilfs- und Betriebsstoffe und unfertige Erzeugnisse sowie in fertige Waren (Days Inventory Held, DIH)
- Addiert wird das Zahlungsziel des Kunden (Days Sales Outstanding, DSO), da hierdurch die beim Verkauf liquiden Mittel erst später zufließen und somit länger gebunden sind.
- Abgezogen werden etwaige Zahlungsziele von Lieferanten (Days Payables Outstanding, DPO), da hierdurch die liquiden Mittel erst später abfließen und somit kürzer gebunden sind.

Beispiel: Ermittlung des kurzfristigen Kapitalbedarfs

Ein Unternehmen mit konstantem Produktions- und Absatzprozess kauft jeden Tag Rohstoffe für 1.000 €, die jeweils für 20 Tage gelagert werden. Lieferantenrechnungen sind nach 10 Tagen zur Zahlung fällig. Die Produktion dauert 30 Tage und verursacht tägliche Kosten von 2.000 €, fertige Produkte werden 8 Tage gelagert, bis sie für 5.000 € verkauft werden. Kunden erhalten ein Zahlungsziel von 25 Tagen. Wie lange ist das Kapital in welcher Höhe gebunden?

Die erfolgsorientierte Betrachtung ergibt hier ein Ergebnis (Gewinn) pro Tag von 5.000 € – (1.000 € + 2.000 €) = 2.000 €. Da allerdings die Auszahlungen zeitlich vor den Einzahlungen anfallen, ist der zwischenzeitliche Kapitalbedarf für den gesamten Produktionsprozess zu ermitteln und zu decken.

1. Finanzierung der Rohstoffe: Die Rohstoffe sind ab Bezahlung für die Dauer ihrer Lagerung (20 Tage), Produktion (30 Tage), Lagerung als Fertigwaren (8 Tage) sowie Zahlungsziel des Kunden (25 Tage) vorzufinanzieren:

   (20 Tage + 30 Tage + 8 Tage + 25 Tage) × 1.000 €/Tag = 83.000 €

   Davon ist die Dauer der Lieferantenverbindlichkeiten abzuziehen:

   10 Tage × 1.000 €/Tag = 10.000 €

   Netto sind die Rohstoffe also 73 Tage zu jeweils 1.000 € = 73.000 € zu finanzieren.

2. Die Produktionskosten sind in den Fertigwaren für 30 Tage zuzüglich 8 Tage Lagerung zuzüglich 25 Tage Zahlungsziel des Kunden gebunden.

   (30 Tage + 8 Tage + 25 Tage) × 2.000 €/Tag = 126.000 €

3. Hieraus ergibt sich ein gesamter Finanzbedarf von (73.000 € + 126.000 =) 199.000 €.

Dieser auf den ersten Blick hoch wirkende Kapitalbedarf setzt sich daraus zusammen, dass Rohstoffe und fertige Waren auch in einem eingeschwungenen Produktionsprozess zunächst einmal vorfinanziert werden müssen, selbst wenn mit dem Geschäftsmodell Gewinne erzielt werden können.

Unternehmen in der Praxis erkennen diesen Kapitalbedarf und versuchen, ihn zu minimieren. Dies geschieht, um möglichst wenig Finanzierung zu benötigen und dadurch die Finanzierungskosten (die in obigem Beispiel bewusst nicht angesetzt sind) zu senken. Diese Vorgehensweise wird auch als **Working Capital Management** bezeichnet. Working Capital steht dabei für betriebsnotwendiges kurzfristiges Nettoumlaufvermögen, d. h. das Umlaufvermögen abzüglich der kurzfristigen Verbindlichkeiten.

11.4.3 Ermittlung des mittel- bis langfristigen Kapitalbedarfs

Während der kurzfristige Kapitalbedarf auf Basis von Höhe und Zeitpunkten der operativen Ein- und Auszahlungen ermittelt werden kann, d. h. sich auf das tägliche Geschäft bezieht, sind beim mittel- bis **langfristigen Kapitalbedarf** weitergehende Überlegungen zur Finanzplanung erforderlich.

Die Ermittlung erfolgt im Allgemeinen auf Basis einer integrierten Unternehmensplanung, in der neben einer Ergebnisplanung (Gewinn- und Verlustrechnung) auch eine Investitionsplanung und Finanzierungsplanung (Bilanz) sowie eine Kapitalflussrechnung enthalten sind. Der operative Kapitalbedarf wird so ergänzt um investitionsbedingte, längerfristige Bindung von liquiden Mitteln sowie ihre Finanzierung einschließlich der finanzierungsbedingten zusätzlichen Ein- und Auszahlungen, z. B. für Dividenden, Zinsen und Tilgungen.

Gesteuert werden kann der Kapitalbedarf durch entsprechende Kennzahlen der Liquiditätsanalyse, z. B. kurzfristige Liquiditätsgrade 1., 2. und 3. Grades, und langfristige Liquiditätskennzahlen, wie z. B. die goldene Bilanzregel, die besagt, dass langfristig gebundenes Vermögen über langfristig zur Verfügung stehendes Kapital finanziert sein soll.

Beispiel: Ermittlung des mittelfristigen Kapitalbedarfs

Ein Unternehmen plant die Erstellung einer APP-basierten Handelsplattform. Geplant sind über die Entwicklungszeit von 18 Monaten Programmierkosten von monatlich 25.000 €. Für Verwaltung und Vertrieb werden zwei Personen eingestellt, das Gehalt liegt (inklusive Sozialleistungen) jeweils bei 30.000 € p. a. Die Verwaltungskosten betragen 20.000 € p. a. Ab dem zweiten Jahr sind 30.000 € p. a. Marketingkosten geplant. Die Plattform soll ab dem dritten Jahr monatliche Erlöse in Höhe von 50.000 € erzielen. Der Kapitalbedarf für das Vorhaben errechnet sich wie folgt:

	Jahr 1	Jahr 2	Jahr 3
Umsatz	0	0	+600.000
Entwicklungskosten	−200.000	−100.000	0
Personalkosten	−60.000	−60.000	−60.000
Verwaltungskosten	−20.000	−20.000	−20.000
Marketingkosten	0	−30.000	−30.000
Liquiditätssaldo (< 0 Kapitalbedarf > 0 Kapitalüberschuss	−280.000	−210.000	+490.000
Liquiditätssaldo kumuliert	−280.000	−490.000	+/−0

Es ist ersichtlich, dass zur Deckung des Kapitalbedarfs in den ersten zwei Jahren in der Spitze bis zu 490.000 € erforderlich sind. Erst nach drei Jahren sind die Auszahlungen über eingezahlte Umsatzerlöse wieder gedeckt, es findet ein sog. break-even statt. Aus investitionstheoretischer Sicht beträgt die statische Amortisationsdauer dieses Vorhabens folglich bei drei Jahren.

11.5 Finanzierungsarten

11.5.1 Systematisierung unterschiedlicher Finanzierungsarten

Finanzierung bedeutet allgemein die Zuführung von liquiden Mitteln in ein Unternehmen bzw. die Generierung von liquiden Mitteln innerhalb eines Unternehmens. Zielsetzung ist die Deckung des Kapitalbedarfs, der aufgrund der Bindung von Kapital für kurzfristige Aktivitäten oder für längerfristige Investitionen entsteht.

Zur Darstellung der unterschiedlichen Möglichkeiten, wie ein Unternehmen finanziert werden kann, bietet sich eine Strukturierung nach der Herkunft der Mittel und nach der Stellung des Kapitalgebers an.

Nach der Herkunft der Mittel wird zwischen **Innenfinanzierung** und **Außenfinanzierung** unterschieden, d. h., es wird danach differenziert, ob das Finanzierungspotenzial innerhalb des Unternehmens entsteht oder ob Liquidität von außerhalb des Unternehmens zugeführt wird.

Nach der rechtlichen Stellung des Kapitalgebers wird zwischen **Eigenfinanzierung**, auch als Eigenkapitalfinanzierung bezeichnet, und **Fremdfinanzierung**, auch als Fremdkapitalfinanzierung bezeichnet, unterschieden. Eigen- und Fremdkapital unterscheiden sich dabei u. a. in den Aspekten Zeitdauer der Überlassung, Rückzahlungsanspruch, Vergütungsanspruch, Haftung und Entscheidungsrechte.

	Eigenkapital	Fremdkapital
Zeitdauer der Überlassung	Unbegrenzt	Zeitlich befristet
Rückzahlungsanspruch	Keine Rückzahlung	Fester Rückzahlungsanspruch
Vergütungsanspruch	Anspruch auf Gewinn (oder Verlust), d. h. variable Vergütung	i. d. R. fester Vergütungsanspruch (Verzinsung)
Haftung	Haftendes Kapital	Keine Haftung für Verbindlichkeiten der Gesellschaft Im Insolvenzfall vorrangig befriedigt
Entscheidungsrechte	Entscheidungs- und Verfügungsgewalt	Keine Entscheidungsrechte

Abbildung 11.4: Vergleich Eigenkapital und Fremdkapital

Kombiniert man die Kriterien Mittelherkunft und Stellung des Kapitalgebers, ergeben sich vier unterschiedliche Formen der Finanzierung.

	Eigenkapital	Fremdkapital
Innenfinanzierung	Innenfinanzierung mit Eigenkapital (sog. Selbstfinanzierung)	Innenfinanzierung mit Fremdkapital
Außenfinanzierung	Außenfinanzierung mit Eigenkapital (sog. Beteiligungsfinanzierung)	Außenfinanzierung mit Fremdkapital (sog. Kreditfinanzierung)

Abbildung 11.5: Strukturierung der Finanzierungsarten nach Mittelherkunft und Stellung des Kapitalgebers

Daneben existieren u. a. mit Leasing und Factoring noch weitere Finanzierungsarten, die strukturell auch in die obige Matrix integriert werden könnten, aufgrund ihrer jeweiligen Besonderheiten jedoch separat erläutert werden.

11.5.2 Innenfinanzierung

Grundlegendes Kennzeichen der Innenfinanzierung ist, dass die liquiden Mittel innerhalb des Unternehmens gebildet werden. Es findet folglich keine direkte Mittelzuführung von außerhalb des Unternehmens zu Zwecken der Finanzierung statt.

Stattdessen erfolgt die Finanzierung auf indirektem Weg. Dieser besteht in der Regel darin, dass Einzahlungen, d. h. Umsatzerlöse bzw. Umsatzerlöse abzüglich Auszahlungen, zu Liquiditätsüberschüssen führen, die dann als Mittel zur Finanzierung weiterer Aktivitäten genutzt werden können.

Innenfinanzierung mit Eigenkapital (Selbstfinanzierung)

Bei der **Innenfinanzierung mit Eigenkapital** wird Liquidität, die im Unternehmen entsteht und den Eigenkapitalgebern zusteht, für Finanzierungszwecke verwendet.

Offene Selbstfinanzierung (Gewinnthesaurierung)

Den Eigentümern zustehende Mittel entstehen im Allgemeinen aus Gewinnen, die das Unternehmen erzielt. Selbstfinanzierung erfolgt deshalb regelmäßig durch die Einbehaltung von Gewinnen. Diese nicht ausgeschütteten Gewinne werden auf neue Geschäftsjahre übertragen, was auch als Gewinnthesaurierung bezeichnet wird. Zu beachten ist dabei, dass die auf der Passivseite ausgewiesenen Gewinne auch tatsächlich liquide entstanden sein müssen, ansonsten beinhalten sie keine direkte Selbstfinanzierungskraft, weil eben keine liquiden Mittel zur Verfügung stehen. In diesem Fall können sie höchstens zu einer Erhöhung der Kreditwürdigkeit führen, wodurch die Möglichkeiten einer Kreditfinanzierung verbessert werden könnten.

Beispiel: Offene Selbstfinanzierung

Ein Unternehmen hat zu Beginn eines Jahres Anlagevermögen von 100 und Vorräte von 100, es ist zur Hälfte mit Eigen- und Fremdkapital finanziert.

Aktivseite			**Passivseite**
Anlagevermögen	100	Eigenkapital	100
Vorräte	100	Fremdkapital	100

Fall 1: Die Vorräte werden für 120 gegen Barzahlung veräußert. Hierdurch werden 100 in den Vorräten gebundene Mittel freigesetzt, zusätzlich entsteht ein liquider Jahresüberschuss von 20.

Aktivseite			**Passivseite**
Anlagevermögen	100	Eigenkapital	100
Liquide Mittel	(100 + 20 =) 120	Jahresüberschuss	20
		Fremdkapital	100

Wird der erzielte Jahresüberschuss in Höhe von 20 nicht ausgeschüttet, stehen die so im Unternehmen verbleibenden liquiden Mittel für Finanzierungszwecke zur Verfügung.

Fall 2: Die Vorräte werden für 120 auf Rechnung veräußert.

Aktivseite		**Passivseite**	
Anlagevermögen	100	Eigenkapital	100
Forderungen	120	Jahresüberschuss	20
		Fremdkapital	100

Auch hier entsteht ein Jahresüberschuss, der jedoch nicht direkt für Finanzierungszwecke zur Verfügung steht, da er nicht zu einer Erhöhung der liquiden Mittel geführt hat. Ebenso sind die in den Vorräten gebundenen liquiden Mittel noch nicht freigesetzt.

Stille Selbstfinanzierung

Die stille Selbstfinanzierung umfasst die bewusste Bildung von sog. stillen Reserven zur Stärkung des Unternehmens. Während bei der offenen Selbstfinanzierung erkennbar ist, dass das Unternehmen Gewinne einbehält, um Finanzierungsspielräume zu schaffen, ist dies bei der stillen Selbstfinanzierung nicht ohne Weiteres direkt ersichtlich. Mit stillen Reserven werden die aufgrund handelsrechtlicher Bilanzierungsmöglichkeiten bestehenden (zu) niedrigen Bewertungen von Vermögensgegenständen bezeichnet. Der buchhalterisch ausgewiesene Gewinn liegt dadurch unter dem tatsächlich wirtschaftlich entstandenen. Hierdurch sinkt das Volumen ausschüttungsfähiger Gewinne, wodurch die Finanzierungskraft des Unternehmens steigt bzw. erhalten bleibt.

Beispiel: Stille Selbstfinanzierung

Ein Unternehmen hat Anlagevermögen von 100 und liquide Mittel von 100, es ist zur Hälfte mit Eigen- und Fremdkapital finanziert.

Aktivseite		**Passivseite**	
Anlagevermögen	100	Eigenkapital	100
Liquide Mittel	100	Fremdkapital	100

Der Marktwert des Anlagevermögens liegt bei 150. Dieser Wert darf oder soll nicht ausgewiesen werden, insofern ist das Eigenkapital des Unternehmens zu niedrig bilanziert, theoretisch ebenso der Gewinn. Dadurch verbleiben Mittel im Unternehmen, die ansonsten ausgeschüttet werden könnten.

An diesem Beispiel ist klar erkennbar, dass Innenfinanzierung nicht in jeder Hinsicht als reine Finanzierungsform bezeichnet werden kann: Denn es fehlt hier nicht nur an der für eine Finanzierung charakteristischen Zuführung von liquiden Mitteln, zusätzlich ist hier auch die Schaffung eines (Fremd-)Finanzierungspotenzials nur eingeschränkt gegeben, da die Kreditwürdigkeit aufgrund der nicht transparenten Eigenkapitalsituation nicht zwingend erhöht wird.

Selbstfinanzierung durch Abschreibungen

Abschreibungen verteilen buchhalterisch die Anschaffungskosten eines Vermögensgegenstands auf seine Laufzeit. Aus Kostenrechnungssicht dienen Abschreibungen zur Ermittlung der Selbstkosten und daraus abgeleitet Angebotspreisen von Produkten. Aus finanzwirtschaftlicher Sicht führen Abschreibungen zur Freisetzung von liquiden Mitteln, die in Vermögensgegenständen gebunden sind.

Wenn ein Unternehmen eine Investition tätigt, d. h. einen langfristig genutzten Vermögensgegenstand kauft, kommt es zu einer Auszahlung. Die in den Vermögensgegenstand investierten liquiden Mittel sollen dem Unternehmen über zukünftige Einzahlungen wieder zufließen. Dazu gehen die Investitionskosten über die Kalkulation der Kosten- und Leistungsrechnung in die Produktpreise ein, sie werden dann über die Einzahlungen aus Umsätzen wieder erlöst.

Beispiel: Liquiditätswirkung von Abschreibungen

Ein Unternehmen produziert 100 Produkte pro Jahr zu Material- und Fertigungskosten von 1,0 € je Produkt.

Das Unternehmen kauft eine Maschine für 100 €, die über 10 Jahre genutzt werden soll. Über die Verrechnung der linearen Abschreibung entstehen jedes Jahr Kosten in Höhe von 10 €. Diese Kosten sind in den Preis der Produkte einzubeziehen.

Die Material- und Fertigungskosten von 1,0 € werden folglich erhöht, und zwar um die Abschreibungskosten von 10 € verteilt auf 100 Produkte, d. h. um einen Betrag von 0,1 €.

Jedes Produkt, das nun statt für 1,0 € für 1,1 € veräußert wird (evtl. wird noch ein Gewinnzuschlag zusätzlich kalkuliert, dieser ist hier aber nicht von Bedeutung), führt somit zu einem zusätzlichen Liquiditätsrückfluss von 0,1 €. Nach 10 Jahren und 1.000 verkauften Produkten ist die ursprünglich in die Maschine gebundene Liquidität von 100 € dem Unternehmen wieder zugeflossen.

Innenfinanzierung mit Fremdkapital

Bei der **Innenfinanzierung mit Fremdkapital** wird Liquidität, die im Unternehmen entsteht und den Fremdkapitalgebern zusteht, für Finanzierungszwecke verwendet. Auch hier ist zu beachten, dass die liquiden Mittel dem Unternehmen regelmäßig nicht direkt für Finanzierungszwecke zugeführt werden, sondern aufgrund anderer Sachverhalte, wie z. B. Einzahlung aus Umsatzerlösen, zufließen.

Die bekannteste Form der Innenfinanzierung mit Fremdkapital ist die Finanzierung über langfristig laufende Schuldpositionen. Sie kann am Beispiel der Bildung von Rückstellungen verdeutlicht werden. Bilanziert ein Unternehmen Rückstellungen,

z. B. weil es Pensionsverpflichtungen eingegangen ist, führt dies zu einer Reduzierung des laufenden Ergebnisses, da die Bildung und die Erhöhung von Rückstellungen aufwandswirksam erfolgen. Parallel zur Reduzierung des Gewinns entsteht eine Schuldposition, die als Finanzierungsform angesehen wird.

Beispiel: Innenfinanzierung mit Rückstellungen (Fortsetzung des Beispiels)

Das Unternehmen hatte zu Beginn eines Jahres Anlagevermögen von 100 und Vorräte von 100, die Vorräte wurden für 120 gegen Barzahlung veräußert.

Aktivseite		**Passivseite**	
Anlagevermögen	100	Eigenkapital	100
Liquide Mittel	120	Jahresüberschuss	20
		Fremdkapital	100

Gibt das Unternehmen seinen Mitarbeitern eine Pensionszusage, hat es eine Pensionsrückstellung (beispielsweise in Höhe von 5) zu bilanzieren. Die liquiden Mittel bleiben unverändert, es sinkt aber der ausschüttungsfähige Jahresüberschuss. So entsteht ein Finanzierungspotenzial, da liquide Mittel im Unternehmen erhalten bleiben.

Aktivseite		**Passivseite**	
Anlagevermögen	100	Eigenkapital	100
Liquide Mittel	120	Jahresüberschuss	15
		Fremdkapital	100
		Rückstellungen	5

Das Ergebnis ist ähnlich der offenen Selbstfinanzierung, nur dass dort das Finanzierungspotenzial durch Bildung von Gewinnrücklagen (Eigenkapital) erfolgt.

Zu beachten ist, dass diese Finanzierungsform zwar langfristig orientiert sein kann, aufgrund ihrer Eigenschaft als Fremdkapital aber dennoch nicht zeitlich unbegrenzt zur Verfügung steht. Das heißt, dass die eingegangenen Verpflichtungen in Zukunft zu erfüllen sind, was dann zu einem Liquiditätsabfluss führt. Dies kann in dem Fall problematisch werden, wenn im Zeitpunkt der Erfüllung der Leistungsverpflichtung, z. B. bei Zahlung von Renten bei Erreichen des Pensionsalters, keine ausreichenden liquiden Mittel zur Verfügung stehen.

11.5.3 Außenfinanzierung

Grundlegendes Kennzeichen der **Außenfinanzierung** ist, dass die liquiden Mittel dem Unternehmen von außen zugeführt werden. Im engeren Sinn ist nur diese Form der Mittelaufbringung als Finanzierung zu bezeichnen, da die innerhalb des Unternehmens gebildeten Mittel (Innenfinanzierung) nicht aus Finanzierungsgründen entstehen und ebenfalls von außerhalb des Unternehmens zugeführt werden.

Außenfinanzierung mit Eigenkapital (Beteiligungsfinanzierung)

Beteiligungsfinanzierung bedeutet, dass die Eigentümer dem Unternehmen Mittel von außerhalb für Finanzierungszwecke zuführen. Dabei kann es sich um bestehende Gesellschafter handeln, es können aber auch neue Gesellschafter aufgenommen werden.

Formen der Kapitalerhöhung

Bei der Beteiligungsfinanzierung in Form einer Barkapitalerhöhung führen bestehende oder neue Gesellschafter dem Unternehmen liquide Mittel zu. Dadurch erhöht sich gleichzeitig das bilanzielle Eigenkapital des Unternehmens. Möglich ist auch eine Sachkapitalerhöhung, bei der dem Unternehmen im Zuge der Kapitalerhöhung statt liquider Mittel Vermögensgegenstände übertragen werden.

Beispiel: Barkapitalerhöhung und Sachkapitalerhöhung

Ein Unternehmen hat Anlagevermögen von 100 und Eigenkapital von 100.

Aktivseite		Passivseite	
Anlagevermögen	100	Eigenkapital	100

Die bestehenden Gesellschafter beschließen eine Kapitalerhöhung in Höhe von 20, die aus dem Privatvermögen der Gesellschafter bedient wird.

Fall 1: Die Barkapitalerhöhung führt zu liquiden Einzahlungen.

Aktivseite		Passivseite	
Anlagevermögen	100	Eigenkapital	120
Liquide Mittel	20		

Fall 2: Die Kapitalerhöhung wird als Sachkapitalerhöhung durchgeführt, die Gesellschafter bringen weiteres Anlagevermögen ein.

Aktivseite		Passivseite	
Anlagevermögen	120	Eigenkapital	120

Es ist ersichtlich, dass im zweiten Fall das Unternehmen keine Finanzierung im engeren Sinn erhalten hat, da keine liquiden Mittel zur Verfügung gestellt werden.

Beteiligungsfinanzierung bei börsennotierten und nicht börsennotierten Unternehmen

Bei der Beteiligungsfinanzierung ist auch danach zu unterscheiden, ob das Unternehmen börsennotiert ist, d. h., ob es handelbare Eigenkapitaltitel (v. a. Aktien) ausgeben kann oder nicht.

Bei Personengesellschaften, Gesellschaften mit beschränkter Haftung und Aktiengesellschaften, die nicht börsennotiert sind, können keine handelbaren Titel ausgegeben werden. Hier besteht der Gesellschafterkreis im Allgemeinen aus einer überschaubaren Anzahl an Personen, die sich häufig auch persönlich kennen und im Unternehmen mitarbeiten. Diesem Vorteil der persönlichen Zusammenarbeit steht jedoch der Nachteil von in der Regel begrenzten Volumina bei der Eigenfinanzierung durch Kapitalerhöhung entgegen.

Bei börsennotierten Aktiengesellschaften können dem Unternehmen dagegen auch sehr hohe Volumina an liquiden Mitteln zugeführt werden, da Aktien am Kapitalmarkt platziert werden können. Ein weiterer Vorteil ist die Handelbarkeit der Aktien, d. h., hier sind die Gesellschafter regelmäßig nicht persönlich mit dem Unternehmen verbunden, sie sind im Allgemeinen auch nicht bekannt.

Ein späterer Kauf und Verkauf von Aktien findet im sog. Zweitmarkt statt und führt nicht zu Liquidität beim Unternehmen, da hier lediglich ein Austausch von Anteilen auf Gesellschafterebene stattfindet. Verkauft beispielsweise ein Aktionär eine seiner Aktien für 100 € an eine andere Person, so findet ein Tausch „Gesellschaftsrecht gegen Bezahlung“ statt, das Unternehmen wird dadurch nicht beeinflusst, insbesondere ändern sich weder die liquiden Mittel noch das Eigenkapital des Unternehmens.

Beteiligungsverhältnisse

Ein wichtiger Aspekt bei der Beteiligungsfinanzierung sind neben der eigentlichen Höhe der bereitgestellten Mittel auch die Anteilsverhältnisse vor und nach der Durchführung der Kapitalmaßnahme. Da die liquiden Mittel (siehe Barkapitalerhöhung) aus dem Privatvermögen der bestehenden Gesellschafter eingezahlt werden, ist das Volumen häufig begrenzt. Werden neue Gesellschafter aufgenommen, führt dies jedoch zu einem Verlust an Einfluss der bestehenden Gesellschafter. Die Kombination aus Volumen der Kapitalerhöhung und Stimmrechtsverteilung ist demnach ein entscheidender Faktor bei der Beurteilung einer Beteiligungsfinanzierung sowohl aus Sicht des Unternehmens als auch aus Sicht der Gesellschafter.

Beispiel: Kapitalerhöhung zum Nominalwert

Eine Aktiengesellschaft hat ein Grundkapital von 100, aufgeteilt in 100 Aktien. Der Nominalwert jeder Aktie beträgt somit 1 €. Das Unternehmen hat ein Vermögen von 100 und Eigenkapital von 100. Der bestehende Gesellschafter ist nicht in der Lage, weitere liquide Mittel in das Unternehmen einzuzahlen.

Aktivseite		Passivseite	
Anlagevermögen	100	Eigenkapital	100

Es erfolgt eine Kapitalerhöhung in Höhe von 20, d. h., das Unternehmen gibt 20 neue Aktien zu einem Nominalwert von jeweils 1 aus. Zeichnet ein neuer Gesellschafter die Aktien, führt dies zu einer Reduzierung der Stimmrechte des Altgesellschafters.

Aktivseite		Passivseite	
Anlagevermögen	100	Eigenkapital „alt"	100
Liquide Mittel	20	Eigenkapital „neu"	20

Im obigen Beispiel sinkt der Anteil des Altgesellschafters am Eigenkapital von (100 Aktien / 100 Aktien =) 100 % auf (100 Aktien / 120 Aktien =) 83,33 %, der Neugesellschafter erhält 16,67 % der Stimmrechte.

Neben dieser Kapitalerhöhung zum Nominalwert besteht aber auch die Möglichkeit, dass der neue Gesellschafter einen anderen Betrag als den Nominalwert bezahlt, da der Unternehmenswert und damit der Wert der neu ausgegebenen Aktien nicht unbedingt dem Nominalwert der Aktien entsprechen muss.

Beispiel: Kapitalerhöhung über Nominalwert

Aktivseite		Passivseite	
Anlagevermögen	100	Grundkapital	100

Das Unternehmen beschließt, 20 neue Aktien mit einem Nominalwert von je 1 € auszugeben, hierdurch entstehen 20 neue Stimmrechte. Die Aktien werden nun aber zu einem Preis von jeweils 3 € an der Börse platziert. Dem Unternehmen fließen so 20 Aktien × 3 €/Aktie = 60 € Liquidität zu. Der gezahlte Mehrbetrag von 2 € je Aktie ist eine Überzahlung (Agio), die **nicht** zu Stimmrechten führt. Sie ist deshalb in einer anderen Eigenkapitalposition, der Kapitalrücklage zu bilanzieren.

Aktivseite		Passivseite	
Anlagevermögen	100	Grundkapital „alt"	100
Liquide Mittel	60	Grundkapital „neu"	20 · 1 = 20
		Kapitalrücklage	20 · 2 = 40

Das Unternehmen hat nach der Kapitalerhöhung 120 Aktien zu einem Nominalwert von je 1 € und damit 120 Stimmrechte. Die Neugesellschafter haben hieran einen Anteil von (20 Aktien / 120 Aktien =) 16,67 %. Im Unterschied zu oben ist dem Unternehmen aber eine höhere Liquidität zugeflossen.

Bezugsrechte

Diese Veränderung der Stimmrechte bei Kapitalerhöhungen führt dazu, dass bei Kapitalgesellschaften ein besonderer Schutzmechanismus gilt. Gibt z. B. eine Aktiengesellschaft neue Aktien aus, würde der Anteil der Altgesellschafter am Unternehmen reduziert bzw. „verwässert", wenn sie nicht an der Kapitalerhöhung teilnehmen wollen oder können. Sie erhalten deshalb von Gesetzes wegen sogenannte Bezugsrechte. Die Bezugsrechte gewähren den Altgesellschaftern beim Erwerb der neuen Aktien Vorrang und sollen sicherstellen, dass sich bei den Altgesellschaftern sowohl hinsichtlich ihres Vermögens als auch hinsichtlich ihrer Stellung im Unternehmen keine Änderungen ergeben. Ein derartiges Bezugsrecht ist ein eigenständiges Finanzinstrument, d. h., ein Altgesellschafter kann das Bezugsrecht separat veräußern, wenn er es nicht ausübt.

Die Anzahl der ausgegebenen Bezugsrechte und ihr Preis lassen sich mithilfe von Formeln berechnen, Gleiches gilt für den theoretischen Aktienkurs nach der Kapitalerhöhung.

Formel 11.16: Berechnung des Bezugsverhältnisses

$$\text{Bezugsverhältnis} = \frac{\text{Anzahl alte Aktien}}{\text{Anzahl neue Aktien}}$$

Formel 11.17: Berechnung des Werts eines Bezugsrechts

$$\text{Bezugsrecht} = \frac{\text{Preis alte Aktie} - \text{Preis neue Aktie}}{\text{Bezugsrechtsverhältnis} + 1}$$

Formel 11.18: Berechnung des theoretischen Aktienkurses nach Kapitalerhöhung

$$\text{Aktienkurs} = \frac{\text{Bestehendes EK} + \text{Neues EK}}{\text{Anzahl alte Aktien} + \text{Anzahl neue Aktien}}$$

Beispiel: Kapitelerhöhung mit Bezugsrechten

Ein Unternehmen hat 100 Aktien zu einem Nominalwert von jeweils 1 € ausgegeben. Der aktuelle Aktienkurs liegt bei 5 €.

Aktivseite			**Passivseite**
Anlagevermögen	100	Grundkapital	100

Der aktuelle Aktienkurs zu 5 € je Aktie hat keine Auswirkungen auf das Unternehmen und seine Finanzierung, er stellt den Preis dar, zu dem Aktien zwischen den Gesellschaftern gehandelt werden.

Das Unternehmen hat einen Kapitalbedarf von 40 € und plant 10 Aktien zu einem Preis von je 4 € (1 € Nominalwert und 3 € Agio) auszugeben.

Nach der Durchführung der Kapitalerhöhung ergibt sich folgendes Bild:

Aktivseite		**Passivseite**	
Anlagevermögen	100	Grundkapital „alt"	100
Liquide Mittel	40	Grundkapital „neu"	10 · 1 = 10
		Kapitalrücklage	10 · 3 = 30

Durch die Kapitalerhöhung sind dem Unternehmen liquide Mittel in Höhe von 40 € zugeflossen. Nehmen die Altgesellschafter an der Kapitalerhöhung nicht teil, reduziert sich ihr Anteil am Unternehmen, sie werden verwässert.

Deshalb hat das Unternehmen im Rahmen der Kapitalerhöhung den Altaktionären die Möglichkeit einzuräumen, dass diese zuerst die Aktien erwerben. Zu diesem Zweck werden Bezugsrechte ausgegeben. Je 10 alte Aktien kann 1 neue Aktie erworben werden, d. h., das Bezugsverhältnis beträgt 10.

$$\text{Bezugsverhältnis} = \frac{\text{Anzahl alte Aktien}}{\text{Anzahl neue Aktien}} = \frac{100}{10} = 10$$

Der Wert eines Bezugsrechts ergibt sich aus der Kombination von aktuellem Aktienkurs und dem Kurs der neuen Aktien.

$$\text{Bezugsrecht} = \frac{\text{Preis alte Aktie} - \text{Preis neue Aktie}}{\text{Bezugsrechtsverhältnis} + 1} = \frac{5\ € - 4\ €}{10+1} = 0{,}09\ €$$

Der Aktienkurs nach der Kapitalerhöhung sollte theoretisch dem gewichteten Aktienkurs aus alten und neuen Aktien entsprechen.

$$\text{Aktienkurs} = \frac{\text{Bestehendes EK} + \text{Neues EK}}{\text{Anzahl alte Aktien} + \text{Anzahl neue Aktien}} = \frac{100 \cdot 5 + 10 \cdot 4}{100+10} = 4{,}91\ €$$

Der neue Aktienkurs entspricht somit genau dem aktuellen Aktienkurs (5 €) abzüglich dem Wert eines Bezugsrechts (0,09 €).

Sinn und Zweck der Bezugsrechte ist, dass die Position der Altgesellschafter unverändert bleibt. Besitzt ein Altgesellschafter z. B. 20 Aktien, beträgt sein Vermögen vor der Kapitalerhöhung 20 Aktien × 5 €/Aktie = 100 €. Nimmt er nicht an der Kapitalerhöhung teil, sinkt sein Vermögen auf 20 Aktien × 4,91 €/Aktie = 98,20 €. Dieser Verlust von 1,80 € wird aber durch die Zuteilung von 20 Bezugsrechten zu je 0,09 € = 1,80 € ausgeglichen, die veräußert (oder auch zur Teilnahme an der Kapitalerhöhung genutzt) werden können.

In der realen Welt wird sich der Aktienkurs aber nicht auf diesen theoretischen Wert einstellen, da er noch von weiteren Faktoren abhängt, wie z. B. Einschätzung der Kapitalerhöhung durch den Kapitalmarkt, Nachfrage nach Aktien etc.

Neben der regulären Barkapitalerhöhung mit Bezugsrechten gibt es bei Aktiengesellschaften auch Sonderformen der Kapitalerhöhung, bei denen das Bezugsrecht der Altaktionäre ausgeschlossen werden kann. Aufgrund des Vermögensverlusts (Verwässerungseffekt) sind diese jedoch an besondere Regularien gebunden, z. B. eine Zustimmung von mehr als 75 % der Altgesellschafter.

Außenfinanzierung mit Fremdkapital (Kreditfinanzierung)

Kreditfinanzierung bedeutet, dass dem Unternehmen von Dritten, d. h. von Unternehmen und/oder Personen, die nicht Gesellschafter sind oder nicht in ihrer Rolle als Gesellschafter handeln, Mittel für Finanzierungszwecke zugeführt werden. Fremdkapitalgeber verfolgen dabei unterschiedliche Zielsetzungen, je nachdem, welche Form von Fremdkapital zur Verfügung gestellt wird.

Kreditwürdigkeitsprüfung

Bevor ein Darlehensgeber einem Darlehensnehmer einen Kredit gibt, wird er dessen Bonität prüfen. Die **Kreditwürdigkeitsprüfung** stellt folglich eine Analyse dar, ob ein Kreditnehmer voraussichtlich in der Lage sein wird, seine Darlehensverpflichtungen, bestehend aus Zinszahlungen und Rückzahlungen, zu erfüllen. Kreditgeber führen Kreditwürdigkeitsprüfungen im Allgemeinen vor der Darlehensvergabe durch, die Ergebnisse werden während der Laufzeit von Darlehensverträgen regelmäßig aktualisiert.

Neben der grundsätzlichen Entscheidung, ob ein potenzieller Darlehensnehmer überhaupt als kreditwürdig einzuschätzen ist, dienen Kreditwürdigkeitsprüfungen auch der Ermittlung des Ausfallrisikos (sog. default risk), d. h. der Wahrscheinlichkeit, dass Darlehensverpflichtungen nicht erfüllt werden. Diese Ausfallwahrscheinlichkeit hat Einfluss auf die Höhe des Zinssatzes, der für ein Darlehen bezahlt werden muss: Je höher das Risiko eines Ausfalls, desto mehr Zinsen sind für ein Darlehen zu bezahlen, da der Kreditgeber eine entsprechende Risikoprämie kalkuliert.

Die Kreditwürdigkeit kann mithilfe unterschiedlicher Kriterien eingeschätzt werden:

- Bei der objektiven Prüfung der Kreditwürdigkeit erfolgt die Festlegung der Kreditwürdigkeit anhand objektiv nachprüfbarer Kriterien, wie z. B. Bilanzsumme, Jahresergebnis(se) oder Cashflow. Bei privaten Darlehensnehmern werden auch Lebenshaltungskosten und sonstige finanzielle Verpflichtungen (Leasingverträge u. Ä.) berücksichtigt.
- Bei der subjektiven Prüfung der Kreditwürdigkeit erfolgt die Festlegung der Kreditwürdigkeit anhand subjektiver Faktoren, z. B. Managementqualität, persönliches Auftreten der handelnden Personen, Kredithistorie und Sicherheiten.

Rating

Es gibt spezialisierte Dienstleistungsunternehmen, die die Prüfung der Kreditwürdigkeit anderer Unternehmen vornehmen. Dies ist insbesondere bei großen und/oder international tätigen Unternehmen der Fall. Diese Anbieter werden als Ratingagenturen bezeichnet. Sie analysieren die bisherige Kredithistorie eines Unternehmens sowie dessen zukünftig geplante Aktivitäten und leiten daraus eine Einschätzung, ein sogenanntes Rating, ab. Das **Rating** besteht aus einem ausführlichen Ratingbericht und einer zusammenfassenden Einschätzung der Kreditwürdigkeit, die in Form von Buchstabenkombinationen vergeben und häufig auch veröffentlicht wird. Bekannt sind z. B. AAA oder BB+. Je besser die Einschätzung der Kreditwürdigkeit des bewerteten Unternehmens ist, desto geringer ist die erwartete Ausfallwahrscheinlichkeit eines Darlehens. Daraus folgen ein besseres Rating und damit ein geringerer Risikozuschlag bzw. ein niedrigerer Zins, den das Unternehmen für einen Kredit zahlen muss.

Kreditsicherheiten

Darlehensgeber verlangen zur Absicherung ihrer Darlehensforderung von Darlehensnehmern häufig Sicherheiten, die im Fall eines Kreditausfalls zum Einsatz kommen, um den ursprünglichen oder den noch ausstehenden Darlehensbetrag – zumindest teilweise – zurückzuerhalten.

Je besser die zur Absicherung eines Darlehens zur Verfügung gestellten Sicherheiten sind, desto wahrscheinlicher ist die Kreditvergabe und desto niedriger sind die für ein Darlehen zu zahlenden Zinsen. Dies wird beispielsweise bei Immobilienfinanzierungen deutlich, bei denen der Darlehensgeber ein Rückgriffsrecht auf das Grundstück und die Immobilie erhalten kann, so dass dort regelmäßig niedrigere Zinsen zu bezahlen sind als bei einer klassischen Unternehmensfinanzierung.

Objektbezogene Kreditsicherheiten

Objektbezogen sind Kreditsicherheiten, bei denen Vermögenswerte direkt als Sicherheit für die Erfüllung der Darlehensverpflichtungen dienen. Zu nennen sind hier z. B. bei beweglichen Vermögenswerten Eigentumsvorbehalte und Sicherungsübereignungen sowie bei Immobilien Hypotheken und Grundschulden.

Beispiel: Objektbezogene Kreditsicherheiten

Ein Unternehmen plant, eine Maschine zu einem Preis von 100.000 € zu kaufen und beantragt ein Darlehen in Höhe von 50.000 €. Die Bank stimmt dem Darlehensantrag zu, lässt sich aber das Eigentum an der Maschine übertragen. Im Insolvenzfall erhält sie dann die Maschine und kann diese verwerten, um zu versuchen, ihren noch ausstehenden Darlehensbetrag zurückzuerhalten.

Subjektbezogene Kreditsicherheiten

Subjektbezogen sind Kreditsicherheiten des Darlehensnehmers und aus dessen Umfeld. Zu nennen sind hier persönliche Garantien des Darlehensnehmers, Bürgschaften Dritter sowie Patronatserklärungen von verbundenen Gesellschaften, z. B. des Mutterunternehmens.

Beispiel: Subjektbezogene Kreditsicherheiten

Eine Gesellschaft mit beschränkter Haftung mit einem Stammkapital von 25.000 € will ein Darlehen in Höhe von 500.000 € aufnehmen. Die Bank lehnt den Darlehensantrag mit der Begründung der Haftungsbeschränkung ab. Der vermögende Gesellschafter des Unternehmens gibt daraufhin eine Garantieerklärung ab, dass er für die Verbindlichkeiten des Unternehmens der Bank gegenüber persönlich haftet. Die Bank stimmt nun dem Darlehensantrag zu.

Formen der Fremdkapitalfinanzierung

Fremdkapital kann danach unterschieden werden, wie lange es dem Unternehmen zur Verfügung steht (kurzfristig/mittelfristig/langfristig) und wer der Fremdkapitalgeber ist (Kreditinstitut, Lieferant, Privatperson etc.)

Lieferantenkredit

Eine häufig anzutreffende Form der kurzfristigen Fremdkapitalfinanzierung ist der Lieferantenkredit. Bezieht ein Unternehmen Waren oder Dienstleistungen von einem Zulieferer und ist dessen Rechnung erst nach einer gewissen Zeitspanne zu bezahlen, so stehen die nicht gezahlten Mittel dem Unternehmen für diesen Zeitraum weiterhin zur Verfügung, es erhält dadurch eine kurzfristige Finanzierung (vgl. die Zahlungsziele des Lieferanten bei der Ermittlung des Kapitalbedarfs in ▶ *Abschnitt 11.4.2 „Ermittlung des kurzfristigen Kapitalbedarfs“*). Derartige Lieferantenkredite werden häufig ohne explizit ausgewiesene Zinszahlungen zur Verfügung gestellt, weshalb sie als „günstig“ eingestuft werden. Es ist allerdings zu beachten, dass auch der Lieferant eine entsprechende Finanzierung benötigt (die noch nicht erhaltenen Zahlungen stellen beim Lieferanten eine Forderung dar, s. o. bei den Beispielen zur Kapitalfreisetzung durch Umsatzerlöse) bzw. die noch nicht erhaltenen Einzahlungen investieren oder anlegen könnte. Das heißt, der Lieferant hat hierdurch einen finanziellen oder andersartigen wirtschaftlichen Nachteil, den er im Allgemeinen in die Kalkulation des Verkaufspreises des Produkts einbezieht. Insofern beinhaltet auch ein zinsfreier Lieferantenkredit in gewisser Weise Finanzierungskosten für den Abnehmer.

Zum Themenfeld Finanzierung über Lieferantenverbindlichkeiten gehört auch die von Lieferanten eingeräumte Möglichkeit, Rechnungen unter Abzug eines Nachlasses zu bezahlen. Wenn Unternehmen Rechnungen für Produkte oder Dienstleistungen sehr schnell bezahlen, erhalten sie dafür einen Nachlass, der als **Skonto** bezeichnet wird. Der nominale Skontozinssatz liegt typischerweise zwischen 1 % und 3 %, da er aber für einen sehr kurzen Zeitraum anfällt, ist der korrespondierende tatsächliche Zinssatz hochgerechnet auf ein ganzes Jahr relativ hoch.

Formel 11.19: Berechnung Skontozinssatz

$$\text{Skontozinssatz} = \frac{\text{Skontosatz} \times 360 \text{ Tage}}{\text{Zahlungsziel (in Tagen)} - \text{Skontofrist (in Tagen)}}$$

Beispiel: Berechnung Skonto

Ein Unternehmen hat Ware zum Preis von 100 bezogen. Der Kaufpreis ist in vier Wochen zur Zahlung fällig. Zahlt das Unternehmen bereits innerhalb von einer Woche, kann es ein Skonto von 2 % abziehen.

Der auf ein Jahr umgerechnete Skontozinssatz liegt damit bei

$$\frac{2\% \cdot 360 \text{ Tage}}{28 \text{ Tage} - 7 \text{ Tage}} = 34{,}3\%.$$

Kontokorrentkredit

Eine weitere Form der kurzfristigen Fremdfinanzierung ist der **Kontokorrentkredit**. Dabei wird einem Unternehmen von einer Bank grundsätzlich die Möglichkeit eingeräumt, ein bestehendes Konto sowohl mit Guthaben als auch mit Verbindlichkeiten zu führen. Das Unternehmen wird dadurch in die Lage versetzt, kurzfristig Liquidität zu erhalten, ohne für jeden Einzelfall einen Darlehensvertrag abschließen zu müssen. Die Zinssätze für derartige Darlehen liegen in der Regel über Zinssätzen für längerfristige Darlehensverträge.

Beispiel: Kontokorrentkredit

Ein Unternehmen kann sein Kontokorrentkonto um bis zu 10.000 € überziehen. Der Zinssatz beträgt 10 % p. a. Nutzt das Unternehmen die eingeräumte Linie in Höhe von 5.000 € für vier Wochen, fallen Zinsen in Höhe von 5.000 € · 10 % · (28 Tage / 365 Tage) = 38,36 € an.

Aufgrund der Kurzfristigkeit der Finanzierung werden Zinsen häufig nicht nur einmal pro Jahr, sondern unterjährig ermittelt und dem Darlehensnehmer, der seine Kontokorrentlinie ausnutzt, in Rechnung gestellt. Diese unterjährige Zinsabrechnung führt dazu, dass der angegebene Nominalzinssatz nicht dem tatsächlich anfallenden Effektivzinssatz entspricht, der höher liegt.

Formel 11.20: Berechnung Effektivzinssatz bei unterjähriger Verzinsung

$$\text{Effektivzinssatz} = i_{\text{eff}} = \left(1 + \frac{i_{\text{nom}}}{n}\right)^n - 1$$

i_{eff}: Effektivzinssatz
i_{nom}: Nominalzinssatz
n: Anzahl der Zinsabrechnungen p. a.

Beispiel: Kontokorrentkredit mit unterjähriger Verzinsung

Ein Unternehmen kann ein Kontokorrentkonto nutzen, der Nominalzinssatz beträgt 10 % p. a., die Zinsabrechnung erfolgt viermal pro Jahr. Nimmt das Unternehmen beispielsweise eine Verbindlichkeit von 10.000 € auf, ergibt sich folgende Zinsbelastung:

	1. Quartal	2. Quartal	3. Quartal	4. Quartal
Betrag	10.000,00	10.250,00	10.506,25	10.768,91
Zinssatz	2,5 %	2,5 %	2,5 %	2,5 %
Endbetrag	10.250,00	10.506,25	10.768,91	11.038,13

Das Unternahmen hat am Ende des Jahres 1.038,13 € Zinsen zu bezahlen, das entspricht einem effektiven Zinssatz von 10,38 %.

$$i_{\text{eff}} = (1 + \frac{0{,}1}{4})^4 - 1 = 10{,}38\%$$

Längerfristige Bankdarlehen

Die häufigste Form der mittel- und langfristigen Fremdkapitalfinanzierung sind **Bankdarlehen**. Wesentliche Kriterien zur Charakterisierung eines Bankdarlehens sind:

- Darlehenssumme
- Laufzeit des Darlehensvertrags
- Zinssatz: fest oder variabel
- Laufzeit einer evtl. vorhandenen Zinsfestschreibung: Ein Darlehensvertrag kann beispielsweise eine Laufzeit von zehn Jahren haben. Der Zinssatz ist für fünf Jahre fest vereinbart, anschließend wird er auf Basis der dann gültigen allgemeinen Marktkonditionen neu festgelegt.
- Rückzahlungsmodalitäten, z. B. laufende Tilgung, Rückzahlung am Ende der Laufzeit, individuelle Sonderzahlungen
- Sonstige Gebühren und Kosten, z. B. Bereitstellungszinsen für nicht abgerufene Darlehensteile
- Haftung des Darlehensnehmers: Haftet nur das Unternehmen für die Darlehensverpflichtungen oder gibt es zusätzlich eine persönliche Haftung der Gesellschafter?
- Zusätzliche Sicherheiten zugunsten des Darlehensgebers, z. B. Grundschulden bei einer Immobilienfinanzierung
- Vertragliche Obliegenheiten des Darlehensnehmers (sog. Covenants), z. B. Mitteilungspflichten bei Veränderung der wirtschaftlichen Umstände des Darlehensnehmers

Darlehensformen

Vereinbaren die Vertragspartner eine Rückzahlung am Ende der Laufzeit, spricht man von einem tilgungsfreien Darlehen oder auch endfälligen Darlehen.

Beispiel: Tilgungsfreies Darlehen

Ein Unternehmen nimmt ein tilgungsfreies Darlehen in Höhe von 100.000 € zu einem Zinssatz von 4 % p. a. auf, die Laufzeit beträgt 5 Jahre. Die Zinsen werden jeweils am Jahresanfang gezahlt.

Der Zins beträgt konstant 4 % · 100.000 € = 4.000 €/Jahr, insgesamt werden also 20.000 € Zinsen gezahlt.

Nach fünf Jahren ist das Darlehen in Höhe von 100.000 € in einer Summe zurückzuzahlen.

Eine weitere Form des Bankkredits ist das **Tilgungsdarlehen**. Bei diesem zahlt der Darlehensnehmer einen über die Laufzeit gleichbleibenden Rückzahlungsbetrag. Da der Zins auf Basis der jeweils ausstehenden Darlehenssumme berechnet wird, sinken die Zinszahlungen im Zeitablauf. Gleiches gilt für die Gesamtzahlungen, die sich aus Zinszahlungen und Tilgung zusammensetzen.

Beispiel: Tilgungsdarlehen

Ein Unternehmen nimmt ein Tilgungsdarlehen in Höhe von 100.000 € zu einem Zinssatz von 4 % p. a. auf, die Laufzeit beträgt 5 Jahre. Die Zinsen werden jeweils am Jahresanfang gezahlt.

Die Tilgung beträgt konstant 100.000 € / 5 Jahre = 20.000 €/Jahr

Jahr 1: Zins = 4 % · 100.000 € = 4.000 €

Jahr 2: Zins = 4 % · 80.000 € = 3.200 €

Jahr 3: Zins = 4 % · 60.000 € = 2.400 €

Jahr 4: Zins = 4 % · 40.000 € = 1.600 €

Jahr 5: Zins = 4 % · 20.000 € = 800 €

Insgesamt werden Zinsen in Höhe von 12.000 € gezahlt.

Eine weitere Form des Bankkredits ist das sog. **Annuitätendarlehen**. Dabei bleiben die Zahlungen, bestehend aus Zinszahlungen und Tilgung, während der Laufzeit des Darlehens gleich. Es wird zu Beginn des Darlehens die Annuität berechnet, das ist der konstante Betrag, der über die Laufzeit zu einer vollständigen Rückzahlung des Darlehens führt.

Formel 11.21: Berechnung der Annuität a eines Annuitätendarlehens

$$a = d \cdot \frac{(1+i)^n \cdot i}{(1+i)^n - 1}$$

d: Darlehenssumme
i: Zinssatz
n: Laufzeit

Bei dieser Variante des Annuitätendarlehens ist neben dem Darlehensbetrag und dem Zinssatz die Laufzeit gegeben, innerhalb der das Darlehen zurückgeführt wird. Gesucht wird der korrespondierende Betrag der Annuität.

Da die ausstehende Darlehenssumme aufgrund der laufenden (aber nicht konstanten) Rückzahlungen sinkt, sinkt auch die Höhe der Zinszahlungen, während die Tilgungshöhe ansteigt, denn die Gesamtzahlung ist ja konstant. Dies führt in den ersten Jahren zu relativ hohen Zins- und relativ niedrigen Tilgungszahlungen, während sich das Verhältnis in den späteren Jahren umkehrt.

Beispiel: Annuitätendarlehen

Ein Unternehmen nimmt ein Annuitätendarlehen in Höhe von 100.000 € zu einem Zinssatz von 4 % p. a. auf, die Laufzeit beträgt 5 Jahre. Die Zinsen werden jeweils am Jahresanfang gezahlt.

Die Annuität a beträgt hier

$$a = 100.000\,€ \cdot \frac{(1+0,04)^5 \cdot 0,04}{(1+0,04)^5 - 1} = 22.462,71\,€$$

Das heißt, das Unternehmen zahlt über fünf Jahre jeweils 22.462,71 € für Zins und Tilgung. Es ergeben sich folgende Zins- und Tilgungszahlungen für die einzelnen Jahre:

Jahr	Darlehen	Annuität	Zins	Tilgung
1	100.000,00	22.462,71	4.000,00	18.462,71
2	81.537,29	22.462,71	3.261,49	19.201,22
3	62.336,07	22.462,71	2.493,44	19.969,27
4	42.366,80	22.462,71	1.694,67	20.768,04
5	21.598,77	22.462,71	863,95	21.598,76

Das Unternehmen erhält von der Bank 100.000 €, es zahlt über fünf Jahre 5 · 22.462,71 € = 112.313,56 € an die Bank. Insgesamt werden so Zinsen von (5 · 22.462,70 € – 100.000 € =) 12.313,56 € gezahlt.

Folgende Übersicht vergleicht die Zinszahlungen der drei Darlehensformen bei gleichem Darlehensbetrag und gleicher Laufzeit. Es ist ersichtlich, dass beim tilgungsfreien Darlehen am meisten Zinsen anfallen, da hier während der gesamten Laufzeit ein gleich hoher Darlehensstand verzinst wird. Beim Tilgungsdarlehen erfolgt die Rückzahlung am schnellsten, so dass hier am wenigsten Zinsen anfallen.

	Zinszahlungen
Tilgungsfreies Darlehen	20.000,00 €
Tilgungsdarlehen	12.000,00 €
Annuitätendarlehen	12.313,56 €

Tabelle 11.1: Vergleich Zinszahlungen bei unterschiedlichen Darlehensformen

Häufig wird ein Annuitätendarlehen in einer anderen Form vereinbart: Bei dieser Variante des Annuitätendarlehens wird nicht das gesamte Darlehen innerhalb der ursprünglich vereinbarten Laufzeit zurückgezahlt, so dass am Ende ein Restbetrag verbleibt. Dieser ist dann entweder in einem Betrag zu tilgen oder über ein neues (verlängertes) Darlehen zu finanzieren. Dabei wird der anfängliche Rückzahlungsbetrag, ausgedrückt als %-Satz des Darlehens angegeben.

Formel 11.22: Berechnung der Laufzeit n eines Annuitätendarlehens

$$n = \frac{\ln(i+r) - \ln(r)}{\ln(1+i)}$$

i: Zinssatz (in %)
r: anfängliche Rückzahlung (in %)

Bei dieser Form des Annuitätendarlehens ist neben dem Darlehensbetrag und dem Zinssatz der anfängliche Amortisationssatz gegeben. Gesucht wird die korrespondierende Laufzeit bis zur vollständigen Tilgung. Die Tilgungsdauer selbst ist aber unabhängig von der ursprünglichen Darlehenssumme.

Beispiel: Berechnung der Laufzeit eines Annuitätendarlehens

Ein Unternehmen nimmt ein Annuitätendarlehen in Höhe von 100.000 € zu einem Zinssatz von 4 % p. a. auf, die anfängliche Tilgung beträgt 2 %

$$n = \frac{\ln(0{,}04 + 0{,}02) - \ln(0{,}02)}{\ln(1 + 0{,}04)} = 28{,}01 \text{ Jahre}$$

Das bedeutet, dass das Darlehen bei einer Annuität von (4 % Zins + 2 % Tilgung) 6 % bzw. 6.000 € nach ca. 28 Jahren vollständig getilgt ist.

Zu beachten ist hierbei, dass der Zinssatz über die Laufzeit konstant bleiben muss, was in der Unternehmenspraxis nicht unbedingt der Fall sein wird, da so lange Zinsbindungsfristen im Allgemeinen nicht vereinbart werden können. Aus diesem Grund wird häufig berechnet, welcher Restdarlehensbetrag nach einer gewissen Laufzeit noch besteht, um eine Anschlussfinanzierung kalkulieren zu können.

Formel 11.23: Berechnung der ausstehenden Darlehenssumme b eines Annuitätendarlehens nach m Jahren

$$b = d \cdot \frac{(1+i)^n - (1+i)^m}{(1+i)^n - 1}$$

d: Darlehensbetrag
n: Gesamtlaufzeit des Darlehens
m: Betrachtungszeitpunkt (Jahre)

Beispiel: Berechnung der ausstehenden Darlehenssumme eines Annuitätendarlehens (Fortsetzung des Beispiels)

Ein Unternehmen nimmt ein Annuitätendarlehen in Höhe von 100.000 € zu einem Zinssatz von 4 % p. a. auf, die anfängliche Tilgung beträgt 2 %. Wie hoch ist der Restbetrag des Darlehens nach zehn Jahren?

$$b = 100.000\text{ €} \cdot \frac{(1+0,04)^{28,01} - (1+0,04)^{10}}{(1+0,04)^{28,01} - 1} = 75.987,79\text{ €}$$

Das heißt, dass das Darlehen nach zehn Jahren bei einer Annuität von 6 % (4 % Zins + 2 % Tilgung) bzw. 6.000 € noch einen Restbestand von 75.987,79 € aufweist.

Es sind also in zehn Jahren (10 · 6.000 € =) 60.000 € gezahlt, davon sind 24.012,21 € für die Darlehenstilgung verwendet worden, 35.987,79 € sind Zinszahlungen.

Anleihenfinanzierung

Eine weitere Möglichkeit für Unternehmen, sich mithilfe von Fremdkapital zu finanzieren, besteht in der Ausgabe von Anleihen. Darunter versteht man in der Regel handelbare Wertpapiere mit einem festgelegten Nominalbetrag und einer festen Laufzeit, die dem Erwerber bzw. Inhaber eine laufende Verzinsung gewähren. Das Unternehmen erhält bei der Ausgabe der Anleihe Fremdkapital, leistet hierauf regelmäßig Zinszahlungen und zahlt den Anleihenbetrag nach Ablauf der Laufzeit zurück. Insofern entspricht dies dem oben dargestellten tilgungsfreien Darlehen. Die Besonderheit hier ist jedoch, dass das Fremdkapital nicht von einer Bank, sondern vom Kapitalmarkt zur Verfügung gestellt wird und dass die Zeichner der Anleihe diese (zu einem gegebenenfalls veränderten Preis) im sogenannten Sekundärmarkt weiterveräußern können. Der Erwerber einer solchen Anleihe erwirbt dann den Zins- und Rückzahlungsanspruch.

Beispiel: Anleihenfinanzierung

Ein Unternehmen plant, Fremdkapital in Höhe von 10 Mio. € aufzunehmen. Dazu werden 10.000 Anleihen zu je 1.000 € ausgegeben, die Laufzeit beträgt fünf Jahre, die jährliche Verzinsung liegt bei 6 %.

Werden sämtliche 10.000 Anleihen platziert, erhält das Unternehmen Liquidität durch Fremdkapital in Höhe von 10 Mio. €. Jährlich sind 6 % · 10 Mio. € = 600.000 € Zinsen zu zahlen, nach fünf Jahren ist für jede einzelne Anleihe ein Betrag von 1.000 €, insgesamt also 10 Mio. € zurückzuzahlen.

Erwirbt ein Kapitalmarktteilnehmer in Jahr 1 10 Anleihen zu je 1.000 €, zahlt er 10.000 € an das Unternehmen. Je Anleihe erhält er jährlich 60 € Zinsen, insgesamt also 600 €, das entspricht 6 % Verzinsung. Nach fünf Jahren erhält er eine Rückzahlung in Höhe von 10.000 €.

Veräußert der Anleger die 10 Anleihen z. B. im dritten Jahr an einen anderen Anleger zum Preis von 800 € je Anleihe, erhalt er vom Käufer (und nicht vom Unternehmen) einen Betrag von 8.000 €. Das Unternehmen zahlt unverändert jährliche Zinsen in Höhe von 60 € je Anleihe, insgesamt also 600 €. Für den Erwerber entspricht dies einer Verzinsung von (600 € / 8.000 € =) 7,5 %.

Aufgrund der Handelbarkeit der Anleihen und der im Vergleich zu einem Bankkredit geringeren Einflussmöglichkeit der Anleihenzeichner ist die Ausgabe von Anleihen regelmäßig reglementiert, d. h., es ist ein Wertpapierprospekt zu erstellen, der von der Finanzaufsicht genehmigt werden muss.

Bewertung von Anleihen

Kapitalmarktteilnehmer werden Anleihen im Sekundärmarkt nur dann erwerben, wenn sie eine marktgerechte Verzinsung bieten. Da die Verzinsung der Anleihe im Ausgabezeitpunkt festgelegt wird, folgt daraus, dass bei steigenden Marktzinsen der Marktpreis für bereits ausgegebene Anleihen sinkt bzw. bei sinkenden Marktzinsen der Marktpreis für bereits ausgegebene Anleihen steigt.

Beispiel: Bewertung von Anleihen

Ein Unternehmen hat eine Anleihe mit einem Nominalwert von 1.000 € mit einer jährlichen Verzinsung von 5 % ausgegeben, d. h., der Inhaber der Anleihe erhält jährlich 50 € Zinsen. Betrachtet wird nun der Sekundärmarkt, d. h. das Handeln der Anleihen zwischen den Anleiheninhabern, das Unternehmen ist hiervon nicht direkt betroffen.

Fall 1:

Steigen die am Markt erzielbaren Zinsen auf 6 %, wird ein potenzieller Käufer nicht 1.000 € für die Anleihe bezahlen, da er für 1.000 € am Markt 60 € Zinsen erzielen könnte. Um eine Rendite von 6 % zu erzielen, wird er nur bereit sein, die Anleihe zu einem Preis von 833,33 € zu erwerben. Er erhält dann vom Unternehmen 50 € Zinsen und erzielt eine marktgerechte Verzinsung von (50 € / 833,33 € =) 6 %. Der Preis für die Anleihe am Sekundärmarkt wird auf 833,33 € sinken.

Fall 2:

Sinken die am Markt erzielbaren Zinsen auf 4 %, wird ein potenzieller Verkäufer mehr als 1.000 € für die Anleihe erhalten wollen, da er für 1.000 € am Markt nur 40 € Zinsen erhalten würde. Um weiterhin eine Rendite von 5 % zu erzielen, wird er nur bereit sein, die Anleihe zu einem Preis von 1.250 € zu veräußern. Legt er diese zu Marktzinsen von 4 % an, erhält er weiterhin (1.250 € · 4 % =) 50 €. Der Preis für die Anleihe am Sekundärmarkt wird also auf 1.250,00 € steigen.

11.5.4 Sonderformen der Finanzierung

Leasing

Beim **Leasing** wird ein Vermögensgegenstand (Maschine, Auto etc.) von einem Unternehmen erworben und einem anderen Unternehmen zur Nutzung überlassen. Der Leasinggeber vermietet folglich den Gegenstand an den Leasingnehmer, der hierfür eine Leasinggebühr, entsprechend einer Miete, zu zahlen hat.

Hierdurch hat der Leasingnehmer Liquiditätsvorteile, da er nicht die gesamten Anschaffungskosten für den Vermögensgegenstand auf einmal zu leisten hat. Stattdessen zahlt er eine laufende Gebühr bzw. Leasingrate für die Nutzung des Vermögensgegenstands.

Der Leasinggeber kalkuliert in die Leasingrate neben seinen eigenen Finanzierungskosten auch einen Zuschlag für Verwaltungskosten sowie einen Gewinnzuschlag. Insofern entspricht Leasing einer langfristigen Fremdfinanzierung.

Beispiel: Leasing

Eine Maschine kostet 100.000 €. Der Leasinggeber kalkuliert mit einem Zinssatz von 6 % p. a. Die Leasingraten sollen über eine Laufzeit von 10 Jahren sämtliche Zahlungen abdecken.

Die Leasingrate kann hier über eine Annuität berechnet werden:

$$a = 100.000\ € \cdot \frac{(1+0,06)^{10} \cdot 0,06}{(1+0,06)^{10} - 1} = 13.586,80\ €$$

Der Leasinggeber kauft die Maschine für 100.000 €, der Leasingnehmer zahlt zehn Jahre lang 13.586,80 € p. a., insgesamt also 135.868,00 € an den Leasinggeber.

Neben dieser finanzwirtschaftlichen Sicht ist bei Leasing auch die bilanzielle Sicht von Bedeutung. Die Frage, ob der Leasinggeber oder der Leasingnehmer den Vermögensgegenstand in seine Bilanz aufzunehmen hat und ob der Leasinggeber eine Forderung bzw. der Leasingnehmer eine Verbindlichkeit oder Rückstellung zu bilanzieren hat, ist ein wesentliches Kriterium zur Entscheidung, ob und in welcher Form ein Unternehmen Vermögensgegenstände least oder nicht.

Bei der Entscheidung zwischen Kauf eines Vermögensgegenstands und Leasing sind zusammengefasst folgende Faktoren zu berücksichtigen:

- Nutzungsdauer des Vermögensgegenstands
- Abschreibungen und Liquidationserlöse
- Kapitalkosten bei Kauf des Gegenstands/Zinssatz für Fremdkapital
- Leasingrate (abgeleitet aus dem Kalkulationssatz des Leasinggebers)
- Bilanzierungsvorschriften
- Steuerliche Behandlung des Leasings

Factoring

Factoring bedeutet die Übernahme von Forderungen eines Unternehmens durch ein anderes Unternehmen. Hierdurch wird dem übertragenden Unternehmen Liquidität zur Verfügung gestellt, das übernehmende Unternehmen verdient an der Forderungsübernahme je nach Umfang der von ihm erbrachten Leistungen.

Beim Factoring überträgt folglich ein Unternehmen bereits bestehende oder zukünftig entstehende Forderungen im Allgemeinen vor deren Fälligkeit an ein spezialisiertes Unternehmen weiter, das den Einzug der Forderungen übernimmt. Dadurch erhält das Unternehmen eine Vorfinanzierung, d. h. frühere Einzahlungen, so dass ein Finanzierungseffekt entsteht.

Übernimmt der Factoringanbieter auch den Einzug von Forderungen für das Unternehmen, übt er für das übertragende Unternehmen neben der Finanzierungsfunktion auch eine Servicefunktion aus.

Übernimmt der Factoringanbieter auch das Risiko eines Zahlungsausfalls, d. h., ist die Zahlung des Factoringanbieters an das übertragende Unternehmen unabhängig davon, ob dessen Kunden dann auch tatsächlich zahlen, spricht man von der Delkrederefunktion.

Der Nutzen des Factoring für das Unternehmen hängt ab von seinem Zinsvorteil (z. B. für Skontonutzung), seinen Einsparungen hinsichtlich der Organisation (z. B. der eigenen Buchhaltung) sowie weiteren Aspekten, wie z. B. einer Verminderung von Forderungsausfällen.

Die Kosten des Factoring hängen ab vom Umfang der in Anspruch genommenen Leistungen, von der damit zusammenhängenden Factoringgebühr und von den Kalkulationsansätzen (insbesondere Zinssatz und Risikokosten) des Factoringanbieters.

11.5.5 Kapitalkosten und Verschuldungsgrad

Die bisherigen Erläuterungen zu Finanzierungsarten haben sich mit Unterschieden zwischen Eigenkapital und Fremdkapital, Varianten der einzelnen Formen, Laufzeiten und möglichen Volumina befasst. Ein wesentliches Kriterium, das Unternehmen bei der Wahl ihrer Finanzierung berücksichtigen, sind die Kosten, die mit den unterschiedlichen Arten verbunden sind.

Grundsätzlich gilt, dass die Kosten für Eigenkapital höher sind als die Kosten für Fremdkapital. Dies liegt darin begründet, dass Eigenkapital einem höheren Ausfallrisiko ausgesetzt ist als Fremdkapital, denn Fremdkapital gewährt zumindest theoretisch einen festen Verzinsungs- und einen festen Rückzahlungsanspruch. Insofern werden Eigenkapitalgeber bei einer Zuführung von liquiden Mitteln in ein Unternehmen (Beteiligungsfinanzierung/Kapitalerhöhung) einen höheren Risikozuschlag kalkulieren und so eine höhere Verzinsungsanforderung haben als Fremdkapitalgeber. Bei diesen wird zwar auch ein Risikozuschlag bei der Fremdkapitalvergabe berücksichtigt, dieser ist jedoch aufgrund des geringeren Ausfallrisikos niedriger anzusetzen als ein vergleichbarer eigenkapitalbezogener Zuschlag.

Eigenkapitalkosten

Eigenkapitalgeber müssen für ihre Kapitaleinlagen in das Unternehmen selbst eine Kapitalquelle verwenden, d. h. sich ebenfalls finanzieren.

Die Kosten für Eigenkapital setzen sich aus mehreren Bestandteilen zusammen:

- Als Basiszinssatz wird normalerweise der Zinssatz fest verzinslicher Wertpapiere (Anleihen) von risikolosen Emittenten angesetzt. Dieser Zinssatz stellt eine risikolose Verzinsung des eingesetzten Kapitals dar, da der Schuldner theoretisch kein Ausfallrisiko aufweist.
- Da Beteiligungen an Unternehmen unsicher sind, muss auch der Eigenkapitalkostensatz eine Unsicherheitskomponente enthalten, es wird folglich ein Risikozuschlag zum Basiszinssatz erforderlich, um die im Unternehmen immanent enthaltene Unsicherheit zu berücksichtigen.

- Dieser Risikozuschlag kann entweder unternehmensspezifisch definiert werden, z. B. als Differenz zwischen Sollzinssatz für Bankverbindlichkeiten und Habenzinssatz für Bankguthaben.
- Eine weitere, in Theorie und Praxis häufig angewandte Möglichkeit ist die Bestimmung über das Capital Asset Pricing Model (CAPM), bei dem ein unternehmensindividueller Risikozuschlag aus kapitalmarkt(theoretischen) Überlegungen abgeleitet wird.

Über den Zusammenhang zwischen Eigenkapitalkosten und Unternehmensergebnis lässt sich auf vereinfachte Art auch der Wert eines Unternehmens abschätzen.

Beispiel: Berechnung des Unternehmenswerts mithilfe der Eigenkapitalkosten

Ein Unternehmen erzielt ein Jahresergebnis von 100. Die Gesellschafter erwarten eine Eigenkapitalrendite von 10 %, bestehend aus 3 % Basiszinssatz und 7 % Risikozuschlag. Dies führt zu einem Unternehmenswert von 1.000, denn wenn ein anderer Gesellschafter das Unternehmen für 1.000 erwerben würde, erzielt er bei einem Jahresergebnis von 100 eine Rendite von 10 %.

Dies ist gleichbedeutend mit einer ewigen Rente von 100 bei einem Diskontierungszinssatz von 10 %: $\frac{100}{0{,}1} = 1.000$

Fremdkapitalkosten

Fremdkapitalgeber müssen die Kredite, die sie an Unternehmen geben, ebenfalls (re)finanzieren.

Die Kosten für Fremdkapital setzen sich aus mehreren Bestandteilen zusammen:

- Als Grundlage werden die Refinanzierungskosten angesetzt, d. h. diejenige Verzinsung, die der Fremdkapitalgeber an seine Kapitalgeber zu bezahlen hat.
- Addiert wird ein Risikozuschlag, der sich an der Kreditwürdigkeit des Darlehensnehmers bzw. der Ausfallwahrscheinlichkeit des Darlehens orientiert.
- Berücksichtigt werden auch Kostenpositionen für allgemeine Verwaltung, Vertrieb und sonstige Aufwendungen des Darlehensgebers.
- Angesetzt wird im Allgemeinen auch ein Gewinnzuschlag.

Beispiel: Berechnung von Fremdkapitalkosten

Ein Unternehmen stellt einen Kreditantrag in Höhe von 100.000 €.

Die Bank kann sich selbst zu einem Zinssatz von 2 % refinanzieren. Die Risikoeinschätzung des Darlehensnehmers ergibt eine Ausfallwahrscheinlichkeit von 0,001 %, woraus ein Risikozuschlag von 3 % ermittelt wird. Für allgemeine Verwaltung setzt die Bank einen Kostensatz von 1 % an. Der Gewinnzuschlag beträgt 0,5 %.

Hieraus ergibt sich ein Zinssatz von (2 % + 3 % + 1 % + 0,5 % =) 6,5 %.

Im Finanzbereich werden die Zuschläge häufig in Form sog. Basispunkte angegeben. Dabei entspricht ein Basispunkt 0,01 % bzw. 1 % entspricht 100 Basispunkten. Im obigen Beispiel refinanziert sich die Bank also zu 2 % und verlangt einen Zuschlag von 450 Basispunkten, gleichbedeutend mit 4,5 %.

Gesamtkapitalkosten

Im Allgemeinen werden Unternehmen nicht ausschließlich mit Eigenkapital oder Fremdkapital finanziert sein, so dass sich das Gesamtkapital aus diesen zwei Komponenten zusammensetzt. Die Kosten für das Gesamtkapital sind dann ebenfalls komponentenhaft zu ermitteln, dazu gehen die Eigenkapitalkosten und die Fremdkapitalkosten im Verhältnis ihrer Anteile am Gesamtkapital ein.

Die Gesamtkapitalkosten werden häufig auch als „weighted average cost of capital" (wacc) bezeichnet.

Formel 11.24: Berechnung der Gesamtkapitalkosten

$$wacc = r_{EK} \cdot \frac{EK}{GK} + i \cdot \frac{FK}{GK}$$

wacc: weighted average cost of capital
r_{EK} : Eigenkapitalkosten bzw. Eigenkapitalrendite
i: Zinssatz
EK: Eigenkapital
FK: Fremdkapital
GK: Gesamtkapital

Verschuldungsgrad und Leverage-Effekt

Bei der Entscheidung zwischen unterschiedlichen Finanzierungsarten stellt sich für Unternehmen die Frage nach einer geeigneten Kombination von Eigen- und Fremdfinanzierung,

Der Umfang und das Verhältnis von Eigenkapital zu Fremdkapital haben Auswirkungen auf die Kapitalkosten und die Stabilität des Unternehmens. Grundsätzlich gilt, dass ein ausschließlich mit Eigenkapital finanziertes Unternehmen ein geringeres Insolvenzrisiko hat, da Eigenkapital keinen Anspruch auf eine feste Vergütung, sondern auf die variablen Unternehmensergebnisse hat. Fällt kein Gewinn an, entsteht auch kein Anspruch bzw. keine Zahlungsverpflichtung für das Unternehmen.

Da Fremdkapital günstiger ist als Eigenkapital, kann es für das Unternehmen sinnvoll sein, das Eigenkapital zu reduzieren und Fremdkapital aufzunehmen. Das führt dazu, dass feste Zinszahlungen zu leisten sind, auch wenn kein Gewinn erzielt wird, wodurch das Insolvenzrisiko des Unternehmens erhöht wird.

Hieraus lässt sich schlussfolgern, dass Unternehmen mit zunehmender Verschuldung zwar niedrigere Finanzierungskosten haben, gleichzeitig aber ein höheres Insolvenzrisiko. Kapitalgeber beziehen das in ihre Überlegungen ein und verlangen bei steigender Verschuldung einen höheren Risikozuschlag. Diese theoretische Argumentation führt zur Schlussfolgerung, dass es einen optimalen Verschuldungsgrad geben müsste, ab dem die Kosten zusätzlichen Fremdkapitals höher sind als die damit verbundenen Einsparungen.

In der wissenschaftlichen Literatur zur Finanzwirtschaft wird dieses Ergebnis jedoch hinterfragt und auch in empirischen Untersuchungen finden sich keine Belege, dass es für Unternehmen einen einzigen optimalen Verschuldungsgrad gibt.

Der Quotient aus Fremdkapital zu Eigenkapital wird als Verschuldungsgrad bezeichnet.

Formel 11.25: Berechnung des Verschuldungsgrads V

$$V = \frac{FK}{EK}$$

FK: Fremdkapital
EK: Eigenkapital

Der Zusammenhang zwischen Verschuldungsgrad und Kapitalkosten kann anhand des sog. **Leverage-Effekts** (deutsch: Hebel-Effekt) verdeutlicht werden.

Formel 11.26: Berechnung der Eigenkapitalrendite in Abhängigkeit von Gesamtkapitalverzinsung, Fremdkapitalzinssatz und Verschuldungsgrad

$$r_{EK} = r_{GK} + \left(r_{GK} - i\right) \cdot \frac{FK}{EK}$$

r_{EK}: Eigenkapitalrendite
r_{GK}: Gesamtkapitalrendite
i: Zinssatz
FK: Fremdkapital
EK: Eigenkapital

Beispiel: Leverage-Effekt (positiv)

Ein Unternehmen hat Eigenkapital und Fremdkapital von jeweils 500.

Die Rendite auf das gesamte Kapital von 1.000 beträgt 5 %.

Der Fremdkapitalzins beträgt 3 %.

Der Gewinn des Unternehmens errechnet sich aus der Verzinsung des gesamten Kapitals abzüglich der Zinsen. Er beträgt 5 % · 1.000 − 3 % · 500 = 35.

Die Eigenkapitalrendite beträgt 35 / 500 = 7 % bzw.

$$r_{EK} = 5\% + (5\% - 3\%) \cdot \frac{500}{500} = 7\%.$$

Erhöht das Unternehmen das Fremdkapital auf 1.000, ergibt sich bei konstanter Gesamtkapitalverzinsung von 5 % eine Eigenkapitalrendite von 5 % · 1.500 − 3 % · 1.000 = 45 und 45 / 500 = 9 % bzw.

$$r_{EK} = 5\% + (5\% - 3\%) \cdot \frac{1.000}{500} = 9\%$$

Das heißt, dass die Erhöhung des Verschuldungsgrads zu einem Anstieg der Eigenkapitalrendite geführt hat. Dieser Anstieg der Eigenkapitalrendite wird als Leverage-Effekt bezeichnet.

Zu beachten ist, dass dies nur gilt, wenn die Gesamtkapitalverzinsung konstant bleibt. Ansonsten kann die Erhöhung des Fremdkapitals zu einem Leverage-Risiko führen.

Beispiel: Leverage-Effekt (negativ) (Fortsetzung des Beispiels)

Angaben wie oben, aber durch die Erhöhung des Fremdkapitals auf 1.000 sinkt die Gesamtkapitalverzinsung von 5 % auf 2 %.

Der Gewinn des Unternehmens beträgt jetzt 2 % · 1.500 – 3 % · 1.000 = 0.

Die Eigenkapitalrendite beträgt 0 / 500 = 0 % bzw.

$$r_{EK} = 2\% + (2\% - 3\%) \cdot \frac{1.000}{500} = 0\% .$$

Das heißt, dass die Erhöhung des Verschuldungsgrads zu einer Reduzierung der Eigenkapitalrendite führt, wenn die Finanzierungskosten höher sind als die Gesamtkapitalverzinsung.

ZUSAMMENFASSUNG

In diesem Kapitel haben Sie gelernt,

- welches die Aufgaben, Begriffe und Inhalte der Finanzwirtschaft sind,
- welche Funktionen Finanzmärkte ausüben und welche Rahmenbedingungen hierzu aus theoretischer Sicht erfüllt sein müssen,
- Investitionsentscheidungen mithilfe statischer und dynamischer Verfahren durchzuführen und diese zu bewerten,
- den kurzfristigen und den langfristigen Kapitalbedarf eines Unternehmens zu ermitteln,
- Formen der Innenfinanzierung und der Außenfinanzierung sowohl mit Eigenkapital als auch mit Fremdkapital anzuwenden und
- Unterschiede zwischen den Finanzierungsformen und ihren Kosten zu bewerten.

Die wesentliche Aufgabe der Finanzwirtschaft des Unternehmens ist es, die in den operativen Leistungsbereichen ablaufenden Prozesse mit den benötigten liquiden Mitteln zu versorgen und die hierfür erforderlichen Geschäftsbeziehungen zu den Teilnehmern am Finanzmarkt (Kapitalgeber) aufzubauen und zu erhalten.

Finanzmärkte ermöglichen es Unternehmen, ihren Kapitalbedarf über die finanziellen Möglichkeiten der eigentlichen Unternehmenseigentümer hinaus zu decken und dadurch wachsen zu können. Damit finanztheoretische Modelle funktionieren, ist eine Vielzahl an Grundbedingungen zu erfüllen, was in der unternehmerischen Praxis häufig nicht der Fall ist.

Statische Methoden der Investitionsrechnung geben Entscheidungshilfen auf Basis einer einzigen durchschnittlichen Periode, während dynamische Methoden explizit den Zeitwert des Geldes berücksichtigen. Die Kapitalwertmethode ist die theoretisch beste Methode, die Methode des internen Zinsfußes findet in der Praxis sehr häufig Anwendung.

Der Kapitalbedarf eines Unternehmens wird von zahlreichen Faktoren beeinflusst. Kurzfristig sind Umsätze und Wachstum des Unternehmens vorzufinanzieren, langfristig ist das finanzielle Gleichgewicht auf Basis einer integrierten Unternehmensplanung zu gewährleisten.

Innenfinanzierung bedeutet die Freisetzung von liquiden Mitteln durch den Umsatzprozess. Außenfinanzierung dagegen ist die tatsächliche Zuführung von Liquidität zu Finanzierungszwecken. Handelt es sich dabei um Eigenkapital, sind damit Entscheidungsrechte sowie Gewinnansprüche verbunden. Bei Fremdkapital werden dagegen in der Regel eine feste Verzinsung sowie eine planmäßige Rückzahlung vereinbart.

Eigenkapital ist aufgrund des höheren damit verbundenen Risikos teurer als Fremdkapital. Aus diesem Grund setzen Unternehmen eine Mischung aus beiden Finanzierungsformen ein.

Ihr Wissen können Sie im eLearning-Bereich mit einem Verständnistest prüfen.

AUFGABEN

Aufgabe 1

Ein Unternehmen kauft eine Maschine für 50.000 €, die Nutzungsdauer beträgt 5 Jahre, der Liquidationserlös 10.000 €. Der Zinssatz für Kapitalkosten beträgt 8 %.

Berechnen Sie die jährlichen Abschreibungskosten und Finanzierungskosten.

Aufgabe 2

Ein Unternehmen steht vor der Entscheidung zwischen zwei Maschinen A und B.

	A	B
Anschaffungskosten	300.000 €	400.000 €
Liquidationserlös	0 €	60.000 €
Nutzungsdauer	6 Jahre	6 Jahre
Zinssatz	10 %	10 %
Kosten (fix) p. a.	80.000 €	100.000 €
Kosten (variabel) p. a.	40 €/Stück	40 €/Stück
Anzahl Produkte p. a.	6.000 Stück	8.000 Stück
VK-Preis je Stück	100 €/Stück	100 €/Stück

Die Kapazität kann durch einen externen Zukauf zu je 80 €/Stück angeglichen werden.

Welche Maschine hat den höheren Durchschnittsgewinn p. a.?

Aufgabe 3

Investition	Jahr 0	Jahr 1	Jahr 2	Jahr 3
A	−80.000 €	+30.000 €	+40.000 €	+20.000 €
B	−60.000 €	+20.000 €	+20.000 €	+30.000 €

Berechnen Sie den Kapitalwert bei $i = 6\ \%$ und bei $i = 7\ \%$ und interpretieren Sie das Ergebnis.

Aufgabe 4

Investition	Jahr 0	Jahr 1	Jahr 2	Jahr 3
A	−80.000 €	+30.000 €	+40.000 €	+20.000 €

Berechnen Sie den internen Zinsfuß mithilfe der regula falsi. ($i_1 = 6\ \%$ und $i_2 = 7\ \%$). (Anmerkung: Die Kapitalwerte werden auch bei Aufgabe 3 berechnet.)

Aufgabe 5

Ein Unternehmen kauft Rohstoffe für 1.000 €, die jeweils für 20 Tage gelagert werden. Lieferantenrechnungen werden nach 10 Tagen gezahlt. Die Produktion dauert 30 Tage und verursacht tägliche Kosten von 2.000 €, fertige Produkte werden 8 Tage gelagert, bis sie für 5.000 € verkauft werden. Kunden erhalten ein Zahlungsziel von 25 Tagen.

Wie lange ist das Kapital in welcher Höhe gebunden?

Aufgabe 6

Ein Unternehmen mit einem Eigenkapital von 100 nimmt einen neuen Gesellschafter auf. Dieser zeichnet eine Barkapitalerhöhung in Höhe von 200.

a) Wie verändern sich die Beteiligungsverhältnisse?

b) Welches Ergebnis erhalten Sie, wenn die bestehenden Gesellschafter nach der Kapitalerhöhung einen Stimmrechtsanteil von 80 % haben?

Aufgabe 7

Ein Unternehmen misst mithilfe einer besonderen Sensortechnik Verkehrsflüsse. Das Unternehmen in der Rechtsform einer GmbH gehört einem Unternehmer (Gesellschafter) zu 100 %, er ist auch Geschäftsführer.

Das Unternehmen bietet seine Messleistungen bisher nur in Europa an, dazu hat es ein europaweites Netz an Sensoren aufgebaut, das in der Gesellschaft aktiviert ist:

Aktivseite			Passivseite
Anlagevermögen	150.000	Stammkapital	25.000
Liquidität	50.000	Gewinnrücklage	175.000

Das Unternehmen erzielt p. a. einen Jahresüberschuss von 50.000 €, der zum Teil in die Gewinnrücklagen eingestellt und zum Teil ausgeschüttet wird.

Zur Expansion des Geschäftsmodells auf andere Kontinente wird auf Basis einer Investitionsrechnung ein Kapital von 1.000.000 € benötigt. Der Gesellschafter ist nicht gewillt bzw. nicht in der Lage, diesen Betrag aus seinem Privatvermögen einzuzahlen, weshalb er Gespräche mit einem strategischen Investor aufnimmt.

Dieser ist bereit, den erforderlichen Kapitalbetrag im Zuge einer Kapitalerhöhung einzuzahlen, sofern das Unternehmen seine Eigenkapitalkosten von 10 % erfüllen kann.

1. Wie hoch ist der Gewinnanteil p. a., der für den strategischen Investor erzielt werden muss?
2. Der Gesellschafter und der strategische Investor vereinbaren, dass beide zu gleichen Teilen am Unternehmen beteiligt werden sollen. Erstellen und erläutern Sie die Bilanz nach der Kapitalerhöhung (d. h. nach Einzahlung, aber vor Investition in neues Anlagevermögen).
3. Welchen Jahresüberschuss p. a. muss das Unternehmen jetzt insgesamt erzielen?
4. Wie hoch ist der Unternehmenswert?

Aufgabe 8

Ein Unternehmen hat 100 Aktien zu einem Nominalwert von jeweils 1 ausgegeben. Der Aktienkurs liegt bei 8 €. Das Unternehmen hat einen Kapitalbedarf von 75 € und plant, 10 Aktien zu einem Preis von je 7,5 € (1 € Nominalwert und 6,5 € Agio) auszugeben.

a) Berechnen Sie das Bezugsverhältnis, den Wert eines Bezugsrechts und den neuen Aktienkurs.

b) Ein Aktionär hatte vor der Kapitalerhöhung 10 Aktien und 100 € Barvermögen. Wie ändert sich sein Vermögen,
   1. wenn er an der Kapitalerhöhung teilnimmt oder
   2. wenn an der Kapitalerhöhung nicht teilnimmt und die Bezugsrechte veräußert?

Aufgabe 9

Ein Unternehmen nimmt ein Darlehen in Höhe von 100.000 € zu einem Zinssatz von 6 % p. a. auf, die Laufzeit beträgt 10 Jahre. Die Zinsen werden jeweils am Jahresanfang gezahlt.

a) Berechnen Sie die Zins- und Tilgungszahlungen bei einem tilgungsfreien Darlehen.

b) Berechnen Sie die Zins- und Tilgungszahlungen bei einem Tilgungsdarlehen.

c) Berechnen Sie die Zins- und Tilgungszahlungen bei einem Annuitätendarlehen.

Aufgabe 10

Ein Unternehmen nimmt ein Annuitätendarlehen in Höhe von 100.000 € zu einem Zinssatz von 6 % p. a. auf, die anfängliche Tilgung beträgt 2 %.

a) Berechnen Sie die Laufzeit des Darlehens.

b) Wie hoch ist der ausstehende Darlehensbetrag nach 10 Jahren?

Die Lösungen zu den Aufgaben finden Sie im eLearning-Bereich.

FALL INVESTITIONSRECHNUNG

Beschreibung

Die TAG Immobilien AG ist ein im MDAX gelistetes Immobilienunternehmen. Der Fokus liegt auf der Akquisition, der Entwicklung und der Bewirtschaftung von Wohnimmobilien, vor allem im Norden und Osten Deutschlands. Deswegen befinden sich auch die Hauptstandorte der TAG Immobilien AG in den Großräumen Hamburg und Berlin, in den Regionen Salzgitter und Thüringen/Sachsen sowie in Nordrhein-Westfalen.[1]

Quelle: shutterstock.com, © SN-Photography

Portfolio 1

Die TAG Immobilien AG (TAG) hat Ende Februar 2017 den Kauf eines Wohnimmobilienportfolios mit 1.441 Einheiten und einer vermietbaren Fläche von rund 73.300 m^2 in der Stadt Brandenburg beurkundet. Der Kaufpreis beläuft sich inklusive von der TAG übernommener Transaktionskosten auf EUR 41,9 Mio. Die Jahresnettokaltmiete beträgt in diesem Portfolio derzeit ca. EUR 3,42 Mio., der Leerstand liegt aktuell bei rund 19,3 %. Das Closing, d. h. der eigentliche Eigentumsübergang der Immobilien, wird zum Ende des zweiten Quartals 2017 erwartet.

Portfolio 2

Im November und Dezember 2016 wurden bereits Immobilienportfolios mit insgesamt 1.651 Wohneinheiten zu einem Kaufpreis von EUR 63,6 Mio. in Thüringen, Sachsen-Anhalt und Nordrhein-Westfalen erworben. Die Jahresnettokaltmiete lag dort bei insgesamt EUR 5,12 Mio. Diese Bestände, mit einer vermietbaren Fläche von rund 96.800 m^2, wiesen im Durchschnitt einen Leerstand von 5,4 % auf. Das Closing dieser Ankäufe erfolgte bereits zum 31. Dezember 2016.

Claudia Hoyer, COO der TAG, erläutert: "Die aktuellen Akquisitionen passen ausgezeichnet in unsere schon bestehenden Verwaltungsstrukturen und weisen mit im Durchschnitt mehr als 8 % attraktive Bruttoanfangsrenditen auf. Zudem können wir durch die noch vorhandenen Leerstände weitere Potentiale heben. Insgesamt haben wir damit von November 2016 bis Februar 2017 über 3.000 Wohnungen erworben. Im Verbund mit einem starken organischen Wachstum wird das unsere Ergebnisse und Cashflows weiter stärken".

Aufgabenstellungen

1. Ermitteln Sie die folgenden Charakteristika der beiden Immobilienportfolios (Portfolio 1: Brandenburg; Portfolio 2: Thüringen, Sachsen-Anhalt, Nordrhein-Westfalen)
   - Gesamtfläche in m^2
   - Anzahl Wohneinheiten
   - Durchschnittsfläche je Wohneinheit
   - Leerstandsquote
   - Anzahl vermietete Einheiten
   - Gesamtmiete p. a.
   - Gesamtmiete pro Monat
   - Durchschnittsmiete pro m^2 und Monat

2. Berechnen Sie den Return on Investment (ROI) von Portfolio 1 (Brandenburg). Verwenden Sie einen Kapitalkostensatz von 8 % und gehen Sie davon aus, dass die Immobilie nicht abgeschrieben wird (d. h. das durchschnittlich gebundene Kapital bleibt konstant).

3. Nehmen Sie an, dass die TAG Immobilien AG das Portfolio 1 (Brandenburg) nach genau drei Jahren wieder verkauft. Der dabei erzielte Verkaufspreis entspricht dabei dem ursprünglich gezahlten Ankaufspreis. Erstellen Sie eine Übersicht der jährlichen Einzahlungen und Auszahlungen, die mit der Investition verbunden sind.

4.

a) Berechnen Sie den Kapitalwert für die Investition in Portfolio 1 (Brandenburg) bei einem Diskontierungszinssatz von 7 % und interpretieren Sie das Ergebnis.

b) Berechnen Sie den Kapitalwert die Investition in Portfolio 1 (Brandenburg) bei einem Diskontierungszinssatz von 9 % und interpretieren Sie das Ergebnis.

c) Wie hoch müsste der Verkaufserlös nach drei Jahren bei 4b) mindestens sein, damit die Investition (gerade) noch vorteilhaft ist? Interpretieren Sie das Ergebnis.

d) Berechnen Sie mithilfe der Regula falsi den internen Zinsfuß. Wieso ist dieses Ergebnis nicht überraschend?

5. Nehmen Sie an, der TAG Immobilien AG gelingt es, den Leerstand von 19,3 % in Portfolio 1 (Brandenburg) vollständig zu reduzieren, d. h. 100 % der Wohneinheiten zu vermieten.

a) Welche Jahresmiete würde insgesamt erzielt werden, wenn die durchschnittliche Miete pro Quadratmeter und Monat konstant bleibt?

b) Wie hoch wäre der Verkaufspreis für das Portfolio nach drei Jahren, wenn die Rendite für den Käufer gleich bleibt?

Lehrende finden die Lösungen und weiteres, begleitendes Material in den eLearning-Dozentenressourcen.

Literaturhinweise

Becker, Hans Paul: Investition und Finanzierung: Grundlagen der betrieblichen Finanzwirtschaft, 7. Auflage, Wiesbaden, Springer Gabler Verlag, 2015.

Berk, Jonathan; DeMarzo, Peter: Grundlagen der Finanzwirtschaft, 3. Auflage, Hallbergmoos, Pearson Verlag, 2016.

Eilenberger, Guido: Ernst, Dietmar; Toebe, Marc: Betriebliche Finanzwirtschaft, 8. Auflage, München, Oldenbourg Verlag, 2013.

Perridon, Louis; Steiner, Manfred; Rathgeber, Andreas: Finanzwirtschaft der Unternehmung, 17. Auflage, München, Verlag Franz Vahlen, 2016.

Wöltje, Jörg: Investition und Finanzierung: Grundlagen, Verfahren, Übungsaufgaben und Lösungen, 2. Auflage, Freiburg und München, Haufe Verlag, 2017.

Zantow, Roger; Dinauer, Josef; Schäffler, Christian: Finanzwirtschaft des Unternehmens, 4. Auflage, Hallbergmoos, Pearson Verlag, 2016.

Lernziele

In diesem Kapitel werden Sie lernen,

- dass eine Kapitalgesellschaft ein eigenständiges Steuersubjekt ist, das körperschaft- und gewerbesteuerpflichtig ist,
- dass in einem ersten Schritt die Steuerbilanz auf der Grundlage der Handelsbilanz unter Berücksichtigung sämtlicher bilanzsteuerrechtlichen Vorschriften aufzustellen ist,
- dass in einem zweiten Schritt unter Berücksichtigung außerbilanzieller Änderungen nach dem EStG, KStG und GewStG das zu versteuernde Einkommen bzw. der Gewerbeertrag der Kapitalgesellschaft zu ermitteln sind,
- die wichtigsten außerbilanziellen Anpassungen zu erkennen und ihre Bedeutung und Auswirkung auf die steuerlichen Bemessungsgrundlagen zu beurteilen,
- welche Möglichkeiten eine Kapitalgesellschaft hat, ihre Verluste zu nutzen und mit Gewinnen aus vorangegangenen bzw. folgenden Veranlagungszeiträumen zu verrechnen sowie das Risiko des Verlustuntergangs bei Anteilseignerwechsel zu erkennen und zu beurteilen und
- dass es die Möglichkeit einer Organschaftsbesteuerung in Deutschland gibt, die an strenge Voraussetzungen geknüpft ist, und deren steuerliche Wirkungsweise zu beurteilen.

Steuern

12

ÜBERBLICK

12.1 Grundlagen des deutschen Steuersystems

12.1.1 Einleitung

In Deutschland werden mehr als 50 Einzelsteuern erhoben. Rechtsgrundlage sind Steuergesetze und Durchführungsverordnungen. Verwaltet werden die Steuern von den Finanzämtern und Finanzdirektionen der Länder und des Bundes. Damit die Steuern einheitlich verwaltet werden, erlassen die Landesministerien und das Bundesministerium für Finanzen Richtlinien, Verfügungen und Erlasse zu bestimmten Themen, die ausschließlich Bindungswirkung für die Finanzverwaltung haben. Bei Streitfällen zwischen Steuerpflichtigen und Finanzverwaltung entscheiden in erster Instanz die Finanzgerichte und im Revisionsfall der Bundesfinanzhof als oberster Gerichtshof. Die Gerichtsentscheidungen binden nur die Prozessbeteiligten; allerdings werden die Urteile im Bundessteuerblatt veröffentlicht und dienen den Steuerpflichtigen und seinen Beratern bei Auslegungsfragen als Orientierung. Denn die einheitliche und gleichmäßige Besteuerung ist nicht nur bei der Gesetzgebung und der Verwaltung von Steuern, sondern auch bei der Behandlung ähnlicher Sachverhalte aufgrund des Gleichheitsgrundsatzes gem. Art. 3 GG zu beachten.

Im folgenden Schaubild ist die Gewaltenaufteilung im Steuerrecht dargestellt:

Legislative	Exekutive	Judikative
Bundestag und Bundesrat (konkurrierende Gesetzgebung nach Art. 105 Abs. 2 GG)	Landesfinanzbehörden, (z. B. Finanzamt und Oberfinanzdirektion) und Bundesfinanzbehörden (z. B. Bundesamt für Finanzen)	Finanzgerichte und Bundesfinanzhof

Abbildung 12.1: Gewaltenaufteilung im Steuerrecht

Steuern lassen sich nach verschiedenen Gesichtspunkten klassifizieren. Je nachdem, welcher Gebietshoheit die Steuereinnahmen zu Gute kommen, wer also die Ertragshoheit besitzt, werden z. B. Steuern des Bundes, der Länder, der Gemeinden, der EU sowie Gemeinschaftssteuern unterschieden.

Steuern können auch danach charakterisiert werden, worauf der Fiskus sie erhebt. Wird eine Steuer auf Einkommen oder Vermögen verlangt, spricht man von einer Besitzsteuer. Zu den Besitzsteuern vom Einkommen zählen beispielsweise die **Einkommensteuer** und die **Gewerbesteuer**. Zu den Besitzsteuern vom Vermögen zählen beispielsweise die Erbschaft- und die Grundsteuer. Die Verkehrssteuern hingegen erfassen die Vorgänge des Rechts- und Wirtschaftsverkehrs. Hierzu gehören etwa die Umsatzsteuer, die Kraftfahrzeugsteuer oder die Rennwett- und Lotteriesteuer. Die dritte Gruppe in dieser Einteilung sind die Verbrauchsteuern. Hierbei handelt es sich um Steuern, die den Verbrauch oder Gebrauch bestimmter Waren belasten, wie zum Beispiel die Kaffeesteuer, Tabaksteuer oder auch die Stromsteuer. Die Einteilung nach Besitz-, Verkehrs- und Verbrauchsteuern ist vor allem für die Zuständigkeit der Finanzverwaltung von Bedeutung.

Schließlich kann man Steuern auch danach unterscheiden, wie sie entrichtet werden. Demnach gibt es direkte Steuern, die unmittelbar beim Steuerpflichtigen erhoben werden, wie es bei der Einkommensteuer der Fall ist. Direkte Steuern belasten also grundsätzlich den Steuerpflichtigen, der sie bezahlt. Bei indirekten Steuern ist der Steuerschuldner nicht der, der die Steuer letztlich wirtschaftlich zu tragen hat. Indirekte Steuern werden zwar auf die Herstellung und den Verbrauch von Gütern erhoben, belasten aber nicht den Steuerpflichtigen, der sie abführt – also den Händler oder den Produzenten. Diese ziehen die Steuer nur für den Staat ein und legen sie auf den Verkaufspreis um, so dass die Belastung vom Endverbraucher getragen wird. Das ist zum Beispiel bei der Umsatzsteuer und den Verbrauchsteuern der Fall.

Es kann durchaus sein, dass eine Steuerart mehrere Kriterien erfüllt: Die Umsatzsteuer ist beispielsweise sowohl eine Verkehrssteuer als auch eine indirekte Steuer. In der folgenden Tabelle ist die unterschiedliche Einteilung der Steuern zusammengefasst:

<table>
<tr><th></th><th>Bund</th><th>Länder</th><th>Gemeinden</th></tr>
<tr><td rowspan="2">Besitzsteuern</td><td colspan="2">Einkommensteuer/Körperschaftsteuer, Gewerbesteuerumlage</td><td>Einkommensteuer-anteil</td></tr>
<tr><td>Solidaritätszuschlag</td><td>Erbschaft- und Schenkungsteuer</td><td>Gewerbesteuer/ Grundsteuer</td></tr>
<tr><td rowspan="2">Verkehrssteuern</td><td>Versicherungsteuer, Kfz-Steuer, Luftverkehrsteuer</td><td>Grunderwerbsteuer/ Lotteriesteuer/Spiel-abgabe</td><td>Schankabgabesteuer</td></tr>
<tr><td colspan="2">Umsatzsteuer</td><td>Umsatzsteueranteil</td></tr>
<tr><td rowspan="2">Verbrauchsteuern</td><td colspan="2">Einfuhrumsatzsteuer</td><td rowspan="2">Getränkesteuer/ Hundesteuer/Zweit-wohnungsteuer</td></tr>
<tr><td>Energiesteuer/Stromsteuer/Kern-brennsteuer/Tabaksteuer/Kaffee-steuer/Schaumweinsteuer</td><td>Biersteuer</td></tr>
</table>

Tabelle 12.1: Einteilung der Steuern

Im Jahr 2016 hat der deutsche Staat Rekordsteuern in Höhe von 705 Milliarden Steuern eingenommen und konnte zum dritten Mal in Folge einen Überschuss erwirtschaften und Schulden abbauen. Im folgenden Schaubild wird dargestellt, auf welche Steuerarten sich diese Steuereinnahmen verteilen:

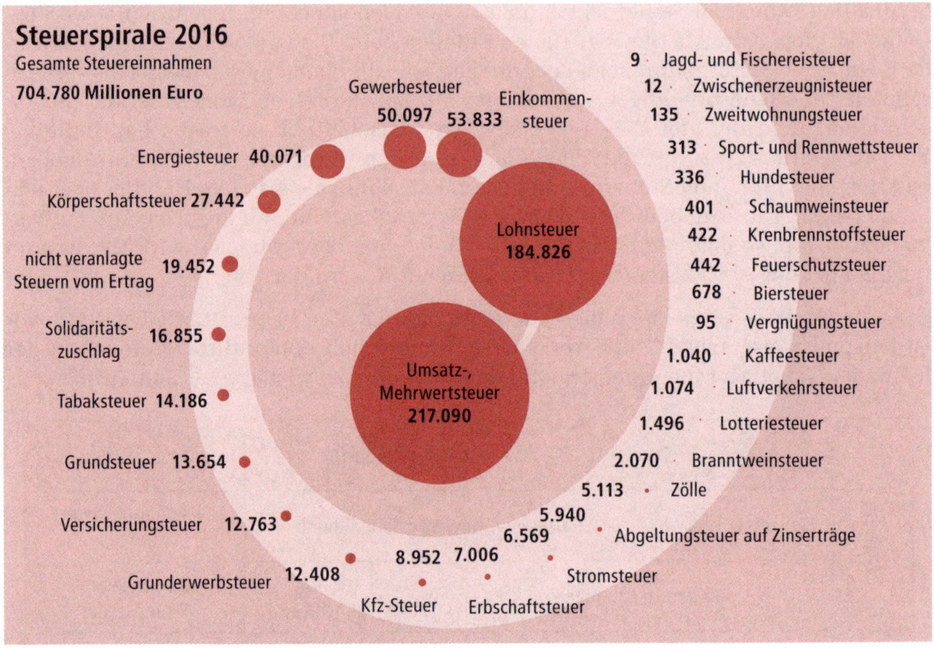

Abbildung 12.2: Steuerspirale 2016[1]

Fast zwei Drittel der Einnahmen werden über die Umsatzsteuer und die Einkommensteuer (besondere Erhebungsform der Einkommensteuer ist die Lohnsteuer und die Kapitalertragsteuer) zzgl. Solidaritätszuschlag eingenommen.

Das deutsche Steuersystem orientiert sich daran, jeden Bürger nach seiner individuellen Leistungsfähigkeit zu besteuern:

- Menschen, die nur über ein geringes Einkommen verfügen, müssen keine oder nur relativ geringe Steuern zahlen.
- Menschen mit einem höheren Einkommen werden hingegen stärker belastet.
- Menschen, deren **zu versteuerndes Einkommen** unterhalb des sogenannten Existenzminimums liegt, brauchen keine Einkommensteuer zu zahlen.

Gegenstand der Einkommensteuer ist das Einkommen von natürlichen Personen. Von bestimmten Einkünften wird die Einkommensteuer grundsätzlich durch Steuerabzug (z. B. Lohnsteuer und Kapitalertragsteuer, Zinsabschlag) erhoben.

Der Einkommensteuer unterliegen die Einkünfte

- aus Land- und Forstwirtschaft,
- aus Gewerbebetrieb,
- aus selbstständiger Arbeit,
- aus nichtselbstständiger Arbeit,
- aus Kapitalvermögen,
- aus Vermietung und Verpachtung sowie
- die sonstigen in § 22 EStG genannten Einkünfte (z. B. Einkünfte aus einer mit dem Ertragsanteil zu erfassenden Rente aus der gesetzlichen Rentenversicherung oder Einkünfte aus Spekulationsgeschäften).

Einkünfte sind bei Land- und Forstwirtschaft, Gewerbebetrieb und selbstständiger Arbeit der Gewinn. Der Gewinn wird ermittelt, indem von den Betriebseinnahmen (Umsatzerlöse, betriebliche Erträge u. a.) die **Betriebsausgaben** (alle Ausgaben, die durch den Betrieb veranlasst sind) abgezogen werden.

Zu den Einkünften aus Gewerbebetrieb gehören alle Einkünfte, die mit einem Gewerbebetrieb in Zusammenhang stehen. Ein Gewerbebetrieb liegt vor, wenn folgende Merkmale nach § 15 Abs. 2 Satz 1 EStG erfüllt sind:

Merkmal	Erklärung
1. Selbstständigkeit	Handeln auf eigenen Rechnung und Gefahr
2. Nachhaltigkeit	Tätigkeit mit Wiederholungsabsicht
3. Gewinnerzielungsabsicht	Streben nach Gewinn
4. Beteiligung am allgemeinen wirtschaftlichen Verkehr	Leistung, die der Allgemeinheit angeboten werden
5. Keine Land- und Forstwirtschaft und selbstständige Arbeit	Kein Landwirt, Arzt, Rechtsanwalt o. ä.

Tabelle 12.2: Merkmale für gewerbliche Einkünfte

Eine natürliche Person erzielt **gewerbliche Einkünfte**, wenn sie entweder direkt einen Gewerbebetrieb, wie z. B. einen Handwerksbetrieb, Handelsbetrieb oder Industriebetrieb, unterhält oder sich an einer Personengesellschaft, wie z. B. einer OHG oder KG, die selbst gewerblich tätig ist, beteiligt. In diesen beiden Fällen wird der Gewinn des Gewerbebetriebs ermittelt und beim Unternehmer der Einkommensteuer unterworfen. Der Gewerbebetrieb oder die Personengesellschaft unterliegen somit nicht der Einkommensteuer.

In dem Fall, in dem der Gewerbebetrieb durch eine Kapitalgesellschaft erfolgt, an der die natürliche Person beteiligt ist, erzielt die Kapitalgesellschaft selbst die Einkünfte aus Gewerbebetrieb und unterliegt mit dem Gewinn der **Körperschaftsteuer**, der Einkommensteuer der juristischen Personen (▶ *Abbildung 12.3*).

Im Folgenden wird die steuerliche Behandlung von Kapitalgesellschaften dargestellt. Kapitalgesellschaften, wie z. B. die GmbH und die AG, sind zivil- und gesellschaftsrechtlich als eigenständige Rechtssubjekte anzusehen. Sie können eigene Rechtsgeschäfte abschließen, andere Rechtssubjekte klagen und verklagt werden. Die Geschäftsführer oder der Vorstand sind lediglich die geschäftsführenden Organe; sie sind bei der Kapitalgesellschaft angestellt und handeln im Namen der Kapitalgesellschaft.

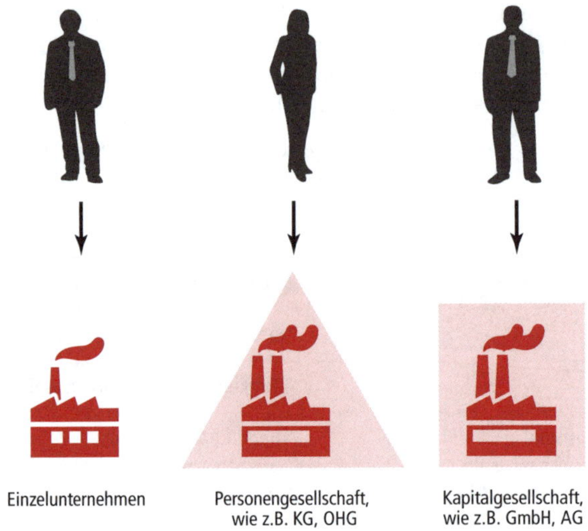

Abbildung 12.3: Trennungstheorie

Daher können Anteilseigner der Kapitalgesellschaft auch wirksame Verträge mit der Kapitalgesellschaft abschließen. Nicht selten wird der 100%-ige Anteilseigner einer GmbH gleichzeitig Geschäftsführer der GmbH (Gesellschafter-Geschäftsführer).

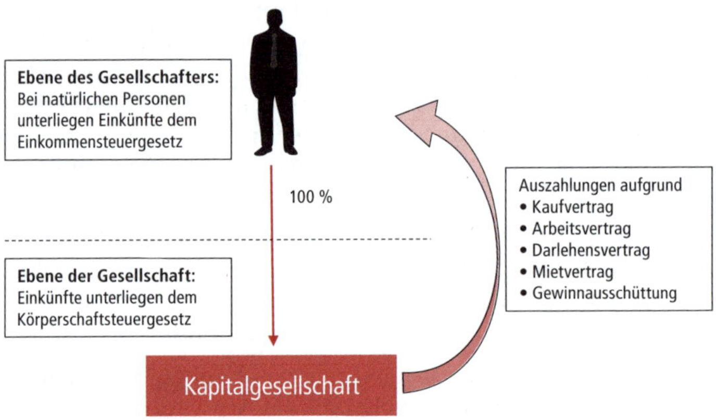

Abbildung 12.4: Trennungstheorie

Daher ist es für steuerliche Zwecke notwendig, die Ebene der Gesellschafter und die Ebene der Gesellschaft voneinander zu trennen und separat zu beurteilen. Im folgenden Kapitel wird vor allem die steuerliche Behandlung der Kapitalgesellschaft beurteilt. In einem kurzen Exkurs wird die steuerliche Behandlung von Gewinnausschüttungen und Einlagen beim Gesellschafter erläutert.

Der Gesellschafter einer Kapitalgesellschaft muss nicht notwendigerweise eine natürliche Person sein; es kann auch eine andere Kapitalgesellschaft oder eine Personengesellschaft als Anteilseigner auftreten. Aber auch in diesen Fällen sind die Ebenen der Gesellschafter von der Ebene der Gesellschaft zu trennen. Auf die steuerlichen Besonderheiten bei Personengesellschaften wird im folgenden Kapitel nicht eingegangen.

Aus körperschaftsteuerlicher Sicht werden regelmäßig die Verträge zwischen den Anteilseignern und der Gesellschaft geprüft. Im Vergleich zu Verträgen mit fremden Dritten ist dabei zu beachten, dass es bei Gesellschafterverträgen häufig an einem Interessengegensatz der Vertragsparteien fehlt. An einem Interessengegensatz fehlt es vor allem dann, wenn der Anteilseigner gleichzeitig Mitglied der Geschäftsführung ist und Entscheidungen für die Gesellschaft treffen kann. Die Anteilseigner könnten mithilfe von marktunüblichen Verträgen (überteuert oder verbilligt) gesellschaftsrechtliche Vorgänge in den betrieblichen Bereich verlagern. Beispielsweise könnte sich ein Gesellschafter-Geschäftsführer statt einer Gewinnausschüttung ein überhöhtes Gehalt auszahlen. Dieses Gehalt wird im ersten Schritt als Personalaufwand verbucht und mindert den handelsrechtlichen Gewinn der Körperschaft. Im Ergebnis zahlt die Körperschaft zu wenig Körperschaftsteuer. In Höhe des marktunüblichen Betrags muss für steuerbilanzielle Zwecke jedoch eine Korrektur vorgenommen werden. Daher hat der Gesetzgeber die steuerlichen Korrekturvorschriften der sog. „verdeckten Gewinnausschüttung" und der „verdeckten Einlage" geschaffen.

12.1.2 Differenzierte Besteuerung von Kapitalgesellschaft und ihren Anteilseignern

Es besteht eine rechtliche Trennung zwischen der Steuerpflicht der Körperschaft und ihrer Gesellschafter. Diese Trennung führt zu einer steuerlichen Doppelbelastung des von der Gesellschaft erwirtschafteten Einkommens, aber nur wenn der Gewinn der Kapitalgesellschaft an ihre Anteilseigner ausgeschüttet wird.

Die Besteuerung ist davon abhängig, wer Anteilseigner ist und in welchem Vermögen die Anteile gehalten werden.

Hier wird wie folgt differenziert:

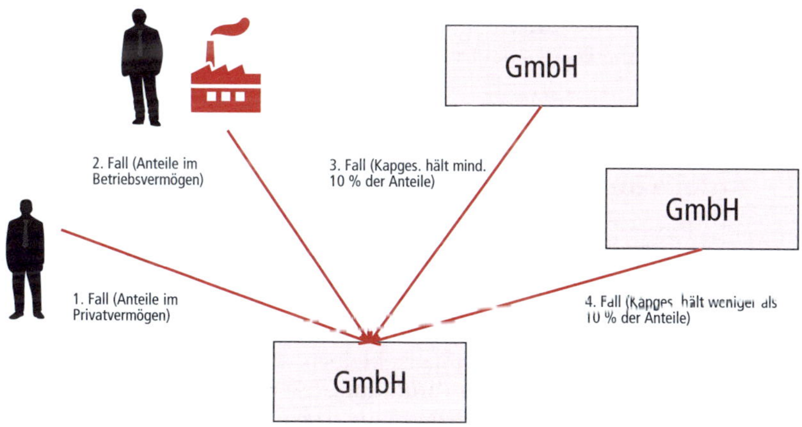

Abbildung 12.5: Unterschiedliche Fallkonstellationen bei der Beteiligung an einer Kapitalgesellschaft

12.1.3 Fall 1: Anteilseigner ist eine natürliche Person und hält seine Anteile im Privatvermögen

Ausschüttungen und Veräußerungsgewinne im **Privatvermögen** werden grundsätzlich mit der Kapitalertragsteuer in Form einer **Abgeltungsteuer** mit 25 % nach §§ 32d Abs. 1 S. 1, 43a Abs. 1 Nr. 1 EStG versteuert. Die Abgeltungsteuer wird direkt von der Körperschaft bzw. dem verwaltenden Kreditinstitut einbehalten. Zuzüglich zur Abgeltungsteuer fallen Solidaritätszuschlag und ggf. Kirchensteuer an, die ebenfalls von der ausschüttenden Kapitalgesellschaft einbehalten und an das Finanzamt weitergeleitet werden. Mit dieser Pauschalversteuerung sind alle Steueransprüche des Fiskus im Zusammenhang mit der Gewinnausschüttung abgegolten. Somit muss der Steuerpflichtige seine Kapitalerträge nicht mehr in der Steuererklärung angeben. Eine Berücksichtigung von tatsächlich angefallenen Werbungskosten auf Ebene der Gesellschafter ist nicht möglich. Nach § 44a Abs. 1 Nr. 1, Abs. 2 Nr. 1 EStG wird noch ein Sparerpauschbetrag von 801 €/bei Verheirateten von 1.602 € gewährt.

Auf Antrag werden Kapitaleinkünfte nach § 32d Abs. 6 EStG zum individuellen Steuersatz nach § 32a EStG besteuert, wenn der individuelle Steuersatz niedriger als 25 % ist.

Beispiel: Anteile an Kapitalgesellschaft im Privatvermögen

Klaus Mustermann hält 5 % der Anteile an der Muster-GmbH, die seinem Privatvermögen zuzuordnen sind. Die Muster-GmbH schüttet in 02 20.000 € Dividende aus. Den Sparerpauschbetrag hat Klaus Mustermann bereits verbraucht. Sein individueller Einkommensteuersatz liegt bei 30 %.

Klaus Mustermann erhält eine Nettodividende i. H. v. 14.725 €, nachdem 25 % Kapitalertragsteuer (5.000 €) zzgl. 5,5 % Solidaritätszuschlag (275 €) einbehalten wurden. Klaus muss diese Dividende nicht in der Steuererklärung berücksichtigen, da er mit der Abgeltungsteuer seine Dividende korrekt versteuert hat.

12.1.4 Fall 2: Anteilseigner ist eine natürliche Person und hält seine Anteile im Betriebsvermögen

Eine natürliche Person, z. B. ein Einzelunternehmer, kann Anteile an einer Kapitalgesellschaft in seinem **Betriebsvermögen** halten. In diesem Fall ist bei der Besteuerung dieser Erträge das **Teileinkünfteverfahren** i. S. d. § 3 Nr. 40 EStG anwendbar.

Beim Teileinkünfteverfahren werden Beteiligungserträge nur zu 60 % in den steuerpflichtigen Gewinn einbezogen. Demnach bleiben 40 % steuerfrei. Gleichermaßen sind aber die Betriebsausgaben, die in Verbindung mit der Beteiligung angefallen sind, nach § 3c Abs. 2 EStG nur zu 60 % abzugsfähig. Die einbehaltene Kapitalertragsteuer wird auf die Einkommensteuer wie eine Vorauszahlung angerechnet.

Beispiel: Anteile an Kapitalgesellschaft im Betriebsvermögen

Ein Gewerbetreibender hält Aktien im Betriebsvermögen. Die Brutto-Dividende beträgt 100.000 €. Die Netto-Dividende in Höhe von 73.628 € wird ihm nach Abzug von Kapitalertragsteuer iHv. 20.000 € und Solidaritätszuschlag iHv. 1.375 € ausbezahlt. Die Betriebsausgaben in Zusammenhang mit der Beteiligung belaufen sich auf 10.000 €.

Lösung:

Ertrag nach §§ 15, 20 Abs. 1 Nr. 1, Abs. 8, 3 Nr. 40 EStG

60 % · 100.000 €	60.000 €
Betriebsausgaben, § 3c Abs. 2 EStG	
60 % · 10.000 €	6.000 €
Einkünfte aus § 15 EStG	54.000 €

Die 54.000 € werden mit dem individuellen Steuersatz des Gewerbetreibenden versteuert. Die einbehaltenen Steuern in Höhe von 26.375 € werden wie eine Einkommensteuer-Vorauszahlung angerechnet und mit der Steuerschuld verrechnet.

Das Teileinkünfteverfahren kann nach § 32d Abs. 2 Nr. 3 EStG optional angewendet werden, wenn ein Gesellschafter zu mindestens 25 % beteiligt ist oder zu 1 % beteiligt ist und für die Gesellschaft tätig ist.

12.1.5 Fälle 3 und 4: Anteilseigner ist eine Kapitalgesellschaft

Wenn eine Kapitalgesellschaft Anteilseignerin an einer anderen Kapitalgesellschaft ist, gelten die Regelungen des § 8b KStG, die im Kapitel über die Einkommensermittlung von Kapitalgesellschaften erörtert werden.

12.2 Körperschaftsteuer

12.2.1 Persönliche Steuerpflicht

Kapitalgesellschaften wie z. B. die GmbH und die AG zählen zu den juristischen Personen. Sie haben eine eigene zivilrechtliche Rechtsfähigkeit und stellen somit ein eigenes Steuersubjekt dar. Sie werden nach § 1 Abs. 1 KStG zur Körperschafteuer, der Einkommensteuer der juristischen Personen, veranlagt. Die Besteuerungsgrundsätze sind im Körperschaftsteuergesetz und teilweise im Einkommensteuergesetz geregelt. Die Besteuerung der juristischen Person berührt nicht die Besteuerung der beteiligten Anteilseigner. Es gilt das sog. Trennungsprinzip, wonach zwischen Gesellschafts- und Gesellschafterebene strikt zu trennen ist.

12.2.2 Unbeschränkte Körperschaftsteuerpflicht

Nach § 1 Abs. 1 KStG sind Kapitalgesellschaften dann in Deutschland unbeschränkt **steuerpflichtig**, wenn sie ihre Geschäftsleitung nach § 10 AO oder ihren Sitz nach § 11 AO im Inland haben. Die Geschäftsleitung ist der Mittelpunkt der geschäftlichen

Oberleitung. Die geschäftliche Oberleitung befindet sich dort, wo die strategischen Entscheidungen getroffen werden. Der Sitz der Gesellschaft ist an dem Ort, der durch Gesetz, Gesellschaftsvertrag, Satzung o. Ä. bestimmt ist. Der Sitz der Gesellschaft kann daher in der Regel ohne Probleme bestimmt werden.

Nach § 1 Abs. 2 KStG erstreckt sich die unbeschränkte Steuerpflicht auf sämtliche Einkünfte, das bedeutet, dass das sog. Welteinkommensprinzip anzuwenden ist, nach dem die Kapitalgesellschaft alle in- und ausländischen Einkünfte in Deutschland zu versteuern hat.

Da es für die unbeschränkte Steuerpflicht ausreicht, wenn entweder Sitz oder Geschäftsleitung im Inland liegen, muss in der Praxis bei ausländischen Kapitalgesellschaften regelmäßig geprüft werden, ob eventuell die geschäftliche Oberleitung im Inland liegt.

Beispiel: Unbeschränkte Körperschaftsteuerpflicht

Die Cayman Ltd. hat ihren Sitz auf den Cayman Islands. Sie hat dort ein Büro angemietet und Arbeitnehmer beschäftigt. Die GmbH wird von zwei Geschäftsführern vertreten. Der Geschäftsführer der Cayman Ltd. kümmert sich um das Alltagsgeschäft und trifft diesbezüglich alle wichtigen Entscheidungen. Die wichtigen strategischen Entscheidungen, wie z. B. Einstellung führender Mitarbeiter, Pläne zur Geschäftserweiterung und Eröffnung neuer Märkte, Zukauf von neuen Unternehmensteilen, Produktentwicklung etc., werden von einem Geschäftsführer getroffen, der in Frankfurt a. M. im Büro der Anteilseignerin sitzt und von dort aus auch diese wichtigen strategischen Entscheidungen trifft.

In diesem Fall hat die Cayman Ltd. ihre Geschäftsleitung im Inland und unterliegt somit mit ihrem Welteinkommen in Deutschland der Körperschaftsteuer.

12.2.3 Beschränkte Körperschaftsteuerpflicht

Sind nicht alle Tatbestandsmerkmale des § 1 KStG erfüllt, hat das zur Folge, dass die Körperschaft nicht unbeschränkt steuerpflichtig ist. Im nächsten Schritt ist daher zu prüfen, ob für diesen Steuerpflichtigen eventuell eine beschränkte Steuerpflicht in Betracht kommt. Die beschränkte **Körperschaftsteuerpflicht** ist in § 2 KStG geregelt.

Der beschränkten Körperschaftsteuerpflicht unterliegen im Wesentlichen die Kapitalgesellschaften, bei denen sich der Ort der Geschäftsleitung oder der Sitz nicht im Inland befinden, die aber inländische Einkünfte im Sinne des § 49 EStG erzielen. Darunter fallen z. B. Einkünfte aus Gewerbebetrieb, für die im Inland eine Betriebsstätte unterhalten wird, Einkünfte aus der Vermietung oder Verpachtung inländischen unbeweglichen Vermögens, Einkünfte aus Kapitalvermögen im Sinne des § 20 Abs. 1 EStG etc. Die Aufzählung des § 49 EStG ist abschließend.

Folge der beschränkten Steuerpflicht ist, dass lediglich die inländischen Einkünfte der ausländischen Kapitalgesellschaft in Deutschland zu versteuern sind.

Beispiel: Körperschaftsteuerpflicht ausländischer Unternehmen

Die Immo-GmbH mit Geschäftsleitung und Sitz in Luxemburg erzielt Einkünfte aus der Vermietung und Verpachtung eines in München gelegenen Mehrfamilienhauses in Höhe von 25.000 €. Die Immo-GmbH ist beschränkt körperschaftsteuerpflichtig mit ihren inländischen Einkünften in Höhe von 25.000 €.

Beispiel: Körperschaftsteuerpflicht ausländischer Unternehmen

Unterhält z. B. ein US-amerikanisches Unternehmen in Rechtsform einer nach dem US-amerikanischen Recht gegründeten Corporation in München eine Niederlassung, so unterliegen die Einkünfte der Münchner Niederlassung der deutschen Körperschaftsteuer.

Ob eine ausländische Gesellschaft eine Körperschaft oder eine Personengesellschaft ist, wird nicht durch ausländisches, sondern durch deutsches Recht bestimmt. Dafür wird ein sog. **Typenvergleich** erstellt, bei dem anhand bestimmter Merkmale, wie z. B. Haftung, Stammkapital, Geschäftsführung etc., geprüft wird, ob die ausländische Gesellschaft eher einer deutschen GmbH/AG oder einer deutschen OHG/KG gleicht. Die Finanzverwaltung hat Tabellen herausgegeben, in denen sie für die wichtigsten ausländischen Gesellschaftsformen diesen Typenvergleich durchgeführt hat.[2]

Steuerbefreiungen

Bestimmte unbeschränkt körperschaftsteuerpflichtige Personen sind aus staatspolitischen, sozialpolitischen oder volkswirtschaftlichen Gründen vollständig oder teilweise von der Körperschaftsteuer befreit.

Nach § 5 Abs. 1 KStG sind z. B. von der Körperschaftsteuer vollständig befreit:

- Das Bundeseisenbahnvermögen, die Monopolverwaltung des Bundes, die staatlichen Lotterieunternehmen
- Die Deutsche Bundesbank, die Kreditanstalt für Wiederaufbau
- Politische Parteien i. S. d. § 2 des Parteiengesetzes
- Gemeinnützige Körperschaften im Sinne des § 5 Abs. 1 Nr. 9 KStG (z. B. Sportvereine, o. ä.)

Wird jedoch von ihnen neben ihrer Vorbehaltstätigkeit gleichzeitig noch ein wirtschaftlicher Geschäftsbetrieb unterhalten, mit dem sie in Konkurrenz zur Privatwirtschaft treten, dann ist die juristische Person insoweit steuerpflichtig, d. h. nur in dem Umfang, in dem sie wirtschaftlich tätig ist.

Beispiel: Steuerpflicht trotz grundsätzlicher Steuerbefreiung

Der Sportverein SC Brunnenfeld unterhält ein Vereinslokal, in dem Speisen und Getränke gegen kostendeckendes Entgelt an die Mitglieder abgegeben werden.

Für die Abgabe der Speisen und Getränke gilt der Verein als Gewerbebetrieb kraft wirtschaftlichen Geschäftsbetrieb und ist grundsätzlich körperschaftsteuerpflichtig nach § 1 KStG. Die Befreiung i. S. d. § 5 Abs. 1 Nr. 9 Satz 2 KStG erstreckt sich nur auf die eigentliche Vereinstätigkeit. Somit sind die vereinnahmten Mitgliedsbeiträge weiterhin von der Körperschaftsteuer befreit.

Unterschreiten jedoch die gesamten Bruttoumsätze der nach § 5 KStG befreiten Personen aus den wirtschaftlichen Geschäftsbetrieben pro Jahr die 35.000 €-Grenze, unterlegen ihre Einkünfte in vollem Umfang nicht der Körperschaftsteuer (§ 64 Abs. 3 AO).

Beginn und Ende der persönlichen Steuerpflicht

Zivilrechtlich entstehen Kapitalgesellschaften mit der Eintragung in das Handelsregister (§ 41 Abs. 1 AktG, § 11 Abs. 1 GmbHG). Da zwischen Geschäftsaufnahme, Abschluss des Gesellschaftsvertrags und der Eintragung zeitliche Verzögerungen entstehen können, ist zwischen Vorgründungs- und Vorgesellschaft zu differenzieren.

Die in der Zeit vor Abschluss des notariellen Gesellschaftsvertrags bestehende Vorgründungsgesellschaft ist als Gesellschaft bürgerlichen Rechts noch nicht körperschaftsteuerpflichtig. Erst mit Abschluss des Notarvertrags entsteht die Vorgesellschaft. Hierbei handelt es sich um die errichtete, aber noch nicht eingetragene Gesellschaft. Diese wird für steuerliche Zwecke als eigenständige Gesellschaft anerkannt und unterliegt bereits der Körperschaftsteuerpflicht.

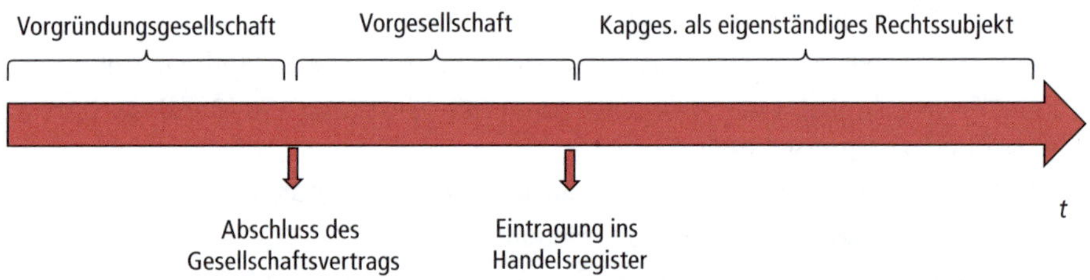

Abbildung 12.6: Phasentheorie der Gründung einer Kapitalgesellschaft

Die Körperschaftsteuerpflicht wird beendet, wenn die Kapitalgesellschaft ihre Rechtsfähigkeit mit Löschung im Handelsregister verliert.

12.2.4 Ermittlung des steuerbilanziellen Gewinns

Das zu versteuernde Einkommen einer Körperschaft wird nach § 7 Abs. 1 KStG auf Grundlage des handelsrechtlichen Jahresergebnisses unter Berücksichtigung der Vorschriften im Einkommensteuer- und Körperschaftsteuergesetz ermittelt.

Die Kapitalgesellschaft unterliegt i. d. R. handelsrechtlichen Rechnungslegungsvorschriften, die vor allem im Handelsgesetzbuch (HGB) und im GmbH-Gesetz sowie AG-Gesetz geregelt sind. Kapitalgesellschaften sind kraft Rechtsform Kaufleute (§ 6 Abs. 1

i. V. m. § 1 HGB) und daher grundsätzlich nach § 238 Abs. 1 S. 1 HGB buchführungspflichtig. Das bedeutet, dass sie eine doppelte Buchführung zu erstellen und einen Jahresabschluss (bestehend aus der Bilanz, der Gewinn- und Verlustrechnung und dem Anhang) aufzustellen haben.

Im Anwendungsbereich der Körperschaftsteuer kommen grundsätzlich alle Einkunftsarten in Betracht. Bei Kapitalgesellschaften gilt jedoch die Fiktion, dass sämtliche Einkünfte als Einkünfte aus dem Gewerbebetrieb gelten (§ 8 Abs. 2 KStG).

Beispiel: Ermittlung des steuerbilanziellen Gewinns

Die A-GmbH beschäftigt sich mit dem Maschinenbau. Außerdem vermietet sie die Betriebsräume zu 50 % an eine B-GmbH. Dazu hält die A-GmbH noch Finanzanlagen in einer schwedischen Bank.

Sämtliche Einkünfte der A-GmbH, sowohl aus Vermietung und Verpachtung der Betriebsräume als auch die Kapitaleinkünfte, werden als Einkünfte aus Gewerbebetrieb behandelt.

Die Ermittlung des zu versteuernden Einkommens vollzieht sich in mehreren Stufen mit Hinzurechnungen und Kürzungen und ist an einkommensteuerlichen Vorschriften orientiert (R 29 Abs. 1 KStR).

Auf der Grundlage der handelsrechtlichen Bilanz wird die **Steuerbilanz** erstellt (sog. **Maßgeblichkeitsprinzip** nach § 5 Abs. 1 EStG). Da neben den handelsrechtlichen Vorschriften noch weitere steuerbilanzielle Vorschriften zu beachten sind, die aber nur für das Finanzamt und nicht für andere externe Adressaten von Bedeutung sind, wird nur für steuerliche Zwecke eine Steuerbilanz erstellt. Die speziellen steuerrechtlichen Vorschriften zur Anpassung der Handels- an die Steuerbilanz finden sich vor allem in den §§ 4–7 des Einkommensteuergesetzes.

Wenn keine eigenständige Steuerbilanz erstellt wird, kann das steuerbilanzielle Ergebnis auch durch eine Überleitungsrechnung nach § 60 Abs. 2 EStDV ermittelt werden:

	Jahresüberschuss bzw. Jahresfehlbetrag lt. Handelsbilanz
+	bilanzsteuerliche Korrekturen zur Anpassung an steuerliche Vorschriften (§ 60 Abs. 2 EStDV)
=	**Jahresüberschuss bzw. Jahresfehlbetrag lt. Steuerbilanz**

Tabelle 12.3: Überleitungsrechnung nach § 60 Abs. 2. EStDV

Das Ergebnis dieser Steuerbilanz bildet die Ausgangsgröße für die Ermittlung des zu versteuernden Einkommens.

Zu beachten ist, dass die bilanzsteuerlichen Korrekturen sich nur auf diejenigen Bilanzposten beziehen, bei denen es eine Abweichung zwischen handelsrechtlichen und steuerrechtlichen Vorschriften gibt. Die steuerlichen Vorschriften weichen teilweise im Ansatz und teilweise in der Bewertung von den handelsrechtlichen Vorschriften ab. Die folgende Darstellung gibt eine Übersicht über die häufigsten Abweichungen der Ansätze in der **Steuerbilanz** von denen der Handelsbilanz. Für eine detaillierte Darstellung der Abweichungen wird auf weiterführende Literatur verwiesen[3].

Bilanzposten	Handelsbilanz	Steuerbilanz
Immaterielle VG, selbst geschaffen	Bilanzierung: Aktivierungswahlrecht (§ 248 Abs. 2 S. 1 HGB)	Bilanzierung: Aktivierungsverbot (§ 5 Abs. 1 S. 2 EStG)
Immaterielle VG, entgeltlich erworben	Abschreibung über ca. 5 Jahre	Abschreibung über 15 Jahre (§ 7 Abs. 1 S. 4 EStG)
Abnutzbares Anlagevermögen	Abschreibung über Nutzungsdauer nach vernünftiger kaufmännischer Beurteilung	Abschreibung über Nutzungsdauer nach AfA-Tabellen Sonderregelungen für GwGs
Nicht abnutzbares Anlagevermögen	Bewertung: niedrigerer beizulegender Wert für Finanzanlagen bei voraussichtlich nicht dauernder Wertminderung (§ 253 Abs. 3 S. 4 HGB)	Bewertung: Teilwertabschreibung nur zulässig, wenn Wertminderung von Dauer (§ 6 Abs. 1 Nr. 2 S. 2 EStG)
Umlaufvermögen	niedrigerer beizulegender Wert bei Wertminderung (§ 253 Abs. 3 S. 1 und 2 HGB)	Teilwertabschreibung nur zulässig, wenn Wertminderung von Dauer (§ 6 Abs. 1 Nr. 2 S. 2 EStG)
	Vorräte dürfen nach jedem Verbrauchsfolgeverfahren bewertet werden	Vorratsbewertung nur nach Lifo-Verfahren zulässig (§ 6 Abs. 1 Nr. 2a EStG)
Verbindlichkeiten	Ansatz mit dem Erfüllungsbetrag (§ 253 Abs. 1 S. 1 HGB)	Ansatz bei unverzinslichen Verbindlichkeiten mit Lfz. > 12 Monaten mit 5,5 % abgezinster Nennbetrag (§ 6 Abs. 1 Nr. 3 S. 1 EStG)
Rückstellungen	Passivierungspflicht (§ 249 Abs. 1 HGB) nach vernünftiger kaufmännischer Beurteilung	Passivierungspflicht (§ 5 Abs. 1 S. 1 EStG), jedoch **eingeschränkt zulässig** für Rückstellungen für Jubiläumszuwendungen (§ 5 Abs. 4 EStG) und Pensionsrückstellungen (§ 6a EStG) **nicht zulässig** für Rückstellungen für drohende Verluste aus schwebenden Geschäften (§ 5 Abs. 4a EStG)
	Ansatz mit Erfüllungsbetrag inkl. künftiger Preis- und Kostensteigerungen (§ 253 Abs. 1 S. 2 HGB)	Ansatz ohne künftige Preis- und Kostensteigerungen (§ 6 Abs. 1 Nr. 3a Buchst. f EStG)

Tabelle 12.4: Unterschiedliche Behandlung von Vermögenswerten und Schuldpositionen in Handelsbilanz und Steuerbilanz

Bilanzposten	Handelsbilanz	Steuerbilanz
	Bei Rückstellungen > Rlfzeit 1 Jahr Abzinsung mit durchschnittlichen Marktzins der vergangenen sieben Geschäftsjahre (bei Pensions-RSt Verzinsung mit Rlfzeit 15 Jahre)	Abzinsung mit 5,5 % (§ 6 Abs. 1 Nr. 3a Buchst. e) EStG Pensionsrückstellungen sind nach den Regeln von § 6a EStG zu bewerten
Abgrenzung latenter Steuern	Aktivierungswahlrecht/Passivierungspflicht (§ 274 Abs. 1 S. 2 HGB)	Kein Ansatz von latenten Steuern

Tabelle 12.4: Unterschiedliche Behandlung von Vermögenswerten und Schuldpositionen in Handelsbilanz und Steuerbilanz *(Forts.)*

Beispiel: Unterschiede zwischen Handelsbilanz und Steuerbilanz

Die Handelsbilanz der Muster GmbH weist einen Gewinn in Höhe von 900.000 € aus. Bei der Prüfung der einzelnen Bilanzpositionen sind folgende Vorgänge aufgefallen, bei denen die steuerlichen Vorschriften von den handelsrechtlichen Vorschriften abweichen.

In der Handelsbilanz der Muster GmbH wird der entgeltlich erworbene Firmenwert i. H. v. 1.500.000 € über die Nutzungsdauer von 5 Jahren zutreffend abgeschrieben (§ 246 Abs. 1 S. 4 HGB, § 285 Nr. 13 HGB).

In der Steuerbilanz ist der Firmenwert dagegen über die Nutzungsdauer von 15 Jahren abzuschreiben (§ 7 Abs. 1 S. 3 EStG). Somit ist eine bilanzsteuerliche Korrektur nach § 60 Abs. 2 EStDV erforderlich.

Handelsrechtliche Gewinnauswirkung	1.500.000 € · 1/5	– 300.000 €
Steuerbilanzielle Gewinnauswirkung	1.500.000 € · 1/15	– 100.000 €
Unterschiedsbetrag		+ 200.000 €

Des Weiteren wird das Vorratsvermögen in der Handelsbilanz der Muster GmbH nach dem Fifo-Verfahren bewertet und weist einen Betrag von 2,500.000 € aus. Nach dem Lifo-Verfahren wird das Vorratsvermögen mit einem Betrag von 2.350.000 € bewertet. Nach § 6 Abs. 1 Nr. 2a EStG ist das Vorratsvermögen in der Steuerbilanz mit dem Wert von 2.350.000 € auszuweisen. Somit ist eine bilanzsteuerliche Korrektur nach § 60 Abs. 2 EStDV erforderlich.

Handelsrechtliche Gewinnauswirkung	./. 2.500.000 €
Steuerbilanzielle Gewinnauswirkung	./. 2.350.000 €
Unterschiedsbetrag	+ 100.000 €

Auf der Passivseite wurden Rückstellungen für drohende Verluste aus schwebenden Geschäften in Höhe von 300.000 gebildet. Nach § 5 Abs. 4a EStG können Drohverlust-Rückstellungen nicht in der Steuerbilanz angesetzt werden. Somit ist eine bilanzsteuerliche Korrektur nach § 60 Abs. 2 EStDV erforderlich.

Handelsrechtliche Gewinnauswirkung	./. 300.000 €
Steuerbilanzielle Gewinnauswirkung	0 €
Unterschiedsbetrag	+ 300.000 €

Somit verändert sich der steuerliche Gewinn wie folgt:

Handelsrechtlicher Gewinn	900.000 €
Unterschiedsbetrag Firmenwert	+ 200.000 €
Unterschiedsbetrag Vorratsvermögen	+ 250.000 €
Unterschiedsbetrag Rückstellungen	+ 300.000 €
= Steuerbilanzgewinn	1.650.000 €

12.2.5 Ermittlung des zu versteuernden Einkommens

In einem ersten Schritt werden die Korrekturen nach dem Einkommensteuergesetz und im zweiten Schritt die Korrekturen nach dem Körperschaftsteuergesetz vorgenommen. Daher wird aus dem Ergebnis der Steuerbilanz unter Anwendung der speziellen körperschaftsteuerlichen Regelungen (Richtlinie 29 KStR) das **zu versteuernde Einkommen** nach dem folgenden (vereinfachten) Schema ermittelt:

Steuerbilanzieller Gewinn		
./.	**Kürzungen**	
	1)	verdeckte Einlagen (§ 8 Abs. 3 KStG)
	2)	95 % der Gewinnausschüttungen einer Kapitalgesellschaft bei Beteiligungshöhe mind. 10 % (§ 8b Abs. 1, 4, 5 KStG)
	3)	95 % der Gewinne aus der Veräußerung von Anteilen an Kapitalgesellschaften (§ 8b Abs. 2, 3 KStG)

Tabelle 12.5: Ermittlung des zu versteuernden Einkommens

Steuerbilanzieller Gewinn		
	4)	DBA-steuerfreie Einnahmen
	5)	Sonstige inländische steuerfreie Einnahmen (z. B. Investitionszulage § 13 InvZulG)
+	**Hinzurechnungen: nicht abziehbare Ausgaben**	
	1)	nicht abziehbare Ausgaben i. S. d. § 4 Abs. 5–6 EStG
	2)	nichtabziehbare Zinsaufwendungen (§ 8a KStG i. V. m. § 4h EStG)
	3)	sämtliche Spenden (§ 10b EStG)
	4)	verdeckte Gewinnausschüttungen (§ 8 Abs. 3 S. 2 KStG)
	5)	KSt- und Soli-Aufwand (§ 10 Nr. 2 KStG)
	6)	Hälfte der Aufsichtsratsvergütungen (§ 10 Nr. 4 KStG)
=		**Einkommen vor Spenden- und Verlustabzug**
./.		abziehbare Spenden (§ 9 Abs. 1 Nr. 2 KStG)
=		**Gesamtbetrag der Einkünfte**
./.		**Verlustabzug (§ 8c KStG i. V. m. § 10d EStG)**
=		**Einkommen/zu versteuerndes Einkommen**

Tabelle 12.5: Ermittlung des zu versteuernden Einkommens *(Forts.)*

Verdeckte Einlagen

Bei der **verdeckten Einlage** erhält die Kapitalgesellschaft von ihren Gesellschaftern Vermögensvorteile aufgrund schuldrechtlicher Vereinbarungen. Bei verdeckten Einlagen erbringt der Gesellschafter eine Leistung an die Gesellschaft, ohne dafür eine (angemessene) Gegenleistung zu erhalten. Die verdeckten Einlagen dürfen das Einkommen nicht erhöhen (§ 8 Abs. 3 Satz 3 KStG), deshalb ist eine Korrektur vorzunehmen (R 40 Abs. 1 KStG).

Eine verdeckte Einlage liegt vor,

- wenn der Anteilseigner oder eine ihm nahestehende Person
- der Gesellschaft einen bilanzierungsfähigen Vermögensvorteil zuwendet,
- den ein unabhängiger Dritter nicht zugewendet hätte (R 40 Abs. 1 KStR).

Beispiel: Verdeckte Einlage

Ein Gesellschafter veräußert an seine GmbH ein Grundstück zu einem Veräußerungspreis von 50.000 €. Der marktübliche Preis, den ein fremder Dritter bezahlt hätte, liegt bei 100.000 €. Durch die Übertragung des Grundstücks ist eine Vermögensmehrung bei der GmbH entstanden.

Das Grundstück ist in der Steuerbilanz der GmbH mit dem Teilwert von 100.000 € anzusetzen. Die Differenz zwischen dem Teilwert 100.000 € und dem Kaufpreis 50.000 € ist als verdeckte Einlage zu behandeln und darf den Gewinn nicht erhöhen. Sofern die Korrektur ertragswirksam verbucht wurde, muss sie bei der Einkommensermittlung wieder gekürzt werden. Die verdeckte Einlage erhöht das steuerliche Einlagekonto.

Weitere Beispiele für verdeckte Einlagen sind:

- Der Gesellschafter vermietet ein Wirtschaftsgut zu einem unangemessen niedrigen Preis an die Kapitalgesellschaft.
- Der Gesellschafter gewährt der GmbH ein Darlehen zu einem marktüblichen Zins und verzichtet am Jahresende auf bereits fällig gewordene Zinsen (bilanzierungsfähige Verbindlichkeit).
- Der Gesellschafter erwirbt bei der Gesellschaft ein Wirtschaftsgut zu einem überhöhten Preis (Fremdvergleich) oder verkauft Wirtschaftsgüter zu günstigeren Preisen an die GmbH.
- Die Ehefrau des Gesellschafters der GmbH verzichtet formgültig auf die Rückzahlung eines – privat gegebenen – fälligen und voll werthaltigen Darlehens von 100.000 €.

Gegenstand der verdeckten Einlage kann nur ein Vermögensvorteil sein, der auch bilanzierungsfähig ist. Das Vermögen der Kapitalgesellschaft muss sich somit erhöhen, entweder durch den Ansatz/die Erhöhung eines Aktivpostens oder den Wegfall/die Verminderung eines Passivpostens.

Die Überlassung des Gebrauchs oder der Nutzung eines Wirtschaftsguts kann nicht Gegenstand einer Einlage sein. Das gilt auch für unentgeltliche Dienstleistungen und zinslose Darlehensgewährung eines Gesellschafters an seine Kapitalgesellschaft gleichermaßen.

Beispiel: Verdeckte Einlage

Der Gesellschafter-Geschäftsführer einer GmbH erbringt seine Tätigkeit in der Anlaufphase ohne Gegenleistung (ohne Gehaltsvereinbarung), obwohl ein fremder Geschäftsführer ein Jahresgehalt von 160.000 € erhalten hätte.

Die Ehefrau des Gesellschafters gewährt der Kapitalgesellschaft ein zinsloses Darlehen von 100.000 €.

Beide o. g. Fälle führen nicht zu einer Kürzung des Einkommens, da keine verdeckten Einlagen vorliegen.

Gewinnausschüttung einer Kapitalgesellschaft

Ist eine Kapitalgesellschaft zu mindestens 10 % an einer anderen in- oder ausländischen Kapitalgesellschaft beteiligt, so wird die **Gewinnausschüttung** bei der empfangenden Kapitalgesellschaft von der Körperschaftsteuer freigestellt (§ 8b Abs. 1 KStG). Grundsätzlich gilt im Ertragsteuerrecht nach § 3c Abs. 1 EStG, dass alle Betriebsausgaben, die mit steuerfreien Einnahmen zusammenhängen, nicht steuerlich abgezogen werden dürfen.

Bei den Gewinnausschüttungen an Kapitalgesellschaften gilt jedoch eine Ausnahmeregelung. Die Betriebsausgaben, die mit dieser Beteiligung in Zusammenhang stehen, können in voller Höhe als Betriebsausgabe abgezogen werden. Allerdings gelten 5 % der Gewinnausschüttung als nichtabziehbare Betriebsausgabe (§ 8b Abs. 1, 5 KStG). Diese Regelung gilt, unabhängig davon, ob überhaupt Betriebsausgaben mit der Beteiligung angefallen sind.

Beispiel: Besteuerung von Gewinnausschüttungen

Eine GmbH hält Aktien aus einer Beteiligung von 20 %, die sie teilweise mit Fremdkapital finanziert hat. Für das Fremdkapital zahlt die GmbH jährlich Zinsen in Höhe von 5.000 €. Im Jahr 02 erhält die GmbH eine Dividende aus den Aktien in Höhe von 20.000 €.

Lösung:

Die Dividende wird außerbilanziell, d. h. bei der Ermittlung des zu versteuernden Einkommens (in der Körperschaftsteuererklärung) vom steuerbilanziellen Gewinn nach § 8 Abs. 1 KStG abgezogen, da sie nach § 8b Abs. 1 KStG eine steuerfreie Einnahme darstellt. Die Zinsaufwendungen in Höhe von 5.000 € dürfen den Gewinn nach § 8b Abs. 5 Satz 2 KStG als Betriebsausgabe mindern. Allerdings ist der Gewinn um 5 % von 20.000 € und demnach um 1.000 € nach § 8b Abs. 5 KStG zu erhöhen.

Im Ergebnis sind immer 95 % der Gewinnausschüttungen von anderen Kapitalgesellschaften steuerfrei.

Beträgt die Beteiligungshöhe zu Beginn des Kalenderjahrs weniger als 10 %, so erfolgt nach § 8b Abs. 4 KStG keine Freistellung der erhaltenen Dividende. In diesem Fall sind keine pauschalen nicht abziehbaren Ausgaben in Höhe von 5 % zu berücksichtigen und die tatsächlichen Kosten im Zusammenhang mit dem Beteiligungsbesitz sind voll abziehbare Betriebsausgaben.

Veräußerung von Anteilen an einer Kapitalgesellschaft

Nach § 8b Abs. 2 KStG bleiben Gewinne aus der Veräußerung eines Anteils an einer Kapitalgesellschaft außer Ansatz und somit steuerfrei. Veräußerungskosten mindern den steuerfreien Gewinn.

Beispiel: Veräußerung von Anteilen an einer Kapitalgesellschaft

Die Muster GmbH ist zu 100 % an der T-GmbH beteiligt. Der Buchwert der Beteiligung an der T-GmbH beträgt 50.000 €. Die Muster-GmbH veräußert die Beteiligung für 150.000 €. Es entstanden im Zusammenhang mit der Veräußerung Beratungskosten in Höhe von 10.000 €.

Lösung:

Veräußerungspreis	**150.000 €**
./. Buchwert	50.000 €
./. Veräußerungskosten	10.000 €
= Veräußerungsgewinn	90.000 € (= steuerfrei nach § 8b Abs. 2 KStG)

Der Gewinn in Höhe von 90.000 € ist bei der Einkommensermittlung zu kürzen.

Allerdings sind nach § 8b Abs. 3 KStG von dem Gewinn in Höhe von 90.000 € 5 % als pauschale nichtabzugsfähige Betriebsausgaben dem Gewinn hinzuzurechnen. Der Gewinn ist somit um 4.500 € zu erhöhen.

Im Ergebnis bleiben auch bei den Gewinnen aus der Veräußerung von Kapitalgesellschaftsanteilen 95 % steuerfrei.

Beachte: Die Steuerfreistellung von Veräußerungsgewinnen wird unabhängig von der Beteiligungshöhe gewährt.

DBA-steuerfreie Einnahmen und sonstige steuerfreie Einnahmen

Wenn eine Kapitalgesellschaft grenzüberschreitend tätig wird und z. B. eine Betriebsstätte im Ausland gründet, sind die Gewinne dieser ausländischen Betriebsstätte in der Regel in Deutschland wegen der unbeschränkten Steuerpflicht und des damit verbundenen Welteinkommensprinzips und auch im Ausland wegen der beschränkten Steuerpflicht zu versteuern. In solchen Fällen liegt eine Doppelbesteuerung vor, da ein Steuerschuldner die gleichen Gewinne mit einer ähnlichen Steuer in mindestens zwei Staaten versteuern muss.

Um solche Doppelbesteuerungen zu vermeiden, haben viele Staaten gegenseitige **Doppelbesteuerungsabkommen** (DBA) geschlossen, in denen das Besteuerungsrecht für bestimmte Einkünfte einem der Staaten zugewiesen wird.[4]

In Deutschland wird das Besteuerungsrecht bei Vorliegen eines DBA i. d. R. dem Staat zugewiesen, in dem die Betriebsstätte gelegen ist und Deutschland muss die Gewinne der ausländischen Betriebsstätte freistellen (sog. Freistellungsmethode).

Muss Deutschland nach einem DBA bestimmte Einkünfte von der deutschen Besteuerung freistellen, sind die gesondert zu ermittelnden Einkünfte bei der Einkommensermittlung zu kürzen.

Bei der Körperschaftsteuer sind eine Reihe anderer sachlicher Steuerbefreiungen außerhalb des KStG zu beachten. Hier sind z. B. bestimmte steuerfreie Einnahmen des § 3 EStG und Investitionszulagen nach dem InvZulG zu nennen. Solche steuerfreien Einnahmen sind bei der Einkommensermittlung zu kürzen.

Zu beachten ist, dass die mit den steuerfreien Einnahmen im Zusammenhang stehenden Ausgaben nach § 3c Abs. 1 EStG auch bei der Kapitalgesellschaft nicht abziehbar sind.

Nichtabzugsfähige Betriebsausgaben nach § 4 Abs. 5 EStG

Im § 4 Abs. 5 und 6 EStG sind eine Reihe von Betriebsausgaben aufgeführt, die das Einkommen nicht mindern dürfen. Diese Regelungen gelten wegen des § 8 Abs. 1 KStG auch für die Körperschaften. Hierzu zählen insbesondere:

Geschenke an Personen, die nicht Arbeitnehmer des Steuerpflichtigen sind und deren Anschaffungs- bzw. Herstellungskosten 35 € pro Person und pro Wirtschaftsjahr übersteigen (§ 4 Abs. 5 Nr. 1 EStG). Daher muss ein Betrieb eine Liste führen, in der jedes einzelne Geschenk und dessen Zuwendungsempfänger aufgeführt werden. Diese Liste und die separate Buchung auf ein Konto „Geschenke unter 35 €" sind die Voraussetzung für die Abzugsfähigkeit von Geschenken unter 35 €. Geschenke, die diese Wertgrenze übersteigen, sind nicht abzugsfähig und müssen dem handelsrechtlichen Ergebnis wieder hinzugerechnet werden.

Beispiel: Geschenke als nicht abzugsfähige Betriebsausgaben

Die Muster GmbH weist in ihrer GuV einen Aufwand für Geschenke > 35 € in Höhe von 2.500 € aus.

In der Körperschaftsteuererklärung sind die 2.500 € dem Gewinn wieder hinzuzurechnen und erhöhen somit die steuerliche Bemessungsgrundlage.

30 % der angemessenen und geschäftlich veranlassten **Bewirtungsaufwendungen** (§ 4 Abs. 5 Nr.2 EStG). Ob die Kosten einer Bewirtung angemessen sind, ist anhand des Einzelfalls nach der Verkehrsanschauung zu beurteilen. Der unangemessene Anteil der Bewirtungsaufwendungen ist in voller Höhe nicht abzugsfähig. Die frei gegriffene Aufteilung von 30 % soll dem Umstand Rechnung tragen, dass die Bewirtung die Lebensführung der Bewirteten und des Bewirtenden berührt und diese somit privat veranlasst sind.

Beispiel: Bewirtungsaufwendungen als nicht abzugsfähige Betriebsausgaben

Die Muster GmbH weist in ihrer GuV Aufwendungen für angemessene Bewirtungsaufwendungen in Höhe von 6.300 € aus. Davon gelten nach § 4 Abs. 5 Nr. 2 EStG 1.890 € (30 % von 6.300 €) als nicht abzugsfähig und erhöhen somit den Gewinn.

Aufwendungen für Gästehäuser, Jagd, Fischerei, Segel- und Motorjachten und ähnliche Zwecke (§ 4 Abs. 5 Nr. 3 und 4 EStG)

Diese Vorschrift bringt eine beispielhafte Aufzählung besonderer Repräsentationsaufwendungen, die häufig auch im Privatbereich anfallen und bei denen die betriebliche Veranlassung im Einzelfall kaum nachprüfbar ist.

Beispiel: Besondere Aufwendungen als nicht abzugsfähige Betriebsausgaben

Die Muster GmbH hat ein Jagdrevier gepachtet, in dem sie einmal pro Jahr Geschäftskollegen zur Jagd einlädt. Die Aufwendungen für die Pacht und die Pflege des Jagdreviers sind in der GuV mit 25.000 € ausgewiesen.

Diese Aufwendungen in Höhe von 25.000 € dürfen nach § 4 Abs. 5 S. 1 Nr. 4 EStG nicht als Betriebsausgabe abgezogen werden und sind somit dem steuerlichen Gewinn hinzuzurechnen.

Geldbußen, Ordnungs- und Verwarnungsgelder

Festgesetzt werden diese von einem deutschen Gericht bzw. einer Behörde oder einem Organ der Europäischen Gemeinschaft (§ 4 Abs. 5 Nr. 8 EStG).

Beispiel: Geldbußen als nicht abzugsfähige Betriebsausgaben

Die Muster GmbH erhielt vom EU-Kartellamt wegen widriger Preisabsprachen mit Konkurrenten einen Bußgeldbescheid über 80.000 €. Dieses Bußgeld wurde noch nicht bezahlt, jedoch in der Handelsbilanz bereits aufwandswirksam als Verbindlichkeit verbucht.

Bei den EU-Kartellbußen handelt es sich nach h. M. um eine Sanktionsvorschrift. Daher kann das Bußgeld nach § 4 Abs.5 Nr. 8 EStG steuerlich nicht als Betriebsausgabe abgezogen werden. Die 80.000 € sind daher dem steuerlichen Gewinn hinzuzurechnen.

Zinsen

Zinsen auf hinterzogene Steuern (§ 4 Abs. 5 Nr. 8a EStG i. V. m. § 235 AO). Zinsen i. S. v. § 235 AO auf Betriebssteuern sind vom Betriebsausgabenabzug ausgeschlossen. Sie müssen in voller Höhe bei der Körperschaftsteuererklärung dem steuerlichen Gewinn hinzugerechnet werden.

Schmier- und Bestechungsgelder

Diese Positionen (§ 4 Abs. 5 Nr. 10 EStG) dürfen nicht als Betriebsausgabe abgezogen werden, wenn mit der Zuwendung von Vorteilen objektiv gegen das Straf- und Ordnungswidrigkeitenrecht verstoßen wird; auf ein Verschulden des Zuwendenden, auf die Stellung eines Strafantrags oder auf eine tatsächliche Ahndung kommt es nicht an. Auch Schmiergeldzahlungen an ausländische Amtsträger und Abgeordnete werden vom Abzugsverbot erfasst. Darunter fallen auch die Kosten eines nachfolgenden Strafverfahrens.

Beispiel: Bestechungsgelder als nicht abzugsfähige Betriebsausgaben

Die Muster GmbH hat Zahlungen in Höhe von 100.000 € an ein Mitglied der Regierungspartei Russlands gezahlt, um einen öffentlichen Auftrag zu erhalten. Diese Aufwendungen wurden unter den sonstigen betrieblichen Aufwendungen verbucht. Bislang wurde kein Strafantrag gestellt.

Die Zahlung kann nicht als Betriebsausgabe abgezogen werden, da es sich um einen Tatbestand handelt, der gegen das deutsche Strafgesetzbuch steht. Somit sind die 100.000 € bei der Einkommensermittlung wieder hinzuzurechnen.

Gewerbesteuer

Die Gewerbesteuer darf bei der Ermittlung der körperschaftsteuerlichen Bemessungsgrundlage nicht abgezogen werden (§ 4 Abs. 5b EStG).

Beispiel: Gewerbesteuer als nicht abzugsfähige Betriebsausgabe

Die Muster GmbH hat einen Gewerbesteueraufwand für das laufende Jahr in Höhe von 40.000 € aufwandswirksam und – aufgrund einer Änderung des Steuerbescheids vom Vorjahr – eine Gewerbesteuererstattung in Höhe von 5.000 € ertragswirksam erfasst.

Nach Verrechnung des Gewerbesteueraufwands mit dem -ertrag sind 35.000 € bei der Einkommensermittlung hinzuzurechnen.

Zu beachten ist, dass nach § 4 Abs. 7 EStG insbesondere bei Geschenken, Bewirtungen, Geschäftsreisen und Beherbergung von Gästen gesonderte Aufzeichnungen erforderlich sind (vgl. R 4.11 EStR). Die Aufzeichnungen müssen einzeln und getrennt auf einem gesonderten Konto aufgezeichnet werden. Andernfalls ist die Abzugsfähigkeit trotz Angemessenheit und betrieblicher Veranlassung in voller Höhe zu verneinen und die Kosten sind bei falscher formaler Buchung voll bei der Einkommensermittlung hinzuzurechnen.

Ergänzend zu den einkommenssteuerlichen Vorschriften enthalten die §§ 9, 10 KStG spezielle Abzugsverbote für nachfolgende Aufwendungen:

Steuern vom Einkommen

Die Steuern vom Einkommen und sonstige Personensteuern (nicht aber die Lohnsteuer, weil sie nicht von der steuerpflichtigen juristischen Person direkt schuldbar ist), die Umsatzsteuer auf verdeckte Gewinnausschüttungen und die Vorsteuern aus bestimmten nichtabziehbaren Aufwendungen dürfen die steuerliche Bemessungsgrundlage nicht mindern, § 10 Nr. 2 KStG.

Zu den Steuern vom Einkommen zählen im Wesentlichen die Körperschaftsteuer, die im Wege des Steuerabzugs einbehaltene Kapitalertragsteuer auf erzielte Kapitalerträge sowie die im Ausland einbehaltene Quellensteuer. Der Solidaritätszuschlag (in alten Bundesländern) ist als sonstige Personensteuer ebenfalls nicht abzugsfähig.

Das Abzugsverbot greift auch bei steuerlichen Nebenleistungen, zu denen gem. § 3 Abs. 3 AO u. a. Verspätungszuschläge (§ 152 AO), Zinsen (§§ 233 ff. AO) und Zwangsgelder (§ 329 AO) zählen. Dies aber nur, soweit die Steuern als nicht abzugsfähige Betriebsausgaben behandelt werden (wie z. B. in dem Fall mit der Körperschaftsteuer). Werden dagegen die Steuern als Betriebsausgaben behandelt (wie z. B. für die Arbeitnehmer gezahlte Lohnsteuer oder die Kfz-Steuer), sind die steuerlichen Nebenleistungen darauf voll als Betriebsausgaben abzugsfähig.

Geldstrafen

Zu den nichtabzugsfähigen Betriebsausgaben gem. § 10 Abs. 2 KStG zählen Geldstrafen und sonstige Vermögensleistungen des Steuerpflichtigen, bei denen der Strafcharakter überwiegt. Vertragsstrafen und sonstige privatrechtliche Strafen werden von dem Abzugsverbot nicht tangiert und sind mithin als Betriebsausgaben abzugsfähig.

Aufsichtsratsvergütung

Aufwendungen für den Aufsichtsrat sind lediglich zur Hälfte als Betriebsausgabe abzugsfähig, § 10 Nr. 4 KStG. Zu den abzugsbeschränkten Aufwendungen zählen bspw. Tage-, Sitzungs- und Reisegelder.

Zinsschranke nach § 4h EStG

Ein Unternehmer kann frei darüber entscheiden, ob er sein Unternehmen mit Fremd- oder Eigenkapital ausstattet. Die Zinsen, die für Fremdkapital zu zahlen sind, mindern in der Regel den Gewinn der Gesellschaft, wohingegen die Dividende, die für das Eigenkapital gezahlt wird, gewinnneutral behandelt wird. Diese Finanzierungsfreiheit führte in der Vergangenheit jedoch dazu, dass Steuersubstrat durch überhöhte Zinszahlungen von Deutschland ins Ausland verlagert wurde. Die im Folgenden dargestellte Regelung zur sog. **Zinsschranke** richtet sich gegen eine übermäßige Fremdkapitalfinanzierung und soll verhindern, dass im Sinne der Steueroptimierung eine hohe Fremdkapitalquote angestrebt wird.

Die wesentliche Regelung der Zinsschranke ist in § 4h EStG zu finden, der über § 8 Abs. 1 KStG auch für Körperschaften anzuwenden ist. Des Weiteren sind in § 8a KStG Regelungen zum Zinsausgabenabzug enthalten, die nur für Körperschaften anzuwenden sind.

Die Zinsschranke führt dazu, dass im Anwendungsfall nicht der gesamte Zinsaufwand eines Geschäftsjahrs sofort als Aufwand abgezogen werden kann (§ 8a KStG i. V. m. § 4h EStG).

Als Zinsen im Sinne der Zinsschranke gelten alle Vergütungen, die für die vorübergehende Überlassung von Geldkapital geleistet werden.

Das folgende Schaubild zeigt die Prüfungsreihenfolge für die Zinsschrankenregelung auf:

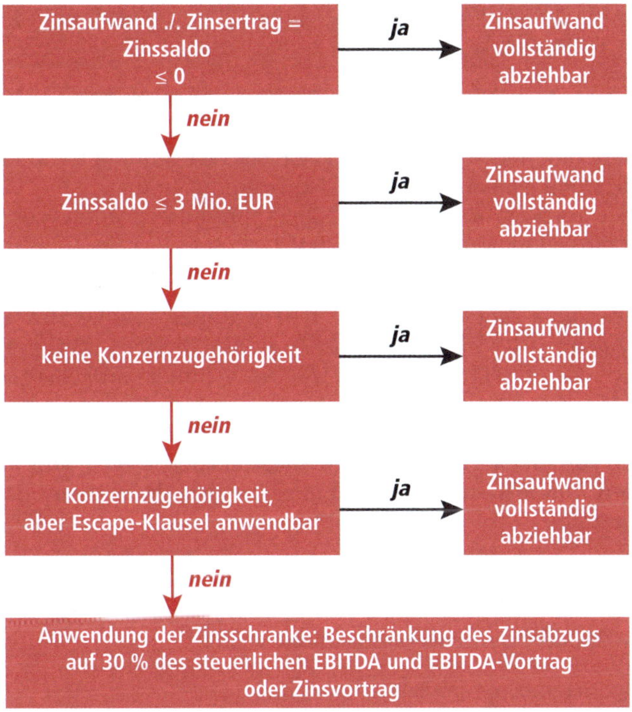

Abbildung 12.7: Schema zur Ermittlung der Prüfungsreihenfolge für die Zinsschrankenregelung

In einem ersten Schritt sind die Zinsaufwendungen den Zinserträgen gegenüberzustellen (Zinssaldo). Sofern der Zinssaldo positiv ist (Zinserträge > Zinsaufwendungen), greift die Zinsschranke nicht ein und die gesamten Zinsaufwendungen können als Betriebsausgabe abgezogen werden.

Beispiel: Zinsschranke (Beispiel 1)

Eine GmbH erzielt im Wirtschaftsjahr 02 Zinserträge in Höhe von 5,5 Mio. €. Daneben muss die GmbH 4,0 Mio. € Zinsaufwendungen für Darlehen bezahlen. Da die Zinsaufwendungen niedriger als die Zinserträge sind (und ein positiver Zinssaldo entsteht), kann die GmbH die Zinsaufwendungen in Höhe von 4 Mio. € in 02 in voller Höhe gewinnmindernd abziehen.

Wenn der **Zinssaldo** jedoch negativ ist (Zinserträge < Zinsaufwendungen), ist zu prüfen, ob dieser negative Zinssaldo die Freigrenze von 3,0 Mio. € übersteigt. Liegt der negative Zinssaldo unter 3,0 Mio. €, sind die Zinsaufwendungen in voller Höhe abzugsfähig.

Beispiel: Zinsschranke (Beispiel 2)

Eine GmbH erzielt im Wirtschaftsjahr 02 Zinserträge in Höhe von 5,5 Mio. €. Daneben muss die GmbH 7,0 Mio. € Zinsaufwendungen für Darlehen bezahlen. Da die Zinsaufwendungen höher als die Zinserträge sind, entsteht ein negativer Zinssaldo in Höhe von 1,5 Mio. €. Die Zinsaufwendungen in Höhe von 7,0 Mio. € können trotzdem in voller Höhe gewinnmindernd abgezogen werden, da der negative Zinssaldo unter 3 Mio. € liegt.

Übersteigt der negative Zinssaldo jedoch die Freigrenze von 3,0 Mio. €, dann ist der Betriebsausgabenabzug des Zinssaldos nach § 4h Abs. 1 Satz 1 EStG grundsätzlich auf 30 % des steuerlichen EBITDA begrenzt. Die Bezeichnung „EBITDA" leitet sich vom Englischen ab (Earnings before interest, taxes, depreciation and amortization) und wird übersetzt mit Gewinn vor Zinsen, Steuern, Abschreibungen auf Sachanlagen und Abschreibungen auf immaterielle Vermögensgegenstände. Der Gewinn wird somit von den angefallenen Zinsaufwendungen und Abschreibungen bereinigt. Das EBITDA ist wie folgt zu ermitteln:

	Steuerbilanzieller Gewinn
+	Zinsaufwendungen im laufenden Wirtschaftsjahr
./.	Zinserträge im laufenden Wirtschaftsjahr
+	Abschreibungen auf abnutzbare Wirtschaftsgüter im Anlagevermögen gem. § 6 Abs. 2 Satz 1 EStG
+	Abschreibungen auf geringwertige Wirtschaftsgüter, für die ein Sammelposten gebildet worden ist gem. § 6 Abs. 2a Satz 2 EStG
+	Abschreibungen auf Firmenwert sowie Gebäuden gem. § 7 EStG
=	**Maßgeblicher Gewinn im Sinne des § 4h EStG**

Tabelle 12.6: Ermittlung des maßgeblichen Gewinns nach § 4 h EStG

Beispiel: Ermittlung des maßgeblichen Gewinns nach § 4 h EStG

Die einem Konzern zugehörige Kern GmbH weist einen steuerbilanziellen Gewinn i. H. v. 3.000.000 € aus. Im Jahresergebnis bereits enthalten sind die Abschreibungen i. H. v. 1.500.000 €, Zinserträge i. H. v. 500.000 € und Zinsaufwendungen i. H. v. 4.000.000 €.

1. Schritt: Ermittlung des negativen Zinssaldos

Zinserträge	500.000
./. Zinsaufwendungen	4.000.000
= Zinssaldo	(3.500.000)

Gem. § 4 h Abs. 1 S. 1 EStG können die Zinsaufwendungen bis zur Höhe der Zinserträge unbeschränkt abgezogen werden (500.000 €). Danach verbleibt ein negativer Zinssaldo in Höhe von 3,5 Mio. €.

2. Schritt: Prüfung der Freigrenze von 3,0 Mio. €

3,5 Mio. € > 3,0 Mio. €

Der negative Zinssaldo übersteigt die Höhe der Freigrenze von 3,0 Mio. €. Daher ist zu prüfen, in welcher Höhe der steuerliche Zinsausgabenabzug maximal zulässig ist.

3. Schritt: Berechnung des steuerlichen EBITDA

Steuerbilanzieller Gewinn	3.000.000 €
+ Zinsaufwendungen	+ 4.000.000 €
./. Zinserträge	./. 500.000 €
+ Abschreibungen nach §§ 6 und 7 EStG	+ 1.500.000 €
= Steuerliches EBITDA	8.000.000 €
Davon 30 %	2.400.000 €

Von den verbleibenden Zinsaufwendungen in Höhe von 3,5 Mio. € können lediglich 30 % des steuerlichen EBITDA i. H. v. insgesamt 2.4 Mio. € im laufenden Wirtschaftsjahr abgezogen werden.

Der übersteigende Betrag in Höhe von (3.500.000 € – 2.400.000 € =) 900.000 € ist in diesem Veranlagungsjahr nicht abzugsfähig und daher außerbilanziell dem Gewinn der Gesellschaft wieder hinzuzurechnen:

Steuerlicher Gewinn nach § 5 Abs. 1 EStG	3.000.000 €
+ außerbilanzielle Hinzurechnung nach § 4 h EStG	+ 900.000 €
= maßgeblicher Gewinn für die Ertragsbesteuerung	= 3.900.000 €

Die nichtabzugsfähigen Zinsaufwendungen in Höhe von 900.000 € können jedoch als Zinsvortrag in die darauffolgenden Wirtschaftsjahre vorgetragen werden und werden im Folgejahr bei der Ermittlung des abzugsfähigen Betrags berücksichtigt.

Von der oben dargestellten Abzugsbeschränkung gibt es zwei weitere Ausnahmen, die in § 4h Abs. 2 EStG geregelt sind und deren Gegenausnahme durch § 8a KStG festgelegt wird:

Der Zinsabzug wird nicht durch die Zinsschranke beschränkt, wenn der Betrieb nicht oder nur anteilig zu einem Konzern gehört, § 4h Abs. 2 Satz 1 Bst. b EStG (sog. Konzernklausel). Wann eine Gesellschaft steuerlich zu einem Konzern gehört, wird durch § 4h Abs. 3 Sätze 5 und 6 EStG geregelt.

§ 8 Abs. 2 KStG regelt im Gegenzug jedoch, dass diese Konzernklausel nicht anzuwenden ist, wenn

- ein Anteilseigner zu mehr als 25 % am Grund- oder Stammkapital beteiligt ist,
- die Körperschaft von diesem Anteilseigner Fremdkapital erhalten hat und
- die Vergütung für das Fremdkapital mehr als 10 % des negativen Zinssaldos der Körperschaft beträgt.

Beispiel: Ausnahmen von der Zinsschranke

Die o. g. Kern GmbH gehört keinem Konzern an. Grundsätzlich würde § 4h EStG hier nicht greifen; d. h., der Zinsaufwand in Höhe von 4.000.000 € wäre unbeschränkt abzugsfähig. Erhält die Kern GmbH jedoch von ihrem 100%-igen (> 25 %) Anteilseigner ein Darlehen, für das die GmbH 400.000 € Zinsen bezahlt, dann greift § 4h EStG wieder, da der Zinsaufwand auf das Gesellschafterdarlehen mehr als 10 % des negativen Zinssaldos ausmacht (10 % von 3,5 Mio. € = 350.000 > 400.000).

Sofern bei einer Körperschaft die beiden ersten Ausnahmen nicht greifen, weil der Zinssaldo mindestens 3,0 Mio. € beträgt und es sich um eine Konzerngesellschaft im hier verstandenen Sinne handelt, kommt die Zinsschranke trotzdem nicht zur Anwendung, wenn die sog. **Escape-Klausel** angewendet werden kann, § 4h Abs. 2 Satz 1 Bst. c EStG. Die betroffene Gesellschaft muss hierfür nachweisen, dass die Eigenkapitalquote bei ihr nicht wesentlich geringer ist als bei den anderen Konzerngesellschaften.

Spendenabzug

Nach § 9 Abs. 1 Nr. 2 KStG unterliegt der Spendenabzug einer Sonderregelung bei Kapitalgesellschaften. Demnach können Spenden zur Förderung steuerbegünstigter Zwecke i.S. der §§ 52 bis 54 AO nur bis zur Höhe von

- 20 % des Einkommens oder
- 4 v. T. der Summe aus Umsätzen, Löhnen und Gehältern

abgezogen werden.

Bemessungsgrundlage für die Höchstbetragsberechnung der abziehbaren Spenden ist demnach die Summe der Einkünfte, also das Einkommen vor Abzug sämtlicher Spenden und vor Berücksichtigung des Verlustabzugs.

Daher sind zunächst alle Spenden, die in der Steuerbilanz aufwandsmäßig erfasst wurden, dem Gewinn hinzuzurechnen. Nach Ermittlung der Summe der Einkünfte werden unter Berücksichtigung der Höchstbeträge die abziehbaren Spenden wieder zur Ermittlung des zu versteuernden Einkommens abgezogen.

Spenden an politische Parteien können von Kapitalgesellschaften nicht steuerlich abgezogen werden.

Beispiel: Ermittlung des zu versteuernden Einkommens

Die Muster GmbH weist für das Wirtschaftsjahr 01 einen steuerbilanziellen Gewinn von 300.000 € aus. Folgende Erträge und Aufwendungen haben das Ergebnis beeinflusst:

- erhaltene Investitionszulage nach dem InvZulG 10.000 €
- vGA wegen überhöhter GF-Gehaltszahlung 20.000 €
- Geschenke > 35 € (brutto) 2.000 €
- Parteispende 5.000 €
- Spende für religiöse Zwecke 20.000 €

Das zu versteuernde Einkommen ermittelt sich für den VZ 01 wie folgt:

Steuerbilanzieller Gewinn	300.000 €
./. steuerfreie Investitionszulage	./. 10.000 €
+ vGA	+ 20.000 €
+ Geschenke > 35,00 €	+ 2.000 €
+ Parteispende	+ 5.000 €
+ Spende für religiöse Zwecke	+ 20.000 €
= Summe der Einkünfte	337.000 €
Höchstbetragsrechnung Spendenabzug: 20 % von 337.000 € = 67.400 €, daher max. abzugsfähig	./. 20.000 €
= zu versteuerndes Einkommen	317.000 €

Verdeckte Gewinnausschüttungen

Gewinnausschüttungen sind wie Kapitaleinlagen und Kapitalerhöhungen gesellschaftsrechtliche Vorgänge, die gewinnneutral behandelt werden. **Verdeckte Gewinnausschüttungen** (vGA) dürfen daher das Einkommen nicht mindern (§ 8 Abs. 3 Satz 2 KStG).

Es müssen kumulativ vier folgende Tatbestandsmerkmale vorliegen, damit eine **verdeckte Gewinnausschüttung** vorliegt (R 36 Abs. 1 KStG):

1. Vermögensminderung oder verhinderte Vermögensmehrung,
2. die durch das Gesellschaftsverhältnis veranlasst ist,
3. sich auf die Höhe des steuerrechtlichen Unterschiedsbetrags auswirkt und
4. nicht auf einem den gesellschaftlichen Vorschriften entsprechenden Gewinnverwendungsbeschluss beruht.

Eine Vermögensminderung bzw. verhinderte Vermögensmehrung liegt vor, wenn aufgrund des Rechtsgeschäfts Positionen auf der Aktivseite der Bilanz zu niedrig bzw. Positionen auf der Passivseite der Bilanz zu hoch ausgewiesen werden.

Beispiel: Verdeckte Gewinnausschüttung

Der Anteilseigner Harald Kern vermietet im Jahr 02 der Kern GmbH ein Bürogebäude für eine monatliche Miete in Höhe von 20.000 €. Ein fremder Dritter hätte für dieses Bürogebäude eine Miete in Höhe von lediglich 10.000 € gezahlt.

Der die marktübliche Miete übersteigende Betrag für das Jahr 02 in Höhe von 120.000 € (12 Monate · 10.000 €)

- führt zu einer Vermögensminderung (liquide Mittel werden durch Auszahlung verringert),
- diese Zahlung ist durch das Gesellschaftsverhältnis veranlasst (hohe Miete wird gezahlt, weil Herr Kern Anteilseigner bei der Gesellschaft ist),
- wirkt sich auf die Höhe des Gewinns aus (Mietaufwand mindert den Gewinn der Gesellschaft) und
- beruht nicht auf einem offenen Gewinnverwendungsbeschluss (die marktunüblichen 120.000 € hat Herr Kern nicht aus einer vereinbarten Gewinnausschüttung erhalten).

Somit liegt eine verdeckte Gewinnausschüttung in Höhe von 120.000 € vor, die für die Ermittlung des zu versteuernden Einkommens außerbilanziell dem Gewinn wieder hinzuzurechnen ist.

Auf der Gesellschafterebene findet auch eine Besteuerung der verdeckten Gewinnausschüttung statt. Ohne Bedeutung ist für den Fiskus, ob die Finanzmittel dem Anteilseigner oder einer ihm nahestehenden Person (z. B. Familie oder Freundeskreis) zugeflossen sind. Hierbei handelt es sich gleichwohl um eine verdeckte Gewinnausschüttung. Die verdeckte Gewinnausschüttung ist immer dem Anteilseigner zuzurechnen und bei ihm (sofern es sich um eine natürliche Person handelt) als Einkünfte aus Kapitalvermögen nach § 20 Abs. 1 Nr. 1 EStG zu versteuern.

Weitere Beispiele für verdeckte Gewinnausschüttungen sind:

- Eine GmbH überlässt der Mutter des Gesellschafters eine Wohnung zu 50 % des marktüblichen Mietpreises.
- Die GmbH gewährt Gesellschaftern zinslose oder niedrig verzinsliche Darlehen.
- Die Tochter des Gesellschafters entnimmt dem Warenlager der GmbH Toner, Druckerpapier und weiteres Büromaterial im Wert von 500 €.
- Die GmbH verkauft ein Grundstück zu einem unter dem Verkehrswert liegenden Preis an einen Gesellschafter.
- Ein Gesellschafter liefert an die Gesellschaft Waren zu ungewöhnlich hohen Preisen.

Bei einem beherrschenden Gesellschafter (mehr als 50 % der Stimmrechte) ist zusätzlich zu berücksichtigen, dass bei jeglicher Leistung der Gesellschaft an den Gesellschafter die zugrunde liegende Vereinbarung

- zivilrechtlich wirksam,
- klar und eindeutig,
- im Voraus abgeschlossen und
- tatsächlich durchgeführt worden ist (R 36 Abs. 2 KStR).

Beispiel: Verdeckte Gewinnausschüttung beim geschäftsführenden Gesellschafter

Ein Alleingesellschafter-Geschäftsführer erkennt am Jahresende, dass sein bisheriges Gehalt niedriger als das branchenübliche Gehalt ist, und gewährt sich rückwirkend eine Gehaltserhöhung in Höhe von 24.000 €, die er sich mit dem Dezembergehalt auszahlt und als Personalaufwand gewinnmindernd verbucht.

Obwohl das Gehalt der Höhe nach angemessen ist und dem Drittvergleich standhält, liegt eine verdeckte Gewinnausschüttung vor, da es an der „im Voraus geschlossenen Vereinbarung" fehlt. Der steuerliche Gewinn ist um 24.000 € zu erhöhen.

Nichtabzugsfähige Ausgaben nach § 10 KStG

Nach § 10 Nr. 2 KStG sind bei Kapitalgesellschaften

- Steuern vom Einkommen (Körperschaftsteuer, Kapitalertragsteuer, Abzugsteuer nach § 50a EStG),
- sonstige Personensteuern (Solidaritätszuschlag),
- nicht abziehbare Vorsteuer auf **nicht abziehbare Betriebsausgaben** i. S. d. § 4 Abs. 5 Nr. 1–4 , Nr. 7 Abs. 7 EStG sowie
- nach § 10 Nr. 2 KStG auch mit nichtabziehbaren Steuern zusammenhängende Nebenleistungen (Säumniszuschlage nach § 240 AO, Verspätungszuschläge nach § 152 AO, Zwangsgelder nach § 329 AO und Zinsen nach §§ 233a, 234, 237 AO)

nicht abzugsfähig.

Zu beachten ist, dass die Zinszahlungen auf Steuernachforderungen nicht als Betriebsausgabe abgezogen werden können, die Zinserstattungen auf Steuererstattungen jedoch zu versteuern sind.

Beispiel: Nicht abzugsfähige Ausgaben

Der steuerbilanzielle Gewinn der Muster GmbH beträgt für das Wirtschaftsjahr 03 500.000 €. Folgende Aufwendungen und Erträge haben sich auf den Gewinn ausgewirkt:

- Körperschaftsteuer-Vorauszahlung für 03: 70.000 €
- Solidaritätszuschlags-Vorauszahlung für 03: 3.850 €
- Körperschaftsteuer-Erstattung für 02: 5.000 €
- Solidaritätszuschlagserstattung für 02: 275 €
- Verspätungszuschlag zur KSt 02: 200 €

Das zu versteuernde Einkommen ermittelt sich wie folgt:

Steuerbilanzieller Gewinn	500.00 €
+ KSt-VZ 03	+ 70.000 €
+ SolZ-VZ 03	+ 3.850 €
./. KSt-Erstattung 02	./. 5.000 €
./. SolZ-Erstattung 02	./. 275 €
+ VZ KSt 02	+ 225 €
= zu versteuerndes Einkommen	568.800 €

Nach § 10 Nr. 4 KStG sind die Hälfte der Vergütungen jeder Art, die an Mitglieder des Aufsichtsrats, Verwaltungsrats, Grubenvorstands oder andere mit der Überwachung der Geschäftsführung beauftragte Personen gewährt werden, nicht abzugsfähig.

Beispiel: Nicht abzugsfähige Ausgaben

Die Muster GmbH zahlt den Mitgliedern des Beirats eine jährliche Aufwandsentschädigung in Höhe von 40.000 €.

Die Aufwandsentschädigung kann sich nur in Höhe von 20.000 € einkommensmindernd auswirken. Die andere Hälfte von 20.000 € ist nicht abzugsfähig und somit bei der Einkommensermittlung wieder hinzuzurechnen.

12.2.6 Körperschaftsteuerliche Verluste

Verlustabzug

Ergibt sich im Rahmen der steuerlichen Einkommensermittlung ein Verlust, kann dieser nach § 10d EStG i. V. m. § 8 Abs. 1 KStG entweder in den vorangegangenen oder in den folgenden Veranlagungszeitraum vor- bzw. zurückgetragen werden und mit

Gewinnen in den vorgenannten Zeiträumen verrechnet werden. Dies wird mit dem Überbegriff **Verlustabzug** bezeichnet.

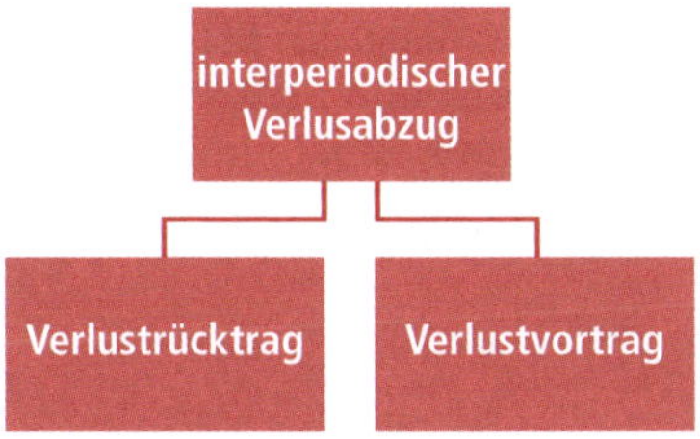

Abbildung 12.8: Unterscheidung Verlustrücktrag und Verlustvortrag

Ein **Verlustrücktrag** ist nach § 10d Abs. 1 EStG begrenzt:

- *zeitlich* auf den dem Verlustentstehungsjahr vorhergehenden Veranlagungszeitraum und
- *betragsmäßig* auf insgesamt 1.000.000 €.

Ein **Verlustvortrag** (Übertragung des Verlustbetrags ins Folgejahr) ist nach § 10d Abs. 2 EStG:

- *zeitlich* nicht befristet, aber
- *betragsmäßig* wie folgt eingeschränkt:

Gesamtbetrag der Einkünfte	Verlustvortrag	Umfang der Verlustverrechnung
≤ 1 Mio. €	≤ 1 Mio. €	unbegrenzt bis zur Höhe des jeweils niedrigeren Betrags von den beiden
≤ 1 Mio. €	> 1 Mio. €	begrenzt auf Gesamtbetrag der Einkünfte
> 1 Mio. €	≤ 1 Mio. €	unbegrenzt
> 1 Mio. €	> 1 Mio. €	begrenzt auf 1 Mio. € + 60 % von (Gesamtbetrag der Einkünfte −1 Mio. €)

Tabelle 12.7: Betragsmäßige Beschränkung von Verlustvorträgen

Im Rahmen der sogenannten **Mindestbesteuerung** sind nicht ausgeglichene negative Einkünfte, die in den folgenden Veranlagungszeitraum vorgetragen werden, bis zu einem Gesamtbetrag der Einkünfte von 1 Mio. € unbeschränkt, darüber hinaus bis zu 60 % des 1 Mio. € übersteigenden Gesamtbetrags der Einkünfte abziehbar (Verlustvortrag).

Beispiel: Verlustvorträge und Mindestbesteuerung

Für die Muster GmbH ist zum 31.12.01 ein Verlustvortrag in Höhe von 5 Mio. € festgestellt worden. Im darauffolgenden Veranlagungszeitraum hat die Kern-GmbH ein positives zu versteuerndes Einkommen in Höhe von 4 Mio. €.

Der Verlustabzug im Jahr 02 ist wie folgt durchzuführen:

	€	€
Verlustvortrag zum 31.12.01	5.000.000	
zvE vor Verlustabzug 02		4.000.000
Unbeschränkter Verlustabzug		– 1.000.000
= verbleiben		3.000.000
Eingeschränkter Verlustabzug bis zu 60 % des verbleibenden zvE (60 % von 3.000.000 €)		– 1.800.000
zvE nach Verlustabzug		1.200.000

Die Muster GmbH hat nach Verlustabzug in Höhe von 2,8 Mio. € ein zu versteuerndes Einkommen in Höhe von 1,2 Mio. €. Zum 31.12.02 ist ein verbleibender Verlustabzug in Höhe von 2,2 Mio. € (5 Mio. € – 2,8 Mio. €) festzustellen.

12.2.7 Verlustuntergang

Das Körperschaftsteuergesetz sieht noch weitere Regelungen für die Verlustberücksichtigung vor. Gem. § 8c KStG muss die Körperschaft, die den Verlust erlitten hat, nicht nur rechtlich, sondern auch wirtschaftlich mit dieser Körperschaft identisch sein, die den Verlust erwirtschaftet hat.

Die wirtschaftliche Identität geht verloren, wenn innerhalb von 5 Jahren mittelbar oder unmittelbar mehr als 25 % der Anteile bzw. mehr als 50 % der Anteile durch einen Erwerberkreis erworben werden. Man spricht hier von einem „schädlichen Beteiligungserwerb" (§ 8c Abs. 1 Satz 1 bzw. Satz 2 KStG).

Es wird lediglich auf den Erwerber und nicht auf den Veräußerer abgestellt. Wenn der Erwerber von drei Gesellschaftern jeweils 10 % erwirbt und somit insgesamt 30 % der Anteile erwirbt, liegt ein schädlicher Beteiligungserwerb vor.

Bei der Prüfung, ob ein schädlicher Anteilserwerb vorliegt, wird nur vom Erwerber bzw. Erwerberkreis und nicht vom Veräußerer ausgegangen. Zu einem Erwerberkreis gehören in der Regel Personen, die sich nahe stehen oder gleichgerichtete Interessen vertreten.

Bei einem schädlichen Beteiligungserwerb von mehr als 25 % geht der Verlust quotal entsprechend der Höhe des schädlichen Beteiligungserwerbs unter. Mit am 12. Mai 2017 veröffentlichten Beschluss (Az. 2 BvL 6/11) hat das Bundesverfassungsgericht allerdings entschieden, dass der Verlustuntergang bei einem (unmittelbaren) schädlichen Beteiligungserwerb gem. § 8c S. 1 KStG (heute § 8c Abs. 1 S. 1 KStG) gegen den allgemeinen Gleichheitssatz aus Art. 3 Abs. 1 GG verstößt, da die Ungleichbehandlung eines Beteiligungserwerbs von unter 25 Prozent und eines schädlichen Beteiligungserwerbs von über 25 Prozent willkürlich ist.[5]

Der Gesetzgeber ist verpflichtet, spätestens bis zum 31. Dezember 2018 rückwirkend eine für die Zeit vom 1. Januar 2008 bis zum 31. Dezember 2015 geltende Neuregelung zu erlassen.

Bei einem schädlichen Beteiligungserwerb von über 50 % innerhalb eines Zeitraums von fünf Jahren geht der nicht genutzte Verlust gemäß § 8c KStG vollständig unter.

Das Bundesverfassungsgericht hat sich ausschließlich mit der Regelung des § 8c S. 1 KStG a.F. (heute: § 8c Abs. 1 S. 1 KStG) befasst. Ob die Regelung in § 8c S. 2 KStG a.F. (heute: § 8c Abs. 1 S. 2 KStG), die bei einer Übertragung von mehr als 50 Prozent der Anteile zu einem vollständigen Verlustuntergang führt, ebenfalls verfassungswidrig ist, wird in dem Beschluss des BVerfG hingegen ausdrücklich offen gelassen. Dies gilt auch für die Frage, ob ab dem 1. Januar 2016 eine Heilung des verfassungswidrigen Zustands infolge der Einführung des § 8d KStG (sogenannter fortführungsgebundener Verlustvortrag) eingetreten ist.

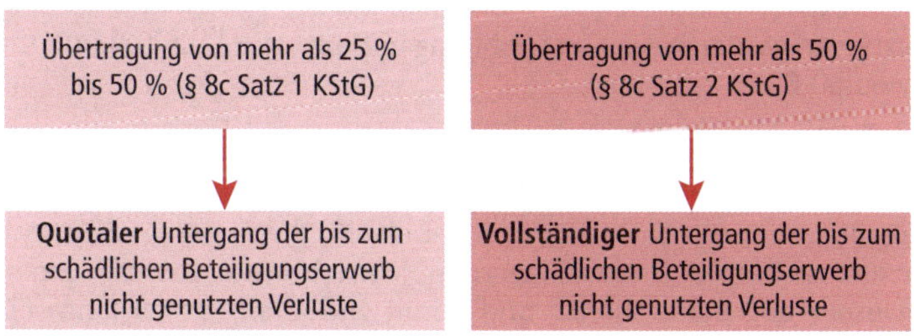

Abbildung 12.9: Behandlung von Verlustvorträgen bei Beteiligungserwerb

Die Anteilserwerbe innerhalb des 5-Jahres-Zeitraums werden zusammengerechnet. Hierbei ist zu beachten, dass zwei Fünfjahresfristen für die 25 %-Quote und für die 50 %-Quote bestehen.

Fall	Anteilsübertragung	Verlustuntergang
1	45 % in 01	quotal 45 % in 01
2	19 % in 01 26 % in 02	kein Untergang in 01 45 % in 02
3	26 % in 01 19 % in 02	26 % in 01 Keine Aufstockung, da neuer 5-Jahreszeitraum für 25 %-Grenze beginnt
4	21 % in 01 30 % in 02	Kein Untergang in 01 100 % in 02
5	26 % in 01 25 % in 02	26 % in 01 100 % in 02

Tabelle 12.8: Behandlung von Verlustvorträgen bei Beteiligungserwerb

In der Praxis besteht das Problem, den Verlust bzw. den Gewinn, der bis zu dem Tag des schädlichen Beteiligungserwerbs entstanden ist, zu ermitteln. In diesen Fällen ist eine Zwischenbilanz aufzustellen.

Von der Anwendung des § 8c KStG kann nach § 8d KStG auf Antrag abgesehen werden, wenn die Körperschaft seit ihrer Gründung oder zumindest seit dem Beginn des dritten Wirtschaftsjahrs vor dem Wirtschaftsjahr des schädlichen Beteiligungserwerbs ausschließlich denselben Geschäftsbetrieb unterhält. Außerdem darf es in diesem Zeitraum nicht zu einer Einstellung des Gewerbebetriebs nach § 8d Abs. 2 KStG kommen.

Beispiel: Verlustvorträge bei Änderung der Beteiligungsverhältnisse

An der Kern GmbH ist der Gesellschafter Harald Kern zu 100 % beteiligt. Ende 02 veräußert er 20 % seiner Anteile an einen neuen Gesellschafter Klaus Bauer und 10 % an einen weiteren Gesellschafter Herbert Müller. Herbert Müller und Klaus Bauer kennen sich nicht und bilden keine Interessengemeinschaft. Ende 03 kauft Klaus Bauer weitere 10 % der Anteile von Herrn Kern.

Die Verlustvorträge der Kern GmbH betragen zum 31.12.02 100.000 € und zum 31.12.03 80.000 €.

Lösung:

Der Verlustvortrag Ende 02 bleibt erhalten und kann steuerlich i. R. d. § 10d EStG genutzt werden, da jeder Erwerber weniger als 25 % Anteile erwirbt. Auch wenn insgesamt 30 % Anteile verkauft werden, wird bei der Erwerbsquote nur auf einen Erwerber abgestellt. In 03 und somit innerhalb des 5-Jahres-Zeitraums erwirbt Klaus Bauer mehr als 25 % der Anteile an der Kern GmbH. Der Verlustvortrag Ende 03 geht quotal zu 30 % unter und kann nicht mehr steuerlich genutzt werden.

12.2.8 Festsetzung der Körperschaftsteuer

Das zu versteuernde Einkommen unterliegt einem einheitlichen Steuersatz von 15 % der Bemessungsgrundlage (§ 23 Abs. 1 KStG). Es kommt nicht darauf an, ob der Gewinn bereits ausgeschüttet oder thesauriert worden ist. Unter der Berücksichtigung des Solidaritätszuschlags ergibt sich eine körperschaftsteuerliche Gesamtbelastung von 15,83% des zu versteuernden Einkommens (15 % + (5,5% von 15 %)).

Die Körperschaftsteuer bemisst sich als Jahressteuer (§ 7 Abs. 3 KStG) nach dem zu versteuernden Einkommen des betreffenden Veranlagungszeitraums (§ 7 Abs. 1 KStG). Auf die tarifliche Körperschaftsteuer werden bereits vorausgezahlte Körperschaftsteuer, anzurechnende ausländische **Körperschaftsteuer** sowie anzurechnende Kapitalertragsteuer angerechnet (vgl. 30 KStR):

Festsetzung der Körperschaftsteuer	
	zu versteuerndes Einkommen
·	Tarifbelastung i. H. v. 15 % (§ 23 Abs. 1 KStG)
=	**tarifliche Körperschaftsteuer**
./.	Anrechnung der auf die ausländischen Einkünfte entfallenden inländischen Körperschaftsteuer (§ 26 KStG)
=	**festzusetzende Körperschaftsteuer**
./.	bereits geleistete Körperschaftsteuer-Vorauszahlungen (§ 31 KStG i. V. m. § 36 Abs. 2 Satz 2 Nr. 1 EStG)
	anzurechnende Kapitalertragsteuer (§ 31 KStG i. V. m. § 36 Abs. 2 Satz 2 Nr. 2 EStG)
=	**Zahllast bzw. Erstattung der Körperschaftsteuer**

Tabelle 12.9: Ermittlung der Körperschaftsteuer

Die Kapitalgesellschaft muss bis zum 31. Mai des Folgejahrs eine Körperschaftsteuererklarung und die Steuerbilanz bzw. Überleitungsrechnung nach § 60 Abs. 2 EStDV an das Finanzamt senden. Auf der Grundlage dieser Körperschaftsteuererklärung wird das Finanzamt die Körperschaftsteuer veranlagen und einen Körperschaftsteuerbescheid an die Kapitalgesellschaft senden.

In der Regel wird das Finanzamt die Körperschaftsteuer entsprechend der Körperschaftsteuererklärung festsetzen und den Steuerbescheid unter dem Vorbehalt der Nachprüfung nach § 164 Abs. 1 S. 1 AO versenden. Damit hält sich das Finanzamt die Möglichkeit offen, den Steuerbescheid innerhalb der Festsetzungsfrist (im Regelfall 4 Jahre nach dem Jahr der Steuerentstehung, § 169 Abs. 2 S. 1 Nr. 2 AO) noch zu ändern. Das könnte der Fall sein, wenn ein Betriebsprüfer in einer späteren Prüfung feststellt, dass die für die Steuerberechnung relevanten Sachverhalte tatsächlich zu einer höheren bzw. niedrigeren Steuer führen. Dementsprechend wird der Bescheid geändert und der sich ergebende Differenzbetrag nachträglich erhoben bzw. die zu viel entrichtete Steuer erstattet.

Beispiel: Berechnung der Körperschaftsteuer

Die Muster GmbH mit kalendergleichem Wirtschaftsjahr hat für 02 folgende vorläufige Gewinn- und Verlustrechnung nach § 275 Abs. 2 HGB erstellt:

Der steuerliche Verlustvortrag der Muster GmbH beträgt zum 31.12.01: 120.000 €.

Die Muster GmbH ermittelt aus der vorläufigen handelsrechtlichen Gewinn- und Verlustrechnung das zu versteuernde Einkommen:

	Vorläufiger Jahresüberschuss lt. Handelsbilanz			1.220.400 €
+	sämtliche Zuwendungen			40.000 €
+	nicht abziehbare Aufwendungen			
		30 % der Bewirtungsaufwendungen	30.000 €	
		Geldbußen	10.000 €	
		50 % der Beiratsvergütung	7.000 €	
		Körperschaftsteuer-Vorauszahlung	120.000 €	
		Solidaritätszuschlag-Vorauszahlung	6.600 €	173.600 €
=	Summe der Einkünfte			1.434.000 €
–	Abziehbare Zuwendungen			
	Max. 20 % von 1.434.000 € = 286.800 €, höchstens 30.000 € mildtätige Ausgaben			30.000 €
=	Gesamtbetrag der Einkünfte			1.404.000 €
–	Verlustabzug aus Vorjahr (< 1 Mio €., daher in voller Höhe abzugsfähig)			120.000 €
=	Zu versteuerndes Einkommen			1.284.000 €

Die Körperschaftsteuer beträgt 15 % von 1.284.000 € = 192.600 € (§ 23 Abs. 1 KStG).

Der Körperschaftsteueraufwand ist mit 192.600 € statt mit 120.000 € in die endgültig zu erstellende Gewinn- und Verlustrechnung einzustellen. Ebenso ist der Solidaritätszuschlag mit 10.593 € (5,5 % von 192.600 €) statt mit 6.600 € einzubuchen. Durch diese Änderungen beläuft sich der endgültige Jahresüberschuss in 02 auf 543.807 € statt auf 620.400 €.

12.3 Gewerbesteuer

12.3.1 Einleitung

Rechtsgrundlagen für die **Gewerbesteuer** sind:

- das Gewerbesteuergesetz,
- die Gewerbesteuer-Durchführungsverordnung,
- das Einkommensteuer- sowie das Körperschaftsteuergesetz und
- die Abgabenordnung.

Die sachliche Steuerpflicht ist bei der Gewerbesteuer an das Bestehen eines inländischen Gewerbebetriebs geknüpft. Er bildet den Steuergegenstand der GewSt (§ 2 GewStG).

Aufgrund ihrer Rechtsform sind Kapitalgesellschaften (z. B. AG, GmbH) sowie Genossenschaften stets und in vollem Umfang gewerbesteuerpflichtig. Bei ihnen ist es unerheblich, ob die Merkmale eines Gewerbebetriebs i. S. von § 15 Abs. 2 EStG erfüllt sind.

Die Gewerbesteuer ist eine Gemeindesteuer, d. h., sie wird von der Gemeinde verwaltet und steht hauptsächlich der Gemeinde zu. Zweck der Gewerbesteuer ist es, einen Ausgleich für die Gemeinden zu schaffen, denen durch ortsansässige Gewerbebetriebe direkte und indirekte Lasten aufgebürdet werden (z. B. Ausbau und Unterhalt von Straßen, Grundstückserschließungen usw.).

Bei der Ermittlung der Gewerbesteuer sind das Finanzamt und die Gemeinden beteiligt. Das Finanzamt erhält die Gewerbesteuererklärung und ermittelt die Besteuerungsgrundlagen und setzt den Gewerbesteuermessbetrag fest. Den Bescheid über den Gewerbesteuermessbetrag leitet das Finanzamt nach § 184 Abs. 3 AO an die zuständigen Gemeinden und den Steuerpflichtigen weiter. Auf Basis dieses Grundlagenbescheids setzt die Gemeinde dann – unter Berücksichtigung des individuellen Hebesatzes (Mindesthebesatz liegt bei 200 % nach § 16 Abs. 4 GewStG) – die Gewerbesteuer fest und sendet den Gewerbesteuerbescheid an den Steuerpflichtigen.

Wenn eine Kapitalgesellschaft durch Betriebsstätten in mehreren Gemeinden tätig wird, erhält jede Gemeinde nach § 28 GewStG einen Anteil an der Gewerbesteuer. Dazu wird der Gewerbesteuer-Messbetrag auf die Gemeinden zerlegt. Die Zerlegung erfolgt im Verhältnis der gezahlten Löhne. Die Gemeinden berechnen dann die Gewerbesteuer auf den auf sie entfallenden Anteil am Messbetrag.

Steuerschuldner der Gewerbesteuer ist die Kapitalgesellschaft (§ 5 Abs. 1 GewStG). Sie trifft die persönliche Steuerpflicht und sie hat die Gewerbesteuer zu zahlen.

Eine Vielzahl von Gewerbebetrieben ist von der Gewerbesteuer befreit (§ 3 GewStG). Die gewerbesteuerlichen Befreiungsvorschriften orientieren sich weitgehend an den entsprechenden Regelungen des Körperschaftsteuergesetzes (§ 5 KStG).

Es sind vor allem staatliche Institutionen von der Gewerbesteuer befreit. Diese sind in § 3 GewStG aufgelistet. Dazu gehören insbesondere:

- das Bundeseisenbahnvermögen;
- die staatlichen Lotterieunternehmen;
- die Deutsche Bundesbank;
- die Kreditanstalt für Wiederaufbau.

12.3.2 Ermittlung der Gewerbesteuer

Die Gewerbesteuer bemisst sich nach dem Gewerbeertrag (§ 6 GewStG). Dabei handelt es sich um eine für die besonderen Zwecke der Gewerbesteuer modifizierte Gewinngröße, deren Ermittlung das steuerrechtliche Kernproblem der Gewerbesteuer bildet.

Gewinn aus Gewerbebetrieb §§ 6, 7 GewStG i. V. m. § 15 EStG	
+	Hinzurechnungen § 8 GewStG
./.	Kürzungen § 9 GewStG
./.	Verlustvortrag § 10a GewStG
=	Gewerbeertrag (abgerundet auf volle 100 €)
·	3,5 % Steuermesszahl § 11 Abs. 2 GewStG
=	Gewerbesteuermessbetrag
·	Hebesatz der jeweiligen Gemeinde § 16 GewStG (je nach Gemeinde zwischen 200 und 500 %)
=	Gewerbesteuer
./.	GewSt-Vorauszahlungen
=	Gewerbesteuerzahlung/-erstattung

Tabelle 12.10: Schema zur Berechnung der Gewerbesteuer

Der Gewinn oder Verlust aus Gewerbebetrieb ist für Kapitalgesellschaften nach den Vorschriften des Einkommensteuergesetzes und des Körperschaftsteuergesetzes zu ermitteln. Daher kann die Gewerbesteuererklärung erst erstellt werden, nachdem die Steuerbilanz aufgestellt und das körperschaftsteuerliche Einkommen ermittelt wurde. Dieses Einkommen ist dann um die in § 8 GewStG beschriebenen Hinzurechnungen zu vermehren und um die in § 9 GewStG beschriebenen Kürzungen zu vermindern.

Hinzurechnungen von Entgelten für Schulden

Um eine Gleichstellung der Betriebe herzustellen, die entweder mit Eigen- oder Fremdkapital finanziert sind, werden nach § 8 Nr. 1a GewStG dem Gewinn aus Gewerbebetrieb folgende Finanzierungsentgelte wieder **hinzugerechnet**, soweit sie bei der Ermittlung des Gewinns abgesetzt worden sind:

Position	Anrechnungsfaktor	Betrag €
Entgelte für Schulden	100 %	………..
Renten und dauernde Lasten	100 %	………..
Gewinnanteile des stillen Gesellschafters	100 %	………..

Tabelle 12.11: Hinzurechnungen für Entgelte für Schulden

Position	Anrechnungsfaktor	Betrag €
Miet- und Pachtzinsen (einschließlich Leasingraten) für bewegliche Wirtschaftsgüter des Anlagevermögens	20 %	………..
Miet- und Pachtzinsen (einschließlich Leasingraten) für unbewegliche Wirtschaftsgüter des Anlagevermögens	50 %	………..
Aufwendungen für zeitlich befristete Überlassung von Rechten	25 %	………..
Zwischensumme		
Freibetrag		./. 100.000
Berücksichtigungsbetrag nach Abzug des Freibetrags		………..
Hinzurechnungsbetrag für Finanzierungskosten (Hinzurechnungsbetrag nach Abzug des Freibetrags · ¼)		………..

Tabelle 12.11: Hinzurechnungen für Entgelte für Schulden *(Forts.)*

Zinsen, die bereits im Rahmen der Zinsschrankenregelung als nichtabzugsfähige Zinsaufwendungen dem steuerlichen Gewinn hinzugerechnet wurden, werden für Gewerbesteuerzwecke nicht mehr berücksichtigt.

Unabhängig von Art und Dauer der Fremdkapitalüberlassung findet die Hinzurechnung von sämtlichen Entgelten für Schulden statt. Sie sind im Umfang weit zu fassen und beinhalten Diskontaufwendungen wie auch Kosten von Factoring und Forfaitierung (§ 8 Nr. 1 Buchst. a GewStG).

Als Aufwand berücksichtigte Renten und dauernde Lasten sind dem Gewinn wieder hinzuzurechnen (§ 8 Nr. 1 Buchst. b GewStG).

Gewinnanteile des stillen Gesellschafters werden beim Kaufmann, in dessen Vermögen die Einlage eingegangen ist, als Betriebsausgaben gebucht. Sie sind hinzuzurechnen, da sie den Zinsen weitgehend ähnlich sind (§ 8 Nr. 1 Buch. c GewStG).

Auch Miet-, Pacht- und Leasingaufwendungen enthalten einen Finanzierungsanteil und fallen unter die Hinzurechnungsnorm (§ 8 Nr. 1 Buchst. d und e GewStG). Auf diese Weise soll die Finanzierungsstruktur bei Ermittlung der Ertragskraft ausgeblendet werden. In pauschalierender Weise werden die Finanzierungsanteile auf 20 % bzw. 50 % festgelegt.

Ähnlich begründet sich die Hinzurechnung von Kosten für die Überlassung von Rechten, wie z. B. Patent- oder Markenrechten (§ 8 Nr. 1 Buchst. f GewStG).

Beispiel: Hinzurechnungen Dauerschulden

Eine GmbH hat einen Gewerbeertrag von 500.000 € ermittelt. Folgende Aufwendungen haben den Gewerbeertrag gemindert:

Zinsen für Darlehen	70.000 €
Zinsen für Kontokorrent	22.000 €
Gewinnanteil eines stillen Gesellschafters	100.000 €
Miete für Maschinen	80.000 €
Miete für Produktionshalle	220.000 €
Lizenzzahlungen	90.000 €
Gesamt	582.000 €

Folgende Hinzurechnungen sind vorzunehmen:

Gewerbeertrag Ermittlung der Hinzurechnungen nach § 8 Nr. 1 GewSt		500.000 €
Zinsen für Darlehen	100 %	70.000 €
Zinsen für Kontokorrent	100 %	22.000 €
Gewinnanteil eines stillen Gesellschafters	100%	100.000 €
Miete für Maschinen	20 %	16.000 €
Miete für Produktionshalle	50 %	110.000 €
Lizenzzahlungen	25 %	22.500 €
Summe der Hinzurechnungen		340.500 €
Freibetrag		100.000 €
Summe nach Freibetrag		240.500 €
Davon 25 % Hinzurechnung		60.125 €

Hinzurechnung von Verlustanteilen an einer Personengesellschaft

Nach § 8 Nr. 8 GewStG sind die Anteile am Verlust einer in- oder ausländischen Personengesellschaft (OHG, KG, GbR) dem Gewinn aus Gewerbebetrieb wieder hinzuzurechnen. Gleichzeitig werden die Personengesellschaften bei der Gewerbesteuer als selbstständige Steuerschuldner behandelt. Sie haben damit die Möglichkeit zum eigenen gewerbesteuerlichen Verlustvortrag. Ohne die Hinzurechnung der beim Gesellschafter gewinnmindernd erfassten Verluste käme es zu einer doppelten Berücksichtigung der Verluste beim Gesellschafter und bei der Personengesellschaft.

Eine korrespondierende Kürzungsvorschrift regelt den Abzug der Gewinne der Mitunternehmerschaft bei ihren Gesellschaftern.

Beispiel: Hinzurechnung von Verlustanteilen

Die Muster GmbH hält eine Beteiligung von 30 % an einer KG, die einen Verlust von 200.000 € erzielt hat. Der anteilige Verlust von (30 % von 200.000 € =) 60.000 € ist für die Ermittlung des Gewerbeertrags wieder hinzuzurechnen.

Kürzung beim Grundbesitz

Nach § 9 Nr. 1 Satz 1 GewStG sind 1,2 % der Einheitswerte des der Kapitalgesellschaft gehörenden Betriebsgrundstücks zu **kürzen**, sofern das Grundstück nicht von der Grundsteuer befreit ist. Sinn und Zweck dieser Vorschrift ist eine Vermeidung der Doppelbesteuerung von betrieblichem Grundbesitz. Sie beträgt für Grundbesitz in den alten Bundesländern 1,2 v. H. der um 40 v. H. erhöhten Einheitswerte der Betriebsgrundstücke (§ 121a BewG). Der Einheitswert wird von der Finanzverwaltung festgesetzt.

Beispiel: Kürzung beim Grundbesitz

Zum Betriebsvermögen der Muster-GmbH gehört ein Grundstück in München, dessen Einheitswert 200.000 € beträgt.

Der um 40 % erhöhte Einheitswert beträgt (200.000 € · 140% =) 280.000 €

Kürzung mit 1,2 % nach § 9 Nr. 1 S. 1 GewStG beträgt (280.000 € · 1,2 % =) 3.360 €.

Kürzung von Gewinnanteilen bei Personengesellschaften

Nach § 9 Nr. 2 GewStG ist die Summe des Gewinns und der Hinzurechnungen um den Gewinn aus einer Beteiligung an einer inländischen oder ausländischen Personengesellschaft (OHG, KG, GbR) zu kürzen, wenn die Gewinnanteile bei der Ermittlung des Gewinns angesetzt worden sind.

Beispiel: Kürzung von Gewinnanteilen

Die Muster-GmbH ist zu 50 % an der Filial-KG beteiligt. Im Jahr 01 hat die KG einen Gewinn von 100.000 € erzielt. Davon entfallen auf die Muster-GmbH 50.000 €.

Die Muster-GmbH muss den Gewinn i. H. v. 50.000 € bei der Ermittlung des maß gebenden Gewerbeertrags kürzen.

Diese Vorschrift ist die Gegenvorschrift zu § 8 Nr. 8 GewStG (Hinzurechnung der Anteile am Verlust einer Personengesellschaft).

Der Gewinn der Personengesellschaft unterliegt bereits bei dieser Gesellschaft der Gewerbesteuer und soll deshalb beim Mitunternehmer nicht noch einmal zur Gewerbesteuer herangezogen werden.

Hinzurechnungen und Kürzung von Spenden

Nach § 8 Nr. 9 GewStG sind sämtliche Spenden, die für körperschaftsteuerliche Zwecke den Gewinn gemindert haben, in einem ersten Schritt bei der Ermittlung des Gewerbeertrags wieder hinzuzurechnen.

Spenden an politische Parteien sind für Kapitalgesellschaften auch für Zwecke der Gewerbesteuer nicht abzugsfähig.

In einem zweiten Schritt sind die Spenden dann unter Berücksichtigung der Höchstbetragsberechnung des § 9 Nr. 5 GewStG wieder zu kürzen.

Hinzurechnung und Kürzungen von Gewinnanteilen an Kapitalgesellschaften

Im Gewerbesteuergesetz gilt nach § 8 Nr. 5 GewStG das sog. gewerbesteuerliche Schachtelprivileg: Gewinnausschüttungen sind zu 100 % gewerbesteuerfrei, wenn der Gesellschafter

- seit Beginn des Erhebungszeitraums
- mind. 15 % der Anteile hält (§ 9 Nr. 2a GewStG).

Gewerbesteuerlich werden die Gewinnausschüttungen aus einer gewerbesteuerlichen Schachtelbeteiligung freigestellt. Somit werden die Gewinne, die bereits von der ausschüttenden Kapitalgesellschaft der Gewerbesteuer unterworfen wurden, nicht noch einmal der Gewerbesteuer der empfangenden Kapitalgesellschaft unterworfen. Nach § 9 Nr. 2a S. 4 GewStG gelten auch für die Gewerbesteuer 5 % der Gewinnausschüttung als nichtabziehbare Aufwendung und sind dem Gewerbeertrag hinzuzurechnen.

Beträgt die Beteiligung an einer anderen Kapitalgesellschaft weniger als 15 %, sind die Dividenden in voller Höhe gewerbesteuerpflichtig.

Beispiel zu Hinzurechnungen und Kürzungen bei der Gewerbesteuer

Angaben

Einheitswert des Betriebsgrundstücks	500.000 €
Gewinnanteil von der A-OHG	20.000 €
Gewinnanteil von der B-GmbH (Beteiligung 20 %)	30.000 €
Gewinnanteil der Betriebsstätte in New York	15.000 €
Spende an die Kirche	2.000 €

Gewerbeertrag nach Hinzurechnungen		560.125 €
Kürzungen:		
Einheitswert des Betriebsgrundstücks	1,2 % von 140 % des Einheitswerts	8.400 €
Gewinnanteil von der A-OHG		20.000 €
Gewinnanteil von der B-GmbH (Beteiligung > 15%)		28.500 €
Gewinnanteil der Betriebsstätte in New York		15.000 €
Spende an die Kirche		2.000 €
Gewerbeertrag nach Kürzungen (auf volle Hundert abzurunden)		**486.000 €**

Ergibt sich bei der Ermittlung des Gewerbeertrags ein Verlust, so kann dieser nach § 10a GewStG gesondert festgestellt und zeitlich unbefristet in zukünftige Veranlagungszeiträume vorgetragen werden. Ein Verlustrücktrag ist für gewerbesteuerliche Zwecke nicht möglich.

12.3.3 Gewerbeverlust

Ein **Gewerbeverlust** aus dem Vorjahr kann mit positiven Gewerbeerträgen aus dem laufenden Veranlagungszeitraum bis zu 1 Mio. € verrechnet werden. Nach der Verrechnung von 1,0 Mio. € kann der noch bestehende Verlustvortrag nur bis zu 60 % des verbleibenden Gewerbeertrags verrechnet werden.

Beispiel: Gewerbeverlust

Die Muster-GmbH erzielt im Jahr 05 einen Verlust in Höhe von 2 Mio. €. Im Jahr 06 erzielte sie einen Gewinn in Höhe von 2,1 Mio. €.

Sein Gewerbeertrag errechnet sich wie folgt:

Gewinn im Jahr 02	2.100.000,00 €
Verlustvortrag aus 01	– 1.000.000,00 €
60 % · 1,1 Mio. € (Differenz 2,1 – 1,0 Mio. €)	– 660.000,00 €
Gewerbeertrag im Jahr 02	440.000,00 €

12.3.4 Berechnung der Gewerbesteuer

Der sich ergebende Gewerbeertrag wird mit der Steuermesszahl multipliziert. Die Steuermesszahl beträgt nach § 11 Abs. 2 GewStG seit dem Erhebungszeitraum 2008 bundeseinheitlich 3,5 %. Zuvor ist der ermittelte Gewerbeertrag nach § 11 Abs. 1 GewStG auf volle 100 € abzurunden.

Daraus ergibt sich der Gewerbesteuermessbetrag.

Berechnung für das oben aufgeführte Beispiel:

GewSt-Messbetrag: (440.000 € · 3,5 % =) 15.400 €

Dieser bzw. der anteilige **Gewerbesteuer-Messbetrag** wird mit dem Hebesatz der entsprechenden Gemeinde multipliziert. Die Höhe des Hebesatzes wird individuell in jeder Gemeinde für ein oder mehrere Kalenderjahre festgesetzt. Der Hebesatz darf die 200%-Grenze nicht unterschreiten. Bei einem höheren Hebesatz erhält die Gemeinde mehr Steuereinnahmen, setzt sich jedoch der Gefahr aus, dass sie für Gewerbebetriebe aus steuerlicher Sicht unattraktiver im Vergleich zu anderen Gemeinden wird.

Beispiel: Berechnung der Gewerbesteuer

Die Muster GmbH mit Sitz in München (Hebesatz 490 %) erzielt einen Gewerbeertrag i. H. v. 50.000 €.

Das folgende Schema veranschaulicht nochmal das Verfahren der Bekanntgabe von einem Bescheid:

Das Betriebsfinanzamt	Die Gemeinde
Erlässt einen GewSt-**Mess**bescheid: Gewerbeertrag 50.000 € GewSt-Messbetrag errechnet sich wie folgt: Maßgeblicher Gewerbeertrag · Steuermesszahl 3,5 %	Erlässt einen GewSt-**Bescheid** Der vom Finanzamt ermittelte GewSt-Messbetrag · Hebesatz der Gemeinde = Gewerbesteuer
50.000 € · 3,5 % = 1.750 € Auf volle € nach unten abgerundet = **1.750 € Gewerbesteuermessbetrag**	1.750 € · 490 % = **8.575 € Gewerbesteuer**

Die Muster GmbH erhält zwei Steuerbescheide:

- Gewerbesteuer-Messbetragsbescheid vom Finanzamt
- Gewerbesteuer-Bescheid von der Gemeinde mit der Zahlungsaufforderung

Beispiel: Gewerbesteuer

Die A GmbH mit Sitz in München Grünwald weist folgende steuerliche Daten für 01 auf:

Gewinn aus Gewerbebetrieb	30.000 €
Entgelte für Schulden Gewinnanteile eines echten stillen Gesellschafters	130.000 € 5.000 €
Pachtzinsen für bewegliche Wirtschaftsgüter Verlustanteil an einer OHG	50.000 € 3.750 €
Einheitswert des Betriebsgrundstücks Gewinnanteil an einer KG	150.000 € 2.481 €

Im Jahr 01 wurden insgesamt Vorauszahlungen i. H. v. 250 € geleistet.

Die Gewerbesteuer errechnet sich wie folgt:

Gewinn aus Gewerbebetrieb	
+ Hinzurechnungen nach § 8 GewStG: 100 % der Entgelte für Schulden nach § 8 Nr. 1a GewStG 100 % der Gewinnanteile des stillen Gesellschafters 20 % der Pachtzinsen für bewegliche WG § 8 Nr. 1d GewStG ./. Freibetrag verbleiben davon 25 % + Verlustanteil OHG Zwischenergebnis:	 + 130.000 € + 5.000 € + 10.000 € ./. 100.000 € 45.000 € 11.250 € + 3.750 € = 15.000 €
./. Kürzungen nach § 9 GewStG: 140 % des Einheitswerts vom Grundstück · 1,2 % (§ 9 Nr. 1 GewStG) Gewinnanteil KG Zwischenergebnis	 ./. 2.520 € ./. 2.481 € = ./. 5.001 €
= vorläufiger Gewerbeertrag	9.999 €
Abrunden auf volle 100 €	9.900 €
Freibetrag § 11 Abs. 1 GewStG	----
Verbleibender Gewerbeertrag	9.900 €
Steuermesszahl § 11 Abs. 2 GewStG	· 3,5 %
Gewerbesteuermessbetrag Abgerundet auf volle €	346,50 € = 346 €
Ermittlung der Gewerbesteuer Hebesatz der Gemeinde Grünwald	 240 %
 Gewerbesteuer abzgl. Vorauszahlungen Zu entrichtende Gewerbesteuer	346 € · 240 % = 830,40 € ./. 250 € 580,40 €

12.4 Grundzüge der steuerlichen Organschaft

In Deutschland existiert keine Konzernbesteuerung. Das bedeutet, dass Kapitalgesellschaften in einem Konzern eigenständige Steuersubjekte sind, die jeweils eigene Steuerbilanzen und eigene Steuererklärungen einzureichen haben.

Das deutsche Steuerrecht kennt jedoch das Konstrukt der **Organschaft**. Eine Organschaft besteht aus einem Organträger und mindestens einer Organgesellschaft. Die Muttergesellschaft wird Organträger und die Tochtergesellschaft(en) werden Organgesellschaften genannt.

Die Voraussetzungen für eine Organschaft i. S. d. Körperschaftsteuergesetzes sind in den §§ 14 ff. KStG verankert:

- Organgesellschaften können nur Kapitalgesellschaften sein, die ihre Geschäftsleitung im Inland und Sitz in der Europäischen Union oder im EWR-Raum haben.
- Der Organträger führt ein gewerbliches Unternehmen i. S. d. § 15 EStG im Inland. Er muss nicht zwangsläufig eine Kapitalgesellschaft sein; eine Personengesellschaft oder natürliche Person können ebenfalls Organträger sein.
- Die Organgesellschaft muss finanziell in den Organträger eingegliedert sein, d. h., der Organträger muss die Mehrheit der Stimmrechte an der Organgesellschaft haben.
- Zwischen dem Organträger und der Organgesellschaft muss ein Gewinnabführungsvertrag i. S. d. § 291 Abs. 1 AktG abgeschlossen werden, nach dem sich die Organgesellschaft verpflichtet, ihren gesamten Gewinn an den Organträger abzuführen. Im Verlustfall muss der Organträger den Verlust der Organgesellschaft ausgleichen.

Die finanzielle Eingliederung sowie das Bestehen des Gewinnabführungsvertrags sind wesentliche Merkmale der körperschaftsteuerrechtlichen und der gewerbesteuerrechtlichen Organschaft.

Rechtsfolge der bestehenden Organschaft ist, dass der gesamte Gewinn/Verlust der Organgesellschaft dem Organträger zugerechnet und bei ihm im Rahmen der Ertragsbesteuerung berücksichtigt wird.

Werden im Gewinn der Organgesellschaft die steuerfreien Erträge bzw. die nicht abzugsfähigen Betriebsausgaben berücksichtigt, ist das Ergebnis um diese Beträge zu neutralisieren.

Beispiel zur steuerlichen Organschaft

Organgesellschaft		Organträger	
Handelsrechtliche GuV		**Handelsrechtliche GuV**	
Einnahmen steuerpflichtig	500.000 €	Einnahmen steuerpflichtig	200.000 €
Einnahmen steuerfrei	100.000 €	./. Aufwendungen stl. voll abziehbar	./. 50.000 €
./. Aufwendungen stl. voll abziehbar	./. 200.000 €	= Ergebnis vor Gewinnabführung	150.000 €
./. Aufwendungen stl. nicht abziehbar	./.50.000 €	+ Ertrag aus Gewinnabführung	350.000 €
= Ergebnis vor Gewinnabführung	350.000 €	= Jahresüberschuss	500.000 €
./. Aufwand aus Gewinnabführung	./. 350.000 €	./. KSt	./. 30.000 €
= Jahresüberschuss	0 €	= Jahresüberschuss	470.000 €
Ermittlung zvE		**Ermittlung zvE**	
Jahresüberschuss StB	0 €	Jahresüberschuss vor Steuern StB	250.000 €
+ Gewinnabführung	350.000 €	./. Erträge aus Gewinnabführung	./. 350.000 €
./. Einnahmen steuerfrei	./. 100.000 €	+ Einkommen der OG	300.000 €
+ nicht abzugsfähige Aufwendungen	50.000 €	= Einkommen des OT	200.000 €
= Einkommen vor Einkommenszurechnung	300.000 €	15 % KSt	30.000 €
./. Einkommenszurechnung	./. 300.000 €		
= zu versteuerndes Einkommen	0 €		

Das Bestehen der Organschaft bietet sowohl Vor- als auch Nachteile für die Personen im Organkreis:

Vorteile	Nachteile
■ Verrechnung von Gewinnen und Verlusten im Konzern ■ Vermeidung der 5%-igen Versteuerung von Gewinnausschüttungen im Konzern nach § 8b Abs. 5 KStG ■ Vermeidung der Anwendung der § 3c Abs. 2 EStG, wenn der Organträger eine natürliche Person ist ■ Vermeidung der Kapitalertragsteuer	■ Ist nur bei einem abgeschlossenen Gewinnabführungsvertrag möglich ■ Eingeschränkter Verlustvortrag ■ Vororganschaftliche Verluste der Organgesellschaft können, solange die Organschaft besteht, nicht ausgeglichen werden

Tabelle 12.12: Vorteile und Nachteile einer steuerlichen Organschaft

ZUSAMMENFASSUNG

In diesem Kapitel haben Sie gelernt,

- dass eine Kapitalgesellschaft ein eigenständiges Steuersubjekt ist, das körperschaft- und gewerbesteuerpflichtig ist,
- dass in einem ersten Schritt die Steuerbilanz auf der Grundlage der Handelsbilanz unter Berücksichtigung sämtlicher bilanzsteuerrechtlichen Vorschriften aufzustellen ist,
- dass in einem zweiten Schritt unter Berücksichtigung außerbilanzieller Änderungen nach dem EStG, KStG und GewStG das zu versteuernde Einkommen bzw. der Gewerbeertrag der Kapitalgesellschaft zu ermitteln sind,
- die wichtigsten außerbilanziellen Anpassungen zu erkennen und ihre Bedeutung und Auswirkung auf die steuerlichen Bemessungsgrundlagen zu beurteilen,
- welche Möglichkeiten eine Kapitalgesellschaft hat, ihre Verluste zu nutzen und mit Gewinnen aus vorangegangenen bzw. folgenden Veranlagungszeiträumen zu verrechnen sowie das Risiko des Verlustuntergangs bei Anteilseignerwechsel zu erkennen und zu beurteilen und
- dass es die Möglichkeit einer Organschaftsbesteuerung in Deutschland gibt, die an strenge Voraussetzungen geknüpft ist, und wie deren unterschiedliche steuerlichen Wirkungsweisen zu beurteilen.

Inländische Kapitalgesellschaften erzielen unabhängig von ihrer Tätigkeit immer Einkünfte aus Gewerbebetrieb. Sie sind eigenständige Steuersubjekte und werden ertragsteuerlich zur Körperschaftsteuer und Gewerbesteuer herangezogen. Dafür muss der handelsbilanzielle Gewinn nach den steuerrechtlichen Vorschriften der §§ 4–7 EStG i. V. m. § 8 Abs. 1 KStG geändert und eine Steuerbilanz erstellt werden.

Der steuerbilanzielle Gewinn ist die Ausgangsgröße für die Ermittlung des zu versteuernden Einkommens nach dem Körperschaftsteuergesetz. Im Rahmen der Berechnung des zu versteuernden Einkommens werden steuerfreie Einnahmen und nichtabziehbare Betriebsausgaben außerbilanziell korrigiert. Dabei werden auch die Rechtsgeschäfte zwischen Gesellschaft und ihren Gesellschaftern auf steuerliche Angemessenheit geprüft und ggf. Korrekturen für verdeckte Einlagen und verdeckte Gewinnausschüttungen vorgenommen.

Das zu versteuernde Einkommen bildet die Ausgangsgröße für die Ermittlung der Gewerbesteuer. Das zu versteuernde Einkommen wird für Zwecke der Finanzierungsneutralität und Vermeidung von Doppelbelastungen, um in §§ 8, 9 GewStG aufgezählte Hinzurechnungen und Kürzungen modifiziert. Ergebnis ist der Gewerbesteuermessbetrag. Dieser Gewerbesteuermessbetrag wird dann, ggf. nach Zerlegung, mit dem Gewerbesteuer-Hebesatz der Gemeinden, in denen die Kapitalgesellschaft ihren Sitz oder eine Betriebsstätte unterhält, multipliziert, um die Gewerbesteuer zu berechnen.

Ihr Wissen können Sie im eLearning-Bereich mit einem Verständnistest prüfen.

AUFGABEN

Aufgabe 1

Die Alpha GmbH erzielt sowohl inländische als auch ausländische Einkünfte. Laut Handelsregister hat sie ihren Sitz in Köln; dort befinden sich auch die Geschäftsräume der GmbH, in denen die Angestellten tätig werden. Die Geschäftsführer der Alpha GmbH leiten die Geschäfte von London aus und fahren lediglich zur Beiratsversammlung für drei Tage nach Deutschland.

Nehmen Sie zur Steuerpflicht der GmbH Stellung.

Aufgabe 2

Clemens Batoga hält 40 % der Anteile an der Beta GmbH mit Sitz in Hamburg. Zwischen dem Gesellschafter und der Beta GmbH wurden folgende Verträge geschlossen:

a) Clemens gewährt der Beta GmbH ein Darlehen in Höhe von 100.000 € zu einem angemessenen Zinssatz von 1 %. Die übliche Verzinsung liegt bei 4 %. Am Ende des Wirtschaftsjahrs werden die Zinsen an Clemens überwiesen, allerdings verzichtet er auf die Rückzahlung des Darlehens.

b) Clemens verkauft einen antiken Tisch, den er von seiner Großmutter geerbt hat, an die Beta GmbH, die diesen als Konferenztisch nutzt. Der Verkehrswert des Tischs wird mit 10.000 € geschätzt. Clemens vereinbart lediglich einen Kaufpreis in Höhe von 3.000 € mit der GmbH.

Prüfen Sie, ob durch die Gesellschaftsverträge eine verdeckte Einlage gegeben ist, und nennen Sie die Konsequenzen für die Gesellschaft sowie den Gesellschafter.

Aufgabe 3

Bruno Carstens ist an der Gamma AG mit Sitz in Dresden zu 100 % beteiligt und ist zugleich Geschäftsführer der AG. Zwischen dem Gesellschafter und der Gamma AG wurden folgende Verträge geschlossen:

a) Bruno beschließt am 30.9. des Jahres eine rückwirkende Erhöhung seines Geschäftsführergehalts vom Beginn des Jahres an. Das erhöhte Gehalt ist angemessen.

b) Die Gamma AG hat von Brunos Bruder Büroräume angemietet. Der Mietzins beläuft sich auf 24.000 € jährlich. Laut Mietspiegel der Gemeinde wäre eine Jahresmiete in Höhe von 18.000 € angemessen.

Aufgabe 4

Die Delta GmbH in München hat für das aktuelle Wirtschaftsjahr folgende Aufwendungen erfolgswirksam gebucht:

Gewerbesteuer	8.750 €
Angemessene Bewirtungsaufwendungen	1.000 €
Geschenke > 35 €	500 €
Vergütung für die überwachenden Beiratsmitglieder	6.000 €
Spende an politische Partei	2.000 €

Ermitteln Sie die nichtabzugsfähigen Betriebsausgaben unter Angabe der rechtlichen Vorschrift.

Aufgabe 5

Die Epsilon GmbH erzielt im aktuellen Wirtschaftsjahr ein Einkommen vor Zinsergebnis/Abschreibungen, Spendenabzug und Verlustabzug von 20 Mio. €. Die Zinsaufwendungen betragen 15 Mio. € und die Abschreibungen 9,0 Mio. €.

Ermitteln Sie den vorläufigen Verlust

a) vor Anwendung des § 4h EStG und

b) nach Anwendung des § 4h EStG.

Aufgabe 6

Die Zeta-GmbH mit Sitz in Berlin hat im laufenden Veranlagungsjahr eine Bruttodividende aus einer 20%-igen Beteiligung an der Deutz AG mit Sitz in Köln in Höhe von 10.000 €. Eine ordnungsgemäße Steuerbescheinigung liegt vor. Die GmbH buchte wie folgt:

Bank	7.362,50 €	
Kapitalertragsteuer (25 %)	2.500,00 €	
Solidaritätszuschlag (5,5 %)	137,50 €	
an Erträge aus Beteiligungen		10.000,00 €

Die Zeta GmbH ist zudem zu 7 % an der Alpha GmbH beteiligt. Die von der Alpha GmbH ausgezahlte Dividende wurde nach Abzug von 3.750,00 € Kapitalertragsteuer und 206,25 € Solidaritätszuschlag in Höhe von 11.043,75 dem Bankkonto der GmbH gutgeschrieben. Die GmbH buchte wie folgt:

Bank	22.087,50 €	
Kapitalertragsteuer (25 %)	7.500,00 €	
Solidaritätszuschlag (5,5 %)	412,50 €	
an Erträge aus Beteiligungen		30.000,00 €

Wie wirken sich die beiden Dividendenzahlungen auf das zu versteuernde Einkommen der Zeta GmbH aus?

Aufgabe 7

Die Eta AG mit Sitz in Düsseldorf hat im vorangegangenen Veranlagungszeitraum ein zu versteuerndes Einkommen in Höhe von 450.000 € erzielt. Im laufenden Zeitraum erleidet sie einen steuerlichen Verlust in Höhe von 1,8 Mio. €.

Der Vorstand der Eta AG ist der Meinung, dass im folgenden Jahr keine Steuer zu erheben ist, falls das zu versteuernde Einkommen unter 1,35 Mio. € liegt. Ist diese Auffassung richtig? Bitte begründen Sie Ihre Antwort mit einem Rechenexempel und geben Sie die relevanten Vorschriften an.

Aufgabe 8

Die Theta AG mit Sitz in Freiburg legt Ihnen für den vergangenen Veranlagungszeitraum folgende Zahlen vor:

Gewinn aus Gewerbebetrieb	1.000.000 €
Zinsaufwendungen für kurzfristigen Kredit	40.000 €
Gewinnanteil eines echten stillen Gesellschafters	60.000 €
Mietaufwendungen für den Fuhrpark	36.000 €
Verlustanteil einer OHG	44.000 €
Einheitswert des Betriebsgrundstücks	400.000 €
Gewinnanteil einer KG	66.000 €

Ermitteln Sie aus diesen Angaben den Steuermessbetrag.

Aufgabe 9

Die Jota GmbH aus Augsburg hat im letzten Veranlagungszeitraum einen Gewerbeertrag in Höhe von 800.000 € erzielt. Der Hebesatz der Gemeinde Augsburg beträgt 435 %. Die Jota GmbH unterhält noch zwei Betriebsstätten in München und Jena. Die Arbeitslöhne verteilen sich auf die Gemeinden wie folgt:

Gemeinde	Arbeitslöhne in €	Hebesatz
Augsburg	350.000	435 %
München	150.000	490 %
Jena	200.000	460 %
Gesamt	700.000	

Ermitteln Sie die Gewerbesteuerbelastung für die Jota GmbH.

Die Lösungen zu den Aufgaben finden Sie im eLearning-Bereich.

FALL FALKE GMBH

Beschreibung

Die Falke GmbH hat ihren Sitz und ihre Geschäftsleitung in Augsburg. Max Falke ist der alleinige Gesellschafter der Falke GmbH. Das gezeichnete Kapital beträgt 50.000 € und wurde von Max Falke bei Gründung bar eingelegt. Max hält die Beteiligung in seinem Privatvermögen. Max ist als Geschäftsführer bei der Falke GmbH angestellt und erhält ein Jahresgehalt in Höhe von 160.000 €.

Die handelsrechtliche Gewinn- und Verlustrechnung der Falke GmbH weist für 2017 folgende Zahlungen aus:

Gewinn- und Verlustrechnung 2017	Aufwand/€	Ertrag/€
Umsatzerlöse		2.000.000
Ausländische Erträge (steuerfrei)		100.000
Dividendenerträge		80.000
Sonstige betriebliche Erträge		120.000
Wareneingang	750.000	
Personalkosten	350.000	
Abschreibungen	80.000	
Spenden (wissenschaftlich)	20.000	
Spenden an politische Parteien	10.000	
Bewirtungsaufwendungen (100 %)	21.000	
Geschenke > 35 €	4.000	
Verwaltungsratsvergütung	24.000	
Sonstige betriebliche Aufwendungen	140.000	
Zinsaufwendungen	400.000	
Zinserträge	40.000	
KSt-Aufwand 2017	150.000	
Solz-Aufwand 2017	8.250	
GewSt-Aufwand 2017	200.000	
KSt-Erstattung Vorjahre	20.000	
Kapitalertragsteuer	25.000	
Solz auf KapESt	1.375	
Solz-Erstattung Vorjahre	1.100	
	1.778.350	2.300.000

Nach Durchsicht der Handelsbilanz und dem Gespräch mit dem Wirtschaftsprüfer stellen sie Folgendes fest:

- Die Falke GmbH hat ein Bürogebäude mit 10 % abgeschrieben. Nach § 7 Abs. 4 EStG ist lediglich eine Abschreibung für Betriebsgebäude in Höhe von 3 % zulässig. Die Anschaffungskosten des Bürogebäudes betrugen 300.000 €.
- Die Falke GmbH hat ihr Vorratsvermögen nach dem Hifo-Verfahren mit 230.000 € bewertet. Nach dem Lifo-Verfahren wäre das Vorratsvermögen mit 260.000 € bewertet worden.
- Die Falke GmbH hat eine Rückstellung für Drohverlustrückstellungen in Höhe von 16.000 € gebildet.
- Max Falke hat der GmbH am 6.1.07 ein Darlehen i. H. v. 100.000 € gegeben, das angemessen mit 2 % verzinst ist. Die Zinsen i. H. v. 2.000 € wurden ausbezahlt und als Zinsaufwand bei der GmbH verbucht. Der lt. Satzung erforderliche schriftliche Darlehensvertrag ist mit Datum vom 20. Dezember 2017 abgeschlossen worden.
- Max Falke hat der GmbH ein Grundstück für den Preis von 200.000 € verkauft. Der Verkehrswert beläuft sich auf 250.000 €.
- Die Falke GmbH hat ihr Stammhaus in Augsburg. Daneben unterhält sie eine Betriebsstätte in Fürstenfeldbruck. In dieser Betriebsstätte arbeiten drei Angestellte. Die Arbeitslöhne für diese Angestellten belaufen sich auf 70.000 €.
- Augsburg hat den GewSt-Hebesatz mit 450 % und Fürstenfeldbruck mit 420 % festgelegt.
- In den sonstigen Aufwendungen sind Leasingraten für Kraftfahrzeuge in Höhe von 32.000 € enthalten.
- Die Falke GmbH bilanziert zwei Betriebsgrundstücke. Deren Einheitswerte belaufen sich auf a) 140.000 € und b) 200.000 €. Dafür hat die Falke GmbH Grundsteuer in Höhe von 1.860 € an die Gemeinde bezahlt.
- Die Anteilshöhe an der Kapitalgesellschaft, von der die Falke GmbH eine Dividende erhalten hat, beträgt 30 %.
- Der KSt- und SolZ-Aufwand für 2017 entspricht den Vorauszahlungen an das Finanzamt.

Aufgabenstellungen

Ermitteln Sie

1. den steuerbilanziellen Gewinn
2. das körperschaftsteuerlich zu versteuernde Einkommen
3. die festzusetzende Körperschaftsteuer sowie die Körperschaftsteuerzahllast/-erstattung
4. den Gewerbesteuerertrag und den Gewerbesteuermessbetrag
5. die festzusetzende Gewerbesteuer sowie die Gewerbesteuerzahllast/-erstattung für sämtliche Gemeinden

Lehrende finden die Lösungen und weiteres, begleitendes Material in den eLearning-Dozentenressourcen.

Literaturhinweise

Bornhofen, Manfred; Bornhofen, Martin C.: Steuerlehre 2, 35. Auflage, Wiesbaden, Springer Gabler Verlag, 2015.

Dötsch, Ewald; Alber, Matthias; Sell, Hartmut; Zenthöfer Wolfgang: Körperschaftsteuer, 18. Auflage, Stuttgart, Schäffer-Poeschel Verlag, 2017.

Grefe, Cord: Unternehmenssteuern, 18. Auflage, Herne, Kiehl Verlag, 2015.

Köllen J., u. a.: Lehrbuch Körperschaftsteuer und Gewerbesteuer, 5. Auflage, Herne, nwb-Verlag, 2017.

Schweizer, Reinhard: Steuerlehre, 19. Auflage, Herne, Kiehl Verlag, 2017.

v. Camphausen, Otto; Grawert, Achim: Steuerrecht im Überblick, 4. Auflage, Stuttgart, Schäffer-Poeschel Verlag, 2016.

Lernziele

In diesem Kapitel lernen Sie,

- welche theoretischen Controlling-Konzeptionen in der betriebswirtschaftlichen Literatur diskutiert werden,
- welche Aufgaben Controlling und Controller ausüben,
- wie Controlling organisatorisch in ein Unternehmen eingebunden werden kann,
- welche Informationen im Controlling Verwendung finden,
- welche Rolle das Controlling im Bereich von Strategiefindung und Strategieumsetzung übernimmt,
- wie die wesentlichen operativen Controlling-Aktivitäten Planung, Steuerung und Kontrolle durchgeführt werden und
- wie Berichtswesen und Kennzahlen sowie Kennzahlensysteme zur Erfüllung der Controlling-Aufgaben eingesetzt werden.

Controlling

13

13.1 Controlling – Theorien und Begrifflichkeiten

13.1.1 Theorien und Entwicklungslinien des Controllings

Theoretische Erklärungsansätze für Controlling

Es gibt eine Vielzahl unterschiedlicher theoretischer Erklärungsansätze für Entstehen und Einsatzbereiche des Controllings, von denen hier die wesentlichen kurz dargestellt werden sollen.

- Controlling als Informationsversorgungsfunktion
- Controlling als spezielle Form der Unternehmenssteuerung durch Planung und Kontrolle
- Controlling als Koordinationsfunktion
- Controlling als Sicherstellung von Führungsrationalität

Controlling als Informationsversorgungsfunktion

Bei dieser Sichtweise ist es Aufgabe des Controllings, die Führungskräfte eines Unternehmens mit Informationen zu versorgen. Controlling ist damit eine zentrale Einrichtung der betrieblichen Informationswirtschaft. Ziel ist es, Informationsangebot, Informationsnachfrage und Informationsbedarf aufeinander abzustimmen.

Das Informationsangebot sind dabei vom Controlling bereitgestellte Informationen. Dies entspricht einer instrumentenorientierten Sicht auf das Controlling. Die zur Verfügung gestellten Informationen sind abhängig von den entsprechenden Fähigkeiten der Controller und den im Controlling eingesetzten Informationssystemen.

Die Informationsnachfrage sind dabei die tatsächlich von der Unternehmensführung nachgefragten Informationen. Dies entspricht einer verhaltensorientierten Sicht auf das Controlling. Diese subjektiv nachgefragten Informationen sind abhängig von den Qualifikationen und Einstellungen der Führungskräfte. Zu beachten ist, dass sie sich von den objektiv erforderlichen Informationen unterscheiden können.

Der Informationsbedarf sind dabei für eine erfolgreiche Unternehmensführung objektiv notwendige Informationen. Dies entspricht einer problemorientierten Sicht auf das Controlling. Was objektiv notwendig ist, hängt allerdings immer von der konkreten Situation und Aufgabenstellung des Unternehmens ab, sofern es überhaupt feststellbar ist.

Controlling als spezielle Form der Unternehmenssteuerung durch Planung und Kontrolle

Controlling wird bei diesem Ansatz als Führungsphilosophie verstanden, die auf eine ergebniszielorientierte Planung und Überwachung (Kontrolle) durch Zielvereinbarungen abstellt. Planung und Überwachung erfolgen dabei auf Basis von Zahlen des Finanz- und Rechnungswesens. Controlling wird hier als Kreislauf angesehen, der die Unternehmensleitung durch einen Regelkreis mit Planung, Steuerung und Kontrolle unterstützt. Es erfüllt damit sowohl eine Rückmeldungsfunktion (Feed-back) als auch eine Vorausschaufunktion (Feed-forward).

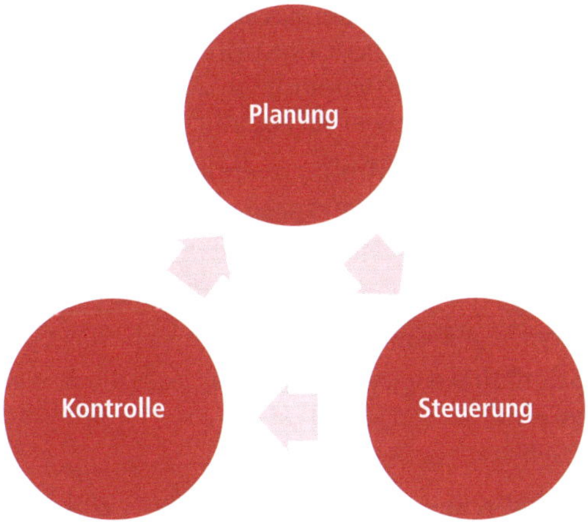

Abbildung 13.1: Grundsätzliche Schritte im Controlling-Kreislauf

Controlling als Koordinationsfunktion

Mit zunehmender Komplexität unternehmerischer Tätigkeiten steigen auch die Anforderungen an die Abstimmung zwischen den unterschiedlichen Teilbereichen eines Unternehmens. Diese Koordination kann in unterschiedlichem Ausmaß durch Controlling wahrgenommen werden.

Bei dieser Controlling-Theorie werden zwei verschiedene Teilansätze unterschieden:

Nach Horváth[1] koordiniert Controlling das Ausführungssystem eines Unternehmens und das Führungssystem des Unternehmens. Das Ausführungssystem befasst sich nach dieser Ansicht mit der eigentlichen betrieblichen Leistungserstellung, während das Führungssystem steuert und entscheidet. Controlling soll in diesem Zusammenhang eine ergebniszielorientierte Koordination mit Informationen sicherstellen. Dazu schafft es ein Planungs- und Kontrollsystem zur Gestaltung und Steuerung des Ausführungssystems sowie ein hierfür erforderliches Informationsversorgungssystem.

Nach Küpper[2] koordiniert Controlling das Leistungssystem eines Unternehmens und das Leitungssystem des Unternehmens. Controlling selbst besteht aus einem Planungssystem, einem Kontrollsystem, einem Informationssystem, einem Personalführungssystem sowie einem Organisationssystem.

Controlling als Rationalitätssicherung

Controlling dient bei diesem von Weber/Schäffer[3] entwickelten Ansatz einer Rationalitätssicherung im Kontext einer Koordination durch Pläne. Controlling entsteht sekundär zur Führung durch Delegation bestimmter Führungsaufgaben. Controlling will dabei „Könnensprobleme“ und „Wollensprobleme“ vermeiden, d. h., es sollen sowohl objektive fachliche Probleme als auch subjektive (zwischen-) menschliche Probleme vermieden bzw. gelöst werden.

Wertung der Ansätze und Ableitung eines anwendbaren Controlling-Verständnisses

Aus den Bezeichnungen der vier Konzepte, die zeitlich in dieser Reihenfolge entwickelt wurden, wird deutlich, dass das Controlling zunehmend weiter gefasst wurde.

Während es im ersten Ansatz (Informationsversorgung) noch rein um die Bereitstellung von Informationen ging und das Controlling somit eher Teil der IT-Abteilung oder der Buchhaltung war, wird in den anderen Ansätzen das Controlling mehr und mehr in die eigentliche Unternehmensführung mit einbezogen.

Der zweite Ansatz (Planung und Kontrolle) orientiert sich dabei am Unternehmensziel, Gewinne zu erwirtschaften, und sieht die Aufgabe des Controllings darin, die Wirtschaftlichkeit der Planung sicherzustellen und die Erreichung der Ziele zu kontrollieren.

Beim dritten Ansatz (Koordinationsfunktion) wird diese Aufgabe noch erweitert und mehr Gewicht auf die Koordination zwischen den Führungsbereichen gelegt.

Der vierte Ansatz (Rationalitätssicherung) richtet den Blick mehr darauf, dass Führungskräfte Menschen sind, deren Rationalität im Handeln durch das Controlling sichergestellt werden muss.

Jeder der vorgestellten Ansätze weist verschiedene Vor- und Nachteile auf. Weiterhin sind die Ansätze nicht immer überschneidungsfrei voneinander abzugrenzen. So wird die Bedeutung von Informationen in allen Ansätzen deutlich ebenso wie funktionale bzw. prozessuale Aspekte des Controllings, die sich in Planung und Kontrolle, aber auch in Koordination niederschlagen.

Die Diskussion um die „richtige“ Controlling-Theorie ist nicht abgeschlossen. Und wenn man die Argumente der einzelnen Sichtweisen miteinander vergleicht, ist es auch nicht vorstellbar, dass sich hier eine herrschende Meinung als Konsens herausbildet.

Letztendlich ist Controlling als wichtige Unternehmensfunktion unverzichtbar. Welche Schwerpunkte dabei jedoch gesetzt werden, d. h., ob es sich eher um eine Koordinationsfunktion oder eine Kontrollfunktion handelt oder ein anderer Fokus aus dem vielfältigen Spektrum des Controllings im Vordergrund steht, hängt dabei immer vom Unternehmen selbst und den konkreten Aufgabenstellungen ab.

Insofern sind Einrichtung und Ausgestaltung eines Controllings immer eine Einstellungsfrage. Controlling ist demzufolge ein Bestandteil und ein Ergebnis der Unternehmensphilosophie: „Controlling ist das, was das Unternehmen damit bezwecken möchte.“

Das Controllerleitbild des Internationalen Controller Vereins

In eine ähnliche Richtung geht der Internationale Controller Verein (ICV e. V). Diese Vereinigung von Controllern und Wissenschaftlern verfolgt einen praxisorientierten Ansatz, der Aufgabenbereiche und Zuständigkeiten des Controllings aufführt, ohne jedoch den Anspruch erheben zu wollen, hierfür einen vollständigen theoretischen Unterbau bieten zu können. Entwickelt wurde ein Leitbild, das nicht das Controlling, sondern den Controller als ausführende Person im Auge hat:

„Controller leisten als Partner des Managements einen wesentlichen Beitrag zum nachhaltigen Erfolg der Organisation.

Controller …

1. gestalten und begleiten den Management-Prozess der Zielfindung, Planung und Steuerung, so dass jeder Entscheidungsträger zielorientiert handelt.
2. sorgen für die bewusste Beschäftigung mit der Zukunft und ermöglichen dadurch, Chancen wahrzunehmen und mit Risiken umzugehen.
3. integrieren die Ziele und Pläne aller Beteiligten zu einem abgestimmten Ganzen.

4. entwickeln und pflegen die Controlling-Systeme. Sie sichern die Datenqualität und sorgen für entscheidungsrelevante Informationen.
5. sind als betriebswirtschaftliches Gewissen dem Wohl der Organisation als Ganzes verpflichtet."[4]

13.1.2 Definition wesentlicher Begriffe im Controlling

Folgt man der Sichtweise, die der ICV, aber auch andere Autoren vertreten, lassen sich die folgenden Begriffe voneinander abgrenzen:

- **Controlling** ist die Bezeichnung für eine Tätigkeit. Es handelt sich hierbei um eine Führungs- und Managementfunktion, die von unterschiedlichen Aufgabenträgen wahrgenommen werden kann. Dies können neben Controllern auch Führungskräfte sein.
- **Controller** ist die Bezeichnung für eine Person. Es handelt sich hierbei um den Inhaber einer Stelle, der eine Vielzahl von Aufgaben für Dritte (im Wesentlichen Führungskräfte, aber auch andere Empfänger der Dienstleistung Controlling) erledigt.

  Der Controller hat dabei eine Methoden- und Transparenzverantwortung, während die Führungskraft die eigentliche Ergebnisverantwortung trägt.
- **Controllership** ist die Bezeichnung für eine Abteilung. Hier findet organisatorisch eine Zusammenfassung von Controllerstellen statt.

13.2 Gestaltung des Controllings in funktionaler, zeitlicher und organisatorischer Sicht

13.2.1 Aufgaben und Funktionen des Controllings

Controller beschaffen Daten, bereiten diese auf, analysieren sie und liefern dadurch verantwortlichen Führungskräften die erforderlichen Informationen für zielorientierte Entscheidungen.

Auf Basis der im vorherigen Abschnitt dargestellten Controlling-Theorien kann man fünf wichtige Funktionen des Controllings ableiten:

- Informationsversorgung
- Planung
- Steuerung
- Kontrolle
- Rationalitätssicherung

Informationsversorgung ist eine wesentliche Grundlage aller Controlling-Tätigkeiten, denn um unternehmerische Aktivitäten durchführen zu können, sind Informationen nötig. Informationen müssen von Controllern so bereitgestellt werden, dass Führungskräfte möglichst problemlos Entscheidungen treffen können. In diesem Zusammenhang ist es notwendig, Aspekte wie Häufigkeit der Informationsbereitstellung, Transparenz und Verdichtung sowie auch Analyse zu beachten. Die zentralen Quellen zur Informationsgewinnung sind das externe und das interne Rechnungswesen, häufig werden aber auch unternehmensexterne Daten, wie z. B. Statistiken und Benchmarkanalysen, genutzt.

Planung ist eine grundlegende Aufgabe von Führungskräften. Controlling hat in diesem Prozess eine unterstützende und begleitende Rolle. Ausgangspunkt ist die Generierung von Zielen, die auf Basis der Planung erreicht werden sollen. Die Planung selbst wird von der Führungskraft angestoßen und vom Controller unterstützt, indem er die Informationen vorbereitet und das passende Instrumentarium erarbeitet. Zusätzlich hat er noch Planungsalternativen zu entwickeln und Entscheidungen der Führungskräfte zu begleiten. Darüber hinaus ist er als Gegenpol der Führungskraft in der Verantwortung, Pläne kritisch auf Plausibilität zu hinterfragen.

Steuerung ist eine unterstützende, zukunftsgerichtete, regulierende Funktion, die das Unternehmen auf dem Weg zur Zielerreichung begleitet.

Mit Hilfe der **Kontrolle** kann festgestellt werden, ob die festgelegten Ziele erreicht wurden oder nicht. Ohne Planung allerdings kann man keine Kontrolle durchführen, gleichzeitig ist eine Kontrolle ohne Planung nicht sinnvoll. Diese zwei Controlling-Funktionen sind folglich stark voneinander abhängig. Die Kontrolle durch die Erstellung von Soll-Ist-Vergleichen deckt Abweichungen auf und dient als Grundlage für Steuerungsmaßnahmen. Daneben soll sie auch zu einem Lerneffekt führen, der die zukünftige Unternehmensführung verbessert.

Die **Rationalitätssicherung** als Controlling-Funktion soll Rationalitätsdefizite von Führungskräften möglichst früh erkennen und beseitigen bzw. im besten Fall vorab vermeiden.

In der Praxis finden sich folgende Controlling-Aufgaben:

Controlling-Ebenen	■ Beteiligungscontrolling ■ Unternehmenscontrolling
Stellung im Managementprozess	■ Strategisches Controlling ■ Operatives Controlling
Funktionsbezogenes Controlling	■ F&E-Controlling ■ Beschaffungscontrolling ■ Logistikcontrolling ■ Produktionscontrolling ■ Vertriebscontrolling ■ Marketingcontrolling ■ Finanzcontrolling ■ Personalcontrolling ■ IT-Controlling
Sonderthemen	■ Qualitätscontrolling ■ Projektcontrolling ■ Prozesscontrolling ■ Unternehmenskauf, -verkauf, -fusion ■ Sonderprogramme wie z. B. EDV-Systemumstellungen

Tabelle 13.1: Controlling-Aufgaben in der Praxis

13.2.2 Zeitliche Dimensionen des Controllings

Nach dem Zeithorizont lassen sich die folgenden Controlling-Dimensionen unterscheiden:

1. Strategisches Controlling mit einem Zeithorizont von mehr als fünf Jahren
2. Taktisches Controlling mit einem Zeithorizont von zwei bis fünf Jahren
3. Operatives Controlling mit einem Zeithorizont von bis zu einem Jahr

Dabei ist die zeitliche Abgrenzung zwischen den einzelnen Bereichen nicht immer eindeutig oder überschneidungsfrei. Häufig findet sich auch nur die Unterscheidung in strategisches und operatives Controlling.

Das **strategische Controlling** hat die Aufgabe, die Unternehmensführung bei ihren langfristigen Entscheidungen zu unterstützen. Entscheidungen im strategischen Bereich sind von besonderer Bedeutung für ein Unternehmen, sie unterscheiden sich deutlich von denen im operativen Bereich, für die sie grundlegend sind.

Die Fragestellungen im strategischen Bereich untersuchen folglich, in welchen Bereichen und mit welcher Ausrichtung das Unternehmen tätig sein sollte, während der operative Bereich sich damit beschäftigt, diese Überlegungen zu berücksichtigen und darauf aufbauend die kurzfristige Umsetzung möglichst effizient zu gestalten. Durch die damit einhergehende höhere Komplexität und Unsicherheit sowie den angesprochenen längeren Zeitraum ist es für das strategische Controlling sinnvoller, sich auf eine Grobplanung zu beschränken, während in den operativen Teilplänen Details betrachtet werden sollten.

Innerhalb des **operativen Controllings** können verschiedene Teilbereiche unterschieden werden, die in der Planung aufeinander abgestimmt werden müssen. Für jeden dieser Bereiche existiert dann ein eigenes Bereichscontrolling, um die Wirtschaftlichkeit sicherzustellen, z. B. Beschaffungscontrolling, Produktionscontrolling oder Logistikcontrolling.

	Strategisch	Operativ
Zeitraum	ca. 3–5 Jahre	ca. 1–2 Jahre
Orientierung	Zukunftsorientierung	Gegenwartsorientierung
Ausrichtung	Umwelt und Unternehmen	Unternehmen
Dimensionen	Chancen/Risiken Stärken/Schwächen	Aufwand/Ertrag Kosten/Leistungen
Umfang	grobe Hauptpläne	detaillierter Teilpläne
Informationsquelle	primär externe Daten	primär internes Rechnungswesen

Tabelle 13.2: Abgrenzung zwischen strategischem und operativem Controlling

Das **taktische Controlling** wird teilweise nicht vom operativen Bereich unterschieden. Im Prinzip fällt in diesen Bereich die Schnittstelle zwischen den beiden anderen Bereichen, d. h. jede Planung oder Handlung, die die langfristigen strategischen Aspekte auf mittelfristige Abschnitte überträgt. Charakteristisch für taktische Maßnahmen ist, dass sie meist nicht innerhalb einer kurzen Frist umgesetzt werden können, andererseits aber in naheliegender Zukunft realisierbar sind. Als Beispiel lassen sich hierfür z. B. Investitionen oder die damit verbundene Finanzierung nennen.

13.2.3 Abgrenzung des Controllings von anderen Unternehmensbereichen

Die genaue Zuständigkeit des Controllings und das Zusammenspiel mit anderen Unternehmensbereichen sind immer unternehmensindividuelle Organisationsentscheidungen. Dennoch lassen sich einige grundlegende Überlegungen zur Abgrenzung des Controllings von Unternehmensbereichen mit ähnlichen Aufgabenstellungen anstellen. Es wird dabei deutlich, wo sich Controlling von anderen inhaltlich naheliegenden Bereichen unterscheidet und wo es Überschneidungen mit ihnen gibt.

Controlling dient der Entscheidungs- und Führungsunterstützung. Eine Charakterisierung kann anhand der folgenden Kennzeichen erfolgen:

- Zukunftsorientierung
- Keine bzw. geringe gesetzliche Vorgaben
- Orientierung an Planung und zielorientierter Steuerung
- Verwendung von Daten des externen Rechnungswesens
- Erfüllung der Informationsverarbeitungsfunktion
- Keine oder nur geringe eigene operative Verantwortung

Das externe Rechnungswesen dient der Aufstellung des Jahresabschlusses mit folgenden Kriterien:

- Vergangenheitsorientierung
- Orientierung an gesetzlichen Vorgaben
- Abbildung des Unternehmens in doppelter Buchführung
- Erfüllung der Dokumentationsfunktion

Die Finanzwirtschaft dient der Sicherstellung und Überwachung der Liquidität mit folgenden Kriterien:

- Zukunftsorientierung
- Liquiditätsorientierung
- Finanzdisposition
- Verantwortung für eigenes operatives Ergebnis

Die Strategische Unternehmensentwicklung dient dem Auffinden zukünftiger Erfolgspotenziale des Unternehmens mit folgenden Kriterien:

- Zukunftsorientierung
- Gesamtunternehmensbezug
- Regelmäßig keine operativen Tätigkeiten
- Inhalte und Formulierungen weniger konkret („blumig“ bis „utopisch“)

Die Interne Revision dient der Überprüfung der Ordnungsmäßigkeit und Dokumentation mit folgenden Kriterien:

- Vergangenheitsorientierung
- Einzelfallbezug
- Prozessunabhängigkeit
- Keine operative Ergebnisverantwortung

13.2.4 Organisation des Controllings/Controllership

Auch bei der **Organisation des Controllings** lässt sich festhalten, dass die Einflussmöglichkeiten des Controllings von der organisatorischen Gestaltung im Unternehmen abhängen. Die organisatorische Einbindung des Controllings (bzw. an dieser Stelle wohl deutlicher der Abteilung Controllership) ist jedoch wiederum eine unternehmensindividuelle Entscheidung. Das heißt, Controlling kann nur so viel zum Unternehmenserfolg beitragen, wie ihm organisatorisch an Kompetenzen zugewiesen wird.

Controlling kann grundsätzlich entweder als eigene organisatorische Stelle geschaffen werden oder aber Controlling wird in den einzelnen Unternehmensbereichen direkt durchgeführt, ohne dass eine übergeordnete bzw. koordinierende Stelle existiert.

Vorteile einer eigenen Controlling-Abteilung („Controllership"):

- Es existieren eine einheitliche Struktur und klare Abläufe.
- Ein Eigenleben der dezentralen Einheiten erschwert die Koordination in Bezug auf die Erfüllung der Unternehmensziele.
- Gibt es keine eigene Instanz, könnte die Einstellung zu Controlling („Controlling ist eine Unternehmensphilosophie") nur eine untergeordnete Bedeutung haben.
- Zuständigkeiten sind besser nachzuvollziehen.

Nachteile einer eigenen Controlling-Abteilung („Controllership"):

- Controlling ist organisatorisch zu weit von der eigentlichen operativen Tätigkeit entfernt.
- Es gibt zusätzlichen Koordinationsaufwand zwischen Controlling und den Unternehmensbereichen.
- Ein zu straffes Controlling kann in den operativen Unternehmensbereichen zu einer Demotivation führen.

Folgende organisatorische Grundkonzeptionen zur Gestaltung des Controllings im Unternehmen sind im Detail denkbar:

Schaffung eines eigenen Bereichs, angebunden an die Unternehmensleitung (Stabsstelle)

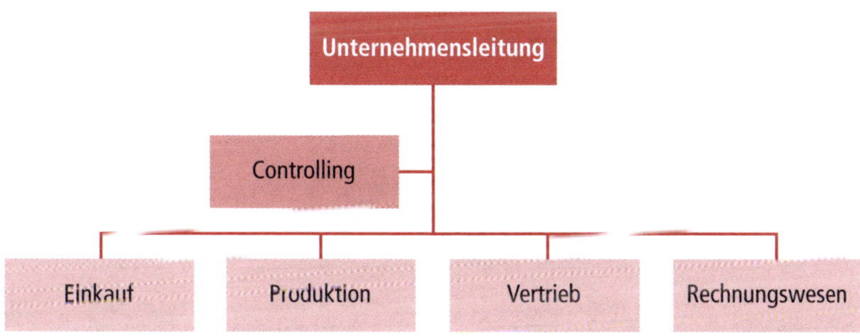

Abbildung 13.2: Controlling als Stabsstelle

Wird Controlling direkt bei der Unternehmensleitung organisatorisch eingebunden, hat dies den Vorteil, dass die Controlling Ideen regelmäßig direkt umgesetzt werden können. Als Nachteil gilt hier, dass Controlling eventuell nicht den erforderlichen Einblick in die operative Geschäftstätigkeit hat und dass es dadurch bei den anderen Unternehmensbereichen zu Akzeptanzproblemen kommen kann.

Einbindung in das (externe) Rechnungswesen

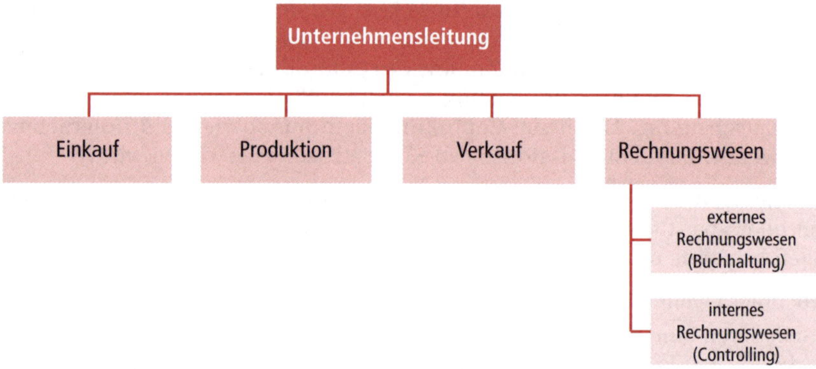

Abbildung 13.3: Controlling als Teilbereich des Rechnungswesens

Wird Controlling organisatorisch als Teil des (externen) Rechnungswesens angesehen, hat dies den Vorteil, dass für die Erfüllung zentraler Controlling-Funktionen wesentliche Informationen direkt vorliegen. Als Nachteil gilt hier, dass Controlling eine zu einseitig zahlen- und buchhaltungsorientierte Sichtweise haben könnte.

Controlling als eigenständige Organisationseinheit

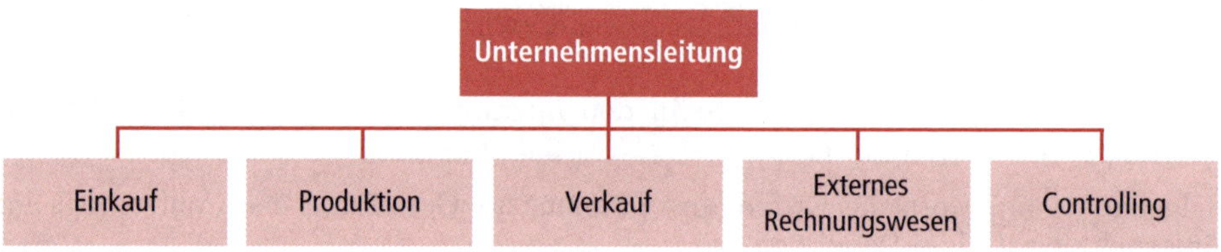

Abbildung 13.4: Controlling als eigenständige Organisationseinheit

Wird Controlling organisatorisch als eigenständige Einheit aufgefasst, verdeutlicht dies die besondere Bedeutung des Controllings. Allerdings kann es aufgrund der Trennung vom externen Rechnungswesen zu Abstimmungsschwierigkeiten inhaltlicher und personeller Art kommen.

Dezentralisierte Organisation des Controllings

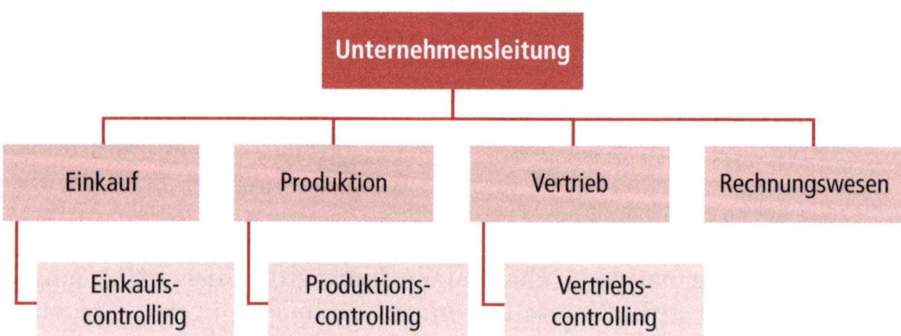

Abbildung 13.5: Dezentral organisiertes Controlling

Wesentlich ist auch die Entscheidung, ob Controlling eher zentral oder eher dezentral organisiert werden soll. Wird Controlling organisatorisch in die Unternehmensbereiche eingegliedert, hat dies den Vorteil, dass operative Prozesse direkt durch Controlling-Tätigkeiten unterstützt werden können. Als Nachteil gilt hier, dass es kein einheitliches Controlling-Konzept und somit keine übergeordnete Koordinationsfunktion geben könnte.

Darüber hinaus ist es auch denkbar, dass eine dezentralisierte Organisation nicht ausschließlich auf funktionaler Basis, sondern auch auf regionaler Ebene erfolgt.

13.3 Informationsorientierte Grundlagen des Controllings

13.3.1 Externes Rechnungswesen

Eine wesentliche Grundlage für ein funktionierendes Controlling ist das Vorhandensein von Informationen und Daten. Basis einer Vielzahl von für das Controlling relevanten Informationen ist das externe Rechnungswesen, da dort sämtliche Geschäftsvorfälle geordnet und zeitnah erfasst werden. Dadurch erhält Controlling eine entsprechende Datenbasis, mit der z. B. Analysen und Berichte erstellt werden können.

Ohne eine entsprechende Zahlengrundlage ist Controlling nicht möglich. (Erfolgreiche) Unternehmensführung bedeutet auch immer (konsequente) Zielerreichung. Wenn ein Unternehmen aber keine Zahlen erfasst, ist die Messung einer Zielerreichung nicht möglich. Insofern ist für die Unterstützung einer erfolgreichen Unternehmensführung durch Controlling eine zahlenorientierte Datenbasis erforderlich.

In der Unternehmenspraxis werden regelmäßig Informationen, v. a. Zahlen, aus der Buchhaltung und aus dem externen Rechnungswesen als erste Grundlage für Controlling-Tätigkeiten herangezogen. Diese werden für die weitere Verwendung noch auf unterschiedliche Art und Weise aufbereitet.

13.3.2 Internes Rechnungswesen

Bei der Kosten- und Leistungsrechnung handelt es sich im Gegensatz zu der ausschließlich auf Zahlungsströmen basierenden Buchhaltung um eine kalkulatorische Rechnung. Die Kostenrechnung wird zur Steuerung der Wirtschaftlichkeit und zur Kalkulation von Angebotspreisen verwendet. Ergänzt man die Inhalte und Vorgehensweisen der Kostenrechnung um eine Leistungsrechnung, wird auch eine Erfolgskontrolle ermöglicht.

In der Kosten- und Leistungsrechnung werden die in der externen Rechnungslegung verwendeten buchhalterischen Grundgrößen Aufwand und Ertrag in die betriebsbedingten Größen Kosten und Leistungen überführt. Das heißt, dass Aufwendungen ohne Bezug zur betrieblichen Leistungserstellung (sog. neutraler Aufwand) herausgerechnet werden, zusätzlich werden Kostenpositionen, die nicht oder in anderer Höhe als Aufwand gebucht sind, hinzugefügt (sog. kalkulatorische Kosten). Auch diese Werte gehen auf unterschiedlichste Weise in das Controlling ein.

13.3.3 EDV-Einsatz im Controlling

Die Konzeption und Umsetzung eines durchgängigen Controlling-Prozesses sind ohne moderne EDV-Systeme nicht mehr denkbar. Wesentliche Systeme im Controlling sind:

Transaktionsverarbeitungssysteme

- Geschäftsbuchhaltung
- Warenwirtschaftssysteme
- Betriebsdatenerfassung (BDE)

Enterprise Resource Planning (ERP)

- bereichsübergreifende und vernetzte Softwarelösungen
- Entscheidungsfindung bei Massen- bzw. Routineplanungsproblemen

Management-Informationssysteme (MIS)/Business Intelligence (BI)

- Aufbereitung der Daten aus Transaktionsverarbeitungssystemen und ERP-Systemen (Kennzahlen, Statistiken, Berichte)
- Führungsinformationssysteme
- Entscheidungsunterstützungssysteme

Data Warehouse

- Zusammenfassung und Vernetzung aller internen und externen Informationen in einer zentralen Datenbank
- Datenspeicher für Planungs-, Entscheidungs- und Kontrolltätigkeiten

13.4 Strategisches Controlling

13.4.1 Unternehmensziele und Unternehmensstrategie

Das **strategische Controlling** hat die Aufgabe, die Unternehmensführung bei ihren langfristigen Entscheidungen zu unterstützen. Hier sind insbesondere drei grundsätzliche Unternehmensziele von besonderer Bedeutung:

- Erfolgspotenzial hat eine langfristige Sicht (i. d. R. mehr als drei Jahre). Die Fragestellung lautet: „Womit erzielen wir ‚zukünftig‘ unseren Erfolg?“
- Erfolg/Rentabilität hat eine mittelfristige Sicht (i. d. R. ein bis drei Jahre). Die Fragestellung lautet: „Womit erzielen wir ‚heute´ unseren Erfolg?“
- Liquidität hat eine kurz- bis mittelfristige Sicht. Die Fragestellung lautet: „Können wir ‚immer´ unsere finanziellen Verpflichtungen bezahlen?“

Zwischen diesen Unternehmenszielen bestehen zwangsläufig Abhängigkeiten, sie wirken grundsätzlich in unterschiedliche Richtungen, da eine Ausrichtung der Unternehmensressourcen auf eines der drei Ziele im Allgemeinen zu einer Verringerung der Zielerreichung der beiden anderen Ziele führen wird. Beispielsweise wäre das Vorhalten eines hohen Bargeldbestands positiv für das Unternehmensziel „Liquidität“, allerdings nicht für das Unternehmensziel „Erfolg“, da die Vorhaltung von Bargeld regelmäßig keine Renditen erzielt. Weiterhin ist es erforderlich, zunächst in langfristig wirksame Erfolgspotenziale zu investieren (d. h. wiederum den Bargeldbestand zu reduzieren), um zukünftig überhaupt Erfolge erzielen zu können.

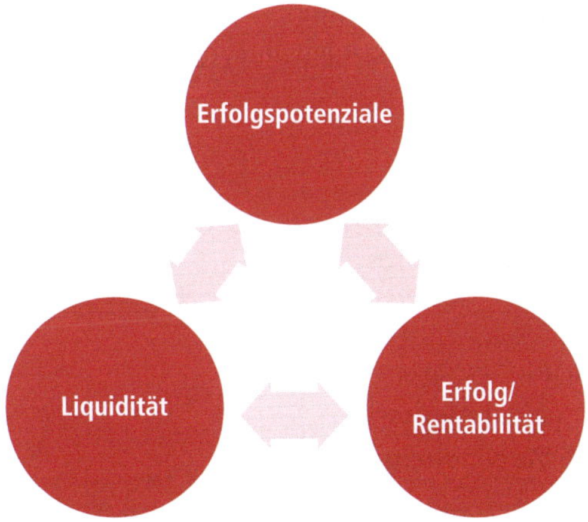

Abbildung 13.6: Zusammenhang wesentlicher Unternehmensziele

Die Orientierung an zukünftigen Erfolgspotenzialen bedeutet dabei nicht, dass strategische Überlegungen erst zu einem späteren Zeitpunkt beginnen, sondern vielmehr, dass sie einen längeren Zeitraum in der Zukunft umfassen sollten.

Zur Erstellung einer Unternehmensstrategie werden die Situation des Unternehmens und Daten aus der Unternehmensumwelt analysiert und miteinander verknüpft. Das heißt, es werden Stärken und Schwächen des Unternehmens aufgezeigt und mit am Markt auftretenden Chancen und Risiken abgeglichen.

13.4.2 Aufbau und Teilschritte im Strategiefindungsprozess

Die wesentlichen Aspekte der strategischen Unternehmensplanung sind insbesondere das Auffinden von Erfolgspotenzialen, das Ableiten von Wettbewerbsstrategien und die Entwicklung von Programmen zur strategischen Positionierung des Unternehmens im Wettbewerb.

Um einen nachhaltigen Unternehmenserfolg sicherzustellen, muss ein Unternehmen auf die Identifikation und die Nutzung strategischer Erfolgspotenziale ausgerichtet werden. Ausgangspunkt aller strategischen Überlegungen sind die Vorstellungen und Ansprüche der Eigenkapitalgeber des Unternehmens. Hiervon ausgehend formuliert ein Unternehmen ein strategisches Grundverständnis („Vision", „Strategisches Leitbild") und legt die grundsätzlichen Ziele fest, die das Unternehmen erreichen will.

Im Rahmen der strategischen Planung werden zunächst Prämissen festgelegt, um die Planung zu strukturieren und die Planungskomplexität zu reduzieren. Hiervon ausgehend werden Erfolgspotenziale identifiziert, Zwischenziele sowie Meilensteine abgeleitet und der Weg beschrieben, wie die formulierten Ziele im Rahmen des strategischen Managements erreicht werden sollen.

Marktanalyse

Im Rahmen der Marktanalyse werden zentrale Analyseschritte durchgeführt. Ein fehlerhaftes Verständnis der Märkte führt fast zwangsläufig zu strategischen Entscheidungsfehlern. Die Marktanalyse besteht aus drei Teilsegmenten:

- **Marktstrukturierung & -segmentierung**
  - Definition der strategischen Geschäftseinheiten
  - Segmentierung
- **Marktgröße & -potenzial**
  - Ermittlung von Marktgrößen (regional, national, weltweit)
  - Lebenszyklusphasen
  - Entwicklungstrends
- **Kundenanalyse**
  - aktuelle Kundenanforderungen
  - zukünftige Kundenanforderungen
  - Abnehmerstärke, Verhandlungsmacht

Aus der Marktanalyse lassen sich die Chancen und Risiken des Unternehmens erkennen und analysieren.

Unternehmens- und Wettbewerbsanalyse

Im Rahmen der Unternehmens- und Wettbewerbsanalyse gilt es, die relative Position des Unternehmens in den definierten Märkten zu bestimmen:

- Analyse der Produkte/Dienstleistungen aus Kundensicht
- Preisliche Positionierung
- Analyse der Wertschöpfungsketten (eigenes Unternehmen, Wettbewerber) und der Kostenpositionen
- Analyse der Kundenbeziehungen
- Analyse der Lieferantenbeziehungen
- Analyse der Markteintritts- und Marktaustrittsbarrieren
- Analyse des unternehmerischen Rahmens (Eigentümerstrukturen, Finanzierungsspielraum, bisherige strategische Stoßrichtungen)

Aus der Unternehmens- und Wettbewerbsanalyse können die Stärken und Schwächen des Unternehmens im Vergleich zum Wettbewerb erkannt werden.

Technologie- und Umfeldanalyse

Weitere Einflüsse auf Chancen und Risiken sowie Stärken und Schwächen des Unternehmens können mithilfe einer Technologie- und Umfeldanalyse ermittelt werden.

- **Technologieanalyse**
  - Klassifizierung der eingesetzten Technologien
  - Analyse von marktinduzierten Innovationen
  - Analyse von technologieinduzierten Innovationen (z. B. neue Werkstoffe)
- **Umfeldanalyse**
  - Konjunkturelle Entwicklung
  - Gesetzliche Verbote (z. B. Einsatz von Werkstoffen in Anwendungen)
  - Gesetzliche Beschränkungen (z. B. CO_2-Ausstoß, Finanzmarktsteuer)

Visualisierung der IST-Position eines Unternehmens

Chancen und Risiken aus der Marktanalyse und Stärken und Schwächen aus der Unternehmens- und Wettbewerbsanalyse werden häufig in einer sog. **SWOT-Analyse** zusammengefasst. SWOT ist dabei ein Akronym für Strengths, Weeaknesses, Opportunities, Threats. Die SWOT-Analyse[5] wird als Werkzeug des strategischen Controllings eingesetzt, um die Handlungsfelder eines Unternehmens oder eines Produkts genauer darzustellen sowie daraus weitere Konsequenzen in der strategischen Ausrichtung abzuleiten. Häufig wird sie im Rahmen der strategischen Unternehmensplanung eingesetzt, um die dort durchzuführenden Analysen, insbesondere die Unternehmens- und Wettbewerbsanalyse, zu unterstützen.

Basis für die Analyse ist häufig auch das **5-Kräfte-Modell** der Wettbewerbskräfte nach Porter[6]:

Abbildung 13.7: Das 5-Kräfte-Modell nach Porter

13.4.3 Aufgaben des strategischen Controllings

Dem strategischen Management steht das strategische Controlling als Spiegelbild gegenüber. Im Wirkungsbereich des strategischen Controllings hat der Controller drei wesentliche Aufgabengruppen:

1. Unterstützung der Strategieentwicklung

   Controller liefern hier relevante Daten für die Bereiche Marktanalyse, Unternehmensanalyse, Wettbewerbsanalyse usw. Darüber hinaus fungieren Controller als inhaltlicher Ansprechpartner für die Unternehmensleitung, wenn langfristig wirkende Investitionsalternativen erarbeitet werden sollen.

2. Bewertung unterschiedlicher Strategiealternativen

Die Strategiebewertung versteht eine Strategie als eine Investition mit einem Chancen- und Risikoprofil und stellt die Frage nach der Sinnhaftigkeit, d. h. Wirtschaftlichkeit dieser Investition. Dies erfolgt vor dem Hintergrund der strategischen Zielsetzungen des Unternehmens, d. h. beispielsweise durch die Analyse des potenziellen Beitrags zum Unternehmenswert unterschiedlicher strategischer Alternativen unter Berücksichtigung des einzusetzenden Kapitals und dessen risikoadäquater Verzinsung.

3. Begleitung der Strategieumsetzung

Im Rahmen dieser dritten Aufgabengruppe der Umsetzung von Unternehmensstrategien hat das strategische Controlling drei Aufgaben zu erfüllen:

- Strategische Überwachung: Hier analysiert das strategische Controlling, ob es zu schwerwiegenden Brüchen in der Unternehmensumwelt kommt. Beispielweise werden hier gesetzliche Änderungen und ihre Auswirkungen auf die zukünftige Entwicklung des Unternehmens überprüft.
- Prämissenkontrolle: Hierunter wird die Überprüfung der Grundannahmen der strategischen Planung verstanden. Beispielsweise wird untersucht, ob die langfristigen Annahmen für Einkaufs- und Verkaufspreise korrekt waren.
- Durchführungskontrolle: Aufgabe des strategischen Controllings ist es hier zum einen, die Umsetzung festgelegter Maßnahmen zu überprüfen. Zum anderen ist festzustellen, ob die durchgeführten Maßnahmen die gewünschten Ergebnisse erbracht haben. Beispielsweise wird untersucht, ob die Produktentwicklung zeitlich im Plan liegt oder ob erforderliche Personalkapazitäten zur Verfügung stehen.

13.5 Operatives Controlling – Unternehmensplanung

13.5.1 Grundlagen zur Unternehmensplanung

Planungsbegriff

Der Begriff der Planung ist ein in der Betriebswirtschaftslehre häufig verwendeter, gleichzeitig aber nicht eindeutig definierter Begriff. In den meisten Fällen umfasst der Planungsbegriff folgende Merkmale:

- Planung ist ein Prozess, der sich an den Unternehmenszielen ausrichtet.
- Planung bezieht sich auf zukünftige Handlungen.
- Planung beinhaltet Informationsverarbeitung.

Vielfach herrscht aber Uneinigkeit, wie weitgehend der Planungsbegriff aufgefasst werden soll. Im Einzelnen kann Planung entweder nur das Auffinden unterschiedlicher Handlungsalternativen umfassen oder aber zusätzlich auch die Auswahl einer dieser Handlungsalternativen. Bisweilen wird auch die Phase der Umsetzung („Steuerung") als noch zur Planung gehörend aufgefasst.

Planungsfunktionen

Planung bezeichnet die gedankliche Vorwegnahme zukünftiger Handlungsalternativen und ihrer Auswirkungen. Planung soll folglich die zukünftige Umwelt und die zukünftige Entwicklung des Unternehmens prognostizieren (Prognosefunktion), unterschiedliche handelnde Personen motivieren (Motivationsfunktion) sowie diese und weitere (sachliche) Ressourcen eines Unternehmens horizontal, vertikal und zeitlich koordinieren (Koordinationsfunktion).

Planungshorizonte

Im Bereich der Unternehmensplanung wird zwischen der langfristig orientierten strategischen Planung und der kurzfristig orientierten operativen Planung unterschieden. Dabei stehen die beiden Bereiche nicht für sich allein, sondern sind eng miteinander verzahnt.

Die wesentlichen Aspekte der strategischen Unternehmensplanung (insbesondere das Auffinden von Erfolgspotenzialen, das Ableiten von Wettbewerbsstrategien und die Entwicklung von Programmen zur strategischen Positionierung des Unternehmens im Wettbewerb) sind bereits beim strategischen Controlling erläutert worden. Schwerpunkt hier ist folglich die operative Unternehmensplanung, die auch in der Praxis einen hohen Stellenwert im regelmäßigen Aufgabengebiet des Controllers hat.

Die operative Unternehmensplanung ist aus den Ergebnissen der strategischen Unternehmensplanung abzuleiten, dadurch sollen die strategischen Ziele des Unternehmens über kurzfristige Maßnahmen erreicht werden. Gleichzeitig dienen die Ergebnisse der operativen Unternehmensplanung und ihrer Umsetzung als eine Grundlage für die strategische Unternehmensplanung.

	Strategische Planung	Operative Planung
Entscheidungsfelder	■ Produkt- und Marktstrategien ■ Geschäftsfelder ■ Standort(e)	■ Ablaufplanung ■ Losgrößenplanung ■ Bestellmengenplanung ■ Kapazitätsabstimmung ■ Personaleinsatzplanung
Merkmale	■ gesamtunternehmensbezogen ■ hohes Abstraktionsniveau ■ großer Planungsumfang, geringe Detailliertheit und Vollständigkeit ■ qualitative Ausrichtung ■ langfristige Rahmenplanung	■ durchführungsbezogen ■ niedriges Abstraktionsniveau ■ geringer Planungsumfang, hohe Detailliertheit und Vollständigkeit ■ quantitative Ausrichtung ■ Umsetzung der strategischen Planung in konkrete Durchführungspläne

Tabelle 13.3: Unterschiede zwischen strategischer und operativer Unternehmensplanung

13.5.2 Darstellung des operativen Planungsprozesses

Im Rahmen der Planung ist das Zusammenspiel zwischen Führungskraft und Controller von besonderer Bedeutung, da beide wesentliche Funktionen innerhalb des Planungsprozesses wahrnehmen.

Führungskraft	Controller
1. stößt Planung an	
	2. bereitet Planung vor
3. erstellt Planung	
	4. erstellt Planungsvarianten
5. diskutiert Varianten	
	6. aggregiert Teilpläne zum Gesamtplan
7. verabschiedet Planung	

Abbildung 13.8: Zusammenspiel zwischen Führungskraft und Controller im Rahmen der Erstellung der operativen Unternehmensplanung

In der Praxis kommt es dabei häufig vor, dass die eigentliche Unternehmensplanung nicht von der zuständigen Führungskraft, sondern durch den Controller erstellt wird. Dies ist aus mehreren Gründen als problematisch anzusehen:

- Die Führungskraft kann geltend machen, dass die Planung für sie nicht gilt, weil sie diese nicht erstellt hat und sie sie damit nicht zu verantworten hat.
- Der Controller hat keine eigene Ergebnisverantwortung, insofern ist er nicht für die Zielerreichung zuständig.
- Der Planungsprozess entwickelt ein „Eigenleben" ohne Bezug zur Unternehmensrealität.
- Die Vorstellungen der Führungskräfte und die Unternehmensaktivitäten werden nicht in ausreichendem Maß hinsichtlich der Unternehmensziele koordiniert.

Daraus folgt, dass die Erstellung der Unternehmensplanung eine grundlegende Aufgabe von Führungskräften ist. Dies bedeutet nicht, dass Controller hier nicht unterstützend und kritisch hinterfragend mitwirken sollen (diese Form der Rationalitätssicherung ist eine originäre Aufgabe eines Controllers), aber letztendlich sind Entscheidungen über die Planung durch Führungskräfte zu treffen.

Planungsverfahren

Zur Erstellung der operativen Unternehmensplanung sind grundsätzlich drei Vorgehensweisen denkbar:

- **Top-Down**: Die Unternehmensleitung legt fest, welche Ziele erreicht werden sollen. Diese Zielvorgaben werden dann auf die nachgeordneten Unternehmensbereiche heruntergebrochen. Vorteil ist, dass es einheitliche Zielsetzungen gibt, die sich an den übergeordneten und langfristigen Unternehmenszielen orientieren.

Nachteil ist, dass die Zielvorgaben zu anspruchsvoll sein können und dadurch die Führungskräfte der nachgeordneten Unternehmensbereiche demotiviert werden. Die Koordinationsfunktion der Planung ist hierbei am besten erfüllt, die Motivationsfunktion am wenigsten.

- **Bottom-Up**: Hier geben die nachgeordneten Unternehmensbereiche Zielvorstellungen ab, die zu einer Gesamtplanung aggregiert werden. Vorteil ist, dass hier dezentrales Wissen und operative Nähe in die Planung einfließen. Nachteil ist, dass das auf diesem Weg geplante Gesamtergebnis häufig zu niedrig ist, um die Gesamtunternehmensziele zu erfüllen. Die Motivationsfunktion der Planung ist hierbei am besten erfüllt, die Prognosefunktion am wenigsten.
- **Gegenstromverfahren**: Dies stellt eine Mischung aus Top-Down und Bottom-Up dar. Zunächst werden von der Unternehmensleitung (grobe, erste) Zielideen vorgegeben. Die nachgeordneten Unternehmensbereiche bauen diese Vorgaben in ihre Überlegungen ein und erstellen ihre Planung. Anschließend werden die Ergebnisse miteinander kombiniert. In einer „Knetphase“ werden dann Anpassungen vorgenommen. Dabei kann es vorkommen, dass die Planung mehrfach zwischen den Beteiligten hin und her wechselt. Vorteil ist, dass sowohl Gesamtunternehmensziele als auch operatives Wissen in die Planung eingehen. Bei diesem Verfahren sind alle Planungsfunktionen erfüllt, allerdings weist es einen hohen Koordinationsaufwand auf und ist zeit- und damit kostenintensiv. So kommt es in der Praxis vor, dass der Prozess der Unternehmensplanung für das kommende Jahr bereits im März des laufenden Jahres gestartet wird.

13.5.3 Sachzielplanung und Formalzielplanung

Im Bereich der operativen Planung wird regelmäßig zwischen zwei Bereichen unterschieden. Die **Sachzielplanung** beschäftigt sich mit dem Erreichen der unternehmerischen Sachziele, die **Formalzielplanung** leitet hieraus finanzielle bzw. monetäre Ergebnisse ab.

Sachzielplanung und **Formalzielplanung** sind eng miteinander verknüpft.

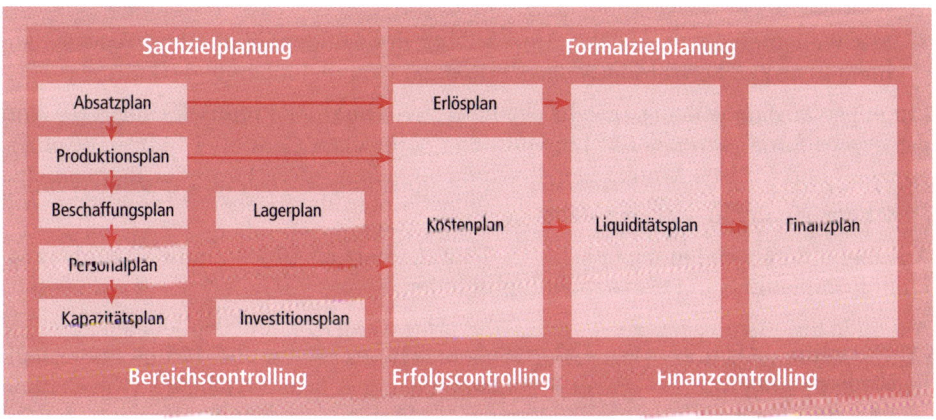

Abbildung 13.9: Zusammenhang zwischen und Bestandteile von Sachzielplanung und Formalzielplanung

Inhalte der Sachzielplanung

- Marktvolumen und Absatz
- Produktions- und Beschaffungsmengen
- Kapazität und Kapazitätsauslastung
- Mitarbeiter
- Produktivität
- Werbung und Verkaufsförderung

Zu Beginn jeder Planung steht die Absatzplanung, auf deren Ergebnissen die anderen Planbereiche aufbauen. Zwischen Absatzplanung und Produktionsplanung besteht dabei eine enge Korrelation: Nur was abgesetzt werden kann, darf produziert werden und nur was produziert wird, kann abgesetzt werden.

Möglichkeiten der Absatz- und Umsatzplanung

Die Planung des Absatzvolumens ist grundlegende Voraussetzung für den weiteren Verlauf des Planungsprozesses und damit seinen Erfolg. Hierfür gibt es mehrere Möglichkeiten:

- Marktorientierter Ansatz (Planung „von oben nach unten“):
  - Abschätzung des Gesamtmarktvolumens
  - Abschätzung des eigenen Marktanteils
  - Umsatz = Gesamtmarktvolumen × Marktanteil
- Kundenorientierter Ansatz (Planung „von unten nach oben“):
  - Abschätzung Umsatz je Bestandskunde (abhängig von Wiederkaufsquote und durchschnittlichem Umsatz)
  - Abschätzung Umsatz je Neukunde (abhängig von Anzahl Neukunden und durchschnittlichem Umsatz)
  - Umsatz = Umsatz Bestandskunden + Umsatz Neukunden
- Projektbezogener Ansatz: Abwandlung des kundenorientierten Ansatzes auf Basis (umsatzfähiger) Projekte
- Mitarbeiterbezogener Ansatz: Abwandlung des kundenorientierten Ansatzes auf Basis (umsatzfähiger) Mitarbeiter(-zeiten)

Ein enger Zusammenhang besteht ebenfalls zwischen der Produktionsplanung und der Beschaffungs- sowie der Lagerplanung.

Hieraus wiederum ergeben sich die Personalplanung sowie die Kapazitätsplanung einschließlich der Investitionsplanung.

Aus dieser Sachzielplanung lassen sich dann Formalziele (Erlös- und Kostenplanung, Liquiditätsplanung und Finanzplanung) ableiten.

Am Ende des Planungsprozesses muss überprüft werden, ob die erarbeiteten Ziele bei planmäßigem Ablauf der Umsetzung erreicht werden können. Ist dies nicht der Fall, muss der Planungsprozess erneut durchlaufen werden. Je nach Höhe der Abweichung und der dem Unternehmen für die Planung zur Verfügung stehenden Ressourcen wird der komplette Planungsprozess nochmals durchlaufen oder an einer nachgelagerten Stelle erneut angesetzt. Werden die Vorgaben bei plangemäßem Ablauf erreicht, müssen die Planungsergebnisse implementiert werden, damit die Planung umgesetzt werden kann.

Inhalte der Formalzielplanung

Die Formalzielplanung wird häufig auch als **Budgetierung** bezeichnet. Sie behandelt beispielsweise:

- Erlösplanung zur Ableitung des Umsatzes (je nach Ausgestaltung: je Geschäftsfeld bis zum Produkt, je Kundensegment bis zum Einzelkunden, je Region/je Vertriebsstandort bis zum einzelnen Verkäufer)
- Kosten/Kostenentwicklung
- Ergebnisse/Ergebnisentwicklung
- Liquidität und Finanzierung

Im Ergebnis ergibt sich ein sog. **Budget**. Theoretisch ist ein Budget ein in Wertdimensionen formulierter Plan, dessen Erreichung bzw. Einhaltung einer Entscheidungseinheit in einem bestimmten Zeitraum verbindlich vorgegeben wird. Wertdimensionen können dabei Umsatz-, Deckungsbeitrags-, Kosten- oder Ausgabenbudgets sein. Entscheidungseinheiten umfassen Produkte, Vertriebswege, Regionen oder betriebliche Funktionsbereiche. Als Zeitraum sind Monats-, Quartals-, Halbjahres-, Jahres-, oder im Ausnahmefall auch Mehrjahresbudgets denkbar.

Wichtig ist darauf hinzuweisen, dass der Begriff Budget in der Praxis häufig auch in einem anderen Zusammenhang verwendet wird: Ein Budget bezeichnet dann die (finanziellen) Mittel, die ein Unternehmensbereich innerhalb eines bestimmten Zeitraums zur Verfügung gestellt bekommt. Ein derartiges Vorgehen ist grundsätzlich denkbar und kann sinnvoll sein. Allerdings kommt es häufig vor, dass die Bereichsverantwortlichen kurz vor Ende des Zeitraums versuchen, die finanziellen Mittel vollständig zu verbrauchen, um das Budget der nächsten Periode nicht sinken zu lassen. („Wir müssen dieses Jahr noch xxx € ausgeben, sonst erhalten wir nächstes Jahr weniger Geld.") Ein derartiges Vorgehen ist selbstverständlich nicht zielführend.

Wesentlich ist auch, dass es sich bei der Formalzielplanung um eine integrierte Unternehmensplanung handelt. Diese besteht nicht nur aus einem Kosten- und Erlösplan, sondern auch aus einem Liquiditäts- und Finanzplan. Das heißt, dass nicht nur die operativen Ergebnisse, sondern auch die entsprechende Finanzierung und Bilanzierung zu planen sind. Fehlt es an dieser integrierten Planungssicht, kann es passieren, dass das Unternehmen illiquide wird, obwohl ein operativer Erfolg (Erlöse größer als Kosten bzw. Erträge größer als Aufwendungen) geplant war. Denn Erlöse oder Erträge müssen nicht zwangsläufig zu liquiden Zuflüssen führen (z. B. bei Verkauf auf Ziel). Daneben können geplante Investitionen oder vertraglich vereinbarte Tilgungen von Fremdkapital zu Zahlungsabflüssen führen.

13.5.4 Aufgaben des Controllers im Rahmen der operativen Unternehmensplanung

Die Steuerung des Planungsprozesses und die Mitarbeit bei der Unternehmensplanung stellen in der täglichen Controllerpraxis einen der wesentlichen Tätigkeitsbereiche dar. Im Einzelnen erfüllt der Controller die folgenden Aufgaben im Rahmen der Unternehmensplanung:

1. Steuerung des Planungsprozesses

   Controller erfüllen hier mit ihrem prozessspezifischen Wissen die folgenden Aufgaben:

   - Gestaltung des Planungsprozesses, z. B. Festlegung von Terminen
   - Gestaltung des Planungsrahmens, z. B. Festlegung der Detailtiefe
   - Bereitstellung und Pflege des Planungssystems, z. B. in der Planung eingesetzte EDV-Systeme
   - Aggregation der Teilpläne zum Gesamtplan mit Abstimmarbeiten zur Vermeidung von Inkonsistenzen
   - Dokumentation der Unternehmensplanung

2. Unterstützung von Führungskräften bei der Unternehmensplanung

   Controller erfüllen hier mit ihrem betriebswirtschaftlichen Wissen die folgenden Aufgaben:

   - Informationsbereitstellung, z. B. Vorjahresdaten, externe Benchmarks
   - Erarbeitung von Entscheidungsalternativen, z. B. Aufstellung von Planungsvarianten
   - Bewertung von Entscheidungsalternativen in Bezug auf das Erreichen der Unternehmensziele, z. B. Sensitivitätsanalysen

3. Sicherstellung der Zielkonformität der Unternehmensplanung

   Controller erfüllen hier mit ihren fachlichen, aber auch rhetorischen und psychologischen Kenntnissen die folgenden Aufgaben:

   - Analyse des Planentstehungsprozesses, z. B. Einhaltung von Fristen, Zuverlässigkeit der Planenden
   - Analyse der Planentwürfe, z. B. Hinterfragen der Annahmen und Erreichbarkeit der Unternehmensplanung
   - Unvoreingenommene Prüfung der Vereinbarkeit der Unternehmensplanung mit den Unternehmenszielen

13.5.5 Planungsprobleme in der Praxis

Ein wesentliches Problem bei Unternehmensplanungen ist neben der Qualität der Planungsannahmen die Verfügbarkeit von Daten. Häufig werden einfach Vergangenheitswerte um einen Faktor korrigiert und fortgeschrieben. („Wir planen, dass das Unternehmen kommendes Jahr 3 % mehr Umsatz erzielen wird. Alle weiteren Werte verändern sich um den gleichen Prozentsatz (z. B. Materialkosten) oder bleiben konstant (z. B. Verwaltungskosten).“)

In der Planung sind jedoch auch weitere Datenqualitäten denkbar.

Wertansatz	Ermittlung	Datenbasis	Controller-Funktion
Vergangenheitswerte	Übernahme aus den Zahlen der Vorperiode	Vorliegende Ist-Zahlen	vom Controller selbstständig generierbar
Planwerte	Fortschreibung der Planungsbasis oder Neuplanung	Planungsverantwortliche	Vom Controller zu unterstützen
Zielwerte	angestrebtes Gesamtergebnis bzw. normativ gesetzter Wert	Planungsverantwortliche	vom Controller auf Erreichbarkeit zu hinterfragen
Benchmarks	externe Vergleichswerte auf Unternehmens- bzw. Unternehmensbereichsebene	(externe) Vergleichsobjekte	vom Controller auf Übertragbarkeit zu hinterfragen

Tabelle 13.4: Übersicht unterschiedliche Datenqualitäten in der Unternehmensplanung

Betrachtet man Planungen in der Praxis über mehrere Jahre, so sind zwei typische Effekte erkennbar:

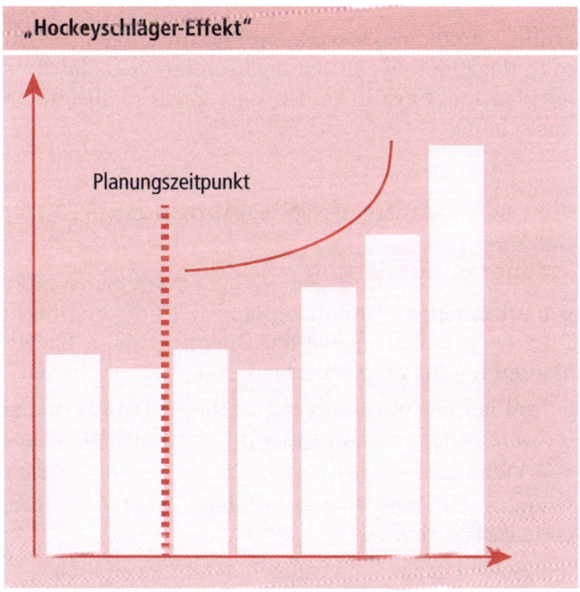

Abbildung 13.10: Hockeyschläger Effekt

Der auch als „J-Kurve" bezeichnete Hockeyschläger-Effekt bedeutet, dass die bisherigen Unternehmensergebnisse regelmäßig nicht zufriedenstellend waren, dass sie aber ab der aktuellen Planungsperiode (deutlich) besser werden. Dies findet man auch häufig im Bereich von Unternehmenstransaktionen wieder: „Jetzt ist der ideale Zeitpunkt, um das Unternehmen zu kaufen, denn ab sofort steigen die Gewinne."

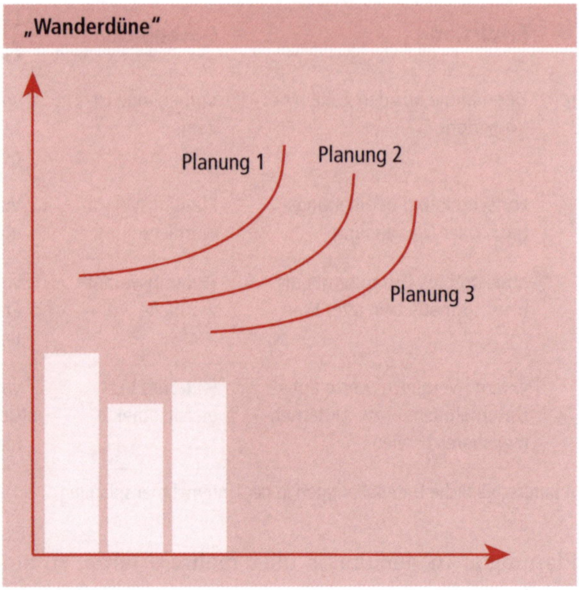

Abbildung 13.11: Wanderdüne

Bei einer „Wanderdüne“ treten die erwarteten Planungsergebnisse nicht ein, weshalb die Zielerreichung in der Planung zeitlich nach hinten verschoben wird: „Dieses Jahr haben wir unseren Plan nicht erfüllt und unsere Ziele nicht erreicht. Aber nächstes Jahr werden wir das schaffen.“

13.5.6 Ausblick auf weitergehende Planungsverfahren

Kritik an traditioneller Budgetierung

Das Vorgehen der traditionellen Formalzielplanung (Budgetierung) wird trotz seiner Sinnhaftigkeit häufig auch negativ bewertet. Dies liegt dann häufig daran, dass folgende Unsachlichkeiten Einzug in den Budgetierungsprozess halten:

- Überfrachtung des Planungsprozesses mit zu vielen Details und zu hohen inhaltlichen Anforderungen durch den Controller mit der Folge der Demotivation der Planungsverantwortlichen
- Ausweichreaktion der Budgetverantwortlichen, wenn der Budgetprozess nicht konsequent genug gesteuert wird
- Es werden zu einfach zu erzielende Budgetvorgaben vereinbart.
- Gegen Ende einer Periode werden nicht zielführende Ausgaben getätigt, um das bisherige Budget in unveränderter Höhe beibehalten zu können.
- Das Budget wird unter Vernachlässigung objektiv notwendiger Maßnahmen geschont. Dies wird auch als Budget-Schere bezeichnet, da es zu einem Auseinanderdriften von eigentlich erforderlichem Budget und tatsächlich vereinbartem Budget führt.
- Häufig wird das langfristige Erfolgspotenzial eines Unternehmens vernachlässigt, weil Führungskräfte sich vorrangig mit kurzfristigen Planungen beschäftigen. Dies

wird als Number game bezeichnet, denn es wird mehr über einzelne Zahlen diskutiert als über die nachhaltige Entwicklung des Unternehmens.

- Je differenzierter und dezentralisierter der Planungsprozess ist, desto eher können egoistische Verhaltensweisen entstehen. Einzelne Planungsverantwortliche optimieren dann ihren Bereich zu Lasten anderer Unternehmensteile.

Moderne Budgetierungsverfahren

Zur Abschwächung der oben genannten Kritikpunkte an der traditionellen Budgetierung existieren eine Reihe unterschiedlicher, teilweise als modern bezeichneter, Planungsverfahren:

- **Rollierende Planung** oder Rollierende Budgetierung bedeutet, dass nicht mehr in festen 12-Monats-Rhythmen geplant wird. Stattdessen werden (z. B. je Quartal) Planwerte durch Istwerte ersetzt und neue Planwerte hinzugefügt. Dadurch erhält man eine laufende Vorschau, die nicht nur das aktuelle Jahr, sondern auch zukünftige Perioden umfasst. Hier sind insbesondere auch Forecast-Werte von besonderer Bedeutung.
- **Zero Base Budgeting:** Die Unternehmensplanung beginnt hier jedes Mal wieder bei null. Das heißt, Führungskräfte planen das Unternehmen so, als würde es „neu auf der grünen Wiese“ entstehen, und stellen Anträge auf Zuweisung von Mitteln. Die Unternehmensleitung priorisiert diese Anträge und entscheidet damit über die Rangfolge der Mittelvergabe. Der Grundgedanke hier ist positiv zu bewerten, denn historisch gewachsene Strukturen und Budgetpositionen werden so laufend hinterfragt. Allerdings ist das Vorgehen sehr aufwändig und damit zeit- und kostenintensiv.
- Unter dem Begriff des **Better Budgeting** werden diejenigen Ideen zusammengefasst, die die traditionelle operative Unternehmensplanung vereinfachen sollen. Dies ist kein in sich geschlossenes Konzept, sondern eher eine Sammlung unterschiedlicher Möglichkeiten. Beispiele für Better Budgeting sind eine Reduzierung der Anzahl der Planungsebenen, eine Verkürzung des Planungsprozesses sowie eine Verbesserung der EDV-Unterstützung.
- **Beyond Budgeting** ist ein Konzept aus den 90er-Jahren des letzten Jahrhunderts. Wesentliche Aussage ist, dass moderne Unternehmen in sich ständig ändernden globalisierten Märkten auf Planung beinahe vollkommen verzichten können. Denn wichtiger als die Planung von Produktionskapazitäten, Lagerbeständen u. Ä. seien Absatzmärkte und intellektuelles Kapital. Dieses Konzept geht über die eigentliche Planungsidee hinaus und entwickelt auch Gestaltungsmöglichkeiten für Strukturen und Prozesse im Unternehmen.

13.6 Operatives Controlling – Steuerung, Kontrolle und Abweichungsanalysen

13.6.1 Grundlagen zu Steuerung und Kontrolle

Einordnung von Steuerung und Kontrolle in den Controlling-Kreislauf

Wesentliche Aufgabe der Unternehmenssteuerung ist die Unterstützung bei der Erreichung der im Rahmen der Unternehmensplanung festgelegten Zielsetzungen. Unternehmenssteuerung ist dabei ein laufender Prozess, der ursprüngliche Planwerte und aktuelle Istwerte miteinander in Verbindung bringt. An die Unternehmensplanung und die Unternehmenssteuerung schließt sich also als konsequent folgender nächster Schritt die Kontrolle an.

Die Kontrolle kann ihre Aufgaben im Controlling-Kreislauf nur dann erfüllen, wenn die entsprechenden organisatorischen und inhaltlichen Voraussetzungen erfüllt sind. Problematisch kann dies insbesondere dann werden, wenn einer oder mehrere der folgenden Mängel bestehen.

- Es liegt keine oder nur eine unzureichende Unternehmensplanung vor.
- Es gibt keine verlässlichen Istwerte oder diese werden verspätet zur Verfügung gestellt.
- Plan-Ist-Vergleiche werden nicht oder nicht in ausreichendem Umfang durchgeführt.
- Plan-Ist-Abweichungen werden lediglich festgestellt und nicht analysiert.
- Aus Plan-Ist-Abweichungen abgeleitete Steuerungsmaßnahmen werden nicht konsequent nachgehalten und umgesetzt.

Funktionen von Kontrolle

Kontrolle als ein Teilbereich der Unternehmenssteuerung weist zwei unterschiedliche Funktionen auf:

- Ex-ante-Funktion mit Kontrolle zur Beeinflussung des Verhaltens: Hier werden der Vorgang der Entscheidungsfindung sowie die geplante Entscheidungsumsetzung beeinflusst.
- Ex-post-Funktion mit Kontrolle als Instrument des Lernens: Hier werden Informationen über die tatsächlich getroffenen Entscheidungen sowie die tatsächlich realisierten Entscheidungsumsetzungen generiert.

13.6.2 Erstellung von Forecasts

Im Rahmen von Steuerung und Kontrolle werden neben Plan- und Istwerten häufig auch erwartete Werte für Abweichungsanalysen herangezogen. Diese Prognosen werden in der Praxis meistens als **Forecast** bezeichnet. Für diese Hochrechnung gibt es unterschiedliche Möglichkeiten, die anhand eines Beispiels mit Planzahlen auf Monatsbasis und Istwerten für die ersten drei Monate erläutert werden sollen:

	01	02	03	04	05	06	07	08	09	10	11	12	SUM
Plan	10	10	10	25	20	15	10	20	10	20	20	20	180
Ist	10	7	7										

Tabelle 13.5: Beispiel zur Erstellung eines Forecasts

Bei der **Linearen Hochrechnung** werden die Istwerte proportional auf Jahreswerte hochgerechnet. Im Beispiel ergibt sich als Hochrechnung für das Gesamtjahr (Summe Istwerte 01-03 / Anzahl der Istperioden × Anzahl Gesamtperioden): $24 / 3 \cdot 12 = 96$.

Bei der **Abweichungshochrechnung** wird die Abweichung proportional auf Jahreswerte hochgerechnet. Im Beispiel ergibt sich als Hochrechnung für das Gesamtjahr: Nach drei Monaten ist das Ergebnis 20 % unter Plan (Istwerte 24, Planwerte 30), daraus folgt für das Gesamtjahr eine Planunterschreitung von 20 % bzw. 36, als erwartetes Ergebnis also 180 − 36 = 144.

Bei der **Kombinierten Hochrechnung** (auch als eigentlicher Forecast bezeichnet) werden bis zum Betrachtungszeitpunkt die Istwerte und ab dem Betrachtungszeitpunkt bis zum Jahresende die Planwerte verwendet. Im Beispiel ergibt sich als Hochrechnung für das Gesamtjahr: Istwerte für die Monate eins bis drei zuzüglich Planwerte für die Monate vier bis zwölf: 24 + 150 = 174.

Je nachdem, welche Methode angewendet wird, ergeben sich also unterschiedliche Jahreswerte, die zum Teil deutlich voneinander abweichen.

Auch wenn die lineare Hochrechnung und die Abweichungshochrechnung mathematisch (und edv-technisch) am einfachsten realisierbar sind, wird in der Praxis am häufigsten die dritte Methode angewendet. Gründe hierfür sind:

- Die Kombination von Ist- und Planwerten reagiert am wenigsten volatil auf Veränderungen in den Istwerten.
- Darüber hinaus muss eine Abweichung in einem Zeitraum nicht automatisch zu Abweichungen in den folgenden Perioden führen.
- Außerdem sollte das Unternehmen Steuerungsmaßnahmen ergreifen, um die ursprünglich geplanten Ziele noch zu erreichen.

13.6.3 Grundlagen zur Abweichungsanalyse

Fehlerarten

Im Rahmen der Unternehmensplanung und Planumsetzung können Fehler auf verschiedenen Ebenen entstehen:

- **Planungsfehler** liegen vor, wenn z. B. eine zu optimistische Entwicklung der Nachfrage nach den Produkten oder Dienstleistungen des Unternehmens angenommen wird. Dies kann durch größere Sorgfalt bei Analysetätigkeiten vermieden werden.
- **Auswertungsfehler** liegen vor, wenn z. B. im Planungssystem (Formel-)Fehler existieren. Dies kann durch größere Sorgfalt im Umgang mit Systemen und Prozessen vermieden werden.
- **Realisationsfehler** entstehen z. B. bei Ineffizienzen in der Produktion. Dies kann durch aussagefähige Abweichungsanalysen, Ableitung zielgerichteter Steuerungsmaßnahmen und konsequente Umsetzung der Maßnahmen vermieden werden.

Abweichungen können sowohl auf der Kosten- als auch auf der Erlösseite entstehen. Zu beachten ist, dass nicht nur „negative“ Abweichungen (d. h. Kosten höher als im Plan oder Umsatz niedriger als im Plan) zu analysieren sind, sondern auch „positive“ Abweichungen (d. h. Kosten niedriger als im Plan oder Umsatz höher als im Plan). Denn auch hier ist zu untersuchen, ob die Planabweichung durch nicht beeinflussbare bzw. nicht vorhersehbare Sachverhalte (z. B. starke Rohstoffpreisschwankungen durch Spekulationsgeschäfte) oder eben durch ungenaue oder fehlerhafte Planung begründet ist. Dies sollte möglichst zukünftig vermieden werden.

Differenzierung von Kostenabweichungen

- **Preisabweichung:** Für die verbrauchten Güter oder Leistungen ist ein höherer oder niedrigerer Preis bezahlt worden als geplant.
- **Verbrauchsabweichung:** Es entsteht ein höherer oder geringerer Verbrauch von Gütern oder Leistungen als geplant.
- **Beschäftigungsabweichung:** Die Auslastung ist geringer oder höher als geplant. Damit entsteht im Vergleich zur Planung ein höherer oder geringerer Anteil an Fixkosten pro Stück.
- **Strukturabweichung:** Es sind andere Güter oder Leistungen eingesetzt worden als geplant.

Differenzierung von Umsatzabweichungen

- Bei einer *Mengenabweichung* sind mehr oder weniger Produkte oder Leistungen abgesetzt worden.
- Bei einer *Preisabweichung* konnte für die abgesetzten Produkte oder Leistungen ein höherer oder geringerer Preis erzielt werden.
- Bei einer *Strukturabweichung* ergibt sich ein gegenüber der Planung veränderter Absatzmix.

Ableitung einer allgemeinen Formel zur Abweichungsanalyse

Das grundsätzliche Vorgehen der Abweichungsanalyse spaltet die gesamte Abweichung zwischen zwei Werten (z. B. Planwerte und Istwerte, aber auch Istwerte und Forecastwerte) in die einzelnen Bestandteile Menge und Preis auf, um diese separat zu untersuchen und Steuerungsmaßnahmen abzuleiten. Dabei wird die folgende Grundformel angewendet:

$$\text{Ursprungswert} = \text{Ursprungsmenge} \times \text{Ursprungspreis}$$

$$\text{Vergleichswert} = \text{Vergleichsmenge} \times \text{Vergleichspreis}$$

$$\Delta\ \text{Werte} = \text{Vergleichswert} - \text{Ursprungswert} =$$

$$= (\text{Vergleichsmenge} \times \text{Vergleichspreis}) - (\text{Ursprungsmenge} \times \text{Ursprungspreis})$$

Ersetzt werden nun jeweils die Menge und der Preis des Vergleichswerts durch Menge und Preis des Ursprungswerts und die jeweilige Veränderung:

$$\text{Vergleichsmenge} = \text{Ursprungsmenge} + \Delta\ \text{Menge (denn } \Delta\ \text{Menge} = \text{Vergleichsmenge} - \text{Ursprungsmenge)}$$

$$\text{Vergleichspreis} = \text{Ursprungspreis} + \Delta\ \text{Preis (denn } \Delta\ \text{Preis} = \text{Vergleichspreis} - \text{Ursprungspreis)}$$

Hieraus ergibt sich:

$$\begin{aligned}\Delta \text{ Werte} &= [(\text{Ursprungsmenge} + \Delta \text{ Menge}) \times (\text{Ursprungspreis} + \Delta \text{ Preis})] - \\ &\quad (\text{Ursprungsmenge} \times \text{Ursprungspreis}) \\ &= (\text{Ursprungsmenge} \times \text{Ursprungspreis}) + (\text{Ursprungsmenge} \times \Delta \text{ Preis}) \\ &\quad + (\Delta \text{ Menge} \times \text{Ursprungspreis}) + (\Delta \text{ Menge} \times \Delta \text{ Preis}) - (\text{Ursprungsmenge} \\ &\quad \times \text{Ursprungspreis}) \\ &= \end{aligned}$$

Formel 13.1: Abweichungsanalyse

$$\text{Gesamtabweichung} = \text{Ursprungspreis} \times \Delta \text{ Menge} + \text{Ursprungsmenge} \times \Delta \text{ Preis} + \Delta \text{ Menge} \times \Delta \text{ Preis}$$

auch bezeichnet als Mengenabweichung + Preisabweichung + Sekundärabweichung

Die Mengenabweichung zeigt dabei auf, welche Auswirkungen die geänderte Menge bewertet mit ursprünglichen Preisen hat.

Die Preisabweichung zeigt dabei auf, welche Auswirkungen der geänderte Preis bezogen auf die ursprüngliche Menge hat.

Hinsichtlich der Analyse Sekundärabweichung gibt es unterschiedliche Möglichkeiten, die hier nur kurz angeführt werden sollen.

- **Differenzierte Methode:** Die Sekundärabweichung wird separat ausgewiesen.
- **Alternative Methode:** Die Sekundärabweichung wird entweder der Mengenabweichung oder der Preisabweichung zugeordnet.
- **Symmetrische Methode:** Die Sekundärabweichung wird den anderen Abweichungen nach der Anzahl gleich verteilt zugeordnet.
- **Proportionale Methode:** Die Sekundärabweichung wird den anderen Abweichungen nach deren Wert zugeordnet.

13.6.4 Analyse von Kostenabweichungen

Überträgt man die allgemeine Formel für Abweichungsanalysen auf den Bereich von Kostenabweichungen, ergibt sich folgende Formel:

$$\text{Plankosten} = \text{Planmenge} \times \text{Planpreis}$$

$$\text{Istkosten} = \text{Istmenge} \times \text{Istpreis}$$

$$\Delta \text{ Kosten} = \text{Istkosten} - \text{Plankosten} = (\text{Istmenge} \times \text{Istpreis}) - (\text{Planmenge} \times \text{Planpreis})$$

Der Ursprungswert entspricht hier den Plankosten, der Vergleichswert den Istkosten. Gefragt wird folglich: Wie lässt sich die Abweichung der Istkosten von den Plankosten erläutern?

Ersetzt werden nun jeweils die Menge und der Preis der Istkosten durch Menge und Preis der Plankosten und die jeweilige Veränderung:

$$\text{Istmenge} = \text{Planmenge} + \Delta \text{ Menge (denn } \Delta \text{ Menge} = \text{Istmenge} - \text{Planmenge)}$$

$$\text{Istpreis} = \text{Planpreis} + \Delta \text{ Preis (denn } \Delta \text{ Preis} = \text{Istpreis} - \text{Planpreis)}$$

Hieraus ergibt sich:

$$\Delta \text{ Kosten} = [(\text{Planmenge} + \Delta \text{ Menge}) \times (\text{Planpreis} + \Delta \text{ Preis})] - (\text{Planmenge} \times \text{Planpreis}) =$$

Formel 13.2: Abweichungsanalyse im Kostenbereich

$$\Delta \text{ Kosten} = \text{Planpreis} \times \Delta \text{ Menge} + \text{Planmenge} \times \Delta \text{ Preis} + \Delta \text{ Menge} \times \Delta \text{ Preis}$$

Mengenabweichung + Preisabweichung + Sekundärabweichung

Beispiel: Analyse von Kostenabweichungen

Ein Unternehmen hat geplant, 100 Einheiten eines Rohstoffs zu einem Preis von 10 € je Einheit zu einzusetzen. Tatsächlich wurden 105 Einheiten zu 9,80 € je Einheit eingesetzt.

$$\text{Plankosten} = 100 \text{ Einheiten} \times 10 \text{ €/Einheit} = 1.000 \text{ €}$$

$$\text{Istkosten} = 105 \text{ Einheiten} \times 9{,}80 \text{ €/Einheit} = 1.029 \text{ €}$$

Die Kostenabweichung (im Beispiel Kostenüberschreitung) ergibt sich durch Istkosten abzüglich Plankosten. Im Beispiel sind 1.029 € − 1.000 € = 29 € zu analysieren: „Warum sind die Istkosten um 29 € höher als geplant?"

$$\Delta \text{ Kosten} =$$

- + Mengenabweichung: Planpreis × Δ Menge = 10 €/Einheit × 5 Einheiten = 50 €
- + Preisabweichung: Planmenge × Δ Preis = 100 Einheiten × (−0,2 €/Einheit) = −20 €
- + Sekundärabweichung: Δ Menge × Δ Preis = 5 Einheiten × (−0,2 €/Einheit) = −1 €

Die 29 € Gesamtabweichung (Kostenerhöhung) bestehen also aus einer Mengenüberschreitung (bewertet zu geplanten Preisen) von 50 € (d. h., es werden mehr Rohstoffe verbraucht als geplant), einer Preisunterschreitung (angewendet auf die geplante Menge) von 20 € (d. h., die Rohstoffe waren günstiger als geplant) sowie einem (positiven) Sekundäreffekt von 1 €.

13.6.5 Analyse von Umsatzabweichungen

Überträgt man die allgemeine Formel für Abweichungsanalysen auf den Bereich von Umsatzabweichungen, ergibt sich folgende Formel:

$$\text{Istumsatz} = \text{Istmenge} \times \text{Istpreis}$$

$$\text{Planumsatz} = \text{Planmenge} \times \text{Planpreis}$$

$$\Delta \text{ Umsatz} = \text{Planumsatz} - \text{Istumsatz} = \text{Planmenge} \times \text{Planpreis} - (\text{Istmenge} \times \text{Istpreis})$$

Der Ursprungswert entspricht hier dem Istumsatz, der Vergleichswert dem Planumsatz. Gefragt wird folglich: Wie lässt sich die Abweichung des Planumsatzes (für das kommende Geschäftsjahr) vom Istumsatz (des laufenden Jahres) erläutern?

Ersetzt werden nun jeweils die Menge und der Preis des Planumsatzes durch Menge und Preis des Istumsatzes und die jeweilige Veränderung:

$$\text{Planumsatz} = \text{Istmenge} + \Delta\,\text{Menge (denn } \Delta\,\text{Menge} = \text{Planmenge} - \text{Istmenge)}$$

$$\text{Planpreis} = \text{Istpreis} + \Delta\,\text{Preis (denn } \Delta\,\text{Preis} = \text{Planpreis} - \text{Istpreis)}$$

Hieraus ergibt sich:

$$\Delta\,\text{Umsatz} = \text{Istmenge} \times \text{Istpreis} - [(\text{Istmenge} + \Delta\,\text{Menge}) \times (\text{Istpreis} + \Delta\,\text{Preis})] =$$

Formel 13.3: Abweichungsanalyse im Umsatzbereich

$$\Delta\,\text{Umsatz} = \text{Istpreis} \times \Delta\,\text{Menge} + \text{Istmenge} \times \Delta\,\text{Preis} + \Delta\,\text{Menge} \times \Delta\,\text{Preis}$$

$$\text{Mengenabweichung} + \text{Preisabweichung} + \text{Strukturabweichung}$$

Beispiel: Analyse von Umsatzabweichungen

Ein Unternehmen hat im vergangenen Geschäftsjahr 200 Stück eines Produkts zu einem Preis von 5 €/Stück veräußert. Die Planung für dieses Jahr sieht einen Absatz von 210 Stück zu einem Preis von 4,90 €/Stück vor.

$$\text{Istumsatz} = 200\ \text{Stück} \times 5\ \text{€/Stück} = 1.000\ \text{€}$$

$$\text{Planumsatz} = 210\ \text{Stück} \times 4{,}90\ \text{€/Stück} = 1.029\ \text{€}$$

Die Umsatzabweichung (im Beispiel Umsatzüberschreitung) ergibt sich durch Planumsatz abzüglich Istumsatz. Im Beispiel sind 1.029 € − 1.000 € = 29 € zu analysieren: „Warum wird der geplante Umsatz um 29 € höher sein als der realisierte Istumsatz?“

$$\Delta\,\text{Umsatz} =$$

- + Mengenabweichung: Istpreis × Δ Menge = 5 €/Stück × (10 Stück = 50 €
- + Preisabweichung: Istmenge × Δ Preis = 200 Stück × (−0,1 €/Stück) = −20 €
- + Strukturabweichung: Δ Menge × Δ Preis = 10 Stück × (−0,1 €/Stück) = −1 €

Die 29 € Gesamtabweichung (Umsatzerhöhung) bestehen also aus einer Mengenüberschreitung (bewertet zu Istpreisen) von 50 € (d. h., es soll mehr verkauft werden als geplant), einer Preisunterschreitung (angewendet auf die Istmenge) von 20 € (d. h., der Verkaufspreis wird niedriger sein als geplant) sowie einem (negativen) Sekundäreffekt von 1 €.

An diesen beiden Beispielen wird deutlich, dass die Reihenfolge der Abweichungsanalyse für die Interpretation des Ergebnisses von großer Bedeutung ist.

13.7 Berichtswesen

13.7.1 Grundlagen zum Berichtwesen

Informationsentstehung und Informationsverwendung fallen im Unternehmen je nach Grad der Zentralisation und Dezentralisation zeitlich, sachlich und organisatorisch auseinander. Zwischen den Stellen der Informationsentstehung und der Informationsverwendung müssen deshalb Informationsübermittlungsvorgänge stattfinden.

Unter Berichtswesen wird die Erstellung und Weiterleitung von Berichten mit einer mehr oder weniger verdichteten Darstellung von Zahlen, Leistungen sowie sonstigen finanziellen und nicht finanziellen Ergebnissen verstanden. Wesentliches Ziel eines Berichts ist, dem Adressaten ein Bild über den Stand und die Fortentwicklung des Unternehmens zu vermitteln und so interne Empfänger bei ihren Planungs- und Kontrolltätigkeiten zu unterstützen.

Berichtsfunktionen

- Information über abgeschlossene oder zukünftige Perioden
- Dokumentation von Ereignissen
- Vorbereitung von Entscheidungen
- Auslösen von betrieblichen Vorgängen, wie z. B. Abweichungsanalyse

Damit greifen Controllerberichte direkt in die Phasen des Controlling-Kreislaufs Planung, Steuerung und Kontrolle ein. Hierbei ist festzustellen, dass die Grenzen zwischen der Gestaltung von Berichten und der Gestaltung des Controlling-Systems an und für sich fließend sind.

13.7.2 Verwendung von Berichten im Controlling

Die im Rahmen der Unternehmensplanung generierten Plandaten müssen ebenso wie die im Rahmen der Kontrolle ermittelten Istdaten sowie die Abweichungen zwischen Plan und Ist den Entscheidungsträgern in geeigneter Form vermittelt werden. In der laufenden Controllertätigkeit erfolgt dies im Rahmen des Berichtswesens, das häufig auch als Reporting bezeichnet wird.

Berichte sind dabei sowohl Produkt des als auch Instrument für den Controlling-Prozess. Die Daten, die in einem Bericht verarbeitet werden, resultieren aus der Unternehmenstätigkeit bzw. werden im Controlling-Prozess ermittelt. Gleichzeitig sind Berichte aber auch die Basis für eine fundierte Planung, eine sachgerechte Steuerung und wirksame Kontrolle. Hinzu kommt, dass Berichte die vorhandenen Daten verdichten müssen, da nicht alle Informationen, die theoretisch verfügbar sind, für den Adressaten und dessen Entscheidungsfindung von Bedeutung sind.

Zur Steuerung von Unternehmen ist es also erforderlich, dass die Verantwortlichen zeitnahe, zielgerichtete und marktorientierte Informationen erhalten. Diese Informationen sind hinsichtlich ihrer Datenquellen, Konsistenz und Nutzerorientierung zu klassifizieren und aufzubereiten, was eine originäre Controllertätigkeit darstellt.

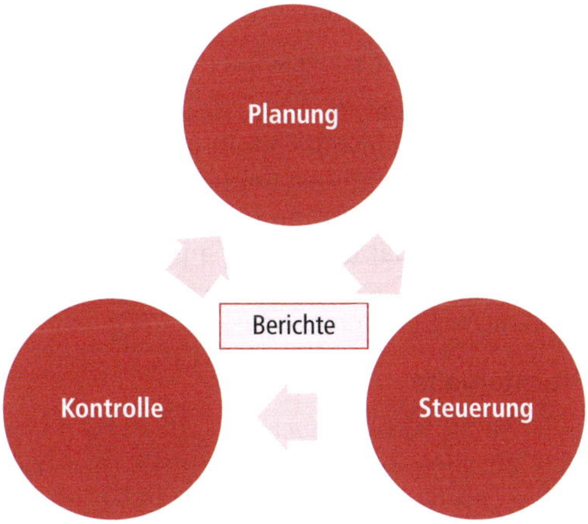

Abbildung 13.12: Einordnung des Berichtswesens in den Controlling-Kreislauf

Oft werden Berichte allerdings auch dafür verwendet, Abweichungen festzustellen, Verantwortliche („Schuldige") zu suchen und Rechtfertigungen zu begründen. Dies ist aus Controlling-Sicht nicht sinnvoll. Berichtswesen sollte stattdessen als eine Form der Beschäftigung mit Soll-Ist-Vergleichen angesehen werden, die dazu dient, die Steuerung des Unternehmens in Richtung Zielerreichung zu unterstützen. Nicht eine „Abrechnung" oder eine „Rechtfertigung" helfen dem Unternehmen weiter, sondern zielorientiert durchgeführte Korrekturmaßnahmen.

13.7.3 Konzeption des Berichtswesens

Die Gestaltung des Berichtswesens hängt von verschiedenen Kriterien ab, z. B. Größe und Struktur des Unternehmens, Branche, Marktverhältnisse etc. Die im Folgenden grundsätzlich angeführten Aspekte sind folglich je nach Unternehmenszweck, Größe und Rechtsform unterschiedlich zu gestalten.

Adressaten des Berichtswesens

- Top-Management (Vorstand bzw. Geschäftsführung)
- Mittleres Management (Bereichsleiter, Prokuristen)
- Unteres Management (Abteilungsleiter, Kostenstellenverantwortliche)
- Sonstige Adressaten (Projektleiter)
- Zusätzlich sind auch unternehmensexterne Empfänger (Berater, Wirtschaftsprüfer) denkbar.

Auswahl der Berichtsinformationen

Die Informationsauswahl bewegt sich im Spannungsfeld der folgenden Gestaltungsvariablen:

- Statische oder dynamische Informationen
- Vergangenheitsorientiertes oder zukunftsorientiertes Controlling
- „Harte" oder „weiche" Daten
- Funktionsorientierte oder prozessorientierte Kennzahlen

- Interne oder externe Informationsquellen
- Exaktes oder zweckmäßiges Berichtswesen

Ein wesentliches Problem besteht häufig darin, dass der Berichtsersteller die Anforderungen des Berichtsempfängers nicht oder nicht genau kennt (siehe oben der Unterschied zwischen subjektiver Informationsnachfrage und objektivem Informationsbedarf). Meistens wird deshalb ein „zu viel" an Informationen geliefert. Die Auswahl der für ihn relevanten Informationen hat dann der Empfänger zu leisten. Sinnvoller wäre es hier, die Anforderungen des Berichtsempfängers detailliert zu analysieren und anschließend das Berichtswesen daran anzupassen.

Festlegung der Berichtsintervalle

Der Berichtsrhythmus ist so zu wählen, dass die auf Basis der Informationen zu treffenden Entscheidungen zu Steuerung und Kontrolle rechtzeitig erfolgen können. Denkbare Berichtszyklen sind jährlich, halbjährlich, quartalsweise, monatlich, wöchentlich oder täglich. In der Controllerpraxis kommt dem monatlichen Berichtswesen die größte Bedeutung zu.

Aggregation der Einzelinformationen

Je nach Führungsebene bestehen unterschiedliche Informationsbedarfe, je höher der Berichtsempfänger in der Unternehmenshierarchie angesiedelt ist, desto aggregierter werden die Informationen.

Darstellung der Informationen

Die Informationsbereitstellung kann mit Hilfe von EDV (Management-Informationssysteme, Executive Information Systems, Data Warehouses) oder auf Papier (Controllerberichte, Handbücher) erfolgen. Dabei sind die folgenden Kriterien zu erfüllen:

- Zielgerechtigkeit bzw. Zweckorientierung
- Stetigkeit
- Ansprechende Gestaltung

Die aufgeführten Aspekte bedingen sich zum großen Teil gegenseitig, so dass sie simultan zu entscheiden sind, z. B. werden die Informationen für das Top-Management höher aggregiert sein als für die direkten Verantwortlichen vor Ort.

Anforderungen an Berichte

- Berichte sollen die wichtigsten Informationen hervorheben. Führungskräfte sollen keine Zeit damit verlieren müssen, eine Vielzahl an Daten analysieren zu müssen, um die für sie relevanten Informationen zu finden.
- Berichte sollen so einfach wie möglich sein und Informationen schnell mitteilen. Es empfiehlt sich, Inhalte einfach darzustellen, kein aufwändiges Format zu haben und nur einige Schlüsselinformationen hervorzuheben.
- Es sollten nur wesentliche Details enthalten sein. Die Einfachheit eines Berichts bedeutet nicht, dass das zugrunde liegende Informationssystem unwirksam ist.
- Die Strukturen im Berichtswesen sind flexibel zu halten. Dynamische Umgebungen, Veränderungen in der organisatorischen Struktur, Wechsel von Führungspersonen etc. führen zu Anpassungswünschen an das Berichtswesen.
- Allerdings ist auch eine gewisse Konstanz zu berücksichtigen, häufige Änderungen sind zu vermeiden.

13.7.4 Berichtsarten

Trendberichte

Trendberichte informieren über langfristig wirkende Sachverhalte, die dem Auffinden, Aufbau und/oder dem Bewahren von Erfolgspotentialen dienen. Sie unterstützen somit die strategische Planung und Kontrolle.

Folgende Merkmale kennzeichnen Trendberichte:

- Halbjährliche oder jährliche Erstellung
- Aussagen über langfristige Entwicklungen
- Aufzeigen von Trends und Erläuterung von Ursachen
- Gegenüberstellung von Ergebniszahlen für mehrere Perioden

Analytische Berichte

Analytische Berichte informieren über kurzfristig bedeutende Sachverhalte. Sie sollen dem Empfänger Zusammenhänge, Ursachen und Tendenzen verdeutlichen, damit dieser Korrekturmaßnahmen erkennen und ableiten kann. Unterschieden werden Standardberichte und Sonderberichte.

Standardberichte

Standardberichte basieren auf dem Informationsbedarf einzelner Abteilungen. Sie sind inhaltlich sehr umfassend und verlangen vom Berichtsempfänger eigenständige Analysen. Standardberichte werden zu vorbestimmten Terminen verteilt und sind hinsichtlich Form, Inhalt und Zeitpunkt festgelegt.

Folgende Merkmale kennzeichnen Standardberichte:

- Monatliche oder wöchentliche Erstellung
- Aussagen über kurzfristige Entwicklungen
- Genaue Festlegung der Berichtsadressaten
- Konstanter Informationsbedarf der Berichtsadressaten
- Feste Veröffentlichungszeitpunkte

Sonderberichte

Sonderberichte werden nicht routinemäßig, sondern nur auf besondere Veranlassung oder bei Eintreten eines besonderen Ereignisses erstellt.

Folgende Merkmale kennzeichnen Sonderberichte:

- Anlassbezogene Erstellung
- Aussagen über kurzfristige Entwicklungen
- Situativer Informationsbedarf der Berichtsadressaten

Sonderberichte I – Abweichungsberichte

- Abweichungsberichte lenken die Aufmerksamkeit auf Sachverhalte, die individuelle Entscheidungen erfordern.
- Sie werden bei Überschreiten vorher festgelegter Toleranzgrenzen erstellt.
- Sie sind Ausdruck der Führungsphilosophie Management by exception.

Sonderberichte II – Bedarfsberichte

- Bedarfsberichte werden fallweise angefordert und dienen der ergänzenden Analyse von Sachverhalten.
- Sie sind von einem momentanen Informationsbedürfnis geprägt.
- Sie sind an keinen Erstellungs- oder Auswertungsrhythmus gebunden.

13.8 Kennzahlen und Kennzahlensysteme

13.8.1 Grundlagen zu Kennzahlen

Kennzahlen sind quantitative Daten, die als bewusste Verdichtung der komplexen Realität über zahlenmäßig erfassbare betriebswirtschaftliche Sachverhalte informieren sollen. Kennzahlen dienen dazu, ökonomische Sachverhalte schnell und aussagefähig darzustellen, für die prinzipiell eine Vielzahl relevanter Einzelinformationen vorliegt, deren Auswertung jedoch für bestimmte Informationsbedarfe zu zeitintensiv und zu aufwändig wäre.

Häufig wird die Aussage von Kaplan/Norton angeführt: „If you can‘t measure it, you can‘t manage it.“[7] Wenn ein Sachverhalt nicht gemessen werden kann, kann er auch nicht aktiv gesteuert werden.

Funktionen von Kennzahlen

- **Operationalisierung der Planung:** Kennzahlen werden gebildet, um Ziele konkret erfassbar und messbar zu machen.
- **Steuerung:** Durch Kennzahlen wird eine Verteilung von Ressourcen möglich.
- **Vorgabe:** Kennzahlen werden als Ziel- bzw. Sollvorgabe für Teilbereiche des Unternehmens verwendet.
- **Kontrolle:** Durch Kennzahlen sind eine Messung der Zielerreichung sowie die Ermittlung von Soll-Ist-Abweichungen und die Durchführung von Abweichungsanalysen möglich.

Kennzahlenklassifikation

Kennzahlen sind immer branchenbedingt und/oder unternehmensindividuell. Sie sind wertvoll für die Fundierung von Entscheidungen im Unternehmen und können Einblicke in Sachverhalte geben, die bei einer Analyse der reinen Zahlen oder einer qualitativen Analyse nicht möglich wären. Kennzahlen können anhand verschiedener Kriterien klassifiziert werden.

<table>
<tr><td>Funktionsbereiche</td><td colspan="2">Forschung & Entwicklung, Beschaffung, Produktion, Lager, Absatz, Personal, Finanzen</td></tr>
<tr><td>Zeitliche Struktur</td><td>Zeitpunktgrößen</td><td>Zeitraumgrößen</td></tr>
<tr><td>Inhaltliche Struktur</td><td>Wertgrößen</td><td>Mengengrößen</td></tr>
<tr><td>Dimension</td><td>Strategisch</td><td>Operativ</td></tr>
</table>

Tabelle 13.6: Klassifikation von Kennzahlen

Quelle Rechnungswesen	Bilanz, Gewinn- und Verlustrechnung, Kosten- und Leistungsrechnung			
Relevanz der Aussage	Gesamtunternehmen		Teilbetrieb	
Orientierung	Soll-Kennzahlen		Ist-Kennzahlen	
Statistik/Methodik	Absolutwerte	Mittelwerte	Verhältniswerte	Indexzahlen

Tabelle 13.6: Klassifikation von Kennzahlen *(Forts.)*

Nachteilig bei der Kennzahlenbildung ist allerdings, dass wichtige Erkenntnisse durch Zusammenfassung von Einzelposten zu Sammelposten verloren gehen können. Darüber hinaus gibt es keine objektiv „richtigen" Vergleichsmaßstäbe für Kennzahlen.

13.8.2 Verwendung von Kennzahlen im Controlling

Ebenso wie das Berichtswesen sind Kennzahlen und Kennzahlensysteme wesentliche Inhalte und Unterstützer der Planungs- und Kontrolltätigkeiten im Controlling-Kreislauf. Das heißt, für Kennzahlen können sowohl Planwerte als auch für Istwerte verwendet werden.

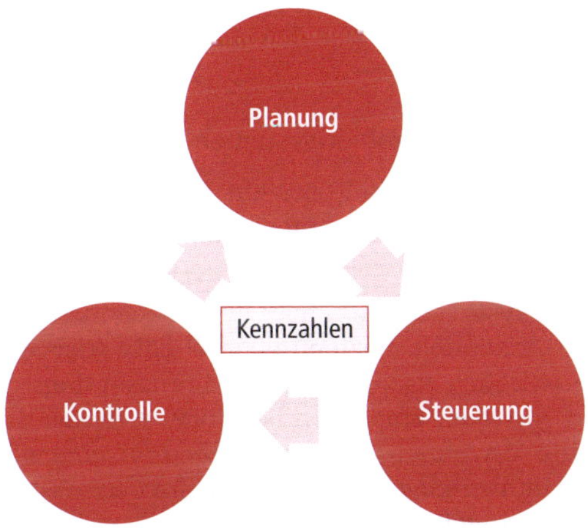

Abbildung 13.13: Verwendung von Kennzahlen im Controlling

Kennzahlen sind dabei wie Berichte ebenfalls sowohl Produkt des als auch Instrument für den Controlling-Prozess. Die Daten, die in einer Kennzahl zusammengefasst werden, resultieren aus der Unternehmenstätigkeit bzw. werden im Controlling-Prozess ermittelt. Gleichzeitig sind Kennzahlen aber auch die Basis für eine fundierte Planung, eine sachgerechte Steuerung und wirksame Kontrolle.

Häufig sind Kennzahlen auch ein elementarer Bestandteil von Berichten. Insofern ist ein enges Zusammenspiel zwischen Controlling-Kreislauf (Planung, Steuerung, Kontrolle), Berichtswesen und Kennzahlen erkennbar:

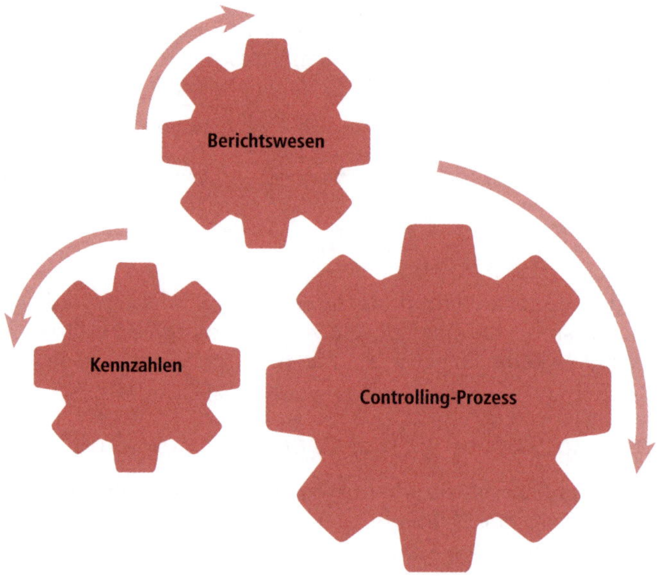

Abbildung 13.14: Zusammenspiel von Controlling-Kreislauf, Berichtswesen und Kennzahlen

13.8.3 Kennzahlensysteme

Erweiterung Kennzahlen zu Kennzahlensystemen

Werden nur Einzelkennzahlen ermittelt, besteht die Gefahr von Fehlinterpretationen. Werden Einzelkennzahlen dagegen in einen logischen Zusammenhang eingebettet, steigt die Interpretationsfähigkeit.

Unter einem Kennzahlensystem versteht man eine Zusammenstellung von quantitativen Größen in einer sinnvollen Beziehung, die entweder mathematischer Natur (Rechensystem) oder lediglich sachlogisch (Ordnungssystem) begründet ist. Diese Zusammenhänge sind entweder empirisch bestätigt, d. h. aus der Unternehmenspraxis als Erfahrungswerte gewonnen, oder aber theoretisch behauptet, d. h., die zu Grunde liegenden Zusammenhänge werden rein theoretisch begründet, ein empirischer Beleg wurde nicht erbracht.

Der Vorteil von Kennzahlensystemen besteht vor allem in der nachvollziehbaren Vorgehensweise und der dadurch weniger subjektiven Einflüssen unterliegenden Urteilsbildung. Die Aussagefähigkeit eines Kennzahlensystems ist allerdings davon abhängig, ob es in seiner Konstruktion alle wichtigen Einflussfaktoren der Ausgangskennzahl enthält und ob es trotz standardisierter Anwendung auch die Besonderheiten des Unternehmens abbilden kann. Die Aussagefähigkeit nimmt ab, wenn verschiedene, nicht separat erfasste Einflussgrößen auf eine übergeordnete Kennzahl einwirken und sich überlagern.

ROI als Beispiel für ein Kennzahlensystem

Anhand des Return on Investment (ROI) kann nachvollzogen werden, wie sich ein Kennzahlensystem aus mehreren einzelnen Kennzahlen zusammensetzt.

Die Spitzenkennzahl Return on Investment gibt an, welches Ergebnis im Rahmen der betrieblichen Betätigung durch das eingesetzte Vermögen insgesamt erwirtschaftet werden konnte. Sie ist ein Indikator für die nachhaltige Ertragskraft des Unternehmens.

Formel 13.4: Return on Investment (ROI)

$$\text{ROI} = \frac{\text{Jahresergebnis}}{\text{Kapital}}$$

Der ROI setzt sich zusammen aus der Umsatzrentabilität und der Kapitalumschlagshäufigkeit.

Formel 13.5: Bestandteile des ROI (1)

$$\text{ROI} = \text{Umsatzrentabilität} \times \text{Kapitalumschlagshäufigkeit}$$

Die Umsatzrentabilität misst den Anteil des Gewinns am Umsatz. Sie ist ein Indikator für den Spielraum des Unternehmens, auf Preisrückgänge und/oder Kostensteigerungen zu reagieren. Die Kapitalumschlagshäufigkeit gibt an, wie oft das betriebsnotwendige Vermögen durch den Umsatz in der betrachteten Periode umgeschlagen (= verkauft) wurde. Sie ist ein Indikator für die Intensität der Nutzung des eingesetzten Vermögens.

Formel 13.6: Bestandteile des ROI (2)

$$\text{ROI} = \frac{\text{Jahresergebnis}}{\text{Umsatz}} \times \frac{\text{Umsatz}}{\text{Kapital}}$$

Eine Steigerung des ROI kann dabei auf zwei Arten erreicht werden:

1. Bei gleichbleibender Umsatzrentabilität kann das investierte Kapital häufiger wieder investiert werden. Hier kommt es also darauf an, die Produkte des Unternehmens möglichst oft (bzw. häufiger) zu verkaufen, was auch bei niedriger Rentabilität erfolgreich sein kann. (z. B. Einzelhandel: An jedem Liter Milch wird nur wenig verdient, aber es werden viele Millionen Liter Milch verkauft.)

2. Bei gleicher Kapitalumschlagshäufigkeit steigt die Umsatzrentabilität. Hier kommt es also nicht darauf an, eine möglichst hohe Menge zu verkaufen, sondern mit je dem verkauften Produkt eine möglichst hohe (bzw. höhere) Rentabilität zu erzielen. (z. B. Luxusgüter: Es werden nur wenige Uhren verkauft, aber an jeder verkauften Uhr wird ein hoher Euro-Betrag verdient.)

Welches der Konzepte Erfolg bringend eingesetzt wird, hängt letztlich von dem Geschäftsmodell, der Unternehmensstrategie und nicht zuletzt der Marktsituation des Unternehmens ab.

Die formelmäßige Darstellung des ROI kann noch weiter in detailliertere Einzelbestandteile differenziert werden. Dadurch wird eine konsequente Unternehmenssteuerung von der obersten Unternehmensleitung bis zu nachgeordneten Fach- und Führungskräften ermöglicht.

13.8.4 Grenzen von Kennzahlen und Kennzahlensystemen

Kennzahlen führen definitionsgemäß immer eine Vereinfachung von Sachverhalten durch. Eine derartige Komplexitätsreduktion kann Sachverhalte aber auch unrichtig darstellen. Dies gilt insbesondere dann, wenn die Definition der Kennzahl nicht eindeutig oder nicht zeitkonsistent ist. Die Gründe für einen fehlerhaften Umgang mit Kennzahlen können aber auch in opportunistischem Verhalten des Kennzahlenerstellers liegen.

Kennzahlen und Kennzahlensystemen wird darüber hinaus vorgeworfen, dass sie die quantitative Sicht in den Vordergrund stellen und nicht oder nur bedingt messbare Sachverhalte nicht ausreichend berücksichtigen. Hierbei geht es um den Bereich sog. „weicher" Faktoren, wie z. B. Qualität der Unternehmensleitung, Marktgängigkeit und Zukunftsfähigkeit der Produkte etc.

Letztlich sollen Kennzahlen dabei helfen, die Unternehmensziele zu erreichen. Es ist aber auch eine reine Optimierung der Kennzahlen ohne eine Optimierung der gesamtunternehmerischen Zielsetzung denkbar, was nicht zielführend und deshalb zu vermeiden ist.

Verdeutlichung am Beispiel des ROI

Da Kennzahlen und Kennzahlensysteme nicht gesetzlich reglementiert sind, ist die Entscheidung für die Einführung und Ausgestaltung von Kennzahlen jedem Unternehmen selbst überlassen. Deswegen ist es bei der Analyse einer speziellen Kennzahl wichtig zu wissen, wie sie genau gebildet wird.

ROI – Alternative 1

Oben wurde der Return on Investment als das Jahresergebnis bezogen auf das investierte Kapital definiert. Dies ist eine gängige Möglichkeit.

$$\begin{aligned} \text{ROI} &= \frac{\text{Jahresergebnis}}{\text{Kapital}} = \\ &= \text{Umsatzrentabilität} \times \text{Kapitalumschlagshäufigkeit} = \\ &= \frac{\text{Jahresergebnis}}{\text{Umsatz}} \times \frac{\text{Umsatz}}{\text{Kapital}} \end{aligned}$$

ROI – Alternative 2

Eine andere Möglichkeit sieht den ROI an die Gesamtkapitalrendite angenähert. Dann wird der ROI definiert als das Jahresergebnis zuzüglich Zinsaufwendungen bezogen auf das investierte Kapital. Bei dieser Definition ist allerdings darauf zu achten, dass die Zerlegung in die Bestandteile Umsatzrentabilität und Kapitalumschlagshäufigkeit konsistent erfolgt, d. h. dass zur Berechnung der Umsatzrentabilität dann ebenfalls das Jahresergebnis um die Zinsaufwendungen zu erhöhen ist.

$$\begin{aligned} \text{ROI} &= \text{Gesamtkapitalrendite} = \frac{\text{Jahresergebnis} + \text{Zins}}{\text{Kapital}} = \\ &= \text{Umsatzrentabilität} \times \text{Kapitalumschlagshäufigkeit} = \\ &= \frac{\text{Jahresergebnis} + \text{Zins}}{\text{Umsatz}} \times \frac{\text{Umsatz}}{\text{Kapital}} \end{aligned}$$

ROI – fehlerhafte Berechnung

Inkonsistent wäre es jedoch, den Zins nur beim ROI zu addieren und bei der Umsatzrentabilität außer Acht zu lassen:

$$\begin{aligned} ROI &= \frac{\text{Jahresergebnis} + \text{Zins}}{\text{Kapital}} = \\ &= \text{Umsatzrentabilität} \times \text{Kapitalumschlagshäufigkeit} = \\ &= \frac{\text{Jahresergebnis}}{\text{Umsatz}} \times \frac{\text{Umsatz}}{\text{Kapital}} \end{aligned}$$

Diese Kennzahl wäre fehlerhaft in Einzelteile zerlegt, so dass es hier zu Fehlsteuerungen im Unternehmen kommen kann.

ZUSAMMENFASSUNG

In diesem Kapitel haben Sie gelernt,

- welche theoretischen Controlling-Konzeptionen in der betriebswirtschaftlichen Literatur diskutiert werden,
- welche Aufgaben Controlling und Controller ausüben,
- wie Controlling organisatorisch in ein Unternehmen eingebunden werden kann,
- welche Informationen im Controlling Verwendung finden,
- welche Rolle das Controlling im Bereich von Strategiefindung und Strategieumsetzung übernimmt,
- wie die wesentlichen operativen Controlling-Aktivitäten Planung, Steuerung und Kontrolle durchgeführt werden und
- wie Berichtswesen und Kennzahlen sowie Kennzahlensysteme zur Erfüllung der Controlling-Aufgaben eingesetzt werden.

In der betriebswirtschaftlichen Literatur werden unterschiedliche Controlling-Konzeptionen diskutiert. Die Inhalte reichen von Informationsversorgung über Planung und Kontrolle über Koordination bis hin zur Sicherung rationaler Entscheidungen der Unternehmensführung. Letztendlich ist es aber entscheidend, in welcher Form ein Unternehmen bzw. die Unternehmensleitung Entscheidungen trifft und den Prozess der Unternehmensführung bestehend aus Planung, Steuerung und Kontrolle gestaltet.

Controller unterstützen Führungskräfte sowohl bei der Zielfindung als auch bei der Umsetzung von Maßnahmen zur Zielerreichung. Dazu schaffen sie Transparenz, pflegen die erforderlichen Systeme und organisieren zielorientiert die hierfür eingesetzten Prozesse.

Dazu greift das Controlling wesentlich, aber nicht einzig, auf Informationen aus dem externen Rechnungswesen zurück. Von Bedeutung ist dabei auch die Verfügbarkeit von Daten aus entsprechenden EDV-Systemen.

Im Bereich des strategischen Controllings unterstützt der Controller die Generierung von Strategien, er bewertet unterschiedliche strategische Alternativen im Hinblick auf die Erfüllung der Unternehmensziele und er überprüft die Umsetzung verabschiedeter Maßnahmen.

- Im operativen Controlling steuert der Controller Planungsprozesse, er unterstützt Führungskräfte bei der Erstellung der Unternehmensplanung, er gewährleistet eine Konsistenz der Planungen mit den Unternehmenszielen und er liefert für eine Kontrolle erforderliche Informationen.
- Berichtswesen und Kennzahlen sind wesentliche Instrumente, die Controller sowohl im strategischen als auch im operativen Bereich einsetzen, um Transparenz über Entscheidungen und deren Folgen bezüglich der Zielerreichung zu erhalten.

Ihr Wissen können Sie im eLearning-Bereich mit einem Verständnistest prüfen.

AUFGABEN

Aufgabe 1

a) Charakterisieren Sie den Ansatz „Controlling als Informationsversorgung".

b) Charakterisieren Sie den Ansatz „Controlling als Form der Steuerung (Planung und Kontrolle)".

c) Charakterisieren Sie den Ansatz „Controlling als Koordinationsfunktion".

d) Charakterisieren Sie den Ansatz „Controlling als Rationalitätssicherung".

Aufgabe 2

Unterscheiden Sie die Begriffe Controlling und Controller aus inhaltlicher und organisatorischer Sicht. Nehmen Sie dabei auch Stellung zum Begriff Controllership.

Aufgabe 3

Welche unterschiedlichen Fragestellungen und Aspekte verfolgen das strategische Controlling und das operative Controlling?

Aufgabe 4

a) Erläutern Sie, an welchen Stellen der Strategieentwicklung das strategische Controlling ansetzt. Welche Instrumente kommen dabei zum Einsatz?

b) Erläutern Sie, wie die Strategiebewertung durch das strategische Controlling erfolgt. Welche Instrumente kommen dabei zum Einsatz?

c) Erläutern Sie, wie die Begleitung der Strategieumsetzung durch das strategische Controlling erfolgt. Welche Instrumente kommen dabei zum Einsatz?

Aufgabe 5

Diskutieren Sie Zuständigkeiten von Führungskräften und Controllern im operativen Planungsprozess.

Aufgabe 6

a) Erläutern Sie die Controlleraufgabe „Steuerung des Planungsprozesses".

b) Erläutern Sie die Controlleraufgabe „Unterstützung von Führungskräften bei der Unternehmensplanung".

c) Erläutern Sie die Controlleraufgabe „Sicherstellung der Zielkonformität der Unternehmensplanung".

Aufgabe 7

	01	02	03	04	05	06	07	08	09	10	11	12	SUM
Plan	10	15	10	25	20	10	15	25	15	20	25	20	200
Ist	10	13	7										

Ermitteln Sie Forecastwerte auf Basis der linearen Hochrechnung, der Abweichungshochrechnung und der kombinierten Hochrechnung.

Aufgabe 8

Unterscheiden Sie Standardberichte, Abweichungsberichte und Bedarfsberichte hinsichtlich Zeitpunkt und Inhalten.

Aufgabe 9

Erläutern Sie Grundlagen und Anwendung des ROI-Kennzahlensystems.

Aufgabe 10

Erstellen Sie auf Basis der Angaben die Unternehmensplanung für das kommende Jahr.

Sachzielplanung

Absatzmenge 120 Stück, gleich verteilt über 12 Monate, Absatzpreis 11 €/Stück

Lagermenge 20 Stück, bewertet zu Vollkosten 7,42 €/Stück, Mindestbestand 10 Stück

FiFo-Verfahren und LiFo-Verfahren

Produktion × Stück, variable Fertigungskosten 2 €/Stück

Stückliste: Je Stück Endprodukt von Rohstoff A 2 kg/Stück, Planpreis 1,50 €/kg, von Rohstoff B 1 kg/Stück, Planpreis 1 €/kg, kein Rohstofflager

Formalzielplanung

Materialgemeinkosten 50 €

Maschinenstundensatz 4 €/h, Maschinenbelegung je Stück 0,25h

Sonstige Fertigungsgemeinkosten 100 €

Fixe Verwaltungskosten 220 €

Fixe Vertriebskosten 50 €, variable Vertriebskosten 0,50 € je Stück

Die Lösungen zu den Aufgaben finden Sie im eLearning-Bereich.

FALL CONTROLLING

Beschreibung

Im Jahr 2014 wurde eine Umfrage zum Controlling in deutschen Unternehmen durchgeführt.[8] Inhalte waren Fragen zu

- Controlling-Organisation,
- Controlling-Aufgaben,
- Controlling-Instrumenten und
- Anforderungen an Controller.

Quelle: shutterstock.com, © SN-Photography

Zur Teilnahme eingeladen waren ausgewählte Unternehmer, Führungskräfte und Fachspezialisten aus dem Bereich Controlling. Es wurden 100 Personen individuell angeschrieben, 53 Fragebogen wurden vollständig ausgefüllt. Die Befragungsergebnisse wurden anonym erfasst.

Die 53 teilnehmenden Unternehmen haben einen Umsatz zwischen 1 Mio. € und 78 Mrd. €. Die Verteilung zwischen dem niedrigsten und dem höchsten Wert ist dabei gleichmäßig. Der Durchschnittsumsatz liegt bei 5.290 Mio. €, der Median bei 160 Mio. €. Von den 53 Unternehmen sind 19 Industrieunternehmen, 13 bieten Finanzdienstleistungen und zehn sonstige Dienstleistungen an. Hinsichtlich der Eigentumsverhältnisse ist festzustellen, dass die Verteilung zwischen börsennotierten und eigentümergeführten Unternehmen ausgeglichen ist.

Die Ergebnisse sind statistisch nicht repräsentativ, geben aber dennoch einen sehr guten Einblick in die Realität des Controllings in deutschen Unternehmen. Mit der großen Bandbreite einerseits und der kontinuierlichen Verteilung andererseits in Bezug auf Umsatz, Geschäftstätigkeit und Eigentümerstruktur ist gewährleistet, dass die Vielfalt in der Controllertätigkeit in deutschsprachigen Unternehmen innerhalb der Umfrage abgedeckt ist.

Aufgabenstellungen

Im Folgenden sollen Sie auf Basis der Inhalte dieses Kapitels Überlegungen zu Controlling-Organisation, Controlling-Aufgaben, Controlling-Instrumenten sowie Anforderungen an Controller anstellen und Ihre Ideen mit den Ergebnissen der Controlling-Umfrage vergleichen.

1. Nennen Sie drei unterschiedliche Möglichkeiten zur Organisation des Controllings. Begründen Sie, welche Organisationsform aus Ihrer Sicht am geeignetsten ist, um die Controlling-Aufgaben wahrzunehmen. Vergleichen Sie anschließend Ihre Einschätzung mit den Ergebnissen der Umfrage.

2. a) Nennen Sie je drei Aufgaben des strategischen Controllings und des operativen Controllings.

b) Nennen Sie fünf ControllingInstrumente.

3. a) Bewerten Sie die Bedeutung der folgenden Controlling-Aufgaben **aus Ihrer Sicht** auf einer Skala von 1 (keine Bedeutung) bis 6 (sehr hohe Bedeutung) und begründen Sie kurz Ihre Ansicht. Vergleichen Sie anschließend Ihre Einschätzung mit den Ergebnissen der Umfrage.

Controlling-Aufgabe	Bedeutung
Abweichungsanalyse	
„Berater des Managements"	
EDV Pflege	
Internes Berichtswesen	
Investitions- und Finanzcontrolling	
Kalkulationen	
Operative Planung	
Projektcontrolling	
Risikomanagement	
Strategische Planung	

b) Bewerten Sie die Bedeutung der folgenden Controlling-Instrumente **aus Ihrer Sicht** auf einer Skala von 1 (keine Bedeutung) bis 6 (sehr hohe Bedeutung). Vergleichen Sie anschließend Ihre Einschätzung mit den Ergebnissen der Umfrage.

Controlling-Instrument	Bedeutung
Cashflow-Rechnung	
Deckungsbeitragsrechnung	
Forecasting	
Investitionsrechnung	
Kurzfristige Liquiditätsplanung	
Rentabilitätsrechnung (ROI)	
Szenarioanalysen	
Value Based Management (Wertorientierte Unternehmensführung)	
Vollkostenrechnung	

4. Bewerten Sie die folgenden fachlichen Anforderungen und die persönlichen Anforderungen an einen Controller **aus Ihrer Sicht** auf einer Skala von 1 (keine Anforderung) bis 6 (sehr hohe Anforderung). Vergleichen Sie anschließend Ihre Einschätzung mit den Ergebnissen der Umfrage.

Fachliche Anforderung	Anforderung
EDV-Kenntnisse	
Fremdsprachen	
Kaufmännische Ausbildung	
Rechnungslegungskenntnisse (HGB)	
Rechnungslegungskenntnisse (IFRS)	
Studienabschluss Bachelor	
Studienabschluss Master	
Weiterbildungen	

Fachliche Anforderung	Anforderung
Analytische Fähigkeiten	
Durchsetzungsvermögen	
Interkulturelle Kompetenz	
Kommunikationsfähigkeit	
Teamfähigkeit	
Verhandlungsgeschick	

Lehrende finden die Lösungen und weiteres, begleitendes Material in den eLearning-Dozentenressourcen.

Literaturhinweise

Britzelmaier, Bernd: Controlling: Grundlagen, Praxis, Handlungsfelder, 2. Auflage, Hallbergmoos, Pearson, 2017.

Horváth, Péter: Controlling, 13. Auflage, München, Verlag Franz Vahlen, 2015.

Küpper, Hans-Ulrich et. al.: Controlling: Konzeption, Aufgaben, Instrumente, 6. Auflage, Stuttgart, Schäffer-Poeschel Verlag, 2013.

Reichmann, Thomas et. al.: Controlling mit Kennzahlen: Die systemgestützte Controlling-Konzeption mit Analyse und Reportinginstrumenten, 9. Auflage, München, Verlag Franz Vahlen, 2017.

Weber, Jürgen; Schäffer, Utz: Einführung in das Controlling, 14. Auflage, Stuttgart, Schäffer-Poeschel Verlag, 2014.

Teil V befasst sich mit der eigentlichen Wertschöpfung eines Unternehmens. Das Kapitel folgt zunächst der klassischen, bereichsorientierten Logik von Beschaffung, Produktion und Vertrieb. Logistik ist dabei als Querschnittsfunktion in alle genannten Bereiche integriert. Nach dieser klassischen Herangehensweise werden bereichsübergreifende Ansätze aufgegriffen. Supply Chain Management als koordinierende Funktion dient einer Abstimmung der bereichsorientiert ablaufenden Tätigkeiten. Lean Management wird häufig nur der Produktion zugeordnet. Als grundsätzliches Managementkonzept spannt sich der Ansatz aber über alle Bereiche des Unternehmens und wird ebenfalls als übergreifender Ansatz losgelöst von Bereichen vorgestellt. Marketing wirkt deutlich stärker als der operative Vertrieb in andere Bereiche wie z. B. Produktentwicklung, entsprechend entfaltet Marketing nur als übergreifender Ansatz seine volle Erfolgswirkung.

TEIL V

Wertschöpfung

A Klassische Schritte der Wertschöpfung

B Übergreifende Ansätze der Wertschöpfungsoptimierung

Lernziele

In diesem Kapitel lernen Sie,

- wie sich Materialwirtschaft, Einkauf und Logistik als Teilbereiche der Beschaffung unterscheiden, aber in der Praxis auch überschneiden,
- welche Aufgaben typischerweise der Materialwirtschaft, dem Einkauf und der Logistik zufallen,
- wie Stücklisten als Basis der Materialwirtschaft aufgebaut sein können und wie diese für die Materialwirtschaft genutzt werden,
- welche Bedarfsarten bei der Bedarfsermittlung unterschieden werden und wie diese Bedarfe ermittelt werden,
- welche Aufgaben dem strategischen bzw. operativen Einkauf zufallen und mit Hilfe welcher Instrumente diese Aufgaben gelöst werden können,
- was sich hinter dem Begriff E-Procurement verbirgt und welche Bedeutung E-Procurement für den Einkauf hatte/heute hat,
- welche Teilprozesse Transport, Umschlag und Lager als Kernaufgaben der Logistik umfassen,
- welche Zielsetzung in den Kernaufgaben verfolgt wird und welche Technologien zur Zielerreichung zum Einsatz kommen und
- warum Logistik als Querschnittfunktion beschrieben wird und was dies für die Logistik bedeutet.

Beschaffung

14

ÜBERBLICK

Materialwirtschaft, Einkauf und Logistik sind eng miteinander verwoben und in der betrieblichen Praxis auch nicht immer trennscharf zu unterscheiden. Grenzen sind mitunter fließend und werden nicht immer gleich gezogen. Alle drei Begriffe gelten als Bezeichnung von Funktionsbereichen der Beschaffung[1]. Diese bezeichnet wiederum alle Aktivitäten eines Unternehmens mit der Aufgabe, dieses mit Material, Dienstleistungen, aber auch mit Rechten und Informationen zu versorgen. Grob abgegrenzt, ist die Kernaufgabe der Materialwirtschaft die innerbetriebliche Versorgung aller Geschäftsbereiche mit Material, der Einkauf stellt die Verbindung bzw. Geschäftsbeziehung mit externen Partnern oder Bezugsquellen von Beschaffungsobjekten oder Leistungen dar und die Logistik (hier insbesondere die Beschaffungslogistik) leistet den inner- und überbetrieblichen Transport, den Umschlag und die Lagerung von Materialien. Nach neuerem Verständnis organisiert die Logistik den gesamten Fluss von Gütern und Informationen, die zur Deckung entsprechender Bedarfe in Unternehmensbereichen nötig sind.

14.1 Materialwirtschaft

Der Begriff enthält bereits den zentralen Gegenstand des Aufgabenbereichs, das **Material**. Material umfasst dabei alle physischen Güter im betrieblichen Ablauf. In diesem Sinn spricht man sowohl bei **Rohstoffen**, **Hilfsstoffen** und **Betriebsstoffen** als auch bei fertigen Waren sowie bei Ersatzteilen für die eigenen Anlagen von Material.

Damit ist die Aufgabe der **Materialwirtschaft** die bedarfsgerechte Versorgung aller betrieblichen Bereiche mit den erforderlichen Materialien sowie deren Entsorgung aus den jeweiligen betrieblichen Bereichen. Die Entsorgung umfasst dabei den Abtransport von Gütern aus den Bereichen des Unternehmens, unabhängig davon, ob deponiert, wiederverwendet oder verwertet wird. Im Bereich der Produktion wird auch von der Entsorgung der Produktion gesprochen. Dies meint den Abtransport der **Fertigprodukte** aus der Fertigung zur weiteren Bearbeitung bzw. zum Versand.

Der Gegenstand bzw. das Objekt ist folglich zentral für die Materialwirtschaft. Daher wird dies auch anhand der unterschiedlichen Objekte, die sie versorgt, differenziert. Hierbei werden folgende **Materialarten** unterschieden:

- **Fertigprodukte** sind verkaufsfähige Endprodukte, die selber hergestellt werden oder als Handelsware vertrieben werden.
- **Halbfertigprodukte** sind Zwischenerzeugnisse, die bei der Herstellung zwischen Produktionsstufen entstehen und in das Fertigprodukt eingehen. Ein Beispiel hierfür ist eine Kurbelwelle, die in einem Motor verbaut wird.
- **Rohstoffe** sind Materialien, die als wesentlicher Bestandteil in das Produkt eingehen. Rohstoffe haben seit ihrer Gewinnung aus ihrer natürlichen Quelle noch keine oder nur wenig Bearbeitung erfahren. Ein Beispiel für einen Rohstoff ist Öl bei der Benzinherstellung.
- **Hilfsstoffe** sind von geringem Wert und gehen ebenfalls in das Endprodukt ein. Bei der Möbelfertigung gilt der Holzleim als Hilfsstoff.
- Als **Betriebsstoffe** bezeichnet man Materialien, die zur Herstellung erforderlich sind und verschleißen, wie z. B. Schmierstoffe für Maschinen.

Zentraler Auslöser von Aktivitäten der Materialwirtschaft ist der gemeldete Bedarf eines Unternehmensbereichs, also die informatorische Anmeldung einer notwendigen Versorgungsleistung für einen Geschäftsvorgang bzw. die Meldung einer notwendigen Entsorgung bzw. eines Abtransports. Im Kernbereich betriebswirtschaftlichen Handelns in der

Industrie steht hier die Produktion. Dort wird der Bedarf für die Beschaffung von einem Produktionsplan abgeleitet. Ausgehend von einem Endprodukt werden die notwendigen „Zutaten“ für die Produktion einer gewissen Stückzahl berechnet. Das „Rezept“ besteht aus einer Stückliste mit benötigten Materialien und einem Arbeitsplan mit der Vorgehensweise der Fertigung. Die Aneinanderreihung von Arbeitsplänen entsprechend der Aufträge für die Produktion entspricht dem Produktionsplan.

14.1.1 Stücklisten

Für die Materialwirtschaft ist die **Stückliste** eines Produkts eine zentrale Information. Diese enthält ein vollständiges mengenmäßiges Verzeichnis aller Materialien, die in ein Produkt eingehen. Aus dem Arbeitsplan können zeitliche Informationen abgeleitet werden. Somit enthält die Stückliste, „WAS“ beschafft werden muss, und der Arbeitsplan mit dem Produktionsplan legt fest, „WANN“ das Material verfügbar sein muss.

Ausgehend von Produktionsplan und zugehörigen Stücklisten werden Bedarfe mengenmäßig und auch chronologisch abgeleitet und Aktivitäten der Materialwirtschaft wie Lagerung, Materialbereitstellung, Beschaffungsaufträge etc. gesteuert. Gängige Formen von Stücklisten sind:

- Baumstruktur
- Baukastenstückliste
- Mengenstückliste
- Strukturstückliste
- Gozintograph

Die **Baumstruktur** verdeutlicht optisch sehr eingängig die Struktur von Endprodukt und Vorprodukten. Nachteil ist, dass komplexere Stücklisten schnell sehr groß und unübersichtlich werden. Da die Baumstruktur keine Informationen zu eingehenden Mengen trägt, ist sie streng genommen keine Form der Stückliste, sondern dient nur der Verbildlichung von Vorprodukten und Endprodukt.

Eine **Baukastenstückliste** zeigt Materialien tabellarisch und stellt Vorprodukte, auch Baugruppen genannt (unten das Rad), als eigene Stücklisten dar. Dabei ist die Baukastenstückliste zunächst einstufig. Das heißt, es werden nur Materialien und Baugruppen aufgeführt, die direkt in das Produkt eingehen, auf das sich die jeweilige Stückliste bezieht. Wenn Details zu einer Baugruppe nötig sind, muss die Stückliste der Baugruppe eingesehen werden. So lassen sich notwendige Vorproduktion und Vormontage einfach bereits in den Stücklisten abbilden und zuordnen. Vorteil ist, dass komplexe Produkte durch Stücklisten und untergeordnete Stücklisten der Baugruppen abgebildet werden können. Allerdings muss der Bezug der Stücklisten untereinander klar sein.

Mengenstücklisten sind sehr einfach und können bei wenig komplexen Produkten verwendet werden. Mengenstücklisten enthalten alle für die Produktion nötigen Materialien und deren benötigten Mengen. Der Mengenstückliste fehlt allerdings die Informationen zur Struktur des Produkts, also der Verflechtung von Produkt und Baugruppen bzw. von Produktionsschritten und Vormontage. Damit trägt die Mengenstückliste deutlich weniger Information als die Baukastenstückliste. Folglich lässt sich aus einer Baukastenstückliste eine Mengenstückliste ableiten, aber nicht umgekehrt, da der Mengenstückliste die Strukturinformationen fehlen. Der Vorteil der Baukastenstückliste erschließt sich besonders bei komplexen Produkten. Eine Mengenstückliste mit Hunderten Positionen ist unübersichtlich.

Die Stücklistenauflösung dient der Bedarfsermittlung. Ausgehend vom konkreten Produktbedarf werden für alle Strukturstufen der hierarchisch aufgebauten Stückliste die Mengen der jeweiligen Komponenten ermittelt.

Die **Strukturstückliste** trägt Informationen zur Struktur und ist in sich vollständig und nicht weiter untergliedert. Wie Vorprodukte und Baugruppen in ein Produkt einfließen, lässt sich aus den Ebenen bzw. Produktionsstufen der Materialien ableiten.

Eine weitere Darstellung, die sich besonders oft in der Literatur, aber eher selten in betrieblicher Praxis findet, ist der **Gozintograph**. Der Begriff leitet sich aus dem englischen „goes into" ab. Diese grafische Darstellung einer Stückliste entspricht der Baumstruktur, wobei auf den verbindenden Linien die Mengen eingetragen werden, die jeweils in das übergeordnete Produkt einfließen. Um die Mengen für das Gesamtprodukt zu erhalten, müssen die Mengen entlang der Linien multipliziert werden.

Vergleicht man die verschiedenen Stücklistenvarianten, dann haben Baukastenstücklisten den Vorteil, dass sie die im Produkt verwendeten Komponenten widerspiegeln. Ein Bauteil kann in verschiedenen Produkten verbaut werden. Bei einer Verwendung von Mengenübersichtslisten oder Strukturstücklisten müssten die Bauteile für jedes Produkt einzeln dokumentiert und bei Änderungen für jedes Produkt einzeln geändert werden. Die Verwendung von Baukastenstücklisten erlaubt es, das Bauteil als ganzen „Baukasten" in die Stückliste des Endprodukts einzufügen. Sollten sich im folgenden Beispiel Änderungen am Rad ergeben, ist nur eine Änderung der Baukastenstückliste des Bauteils erforderlich.

Auch wenn Stücklisten heute in der Regel in der EDV hinterlegt sind, können Änderungen sehr aufwändig sein.

Beispiel: Stücklistenvarianten eines Fahrrads

Als Beispiel für eine Stückliste soll ein einfaches Modell eines Fahrrads dienen. Das Fahrrad besteht (stark vereinfacht) aus Rahmen und Rädern. Das Rad besteht wiederum vereinfacht aus Nabe und Speichen.

Dieses äußerst vereinfachte Fahrrad kann als Stücklisten in unterschiedlichen Formen dargestellt werden. Dabei tragen die Darstellungsformen unterschiedliche Informationen in sich.

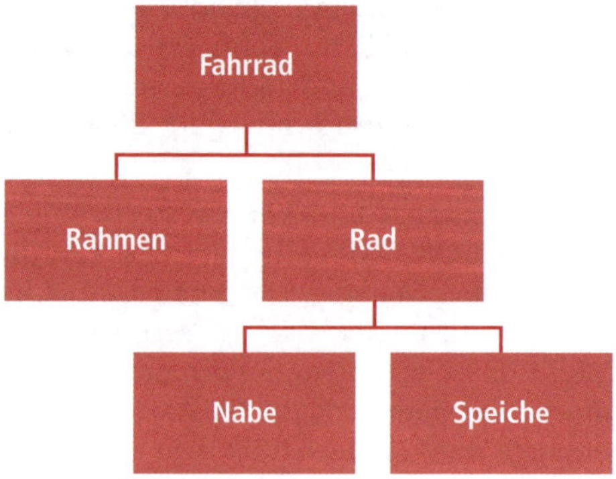

Abbildung 14.1: Grafische Darstellung in Baumstruktur

Baukastenstückliste Fahrrad

Bezeichnung	Menge
Rahmen	1
Rad	2

Baukastenstückliste Rad

Bezeichnung	Menge
Nabe	1
Speiche	36

Abbildung 14.2: Baukastenstücklisten für Fahrrad und Rad als zugehörige Baugruppe

Die Stückliste für das Rad wird der Stückliste für das Fahrrad zugeordnet. Da für den Bau eines Fahrrads zwei Räder nötig sind, werden bei der Bedarfskalkulation alle Bauteile des Fahrrads (Nabe und Speichen) mit 2 multipliziert, um die beiden Räder als Vorprodukte fertigen zu können:

Bezeichnung	Menge
Rahmen	1
Nabe	2
Speiche	72

Abbildung 14.3: Mengenstückliste

Ebene 0	Ebene 1	Ebene 2	Bezeichnung	Menge
X			Fahrrad	1
	X		Rahmen	1
	X		Rad	2
		X	Nabe	1
		X	Speiche	36

Abbildung 14.4: Strukturstückliste

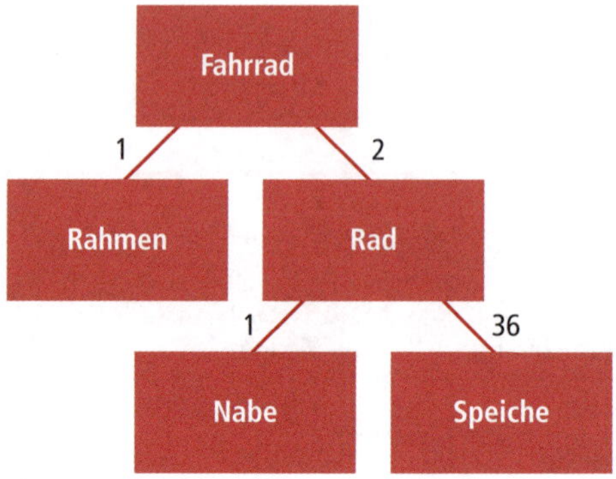

Abbildung 14.5: Gozintograph

14.1.2 Bedarfsermittlung und -planung

Die Beschaffung hat die Aufgabe, die benötigten Materialien in ausreichender Menge für die Produktion verfügbar zu machen. Dies geschieht auf Basis der Bedarfsermittlung. Die Produktionsplanung ermittelt das Produktionsprogramm. Damit werden die Bedarfszeiten festgelegt. Die erläuterten Stücklisten geben die Informationen zu Materialien und Mengen.

Bei der Bedarfsermittlung werden drei Bedarfsarten unterschieden:

- **Primärbedarf** ist der Bedarf an verkaufsfähigen Endprodukten.
- **Sekundärbedarf** ist der Bedarf an Rohstoffen, Teilen und Baugruppen, die zur Herstellung des Primärbedarfs benötigt werden.
- **Tertiärbedarf** umfasst die erforderlichen Hilfs- und Betriebsstoffe für ein Erzeugnis zusammen.

Eine Einteilung von Gütern nach diesen Bedarfsarten hängt von der Perspektive des Unternehmens ab und ist somit nicht trennscharf. So ist beispielsweise ein Getriebe der Primärbedarf eines Getriebeherstellers, für einen Automobilproduzenten stellt das gleiche Getriebe einen Sekundärbedarf dar.

Dieser Perspektive des Unternehmens folgend wird der Sekundärbedarf unter Verwendung der Erzeugnisstrukturen, meist in Form von Stücklisten berechnet.

Folgende Arten der Bedarfsermittlung werden unterschieden:

- Die **deterministische Bedarfsermittlung** basiert auf der exakten Berechnung des Bedarfs durch Auflösung der Stücklistenauflösung, d. h., Bedarfsmengen werden aus den Mengenangaben der Stückliste ermittelt. Bei der Berechnung werden in der Regel Ausschussquoten berücksichtigt.
- Die **stochastische Bedarfsermittlung** basiert auf statistischen Methoden. Hierbei wird aus Verbrauchsdaten der Vergangenheit eine Prognose für den zukünftigen Materialbedarf erstellt.
- Die **heuristische Bedarfsermittlung** basiert auf einer qualifizierten Schätzung des Disponenten. Ein gravierender Nachteil der heuristischen Methode liegt darin, dass jedes Material einzeln geschätzt werden muss. Die heuristische Methode

kann jedoch bei schwankenden Mengen und einem erfahrenen Disponenten der stochastischen Bedarfsermittlung überlegen sein.

Die verschiedenen Arten der Bedarfsermittlung kommen in verschiedenen Situationen zum Einsatz. Die folgende Tabelle zeigt, wann welches Verfahren Anwendung findet. Die hier bereits genutzte Klassifizierung nach ABC-Teilen wird in ▶ *Abschnitt 14.1.4 „Teileklassifizierung“* beschrieben.

	deterministische Bedarfsermittlung	**stochastische Bedarfsermittlung**	**heuristische Bedarfsermittlung**
Verfahren	Ermittlung des exakten Bedarfs aus Stücklistenauflösung	Mathematische Berechnung mittels stochastischer Verfahren auf Basis von Verbräuchen in der Vergangenheit	Qualifizierte Schätzung
Anwenungsfälle	A-Teile Kundenspezifische Produkte	B- und C-Teile, für die eine Pflege der Stückliste zu aufwändig wäre Zuverlässige Datenbasis bzgl. vergangener Verbräuche	Geringe oder unzuverlässige Datenbasis bzgl. Verbrauchswerten aus der Vergangenheit Neuproduktanlauf (Ramp-Up) Ersatzteile

Tabelle 14.1: Einsatzgebiete der unterschiedlichen Verfahren zur Bedarfsermittlung[2]

Für die Beschaffung relevant sind diejenigen Bedarfe, die über den Einkauf am Beschaffungsmarkt bezogen werden müssen. Dies ist nicht für alle Materialien der Fall: Sofern Baugruppen in eigener Vorfertigung erzeugt werden, sind die Bedarfe für Baugruppen nicht direkt relevant für die Beschaffung, sondern wiederum die Sekundärbedarfe, die für die Erzeugung der Baugruppe notwendig sind.

Aus der Bedarfsermittlung werden notwendige Bestellungen abgeleitet, diese müssen zudem den vorhandenen Lagerbestand berücksichtigen.

14.1.3 Beschaffungsplanung

Die beschriebene Bedarfsermittlung, die daraus abgeleitete zukunftsgerichtete Bedarfsplanung und die Planung der Beschaffung werden unter dem Oberbegriff des Bestandsmanagements zusammengefasst. Sie sind eng verzahnt mit der Lagerhaltung. Beide Begriffe werden als wesentlicher Teil der Logistik im ▶ *Kapitel 15 „Produktion“* detailliert beschreiben.

Für die Beschaffungsplanung sind der verfügbare Bestand sowie offene Bestellungen relevant.

- Der aktuelle Bestand des benötigten Materials ist vor der Bestellung eines Materials zu berücksichtigen. Ausgehend vom aktuellen Bestand wird der verfügbare Bestand ermittelt.
- Reservierter Bestand sind Bestände, die bereits anderweitig verplant sind, also wie sie z. B. in eine andere Produktion oder Forschungs- und Entwicklungsvorhaben einfließen
- Gesperrter Bestand ist z. B. aus Qualitätsgründen nicht verfügbar.

- Verfügbarer Bestand ist der Teil des Bestands, mit dem für die Produktion eines bestimmten Produkts geplant werden kann. Er berechnet sich aus aktuellem Bestand abzüglich des reservierten Bestands.

Darüber hinaus sind für die Planung der Beschaffung bereits getätigte und bestätigte, also offene Bestellungen zu berücksichtigen:

Offene Bestellungen sind vor der Bestellung vom Bedarf des Materials abzuziehen, da diese zwar nicht auf Lager liegen, aber – nach Berücksichtigung der Lieferzeit (Wiederbeschaffungszeit) – verfügbar sind. Mit diesen Materialien kann also nach Ablauf der Lieferzeit bzw. Wiederbeschaffungszeit geplant werden.

Beispiel: Beschaffungsplanung Herrenfahrrad

Eine Fahrradmanufaktur plant, in der nächsten Woche pro Tag 20 Herrenfahrräder zu fertigen.

Bei 5 Arbeitstagen entspricht dies 100 Fahrrädern. Die Räder werden in einer Vorproduktion hergestellt.

Der Primärbedarf ist das Material, das am Beschaffungsmarkt eingekauft werden muss. Es entspricht also hier dem Bedarf an Rahmen, Naben und Speichen.

Lagerbestand aktuell: 5 Herrenradrahmen, 360 Speichen und 50 Naben. Speichen sind ein Standardprodukt.

Reservierungen: 180 Speichen sind bereits für Damenfahrräder reserviert.

Gesperrte Produkte: 10 Naben sind gesperrt.

Offene Bestellungen: Material für 20 Räder ist bereits bestellt und soll diese Woche noch eintreffen.

Hieraus lassen sich die folgenden Beschaffungsmengen ableiten:

- Herrenradrahmen:

  Primärbedarf × Anzahl Materialmenge pro Produkte − Lagerbestand =
  $100 \cdot 1 - 5 = 95$ Herrenradrahmen
- Naben:

  Primärbedarf × Anzahl Materialmenge Vorprodukt pro Produkte × Anzahl Materialmenge pro Vorprodukt − Lagerbestand − offene Bestellungen + gesperrter Bestand =
  $100 \cdot 2 \cdot 1 - 50 - 20 + 10 = 140$ Naben
- Speichen:

  Primärbedarf × Anzahl Materialmenge Vorprodukt pro Produkte × Anzahl Materialmenge pro Vorprodukt − Lagerbestand − offene Bestellungen + reservierter Bestand =
  $100 \cdot 2 \cdot 36 - 360 - 20 \cdot 36 + 180 = 6.300$ Speichen

Für die Produktion von 100 Herrenfahrrädern müssen für die nächste Woche 95 Rahmen, 140 Naben und 6.300 Speichen bestellt werden.

14.1.4 Teileklassifizierung

Unternehmen müssen meist eine große bis sehr große Anzahl verschiedener Materialien managen. Bei diskreten, also abmessbaren, tangiblen Produkten wird hier von Teilen gesprochen. So besteht ein einzelner PKW aus ca. 10.000 einzelnen Teilen. Mit Varianten und Teilen für verbaute Baugruppen muss ein Automobilproduzent pro Fahrzeug mehrere 100.000 Teile managen. Im Flugzeugbau geht diese Zahl pro Flugzeug bereits in die Millionen.

Für das effiziente Management dieser großen Anzahl von Teilen bzw. Materialnummern ist es sinnvoll, Teile bzw. Material zu klassifizieren, um den Managementfokus auf relevante Teile zu richten. Folglich werden die Materialien auch nach deren relativer Bedeutung klassifiziert.

Typische Materialklassifizierungen erfolgen nach der

- **ABC-Analyse** entsprechend der relativen wirtschaftlichen Bedeutung der Teile und der
- **XYZ-Analyse** entsprechend der Planbarkeit im Verbrauch der Teile.

In der Praxis weniger gängige Materialklassifizierungen erfolgen nach der

- **UVW-Analyse** entsprechend der Planbarkeit in der Wiederbeschaffung der Teile und der
- **RUS-Analyse** entsprechend der Planbarkeit von Materialabrufen aus dem Lager.

ABC-Analyse

Die **ABC-Analyse** klassifiziert Material in A-, B- und C-Materialien. Basis ist der Einkaufspreis multipliziert mit der Anzahl der pro Periode beschafften Teile in Bezug auf den Gesamtumsatz im Einkauf. A-Teile repräsentieren einen sehr hohen Anteil am Beschaffungsumsatz und werden als besonders bedeutsame Teile eingruppiert. C-Teile repräsentieren einen relativ geringen Anteil am Beschaffungsumsatz und werden daher als weniger bedeutsam gesehen.

Die Grenzen der Klassen sind nicht fix definiert und werden bei jeder ABC-Analyse vom Unternehmen nach Plausibilität gesetzt. Typischerweise orientieren sich die Grenzen nach dem Pareto-Prinzip bzw. der 80/20-Regel. Das besagt in diesem Fall, dass ca. 20 % des Mengenanteils 80 % des Wertanteils ausmacht und umgekehrt.

Klasse	Wertanteil	Mengenanteil
A-Material	80 %	15 %
B-Material	15 %	35 %
C-Material	5 %	50 %

Tabelle 14.2: ABC-Analyse[3]

Für eine ABC-Analyse werden also für alle Teilenummern die Einkaufspreise für eine definierte vergangene Periode mit der Anzahl der beschafften Teile multipliziert. Der so errechnete Beschaffungsumsatz wird zum gesamten Beschaffungsumsatz ins Verhältnis gesetzt. Dann werden die Materialnummern entsprechend der so berechneten Wertanteile am Beschaffungsumsatz absteigend gereiht. Dann werden die Materialnummern entsprechend der festgelegten Wertgrenzen in Teileklassen eingruppiert. Sehr häufig sind die Grenzen nicht sehr trennscharf. In diesem Fall wird die Grenze z. B. zwischen A- und B-Teilen entsprechend anderer Kriterien gezogen. Dies können z. B. Teileabmessung oder Gewicht oder Beschaffungsmengen sein.

Die Klassifizierung der Teile nach der ABC-Analyse gibt die wirtschaftliche Bedeutung wieder. So werden sich Anstrengungen hinsichtlich der Bestandsreduzierung oder der Einkaufspreisreduzierung eher auf A-Teile fokussieren, da hier Bemühungen eher zu wirtschaftlichem Erfolg führen. Bei C-Teilen stehen vielmehr die Prozesskosten im Fokus. Der prozessuale Aufwand bei der Beschaffung eines Teils von niedrigem Materialwert sollte so gering wie möglich gehalten werden, zumal C-Teile oftmals auch durch große absolute Mengen charakterisiert sind.

Beispiele für A-Teile sind Motoren, für C-Teile Radmuttern. Die Beispiele machen deutlich, dass für das Produkt im Produktionsprozess beide Teileklassen relevant sind. Ein Fahrzeug kann weder ohne Motor noch ohne Radmuttern ausgeliefert werden.

XYZ-Analyse

Die **XYZ-Analyse** unterscheidet Teile hinsichtlich ihrer Planbarkeit im Verbrauch. Basierend auf Vorperioden wird abgeleitet, ob Materialnummern kontinuierlich, regelmäßig und planbar abgerufen werden. Die ausgewerteten Bedarfsverläufe helfen, Teile in X-Teile mit einem sehr gut planbaren Bedarfsverlauf, Y-Teile mit einem noch gut planbaren Bedarfsverlauf und Z-Teile mit einem eher zufälligen, stochastischen Bedarf zu kategorisieren.

Die Grenzen der Klassen lassen sich hier weniger deutlich und generisch auf verschiedenen Unternehmen beschreiben, da Bedarfsverläufe sehr stark von Branchen und Produkten abhängig sind. Grundsätzlich gilt, dass bei Massenfertigung und bei wenigen Produktvarianten sehr planbare Bedarfsverläufe gegeben sind, während bei Einzelfertigung mit vielen Produktvarianten stochastische Bedarfe dominieren. Entsprechend kann es sein, dass eine Unterscheidung nach dieser Klassifizierung wenig sinnvoll ist, wenn eine gesamte Produktion eher stochastisch oder extrem gut planbar verläuft. Sinnvoll ist diese Klassifizierung z. B. bei Serienfertigung mit gleichzeitig hoher Variantenanzahl, wie sie typischerweise im Fahrzeugbau, in Teilen des Luftfahrzeugbaus oder in Teilen des Maschinenbaus zu finden ist.

UVW-Analyse

Die UVW-Analyse wird in der Praxis seltener angewandt als die ABC/XYZ-Analyse. Zudem ist sie nicht so eindeutig definiert. Grundsätzlich wird die Klassifizierung nach U-, V- und W-Teilen angewandt, um Teile nach der Planbarkeit der Wiederbeschaffung zu klassifizieren. Klassifiziert wird nach Liefertermintreue der jeweiligen Lieferanten oder nach Streuung der Wiederbeschaffungszeiten. U-Teile werden sehr termingenau geliefert, W-Teile werden sehr ungenau deutlich vor oder nach dem Liefertermin geliefert.

RUS-Analyse

Die RUS-Analyse wird in der Praxis ebenfalls seltener angewandt als die ABC/XYZ-Analyse. Die Klassifizierung erfolgt nach der Streuung der Lagerabgangsraten. Die RUS-Analyse berücksichtigt ergänzend zur XYZ-Analyse, wie planbar Materialabrufe gebündelt oder von unterschiedlichen Bedarfsträgern zeitgleich erfolgen. R-Teile werden sehr kontinuierlich mit gleichbleibenden Mengenanteilen abgerufen, während S-Teile hinsichtlich der Abgangsrate stark schwanken. Teile, die aufgrund ihrer Abrufe weder der einen noch der anderen Klasse klar zugeordnet werden können, werden als U-Teile geführt.

Die Teileklassifizierungen helfen z. B. im Einkauf, sich auf die umsatzstärksten Teile zu fokussieren, um durch Preisnachlässe große Wirkung zu erzielen oder durch Beurteilung der Planbarkeit von Verbrauch und Wiederbeschaffung durch die XYZ-, UVW- und RUS-Analysen Bestände und Sicherheitsabstände effizient zu dimensionieren.

Die ABC-Analyse findet sich auch in anderen Bereichen des Unternehmens z. B. zur Klassifizierung von umsatzstarken A-Kunden (vgl. ▶ *Abschnitt 16.9 „Kundenwertsteuerung“*) oder auch umsatzstarken Lieferanten im Kunden- bzw. **Lieferantenmanagement**. Im Bereich des Lagermanagements wird auch nach ABC-Teilen unterschieden. Hier ist zu beachten, dass im Bereich des Lagers die Umschlagsgeschwindigkeiten zur Klassifizierung herangezogen werden. Diese Art der ABC-Klassifizierung wird im ▶ *Kapitel 15 „Produktion“* beschrieben. Da Beschaffung und Lagermanagement thematisch sehr eng beieinanderliegen und es sich ebenfalls um eine Teileklassifizierung handelt, ist die Verwechslungsgefahr sehr groß. Verwechslungen können vermieden werden, wenn genau hinterfragt wird, welche Werte Grundlage der Klassifizierung sind.

14.2 Einkauf

In einer arbeitsteiligen (Markt-)Wirtschaft stehen Unternehmen in Lieferanten-/Kundenbeziehungen zueinander. Der Einkauf ist in diesem Zusammenhang die kaufmännisch professionelle Abwicklung der daraus entstehenden Geschäftsbeziehung, aus Sicht des Kunden. Ziel ist die kostengünstige und sichere Versorgung der Bedarfe des Unternehmens.

Im Wesentlichen werden Aufgabenbereiche hinsichtlich deren zeitlichen Reichweite in strategische und operative Aufgaben des Einkaufs unterteilt. Wie bereits beschrieben sind die Grenzen zu Materialwirtschaft und (Beschaffungs-)Logistik nicht klar definiert. Folgende Aufgaben werden i. d. R. dem Einkauf zugeordnet:

Strategischer Einkauf:

- Langfristiges Management der Beschaffungskosten
- **Beschaffungsmarktforschung** und Wettbewerbsanalyse
- Eigenfertigung oder Fremdbezug (Make or Buy)
- Entwicklung und Umsetzung einer Einkaufsstrategie
- Bedarfsbündelung (durch Standardisierung und Nutzung von Synergien)
- Steuerung von Technologieentscheidungen unter Kostengesichtspunkten
- Lieferantenmanagement (Lieferantenbewertung & Lieferantenentwicklung)
- Vertragsverhandlung (langfristige Rahmenverträge)

Operativer Einkauf:

- Mittel-/kurzfristiges Management von Preisen und Konditionen
- Ausschreibungsabwicklung
(Ausschreibung, Angebotsbewertung, Vergabeentscheidung)
- Vertragsgestaltung und Leistungskontrolle
- Bestellabwicklung

Je nach der Wertschöpfungstiefe eines Unternehmens, also dem Anteil der Ausgaben für Roh-, Hilfs-, Betriebsstoffe, bezogene Waren und Leistungen am Gesamtumsatz des Unternehmens, stellt der Einkauf einen zentralen Erfolgsfaktor für dieses dar. Durch die Gestaltung der Einkaufspreise kann der Unternehmenserfolg direkt beeinflusst werden. Demzufolge ist direkt nach der Versorgungssicherheit die Preisgestaltung Fokus des Einkaufs.

14.2.1 Instrumente im strategischen Einkauf

Die Beschaffungsmarktforschung ist ein Teilbereich der Marktforschung. Ziel ist es, möglichst hohe Transparenz über den Markt für ein bestimmtes Beschaffungsobjekt zu erlangen und auch die zukünftige Entwicklung des Markts und der Marktteilnehmer abzuschätzen. Dabei werden mögliche Lieferanten sowie deren Angebote/Sortimente und Lieferkapazitäten, aber auch Entwicklungspotenziale und -absichten beobachtet. Neben der Angebotsseite wird auch die Nachfrageseite analysiert. Augenmerk liegt auf Veränderungen im Markt, die für Versorgungssicherheit und Preisgestaltung ausschlaggebend sein können. Dies wäre z. B. durch Veränderung des Verhältnisses von Angebot und Nachfrage gegeben.

Ein Instrument der Beschaffungsmarktforschung ist die Branchenstrukturanalyse nach Porter. Dabei werden die fünf Einflussgrößen auf einen Markt analysiert und deren zukünftige Entwicklung sowie die daraus abgeleitete Veränderung der Marktdynamik bewertet.

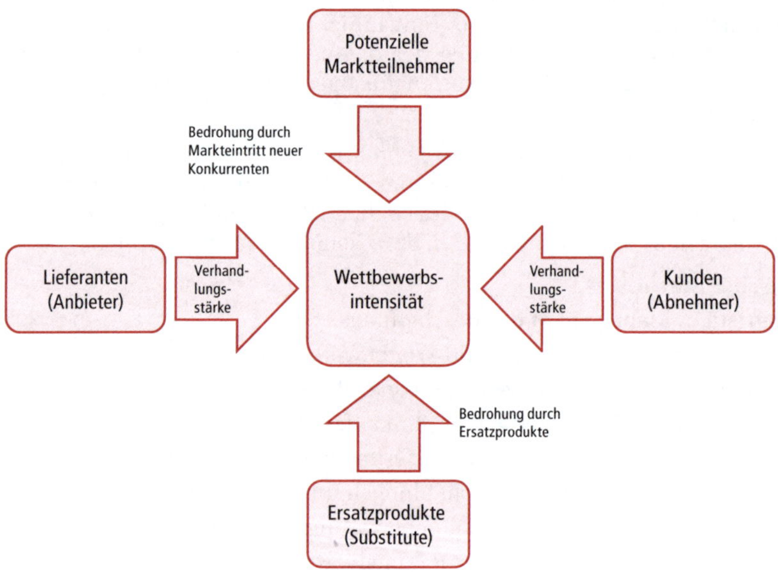

Abbildung 14.6: Five-Forces-Modell nach Porter[4]

Zur Informationsgewinnung werden unterschiedliche Quellen genutzt:

- Lieferantenverzeichnisse und Datenbanken
- Marktstudien Dritter (Forschungsinstitute und Beratungen)
- Verbände und Kammern (Industrie und Handelskammer, Handwerkskammer)
- Fachzeitschriften
- Messebesuche
- Informationsangebote der Anbieter (Kataloge, Prospekte, Websites etc.)
- Expertengespräche mit Branchenkundigen[5]

Aufbauend auf Informationen zu Angebotsbeschaffenheit und Preis wird mit der sog **Make-or-Buy-Entscheidung** die eigene Leistungstiefe festgelegt. Als relevante Kriterien werden folgende Punkte betrachtet:

- Vergleich des Bezugspreises zu den eigenen Produktionskosten
- Versorgungsrisiko/-sicherheit
- Risiko eines Know-how-Verlusts
- Maximierung des ROI, wenn Mittel alternativ investiert, z. B. in Kernkompetenz, werden können
- Bewertung von **Transaktionskosten** (Marktanalyse, Lieferantensuche etc.)

Das Resultat der Make-or-Buy-Entscheidung ist das **Outsourcing** einer Geschäftstätigkeit, die bisher unternehmensintern erbracht wurde, bzw. das Insourcing einer Leistung, die bisher extern bezogen wurde. Dabei ist zu beachten, dass der Prozess sowohl beim Out- also auch beim Insourcing aufwändig und risikobehaftet ist.[6]

Eßig und Arnold ordnen die Make-or-Buy-Entscheidung grundsätzlichen Einkaufsstrategien zu. Zum einen gibt es wertschöpfungsorientierte **Sourcing-Konzepte**, also die langfristige Überlegung, wie groß der Anteil des eigenen Unternehmens an der gesamten Wertschöpfung sein sollte. Zum anderen gibt es das objektorientierte Sourcing-Konzept, das als Mittel zur Komplexitätsreduktion genutzt wird, indem komplexe Beschaffungsobjekte (z. B. Autositze) nicht als Einzelteile von vielen Lieferanten beschafft und dann selbst montiert werden, sondern als fertige Beschaffungsobjekte (vollständiger Autositz) von einem Lieferanten bezogen werden. Durch Reduktion der Zulieferer von Einzelteilen auf einen Modul- bzw. Systemlieferanten wird die Anzahl an Geschäftsbeziehungen reduziert und so die Komplexität gemindert.

Als **Module** werden dabei Baugruppen bezeichnet, die fertigungslogisch eine Einheit bilden (z. B. Sitze, Frontpartien etc.), während **Systeme** technische Einheiten bilden und auch einer intensiveren Entwicklungskooperation bedürfen (z. B. Fahrsicherheitssysteme, Antriebsstränge oder Abgassysteme).

Weitere **Sourcing Konzepte** beziehen sich auf die Anzahl potenzieller Lieferanten und damit auf den Wettbewerb zwischen diesen. Es werden entweder Lieferbeziehungen zu mehreren/vielen Lieferanten (**Multiple Sourcing**) gepflegt, die dadurch im Wettbewerb bleiben, oder es wird strategisch mit wenigen oder einem Lieferanten kooperiert (**Dual Sourcing** oder **Single Sourcing**). Zielsetzung ist, entweder bei einem gut verfügbaren Standardprodukt durch Wettbewerb zwischen gelisteten Lieferanten den Einkaufspreis möglichst niedrig zu halten oder bei entwicklungsintensiven bzw. schwer zu beschaffenden Produkten einen strategischen Partner aufzubauen und an sich zu binden. Mit so entstehenden strategischen Partnern lassen sich dann auch aufwändige beschaffungslogistische Konzepte etablieren.

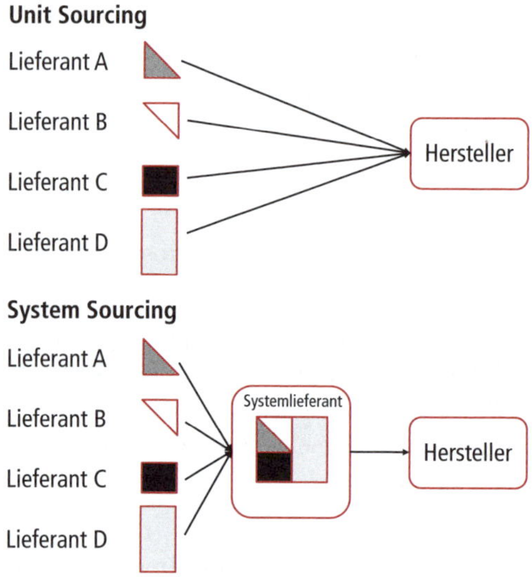

Abbildung 14.7: Unit Sourcing vs. Modul/System Sourcing[7]

Die räumliche Entfernung zum Beschaffungsmarkt ist Kriterium arealorientierter Sourcing-Konzepte. Hier ist entscheidend, wie weit die Beschaffungsquellen entfernt oder verteilt sind. Relevant ist hier z. B. auch, ob Lieferverbindungen z. B. durch Wetterbedingungen oder politische Rahmenbedingungen risikobehaftet sind. Beim Local Sourcing wird auf Bezugsquellen aus der direkten räumlichen Umgebung zurückgegriffen, bei Global Sourcing wird weltweit beschafft.

Sourcing-Konzepte	Ausprägungen		
Wertschöpfungsorientiert	External Sourcing	Internal Sourcing	
Objektorientiert	Unit Sourcing	Modular Sourcing	System Sourcing
Lieferantenorientiert	Multiple Sourcing	Dual Sourcing	Single Sourcing
Arealorientierte	Local Sourcing	Domestic Sourcing	Global Sourcing

Tabelle 14.3: Sourcing-Konzepte[8]

Bedarfsbündelung hat im Einkauf den Effekt, dass größere Mengen gleicher Teile bezogen werden können. So können Rabatte durchgesetzt werden und die eigene Verhandlungsposition wird in Vertragsverhandlungen gestärkt, da über größere Beschaffungsvolumina verhandelt wird. Die Bündelung von Bedarfen kann durch zwei grundsätzliche Vorgehensweisen erfolgen, einerseits durch Standardisierung und andererseits durch Zusammenfassung von Bedarfen verschiedener Unternehmensteile.

Standardisierung im Einkauf bedeutet die Vereinheitlichung von Beschaffungsobjekten über mehrere Produkte und Produktgruppen hinweg. Unter der Bezeichnung des Gleichteilemanagements wurde dieses Vorgehen aus der Automobilindustrie auf weitere Bereiche der industriellen Fertigung übertragen. Ziel ist es, verschiedene Produktvarianten mit einer möglichst großen Anzahl an gleichen Standardteilen (d. h.

möglichst geringe Anzahl verschiedener Teile) zu produzieren. Die konsequente Umsetzung dieser Vorgehensweise mündet in einer Plattformstrategie. Das heißt am Beispiel der Automobilindustrie, dass sich unterschiedliche Autotypen in bestimmten, auch umfangreichen Bestandteilen gleichen. In der Umsetzung kann dies z. B. dadurch erreicht werden, dass Konstrukteure auf bereits im Portfolio befindliche Teile zurückgreifen müssen. Teile, die neu im Beschaffungsportfolio wären, müssen angemeldet und genehmigt werden. Neben der Steigerung des Beschaffungsvolumens derart standardisierter Teile wird die Komplexität in der gesamten logistischen Kette reduziert, wodurch Prozesskosten gespart werden können.

Die Bündelung von Bedarfen aus möglichst vielen Unternehmensteilen hat ebenfalls das Ziel, die Bedarfsmenge zu vergrößern. Bedarfe aus Unternehmensbereichen werden bezogen auf Lieferanten zusammengefasst, um das Beschaffungsvolumen bei diesem Lieferanten zu steigern. Dabei werden auch verschiedene Bedarfsobjekte, die bei einem Lieferanten bezogen werden, zusammengefasst. Die konsequente Umsetzung führt zu einer zunehmenden Zentralisierung der Beschaffung. Während so Verhandlungspositionen gestärkt werden, besteht die Gefahr, dass die Reaktionsgeschwindigkeit auf Bedarfsmeldungen und damit die Flexibilität leidet.

Basierend auf der Beschaffungsmarktforschung wird im **Lieferantenmanagement** ein Lieferantenportfolio ausgewählt. Somit werden aus allen potenziellen Lieferanten diejenigen ausgewählt, die bezogen auf Preis, Produktqualität und Lieferbedingungen als Lieferanten in Frage kommen. Bei technisch anspruchsvollen Zulieferteilen werden Produktionsprozesse oder sogar einzelne Produktionslinien auditiert und für die operative Beschaffung freigegeben. Die Auditierung führen technische Abteilungen wie z. B. das Qualitätsmanagement durch. Die operative Nutzung der Ergebnisse obliegt dem Einkauf. Nach der Auswahl von Lieferanten erfolgt die Bewertung der Lieferanten. Dies erfolgt hinsichtlich deren Preisniveau, der relativen Bedeutung für die Beschaffung und hinsichtlich des vereinbarten Leistungsniveaus.

Beim Vergleich der Preise werden zunächst Einkaufspreise, aber auch weitere Kosten der Beschaffung aus einer Quelle in Betracht gezogen. So berücksichtigen beispielsweise **Total Landed Costs (TLC)** den Einkaufspreis zzgl. aller logistischen Kosten entlang der Lieferkette, die das kaufende Unternehmen tragen muss.

Die Bedeutung eines Lieferanten kann über eine ABC-Analyse ermittelt werden. Diese spiegelt den Anteil des Einkaufsvolumens bei einem Lieferanten gemessen am gesamten Einkaufsvolumen wider (A = hoher relativer Anteil, C = niedriger relativer Anteil).

Zur Bewertung des Leistungsniveaus werden unterschiedliche Kennzahlen erhoben. Typisch sind in diesem Zusammenhang:

$$\text{Fehlerquote} = \frac{\text{Fehlerhafte Teile}}{\text{Gelieferte Teile}}$$

$$\text{Liefertermintreue} = \frac{\text{Anzahl pünktlicher Lieferungen}}{\text{Gesamtanzahl der Lieferungen}}$$

$$\text{Mengentreue} = \frac{\text{Anzahl der Lieferungen mit Mengenabweichungen}}{\text{Gesamtanzahl der Lieferungen}}$$

Hinzu kommen eher qualitative Bewertungsgrößen wie Innovationskraft oder Technologieposition z. B. gemessen an Patentanmeldungen in den relevanten Bereichen.

Wenn die Lieferantenbeziehung länger andauert, werden Ergebnisse der Bewertung bereits während der Lieferbeziehung offengelegt und mit den Lieferanten besprochen. Ziel ist es, mögliche Fehlerquellen oder Qualitätsprobleme abzustellen oder die daraus entstehenden Risiken im Einkaufspreis abzubilden. Nach Ablauf der Lieferbeziehung fließen Bewertungsergebnisse in die Verhandlungen einer Neuvergabe eines Auftrags mit ein. Dabei kann es vorkommen, dass der Lieferant wegen negativer Bewertung ausgelistet und aus dem Portfolio potenzieller Lieferanten entfernt wird.

Die Auslistung eines Lieferanten ist nur dann eine Option, wenn ein alternativer Lieferant die Bedarfe hinsichtlich Menge und Qualität zu akzeptablen Einkaufspreisen decken kann. Gerade bei Materialien, die einen Engpass darstellen, ist dies nicht immer möglich. In diesem Fall werden Lieferanten gezielt weiterentwickelt. Es wird versucht, Leistungsdefizite zu reduzieren. Die Lieferantenentwicklung baut auf einer detaillierten Bewertung auf, um die Defizite gezielt beseitigen zu können. Lieferantenentwicklung wird auch vorgenommen, um z. B. eine Bezugsquelle aufzubauen, die zu günstigeren Preisen anbieten kann (z. B. aus einem Niedriglohnland heraus). Damit ist Lieferantenentwicklung der gezielte Eingriff in den Beschaffungsmarkt, um z. B. Wettbewerb herzustellen bzw. Monopole zu vermeiden.

Typische Werkzeuge der Lieferantenentwicklung sind:

- Prozessmanagement
- Qualitätsmanagement
- Qualifizierungsmaßnahmen
- Bereitstellung von Produktionsfaktoren (z. B. Immobilien, Anlagen und Maschinen)
- Kreditvergabe
- Investitionen

14.2.2 Operativer Einkauf – Bestellverfahren

Auch bei **Bestellverfahren** ist die Bereichszuordnung sowohl in Theorie als auch in der Praxis nicht eindeutig. Bestellverfahren haben einen großen Einfluss auf logistische Aspekte der Beschaffungslogistik wie z. B. Transporthäufigkeit oder Bestandsmanagement. In der Praxis werden Bestellungen aber meist von Einkäufern des operativen Einkaufs ausgelöst. Die Bestellung ist die konkrete Beauftragung einer Lieferung durch den Kunden beim Lieferanten. Bei der Handhabung der Bestellungen gibt es unterschiedliche Vorgehensweisen, die einfache Prozesse, niedrige Bestände, hohe Versorgungssicherheit oder auch automatisierte Abwicklung zum Ziel haben.

Bei unterschiedlichen Bestellverfahren werden unterschiedliche Größen variiert:

- Bestellhäufigkeit
- Bestellrhythmus
- Bestellmenge
- Bestellungsauslöser
- Bestellzeitpunkt
- Meldebestand
- **Sicherheitsbestand**/Mindestbestand

Zentral bei der Anwendung unterschiedlicher Bestellverfahren ist die Verbrauchskurve. ▶ *Abbildung 14.8* zeigt einen idealtypischen Verlauf einer Verbrauchskurve sowie typische Größen, die in Bestellverfahren genutzt werden. Die Abbildung verdeutlicht auch, warum die Verfahren auch häufig als Sägezahnmodell bezeichnet werden.

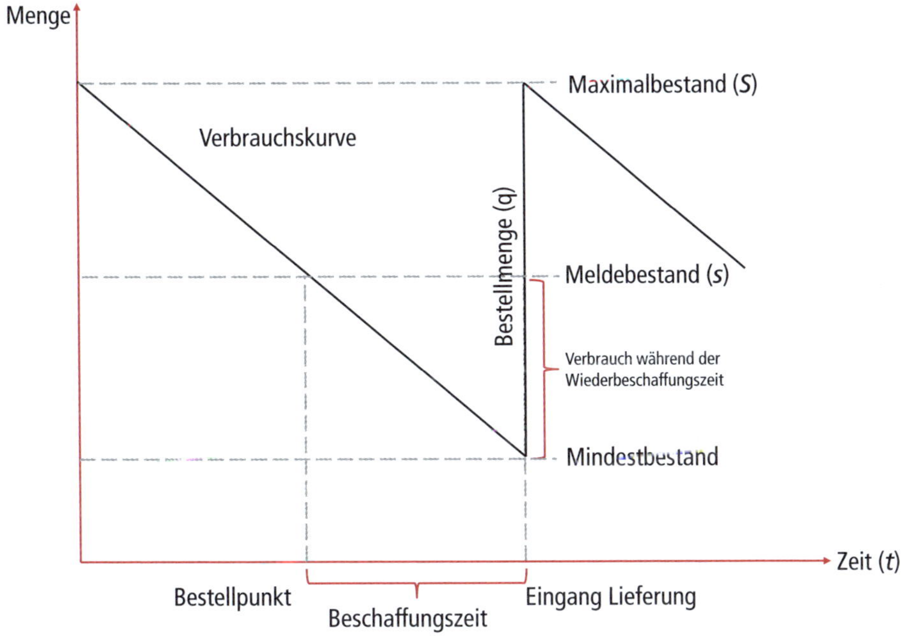

Abbildung 14.8: Basisgrößen für Bestellverfahren[9]

Bestellverfahren werden meist mit Buchstaben bezeichnet, die sich auf Bestellauslöser (erste Position) und Bestellmenge (zweite Position) im Bestellrhythmus beziehen. Großschreibung bezeichnet variable Größen, Kleinschreibung bezeichnet fixierte Größen. Wesentliche Standardverfahren sind:

t,q-Verfahren (Bestellrhythmus – Losgrößen-Verfahren)

Nach einem fixen Zeitintervall (t) wird eine fixe Menge (q) bestellt. Aufgrund der Fixierung von Auslöser und Bestellmenge ist das Verfahren extrem einfach und lässt sich auch automatisieren. Geeignet ist dieses Verfahren bei langfristig konstanten Verbrauchskurven. Es besteht das Risiko, bei veränderten Verbrauchskurven einen Überbestand aufzubauen oder lieferunfähig zu werden.

Das Verfahren eignet sich für Teile mit niedrigem Einkaufspreis und planbaren Bedarfsverläufen, d. h. C/X-Teile.

t,S-Verfahren (Bestellrhythmus – Lagerniveau-Verfahren)

Nach einem fixen Zeitintervall (t) wird der Lagerbestand auf den Sollbestand (S) aufgefüllt. Aufgrund der Definition einer maximalen Lagerbestandsmenge können keine Überbestände aufgebaut werden. Geeignet ist dieses Verfahren bei unstetigen Verbrauchskurven zur Deckelung der Bestände auf ein gewünschtes Niveau. Es besteht das Risiko, bei steiler fallenden Verbrauchskurven lieferunfähig zu werden.

Das Verfahren eignet sich für Teile mit niedrigem bis mittlerem Einkaufspreis und planbaren oder bedingt planbaren Bedarfsverläufen, d. h. B-, C/X-, Y-Teile.

s,q-Verfahren (Bestellpunkt – Losgrößen-Verfahren)

Nach Unterschreitung eines Meldebestands (s) wird eine fixe Menge (q) bestellt. Der Einbezug des Meldebestands ermöglicht die Reaktion auf schwankende Bedarfsverläufe. Das Verfahren ist aufwändig, da der Bestand kontinuierlich kontrolliert werden muss.

Das Verfahren eignet sich für Teile mit mittlerem bis hohem Einkaufspreis und bedingt planbaren bis zufälligen Bedarfsverläufen, d. h. A-, B/Y-, Z-Teile.

s,S-Verfahren (Bestellpunkt – Lagerniveau-Verfahren)

Nach Unterschreitung eines Meldebestands (s) wird der Lagerbestand auf den Sollbestand (S) aufgefüllt. Der Einbezug des Meldebestands ermöglicht die Reaktion auf schwankende Bedarfsverläufe. Gleichzeitig wird ein Höchstbestand festgelegt. Das Verfahren ist aufwändig, da der Bestand kontinuierlich kontrolliert werden muss.

Das Verfahren eignet sich für Teile mit hohem Einkaufspreis und zufälligen Bedarfsverläufen, d. h. A/Z-Teile.

Neben diesen Standardverfahren sind eine Vielzahl weiterer Kombinationen aus Bestellungsauslöser und Bestellmenge denkbar.

14.2.3 E-Procurement

E-Procurement bezeichnet zunächst ganz allgemein die Nutzung des Internets für die Abwicklung von Beschaffungsaufgaben. Allerdings stand zunächst die Beschaffung von C-Teilen im Vordergrund.

Wie oben beschrieben, haben C-Teile die Eigenschaft, dass sie zwar eine große Menge der beschafften Teile ausmachen können, aber nur ein geringes Einkaufsvolumen repräsentieren. Typische C-Teile sind damit kleine Standardteile wie Schrauben, Muttern, Dichtungsringe etc., aber auch Büromaterial oder Toilettenpapier.

Aufgrund der Menge und damit der Bestellhäufigkeit bei C-Teilen, die beschafft werden müssen, ist der Aufwand in der Beschaffung, gemessen am Teilewert überproportional hoch. Ziel des Einkaufs ist es, den Beschaffungsaufwand zu reduzieren. Daher werden entweder sehr große Mengen bestellt, um die Häufigkeit und damit den Aufwand zu reduzieren, oder der Aufwand für Bestellungen wird deutlich reduziert.

Im E-Procurement werden Bestellprozesse verkürzt, indem die Bestellung durch den Bedarfsträger vor Ort vorgenommen wird. Um dennoch Bündelungseffekte über verschiedene Bedarfsträger hinweg zu erreichen, werden Rahmenverträge mit Lieferanten abgeschlossen. Ausgehend von gebündelten Mengen können so günstige Konditionen ausgehandelt werden. Der Lieferant bietet dann die Teile in einem individuell für den Kunden angepassten Online-Shop an. Bedarfsträger können hier aus dem vorverhandelten Sortiment auswählen. Die Bestellung erfolgt dezentral, wird aber dennoch organisatorisch über den Einkauf abgewickelt.

Da sich die Leistungsfähigkeit von Rechnern und Datenanbindungen immer weiter verbessert hat, werden mittlerweile auch komplexere Güter elektronisch beschafft. Das E-Procurement hat damit deutlich an Bedeutung gewonnen.

Seit einigen Jahren werden auch hochkomplexe, stark individualisierte Leistungen wie zum Beispiel kontraktlogistische Dienstleistungen über E-Procurement eingekauft. Über Online-Plattformen werden Ausschreibungen und Angebotserstellung unterstützt. Je nach Funktionsumfang der Plattform werden

- Ausschreibungsunterlagen nach Vollständigkeit und Aussagekraft geprüft,
- Mögliche Lieferanten vorselektiert und vorgeschlagen,
- Angebote nach Vollständigkeit und Aussagekraft geprüft,
- Vergleichbarkeit hergestellt und
- Bewertungen eingepflegt.

14.3 Logistik

Für die Logistik steht wie bei Beschaffung und Einkauf der Gedanke der Befriedigung von Bedarfen im Unternehmen, also die Versorgung im Vordergrund. Als Managementaufgabe umfasst das die Planung, Steuerung und Kontrolle aller dazu nötigen Material- und Informationsflüsse. Vor diesem Hintergrund wird Logistik oft mit den „7 Rights“ nach Plowman erklärt:

- richtiges Produkt
- richtige Menge
- richtiger Zustand
- richtiger Ort
- richtige Zeit
- richtiger Kunde
- richtige Kosten[10]

Allerdings hat sich die Logistik seit den 50er-Jahren rasant weiterentwickelt. Aus dem Schattendasein eines unliebsamen Kostenfaktors hat sie sich zu einer zentralen Managementaufgabe weiterentwickelt. Als solche wird sie häufig, insbesondere im englischen Sprachraum, mit dem Supply Chain Management gleichgesetzt (vgl. dazu auch das ▸ *Kapitel 17 „Supply Chain Management“*). Die traditionellen Kernfunktionen der Logistik sind auch vor dem Hintergrund dieses Bedeutungswandels gleichgeblieben:

- Transport
- Umschlag
- Lager

Die kosteneffiziente Abwicklung der Kernfunktionen ist auch heute noch das „kleine 1×1“ der Logistik und nach wie vor eine anspruchsvolle Aufgabe, bei der immer mehr Technologie und IT zum Einsatz kommen.

Mit diesen Kernfunktionen erstreckt sich Logistik quer über alle Unternehmensbereiche und ist auch in nahezu allen Wirtschaftszweigen zu finden. Aus dieser Querschnittsfunktion heraus ergeben sich Aufgaben und Sichtweisen, die prägend für logistische Prozesse sind und die Grundlage für die Managementaufgabe des Supply Chain Managements sind.

14.3.1 Kernfunktion Transport

Unter Transport wird der räumliche Transfer von Objekten verstanden. Dieser wird im betrieblichen Umfeld nötig, wenn arbeitsteilige Wertschöpfungsprozesse räumlich verteilt stattfinden oder eine räumliche Distanz zwischen Lieferant und Kunde überwunden werden muss.

Mit einem Transport werden also diejenigen räumlichen Distanzen überwunden, die zwischen Quelle und Senke (= Ziel) eines Objekts bestehen.

Betriebswirtschaftliches Optimierungsziel ist in der Regel das Erreichen eines gesetzten Leistungsziels unter möglichst niedrigen **Transportkosten**. Transportkosten setzen sich dabei aus folgenden Teilen zusammen:

- Personalkosten (z. B. LKW-Fahrer, Lokführer, Pilot, Kapitän und Matrosen)
- Energiekosten (Treibstoff)
- Versicherungsprämie
- Abschreibungen (auf Transportmittel)
- Mautgebühren
- Anteilige Gemeinkosten

Unterschieden werden Transporte nach deren Aktionsradius in innerbetriebliche Transporte und außerbetriebliche Transporte.

Innerbetriebliche Transporte werden als Förderung bezeichnet. Sie verlassen in der Regel das Betriebsgelände nicht. Für die innerbetriebliche Förderung kommen sehr viele verschiedene Fördermittel in Frage, die nach folgenden Eigenschaften klassifiziert werden können.

Fördermittel	Art des Fördergutstroms	Antriebsart	Beweglichkeit
Handkarren Hubwagen Elektro-Hubwagen	Unstetigförderer	manuell	Frei beweglich/ gleislos
Rollenbahn Rutsche	Stetigförderer	Schwerkraft	gleis-/ bahngebunden
Umlaufförderer Pater Noster	Stetigförderer	motorisiert	stationär
Regalbediengerät Werksbahn Schienenkrane	Unstetigförderer	motorisiert	gleisgebunden
...	...	...	...

Tabelle 14.4: Systematik innerbetrieblicher Fördermittel[11]

Die Auswahl des geeigneten Fördermittels wird neben den Koten unter Berücksichtigung der folgenden Faktoren getroffen:

- Zu förderndes Objekt
- Förderstrecke/Distanz

- Gesetzliche Rahmenbedingungen
- Förderintensität (Menge und Häufigkeit)

Typische Ziele, die durch die Auswahl erreicht werden sollen, sind:

- Optimale Nutzung des Fördermittels
  minimale Leerwege, funktionale Auslastung, zeitliche Auslastung
- Hoher Servicegrad
  kurze Wartezeiten der Aufträge, Reaktion auf eilige Aufträge
- Hohe Flexibilität
  breites Transportgutspektrum, leichte Anpassung an betriebliche Änderung
- Transparenz
  Information zur aktuellen Situation, Kennzahlenerzeugung, verursachungsgerechte Kostenumrechnung

Außerbetriebliche Transporte verlassen das Betriebsgelände und unterliegen damit anderen Rahmenbedingungen. Diese ergeben sich insbesondere daraus, dass die Transporte meist öffentliche Infrastruktur nutzen und damit zu einem Bestandteil des Verkehrs werden. Damit rücken außerbetriebliche Transporte auch in öffentliches und politisches Interesse, was die Diskussionen um Verkehrssituation und Maut etc. verdeutlichen.

Bei der Diskussion um die zukünftige Entwicklung des Verkehrs insbesondere in Deutschland ist Folgendes zu beachten:

Verkehr kann in **Verkehrsaufkommen** (transportierte Tonnen) oder in **Verkehrsleistung** (Tonnenkilometer) gemessen werden. Das Verkehrsaufkommen auf deutschen Straßen bewegt sich seit Jahrzehnten stabil um einen Wert von 3.200 Mio. Tonnen. Diese Kennzahl scheint also nicht hinreichend, um das individuell empfundene erhöhte Verkehrsaufkommen zu begründen. Die Verkehrsleistung auf den Straßen hingegen steigt beständig an auf derzeit ca. 500 Mrd. Tonnenkilometer. Beide Kenngrößen zusammengenommen sagen aus, dass gleich viel Tonnage über weitere Distanzen transportiert wird. Nicht enthalten ist die Bündelung, d. h. in welchem Transportmittel dies geschieht (Transporter, 7,5-Tonner, Sattelschlepper). Damit bleibt unklar, wie viele Fahrzeuge unterwegs sind. Das heißt, auch diese Kennzahl ist nicht hinreichend, um das Verkehrsaufkommen schlüssig zu erklären oder zu prognostizieren.

Der Transportprozess wird in weitere Teilprozesse untergliedert. Daraus ergeben sich weitere Organisationsaufgaben als nur die Fahrt von A nach B:

- Transportvorbereitung

  Kennzeichnung, Erstellung und Kontrolle von Begleitpapieren, Vorbereitung des Transportmittels
- Beladung

  Beladung des Transportmittels, Durchführung von Stapelungs-, Stauungs- bzw. Ordnungsvorgängen
- Transportdurchführung

  Überwindung der Entfernung, Durchführung administrativer (z. B. Zollformalitäten), informatorischer (z. B. Positionsmeldung) und objektbezogener (z. B. Kühlung) Dienstleistungen

- Entladung

  Entladung des Transportmittels, Durchführung von Stapelungs-, Stauungs- bzw. Umordnungsvorgängen
- Transportnachbereitung

  z. B. Bearbeitung der Ladepapiere, Säuberung des Transportmittels

Ebenso wie bei Fördermitteln kann bei außerbetrieblichen Transporten zwischen verschiedenen Transportmitteln gewählt werden. Dabei spielen neben den Kosten folgende Aspekte eine Rolle:

- Zu transportierendes Objekt

  Beschaffenheit: diskrete Abmessungen, Schüttgut/Flüssigkeiten, NeoBulk (= massenhafte Stückgüter) Wertdichte: Objektwert bezogen auf Volumen und/oder Gewicht
- Transportdistanz

  Reine Stecke in km und verfügbare Infrastruktur
- Verfügbare Infrastruktur am Quelle und Ziel

  Straßenanschluss, Gleisanschluss, (Binnen-)Hafen
- Transportzeit

  Schnelligkeit und/oder Pünktlichkeit
- Transportintensität

  Menge und Häufigkeit

Relevante Transportmittel in Deutschland sind Straßentransport, Eisenbahntransport, Binnenschifffahrt. Überregional und global spielen Hochseeschifffahrt, Luftverkehr und Pipelines noch eine wesentliche Rolle. ▶ *Tabelle 14.5* zeigt die innerdeutsch relevanten Transportmittel im Vergleich.

Transportmittel Eigenschaft	**Straßenverkehr**	**Eisenbahnverkehr**	**Binnenschifffahrt**
Netzbildungsfähigkeit	Hoch (Straßenanschluss)	Mittel (Gleisanschluss)	Niedrig (Binnenhafen)
Transportkapazität	Niedrig < 40 t	Mittel < 4.000 t	Hoch < 5.500 t (**Container**) < 10.000 t (Tanker)
Verfügbarkeit und Flexibilität	Hoch	Mittel	Gering
CO_2-Belastung	ca. 470 g CO_2 pro Container-Kilometer	ca. 180 g CO_2 pro Container-Kilometer	ca. 140 g CO_2 pro Container-Kilometer
Bevorzugte Objekte (Beispiele)	Kaufmannsgüter, Konsumgüter	Massengüter, schwere/voluminöse Kaufmannsgüter	Massengüter

Tabelle 14.5: Systematik innerbetrieblicher Fördermittel[12]

Wenn während des Transports die Transportmittel gewechselt werden, spricht man von **kombiniertem Verkehr**. Kommen dabei unterschiedliche Transportmittel zum Einsatz, wird von intramodalem kombiniertem Verkehr gesprochen.

Allerdings wird im „normalen" Sprachgebrauch aufgrund der Häufigkeit in der Regel die Kombination Straße/Schiene verstanden. Dabei werden Güter zunächst durch LKW von den Quellen im sogenannten Vorlauf- oder Sammelverkehr abgeholt. Dann werden sie für einen langen Abschnitt der Transportdistanz, den sogenannten Hauptlauf, auf die Schiene verladen. Dies geschieht entweder durch die Verladung von Containern, **Sattelaufliegern** oder **Wechselbrücken** auf Waggons. Nach dem Transport auf der Langstrecke werden die Güter wieder auf LKW umgeladen, um im Nachlauf- oder Verteilverkehr die feinmaschige Zustellung vorzunehmen.

Der kombinierte Verkehr bietet den – vor dem Hintergrund der Klimaziele – häufig diskutierten Vorteil, dass die Langstrecke mit weniger Emissionen über Schienentransport abgewickelt wird. Generell gilt, dass im kombinierten Verkehr die Vorteile der verschiedenen Transportmittel kombiniert werden. Problematisch sind Umschlagsprozesse, die aufwändig und mit zusätzlichen Kosten verbunden sind. Zudem verlängern diese die Transportzeit.

Eine Herausforderung beim Management von Transporten ist das **Kuppelprodukt** der Rückfahrt. Kuppelprodukte sind Produkte, die in einem Leistungserstellungsprozess automatisch anfallen und nicht immer gewollt sind (z. B. Wärme bei Metallguss). Bei Transporten löst quasi jeder Transport eine Rückfahrt zum Ursprungsort aus. Eine Managementherausforderung ist, diese Rückfahrt möglichst gewinnbringend zu nutzen und Leerfahrten zu vermeiden. Dazu müssen Rückfrachten verkauft werden. In Transportnetzen ist es daher sinnvoll, eine Paarigkeit von Verkehren zu organisieren, d. h. Frachten und Rückfrachten als Aufträge in das System zu holen.

Transporte werden in logistischen Netzwerken abgewickelt. Eine effiziente und damit häufig eingesetzte Form von logistischen Netzen sind sogenannte **Nabe-Speiche-** oder **Hub-and-Spoke-Systeme**. Ausgehend von einem Transportnetz, bei dem Quellen direkt mit den Zielorten verbunden werden, wird ein zentraler Umschlagpunkt, das Hub, eingerichtet, der immer angefahren wird, um dann den eigentlichen Zielknoten anzufahren. Hierdurch kann die Anzahl der Transportverbindungen deutlich reduziert werden.

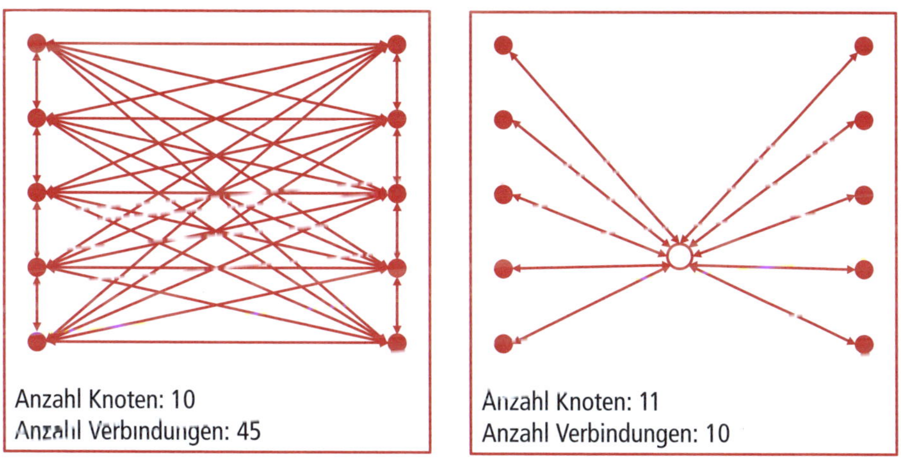

Abbildung 14.9: Hub-and-Spoke-System[13]

Vorteile eines Hub-and-Spoke-Systems sind:

- Reduzierung der Transportverbindungen
  (Eliminierung von unausgelasteten Direktverbindungen)
- Bündelungseffekte bei Transporten zum Hub
  (alle ausgehenden Sendungen eines Knotens)
- Bündelungseffekte bei Transporten weg vom Hub
  (alle Sendungen aus anderen Knoten zu einem Zielknoten)
- Vermeidung von Leerfahrten durch Paarigkeit der Verkehre
  (zum Hub und vom Hub ist nahezu immer mit Frachtaufkommen zu rechnen)
- Vereinfachung der Prozesse in den Knoten
  (keine Sortierung – alles wird erst zum Hub transportiert)
- Realisierung von Skaleneffekten und Spezialisierungseffekten bei der Sortierung im Hub

Direktverbindungen werden weiter durchgeführt, wenn das entsprechende Transportmittel voll ausgelastet ist. Der Betrieb eines Hub-and-Spoke-Systems ist allerdings nur dann effizient, wenn ein kritisches Sendungsaufkommen gegeben ist, mit dem das System ausgelastet werden kann.

14.3.2 Kernfunktion Umschlag

Unter dem Oberbegriff Umschlag werden meist der Umschlag selbst, **Kommissionierung** sowie Verpackungsleistungen subsumiert. Diese Aktivitäten bezeichnen die Ordnungsveränderung bezogen auf Lage, Art, Menge oder Anordnung. Dies wird nötig, wenn Transportmittel gewechselt werden oder Mengen orientiert an Adressaten verändert und neu verpackt werden.

Betriebswirtschaftliches Optimierungsziel ist in der Regel das Erreichen eines gesetzten Leistungsziels unter möglichst niedrigen **Umschlagkosten**. Diese setzen sich zusammen aus

- Personalkosten (Ladetrupps, Lagermitarbeiter, Kranführer),
- Energiekosten (Strom),
- Kosten für Eirichtungen und Hilfsmittel und
- anteiligen Gemeinkosten.

Zur Abwicklung des Umschlags kommen unterschiedliche Einrichtungen und Hilfsmittel zum Einsatz:

- Umschlaglager
- Umschlagterminals
- Fördermittel (vgl. oben)

Solche Einrichtungen und Hilfsmittel sind in logistischen Netzen an unterschiedlichen Orten, sog. Umschlagpunkten, stationär verfügbar. Umgeschlagen werden einzelne Produkte, (Teil-)Sendungen, verpackte Einheiten (Gewickelte Paletten), Behälter (Gitterboxen, Container, Wechselbrücken). Dementsprechend orientiert sich die Wahl der Umschlagpunkte und damit der Einrichtungen und Hilfsmittel an den zu handhabenden Objekten, an Umschlagmenge und Häufigkeit sowie an der Gestaltung des Gesamtnetzwerkes.

In der **Kommissionierung** werden aus Gesamtmengen Teilmengen separiert und zu Sendungen zusammengestellt. Notwendig sind dafür die entsprechenden Bedarfsinformationen. So werden beispielsweise Kundenbestellungen kommissioniert, anschließend verpackt und versandt. Kommissioniersysteme werden unterschieden in

- einstufige und zweistufige Systeme,
- statische und dynamische Systeme.

Bei einstufigen Systemen wird direkt aus einem Lager kommissioniert. Bei zweistufigen Systemen werden Teilmengen aus dem Lager vor-kommissioniert und zur eigentlichen Kommissionierung bereitgestellt.

Vorteile der Einstufigkeit sind hohe Flexibilität und ein fehlerrobuster Ablauf. Der Vorteil der zweistufigen Kommissionierung ist die schnelle Abwicklung.

Bei statischer Kommissionierung verbleibt die Ware statisch im Lager und der Kommissionierer (engl.: Picker) bewegt sich entlang der Regalreihen zur Ware. Das System wird daher auch „Mann zu Ware" genannt. Bei dynamischen Systemen wird die Ware mittels automatisierter Fördertechnik zum festen Kommissionierplatz des Mitarbeiters transportiert. Dementsprechend wird das System auch „Ware zu Mann" genannt.

	Vorteile	Nachteile	Eignung
Mann zur Ware (statisch)	■ Alle Artikel im Zugriff ■ Flexibel gegenüber Schwankungen ■ Eilaufträge ■ Investitionsaufwand gering ■ i. d. R. kürzere Auftragsdurchlaufzeiten	■ Geringe Kommissionierleistung ■ Schlechte Arbeitsplatzgestaltung ■ Nachschubprobleme größer ■ Leergutentsorgung schwieriger	■ „Geringe" Entnahmemengen ■ Entnahmen ohne besondere Hilfsmittel möglich ■ Relativ lange Picklisten ■ Notwendigkeit der Abwicklung von Eilaufträgen ■ Hohe Flexibilität notwendig ■ Geringer Investitionsaufwand gefordert
Ware zu Mann (dynamisch)	■ Hohe Kommissionierleistung ■ Ergonomischer Arbeitsplatz ■ Einsatz von Entnahme- und Bearbeitungshilfsmitteln (schneiden, wiegen, messen, ...) ■ Bessere Leergutentsorgung	■ Nur einer oder wenige Artikel im direkten Zugriff ■ Unflexibel ■ i. d. R. längere Auftragsdurchlaufzeiten ■ Hoher Steuerungs- und Investitionsaufwand	■ „Große" Entnahmemengen ■ Hilfsmitteleinsatz notwendig ■ Relativ kurze Picklisten ■ Lange Durchlaufzeiten tolerierbar ■ Gleichmäßig hohe Auslastung ■ Geringer Personalaufwand gefordert

Tabelle 14.6: Vergleich von statischer mit dynamischer Kommissionierung [14]

Eine besondere Form des Umschlags stellt das **Crossdocking** dar. Dabei werden Güter von unterschiedlichen Sendern auf eine Destination gebündelt bzw. auf unterschiedliche Adressaten bezogen entbündelt. Dies geschieht in einer Umschlaghalle meist durch manuelle Arbeit, oft unterstützt durch unterschiedliche Fördertechnik. Das Ziel ist es, den Umschlagsprozess möglichst schnell abzuwickeln. In Crossdocking-Punkten wird kein Lagerbestand aufgebaut. Waren, die den Crossdocking-Punkt erreichen, sollen möglichst schnell zur weiteren Bestimmung umgeschlagen werden.

Beim Crossdocking 2ter Ordnung werden z. B. Paletten im Crossdocking-Punkt aufgebrochen und Teilmengen aus Paletten weiterverladen. Dadurch müssen in der Halle Kommissionierprozesse abgewickelt werden. Dies ist aufwändiger als ein Crossdocking 1ter Ordnung und oftmals werden dabei auch geringe Bestände aufgebaut.

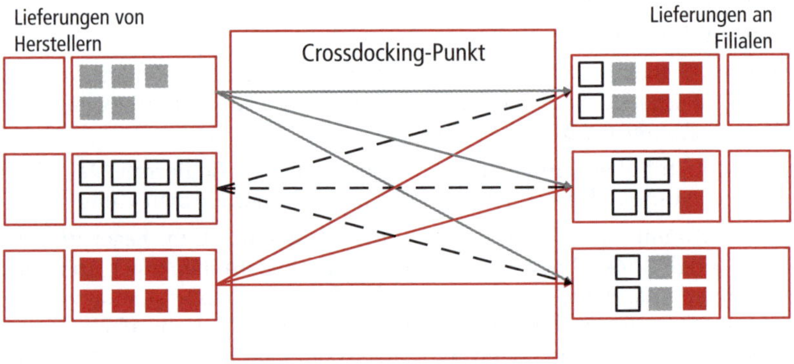

Abbildung 14.10: Crossdocking 1ter Ordnung[15]

Verpackung von Objekten ist eine weitere Aufgabe der Logistik, die auch den Umschlagleistungen zugeordnet werden kann. Hintergrund ist, dass durch Verpackung oftmals auch Mengenveränderungen einhergehen. z. B. wenn Einzelprodukte in Gebinden verpackt werden, die dann wiederum z. B. auf Paletten gebündelt und verpackt und in Wechselbrücken gebündelt werden.

Grundsätzlich erfüllt Verpackung u. a. folgende Funktionen:

- Schutzfunktion
- Bündelungsfunktion
- Kommunikationsfunktion/Informationsfunktion

Verpackung ist in der Regel nicht wertschöpfend, sondern eher wertbewahrend. Dementsprechend ist es das Ziel, den Aufwand für Verpackung so gering wie möglich zu halten.

14.3.3 Kernfunktion Lager

Lagern oder Puffern erfüllen zeitliche Transferbedarfe. Diese entstehen, wenn Produktion und Verbrauch/Bedarf einer Ware zeitlich auseinanderliegen. Pufferung bezeichnet dabei eine kurze zeitliche Lagerung ohne Nutzung besonderer Vorrichtungen.

Die Lagerhaltung erfüllt im betrieblichen Kontext die folgenden Funktionen:

- Produktionsfunktion

  Der Lagerprozess ist Teil des Produktionsprozesses (z. B. Abkühlung, Trocknung etc.).
- Ausgleichsfunktion

  Ausgleich von unterschiedlich dimensionierten Kapazitäten aufeinanderfolgender Prozessschritte (z. B. Materialpuffer vor einem Ofen etc.)
- Sicherungsfunktion

  Absicherung von Lieferrisiken und Sicherstellung der Versorgung (z. B. Berücksichtigung der Wahrscheinlichkeit von Versorgungsengpässen)

- Spekulationsfunktion

  Orientierung der Bestände an vermuteten Preisveränderungen auf dem Rohstoffmarkt (z. B. Aufkauf und Einlagerung von Erdöl in Niedrigpreisphasen)
- Kostensenkungsfunktion

  Reduzierung von Kosten durch größere Einkaufsmengen (z. B. Bündelung von Transportkosten, Mengenrabatte)
- Sortierfunktion

  Sortierung der Bestände zur Produktionsoptimierung (z. B. Lackierung der Rohkarossen in Pulks)
- Bereitstellungsfunktion

  Bereitstellung von Gütern zur Abholung (z. B. Bereitstellungslager in der Produktion)

Im Lagermanagement wird eine Optimierung von Lagerkosten und Lagerleistung verfolgt. Die Lagerleistung wird durch die Verfügbarkeit der Ware bzw. die Lieferfähigkeit bemessen. Als Kosten werden **Lagerkosten, Bestandskosten** und **Fehlmengenkosten** berücksichtigt:

Kostenargumente gegen Lagerhaltung	Kostenargumente für Lagerhaltung
■ **Lagerkosten** ■ Personalkosten (Lagerpersonal) ■ Kosten für Lagerräume (Abschreibung auf Immobilie, Energiekosten etc.) ■ Kosten für Wertminderung der Ware (Schwund, Verfall etc.) ■ Kosten für technische Ausstattung (Fördertechnik, Kühltechnik etc.) ■ Kosten für Lagerverwaltung ■ **Bestandskosten**	■ **Fehlmengenkosten** ■ Kosten für Produktionsausfall ■ Kosten für Sonderprozesse bei beschleunigter Nachbestellung ■ Entgangener Umsatz/Gewinn wegen Nicht-Lieferfähigkeit ■ Abwanderung von Nachfrage

Tabelle 14.7: Kostenargumente für und gegen Lagerhaltung

Bestandskosten ergeben sich aus dem Kapital, das in Bestandswerten im Lager gebunden ist, da Waren, die eingelagert werden, im Allgemeinen sofort bezahlt werden müssen, jedoch erst später an Kunden veräußert werden können. Für die Zeit zwischen Bezahlung der Ware beim Lieferanten und Zahlungseingang der Bezahlung durch den Kunden muss der Warenwert finanziert werden. Bestandskosten sind damit Zinskosten, die für das gebundene Kapital anfallen. Dabei wird in der Regel mit den gewichteten Kapitalkosten gerechnet (weighted average cost of capital – WACC). Dies entspricht einem Zinssatz, der sich aus den gewichteten Eigenkapitalkosten und dem gewichteten Fremdkapitalzins errechnet.

Bestandskosten sind in den letzten Jahren vermehrt in den Vordergrund gerückt. Grund ist zum einen die Globalisierung, die durch lange Transportwege zu erhöhten Beständen in den Unternehmen geführt hat. Diese entstehen aufgrund der Transportzeiten und durch den Aufbau von Sicherheitsbeständen zur Absicherung risikobehafteter Lieferbeziehungen. Zudem gelten Bestände unter anderem wegen der damit verbundenen Kosten als nicht wertschöpfend (siehe dazu auch das ▶ *Kapitel 18 „Lean Management“*). Sie mindern auch die Flexibilität des Unternehmens, das sich mit hohen Beständen gewissermaßen auf die Nachfrage nach diesen Beständen oder daraus zu fertigenden Endprodukten festlegt.

Aus diesen Gründen ist in der Logistik die Reduzierung von Beständen zu einem zentralen Thema der letzten Jahre geworden.

Bestände erfüllen im betrieblichen Kontext allerdings eine Reihe von Funktionen, die als gute Gründe für Lagerhaltung verstanden werden können:

Rechnet man die Kosten für Lagerhaltung gegen die Fehlmengenkosten, so ergibt sich ein typischer „Trade off“. In der Praxis zeigt sich, dass die Vermeidung von Fehlmengenkosten, gemessen in Lieferfähigkeit (= Servicegrad des Lagers), extrem aufwändig wird, je höher der Anspruch an Lieferfähigkeit wird.

$$\text{Lieferfähigkeit} = \frac{\text{Anzahl befriedigter Bedarfsmeldungen}}{\text{Anzahl aller Bedarfsmeldungen}}$$

Da bei dem Ziel eines hundertprozentigen Lieferbereitschaftsgrads alle Eventualitäten von Bedarfsveränderungen berücksichtigt werden müssen, steigen bei diesem Anspruch die Bestände und Lagerhaltungskosten exponentiell an.

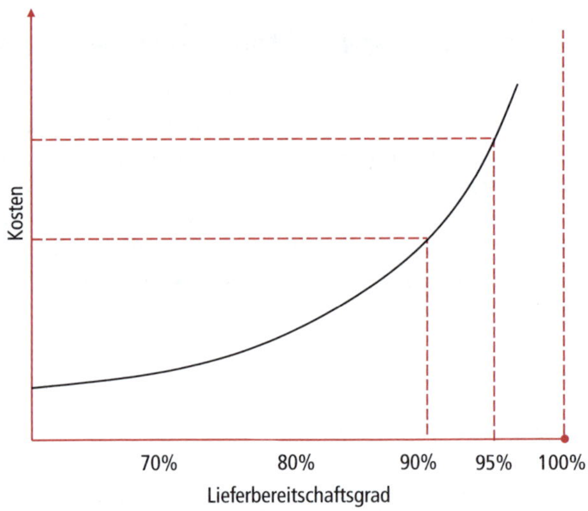

Abbildung 14.11: Zusammenhang von Kosten und Lieferbereitschaftsgrad

Daher wird in der Praxis meist mit einem Ziel für Lieferbereitschaftsgrad *t* von knapp unter 100 % gearbeitet.

Der Lagerhaltungsprozess lässt sich in Teilprozesse aufgliedern:

- Lagervorbereitung

  Konservieren, Verpacken, Palettieren etc.

- Einlagerung

  Lagerplatzvergabe, Beladen der Transporteinrichtung, Transport zum Lagerplatz, Einstellen der Ware, Einbuchen der Ware (Speicherung von Wareninformation und Lagerplatz)

- Lagerung

  Lagerbestandskontrollen etc.

- Umlagerung (optional)

  Aus- und Einlagerung in andere Lagerplätze mit dem Ziel der besseren Lagerplatznutzung oder vereinfachteren Erreichbarkeit
- Auslagerung

  Ausbuchen der Ware, Beladen der Transporteinrichtung, Transport zum Kommissionier- oder Verpackungsplatz
- Lagernachbereitung

  Ent-, Um- oder Verpackungsvorgänge, Kennzeichnung, Palettieren etc.

Im Lagerprozess ist die Lagerplatzvergabe ein entscheidender Prozessschritt, der bei der Einlagerung in der Regel im Lagerverwaltungssystem, einer unterstützenden Software im Hintergrund läuft. Drei grundsätzliche Prinzipien der Lagerplatzvergabe kommen zur Anwendung:

- Festplatzlager

  Jeder Artikel hat einen festen Lagerplatz zugeordnet.

  Vorteil: schneller und sicherer Zugriff auf Artikel

  Nachteil: ineffiziente Lagerraumnutzung
- Chaotische Lagerung

  Jeder Artikel kann jedem Lagerplatz zugeordnet werden. Dabei muss die Zuordnung zur Wiederauffindbarkeit genau gespeichert werden.

  Vorteil: optimale Lagerraumnutzung

  Nachteil: Abhängigkeit von IT-System (Lagerverwaltungssystem)
- Freie Lagerplatzvergabe bei Verteilung auf Lagerbereiche

  Artikel werden nach unterschiedlichen Kriterien innerhalb definierter Bereiche frei eingelagert. Die Bereiche werden definiert, um z. B. Auslagerungswege zu optimieren.

  Vorteil: Optimierte Ein- und Auslagerungsprozesse sind möglich.

  Nachteil: Abhängigkeit von IT-System (Lagerverwaltungssystem) und evtl. redundante (doppelte) Lagerhaltung

Bei der freien Lagerplatzvergabe werden oftmals Bereiche definiert, die sich an der Umschlaghäufigkeit der Produkte orientieren. Dazu werden Produkte klassifiziert. Hier wird von einer ABC-Klassifizierung gesprochen. Diese ist namensgleich, aber nicht inhaltsgleich mit der Teileklassifizierung nach Wert und Beschaffungsmenge. Hier als A-Teile klassifizierte Artikel sind Artikel, die besonders häufig umgeschlagen, d. h. ein- und ausgelagert werden. Diese Artikel werden typischerweise im Lager vorne und damit einfach und gut zu erreichen eingelagert. B- und C-Teile sind dementsprechend Artikel, die weniger häufig oder sogar selten umgeschlagen werden. Diese können hinten im Lager oder in schlechter zu erreichenden Lagerplätzen bevorratet werden. Durch eine solche Organisation des Lagers können erhebliche Effizienzpotenziale realisiert werden, indem die Lauf- oder Fahrwege der Lagermitarbeiter reduziert werden.

Als technische Ausstattung eines Lagers kommen unterschiedliche Systeme zum Einsatz. Die Auswahl orientiert sich an Objekteigenschaften, Details im Lagerprozess, Mengenaufkommen und geplanter Umschlagsgeschwindigkeit. Dabei ist oftmals auch Ziel, das Lager flexibel zu gestalten, also nicht zu eng an den Eigenschaften eines bestimmten Objekts und Prozesses auszurichten, um gegebenenfalls andere Objekte einzulagern und auch andere Prozesse abzuwickeln.

Technische Formen der Lagerhaltung:

- Regallager
  - Sonderregale
  - Flachgutregale
  - Fachregale (feststehend/beweglich; manuell/automatisiert)
  - Palettenregale (feststehend/beweglich; manuell/automatisiert)
- Bodenlager
  - Blocklager
  - Zeilenlager

Bei der Auslagerung der Ware kommen unterschiedliche **Entnahmeprinzipien** zum Einsatz.

	LiFo last in – first out	**FiFo first in – first out**
Beschreibung	Zuletzt eingelagerter Artikel wird als erster entnommen.	Zuerst eingelagerter Artikel wird als erster entnommen.
Vorteil	Keine aufwändige Umlagerung oder Prozessgestaltung notwendig, da zuletzt eingelagerter Artikel vorne/oben erreichbar ist.	Lagerbestand veraltet nicht. Mindesthaltbarkeitsdaten (MHD) können leichter beachtet werden.
Nachteil	Zuerst eingelagerte Artikel werden evtl. nicht bewegt. Damit steigt Risiko der Veraltung bzw. des Verfalls.	Artikel müssen zur Entnahme vorgezogen werden oder Umlagerungsprozesse werden nötig.

Tabelle 14.8: Lager-Entnahmeprinzipien

Beispiel: FiFo an der Kühltheke

Ein allgemein bekanntes Beispiel für die Problematik und den Effekt des FiFo-Prinzips ist die Entnahme und Befüllung der Kühltheke im Supermarkt. Dies soll am Beispiel der Frischmilch verdeutlicht werden.

Frischmilch hat ein vergleichbar niedriges Mindesthaltbarkeitsdatum (MHD). Milch, die das MHD überschritten hat, kann nicht mehr verkauft werden und verliert so ihren Wert. Daher werden neue Milchtüten von den Regal-Befüllern in der Regel hinter den bereits im Regal befindlichen Milchtüten eingelagert. Dazu werden oft alte Milchtüten aus- und wieder eingeräumt. Dieser Prozess ist aufwändig und gelegentlich werden auch Gänge im Supermarkt blockiert. Dieser Vorgang wird lediglich dazu durchgeführt, dass der Kunde bewusst oder unbewusst das FiFo-Prinzip einhält und die ältere (zuerst eingelagerte Ware) von vorne wegnimmt.

Dieser Prozess wird ad absurdum geführt, wenn Kunden bewusst nach der Milch mit dem längeren MHD im hinteren Bereich der Kühltheke suchen und diese kaufen.

Die Entnahme der Artikel aus dem Lager ist oft Bestandteil eines Kommissionierprozesses.

Zur Bewertung von Lagern und Lagerleistung werden typischerweise folgende Kennzahlen herangezogen:

$$\text{Lagerkapazität} = \text{Lagerfläche m}^2$$

$$\text{Lagerkapazität} = \text{Lagerplätze (Anzahl)}$$

$$\text{Nutzungsgrad/Auslastung} = \frac{\text{genutzte Lagerkapazität}}{\text{verfügbare Lagerkapazität}}$$

$$\text{Lagerintensität} = \frac{(\text{Roh, Hilfs- und Betriebsstoffe} + \text{Halbfertigerzeugnisse und Fertigerzeugnisse}) \times 100\ \%}{\text{Bilanzsumme}}$$

$$\text{Umschlagshäufigkeit} = \frac{\text{Auslagerungen}}{\text{durchschnittlicher Lagerbestand}}$$

$$\text{Lagerreichweite} = \frac{\text{durchschnittlicher Lagerbestand}}{\text{durchschnittlicher Tagesverbrauch}}$$

$$\text{Prozesskosten} = \frac{\text{Gesamtkosten Kosten}}{\text{Anzahl abgewickelter Kundenaufträge}}$$

$$\text{Leistung} = \frac{\text{Anzahl abgearbeiteter Aufträge}}{\text{Zeiteinheit}}$$

14.3.4 Logistik als Querschnittsfunktion

Die Logistik erstreckt sich als funktionale Aufgabe über alle direkt wertschöpfenden Unternehmensbereiche.

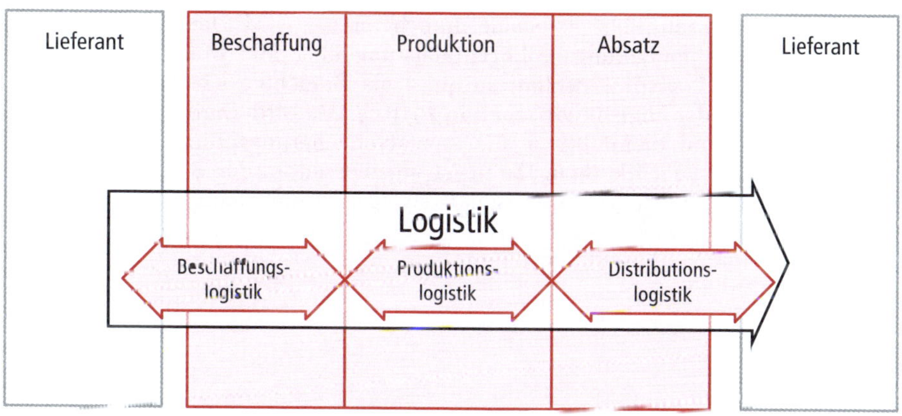

Abbildung 14.12: Logistik als Querschnittfunktion

Mit dieser Eigenschaft ist Logistik einzigartig und kommt mit allen Wertschöpfungsprozessen in Berührung. Aus der Perspektive der Logistik können Wertschöpfungsprozesse daher als systemische, zusammenhängende Prozessketten verstanden und gesteuert werden, die nicht zwangsläufig durch Bereichsgrenzen unterbrochen werden. Diese Sichtweise stellt die Grundlage des Supply Chain Managements dar. Diese besondere Eigenschaft der Logistik wird als Querschnittsfunktion bezeichnet.

Wie verdeutlicht, werden unterschiedliche Bereiche der Logistik definiert und den Unternehmensbereichen zugeordnet. Allerdings reichen diese in der Regel in die angrenzenden Bereiche hinein und haben direkt Schnittstellen mit diesen. Es ist daher in der Praxis nicht selten der Fall, dass einzig die Logistiker die aufeinanderfolgenden Prozesse einer Wertschöpfungskette im operativen Prozess regelmäßig sehen und daher auch deren Anforderungen kennen.

Aus dieser Position heraus ist die Idee entstanden, dass über Service Level Agreements, d. h. also konkrete Leistungsbeschreibungen für interne Lieferbeziehungen z. B. zwischen Wareneingangslager und Produktion, diese Schnittstellen besser abgestimmt und koordiniert werden. Als Koordinator sollten Logistiker agieren. Das Ergebnis war das Verständnis der Logistik als Koordinationsfunktion auf den Schnittstellen zwischen Unternehmen und Unternehmensbereichen. Dieses Verständnis wird im Supply Chain Management durch eine durchgängige Flusslogik ohne Schnittstellen abgelöst (vgl. ▶ *Kapitel 17 „Supply Chain Management"*).[16]

Neben der Querschnittsfunktion über Unternehmensbereiche hinweg hat Logistik auch eine Querschnittsfunktion über Branchen hinweg. Logistik verbindet nicht nur Branchen von Zulieferern und Kunden, sondern ist als grundsätzliche Aufgabe unabhängig von genutzten Produktionstechnologien oder Wertschöpfungsmodellen der einzelnen Branchen nahezu überall vertreten.

Das führt dazu, dass nicht nur in allen Unternehmensbereichen logistische Aufgaben anfallen und durch Logistikmitarbeiter abgewickelt werden, sondern eben auch dazu, dass solche Aufgaben und Mitarbeiter in allen Branchen vertreten sind. Somit ist es nicht zielführend, Logistik lediglich auf Logistikunternehmen, die Logistikdienstleister, wie z. B. DHL, Dachser, Hermes oder Kühne und Nagel zu reduzieren. Korrekterweise müssen auch Logistikabteilungen von Industrieunternehmen hinzugezählt werden. Wenn man Logistik so begreift, lässt sich logistische Wertschöpfung nicht einer Branche zuordnen, sondern sie erstreckt sich über viele Branchen. Das hat zur Folge, dass Logistik statistisch nicht als eigene Branche erfasst wird. Dennoch ist es Klaus, Kille und Schwemmer gelungen, Logistikleistung über alle Branchen hinweg zu ermitteln und die Logistikwirtschaft so quasi als Branche zu bewerten: Demnach beträgt der Umsatz der Logistikwirtschaft in 2016 ca. 253 Mrd. Euro.[17] In Deutschland gehen 2,48 Mio. und damit 8,3 % aller sozialversicherungspflichtig Beschäftigten einer Arbeit in der Logistik nach. Damit ist – gemessen an der Beschäftigung – die Logistikwirtschaft der drittgrößte Wirtschaftszweig in Deutschland.[18]

ZUSAMMENFASSUNG

In diesem Kapitel haben Sie gelernt,

- wie sich Materialwirtschaft, Einkauf und Logistik als Teilbereiche der Beschaffung unterscheiden, aber in der Praxis auch überschneiden,
- welche Aufgaben typischerweise der Materialwirtschaft, dem Einkauf und der Logistik zufallen,
- wie Stücklisten als Basis der Materialwirtschaft aufgebaut sein können und wie diese für die Materialwirtschaft genutzt werden,
- welche Bedarfsarten bei der Bedarfsermittlung unterschieden werden und wie diese Bedarfe ermittelt werden,
- welche Aufgaben dem strategischen bzw. operativen Einkauf zufallen und mit Hilfe welcher Instrumente diese Aufgaben gelöst werden können,
- was sich hinter dem Begriff E-Procurement verbirgt und welche Bedeutung E-Procurement für den Einkauf hatte/heute hat,
- welche Teilprozesse Transport, Umschlag und Lager als Kernaufgaben der Logistik umfassen,
- welche Zielsetzung in den Kernaufgaben verfolgt wird und welche Technologien zur Zielerreichung zum Einsatz kommen und
- warum Logistik als Querschnittsfunktion beschrieben wird und was dies für die Logistik bedeutet.

Beschaffung, Materialwirtschaft, Einkauf und Logistik lassen sich weder in der Theorie noch in der Praxis trennscharf voneinander abgrenzen. Allen genannten Aufgabenfeldern bzw. Unternehmensbereichen ist gemein, dass sie die Versorgung des Unternehmens mit Roh-, Hilfs- und Betriebsstoffen und Material sowie Vorprodukten als operative und strategische Zielsetzung verfolgen.

Dabei umfasst die Materialwirtschaft eher die mathematisch technische Ableitung von Bedarfen aus der mittel- und langfristigen Produktionsplanung. Dazu wird die Anzahl der geplanten Produkte über deren Stücklisten aufgeschlüsselt und Beschaffungsbedarfe werden in Art und Menge abgeleitet.

Um den Fokus der Managementbemühungen auf relevante Teilespektren zu beziehen, werden Teile nach deren Bedeutung klassifiziert. Dazu werden sie nach Umsatzvolumen in A-, B- und C-Teile unterschieden.

Mit der kaufmännischen Beschaffung der so identifizierten Bedarfe an Teilen, Baugruppen, Materialien und Rohstoffen ist der Einkauf betraut. Dabei wird langfristig der Beschaffungsmarkt beobachtet, um relevante Veränderungen, die die Versorgungslage der Bedarfe betreffen, zu erkennen und langfristig reagieren zu können.

Im Lieferantenmanagement werden potenzielle Lieferanten ausgewählt, bewertet und Beziehungen zu diesen aufgebaut bzw. aufrechterhalten. Die Bewertung erfolgt über Kennzahlen, die für die Auswahl bei neu zu vergebenden Aufträgen herangezogen werden oder als Grundlage für die Weiterentwicklung einer Lieferbeziehung bzw. eines Lieferanten dienen.

Die operative Abwicklung von Bestellungen erfolgt über vordefinierte Bestellverfahren, die sich an Verbrauchskurven und abgeleiteten Mengenentwicklungen im Materiallager orientieren. Unterschiedliche Verfahren haben dabei zum Ziel, Lieferfähigkeit mit möglichst wenig Aufwand sicherzustellen und dabei die Bestände unter Kontrolle zu halten.

Eine Möglichkeit zur Reduzierung des Aufwands operativer Bestellabwicklung ist das E-Procurement, also die Bestellung über das Internet. Für die Bestellung von C-Teilen werden Netzkataloge vorverhandelt und die Bestellungen durch die Bedarfsträger selber ausgelöst. Bei komplexeren Leistungen kommen andere Tools des E-Procurement zum Einsatz.

Logistik hat das Ziel, die operative physische Bereitstellung von Materialen bei Bedarfsträgern zu leisten. Dabei stehen zunächst die logistischen Kerntätigkeiten Transport, Umschlag und Lager im Fokus. Generelle Zielsetzung ist Kostenreduktion bei gleichzeitiger Erreichung eines definierten Leistungslevels. Die Leistungen der Kerntätigkeiten sind unterschiedlich definiert und werden unterschiedlich gemessen. Zur Erreichung der Zielsetzung kommen verschiedene technische Assets und Verfahren zum Einsatz. Diese werden je nach Objekt und prozessualer Zielsetzung unterschiedlich ausgewählt.

Logistik als Querschnittsfunktion erstreckt sich über Unternehmen, Unternehmensbereiche und Branchen. Damit hat Logistik eine Sonderstellung und das Potenzial, bereichsübergreifend Wertschöpfungsprozesse zu optimieren. Die Querschnittsfunktion über Branchen hat zur Folge, dass Logistik nicht als eigener Wirtschaftszweig statistisch erfasst wird und so die Bedeutung nur schwammig erfasst werden kann. Verwendet man die Beschäftigung in der Logistik, wäre sie der drittgrößte Wirtschaftszweig Deutschlands.

Ihr Wissen können Sie im eLearning-Bereich mit einem Verständnistest prüfen.

AUFGABEN

Aufgabe 1

Ein Schreiner produziert Tische. Ein Tisch besteht aus vier Beinen und einer Tischplatte. In der Tischplatte sind zwei Erweiterungsplatten eingebaut. Zeichnen Sie zum Produkt Tisch die Stückliste nach Baumstruktur, Mengenstückliste, Strukturstückliste, Baukastenstückliste und Gozintograph.

Aufgabe 2

Der Schreiner aus Aufgabe 1 plant, im kommenden Monat 30 Tische zu produzieren. Er hat bereits 10 Tischplatten und 20 Tischbeine auf Lager (Platten sind vormontiert, d. h., Hauptplatten und Erweiterungen müssen hier nicht berücksichtigt werden). Davon hat er drei Tischplatten und fünf Tischbeine bereits als Ersatzteile für Reparaturaufträge verplant. Zudem hat er bereits 20 Tischbeine im Vormonat bestellt. Die Bestellung ist noch nicht eingetroffen, aber für den kommenden Tag avisiert.

Wie viele Tischplatten und Tischbeine muss er bestellen, um bis Ende des Monats alle 30 Tische produzieren zu können? Er möchte am Ende des Monats auch keinen Lagerbestand haben.

Aufgabe 3

Skizzieren Sie die Sourcing-Konzepte „Unit Sourcing“ und „System Sourcing“ und erklären Sie einen Vorteil, den das von Ihnen erläuterte Verfahren bringt.

Aufgabe 4

Erklären Sie das s,q-Bestellverfahren sowie dessen Vor- und Nachteile.

Aufgabe 5

Erläutern Sie das Vorgehen der Kommissionierverfahren „Mann zur Ware“ sowie „Ware zu Mann“. Gehen Sie dabei auf Vor- und Nachteile ein und darauf, wann sich welches Verfahren eignet.

Aufgabe 6

Beschreiben Sie, welche Kosten bei der Bestimmung des anvisierten Servicegrads eines Lagers gegeneinander abgewogen werden. Erläutern Sie, warum eine hundertprozentige Zielerreichung nicht sinnvoll ist.

Aufgabe 7

Erklären Sie, warum Logistik als Querschnittfunktion bezeichnet wird und was dies auf betrieblicher und volkswirtschaftlicher Ebene bedeutet.

Die Lösungen zu den Aufgaben finden Sie im eLearning-Bereich.

FALL AUMÜLLER AUMATIC GMBH

Beschreibung

Die 1972 gegründete Aumüller Aumatic GmbH (im Weiteren: Aumüller GmbH) ist ein Familienunternehmen mit Sitz in Thierhaupten.[19] Das Leistungsspektrum der Aumüller GmbH ist in drei Bereiche unterteilt. Diese sind Rauch- und Wärmeabzugsanlagen (Aumüller ferralux), Systemlösungen für eine kontrollierte Lüftung (Aumüller vent) sowie für das Parkraummanagement benötigte Schranken- und Torantriebe (Aumüller carPark).

In einem Teil des Lagers der Aumüller GmbH werden Komponenten, z. B. CO_2-Flaschen, Schrauben, Konsolen, Lacke, Farben, Silikone, Kabel und Transformatoren, die in der Produktion verarbeitet werden, in Fachbodenregale eingelagert. Dabei handelt es sich überwiegend um C- und B-Teile.

Die nachfolgende Abbildung spiegelt die ursprüngliche Lagersituation der Aumüller GmbH vereinfacht wider und zeigt, an welchen Stellplätzen die Fachbodenregale aufgebaut waren.

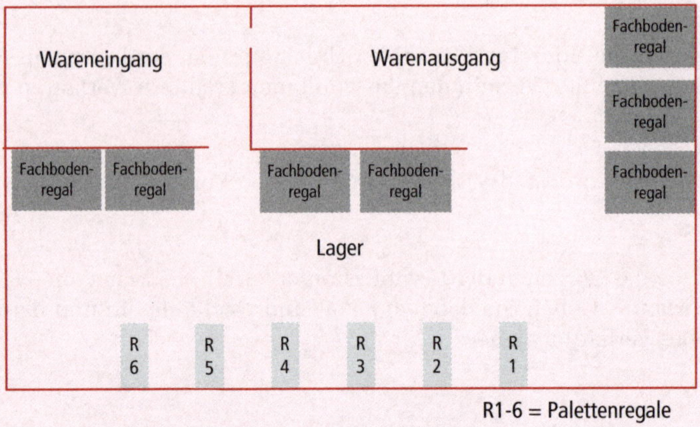

Abbildung 14.13: Ursprüngliche Lagersituation der Aumüller GmbH[20]

Bei der Aumüller GmbH soll überprüft werden, ob der Einsatz von Fachbodenregalen effizient genug ist und ob die Anschaffung eines neuen Lagersystems zu einer Verbesserung, d. h. einer Senkung der internen Logistikkosten, führt.

Die eingehende Analyse zeigt Veränderungsbedarfe auf, die bei der Aumüller GmbH eine Lagerreorganisation nötig machen. Im Fokus liegt das geänderte Zugriffsverhalten auf die im Fachbodenregal eingelagerten Artikel. Der aktuelle Prozess hat negative Auswirkung auf die Kommissionierzeit. Ein anderer Grund ist der Anstieg der angebrochenen Ladungsträger, welcher einen negativen Einfluss auf den Volumennutzungsgrad hat. Je mehr angebrochene Ladungsträger sich in einem Lagerfach befinden, desto geringer ist der Nutzungsgrad der vorhandenen Raumfläche. Um diesem Trend entgegenzuwirken, hat sich die Aumüller GmbH für die Anschaffung eines neuen Lagersystems, ein sogenanntes Liftsystem (=automatisiertes, bewegliches Fachregal), entschieden.

Die nachfolgende Abbildung zeigt die aktuelle Lagersituation der Aumüller GmbH nach Anschaffung und Inbetriebnahme der Lifte.

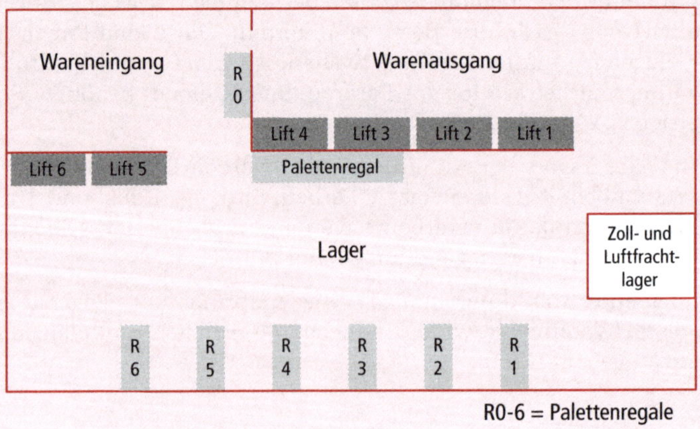

Abbildung 14.14: Neue Lagersituation der Aumüller GmbH[21]

Die bei der Aumüller GmbH angeschafften Liftsysteme bieten gegenüber den vorher eingesetzten Fachbodenregalen diverse Vorteile, die zu einer Senkung der internen Logistikkosten führten. Trotzdem sind mit diesem Lagersystem auch einige Nachteile verbunden.

Die nachfolgende Tabelle gibt einen Überblick über die verschiedenen Vor- und Nachteile, die sich für die Aumüller GmbH durch die Einführung des Liftsystems ergeben.

Liftsystem	
Vorteile	**Nachteile**
■ Hoher Raumnutzungsgrad Zusätzliche Generierung von Lager- und Pufferplätzen ■ Kürzere Kommissionierzeit aufgrund entfallener Wegzeiten und ungünstiger Greifposition ■ Kommissionierer können ergonomischer arbeiten Entnahme erfolgt an optimaler Greifposition ■ Flexible Gestaltung der Tablare Einsatz von Kleinladungsträgern, dadurch höherer Volumennutzungsgrad	■ Hohe Anschaffungskosten ■ Hohe Energie- und Wartungskosten ■ Störanfällig aufgrund hoher Automatisierung ■ Weniger Artikel im direkten Zugriff beschränkte Artikelanzahl auf den jeweiligen Tablaren, eventuell müssen mehrere Tablare pro Kommissioniervorgang angefahren werden

Tabelle 14.9: Vor- und Nachteile „Liftsystem“[22]

Aufgabenstellungen

1. Was können Auslöser für eine Lagerreorganisation sein und welche Folgen können durch die Reorganisation vermieden werden?

2. Welches Kommissionierprinzip kam bei der Aumüller GmbH vor und nach der Einführung der Lifte zum Einsatz? Nennen Sie Vor- und Nachteile beider Vorgehen und kennzeichnen Sie dabei, welche Vorteile bei Aumüller realisiert werden konnten.

3. Charakterisieren Sie die beiden genannten technischen Lagerlösungen und ergänzen Sie weitere Lagerlösungen.

4. Beschreiben Sie allgemeine Vor- und Nachteile von Automatisierungslösungen im Lager und gehen Sie darauf ein, warum die Nachteile bei der Aumüller GmbH nicht dazu geführt haben, eine Entscheidung gegen ein neues Lagersystem zu treffen.

Themen aus diesem Kapitel werden auch in den Fallstudien „KANBAN-System in MOVE bei Schaeffler“ und in „ABC/XYZ-Analyse in MOVE bei Schaeffler“ aufgegriffen.

Lehrende finden die Lösungen und weiteres, begleitendes Material in den eLearning-Dozentenressourcen

Literaturhinweise

Klaus, P.; Krieger, W.; Krupp, M.: Gabler Lexikon Logistik, 5. Auflage, Wiesbaden, Springer, Gabler Verlag, 2012.

Kummer, S., Grün, O., Jammernegg, W.: Grundzüge der Beschaffung, Produktion und Logistik, München, Pearson Verlag, 2006.

Oeldorf, G., Olfert, K. Materialwirtschaft, 9. Auflage, Ludwigshafen (Rhein), NWB Verlag, 2000.

ten Hompel, M.; Schmidt, T.: Warehouse Management: Organisation und Steuerung von Lager- und Kommissioniersystemen, 4., neu bearbeitete Auflage, Wiesbaden, Springer Verlag, 2010.

Lernziele

In diesem Kapitel werden Sie lernen,

- was man unter industrieller Produktion versteht,
- wie industrielle Produktion, Logistik und Produktionslogistik zusammenhängen,
- welche betriebswirtschaftlichen Ziele der Produktionsprozess erfüllen soll,
- wie die Zuständigkeiten und Aufgaben in einem Produktionsprozess verteilt sind,
- welche strategischen Planungs-. und Steuerungsansätze vorhanden sind, um die Produktion effektiv und effizient zu gestalten, und wie diese funktionieren,
- welche Produktionsplanungs- und -steuerungsverfahren in der Praxis angewendet werden, wie diese funktionieren, welche Vor- und Nachteile diese haben und unter welchen Rahmenbedingungen diese optimaler Weise eingesetzt werden,
- welche Methoden eingesetzt werden können, um die Rahmenbedingungen eines Fertigungssystems so anzupassen, dass der Einsatz einer Pull-Steuerung ermöglicht wird,
- wie die Produktionslogistik aufgestellt sein muss, um die jeweiligen Produktionsplanungs- und -steuerungsverfahren optimal unterstützen zu können und
- wie sich die Produktionsplanungs- und steuerungsverfahren auf die logistischen Basisfunktionen in der Produktionslogistik auswirken.

Produktion

15

ÜBERBLICK

15.1 Der industrielle Produktionsprozess aus betriebswirtschaftlicher Sicht – Fertigungsverfahren, Zielsystem und Aufgabenverteilung

Der Begriff Produktion stammt vom lateinischen Verb „producere". Übersetzt ins Deutsche bedeutet das Wort produzieren „hervorbringen". Aus betriebswirtschaftlicher Sicht bedeutet Produktion konkret, dass aus unterschiedlichen Input-Faktoren im Rahmen eines **Transformationsprozesses** ein bestimmter Output „hervorgebracht wird". Ein Produktionssystem besteht demnach aus den drei grundsätzlichen Bestandteilen: Input, Transformation, Output.

Günther/Tempelmeier definieren industrielle Produktion als die Erzeugung von Ausbringungsgütern (Output) aus materiellen und nichtmateriellen Einsatzgütern (Input) nach bestimmten technischen Verfahrensweisen (Transformation).[1] Diese Definition des Begriffs Produktion bildet auch die Basis für die folgenden Ausführungen. Die Produktion von Dienstleistungen, die in der vorangegangenen, allgemeinen Begriffsklärung ebenfalls beinhaltet ist, wird nicht weiterführend betrachtet.

Abbildung 15.1: Bestandteile des Produktionsprozesses

Die Kernaufgabe des **Produktionsprozesses** ist, die Elementarfaktoren des Transformationsprozesses so effektiv und effizient wie möglich unter Berücksichtigung der gegebenen technischen und kapazitativen Rahmenbedingungen zu kombinieren, so dass die Anforderungen der Kunden erfüllt werden.

15.1.1 Betriebswirtschaftliche Fertigungsverfahren

Aus betriebswirtschaftlicher Sicht haben sich unterschiedliche Fertigungsverfahren etabliert. Wöhe unterscheidet hierbei nach:[2]

- Anzahl der gefertigten Produkte
- der Organisation der Fertigung

Fertigungsverfahren nach Anzahl gefertigter Produkte

Bei der Klassifizierung nach **Anzahl der gefertigten Produkte** erfolgt die Einteilung in vier Fertigungsverfahren:[3]

- Massenfertigung
- Sortenfertigung
- Serienfertigung
- Einzelfertigung

Bei der **Massenfertigung** produziert ein Unternehmen eine unbegrenzte Anzahl Produkte auf den gleichen Fertigungsanlagen und -maschinen.[4] Entsprechend hoch ist der **Automatisierungsgrad,** wodurch sich leicht Skaleneffekte erzielen lassen. Dadurch, dass stets nur ein bestimmtes Produkt auf den Produktionsanlagen hergestellt wird, sind die Produktionsanlagen nicht auf häufige Rüstvorgänge ausgelegt und somit wenig flexibel einsetzbar. Typische Produkte der Massenfertigung sind Kugelschreiber, Kunststoffflaschen oder Getränke.

Die **Sortenfertigung** ist eine spezielle Ausprägung der Massenfertigung.[5] Hier werden mehrere Einheiten unterschiedlicher Produkte oder verschiedene Ausführungen des Basisprodukts auf den gleichen Anlagen oder Maschinen produziert.[6] Die Unterschiede zwischen den jeweiligen Produkten sind nur gering. Modekollektionen (z. B. unterschiedliche T-Shirts), verschiedene Biersorten, verschiedene Joghurtsorten etc. sind Beispiele hierfür. Nachdem eine bestimmte Sorte Fruchtjoghurt produziert wurde, wird die Produktion angehalten, die Anlage auf die neue Sorte umgestellt und die Produktion wieder gestartet.

Der Unterschied zwischen Sortenfertigung und **Serienfertigung** besteht darin, dass bei der Sortenfertigung die Anlagen immer wieder von der einen auf die andere Sorte umgestellt werden. Bei der Serienproduktion hingegen findet eine einmalige Umstellung der Produktionsanlagen statt, nachdem die Serie produziert wurde. Das heißt, eine Produktionsserie ist auf eine bestimmte Anzahl identischer Produkte begrenzt.[7] Nach Auslauf der Serie wird die Produktion dieser Erzeugnisse eingestellt. Die Erzeugnisse der nachfolgenden Serie weisen meist größere Unterschiede auf als die Erzeugnisse unterschiedlicher Sorten. Daher müssen die Maschinen und Anlagen wesentlich flexibler einsetzbar sein als in der Massen- und Sortenproduktion. Die Serienfertigung wird bei der Herstellung von LKW, PKW, Autoreifen etc. eingesetzt.

Charakteristisch für die **Einzelfertigung** ist, dass nur einzelne Aufträge bearbeitet bzw. nur einzelne Produkte hergestellt werden.[9] Die Individualität bei den Produkten ist sehr hoch, d. h., das Produktionssystem muss sehr flexibel aufgestellt sein.[10] Beispiele für eine Einzelfertigung sind der Sondermaschinenbau, Schiffsbau, Hausbau oder die Anfertigung von maßgeschneiderten Anzügen und Schuhen.

Fertigungsverfahren nach Organisation der Fertigung

Betrachtet man die Fertigungsverfahren aus Sicht der **organisatorischen Gestaltung**, wird zwischen dem Funktionsprinzip und dem Objektprinzip unterschieden.[11]

Beim **Funktionsprinzip** werden gleichartige Tätigkeiten und Abläufe räumlich gruppiert. In der praktischen Umsetzung hat dies zur Folge, dass Betriebsmittel und Arbeitsplätze mit identischen Funktionen in sog. Werkstätten organisiert und angeordnet sind.[12] Da Maschinen mit der gleichen Funktion identische Verrichtungen ausüben, spricht man auch vom sog. Verrichtungsprinzip. Die Bündelung gleicher Funktionen ermöglicht eine Spezialisierung auf die jeweilige Verrichtung. Experten und Fachkräfte für die Funktion, z. B. Dreher, Fräser oder Schleifer, bilden sich heraus.

Ist die Fertigung nach dem **Objektprinzip** aufgebaut, hat dies zur Folge, dass die Arbeitsplätze entsprechend der Bearbeitungsreihenfolge bei der Erstellung des Produkts angeordnet sind. Konkret bedeutet dies, dass sich das Produktionslayout an den Arbeitsplänen orientiert.[13] Aufgrund dieser Anordnung sind die Anzahl und die Länge der Transporte zwischen den Bearbeitungsstufen (Produktionsschritten) deutlich geringer als bei der **Werkstattfertigung**. Es wird versucht, mit möglichst wenigen Unterbrechungen, die dem Wechsel von Fertigungsanlagen geschuldet sind, zu fertigen. Die Ausrichtung auf das jeweilige zu produzierende Gut („Objekt") ermöglicht eine objektspezifische Spezialisierung. Es kristallisieren sich somit Experten und Fachkräfte für das jeweilige Produkt heraus.

Basierend auf diesen beiden Grundprinzipien lassen sich zwei organisatorische Produktionsverfahren unterscheiden: die funktionsorientierte Werkstattfertigung und die objektorientierte **Fließfertigung**.

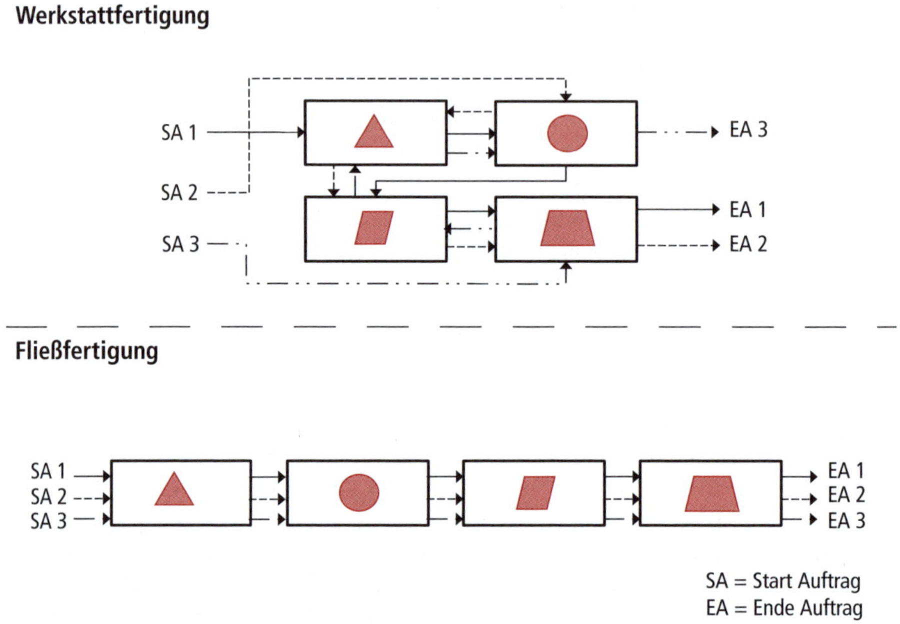

Abbildung 15.2: Fertigungsverfahren nach Organisationsform *(in Anlehnung an Corsten/Gössinger, Günther/Tempelmeier).*

Bei der **Werkstattfertigung** ist es möglich, unterschiedliche Bearbeitungsreihenfolgen in Abhängigkeit des zu produzierenden Guts zu bewerkstelligen. Während Auftrag 1 in der Werkstatt „Dreieck" startet, beginnt Auftrag 2 in der Werkstatt „Kreis". Diese Bearbeitungslogik ermöglicht es, eine breit angelegte Produktpalette auf den gleichen Maschinen zu fertigen.[14] Ein Einsatz einer Werkstattfertigung ist folglich dann empfehlenswert, wenn sich die zu produzierenden Artikel häufig ändern, die zu produzierende Losgröße eher gering ist und sich die Bearbeitungsreihenfolge der zu produzierenden Einheiten unterscheidet.

Bei der **Fließfertigung** starten alle Aufträge mit dem Arbeitsgang „Dreieck", die weitere Bearbeitungsreihenfolge ist ebenfalls für alle Produktionsaufträge identisch. Folglich ist diese Art der Fertigung dann angebracht, wenn eine große Menge identischer oder ähnlicher Produkte gefertigt werden.

Charakteristisch für die Fließfertigung ist der sog. Arbeitstakt. Der Arbeitstakt gibt das Zeitintervall an, das zwischen der Fertigstellung zweier Erzeugnisse der gleichen Produktlinie vergeht. Ein Arbeitstakt von 30 Sekunden gibt an, dass alle 30 Sekunden ein identisches Fertigprodukt erzeugt wird. Um nun eine Fließfertigung aufbauen zu können, muss jede Bearbeitungsstufe innerhalb des Fertigungssystems im gleichen Takt produzieren. Ebenso muss der Transport zwischen den Fertigungsstufen dem Produktionstakt folgen. Andernfalls ist eine feste Koppelung der Bearbeitungsstationen nicht möglich. Dies führt zu Staus und somit auch Beständen zwischen den Fertigungsstufen. Die Herausforderung besteht nun darin, die Arbeitsteiligkeit der Produktionsprozesse derart auszugestalten, dass alle Bearbeitungs- und Transportstufen im gleichen Takt arbeiten. Diesen Vorgang nennt man „**Austakten**“. Um eine Austaktung zu realisieren, nutzt man in der betrieblichen Praxis Fließbänder, die einen gleichmäßigen Vorschub der Halbfertigteile gewährleisten. Der Arbeitstakt ist in der Regel auf die Kundenbedürfnisse abgestimmt und über einen längeren Zeitraum hinweg gleichbleibend.

	Werkstattfertigung	Fließfertigung
Arbeitsablaufspezifische Aspekte	Keine fixierte Verknüpfung der einzelnen Bearbeitungsstufen: Einfluss von Störungen auf Gesamtproduktion relativ gering Hohe Flexibilität bei Nachfrageschwankungen Exakte Abstimmung der Arbeits- und Transportaufträge schwierig Gefahr hoher Bestände zwischen den Bearbeitungsstufen Hoher Transportbedarf, da Transportbedarf je nach Produkt stark schwankt Geringe Transparenz und Übersichtlichkeit	Starre Taktung und Verknüpfung der Bearbeitungsstufen bei eng aufeinander abgestimmten Produktionsprozessen Bereits geringfügige Störungen haben negativen Einfluss auf Gesamtproduktion Wenig flexibel, z. B. bei Nachfrageschwankungen Exakte Abstimmung der Arbeits- und Transportaufträge Wenig bis keine Bestände zwischen den Bearbeitungsstufen Geringer Transportbedarf, da Anordnung der Maschinen auf spezifisches Endprodukt optimiert Hohe Transparenz und Übersichtlichkeit
Zeitspezifische Aspekte	Gefahr hoher **Durchlaufzeit**	Geringe Durchlaufzeit
	Gefahr hoher Leer-/Wartezeiten	Geringe Leer-/Wartezeiten
	Geringe Umrüstzeiten, dadurch viele Rüstvorgänge realisierbar	Lange Umrüstzeiten, Rüstvorgänge so lange wie möglich vermeiden
Kostenspezifische Aspekte	Geringe Investitionskosten	Hohe Investitionskosten
	Niedriger Fixkostenanteil	Hoher Fixkostenanteil
	Hohe Lohnstückkosten	Geringe Lohnstückkosten
Personal	Personal auf Verrichtung spezialisiert	Personal auf Produktionslinie fokussiert
	Meister und Facharbeiter haben fundiertes fachspezifisches Wissen in der jeweiligen Funktion, z. B. Schweißen, Drehen, Fräsen.	Standardisierter, relativ einfacher Arbeitsablauf, daher auch Einsatz gering qualifizierter Mitarbeiter an den Bearbeitungsstufen möglich
	Abwechslungsreiche Beschäftigung der Arbeitnehmer	Einseitige Beschäftigung der Arbeitnehmer
Einsatz empfohlen bei	■ Variierender Auftragsstruktur bei unterschiedlicher Bearbeitungsreihenfolge ■ Kleinen Losgrößen ■ Hoher Produktvielfalt	Gleichen Produkten in hoher Anzahl

Tabelle 15.1: Gegenüberstellung Werkstattfertigung und Fließfertigung[15]

▶ *Tabelle 15.1* stellt die Vor- und Nachteile beider Organisationsformen gegenüber. Grundsätzlich zeichnet sich die Werkstattfertigung durch geringe Investitionskosten aus, die laufenden Kosten sind dafür höher als bei der Fließfertigung. Je höher die erwartete zu produzierende Stückzahl eines Artikels ist, desto eher wird man die Organisationsform der Fließfertigung wählen.

Sowohl die Werkstatt- als auch die Fließfertigung stellen die jeweilige Extremposition dar. Ebenfalls nach dem Objektprinzip aufgebaut ist die sog. Reihenfertigung. Allerdings wird hierbei auf eine zeitliche Kopplung verzichtet. Damit ist die Bearbeitungsreihenfolge zwar fix vorgegeben, auf eine Taktung mit gleichen Zeitintervallen, z. B. durch Fließbänder, wird verzichtet. Oft resultieren in der Praxis hieraus hohe Zwischenlagerbestände vor den jeweiligen Produktionsstufen.[16]

Darüber hinaus existieren „Zwischenformen" beider Verfahren. Diese verbinden die Prinzipien der Werkstattfertigung (Verrichtungsprinzip) und Fließfertigung (Objektprinzip) miteinander. Somit werden die Vorteile beider Systeme genutzt und die Nachteile bestmöglich vermieden. Diese Zwischenformen nennen sich **Gruppen-** oder **Zentrenfertigung.** Grundgedanke dieser Fertigungsform ist die räumliche Bündelung von Baugruppen oder Bauteilen, die ähnliche Bearbeitungsschritte durchlaufen. Diesen räumlichen Zusammenschluss ähnlich zu bearbeitender Baugruppen oder Bauteile nennt man Gruppe oder Zentrum.[17]

Die Gruppen arbeiten weitgehend selbstständig, d. h., sie sind für die Abarbeitung der Aufträge selbst verantwortlich. Selbst die Produktionsplanung der Fertigungsaufträge erfolgt innerhalb der Produktionszentren durch das dort eingesetzte Personal, die Produktionsplanung und -steuerung geben ausschließlich Rahmendaten vor.[18]

Grundsätzlich ist eine Vielzahl an Kombinationsmöglichkeiten aus Werkstatt- und Fließfertigung denkbar. Hier lassen sich zwei Basisvarianten unterscheiden. Die eine Variante ist so aufgebaut, dass die Fertigung von Einzelteilen und Baugruppen nach dem Verrichtungsprinzip erfolgt, die Fertigung des Endprodukts dem Objektprinzip folgt. Der Ablauf innerhalb des Zentrums basiert somit auf dem Verrichtungsprinzip.[19] Bei der zweiten Variante erfolgt der Ablauf innerhalb der Gruppen oder Zentren nach dem Fließprinzip.[20]

Variante A zeigt eine Gruppenorganisation, bei der die Bearbeitung der Bauteile nach dem Verrichtungsprinzip erfolgt, der Weitertransport von Zentrum zu Zentrum nach dem Objektprinzip. Bei Variante B sind die Bearbeitungsschritte innerhalb der Gruppe nach dem Objektprinzip organisiert, das Zusammensetzen der Teile nach deren Herstellung folgt zum Teil dem Verrichtungsprinzip.

Durch die Gruppierung reduziert sich der Transportaufwand im Vergleich zur Werkstattfertigung, die Bestände zwischen den Bearbeitungsstufen ebenso.[21] Da die Gruppen in Variante A nach dem Werkstattprinzip fungieren, ist bei dieser Variante eine relativ hohe Varietät der zu bearbeitenden Bauteile möglich, während bei Variante B eine hohe Gleichartigkeit der zu fertigenden Teile notwendig ist, um die Vorteile des Objektprinzips ausnutzen zu können.

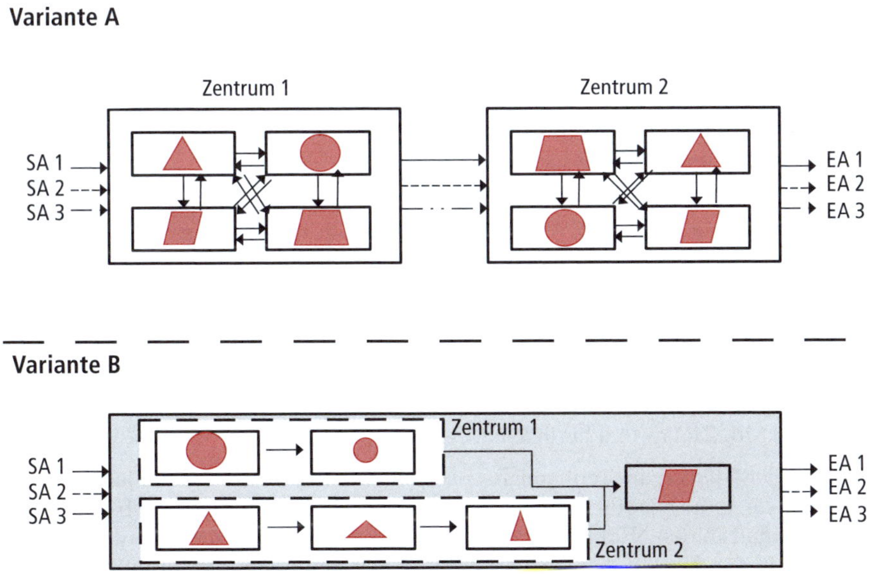

Abbildung 15.3: Mögliche Ausprägungsformen der Gruppenfertigung

Ist die Auswahl an Werkzeugen, die pro Bearbeitungsstufe zur Verfügung steht, sehr hoch und kann dementsprechend eine hohe Anzahl unterschiedlicher Bauteile verarbeitet werden, wird auf Fertigungsvariante A gesetzt.

Bei Variante B produzieren Maschinen, die grundsätzlich dafür vorgesehen sind, ein relativ breites Spektrum sehr ähnlich konzipierter Produkte herstellen zu können. Darüber hinaus erfolgt eine räumliche Anordnung der Maschinen in der Form, dass die Betriebsmittel und Anlagen des nächsten Bearbeitungsschritts räumlich direkt im Anschluss an die Maschine des vorgelagerten Produktionsschritts angeordnet werden. Um zu gewährleisten, dass nur sehr ähnlich geartete und strukturierte Produkte bearbeitet werden, empfiehlt sich eine Zuordnung der Teile zu den Betriebsmitteln mit Hilfe einer Methode der **Maschinen-Teile-Zuordnung** (MTZ).

Unabhängig davon, welche Kombination aus Objekt- und Verrichtungsprinzip gewählt wird, unterscheidet man in Abhängigkeit des Automatisierungsgrads flexible Fertigungssysteme und Fertigungsinseln. Wird auf eine vollumfängliche Automatisierung verzichtet, handelt es sich um die Organisationsform der Fertigungsinsel .[22]

Ein flexibles Fertigungssystem besteht aus vollautomatischen Bearbeitungszentren. Nach der Bearbeitung transportiert ein vollautomatisches Transportsystem die Bauteile zum nächsten Zentrum. [23] In den Zentren selbst werden unterschiedliche Transformationsprozesse am Werkstück durchgeführt. Selbst der Werkzeugwechsel nach Beendigung eines Prozesses erfolgt vollautomatisch.

15.1.2 Das Zielsystem – Ziele, Zielerreichung und Kennzahlen

Die Anforderungen der Kunden spiegeln sich traditionell im Dreieck aus Kosten, Qualität und Zeit wider. Grundsätzlich möchten Kunden Produkte mit möglichst hoher Qualität, zu möglichst geringen Preisen mit letztlich unendlich schneller Verfügbarkeit erwerben. Die Darstellung in Form eines Dreiecks resultiert daraus, dass sich ein

Spannungsfeld aus Zielkonflikten ergibt. Beispielsweise kann man grundsätzlich davon ausgehen, dass bei der Produktion qualitativ hochwertiger Endprodukte in den meisten Fällen höhere Herstellungskosten anfallen als bei der Herstellung qualitativ geringwertiger Produkte (z. B. durch Verwendung hochwertiger Einsatzstoffe). Zudem nimmt der Qualitätssicherungsprozess gegebenenfalls mehr Zeit in Anspruch (z. B. bei Anwendung einer 100%-Kontrolle).

Die aufgezeigten Zielkonflikte lassen sich teilweise aber auch reduzieren oder auflösen. Stabile und damit qualitativ anspruchsvolle Produktionsprozesse führen zu Kostensenkungen, da diese weniger Zeit in Anspruch nehmen und weniger Ausschuss verursachen. Um die Anzahl der Zielkonflikte weiter zu reduzieren, ist es sinnvoll, das Zielsystem dahingehend anzupassen, dass statt Kosten die Wirtschaftlichkeit als Ziel formuliert wird. Hier wird entsprechend berücksichtigt, dass höherwertige Güter im Einkauf zwar teurer sind, aber auch zu höheren Preisen wieder verkauft werden können. Darüber hinaus ist die **Produktivität**, also die Effizienz der Produktionsprozesse, indirekt im Zielsystem berücksichtigt.

Bis Anfang der 1980er, in Teilbereichen sogar bis Anfang der 1990er-Jahre war der Absatzmarkt für Industrieunternehmen ein typischer Verkäufermarkt. Insbesondere die Mangelwirtschaft in den Nachkriegsjahren des 2. Weltkriegs und das darauf aufbauende Wirtschaftswunder führten dazu, dass sich die Fragestellungen der Produktionsverantwortlichen in erster Linie mit der optimalen Kapazitätsnutzung und der optimalen Kapazitätsauslastung der Betriebsmittel auseinandersetzten, da die Abnahme der Erzeugnisse quasi gesichert war.

Seit den 1990er-Jahren hat ein Wandel zum Käufermarkt stattgefunden. Geprägt durch Megatrends[24] wie die Beschleunigung der Taktraten wirtschaftlicher Aktivitäten, der Übergang zur postindustriellen Gesellschaft sowie die Globalisierung der Produktion gewann der Aspekt Zeit im Zieldreieck deutlich an Gewicht. Darüber hinaus muss das Zieldreieck insbesondere vor dem Hintergrund gesellschaftlicher Entwicklungen wie der Notwendigkeit der Sofortreaktion auf Kundenwünsche und der Verkürzung von Technologie- und Produktlebenszyklen um das Ziel Flexibilität erweitert werden.[25]

Durch diese Veränderung des Zielsystems haben sich auch die Fragestellungen in der industriellen Produktion gewandelt. Versuchte man ursprünglich, die Kundeninteressen durch bestmögliche Nutzung der vorhandenen Produktionskapazitäten zu erreichen, um durch eine möglichst effiziente Nutzung der Maschinenkapazitäten die Fertigungsstückkosten so gering wie möglich zu halten, versucht man in der heutigen Produktionswelt, zusätzlich den Faktoren Zeit und Flexibilität gerecht zu werden, die entsprechende Qualität vorausgesetzt. Die Auslastung der Produktionskapazitäten als oberstes Ziel hat vielerorts an Wichtigkeit verloren.

Die Anforderung „hohe Flexibilität" lässt sich mit Hilfe kurzer Durchlaufzeiten erzielen.[26] Um kurze Durchlaufzeiten erreichen zu können, ist es erforderlich, die Bestände vor (Rohstoffe), innerhalb (**Work in Progress** oder **Work in Process**, d. h. noch nicht fertiggestellte Produkte, WIP) und nach der Fertigung (Fertigwaren) so gering wie möglich zu halten. Eine Reduzierung der Bestände wirkt sich darüber hinaus auch positiv auf die Höhe des Umlaufvermögens aus. Eine Reduzierung des Umlaufvermögens wiederum erhöht den Kapitalumschlag und verbessert folglich den Return on Investment (ROI).

Typisch für den Philosophiewechsel im Management Anfang der 1990er-Jahre ist auch die Fokussierung auf Prozesseffizienz vor dem Hintergrund, die Produktivität[27] und Wirtschaftlichkeit[28] und die Prozessstabilität zu erhöhen. Stabile Prozesse reduzieren

u. a. die Fehlerrate in Arbeitsabläufen und erhöhen somit auch die Produktqualität. Die Methoden der Prozessanalyse und der Prozessoptimierung hielten entsprechend Einzug.

▶ *Tabelle 15.2* fasst die Veränderungen im Zielsystem der industriellen Fertigung seit den 1990er-Jahren nochmals zusammen.

Zielsystem traditionell	Zielerreichung traditionell	Zielsystem modern	Zielerreichung modern
Kosten	Auslastungsoptimierung Produktionsfunktionen (Kapazitätsnutzung)	Wirtschaftlichkeit	Prozessanalyse, Prozessoptimierung, Reduzierung Bestände Reduzierung Durchlaufzeit
Qualität (Produkt)	Produktionstechnologie, Qualität der Werkstoffe, Qualifikation der Mitarbeiter	Qualität (Produkt)	Produktionstechnologie, Qualität der Werkstoffe, Qualifikation der Mitarbeiter
Qualität (Prozess)	Weniger stark im Fokus	Qualität (Prozess)	Prozessanalyse, Prozessoptimierung
Zeit	Weniger kritisch	Zeit	Reduzierung Durchlaufzeit Reduzierung Bestände
		Flexibilität	Reduzierung Durchlaufzeit Reduzierung Bestände

Tabelle 15.2: Zielsysteme und deren Erreichung – gestern und heute

Die Steuerung der Zielerreichung erfolgt in einem modernen Zielsystem insbesondere durch Reduzierung der Durchlaufzeiten und durch Reduzierung der Bestände.

- **Bestand:** Güter und Waren, die sich im Fertigungsprozess (**Work-in-Process, WIP**), im Rohstoff-/Halbfertigteilelager und im Fertigwarenlager befinden
- **Durchlaufzeit:** Zeit, die die eingesetzten Werkstoffe (Teil des Inputs) benötigen, bis sie als fertiggestellter Output den Transformationsprozess verlassen. Dazu gehören Transport-, Lager-, Warte-, Produktionszeiten.

Die Reduzierung der Durchlaufzeit hat neben positiven Einflüssen auf die Zielkategorie Zeit einen positiven Einfluss auf die Herstellungskosten, auf den Umsatz (da ein höherer **Durchsatz**[29] möglich ist) sowie auf die Flexibilität der Produktion (schnellere Reaktion auf Kundenwünsche ist möglich).

Die Reduzierung von Beständen wirkt sich positiv auf die Wirtschaftlichkeit (geringere Lager- sowie Kapitalbindungskosten), die Durchlaufzeit (geringere Wartezeiten vor den Bearbeitungsstufen) sowie die Flexibilität[30] aus (höhere Transparenz im Fertigungssystem).

Einfluss auf die Qualität haben die Durchlaufzeit und die Bestandshöhe nur indirekt.[31] Zur Messung der Produktqualität sind daher die Kennzahlen heranzuziehen, die z. B. die technische Beschaffenheit eines Erzeugnisses und deren Einhaltung messen. Geeignete Kennzahlen zur Beurteilung der Prozessstabilität sind der Streuungsindex (Prozessfähigkeit) und der Niveauindex (Beherrschbarkeit des Prozesses).[32]

15.1.3 Zuständigkeiten und Aufgabenverteilung im Produktionsprozess

Um die erläuterten Ziele erreichen zu können, bedarf es sowohl technischer als auch wirtschaftlicher Konzepte sowie Mitarbeiter, die die Konzepte erarbeiten und umsetzen. Aus diesem Grund existiert in der Betriebswirtschaftslehre das Fachgebiet Produktion, das sich mit Entscheidungen rund um die Vorbereitung, die Durchführung und die Kontrolle der Produktion sowie die dazugehörigen logistischen Prozesse beschäftigt.[33]

Zu den konkreten Aufgaben des Fachgebiets Produktion gehören z. B.:

- die Wahl der Fertigungsstandorte,
- die Auswahl neuer Maschinen und Produktionstechnologien,
- Verhandlung und Abschluss von Verträgen mit Lieferanten und
- das damit verbundene Logistikkonzept,
- die Auswahl und Optimierung der Bestandsstrategien,
- die operative Sicherstellung des Bestandsniveaus,
- Aufstellung sowohl des langfristigen als auch des kurzfristigen Produktionsprogramms,
- Feinterminierung von Arbeitsgängen,
- Festlegung von Sicherheitsbeständen oder
- die Planung innerbetrieblicher Transporte.[34]

Diese Auswahl an Tätigkeiten und Aufgaben ist bei weitem nicht vollständig, zeigt aber, dass sich die Aufgabenvielfalt auf unterschiedlichen Managementebenen abspielt (strategisch, taktisch, operativ). Darüber hinaus zeigt sich, dass die Fachbereiche Produktion und Logistik sehr eng miteinander verknüpft sind, sich teilweise überschneiden und gegenseitig ergänzen.

Corsten/Gössinger zeigen den engen Zusammenhang zwischen Produktion und Logistik auf. Beide Disziplinen beschäftigen sich mit der Transformation von Gütern.[35] Der Fokus der Produktion ist dabei auf die Veränderung der Eigenschaften der Inputfaktoren gerichtet.[36] Die Eigenschaften verändern sich während des Transformationsprozesses hinsichtlich deren Substanzeigenschaften (z. B. aufgrund der unterschiedlichen technischen Verfahren), hinsichtlich der Objektzuordnung (Objekteigenschaften) sowie hinsichtlich Zeit und Raum.[37]

Der Fokus der Logistik liegt auf dem Materialfluss der Güter vor (Inputfaktoren), während (WIP) und im Anschluss (Output/Fertigprodukte) an den Transformationsprozess. Im Verlauf des Güterflusses werden die Gütereigenschaften hinsichtlich Raum und Zeit beeinflusst.

An der Stelle, an der sich die Aufgaben aus Produktion und Logistik überschneiden, spricht man von **Produktionslogistik**. Die Steuerung der Aufgaben im Bereich Produktion übernimmt das Produktionsmanagement, die Steuerung der Logistikaktivitäten das Logistikmanagement.

		Objekte der Transformation		
		Güter aus Fremdbezug (Beschaffung)	**Güter zur Herstellung des Outputs (Fertigung)**	**Output-Güter zum Verkauf (Distribution)**
Art der Transformation	**Substanz**		Produktion	
	Objekt			
	Zeit	Logistik	Produktionslogistik	Logistik
	Raum			

Tabelle 15.3: Zusammenhang zwischen Produktion und Logistik[38]

Die Aufgaben des Produktionsmanagements umfassen somit auch technische Fragestellungen, das Logistikmanagement fokussiert sich nicht nur auf den Fertigungsprozess, sondern auch auf die vor- und nachgelagerten Logistikaktivitäten. Entsprechend ist eine enge Zusammenarbeit notwendig und Voraussetzung für den unternehmerischen Erfolg.

In der betrieblichen Praxis läuft die Feinabstimmung insbesondere im Überschneidungsbereich Produktionslogistik aufgrund oftmals nicht eindeutig geklärter Zuständigkeiten nicht immer reibungslos. Dies liegt unter anderem auch darin begründet, dass es keine einheitliche Meinung dazu gibt, welche Aufgabenbereiche die Produktionslogistik umfasst und welche nicht.[39]

Grundsätzlich definiert Seeck Produktionslogistik als die „Planung, Steuerung, Durchführung und Kontrolle aller Produktionsprozesse."[40] Dementsprechend fallen insbesondere die Produktionsplanung und -steuerung ebenfalls in den Bereich Produktionslogistik.

▶ *Tabelle 15.4* veranschaulicht Aufgabenstellungen, die im Rahmen eines Produktionsprozesses anfallen, in Abhängigkeit der Managementebene und des Fachbereichs.

	Produktion	**Logistik**	**Produktionslogistik**
Strategisch – Vorbereitung und Treffen konstitutiver Entscheidungen in Produktion und Logistik	■ Standort ■ Technologie ■ Leistungstiefe ■ Automatisierungsgrad ■ Fertigungsverfahren (Werkstattfertigung/ Fließfertigung) ■ Innovationsmanagement ■ Standardisierungsgrad	■ Beschaffungsstrategie (JIT, JIS, Konsignationslager etc.) ■ Distributionsstruktur	■ Langfristiges Produktionsprogramm ■ Produktionsplanungs- und Steuerungskonzept ■ Versorgungskonzept Fertigung ■ Entsorgungskonzept Fertigung

Tabelle 15.4: Aufgaben in der Produktion nach Managementebene und Fachbereich[41]

	Produktion	Logistik	Produktionslogistik
Taktisch – Strukturelle Planung und Ablaufplanung zur Umsetzung der Strategien	■ Fertigungsorganisation ■ Qualitätsmanagement ■ Instandhaltungsmanagement	■ Materialflussstruktur in Supply Chain ■ Lieferantenmanagement	■ Materialflussstruktur in der Fertigung ■ Layout innerhalb der Produktionshallen ■ Kapazitätsmanagement (mittelfristig) ■ Prozessanalysen und -optimierung
Operativ – „Struktur leben" – Abläufe und Prozesse umsetzen und durchführen	■ Einrichtung Maschinen ■ Rüsten Maschinen ■ Wartung Maschinen ■ Beseitigung von Störungen ■ Qualitätskontrolle	■ Tourenplanung Distribution ■ Bestellungen bei Lieferanten ■ Transportieren (Beschaffung, Distribution) ■ Lagern (Distribution)	■ Produktionsplanung und Steuerung ■ Materialbedarfsplanung ■ Ablaufplanung und -steuerung ■ Arbeitsvorbereitung Steuerung ■ Arbeitsgänge
			■ Transportieren (Produktionsversorgung intern und extern) ■ Kommissionieren (WIP, Rohstofflager, Halbfertigteile) ■ Lagern (Rohstoffe, Halbfertigteile, WIP)
Legende:	(hell)	Produktionslogistik im weiteren Sinne	
	(dunkel)	Produktionslogistik im engeren Sinne	

Tabelle 15.4: Aufgaben in der Produktion nach Managementebene und Fachbereich[41] *(Forts.)*

Die strategischen Aufgaben dienen dazu, die konstitutiven – sprich grundlegend zu treffenden – Entscheidungen für einen Produktionsbetrieb vorzubereiten. Nach intensiver Analyse und Prüfung sind dann Entscheidungen zur zukünftigen Struktur in Produktion und Logistik zu treffen. Beispiel: Aufgrund der Produkteigenschaften und der Rahmenbedingungen im Absatzmarkt entscheidet man sich für die Werkstattfertigung als Fertigungsverfahren.

Die taktischen Aufgaben gießen die Vorgaben des Strategieprozesses in eine Struktur. Sie lösen die Fragestellung, wie die strategischen Prämissen in die Praxis umgesetzt werden. Entsprechend gilt es den Aufbau der Strukturen sowie die damit verbundenen Prozesse und Abläufe zu planen und zu steuern. Beispiel: Das Layout innerhalb der Hallen wird auf die Werkstattfertigung ausgerichtet, die Prozessabläufe werden auf das Prinzip der Werkstattfertigung angepasst.

Die operativen Aufgaben „leben" die vorgegebene Struktur im Tagesgeschäft. So wendet der Produktionsplaner Methoden und Hilfsmittel an, die im Rahmen der taktischen Aufgaben für die Produktionsplanung herausgearbeitet wurden.

Die dunkelgrau gekennzeichneten logistischen Basisfunktionen werden gewissermaßen selbstverständlich der Produktionslogistik zugeordnet, wohingegen insbesondere bei den hellgrau gekennzeichneten Planungs- und Steuerungsaufgaben häufig Kompetenzgerangel zwischen Produktions- und Logistikmanagement besteht. In der einschlägigen Literatur findet sich der Begriff Produktionslogistik ebenfalls nur selten, meistens werden die Aufgaben der Produktionslogistik ausführlich im Rahmen des Produktionsmanagements beschrieben.[42]

Da in der betrieblichen Praxis die Zuständigkeiten diesbezüglich nicht immer eindeutig geklärt sind, erfolgt eine Kategorisierung der Produktionslogistik in Produktionslogistik im engeren und im weiteren Sinne. Die dunkelgrau markierten Basisfunktionen decken die Produktionslogistik im engeren Sinne, die hellgrau markierten Aufgaben (inkl. der dunkelgrau markierten) die Produktionslogistik im weiteren Sinne ab.

15.2 Produktionslogistik im weiteren Sinne – Ansätze und Methoden der Produktionsplanung und -steuerung

Die Aufgabe der Produktionsplanung und -steuerung in der industriellen Fertigung ist es, den „Fluss der Werkstoffe durch die einzelnen Fertigungseinheiten (Betriebsmittel) zu koordinieren".[43] Aus strategischer Sicht bedeutet dies, ein geeignetes Produktionsplanungs- und Steuerungskonzept auszuwählen. Auf taktischer Ebene gilt es dann die darauf zugeschnittene Materialflussstruktur zu ermitteln und ein passgenaues Layout herauszuarbeiten. In diesem Fertigungsumfeld ist dann die Aufgabe der operativen Produktionsplanung und -steuerung, die Reihenfolge der Produktionsaufträge in der Fertigung zu optimieren und die Produktionsaufträge zum richtigen Zeitpunkt einzusteuern. Übertragen auf die betriebliche Praxis heißt das, dass zunächst Kundenaufträge in Fertigungsaufträge umgesetzt werden, die Freigabe zur Fertigung erteilt wird und im Anschluss der Durchlauf der Fertigungsaufträge einem aktiven Monitoring und Controlling unterliegt.

Die Herausforderung besteht darin, aufgezeigte, häufig nicht komplementäre Ziele bestmöglich zu erreichen. Konkret bedeutet dies, die Ziele niedrige Durchlaufzeit bei möglichst niedrigen Beständen (WIP, Rohstoff-, Halbfertig- und Fertigwarenbestände) und hoher Liefertreue zu erreichen, und das bei gleichzeitig hoher und kontinuierlicher Auslastung der Betriebsmittel.[44] Die Anzahl der Kundenaufträge ist hier als externe Komponente vorgegeben und kann nicht beeinflusst werden.

15.2.1 Strategische Produktionsplanungs- und Steuerungsprinzipien: Push vs. Pull – die beiden grundlegenden Steuerungsverfahren im Überblick

Um dieses komplexe Zielsystem bestmöglich erreichen zu können, haben sich in der betrieblichen Praxis unterschiedliche Philosophien und Methoden etabliert. Dabei lassen sich auf der strategischen Ebene zwei grundlegende Steuerungskonzepte (Philosophien) unterscheiden: das sogenannte **Push-Prinzip** oder Bring-Prinzip sowie das **Pull-Prinzip** oder Hol-/Zieh-Prinzip.

Push-Prinzip

Das charakteristische Merkmal des Push-Systems ist die zentrale Steuerungsinstanz, die alle Bearbeitungsschritte und Produktionsprozesse einsteuert. Jeder Kundenauftrag läuft in der zentralen Produktionssteuerung zusammen. Dort werden die Kundenaufträge in Fertigungsaufträge umgewandelt. Die zentrale Instanz plant und terminiert die Fertigungsaufträge für alle zur Verfügung stehenden Betriebsmittel.

Bei der Verarbeitung der Kundenaufträge erfolgt eine Bündelung der eingehenden Aufträge. Auf den jeweiligen Bearbeitungsstufen werden diese dann zu Produktionslosen zusammengefasst.[45] Dadurch wird eine hohe Auslastung der Maschinen bei einer möglichst geringen Anzahl von Rüstvorgängen gewährleistet. Um Wartezeiten im Rahmen der Bündelungsvorgänge zu reduzieren bzw. bestenfalls zu vermeiden, erfolgt die Erstellung der Fertigungsaufträge häufig nicht auf Basis real existierender Kundenaufträge, sondern anhand prognostizierter Bedarfe basierend auf Vorjahreszahlen, Rahmenverträgen oder Bedarfsprognosen der Großkunden. Dadurch lässt sich die Produktion unabhängig von Nachfrageschwankungen steuern.[46]

Da alle Betriebsmittel zentral geplant werden, ist eine sehr große Anzahl an Informationen notwendig, um einen Planungslauf durchzuführen. Um zu vermeiden, dass unterschiedlich aktuelle Daten eingeplant werden, ist es zu empfehlen, einen Planungslauf am Tag zu einem stets fixen Zeitpunkt durchzuführen und die Daten auf diesen Zeitpunkt hin abzustimmen. Nach dem Planungslauf erfolgt die Freigabe der Aufträge durch die zentrale Produktionsplanung und -steuerung. Die Werker an den Betriebsmitteln erhalten im Anschluss daran die Information, welche Aufträge zu produzieren sind.

▸ *Abbildung 15.4* veranschaulicht schematisch die Einsteuerung der Aufträge in der operativen Produktionssteuerung:

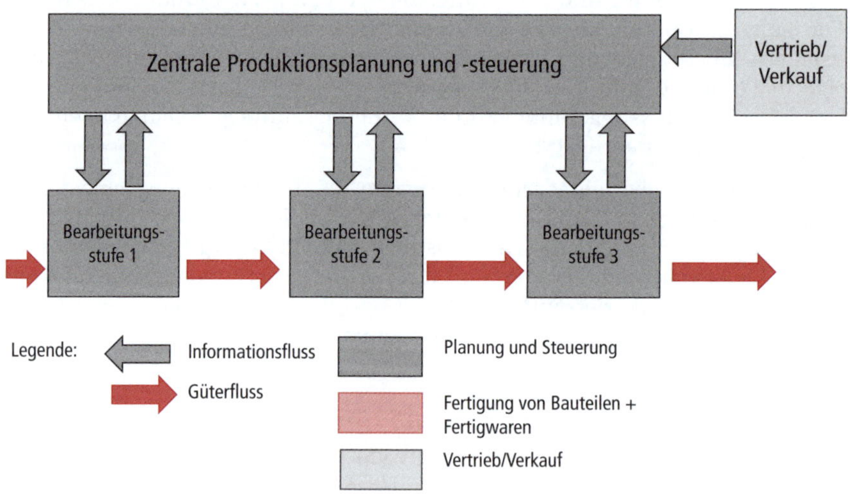

Abbildung 15.4: Ablauf einer Push-Steuerung[47]

Der Informationsfluss geht von der zentralen Steuerungseinheit zu den Bearbeitungsstufen, von diesen erfolgt (meist durch Betriebsdatenerfassung) eine Informationsrückkopplung, um gegebenenfalls auftretende Planabweichungen (Maschinenstillstand, Qualitätsprobleme) beim nächsten Planungslauf berücksichtigen zu können.

Der Materialfluss läuft von Bearbeitungsstufe 1 bis zu Bearbeitungsstufe 3 so ab, dass nach Fertigstellung eines Fertigungsauftrags der interne Transport die fertiggestellten Halbfertigprodukte zur nächsten Produktionsstufe transportiert. Sofern vor der nächsten Bearbeitungsstufe nicht ausreichend Platz ist, erfolgt eine Einlagerung in ein Pufferlager. Faktisch steht die Ware aber vor der Bearbeitungsstufe 2 zur Weiterbearbeitung bereit.

Da die Ware nach Fertigstellung automatisch zur nächsten Bearbeitungsstufe weitertransportiert wird und somit die Produkte vom vorgelagerten Prozessschritt zum nachgelagerten „drücken", wird dieses Steuerungskonzept „Push"-Konzept genannt.

Voraussetzungen für den Einsatz push-orientierter Systeme

Folgende Rahmenbedingungen bzw. Voraussetzungen sind folglich zu berücksichtigen und einzuhalten, wenn Push-Systeme zum Einsatz kommen:

- Die Nachfrage muss gut planbar sein, andernfalls ist eine rechtzeitige und vollständige Anpassung der Planungs- und Systemparameter nicht möglich.
- Durch die hohe Komplexität und die große Anzahl Daten kann eine push-gesteuerte Produktionsplanung nur mit geeigneter und leistungsfähiger Software bzw. Softwaresystemen realisiert werden. Ohne IT-Unterstützung sind die Planungsvorgänge nicht leistbar.
- Die Mitarbeiter in der Produktionssteuerung und -planung müssen das Softwaresystem sehr gut beherrschen. Dort, wo das System Anpassungen und die Berücksichtigung von Interdependenzen erlaubt, sind diese regelmäßig zu bearbeiten. Die Überprüfung der Steuerungsparameter muss rollierend[48] erfolgen, eine umgehende Anpassung der Stammdaten im Änderungsfall ist zwingend erforderlich (Stammdatenmanagement).[49] Diese systemimmanenten Anforderungen setzen eine sehr hohe Disziplin bei den Mitarbeitern in Vertrieb, Produktion und Logistik voraus. Nur wenn alle beteiligten Mitarbeiter die Daten aktuell halten, ist eine annähernd fehlerfreie Nutzung möglich.

Die push-orientierte Fertigungslogik ist trotz der genannten Nachteile noch immer die am weitesten verbreitete Produktionssteuerung.[50] Dies ist unter anderem darin begründet, dass alle gängigen ERP-Systeme die Fertigungsplanung im Sinne einer Push-Logik unterstützen. Ursache hierfür ist vielfach die Annahme, dass die Kosten für Mitarbeiter und Maschinen höher sind als die mit Beständen verbundenen Kosten wie Kapitalbindungs- und Lagerkosten. Die nicht planbaren und langen Durchlaufzeiten werden daher mit bewusst in Kauf genommenen Beständen kompensiert. Man geht zudem davon aus, alle hergestellten Produkte am Markt absetzen zu können.

Vorteile push-orientierter Systeme

- **Ganzheitliche Betrachtung der Informations- und Materialflüsse:** Die umfassende Generierung und Nutzung der produktionsrelevanten Informationen ermöglicht der Fertigungssteuerung einen ganzheitlichen Überblick über den Produktionsverlauf und -stand. Darauf aufbauend ist eine Koordination aller Materialflüsse möglich, ein Gesamtoptimum des Produktionssystems (Produktions- und Logistikkosten) lässt sich ermitteln.

- **Gute Anpassungsfähigkeit bei gut prognostizierbarer Nachfrage:** Eine hohe Herausforderung für Produktionsplaner ist die Planung und Steuerung einer Vielzahl unterschiedlicher Produkte und Produktvarianten. Sofern die Kundennachfrage gut vorhersagbar ist, bietet ein Push-Planungssystem aufgrund der hohen Transparenz und des guten Überblicks eine gute Voraussetzung, mit der hohen Variantenvielfalt zurechtzukommen.

Nachteile push-orientierter Systeme

- **Berücksichtigung von Interdependenzen im Gesamtsystem schwer umsetzbar:** Zur ganzheitlichen Optimierung sind eine Vielzahl an Daten und Informationen zu berücksichtigen. In der unternehmerischen Praxis führt dies häufig dazu, dass nicht alle Informationen und Daten berücksichtigt werden können und/oder bewusst nicht berücksichtigt werden.

Beispiel: Grenzen der Planung

a) Fehlende Abstimmung zwischen Kunden- und Fertigungsauftrag:[51]

Im Rahmen push-orientierter Planungssysteme greift man häufig auf Nachfrageprognosen zurück. Agiert das Unternehmen in einem Umfeld, in dem sich die Nachfrage nur schwer prognostizieren lässt, oder unterliegt die Nachfrage starken Schwankungen, müsste eine Anpassung der Prognosedaten auf Basis der realen Kundenaufträge erfolgen. Dies hat eine umfangreiche Aktualisierungsprozedur zur Folge, oftmals verbunden mit einer sich schnell ändernden Datenbasis (häufige Aktualisierung der realen Nachfrage durch Bestellerhöhungen, -stornierungen oder Eilaufträge).[52] In diesem Fall ist eine schnelle Reaktion auf das veränderte Marktumfeld fast nicht möglich, eine Anpassung der Daten findet daher häufig nicht statt. Dies hat zur Folge, dass die Fertigungsaufträge nicht auf Basis der realen Kundennachfrage erstellt werden, und so entweder zu viel oder zu wenig vom jeweiligen Produkt gefertigt wird. Insbesondere bei knappen Kapazitäten ist jedoch eine Anpassung an die reale Nachfrage notwendig.

b) Nichtberücksichtigung der Interdependenzen zwischen den Bearbeitungsstufen hinsichtlich der Fertigungsauftragsgröße:[53]

Bei der Planung der Fertigungsaufträge und insbesondere der Produktionslosgröße werden die Abhängigkeiten der Bearbeitungsstufen untereinander nicht berücksichtigt. Das heißt, die Fertigungsaufträge werden isoliert betrachtet, jede Bearbeitungsstufe wird für sich optimiert. Die Interdependenzen zwischen den Bearbeitungsstufen bleiben unberücksichtigt. Die Nichtberücksichtigung ist der Komplexität der Abhängigkeiten zwischen den Bearbeitungsstufen geschuldet.

Aus obiger Ausführung geht hervor, dass Push-Systeme einen sehr hohen Planungsaufwand erfordern. Letztlich ist es fast unmöglich, alle planungsrelevanten Daten stets vollzählig und aktuell einbeziehen zu können.[54] Durch diese Nichtberücksichtigung von Daten und Informationen sind Push-Systeme stark anfällig für hohe, nicht prognostizierbare Bestände. Nach dem **Gesetz von Little**[55] ist die Durchlaufzeit u. a.

abhängig von der Höhe der Bestände im System. Je höher die Bestände, desto höher die Durchlaufzeit. Aufgrund dieses Zusammenhangs lässt sich die reale Durchlaufzeit nur unzureichend planen, eine geringe Liefertermintreue ist die Folge. Für Disponenten bedeutet dies, dass Unruhe ins System kommt und sie deshalb unter hohem Druck stehen.

Pull-Prinzip

Im Gegensatz zum Push-Prinzip setzt das Pull-Prinzip nicht auf eine zentrale Steuerung aller Betriebsmittel, sondern auf dezentrale, selbststeuernde Kreisläufe. Die eingehenden Kundenaufträge werden, wie bei der Push-Steuerung, an eine zentrale Steuerungsinstanz weitergeleitet. Die Steuerungsinstanz koordiniert jedoch ausschließlich die letzte Produktionsstufe im System. Der Ablauf der Pull-Systematik ist in ▶*Abbildung 15.5* dargestellt.

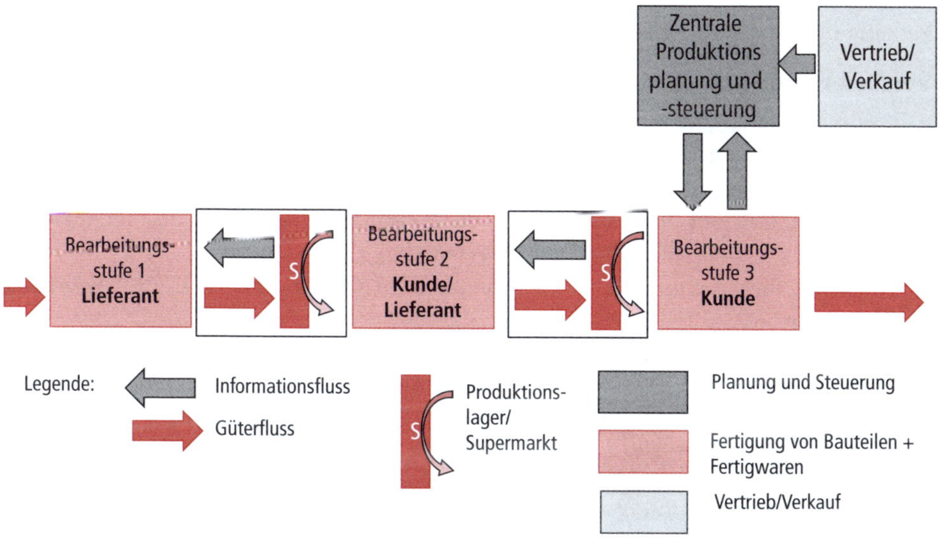

Abbildung 15.5: Ablauf einer Pull-Steuerung[56]

Der Anstoß zur Produktion erfolgt durch einen Kundenauftrag, gefertigt wird stets ausschließlich auf Basis tatsächlich existierender Kundenaufträge, niemals prognosebasiert.[57] Die eingehenden Kundenaufträge laufen in der Produktionssteuerung zusammen. Diese nimmt eine Terminierung der Aufträge für die letzte Produktionsstufe vor. Nach Freigabe der Fertigungsaufträge für Bearbeitungsstufe drei beginnt diese mit der Fertigung.

Die für Produktionsschritt drei benötigten Bauteile und Einsatzstoffe werden aus einem sog. **Supermarkt**[58] entnommen. Die Entnahme der Bauteile löst einen Fertigungsauftrag aus. Dieser besagt, dass exakt die Teile, die aus dem Supermarkt entnommen wurden, in Bearbeitungsstufe zwei zu fertigen sind.[59] Somit erhält Bearbeitungsstufe zwei ihren Produktionsauftrag von der nachgelagerten Produktionsstufe und beginnt mit der Fertigung erst dann, wenn tatsächlich ein Auftrag der nachgelagerten Stufe vorliegt. Faktisch „zieht" sich die nachgelagerte Produktionsstufe die benötigten Bauteile und Einsatzstoffe von der vorgelagerten bei Bedarf, daher die Bezeichnung „Pull". Der gleiche Mechanismus greift für Bearbeitungsstufe eins, wenn Bearbeitungsstufe zwei mit der Produktion startet.

Im laufenden Betrieb ist ausschließlich die letzte Produktionsstufe aktiv zu steuern, alle weiteren Informations- und Steuerflüsse laufen automatisch, sprich selbststeuernd ab. Die Bestände in den Supermärkten gewährleisten einen sofortigen Fertigungsstart nach Erhalt eines Auftrags. Um versorgungsbedingte Produktionsstillstände zu vermeiden, gilt es daher, die Bestände in den Supermärkten so festzulegen, dass Nachfrageschwankungen abgefedert werden können.

Bevor das System selbststeuernd agieren kann, sind folglich die dezentralen Kreisläufe zu konzeptionieren. Konkret bedeutet dies, dass die Bestandsmengen in den Produktionslagern in Abhängigkeit der Wiederbeschaffungszeit (Transport- und Fertigungszeiten) zu dimensionieren sind. Die Auslegung der Kreisläufe erfolgt dezentral durch die Mitarbeiter der jeweiligen Bearbeitungsstufen. Deren Aufgabe ist es auch, die Kreisläufe bei sich ändernden Rahmenbedingungen rechtzeitig anzupassen. Ziel ist es, einerseits einen Produktionsstillstand zu vermeiden, andererseits jedoch die bewusst in Kauf genommenen Bestände in den Supermärkten so gering wie möglich zu halten.

Voraussetzungen für den Einsatz pull-orientierter Systeme

Aufgrund der genannten Nachteile sind folgende Voraussetzungen einzuhalten, wenn ein Pull-System umgesetzt werden soll:

- Die Nachfrageschwankungen im System dürfen nur gering sein. Starke Schwankungen führen zur Nichtauslastung von Ressourcen, zu hohen Bestandsniveaus oder evtl. zu einer Überschreitung der gesetzten Systemgrenzen.
- Die Wiederbeschaffungszeiten zwischen den Bearbeitungsstufen sollten möglichst klein sein.
- Hohe Wiederbeschaffungszeiten zwischen den Bearbeitungsstufen können nur durch Erhöhung des Bestandsniveaus kompensiert werden. Daher versucht man in der betrieblichen Praxis, mit Hilfe unterschiedlicher Methoden des Lean Management, die Wiederbeschaffungszeit zu reduzieren.
- Langfristige Festsetzung der Produktionsmengen zwischen Kunde und Fertigungsunternehmen:[60] Dadurch werden zu starke Nachfrageschwankungen und ein Verletzen der Systemgrenzen vermieden. Eine Anpassung der selbststeuernden Kreisläufe erfolgt in Absprache zwischen Lieferant und Kunde. In der betrieblichen Praxis erfolgt die Umsetzung meist in Form von Rahmenverträgen und Lieferantenvereinbarungen, in denen Schwankungsbreiten der Nachfrage auf Monats- und Jahresbasis vereinbart werden.

Gerade in den letzten Jahren haben pull-orientierte Verfahren an Bedeutung gewonnen. Vor allem der im Vergleich zu push-orientierten Verfahren deutlich geringere Steuerungsaufwand verbunden mit einem gut und verlässlich kalkulierbaren Bestandsniveau macht die Pull-Logik attraktiv.[61]

Dennoch ist das Pull-Verfahren nicht das pauschale Allheilmittel. Vielfach müssen über Jahre oder gar Jahrzehnte aufgebaute Fertigungsstrukturen und Strategien neu aufgesetzt werden. Die bisher praktizierten Ansätze sind nicht 1:1 auf eine Pull-Logik übertragbar. Daher haben sich in der betrieblichen Praxis unterschiedliche Herangehensweisen etabliert, um dem „Boom“ der Pull-Logik gerecht zu werden.

Zum einen haben sich Vorgehensweisen herauskristallisiert, die versuchen, die Nachteile der jeweiligen Steuerungsvariante zu reduzieren und beeinflussbar zu machen, zum anderen etablieren sich Mischsysteme, in denen bewusst Elemente beider Steuerungsvarianten gekoppelt werden.

Vorteile pull-orientierter Systeme

- **Geringer Informationsbedarf zur tagesaktuellen Steuerung:** Im operativen Tagesgeschäft benötigt die Produktionsplanung und -steuerung ausschließlich Informationen zu Fertigungsaufträgen für eine Bearbeitungsstufe (im Beispiel Bearbeitungsstufe 3). Alle weiteren Daten, die zum Betrieb der selbststeuernden Kreisläufe notwendig sind, finden nur bei der (Neu-)Auslegung des Gesamtsystems Verwendung. Der Informationsbedarf zur tagesaktuellen Steuerung des Produktionssystems ist damit deutlich geringer als in push-orientierten Systemen.
- **Hohe Flexibilität bis hin zur Bestandsobergrenze:** Bei der Auslegung der Systemgrenzen, sprich des Maximalbestands, der selbststeuernden Kreisläufe müssen bereits die auftretenden Nachfrageschwankungen berücksichtigt werden. Dadurch wird die notwendige Flexibilität gewährleistet. Neben den technischen Möglichkeiten der Betriebsmittel (z. B. geringe Rüstzeiten) resultiert die Flexibilität u. a. aus dem definierten Bestandsniveau der Kreisläufe. Je länger die vorgelagerte Stufe zur Neuproduktion eines Artikels oder Bauteils bedarf, desto höher muss das Bestandsniveau im Supermarkt der Produktion sein.
- **Fest definiertes Bestandsniveau:** Je volatiler die Nachfrage hinsichtlich Art der Produkte und Produktionsmenge und je variantenreicher ein Fertigungssystem ist, desto höher ist das vorzuhaltende Bestandsniveau in den Produktionslagern. Selbststeuernde Systeme führen nicht automatisch zu bestandslosen Fertigungssystemen. Der positive Effekt besteht in der Auslegung eines Maximalbestandsniveaus. Das bei Auslegung des Systems festgelegte Bestandsniveau wird nie überschritten. Entsprechend ist bei der Definition der Bestandsobergrenzen bekannt, wie hoch die Flexibilität in Verbindung mit dem dafür notwendigen Bestandsvolumen ist. Eine nicht prognostizierbare Entwicklung der Bestände und somit der Durchlaufzeit werden dadurch vermieden.

Nachteile pull-orientierter Systeme

- **Variantenvielfalt und komplexe Materialflüsse schwer abbildbar:** Systembedingt (Entnahme eines Behälters bzw. Bauteils dient als Fertigungsauftrag) müssen für alle Bauteile und Artikel, die produziert werden, Bestände vorgehalten werden. Je höher die Variantenvielfalt, desto mehr unterschiedliche Teile müssen bevorratet werden. Entsprechend höher ist das Bestandsniveau. Je nach Ausmaß besteht nicht mehr die Möglichkeit, die Bestände in den Supermärkten am Arbeitsplatz direkt oder in dessen Nähe zu lagern.
- **In ähnlicher Weise wirken sich auch komplexe Materialflüsse aus:** Sind Bearbeitungsstufen in mehrere, unterschiedlich ausgestaltete, Produktionslinien integriert, stellt die Gestaltung des Arbeitsplatzes eine hohe Herausforderung dar. Ein Erfolgsfaktor selbststeuernder Kreisläufe ist die geringe Komplexität im System. Bei mehreren, sich kreuzenden Materialflüssen besteht die Herausforderung in der transparenten Ausgestaltung des Arbeitsplatzes, so dass die Zuordnung zu Materialflüssen und Fertigungslinien leicht fällt und eine Vermischung von Bauteilen und Rohstoffen an der jeweiligen Bearbeitungsstufe vermieden werden kann.[62]
- **Keine Ermittlung des Gesamtoptimums eines Produktionssystems:** Bei der Neuauslegung eines Pull-Systems erfolgt die Dimensionierung der unterschiedlichen Kreisläufe nicht zentral durch eine Abteilung, sondern dezentral durch die Mitar-

beiter des jeweiligen Kreislaufs. Es werden somit zwar alle Daten und Informationen des Fertigungssystems berücksichtigt, ein ganzheitliches Optimum ergibt sich jedoch nicht. Vielmehr entstehen Teiloptima der jeweiligen Bearbeitungsstufen.

- **Systemgrenzen schränken Flexibilität ein:** Sofern Nachfrageschwankungen über die gesetzten Systemgrenzen hinausgehen, kann ein Pull-System nur sehr behäbig reagieren.[63] Eine Erfüllung der Kundenbedürfnisse ist nur dann möglich, wenn entweder die Kunden bereit sind zu warten oder eine geringe Wiederbeschaffungszeit für die eingesetzten Werkstoffe erzielbar ist.
- **Keine Auslastungsoptimierung der Betriebsmittel möglich:** Die Auslastung von Maschinen und Mitarbeitern ist in vielen Fällen nicht optimierbar. Um flexibel reagieren zu können, muss die maximale Nachfragemenge von allen Bearbeitungsstufen abbildbar sein. Selbst bei kontinuierlicher, schwach schwankender Nachfrage wird diese Maximalkapazität aber eher selten beansprucht. Entsprechend können die Kapazitäten nicht voll ausgelastet werden.[64] Darüber hinaus existieren Produkte, die aufgrund technischer Restriktionen eine Mindestlosgröße produzieren müssen, um wirtschaftlich rentabel zu fertigen. Diese sog. „Mindestoptimale Losgröße" ist in Pull-Systemen schwer zu handhaben.[65]

15.2.2 Verfahren zur operativen Produktionsplanung und -steuerung

Um die in Kapitel vorgestellten Produktionsplanungsphilosophien operativ umsetzen zu können, wurden unterschiedliche operative Verfahren entwickelt. Diese Produktionsplanungs- und -steuerungsverfahren werden vorgestellt und der jeweiligen Grundphilosophie (Push oder Pull, Mischsystem) zugeordnet

Bei den push-orientierten Verfahren wird zunächst das klassische Verfahren vorgestellt. Aufbauend auf diesem stellt das Kapitel Verfahren vor, die die Schwächen und Nachteile des Push-Systems bewusst aufgreifen und versuchen zu vermeiden.

Pull-Logiken basieren auf selbststeuernden, dezentralen Kreisläufen. Da Pull-Systeme somit im täglichen Betrieb „automatisch" ablaufen, besteht die Herausforderung der Produktionsplanung und -steuerung weniger im operativen Tagesgeschäft als vielmehr darin, das jeweilige System aufzusetzen und zu konfigurieren.[66] Weiter unten werden unterschiedliche Konzepte und Methoden der Pull-Steuerung vorgestellt, die Rahmenbedingungen aufgezeigt, die zu erfüllen sind, und es wird erläutert, wie die Systeme bestmöglich auf diese Rahmenbedingungen angepasst werden können, um selbststeuernd agieren zu können.

Push-orientierte Verfahren

Das klassische Verfahren der Produktionssteuerung ist die Vorgehensweise nach der sog. **Material Requirement Planung**, auch MRP I genannt.[67] Der Begriff MRP bezeichnet ursprünglich das Planungsverfahren selbst, wird in der betrieblichen Praxis gleichzeitig aber auch als Synonym für die Planungssoftware genutzt.

Als typischer Vertreter der Push-Systeme wird das Verfahren daher als Erstes beschrieben. Aufgrund der Schwachstellen der Planungsverfahren nach MRP I haben sich eine Reihe von Methoden entwickelt, die bewusst diese Schwachstellen aufgreifen und versuchen, diese abzumildern oder zu umgehen. Häufig verwendete Verfahren im Bereich der Push-Steuerung sind:[68]

- das MRP II-Verfahren,
- die **Belastungsorientierte Auftragsfreigabe (BoA)**,
- die Optimized Production Technology (OPT) – engpassorientierte Steuerung,
- das **Fortschrittszahlenkonzept** und
- der Einsatz von **Prioritätsregeln**.

MRP-Verfahren (MRP I und MRP II)

Die MRP-Verfahren (MRP I wie MRP II) sind sog. hierarchische Verfahren der Produktionsplanung. Das heißt, dass zunächst mit einer Grobplanung des Produktionsprogramms begonnen wird und dieses dann Schritt für Schritt detailliert wird.[69] Man bezeichnet diese Vorgehensweise auch als sukzessives Planungsverfahren, da die Planung wegen der hohen Komplexität in mehrere Teilplanungsaspekte zerlegt wird.[70]

Vorgehensweise bei MRP-Planungs- und Steuerungsverfahren

Bis zur endgültigen Auftragsfreigabe sind vier Planungsstufen zu durchlaufen:[71]

1. Programm- und Auftragsplanung
2. Mengen- und Losgrößenplanung
3. Termin- und Kapazitätsplanung
4. Produktionssteuerung (operativ)

Im Rahmen der Programm- und Auftragsplanung werden Art, Menge und Termin der zu produzierenden Produkte ermittelt. Grundlage für diese Planung sind Absatzprognosen.[72] Um die Planung möglichst aktuell zu halten, erfolgt eine Überarbeitung der Prognosen in regelmäßigen Abständen (monatlich, quartalsweise). Das Produktionsprogramm wird entsprechend angepasst. Diese Vorgehensweise nennt man auch **rollierende Planung**.[73] Der Planungshorizont für das Produktionsprogramm liegt zwischen einem und fünf Jahren.[74] Ergebnis dieser ersten Planungsstufe sind die Primärbedarfe (Bedarf an Fertigteilen) für den jeweiligen Planungshorizont.

Anhand dieser Primärbedarfe wird in der zweiten Stufe der Sekundärbedarf ermittelt.[75] Der Sekundärbedarf gibt an, aus welchen Einzelteilen der Primärbedarf besteht und wie viele der jeweiligen Einzelteile zur Herstellung des Primärbedarfs benötigt werden (Mengenplanung). Zu unterscheiden sind der Brutto-Sekundärbedarf und der Netto-Sekundärbedarf. Der Brutto-Sekundärbedarf ist der Bedarf an allen Einzelteilen, ohne die bereits auf Lager liegenden Einzelteile zu berücksichtigen. Der Netto-Sekundärbedarf berücksichtigt die Lagerbestände.[76]

Diese Planung erfolgt auf Wochenbasis (Sekundärbedarf pro Kalenderwoche).[77] Um aus den Wochenbedarfen sinnvolle Produktionslosgrößen abzuleiten, wird die Mengenplanung häufig mit einer Losgrößenplanung verknüpft.[78] Das Ergebnis der zweiten Planungsstufe sind dann grobterminierte Fertigungsaufträge für die Fertigteile (Primärbedarf) sowie die Bestandteile des Endprodukts (Sekundärbedarfe). Auf dieser Planungsstufe werden noch keine Kapazitätsrestriktionen berücksichtigt, man geht also von unbeschränkten Kapazitäten aus.[79]

Im nächsten Schritt erfolgt die Terminplanung. Dazu berechnet man die Start- und Endtermine der Produktionsaufträge, ohne Kapazitätsrestriktionen einzubeziehen.[80] Erst nachdem die Terminplanung auf Basis von Vorlaufzeiten (vorgelagerte Produktionsstufen) und Plandurchlaufzeiten (abgeleitet aus den Arbeitsplänen) abgeschlossen ist, startet die Kapazitätsplanung.

Die Aufgabe der Kapazitätsplanung ist es, Überlastungen sprich Kapazitätsüberschreitungen durch Verschieben weniger zeitkritischer Aufträge oder durch das Einplanen von Überstunden auszugleichen.[81] Die Herausforderung an dieser Stelle ist, die unterschiedlichen Auswirkungen eines Arbeitsgangs auf andere Bearbeitungsstufen zu berücksichtigen. In der betrieblichen Praxis, insbesondere dann, wenn es sich um komplexe Materialflüsse handelt, ist diese Herausforderung kaum zu lösen.

Im letzten Schritt der vierstufigen Planung stehen die Auftragsfreigabe sowie die Konkretisierung der Reihenfolge an. Dieser Schritt wird Produktionssteuerung genannt. Damit wird der operative Charakter in den Vordergrund gestellt.[82] Gleichzeitig erfolgt eine Abgrenzung zu den ersten drei Schritten, die die planerische Aufgabenstellung hervorheben. Aufgabe der Produktionssteuerung ist die Zuteilung der Produktionsaufträge auf Maschinen, die Vergabe der Auftragsreihenfolge und die Freigabe der Aufträge.

Abgrenzung zwischen MRP I und II

Ausgangspunkt der MRP-Methode war das sog. MRP I. MRP steht in diesem Fall für Material Requirement Planning. Gemäß der Bezeichnung steht die Materialbedarfsplanung im Vordergrund. Die Terminierung erfolgt auf Basis fester Durchlaufzeiten, die Kapazitätsplanung wird im Rahmen der MRP-I-Planungsläufe nicht fokussiert.

MRP II – Manufacturing Resource Planning – erweitert den MRP-I-Ansatz dadurch, dass die Kapazitätsplanung besser eingebunden wird und neben den Materialbedarfen auch die weiteren Produktionsressourcen in die Planung aufgenommen werden (Maschinen, Werkzeuge, Personal und ggf. auch Finanzbedarf).[83] Der Produktionsplaner kann zudem manuell die Terminierung der Aufträge steuern.[84] Zudem erfolgt bei MRP II eine Rückkopplung innerhalb des Planungsvorgangs.[85] Kurz gesagt lassen sich MRP I und II folgendermaßen charakterisieren: [86]

- MRP I (Material Requirement Planning): Ableitung terminierter Fertigungslose
- MRP II (Manufacturing Ressource Planning): Berücksichtigung der Kapazitäten, sprich Erweiterung um Termin- und Kapazitätsplanung

Kritische Würdigung der MRP-Planungslogik

Die MRP-Planungslogik bildet das traditionelle Vorgehen bei der Produktionsplanung und -steuerung. Ursprünglich wurden die einzelnen Planungsschritte manuell geplant. Mit zunehmender Komplexität der Produktionssysteme und der Weiterentwicklung der IT-Landschaft erfolgte eine „Automatisierung" der Vorgehensweise in Softwarelösungen (**Produktions-Planungs- und Steuerungs-Systeme (PPS)** sowie Enterprise-Resource-Planning-Systeme (ERP)). Dabei spielen jedoch Komponenten der Entscheidungsunterstützung kaum eine Rolle.[87]

Die MRP-Planungslogik[88] weist folgende Schwachstellen auf:

- Die Vorgehensweise erfordert insbesondere im Bereich Kapazitätsabgleich und im Rahmen der operativen Produktionssteuerung eine sehr gute, d. h. zeitnahe und umfassende Versorgung mit Informationen bezüglich der zu berücksichtigenden Fertigungsparameter (aktualisierte Forecasts, tatsächliche Kundenaufträge, Liefertermine, Liefermengen, Fertigungskapazitäten, geplante Durchlaufzeiten usw.).
- Die aktualisierten Informationen sind umgehend im Planungssystem anzupassen. Anders ausgedrückt sind die Plan- und Fertigungsaufträge stets auf dem aktuellen

Stand zu halten.[89] Eine regelmäßige Überprüfung und Anpassung der Stammdaten ist zudem unabdingbar. In der betrieblichen Praxis erfolgt diese Anpassung häufig in vorher festgelegten Zeitabständen (Batchläufe). Dennoch ist es fast unmöglich, alle Änderungen der betroffenen Fertigungsparameter auf dem aktuellen Stand zu halten. Vielfach ist das Produktionsprogramm nach dem Planungslauf bereits wieder veraltet. Auch die intensive Pflege der Stammdaten stellt in der Praxis eine große Herausforderung dar.

- Die Anpassung der Planungsparameter in regelmäßigen Zeitabständen wird auch als rollierende Planung bezeichnet. Neben hohen Anforderungen an die Qualifikation und Disziplin der Mitarbeiter setzen solch intensive Abstimmungen und die zugrunde liegende Menge an Daten und Informationen äußerst leistungsfähige IT-Systeme voraus. Selbst heute gängige Großrechner sind zu unflexibel, um den Anforderungen einer rollierenden Planung gerecht zu werden.[90]
- Im Planungsschritt Terminplanung erfolgt die Berechnung der Produktionszeit auf Basis von Plandurchlaufzeiten.[91] Die tatsächliche Durchlaufzeit weicht in der Praxis von der Plandurchlaufzeit sehr stark ab.[92] Nach dem Gesetz von Little[93] ist die Durchlaufzeit u. a. abhängig von der Höhe der Bestände im System. Je höher die Bestände, desto höher die tatsächliche Durchlaufzeit.
- Durch die Nichtberücksichtigung der Interdependenzen im Gesamtsystem sind MRP-Systeme stark anfällig für hohe, nicht prognostizierbare Bestände. Entsprechend schlecht planbar ist die echte Durchlaufzeit. Laut aktuellen Untersuchungen beträgt der Anteil der Bearbeitungszeit an der Gesamtdurchlaufzeit nur 15–25 %. Die restliche Zeit ist produktions- bzw. arbeitsablaufbedingte Wartezeit.[94] Bei der Ermittlung der Plandurchlaufzeit wird häufig die reine Bearbeitungszeit ohne Berücksichtigung der Wartezeiten herangezogen. Selbst bei Berücksichtigung der Wartezeiten durch Schätzung derselben wird in den meisten Fällen ein deutlich kleinerer Wert als der tatsächliche angenommen.[95]
- Die Berücksichtigung von Ressourcen findet kaum bzw. nur begrenzt Anwendung. Bei der Vorgehensweise nach MRP I geht man von unbeschränkten Kapazitäten aus, bei Planung nach MRP II erfolgt zwar eine Berücksichtigung beschränkter Ressourcen, dies geschieht aber erst auf der vorletzten Planungsstufe, also relativ spät im Planungsprozess.[96] Diese Art der Kapazitätsbetrachtung führt häufig zu einer Überplanung der Ressourcen.[97] Aus der Überplanung resultieren Überbestände, die wiederum hohe Durchlaufzeiten zur Folge haben.

Bei den genannten Schwachstellen handelt es sich allesamt um systemimmanente Schwachstellen, die sich nicht durch noch leistungsfähigere IT-Systeme beseitigen lassen.[98] Die Nachteile können nur durch Beseitigung oder bewusstem Umgang mit den Schwachstellen reduziert werden. Vor diesem Hintergrund haben sich unterschiedliche Methoden entwickelt, die an unterschiedlichen Schwachstellen ansetzen. Die folgenden Ausführungen erläutern unterschiedliche Lösungsansätze und zeigen auf, an welcher Schwachstelle die jeweilige Methode ansetzt.

Zunächst wird daher aufgezeigt, an welcher Schwachstelle des Push-Systems die jeweilige Planungsmethode ansetzt. Im Anschluss werden die Vorgehensweise sowie die Vor- und Nachteile der Methode erläutert. Aus diesen Erkenntnissen lässt sich dann die jeweils geeignete Arbeitsumgebung (Rahmenbedingungen, Voraussetzungen) ableiten.

Belastungsorientierte Auftragsfreigabe (BoA)

Das Konzept der Belastungsorientierten Auftragsfreigabe wurde ursprünglich von Ketter und Bechte[99] ins Leben gerufen. Wiendahl entwickelte das Konzept entscheidend weiter.[100] Ursächlich für die Entwicklung war dabei der Paradigmenwechsel vom zentralen Ziel der Kapazitätsauslastung hin zur Reduzierung von Beständen und Durchlaufzeiten.

Ansatzpunkt – Lösungsansatz

Empirische Untersuchungen zeigen, dass die Leistungsfähigkeit eines Produktionssystems stark darunter leidet, wenn die Anzahl an eingeplanten Aufträgen steigt.[101] Je mehr Aufträge eingeplant werden, desto höher die Durchlaufzeiten und auch die Bestände. Dies ist insbesondere dann problematisch, wenn die Maschinen keine Kapazitäten mehr frei haben und eine hohe Anzahl nicht dringlicher Aufträge auf die Bearbeitung an der jeweiligen Maschine warten.[102]

Der Lösungsansatz bei der Belastungsorientierten Auftragsfreigabe sieht daher vor, sog. Belastungsschranken einzuführen. Die Aufträge für eine Produktions- bzw. Bearbeitungsstufe werden demzufolge nicht sofort nach Eingang des Auftrags eingeplant. Vielmehr basiert die Einplanung der Aufträge auf klar definierten Regeln.

Die Belastungsorientierte Auftragsfreigabe setzt ihren Hebel demzufolge bei der Kapazitätssteuerung des Systems an. Die Regeln bewirken eine Beschränkung der Bestände im Gesamtsystem. Der Bestand, der vor einer Maschine bzw. Bearbeitungsstufe auf seine Verarbeitung wartet, wird durch fest definierte Bestandsgrenzen nach oben begrenzt.[103] Diese Bestandsgrenzen basieren auf einer Belastungsschranke (in Abhängigkeit der Kapazität der Maschine) und einer Terminschranke (Dringlichkeit der Aufträge).

Vorgehensweise

Die Steuerungslogik bei der BoA setzt auf einer zweistufigen Heuristik auf. Im ersten Schritt werden die dringlichen Aufträge identifiziert (Terminschranke), im zweiten Schritt wird festgelegt, welcher dieser Aufträge dann tatsächlich ins System ein gelastet wird (Belastungsschranke).[104]

1. Identifizierung und Auswahl der dringlichen Aufträge – Setzen der Terminschranke

   Im ersten Schritt gilt es zu prüfen, zu welchem Zeitpunkt die Aufträge gestartet werden müssen, um ihren Liefertermin erfüllen zu können. Freigegeben für die weitere Planung werden nur dringliche Aufträge. Um festzustellen, bei welchen Aufträgen es sich um dringliche Aufträge handelt, wird zunächst der Soll-Starttermin der Aufträge ermittelt. Dies erfolgt auf Basis einer Rückwärtsterminierung.[105] Vom Liefertermin aus rückwärts gerechnet wird anhand der Plandurchlaufzeit der Starttermin in der Produktion ermittelt.[106] Die Aufträge, die als Erstes zu bearbeiten sind, um den Liefertermin halten zu können, sind die dringlichsten Aufträge. Der Produktionsplaner muss nun festlegen, innerhalb welches Zeitraums er Fertigungsaufträge als dringlich einschätzt. Sind dies z. B. nur Aufträge von der Gegenwart bis 1 Tag später (Gegenwart + 1 Kalendertag) oder ein längerer Zeitraum (Gegenwart + x Kalendertage). Dieser Zeitraum wird als Vorgriffshorizont bezeichnet. Die Länge des Vorgriffshorizonts (1 oder mehrere Tage von der Gegenwart aus gerechnet) wird durch die sog. Terminschranke festgelegt. Die Terminschranke ist somit der zentrale Steuerparameter für die erste Auftragseingrenzung und beeinflusst damit die Funktionsweise der BoA erheblich. Es besteht aber keine Gesetzmäßigkeit zur Wahl der richtigen Terminschranke. Vielmehr ist der Produktionsplaner auf seine Erfahrung, auf Ausprobieren oder auf die Simulation des Vorgangs angewiesen.[107]

2. Auswahl der einzulastenden Aufträge – Setzen der Belastungsschranke

Die Belastungsschranke regelt den Auftragsbestand vor den Maschinen. Ziel ist es, dass an allen Maschinen bzw. Produktionsstellen ein vorgegebener durchschnittlicher Bestand an Planaufträgen eingehalten wird. Dadurch wird vermieden, dass Aufträge zu früh einen Engpassbereich erreichen. Um die Belastungsschranke rechnerisch ermitteln zu können, müssen drei Aspekte berücksichtigt werden:[108]

1. Aufträge, die direkt vor der zu betrachtenden Maschine warten.
2. Aufträge, die nach der Bearbeitung auf anderen Maschinen zur betrachtenden Maschine kommen. Da hier die Wahrscheinlichkeit besteht, dass die Aufträge aufgrund von Terminverzögerungen oder Qualitätsproblemen nicht oder erst später an die zu betrachtende Maschine weitergeleitet werden, wird die Wahrscheinlichkeit berechnet, mit der die Aufträge bis zur Belastungsschranke vordringen.
3. Aufträge, die auf der betrachteten Maschine im Planungszeitraum bereits bearbeitet werden und somit die Kapazität nicht mehr belasten.

Bei der Ermittlung der geeigneten Belastungsschranke besteht die gleiche Herausforderung wie bei der Wahl der Terminschranke. Auch hier ist der Produktionsplaner auf seine Erfahrung, auf Ausprobieren oder die Anwendung von Simulationen angewiesen.[109]

Rahmenbedingungen für Einsatz und daraus ableitbares Einsatzgebiet

Die Belastungsorientierte Auftragsfreigabe kommt insbesondere bei Produktionssystemen zum Einsatz, die nach dem Fertigungsprinzip einer Werkstattfertigung aufgebaut sind. Je mehr unterschiedliche Produkte hergestellt werden, desto höher ist die Varianz der Durchlaufzeiten. Entsprechend schlecht lassen sich die Durchlaufzeiten prognostizieren. Viele Produktionsplaner neigen daher dazu, die Produktionsaufträge möglichst früh einzuplanen.[110] Hier setzt die BoA mit ihrem Planungskonzept an. Entsprechend eignet sich die Belastungsorientierte Auftragsfreigabe vor allem für die Fertigungsart der Einzel-, Kleinserien und variantenreichen Serienfertigung.[111]

Vorteile der Belastungsorientierten Auftragsfreigabe

- Die Belastungsorientierte Auftragsfreigabe ist eine Planungsmethode, die für den Anwender relativ leicht erlern- und anwendbar ist.
- Die Freigaberegeln sind leicht nachvollziehbar, außerdem lässt sich die Systematik relativ einfach in bestehende Planungssysteme integrieren.
- Haben sich die Freigaberegeln verfestigt und eingeschwungen, sind keine aufwändigen Termin- und Kapazitätsplanungen notwendig.
- Der Kapazitätsengpass steuert die Auftragsfreigabe. Dadurch wird der Bestand in der Produktion begrenzt.
- Der durchschnittliche Bestand und die durchschnittliche Durchlaufzeit bleiben relativ konstant.

Nachteile der Belastungsorientierten Auftragsfreigabe

- Die Qualität der Funktionsweise beruht auf der geeigneten Wahl der beiden Steuerparameter Termin- und Belastungsschranke. Für beide Parameter existieren jedoch keine Justierungshilfsmittel oder Gesetzmäßigkeiten, wie diese festzulegen sind. Hier kommt es auf die Fähigkeit und Erfahrung des Produktionsplaners an.
- Es wird davon ausgegangen, dass die geplanten Durchlaufzeiten nur geringfügig von den tatsächlichen Durchlaufzeiten abweichen. Dies ist schon deshalb schwierig, da die Durchlaufzeiten durch die Planung beeinflusst werden und somit nicht die Ausgangsgröße sein können.[112]
- Die Planung selbst erfolgt nur für eine Periode. Die Auswirkungen der BoA-Planungslogik auf die nachfolgende Planperiode (z. B., dass ein nicht dringlicher Auftrag in Periode 1 zu einem dringlichen Auftrag in Periode 2 wird) werden nicht berücksichtigt.[113]
- Die Voraussetzungen und Rahmenbedingungen für den Einsatz der BoA sind sehr restriktiv. Die Kapazitäten der Maschinen und Produktionsstufen sind nicht variabel, der Kapazitätsbedarf (Auftragszu- minus Auftragsabgang) ist auf lange Sicht ausgeglichen.[114]

Optimized Production Technology – engpassorientierte Steuerung

In der betrieblichen Praxis haben sich sog. Totalmodelle, also der Versuch, alle Planungsaufgaben eines Unternehmens simultan zu lösen, als untauglich erwiesen.[115] Daher greift man auf die sukzessive Lösung von Teilplanungsaufgaben zurück. Die sukzessive Planung läuft dergestalt ab, dass zunächst ein Teilgebiet bzw. Teilplan optimiert wird. Die Planungsergebnisse aus dieser ersten Optimierung werden dann in Form von Daten für den nächsten Teilplanungsschritt übernommen. Diese Art der Planung führt allerdings zu nicht optimalen Lösungen.[116] Um nun ein sinnvolles Ergebnis zu erhalten – d. h. ein Ergebnis, das nahe am Optimum liegt –, sollten sukzessive Planungen am betrieblichen Engpassbereich starten. Die nachfolgenden Teilpläne orientieren sich dann an den daraus abgeleiteten Daten.[117]

Die Grundidee des OPT-Verfahrens basiert auf diesem von Gutenberg entwickelten Ausgleichsgesetz der Planung.[118] Erstmals vorgestellt wurde die sog. Optimized Production Technology Ende der 70er-Jahre von Goldratt.[119]

Ansatzpunkt – Lösungsansatz

Die OPT-Planungslogik setzt ebenso wie die BoA bei der Kapazitätsplanung an. Während die BoA die Einlastung der Aufträge in das System durch Beschränkung steuert, fokussiert sich die OPT-Planungslogik auf eine optimale Nutzung und Auslastung der Engpassmaschinen. Die Auslastung von Nicht-Engpass-Ressourcen ist nicht von Bedeutung[120], im Gegensatz zur BoA, die alle Maschinen und Bearbeitungsstufen möglichst gut auslasten möchte.[121] Dahinter steht die Grundannahme, dass die maximale Kapazität einer Produktion durch die maximale Ausbringungsmenge am **Engpass** determiniert wird. Das hat zur Folge, dass am Engpass selbst keine Kapazitäten verschwendet werden dürfen, es somit keine Leistungsverluste geben darf.[122]

Vorgehensweise

Auf dieser Grundannahme aufbauend hat sich folgende Vorgehensweise bei der Produktionsplanung nach OPT etabliert:

1. Suche und identifiziere die Engpässe im Produktionssystem.
2. Entwickle Maßnahmen und entscheide, wie der Engpass optimal genutzt werden kann.
3. Alle anderen Entscheidungen sind den beiden erstgenannten Entscheidungen unterzuordnen.
4. Entlaste, besser beseitige den identifizierten Engpass.
5. Ergibt sich durch die Maßnahmen 1 bis 4 ein neuer Engpass, so wiederhole die Entscheidungen aus Schritt 1 bis 4 für den neu entstandenen Engpass.[123]

Um diese Planungslogik erfolgreich umsetzen zu können, muss der Engpass möglichst ohne Leerlauf/Leerzeiten beplant sein. Zur Absicherung der Engpassauslastung ist ein Sicherheitsbestand vor dem Engpass aufzubauen.[124] Weitere Maßnahmen wie z. B. vorbeugende Instandhaltungsmaßnahmen zur Reduzierung der Maschinenausfallzeiten sind ratsam.[125] Nach Beseitigung eines Engpasses (Punkt 4) ergibt sich ein neuer Engpass. Entsprechend sind die o. g. Maßnahmen dann am neuen Engpass auszurichten.

Grundsätzlich gilt, dass die Kapazitätsausnutzung jeder einzelnen Ressource weniger wichtig ist, als der Durchsatz des Gesamtsystems. Entsprechend spielen die Kapazitätsgrenzen der einzelnen Maschinen eine untergeordnete Rolle. Nicht-Engpassmaschinen sollen nicht produzieren, wenn die produzierten Waren nicht weiterbearbeitet werden können.[126]

Für die Produktionsplaner und Disponenten hat das hinsichtlich der Planung der Fertigungsaufträge folgende Auswirkung:

Am Engpass selbst erfolgt eine genaue Einplanung der Aufträge mit den geplanten Endterminen.[127] Ausgehend von diesen Terminen, werden vom Engpass aus gesehen die Aufträge an den nachgelagerten Maschinen vorwärts terminiert, die Aufträge an den vorgelagerten Maschinen rückwärts.[128] Grund für das Vorgehen ist, dass die Maschinen vor dem Engpass nicht schneller produzieren sollen als der Engpass selbst (um WIP-Bestände zu vermeiden), die nachgelagerten Stufen müssen die Aufträge dann aber so schnell wie möglich fertigen, um nicht selber zum Engpass zu werden.

Vorteile der Optimized Production Technology

- Die Anzahl Parameter, die bei der Produktionsplanung zu berücksichtigen sind, ist deutlich geringer als bei anderen Planungslogiken und -systemen. Dadurch reduziert sich der mit der Planung verbundene Aufwand.[129]
- Betrachtung der Gesamtkapazität eines Prozesses und nicht nur Berücksichtigung von Teilprozessen.[130] Es wird ausschließlich die Kapazität am Engpass voll ausgeschöpft. Die Kapazitäten aller weiteren vorgelagerten Bearbeitungsstufen werden nicht voll ausgeschöpft. Die Anzahl produzierter Halbfertigteile reduziert sich, es entsteht kein Stau vor dem Engpass.[131] Somit reduziert sich der Zwischenlagerbestand bzw. WIP-Bestand in der Fertigung.
- Fehlinvestitionen durch Investition in einen Nicht-Engpassbereich lassen sich vermeiden. Eine Investition in einen Nicht-Engpassbereich optimiert möglicherweise den betroffenen Teilprozess, eine positive Auswirkung auf den Gesamtprozess bleibt aus.

Nachteile der Optimized Production Technology

- Durch Änderungen z. B. in der Produkt- und/oder Auftragsstruktur kommt es zu Verschiebungen des Engpasses. Der Engpass ist somit neu zu ermitteln. Insbesondere bei häufigen Änderungen lässt sich dies in der betrieblichen Praxis kaum handhaben.
- Störungen und Modifikationen im Bereich des Engpasses führen zu Problemen und möglicherweise Fehlsteuerungen in den nachfolgenden Planungsschritten.[132] Um Änderungen z. B. aufgrund fehlender Rohstoffe oder Bauteile zu vermeiden, sollte daher auf einen hohen Lieferservicegrad der Lieferanten geachtet werden.[133]
- Die genaue Funktionsweise des softwaregestützten Systems ist nicht bekannt. Die Algorithmen sind aufgrund der kommerziellen Nutzung stets geheim gehalten worden. Das hat zwei Nachteile zur Folge:
  - Eine Detailkritik ist nicht möglich.[134]
  - Die Ergebnisse sind teilweise für den Produktionsplaner nicht nachvollziehbar. Externe Hilfe in Form von Beratungsleistungen ist nicht vermeidbar.[135]

Rahmenbedingungen für Einsatz und daraus ableitbares Einsatzgebiet

Bevor die engpassorientierte Steuerung zum Einsatz kommt, gilt es die Mitarbeiter entsprechend vorzubereiten. Neben traditionellen Schulungsmaßnahmen muss den Mitarbeitern v. a. die damit verbundene neue Philosophie erläutert werden. Im Gegensatz zum traditionellen Produktionsprinzip der „Kapazitätsauslastung“ ist es nun nicht mehr notwendig, alle Maschinen rund um die Uhr im Einsatz zu haben. Das ist für viele Disponenten nur schwer nachvollziehbar, insbesondere dann, wenn die Planungslogiken und Steuerungsregeln nicht oder nur rudimentär bekannt sind.[136]

Der Einsatz der OPT-Technologie bietet sich bei variantenreicher Kleinserien- oder Serienfertigung an, insbesondere in Form einer Werkstattfertigung.[137] Darüber hinaus ist zu gewährleisten, dass die Belastung der Maschinen bzw. der Bearbeitungsstufen stabil ist (Engpass sollte stets gleich bleiben).[138] Zudem ist eine hohe Informationsqualität der Arbeitspläne unabdingbar (Kapazität der Betriebsmittel, Bearbeitungszeiten).[139]

Das Fortschrittszahlenkonzept

Das Fortschrittszahlenkonzept kommt überwiegend in der Automobilindustrie zum Einsatz. Sehr häufig wird damit die Produktionsplanung und -steuerung in Just-in-Time-Lieferkonzepten abgedeckt. Gesteuert werden damit sowohl interne als auch externe Materialflüsse (Zuliefer-Abnehmer-Beziehungen).[140]

Ansatzpunkt – Lösungsansatz

Ziel der Fortschrittszahlenplanung ist die Vereinfachung der Terminplanung. Die klassische Terminplanung sieht vor, Fertigungsaufträge auf Basis von bestätigten, d. h. festen Lieferterminen und nachgefragten Mengen (bereits feststehende Bestellungen seitens des Kunden oder prognostizierte Nachfrage) festzulegen. Die Planung kann sowohl mit Hilfe der Vorwärts- als auch der Rückwärtsterminierung erfolgen. Ergebnis dieser Planung sind fixierte Fertigungsaufträge, die Produktionsmengen und Produktionsstarttermine sind somit festgelegt.[141]

Die Grundidee des Fortschrittszahlenkonzepts basiert auf der Annahme, dass die nachgefragte Menge für eine bestimmte Periode bekannt ist und eine kontinuierliche, gleichmäßige Nachfrage für das zu produzierende Gut innerhalb dieses Zeitraums besteht. Die Steuerung der Fertigung erfolgt dann auf Basis eines Mengenabgleichs. Vor Produktionsbeginn werden Soll-Liefermengen für einen bestimmten Zeitraum, z. B. ein Jahr, definiert. In regelmäßigen Abständen erfolgt dann ein Abgleich mit der tatsächlich produzierten Menge. Die Produktionssteuerung trifft die Entscheidungen hinsichtlich Mengen und Fertigungsstartterminen dann auf Basis dieses Soll-Ist-Abgleichs bzw. der Differenzen aus der produzierten und der nachgefragten Menge.[142]

Vorgehensweise

Der Ansatzpunkt zur Produktionssteuerung bei diesem Verfahren ist die sog. Fortschrittszahl. Es werden die Ist-Fortschrittszahl und die Soll-Fortschrittszahl unterschieden. Die Ist-Fortschrittszahl gibt an, wie viel von einem bestimmten Produkt ab einem vorher fest definierten Zeitpunkt bereits produziert wurde. Die Soll-Fortschrittszahl gibt an, welche Menge zu diesem Zeitpunkt bereits produziert sein sollte, um die vereinbarte Gesamtmenge realisieren zu können.[143] Ist die Ist-Fortschrittszahl größer als die Soll-Fortschrittszahl, besteht ein Vorlauf, im umgekehrten Fall befindet sich die Fertigung im Rückstand.[144]

Das gesamte Produktionssystem wird in Subsysteme zerlegt, die sog. Kontrollblöcke. Jeder Kontrollblock erhält in Abhängigkeit der Gesamtstückzahl der herzustellenden Güter eigene Vorgaben für die zu fertigenden Bauteile, Baugruppen oder Einzelteile. Die Subsysteme sind informationstechnisch verbunden. Zu Beginn des Kontrollblocks wird die sog. Eingangs-Fortschrittskennzahl ermittelt. Am Ende des Kontrollblocks, dort, wo der Produktionsoutput dieses Bearbeitungssystems den Kontrollblock verlässt, erfolgt die Messung und Bekanntgabe der Ausgangs-Fortschrittszahl. Dadurch erfährt der Produktionsplaner, welche Produktionsmengen im vorgelagerten Kontrollblock hergestellt wurden und wie viele Teile im eigenen Abschnitt bereits fertiggestellt worden sind.[145]

Mit Hilfe dieser beiden Ist-Fortschrittszahlen kann nun jeder Kontrollblock aufgrund seiner Zielvorgaben eine autonome und selbstständige Terminplanung für die zukünftige Maschinenbelegung vornehmen. Jeder Bereich lässt sich folglich mit einem für ihn optimierten Verfahren steuern und trotzdem kann eine zentral abgestimmte Terminplanung erfolgen.[146]

Vorteile des Fortschrittszahlenkonzepts

- Einfache Ermittlung der benötigten Daten. Es müssen nur die fertiggestellten Einzelteile, Baugruppen und Bauteile pro Subsystem (Kontrollblock) gezählt werden.[147]
- Geringe Anzahl benötigter Daten. Dadurch auch geringer Kommunikationsaufwand mit vor und nachgelagerten Prozessbeteiligten.[148]
- Die Planungslogik basiert auf einem hierarchischen PPS-Ansatz. Die Losgrößen-, Termin- und Kapazitätsplanung erfolgt jedoch dezentral.[149] Somit werden einerseits die Vorteile einer zentralen Planung (Einbeziehung aller Subsysteme) genutzt, gleichzeitig die Nachteile derselben (simultane Planung kaum möglich) reduziert.

Nachteile des Fortschrittszahlenkonzepts

- Die Flexibilität beim Materialfluss ist eingeschränkt. Die Kontrollblöcke (Subsysteme) sollten nicht so miteinander verbunden sein, dass gegenseitige Austauschbeziehungen möglich sind. Die Kontrollblöcke sind nur in eine Richtung und nacheinander zu durchlaufen.[150]

- Die Entscheidungsfreiheit bei den dezentralen Entscheidungen in den Kontrollblöcken ist häufig geringer als vermutet. Die nachgelagerten Kontrollblöcke sind in ihrer Entscheidungsautonomie von den Entscheidungen in den vorgelagerten Bearbeitungsschritten abhängig. Vahrenkamp zeigt folgendes Beispiel auf: Ein vorgelagerter Kontrollblock produziert auf Basis einer Just-in-Time-Philosophie. Das heißt, die dort produzierte Menge wird zum spätestmöglichen Termin in den nachgelagerten Block weitergegeben. Dadurch ist der nachgelagerte Block nur dann frei in seiner Produktionsplanung, wenn die Vorlaufzeit für die Soll-Fortschrittszahl höher ist als die durchschnittliche Durchlaufzeit im nachgelagerten Bearbeitungsschritt. Dies ist in der betrieblichen Praxis nur selten der Fall.[151]

Rahmenbedingungen für Einsatz und daraus ableitbares Einsatzgebiet

Die eingeschränkte Flexibilität beim Materialfluss sowie die Vorteilhaftigkeit kontinuierlicher und gleichmäßiger Bedarfe legen nahe, dass das Fortschrittszahlenkonzept im Rahmen einer Serien- oder Massenfertigung (optimaler Weise mittlerer bis großer Serien) standardisierter Güter mit geringer Anzahl Varianten eingesetzt wird.[152] Die Aufstellung der Fertigungsstufen sollte im Flussprinzip erfolgen.[153] Um die autonome Losgrößen- und Terminplanung sicherzustellen, sollte diese jedoch ohne fixe zeitliche Kopplung erfolgen.[154]

Durch die enge Kopplung der Kontrollblöcke bedarf es aufeinander abgestimmter Kapazitäten,[155] optimaler Weise mit Kapazitätsreserven (siehe Nachteile des Fortschrittzahlenkonzepts).[156] Die Soll-Vorgaben für die Kontrollblöcke müssen regelmäßig überprüft und ggf. angepasst werden, zudem sollten diese realistisch sein.[157] Auch wenn einer der zentralen Vorteile in der einfachen Erhebung der Daten begründet liegt, ist eine Unterstützung derselben mit einem leistungsfähigen Betriebsdatenerfassungssystem zu empfehlen.[158]

Prioritätsregeln

Im Gegensatz zur Fließfertigung ist die Werkstattfertigung so organisiert, dass die Aufträge auf verschiedenen Routen durch die Fertigung gesteuert werden. Es kann auch vorkommen, dass die gleiche Bearbeitungsstufe mehrfach durchlaufen wird.[159] Darüber hinaus prägen unterschiedlich lange Bearbeitungszeiten und eine hohe Anzahl Fertigungsaufträge, die vor den Maschinen auf ihre Bearbeitung warten, die Ausgangssituation.[160] Aufgrund dieser Tatsache stellt die Erstellung einer geeigneten Produktionsreihenfolge auf den Maschinen eine wesentlich größere Herausforderung dar als bei einer Fließfertigung. An diesem Punkt setzt die Planungs- und Steuerungslogik der Prioritätsregeln an.

Ansatzpunkt – Lösungsansatz

Die Prioritätsregeln unterstützen die vierte Stufe der hierarchischen Produktionsplanung und -steuerung, die operative Produktionssteuerung. Aufgabe im Rahmen der operativen Fertigungssteuerung ist die Reihenfolgenplanung der Aufträge auf den jeweiligen Betriebsmitteln. Außer dem Verfahren von Akers, das den Spezialfall der Reihenfolgeplanung für insgesamt nur zwei vorliegende Aufträge löst, existieren für mehr als zwei Aufträge keine effizient darstellbaren Lösungsverfahren.[161] Da zudem bei der Reihenfolgenbildung aufgrund der Komplexität des Gesamtsystems nicht alle Informationen verfügbar und/oder nutzbar gemacht werden können, wird auf einfache Regeln, die sog. Prioritätsregeln, zurückgegriffen.[162]

Vorgehensweise

Im Rahmen einer Werkstattfertigung durchläuft jeder Produktionsauftrag in der Werkstatt auf einer im Vorfeld festgelegten Route die jeweiligen Bearbeitungsstufen. Anhand dieser Route ist ersichtlich, in welcher Reihenfolge die Maschinen genutzt werden. Somit lässt sich auch der Rückschluss ziehen, welcher Produktionsauftrag zu welchem Zeitpunkt an welcher Maschine bearbeitet wird.

Da in den meisten Fällen mehrere Aufträge an den jeweiligen Maschinen gefertigt werden, entstehen vor den Bearbeitungsstufen Warteschlangen. Nun gilt es Regeln zu finden, in welcher Reihenfolge die vor der Maschine wartenden Aufträge abgearbeitet werden. Da, wie eingangs erwähnt, hierfür keine effizient einsetzbaren Methoden existieren, greift man auf sog. Prioritätsregeln zurück. Allen Aufträgen, die vor einer Maschine zur Bearbeitung anstehen, wird auf Basis der genutzten Regel eine Priorität zugewiesen.

Die Regeln selbst sind sehr einfach konzipiert und sind in den gängigen PPS-Systemen integriert.[163]

Die meisten Autoren nennen zwischen drei und zehn Regeln, die in der betrieblichen Praxis Verwendung finden.[164] In der Literatur werden jedoch bis zu 100 unterschiedliche Regeln thematisiert.[165]

Folgende Regeln gehören zu den gängigsten:

	Regelkategorie	Abkürzung	Regelname	höchste Priorität
lokale Informationen	Bearbeitungszeitorientiert	KOZ	kürzeste Operationszeit	Auftrag mit kürzesten Operationszeit
		LOZ	längste Operationszeit	Auftrag mit längster Operationszeit
	Wartezeitorientiert	FCFS	first-come-first-serve	Auftrag, der zuerst an Maschine war
		LCFS	last-come-first-serve	Auftrag, der als letzter an Maschine eintrifft
		GR	geringste Rüstzeit	Auftrag mit der geringsten Rüstzeit
	Fertigungsstellungsterminorientiert	SL	kürzeste **Schlupfzeit**	Auftrag, bei dem Differenz Liefertermin und verbleibende Bearbeitungszeit am geringsten
		LT	frühester Liefertermin	Auftrag mit frühestem Liefertermin
	Kostenorientiert	RZ	höchste Rüstkosten	Auftrag mit den niedrigsten Rüstkosten
		KA	höchste Kapitalbindung	Auftrag mit höchster Kapitalbindung
	Kundenorientiert	KR	Kundenregel	Auftrag für wichtigsten Kunden

Tabelle 15.5: Gängige Prioritätsregeln[166]

	Regelkategorie	Abkürzung	Regelname	höchste Priorität
Informationen über mehrere Maschinengruppen	Bearbeitungszeitorientiert	WINQ oder KRB	least total Work in next queue oder kürzeste Restbearbeitungszeit	Auftrag mit kleinster Summe an Bearbeitungszeiten der Aufträge in der folgenden Warteschlange
		GRB	größte Restbearbeitungszeit	längste Restbearbeitungszeit auf den noch verbleibenden Bearbeitungsstufen
		KGB	kleinste Gesamtbearbeitungszeit	kleinste Gesamtbearbeitungszeit auf allen Maschinen
		GGB	größte Gesamtbearbeitungszeit	größte Gesamtbearbeitungszeit auf allen Maschinen
	Wertorientiert	WT	höchster Produktwert	Aufträge mit dem höchsten Produktwert werden zuerst bearbeitet
	Verknüpfung unterschiedlicher Prioritätsregeln	KOZ + SL	kürzeste Operationszeit + kürzeste Schlupfzeit	bei Terminabweichung: KOZ-Regel keine Terminabweichung: SL-Regel
Sonderregeln	Externe Prioritäten	EP	Bedeutung des Kunden	Reihenfolge gemäß Wichtigkeit des Kunden
			Konventionalstrafen	Reihenfolge gemäß Höhe der zu erwartenden Konventionalstrafe
			Fixtermine	Reihenfolge einzuhaltender Fixtermine

Tabelle 15.5: Gängige Prioritätsregeln[166] *(Forts.)*

Unter Kenntnis der o. g. Regeln gilt es die geeignetste Regel für das jeweilige Fertigungssystem zu finden. Da die Wirkungsweise der einzelnen Regeln von der jeweiligen Struktur der Produktion abhängt, ist man auf eine Simulation unterschiedlicher Regeln und deren Auswirkung angewiesen.[167] Theoretisch könnte bei jeder Maschine bzw. bei jedem Bearbeitungsschritt eine andere Prioritätsregel angewendet werden, was eine Auswahl geeigneter Regeln entsprechend komplex werden lässt.[168]

Daher greift man auf bereits bekannte Erfahrungen in der betrieblichen Praxis zurück. So ist die KOZ-Regel z. B. dann geeignet, wenn man die Durchlauf- und Wartezeit gering halten will. Aufgrund der schlechten Termintreue sollten keine zeitkritischen Aufträge in der Warteschlange stehen.[169] Dies liegt daran, dass die Aufträge mit der längsten Bearbeitungszeit immer wieder hinten angestellt werden.[170] Kombiniert mit der WT-Regel jedoch stellt sich die KOZ-Regel als besonders wirtschaftlich heraus.[171]

Steht hingegen eine hohe Termintreue im Vordergrund, empfiehlt sich die Schlupfzeitregel, dafür geht diese Regel mit einer hohen Durchlaufzeit einher.[172] Ist es für das Unternehmen wichtig, schnellstmöglich zu Umsätzen zu kommen, sollte die kürzeste Restbearbeitungszeitregel zum Einsatz kommen.[173] Aus Sicht des Produktionsplaners ist die FCFS (first-come-first-serve)-Regel am einfachsten anzuwenden.[174]

Vorteil der Prioritätsregeln

- Die Prioritätsregeln sind leicht verständlich.
- Die Berechnungen der Auftragsreihenfolge sind einfach und ohne großen Aufwand möglich.[175] Insbesondere dann, wenn eine Prioritätsregel einheitlich im gesamten Fertigungssystem eingesetzt wird.
- Gut geeignet, wenn sich die Prioritäten und der Auftragsbestand häufig ändern.[176] Der Einsatz in einem dynamischen Produktionsumfeld ist somit möglich.

Nachteil der Prioritätsregeln

- Bestimmte Auftragstypen werden in Abhängigkeit der jeweiligen Prioritätsregel benachteiligt. Das führt zur Ansammlung dieses Auftragstypus vor den Bearbeitungsstufen und somit ggf. zu Lieferterminschwierigkeiten. Beispiel: Bei der KOZ-Regel werden sich Aufträge mit langen Bearbeitungszeiten vor den Maschinen stauen.[177]
- Die Prioritätsregeln ermöglichen eine einfache und in der betrieblichen Praxis gut handhabbare Priorisierung, die zu gangbaren und je nach Zielsetzung guten Ergebnissen führt. Eine optimale Auftragsreihenfolge ergibt sich dadurch jedoch nicht.[178]
- Durch Kombination unterschiedlicher Prioritätsregeln lässt sich der o. g. Nachteil reduzieren, dann steigt aber die Komplexität des Verfahrens deutlich an.[179]
- Im Falle einer Nutzung ausschließlich lokaler Informationen ohne Einbezug der folgenden Maschinen werden Auswirkungen auf die folgenden Bearbeitungsprozesse und Warteschlangen vernachlässigt. Das kann z. B. dazu führen, dass Aufträge auf vorgelagerten Maschinen bereits eingelastet werden, obwohl sie auf der nächsten Bearbeitungsstufe noch nicht bearbeitet werden können. Aus dieser Systematik heraus ergeben sich hohe Durchlaufzeiten, ggf. reduziert sich die Kapazitätsauslastung an anderer Stelle. Um diesen Nachteil auszugleichen, werden Prioritätsregeln eingesetzt, die mehrere Maschinen und Bearbeitungsstufen mit einbeziehen. Dies geht wieder zu Lasten der Einfachheit des Systems.[180]

Rahmenbedingungen für Einsatz und daraus ableitbares Einsatzgebiet

Die Aufgabenstellung, die zum Einsatz der Prioritätsregeln führen, treten ausschließlich im Bereich der Werkstattfertigung auf. Somit ist das Einsatzgebiet der Prioritätsregeln in Verknüpfung mit dem Verrichtungsprinzip zu sehen. Da der Einsatz der Regeln für dynamische Fertigungsumfelder geeignet ist, lässt sich diese Planungslogik auch im Bereich der variantenreichen Serienfertigung, der Kleinserien- und Einzelfertigung einsetzen. Die Reihenfolgeplanung kann für einzelne Maschinen genauso wie für Fertigungszellen oder umfassendere Fertigungssysteme erfolgen. Als Voraussetzung für den Einsatz ist im Prinzip nur die Kenntnis der Regeln erforderlich, da die gängigen Prioritätsregeln in den gängigen ERP-Systemen bereits hinterlegt sind und somit dem Produktionsplaner von „Haus aus“ zur Verfügung stehen.[181]

Push-orientierte Verfahren – eine Zusammenfassung der unterschiedlichen Ansätze

Zur Reduzierung der inhärenten Nachteile der MRP-Planungslogik haben sich die oben beschriebenen Produktionssteuerungsverfahren in der betrieblichen Praxis etabliert. ▶ *Tabelle 15.6* veranschaulicht, in welcher Planungsstufe des MRP-Verfahrens die jeweilige Methode ansetzt, und zeigt darüber hinaus, in welcher Fertigungsumgebung (Anwendungsfeld) sich die Steuerungslogik am besten einsetzen lässt.

			Anwendungsfeld der Methoden nach	
	Planungsstufe des MRP-Verfahren	**Methoden zur Optimierung der MRP Planung**	**Organisation der Fertigung**	**Anzahl hergestellte Produkte**
Stufe 1	Programmplanung			
	Auftragsplanung			
Stufe 2	Mengenplanung			
	Losgrößenplanung			
Stufe 3	Terminplanung	Fortschrittszahlenkonzept	Fließfertigung	variantenarme Serienfertigung
				Massenfertigung
	Kapazitätsplanung	Belastungsorientierte Auftragsfreigabe	Werkstattfertigung	Einzelfertigung
				Kleinserienfertigung
				variantenreiche Serienfertigung
		Opimized Production Technology	Werkstattfertigung	variantenreiche Kleinserienfertigung
				variantenreiche Serienfertigung
Stufe 4	Produktionssteuerung operativ	Prioritätsregeln	Werkstattfertigung	Einzelfertigung
				Kleinserienfertigung
				variantenreiche Serienfertigung

Tabelle 15.6: Push-basierte Produktionsplanungsverfahren, deren Ansatzpunkte zur Optimierung der MRP-Planungsmethodik sowie Anwendungsfelder

Pull-orientierte Verfahren

Die Herausforderung bei der Verwendung pull-basierter Steuerungsverfahren besteht weniger in der operativen Steuerung als vielmehr in der Konzeptionierung und Implementierung des jeweiligen Steuerungsverfahrens. Um Pull-Verfahren effizient und nutzbringend einzubinden, sind verschiedene Voraussetzungen zu erfüllen. Während push-orientierte Verfahren darauf basieren, die unterschiedlichen Rahmenbedingungen im Planungsprozess zu berücksichtigen, und Lösungswege suchen, die Planung und Steuerung unter den gegebenen Bedingungen zu optimieren, wird bei Pull-Verfahren im Vorfeld versucht, die Rahmenbedingungen so zu gestalten und anzupassen, dass Pull-Verfahren angewendet werden können.[182]

Im Rahmen einer Pull-Steuerungslogik haben sich zwei Steuerungsverfahren etabliert:[183] die Kanban-Steuerung und die **Conwip**-Steuerung. Während die Kanban-Steuerung die Pull-Logik vollumfänglich realisiert, stellt das Conwip-Verfahren eine Mischung aus Push- und Pull-Steuerung dar. Das Conwip-Verfahren ist in der Vorgehensweise ähnlich aufgebaut wie die Belastungsorientierte Auftragsfreigabe. Da der zentrale Steuerungsansatz bei der Conwip-Steuerung auf dem Prinzip der Selbststeuerung aufsetzt und nach der Festlegung der Steuerungsparameter keine operativen Steuerungsaktivitäten notwendig sind, wird das Conwip-Verfahren der Pull-Logik zugeordnet.

Im Folgenden werden zunächst die beiden Pull-Steuerungsverfahren Kanban und Conwip vorgestellt. Darauf folgt eine Beschreibung verschiedener Methoden, die es ermöglichen, die Rahmenbedingungen im betrieblichen Umfeld so anzupassen, dass der Einsatz der beiden vorgestellten Pull-Steuerungsverfahren ermöglicht und/oder optimiert wird.

Kanban

Entwicklung und Hintergrund

Die Kanban-Steuerung wurde Ende der 1940er/Anfang der 1950er von Taichi Ohno in der industriellen Fertigung etabliert.[184] Die Leistung von Ohno besteht allerdings nicht darin, die Kanban-Logik entwickelt zu haben. Ohnos Verdienst ist es, die Kanban-Logik auf die industrielle Fertigung übertragen und erfolgreich implementiert zu haben. Inspiriert wurde Ohno auf einer Benchmarkingreise durch die USA. Ziel Ohnos auf dieser Reise war es, herauszufinden, weshalb die amerikanische Automobilindustrie fortschrittlicher und effizienter arbeitet als die japanische. Inspiriert wurde Ohno bei der Entwicklung des Kanban-Konzepts jedoch nicht durch den Besuch bei einem Automobilwerk, sondern beim Einkaufen in einem Supermarkt.[185] Hierbei fiel ihm die Steuerungslogik zur Wiederbefüllung der Regale auf. Einfach ausgedrückt und kurz zusammengefasst läuft diese folgendermaßen ab: Nachdem eine bestimmte Menge an Waren aus dem Regal entnommen wurde, wird exakt die entnommene Menge nachgefüllt. Nicht mehr, aber auch nicht weniger. Das Fassungsvermögen des Regalplatzes bestimmt dabei die Nachfüllmenge.

Vorgehensweise

▶ *Abbildung 15.6* veranschaulicht die Funktionsweise einer Kanban-Steuerung im Detail.

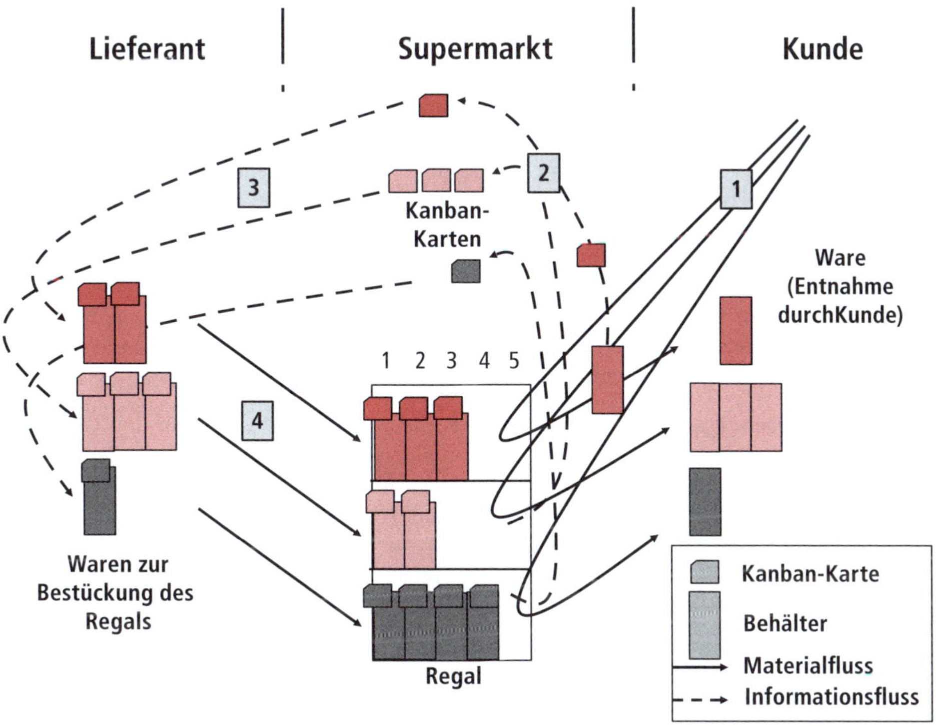

Abbildung 15.6: Funktionsweise Kanban-Steuerung

1. Im ersten Schritt entnimmt der Kunde die von ihm benötigte Ware. In einer Fertigungsumgebung ist dies gleichbedeutend mit der Entnahme des für einen Fertigungsauftrag benötigten Materials. Exakt die vom Kunden entnommene Menge soll nach Ablauf einer im Vorfeld definierten Zeitspanne wieder aufgefüllt werden. Im Supermarkt (Einzelhandel) beträgt diese Zeitspanne oftmals 1 Tag, in einer Fertigungsumgebung erfolgt die Befüllung ggf. mehrmals pro Schicht (z. B. in einem 30- oder 60-minütigen Takt). In ▶ *Abbildung 15.6* entnimmt der Kunde zwei rote, drei rosafarbene und eine graue Einheit.

2. Um den Lieferanten mit Informationen über Art und Menge des zu liefernden Artikels versorgen zu können, kommen die sog. Kanban-Karten zum Einsatz. Kanban ist das japanische Wort für Karte, der Begriff Kanban-Karte stellt somit eine Begriffs-Doppelung dar. Die Kanban-Karte enthält folgende Informationen:[186]

- Lieferant (extern), Lagerplatz/Abteilung (intern)
- Artikelnummer des zu liefernden Artikels
- Artikelbezeichnung
- Verpackungseinheit/Behälterart, in der der Artikel zur Verfügung gestellt wird
- Anzahl Artikel pro Verpackungseinheit/Behälter
- Anzahl Kanban-Karten im Kanban-Kreislauf
- Karten-Nummer der Kanban-Karte (zur Vermeidung einer zu hohen Anzahl sich im Umlauf befindender Kanban-Karten; dieser Umstand führt zu einer Aushebelung des Systems)

- Kanban-Regelkreis (notwendig, um im Falle mehrerer Kanban-Steuerungskreise eine Verwechslung auszuschließen)

Eine Kanban-Karte ist jeweils einer wiederzubeschaffenden Einheit zugeordnet. Diese kann entweder ein Behälter, eine Verpackungseinheit oder ein einzelner Artikel sein. Insbesondere bei Kleinteilen erfolgt eine Kanban-Zuordnung auf Behälter- oder Verpackungsebene. Der Kanban wird physisch mit der Verpackung des Produkts oder dem Behälter verknüpft. In den meisten Fällen sind an den Behältern Haltevorrichtungen für Kanban-Karten integriert (siehe schematische Darstellung der Ware im Regal). Bei Entnahme eines Behälters oder einer Verpackungseinheit aus dem Regal wird der Kanban vom Behälter gelöst und an eine Sammelstelle weitergegeben. Befinden sich mehrere Artikel in einem Behälter, erfolgt erst dann die vollständige Entnahme aus dem Regal, wenn das letzte Produkt aus dem Behälter verbraucht wurde.

3. Der freigesetzte Kanban fungiert als Bestellung und wird direkt an den Lieferanten weitergeleitet. In der Praxis erfolgt meistens eine gebündelte Weitergabe mehrerer Kanbans, die Sammlung der Karten erfolgt an der bereits genannten Kanban-Sammelstelle. Die Anzahl Kanbans sowie die auf der Karte hinterlegten Informationen signalisieren dem Lieferanten, welcher Artikel in welcher Menge zu produzieren bzw. auszuliefern ist. In unserem Beispiel erfolgt eine Bestellung über zwei blaue, drei grüne und eine orangene Einheit.

4. Nach Produktion und Kommissionierung der über den Kanban angeforderten Artikel erfolgt die Auslieferung der Ware im dafür vorgesehenen Behälter oder in der entsprechenden Verpackungseinheit. Die Kanban-Karte wird vor der Auslieferung wieder physisch mit dem Behälter oder der Verpackungseinheit verknüpft.

Die Kanban-Steuerung funktioniert selbststeuernd. Die Bestellmenge ergibt sich „automatisch" aufgrund des Verbrauchs, die Kanban-Karte entspricht einem Fertigungsauftrag bzw. einer Bestellung beim Lieferanten. Der Fertigungssteuerer muss somit weder die zu bestellende Menge ermitteln noch einen Fertigungsauftrag oder eine Bestellung auslösen. Dies erfolgt „automatisch" durch das System. Bevor das System jedoch selbststeuernd agieren kann, sind die Steuerungsparameter des Kanban-Kreislaufs festzulegen. Folgende Parameter sind zu definieren:[187]

- Anzahl Kanban-Karten und/oder Behälter im Kreislauf
- Menge/Stückzahl pro Kanban-Behälter
- Bestandsobergrenze (Anzahl Kanban-Behälter im Regal zur Abdeckung des Maximalbedarfs)
- Versorgungsintervall (in Abhängigkeit von Wiederbeschaffungszeit und Verbrauch pro Zeiteinheit)
- Sicherheitsbestand (gewährleistet Verfügbarkeit während der Wiederbeschaffung)
- Optimale Losgröße[188]

Das Ziel bei der Dimensionierung eines Kanban-Kreislaufs ist es, die Durchschnittsbestände im Supermarkt so gering wie möglich zu halten. Es gilt einen geeigneten Tradeoff zwischen Versorgungsintervall und Bestand im Supermarkt zu finden.

Sowohl die Nachfrage seitens der nachgelagerten Stufe als auch die Variantenvielfalt der zu fertigenden Produkte beeinflussen die Parameter für die Dimensionierung eines Kanban-Systems (siehe ▶ *Abschnitt „Vor- und Nachteile"*). Die Aufgabe des Fertigungsplaners besteht nun darin, das Kanban-System aufzusetzen und die einzelnen Steuerungsparameter festzulegen. Darüber hinaus muss in regelmäßigen Abständen überprüft werden, ob sich die Rahmenbedingungen geändert haben und ob somit das System den neuen Rahmenbedingungen anzupassen ist.

Ein pull-gesteuertes Fertigungssystem besteht aus einem oder mehreren Kanban-Kreisläufen (siehe ▶ *Abbildung 15.7*). Die Selbststeuerungslogik ermöglicht auch dann eine reibungslose Abwicklung, wenn die Steuerkreise unabhängig voneinander geplant und dimensioniert werden. Eine isolierte Betrachtung der Kanban-Kreisläufe ist jedoch aus betriebswirtschaftlicher Sicht nicht zu empfehlen (siehe hierzu ausführlich Rahmenbedingungen[189]). Zudem kann es sinnvoll sein, einheitliche Behältertypen und -größen in allen Kreisläufen zu verwenden, ein gemeinsames Transportsystem zur Versorgung der Supermärkte ist wesentlich effizienter als unabhängige Transportsysteme in jedem Kreislauf, um nur einige Beispiele zu nennen.

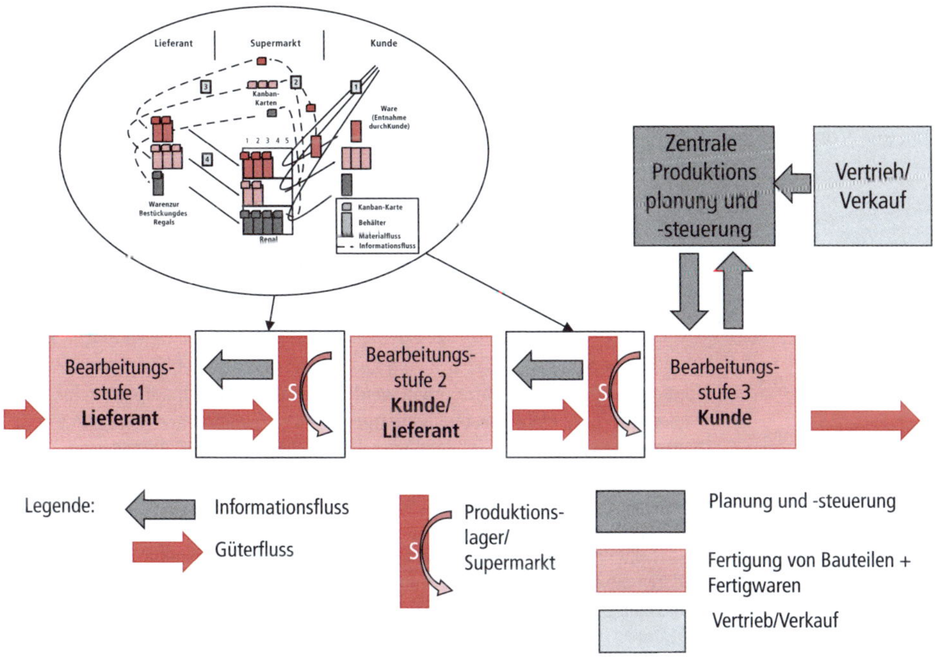

Abbildung 15.7: Einordnung Kanban-Steuerung in Pull-Fertigungssteuerung

Im Rahmen der Kanban-basierten Produktionssteuerung haben sich zwei grundlegend unterschiedliche Typen von Kanbans etabliert, der Produktions- und der Transportkanban.[190].

Produktionskanban	Transportkanban[191]
Der Kanban fungiert als Produktionsauftrag. Erhält der Werker einen Kanban, startet er die Produktion des nachgefragten Produkts.	Der Kanban fungiert als Transportauftrag. Erhält der Werker einen Kanban, wird der Transport des Produkts von Bearbeitungsstufe X zu Bearbeitungsstufe X+1 veranlasst. Der Kanban steuert somit nicht die Produktion.

Tabelle 15.7: Kanban-Typen

Auswirkungen auf die Fertigungssteuerung hat somit ausschließlich der Einsatz eines Produktionskanbans. Die kanbanbasierte Transportsteuerung kann auch in einer push-gesteuerten Fertigung zum Einsatz kommen. Ebenso funktioniert die kanban-gesteuerte Produktion ohne kanban-gesteuerte Transporte. Das volle Potenzial einer Pull-Steuerung kommt jedoch nur dann zum Tragen, wenn beide Systeme vernetzt miteinander zum Einsatz kommen.

Kanban-Typen-unabhängig kann die Informationsweitergabe bei einer Kanban-Steuerung über unterschiedliche Informationsträger erfolgen. ▶ *Tabelle 15.8* stellt neben der bereits vorgestellten Kanban-Karte weitere Möglichkeiten vor.

Kartenkanban	Der Kanban hat die Form einer Karte. Die Karte ist physisch mit dem Produkt bzw. dessen Aufbewahrungsbehälter/Verpackung verbunden. Bei Entnahme des Produkts wird die Karte vom Produkt gelöst und an die vorgelagerte Stufe weitergegeben. Alle notwendigen Informationen für die vorgelagerte Stufe sind auf der Karte hinterlegt.
E-Kanban	Der E-Kanban unterscheidet sich vom Kartenkanban ausschließlich durch die Form der Karte. Beim Kartenkanban werden die Informationen auf Karten in Papierform (bzw. stabileres und haltbareres Material) weitergegeben, beim E-Kanban werden die Informationen in elektronischer Form (z. B. Barcode- oder RFID-unterstützt) an die vorgelagerte Bearbeitungsstufe gesendet und sind im jeweiligen IT-System sichtbar.
Behälterkanban	Beim Behälterkanban fungiert der Behälter statt der Karte als Informationsträger und löst die Produktion aus. Die Informationen, welcher Artikel in welcher Menge herzustellen ist, ist entweder direkt auf dem Behälter hinterlegt oder dem Werker bekannt.
Sichtkanban	Karten-, Behälter- und E-Kanban werden insbesondere dann als Informationsträger eingesetzt, wenn die vorgelagerte Bearbeitungsstufe physisch weit entfernt oder schlecht einsehbar für die vorgelagerte Bearbeitungsstufe ist. Liegt die vorgelagerte Bearbeitungsstufe in unmittelbarer Nähe zum Supermarkt (Kanban-Regal), kann auf einen Informationsträger verzichtet werden. Der Werker kann die entnommene Menge direkt im Kanban-Regal ablesen und nachproduzieren.

Tabelle 15.8: Unterschiedliche Informationsträger für Kanbans[192]

Vorteile einer Kanban-Steuerung

- **Geringer Durchschnittsbestand:** Die Deckelung des Bestands auf einen Maximalbestand hat bei einer gleichmäßigen Nachfrage einen geringen Durchschnittsbestand zur Folge.

- **Geringere Durchlaufzeit:** Gemäß dem Gesetz von Little bewirkt die Reduzierung von Beständen auch eine Reduzierung der Durchlaufzeit.
- **Hohe Liefertreue:** Die ständige Verfügbarkeit der zur Fertigung benötigten Einzelteile und Baugruppen in den Supermärkten gewährleistet eine hohe Liefertreue.
- **Geringer Steuerungsaufwand:** Der Produktionsplaner und -steuerer dimensioniert das Kanban-System zu Beginn. Sobald der Kanban-Kreislauf stabil läuft, beschränkt sich die Aufgabe des Planers auf die regelmäßige Überwachung der Steuerungsparameter.
- **Geringe Wiederbeschaffungszeit:** Durch Vermeidung administrativer Tätigkeiten (Fertigungsauftrag erstellen und auslösen, Bestellung für Lieferanten erstellen, auslösen, Lieferterminüberwachung etc.) reduziert sich die Wiederbeschaffungszeit.

Wildemann quantifiziert die oben genannten Einsparungen auf Basis von Erfahrungen in Praxisprojekten:

	Verbesserung um ... %
Bestandssenkung	−56 %
Durchlaufzeitreduzierung	−36 %
Liefertreueerhöhung	+11 %
Qualität (Anteil Gutteile)	+17 %
Steueraufwand	−19 %
Reduzierung Wiederbeschaffungszeit	−49 %

Tabelle 15.9: Wirkung einer Kanban-Steuerung[193]

Nachteile einer Kanban-Steuerung

- **Rahmenbedingungen schränken Einsatzgebiet ein:** Um ein Kanban-System effizient einsetzen zu können, sollten die im Folgenden beschriebenen Rahmenbedingungen eingehalten werden. Sehr häufig sind insbesondere die Rahmenbedingungen „geringe Volatilität der Nachfrage“ und „regelmäßige Bedarfe“ nicht erfüllt. Je nach Gegebenheit lässt sich ein Fertigungssystem so umstrukturieren, dass zumindest in Teilbereichen die Voraussetzungen erfüllt sind. Lässt sich dies nicht bewerkstelligen, ist eine Implementierung eines Kanban-Systems wenig erfolgsversprechend.
- **Hoher Implementierungsaufwand:** Die Herausforderung bei der Nutzung eines Kanban-Systems besteht in der Dimensionierung und Implementierung des Systems. Um eine ständige Anpassung der Kreisläufe zu vermeiden, ist verlässliches, gut gepflegtes Datenmaterial notwendig. Die Implementierung eines Kanban-Kreislaufs wirkt sich auf die gesamte Produktionsumgebung aus. Vorgelagerte und nachgelagerte Produktionsstufen müssen angepasst, das Versorgungssystem (interne und externe Transporte) abgestimmt und Lieferanten bzw. Kunden entsprechend synchronisiert werden.
- **Nicht für komplexe Fertigungssysteme geeignet:** Die Kanban-Steuerung funktioniert dann gut, wenn ein „geradliniger, schneller und reibungsloser Material-

fluss"[194] vorliegt. Je komplexer ein Fertigungssystem ausgestaltet ist, desto mehr Koordinations- und Abstimmungsmaßnahmen sind bei der Implementierung und Feinabstimmung der Kanban-Kreisläufe notwendig. Zwar funktionieren die Kreisläufe theoretisch weitgehend unabhängig voneinander. Werden an einer Maschine jedoch unterschiedliche Artikel produziert, müssen mehrere Bedarfsverläufe analysiert und ggf. angepasst werden. Da die Kanban-Kreisläufe ineinandergreifen, ist es ggf. bei einer Änderung eines Kreislaufs sinnvoll, auch die anderen Kreisläufe neu abzustimmen. Das erhöht die Komplexität sowohl bei der Implementierung als auch beim Controlling der Kreisläufe im laufenden Betrieb. Die Vorteile der Selbststeuerung werden durch den deutlich erhöhten Controlling- und Implementierungsaufwand überkompensiert.

- **Kapazitätsauslastung der Betriebsmittel nicht gewährleistet:** Gemäß der Steuerungslogik eines Kanban-Systems wird nur dann produziert, wenn ein Produktionsauftrag in Form eines Kanbans vorliegt. Dieser liegt nur bei echten Bedarfen vor. Liegt kein Bedarf vor, wird nicht produziert. In diesem Fall steht die Maschine still, eine Produktion auf Lager, um den Maschinenstillstand zu vermeiden, erfolgt nicht.
- **Häufigere Bestellungen:** Kleinere Produktionslosgrößen führen dazu, dass häufiger bestellt wird. Der Bestellvorgang selbst fällt dabei weniger ins Gewicht[195], die Herausforderung hierbei ist die zunehmende Anzahl an Rüstvorgängen an den unterschiedlichen Bearbeitungsstufen.[196]

Rahmenbedingungen für Einsatz und daraus ableitbares Einsatzgebiet

Um einen Einsatz eines Kanban-Systems aus betriebswirtschaftlicher Sicht effizient zu gestalten, sollten folgende Rahmenbedingungen erfüllt sein:

- **Kontinuierliche, gleichmäßige Produktion:** Der Bedarf sollte gleichmäßig und kontinuierlich sein.[197] Die Bestandsobergrenze wird auf Basis der maximal zu erwartenden Nachfrage definiert, um möglichst alle nachgefragten Bedarfe decken zu können. Bei starken Bedarfsschwankungen oder unregelmäßigen Bedarfen ist die durchschnittliche Verweildauer der Waren im Supermarkt dann relativ hoch, da der Fall, dass der Maximalbestand abgerufen wird, relativ selten eintrifft. Entsprechend hoch sind dann die Bestands- und Lagerkosten.
- **Ausgetaktete Betriebsmittel:** Der Materialfluss durch die Fertigung sollte möglichst gleichmäßig sein und dem Prinzip einer Fließfertigung folgen.[198] Produzieren die Maschinen auf den unterschiedlichen Bearbeitungsstufen in unterschiedlicher Geschwindigkeit, führt das an nicht Engpassmaschinen zu nicht ausgelasteten Kapazitäten.
- **Standardisierte Produkte und geringe Variantenvielfalt:** Je mehr Varianten an einer Bearbeitungsstufe gefertigt werden, desto höher ist die Anzahl zu lagernder Rohstoffe und Halbfertigfabrikate mit negativen Auswirkungen auf den Durchschnittsbestand im Pufferlager.[199]
- **Fertigungslose zum Auffüllen der Pufferlager so klein wie möglich halten:** Je kleiner das Fertigungslos, desto flexibler kann die Fertigung auf Änderungen der Kundennachfrage reagieren.[200] Reduziert sich die Kundennachfrage, verringert sich das Risiko hoher Lagerbestände. Wird eine andere Variante nachgefragt, kann in kürzester Zeit mit der Produktion begonnen werden. Voraussetzung hierfür sind niedrige Rüstzeiten.

- **Die Produktionslosgröße der vorgelagerten Stufe ist ein Vielfaches der eingesetzten standardisierten Behälter:**[201] Weicht die Produktionslosgröße von der Größe des Kanbanbehälters ab, entstehen unnötige Pufferläger. Zudem sind zusätzliche Handlingaktivitäten notwendig, um die abweichende Menge zwischenlagern zu können.
- **Null-Fehler-Politik zur Vermeidung von Versorgungsengpässen:** Die Bestände in den Kanban-Regalen dienen ausschließlich dazu, potenzielle Bedarfsschwankungen auf der Nachfrageseite abzudecken. Entsprechend sind die Bestände innerhalb der Supermärkte knapp dimensioniert. Fehlerhafte Teile führen zu Störungen innerhalb des Betriebsablaufs.[202]

Conwip

Entwicklung und Hintergrund

Die Vorteile des Kanban-Verfahrens führten dazu, dass viele Unternehmen Ende des letzten Jahrhunderts auf dieses Verfahren zur Produktionssteuerung setzten. Die zunehmende Individualisierung in der Kundennachfrage ließ die Variantenvielfalt der Produkte deutlich ansteigen. Bei Verwendung einer Kanban-Steuerung führt dies zu einer Zunahme der Bestände in den Supermärkten.[203]

Vor diesem Hintergrund entwickelten Spearman und Hopp Ende der 1980er-/Anfang der 1990er-Jahre ein Verfahren[204], das die Bestände innerhalb eines Fertigungssystems auf gleichem Niveau halten soll, obwohl eine hohe Anzahl unterschiedlicher Varianten gefertigt wird. Dieses Verfahren nannten sie Conwip-Verfahren. Die Abkürzung Conwip steht für Constant Work in Process. Work in Process bezeichnet die Bestände an Einzelteilen, Baugruppen und Halbfertigzeugnissen, die sich in der Produktion befinden. Entsprechend bedeutet Conwip übersetzt: Konstante Work-in-process-Bestände.

Das Conwip-Verfahren ist eine Mischung aus einem Pull- und einem Push-System.[205] Dabei verzichtet man auf variantenspezifische Pufferlager.[206]

Vorgehensweise[207]

Die Steuerungslogik basiert auf dem Kanban-Verfahren. Statt mehrerer, sich selbststeuernder Kreisläufe, die zwischen den einzelnen Bearbeitungsstufen aufgebaut sind, nutzt das Conwip-Verfahren einen einzigen Steuerkreis. Dieser umfasst alle Bearbeitungsstufen. Ein Conwip-Kreislauf ist folglich ein Kanban-Kreislauf, der alle Bearbeitungsstufen eines Fertigungssystems einbezieht.[208]

Die Verknüpfung der einzelnen Bearbeitungsstufen innerhalb des Fertigungssystems ist nach der Push-Logik organisiert.[209] Im Gegensatz zum Kanban-System wird nicht die letzte Bearbeitungsstufe im Fertigungssystem angesteuert, sondern die erste Bearbeitungsstufe.[210] Sobald diese den Auftrag fertiggestellt hat, werden die Halbfertigzeugnisse an die nächste Bearbeitungsstufe weitergegeben und weiterverarbeitet. Zwischen den Bearbeitungsstufen wird auf Pufferlager – so weit möglich – verzichtet. Kommt es vor einer Bearbeitungsstufe zu Wartezeiten, da z. B. keine Austaktung der einzelnen Betriebsmittel untereinander möglich ist, gilt das FIFO-Prinzip.[211]

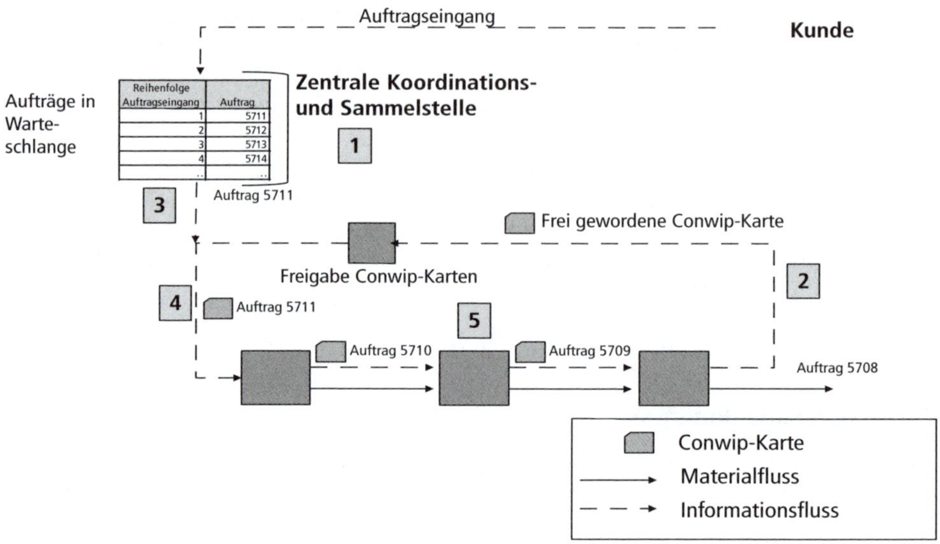

Abbildung 15.8: Ablauf Conwip-Steuerung[212]

1. Im ersten Schritt gilt es die Fertigungsreihenfolge festzulegen. Im Gegensatz zur Kanban-Steuerung wird nicht automatisch der vom Kunden zuerst nachgefragte Auftrag als Erstes gefertigt. Die Produktionsreihenfolge kann bei der Conwip-Steuerung nach unterschiedlichen Prioritäten gestaltet werden. So kann die Reihenfolgeplanung z. B. auf Basis einer MRP-II Planungslogik erstellt werden, Eilaufträge oder Überhangslisten (auch Backloglisten genannt) berücksichtigen.[213] Die zentrale Koordinations- und Sammelstelle sammelt zunächst alle Kundenaufträge, wandelt diese in Fertigungsaufträge um und bringt diese dann in eine Produktionsreihenfolge.

2. Nachdem das Produktionssystem einen Fertigungsauftrag vollständig bearbeitet hat und das fertige Produkt die Produktion verlässt, wird eine Conwip-Karte freigesetzt. Die Conwip-Karte begleitet einen Fertigungsauftrag von der ersten bis zur letzten Bearbeitungsstufe. Die freigesetzte Conwip-Karte signalisiert eine freie Fertigungskapazität. Die freie Conwip-Karte kann nun einem Fertigungsauftrag aus der zentralen Koordinations- und Sammelstelle zugeordnet werden. Die Zuordnung zu einem neuen Fertigungsauftrag erfolgt nur, wenn eine Conwip-Karte frei wird. Die Anzahl Conwip-Karten steuert somit die Gesamtzahl an Fertigungsaufträgen im System und vermeidet eine Überlastung desselben.[214]

3. Die Zuordnung erfolgt gemäß der Reihenfolge in der Auftragssammelstelle. Der Fertigungsauftrag mit höchster Priorität wird der nächsten freigewordenen Conwip-Karte zugeteilt, die Planung der Auftragsreihenfolge basiert auf unterschiedlichen Kriterien (wie in Punkt 1 erläutert). Voraussetzung für die Zuordnung eines Fertigungsauftrags ist, dass alle Einsatzstoffe (Baugruppen, Einzelteile etc.), die zur Durchführung des Fertigungsauftrags benötigt werden, verfügbar sind und die zur Produktion benötigten Werkzeuge bereitstehen.[215]

4. Der Conwip-Karte ist ein neuer Fertigungsauftrag zugeordnet. Beide Informationen werden an die erste Bearbeitungsstufe im Produktionssystem weitergegeben. Die Conwip-Karte signalisiert der Bearbeitungsstufe, dass der Fertigungsauftrag zur Produktion freigegeben ist. Der Fertigungsauftrag selbst informiert die Bearbeitungsstufe über Art und Menge des zu produzierenden Artikels. Im Gegensatz zur Kanban-gesteuerten Fertigung ist die Conwip-Karte nicht ausschließlich einer bestimmten Artikelnummer zugeteilt, sondern für alle Fertigungsaufträge unabhängig von der Artikelnummer einsetzbar. Die Conwip-Karte löst folglich die Herstellung unterschiedlicher Artikelnummern aus.[216]

5. Nachdem die erste Bearbeitungsstufe durchlaufen ist, werden die Halbfertigerzeugnisse zur nächsten Bearbeitungsstufe gebracht und dort weiterverarbeitet. Die Abarbeitung der Fertigungsaufträge an den Bearbeitungsstufen erfolgt exakt in der Reihenfolge des Eintreffens der Fertigungsaufträge.[217] Nachdem die letzte Bearbeitungsstufe durchlaufen wurde, verlässt das Fertigprodukt die Produktion Richtung Kunde oder Fertigwarenlager, die Conwip-Karte wird frei und kann einem neuen Produktionsauftrag zugeordnet werden. Die Anzahl freigegebener Conwip-Karten steuert somit den Conwip-Bestand in der Fertigung.

Streng genommen gibt die Conwip-Steuerung einen Auftrag nur dann frei, wenn er an der Reihe ist. Zwei Ausnahmen dieser Regel werden vorgenommen:[218]

- Das zur Produktion benötigte Material ist nicht verfügbar: In diesem Fall wird der nächste Auftrag in der Warteschlange (Fertigungsauftragsliste) bearbeitet. Diese Vorgehensweise gewährleistet die Auslastung des Systems zu einem gewissen Grad.
- Die tatsächliche produzierte Menge übertrifft die geplante Menge: In diesem Fall können Aufträge, deren Fertigungsstellungtermin eigentlich noch keine Einsteuerung in die Produktion vorsieht, bereits freigegeben werden. Bei hoher Nachfrage kann dies sinnvoll sein, da der Zusatzbedarf gedeckt werden kann. Bei geringer Nachfrage führt dieses Vorgehen zu steigenden Beständen an Fertigprodukten und ist daher zumindest kostentechnisch zu überprüfen.

Unterschied zur Belastungsorientierten Auftragsfreigabe (BoA)

Die Ähnlichkeiten der Conwip-Steuerung und der belastungsorientierten Auftragsfreigabe sind nicht zu übersehen. Beide Systeme begrenzen die Anzahl freigegebener Produktionsaufträge im System, um die Bestände in der Produktion (WIP) zu beschränken und somit die Durchlaufzeit gering und planbar zu gestalten. Dabei reguliert das Conwip-Verfahren über die Anzahl der Conwip-Karten den Gesamtbestand aller Bearbeitungsstufen im System, wohingegen bei der belastungsorientierten Auftragsfreigabe der Bestand auf jeder Bearbeitungsstufe individuell festgelegt ist und überprüft wird.[219] So erfolgt die Freigabe eines Auftrags bei der Conwip-Steuerung erst dann, wenn ein Auftrag komplett fertiggestellt ist, bei der BoA sobald das Bestandsniveau an einer einzelnen Maschine bzw. Bearbeitungsstufe wieder eine Einsteuerung ermöglicht.[220] Die Steuerung im Conwip-Verfahren basiert auf einer selbststeuernden, Kanban-basierten Steuerungslogik, wohingegen bei der BoA die push-gesteuerte Vorgehensweise in der Planungslogik überwiegt.

Vorteile der Conwip-Steuerung

- **Vermeidung hoher Bestände in der Fertigung durch Festlegung eines Maximalbestands:** Die Anzahl Conwip-Karten definiert die Bestandshöhe im gesamten Fertigungssystem. Folglich ist ein Maximalbestand definiert, der niemals überschritten wird.[221]

- **Vermeidung hoher Bestände durch artikelunabhängige „Kanban"-Karten:** Im Gegensatz zum traditionellen Kanban-Verfahren beziehen sich die Conwip-Karten nicht auf einen bestimmten – vorher festgelegten – Artikel. Dadurch wird vermieden, dass artikelspezifische Zwischenlager innerhalb des Produktionssystems entstehen. Bei einer hohen Anzahl unterschiedlicher Varianten erhöhen sich die Pufferbestände in der Produktion nicht.[222]
- **Hohe Termintreue durch hohe Vorhersagbarkeit der Durchlaufzeit:** Nach Little's Gesetz beeinflusst die Höhe der Bestände die Durchlaufzeit eines Auftrags. Die Bestandssteuerung mittels Conwip-Karten führt zu konstanten Beständen in der Fertigung.[223] Die Vorhersagbarkeit der Durchlaufzeit ist somit sehr gut möglich.
- **Hohe Termintreue durch konstante Auftragsreihenfolge:** Nach Auftragsfreigabe ändert sich die Produktionsreihenfolge nicht mehr. Die Abarbeitung der Aufträge erfolgt streng nach der eingesteuerten Auftragsreihenfolge.[224]
- **Einfache Steuerung:** Ist das System determiniert und implementiert, lässt es sich in der täglichen Anwendung einfach steuern. Es ist einfach zu erlernen, die Anzahl Steuerungsparameter ist gering.[225]

Nachteile der Conwip-Steuerung

- **Verschiebung des Engpasses im Fertigungssystem:** Je nach Produktionsauftrag (in Abhängigkeit der Variantenvielfalt) kann sich der Engpass innerhalb eines Fertigungssystems verändern, entsprechend verschieben sich die Bestände zwischen den Bearbeitungsstufen. Das kann u. a. dazu führen, dass eine Bearbeitungsstufe nicht mehr ausgelastet ist. Die Gesamtbestände im System werden allerdings nicht negativ beeinflusst, da zwar die Höhe der Bestände an den einzelnen Bearbeitungsstufen schwankt, nicht aber der Gesamtbestand im System.[226]
- **Idealerweise sollte die Einsteuerung der Fertigungsaufträge bei Auftreten eines Engpasses auf einer der Bearbeitungsstufen 1 + x nicht über die erste Maschine erfolgen:** Laut Spearman und Hopp ist das zwar nicht nötig, da sich die Bestände automatisch beim Engpass stauen und somit dessen Auslastung sicherstellen. Lödding argumentiert hier, Simulationsanalysen haben gezeigt, dass eine Bestandsregelung hier nur bis zum Engpass Vorteile bringt.[227] Auch Wiendahl schlägt vor, eine engpassorientierte Fertigungssteuerung nach dem drum-buffer-rope-Ansatz einzubinden.[228]
- **Starre Verknüpfung der Bearbeitungsstufen:** Das Conwip-System setzt eine starre Verknüpfung der Bearbeitungsstufen voraus. Eine flexible Verknüpfung der Bearbeitungsstufen ist von der Conwip-Steuerung nicht leistbar, damit ist ein Einsatz des Systems im Rahmen einer Werkstattfertigung nicht möglich.[229]

Rahmenbedingungen für den Einsatz und daraus ableitbares Einsatzgebiet

Um das Conwip-System in der betrieblichen Praxis einzusetzen, sollten die im Folgenden aufgezeigten Aspekte berücksichtigt werden und/oder genannte Rahmenbedingungen erfüllt sein:

- **Berechnung der Systemparameter erfolgt heuristisch:** Eine Berechnung der für ein Fertigungssystem geeigneten Kartenanzahl ist kaum möglich.[230] Daher bedient man sich heuristischer Verfahren und nähert sich so Stück für Stück der optimal geeigneten Kartenanzahl. Eine Möglichkeit sich anzunähern besteht darin, bewusst mit einer relativ hohen Anzahl an Karten zu starten und dann solange die Kartenanzahl zu reduzieren, bis sich eine praktikable Steuerung eingependelt hat.[231]

- **Hohe Auslastung des Fertigungssystems:** Aufgabe der Conwip-Steuerung ist es, das Bestandsniveau zu nivellieren, insbesondere eine Überlastung des Fertigungssystems ist zu vermeiden. Bei einer geringen Auslastung des Fertigungssystems ist die Conwip-Steuerung somit überflüssig.[232]
- **Vermeidung von Engpässen im Fertigungssystem:** Um die durch Engpässe entstehenden Nachteile (siehe Nachteil „Verschiebung des Engpasses) zu vermeiden, sollte das Conwip-System so ausgelegt werden, dass die Bearbeitungszeiten an den einzelnen Bearbeitungsstufen unabhängig vom eingesteuerten Auftrag gleich groß sind. Das kann dann gelingen, wenn sich die Losgröße pro Fertigungsauftrag an einer vorher fest definierten Bearbeitungszeit pro Bearbeitungsstufe orientiert.[233] Dadurch bleibt auch der Bestand innerhalb des Fertigungssystems weitgehend konstant.
- **Gut ausgebildete Mitarbeiter zur Determinierung der Systemparameter:** Die Herausforderung beim Betrieb eines Conwip-Systems besteht in der Konzeptionsphase. Das System ist insgesamt noch weniger verbreitet als die vorne genannten Fertigungssteuerungsvarianten.[234] Die Mitarbeiter, die das System aufsetzen und implementieren, sollten entsprechend qualifiziert sein,[235] d. h. optimaler Weise im Bereich Fertigungsplanung und/oder Disposition erfahren sein, um dann auch beim „Go Life“ die operative Umsetzung zu unterstützen.

Da das Verfahren noch relativ neu ist, ist es in der betrieblichen Praxis noch nicht weit verbreitet.[236] Branchen, in denen das Conwip-Verfahren bereits verbreitet ist, ist die Automobil- und Luftfahrtindustrie.[237]

Methoden zur Unterstützung einer Pull-Steuerungssystematik

Aufgrund der einfachen Handhabung im operativen Betrieb, der selbststeuernd regulierten niedrigen Bestandsniveaus und der daraus resultierenden geringen Durchlaufzeit erfreuen sich Pull-Systeme derzeit einer großen Popularität. Die eingangs des Kapitels beschriebenen Nachteile und Rahmenbedingungen haben jedoch zur Folge, dass Pull-Systeme nicht überall einsetzbar sind.

Durch den Einsatz unterschiedlicher Methoden, die alle auch im Rahmen des **Lean Management** Anwendung finden, lassen sich die Rahmenbedingungen eines Fertigungssystems jedoch teilweise so anpassen, dass der Einsatz einer Pull-gesteuerten Fertigung möglich und sinnvoll wird.

Folgende Methoden unterstützen den Einsatz pull-gesteuerter Fertigungssysteme:

- Losgröße 1
- Rüstzeitoptimierung (SMED)
- Heijunka
- Standardisierung und **Modularisierung**
- Total Productive Maintenance
- Null-Fehler-Prinzip/Total Quality Management (TQM)

Losgröße 1/SMED (Rüstzeitoptimierung)

Losgröße 1 steht für den Ansatz, genau ein Stück pro Fertigungslos zu produzieren. In der Praxis ist das nur im Fall der Einzelfertigung (z. B. Sondermaschinenbau, Schiffsbau, Immobilienbau etc.) realisiert. Daher steht die Losgröße 1 eher symbolisch für kleinstmögliche Fertigungslosgrößen. Der Kerngedanke, der mit Hilfe des Begriffs

Losgröße 1 ausgedrückt werden soll, ist folgender: Um exakt die Kundennachfrage zu bedienen, soll nicht mehr produziert werden, als tatsächlich vom Kunden bestellt wurde. Dadurch ist es u. a. möglich, auf eine Änderung der Kundennachfrage sofort reagieren zu können, ohne dafür das Bestandsniveau anheben zu müssen. Aus technischen wie wirtschaftlichen Gesichtspunkten ist es jedoch sehr häufig sinnvoller, mehr als die nachgefragte Stückzahl pro Fertigungslos herzustellen und diese dann bis zum Abverkauf zu lagern. Ziel muss es folglich sein, technische und organisatorische Lösungen zu finden, um die Wirtschaftlichkeit kleiner Losgrößen zu erhöhen.[238]

Ein zentraler Ansatzpunkt hierbei ist die Optimierung der Rüstvorgänge durch Reduzierung der Rüstzeit.[239] Die Methode dazu ist die sog. **Rüstzeitoptimierung**, auch **Single Minute Exchange of Die (SMED)** genannt. Der englische Ausdruck verkörpert gleichzeitig das Ziel, nämlich eine Rüstzeit im Minutenbereich zu erzielen.

Kern der Rüstzeitoptimierung ist die Trennung der Rüstvorgänge in **interne** und **externe Rüstvorgänge**. Interne Rüstvorgänge betreffen Tätigkeiten, die während des Stillstands der Maschine durchgeführt werden, externe Vorgänge laufen parallel zum Produktionsprozess ab.[240] Ziel ist es nun u. a., so viele Tätigkeiten und Prozessschritte wie möglich bereits umzusetzen oder zumindest vorzubereiten, während die Maschine noch das vorherige Fertigungslos fertigstellt.

Gelingt es, die Rüstzeiten deutlich zu reduzieren und kleine Fertigungslosgrößen zu ermöglichen, ermöglicht dies eine kontinuierliche und gleichmäßige Produktion, die Betriebsmittel können besser aufeinander abgestimmt werden, Engpässe zumindest reduziert werden.

Heijunka/Every Part Every Interval

Heijunka ist eine weitere Methode, die eine kontinuierliche und gleichmäßige, also nivellierte, Produktion ermöglicht. Um das Fertigungssystem so gleichmäßig wie möglich auszulasten, wird für alle Produkte, die auf einer Bearbeitungsstufe hergestellt werden, in jedem Fertigungsintervall mindestens ein Zeitslot zur Verfügung gestellt (= **Every Part Every Interval**). Ziel dieser Vorgehensweise ist es, dass jeder Artikel mindestens einmal pro Fertigungsintervall produziert wird. Dieses Zeitintervall kann frei festgelegt werden, sollte jedoch keinen zu großen Zeitraum umfassen. Als Daumenregel kann einmal pro Tag oder einmal pro Schicht herangezogen werden. Die Zeitslots zur Produktion eines Artikels sollten in etwa gleich groß sein, so dass ungefähr gleich große Fertigungslosgrößen (zumindest aus zeitlicher Sicht) entstehen.

Auf Basis der prognostizierten Absatzmenge wird den unterschiedlichen Artikeln dann eine unterschiedliche Anzahl Zeitslots pro Fertigungsintervall eingeräumt. Produziert wird ausschließlich nach Eingang eines Kundenauftrags. Der Kundenauftrag wird dann auf die zur Verfügung stehenden Zeitslots aufgeteilt.

▶ *Abbildung 15.9* veranschaulicht die Funktionsweise. Im Beispiel produziert das Fertigungssystem drei unterschiedliche Produkte. Produkt Dreieck werden pro Tag (= Zeitintervall) zwei Zeitslots eingeräumt, den Produkten Kreis und Viereck jeweils einer. Trifft ein Fertigungsauftrag ein, wird dieser freien Zeitslots zugewiesen. Geht beispielsweise ein Auftrag für Produkt Dreieck ein, kann dieser in unserem Beispiel Slot 2 am Donnerstag zugewiesen werden, ein Auftrag für Artikel Viereck frühestens Montag in KW 2. Bleiben Slots frei, da kein Fertigungsauftrag eingeht, wird – wie beim Pull-System üblich – nicht produziert. Eine Schnur oder ein Pendel zeigen den aktuellen Produktionstag an, um den Produktionsfortschritt jederzeit vor Augen zu haben.

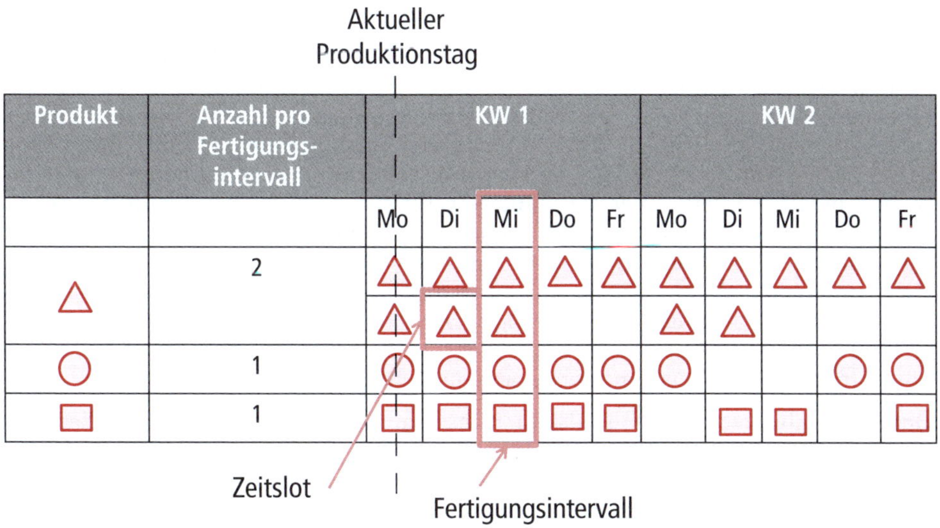

Abbildung 15.9: Heijunka Board

Heijunka gewährleistet somit, dass eine Überlastung des Fertigungssystems vermieden wird, eine geringe Anzahl Bestände vorhanden ist (da nur auf Basis eines Kundenauftrags produziert wird) und der Kunde von kurzen Lieferzeiten profitiert. Da jeder Artikel mind. einmal pro Fertigungsintervall hergestellt wird, entfallen Wartezeiten bedingt durch sehr große Fertigungslosgrößen. Heijunka unterstützt somit die Funktionsweise eines Pull-Systems durch die Nivellierung der Fertigungsaufträge und die Gewährleistung einer kurzen Wiederbeschaffungszeit.[241]

Standardisierung und Modularisierung

Unter **Standardisierung** versteht man die Vereinheitlichung von Objekten oder Prozessen. Entsprechend spricht man von Prozess- und Produktstandards.[242] Die positive Wirkung von **Produktstandards** auf Pull-Systeme resultiert aus der Tatsache, dass im Fall standardisierter Produkte weniger unterschiedliche Artikel angefragt werden. Dadurch reduziert sich die Anzahl der Rüstvorgänge. Zwar unterliegt die Nachfrage weiterhin gewissen Schwankungen, die Wirkung schlägt sich aufgrund der reduzierten Variantenvielfalt nicht auf das Fertigungssystem durch. Somit steigt die Planbarkeit des Gesamtsystems.

Nachteilig wirken sich Standardprodukte jedoch auf die Nachfrage aus. Der Trend der individualisierten Nachfrage besteht weiter fort. Um die negativen Auswirkungen einer individualisierten Nachfrage auf ein Fertigungssystem zu reduzieren, bietet sich die sog. **Modularisierung** an. Dieses Konzept setzt auf standardisierte Komponenten und Bauteile. Durch die individuelle Konfiguration und Zusammensetzung der Module wird ein individualisiertes Produkt ermöglicht. Selbst wenn ein Modul individualisiert wird (z. B. Gehäuse), kann der Rest des Produkts standardisiert werden.[243]

Intelligente Modularisierungskonzepte tragen folglich zu einer gleichmäßigen, relativ gut vorhersagbaren Auslastung des Fertigungssystems bei und erleichtern folglich den Einsatz pull-gesteuerter Fertigungssysteme.

Total Productive Maintenance (TPM)

Total Productive Maintenance (TPM), heutzutage häufig auch als **Total Productive Management** bezeichnet, optimiert das Fertigungssystem durch eine effektivere und effizientere Instandhaltung. Im Vergleich zu traditionell aufgestellten Instandhaltungssystemen, im Rahmen derer oftmals erst dann gehandelt wird, wenn eine Maschine ausfällt, setzt TPM auf **vorbeugende Instandhaltungsmaßnahmen**. Statt zu warten, bis Bestandteile einer Maschine verschlissen sind, erfolgen Wartungsarbeiten im Vorfeld, um einen Ausfall der Anlage zu vermeiden.[244] Dies führt trotz der Ruhephase der Maschinen in der Wartungsphase insgesamt zu weniger Ausfallzeiten der Maschinen, da Wartungsmaßnahmen weniger zeitintensiv sind als der Austausch fehlerhafter oder kaputter Teile. Häufig werden durch den Defekt eines Teils noch weitere Bauteile in Mitleidenschaft gezogen. Auch aus finanzieller Sicht lohnen sich die Wartungsarbeiten aus den ebengenannten Gründen.

Durch den Einsatz von TPM erhöht sich insgesamt die **Maschinenverfügbarkeit**, die Planbarkeit des Gesamtfertigungssystems nimmt zu. Entsprechend lassen sich Wiederbeschaffungszeiten verkürzen und besser vorhersagen. Der Vorteil für das Pull-System resultiert aus einer geringeren Reaktionszeit auf die Nachfrage der nachgelagerten Stufe. Bestände in den Supermärkten können somit reduziert werden.

Null-Fehler-Prinzip/Total Quality Management (TQM)

Eine weitere Möglichkeit, die Wiederbeschaffungszeiten zu verkürzen und die Vorhersagegenauigkeit zu erhöhen, sind Maßnahmen im Bereich Qualitätsmanagement. Das **Null-Fehler-Prinzip** zielt darauf ab, Fehler und Ausschuss von vorneherein zu vermeiden, statt fehlerhafte Teile und Produkte auszusortieren.[245] **Total Quality Management (TQM)** stützt sich dabei auf einen ganzheitlichen Ansatz, der alle Mitarbeiter auf allen Managementebenen einbezieht und somit ein unternehmensweites Qualitätsverständnis schafft und pflegt.

Weitere Methoden zur Vermeidung von Fehlern sind Poka Yoke oder **Jidoka**. Der Ansatz bei **Poka Yoke** ist es, einen falschen Prozessablauf oder eine falsche Nutzung eines Produkts durch Vorrichtungen oder Maßnahmen von vorneherein zu vermeiden (USB-Sticks können nicht verkehrt herum in den USB-Port gesteckt werden).[246] **Jidoka** unterbricht den Produktionsprozess automatisch, sobald Material ausgeht, ein Fehler bei der Bearbeitung des Werkstücks vorliegt oder eine falsche Bedienung der Betriebsmittel erfolgt.[247]

Durch den Einsatz der vorgestellten Qualitätstools erhöht sich die Anzahl fehlerfreier Produkte. Die Zuverlässigkeit hinsichtlich Liefertermin und Liefermenge steigt, da sich unvorhergesehene Fehlmengen durch fehlerhafte Produkte reduzieren. Entsprechend kann eine gleichmäßige Auslastung der Betriebsmittel gewährleistet werden.

Die o. g. Methoden werden allesamt der Lean-Management-Philosophie zugeordnet. Neben den o. g. Methoden existiert noch eine Vielzahl weiterer Hilfsmittel und Tools im Bereich Lean Management, die ebenfalls den Einsatz von Pull-Systemen unterstützen und erleichtern. Ursache hierfür ist, dass Fertigungssysteme, die nach Lean-Management-Gesichtspunkten optimiert werden, auf Pull-Steuerungslogiken aufbauen.

▶ *Abbildung 15.10* gibt einen Überblick über beschriebene Fertigungsplanungs- und -steuerungsverfahren und zeigt die jeweils geeignete Fertigungsumgebung für deren Einsatz auf.

Anwendungsfeld der Methoden nach … / Anzahl hergestellte Produkte	Organisation der Fertigung	
	Werkstattfertigung	Fließfertigung
Einzelfertigung	MRP I, II Belastungsorientierte Auftragsfreigabe Prioritätsregeln	
Kleinserienfertigung	MRP I, II Belastungsorientierte Auftragsfreigabe Optimized Production Technology Prioritätsregeln	
variantenreiche Serienfertigung	Belastungsorientierte Auftragsfreigabe Optimized Production Technology Prioritätsregeln	Conwip
variantenarme Serienfertigung		Kanban Fortschrittszahlen MRP I, II

Abbildung 15.10: Fertigungssteuerungsverfahren und ihre Anwendungsfelder[248]

15.3 Auswirkung der Produktionsplanung und -steuerung auf die Produktionslogistik im engeren Sinn

In den letzten 20–30 Jahren hat sich die traditionelle Produktionsplanung stark verändert. Die in den vorangegangenen Ausführungen beschriebenen Nachteile der Push-Steuerung konnten durch die Entwicklung unterschiedlicher Methoden und Steuerungslogiken reduziert werden. Dazu beigetragen haben auch die hohe Verbreitung von ERP-Software in der industriellen Fertigung und die Weiterentwicklung der Steuerungsmodule.

Darüber hinaus gewannen und gewinnen pull-orientierte Steuerungslogiken immer mehr an Bedeutung. Dies ist begründet durch die Wiederentdeckung des Themas Lean Management. Insbesondere die ganzheitlichere Betrachtungsweise und die Neuorientierung in der Auslegung der Lean-Management-Philosophie trug zu einem immensen Anstieg pull-gesteuerter Fertigungen bei.

Wurde das Thema Lean Management in den 1990er-Jahren noch fast ausschließlich als Kostensenkungs- und Rationalisierungsprogramm interpretiert,[249] so fokussiert man sich seit Anfang der 2000er-Jahre auf die ganzheitliche Betrachtungsweise des Unternehmens und seines Umsystems und versucht, die 3 M zu vermeiden: Muda, Muri, Mura (Verschwendung, Überlastung, Unausgeglichenheit).[250]

Die konsequente Umstellung eines Produktionssystems auf eine Pull-Logik erfordert nicht nur eine Reorganisation bei der Planung und Steuerung der Produktion selbst, sondern auch bei den eng mit der Produktion verbundenen Funktionen. Hierbei ist insbesondere die Produktionslogistik i. e. Sinne hervorzuheben.

Um den Erfordernissen eines Pull-Systems gerecht zu werden, sind sowohl die Transportvorgänge (interne sowie externe Produktionsversorgung), die Kommissioniervorgänge sowie die Lager- und Bereitstellungsprozesse und -logiken optimalerweise anzupassen. Der Schlüssel zum Erfolg steckt dabei, ebenso wie bei der pull-basierten Produktionsplanung und Steuerung, in der Konzeptionierungsphase. Die operativen Abläufe erfolgen in der Regel selbststeuernd.

Demzufolge gilt es qualifiziertes Personal zur Konzeptionierung der Logistikkonzepte einzusetzen, im operativen Bereich sind die Mitarbeiter ebenfalls zu schulen. Auch wenn das reine Ausführen keine größeren Herausforderungen mit sich bringt, kommt es insbesondere in der Umstellungsphase zu teils erheblichen Schwierigkeiten, da das Verständnis für die neuen Prozesse und Abläufe nicht existiert und oftmals in alte Denkweisen zurückgefallen wird.

Die folgenden Ausführungen stellen pull-spezifische Anpassungen und Methoden vor, die geeignet sind, um die drei Kernbereiche der Produktionslogistik i. e. Sinne (Transportieren, Umschlagen/Kommissionieren, Lagern) an pull-basierte Fertigungssysteme anzupassen.

15.3.1 Funktionsübergreifend: das Chirurg-Krankenschwester-Prinzip

Da sich Pull-Systeme selbst steuern, ist zur Vermeidung von Missverständnissen eine klare Festlegung der Systemgrenzen und der Aufgabenzuordnung notwendig. Um eine möglichst hohe Transparenz und klare Strukturen in der Aufgabenverteilung zu erhalten, werden häufig Fertigungsaktivitäten (Einstellen der Maschine, Bedienen der Maschine, Rüstvorgänge, Einlegen Material, Entnahme Fertigteil etc.) und Logistikaktivitäten (Versorgung der Betriebsmittel mit Material, Abtransport von Fertigteilen von der Maschine, Ver- und Entsorgung von Behältern usw.) streng voneinander abgegrenzt. Hintergrund dieser Aufgabentrennung ist die Philosophie, wertschöpfende und nicht-wertschöpfende Prozesse zu trennen.[251] Dies schafft klare Strukturen und vereinfacht die Vorgehensweise bei der Ausgestaltung der beiden Systeme Produktion und Logistik.

Dieser Ansatz ist vergleichbar mit den Prozessabläufen in einem Operationssaal. Der Arzt operiert und fokussiert sich ausschließlich auf den Patienten. Die OP-Schwester versorgt den Arzt mit dem notwendigen OP-Besteck und führt unterstützende Aufgaben wie z. B. das Tupfen durch. Aus diesem Grund bezeichnet man diese strikte Aufgabentrennung auch als **Chirurg-Krankenschwester-Prinzip**. Ziel dessen, neben der klaren Abgrenzung der verschiedenen selbststeuernden Kreisläufe, ist auch die Fokussierung auf die Kernkompetenzen der jeweiligen Spezialabteilungen.

Durch die klare Trennung von Produktions- und Logistikaktivitäten lassen sich beide Bereiche separat optimieren.

15.3.2 Funktion Transport: Produktionsversorgung nach dem Milkrun-Prinzip (intern wie extern)

Zur Versorgung der unterschiedlichen Produktionsstätten, Bearbeitungsstufen und Maschinen mit den benötigten Materialien (Rohmaterial, Einzelteile, Baugruppen, Hilfs- und Betriebsstoffe etc.) sind Transportvorgänge notwendig.

Im internen Transport kommen traditionell Flurförderfahrzeuge wie Gabelstapler, Hubwagen oder Trolleys zum Einsatz. Organisatorisch gestaltet sich der Ablauf häufig nach folgendem Schema:

1. Werker meldet Transportauftrag an Leitstelle
2. Leitstelle prüft, welches Flurförderfahrzeug frei ist bzw. als Erstes frei wird
3. Fahrer wird über Transportaufträge informiert
4. Fahrer führt Transportaufträge gemäß der jeweils gültigen Prioritätsregeln durch (eiliger Auftrag, geringste Entfernung zwischen zwei Transportaufträgen etc.)
5. Meldung abgeschlossener Aufträge an Leitstelle

Diese Organisation der Aufträge basiert auf der Logik frei wählbarer Transportstrecken. Im täglichen Betrieb hat das zur Folge, dass die Flurförderfahrzeuge „kreuz und quer“ durch die Fertigung fahren. Durch die im Prinzip via Zuruf eingesteuerten Transportaufträge stehen die Daten Zeit, Menge und Transportstrecke erst sehr kurzfristig zur Verfügung. Eine Routenoptimierung erfolgt – wenn überhaupt – auf kurzfristiger Basis. In den meisten Fällen erhält der Fahrer einen Transportauftrag und optimiert seine Route selbst auf Basis seiner persönlichen Erfahrungswerte.

Darüber hinaus setzt sich häufig ein System durch, das in Fachkreisen als Sharking bezeichnet wird. Statt auf Aufträge der Leitstelle zu warten und diese sukzessive abzuarbeiten, suchen sich die Fahrer ihre Aufträge selbst zusammen. Sie fahren durch die Fertigung und suchen nach Aufträgen, ähnlich wie ein Hai, der auf der Suche nach Beute durchs Wasser streift. Da die Werker an den Maschinen dies ebenfalls registrieren, melden sie die Aufträge nicht mehr offiziell in der Leitstelle, sondern sie melden ihre Transportaufträge beim jeweiligen Fahrer per Zuruf. Dadurch kommt es im Gesamtsystem zu höheren Wartezeiten und wenig optimierten Routenverläufen.

Aus dieser organisatorischen Ausrichtung des innerbetrieblichen Transports resultieren folgende Nachteile:

- Starke Schwankungen im Transportaufkommen und somit in der Kapazitätsauslastung der Fahrzeuge und Fahrer
- Keine optimierte Routenführung
- Hoher Koordinationsaufwand
- Verspätete Bearbeitung und Zustellung von Transportaufträgen
- Zu Spitzenzeiten hohes Verkehrsaufkommen mit entsprechender Unfallgefahr

Um die Nachteile zu reduzieren oder zumindest zu kompensieren, setzen viele Unternehmen auf sog. Transportleitsysteme, die dem Fahrer die Priorisierung und Routenoptimierung seiner Transportaufträge abnehmen und „optimal“ gestalten. **Transportleitsysteme** optimieren damit das bestehende System, ohne die weiteren Systemnachteile, wie z. B. die Kurzfristigkeit der Aufträge oder die starken Schwankungen im Transportaufkommen, zu berücksichtigen. Diese Systemnachteile können durch die Implementierung eines **Milkrun**-Konzepts vermieden werden.

Das Konzept adaptiert die Funktionsweise des englischen Milchmann-Systems für innerbetriebliche Transporte. Der englische Milchmann fährt morgens auf einer festgelegten Route die unterschiedlichen Haushalte in seinem Gebiet ab. Stehen leere Milchflaschen vor der Haustür – und nur dann –, tauscht der Milchmann diese gegen die gleiche Anzahl voller Flaschen aus.[252] Da im innerbetrieblichen Werkverehr in den seltensten Fällen nur ein und dasselbe Produkt an den unterschiedlichen Stellen benötigt wird, ist eine Anpassung des Systems notwendig. Eine angepasste Version für eine innerbetriebliche Warenversorgung kann folgendermaßen aussehen.

Der Fahrer des Flurförderfahrzeugs erhält Transportaufträge in Form von **Transportkanbans** immer dann, wenn er eine Station anfährt. Diese nimmt er auf seiner Rundtour mit und gibt die Transportkanbans aller Stationen am Ende seiner Tour im produktionsinternen Kommissionierzentrum ab. Dort werden die Aufträge zusammengestellt und bei der nächsten Rundtour ausgeliefert. Die Information „leere Milchflasche" übernimmt somit der Transportkanban, die Auslieferung der Ware erfolgt zeitversetzt im nächsten Rundlauf. Dies ist seitens der Warenempfänger bei der Weitergabe der Transportaufträge zu berücksichtigen.

Die grundsätzliche Idee der getakteten und nivellierten Transportversorgung des Milkruns wird beibehalten und beinhaltet die entscheidenden Vorteile gegenüber dem traditionellen Transportsystem:[253]

- *Festgelegte Routen:* optimierte Transportwege: Durch die stets gleiche Routenführung sind die Transportzeit sowie die Transportentfernung festgelegt. Bei der Auswahl der Routen wird auf eine strecken- und zeitoptimierte Route geachtet.
- *Fixer Zyklus:* Die Routen werden nach festen – vorher fixierten – Fahrplänen abgefahren. Somit wissen die Mitarbeiter an den jeweiligen Bahnhöfen (Stationen) genau, wann sie mit der benötigten Ware versorgt werden.
- *Konstantes Liefervolumen:* Im Falle innerbetrieblicher Routenverkehre werden im Normalfall keine herkömmlichen Stapler eingesetzt. Vielmehr werden speziell für innerbetriebliche Milkruns konzipierte Zugmaschinen verwendet. Diese Zugmaschine ermöglicht es, die Transportmenge auf dem Rundweg variabel zu gestalten. Die maximale Zuglänge ist abhängig von der Leistungsfähigkeit der Zugmaschine, v. a. aber von den internen Gegebenheiten hinsichtlich der Transportwege (Schleppkurven, Breite der Fahrwege, Sicherheitsaspekte etc.). Im Schnitt können bis zu fünf Wagen angehängt werden. Diese sind standardisiert und transportieren Behälter, Paletten oder Spezialbehälter. Damit wird streng genommen zwar nicht das Liefervolumen selbst konstant gehalten. Durch die hohe Flexibilität bei der Anzahl zu transportierender Einheiten ist es aber möglich, Schwankungen in der Transportnachfrage größtenteils auszugleichen. Die Anzahl Transporte pro Zeitfenster bleibt somit über den Tag hinweg gleichverteilt.

Das Konzept der Milkrun-Transporte ist nicht nur im innerbetrieblichen (hallenintern wie -extern) Transport im Einsatz, sondern kann auch im Rahmen der **Beschaffungslogistik** unternehmensübergreifend für externe Transporte eingesetzt werden. Die Funktionsweise ist ähnlich konzipiert, wobei die Implementierung des Systems in Abhängigkeit der Anzahl unterschiedlicher Lieferanten sowie der Heterogenität der Materialflüsse in den meisten Fällen etwas aufwändiger sein dürfte als die Implementierung eines innerbetrieblichen Milkruns.

Die Planungslogik des Milkruns basiert auf der Pull-Logik. Es wird ausschließlich dann Ware zugestellt oder abgeholt, wenn ein Transportauftrag vorliegt. Gleichzeitig nivelliert das System die Anzahl und Häufigkeit der Transporte und folglich auch der Bestände. Gleichzeitig gewährleistet die getaktete Transportsequenz eine hohe Versorgungssicherheit der einzelnen Bearbeitungsstufen, wodurch die Supermarktbestände abgesichert sind. Somit fügt sich diese Art der Transportsteuerung harmonisch in eine pull-gesteuerte Fertigungsumgebung ein. Die Nutzung im Umfeld einer Push-Strategie ist aber ebenso möglich.

15.3.3 Funktion Lagerung und Warenbereitstellung: Supermarktprinzip (Kanban), Konsignationslager, Vendor Managed Inventory (VMI), Just-in-Time (JIT)

Die erfolgreiche Umsetzung eines Pull-Systems ist unter anderem auch von geeigneten Warenbereitstellungs-, Lagerungs- und Beschaffungssystemen abhängig. Um möglichst schnell auf Kundenbedürfnisse reagieren zu können, zielt die Pull-Logik darauf ab, stets geringe Bestände für alle Produkttypen verfügbar zu haben.[254] Zur Vermeidung hoher Lagerbestände haben sich unterschiedliche Konzepte in der betrieblichen Praxis etabliert. So z. B.:

- Supermarktprinzip in Verbindung mit der Kanban-Logik
- Konsignationslager
- **Vendor-Managed-Inventory**-Konzept (VMI)
- Versorgung der Produktion auf Basis eines Just-in-Time-Konzepts

Konsignationslager

Das Eingangslager eines Unternehmens (Kunde) dient zur Bevorratung von Rohstoffen, Einzelteilen und Baugruppen, nachdem diese vom Lieferanten angeliefert wurden. Traditionellerweise gehören die Bestände im Eingangslager dem Unternehmen, das die Waren vom Lieferanten bezogen hat. Der Eigentumsübergang erfolgt nach der Vereinnahmung der Ware im Wareneingang. Beim **Konsignationslager** bleibt der Lieferant der Ware so lange der Eigentümer der gelieferten Artikel, bis die Ware in der Fertigung benötigt und aus dem Eingangslager entnommen wird.[255] Der Eigentumsübergang erfolgt somit nicht bei der physischen Einlagerung in das Eingangslager, sondern bei der Auslagerung und Bereitstellung für die Fertigung. Die Lagerverwaltung, die Disposition, Bestellung und der Abruf der Ware obliegen dem beschaffenden Unternehmen (Kunde). Die Lagerinfrastruktur ist im Eigentum von Unternehmen (Kunde) oder wird von diesem gemietet oder geleast. Oftmals übernimmt die Lagerverwaltung auch ein externer Dienstleister, der vom Unternehmen (Kunde) bezahlt wird.[256]

Vorteile des Konsignationslagers

- **Geringere Kapitalbindung beim beschaffenden Unternehmen:** Das beschaffende Unternehmen reduziert seine Kapitalbindung, da die Bestände dem Lieferanten gehören.[257]
- **Enge Kooperation zwischen Lieferant und Kunde:** Der Lieferant kann aufgrund der notwendigen Integrationsmaßnahmen (Datenaustausch, Softwareabstimmung etc.) davon ausgehen, dass die Zusammenarbeit mit dem Kunden auf eine langfristige Partnerschaft angelegt ist.[258]

Nachteile des Konsignationslagers

- **Der physische Bestand im Eingangslager reduziert sich nicht:** Lagerverwaltungs- und -infrastrukturkosten bleiben somit gleich. Durch die reduzierte Kapitalbindung neigen die Disponenten des beschaffenden Unternehmens dazu, tendenziell höhere Sicherheitsbestände anzulegen. Das gewährleistet zwar eine zuverlässige Produktionsversorgung, verschlechtert aber die Bestandssituation in der gesamten Supply Chain.

- **Der Eigentümer der Bestände hat keinen Einfluss auf das Bestandsniveau:** Die Disposition der Bestände obliegt dem Kunden. Der Lieferant kann – auch wenn Absprachen hinsichtlich Mindest- und Maximalbestand bestehen – das Bestandsniveau nicht eigenständig reduzieren. Es ist zudem davon auszugehen, dass das Bestellverfahren und -verhalten herkömmlich auf Basis von Bestellungen seitens des Kunden organisiert sind. Des Weiteren findet aller Wahrscheinlichkeit nach kein intensiver Datenaustauch zwischen Kunden und Lieferant statt. Demzufolge kann der Lieferant keine Optimierung seiner Fertigungsplanung angehen.

Das Konsignationslager ist ein geeignetes Instrument für das beschaffende Unternehmen, um die Versorgungssicherheit seiner Produktion sicherzustellen und die Kapitalbindungskosten zu reduzieren. Eine Bestandsoptimierung physischer Bestände in der Supply Chain findet jedoch nicht statt. Seitens des Lieferanten erhöhen sich die Kapitalbindungskosten.

Vendor Managed Inventory (VMI)

Das Konzept des **Vendor Managed Inventory** setzt auf dem Konsignationslagerkonzept auf.[259] Eigentümer bzw. Mieter des Lagers ist das beschaffende Unternehmen (Kunde), auch die Lagerverwaltung erfolgt im Auftrag des Kunden, Eigentümer der Bestände bis zur Entnahme aus dem Eingangslager ist der Lieferant. Im Gegensatz zum puren Konsignationslager-Konzept obliegt die Bestandsverwaltung dem Lieferanten. Minimal- und Maximalbestände werden bei der Implementierung des Konzepts in Rahmenverträgen vereinbart, die operative Organisation der Bestandshöhe übernimmt der Lieferant. Um die Bestandsverwaltung übernehmen zu können, benötigt der Lieferant Echtzeitinformationen über die physischen Bestände im Eingangslager des Kunden.[260] Dies ist durch einen Integration der ERP-Systeme oder einfache Lösungen wie z. B. den Einsatz von Web-Cams möglich.

Vorteile Vendor Managed Inventory

- **Lieferant optimiert Bestandsniveau im Eingangslager des Kunden:** Da die Bestände im Eigentum des Lieferanten sind, hat dieser den Anreiz, zur Reduzierung der Kapitalbindungskosten das Bestandsniveau zu reduzieren. Dementsprechend ist davon auszugehen, dass die Höhe der Bestände in der Supply Chain zurückgeht. Der Kunde hat positive Effekte auf die Kosten der Lagerverwaltung und/oder -infrastruktur, sobald sich das System eingeschwungen hat.
- **Lieferant optimiert eigene Fertigungsplanung:** Durch die Integration der Softwaresysteme kann der Lieferant zukünftige Produktionsaufträge zuverlässiger prognostizieren als auf Basis herkömmlicher Bestellungen, da Bündelungseffekte für Mengenrabatte, Überbestellungen zur Vermeidung von Knappheit oder ähnliche Sondereffekte entfallen. Dies hat einen positiven Effekt auf die Produktionsplanung. Je nach Gegebenheit ist es möglich, die Produktion zwischen Lieferant und Kunde zu synchronisieren, eine weitere Reduzierung der Lagerbestände wäre die Folge.
- **Enge Kooperation zwischen Lieferant und Kunde:** Die Integration ist weit intensiver als beim reinen Konsignationslager. Daher kann der Lieferant von einer sehr kooperativen, langfristigen Zusammenarbeit ausgehen.
- **Weiterhin keine Kapitalbindungskosten beim Kunden:** siehe Konsignationslager

Nachteile Vendor Managed Inventory

- **Transparenz bei zumindest ausgewählten Daten:** Der Lieferant erhält Einblick in die Geschäftsdaten des Kunden. Selbst wenn es sich nur um ausgewählte Bereiche handelt, können zum Teil kritische Informationen weitergegeben werden. Möglicherweise lassen sich Rückschlüsse auf Datengerüste von Wettbewerbern oder potenziellen Kunden anstellen. Eine Kooperation dieser Art setzt Vertrauen voraus. Darüber hinaus ist bei der Integration der Softwaresysteme die notwendige Sorgfalt bei der Datenauswahl und -verknüpfung erforderlich.
- **Bestandsniveau reduziert, aber noch vorhanden:** Im Vergleich zum Konsignationslagerkonzept lassen sich die Bestände im Eingangslager zwar reduzieren, die Bestände sind aber noch vorhanden.

Das Konzept des Vendor Managed Inventory gewährleistet eine hohe Versorgungssicherheit der Fertigung des Kunden, optimiert dabei sowohl das Bestandsniveau im Eingangslager des Kunden als auch die WIP-Bestände in der Fertigung des Lieferanten (und ggf. noch weitere Bestände) über eine angepasste und optimierte Produktionsplanung. Eine bestandslose Produktionsversorgung ist damit noch nicht möglich.

Just-in-Time

Der Grundgedanke beim **Just-in-Time**-Konzept ist, gänzlich auf Lagerbestände zu verzichten. Dadurch kann auf das Eingangslager oder zumindest Teile davon verzichtet werden. Um diese Philosophie umsetzen zu können, müssen die Wareneingänge so disponiert werden, dass die Ware in der benötigten Menge exakt zu dem Zeitpunkt in der Fertigung eintrifft, zu dem die Ware benötigt wird.[261]

Eine konkrete Vorgabe, wie dieser Zeitpunkt auszusehen hat, gibt die Theorie nicht vor. So kann von Just-in-Time gesprochen werden, wenn alle 30 Minuten Teile für die nächsten 30 Minuten Produktionsfenster geliefert werden. Just-in-Time kann aber auch bedeuten, dass zu Beginn einer Schicht mit einem Vorlauf von einer Stunde die pro Schicht benötigte Warenmenge angeliefert wird. Je höher die Reichweite der angelieferten Produktionsmenge ist, desto größer ist auch der Platzbedarf für die angelieferte Ware.

Entsprechend reduziert ein Just-in-Time-Konzept die Bestände zwar im Vergleich zum Konsignationslager und zum Vendor Managed Inventory. Ein vollkommen bestandsloses Szenario im Wareneingang liegt hier jedoch nicht notwendigerweise vor. Durch die knapp kalkulierten Bestände ist ein hohes Maß an Koordinationsaufwand notwendig. Andernfalls kann es schnell zu **Out-of-Stock**-Situationen kommen. Zudem ist es von Vorteil, wenn Lieferant und Kunde geografisch nahe zueinander angesiedelt sind,[262] um externe Einflüsse wie Verkehrsstaus, wetterbedingte Verzögerungen etc. zu reduzieren.

Vorteil Just-in-Time

- **Sehr geringer Bestand im Eingangslager:** Der exakt zum Produktionsbeginn getaktete Abruf der zu beschaffenden Ware reduziert den Bestand im Eingangslager für die JIT-beschafften Materialien auf ein Minimum. Der Platzbedarf im Eingangslager ist der Reichweite der Produktionsmaterialien anzupassen, die Kapitalbindung überschreitet in aller Regel nicht die Dauer eines Tages.[263]

Nachteile Just-in-Time

- **Hoher Koordinationsaufwand:** Die exakte Einsteuerung der zu beschaffenden Materialien erfordert einen intensiven Abgleich, wann welches Produkt in welcher Menge benötigt wird. Die Daten müssen ständig aktuell gehalten werden, ein pausenloses Eingreifen ist insbesondere dann notwendig, wenn der Produktionsbetrieb störungsanfällig oder die Kundennachfrage sehr instabil (in Menge und Produkttyp) ist.
- **Störanfälligkeit erfordert redundante Systeme:** Aufgrund der extrem niedrigen Reichweite der Eingangslagerbestände ist das JIT-Konzept sehr störanfällig aufgrund externer Faktoren. Der beste Disponent kann keinen Schneesturm, Verkehrsstau oder Produktionsausfall beim Lieferanten vorhersehen. Daher sind Backup-Lösungen für den Notfall zu konzipieren. Beispielsweise kann der Lieferant statt eines LKW zwei LKWs mit der identischen Ware zum Lieferanten schicken. LKW 1 fährt auf der Autobahn, LKW 2 nimmt eine Alternativroute, um Zeitverzögerungen durch einen Stau zu umgehen. Bei der Konzeption des Systems ist daher zu analysieren, ob man unter Berücksichtigung der spezifischen Rahmenbedingungen (Entfernung zum Kunden, Stauanfälligkeit der Verkehrswege etc.) auf eine zu knappe Taktung der Zeitfenster verzichtet oder auf redundante, entsprechend kostenintensivere Systeme setzt. Graf/Hartmann zeigen einen Notfallplan auf, der unterschiedliche Einflussfaktoren berücksichtigt.[264]

Zur Reduzierung des hohen Koordinationsaufwands werden Just-in-Time-Konzepte häufig Kanban-gesteuert organisiert. Die selbststeuernde Funktionsweise verbunden mit dem Supermarktprinzip führt dazu, dass der Koordinationsaufwand minimal wird und gleichzeitig ein hohes Maß an Versorgungssicherheit gewährleistet wird. Stimmt der Lieferant seine Produktion mit der des Kunden ab (sofern möglich), lassen sich die Vorteile **produktionssynchroner Beschaffungs- und Fertigungssysteme** erzielen.[265]

Der Einsatz eines JIT-Systems ist insbesondere bei hoch integrierten Pull-Konzepten sinnvoll, da hier die Voraussetzungen für ein koordinationsreduziertes JIT gegeben sind. Der Einsatz eines JIT-Konzepts im Rahmen von Push-Szenarien ist ebenfalls möglich, oftmals jedoch mit hohem Koordinationsaufwand verbunden (Ausnahme: gute Prognostizierbarkeit der Aufträge und geringe Auftragsschwankungen).

Alle genannten Konzepte (Konsignationslager, Vendor Managed Inventory, Just-in-Time) sind für den Einsatz in Pull-Fertigungsumgebungen geeignet. Gleichzeitig können die Konzepte auch in Push-Umgebungen genutzt werden. Besonders gut kombinierbar sind Pull-Fertigungssysteme mit der Just-in-Time-Beschaffungslogik, wobei die Sinnhaftigkeit eines Einsatzes von den jeweiligen Rahmenbedingungen abhängt und im Einzelfall zu prüfen ist. Eine Pauschalaussage ist hier nicht möglich.

15.3.4 Funktion Umschlag und Kommissionierung: Just-in-Sequence (JIS), Standardisierung des Umschlag- und Kommissionierequipments

Die Einführung einer Pull-gesteuerten Fertigung wirkt sich auch auf die Umschlags- und Kommissionierprozesse aus. Kleinere Losgrößen in der Fertigung und die Bereitstellung der Ware mit Hilfe von Supermarktkonzepten und Routenzügen führen zu einer steigenden Anzahl an Kommissionieraktivitäten, wenngleich diese innerhalb einer Schicht gleichmäßiger verteilt sind. Neben organisatorischen Veränderungen beeinflussen die neuen Bereitstellungsformen auch die Art und Beschaffenheit der eingesetzten Verpackungsmaterialien, Transport- und Transporthilfsmittel. Die Bereitstellung der Ware in Supermärkten erfolgt nicht in den Versandverpackungen des Lieferanten, sondern in speziell dafür vorgesehenen Mehrwegbehältern. Der Warentransport per Routenzug erfordert neue Flurförderfahrzeuge (Zugmaschinen), Transportmittel (Wagen für Routenzug) und Transporthilfsmittel (Paletten oder sog. Bodenroller). Die folgenden Ausführungen erläutern, mit Hilfe welcher Maßnahmen die Umschlags- und Kommissionierprozesse an eine Pull-Fertigungsumgebung angepasst werden können.

Just-in-Sequence (JIS)

Bei **Just-in-Sequence** handelt es sich um eine Ausbaustufe des Just-in-Time-Konzepts.[266] Wie beim JIT-Konzept erfolgt die Anlieferung genau zum Zeitpunkt des Bedarfs in der Fertigung, ohne im Eingangslager über einen längeren Zeitraum (> 1 Tag) zu verweilen. Im Gegensatz zum JIT-Konzept trifft die Ware beim JIS-Konzept bereits vorkommissioniert ein. Die Produkte im LKW sind exakt in der Reihenfolge des Bedarfs in der Fertigung zusammengestellt. Nach dem Ausladen ist keine Reihenfolgebildung beim Kunden mehr erforderlich. Die Kommissioniertätigkeiten obliegen dem Lieferanten. Die operative Durchführung erfolgt häufig durch einen Logistikdienstleister.[267]

Vorteil Just-in-Sequence

- **Reduzierte Anzahl Kommissionierprozesse bei hoher Integration der Produktionsplanung zwischen Lieferant und Kunde:** Liegt eine enge Kooperation zwischen Lieferant und Kunde vor, kann von einer guten Qualität des Datenaustauschs ausgegangen werden. Auf dieser Basis können die Produktionsplanungen zwischen Lieferant und Kunde eng abgestimmt werden. Der Lieferant produziert somit bereits exakt in der vom Kunden benötigten Lieferreihenfolge. Seitens des Lieferanten sind somit keine umfangreichen Kommissioniervorgänge notwendig, die Fahrzeuge können gemäß Produktionsreihenfolge beladen werden. Somit entfallen die Kommissioniervorgänge zwischen Lieferant und Kunde fast gänzlich.

Nachteil Just-in-Sequence

- **Häufig lediglich Verlagerung der Kommissionier-Prozesse zum Lieferanten oder Dienstleister:** Nicht in jedem Fall erfolgt eine Synchronisation der Produktionsplanung zwischen Lieferant und Kunde. Oftmals ist dies aus fertigungstechnischen Gründen auch nicht möglich. In diesem Fall ist davon auszugehen, dass der Lieferant seine Produkte nicht in der gleichen Reihenfolge fertigt, wie diese beim Kunden anzuliefern sind. Dies hat zur Folge, dass der Lieferant die vom Kunden gewünschte Reihenfolge vor der Verladung erst im Kommissionierbereich erstellen muss. Es handelt sich somit lediglich um eine Verlagerung der Kommissionierprozesse vom Kunden zum Lieferanten.

Bei einer hohen Integration zwischen Kunde und Lieferant ist eine Vermeidung, zumindest eine Reduzierung der Kommissionieraktivitäten möglich. Wie das JIT-System kann JIS auch in einer Push-Steuerungsumgebung umgesetzt werden. Die Voraussetzungen für eine wenig störungsanfällige Nutzung des Systems sind in einer Pull-Umgebung jedoch eher erfüllt.

Bei enger Abstimmung zwischen Produzenten und Lieferanten ergibt sich bei strikter Reihenfolge der Lieferung eine sogenannte Perlenkette. Dies wird nötig, wenn auf derselben Produktionslinie mehrere Varianten bzw. individualisierte Produkte produziert werden. Durch die synchronisierte Produktion und reihenfolgengerechte Anlieferung (Just-in-Sequence) können viele Varianten mit niedriger Lagerhaltung und bei geringer Kommissioniertätigkeit produziert werden.

Dies ist nur möglich, wenn der Zulieferer die Produktionsreihenfolge, also die Sequenz in der Produktion des Abnehmers genau kennt. Diese Reihenfolge wird einen definierten Zeitraum vor der eigentlichen Produktion verbindlich festgelegt bzw. „eingefroren“ (Frozen Zone). Der Zeitraum ist so bemessen, dass alle betroffenen Zulieferer die Aufträge entsprechend der Perlenkette in die Produktion einplanen können.

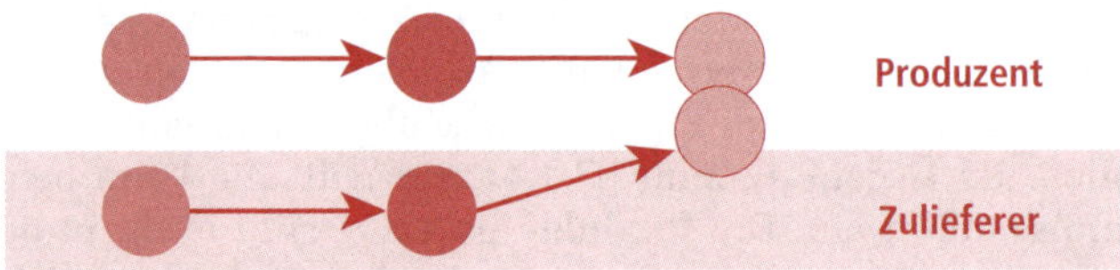

Abbildung 15.11: Perlenkette

Herausforderung ist die zuverlässige Planung der Perlenkette und der regelmäßige und verlässliche Abgleich der IT-Systeme.

Standardisierung des Umschlag- und Kommissionierequipments

Standardisierte **Transport- und Logistik-Hilfsmittel** ermöglichen einen schlanken Kommissionier- und Umschlagsprozess. Nutzt ein Unternehmen beispielsweise eine Vielzahl unterschiedlicher Palettensysteme, muss z. B. das Lager flexibel aufgestellt sein und die Einrichtungen in der Fertigung müssen auf unterschiedlichste Systeme vorbereitet sein. Da dies aus Kostengründen selten der Fall ist, fallen in solchen Fällen eine Vielzahl von Umpack- und Kommissionierprozessen an. Standardisiert man hingegen **Verpackungen** und **Verpackungsträger** (z. B. Paletten), sind diese zusätzlichen Umpackprozesse überflüssig, der in erster Linie manuelle Aufwand kann deutlich reduziert werden.

In den letzten Jahren und Jahrzehnten konnten intensive Standardisierungs- und Normierungsbemühungen im Logistiksektor realisiert werden (Euro-Palette, Barcode, VDI-Behälterkonzepte, CGN-Standards usw.). Konzepte wie produktionsinterne Supermärkte oder die Nutzung eines Routenzugs setzen jedoch Spezialequipment voraus, das bisher bei den Standardisierungsmaßnahmen noch nicht vollumfänglich berücksichtigt werden konnte.

Kanban

In Kanbanregalen werden spezielle Behältertypen verwendet, ein Umsortieren nach der Vereinnahmung der Ware im Wareneingang von der Versandpackung des Lieferanten in die **Kanbanbehälter** ist erforderlich. Unternehmensintern sollten in den unterschiedlichen Kanbankreisläufen die gleichen Behältertypen genutzt werden. Optimalerweise erfolgt bereits die Belieferung durch den Lieferanten in den Behältern, die später im Kanbanregal platziert werden. Folglich ist ein einheitlicher **Behälterstandard** für die interne und unternehmensübergreifende Abwicklung anzustreben, wenngleich dies insbesondere unternehmensübergreifend eine hohe Herausforderung darstellt.

Zweiter Ansatzpunkt ist die Informationskomponente im Kanban-System, die Kanban-Karte. Auch hier gilt, dass ein innerbetrieblicher Standard den Umgang mit den unterschiedlichen Kanban-Systemen erleichtert.

Vor allem dann, wenn unternehmensübergreifend auf Kanban-Logiken zurückgegriffen wird, helfen klar definierte Standards. Jedoch existiert hier eine hohe Diversität im Markt. Die Nutzung unterschiedlicher E-Kanban-Systeme verbunden mit einer Vielzahl an IT-System-Komponenten, der Einsatz von RFID-Systemen, die im Gegensatz zum Barcode eine hohe Anzahl unterschiedlichster Varianten zulassen, oder selbst die in den seltensten Fällen normierten herkömmlichen papierbasierten Kanban-Karten führen hier zu einer enormen Komplexität.

Logistik- oder Routenzug

Beim Einsatz eines **Logistikzugs** oder **Routenzugs** entsteht im Vergleich zum Transport per Gabelstapler zusätzlicher Handlingaufwand. Der Gabelstapler nimmt die Palette am Ausgangsort auf die Gabel auf, fährt zum Zielort und setzt diese am Zielort ab. Beim Routenzug muss die Palette zunächst mit einem Hubgerät auf den sog. **Bodenroller** gesetzt werden. Der Routenzug koppelt den Bodenroller an, fährt diesen zum Zielort. Dort wird wiederum ein Hubgerät benötigt, um die Palette vom Wagen abzuheben und an der Bearbeitungsstufe abzusetzen. Zur Vermeidung dieses zusätzlichen Handlingvorgangs ist die gesamte Fertigung bzw. das gesamte Werk auf Bodenrollwagen und Logistikzugkonzepte umzustellen. Selbst wenn diese Voraussetzungen erfüllt werden, bleiben die genannten Zusatzaktivitäten weiterhin im Wareneingangslager und im Versandlager bestehen. Vor diesem Hintergrund ist es sinnvoll, auch die Lieferanten und Kunden in das Bodenrollwagen-/Routenzugkonzept zu integrieren.

Diese Integration ist äußerst anspruchsvoll, da sich derzeit unterschiedlichste, nicht miteinander kombinierbare Bodenrollwagensysteme am Markt befinden. Im Gegensatz zur Europalette, die in jedem Unternehmen Europas etabliert ist, existiert beim Bodenrollwagen noch kein einheitlicher Standard. In hoch integrierten Supply-Chains (z. B. Automotive-Sektor) finden sich bereits einige Beispiele unternehmensübergreifender Systeme, allerdings hat sich selbst branchenintern kein einheitliches System für Bodenrollwagen etabliert.

Standardisierungs- und Normierungsmaßnahmen im Bereich Umschlag- und Kommissionierung erleichtern die operativen Prozesse erheblich. Insbesondere beim Einsatz von Pull-Steuerungssystemen kommen Methoden zum Einsatz, deren Hardware derzeit nur in geringem Maße standardisiert und normiert ist.

Alle aufgezeigten Logistikkonzepte lassen sich auch in einer Push-Umgebung integrieren, unterstützen eine Pull-Fertigungslogik jedoch optimal aufgrund der einfacher abzustimmenden Informationsflüsse.

ZUSAMMENFASSUNG

In diesem Kapitel haben Sie gelernt,

- was man unter industrieller Produktion versteht,
- wie industrielle Produktion, Logistik und Produktionslogistik zusammenhängen,
- welche betriebswirtschaftlichen Ziele der Produktionsprozess erfüllen soll,
- wie die Zuständigkeiten und Aufgaben in einem Produktionsprozess verteilt sind,
- welche strategischen Planungs-. und Steuerungsansätze vorhanden sind, um die Produktion effektiv und effizient zu gestalten, und wie diese funktionieren,
- welche Produktionsplanungs- und -steuerungsverfahren in der Praxis angewendet werden, wie diese funktionieren, welche Vor- und Nachteile diese haben und unter welchen Rahmenbedingungen diese optimaler Weise eingesetzt werden,
- welche Methoden eingesetzt werden können, um die Rahmenbedingungen eines Fertigungssystems so anzupassen, dass der Einsatz einer Pull-Steuerung ermöglicht wird,
- wie die Produktionslogistik aufgestellt sein muss, um die jeweiligen Produktionsplanungs- und steuerungsverfahren optimal unterstützen zu können und
- wie sich die Produktionsplanungs- und steuerungsverfahren auf die logistischen Basisfunktionen in der Produktionslogistik auswirken.

Beim industriellen Produktionsprozess wird aus einem gegebenen Input durch Transformation der vom Kunden gewünschte Output erzeugt. Im Rahmen der Transformation unterscheidet man technische und wirtschaftliche Fertigungsverfahren.

Aus betriebswirtschaftlicher Sicht haben sich je nach strategischer Fragestellung unterschiedliche Fertigungsverfahren entwickelt, die sich aufgrund folgender Kriterien unterscheiden lassen: Anzahl der gefertigten Produkte (Massen-, Serien-, Sorten-, Einzelfertigung), Organisation der Fertigung (Funktionsprinzip, Objektprinzip), Ortsabhängigkeit der Fertigung (ortsgebunden, ortsungebunden).

Das Zielsystem der industriellen Fertigung hat sich seit den 1990er-Jahren verändert. Im Vergleich zum traditionellen Zielsystem gewann der Faktor Zeit zunehmend an Bedeutung, Flexibilität wurde als zusätzliches Ziel ergänzt und die reine Kostenorientierung ist der Betrachtung der Wirtschaftlichkeit gewichen. Um der aufgezeigten Zielveränderung gerecht zu werden, setzt man auf die Reduzierung von Durchlaufzeiten und Beständen unter Verwendung unterschiedlicher Methoden aus dem Bereich Prozessmanagement und Prozessoptimierung.

Die Aufgabenverteilung zwischen Produktion und Logistik werden in der betrieblichen Praxis unterschiedlich gelebt, wenngleich aus theoretischer Sicht eine eindeutige Aufgabenverteilung möglich ist. Die Produktionsplanung- und -steuerung ist im Bereich der Produktionslogistik angesiedelt und somit eine logistische Aufgabe.

Im Bereich der strategischen Produktionsplanung- und -steuerung existieren zwei grundlegende Prinzipien.

1. Das Push-Prinzip, bei dem eine zentrale Steuerungseinheit durch eine möglichst ganzheitliche Betrachtungsweise und Einbeziehung möglichst aller zur Verfügung stehenden Informationen ein Gesamtoptimum ermittelt, und
2. das Pull-Prinzip, bei dem dezentrale Steuerungseinheiten selbststeuernd agieren.

Zur Realisierung der aufgezeigten Steuerungsprinzipien haben sich in der Praxis unterschiedliche operative Produktionsplanungs- und Steuerungsverfahren etabliert.

Verfahren, die in Verbindung mit einer Push-Steuerungslogik zum Einsatz kommen, sind MRP I, MRP II, die Belastungsorientierte Auftragsfreigabe, die Optimized Production Technology sowie das Fortschrittszahlenkonzept.

Verfahren, die im Rahmen der Pull-Logik Verwendung finden, sind Kanban und Conwip.

Darüber hinaus unterstützen insbesondere unterschiedliche Methoden und Werkzeuge aus dem Lean Management die Funktionsweise einer Pull-Steuerungslogik, so z. B. Losgröße 1/SMED, Heijunka, TPM, TQM, Null-Fehler-Prinzip sowie Standardisierung und Modularisierung.

Die Veränderungen im Bereich der Produktionsplanung und -steuerung in den letzten 20–30 Jahren haben sich auch auf die logistische Basisfunktion ausgewirkt. Die folgende Tabelle zeigt, welche Verfahren und Methoden u. a. aufgrund der veränderten Steuerungsmechanismen in den jeweiligen logistischen Funktionen zum Einsatz kommen.

Bereichsübergreifend	**Chirurg-Krankenschwester-Prinzip**
Transport	Milkrun
Lagerung	Konsignationslager Vendor Managed Inventory Just-in-Time
Kommissionierung	Just-in-Sequence Standardisierung Logistik-/Routenzug

Ihr Wissen können Sie im eLearning-Bereich mit einem Verständnistest prüfen.

AUFGABEN

Aufgabe 1

Sie sind Produktionsleiter eines mittelständischen Werkzeugherstellers. Die Auftragsstruktur ist durch folgende Merkmale gekennzeichnet:

- geringe Losgröße
- hohe Variantenvielfalt
- unterschiedliche Bearbeitungsreihenfolge bei den angebotenen Produkten

Welches Fertigungsprinzip ist besser geeignet, das Funktions- oder das Objektprinzip? Erläutern Sie das besser geeignete Prinzip und zeigen Sie Vor- und Nachteile dieses Prinzips auf.

Aufgabe 2

Diskutieren Sie die Veränderungen des traditionellen Zielsystems einer industriellen Fertigung hin zum modernen Zielsystem. Welche Methoden und Maßnahmen ermöglichen die Zielerreichung im modernen Zielsystem?

Aufgabe 3

Erläutern Sie den Zusammenhang zwischen Produktion und Logistik.

Aufgabe 4

Grenzen Sie die Produktionslogistik im weiteren Sinne von der Produktionslogistik im engeren Sinne ab.

Aufgabe 5

Erläutern Sie das Pull-Prinzip. Welche Voraussetzungen müssen erfüllt sein, damit ein Pull-System optimal wirken kann?

Aufgabe 6

Nennen Sie jeweils zwei push- und pull-orientierte operative Produktionsplanungs- und -steuerungsverfahren.

Aufgabe 7

Grenzen Sie das MRP I-Verfahren gegenüber dem MRP II-Verfahren ab.

Aufgabe 8

Erläutern Sie die Funktionsweise der Prioritätsregeln. Veranschaulichen Sie die Vorgehensweise der Prioritätsregel KOZ und der Prioritätsregel LT anhand des Beispiels „Möbelschreinerei“.

Fertigungsauftrag	Bearbeitungszeit	Liefertermin
Stuhlbein	5 Minuten	in 15 Tagen
Tischbein	10 Minuten	in 5 Tagen
Regalbrett	7 Minuten	in 10 Tagen

Aufgabe 9

Diskutieren Sie den Unterschied zwischen Produktionskanban und Transportkanban.

Aufgabe 10

Erläutern Sie den Unterschied zwischen dem Verfahren „Belastungsorientierte Auftragsfreigabe“ und dem Verfahren „Conwip“.

Aufgabe 11

Nennen Sie zwei Methoden, mit Hilfe derer sich die Rahmenbedingungen eines Fertigungssystems so anpassen lassen, dass der Einsatz einer Pull-Steuerung ermöglicht wird. Erläutern Sie anhand einer Methode Ihrer Wahl, wie diese dazu beiträgt, den Einsatz eines Pull-Systems zu unterstützen.

Aufgabe 12

Die Veränderungen in der Produktionsplanung und -steuerung in den letzten 20–30 Jahren wirkt sich auch auf die logistischen Basisfunktionen (Produktionslogistik im engeren Sinne) aus. Erläutern Sie ein Konzept aus dem Bereich Lagerung, das eine Anpassung an die veränderten Planungsprämissen ermöglicht.

Die Lösungen zu den Aufgaben finden Sie im eLearning-Bereich.

FALL KANBAN-SYSTEM IN MOVE BEI SCHAEFFLER

Einführung

Die Schaeffler-Gruppe ist mit über 83.000 Mitarbeitern weltweit eines der größten deutschen und europäischen Industrieunternehmen in Familienbesitz und unter den Marken INA, FAG und LUK bekannt für alles, was sich bewegt: in Maschinen, Anlagen, Kraftfahrzeugen und in der Luft- und Raumfahrt.[268]

Die Unternehmensstrategie der Schaeffler-Gruppe setzt sich aus mehreren Bausteinen zusammen. Über allem steht die Vision „Gemeinsam bewegen wir die Welt“.

Zum Erreichen dieser Vision hat sich das Unternehmen folgende Ziele gesteckt:

- Steigerung von Schnelligkeit, Globalisierung
- Steigerung der Unternehmensqualität
- Qualifiziertes Wachstum
- Mitarbeiterzufriedenheit

Die Strategie setzt sich wiederrum aus den vier Bausteinen „One Schaeffler“, Mobilität für morgen“, „Transparenz, Vertrauen, Teamarbeit“ und „MOVE“ zusammen. Die Strategie ist ausgerichtet an drei Erfolgsfaktoren des Unternehmens: Innovation, Technologie und Qualität.

Um all dies in der Unternehmenskultur zu verankern, wurde bei Schaeffler ein unternehmensweit laufendes Projekt MOVE durchgeführt. Leitsätze dabei waren:

- Eigenverantwortliche Mitarbeiter
- Vermeidung von Verschwendung
- Fehlerfreie Abläufe
- Synchron zum Kundentakt

Dazu wurden mehrere Teilprojekte durchgeführt, die als Fallstudien in den Kapiteln

- Produktion: KANBAN-System
- Supply Chain Management: ABC/XYZ-Analyse
- Lean Management: Wertstromdesigns aus der Wertstromanalyse

erläutert werden. Das gesamte Projekt mit allen Fallstudien zusammenhängend ist als Online-Kapitel verfügbar.

Beschreibung

Im Fall des Wertstroms von Nadellager „N“ entscheiden sich die Workshop-Teilnehmer, die bisherige „Go-and-See“-Steuerung zwischen den Fertigungsschritten mit einer KANBAN-Steuerung zu verbessern. Mit diesen und anderen Prozessverschlankungen wird das Wertstromdesign gezeichnet. Es ergibt sich das Bild einer „ziehenden“ Fertigung, die nur an einer Stelle, der Endmontage, Fertigungsaufträge erhält. Alle anderen Prozesse, wie auch die Nachversorgung der Verpackung, werden automatisch über das Pull-Prinzip angestoßen.

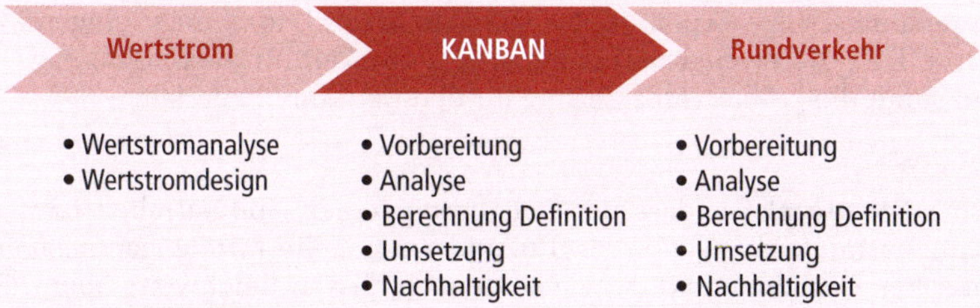

Abbildung 15.12: Workshop-Phase 2 – Kanban

Um ein KANBAN-System zu konzeptionieren und zu implementieren, sind die folgenden fünf Schritte zu durchlaufen:

- Vorbereitung
- Analyse
- Berechnung/Definition
- Umsetzung
- Nachhaltigkeit

1. Vorbereitung

Zur Einführung von KANBAN initiiert der MOVE-Trainer einen weiteren Workshop. Hierzu lädt er folgende Personen ein:

		Funktion
Bereich	Teilnahme	Entscheidungsträger
MOVE-Trainer	Vollzeit	Moderator
Instandhaltung	Teilzeit	Umbauten in der Fertigung
Arbeitssicherheit	Teilzeit	Kontrolle der Arbeitstätigkeiten
Qualität	Teilzeit	Kontrolle der Arbeitstätigkeiten
Ergonomie	Teilzeit	Kontrolle der Arbeitstätigkeiten und Ladungsträger
Produktion (Meister)	Vollzeit	Vertrauen zum KANBAN-System
Produktion (Werker)	Vollzeit	Vertrauen zum KANBAN-System
Logistik	Vollzeit	Versorgung der Produktion
Produktionsplanung/ Disposition	Vollzeit	Neue Tätigkeiten
Personalabteilung	An Kick-off-Veranstaltung	Vertretung der Arbeitnehmer-interessen
Betriebsrat	An Kick-off-Veranstaltung	Vertretung der Arbeitnehmer-interessen

Tabelle 15.10: Gruppenzusammensetzung in KANBAN-Workshops[269]

Die Gruppe entscheidet sich im ersten Schritt, dass der KANBAN-Kreislauf für möglichst viele Typen des Nadellagers in der Endmontage eingeführt werden soll, da dieser die Komponentenverfügbarkeit für die Endmontage erhöht und somit die größte Verbesserung für den Endkunden erzielt.

2. Analyse

Eine Faustregel ist, dass der Behältertyp einem industriellen bzw. einem Kundenstandard angehören sollte und die Behälterfüllmengen nach ergonomischen Gesichtspunkten, wie auch nach dessen Reichweite überprüft und gegebenenfalls angepasst werden sollten.

Um einen Überblick über alle wichtigen Informationen zu den Produktkomponenten zu haben, werden folgende Daten berücksichtigt:

- Verbrauchsdaten:
  durchschnittlicher und maximaler Verbrauch pro Zeiteinheit, Jahresbedarf, Lagerort, Verbrauchsort
- Teiledaten:
  Materialnummer, Produktgruppe, Abmaße und Gewicht, Teile pro Fertigprodukt
- Ladungsträgerdaten:
  Behältertyp und Füllmenge pro Behälter

Produkt „N" unterteilt sich in 20 Typen, bei denen jeweils zwei Komponenten variieren. Für diese existieren unterschiedliche Monatsbedarfe. Bei der Schaeffler-Gruppe werden im internen Kreislauf Mehrwegbehälter eingesetzt. Diese sind kompatibel mit Europoolpaletten.

Im nächsten Schritt gilt es zu prüfen, welche Typen des Nadellagers „N" sich für KANBAN eignen. Hierfür wird in drei Schritten einer ABC/XYZ-Analyse vorgegangen.

3. Berechnung

Mit den Ergebnissen der ABC/XYZ-Analyse kann die Anzahl an KANBAN-Karten, die für einen Kanban-Kreislauf benötigt werden, anhand folgender Formel berechnet werden:

$$\text{Anzahl an Karten} = \frac{\text{Abnahmemenge [Stk./t]} \times (\text{WBZ [t]} + \text{Durchlaufzeit [t]})}{\text{Anzahl Teile je KANBAN-Behälter [Stk.]}}$$

Bestandteil in der Formel	Erklärung
Anzahl an Karten	Anzahl an Karten ist gleich der Anzahl an Behältern im Umlauf
Abnahmemenge je Zeiteinheit	Menge, die der Kunde pro Zeiteinheit abnimmt
Wiederbeschaffungszeit (WBZ)	Zeit zur nächsten Fertigung der Type
Durchlaufzeit	Produktionszeit für einen vollen KANBAN-Behälter mit Teilen + Transportzeit zwischen den Prozessen + Zeit des Informationsflusses
T	Zeiteinheit

Tabelle 15.11: Bestandteile der Formel zur Berechnung der Kanban-Kartenanzahl[270]

Im Fall des Nadellagers wird die Komponente „Hülse“ in mehreren Varianten eigengefertigt und hat eine Wiederbeschaffungszeit von einem Tag vom Härten bis zur Endmontage. Die Durchlaufzeit durch die Wärmebehandlung liegt bei 0,5 Tagen. Bei einem beispielhaften täglichen Bedarf von 100.000 Teilen und einer Behälterfüllmenge von 6.000 Teilen im Behälter ergibt sich folgende Anzahl an KANBAN-Karten (Produktionskanban):

$$\text{Anzahl an Karten} = \frac{(100.000\ [\text{Stk./t}] \times (1\ [\text{t}] + 0{,}5\ [\text{t}]))}{(6.000\ [\text{Stk.}])} = 25\ \text{Stück}$$

Um Schwankungen der Kundenabrufe und der Wiederbeschaffungszeit abzudecken, kann die Berechnung angepasst werden. Dazu werden die maximale Abnahmemenge und die maximale Wiederbeschaffungszeit in der Formel ergänzt. Für die maximale Abrufmenge wird die durchschnittliche Abrufmenge zu dem abzudeckenden Sicherheitsbedarf addiert. Parallel dazu wird für die maximale Wiederbeschaffungszeit die durchschnittliche WBZ zu der abzudeckenden WBZ-Verzögerung addiert.

Analog zur Berechnung der benötigten Anzahl KANBAN-Karten (Produktionskanban) folgt nun die Dimensionierung des Supermarkts. Diese erfolgt auf Basis des Maximalbestands und der Anzahl Handlingeinheiten:

$$\text{max. Bestand} = \text{max. Abnahmemenge [Stk./t]} \times \text{max. Wiederbeschaffungszeit [t]}$$

$$\text{max. Bestand} = 6.000\ [\text{Stk./h}] \times 60\ \text{Stk.} = 360.000\ \text{Käfige}$$

$$\text{Anzahl an Handlingseinheiten [HU]} = \frac{(\text{Maximalbestand [Stk.]})}{(\text{Füllmenge/Handlingseinheit [Stk./HU]})}$$

$$\text{Anzahl an Handlingseinheiten [HU]} = \frac{(360.000\ \text{Käfige})}{(6.000\ \text{Stk./Behälter})} = 60\ \text{Behälter}$$

Als Richtwert für den durchschnittlichen Bestand eines Artikels setzt man 70 % des Maximalbestands an.

Im Gegensatz zu einem Produktionszwischenlager hat ein Supermarkt folgende Charakteristiken:

- Feste typenbezogene Lagerzuordnung
- FIFO-Prinzip (first-in-first-out)
- Bestandsbegrenzung
- Bestandsvisualisierung

Darüber hinaus fungiert der Supermarkt auch als Produktionssteuerungseinheit. Die Entnahme von Teilen aus dem Supermarkt gibt Steuerungsimpulse an die vorgelagerten Produktionsstufen weiter.

Sofern mehrere KANBAN-Typen auf einer Anlage gefertigt werden, gibt es zwei Möglichkeiten, die Steuerung per KANBAN (Produktionskanban) durchzuführen: Steuerung nach fixer Losgröße und Steuerung nach flexibler Losgröße.

- Steuerung nach fixer Losgröße:

  Auf einer KANBAN-Tafel erhält jede Type eine oder mehrere eigene Spalten, die mit einem Triggerpunkt (Auslöser) und einem kritischen Punkt markiert werden. Der Triggerpunkt markiert die Losgröße, die von einer Type gefertigt werden muss, um den Supermarktbestand wieder aufzufüllen.

  Die Reihenfolge der Produkte wird durch ein Rüstrad festgelegt, das sich aus einer optimalen Rüstreihenfolge untereinander definiert. Sofern Typen auf der Anlage gefertigt werden, die nicht nach KANBAN gesteuert werden und nur bei Bedarf eingeplant werden, wird ein Platzhalter auf dem Rüstrad markiert. Im Fall, dass die Anzahl der KANBAN einer Type den kritischen Punkt überschreiten, muss die Rüstreihenfolge ggfs. übersprungen werden, da der Bestand im Supermarkt genau die Wiederbeschaffungszeit der betroffenen Type abdeckt.

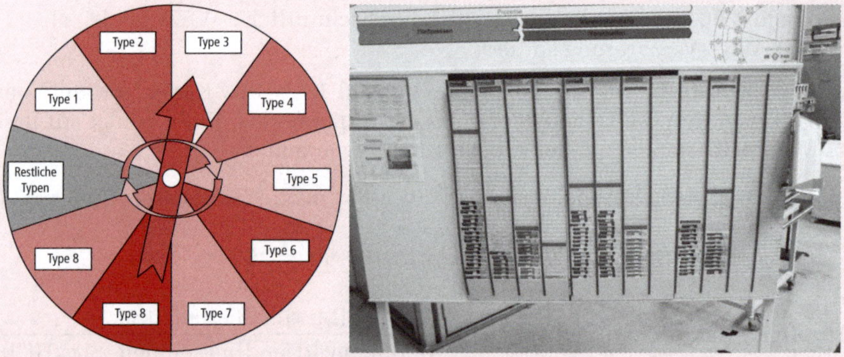

Abbildung 15.13: Rüstrad und KANBAN-Tafel[271]

- Steuerung nach flexibler Losgröße

  Bei sehr flexiblen Fertigungen kann man ohne die Triggerpunkte und kritischen Punkte auf der KANBAN-Tafel arbeiten. Hierbei wird die Anzahl an KANBAN-Karten einer Type gefertigt, die zum Abschluss der Vorgängertype (definiert durch das Rüstrad) auf der Tafel stecken.

  Die Anzahl KANBAN-Karten, Maximalbestand, Behälterfüllmenge und Anzahl Behälter sind für jede Type zu definieren. Die Steuerungsalternativen gelten für mehrere Typen an einer Bearbeitungsstufe und regeln das Vorgehen in dem Fall, in dem mehrere Kanban-Kreisläufe an einer Bearbeitungsstufe zusammenlaufen.

4. Umsetzung

Nach der Ermittlung der theoretischen Rahmenbedingungen gilt es, das Kanban-System in der Fertigungsumgebung zu implementieren. Um die Steuerung des Systems übersichtlich und wenig fehleranfällig zu gestalten, sind visuelle Hilfsmittel und Gestaltungsvorgaben ein zentraler Erfolgsfaktor.

MOVE gibt diesbezüglich für alle Beschilderungen und KANBAN-Karten Richtlinien und Standards vor:

Der Supermarkt für Eigenerzeugnisse soll im Fertigungslayout stets neben dem Erzeuger liegen, da dieser seinen Bestand stets vor Augen haben soll. Für alle Stellflächen gibt es Vorgaben hinsichtlich der Gestaltung. Auch die Gestaltung der KANBAN-Karte ist mit folgenden Informationen vorgegeben:

- Eine durchgehende Nummerierung, um eine leichtere Kontrolle der Karten im Kreislauf zu haben
- Eine Abbildung der Type oder der Verpackung mit Materialnummer und Bezeichnung
- Die Füllmenge eines Behälters, da eine KANBAN-Karte pro Behälter im Einsatz ist
- Ab- und die Anlieferstelle für den Transporter

Für das Format ist zudem zu beachten, dass jede unhandliche Form den Mitarbeiter davon abhält, die Karte in seine Kleidung zu stecken und sie somit zu vergessen. Der Aufbau einer KANBAN-Karte für eine Hülse kann beispielhaft wie folgt aussehen:

Abbildung 15.14: Workshop-Phase 2 – Kanban

KANBAN-Karten, die als Auftrag für eine Bearbeitungsstufe bereitliegen, werden in einer KANBAN-Tafel typenbezogen visualisiert und mit Triggerpunkt und kritischem Punkt markiert. Über einen Triggerpunkt definiert man eine Losgröße, die von einer Type gefertigt werden muss. Sobald für eine Type die definierte Anzahl an KANBAN-Karten auf der Tafel erreicht wurde, wird diese als Nächstes gefertigt. Zusätzlich markiert ein kritischer Punkt den Zeitpunkt, ab dem der Bestand im Supermarkt genau die Durchlaufzeit einer Type abdeckt, und löst deshalb eine Priorisierung in der eigentlichen Reihenfolge aller Typen auf einer Fertigungslinie oder Bearbeitungsstufe aus.

Bevor im letzten Teil der Umsetzung die Mitarbeiter vor Ort in der Funktionsweise der Verbrauchssteuerung per KANBAN geschult werden, wird der komplette Ablauf simuliert. Hierbei werden die Berechnungen überprüft und gegebenenfalls Anpassungen vorgenommen.

5. Nachhaltigkeit

Mit der Einführung des KANBAN-Systems geht auch eine Veränderung der Aufgaben in der Disposition/Planung einher, da der Planungsaufwand deutlich reduziert wird. Andererseits muss das System nicht nur während der Einführung, sondern regelmäßig überprüft und angepasst werden. Deshalb werden die Disponenten/Produktionsplaner mit neuen Aufgaben betraut:

- Monatliche Aktualisierung des Typenspektrums
- Regelmäßige Schulung der Mitarbeiter
- Tägliche Verfolgung der Ist- und Soll-Bestände
- Prüfung und Anpassung der Anzahl an KANBAN-Karten
- Sukzessive Reduzierung der KANBAN-Karten im Kreislauf (in Abstimmung mit der Abteilungsleitung)

Zum anderen werden Kennzahlen eingeführt, um die Funktionalität des Kanban-Kreislaufs aufrechtzuerhalten:

- Anzahl Karten im Umlauf
- Anzahl an Sonder-KANBAN
- Erreichen des kritischen Punkts
- Bestand im Supermarkt

Aufgabenstellungen

1. Welche Faustregel für die Einführung von Behältern kennen Sie aus der Fallstudie?
2. Welche Daten/Informationen zu den Produktkomponenten werden grundsätzlich berücksichtigt?
3. Erklären Sie die Funktion des Rüstrads bei fixer und flexibler Losgröße.
4. Berechnen Sie die Anzahl der KANBAN-Karten für ein Produkt mit folgenden Eigenschaften. Die Durchlaufzeit durch die Wärmebehandlung liegt bei 1 Tag. Bei einem beispielhaften täglichen Bedarf von 50.000 Teilen und einer Behälterfüllmenge von 10.000 Teilen im Behälter!
5. Welche Größe wird letztlich durch die Kartenanzahl festgelegt?

Lehrende finden die Lösungen und weiteres, begleitendes Material in den eLearning-Dozentenressourcen.

Literaturhinweise

Corsten, H.; Gössinger, R.: Produktions- und Logistikmanagement, München, UTBbasics Verlag, 2013.

Goldratt, E.; Cox, J.: Das Ziel, Ein Roman über Prozessoptimierung, 3. Auflage, Frankfurt, New York, Campus Verlag, 2002.

Günther, H.-O.; Tempelmeier, H.: Produktion und Logistik, 8. überarbeitete Auflage, Berlin, Köln, Springer Verlag, 2009.

Kummer, S.; Grün, O.; Jammernegg, W.: Grundzüge der Beschaffung, Produktion und Logistik, 3. aktualisierte Auflage, Hallbergmoos, Pearson Verlag, 2013.

Lödding, H.: Verfahren der Fertigungssteuerung, Grundlagen, Beschreibung, Konfiguration, 2. erweiterte Auflage, Berlin, Heidelberg, Springer Verlag, 2008.

Steven, M.: Handbuch Produktion – Theorie-Management-Logistik-Controlling, Stuttgart, Kohlhammer Verlag, 2007.

Vahrenkamp, R.: Produktionsmanagement, 6. überarbeitete Auflage, München, Oldenbourg Verlag, 2008.

Wiendahl, H.-P.; Lopitzsch, J.; Nickel, R.; Schneider, M.: Fertigungssteuerung mit BOA und CONWIP; in: Koether, R.: Taschenbuch der Logistik, 4. aktualisierte und erweiterte Auflage, München, Hanser Verlag, 2011.

Lernziele

In diesem Kapitel werden Sie lernen,

- welche Parameter hinsichtlich des Vertriebskanals eines Unternehmens zu gestalten sind,
- worin sich direkte und indirekte Vertriebsformen unterscheiden,
- wie ein Verkauf abgewickelt wird und welche Anforderungen und Inhalte bei einem Verkaufsgespräch bestehen,
- was unter verkaufsfördernden Maßnahmen zu verstehen ist,
- welchen Einfluss das Internet auf den Vertrieb hat und
- wie die Fokussierung auf den Kunden als zentrales Element der Unternehmensführung gestaltet werden kann.

Vertrieb

16

ÜBERBLICK

16.1 Vertriebskanal als Distributionsrahmen

Für den Unternehmenserfolg ist der Vertrieb von existenzieller Bedeutung, denn nur er stellt die Finanzmittel zur Verfügung, die ausreichen müssen, die Kosten, Ausgaben und Auszahlungen des Unternehmens zu kompensieren und Gewinn daraus zu generieren. Diese Finanzmittel werden im Markt ausschließlich von unmittelbaren Kunden erlöst.

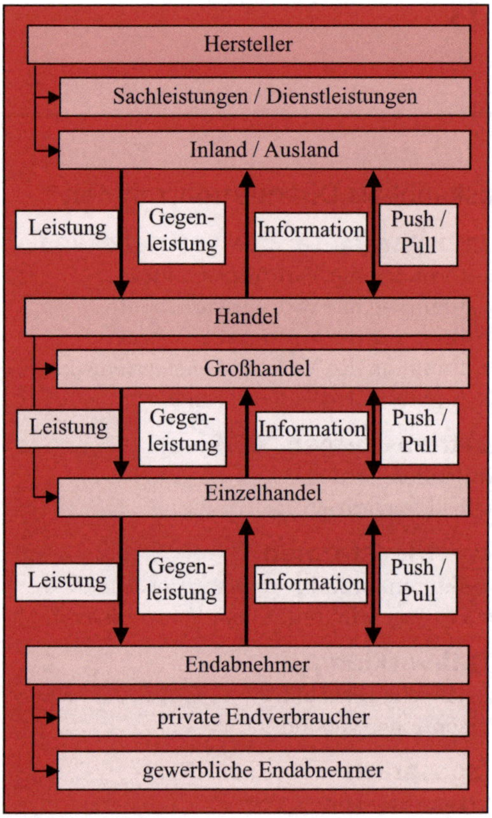

Abbildung 16.1: Beziehungen im Vertriebskanal

Zur Versinnbildlichung des Distributionsrahmens kann man eine Pipeline (Vertriebskanal) zugrunde legen. Diese umfasst im Einzelnen Realgüterströme, Nominalgüterströme und Informationsströme (siehe ▶*Abbildung 16.1*):

- Produkte werden vom Hersteller über möglicherweise zwischengeschaltete **Absatzmittler** (Groß- und/oder Einzelhandel) mehrheitlich an gewerbliche, minderheitlich an private Endabnehmer weitergeleitet. Tatsächlich gibt es bei den Realgüterströmen aber auch die Redistribution als Rückgabe von Produkten an den Hersteller (z. B. Retoure, nichtverkaufte Ware, Reklamation, Altgerät).
- Entgegengesetzt verlaufen die Nominalgüterströme. Dabei werden Gelder und/oder Rechte von direkten oder indirekten Abnehmern an den Hersteller transferiert. Im Zuge der Redistribution gibt es jedoch auch hier die entgegengesetzte Richtung (z. B. Gutschrift, Retourenerstattung, Bonus).

- In beiden Richtungen verlaufen zudem Informationsströme. Der Hersteller informiert Absatzmittler, Absatzhelfer und Vertriebsmitarbeiter über erfolgsrelevante Daten und Fakten. Diese wiederum informieren den Hersteller über das von ihnen so wahrgenommene Nachfrage-Feedback.

Insofern handelt es sich beim Vertriebskanal um eine komplexe Realität. Diese wird in entwickelten Volkswirtschaften noch durch weitere Faktoren erschwert:

Am „oberen Ende" der Pipeline gibt es zunehmend mehr Anbieter, die ihre Leistungen in die Pipeline „einfüllen" wollen. Dies ist durch die Öffnung der Märkte bedingt, die Anbietern aus praktisch allen Ländern wunschgemäß mehr oder minder freien Zugang zu hiesiger Nachfrage gewährt.

Jeder dieser Hersteller füllt immer mehr Produkte in die Pipeline ein, denn nur über Neuprodukte wird in gesättigten Märkten allgemein noch die Chance zu substanziellem Wachstum gesehen. Zudem ist wegen der hohen Floprate mit einem erheblichen Abwachs im Neueinführungserfolg zu rechnen.

Zugleich wird die Pipeline aber zunehmend enger. Dies hängt mit dem Zurückgehen des gesamtwirtschaftlichen „Regalplatzes" im Indirektvertrieb zusammen. Mit Regalplatz ist hier die gedachte Summe der Flächen zur Präsentation von Produkten im Markt gemeint. Denn es geht mehr Regalplatz durch Schließung verloren als zusätzlicher Regalplatz neu entsteht. Das vermehrte Angebot trifft also auf eine immer geringere Aufnahmefähigkeit und auch -willigkeit des Vertriebskanals.

Selbst ein Ausweichen auf Direktvertrieb vermag diese Problematik nicht zu beheben, sind doch zwischenzeitlich so viele Anbieter im Direktvertrieb tätig, dass auch dort ein immenser Verdrängungswettbewerb herrscht.

Ferner wird das „untere Ende" der Pipeline immer enger. Dies hängt mit den limitierten Budgets der gewerblichen Endabnehmer bzw. der limitierten Kaufkraft der privaten Endabnehmer zusammen. Die Kaufkraft/das Budget ist teilweise objektiv nicht vorhanden, teilweise wird sie/es aber auch nur subjektiv verknappt.

Alle Akteure entscheiden und handeln auf Basis immer besseren Informationsstands, evtl. vorhandene Informationsasymmetrien, die auch unterlegenen und austauschbaren Angeboten zur auskömmlichen Marktpräsenz verhelfen können, greifen daher immer weniger.

Alles bleibt aber unergiebig, wenn es nicht gelingt, das eigene Angebot wirkungsvoll durch die Widrigkeiten des Vertriebskanals zu schleusen. Und das ist besonders schwierig, weil auf die meisten dieser Angebote ohnehin niemand wirklich gewartet hat. Um dennoch erfolgreich vorzugehen, gibt es drei Ansatzpunkte:

- Erstens den **Push-Effekt**, d. h., die Ware wird von der vorgelagerten auf die nachgelagerte Marktstufe durchgedrückt. So entsteht kumulativer Lagerdruck im Vertriebskanal, der zu verstärkten eigenen Vertriebsbemühungen motivieren soll und die hineingedrückte Ware schließlich, häufig allerdings unter Hinnahme von Erlösschmälerungen, verkauft. Dieses Prinzip ist immer weniger anwendbar, da sich dagegen Widerstände im Vertriebskanal auftürmen.
- Zweitens den **Pull-Effekt**, d. h., der Hersteller wendet sich marktstufenübergreifend an die Kunden seiner Kunden, um dort Bedarf nach seiner Ware zu generieren, die hoffentlich somit aus dem Vertriebskanal herausgesogen wird. Die vorgelagerten Marktstufen bestellen dann eigenmotiviert nach. Allerdings ist auch dieses Prinzip schwierig umsetzbar, da es immenser Finanzmittel bedarf, manifeste

Nachfrage zu generieren. Dennoch ist es im Bereich der Fast Moving Consumer Goods und auch bei industriellen Vorprodukten (Ingredient Branding) immer wieder erfolgreich.

- Verbreitet wird versucht, durch Kombination aus Push und Pull die Unzulänglichkeiten jedes Prinzips zu überwinden. Der Pull-Effekt sorgt für freie Kapazitäten im Vertriebskanal aus inzwischen abverkaufter Ware, der Push-Effekt kann dies nutzen, um damit zusätzliche Ware in den Vertriebskanal hinein zu verkaufen.

16.2 Gestaltungsparameter des Vertriebskanals

Der Vertriebskanal kann im Einzelnen nach fünf Dimensionen gestaltet werden (siehe ▶*Abbildung 16.2*).

Abbildung 16.2: Parameter der Vertriebskanalgestaltung

16.2.1 Bestimmung der Vertriebskanaltiefe

In Bezug auf die **Vertriebskanaltiefe** kann ein direkter oder indirekter Vertrieb vorliegen (siehe ▶*Abbildung 16.3*):

Abbildung 16.3: Optionen der Vertriebskanaltiefe

Von **Direktvertrieb** ist die Rede, wenn zwischen dem Hersteller und dessen Endabnehmern keine weiteren Akteure zwischengeschaltet sind. Es handelt sich damit um einen **Nullstufenvertrieb**. Der Vertrieb erfolgt dabei intern direkt (nullstufig) über angestellte Verkaufsmitarbeiter (Reisende) oder/und extern direkt (halbstufig) über selbstständige Absatzhelfer wie **Handelsvertreter**. So hat man zwar die beste Steuerung, muss aber alle Funktionen auch selbst übernehmen.

Von **Indirektvertrieb** ist die Rede, wenn zwischen Hersteller und Endabnehmer eine, zwei oder mehr Absatzstufen zwischengeschaltet sind. Dabei handelt es sich um Absatzmittler, die in eigenem Namen und auf eigene Rechnung im Vertriebskanal aktiv werden. Dafür bestehen folgende Ausprägungen:

- Ein einstufig-indirekter Vertrieb liegt vor, wenn eine Absatzstufe zwischengeschaltet ist, und zwar entweder die Großhandelsstufe bei B-to-B-Vertrieb oder die Einzelhandelsstufe bei B-to-C-Vertrieb. Dies ist verbreitete Realität sowohl bei Konsum- wie Industriegütern und stellt einen guten Kompromiss zwischen überschaubarer Komplexität des Vertriebskanals und Funktionsvergabe an Händler dar.
- Ein zweistufig-indirekter Vertrieb liegt vor, wenn zwei Absatzstufen zwischengeschaltet sind, also Großhandel (Absatz an Wiederverkäufer) und Einzelhandel (Absatz an private Endabnehmer). Dies ist vor allem beim Ziel weitreichender Erhältlichkeit im Markt erforderlich. Hier steigt die Komplexität, weil es zu Interaktionen zwischen den Handelsstufen kommt, jedoch ist eine bessere Marktausschöpfung möglich.
- Ein mehrstufig-indirekter Vertrieb liegt vor, wenn mehr als zwei Absatzstufen zwischengeschaltet sind, und zwar zwei oder mehr Großhandelsstufen (Aufkaufgroßhandel/Absatzgroßhandel) und eine Einzelhandelsstufe. Dies ist noch in speziellen Märkten verbreitet wie bei Rohstoffen, Agrarprodukten Pharmazeutika etc., lässt sich aber anderweitig nur bei Reglementierung durchhalten, und ist ansonsten obsolet.

Für welche dieser Optionen sich ein Unternehmen entscheidet, hängt von einem einfachen Kalkül ab. Sind die zusätzlichen Kosten, die durch die Eigenübernahme des Vertriebs entstehen, größer als der dafür abzutretende Gewinn aus Fremdvergabe des Vertriebs, lohnt sich ein Indirektvertrieb. Ist der aus Fremdvergabe des Vertriebs entstehende Gewinnentgang größer als die zuwachsenden Kosten durch Eigenübernahme des Vertriebs, lohnt sich ein Direktvertrieb. Dabei ist zu berücksichtigen, dass Funktionen im Vertriebskanal auch von privaten oder gewerblichen Endabnehmern übernommen werden können und somit eigene Kosten ersparen (z. B. Kommissionierung bei Cash&Carry-Handel, Kundeninformation bei E-Commerce).

16.2.2 Bestimmung der Vertriebskanalbreite

In Bezug auf die **Vertriebskanalbreite** kann danach abgestuft werden, mit wie vielen Akteuren der nächsten Stufe ein Hersteller im Vertriebskanal interagieren will. Als Maßzahl dafür wird der Distributionsgrad angegeben. Dabei ergeben sich vier Abstufungen wie folgt (siehe ▶*Abbildung 16.4*):

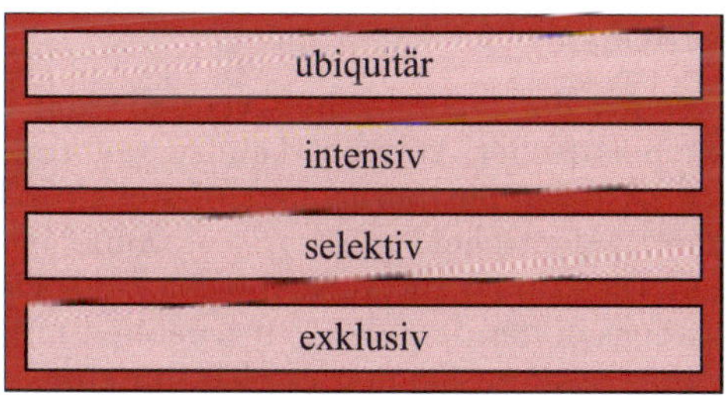

Abbildung 16.4: Optionen der Vertriebskanalbreite

Ubiquitärer Distributionsgrad liegt vor, wenn der Hersteller mit allen objektiv erreichbaren Akteuren der nächsten Stufe interagiert. Der Distributionsgrad beträgt dann 100 %. Dies ist nur in Ausnahmefällen sinnvoll und realisierbar. Vor allem der logistische Aufwand ist immens. Beispiele finden sich bei Impulsartikeln, weil der Kauf von der tatsächlichen Konfrontation mit potenziellen Nachfragern abhängt.

Intensiver Distributionsgrad liegt vor, wenn der Hersteller mit allen wirtschaftlich zu erreichenden Akteuren der nächsten Stufe interagiert. Der Distributionsgrad beträgt dann typischerweise an die 90 %. Es fallen solche Akteure aus, mit denen akquisitorisch oder logistisch nicht ökonomisch interagiert werden kann. Dies ist die verbreitete Realität im Konsumgütersektor bei Food- und Nearfood-Produkten.

Selektiver Distributionsgrad liegt vor, wenn der Hersteller nur mit ausgewählten Akteuren der nächsten Stufe interagiert. Diese wählt er unter den Gesichtspunkten der Effizienz und/oder Effektivität aus. Dabei setzen die Bestimmungen des Diskriminierungsverbots im GWB (§ 20) allerdings enge Grenzen. Insofern kommt es vor allem auf eine wasserdichte juristische Auslegung an.

Exklusiver Distributionsgrad liegt vor, wenn der Hersteller innerhalb eines relevanten Markts nur mit einem einzigen Akteur der nächsten Stufe interagiert. Dieser fungiert praktisch als „verlängerter Arm" des Herstellers im Markt. Auch hier sind die engen Bestimmungen des Diskriminierungsverbots zu beachten. Es kommt jedoch zu einer erheblich verknappten Verfügbarkeit des Angebots im Markt.

Bei ubiquitärer und intensiver Distribution handelt es sich um einen offenen Vertriebskanal, d. h., jeder Akteur der nächsten Stufe kann dem Vertriebskanal nach Belieben beitreten oder ihn wieder verlassen. Bei selektiver und exklusiver Distribution handelt es sich hingegen um einen geschlossenen Vertriebskanal, d. h., der Hersteller bestimmt, mit welchen Akteuren der nächsten Stufe er interagieren will und mit welchen nicht.

Beim Distributionsgrad ist noch zwischen statisch realisierter und dynamisch gewünschter Distribution zu unterscheiden. So kann beim Distributionsaufbau noch eine selektive Distribution vorliegen, die aber nur notwendige Zwischenstufe für die Erreichung einer intensiven Distribution darstellt. Insofern kann der Distributionsgrad tatsächlich erst in der „Endausbaustufe" angemessen beurteilt werden.

Hinsichtlich des Distributionsgrads ist außerdem zwischen numerischer und gewichteter Distribution zu unterscheiden. Numerisch bedeutet der Anteil der distribuierten Akteure der nächsten Stufe an allen Akteuren, die für die Distribution der Produktgattung in Betracht kommen (Relevanter Markt). Gewichtet bezieht sich hingegen auf den Umsatz der distribuierten Akteure am gesamten Umsatz des relevanten Markts. Setzt man beide in (reziproke) Relation zueinander, entsteht die Distributionsqualität. Gewünscht ist ein Quotient > 1, denn dann sind von allen Akteuren die umsatzbedeutenderen bereits distribuiert.

Ferner ist vielfach zwischen der theoretischen Verfügbarkeit des Produkts im Vertriebskanal und dessen praktischen Verfügbarkeit zu unterscheiden. Liegt Letztere unter Ersterer, bestehen Distributionslücken (out of stock), d. h., Kaufinteressenten finden ein Produkt beim Kaufentscheid nicht vor, obwohl sie sich bei Verfügbarkeit dafür entschieden hätten. Dies kann zum Aufschub des Kaufs führen, meist aber wohl zum Anbieter-/Markenwechsel, der dann bei Zufriedenheit mit der Alternative auch dauerhaft so bleiben kann. Insofern handelt es sich um eine sehr gefährliche Situation.

16.2.3 Bestimmung der Vertriebskanalstruktur

Am Markt stehen immer mehrere Vertriebskanäle zur Verfügung. Bisher wurde unterstellt, dass nur einer dieser Vertriebskanäle distribuiert werden soll (Monodistribution). Dies schafft ein hohes Maß an Transparenz und Konzentration, bedingt aber zugleich eine mindere Ausschöpfung des Absatzpotenzials der Märkte. Vor allem seit dem Aufkommen virtueller Vertriebskanäle wird dies als nicht mehr ausreichend angesehen.

Vielmehr wird angestrebt, die **Vertriebskanalstruktur** zu optimieren, d. h. über zwei oder mehr Vertriebskanäle zu distribuieren (Dual-/Polydistribution). Dabei kann es sich um zwei oder mehr direkte, zwei oder mehr indirekte oder um einen Mix aus direkten und indirekten Vertriebskanälen handeln. Der Mehrkanalvertrieb (Multi Channel Distribution) ist gerade angesichts des Booms von E-Commerce als Direktvertrieb zusätzlich zu traditionell indirekten Vertriebskanälen verstärkt vorzufinden. Für diesen Fall ist zu entscheiden, wie diese Vertriebskanäle relativ zueinander zu behandeln sind. Denkbar sind dabei mehrere Optionen (siehe ▸*Abbildung 16.5*):

Abbildung 16.5: Optionen der Vertriebskanalstruktur

Der **parallele Vertrieb** behandelt zwei oder mehr, vorhandene oder angestrebte Vertriebskanäle gleichartig, d. h., in allen Kanälen werden dieselben Produkte im selben Gebiet und bei denselben Kunden angeboten. Dies ermöglicht zweifelsfrei eine verbesserte Ausschöpfung des Absatzpotenzials, unterstellt man wohl zutreffend, dass bestimmte Abnehmer bestimmte Vertriebskanäle für den Kauf präferieren. Allerdings entstehen dadurch auch massive Probleme aus Kannibalisierung. Das eigene Produkt tritt nicht mehr nur in Wettbewerb zu den Produkten anderer Anbieter, sondern auch untereinander in Wettbewerb darum, in welchem Kanal es abgesetzt wird. Zugleich treten damit auch die Akteure in den parallel distribuierten Vertriebskanälen in unmittelbare Konkurrenz zueinander. Diese horizontalen Konflikte entstehen zusätzlich zu den verbreitet ohnehin vorhandenen vertikalen Konflikten, so dass ein erhebliches Maß an Komplexität entsteht.

Der **gesplittete Vertrieb** verzichtet daher auf eine Gleichbehandlung aller distribuierten Vertriebskanäle, sondern versucht, diese durch unterschiedliches Handling akquisitorisch „zu spreizen“. Damit kann eine Kannibalisierung vermindert (wenngleich nicht verhindert) werden, zugleich vermindert sich jedoch auch die Ausschöpfung des Markts. Eine Spreizung ist in Bezug auf drei Kriterien möglich:

1. Erstens in Bezug auf die distribuierten Produktarten, d. h., nicht jede Produktart wird in jedem Kanal angeboten, sondern bestimmte Produktarten erhalten bestimmte Kanäle zugewiesen und sind dementsprechend in anderen nicht verfügbar.

2. Zweitens in Bezug auf die distribuierten Absatzgebiete, d. h., nicht jeder Kanal deckt alle realisierbaren Absatzgebiete ab, sondern jedes Absatzgebiet wird einem bestimmten Kanal zugewiesen und ist in anderen dementsprechend nicht verfügbar.

3. Drittens in Bezug auf die distribuierten Abnehmer, d. h., nicht jeder Kanal kann ohne Weiteres an alle möglichen Abnehmer verkaufen, sondern jedem Kanal wird eine bestimmte Kundengruppe zugewiesen und er kann andere nicht ohne Weiteres erreichen.

Für das Design sind eine Kombination aller drei Kriterien (Schnittmenge), aber auch die Kombination zweier Kriterien oder nur die Anlage eines Kriteriums möglich. Je präziser die Abgrenzung vorgenommen wird, desto geringer sind die Kannibalisierungseffekte, desto komplexer wird allerdings auch das Vertriebskanaldesign. Insofern ist hier ein vernünftiger Kompromiss anzustreben.

Weiterhin kann danach unterschieden werden, ob der Hersteller die Zuordnung aktiv vornimmt oder sich die Akteure einem von zwei oder mehr Vertriebskanälen selbst zuordnen (Self Selection).

Die Multi-Channel-Anlage der Distribution kann noch mit den verschiedenen Kanälen der Kommunikation zur Cross Channel Distribution erweitert werden. Dabei liegt die Vorstellung mehrerer Kaufprozessphasen zugrunde. Der Anbieter kann nun ein Design für die Verkettung dieser Phasen vorsehen (Customer Journey), das eine logische Abfolge von Kundenkontaktpunkten (Customer Touchpoints) bis zum Kauf bietet. Da Interessenten nicht gezwungen werden können, diese Abfolge einzuhalten, ist durch Querverweise von einem Kontaktpunkt auf den nächsten eine solche gewünschte Verkettung nahezulegen. Dabei können vor allem die Vorkaufphasen (Sichtung, Bewertung, Beratung etc.), die Transaktionsphasen (Konditionen, Verfügbarkeit, Abschluss etc.) und die Nachkaufphasen (Auslieferung, Anwendung, Nutzungsaufwertung etc.) unterschieden und zugeordnet werden.

Um mögliche Vertriebskanäle zu charakterisieren, werden für gewöhnlich folgende Kriterien zugrunde gelegt:

- Stufigkeit, d. h. nullstufig-direkt, einstufig-indirekt, zweistufig-indirekt, mehrstufig-indirekt,
- Rechtsstellung, d. h. im Eigenhandel (Absatzmittler) oder in fremdem Namen und/oder auf fremde Rechnung (Absatzhelfer),
- Betriebsform nach verschiedenen anzulegenden Kriterien,
- Physis oder Virtualität des Vertriebskanals.

Entsprechend ergeben sich im Wesentlichen folgende Ausprägungen:

- interner Direktvertrieb, d. h. Verkauf durch eigene (angestellte) Verkaufsmitarbeiter, meist also solche im Außendienst,
- externer Direktvertrieb, d. h. Verkauf über selbstständige Absatzhelfer,
- einstufig-indirekter Großhandelsvertrieb als B-to-B-Vertrieb wie z. B. über Produktionsverbindungshandel,
- einstufig-indirekter Einzelhandelsvertrieb als B-to-C-Vertrieb wie z. B. bei Großbetriebsformen des Einzelhandels,
- zweistufig-indirekter Großhandels-Einzelhandels-Vertrieb mit hintereinander geschalteten Stufen,

- mehrstufig-indirekter Großhandels-Einzelhandels-Vertrieb mit zwei oder mehr Großhandelsstufen und einer Einzelhandelsstufe,
- interner Online-Direktvertrieb über eigenen E-Shop oder Internet-Portal (Marketplace),
- externer Online-Direktvertrieb über Online-Absatzhelfer, vor allem Makler,
- Online-Indirektvertrieb über Internet-Absatzmittler im eigenen Namen und auf eigene Rechnung,
- elektronischer Offline-Direktvertrieb über Telefon, Telefax (immer noch hohe Bedeutung bei Kleinunternehmen), E-Mail etc.,
- geprinteter Offline-Direktvertrieb über Direktaussendung, Katalog, Printmedien mit Response-Element etc.

Aus diesem Set kann jeder Hersteller für sein Angebot einen, zwei oder mehrere Vertriebskanäle auswählen und diese parallel oder besser gesplittet zum Distributionsaufbau nutzen. Dabei ist festzustellen, dass traditionell stationäre Absatzmittler/-helfer (Pure Offline Players) Online-Direktvertrieb (z. B. E-Shops) hinzu nehmen und moderne Online-Anbieter (Pure Online Players) stationäre Absatzstellen wie Flagship Stores, Factory Outlets etc. Insofern stellt sich wohl weniger die Alternative des Entweder-Oder als vielmehr die Wahl des Sowohl-als-auch. Generell kommt es zu einer Konvergenz der Strukturen.

16.2.4 Bestimmung des Vertriebskanalsystems

Hinsichtlich des Distributionsaufbaus ist konstitutiv weiterhin die Entscheidung für ein zentrales oder aber dezentrales Vertriebssystem zu treffen (siehe ▶*Abbildung 16.6*):

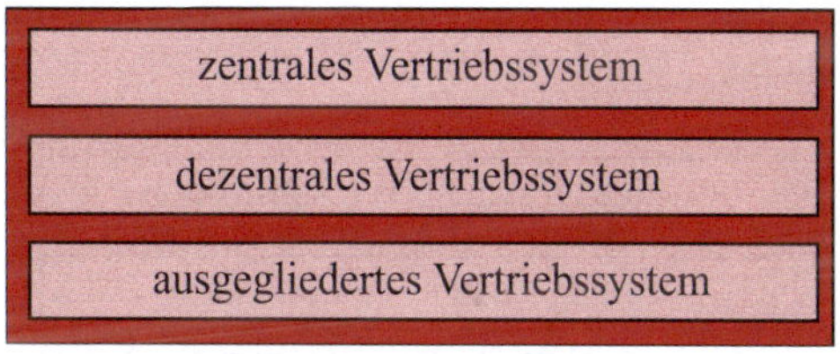

Abbildung 16.6: Optionen des Vertriebskanalsystems

Ein zentrales Vertriebssystem meint, dass der Absatz am Unternehmenssitz konzipiert, vorbereitet, durchgeführt und nachbereitet wird. Dies ist etwa im Industriegütersektor üblich, wo es um Anlagen oder Systeme geht, die weitgehende gegenseitige Verpflichtungen implizieren wie hoher Betrag, lange Bindungsdauer, Reputationsbedeutung, Erklärungsbedürftigkeit etc.

Ein dezentrales Vertriebssystem bedeutet, dass der Absatz räumlich verteilt im relevanten Markt stattfindet. Dabei sind mehrere Ausprägungen möglich:

Niederlassungen sind aus der Zentrale in den Raum ausgelagerte Absatzstellen mit eigenem Geschäftssitz und Gerichtsstand. Beispiele sind BMW-, Porsche- oder Mercedes-Niederlassungen an wichtigen Standorten.

Filialen sind aus der Zentrale in den Raum ausgelagerte Absatzstellen, die den Geschäftssitz und Gerichtsstand der Zentrale übernehmen. Man spricht daher von

Regiebetrieben. Dies ist häufig bei Herstellerfilialisten vorzufinden wie IKEA, H&M, Zara etc.

Flagship Stores sind herstellergeführte Absatzstellen, deren Zweck tatsächlich nicht primär im Verkauf, sondern im Erlebnis der Marke liegt (analog Brandparks). Beispielgebend sind Nike (Town), Apple (Retail Store) oder Prada (Boutique).

Factory Outlets sind herstellergeführte Absatzstellen, deren Zweck im Verkauf nicht oder nicht mehr marktgängiger Waren liegt wie Retouren, II.-Wahl-Waren, Sonderauflagen, Vorsaisonwaren etc.

Dabei ist jeweils zu beachten, wie sich diese Absatzstellen in das Design des Vertriebskanals einfügen.

Ein ausgegliedertes Vertriebssystem meint, dass der Absatz über selbstständige Akteure im Markt erfolgt. Dabei sind mehrere Ausprägungen möglich. Häufig sind folgende:

- Sammelbesteller sind Mitarbeiter oder (nebenberufliche) Absatzhelfer, die Einzelaufträge bündeln und dadurch eine Rationalisierung des Vertriebs beim Hersteller bewirken. Dies erhalten sie von ihm entgolten (z. B. Otto-/Baur-Versand).
- Strukturvertrieb (Multi Level Marketing) bildet eine vertikal-hierarchisierte Kette von Absatzhelfern, wobei die oberen Stufen automatisch an den Absatzerfolgen der unteren Stufen partizipieren. Häufig sind allerdings strafbare Ausprägungen als Schneeball- und Pyramidensysteme anzutreffen, bei denen nicht der Verkauf, sondern die Anwerbung neuer Systemteilnehmer oder die Warenbevorratung bestehender im Vordergrund stehen.

16.2.5 Bestimmung der Vertriebskanalform

Schließlich kann auch die Vertriebskanalform gestaltet werden. Dafür ergeben sich drei Ausprägungen (siehe ▸ *Abbildung 16.7*):

Abbildung 16.7: Optionen der Vertriebskanalform

Eine eigengestaltete Vertriebskanalform bedeutet, dass der Absatz vom Hersteller selbst übernommen wird. Dies ist im Einzelnen in vier Prinzipien möglich:

Residenzprinzip liegt vor, wenn potenzielle Abnehmer sich zum Abschluss an den Ort des Lieferanten begeben (z. B. bei Verticals/Herstellerfilialisten). Dies bietet sich auch an, wenn Anbieter immobil sind.

Domizilprinzip liegt vor, wenn der Lieferant sich zum Abschluss an den Ort der jeweiligen potenziellen Abnehmer begibt (z. B. bei Finanzdienstleistungen). Dies bietet sich auch an, wenn Nachfrager immobil sind.

Treffprinzip liegt vor, wenn sich Lieferant und potenzielle Abnehmer an einem dritten Ort zum Zweck eines Abschlusses zusammenfinden (z. B. auf einer Messe). Messen sind im Unterschied zu Ausstellungen, die Repräsentationsmärkte darstellen, **Abschlussmärkte**. Voraussetzung ist, dass beide Seiten mobil sind.

Distanzprinzip liegt vor, wenn sowohl Lieferant als auch potenzielle Abnehmer immobil sind, dann erfolgt der Abschluss über geprintete (z. B. Katalog) oder elektronische Medien (z. B. Internet). Hier liegt zweifelsfrei die Zukunft der Vertriebsform.

Eine fremdgestaltete Vertriebskanalform bedeutet, dass der Absatz nicht vom Hersteller, sondern durch von ihm beauftragten Dritten übernommen wird (Indirektvertrieb). Dabei kann es sich um Absatzmittler (eigener Name/eigene Rechnung) oder Absatzhelfer (fremder Name und/oder fremde Rechnung) handeln. Diese beziehen das Entgelt für ihre Tätigkeit dann entweder aus der Handelsspanne als Differenz zwischen ihrem Einstandspreis und Nettoverkaufspreis oder aus ihrer Provision für Vermittlung oder Abschluss.

Eine verbundgestaltete Vertriebskanalform bedeutet, dass eine starke vertikale Integration im Vertriebskanal unter Führung des Herstellers stattfindet. Denkbare Ausprägungen sind folgende:

- Verkaufssyndikat als gemeinsame Verkaufsstelle von Kartellisten. Dies ist bei Inlandswirkung nach § 1 GWB jedoch verboten. Die Syndikalisten dienen dabei dem Syndikat (Kartell höherer Ordnung) ihre Erzeugnisse zum Absatz an.
- Verkaufsholding, d. h. gemeinsame Konzerndachgesellschaft als Verkaufsorganisation für die Erzeugnisse der Untergesellschaften, die dementsprechend auf eigenständige Absatzbemühungen verzichten. Dies spielt praktisch nur eine geringe Rolle.
- Kontraktmarketing, d. h. planvereinbarter Absatz zwischen den Vertriebskanalakteuren Hersteller und Handel. Diese Art dauervertraglicher Schuldverhältnisse ist verbreitet vorzufinden. Sie ist in der Lage, Interessensidentitäten im Vertriebskanal zu fördern (s. u.).

Das Vertriebskanaldesign zum Distributionsaufbau ergibt sich nunmehr aus der individuellen Kombination der Größen Vertriebskanaltiefe, Vertriebskanalbreite, Vertriebskanalstruktur, Vertriebskanalsystem und Vertriebskanalform.

16.3 Direktvertriebsformen

Beim Direktvertrieb handelt es sich um einen nullstufigen Vertrieb durch eigene Mitarbeiter/intern direkt oder einen halbstufigen Vertrieb durch Absatzhelfer/extern direkt. Hier liegt der Distributionsaufbau komplett in eigener Hand.

16.3.1 Nullstufenvertrieb

Beim nullstufig, intern-direkten Vertrieb wird auf die Einschaltung externer Akteure verzichtet. Stattdessen werden Vertriebsmitarbeiter (Reisende) eingesetzt. Für die Beschaffung von Reisenden stehen betriebsinterne und -externe Quellen zur Verfügung. Betriebsintern ist an Interne Stellenausschreibung, Job Rotation oder Umschulung zu denken, betriebsextern an geprintete oder elektronische Stellenanzeigen, Einschaltung einer Personalberatung, Personal-Leasing, Bundesarbeitsagentur, Auswertung von Blind-/Vorratsbewerbungen oder persönliche Kontakte. Die Ausschreibung enthält die zu besetzende Position, dafür erforderliche formelle und/oder materielle Qualifikationen, Vorstellung des suchenden Unternehmens, Stellenangebotsdaten etc. Sofern mehr Bewerber vorhanden sind als zu besetzende Stellen, sind unpersönliche Auswahlregeln nach Aktenlage oder persönliche Auswahlverfahren wie Gespräch, Assessment Center erforderlich.

Für die laufende Beurteilung und Qualifizierung kommt es auf die Schlüsselqualifikationen an. Dies sind Hard Skills als fachliche und methodische Kompetenzen sowie Soft Skills als soziale und individuelle Kompetenzen. Sofern hier Nachholbedarf besteht, ist dieser durch Training in Bezug auf Verhalten oder Schulung in Bezug auf Wissen auszugleichen. Für Ersteres werden meist Job Enrichment, Job Enlargement, Job Rotation etc. genutzt, für Letztere unpersönliche (Medien) und persönliche Verfahren wie Seminare. Falls hier Unterdeckungen bei Bewerbern bestehen, ist es generell empfehlenswert, fehlende Hard Skills nachzuschulen, statt fehlende Soft Skills antrainieren zu wollen.

Gemäß der Qualifikation ist das Arbeitsentgelt zu bemessen. Dabei spielen betriebsspezifische, mitarbeiterbezogene und rechtliche Kriterien eine Rolle. Die Honorierung kann im Einzelnen materiell oder immateriell erfolgen:

Materiell ist eine monetäre oder nicht-monetäre Honorierung möglich. Monetär kann diese wiederum fix (Festgehalt) oder variabel ausgelegt sein. Das variable Entgelt kann dauerhaft als Provision oder punktuell als Prämie ausgezahlt werden. Bei der dauerhaften Variabilität sind die Bemessungsgrundlage wie z. B. Absatz, Umsatz, Gewinn, Deckungsbeitrag etc. und der Verlauf wie Sockelbetrag, lineare/progressive/degressive Form, Deckelung etc. zu bestimmen. Real sind häufig ein s-förmiger Verlauf (in Stufen) und eine Bemessung nach Punktesystem anzutreffen. Bei der punktuellen Variabilität sind arbeitsbegleitende oder nachträgliche Auszahlungen üblich, z. B. als Bonus, Gratifikation, Erfolgsbeteiligung. Nicht-monetär ist eine Honorierung durch vorgegebene oder selbst auszuwählende Sachleistungen etwa nach dem Cafeteria-Prinzip möglich.

Immateriell entsteht eine Honorierung durch Auszeichnung („Verkäufer des Monats"), Ernennung („100%-Club") oder Anerkennung (Titularbeförderung wie Senior-Verkäufer). Diesen kommt eine große motivatorische Wirkung zu.

Real sind häufig Mischsysteme anzutreffen, die jedoch im Allgemeinen rasch intransparent zu werden drohen. Denkbar sind auch Sammelentlohnungen (Team, Pool) in vollem oder anteiligem Umfang. Allerdings ist die jeweilige Attraktivität der Anreize von Person zu Person unterschiedlich einzuschätzen.

Eine Bewertung kann allgemein wie folgt vorgenommen werden:

Das **Fixum** bietet eine finanzielle Sicherheit für die Mitarbeiter, ist einfach und übersichtlich in der Handhabung und unterliegt einem Kostendegressionseffekt bei steigendem Erfolg. Außerdem wird einem „Verkaufen um jeden Preis" vorgebeugt. Jedoch besteht wenig Leistungsanreiz und damit Ungerechtigkeit gerade gegenüber den tüchtigsten Mitarbeitern. Bei rückläufigem Erfolg schlägt die progressive Kostenentwicklung des Fixums für den Betrieb durch. Eine Feinsteuerung kann nur über zusätzliche Anreize erfolgen. Außerdem besteht die Gefahr der Abwanderung aktiver Kräfte bei Verbleib der passiven Mitarbeiter durch Fluktuation.

Die **Provision** schafft einen starken Leistungsanreiz, der gezielt steuerbar ist und sich gleichzügig zum Erfolg bewegt. Zugleich entsteht jedoch eine gewisse Unübersichtlichkeit im Provisionssystem, werden als Folge evtl. wichtige indirekte Verkaufsaufgaben vernachlässigt oder gar unfaire Verkaufspraktiken eingesetzt, die sich mittelfristig nachteilig auswirken. Auch besteht die Gefahr von Preiszugeständnissen an Kunden und neue Mitarbeiter sind nicht immer nahtlos in das System zu integrieren. Vor allem aber wandern in schlechten Zeiten die guten Verkäufer zuerst ab.

Die **Prämie** ist als anlassbezogener, fallweiser Vergütungsanteil im Verkauf sehr flexibel zu handhaben und schnell wirksam. Allerdings ist die Steuerung aufwändig und wird rasch intransparent. So ist häufig unklar, welches Verhalten gerade wie incentiviert wird, auch die Nachverfolgung der Ergebnisse ist für Mitarbeiter schwierig. Auch werden Prämien im Verlauf der Zeit als fester Vergütungsbestandteil wahrgenommen und sind dann weder unschädlich abbaubar noch mehr sonderlich leistungsfördernd.

Eine **Sachleistung** kommt wohl nur ergänzend in Betracht und hat mehrere Vorteile (Wertanmutung aus Verkaufspreis, evtl. Auswahl aus mehreren Werten, geringerer Abnutzungseffekt etc.), aber auch Nachteile (geldwerter Vorteil, Eskalierung, Logistikanforderung etc.).

Für den Einsatz der Vertriebsmitarbeiter sind vier Parameter zu bestimmen:

1. **Gebietsaufteilung:** Diese kann als Umsatzpotenzialverfahren outputorientiert nach ungefähr gleichem Umsatz bei abweichendem Arbeitseinsatz erfolgen oder als Arbeitslastverfahren inputorientiert nach ungefähr gleichem Arbeitseinsatz bei abweichendem Umsatz. Ziel ist jeweils ein fairer Ausgleich gebietsabhängig abweichender Umsatzpotenziale und Arbeitslasten. Daraus ergibt sich die Größe des Marktverantwortungsgebiets.

2. **Besuchsnormen:** Diese geben die Aktivitäten während eines Kundenkontakts vor Ort vor, z. B. Besuchshäufigkeit, Besuchsdauer, Anzahl der erwarteten Leads (Interessentenkontakte), Präsentationen, Anfragen-/Angebotsbearbeitung, Anzahl der Servicekontakte etc. Dies ist ein wesentliches Steuerungsinstrument der Führung im Direktvertrieb.

3. **Zeitbudgetierung:** Diese erfolgt nach der Anzahl der Besuche in einem Verkaufsdurchgang (Tourenplanung) und nach der Reihenfolge der Besuche je Tour (Routenplanung). Für Erstere gelten Heuristiken wie Sprungroutenprinzip, Wochenprinzip, Kuchenausschnittprinzip etc., für Letztere Heuristiken wie Außenringverfahren, Navigationssystem-Angabe etc.

4. **Berichtswesen:** Dieses erfolgt im Allgemeinen computergestützt (Sales Automation) und soll vor allem implizites/inkorporiertes zu explizitem/anfassbarem Wissen machen. Hinzu kommen individuelle Zusatzinformationen, die jedoch dem Datenschutz infolge informationeller Selbstbestimmung unterliegen.

Neben dem Außenverkauf ist der Innenverkauf (Traffic) von zentraler Bedeutung im Vertrieb. In dessen Verantwortung liegen wichtige Aktivitäten wie Messe-/Eventunterstützung, Werbeaktion/Merchandising, Beschwerdeannahme, E-Mail-Bearbeitung, Bestellannahme, Hotline-Dienst/Postbearbeitung, Besuchsvorbereitung, Datenbankpflege und -abfrage, Sonderkundenunterstützung (Key Accounts, Referenzkunden-Support, Behördenabnehmer, querulante Kunden, Lokalkunden etc.), Kontakt zu internen Abteilungen, Anfragen-/Auftragsverfolgung etc.

16.3.2 Halbstufenvertrieb

Akquisitorische Absatzhelfer

Beim **Halbstufenvertrieb** werden selbstständige Absatzhelfer eingeschaltet. Bei dieser verbreiteten Form handelt es sich um folgende (siehe ▶ *Abbildung 16.8*) extern-direkte Vertriebsformen:

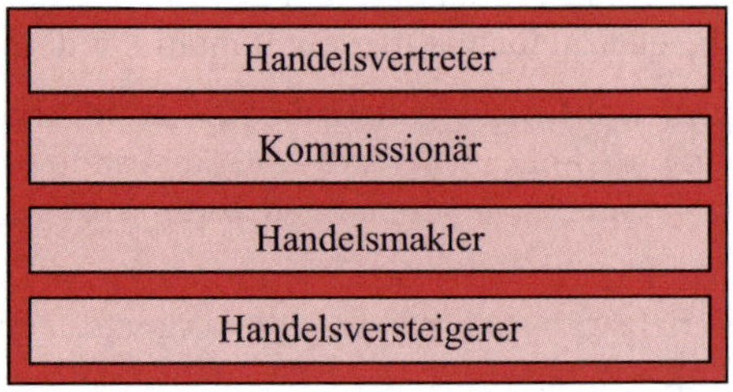

Abbildung 16.8: Formen akquisitorischer Absatzhelfer

Handelsvertreter sind in fremdem Namen und auf fremde Rechnung dauerhaft für das vertretene Unternehmen tätig. Ihre Rechte und Pflichten sind folglich im HGB kodifiziert (§§ 84–92). Dabei gibt es aufgrund dispositiven Rechts verschiedene Ausprägungen:

- Nach der Vertragsermächtigung gibt es Vermittlungsvertreter als Regelfall und Abschlussvertreter, die im Außenverhältnis verbindlich für das vertretene Unternehmen in dessen Namen und auf dessen Rechnung Verträge abschließen können. Daher nehmen Abschlussvertreter eine herausgehobene Vertrauensposition ein.
- Nach der Anzahl der Vertretungen gibt es Einfirmenvertreter als Regelfall und Mehrfirmenvertreter. Dies ist nur möglich, sofern alle vertretenen Unternehmen auf ihr Recht zum Konkurrenzausschluss verzichten wie das etwa bei marktstarken Vertreterorganisationen gegeben ist (z. B. MLP, Deutsche Vermögensberatung AG).
- Nach dem Umfang der Rechte gibt es Alleinvertreter mit Gebietsschutz und Bezirksvertreter, diese haben Provisionsanspruch auch für nicht selbst vermittelte/abgeschlossene Geschäfte mit Kundensitz in ihrem Bezirk, damit soll das Angefragtwerden aus anderen Bezirken faktisch unterbunden werden, die Akquisition in andere Bezirke kann bereits vertraglich ausgeschlossen werden.
- Nach der Berufsausübung gibt es Generalvertreter, die ihrerseits freiberufliche Untervertreter mit der akquisitorischen Betreuung beauftragen.
- Nach diesen Kriterien kann der Handelsvertreter-Vertriebskanal adäquat ausgestaltet werden. Beispiele hierzu sind Post-Agenturen, Lotto-Annahmestellen, Marken-Tankstellen, Lufthansa-Agenturen, Versicherungsagenturen etc.

Kommissionäre sind in eigenem Namen, aber auf fremde Rechnung dauerhaft oder fallweise für das vertretene Unternehmen tätig. Ihre Rechte und Pflichten sind ebenfalls im HGB kodifiziert (§§ 383–406). Kommissionäre unterhalten ein eigenes Lager und sind Anlaufstelle für Reklamationen. Beispiele sind Tchibo-Bäckereien, Gebrauchtwagenvermarkter, Banken bei Wertpapierorders etc.

Handelsmakler sind nur fallweise im Interesse beider Seiten, Besteller und Lieferant, in der Kontaktherstellung zwischen diesen tätig. Auch ihre Rechte und Pflichten sind im HGB kodifiziert (§§ 93–104). Die Durchsetzung des Provisionsanspruchs von Maklern (Courtage) ist allgemein gefährdet, so dass der Gesetzgeber hier Vorsorge getroffen hat wie z. B. Tagebuch, Schlussnote, Beweislastumkehr.

Handelsversteigerer sind fallweise im Rahmen von Auktionen tätig. Ihre Rechte und Pflichten ergeben sich aus HGB und IHK-Bestimmungen als subsidiärer Selbstverwaltung.

Bei Handelsvertreter, Kommissionär, Handelsmakler und Handelsversteigerer handelt es sich um akquisitorische Absatzhelfer, d. h. solche, die für vertretene Unternehmen Aufträge beschaffen. Daneben gibt es leistungsergänzende Absatzhelfer, die im Absatzkanal begleitend tätig werden, z. B. im Rahmen der Finanzierung als Kreditinstitute, der Absicherung als Versicherungen, der Information als Auskunfteien, der Beratung als Werbeagenturen etc. sowie weiterhin logistische Absatzhelfer (s. u.).

Abschlussmärkte

Abschlussmärkte sind durch eine verfahrensmäßig organisierte oder freie Bewerberrivalisation gekennzeichnet (siehe ▶*Abbildung 16.9*), Erstere als Formen organisierter Nachfrager- oder Anbieterkonkurrenz.

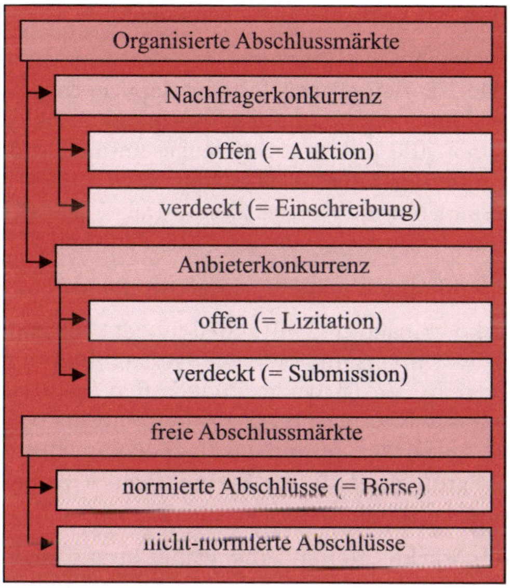

Abbildung 16.9: Formen von Abschlussmärkten

Zunächst zu den Formen der **Nachfragerkonkurrenz**:

Die **Auktion** ist ein öffentliches Bietverfahren mit Zuschlag für das Höchstgebot und Barzahlungspflicht für physisch vorhandene Güter, die nicht standardisierbar sind. Die Preisanpassung erfolgt von unten nach oben, also auf Aufstrich (Ggs. Veiling: Preisanpassung von oben nach unten, d. h. auf Abstrich). Auktionen sind vor allem dann zu bevorzugen, wenn es auf einen schnellen, sicheren Absatz ankommt, für den sich ein adäquater Preis erst noch bilden muss, dies ist bei nicht fungiblen Waren gegeben.

Die **Einschreibung** als verdeckte Bieterkonkurrenz ist eine Auktionsart, bei der potenzielle Käufer ihr Gebot für jedes Einzelobjekt bzw. Los bis zu einem bestimmten Zeitpunkt schriftlich in einem verschlossenen Umschlag abgeben. Hierzu werden sie durch einen öffentlich verbreiteten Aufruf aufgefordert. Dadurch sollen Absprachen der Nachfrager untereinander (Ringbildungen) verhindert werden.

Als Formen organisierter **Anbieterkonkurrenz** ergeben sich folgende:

Die **Lizitation** ist eine sehr selten vorkommende Form der Marktveranstaltung mit offener Bieterkonkurrenz, d. h., die Anbieter unterbieten sich einem Nachfrager gegenüber im Preis ihrer Leistung so lange, bis der Anbieter mit der niedrigsten Preisforderung den Zuschlag erhält. Voraussetzung ist eine enorme Käufermarktsituation.

Die **Submission** (Ausschreibung/Tender) lässt sich definieren als eine von einem Nachfrager zum Zwecke eines Vertragsabschlusses an potenzielle Anbieter gerichtete Aufforderung, für bestimmte, durch eine Beschreibung (Lastenheft/Pflichtenkatalog) präzisierte Leistung schriftliche Angebote abzugeben. Diese werden nach festen Verfahrensregeln hinsichtlich Ort und Zeit der Öffnung der Angebote behandelt, wobei das unter Einbeziehung aller Aspekte günstigste Angebot den Zuschlag erhält. Hauptanwendungsbereich ist die Beschaffung der Öffentlichen Hand, wobei die Ausschreibung dazu dient, die Auftragsvergabe möglichst wirtschaftlich und präferenzfrei zu gestalten.

Abschlussmärkte mit freier Bewerberkonkurrenz sind durch normierten (Börse) oder nicht-normierten Handelsverkehr (übrige) gekennzeichnet.

Die **Börse** ist eine regelmäßig stattfindende, korporativ organisierte Marktveranstaltung, an der bestimmte Kaufleute nach festliegenden normierten Bedingungen und Verfahren Geschäfte in fungiblen, nicht ortsanwesenden Objekten abschließen. Fungibilität bedeutet dabei, dass alle Teile einer Warengesamtmenge, die von verschiedenen Anbietern stammen, untereinander austauschbar sind. Jedes Einzelexemplar kann insofern das Warengesamt hinreichend vertreten. Dabei erfolgt eine Gesamtmarktabstimmung. Häufigste Erscheinungsformen sind Effekten- und Warenbörsen.

Bei den nicht-normierten Formen handelt es sich um folgende:

Die **Messe** ist eine Marktveranstaltung mit umfassendem Angebot eines oder mehrerer Wirtschaftszweige (Fach-/Universalmesse). Die Messe findet in regelmäßigem Turnus am gleichen Ort statt, d. h., sie ist weder dauerhaft präsent (wie z. B. Musterläger) noch einzeln veranstaltet (wie z. B. Sonderschauen) und im Standort wechselnd (wie z. B. Wanderschauen). Es wird aufgrund von Exponaten, die verkaufsaktiv wirken, gekauft. Der Zutritt ist grundsätzlich nur Fachbesuchern vorbehalten. Die Organisation wird durch Messegesellschaften übernommen.

(Jahr-, Wochen-, Groß-)**Märkte** stellen eine wenig streng reglementierte Veranstaltungsform dar (z. B. für Agrarprodukte). Hier treffen sich raumzeitlich definiert und meist sachlich begrenzt Anbieter und Nachfrager, um frei ausgehandelte Geschäfte zu tätigen, die meist formlos, also durch konkludentes Handeln, abgeschlossen werden. Ware und Geld werden für gewöhnlich unmittelbar physisch übergeben.

Die Musterung dient zur anlassbezogenen Präsentation von Prototypen, anhand derer geordert wird, z. B. bei Modeartikeln. Sie richtet sich an die Fachöffentlichkeit. Musterungen werden anbieterseitig genutzt, um nach manifestiertem Bedarf produzieren zu können. Von daher handelt es sich um eine Art öffentlichen Markttest. Im großen Stil findet dies für die Modebranche durch aufwändige Schauen statt.

Trademarts sind permanent zugängliche Marktveranstaltungen, auf denen Muster industriell oder handwerklich gefertigter Erzeugnisse gezeigt und planmäßig Verbindungen zwischen Anbietern und Nachfragern vermittelt werden, welche die Produktion und das Angebotsprogramm steuern.

16.4 Indirektvertriebsformen

16.4.1 Strukturen im indirekten Vertriebskanal

Bei Indirektvertrieb erfolgt die Distribution über Absatzmittler (Händler). Diese Händler übernehmen funktional die umfangreichen Aufgaben der Raumüberbrückung zwischen Angebot und Nachfrage, der Zeitüberbrückung zwischen Angebot und Nachfrage, der Kundenakquisition und des Mengenausgleichs im Vertriebskanal. Diese Aufgaben berechtigen den Handel daher zum Einbehalt einer Handelsspanne als Differenz zwischen Ein- und Verkaufspreis. Institutional werden diese Aufgaben vom Einzelhandel als Handel mit privaten Endabnehmern und vom Großhandel als Handel unter Kaufleuten wahrgenommen. Der Handel kann als **Einzelhandel** (B-to-C) oder **Großhandel** (B-to-B) ausgebildet sein.

Im Laufe der Zeit haben sich dabei verschiedene Einzelhandelsbetriebsformen herausgebildet. Sie entstehen aus praktisch häufig anzutreffenden Kombinationen folgender Merkmale:

- Sortimentsbreite,
- Sortimentstiefe,
- Sortimentsniveau,
- Preisgestaltung,
- Standortwahl (von hoher Bedeutung),
- Betriebsgröße, Einsatz des Beeinflussungs-Mix,
- Akquisitionsform (Hol-/Bringprinzip),
- Abgabeprinzip (egalitär/privilegiert),
- Verkaufspunkt (mobil/immobil),
- Integration in Konzern,
- rechtliche Anbindung,
- Treueorientierung des Sortiments,
- Güterart.

Gleichfalls haben sich verschiedene Großhandelsbetriebsformen herausgebildet. Merkmale zu ihrer Einteilung sind

- Warenübergang (Hol-/Bringprinzip),
- erbrachte Logistikleistung (Lager-/Streckengroßhandel),
- Serviceumfang,
- Sortimentsplanung (konstant/fallweise),
- rechtliche Organisation,
- Ausrichtung am Markt (Aufkauf/Absatz),
- Warenart,

- Aktionsgebiet (national/international),
- Kundenstruktur (Wiederverkäufer/Großabnehmer/Weiterverarbeiter/Endabnehmer).

Allerdings sieht sich die Großhandelsstufe einer zunehmenden Ausschließung aus dem Absatzkanal (Disintermediation) gegenüber, da ihre vornehmlich logistischen Funktionen zwischenzeitlich von Herstellern oder Einzelhändlern übernommen werden können.

Man unterscheidet im Ergebnis in Bezug auf den Einzelhandel nach:

- primären stationären Betriebsformen. Sie sind eigenständige Betriebsformen des Handels, im Einzelhandel etwa Fachgeschäft, Spezialgeschäft, Warenhaus, Kaufhaus, Gemischtwarenladen, Verbrauchermarkt, Supermarkt, SB-Geschäft, Discounter, Fachmarkt etc., und durch bestimmte Ausprägungen von Merkmalen gekennzeichnet.
- sekundären stationären Betriebsformen, im Einzelhandel etwa Einkaufszentrum (arrondierende Geschäfte), Ladenpassage (agglomerierte Geschäfte), Factory Outlet Center, im Großhandel Trademart etc. Sie kommen durch die räumliche Zusammenfassung primärer Betriebsformen zustande.
- primären, nicht-stationären Betriebsformen wie Universalversandhandel, Fachversandhandel, Internet-Versandhandel, mobiler Handel (Wanderhandel, Verkaufswagen) etc. Sie sind eigenständige Betriebsformen, welche die Sonderform des Distanzprinzips nutzen.
- sekundären, nicht-stationären Betriebsformen. Sie kommen durch organisatorische Zusammenfassung primärer Betriebsformen zustande wie Freiwillige Ketten oder Einkaufsverbünde zwischen Groß- und Einzelhandel, Genossenschaften etc.

Diese Betriebsformen unterliegen einem stetigen Wandel (Dynamik der Handelsbetriebsformen), wobei sich im Wesentlichen eine Polarisierung in Trading Up zum Erlebnishandel einerseits oder Trading Down zum Versorgungshandel andererseits ergibt. Trading Up bedeutet Imagedominanz durch Verbesserung der betriebsindividuellen Leistungsstandards bei Sortiment, Personal, Ausstattung, Zusatzleistung etc. Trading Down bedeutet Preisdominanz durch Senkung der Kosten und Spannen. Beide Gruppen sind parallel am Markt erfolgreich tätig, nur werden sie von Nachfragern für abweichende Einkaufsakte genutzt. Nicht erfolgreich ist hingegen die unentschiedene Position dazwischen (Stuck in the Middle).

16.4.2 Beziehungen im indirekten Vertriebskanal

Innerhalb des indirekten Vertriebskanals hat seit geraumer Zeit eine erhebliche Verschiebung der Kanalführerschaft zugunsten der Handelsstufe stattgefunden. Grund ist die gesamtwirtschaftliche Regalplatzknappheit, da das Herstellerangebot schneller wächst als die Präsentationsfläche bei Absatzmittlern. Daraus erwächst eine Nachfragemacht seitens des Handels.

Hersteller können dem auf verschiedene Weise begegnen, so durch:

- Ersatz des bestehenden Vertriebskanals durch einen anderen indirekten,
- Multi Channel Distribution mit mehrfachen Vertriebskanälen,
- Ausdehnung des „Regalplatzes“ über Distributionsgradsteigerung,
- verstärkten Push-Einsatz im Vertriebskanal,

- verstärkten Pull-Einsatz im Vertriebskanal,
- Wechsel vom Indirekt- zum Direktvertrieb.

Diese Maßnahmen führen jedoch zum Konflikt mit der Handelsstufe in Bezug auf alle Vermarktungsparameter, der bei hohem/steigendem Konzentrationsgrad im Vertriebskanal tunlichst vermieden werden sollte. Vielmehr ist die Anstrebung einer vertikalen Kooperation zu empfehlen. Dabei gilt es, nicht Felder konfliktärer Interessen zu bearbeiten, sondern solche gemeinsamer Interessen zu identifizieren. Zu denken ist an:

- Raumvermietungsgeschäfte des Handels wie Shop-in-the-Shop-Systeme, Store-in-the-Store-Systeme, Rack Jobber, Konzessionssysteme etc. Dies basiert auf der Untervermietung von Geschäftsfläche im Einzelhandel (Dachgeschäft) an Hersteller zur Anreicherung des eigenen Sortiments.
- dauervertragliche Warenverkaufsgeschäfte des Handels wie Depotsysteme, Lizenzsysteme, z. B. als Franchising oder als Vertragshändler. Händler werden hier eng wie eigene Absatzorgane eingebunden. Dies setzt freilich eine starke Hersteller-Marktposition voraus.
- Warenvermittlungsgeschäfte des Handels wie Handelsvertretersysteme oder Kommissionärssysteme. Händler werden hier in fremdem Namen und/oder auf fremde Rechnung tätig. Dadurch sind herstellerseitig ggf. einheitliche Vermarktungsstandards möglich, vor allem in Bezug auf den Verkaufspreis.

16.5 Verkaufsabwicklung

16.5.1 Logistische Distribution

Die richtige Logistik als physische Verfügbarkeit am Ort des Kaufentscheids und zu dessen Zeitpunkt ist zentral für den Erfolg jedes Unternehmens. Dieser Bereich, der aus dem Militärwesen stammt, hat sich damit von einem Randelement zu einem unstreitigen Erfolgsfaktor entwickelt. Dies umso mehr, als im Zuge der Internationalisierung immer weitere Entfernungen zwischen Lieferanten und Abnehmern liegen, im Zuge der Proliferation der Programme immer größere Mengen und Varietäten von Produkten zu verbringen sind und durch Just in Time die Anforderungen an die einwandfreie und vereinbarte Lieferung nach Menge, Zeit, Qualität etc. steigen. Distributionslogistik betrifft daher allgemein das Ziel, Kunden die richtige Ware, zur richtigen Zeit, am richtigen Ort, in der richtigen Menge und im richtigen Zustand (5 Rs) bereitzustellen.

In diesem Zusammenhang sind im Vertrieb vor allem vier Entscheidungen zu treffen, die Wahl der Transportmittelart und des Transportmittelbetriebs sowie die Wahl des Lagerstandorts und des Lagerhausbetriebs (siehe ▸*Abbildung 16.10*):

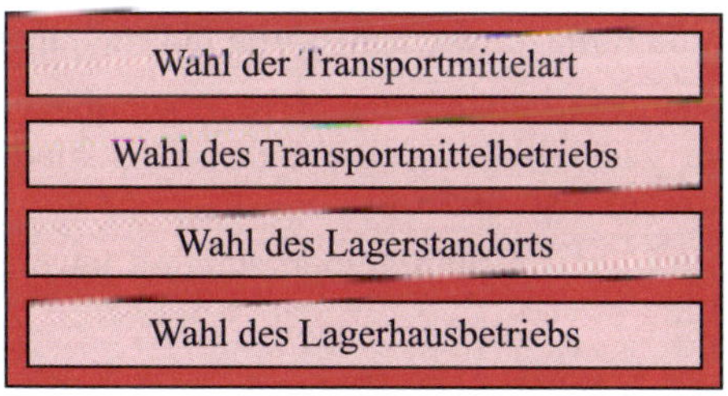

Abbildung 16.10: Logistische Entscheidungen mit Vertriebsbezug

Für die Wahl der **Transportmittelart** stehen im Grundsatz Schiff (Binnen-/Hochsee-), (Fracht-)Flugzeug, Eisenbahn und LKW zur Verfügung. Jedes Transportmittel weist spezifische Vor- und Nachteile in Bezug auf die zu transportierenden Einheiten auf. Insofern kann keine generelle Aussage getroffen werden, allerdings kann ein Trade off zwischen Kosten und Zeit festgestellt werden. Das heißt, Transportmittel, die besonders schnell Entfernungen überbrücken, sind zugleich bezogen auf die transportierte Gewichtseinheit sehr kostspielig, und Transportmittel, die je Gewichtseinheit kostengünstig sind, arbeiten zugleich vergleichsweise langsam. Insofern ist in diesem Trade off ein bestmöglicher Kompromiss zu suchen.

Für die Wahl des **Transportmittelbetriebs** stellt sich die gängige Make-or-Buy-Entscheidung, d. h. entweder der Betrieb mit eigenen Transportmitteln oder mit fremdbeauftragten Transportmitteln. Auch hierbei ergeben sich individuelle Vor- und Nachteile, so dass keine generelle Aussage möglich ist. Allerdings besteht wie wohl überall ein Trend zum Outsourcing zwecks Substitution fixer Kosten durch variable und zur Nutzung von Kernkompetenzen der Auftragnehmer als eigenem Wettbewerbsvorteil.

Für die Wahl des **Lagerstandorts** ergeben sich im Grundsatz zwei Möglichkeiten. Erstens ein zentrales Fertigwarenlager in unmittelbarer räumlicher Nähe zum Produktionsstandort und zweitens mehrere dezentrale Läger in räumlicher Nähe zu großen Kundenstandorten. Ein Zentrallager ist im Regelfall kostengünstiger zu betreiben als mehrere dezentrale Läger. Allerdings sind die Transportzeiten vom Zentrallager zu Kunden länger als von im Raum verteilten Dezentrallägern zu diesem. Da Zeit ein zunehmend wichtiger Wettbewerbsfaktor ist, besteht ein Trend hin zu dezentralen Lägern in der Nähe von Kundenstandorten.

Für die Wahl des **Lagerhausbetriebs** stellt sich wiederum die Make-or-Buy-Entscheidung. Auch hier gibt es einen Trend zum Outsourcing für höhere Qualität und günstigeres Preis-Leistungs-Verhältnis. Zumal damit womöglich auch Kapazitätsschwankungen aufgefangen werden können.

Die Redistribution gewinnt immer mehr an Bedeutung (Reverse Logistics), d. h. die Rückführung von Produkten oder Produktbestandteilen wie Packungen, Altgeräten, Pfandverpackungen, Sondermüll etc. zum Hersteller oder deren Zuführung zu einer geregelten Entsorgung (Recycling). Die Redistribution kann im Hol- oder Bringsystem erfolgen, sie kann eigen- oder fremdgestaltet werden. Dabei können Redistributionsmittler zwischengeschaltet sein oder nicht.

Unterstützend wirken bei der Distribution selbstständige logistische Absatzhelfer als

- Spediteure, die den Transport im Auftrag von Herstellern oder Absatzmittlern organisieren,
- Frachtführer, die den Transport im Auftrag von Herstellern, Absatzmittlern oder logistischen Absatzhelfern selber durchführen,
- Lagerhalter, welche die Einlagerung von Waren übernehmen.

Bei diesen handelt es sich um Kaufleute gemäß HGB, woraus vorgegebene Rechte und Pflichten entstehen. Im Zeitablauf werden dabei verschiedene Generationen des Outsourcings der Logistik unterschieden:

- 1st Party Logistics, d. h., das Unternehmen schaltet jeweils externe Frachtführer für den Transport ein,

- 2nd Party Logistics, d. h., das Unternehmen beauftragt einzelfallabhängig Spediteure mit Transport und Lagerung, die ihrerseits Frachtführer einsetzen können,
- 3rd Party Logistics, d. h., das Unternehmen beauftragt systematisch Spediteure mit Transport und Lagerung incl. aller Verantwortlichkeiten anhand von Service Level Agreements,
- 4th Party Logistics, d. h., das Unternehmen beauftragt Berater mit der Organisation der Distributionslogistik, die dazu optimiert Spediteure, Frachtführer und Lagerhalter einschalten.

Zur besseren logistischen Anpassung im Vertriebskanal dienen gleich mehrere Instrumente. Geschlossene Waren-Wirtschafts-Systeme (GWWS) bilden intern wie auch absatzstufenübergreifend computergestützt alle Warenbewegungsdaten ab. Auf deren Basis kommt es anhand der Direkten Produkt-Profitabilität (DPP) zur Optimierung der Regalplatznutzung als Engpassfaktor im Vertriebskanal. Die Zusammenarbeit der Partner wird durch Efficient Consumer Response (ECR) geprägt (vgl. ▶ *Abschnitt 17.5*), das den Warenfluss im Supply Chain Management (SCM) angebotsseitig durch Efficient Replenishment und im Category Management (CM) nachfrageseitig durch Efficient Store Assortment, Efficient Promotion, Efficient Product Introduction optimiert. Vorbild ist dabei das Kanban-Prinzip aus der Produktion, Ziel ist die unmittelbare Reaktion auf Nachfragerwünsche zur Maximierung der Markterlöse bei gleichzeitiger Minimierung der Bestände/Durchlaufzeiten im Vertriebskanal zur Verminderung der Kapitalbindung.

16.5.2 Persönlicher Verkauf

Häufig ist in Bezug auf Verkaufsaußendienstmitarbeiter die Wahl zwischen angestellten **Reisenden** oder selbstständigen **Handelsvertretern** (wobei von Einfirmenvertretern auszugehen ist) zu treffen. Dabei können quantitative und/oder qualitative Kriterien zugrunde gelegt werden.

Quantitativ ergibt sich ein Kostenvergleich zwischen hohem fixen Entlohnungsanteil bei zugleich niedrigem variablen von Reisenden sowie niedrigem fixen Anteil bei zugleich hohem variablen von Handelsvertretern. Dies bedeutet, dass bei geringem Erfolg (z. B. Umsatz) die Kosten von Handelsvertretern unter denen von Reisenden liegen, mit steigendem Erfolg jedoch die Kosten von Handelsvertretern schneller steigen als die von Reisenden, so dass sich ein rechnerischer Break-even-Punkt ergibt, ab dem sich der Umstieg lohnt. Alternativ kann dieser Vergleich auch grafisch vorgenommen werden (siehe ▶ *Abbildung 16.11*). Deshalb bietet sich der Einsatz von Reisenden vor allem für größere Unternehmen an, deren Absatzmengen hoch genug sind, die Fixkostenbelastung durch Verteilung zu tragen, sowie bei markteingeführten Produkten, die auf eine breite Marktakzeptanz zurückgreifen können. Umgekehrt ergibt sich daraus eine Präferenz für den Einsatz von Handelsvertretern bei kleineren Unternehmen und marktneuen Produkten, die sich ihre Absatzbasis erst noch erarbeiten müssen. Denkbar ist auch der parallele Einsatz von Reisenden und Handelsvertretern für verschiedene Programmsegmente, etwa marktbreite Produkte durch Reisende und Nischenprodukte durch Handelsvertreter.

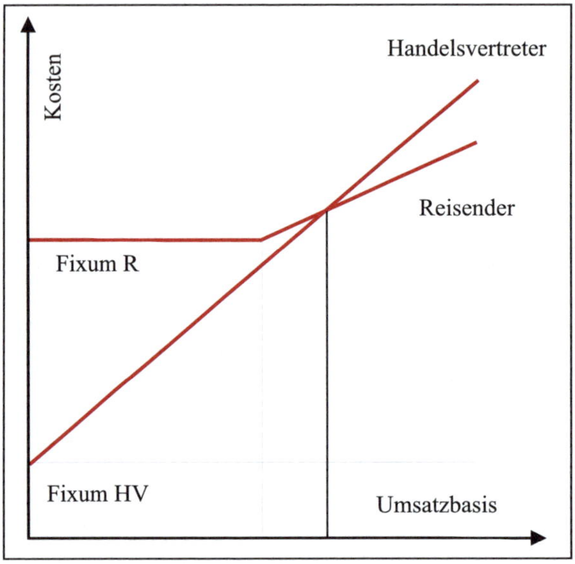

Abbildung 16.11: Kostenvergleich Reisender vs. Handelsvertreter

Qualitativ sind die komparativen Vor- und Nachteile von selbstständigen Handelsvertretern einerseits und angestellten Reisenden andererseits zu vergleichen, wobei diese sich spiegelbildlich zueinander verhalten. **Reisende** bieten Vorteile in Bezug auf Folgendes:

- Detailsteuerung durch das Unternehmen wegen strikter Weisungsgebundenheit, da sie als Angestellte, also unselbstständig, tätig sind.
- Vorgabe von Besuchsnormen und Reiserouten, deren Kontrolle im Berichtswesen jederzeit nachvollziehbar ist, wodurch gewährleistet ist, dass alle Unternehmensstandards eingehalten werden.
- Motivationsschub ist durch Zulagen oder ähnliche Anreize jederzeit möglich, also flexibel in Ausmaß und raum-zeitlicher Erstreckung.
- Spezialisierung auf das Angebot nur eines Unternehmens, damit hohe Identifikation mit den vertretenen Produkten und mutmaßlich bessere Überzeugung der Ansprechpartner.
- Interessenidentität mit dem eigenen Unternehmen, so dass keine Divergenzen auftreten, die den Geschäftserfolg beeinträchtigen könnten.
- Kein Ausgleichsanspruch bei Beendigung des Beschäftigungsverhältnisses, daher jederzeitiger Austausch der Vertriebsaufstellung möglich.
- Gebietskorrekturen sind leicht und ohne Abfindung mit Änderungskündigung machbar, woraus ein hohes Maß an Anpassungsfähigkeit resultiert.
- Direkter Kontakt zwischen Kunde und Unternehmen ist vorhanden, weshalb die Gefahr des Kundenverlusts bei Ausscheiden eines Mitarbeiters gering bleibt.

Handelsvertreter bieten hingegen Vorteile in Bezug auf Folgendes:

- Nur oder weit überwiegend erfolgsabhängige, variable Kosten, die bei Umsatzrückgang nicht die Rentabilität belasten, sondern sich parallel abbauen.
- Intensive Verkaufsbemühungen aus originärer Unternehmerinitiative und freie Arbeitszeitgestaltung und -organisation zur Erreichung höchstmöglicher Effizienz.
- Vielseitige Kundenkontakte (vor allem bei Mehrfirmenvertretern), daher in der Aufbauphase schnelle und kostengünstige Akquisition von Aufträgen.
- Reklamationsabwicklung wegen „Neutralität" unproblematischer, da ein interessenausgleichendes Verhandlungsangebot unterbreitet werden kann.
- Eher geringer organisatorischer Aufwand, da eigenverantwortliche Arbeitsvorbereitung und -organisation wie etwa eigene Routen- und Tourenplanung, Zeitoptimierung, Besuchsvor- und -nachbereitung etc.

16.6 Verkaufsgespräch

16.6.1 Verkäufersignale

Das Verkaufsgespräch ist allgemein eine Verkaufsform durch unmittelbaren Gesprächskontakt mit Kunden zum Zwecke des Abschlusses des Kaufvertrags.

Dabei gibt es keine Patentrezepte für die optimale Führung eines Verkaufsgesprächs. Es ist vielmehr so, dass jeder Verkäufer mit seinem persönlichen Stil, in dem er intuitiv sicher agiert, am besten fährt. Als personengebundene Einflussfaktoren der mündlichen Kommunikation kommen alle kommunikativen Zeichen in Betracht (siehe ▶*Abbildung 16.12*). Diese sind

- *hörbar*, in Form von vokalen und nicht-vokalen Zeichen. Vokale, auch aurale, Zeichen sind z. B. Stimmlage, Sprachbegleitung wie Lachen, Schreien, Hüsteln, Seufzen etc., Melodie wie Betonung, Kadenz, Pause etc., Phonetik, Syntax,
- *sichtbar*, in Form von Gestik wie Mimik, Haltung etc., Eindruck wie Kleidung, Haartracht, Kosmetik etc., Zuneigung wie Blickkontakt, Körperwendung etc.

Abbildung 16.12: Verkäufersignale

Außerdem kommen indirekte Zeichen in Betracht. Diese betreffen vor allem Physiognomie, Aussehen, Statur etc. und Verhalten, Bewegung, Reflex etc. Je mehr Kongruenz dabei bezüglich dieser Zeichen zwischen Sender (Verkäufer) und Empfänger (Käufer) herrscht, desto eher und besser kommt Kommunikation zustande.

Bei der **Sprache** als Einflussfaktor lassen sich mehrere Sprachcodes unterscheiden:

- *restringiert* beinhaltet einfache, kurze Sätze, einfache Satzverknüpfungen, überwiegend Hauptsätze, konkrete Sprache, oft Dialekt, kleiner Wortschatz, kaum Fremdwörter, fehlerhafte Grammatik, Gesten als Ersatz für fehlende Wörter, direkt.
- *elaboriert* beinhaltet komplexe, komplizierte Sätze, personenorientierte Formulierung, logische Argumentation, abstrakt, hochdeutsch, großer Wortschatz, Gebrauch von Fremdwörtern, richtige Grammatik, wenige, gezielte Gesten, durch Analogie, Vergleich, Beispiel arbeitend.

Aus der Sprache lassen sich gute Anhaltspunkte für das soziale Beziehungsfeld eines potenziellen Kunden ableiten. Für den Vortrag können verschiedene Sprachvariablen eingesetzt werden. Es handelt sich dabei um (jeweils beste Ausprägung)

- Stimmklang (eher sonor),
- Lautstärke (nicht aufdringlich, nicht schüchtern),
- Pausensetzung (dramaturgisch),
- Sprechtempo (eher engagiert, dynamisch, initiativ),
- Modulation/Rhythmus (akzentuiert),
- Atemtechnik (nicht kurzatmig),
- Aussprache (deutlich, hochdeutsch),
- Wortwahl (eher verbisch als substantivisch),
- Satzbau (keine Schachtelsätze),
- Ablauf (logische Verkettung).

Die **Mimik** betrifft alle Ausdrucksformen des Gesichts, so z. B. Stirnrunzeln, Augenbrauen heben, Mundwinkel senken, Lippen zusammenpressen, Lippen kauen. Da es sich dabei um unwillkürliche Reaktionen handelt, lassen sich daraus gute Rückschlüsse auf die psychische Situation des Gesprächspartners ziehen.

Die **Gestik** umfasst alle Ausdrucksformen des Körpers, so z. B. Hände ballen, Handflächen nach unten halten, Armbewegungen, Nasereiben, Kinnstreichen, Kleidung glattstreichen, Hände in den Hosentaschen, Hände in die Hüfte gestemmt, Fingerspitzen aneinander gelegt, überkreuzte Beine, mit den Füßen wippend, breitbeiniges Stehen, Hände hinter dem Kopf verschränkt. Der weitaus größte Anteil der Kommunikationseinheiten ist somit non-verbal basiert.

Die **Kopfhaltung** drückt sich z. B. aus als Kopf zur Seite geneigt, Kopf betont erhoben, zwischen den Schultern eingezogen, gesenkt, seitlich hin- und herwiegend. Dabei kann auch die Blickhaltung aufschlussreich sein, so z. B. seitlich aus den Augenwinkeln, am anderen vorbeischauend, in die Augen schauend, durch den anderen hindurch.

Die **Körpersprache** ergibt sich aus der Kombination der Einflussfaktoren Mimik, Gestik, Kopf- und Blickhaltung. Außerdem sind Distanzen im Gespräch aufschlussreich. Sie betreffen das instinktive Revierverhalten des Menschen und sind keulenförmig um den Körper nach vorn gerichtet. Zu unterscheiden sind die Intimdistanz (ca. 70 cm), die persönliche Gesprächsdistanz (ca. 120 cm), die gesellschaftliche Wahrnehmungsdistanz (ca. 220 cm) und die öffentliche Distanz (ca. 400 cm) zum Partner. Distanzen werden auch durch die Platzierung persönlicher Gegenstände verletzt (z. B. Aktentasche auf dem Schreibtisch des Gesprächspartners).

16.6.2 Kundenqualifizierung

Durch Fragen kann das Verkaufsgespräch gesteuert werden, wenngleich diese nicht übertrieben eingesetzt werden sollten. Zum einen müssen keine Behauptungen aufgestellt werden, die zu beweisen bleiben. Zum anderen wird der Gesprächspartner durch Antworten aktiviert. Dabei werden dessen Einstellungen und Meinungen sowie allgemeine Informationen bekannt. Dies führt zu Übereinstimmungen und Problemlösungen, die eine positive Atmosphäre erzeugen und den Verkauf stützen. Wichtige **Frageformen** sind u. a. folgende:

Die **Informationsfrage** hat zum Ziel, primär objektive Daten über die Bedarfslage des Gesprächspartners zu erfahren.

Die **Ergänzungsfrage** versucht, präzisere Informationen über den Sachverhalt zu eruieren.

Bei **Suggestivfragen** versucht man, den Gesprächspartner im eigenen Sinne zu beeinflussen. Dabei besteht jedoch die Gefahr, dass dieser sich gegängelt fühlt und aggressiv reagiert.

Bei der **Alternativfrage** hat der Gesprächspartner die Möglichkeit, zwischen zwei Antwortalternativen zu wählen, die beide positiv für den Verkäufer sind und damit in jedem Fall zum Erfolg führen.

Gegenfragen bieten die Möglichkeit, auf eine Frage hin wieder die Initiative zurückzugewinnen. Außerdem schaffen sie einen besseren Wissensstand.

Kontrollfragen im Verlauf des Gesprächs dienen dazu, festzustellen, inwieweit bereits Übereinstimmung zwischen den Gesprächspartnern erreicht ist. Es handelt sich meist um geschlossene Fragen.

Fangfragen sollen dem Geschäftserfolg dienliche Informationen vom Gesprächspartner erbringen, deren dieser sich selbst nicht unbedingt bewusst ist.

Motivationsfragen dienen dazu, den Gesprächspartner zur Offenlegung seiner Beweggründe für den Kauf zu veranlassen.

Rhetorische Fragen dienen primär dazu, die Aufmerksamkeit des Gesprächspartners zu gewinnen und zu erhalten.

Ja-Fragen sind spezielle Suggestivfragen, die als einzige sinnvolle Antwort ein „Ja" im Sinne des Kaufprozesses ermöglichen.

Provozierende Fragen sind solche, die den Gesprächspartner emotional anheizen sollen. Dies kann wichtig sein, um den subjektiv empfundenen Kaufdruck zu erhöhen.

Ohne die Fähigkeit, aktiv zuzuhören, nützt allerdings auch die beste Fragetechnik nichts. Intensives Zuhören stärkt das Selbstwertgefühl des Partners und zeigt ihm, dass man ihn ernst nimmt und schätzt. So fühlt er sich verpflichtet, auch die eigenen Worte ernst zu nehmen. Dadurch wird Verkaufen leichter.

16.6.3 Gesprächsablauf

Der Gesprächseinstieg erfolgt durch die Kontaktphase. Hier fördert die Rücksichtnahme auf das Geltungsbedürfnis des Gesprächspartners den erfolgreichen Ablauf. Dies erreicht man durch kurze Anerkennungsbemerkungen, die sich leicht einstreuen lassen. Gesichtsausdruck und Haltung sollen dabei Einfühlung und Verständnis ausstrahlen.

Jeder Mensch fühlt sich beachtet, wenn er mit seinem Namen (richtige Aussprache vorausgesetzt) angeredet wird. Vielen Menschen schmeichelt es, wenn man ihre akademischen oder Job-Titel kennt und diese Kenntnis im Gespräch geschickt durchblicken lässt, sie zumindest aber mit ausgesuchter Höflichkeit anspricht. Vorsicht ist allerdings bei unangenehmen Gesprächen in Gegenwart Dritter geboten. Dann führt die Personifizierung leicht zu einer Verhärtung der Atmosphäre. Das Gleiche gilt für Tabuthemen (Politik, Moral, Religion etc.), die man im Verkaufsgespräch unbedingt meiden sollte.

Ein gepflegtes Äußeres fördert das Gesprächsklima. Frauen achten mehr auf zeitgemäß modische Kleidung ihres Gesprächspartners als Männer. Als gutes Aussehen wirken gepflegter Haarschnitt, gepflegtes Gesicht, gepflegte Kleidung. Die Kleidung soll seriös und situativ angemessen sein, gleichzeitig aber nicht zu auffällig und fein.

Der Augenkontakt zwingt den Gesprächspartner, sich dem Gesprächsthema zuzuwenden. Ein offener, lebhafter Augenkontakt intensiviert die Wirkung des gesprochenen Wortes. Starren hingegen wirkt unangenehm. Ein unsteter, den Augen des Partners ausweichender Blick wird häufig als Unsicherheit gedeutet und führt zu Verlust an Wirkungskraft. Störend wirken u. a. Fingertrommeln, Spielen mit Gegenständen, Floskeln, Dauerreden, sprunghafter Themenwechsel, zu große Nähe, Anfassen.

Die Mimik des Sprechers unterstützt das gesprochene Wort. Zugleich ist sie verräterisch, wenn er es nicht ehrlich meint. Die mimische Begleitung ist vom jeweiligen Kulturkreis abhängig, außerdem von Geschlecht, sozialer Schicht und Abstammung. Gleichermaßen unterstützt die Gestik das gesprochene Wort. Die Stimme des Sprechers trägt den Inhalt. Gesprochene Worte unterliegen jedoch Missverständlichkeiten, sofern ihr Verständnis verschieden ist. Deshalb sind Wörter bedacht und vorsichtig auszuwählen. Zu große Aufmerksamkeit auf den Sprechakt erschwert die Konzentration auf Inhalte, daher ist eine gezielte Vorbereitung auf das Gespräch unerlässlich. Man sollte Fremdwörter nur sparsam einsetzen.

Zur Gesprächseröffnung also am besten sofort Augenkontakt suchen, ein freundliches Gesicht zeigen, den Gesprächspartner möglichst mit Namen ansprechen, mit dem Entgegenstrecken der Hand warten, bis der andere die Hand reicht (kann sonst aufdringlich wirken). Außerdem den Händedruck weder zu lasch noch zu kräftig ausfallen lassen und ein leichter Diener bei Begrüßung von Frauen, aber keine Verbeugung.

Weiterhin sollte man sich mit Namen vorstellen, seine Funktion erläutern, eine positive Ausstrahlung vermitteln und eine aufrechte Körperhaltung einnehmen, keine Standardphrasen verwenden oder ablenkende Gespräche mit Kollegen führen. Kleine Höflichkeitsbezeugungen wie Platz anbieten, Türe schließen helfen, Regenschirm abnehmen etc. wirken gut. Bei Außenbesuchen ist vorher immer ein Termin zu vereinbaren (mit alternativen Terminvorschlägen) und anzumelden. Es ist sehr wichtig, den Kunden die Ware nach Möglichkeit anfassen, in die Hand nehmen zu lassen. Eine Demonstration soll wirkungsvoll, rasch und ohne Ablenkung erfolgen. Parallel muss der Verkäufer verständlich erläutern, was er tut. Dabei am besten die didaktische Reihenfolge vom Einfachen zum Komplizierten, vom Bekannten zum Unbekannten, von Details zur Ganzheit verfolgen und den Kunden dabei mitarbeiten lassen, Aha-Erlebnisse fördern. Immer nur zwei Alternativen zur gleichen Zeit vorführen, bei größerer Auswahl sukzessiv vorgehen und Produkte in jedem Fall liebevoll behandeln.

Vor allem ist eine positive Einstellung zum Kunden als Partner wichtig. Denn die Einstellung spiegelt sich untrüglich im Verhalten und wer den Kunden nicht als Partner akzeptiert, wird dies früher oder später im Gespräch verraten und damit seine Chancen verspielen. Vor allem darf der Kunde nicht das Gefühl haben, dass ihm etwas verkauft werden soll. Er erhält vielmehr die Chance, einen subjektiven Vorteil (= Nutzen) zu erwerben. Produktvorteile sind festzuhalten, weil man nicht davon ausgehen kann, dass Selbstverständlichkeiten ausreichend erkannt und gewürdigt werden. Außerdem sollte immer eine partnerbezogene Argumentation erfolgen. Die Nutzen aus den Angebotseigenschaften sind zentral in den Mittelpunkt zu stellen, denn letztlich rechtfertigt nur der subjektive Nutzen jegliche Geldausgabe. Bei der Gesprächseröffnung ist es wichtig, die Motivation des potenziellen Käufers anzusprechen. Eine Ansprache wird als umso motivierender empfunden, je höher sie innerhalb der Motivhierarchie angesiedelt ist. Widersprüchliche Meinungen gibt es dahingehend, ob das stärkste Argument an den Schluss (Recency-Effekt) oder an den Anfang zu stellen ist (Primacy-Effekt). Letzteres gilt vor allem bei Einwänden als empfehlenswert.

Jeder Einwand signalisiert einen Kaufwiderstand. Deshalb gilt es, den Kunden ausreden lassen, ihm aufmerksam zuzuhören und keinen echten Einwand zu übergehen. Der Verkäufer sollte auf keinen Fall verärgert reagieren, Einwände bagatellisieren, tabuisierte Themen ansprechen oder den Kunden versuchen, überreden zu wollen.

Auf das Erreichen der Abschlussphase deuten mehrere Signale hin, sowohl Verhaltenssignale wie Kopfnicken, Handling des Produkts etc. als auch Sprachsignale wie Kaufwunschäußerung, Fragen nach Details wie Kundendienst, Garantie, Referenzen etc.

Das größte Abschlusshindernis bildet jedoch erfahrungsgemäß der Preis. Da dieser erst in einem fortgeschrittenen Stadium des Verkaufsgesprächs eingebracht wird, ist er besonders gefährlich. Daher gilt es diese heikle Situation zu entschärfen, am besten, indem immer mit dem Preis-Leistungs-Verhältnis argumentiert und keine Preisnachgiebigkeit gezeigt wird.

16.6.4 Nachbereitung

Hier soll vor allem kognitiven Dissonanzen vorgebeugt und Kundenbindung generiert werden. Dissonanz bedeutet ein empfundenes Ungleichgewicht, das den Menschen beschleicht, sobald er eine Entscheidung gefällt hat, und das er, da ihm die Tendenz zur Konsonanz innewohnt, zu reduzieren sucht. Kognitiv bedeutet, dass die Dissonanz sich aus der Verarbeitung widersprüchlicher Informationen ergibt.

Der Verkäufer kann kognitive Dissonanzen bereits im Ansatz reduzieren, indem er bestätigend auf den Käufer einwirkt. In Gebrauchsanleitungen wird dieser Effekt wiederholt, indem dem Leser zunächst zum Kauf des hochwertigen, modernen, leistungsfähigen etc. Produkts gratuliert wird. Diese Kaufnachbereitung kann auch in festen Betreuungs- und Nachfassprogrammen (Kunden-Kontakt-Programm/KKP) institutionalisiert werden.

Denn aus Kundenzufriedenheit ergeben sich Chancen für Zusatzverkäufe (z. B. Zubehör) und für die markentreue Wahl beim Wiederkauf. Zur Kaufnachbereitung gehört allerdings auch die Reklamationsabwicklung. Hier wird die Kundenbindung auf eine harte Probe gestellt. Umso wichtiger ist es, auch diese Klippe so elegant wie möglich zu umschiffen. Bewährt hat sich das Phasenschema:

1. **Kunden austoben lassen:** Ein verärgerter Kunde will sich zuerst Luft machen, bevor er für Erklärungen aufnahmefähig ist. Das bedeutet für den Verkäufer, sich zu beherrschen, ruhig und höflich zu bleiben, aufmerksam zuzuhören, nicht zu un-

terbrechen, Anteilnahme und Mitgefühl zu zeigen, bis der Kunde sich abreagiert und sein Pulver verschossen hat. Streitgespräche sollten immer unter vier Augen stattfinden.

2. **Reuegefühl als Verkäufer zeigen:** Sind Fehler gemacht worden, muss der Verkäufer bereit sein, dafür gegenüber seinem Kunden unabhängig von der Schuld persönlich einzustehen. Nachgeben und eine Entschuldigung ohne Schuldeingeständnis und Dank für das Verständnis führen häufig zu Reue beim Kunden wegen überzogener Äußerungen. Wenn man Details erfragt, stellt sich die Sache dann meist als nicht mehr so schlimm heraus.

3. **Wiedergutmachung anbieten:** Der Verkäufer sollte zusagen, alles Nötige schnellstens zu veranlassen, dabei nicht kleinlich sein und versprechen, sich dafür persönlich einzusetzen. Dazu gehört ein Vorschlag, wie die Angelegenheit zu regeln ist, auch bei juristisch nicht fundierten Beschwerden. Auf jeden Fall muss die Kontaktbrücke zum Kunden erhalten bleiben, denn zufriedenstellend erledigte Reklamationen sind eine ausgezeichnete Basis für weitere Geschäfte.

16.7 E-Commerce-Verkauf

Im Verkauf werden zunehmend Online-Medien eingesetzt. Ein solches E-Commerce kann unter vielfältigen Gesichtspunkten betrachtet werden. Ein Aspekt ist der des dabei zugrunde liegenden Geschäftsmodells. Dafür ergeben sich mehrere Optionen:

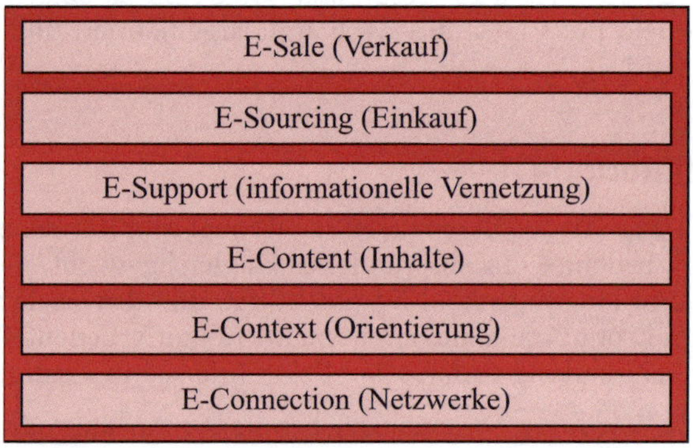

Abbildung 16.13: Geschäftsmodelle im E-Commerce

- Anbahnung, Aushandlung und Abwicklung von Geschäftstransaktionen (E-Sale). Hierbei geht es um den Verkauf digitaler Waren und Diensten im Internet wie Banner, Co-Shopping-Angebote etc. Dabei sind immer auch Elemente der Zahlungs- und Logistikabwicklung sowie der Kundenbetreuung von Bedeutung.
- Internet- oder extranet-gestützter Einkauf von Commodities, C-Produkten, digitalen Produkten, Hilfs- und Betriebsstoffen (E-Sourcing). Zugleich geht es um leistungsergänzende Dienste durch Absatzhelfer zur Finanzierung, Versicherung, Beratung, Information etc.
- Nutzung verteilter Systeme mittels informationeller Vernetzung in Virtual Companies/Departments (Puma, Dell, Red Bull etc.), aber auch in Communities, Sozialen Netzwerken etc. (E-Support).

- Sammlung, Auswahl, Systematisierung und Zusammenstellung von alles entscheidenden Inhalten als Wissen, Unterhaltung, Infotainment/Advertorial etc. (E-Content). Zugleich gehört es zu den Charakteristika des Web 2.0, dass die Nutzer diese Inhalte selbst besteuern (User Generated Content).
- Klassifizierung und Systematisierung des Internet-Informationsangebots (E-Context). Hierbei geht es um die geordnete Repräsentation von Wissen, das Interessenten in geeigneter Form durch Einträge in Suchmaschinen, Web-Katalogen, Meta-Suchmaschinen etc. zur Verfügung gestellt wird.
- Unterstützung durch elektronische Plattformen wie Cloud-Dienste, Hostings, Normungen (EDI, ECR, CPFR) und technologische Verbindungen wie Portale, Online-Provider als „Befähiger" etc. (E-Connection).

Nach den Beteiligten im E-Commerce kann es sich um Private (C/Consumer), Gewerbetreibende (B/Business), Öffentliche Verwaltungen (A/Administration) und interne Stellen (D/Divisions) handeln. Diese können entsprechend in Interaktion miteinander treten. Daraus ergeben sich 16 prototypische Beteiligtenrelationen von A to A bis D to D mit jeweils zugeordneten Transaktionen.

Die Online-Präsenz wird durch einen E-Shop verwirklicht. Dieser kann auf verschiedene Weise realisiert werden, etwa in Eigenregie programmiert, als Fertigprodukt fremd zugekauft, als Fertigprodukt angemietet mit der Möglichkeit kontinuierlicher Updates, aus Open-Source-Software kostenlos bereitgestellt und nach eigenen Vorstellungen modifiziert oder in Untermiete von Hosts (Amazon, eBay). Die wichtigsten Elemente jedes E-Shops betreffen folgende:

- Eine *Produktdatenbank* gibt möglichst detailliert und aussagefähig Auskunft über die im Programm angebotenen Produkte.
- Die *Stammdatenverwaltung* ist wichtig, um Artikel und Besteller sicher zuordnen und verwalten zu können.
- Das *Präsentationssystem* sorgt für eine attraktive Darstellung der Leistungen im Internet.
- Ein *Empfehlungsdienst* gibt Erfahrungen anderer Nutzer weiter und wirkt dadurch risikoreduzierend.
- Das *Bezahlverfahren* muss sicher, eindeutig und bequem sein, Anforderungen, die gerade in einem offenen System wie dem Internet nur schwer zu erfüllen sind.
- *Konfiguratoren* sollen einen akquisitorischen Eindruck vom individuell genutzten Angebot vermitteln.

Speziell im Vertrieb kommt virtuellen Marktplätzen eine große Bedeutung zu. Sie können nach vielfachen Kriterien eingeteilt werden (siehe ▸ *Abbildung 16.14*):

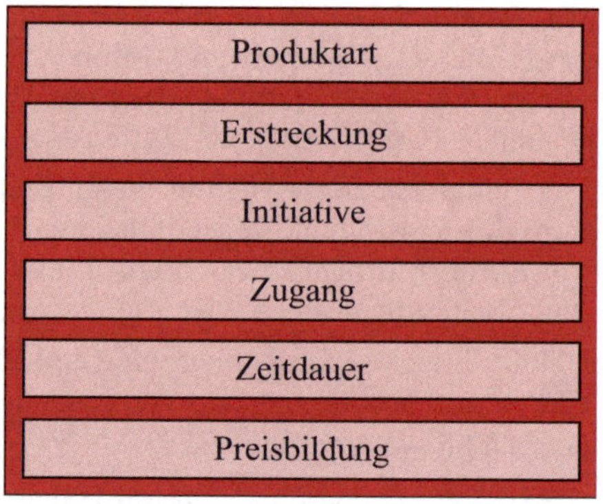

Abbildung 16.14: Anlage virtueller Marktplätze

- Als dort gehandelte Produktarten sind vor allem Hilfsstoffe zu nennen, sie gehen als unwesentlicher Bestandteil in ein Endprodukt ein, C-Produkte, sie machen nur einen geringen Ergebnis-/Volumenanteil im Unternehmen aus, digitale Produkte, sie sind konstitutiv auf das Internet als Angebotsform angewiesen, Commodities, dies sind durch Normen standardisierte und damit weitgehend generische Güter, indirekte Produkte, diese dienen der Administration, und Betriebsstoffe, diese dienen dem Lauf der Betriebsmittel.
- Marktplätze können nach ihrer Erstreckung auf eine Produktart begrenzt (horizontal), auf eine Branche begrenzt (vertikal), mehrere Produktarten und Branchen umfassend (lateral) oder nur eine Branche und eine Produktart ausmachend (fokussiert) ausgerichtet sein.
- Die Initiative zum Betrieb kann von der Anbieterseite ausgehen, von der Nachfrageseite (als häufigster Fall), von Maklern als deren geschäftliche Hauptaufgabe oder von Mittlern als Nebenaufgabe wie Verbände, Kammern etc.
- Der Zugang zum Marktplatz kann öffentlich als Gast, meist aber registriert über ein Anmeldeformular oder geschlossen durch Zuweisung eines Passworts nach Anmeldung ausgelegt sein, gelegentlich ist er auch nicht öffentlich nur nach Aufforderung nutzbar.
- Die Zeitdauer kann für eine einmalige Transaktion ausgelegt sein, sich temporär regelmäßig oder unregelmäßig wiederholen oder dauerhaft stattfinden.
- Die Preisbildung dort erfolgt statisch (Optionsfixiererprinzip) oder dynamisch, d. h., der Preis ergibt sich erst aus der Interaktion von Anbieter und Nachfrager heraus und ist beiden Seiten im Vorhinein unbekannt. Im letzteren Fall sind zahlreiche Sonderformen als Auktionen denkbar (englisch/auf Aufstrich, holländisch/auf Abstrich, geheim, invers etc.).

Nach den Einkünften aus E-Commerce sind verschiedene Quellen denkbar. Direkte Erlöse folgen naturgemäß aus dem Verkauf von Produkten und Diensten bzw. aus Abonnementerlösen aus vertraglicher Bezugsbindung. Hinzu kommen Einrichte-/Auflösungsgebühren, Nutzungspauschalen, Erlöse aus Upgrades/Updates etc. Da im Internet jedoch häufig eine „Kostenlos-Mentalität" verbreitet ist, sind viele Anbieter auf indirekte Erlösquellen angewiesen. Dabei kann es sich um Einnahmen aus Werbeschaltungen handeln (Displaywerbung), um Provisionen aus der Weiterleitung der Nutzer von der eigenen Site auf eine verbundene andere (Affiliations), um Provisionen aus der Transaktion infolge dieser Weiterleitung oder um Erlöse aus dem Verkauf von Daten der Nutzer an interessierte Dritte. Gerade Letztere ist eine ausgesprochen ergiebige Einnahmequelle durch Sammlung, Aufbereitung, Anreicherung und Segmentierung von Daten.

16.8 Verkaufsförderung

Verkaufsförderung umfasst alle Maßnahmen der punktuellen Aktivierung zur Erhöhung von Absatzerfolg und Absatzchancen mit Bezug auf die eigene Vertriebsmannschaft, Absatzmittler im Rein- und Rausverkauf sowie gewerbliche und private Endabnehmer. Es ist durchaus strittig, ob Verkaufsförderung als Instrument der Kommunikations- oder der Distributionspolitik zuzuordnen ist. Immerhin besteht Einigkeit über die Zielgruppen der Verkaufsförderung (Sales Promotions):

- **Vertriebsmannschaft (Staff Promotion):** Maßnahmen zur Absatzförderung richten sich dabei an Mitarbeiter des Unternehmens beim Verkauf im Haus sowie an Reisende auf Tour vor Ort (auch im Treffprinzip).

  Häufige Maßnahmen betreffen Events, Kick off Meetings, Aktionsrunden, Bonussysteme, Sachprämien, Privilegierungen etc.

- **Absatzmittler (Dealer Promotion):** eine Verfeinerung unterteilt nach der Handelsstufe. In vielen Bereichen, namentlich der Investitionsgüterindustrie, entfällt die Absatzmittlerstufe jedoch häufig. Dort werden allerdings teilweise ähnliche Funktionen durch Meinungsbildner wahrgenommen.

  Häufige Maßnahmen betreffen hierbei Präsentationen, Jahresgespräche, Salesfolders, Verhaltenstrainings, Fachmedienauftritte, Argumenter, Sprungwerbung, Regalpflege, Produktschulungen, Warenproben, Sonderkonditionen, Koop-Aktivitäten, Dekodienste etc.

- **Endabnehmer (Consumer Promotion):** Hier erfolgt eine Unterteilung nach der Güterart in Gebrauchs- bzw. Verbrauchsgüter (Konsumtivgüter) und Investitions- bzw. Produktionsgüter (Produktivgüter). Dies ist bedeutsam für die Entscheidungsfindung, die bei Produktivgütern oft in Gremien (Buying Centers) stattfindet, also primär unter Rationalgesichtspunkten, wohingegen bei Konsumtivgütern Entscheidungen unter Spontan-, Sozial- oder Gewohnheitsgesichtspunkten dominieren.

  Häufige Maßnahmen betreffen hierbei Vorführungen/Degustationen, POS-Werbemittel, aktionale Produktausstattungen, Vorzugsplatzierungen, Testergebnisse, Absatzfinanzierungen, Angebotslimitierungen etc.

16.9 Kundenwertsteuerung

Für die Vertriebsplanung ist vor allem interessant, wie die Wertigkeit von Kunden (Wiederverkäufer, Weiterverarbeiter, gewerbliche und private Endabnehmer) einzuschätzen ist. Denn die Ressourcen im Vertriebskanal-Management sind begrenzt, somit ist es ökonomisch rational, diese auf diejenigen Kunden zu richten, die den größten Erfolg versprechen. Solange dieser Engpass nicht optimal genutzt wird, ist eine Verbesserung der Unternehmensposition nicht möglich (Ausgleichsgesetz der Planung). Deshalb ist ein Kundenwertcontrolling erforderlich.

Dazu ist zunächst zu identifizieren, wie die Auftragswerte der Kunden sich darstellen. Hierbei geht es um den Nettoverkaufspreis (ausmachender Betrag), also den Preis nach allen Erlösschmälerungen. Außerdem ist zu identifizieren, wer als Entscheider für einen Auftrag fungiert. Durch Kumulation der Auftragswerte über eine Entscheidereinheit ergibt sich deren statischer Kundenwert (Customer Equity). Dieser kann als Umsatz, als Gewinn oder als Deckungsbeitrag ausgewiesen werden. Der Umsatz als Steuergröße ist jedoch problematisch, da er nichts über die Ertragshaltigkeit von Aufträgen aussagt. Gerade große Kunden sind durch ihre Nachfragemacht in der Lage, den Nettoverkaufspreis erheblich zu drücken und Gewinn damit zu marginalisieren. Der Gewinn ist ebenso problematisch, ergibt er sich doch erst nach Berücksichtigung der Fixkosten, die größte Teile des Kostenblocks ausmachen, durch den Vertrieb aber kaum nennenswert zu beeinflussen sind. Der Deckungsbeitrag ist zwar eine angemessene Größe, wobei jedoch das Problem in der Kommunikation dessen Zusammensetzung gegenüber betriebswirtschaftlich ungeschulten Mitarbeitern mit falscher Deutung liegt.

Ist die Kundenwertbasis aber erst einmal bestimmt, kann eine Einteilung nach Klassen vorgenommen werden (siehe ▶*Abbildung 16.15*). Dafür bieten sich eindimensionale Verfahren an wie

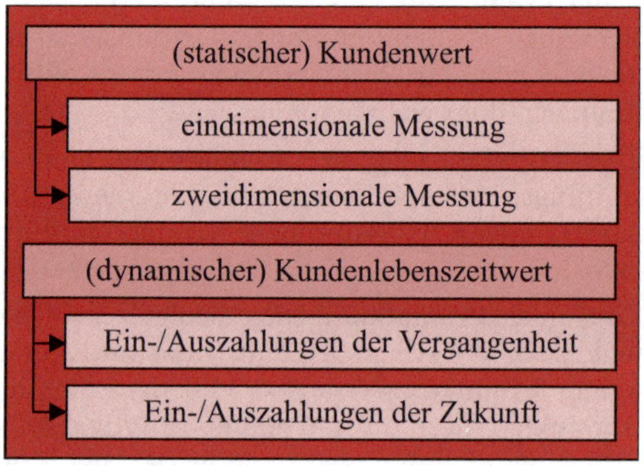

Abbildung 16.15: Abbildung 16.15: Einteilungen des Kundenwerts

- Recency (Zeit seit der letzten Bestellung), Frequency (Häufigkeit der Bestellungen in einer Periode), Monetary (Auftragswert der Bestellungen je Periode), Ratio (Kennzahl) (= RFMR),
- Frequency, Recency, Amount of Purchase (Kaufbetrag), Type of Merchandise (gekaufte Warengruppe) (= FRAT),
- Frequency, Recency, Amount of Purchase, Category (hinsichtlich der Profitabilität der Warengruppe) (= FRAC),
- Recency, Frequency, Duration (Frist bis zum gewöhnlichen Wiederkaufzeitpunkt) (= RFD).

Diese Einteilungen sind jedoch recht willkürlich. So ist unklar, was genau die genannten Zielgrößen qualifiziert, aussagefähig für den Kundenwert zu sein. Zweidimensionale Verfahren ergeben sich durch

- ABC-Analyse als Einteilung der Kunden nach drei Klassen mit ihrem Anteil an allen Kunden (20/30/50 %) und ihrem Anteil am Gesamtumsatz des Unternehmens (80/10/10 %). Dabei sind häufig B-Kunden die ertragsstärksten, weil sie nicht groß genug sind, Konditionen entscheidend zu drücken, aber groß genug, ihre entstehenden Prozesskosten zu kompensieren.
- ABCD-Analyse als Einteilung der Kunden nach vier Klassen in ihrem Anteil an allen Kunden und ihrem Anteil am Gesamtgewinn des Unternehmens. Dabei stellt sich heraus, dass die Trennung von verlustbringenden (D-)Kunden zwingend ist, wenn keine Verbesserung möglich scheint.
- Portfolio-Analyse als Einteilung der Kunden nach einem marktbezogenen und einem unternehmensbezogenen Kriterium in verschiedene Felder. Denkbar sind hier etwa marktbezogen Kundenwachstum, Kundenbedeutung, Kundenattraktivität etc. sowie unternehmensbezogen Lieferanteil in der Category, Bindungspotenzial, relative Wettbewerbsposition etc.

Das Problem dieser Betrachtungen liegt darin, dass es sich allenfalls um eine Gegenwartssicht, genauer sogar um eine Vergangenheitssicht handelt, diese aber für Planungsaufgaben eingesetzt werden soll. Daher ist eine dynamische Sicht als Kundenlebenszeitwert (Customer Lifetime Value) sinnvoll, also Vergangenheit und Zukunft gleichermaßen abdeckend. Dabei wird der Ressourceneinsatz in Kunden als Investition (Auszahlung) aufgefasst, die Ergebnisse (Einzahlungen) erbringen soll, die höher liegen. Um auf der Zeitachse eine aussagefähige Zuordnung zu erreichen, sind Verfahren der dynamischen Investitionsrechnung anzuwenden, meist die Annuitätenmethode oder die Kapitalwertmethode. Dabei werden Einzahlungen und Auszahlungen in der Vergangenheit und Zukunft gemeinsam auf den Gegenwartszeitpunkt diskontiert. Der Kunde mit dem höchsten Kapitalwert ist dabei der „beste", also derjenige, der den höchsten Überschuss seiner Auszahlungen über seine Einzahlungen in dynamischer Sicht erbringt. Ein negativer Kapitalwert zeigt nicht unbedingt einen Verlust an, sondern möglicherweise nur, dass eine alternative Investition am Kapitalmarkt bessere Ergebnisse gezeitigt hätte als die in den betreffenden Kunden.

Zur Berechnung sind zahlreiche Festlegungen erforderlich wie

- *Zinssatz*, hier reicht der Marktzins nicht aus, weil Kundeninvestition auch eine Risikoprämie erwirtschaften muss,
- *Prognosezeitraum*, grundsätzlich ist hier ein langer Zeitraum wünschenswert, jedoch steigt mit der Gegenwartsferne auch die Prognoseunsicherheit,
- *Prognoseverfahren*, hier kommen vor allem intuitive und rechnerische Verfahren in Betracht,
- *Preisentwicklung*, hier ist von einer Geldentwertung auszugehen, tatsächlich ist aber bereits eine Deflation durch raschen technischen Fortschritt verbreitet.

Die Unwägbarkeiten dieser Größen führen kumuliert zu einer großen Schwankungsbreite der Ergebnisse. Diese werden als Kundenprofitabilität (absolute Gewinnhaltigkeit) oder als Kundenrentabilität (Verzinsung des eingesetzten Kapitals) ausgewiesen. Daraus ergibt sich dann eine Kundeneinteilung wie oben, nunmehr aber auf Basis dynamischer, somit womöglich aussagefähigerer Daten.

Einflussgrößen auf den dynamischen Kundenwert sind dabei im Einzelnen folgende (siehe ▶*Abbildung 16.16*):

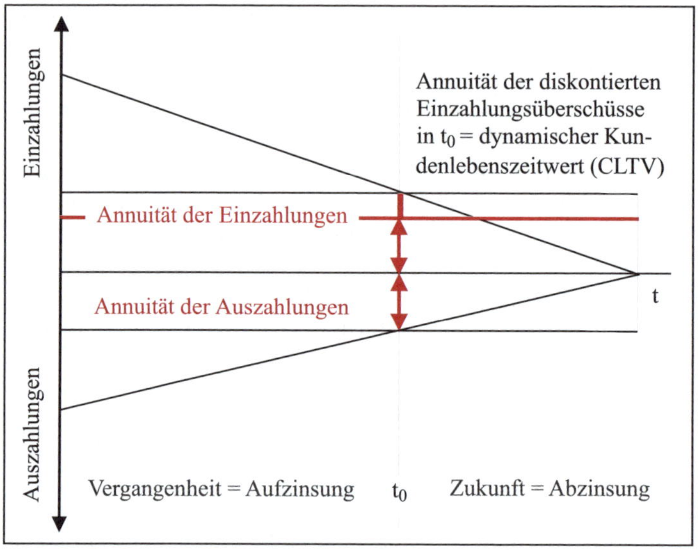

Abbildung 16.16: Prinzip des dynamischen Kundenlebenszeitwerts

- Auszahlungen der Vergangenheit, aufgezinst auf die Gegenwart, für Kosten der Erstakquisition, der laufenden Betreuung, der Kundenreaktivierung und bei womöglich erforderlich werdender Kundenrückgewinnung,
- Einzahlungen der Vergangenheit, aufgezinst auf die Gegenwart, für Erlös aus dem Erstauftrag, aus Folgeaufträgen und aus einer womöglich nötigen Kundenreaktivierung,
- Auszahlungen der Zukunft, abgezinst auf die Gegenwart, für Kosten der laufenden Betreuung, einer womöglich nötigen Kundenreaktivierung und möglicher Kundenrückgewinnung,
- Einzahlungen der Zukunft, abgezinst auf die Gegenwart, für Erlöse aus Folgeaufträgen und möglicher Kundenreaktivierung.

Davon abgezogen wird ein Migrationsfaktor (< 1) für die unvermeidliche Abwanderung von Kunden aus Gründen der Geschäftsaufgabe, Standortschließung, Programmumstellung etc.

Zur Steigerung der Kundenwerte ist an vier Ansatzpunkte für die Erhöhung der Einzahlungen von Kunden zu denken:

- Absatzmengensteigerung (More Selling) und/oder Preiserhöhung/Bundling,
- Up Selling in der gleichen Kategorie oder Cross Selling in einer anderen Kategorie,
- Referenzierung des Kunden bei Dritten oder dessen aktive Weiterempfehlung,
- Informationsvorsprung aus bestehender Geschäftsbeziehung oder Integrationsnutzen aus Kundengebundenheit.

Für die Senkung der Auszahlungen in Kunden ergeben sich ebenfalls vier Ansatzpunkte:

- Prozessrationalisierung mit weniger Aufwand aus kürzeren Besuchszeiten, geringerer Besuchsfrequenz etc.,
- Absatzwegeumstellung von direktem Vertrieb auf indirekten Vertrieb z. B. durch Verlagerung an die Handelsstufe,
- Kundenweitergabe gegen Provision/Abstandszahlung an Akteure mit günstigerer Kostenstruktur,
- Kundengebundenheit durch technische, wirtschaftliche, vertragliche Fixierung.

Im erfolgreichen Fall ist das Ziel die Entstehung einer Kundenleiter von Customer Recruitment (Kundenakquisition) über Customer Retention (Kundenbindung) zu Customer Reinforcement (Kundenausbau) und wenn nötig zu Customer Recovery (Kundenwiedergewinnung). Daraus ergibt sich ein eindeutiger Akzent auf der Nachkaufphase innerhalb des Kundenwertmanagements:

- Die Vorkaufphase besteht aus dem (potenziellen) Status als Produktinteressent und Kaufinteressent.
- Die Kaufphase besteht aus dem Status als Erstkäufer der Gattung bzw. Probierkäufer der Marke.
- Die Nachkaufphase besteht aus dem Status als Wiederkäufer der Marke, Exklusivkäufer, Intensivkäufer, Aufstiegskäufer, Mehrfachkäufer und Weiterempfehler.

ZUSAMMENFASSUNG

In diesem Kapitel haben Sie gelernt,

- welche Parameter hinsichtlich des Vertriebskanals eines Unternehmens zu gestalten sind,
- worin sich direkte und indirekte Vertriebsformen unterscheiden,
- wie ein Verkauf abgewickelt wird und welche Anforderungen und Inhalte bei einem Verkaufsgespräch bestehen,
- was unter verkaufsfördernden Maßnahmen zu verstehen ist,
- welchen Einfluss das Internet auf den Vertrieb hat und
- wie die Fokussierung auf den Kunden als zentrales Element der Unternehmensführung gestaltet werden kann.

Vertrieb bedeutet die Überwindung von physischen und/oder psychischen Distanzen zwischen Unternehmen und Kunden. Das heißt, der Vertrieb hat die wesentliche Aufgabe, die Produkte oder Dienstleistungen des Unternehmens an den Kunden zu veräußern.

Bei der Gestaltung des Vertriebskanals sind die Tiefe, die Breite, die Struktur, das System und die Form zu berücksichtigen.

Direkte Vertriebsformen beinhalten einen Absatz, der direkt durch das Unternehmen bzw. seine Mitarbeiter vorgenommen wird. Bei indirekten Vertriebsformen ist dagegen ein anderes, im Allgemeinen rechtlich und wirtschaftlich unabhängiges Unternehmen zwischen das produzierende Unternehmen und dessen Kunden zwischengeschaltet.

Die Verkaufsabwicklung umfasst zum einen die Logistik als physische Verfügbarkeit am Ort und zum Zeitpunkt des Kaufentscheids, zum anderen auch die Entscheidung, in welcher Form Vertriebsmitarbeiter eingesetzt werden.

Im Verkauf werden zunehmend Online-Medien eingesetzt. Ein solches E-Commerce kann unter vielfältigen Gesichtspunkten betrachtet werden und hat zahlreiche Einflüsse auf die Gestaltung der Vertriebswege und der Vertriebsorganisation.

Die Kundenwertsteuerung stellt den Kunden während der gesamten Lebensdauer der Kundenbeziehung in den Mittelpunkt. Sie ermittelt Barwerte der für die Kundenakquisition und Kundenbindung erforderlichen Auszahlungen sowie Barwerte der mit dem Kunden erzielten Umsatzerlöse. Der Saldo daraus wird zur unternehmenszieladäquaten Vertriebssteuerung eingesetzt.

Ihr Wissen können Sie im eLearning-Bereich mit einem Verständnistest prüfen.

AUFGABEN

Aufgabe 1

Stellen Sie den Vertriebskanal als Denkmodell im Vertrieb dar.

Aufgabe 2

Welche Parameter bestehen zur Gestaltung des Vertriebskanals und wie sind diese im Einzelnen ausgeprägt?

Aufgabe 3

Welche Formen können bei Abschlussmärkten im Halbstufenvertrieb unterschieden werden?

Aufgabe 4

Charakterisieren Sie die Strukturen im indirekten Vertriebskanal.

Aufgabe 5

Welche Vertriebsentscheidungen sind im Wesentlichen im Rahmen der Logistik zu treffen?

Aufgabe 6

Was versteht man unter Kundenqualifizierung und wie kann diese im Verkauf konkret vorgenommen werden?

Aufgabe 7

Erläutern Sie die gängigen Geschäftsmodelle innerhalb des E-Commerce.

Aufgabe 8

Welche Erkenntnisse und Handlungskonsequenzen ergeben sich in der Kundenwertsteuerung?

Die Lösungen zu den Aufgaben finden Sie im eLearning-Bereich.

FALL GESTALTUNG DES VERTRIEBS AM BEISPIEL VON VORWERK[1]

Vorwerk ist ein Familienunternehmen (KG) mit Sitz in Wuppertal, es ist in 80 Ländern vertreten und beschäftigt rund 12.000 Mitarbeiter. Der Jahresumsatz beträgt ca. 3 Mrd. €.

Das Unternehmen Vorwerk stellt hochwertige Haushaltsgeräte her. Hauptprodukte sind:

- Thermomix (Multifunktions-Küchengeräte)
- Kobold (Staubsauger)
- Jafra (Kosmetika)
- Twercs (Akkuwerkzeuge)
- Flooring (Teppiche/Bodenbeläge)

Teil 1

Vorwerk verkauft seine Produkte über einen direkten Vertrieb, in dem freie Vertriebsmitarbeiter beschäftigt sind: Der Vertrieb wird durch über 630.000 selbstständige Handelsvertreter bewerkstelligt, das Unternehmen zählt damit zu den größten Direktvertrieblern weltweit.

Abbildung 16.17: Vorwerk-Kobold-VK200[2]

Ursprung des Unternehmens war die Fertigung von Elektromotoren (1920er-Jahre). Als Initialzündung für den großen Markterfolg diente jedoch die Umstellung von indirektem Vertrieb über Händler auf direkten Vertrieb über Absatzhelfer. Dadurch konnte das Hauptprodukt, der damals erklärungsbedürftige elektrische Handstaubsauger, sachkundiger beraten werden. Es folgten weitere Gerätetypen wie Kühlschränke, Waschmaschinen, Wäscheschleudern, Haartrockner etc. für den Privathaushalt.

Der Vertrieb besteht darin, dass Handelsvertreter auf Provisionsbasis Haushalte im Door to Door Selling besuchen und dort ihre Produkte anbieten. Zentraler Bestandteil sind dabei ausführliche Vorführungen. Vor allem der Nachverkauf von Verbrauchsmaterialien (Staubsaugerbeutel etc.) bei Kunden („heiße Adressen") schafft immer wieder Akquisitionsanlässe und aktualisierte die Markenrelevanz.

Teile 2 und 3

Besondere Prominenz erhielt das Angebot des Thermomix, einer Küchenmaschine mit zwölf Funktionen (zerkleinert, hackt, püriert, wiegt, rührt, reibt, mahlt, mixt, schlägt, gart, kocht, knetet). Er ist selbstreinigend und kostet rund 1.100 €. Hinzu kommt umfangreiches Zubehör. Die Wartezeit auf ein Gerät beträgt bis zu einem Vierteljahr. Der Vertrieb erfolgt ausschließlich über speziell geschulte Repräsentantinnen, die ein 100-Tage-Einsteiger-Programm durchlaufen haben. Die Bezahlung erfolgt auf Provisionsbasis (schätzungsweise 20 % des VK). Die Steuerung erfolgt hierarchisch durch Team-, Gruppen- bzw. Bezirksleiterinnen (Multi Level Distribution). Kfz-, Nahrungsmittel-, Telefonkosten sind obligatorisch selbst zu tragen, ebenso Ausfälle durch Krankheit, Urlaub etc. Der Verkaufspreis ist zwingend vorgegeben („Preishoheit des Herstellers"). Preisunterbietungen und Graumarktverkäufe werden vom Hersteller strafrechtlich verfolgt.

Abbildung 16.18: Thermomix mit Kochbuch[3]

Teil 4

Die Veranstaltungen finden auf Einladung potenzieller Kunden bei diesen zuhause statt (Gastgeberin). Dort läuft dann eine Thermomix-Party, in Anlehnung an die Tupper-Parties von Tupperware. Das Gerät kann nur dort gekauft werden. Eine Geräteeinweisung zur sachkundigen Nutzung ist dabei obligatorisch. Für ein Erlebniskochen mit Erstgästen wird ein Rabatt in Höhe von 90 € gewährt. Zum Gerät gehören ein Rezept-Chip mit vorprogrammierten Geräteeinstellungen (Guided Cooking), drei Ausgaben des Thermomix-Kundenmagazins, ein Kochbuch mit speziellen Thermomix-Rezepten und der Zugang zum kostenpflichtigen Rezept-Portal Cookidoo mit Download von Rezepten (Cook-Key) und Einkaufslisten auf mobile Telcom-Endgeräte.

Teil 5

Klassische Werbung wird sehr zurückhaltend eingesetzt, spektakulär war der Werbespot „Ich führe ein sehr erfolgreiches kleines Familienunternehmen“[4]. Umfangreiche Informationen werden auch in Sozialen Medien wie YouTube, Pinterest, Instagram, Facebook etc. geboten.

Vorwerk eröffnete im Laufe der Zeit einige Flagship Stores und führt heute zahlreiche Filialen. Dort kann der Thermomix aber nicht gekauft werden, sondern wird nur erläutert und er werden Beratungstermine vereinbart.

Aufgabenstellungen

Zu den fünf Teilen können die folgenden Aufgabenstellungen auf Basis der Inhalte dieses Kapitels bearbeitet werden.

1. Welche Vertriebsformen kennen Sie? Welche Vertriebsform empfehlen Sie, für den Vertrieb von Haushaltsgeräten einzusetzen? Begründen Sie Ihre Antwort.
2. Welche Vergütungsformen für den Vertrieb kennen Sie? Wie empfehlen Sie, die Vergütung der Handelsvertreter zu gestalten?
3. Wie können Sie eine Vertriebsorganisation strukturieren?
4. Was sind Erfolgsfaktoren in einem Verkaufsgespräch?
5. Welche weiteren vertriebsunterstützenden Maßnahmen kennen Sie?

Lehrende finden die Lösungen und weiteres, begleitendes Material in den eLearning-Dozentenressourcen.

Literaturhinweise

Albers, Sönke; Krafft, Manfred: Vertriebsmanagement, Wiesbaden, Springer Gabler Verlag, 2013.

Hofbauer, Günter; Hellwig, Claudia: Professionelles Vertriebsmanagement, 4. Auflage, Erlangen, Publicis Publishing Verlag, 2016.

Homburg, Christian; Schäfer, Heiko; Schneider, Janna: Sales Excellence, 8. Auflage, Wiesbaden, Springer Gabler Verlag, 2010.

Homburg, Christian; Wieseke, Jan (Hrsg.): Handbuch Vertriebsmanagement, Wiesbaden, Gabler Verlag, 2011.

Levenig, Julia: Praxishandbuch Vertrieb, 2. Auflage, Konstanz, UVK Verlagsgesellschaft, 2016.

Weis, Hans Christian: Verkaufsmanagement, 7. Auflage, Herne, Kiehl Verlag, 2010.

Winkelmann, Peter: Marketing und Vertrieb, 7. Auflage, München, Oldenbourg Wissenschaftsverlag, 2010.

Winkelmann, Peter: Vertriebskonzeption und Vertriebssteuerung, 5. Auflage, München, Vahlen Verlag, 2012.

Wirtz, Bernd: Internet- und Medienmanagement, 9. Auflage, Wiesbaden, Springer Gabler Verlag, 2016.

Lernziele

In diesem Kapitel lernen Sie,

- wie sich aus der klassischen Logistik als Kostenfaktor Supply Chain Management als funktionen- und unternehmensübergreifender Managementansatz entwickelt hat,
- welche typischen Herausforderungen in Wertschöpfungsketten entstehen,
- welche grundsätzlichen Optimierungsansätze in Theorie und Praxis des Supply Chain Management vorgeschlagen werden,
- welche Werkzeuge zum Einsatz kommen, um den Herausforderungen entlang der Supply Chains zu begegnen,
- wie Supply Chain Management im Handel als Efficient Consumer Response umgesetzt wird,
- welche Methoden und Werkzeuge im Efficient Consumer Response zum Einsatz kommen und
- wo die Grenzen des Supply Chain Managements liegen.

Supply Chain Management

17

17.1 Die dritte Bedeutung der Logistik: Supply Chain Management als durchgängiges Management von Fließsystemen

Der Begriff Supply Chain Management hat mittlerweile nicht nur einen festen Platz in der modernen Managementliteratur, sondern auch einen relativ hohen Durchsetzungsgrad in den Unternehmen erreicht. Es gibt kaum ein Unternehmen, das nicht über eine Organisationseinheit „Supply Chain Management" – wie groß diese auch immer sein mag – verfügt oder zumindest einen Supply Chain Manager beschäftigt oder einen Mitarbeiter dieser Aufgabe betraut hat. Und das unabhängig davon, ob es sich dabei um einen seit Jahrzehnten global tätigen Großkonzern oder um ein erst seit kurzem international agierendes mittelgroßes oder kleines Unternehmen handelt.

Insbesondere in der unternehmerischen Praxis tauchen neben dem Begriff „Supply Chain Management" häufig die Begriffe „Logistik" und „Logistikmanagement" auf. Dabei ist nicht nur die Trennlinie zwischen Logistik und Supply Chain Management nicht einheitlich definiert. Selbst beim Verständnis, was man unter Supply Chain Management versteht und wie es in die Unternehmensorganisation eingebunden wird, sind unterschiedliche Auffassungen zu finden.

Einige große Unternehmen sehen in ihrer Organisationsstruktur Vorstandsressorts oder Unternehmensbereiche mit dem Schwerpunkt Supply Chain Management vor. Häufig unterstehen die Aktivitäten rund um das Management der Supply Chains aber anderen Vorstandsressorts und Unternehmensbereichen. Meist sind das die Bereiche Einkauf, Produktion und Vertrieb. Allerdings besteht auch hier keine eindeutige „Zuordnungsregel". Es herrscht also ein buntes Durcheinander, geht es um die organisatorische Einordnung des Supply Chain Managements. Die Ursache hierfür liegt in der teilweise doch sehr stark unterschiedlichen Interpretation des Begriffs Supply Chain Management und die daraus resultierende Auswirkung in der praktischen Umsetzung. Aus diesem Grund ist es notwendig, eine Einordnung des Begriffs Supply Chain Management vorzunehmen und diesen von seinen engen Anverwandten „Logistik" und „Logistikmanagement" abzugrenzen.

Eine Gleichstellung der Begriffe Supply Chain Management und Logistik wird mitunter auch vorgenommen. Insbesondere im wissenschaftlichen Bereich des angloamerikanischen Sprachraums ist dies zu beobachten. Je nach Definition ist die Schnittmenge sehr groß, eine völlige Gleichstellung wird aber beiden Begriffen inhaltlich nicht gerecht.

17.1.1 Historische Entwicklung der Logistik zu einem übergreifenden Management-Ansatz

Basis der Betriebswirtschaft ist die Aneignung und Nutzbarmachung von Natur, um Bedürfnisse der Menschen zu befriedigen. Vor diesem Hintergrund existieren logistische Herausforderungen seit Beginn der Menschheit. Zur Sicherstellung der Ernährung jagte der Mensch bereits vor rund 2 Mio. Jahren Tiere. Die erlegten Tiere mussten zur Stelle der Nahrungsaufnahme gebracht werden (räumliche Trennung zwischen Produktion und Konsumption), dort eventuell über mehrere Tage gelagert werden (zeitliche Komponente zwischen Produktion und Konsumption) und mit mehreren Clanmitgliedern geteilt werden (Konsolidierung, picking, packing etc.). Ähnliche Herausforderungen bestanden auch im Falle des Sammelns von pflanzlicher Nahrung.

Erste Schritte zur Verbesserung der Situation waren zunächst technische Neuerungen. So vereinfachte die Erfindung des Rads den Transport der Nahrungsmittel, der Bau von Verkehrswegen insbesondere Straßen setzte diese Entwicklung fort. Mit der Zeit entwickelten sich Transportnetzwerke, die zunächst lokal, später regional und ab Mitte des 19. Jahrhunderts bereits global ausgebaut wurden. Je größer diese Transportnetzwerke wurden, desto stärker musste man sich auch mit der optimalen Nutzung dieser Netzwerke auseinandersetzen. Professionell betrieben wurden zunächst Handelsnetzwerke. Mit den Postdiensten entstanden erste „Logistikfirmen", die die Handelszentren miteinander verbunden.

Neben diesen frühen rein zivilen Fragestellungen der Logistik ergaben sich zeitlich parallel ähnliche Fragestellungen auch im religiösen (Bau der Pyramiden) und besonders im militärischen Bereich. Obwohl also logistische Problemstellungen schon seit geraumer Zeit existieren, sind diese lange Zeit nicht Bestandteile von theoretischen Abhandlungen und auch nicht unter dem Begriff Logistik bekannt. Das erste dokumentierte Schriftstück, in dem logistische Fragestellungen erörtert werden, stammt vom Schweizer Antoine-Henri Baron de Jomini (1779–1869), einem General in Diensten von Napoleon Bonaparte und von Zar Alexander I. Dem militärischen Bereich entstammt somit auch der Begriff „Logistik". Die ersten professionellen Logistiker waren die „Quartiermacher" der französischen Armee, verantwortlich für Versorgung der Truppen und deren Unterbringung, franz.: „Loger".

Ein Grundprinzip, das im militärischen wie auch zivilen Bereich und über die Jahrhunderte immer gleich geblieben ist, ist diese Sicherstellung der Versorgung.

In den Fokus betriebswirtschaftlicher Betrachtungen rückt Logistik vergleichsweise spät. Als einer der ersten Artikel, die sich mit dem Potenzial von Logistik beschäftigen, gilt der Beitrag von Peter Drucker „The Economy's Dark Continent" 1962.[1] Typisch ist dabei, dass unter Logistik zunächst „nur" die Distribution von Fertigprodukten verstanden wurde. Beschaffungs- und Produktionslogistik werden erst später mit betrachtet.

17.1.2 Logistik als Management von Fließsystemen

Seit Logistik in den Fokus betriebswirtschaftlicher Überlegungen gerückt ist, hat sich das Verständnis von Logistik gewandelt.

Zunächst werden die logistischen Funktionen Transport, Umschlag und Lager (**TUL-Logistik**) betrachtet. Diese Funktionen werden als unterstützende Randfunktionen für die Produktion verstanden. Aufgabe dieser Funktionen sind der Transfer von Objekten in Raum (Transport), Ordnung (Umschlag) und Zeit (Lagerung). Ziel dieser Betrachtung ist die Reduktion der Kosten, die mit diesen Aktivitäten verbunden waren.

Ende der 1970er-Jahre wird Logistik eine eher koordinierende und damit eine Managementaufgabe zugeordnet (Koordinationslogistik). Die Eigenschaft der Logistik als Querschnittfunktion gewinnt an Bedeutung: Logistik erstreckt sich über alle Funktionsbereiche eines Unternehmens, von der Beschaffung über die Produktion bis zum Vertrieb/der Distribution. Mehrere Bereiche überspannend kann sie koordinierend zwischen diesen Bereichen wirken. Aufgabe ist also die Koordination unterschiedlicher betrieblicher Funktionen. Logistik rückt damit zu den Managementaufgaben auf. Aufgaben sind Planung, Steuerung und Informationsverarbeitung zwischen den Funktionen mit dem Ziel, die Reibungsverluste zwischen den Funktionen zu vermeiden. Dazu wird ein ganzheitlicher, systemübergreifender Ansatz verfolgt. Logistik ist damit nicht mehr nur Randfunktion, sondern hat ein eigenständiges Leistungsziel: die Sicherstellung der Verfügbarkeit insbesondere von Rohstoffen, Material und Fertigprodukten, aber auch anderen Produktionsfaktoren. Dieser Ansatz spiegelt sich besonders anschaulich in den „7 Rights“ nach Plowman wider:

- richtiges Produkt
- richtige Menge
- richtiger Zustand
- richtiger Ort
- richtige Zeit
- richtiger Kunde
- richtige Kosten[2]

Durch die Kombination unterschiedlicher, teils bereits älterer Ansätze entwickelt sich eine Sicht auf die Logistik, die diese als **Management von Fließsystemen** begreift. Zentraler Treiber dieser Sicht ist das Lean Management, das seinen Ursprung in den Werkshallen von Toyota hat, durch Taiichi Ohno als Toyota-Produktionssystem niedergeschrieben[3] und von Womack, Jones und Roos zum Lean Management ausgearbeitet wurde.[4] Zentraler Ansatz ist die Betrachtung von durchlaufenden Prozessen, frei von Verschwendung, insbesondere von Beständen.

Ein weiterer Ansatz, der diese Sicht auf die Logistik begründet, ist das Verständnis von Produktionsprozessen als **Wertschöpfungsketten**, also miteinander verbundener Produktionseinrichtungen, die in einer Kette Werte für den Kunden generieren.[5] Ergänzt werden diese Ansätze noch durch ein Verständnis betriebswirtschaftlicher Aktivitäten, die Prozessroutinen und den zeitlichen und räumlichen Aspekt betrieblicher Abläufe in den Fokus rücken. Ziel ist es, betriebliche Aktivitäten an der Wertschöpfung für den Kunden zu orientieren und dies durch eine konsequente Organisation der unternehmenseigenen Prozesse zu erreichen. Das Bild des Flusses ergibt sich daraus, dass Objekte entlang von Wertschöpfungsketten zum Kunden fließen. Alle Verzögerungen und Umwege werden dabei als ineffizient betrachtet.

Logistik ist aus Sicht der theoretischen Betriebswirtschaft eine sehr junge Disziplin und nach wie vor ist eine abschließende Definition des Betrachtungsgegenstands im Sinne eines vorherrschenden Paradigmas nicht gegeben. Alle drei beschriebenen Verständnisse der Logistik existieren sowohl in Theorie als auch in der Praxis parallel. Zum Teil ergänzen sich diese, zum Teil widersprechen sie sich. So versucht die Koordinationslogistik, verschiedene Funktionen zu koordinieren, die einer Flusslogik folgend zugunsten eines durchgängigen Prozesses aufgelöst werden sollten. So sind diese unterschiedlichen Sichtweisen der Logistik als evolutionäre Zwischenschritte und damit als Momentaufnahmen zu verstehen. Eine weitere Entwicklung ist denkbar und durchaus zu erwarten.

Das Supply Chain Management fußt auf dem Verständnis der Koordinationslogistik und/oder auch auf dem des Managements von Fließsystemen. Von der Koordinationslogistik kommend wird der Logistik als Unternehmensfunktion eine zentrale Rolle als Koordinator verschiedener Funktionen zugedacht. Als Management von Fließsystemen ist Logistik eher als Managementansatz zu verstehen, der eben nicht fokussiert auf eine Unternehmensfunktion ist oder aus einer Unternehmensfunktion heraus wirkt.[6]

17.1.3 Supply Chain Management als (unternehmens-) übergreifender Managementansatz

Der Begriff des Supply Chain Management hat seit den 1990er-Jahren stark an Bedeutung gewonnen, sowohl für das Logistikmanagement als auch als Ansatz für das allgemeine Management. Grundsätzlicher ist dabei, ganze Versorgungsketten zu planen, zu steuern und zu kontrollieren. Dieser Blick über den Tellerrand des eigenen Unternehmens bzw. des eigenen Bereichs versprach und verspricht neue Effizienzgewinne und Optimierungsmöglichkeiten.

Obwohl der Begriff des „Supply Chain Management" fast schon inflationär gebraucht wird, ist dieser wissenschaftlich nicht abschließend definiert. In der Literatur existiert eine Reihe von Definitionen, die jeweils unterschiedliche Aspekte besonders hervorheben. Häufiger Unterschied bei den Definitionen ist, ob nur unternehmensinterne Prozesse, die bereichsübergreifend betrachtet werden, oder auch unternehmensübergreifende Prozesse dem Supply Chain Management zugeordnet werden. Eine Definition, die beide Ansätze integriert, liefert die der CSCMP:

> *„Supply chain management encompasses the planning and management of all activities involved in sourcing and procurement, conversion, and all logistics management activities. Importantly, it also includes coordination and collaboration with channel partners, which can be suppliers, intermediaries, third party service providers, and customers. In essence, supply chain management integrates supply and demand management within and across companies."*[7]

Allen definitorischen Ansätzen gemein ist das Aufbrechen der bereichsorientierten Denkweise des Managements der 1950er-Jahre zugunsten einer bereichs- bzw. unternehmensübergreifenden und prozessorientierten Denkweise. Leitgedanke ist die bestmögliche Befriedigung der Kundenbedürfnisse. Von diesem Gedanken ausgehend werden alle Prozesse organisiert. Dabei bietet das Supply Chain Management kein ausdefiniertes oder gar standardisiertes „Toolset", das zur Umsetzung herangezogen werden kann. Anders ist dies allerdings beim sehr eng verwandten **Efficient Consumer Response (ECR)**, dem Supply Chain Management Ansatz im Handelsbereich. Das Supply Chain Management verfolgt vielmehr eine grundsätzliche „Denkweise" und generische Ansätze, die durch einige sehr gängige, aber keinesfalls standardisierte Werkzeuge umgesetzt werden können.

Zunächst fand der neue Gedanke des Supply Chain Management besonders starken Anklang in der Welt der Unternehmenssoftware. Befeuert durch die Leistungsexplosion der IT-Systeme wurde versucht, den unternehmensübergreifenden Ansatz in Softwarelösungen umzusetzen. Wie häufiger bei innovativen Technologien folgte dem großen Hype eine Phase der Ernüchterung: Sogenannte Supply Chain Software geriet an ihre Grenzen. Als größtes Umsetzungsproblem sei hier nur das Hemmnis der Unternehmen genannt, Informationen entlang der Kette nahezu vollständig transparent auszutauschen. Es scheitert also nicht an technischer Machbarkeit, sondern an der Bereitschaft der Unternehmen, zugunsten eines Gesamtoptimums zu kooperieren und eigene Nachteile in Kauf zu nehmen. Mittlerweile werden in Softwaresystemen machbare Ansätze aus dem Supply Chain Management verfolgt und implementiert. Geblieben ist, dass Praktiker gelegentlich Supply Chain Management ausschließlich als Vorstoß der Integration von Unternehmenssoftware verstehen.

Supply Chain Management wird sehr stark als idealisiertes Kooperationsmodell von Unternehmen einer Wertschöpfungskette diskutiert. Dabei werden häufig **Referenz-**

modelle zur Orientierung für Unternehmen entwickelt und theoretisch besprochen. Obwohl die wissenschaftlichen Ausführungen zum Supply Chain Management mitunter sehr theoretisch anmuten, konnten Vorteile des Konzepts in der Praxis bereits mehrfach anschaulich nachgewiesen werden.[8] Dennoch stößt der Ansatz auch an seine Grenzen und sollte nicht als Allheilmittel für den Unternehmenserfolg verstanden werden.

17.2 Typische Herausforderungen im Supply Chain Management

Einen wesentlichen Anschub hat das Supply Chain Management durch die Schriften von Porter erfahren, der Mitte der 1980er-Jahre das Denken in Wertschöpfungsketten beschrieb.[9] Der Gedanke des Supply Chain Management als unternehmensübergreifender Steuerungsansatz wurde durch eine Reihe typischer Herausforderungen in der Praxis vorangetrieben. Dem liegt die Idee zugrunde, dass im Zusammenspiel unterschiedlicher Akteure in einer Wertschöpfungskette Reibungsverluste entstehen, die durch eine kooperative Vorgehensweise vermieden werden können. Ein treibender Faktor war dabei die rasante Entwicklung der Informations- und Kommunikations-Technologien (IKT). In den 1980er-Jahren waren diese bei einer Leistungsfähigkeit und bei Investitionskosten angekommen, die eine unternehmensübergreifende IT-Lösung in Aussicht gestellt haben. Eine Beplanung der Materialien und Ressourcen ganzer Supply Chains in einem IT-System wurde technisch möglich und wirtschaftlich attraktiv.

Zentraler Ansatz des Supply Chain Management ist dabei die Sicherung der Versorgung mit Materialien bei möglichst geringen Kosten. Die Leistungsziele werden dabei gleichermaßen verfolgt wie die Kostenziele. In der Betriebswirtschaftslehre gilt die Annahme, dass im Dreieck aus Kosten, Leistung und Qualität ein Eckpunkt nur auf Kosten eines anderen verbessert werden kann. Mit dem Ansatz des Supply Chain Management ist es nachweislich gelungen, alle drei Eckpunkte zu verbessern, ohne einen anderen zu verschlechtern.[10] Dies ist gleichermaßen Anspruch und Herausforderung an Supply Chain Management Projekte.

Abbildung 17.1: Optimierungsziele im Supply Chain Management

Logistikleistung ist stark mit der Versorgungssicherheit verbunden. Materialien sollen hinsichtlich Termin und Menge verlässlich (Lieferzuverlässigkeit) geliefert werden. Lieferzeit betrifft die Geschwindigkeit, mit der Waren bereitgestellt werden können[11], eine Zielgröße, die mittlerweile durch Pünktlichkeit zum Teil substituiert wird.[12] Neu und getrieben durch das Supply Chain Management ist die Fähigkeit, Auskunft über den Verbleib und Zustand einer Ware während der Lieferung zu geben (Informationsfähigkeit). Eine Leistung, die Planungsaufgaben erleichtert oder erst ermöglicht. Weiteres Leistungskriterium ist die Flexibilität, mit der auf unvorhergesehene Ereignisse reagiert werden kann. Dabei spielen endogene Ereignisse wie Bestellveränderungen eine genauso große Rolle wie exogene Ereignisse wie Streiks, Naturkatastrophen oder sonstige Störungen der Lieferverbindungen. Lieferqualität kann als eigenes Ziel oder als Teil der Leistung begriffen werden. Sie betrifft in erster Linie Vermeidung von Beschädigungen. Dies umfasst Einhaltung von Spezialanforderungen wie Kühlung oder Federung, aber auch schlicht die pflegliche Behandlung der Ware. Hinzu kommt Genauigkeit hinsichtlich der Bestellung, bezogen auch auf Zusatzleistungen wie Kennzeichnung und Verpackung.

Logistikkosten setzen sich im Wesentlichen aus den Kosten für Anlagen, Steuerungskosten, Handlingskosten (Handhabungskosten), Transportkosten sowie den Bestands- und Lagerkosten zusammen. Kosten für Anlagen sind klassische Investitionskosten für Logistikanlagen. Steuerungskosten ergeben sich aus dem Management von Versorgungsprozessen und der dazu nötigen Informationsverarbeitung. Handlingskosten sind der Teil der Personalkosten, der durch aufwändige Bearbeitung von Material z. B. beim Umschlagen, Ein- und Auslagern oder Verpacken anfällt. Transportkosten werden durch Faktoren wie die Wahl des Verkehrsmittels, die Transportdistanz, die Transportzeit, die Laderaumausnutzung und die Transporthäufigkeit bestimmt. Lagerkosten bestehen vor allem aus den Kosten für Lagerhalle, Heizung, Elektrizität und Personal. Hinzu kommen Bestandskosten, die durch gebundenes Kapital erzeugt werden. Diese Kosten werden mit den Zinsen kalkuliert, die für das in Beständen gebundene Kapital anfallen. In den vergangenen Jahren ist das Bestandsmanagement in den Fokus der Optimierungsbemühungen des Supply Chain Management gerückt. Ein Grund ist, dass sich Bestände als Umlaufvermögen (engl.: Working Capital) in der Bilanz wiederfinden. Eine Reduzierung der Bestände reduziert den Kapitalbedarf und erhöht damit den Return on Investment, eine Kennzahl, der im Shareholder-Value-Ansatz eine wesentliche Bedeutung zukommt.[13]

Wird Supply Chain Management im Sinne des Flow Management begriffen, so ist die Aufgabe, Material und Fertigprodukte möglichst ohne Reibungsverluste (aufwändige Steuerung und aufwändiges Handling) und ohne Stopps (Bestände) durch das System fließen zu lassen. Die Leistung leitet sich entsprechend der Kundenorientierung von den Vorgaben und Wünschen der Leistungsempfänger ab. In Anlehnung an die beschriebene Zielsetzung des Supply Chain Management sind typische Herausforderungen in ▶ *Tabelle 17.1* zusammengefasst.

Klassische praktische Fragestellungen in der Logistik	Generalisierung der Fragen für das Supply Chain Management
Wie Flusskosten senken? insbesondere im Bereich der ■ Distributionsflüsse ■ Materialbeschaffungsflüsse ■ Fertigungsflüsse ■ administrativen Prozesse	Reduzierung von Handlingaufwänden (1) Reduzierung von Steuerungsaufwänden (2) Reduzierung von Transportkosten[14] (3)
Wie Objektwerte steigern? insbesondere durch ■ erhöhte Verfügbarkeit ■ größere Schnelligkeit ■ bessere Planbarkeit	Identifikation der Kundenbedürfnisse (4) Erfüllung der Kundenwünsche (5)
Wie die Netz- bzw. Systemadaptionsfähigkeit und Überlebensfähigkeit verbessern? insbesondere durch ■ Objektbeständevermeidung Schlankheit der Strukturen, ■ Reaktionsschnelligkeit	Reduzierung von Beständen in einer Lieferkette (6)

Tabelle 17.1: Herausforderungen im Supply Chain Management[15]

(1) Handlingaufwände ergeben sich – wie bereits beschrieben – aus der Bearbeitung von Objekten beim Umschlag bei der Ein- und Auslagerung oder der Verpackung. Die Herausforderung ist es, Abläufe und Objekte entlang der Supply Chain so zu planen und zu organisieren, dass Handlingsprozesse möglichst einfach organisiert werden können. Dies geschieht bestenfalls, ohne neue Investitionen tätigen zu müssen.

Ein rein unternehmensinterner Blick auf die Abläufe reduziert den Güterfluss dabei auf einen kurzen Abschnitt der gesamten Lieferkette. Vorgelagerte und nachgelagerte Prozessstufen werden ignoriert. Probleme, die sich aus dieser fokalen Betrachtung ergeben, sind z. B. inkompatible Verpackungen, mangelnde Standards (z. B. bezüglich Behältern, Kennzeichnung) entlang der Lieferkette, unterschiedliche Verpackungsgrößen, mangelhafte zeitliche Taktung. Diese Beispiele stellen Treiber für Handlingaufwand dar, indem sie Umverpackung, zusätzliche Umschlagsprozesse oder Wartezeiten mit sich bringen. Der so steigende Handlingaufwand schlägt sich in Personalkosten und evtl. auch in Investitionskosten für zusätzliche Anlagen nieder. Ansatz des Supply Chain Management ist die unternehmensübergreifende ganzheitliche Betrachtung der Objektflüsse entlang der gesamten Lieferkette und eine Gestaltung von Handling-freundlichen Objekten.

Der (2) Steuerungsaufwand wird insbesondere durch das effiziente Management von Informationen getrieben. Steuerung von logistischen Abläufen basiert auf Informationen zu Beständen, verfügbaren Kapazitäten, Lieferterminen, möglichen Verzögerungen sowie Bedarfe und Planungsdaten etc. Bis in die 1980er-Jahre wurden diese Informationen primär innerhalb eines Unternehmens bereitgestellt und für das Management verwandt. IT-Hilfsmittel waren und sind Softwaresysteme, die zur Produktionsplanung und -steuerung (PPS) unter dem Begriff MRP[16] zusammengefasst werden.

Im Supply Chain Management ergibt sich nun die Herausforderung einer unternehmensübergreifenden Planung von Absatz, Produktionskapazitäten und Materialversorgung. Um ein Optimum zu erzielen, müssen Materiallager und Kapazitäten der Zulieferer in die Planung integriert werden. Berücksichtigt man alle Zulieferer, die für eine Produktion nötig sind, so entstehen extrem komplexe Gebilde, die beplant werden müssen. Die fortschreitenden Entwicklungen im Bereich der IKT ermöglichen technisch die Abbildung solch komplexer Gebilde. Allerdings stoßen die IT-Anwendungen an anderer Stelle an ihre Grenzen. So sind z. B. Stammdatenpflege, Identifikation und Lokalisierung von Objekten im System auch bei der Nutzung neuester IKT-Lösungen Probleme, die eher auf Nutzungsverhalten zurückgehen. So bleibt die unternehmensübergreifende Bereitstellung von korrekten Planungsdaten und Informationen eine Herausforderung für das Supply Chain Management.

Jenseits der Nutzung von IT-Systemen kann Steuerungsaufwand reduziert werden, indem dezentrale selbstregulierende Steuerungslogiken etabliert werden. Dezentrale Systeme benötigen in der Regel weniger Aufwand in der Beschaffung und Bereitstellung von Informationen, da diese direkt vor Ort und einfach zugänglich sind. Daraus ergibt sich die Frage, welche Steuerungsprozesse zentral gemanagt werden müssen und welche dezentral und aufwandsarm gelöst werden können.

Die Reduzierung von (3) Transportkosten steht zum Teil im Konflikt mit dem Ziel der Bestandsreduzierung. Zur Reduzierung von Beständen werden geringe Mengen bestellt. Dies zieht die Erhöhung der Transportfrequenz nach sich bei gleichzeitig geringerer Auslastung der Transportmittel. Vereinfacht wird öfter in kleineren oder weniger beladenen Fahrzeugen geliefert. Dies treibt allerdings die Transportkosten in die Höhe. Supply Chain Management hat nun die Aufgabe, eine Abwägung zwischen Transportkosten und Lagerhaltungskosten vorzunehmen. Eine klassische Frage der Logistik, die sich bereits in der Andlerschen Losgrößenformel widerspiegelt.[17] Allerdings blendet Andler eine Reihe Faktoren aus, die bei unternehmensübergreifender Planung und Optimierung zum Tragen kommen. Im Supply Chain Management werden solche Faktoren wie z. B. Lagerkapazität und Ort sowie Laderaumnutzung berücksichtigt. Darüber hinaus werden kooperative Transportkonzepte der Supply-Chain-Partner erstellt und genutzt.

Die (4) Identifikation der Kundenbedürfnisse kann mit der Frage: „Wofür ist der Kunde bereit zu zahlen?“ ergründet werden. Allerdings ergibt sich die Schwierigkeit, dass der Kunde als Leistungsempfänger selber oft keine ausreichend präzise Vorstellung der Leistung hat. Es werden also nicht alle Bedürfnisse klar kommuniziert. Kano hat dies für die Softwarebranche analysiert und kommt auf drei Merkmale einer Leistung, die unterschiedlich wahrgenommen und damit auch als Bedarf kommuniziert werden:

1. **Basismerkmale:** Merkmale, die zwar erwartet, aber nicht explizit erwähnt werden.
2. **Leistungsmerkmale:** Kernmerkmale, die benannt und auch vertraglich vereinbart werden.
3. **Begeisterungsmerkmale:** Merkmale, die nicht benannt und nicht erwartet werden, allerdings zu erhöhter Zufriedenheit führen.[18]

Diese Zusammenhänge sind in ▶ *Tabelle 17.2* grafisch verdeutlicht.

Herausforderung ist es, die Kundenbedarfe zu identifizieren und für die gesamte Kette sichtbar zu machen.

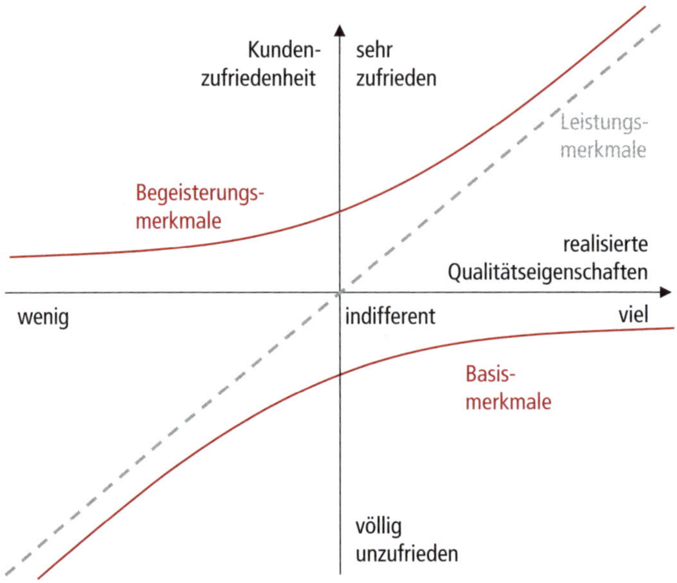

Abbildung 17.2: Das Kano-Modell der Kundenzufriedenheit[19]

Für die (5) Erfüllung der Kundenbedürfnisse müssen die identifizierten Kundenbedarfe entlang der Kette in wechselseitigen Vereinbarungen weitergegeben werden. Die Schwierigkeit besteht darin, dass über die Stufen einer Lieferkette hinweg nicht Teile der Bedarfe verloren gehen bzw. missinterpretiert werden.

Um (6) Bestände managen zu können, werden diese unternehmensübergreifend entlang der Kette geplant. Ungewünschte Effekte, die Bestände in die Höhe treiben, werden minimiert. Stellhebel sind hier die Positionierung und Beplanung von Lagern sowie die Koordination von Bestellverhalten. Zudem wird versucht, **Aufschaukelungseffekte** entlang der Supply Chain zu verhindern. Eine Aufgabe im Supply Chain Management ist die Positionierung von Beständen entlang der Lieferkette. Neu ist dabei die unternehmensübergreifende Planung von Lagerhaltung. Nicht selten wurde bisher Material beim Zulieferer in Fertigteilelagern für die Lieferung vorgehalten. Dasselbe Material wurde beim Empfänger eingelagert. Resultat war eine doppelte Lagerhaltung. Dies kann durch unternehmensübergreifende Planung aufgelöst werden. Hier stellt sich nun die Herausforderung, die richtige Belieferungsstrategie zu finden, um bei möglichst niedrigen Zielen eine angestrebte Versorgungssicherheit zu erreichen.

Das Bestellverhalten der Unternehmen orientiert sich an Faktoren wie sprungfixen Transportkosten, fixen Kosten für den Bestellvorgang und mengenabhängigen Preisnachlässen. Diese Faktoren sprechen tendenziell für eine Bestellung möglichst großer Mengenkontingente. So können Rabatte realisiert, Transportmittel ausgelastet und bestellfixe Kosten auf viele bestellte Einheiten verteilt werden. Das Resultat sind allerdings hohe Bestände bei Zulieferer und Abnehmer: Der Zulieferer muss Bestände aufbauen, um große Menge auf einmal liefern zu können; ebenso muss der Empfänger große Mengen einlagern, um diese sukzessive verbrauchen zu können. Eine Herausforderung ist es, das Bestellverhalten so weit zu koordinieren, dass sowohl Zulieferer als auch Abnehmer einen verbesserten Warenfluss realisieren können.

Das als **Aufschaukelungseffekt** bekannte Phänomen wurde Forrester bereits 1960 in Fallstudien nachgewiesen.[20] Aus diesem Grund spricht man auch von einer Forrester-Aufschaukelung. Aber auch andere Begriffe wie Bullwhip-Effekt oder Peitscheneffekt sind gängige Bezeichnungen. Die Begriffe umschreiben die Aufschaukelung von Beständen entlang einer Lieferkette, ausgelöst durch den Impuls einer Nachfrageschwankung. Resultat sind kostenintensive Überbestände oder Lieferunfähigkeit, welche die Versorgungssicherheit bedrohen. Der Effekt wird zwar von außen ausgelöst, die Impulsverstärkung erfolgt aber innerhalb des Systems und ist somit ein Gegenstand des Supply Chain Management.

Die Eliminierung von Aufschaukelungseffekten ist zentrale Herausforderung des Supply Chain Management.

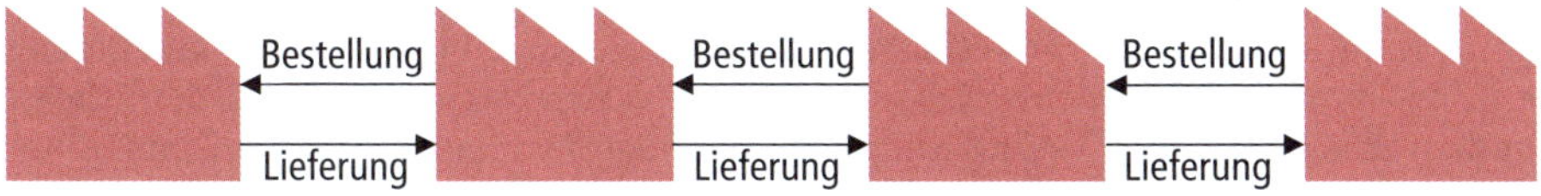

Abbildung 17.3: Vereinfachte Darstellung einer Lieferkette

Ausgangssituation

In einer Lieferkette agieren rechtlich unabhängige und unabhängig planende Unternehmen. Jedes Unternehmen beliefert den jeweils nächsten Partner. Nur der letzte Partner der Kette hat direkten Kontakt zum End-Kunden. Alle Unternehmen haben Kontakt zum direkt vorgelagerten und nachgelagerten Unternehmen. Informationen werden in Form von Bestellungen ausgetauscht und diese werden mit Warenlieferungen „beantwortet". Eine zunächst theoretische Situation, jedoch in der Praxis durchaus übliche Verkettung von Lieferketten. Die Lieferkette arbeitet stabil in einem eingeschwungenen Zustand.

Wirkungsweise

Im Markt gibt es eine Verstärkung oder Abschwächung der Nachfrage. Die Folge ist, ein Impuls in Form einer Nachfrageschwankung wird in die Kette gegeben. Dieser Impuls verstärkt sich nun entlang der Kettenglieder. Das heiß, die Nachfrageschwankung wird falsch interpretiert und Bestände werden – je nach Art des Impulses – aufgebaut oder abgebaut. Der Effekt ist umso größer, je weiter das Kettenglied vom Ursprung des Impulses „entfernt" ist. Lieferanten, die mehrere Stufen vom Markt entfernt sind, spüren den Effekt also besonders stark.[21]

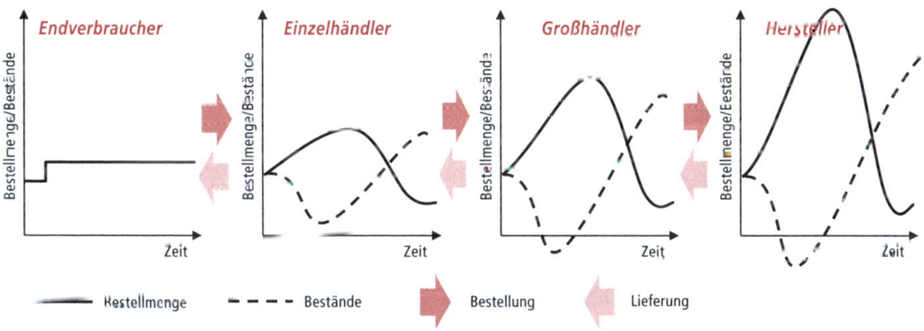

Abbildung 17.4: Verstärkung eines Nachfrageimpulses entlang einer Lieferkette[22]

Ursachen

Die Gründe für die Steigerung des Impulses entlang der Kette sind vielfältig. Wesentliche Verstärker des ursprünglichen Impulses sind:

- Korrektur der prognosebasierten Planung
- Bündelung von Aufträgen
- Preisschwankungen
- Mengenkontingentierung

Korrektur prognosebasierter Planung

In Lieferketten wird sehr häufig basierend auf Prognosen geplant. Das heißt, aus Vergangenheitsdaten wird die zukünftige Nachfrage abgeleitet. Entsprechend der so vorhergesagten Nachfrage werden Produktionskapazitäten und Materialien geplant und bereitgestellt bzw. beschafft. Eine kurzfristige Veränderung der Nachfrage durch den direkten Kunden. Eine kurzfristige Veränderung der Nachfrage durch den direkten Kunden fließt als Schwankung der Nachfrage in die erfassten Daten ein. Diese Schwankung wird in die Prognose integriert und diese wird korrigiert.

Allerdings repräsentiert ab der zweiten Stufe der direkte Kunde bereits nicht mehr die ursprüngliche, „echte" Nachfrage. Die Prognose des X-ten Kettenglieds basiert also auf der „X−1"-ten Interpretation der wirklichen Nachfrage.

Verstärkt wird dieser Effekt zusätzlich, wenn Sicherheitsbestände in die Planung integriert sind und diese in Abhängigkeit von der prognostizierten Nachfrage aufgebaut werden. Das heißt, je größer die zukünftige Nachfrage geschätzt wird, umso größer wird der Sicherheitsbestand dimensioniert. Entsprechend stärker fallen die Fehleinschätzung und damit auch die Aufschaukelung aus.

Bündelung von Aufträgen

Mit dem Ziel der Kostenreduktion werden häufig Aufträge gebündelt. Für den Zulieferer sehen diese Bündelungen wie eine Steigerung der Nachfrage aus, sofern er keine flankierenden Informationen erhält. Diese bleiben allerdings gelegentlich bewusst aus, um eine priorisierte Erfahrung zu erreichen (vgl. Mengenkontingentierung). Die Kosteneinsparung durch Bündelung liegt bei den administrativen Kosten und den Transportkosten: Einerseits reduziert sich der Aufwand des Bestellvorgangs bezogen auf eine bestellte Einheit. Andererseits können größere Ladungen effizienter, z. B. in vollen LKW, transportiert werden. Beide Effekte stellen einen Anreiz dar, möglichst große Mengen zu bestellen.

Preisschwankungen

Der Preis wird als Marketing-Instrument genutzt. Überbestände werden durch Preisnachlässe im Verkauf beschleunigt. Zu bestimmten Stichtagen (z. B. Monatsende) wird versucht, durch Preisnachlässe Verkaufsmenge zu erreichen oder Bestände abzubauen. Veränderungen des Preises führen auf unterschiedliche Weise zu Impulsen in der Nachfrage. Einerseits wird seitens des Kunden auf fallende Preise spekuliert und gewartet, um dann gebündelt kostengünstig kaufen zu können (Verschiebung der Nachfrage nach hinten), andererseits heizen günstige Preise die Nachfrage an (Vorziehen der Nachfrage). Auch steigende Preise könne diesen Effekt haben, wenn der Kunde von weiteren Steigerungen ausgeht. Die so veränderte Nachfrage kann wieder falsch interpretiert werden und wird zudem als Impuls an die folgenden Kettenstufen weitergegeben. Diese wissen evtl. nichts von preislichen Schwankungen und vermuten die Ursache für eine veränderte Nachfrage in echten Bedarfsveränderungen.

Mengenkontingentierung

In vielen Unternehmen werden Kunden hinsichtlich der bestellten Mengen und damit hinsichtlich des Umsatzes priorisiert. Der Effekt ist, dass Kunden mit großen Bestellungen eine höhere Aufmerksamkeit zukommt als kleineren Kunden. Wenn nicht alle Kunden gleichermaßen bedient werden können, dann bekommen eher größere Kunden eine Lieferung oder eine Teillieferung. Dieses Vorgehen ist auch auf Kundenseite bekannt. Fiktive Bestellungen werden platziert, um die eigene Bedeutung beim Zulieferer zu steigern.

Ähnlich ist das Vorgehen, wenn durch große Bestellungen Produktionskapazitäten des Zulieferers für den eigenen Bedarf quasi geblockt werden. Der Zulieferer plant mit der Bestellung und lehnt eventuell andere Aufträge ab. Auf diese Weise kann Versorgungssicherheit auf Kosten des Lieferanten erzeugt werden.

Beide Fälle treten insbesondere dann auf, wenn ein Engpass der Materialien erwartet wird. Daher wird hier auch von **Engpasspoker** gesprochen. Das Resultat ist das gleiche: Bestellungen verlieren ihre Aussagekraft bezüglich der echten Nachfrage. Zulieferer müssen auf Erfahrungswerten in Unsicherheit planen. Die eigenen unsicheren Planzahlen werden an die eigenen Zulieferer in Form von Bestellungen weitergegeben. Etwaige Fehler werden weitergegeben und verstärken sich wieder über die Stufen der Lieferkette.

Wenn sich die Bestellungen als zu hoch herausstellen, werden diese von den Kunden storniert. Lagerbestände können nicht abverkauft werden, die eigenen Bestellungen werden auch gedrosselt. So entsteht der umgekehrte Effekt von einer Überschätzung der Nachfrage zu einer Unterschätzung zukünftiger Nachfrage.

Das Supply Chain Management liefert Werkzeugen und Vorgehensweisen, die Aufschaukelungen an den genannten Ursachen vermeiden können.

17.3 Allgemeine Optimierungsansätze

Supply Chain Management ist nicht nur theoretisches Konstrukt, um Herausforderungen zu verstehen, die entlang von Lieferketten bzw. entlang von Wertschöpfungsketten entstehen. Als Management-Ansatz bietet es auch Lösungsvorschläge, wie mit diesen Herausforderungen umgegangen werden kann. Bei Klaus finden sich zunächst typische Herausforderungen bei der Gestaltung von Fließsystemen.[23] Passend zu diesen Herausforderungen werden allgemeine Prinzipien entwickelt, die sich aus praktischem Handeln von Logistikern ableiten lassen. Für die Optimierung von wirtschaftlichen Fließsystemen, in welchen Objekte durch Wertschöpfungssysteme bewegt werden, schlägt Klaus drei grundsätzliche Gestaltungsparameter für logistische Systeme vor. In ▸ *Tabelle 17.2* sind typische Herausforderungen aufgezeigt und Praktikeransätze sowie daraus abgeleitete Standardlösungsansätze aufgeführt. Die von Klaus benannten Herausforderungen wurden um die in ▸ *Abschnitt 17.2* genannten Herausforderungen ergänzt (kursiv).

Die gezeigten Lösungsansätze stellen allgemeinen Optimierungsansätze bzw. Prinzipien und Leitlinien dar, aus welchen konkreten Maßnahmen abgeleitet werden können. [24] Sie sind als Theorien mittlerer Reichweite zu verstehen, d. h. Theorien, die weder Allgemeingültigkeit beanspruchen noch Einzelfalllösungen sind und damit nicht übertragbar sind. Vielmehr sind die folgenden Optimierungsansätze für eine

Vielzahl von Fällen gültig und auch empirisch belegbar, sie stellen aber weder eine Gesetzmäßigkeit noch eine direkt anwendbare Einzelfalllösung dar.[25] Die Ansätze basieren auf dem Verständnis der Logistik als Fließsystem. Im Sinne einer unternehmensübergreifenden Optimierung sind sie dem Supply Chain Management zugeordnet, können aber auch innerbetrieblich angewandt werden.

Standardproblemstellungen	Praktikerhypothesen und „Prinzipien"	Standardlösungsansätze
Wie Flusskosten senken? insbesondere im Bereich der ■ Distributionsflüsse, ■ Materialbeschaffungsflüsse, ■ Fertigungsflüsse, ■ administrative Prozesse, ■ Reduzierung von Handlingaufwänden, ■ Reduzierung von Steuerungsaufwänden, ■ Reduzierung von Transportkosten.	**Eine Netzkonfiguration ist logistisch umso besser, je ...** ■ kürzer, gerader, weniger unterbrochen die Verkettungen zwischen kritischen Quellen und Senken sind, ■ stärker zeitlich/räumlich aufeinanderfolgende Aktivitäten gebündelt und verkettet sind (U-Zellen, Fließinsel-Bildung) ■ enger die Koppelung bzw. je perfekter die Integration von physischen Flüssen mit auf sie bezogenen Informationsflüssen ist (Visualisierung, Andon) ■ weiter „flussaufwärts" Lager- und Umschlagspunkte und je weiter „flussabwärts" wertschöpfungsintensive, kundenspezifische Aktivitäten platziert werden können (Postponement), ■ höher die „Integrität" von Kundenbedürfnis, Produkt und Prozess ist.	Optimierte Netzkonfiguration insbesondere durch ■ Kettenverkürzung, ■ Netzstrukturvereinfachung, ■ Fließinselbildung, ■ höhere Netzintegration, ■ Flussaufwärts-Positionierung, ■ von Koppelungspunkten.
Wie Objektwerte steigern? insbesondere durch ■ erhöhte Verfügbarkeit, ■ größere Schnelligkeit, ■ bessere Planbarkeit, ■ Identifikation der Kundenbedürfnisse, ■ Erfüllung der Kundenwünsche.	**Flüsse sind umso rationeller, je ...** ■ weniger „Medienbrüche" entlang des Flusses erfolgen (**Open Book Strategy**, durchgängige IT-Lösungen), ■ gleichmäßiger und rascher der Fluss ist (Heijunka), ■ früher und robuster Fehlervermeidung einsetzt (Poka Yoke), ■ kräftiger die Alarmsignale bei dennoch auftretenden Fehlern und Überlastungserscheinungen sind, ■ höher der Überlappungsgrad aufeinanderfolgender Prozesse ist und je ■ besser die Übergabeprozesse an Schnittstellen abgestimmt sind.	■ Kontinuierliche Netzrationalisierung, ■ Eliminierung von Schnittstellenbrüchen, ■ vorsteuernde Fehlervermeidung, ■ Fehler-Signalverstärkung.
Wie die Netz- bzw. Systemadaptionsfähigkeit und Überlebensfähigkeit verbessern? insbesondere durch ■ Objektbeständevermeidung (Reduzierung von Beständen in einer Lieferkette), ■ Schlankheit der Strukturen, ■ Reaktionsschnelligkeit.	**Für die operative Flusssteuerung und -regelung sind zu bevorzugen ...** ■ bedarfsorientierte gegenüber ressourcenorientierter Steuerung, Hol-Systeme gegenüber Bringsystemen (JiT, JiS, **Perlenkette**, Kanban), ■ individualisierte, objektnahe Steuerungen gegenüber Steuerungen auf Basis aggregierter Auslöseinformationen, ■ interne Selbstregelungssysteme gegenüber externen, analytischen Steuerungssystemen.	■ Verbesserte Steuerung, ■ Bedarfs-/Engpassorientierung, ■ Flussglättung, ■ Impulsreduktion.

Tabelle 17.2: Gestaltungsparameter zur Optimierung von Fließsystemen nach Klaus[26]

17.4 Werkzeuge des Supply Chain Management

Konsignationslager und Vendor Managed Inventory (VMI) werden auch als Werkzeuge des SCM definiert. Beide Konzepte können genutzt werden, um eine Stufe bzw. einen Knoten in der Wertschöpfungskette, das Fertigteilelager beim Lieferanten zu eliminieren. Da insbesondere das Konsignationslager keinen direkten Vorteil für den Zulieferer bietet, fehlt hier der partnerschaftlich kooperative Ansatz. Da beide Konzepte sehr eng mit der Produktionslogistik verkoppelt sind, werden Konsignationslager und VMI im ▶ *Kapitel 15 „Produktion“* beschrieben.

17.4.1 Werkzeuge aus dem Lean Management

Das Supply Chain Management fußt wie beschrieben unter anderem auf Ansätzen aus dem Toyota-Produktionssystem und dem Lean Management. Folglich kommen auch Werkzeuge aus dem Lean Management im Supply Chain Management zum Einsatz. Dies sind insbesondere:

- **Kanban:** Steuerung der Anlieferung durch die selbststeuernde Wiederauffüllung von Verbrauchen
- **Poka Yoke:** narrensichere Prozessgestaltung zur Vermeidung bzw. raschen Aufdeckung von Fehlern
- **Levelling:** Glättung von Belastungsspitzen zur Harmonisierung der Auslastung eines logistischen Systems
- **Visualisierung:** optische Darstellung von Soll-Zuständen zur einfachen Erkennung von Problemen und Fehlern
- **U-Zelle:** Anordnung von Produktionsabschnitten in Fließinseln, die in U-Form optimiert werden
- **Perlenkette:** produktionssynchrone Steuerung der Zuliefererproduktion zur Abstimmung der Reihenfolge mit dem Ziel, individuell bzw. viele Varianten mit niedriger Lagerhaltung zu erzeugen

Diese Werkzeuge sind in ▶ *Kapitel 15 „Produktion“* und ▶ *Kapitel 18* „Lean Management“ beschrieben.

17.4.2 Postponement

Das **Postponement** adressiert ein Problem der Logistik und der Produktion, das durch die Kundenorientierung und Individualisierung von Produkten wesentlich an Bedeutung gewonnen hat.

Auf Anbietermärkten konnten standardisierte Produkte erfolgreich abgesetzt werden. Auf den aktuell vorherrschenden Käufermärkten muss das Produkt dem Käufer so gefallen, dass er sich zwischen mehreren Alternativen für das eine angebotene Produkt entscheidet. Resultat ist, dass Produkte in immer mehreren Varianten angeboten werden bzw. individualisiert werden müssen.

Daraus ergibt sich das logistische und produktionslogistische Problem, dass vielfältige Varianten extrem hohe, quasi nicht beherrschbare Komplexität in die Produktion hineintragen. Bei individualisierten Produkten müssten bei X Kunden auch X Produktionsprozesse durchlaufen werden. Dies kann durch industrielle Produktion auch durch die ausgeklügelten Verfahren nicht geleistet werden. Die Lösung ist, Standardprodukte zu fertigen, die sich nur in Details unterscheiden und so zu Varianten oder individuellen Produkten werden. In diesem Zusammenhang ist ein wesentlicher Punkt in der Produktion der **Order Penetration Point** oder Entkoppelungspunkt. Das ist der Punkt, an dem die Variante auftragsbezogen festgelegt wird bzw. das Produkt zum individuellen Unikat wird.

Ein logistisches Prinzip besagt nun, dass dieser Punkt möglichst spät im Produktionsprozess liegen soll. So wird die prozessuale Vielzahl auf einen relativ kurzen Abschnitt der Kette beschränkt. Das Postponement ist ein Ansatz, der hilft, eine sehr späte Variantenbildung bzw. Individualisierung zu realisieren. Postponement kann sich auf einzelne Produktionsschritte oder auf ganze logistische Prozesse beziehen.

Bei der Produktion werden kurz vor der Auslieferung Montagearbeiten oder Produktionsschritte durchgeführt. Beispiele sind die Einfärbung von Kleidungsstücken in Modefarben bei Vorliegen der Bestellung und kurz vor der Auslieferung oder das Anbringen von farblichen Blenden an der Front von Unterhaltungselektronik.

Bei logistischen Prozessen bezieht sich das Postponement beispielsweise auf die Kommissionierung von unterschiedlichen Gebindegrößen erst nach Vorliegen einer Bestellung oder die zentrale Vorhaltung von Produkten und den Transport in bestimmte Regionen erst nach Vorliegen einer Bestellung.

17.4.3 Open Book Strategy

Das Supply Chain Management stellt einen Management-Ansatz dar, der nach einem unternehmensübergreifenden Optimum strebt. Um dieses Management-Ziel erreichen zu können, sind auch übergreifende Informationen zu Wertschöpfungsprozessen notwendig. Genau hier setzt die **Open Book Strategy** an. Diesem Ansatz folgend sollen alle Unternehmen einer Supply Chain ihre Bücher öffnen, um die notwendige Transparenz in der Wertschöpfungskette zu erreichen und um dann ein Gesamtoptimum planen zu können.

Wesentliche Information ist in diesem Zusammenhang verfügbare Kapazität. So können innerhalb einer Supply Chain Kapazitäten unternehmensübergreifend beplant werden. Entsprechend der (prognostizierten) Auftragslage werden Kapazitäten (reserviert) aktiviert. Damit kann Versorgungssicherheit hergestellt werden.

Problematisch ist in diesem Zusammenhang, dass durch die Open Book Strategy Abhängigkeiten zwischen Unternehmen entstehen. Durch die Offenlegung von Kapazitätsinformationen und eventuell auch Kalkulationswerten wird die Eigenständigkeit eines Unternehmens untergraben und eventuell auch der Wettbewerb ausgehebelt. Entsprechend wird Open Book nur dann durchgesetzt, wenn ein Unternehmen der Supply Chain über ausreichend Macht verfügt, um andere Unternehmen zur Offenlegung zu bewegen.

17.4.4 IT-Integration

Unter IT-Integration wird die Vereinheitlichung bzw. Abstimmung von IT-Systemen innerhalb und zwischen Unternehmen verstanden. Dies bedeutet, dass IT-Schnittstellen reduziert oder eliminiert werden, Datenhaltung vereinheitlicht wird und unterschiedliche Systeme automatisch koordiniert und synchronisiert werden.

Ein weiterer Aspekt der IT-Integration ist, dass in der virtuellen Welt der IT die reale Welt der Güter möglichst genau abgebildet wird und dies ohne Zeitverzögerung erfolgt[27]. Je besser dies gelingt, umso besser können IT-Systeme genutzt werden, um effizient und effektiv logistische Systeme zu steuern.

Bedeutend sind dabei Informationen zu Objekten und Informationen zu Produktionsfaktoren. Wichtige Informationen sind beispielhaft in ▶ *Tabelle 17.3* zusammengefasst.

Objekte (Produkte und bei Dienstleistungen evtl. auch Personen)	**Produktionsfaktoren (Maschinen und Personen)**
■ Identität ■ Position ■ Bewegung ■ Zustand ■ Auftragsinformationen ■ Stammdaten (Abmessung, Gewicht, Preis etc.) ■ etc.	■ Identität ■ Position (Transportmittel) ■ Zustand ■ Kapazität ■ Auslastung ■ Verfügbarkeit ■ etc.

Tabelle 17.3: Beispiele für Informationen zu Objekten und Produktionsfaktoren

Durch die steigende Komplexität in Produktionsnetzen und den zugehörigen Logistiksystemen wächst auch die Komplexität der Informationen, die in der IT verarbeitet werden müssen. Zudem werden immer mehr Prozesse und Anlagen durch IT-Systeme unterstützt. Dadurch erhöht sich die Anzahl der Schnittstellen und abzustimmenden Informationen, die verteilt in den Unternehmen und zwischen den Unternehmen liegen.

▶ *Abbildung 17.5* zeigt eine Übersicht über gängige Software-Applikationen, die in Unternehmen zum Einsatz kommen. Hier wird die Komplexität der internen Abstimmung zwischen den Systemen deutlich.

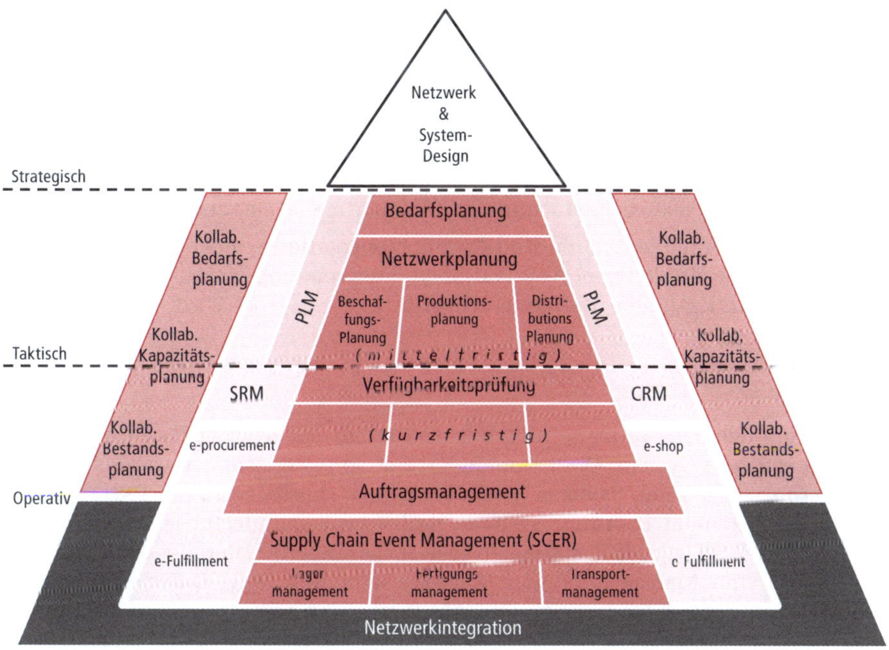

Abbildung 17.5: IT-Systeme im Unternehmen – eine Übersicht[28]

Die Darstellung zeigt die internen Systeme im Kern der Pyramide und Systeme mit Schnittstellen zum Kunden an der rechten und linken Seite.

Im Kern der Pyramide abgebildet sind typische Anwendungen eines **Produktions-, Planungs- und Steuerungssystems (PPS)**. Zentrale Aufgabe dieses Systems ist die Planung und Steuerung der Fertigung.

Ergänzt wird dieses System durch **Product Lifecycle Management Systeme (PLM)**. Diese verwalten alle Daten und Informationen über die gesamte Lebenszeit eines Produkts von der Entwicklung bis zum Aftersales Service. Einerseits betrifft dies die Vorprodukte, aber eben auch die eigenen Erzeugnisse.

Die Schnittstellen zu den Lieferanten und Kunden werden durch **Supplier Relationship Management Systeme (SRM)** bzw. **Customer Relationship Management Systeme (CRM)** unterstützt. Bei kollaborativen Aktivitäten mit Zulieferern bzw. Kunden werden entsprechende Module gemeinsam genutzt. Dies kann Bedarfsplanung, Kapazitätsplanung und Bestandsplanung umfassen. Diese Aufgaben werden unter dem Begriff des **Collaborative Planning Forecasting and Replenishment (CPFR)** zusammengefasst.

Supply Chain Event Management (SCEM) verfolgt den Ansatz, nur bei Problemen in der Wertschöpfungskette steuernd einzugreifen. Voraussetzung ist hier ein funktionierendes Tracking-und-Tracing-System, das die aktuelle Position von Objekten erfasst und dokumentiert. Basierend auf diesen Informationen lassen sich etwa bei Verspätungen Probleme als Event vorausschauend erkennen. Es kann steuernd eingegriffen werden.

E-Procurement und E-Shop stellen den Online-Verkaufskanal dar. Einerseits kann über diese Lösungen aufwandarm Material online beschafft werden (E-Procurement) oder an Kunden vertrieben werden (E-Shop). Hier werden in der Regel Rahmenverträge mit Lieferanten bzw. Kunden ausgehandelt und individualisierte Angebote über Online-Kataloge genutzt. Neben einfachen Angeboten, die über Kataloge beschafft bzw. vertrieben werden, können mittlerweile auch komplexere Produkte und Dienstleistungen online vermarktet werden. Hier kommen Programme und Plattformen zum Einsatz, die helfen, die Komplexität der Leistungen online zu handhaben.

Unter **E-Fulfillment** werden Programme verstanden, die die physische Abwicklung von Online-Geschäften unterstützen. Integriert werden Auftragsabwicklung von der Auftragsannahme und Einlastung bis zur Lagerentnahme, Auslieferung und Bezahlung der Ware. Dabei nutzen diese Programme Schnittstellen zu den klassischen Programmen des Lagermanagements und des Transportmanagements.

In der Abbildung nicht enthalten sind Applikationen, die weitere betriebliche Abläufe unterstützen wie zum Beispiel Applikationen des Rechnungswesens und Controllings oder des Human Ressource Managements (HRM).[29]

17.4.5 ERP-Systeme

Neuere Unternehmenssoftware integriert mehrere dieser Applikationen in Form von Modulen in einem System. Diese umfangreichen Softwarelösungen werden als **Enterprise Resource Planning Systeme (ERP)** bezeichnet. Vorläufer der ERP-Systeme sind Material Requirement Planning Systeme (MRP) und Manufacturing Resource Planning Systeme (MRP II). MRP-Systeme bilden insbesondere Materialbedarfsplanung ab und dienen zum Management von Materialversorgung. MRP-II-Systeme umfassen zusätzlich zur Materialbedarfsplanung die Beplanung von Produktionsfaktoren ab. MRP-II-Lösungen enthalten Absatzprognosen und oftmals auch Simulationsmöglichkeiten, um Szenarien vorab zu betrachten. ERP-Systeme umfassen zusätzlich zu diesen Funktionalitäten weitere Bausteine aus der oben gezeigten Abbildung und weiterer betrieblicher Abläufe wie z. B. des Rechnungswesens. Führende Anbieter für ERP-Systeme sind z. B. SAP, Oracle, Sage, Infor und Microsoft.

ERP-Systeme wurden und werden zu sogenannten Advanced-Planning-Systemen weiterentwickelt. Diese Systeme sollen zusätzlich komplexe und langfristige Planungsaufgaben lösen können und dabei auch unternehmensübergreifende Zusammenhänge berücksichtigen.

17.4.6 Physische und informatorische Sicht von Prozessen

Wie eingangs bereits erwähnt, wurde Supply Chain Management sehr früh als IT-Thema interpretiert und von Softwareentwicklungen getrieben. Dabei spiegelt sich sehr deutlich wider, dass IT genutzt wird, um Prozesse abzubilden und zu unterstützen. In der Regel können Prozessthemen heute nur gemeinsam mit den zugehörigen IT-Lösungen betrachtet und bearbeitet werden. Wichtig ist in diesem Zusammenhang allerdings, dass nach wie vor die physischen Prozesse im Vordergrund stehen und die IT die unterstützende Rolle einnimmt. Eine funktionierende IT-Lösung führt nicht automatisch zu reibungslos laufenden Prozessen. Gerade bei der Einführung neuer Software ist also die Abstimmung der Standardlösung auf die real existierenden Prozesse, durch das sogenannte Customizing, eine große Herausforderung.

17.4.7 Big Data Management

Durch die zunehmende Vernetzung von Informationssystemen und die engere Verkoppelung von physischer Welt und informatorischer Welt ist der Begriff des **Big Data** Management entstanden. Die Anzahl der digital verfügbaren Informationen ist in den letzten Jahren explodiert. Beispielsweise lassen sich über Smartphones umfassende Informationen über deren Nutzer generieren. Im Bereich der Produktion und logistischer Wertschöpfungsketten lassen sich über Scanprozesse, Automatisierte Identifikation oder Sensoren große Mengen von Informationen erfassen. Die Verkoppelung dieser Informationen lässt auch das Auswertungspotenzial explodieren. Die Aufgabe, die dadurch entsteht, wird als Big Data Management bezeichnet. Teilaufgaben sind:

1. **Erfassung von Daten:** Derzeitig ist es strittig, ob eine Erfassung der Daten zielgerichtet, also mit Blick auf eine bestimmte Frage, erfolgen soll oder ob alle verfügbaren Daten erfasst und anschließend aufgabenspezifisch ausgewertet werden sollen. Insbesondere wenn sich die Daten auf Personen beziehen, ist dies auch juristisch und aus Datenschutzgesichtspunkten höchst kritisch.

2. **Speicherung und Bereitstellung von Daten:** Daten müssen nicht nur langfristig gespeichert werden, sondern auch schnell verfügbar gemacht werden. Dies ist nur mit entsprechender Strukturierung möglich und bei der Menge der Daten eine Herausforderung an IT-Lösungen, insb. Datenbanken.

3. **Auswertung von Daten zu Informationen:** Um aus Daten Informationen zu generieren, müssen diese bezogen auf konkrete Fragestellungen ausgewertet und interpretiert werden. Dazu notwendige Algorithmen stellen den Kern der aktuellen Diskussion dar. Herausforderungen sind u. a. Umgang mit extremen Mengen von Daten, die Verknüpfung dieser extrem vielen Daten, hohe Anforderungen an die Geschwindigkeit der Auswertung etc.

4. **Verständliche Darstellung der Auswertungsergebnisse:** Um die Informationen zielführend interpretieren und als Entscheidungsgrundlage nutzen zu können, müssen diese in wenig komplexen Darstellungen verfügbar gemacht werden.

Neben diesen Herausforderungen ist wesentlich, dass ein rechtlicher Rahmen geschaffen wird, innerhalb dessen die Verarbeitung von Big Data stattfinden kann. Besonders kritisch sind in diesem Zusammenhang der Datenschutz und der Schutz von Persönlichkeitsrechten.

Big Data ist für das Supply Chain Management insbesondere interessant, da durch die Vielzahl von Daten und Informationen genauere Vorhersagen ermöglicht werden. Diese können einerseits Verbrauchs- und Bedarfsprognosen betreffen und damit die Bedarfsplanung in logistischen Netzen. Aber auch die Prognose von Ereignissen im Zusammenhang mit einem Supply Chain Event Management kann durch Big Data erleichtert werden.

17.4.8 Cloud Computing

Durch die Steigerung der Leistungsfähigkeit des Internets ist die Möglichkeit entstanden, Teile der Anwendungen oder ganze Anwendungen aus ▶ *Abbildung 17.5* in das Internet zu verlagern. Konkret bedeutet dies, dass die Anwendungen nicht auf einem eigenen Rechnerpool im Unternehmen laufen, sondern „irgendwo" im Internet, also in einer undefinierten Wolke (Cloud). Dabei werden die Desktop-Rechner am Arbeitsplatz nur zur Benutzerschnittstelle der Applikation, die im Netz läuft.

Eng mit dem Begriff des Cloud Computing ist der Begriff **Software as a Service (SaaS)** verbunden. Dies beinhaltet einen der wesentlichen Vorteile des Cloud Computing. Die Fixkosten für eine Software werden variabilisiert, indem nur noch der Zugriff auf die bzw. die Nutzung der Applikation bezahlt wird. Bei einer vollkommenen Verlagerung aller Anwendungen in die Cloud können zudem Kosten für eigenen Server und Netzwerke sowie Wartung gespart werden.

	Chancen	Risiken
Alte Aspekte	■ Dienstleister können die Leistung kostengünstiger anbieten, da diese Synergieeffekte mit anderen Kunden nutzen können ■ Dienstleister spezialisieren sich und bieten eine bessere Leistung an, als dies bei eigener Erstellung möglich wäre ■ Fixkosten werden variabilisiert, indem Abrechnungsmodelle auf die Nutzung und nicht die Bereitstellung einer Leistung zugeschnitten sind ■ Die Innovationskraft externer Dienstleister ist höher als die eigener interner Dienstleister, da diese den Marktkräften unterliegen	■ Abhängigkeit vom Dienstleister durch den eigenen Know-how-Verlust ■ Abhängigkeit vom Dienstleister durch Erschwerung eines Wechsels ■ Abstimmungsprobleme in Problemfällen ■ Evtl. Verlagerung einer Kernkompetenz

Tabelle 17.4: Chancen und Risiken des Cloud Computing[30]

	Chancen	Risiken
Neue Aspekte	■ Nutzung von extrem Know-how in einem höchst innovativen Bereich	■ Ungeklärte rechtliche Fragestellungen bei Datenverlust, Performance-Problemen etc. ■ Prozessuale Abbildung z. B. der Kundenschnittstelle bei Fragen zur IT ■ Erschwerte Nachweisführung bei Vertragsbrüchen ■ Extrem hohe Bedeutung der Daten bei Totalausfall

Tabelle 17.4: Chancen und Risiken des Cloud Computing[30] *(Forts.)*

Vereinfacht gesprochen, entspricht das Cloud Computing dem Outsourcing von IT-Lösungen. Verbunden sind damit die bereits bekannten Chancen und Risiken von Outsourcing-Aktivitäten. Allerdings kommen weitere, in ▸ *Tabelle 17.4* gezeigte Aspekte hinzu.

17.4.9 Referenzmodelle

Im Supply Chain Management wird oft mit Modellen gearbeitet. Modelle sind bildhafte Darstellungen, die komplexe Zusammenhänge aus der Realität vereinfacht wiedergeben. Sie werden im Supply Chain Management genutzt, um die Komplexität von Supply Chains auf einem abstrakteren Niveau zu verstehen. Schwierigkeiten können besser erkannt werden und Lösungswege sind in der Abstraktion einfacher zu konstruieren.

Referenzmodelle dienen hier als Bezugspunkt für die Modellierung neuer Lösungen für spezifische Probleme. Dies gilt z. B., wenn Prozesse in einem **Business Process Reengineering (BPR)**[31] neugestaltet werden. Dabei repräsentieren Referenzmodelle eine Reihe von Beispielen auf hohem Abstraktionsniveau. So sind diese quasi „allgemeingültig“. Anders ausgedrückt sind Referenzmodelle durch das hohe Abstraktionsniveau für viele praktische Gebilde passend.

Referenzmodelle werden auf unterschiedliche Weise genutzt:

- zur Erstellung und Verbesserung eines eigenen, spezifischen Prozessmodells
- als Ankerpunkt für Vergleiche mit anderen spezifischen Prozessmodellen
- als Hilfestellung für die Auswahl unterstützender Technologien

Supply Chain Operations Reference-Modell des Supply Chain Council

Das **Supply Chain Operations Reference-Modell (SCOR)** wurde vom Supply Chain Council (SCC) 1996 entwickelt.[32] Es stellt unternehmensinterne und unternehmensübergreifende Geschäftsprozesse dar. Zunächst wurde es von knapp 70 Unternehmen im SCC genutzt. Heute nutzen das SCOR-Modell etwa 1.000 Mitglieder. Dies spricht für die hohe Akzeptanz und Praxisrelevanz des Modells. Das Modell wird ständig überarbeitet und liegt aktuell in Version 11.0 vor.

Das SCOR-Modell besteht auf höchster Ebene aus den fünf Kernprozessen:

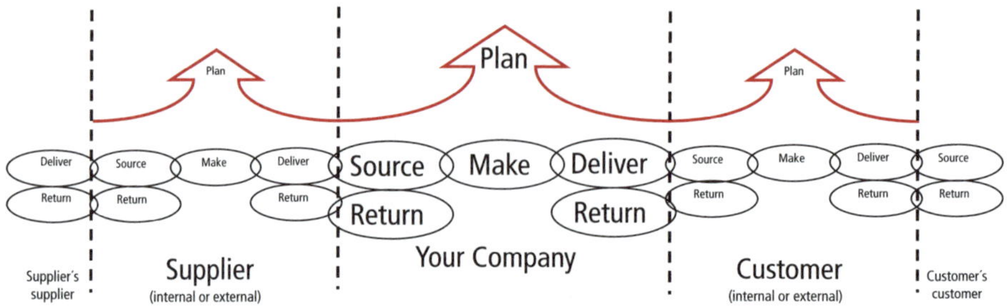

Abbildung 17.6: Kernprozesse des Supply Chain Operations Reference-Modells[33]

Das SCOR-Modell wird entsprechend der eingangs beschriebenen Nutzungsmöglichkeiten zur Prozessüberarbeitung angewandt. Besonders eignet sich das SCOR-Modell für den Vergleich von Lösungen zwischen Unternehmen. Dieses sogenannte Benchmarking[34] sucht nach den besten Prozessvarianten (engl. Best-Practices) für definierte Prozessabschnitte. Dabei werden die Varianten mehrerer Unternehmen verglichen. Unternehmen können dann ihre Prozesspraxis an den Best-Practices orientieren. Um diesen Vergleich durchzuführen, muss der zu vergleichende Prozessabschnitt exakt definiert sein. Eine Grundlage hierfür liefert das SCOR-Modell. Dafür sind neben den fünf Kernprozessen der höchsten Ebene auf zwei weiteren Ebenen Prozessstrukturen definiert:

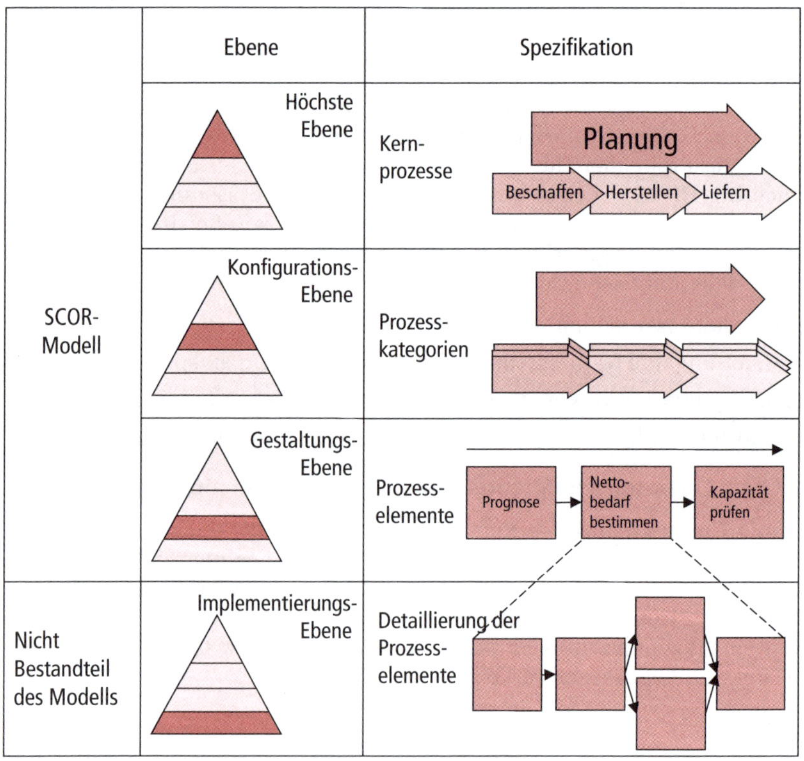

Abbildung 17.7: 7-Ebenen des Supply Chain Operations Reference-Modells[35]

Die zweite Ebene des Modells ist die Konfigurationsebene. Hier werden den fünf Hauptprozessen folgende Prozesstypen zugeordnet:

1. Planungsprozesse (Planning) orientieren sich an der aggregierten Nachfrage in einem bestimmten Planungszeitraum.
2. Ausführungsprozesse (Execution) werden durch Planungsprozesse ausgelöst und verändern den Status eines Objekts.
3. Unterstützungsprozesse (Enable) erhalten oder verwalten Informationen oder Beziehungen, die Planungs- und Ausführungsprozessen zugrunde liegen.

Aus Hauptprozess und Prozesstypen entsteht eine Matrix, in die alle Prozessbausteine eingruppiert werden können, die in einer Lieferkette durchlaufen werden.

Auf der dritten Ebene des SCOR-Modells, der Gestaltungsebene, werden einzelne Teilprozesse beschrieben. Beinhaltet sind Reihenfolge der Prozessschritte sowie deren Prozessinput und Prozessoutput. Basierend auf diesen Informationen lassen sich Prozesse auf der dritten Ebene als Flow-Chart (Flussdiagramme) darstellen.

Die vierte Ebene oder Implementierungsebene ist nicht Teil des SCOR-Modells. Sie beinhaltet die individuelle Ausprägung der Prozesse bei der Einführung in Unternehmen.

Für die Prozessbausteine sind Kennzahlen definiert. Diese ermöglichen den objektiven Vergleich der Prozessbausteine im Sinne eines Benchmarking.[36]

Order-to-Payment-Prozess nach Klaus

Basierend auf der Befragung von 40 US-amerikanischen Unternehmen entwickelt Klaus ein Referenzmodell zu innerbetrieblichen Versorgungsketten. Es zeigt den zentralen Prozess eines Unternehmens.[37] Mit diesen Abläufen wird „Geld verdient".

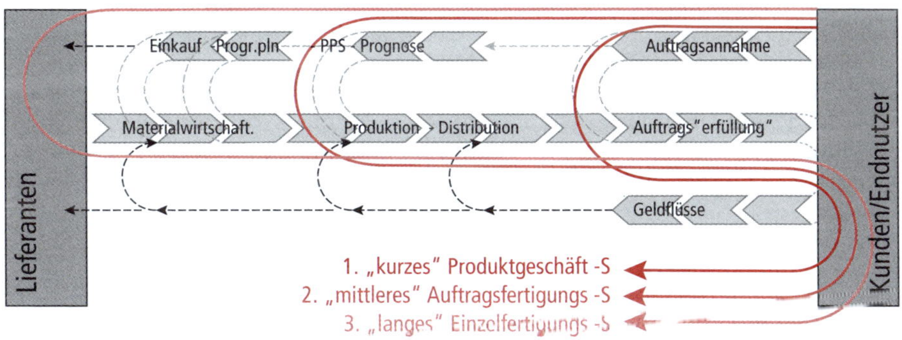

Abbildung 17.8. Der Order-to-Payment-Prozess oder „Klaus-S"[38]

Die in ▶*Abbildung 17.8* vom Kunden zum Lieferanten, also „flussaufwärts" dargestellten Prozessschritte verbildlichen den Informationsfluss bzw. die Auftragsabwicklung. Dies können echte Bestellungen des Kunden oder prognosebasierte Aufträge sein, die ggf. als eigene Bestellungen an Lieferanten weitergegeben werden. Der vom Lieferanten zum Kunden „flussabwärts" gerichtete Prozess in der Mitte der Darstellung zeigt den physischen Prozess der Materialbewegungen von der Beschaffungslogistik und Materialbereitstellung über die Produktion bis zur Distribution zum Kunden. Erneut vom Kunden in Richtung Lieferanten fließend sind die Geldflüsse dargestellt, das ist vereinfacht ausgedrückt die Bezahlung der angenommenen Leistung.

Supply Chains sind Konstrukte, in welchen diese **Order-to-Payment-Prozesse** in Lieferbeziehungen aneinandergehängt, eine Lieferkette von der Urproduktion bis zum Verbraucher ergeben. (▶ *Abbildung 17.9*). Kern des Supply Chain Managements und des Flow Managements ist nun, die drei Flüsse zu integrieren, also durchgängig zu gestalten und mit möglichst wenigen Reibungsverlusten fließen zu lassen.

Um aktuellen Entwicklungen Rechnung zu tragen, müssen Informationsflüsse ergänzt werden, die parallel zum Güterfluss in Richtung Kunden laufen. Dies sind Informationen wie Produktkennzeichnung und Tracking-Informationen, die heute als Teil der logistischen Leistung verstanden werden.

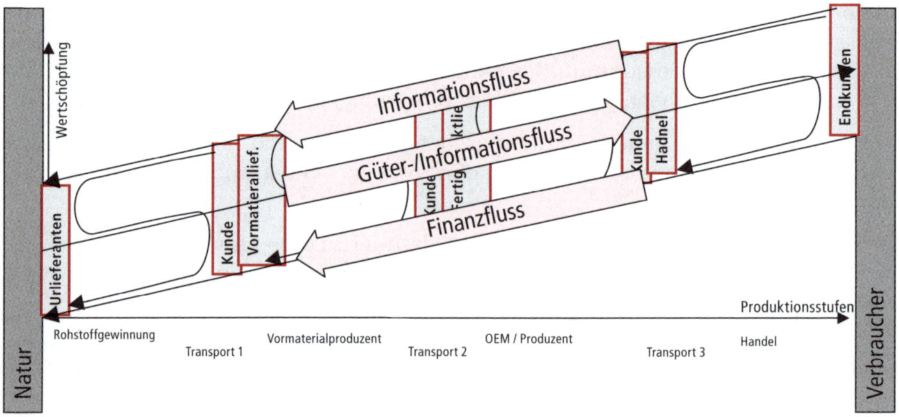

Abbildung 17.9: Wirtschaftsweite Supply-Chains – verkettetes Order to Payment[39]

Das Order to Payment S ist als Modell weniger detailliert ausgearbeitet als das oben erläuterte SCOR-Modell. Vorteil ist, dass es eine eingängige Übersicht über die Abläufe und den Flussgedanken im Kern beinhaltet. Sichtbar wird dies dadurch, dass die betrieblichen Funktionen nicht als statisch getrennte Prozessbausteine dargestellt sind. Als klassisches Referenzmodell dient es zur Orientierung bei der Analyse und der Gestaltung eigener, unternehmensinterner und unternehmensübergreifender Prozesse.

In ▶ *Abbildung 17.8* sind unterschiedliche Produktgeschäfte dargestellt. Diese entsprechend den unterschiedlichen Produktionstypen bzw. Kettenverknüpfungen:

- Make to Stock
- Make to Order/Assemble to Order
- Engineer to Order

Das kurze Produktgeschäft entspricht dem **Make to Stock**. Produkte werden entsprechend einer Prognose produziert und für den Verbrauch im Lager bevorratet. Der echte Kundenauftrag greift nicht tief in die Prozesse ein, sondern löst lediglich einen Lagerabruf aus. Der Vorgang wird relativ schnell abgewickelt. Typisch ist dies für die Konsumgüterindustrie.

Die mittlere Auftragsfertigung entspricht einem **Make to Order** oder Assemble to Order. Je nachdem, ob das Produkt bezogen auf den Auftrag gefertigt (Make to Order) oder aus Fertigteilen montiert (**Assemble to Order**) wird. Der Kundenauftrag wird dabei Teil der Produktionsplanung und Steuerung. Material wird entsprechend der Kundenvorgaben aus den Materialspeichern entnommen oder entsprechend einer Vorplanung vom Lieferanten abgerufen. Das Produkt wird nach Kundenvorgaben produziert. Damit greift der Kundenauftrag tief in die Prozesse des Unternehmens ein. Der Prozess ist von mittlerer Dauer. Typischerweise findet man dieses Vorgehen in der Automobilindustrie oder der Möbelproduktion.

Die lange Einzelfertigung entspricht dem **Engineer to Order**. Kundenaufträge werden individuell geplant und konstruiert. Sonderanfertigungen benötigen Planungsressourcen des Lieferanten. Der Kundenwunsch greift tief und unternehmensübergreifend in die Supply Chain ein. Es entstehen lange Bearbeitungszeiten. Typisch ist dies für den Anlagenbau.

Der **Order-to-Payment-Prozess** ist eingebettet in eine Reihe weiterer Unternehmensprozesse, die unterstützenden Charakter haben und den zentralen Prozess am Leben halten. Dies sind:

1. **Produktentwicklung und Marktwahlprozess**

   Dieser umfasst die Entwicklung von Produkten orientiert an zukünftigen Märkten, die durch Marktforschung beschrieben werden.

2. **Geschäftsbereitschaftsprozess**

   Dieser umfasst die Beschaffung von Produktionsfaktoren (Anlagen, Arbeit), Entwicklung des Personals sowie die Marktbereitung durch Kommunikation mit Kunden und potenziellen Kunden.

3. **Dokumentations-, Controlling- und Unternehmensentwicklungsprozess**

   Diese Prozesse sammeln Daten und bereiten diese zu Informationen auf, die dann Basis von Entscheidungen sind, durch die das Unternehmen weiterentwickelt wird.

Vier-Ebenen-Modell

Das Vier-Ebenen-Modell berücksichtigt die Vielschichtigkeit unternehmerischer Tätigkeiten und entwickelt daraus ein Supply-Chain-Modell. Otto identifiziert in logistischen Netzwerken vier unterschiedliche Partialnetze.[40] Diese lassen sich auf Supply Chains als Sonderform logistischer Netze übertragen. Jedes Netz repräsentiert einen anderen inhaltlichen Zusammenhang:[41]

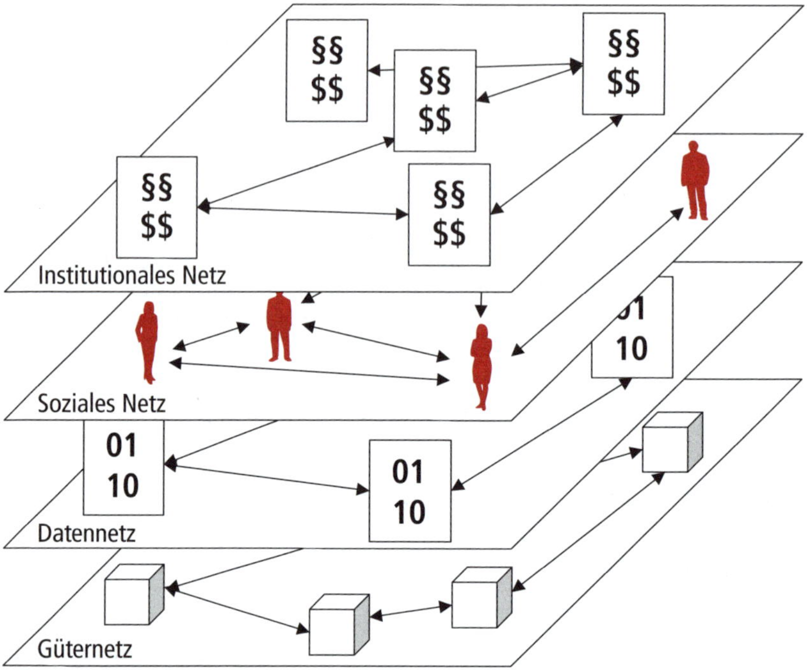

Abbildung 17.10: Das 4-Ebenen-Modell[42]

Die Netzwerke bestehen aus Knoten und Kanten. In ihnen werden Objekte getauscht. ▶ *Tabelle 17.5* zeigt die Inhalte der unterschiedlichen Partialnetze.

	Knoten	Kanten	Austauschobjekte
Institutionales Netzwerk	Koordinationsinstanzen	Institutionale Vernetzung	Rechte/Pflichten (Kapital-) Interesse
Soziales Netzwerk	Entscheider	Persönliche Beziehung	Affektive Inhalte
Datennetzwerk	Informationsverarbeitung	Kommunikationskanal	Daten/Informationen
Güternetzwerk	Transformation	Transportsystem	Güter

Tabelle 17.5: Inhalte der Partialnetze eines Logistiknetzes[43]

Bei der Integration von Supply Chains ist die Betrachtung dieser Ebenen von großer Bedeutung, da alle vier Ebenen berücksichtigt werden müssen. In der Regel ist das Ziel von Veränderungsbemühungen die Verbesserung der physischen Prozesse auf der Ebene der Güternetze bzw. aktuell auch die Verbesserung der Informationsbereitschaft in den Datennetzen. Das institutionelle Netz schafft rechtliche Grundlagen und manifestiert finanzwirtschaftliche Abhängigkeiten.

Ein vermeintlich neuer Aspekt ist die Betrachtung des sozialen Netzes. Vereinfacht könnte auch gesagt werden, „es menschelt in der Supply Chain". Dieses Netz ist geprägt von Individuen als Akteure bzw. Agenten von Unternehmen in Supply Chains. Zusammenhänge sind latent vorhanden oder deutlich sichtbar. Problematisch ist, dass Zusammenhänge in diesem Netzwerk schwierig zu messen und damit auch schwer zu greifen und zu „managen" sind (sofern hier dieser Begriff angebracht ist). Andererseits ist diese Ebene erfolgskritisch für Umsetzung von Veränderungen. Heimliche Regelwerke und Betriebskultur können durchaus Veränderungsprozesse aushebeln.

Das Potenzial dieser Ebene ergibt sich daraus, dass soziale Beziehungen das institutionale und das Datennetzwerk substituieren können. Hintergrund ist, dass in der historischen Entwicklung von Geschäftsbeziehungen Datenebenen und institutionale Ebene eingeführt wurden, um soziale Beziehungen zu stabilisieren und zu rationalisieren. Wurden doch Geschäfte früher mit Handschlag besiegelt und erst mit Einführung der Buchhaltung dokumentiert. Im Umkehrschluss ist es eben auf der sozialen Ebene immer möglich, Mängel in anderen Netzwerken auszugleichen (positive Nutzung) oder eben ungewünschte Änderungen zu unterwandern (negative Nutzung). Dies macht die soziale Ebene zu einem schwer zu berechnenden, aber auch überaus hilfreichen Faktor im Supply Chain Management.

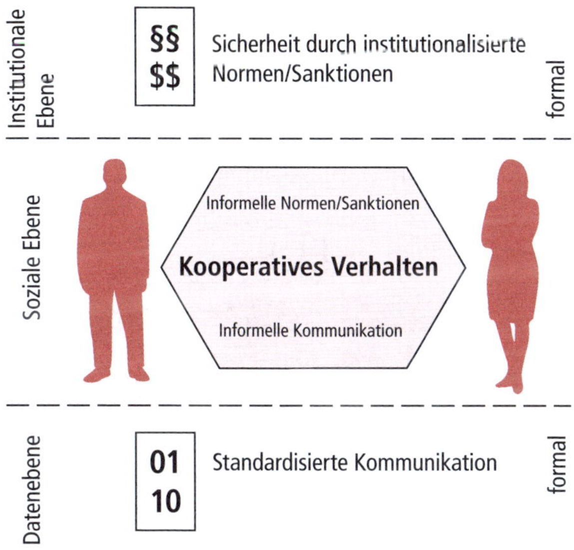

Abbildung 17.11: Informelles Potenzial der Sozialen Ebene einer Supply Chain[44]

Das 4-Ebenen-Modell kann nicht zum Prozessdesign genutzt werden, wie das bei den vorherigen Modellen der Fall ist. Vielmehr dient es zur Verdeutlichung des Zusammenspiels der Partialnetze und insbesondere dazu, Entscheidern das Potenzial der sozialen Ebene vor Augen zu halten.[45]

17.5 Efficient Consumer Response (ECR) – die Lösung aus dem Handel

Efficient Consumer Response (ECR) bezeichnet eine Reihe von Methoden und Instrumenten, die in ihren Grundsätzen und ihrer Wirkungsweise dem Flow Management und Supply Chain Management entsprechen: die strikte Orientierung aller Aktivitäten in einer Lieferkette an den Bedürfnissen des Konsumenten sowie ein kooperativer Ansatz entlang der Lieferkette. ECR fokussiert dabei insbesondere auf die Kooperation zwischen Konsumgüterherstellern und Handel. Vor diesem Hintergrund kann ECR auch als Supply Chain Management in der Konsumgüterbranche verstanden werden. Da der Handel eine direkte Schnittstelle zum Endkunden hat, sind folgerichtig Marketingaspekte im ECR genauso integriert wie logistische Prozesse. Besonders bedeutsam für den Handel ist die Verzahnung der beiden genannten Aspekte. Dies wird z. B. deutlich, wenn Marketingaktionen geplant werden und diese Aktivitäten gleichzeitig mit ihren Wirkungen auf die logistischen Abläufe geplant werden.

17.5.1 Geschichte und Grundlagen des ECR

ECR geht auf das Konzept des Quick Response zurück, das von der Unternehmensberatung Kurt Salmon Associates entwickelt wurde. Dieses hatte zum Ziel, im Bereich der Schnelldrehenden Konsumgüter (engl. Fast Moving Consumer Goods, FCMG) die Durchlaufzeiten zu reduzieren. Insbesondere für schnelllebige Modeartikel ist dies von besonderer Bedeutung.[46] Seitdem wurde ECR kontinuierlich weiterentwickelt. Entstanden ist ein Bündel an Techniken, Methoden und Instrumenten, das helfen soll, unternehmensübergreifend, prozessorientiert den Kundennutzen zu steigern und effizient auf Veränderung der Nachfrage zu reagieren.

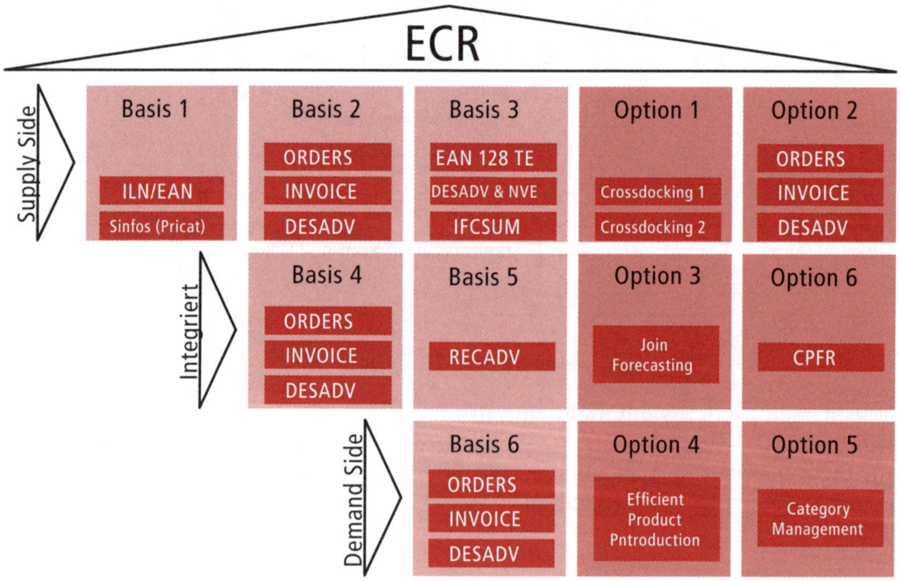

Abbildung 17.12: ECR-Stufenmodell[47]

Dazu werden im ECR Standards für die Kooperation von Unternehmen entwickelt und umgesetzt. Diese beziehen sich insbesondere auf Datenstandards und Kommunikationsstandards, zunehmend aber auch auf Prozessstandards. Entsprechend wird ECR auch von Standardisierungsgremien wie der GS1 Germany GmbH weiterentwickelt.[48] Durch die Entwicklung von Standards ist ein Werkzeugkasten an Hilfsmitteln zur Umsetzung von ECR entstanden. Damit sind die Hilfsmittel des ECR deutlich konkreter als eher abstrakte Konzepte aus dem Supply Chain Management. Die Umsetzung von ECR im Unternehmen kann stufenweise erfolgen. Hierfür sind ausdefinierte Daten und Prozessstandards enthalten, die als Hilfe zur Umsetzung genutzt werden können. Das Stufenmodell wird in unterschiedlicher Ausführung genutzt, um Maßnahmen in Unternehmen einzuführen und umzusetzen. Die Darstellung der Modelle ist dabei meist unternehmensintern. ▶*Abbildung 17.12* zeigt ein typisches Stufenmodell zur Umsetzung und Einführung von ECR-Werkzeugen/Standards.

17.5.2 Basismodelle und Bausteine des ECR

Das gezeigte Stufenmodell fasst grundsätzliche Bausteine des ECR zusammen. Im Modell nicht enthalten ist die Trennung zwischen Prozessen und unterstützender IT. Grund ist, dass physische Prozesse und informatorische Abläufe in IT-Systemen nicht sinnvoll zu trennen sind.

Unterschieden werden in diesem Modell Supply Side (oben) und Demand Side (unten), die durch die integrierten und integrierenden Module verbunden werden. Links auf der linken Seite sind Basismodule abgebildet, die wesentlich für eine Kooperation nach dem ECR-Ansatz sind. Auf der rechten Seite sind optionale Module, die zur Ergänzung empfohlen werden.

Identifikations- und Nachrichtenstandards

GLN/GTIN (Global Location Number/Global Trade Item Number)

Kennzeichnungsstandard in Form einer Nummer, die insbesondere in Barcodes umgesetzt wird. Durch die **Global Location Number (GLN)** wird ein Unternehmen oder ein Unternehmensstandort identifiziert, durch die GTIN ein Produkt oder ein Packstück.

EANCOM-Nachrichtenstandards

Häufige **EANCOM-Nachrichtenstandards** sind in mehreren Modulen in Großbuchstaben gedruckt und in ▶ *Tabelle 17.6* zusammengefasst:

Mit Hilfe dieser und ergänzender Nachrichtenstandards lassen sich logistische Prozesse durch Austausch standardisierter Nachrichten in IT-Systemen aufwandarm abbilden. Vorteil ist, dass bei der Nutzung der Standards die IT-Systeme schnell gekoppelt werden können und so effektiv kooperiert werden kann.

Abkürzung	Klartext engl./dt.	Inhalt
PRICAT	price catalog	Preisliste Katalog Eine standardisierte Preisliste wird von privaten Anbietern zentral vorgehalten. Anbieter sind Sinfos oder Transora. Ergänzende Daten sind Stammdaten wie Abmessungen oder Gewicht.
ORDERS	Orders/Bestellung	Bestellung mit Auftragsdaten wie Kunde, Menge, Bestelldatum etc.
INVOICE	Invoice/Rechnung	Rechnung mit Rechnungsdaten wie Kunde, Summe, Fälligkeit etc.
DESADV	Despatch advice message/Lieferavis	Lieferankündigung mit Informationen zur Ware (NVE entspricht der Nationalen Versand Einheit)
IFCSUM	International Forwarding and/or Transport Message Consolidation Summary/ Bordero	Bordero, Fracht oder Rollkarte mit Informationen zu Empfänger, Absender, Warenbezeichnung, Warenbehandlung etc.
INVRPT	Inventory Report/ Bestandsmeldung	Meldung über aktuellen Lagerbestand
SLSRPT	Sales Report/Abverkaufsmeldung	Meldung über verkaufte Mengen
RECADV	Receipt Advice/Eingangsbestätigung	Wareneingangs- und Differenzmeldung mit Menge und ggf. Unterschied zur bestellten Menge

Tabelle 17.6: Im ECR häufig genutzte EANCOM-Nachrichtenstandards[49]

Supply Side – logistische Prozessstandards

Crossdocking I und II

Crossdocking ermöglicht die schnelle Wiederbefüllung von Filialbeständen und Regalen. Durch Crossdocking werden Umschlagprozesse beschleunigt und bestandsarm bzw. im Optimalfall bestandslos organisiert (Vgl. auch ▶ *Abschnitt 14.3.2*). Bezeichnet einen Umschlagprozess, bei dem Waren von einer Herstellerbündelung (alle Produkte von Hersteller X) in eine Filialbündelung (alle Produkte für Filiale Y) umgeschlagen werden. Dies geschieht in Umschlagpunkten, die als Crossdocking-Punkte bezeichnet werden. In der Regel sind dies Lagerhallen, an denen auf der einen Seite LKW die Produkte verschiedener Hersteller nach Herstellern gebündelt anliefern. In der Halle werden die Produkte umsortiert und auf der gegenüberliegenden Seite in LKW geladen, die einzelne Filialen anfahren. Ziel ist es, alle Waren, die die Halle erreichen, am selben Tag in Filialen auszuliefern. Entsprechend sollten keine Bestände in der Halle liegen bleiben. Dies beschleunigt den Warenfluss und reduziert die Bestände in den logistischen Prozessen. Crossdocking I bezeichnet dabei den Prozess mit geschlossenen kompletten Paletten. Beim Crossdocking II oder Crossdocking IIter Ordnung werden Paletten aufgebrochen und Produkte auf Filiallieferungen verteilt.

Wiederbefüllungsstrategien

Im Einzelhandel bedeutet eine „Null-Bestands"-Situation in der Regel, dass im Geschäft leere Regale zu finden sind. Die Folge ist Umsatzverlust oder schlimmstenfalls Abwanderung der Kunden. Continuous Replenishment (CPR), Vendor Managed Inventory (VMI) oder Co-Managed Inventory (CMI) sind unterschiedliche Strategien, durch die gemeinsam mit dem Zulieferer versucht wird, sogenannte Out-of-Stock-Situationen zu vermeiden. Die zugeordneten Nachrichtenstandards ermöglichen eine transparente Bestandsführung im Lager oder sogar in der Filiale. Eine Wiederbefüllung kann automatisch und kontinuierlich erfolgen (CRP). Je nachdem, ob der Zulieferer dies in Eigenregie tut oder gemeinsam mit dem Einzelhändler, spricht man von VMI oder von CMI.

Integrierende Schicht zwischen Marketing und Logistik

Point of Sale (POS)-Datenmanagement

Point of Sale (PoS)-Daten beinhalten abverkaufte Mengen und weitere Informationen zum Konsumverhalten der Kunden, z. B. Produktkombinationen, Tageszeit oder jahreszeitbezogenes Konsumverhalten. Heute werden diese Daten im Sinne eines Big Data mit weiteren Informationen z. B. über Bonuskarten kombiniert und ausgewertet. Diese Daten sind im Sinne von Bedarfsprognosen und als Wiederbefüllungsinformationen für logistische Entscheidungen wesentlich. Ebenso interessant sind diese für das Marketing im Sinne von Marktanalysen und Studien zum Konsumverhalten von Kundentypen.

Joint Forecasting und Collaborative Planing, Forecasting and Replenishment (CPFR)

Joint Forecasting ist der Ansatz, basierend auf Abverkaufsdaten und Vergangenheitswerten eine von Einzelhandel und Konsumgüterhersteller gemeinsame Absatzprognose zu entwickeln und nachzuhalten. Die logische Weiterentwicklung des Konzepts zum CPFR integriert zusätzlich zur Prognose eine gemeinsame Bestandsplanung sowie die gemeinsam gesteuerte Wiederbefüllung abverkaufter Produkte.

Demand Side – Marketing-Ansätze des ECR

Efficient Assortment, Efficient Promotion Efficient Product Introduction

Durch eine effiziente Sortiment- und Regalgestaltung in der Filiale soll die Flächenproduktivität (Umsatz/m^2) verbessert werden. Neben der Standardware im Regal wird dieses Ziel auch mit effizienten Sonderangeboten (Promotionen) und Aktionsangeboten verfolgt. **Efficient Product Introduction** integriert die Einführung neuer Produkte in die Überlegungen. Durch eine Kooperation mit dem Hersteller sollen Misserfolge bei Neuprodukten reduziert werden. Erfolgskritisch ist in diesem Zusammenhang z. B. die Synchronisierung von Werbemaßnahmen und Verfügbarkeit der Neuprodukte im Laden. Hier wird deutlich, dass diese primär vom Marketing bestimmten Ansätze tief in die logistischen Prozesse hineinreichen. Effiziente Regalbestückung, Aktionsware und Neuprodukteinführung sind immer mit einem abgestimmten und mit dem Zulieferer koordinierten logistischen Prozess möglich.

Category Management

Das Category Management (CM) schließt aus Sicht des Marketings an die vorab genannten Punkte an und integriert diese Konzepte. Hinzu kommt die Grundüberlegung, dass die Waren im Sinne des Konsumverhaltens des Kunden kombiniert und angeboten werden. Als Beispiel werden nicht alle Nudeln zusammen in einem Regal angeboten, sondern Glasnudeln in einem Asien-Regal ergänzend zu anderen asiatischen Produkten angeboten. Das Category Management richtet sich also nach den aktuellen Erkenntnissen zum Konsumverhalten. CM wirkt in die logistische Kette hinein, denn für die Themenregale ist ein Category Manager zuständig, der ggf. auch die Wiederbefüllung steuert. Zudem werden Produkte gegebenenfalls entsprechend ihrer Category bereits im vorgelagerten Umschlagpunkt (Crossdocking) vorsortiert.[50]

Efficient Consumer Response (ECR) ist ein „lebendes Konzept", das in Standardisierungsinstitutionen und in Unternehmen kontinuierlich weiterentwickelt wird. Die Ergebnisse, die durch ECR im Einzelhandel erreicht wurden, sind beachtlich. Nicht zuletzt aufgrund dieser Erfolge werden Prozesse aus Einzelhandel und Konsumgüterindustrie auch als Vorbilder für logistische Prozesse in anderen Branchen genutzt.

17.6 Grenzen des Supply Chain Management

Supply Chain Management kann als eines der erfolgreichsten Management-Konzepte der vergangenen Dekaden gesehen werden. Verstanden als eine Management-Denkweise hat es logistische Zusammenhänge bis in die Vorstandsetagen der Unternehmen gebracht. Ein deutlicher Beweis ist der Stellenwert, den Logistik-Abteilungen in Unternehmen, nun meist Supply-Chain-Abteilung, einnehmen. Trotz dieser Erfolgsgeschichte des Management-Ansatzes soll an dieser Stelle auch auf die Grenzen des Supply Chain Management hingewiesen werden. Diese liegen insbesondere in der Unterscheidung zwischen theoretischer Diskussion und praktischer Umsetzung von Supply-Chain-Management-Ansätzen. Hierzu wurden von Bretzke Thesen formuliert, die die Grenzen des Supply Chain Management in der praktischen Umsetzung verdeutlichen. Seine siebte und letzte These bezieht sich auf eine Zukunftsvision des Supply Chain Management.

Sowohl in Theorie als auch in der Praxis liegt dem Supply Chain Management eine Philosophie einer Systemdenke im Sinne eines ganzheitlichen Ansatzes zugrunde. Ganzheitlich heißt in diesem Zusammenhang, dass logistische Netze über Unternehmensgrenzen hinweg mit dem Ziel eines Gesamtoptimums geplant, gesteuert und kontrolliert werden sollen.[51]

Diesem Ziel widersprechen in der praktischen Umsetzung die folgenden Aspekte:

Supply Chains sind in der Praxis für Optimierungsansätze problematische Konstrukte

Supply Chains bieten kein klares Optimierungsobjekt, wie dies Unternehmen tun. Problematisch ist in diesem Zusammenhang insbesondere, dass sich Supply Chains nicht so klar abgrenzen lassen, wie das bei Unternehmen der Fall ist. In der Regel fehlen den beteiligten Unternehmen die gemeinsamen Ziele. Eine einheitliche Zielsetzung der Unternehmen einer Supply Chain wäre grundlegende Voraussetzung für eine ganzheitliche Optimierung. Bei der theoretischen Diskussion von Supply Chain Management wird sehr häufig mit Win-Win-Situationen argumentiert. Diese lassen sich sehr häufig auch in der Praxis realisieren, aber für die Verteilung der Optimierungsgewinne fehlt meist ein „Verteilschlüssel“. Folge ist, dass die Machtverteilung in der Supply Chain auch die Verteilung von Optimierungsgewinnen vorgibt. Demzufolge haben Supply Chains mit deutlich übermächtigen Unternehmen auch die stärksten Treiber für die Umsetzung von Supply-Chain-Management-Ansätzen, da die mächtigen Unternehmen von den Optimierungsergebnissen klar profitieren. Kritisch anzumerken ist in diesem Zusammenhang, dass eine so gestaltete Verteilung nicht zwingend dem Gesamtoptimum entspricht und damit dem kooperativen Grundgedanken des Supply Chan Management widerspricht.

Dem Supply Chain Management fehlt das Organisationskonzept

Die Supply Chain wird meist aus Sicht eines einzelnen Unternehmens gesehen und verstanden. Die Perspektive verändert sich, wenn die gleiche Supply Chain von einem anderen Unternehmen betrachtet wird. Demzufolge versucht jedes Unternehmen mit einem kooperativen Ansatz „seine“ Supply Chain zu optimieren, letztlich beziehen sich die Bemühungen aber immer auf andere Abschnitte der gleichen Kette und folgen unterschiedlichen Zielsetzungen. Zentraler Treiber kann wiederum ein mächtiges Unternehmen in der Kette werden. Wie bereits oben beschrieben, widerspricht dies aber dem kooperativen Grundgedanken des Supply Chain Management.

Auch im ECR wird gerade die Dominanz einzelner Unternehmen in der Supply Chain als wesentlicher Kritikpunkt vorgebracht. Auch wenn die Konzepte nachweislich auch kleinen Unternehmen Verbesserungen bringen, widerspricht dies dem kooperativen Grundsatz des ECR.

In Supply Chains werden durch enge Kooperationen Skaleneffekte ausgehebelt

Die Kooperation in Supply Chains hat oftmals hohe Investitionen in abgestimmte Prozesse und IT-Systeme zur Folge. Dies sind spezifische Investitionen, die nicht zuletzt auf gegenseitigem Vertrauen beruhen. In der Theorie mündet dies in der beschriebenen gemeinsamen Beplanung von Kapazitäten im Sinne einer Open Book Strategy. So entstehen enge Bindungen, die letztlich zu Lasten der Flexibilität eines Unternehmens gehen, seine Produkte und Leistungen auch anderen Kunden anzubieten. Folge wäre ein Verzicht auf Skaleneffekte, da Gleiches weniger oft produziert/vermarktet werden kann. SCM wäre in diesem Fall für das betroffene Unternehmen also kontraproduktiv.

In Supply Chains wird zumindest zum Teil der Marktmechanismus ausgehebelt

Die im vorigen Punkt bereits beschriebenen engen Bindungen in Supply Chains auf lange Zeit hebeln Marktmechanismen aus. Wenn von einer festen, lange Zeit stabilen Kundenbindung ausgegangen werden kann, leiden die Preisdynamik, die Optimierungsdynamik und die Innovationskraft. Kurz gesagt, der Druck, die eigene Leistungsfähigkeit zu steigern, schwindet, wenn man sich seines Kunden oder abgenommener Mengen auf lange Sicht sicher sein kann.

Streben nach einem Gesamtoptimum setzt zentrale Entscheidungen voraus

Das Management von Supply Chains mit dem Ziel eines Gesamtoptimums setzt eine zentrale Steuerungslogik voraus. Nur eine zentrale Instanz kann das Gesamtoptimum im Blick haben und auch für die gerechte Verteilung von Optimierungsgewinnen sorgen. Genau dieser Vorschlag einer zentralen Steuerungseinheit findet sich auch auffällig häufig in der Literatur. Gleichzeitig ist es auch in der Theorie nicht eindeutig belegt, ob zentrale oder dezentrale Steuerungsansätze zu besseren Ergebnissen führen.

Allgemeingültig kann dies wohl auch nicht beantwortet werden, sondern es ist immer vom Einzelfall abhängig. Teile des Supply Chain Management orientieren sich insbesondere in der praktischen Umsetzung auch an dezentralen Steuerungslogiken, wie z. B. die Steuerung der Fließbandversorgung durch Kanban-Systeme. Offenbar ist die Frage nach dezentraler oder zentraler Steuerung auch für das Supply Chain Management nicht geklärt.

Keine Verlagerung des Wettbewerbs auf die Ebene ganzer Supply Chains

In der Literatur zu Supply Chain Management wird oft geschrieben, dass sich der Wettbewerb zukünftig zwischen Supply Chains und nicht zwischen Unternehmen abspielen wird. Dies ist logische Konsequenz der theoretischen Betrachtungen des Supply Chain Management, aber nicht notwendigerweise die Entwicklung der praktischen Umsetzung. Einerseits stehen dem die oben bereits genannten Punkte entgegen. Hinzu kommt, dass eine Vielzahl von Unternehmen nicht klar einer Supply Chain zugeordnet werden können. Sie beliefern Kunden, die miteinander im Wettbewerb stehen. Aus Sicht der Abnehmer führt eine Dual- oder Multi-Sourcing-Strategie dazu, dass Wettbewerber in der gleichen Supply Chain als Zulieferer aktiv sind. Insgesamt ist hier auch die Logik der Kette problematisch. Supply Chains müssten eher als Netzwerke bezeichnet werden. Da sich diese Netzwerke nicht klar abgrenzen lassen, kann auch kein klar abgegrenzter Wettbewerb stattfinden. Es ist eher zu erwarten, dass ein Wettbewerb von Netzwerkmodellen stattfinden wird, die wiederum von dem jeweilig betrachteten Unternehmen implementiert werden.

Entsprechend sieht auch die Vision des Supply Chain Management aus, die Bretzke formuliert:

Lose gekoppelte, intelligent vernetzte Regelkreise

Entgegen der recht starren Vorstellung verkoppelter Supply Chains werden sich nach Bretzke Netzwerke herausbilden, die lose gekoppelt sind und entsprechend der Kundenbedarfe und Aufgabenstellung ad hoc schnell zur Leistungserstellung zusammenfinden und kooperieren. Innerhalb der Netze herrscht Wettbewerb und der Marktgedanke wird so nicht ausgehebelt. SCM-Ansätze finden Anwendung, führen aber eben nicht zu den engen Bindungen, die in langfristig angelegten starren Kooperationen entstehen. Aus einem Unternehmen heraus wird über Unternehmensgrenzen hinweg geplant, aber ohne den Fokus auf das eigene Unternehmen zu verlieren. Die Themen sind die, welche bereits im SCM besprochen wurden: Bedarfssteuerung, Kapazitätsplanung und übergreifende Prozessgestaltung. Allerdings tritt der Gedanke einer zentralen Steuerung in den Hintergrund. Der Ansatz der losen Koppelung findet sich erstaunlich deutlich in Überlegungen der Digitalisierung der Logistik durch Cloudcomputing und SaaS-Lösungen wieder. Diese Entwicklung scheint die frühen Thesen von Bretzke zu bestätigen.

Auch bei der zweifelsohne zurecht vorgebrachten Kritik am SCM, die insbesondere Probleme bei der praktischen Umsetzung fokussiert, bleiben Ansätze und Grundgedanken des SCM eines der erfolgreichsten Managementkonzepte der vergangenen Jahre. Die Frage wird also in Zukunft nicht sein, ob Supply Chain Management als Leitgedanke im Unternehmen umgesetzt wird, sondern welche Instrumente mit welchen Zielsetzungen umgesetzt werden und wie weit diese vorangetrieben werden.

ZUSAMMENFASSUNG

In diesem Kapitel haben Sie gelernt,

- wie sich aus der klassischen Logistik als Kostenfaktor Supply Chain Management als funktionen- und unternehmensübergreifender Managementansatz entwickelt hat,
- welche typischen Herausforderungen in Wertschöpfungsketten entstehen,
- welche grundsätzlichen Optimierungsansätze in Theorie und Praxis des Supply Chain Management vorgeschlagen werden,
- welche Werkzeuge zum Einsatz kommen, um den Herausforderungen entlang der Supply Chains zu begegnen,
- wie Supply Chain Management im Handel als Efficient Consumer Response umgesetzt wird,
- welche Methoden und Werkzeuge im Efficient Consumer Response zum Einsatz kommen und
- wo die Grenzen des Supply Chain Management liegen.

Supply Chain Management ist ein Managementansatz, der Unternehmen und Zulieferer-Abnehmer-Beziehungen als eine Kette von Wertschöpfungsprozessen versteht. Diese Prozesse setzen sich aus Informationsflüssen, Güterflüssen und Finanzflüssen zusammen, welche sich quer durch das eigene Unternehmen und auch quer durch die gesamte Wertschöpfungskette ziehen. Durch diese Sicht auf unternehmerische Abläufe wird das klassische Denken in Abteilungen, Zuständigkeitsbereichen und in getrennt agierenden Unternehmen aufgelöst. An deren Stelle tritt eine Denke, die von durchgängigen Prozessflüssen dominiert wird. Diese Flüsse sollen möglichst unterbrechungsarm, durchgängig, reibungsfrei und ohne Aufschaukelungen organisiert werden. Geschäftsprozesse werden an der Bedarfsbefriedigung des Kunden orientiert ausgerichtet und über Bereich und Unternehmensgrenzen hinaus gestrafft. Damit bietet Supply Chain Management eine Möglichkeit, neue Potenziale in Leistung, Qualität UND Kosteneffizienz zu erschließen. Kernelement ist dabei die kooperative Zusammenarbeit in Wertschöpfungsketten bzw. Wertschöpfungsnetzwerken.

Typische Herausforderung in der Logistik sind die Optimierung von Leistung, Qualität bei gleichzeitiger Kostenkontrolle oder die Senkung von Kosten bei Einhaltung von Leistungs- und Qualitätszielen. Im Supply Chain Management ist zudem die Ausrichtung am Kundenwunsch zentral, dafür muss dieser aber genau analysiert und definiert werden. In der Praxis nicht übergreifend kooperierender und nicht interagierender Lieferketten haben sich Aufschaukelungseffekte gezeigt. Diese führen zu hohen Beständen und unnatürlichen Auftragsspitzen. Diese Aufschaukelungen bringen künstliche Aufwände in eine Wertschöpfungskette und stellen diese vor erhebliche Planungsprobleme.

Für diese Herausforderungen gibt es in der Praxis und theoretisch hergeleitet Optimierungsansätze, die sich auf die Konfiguration logistischer Netze, auf die Rationalisierung in bestehenden logistischen Netzen und auf die Steuerung logistischer Prozesse in den Netzen beziehen. Bei diesen Ansätzen kommen Werkzeuge zum Einsatz, die der klassischen Produktionslogistik oder auch dem Lean Management entnommen sind oder vor dem Hintergrund einer übergreifenden SCM-Denke neu entwickelt wurden.

Sehr konkret ausgearbeitet zu einem Werkzeugkasten sind SCM-Werkzeuge für den Handel. Dort werden sie mit dem Marketing verkoppelt und unter dem Begriff des Efficient Consumer Response standardisiert ausgearbeitet und nach Vorschlägen der GS1 – eines Standardisierungs-Verbands – von Unternehmen entlang der Wertschöpfungskette zur Kooperation genutzt.

Trotz aller Vorteile und Potenziale des Supply Chain Management stößt dies auch an seine konzeptionellen Grenzen. Dies geschieht meist dort, wo über einen zu weit greifenden Kooperationsansatz Markteffekte zu stark ausgehebelt werden. Wenn die kooperative Koppelung so eng wird, dass mangelnde Konkurrenz zu Preissteigerung und sinkender Innovationsfreude führt, kann SCM auch kontraproduktiv wirken. Dies ist bei der Gestaltung von Wertschöpfungsnetzen zu berücksichtigen.

Ihr Wissen können Sie im eLearning-Bereich mit einem Verständnistest prüfen.

AUFGABEN

Aufgabe 1

Beschreiben Sie den „neuen" Ansatz des Supply Chain Management, indem Sie auf den Unterschied zum herkömmlichen Verständnis der Logistik eingehen. Welche Rolle spielt dabei die IT?

Aufgabe 2

Benennen und beschreiben Sie klassische Herausforderungen in Logistik und Supply Chain Management.

Aufgabe 3

Erläutern Sie den Bullwhip-Effekt, der in einer Lieferkette entstehen kann. Geben Sie dabei Gründe für dessen Entstehung an sowie Maßnahmen, um diesen Effekt zu reduzieren.

Aufgabe 4

Nennen Sie Standardprobleme sowie allgemeine Optimierungsansätze bei der Gestaltung von Supply Chains.

Aufgabe 5

Erläutern Sie die Bedeutung der IT-Integration für das Supply Chain Management. Welche Informationen sind beispielhaft relevant und welche IT-Systeme spielen eine Rolle?

Aufgabe 6

Zeichnen Sie die drei Referenzmodelle.

Aufgabe 7

Eine Möglichkeit der IT-Integration ist die Nutzung von Nachrichtenstandards. Nennen Sie EANCOM-Standards, wie sie im ECR zum Einsatz kommen.

Aufgabe 8

Benennen Sie die Grenzen und eine mögliche Zukunft des Supply Chain Management in sieben kurzen Stichworten.

Die Lösungen zu den Aufgaben finden Sie im eLearning-Bereich.

FALL ABC/XYZ-ANALYSE IN MOVE BEI SCHAEFFLER

Einführung

Die Schaeffler-Gruppe ist mit über 83.000 Mitarbeitern weltweit eines der größten deutschen und europäischen Industrieunternehmen in Familienbesitz und unter den Marken INA, FAG und LUK bekannt für alles, was sich bewegt: in Maschinen, Anlagen, Kraftfahrzeugen und in der Luft- und Raumfahrt.[52]

Die Unternehmensstrategie der Schaeffler-Gruppe setzt sich aus mehreren Bausteinen zusammen. Über allem steht die Vision „Gemeinsam bewegen wir die Welt".

Zum Erreichen dieser Vision hat sich das Unternehmen folgende Ziele gesteckt:

- Steigerung von Schnelligkeit, Globalisierung
- Steigerung der Unternehmensqualität
- Qualifiziertes Wachstum
- Mitarbeiterzufriedenheit

Die Strategie setzt sich wiederum aus den vier Bausteinen „One Schaeffler", „Mobilität für morgen", „Transparenz, Vertrauen, Teamarbeit" und „MOVE" zusammen. Die Strategie ist ausgerichtet an drei Erfolgsfaktoren des Unternehmens: Innovation, Technologie und Qualität.

Um all dies in der Unternehmenskultur zu verankern, wurde bei Schaeffler ein unternehmensweit laufendes Projekt MOVE durchgeführt. Leitsätze dabei waren:

- Eigenverantwortliche Mitarbeiter
- Vermeidung von Verschwendung
- Fehlerfreie Abläufe
- Synchron zum Kundentakt

Dazu wurden mehrere Teilprojekte durchgeführt, die als Fallstudien in den Kapiteln

- *Produktion:* KANBAN-System
- *Supply Chain Management:* ABC/XYZ-Analyse
- *Lean Management:* Wertstromdesigns aus der Wertstromanalyse

erläutert werden. Das gesamte Projekt mit allen Fallstudien zusammenhängend ist als Onlinekapitel verfügbar.

Beschreibung

Eine ABC/XYZ-Analyse liefert die nötigen Informationen, um zu definieren, welche Typen des Nadellagers „N" sich für KANBAN eignen. Eine ABC/XYZ-Analyse umfasst drei Schritte:

Schritt 1: ABC-Analyse

Mittels einer ABC-Analyse werden die Typen mit dem höchsten Gesamtjahresumsatz ermittelt (sog. „Rennertypen"), wobei alle Typen nach Wertanteil sortiert werden. Fünf Typen (10 % der Typen) erbringen 80 % des Umsatzes und werden als A-Typen eingestuft. Mit fünf weiteren Typen des Nadellagers „N" (20 % der Typen) werden 15 % des Umsatzes erwirtschaftet (B-Typen). Alle restlichen Teile werden als C-Typen eingestuft. Die Grenzwerte 10 % und 15 % sind Richtwerte und können bei Bedarf an das betroffene Typenspektrum angepasst werden.

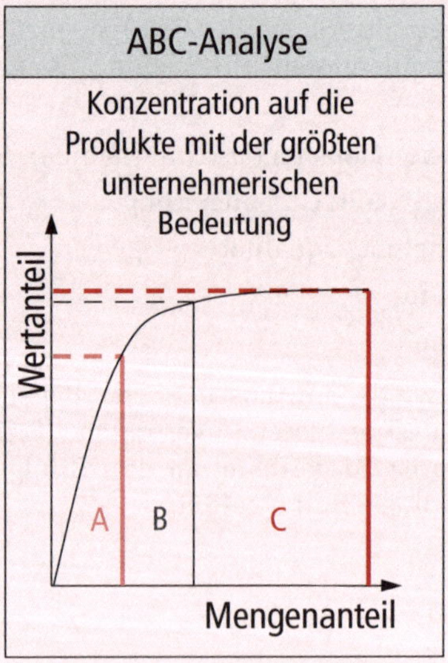

Abbildung 17.13: ABC-Analyse

Schritt 2: XYZ-Analyse

Danach folgt die Selektierung nach den Abrufschwankungen des Produkts mittels der XYZ-Analyse. Hierbei werden die Bedarfe kommender Monate, oftmals auf Basis der Abrufe der letzten Monate, prognostiziert und mit Hilfe des Variationskoeffizienten sortiert. Dieser berechnet sich aus der Division der Standardabweichung durch den Mittelwert der Bedarfe eines repräsentativen Zeitraums. Die Bewertung erfolgt auf Basis des Variationskoeffizienten.

$$\text{Variationskoeffizient: } CV = \frac{\text{Standardabweichung}}{\text{Mittelwert}}$$

Alle Typen mit einem Variationskoeffizienten unter oder gleich 0,2 werden als X-Typen definiert. Die Typen, die über dem Wert liegen, aber noch unter oder auf der Grenze von 0,5m werden als Y-Typen definiert. Alle Typen mit einem Wert größer als 0,5 sind Z-Typen. Auch hier sind die Grenzwerte Erfahrungswerte, die angepasst werden können, um eine genauere Einteilung zu ermöglichen. Es ergeben sich hier nur fünf Typen mit einer Abrufschwankung kleiner 0,2 und acht Typen, die eine Abrufschwankung unter 0,5 haben. Alle anderen Varianten werden als Z-Typen identifiziert.

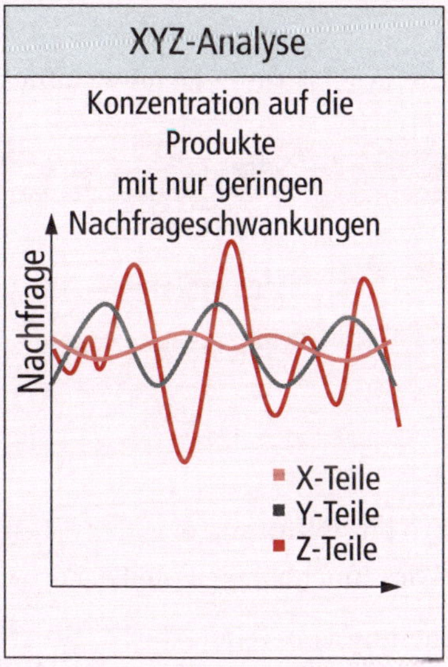

Abbildung 17.14: XYZ-Analyse[53]

Schritt 3: Kombination von ABC- und XYZ-Analyse

Im Rahmen des MOVE-Programms gilt die Empfehlung, dass AX-, BX-, CX- sowie teilweise AY- und BY-Typen über KANBAN gesteuert werden sollten. Wenn beide Kategorien kombiniert werden, erhält man bei Nadellager „N“ drei AX-, drei BX- und einen CX-Typ sowie zwei AY Typen, die sich für KANBAN eignen. Alle anderen Typen sollen auftragsgesteuert werden, also individuell bei Auftragseingang disponiert werden.

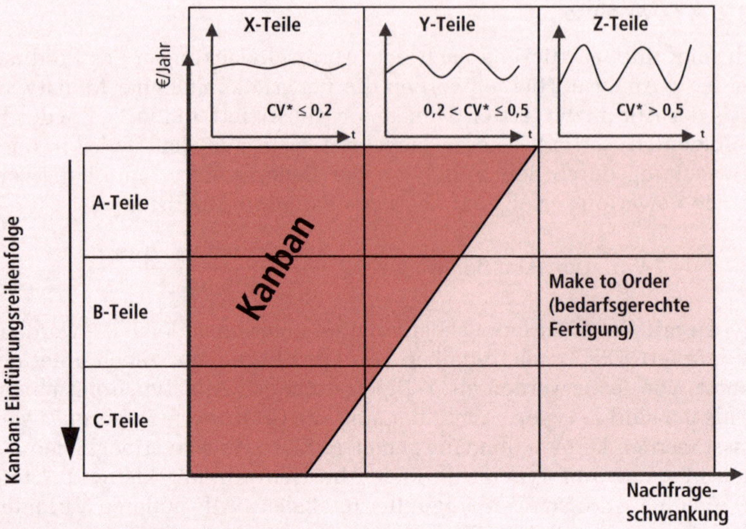

Abbildung 17.15: Kombination von ABC- und XYZ-Analyse

Aufgabenstellungen

1. Erstellen Sie eine ABC-Analyse zu folgenden Teilen eines Fahrrads:

	Anzahl	Preis
Speiche	**7.200 Stück**	**0,05 €**
Nabe	**200 Stück**	**50 €**
Rahmen	**100 Stück**	**150 €**
Reflektoren	**400**	**0,10 €**

2. a) Welcher Wert wird zur Definition der XYZ-Klasse genutzt?

b) Was sagt dieser Wert (unabhängig von der Formel zur Berechnung) aus?

3. Erläutern Sie die Eignung von Teilen für KANBAN anhand der Nachfrageschwankung, wie in ▶ *Abbildung 17.15* zu sehen ist. Gehen Sie dabei auf die Ergebnisse der ABC- sowie XYZ-Analyse ein.

Lehrende finden die Lösungen und weiteres, begleitendes Material in den eLearning-Dozentenressourcen.

Literaturhinweise

Klaus, Peter; Müller, Stefanie (Hrsg.): The Roots of Logistics, Berlin Heidelberg, Springer Verlag, 2012.

Klaus, Peter: Die Dritte Bedeutung der Logistik, Hamburg, DVV Media Group, 2012.

Klaus, Peter; Krieger, Winfried; Krupp, Michael (Hrsg.): Gabler Logistik Lexikon; 4. Auflage, Wiesbaden, Gabler Verlag, 2012.

Kummer, S., Grün, O., Jammernegg, W.: Grundzüge der Beschaffung, Produktion und Logistik, München, Pearson Verlag, 2006.

Thonemann, Ulrich; Behrenbeck, Klaus; Diederichs, Raimund; Großpietsch, Jochen; Küpper, Jörn; Leopoldseder, Markus: Supply Chain Champions, Wiesbaden, Gabler Verlag, 2003.

Thonemann, Ulrich; Behrenbeck, Klaus; Küpper, Jörn; Magnus, Karl-Hendrik: Supply Chain Excellence im Handel; Wiesbaden, Gabler Verlag, 2005.

Lernziele

In diesem Kapitel lernen Sie,

- wie sich Lean Management aus dem Toyota-Produktionssystem entwickelt hat,
- welche weiteren betriebswirtschaftlichen Konzepte Lean Management geprägt haben,
- in welche Ebenen und Bestandteile Lean Management gegliedert ist,
- welche Prinzipien und grundsätzlichen Zielsetzungen Lean Management verfolgt,
- wie Prozesse im Lean Management optimiert werden,
- wie Lean Management im Unternehmen implementiert und verankert werden kann und
- welche Werkzeuge im Lean Management zum Einsatz kommen und wie diese wirken.

Lean Management

18

ÜBERBLICK

Lean Management ist ein Überbegriff für eine Reihe von mehr oder weniger konkret ausdefinierten Optimierungsansätzen für betriebswirtschaftliche Prozesse. Es umfasst dabei grundsätzliche Managementphilosophien, konkrete Methoden und Verfahrensweisen sowie allgemeine Regelwerke, welche alle eine effiziente Gestaltung von Wertschöpfungsprozessen zum Ziel haben. Lean Management entstammt der industriellen Produktion, wird aber zunehmend auch auf die Erstellung von Dienstleistungen übertragen.[1]

Als Managementphilosophie durchdringt Lean Management das ganze Unternehmen vom Top-Management bis zum Fließbandarbeiter. Allerdings werden oftmals auch einzelne Methoden und Regelwerke isoliert adaptiert und eingesetzt.

18.1 Historische Entwicklung von Toyota zu Six Sigma

Lean Management basiert auf mehreren Managementansätzen und reicht dadurch weit in die Geschichte der Unternehmensführung zurück. Bereits in den frühen Jahren des vergangenen Jahrhunderts wurden erste Grundüberlegungen angestellt, die heute noch wesentliche Bausteine des Lean Managements sind und in den neuen Methoden des **Six Sigma** berücksichtigt werden. Oft wird Lean Management direkt und quasi exklusiv auf das Toyota-Produktionssystem zurückgeführt. Dies hat durchaus den entscheidenden Impuls gegeben und den Erfolg sehr anschaulich nachgewiesen. Allerdings sind auch weitere Impulsgeber zu nennen, die wesentlich gedanklichen und praktischen Einfluss auf das heutige Lean Management hatten und weiterhin haben.

18.1.1 Moderne Arbeitsteilung bei Taylor und Ford

Frühe Ansätze, auf die auch Lean Management aufbaut, sind bei Taylor und Ford zu finden. Taylor beschreibt bereits 1914 die Wirkung des Managements von arbeitsteiligen Prozessabläufen. Als wesentlicher Aspekt wird hier die genaue Aufgliederung der Arbeit in arbeitsteilige Systeme erkannt.[2] Entscheidende Rolle spielen dabei die zeitliche Abstimmung der Arbeitsschritte sowie die Berücksichtigung der Arbeitsbelastung und die Dauer der Bewegungsabläufe. Das von Taylor begründete „Scientific Management" orientiert sich dabei an detaillierten Zeitstudien, die Arbeitsabläufe genau messen und dann in quasi optimale Teilschritte zerlegen. Hinzu kommt die Motivation der Arbeiter durch eine leistungsorientierte Entlohnung.

Auch wenn das „Scientific Management" beziehungsweise der „Taylorismus" damals wie heute stark kritisiert werden, da sie dazu tendieren, immer kleinere Arbeitsschritte isoliert durchzuführen und Menschen wie Maschinen zu betrachten[3], so war doch mit diesen Ansätzen der erste Schritt in Richtung einer arbeitsteiligen Massenproduktion und auch einer Taktung der Arbeitszeit erfolgt; beides Ansätze, die heute extrem erfolgreich angewendet werden.

Die konsequente Weiterentwicklung der passgenauen Arbeitsteiligkeit erfolgte in der praktischen Umsetzung bei Ford. Zwar orientierte sich Ford bei der Einrichtung des Fleißbands an bekannten Systemen aus Schlachthöfen und der Zwiebackproduktion, dennoch wurde durch ihn beziehungsweise in seinem Werk die Industrialisierung der Produktion etabliert.[4] Gelegentlich wird die Automatisierung des Objektflusses als wesentliche Neuerung interpretiert, allerdings ist der Gedanke, das Produktionsobjekt entlang der arbeitsteiligen Prozessschritte zu bewegen, die eigentliche revolutionäre Innovation. So wurde in der industriellen Fertigung das Objektprinzip eingeführt.

Etwas abstrakter gesprochen, wird mit Ford das Fließprinzip etabliert. Kerngedanke ist hier, dass Objekte durch Produktionsstätten und Wertschöpfungsketten bewegt werden müssen, um Mehrwert zu generieren. Aufbauend darauf kann durch die Regulierung der Flussgeschwindigkeit das Ergebnis beeinflusst werden.[5]

18.1.2 Toyota-Produktionssystem

Das Toyota-Produktionssystem (TPS) wurde im gleichnamigen japanischen Industriebetrieb in der ersten Hälfte des 20. Jahrhunderts entwickelt. Toyota ist als Automobilproduzent bekannt, hatte ursprünglich allerdings Webstühle hergestellt. Der industrielle Wandel sowie Rohstoffknappheit und internationaler Wettbewerb waren die Treiber, um Effizienzsteigerungen im Produktionsablauf zu suchen und zu etablieren. Geistige Väter des TPS waren die Inhaber Sakichi Toyoda und Kiichiro Toyoda sowie der Produktionsleiter Taiichi Ohno.

Im TPS werden grundlegende Verfahren in einem Regelwerk festgeschrieben und das eher abstrakte Fließprinzip in konkrete Maßnahmen übersetzt. Prinzipielle Eckpfeiler aus dem TPS sind die strikte Orientierung am Kundennutzen und daraus abgeleitet die Vermeidung von Verschwendung. Verschwendung sind demnach alle Aktivitäten oder Produktanteile, die den Kundennutzen nicht steigern. Sämtliche Verfahren und Methoden orientieren sich daran, Verschwendungen aufzudecken und zu eliminieren.[6] In Summe wird so das Ziel verfolgt, möglichst hohe Produktivität bei höchster Produktqualität zu erreichen und Liefertermine einzuhalten.[7]

Sehr nah mit der japanischen Kultur verwandt ist das Prinzip der kontinuierlichen Verbesserung in kleinen Schritten durch die eigenen Mitarbeiter. Dies ist ein Gegenentwurf zur Optimierung von Arbeitsabläufen durch große Veränderungen, die durch das Management ausgearbeitet werden. Ein Vorgehen, das eher dem europäischen oder westlich geprägten Managementverständnis entspricht.

18.1.3 PDCA-Zyklus und Qualitätsmanagement

Im heutigen Verständnis des Lean Managements kommt zur kontinuierlichen Verbesserung von Prozessen und Organisationen der sogenannte PDCA-Zyklus (Plan, Do, Check, Act) zur Anwendung. Es handelt sich um eine strukturierte Vorgehensweise, die von den US-amerikanischen Physikern und Statistikern Walter A. Shewhart und William Edwards Deming entwickelt wurde.[8] Grundsätzliches Ziel der Vorgehensweise ist eine Qualitätssteigerung, die sich auf den Verbesserungsprozess an sich und damit auch auf dessen Ergebnis bezieht.[9] Obwohl in den USA entwickelt, fanden die Überlegungen von Shewhart und Deming erst in Japan Beachtung und wurden im Toyota-Produktionssystem umgesetzt.[10]

Wesentlich zur Wahrnehmung Demings in Japan hat Ishikawa Kaoru beigetragen, der ebenfalls den Managementansatz nachhaltig beeinflusste. Das nach ihm benannte **Ishikawa-Diagramm**, auch **Fischgräten-Diagramm** genannt, stellt strukturiert Ursache-Wirkungs-Zusammenhänge dar. So unterstützt es eine gezielte Suche nach Ursachen von Problemen im Prozess.[11]

Beide Ansätze bilden gemeinsam die Grundlage des **Total Quality Managements (TQM)**[12] und einen Kern des Lean Managements mit einem planmäßigen und strukturierten Vorgehen bei der Verbesserung, die versucht, möglichst an Ursachen und nicht an Symptomen anzusetzen.

18.1.4 Six Sigma und Lean Management

Die Entwicklung des Lean Managements kann im Grunde nicht losgelöst von der Entwicklung des Qualitätsmanagements betrachtet werden: Die Herstellung von Produkten mit qualitativen Mängeln wird als Verschwendung definiert, somit ist das Management der Qualität wesentlicher Bestandteil des Lean Managements. Daraus leitet sich eine Null-Fehler-Strategie ab, die im TPS verankert ist.[13] Kein fehlerhaftes Produkt soll von einer Fertigungsstufe in die nächste weitergegeben werden. So wird jeder Mitarbeiter zum Qualitätsmanager und die Fehlertoleranz dabei minimiert.

Der Null-Fehler-Gedanke ist Grundlage und Namensgeber der Six-Sigma-Methode (6σ)[14]. Diese Methode wird in vielen produzierenden Unternehmen und bei vielen Dienstleistern angewendet. Sie fußt auf einem Regelwerk sowie einem Methoden-„Werkzeugkasten", die in Schulungen erlernt werden können und durch Zertifikate in Form von Rangzeichen und Gürtelgraden nachgewiesen werden. Im Zuge der Einführung und Umsetzung von Six Sigma wird meist auch Lean Management implementiert.[15] Die synchrone Verwendung beider Ansätze wird auch als Lean Six Sigma bezeichnet. Dies ist inhaltlich sinnvoll, da Lean Management auf die Geschwindigkeit der Prozesse fokussiert und Six Sigma auf steigende Qualität in Prozessen zielt; sich beide Ansätze deshalb ergänzen. Eine große gemeinsame Schnittmenge der Methoden und übereinstimmenden Grundvoraussetzungen vereinfacht die gemeinsame Anwendung dabei.[16]

18.2 Bestandteile und Ebenen des Lean Managements

Lean Management besteht aus mehreren Bestandteilen, die ineinandergreifen. Diese lassen sich entsprechend ihrer Wirkungsreichweite und Abstraktheit grob in die übergeordnete Managementdenkweise beziehungsweise -philosophie, Prozessaspekte, Mitarbeitereinbindung und konkrete Werkzeuge einteilen. Es ist ratsam, bei der Implementierung von Lean Management im Unternehmen alle genannten Bereiche zu berücksichtigen. Eine Einführung der Philosophie ohne konkrete Maßnahmen ist ebenso wenig erfolgversprechend wie die Einführung von konkreten Werkzeugen in Maßnahmen ohne die entsprechende Untermauerung durch die notwendige, oft neue Denkweise im Management.[17]

18.2.1 Philosophie und Prinzipien des Lean Managements

Die grundlegende Denkweise im Lean Management ist eine Orientierung am Kunden. Dies resultiert aus der Wandelung des Anbietermarkts zum Käufermarkt Mitte des 20. Jahrhunderts. Aber nicht nur vor dem Hintergrund der Entstehungszeit betrachtet ist diese Denkweise als Prinzip hilfreich. Vielmehr kann Kundenorientierung als quasi zeitlos verstanden werden. Aus Kundenorientierung als abstrakte Denkweise werden griffigere Vorgaben abgeleitet. So wird zur Betrachtung der eigenen Arbeitsabläufe und Geschäftsprozesse der Standpunkt des Kunden eingenommen. Wesentlich ist dabei, was der Kunde wahrnimmt und wie er dies bewertet. Auch interne Abläufe werden mit dieser Sichtweise hinterfragt. Wertschöpfung wird demnach als Aktivitäten definiert, die dem Kunden nutzen und für die er bereit ist zu zahlen. Nach dieser Sichtweise werden nicht-wertschöpfende Aktivitäten als Verschwendung verstanden. Ziel im Lean Management ist diese Verschwendung zu eliminieren oder zumindest zu minimieren.

Ein weiterer Aspekt des Lean Managements als Denkweise ist die fortlaufende Umsetzung von Verbesserungen in kleinen Schritten. Dieser Kaizen-Prozess oder **kontinuierliche Verbesserungsprozess (KVP)** spiegelt die japanische Kultur wider. Der KVP-Ansatz geht davon aus, dass nie ein stabiler, optimaler Prozess erreicht wird, sondern dieser immer im Wandel ist. Daher müssen Prozesse ständig hinterfragt und überarbeitet werden. So nähert sich ein Geschäftsprozess durch ständige kleine Verbesserungsschritte einem Optimum, das letztlich aber nie wirklich erreicht werden kann. Dies ist eine Denkweise, die sich auch im japanischen ZEN-Buddhismus wiederfindet.[18] Damit stellt Kaizen einen Gegenentwurf zum eher westlich geprägten Ansatz des Business Process Reengineering (BPR), bei dem ein stabil laufender Prozess durch einen neuen, verbesserten Prozess ersetzt wird, der dann wieder eine Zeitlang stabil laufen soll. Kaizen schafft eine Organisation, die sich permanent im Verbesserungsprozess befindet und bei der es zwar eingeschwungene Zustände gibt, diese aber im Detail permanent überarbeitet werden; ein Zustand, der in westlichen Industrienationen mitunter als unangenehm und instabil empfunden wird.

Kaizen kann nur durch die dezentrale Einbindung aller Mitarbeiter erreicht werden. Auf allen Ebenen bekommen die Mitarbeiter die Möglichkeit, in einem gesetzten Rahmen die Abläufe in ihrem Wirkungsbereich zu optimieren. Die genannten Prinzipien werden also auf allen Hierarchieebenen verankert. Auch dies ist als Gegenentwurf zum BPR zu verstehen. Im Lean Management nehmen im Kaizen Mitarbeiter eigenverantwortlich kleine Schritte vor, die dezentral in ihren Arbeitsbereichen erfolgen. Im BPR werden zentral durch eine Stabsstelle oder Projektgruppe neue Prozesse ausgearbeitet und mit entsprechenden Maßnahmen eingeführt. Im Kaizen ist eine explizite Einführung oftmals nicht nötig, da zum einen die Veränderungen nur sehr geringe Prozessbestandteile betreffen und zum anderen die Mitarbeiter diese Veränderungen selber erarbeitet haben. Dadurch erkennen diese die Notwendigkeit der Veränderung besser und verstehen und akzeptieren diese auch ohne Einwirkung von Vorgesetzen.

Lean Management orientiert sich stark an Kennzahlen, aber diese Kennzahlen werden wiederum dezentral durch die Mitarbeiter selbst und direkt vor Ort am laufenden Prozess erhoben. Die Beobachtung der Abläufe und die Erstellung eigener einfacher Zahlenwerke stärkt in den Arbeitsbereichen das Verständnis für die eigene Leistung. Zudem werden Kennzahlen besser mit einem direkten Ablauf verkoppelt. Dies ist ein Prinzip, das Toyoda persönlich eingeführt hat. Dabei hat er sich stundenlang in der Fabrik aufgehalten und Beobachtungen notiert. Heute wird das Vorgehen Gemba (umherlaufend) oder Kreidekreismethode (von einem Beobachtungspunkt aus) genannt.

Grundlegendes Prinzip im Lean Management ist das Fließprinzip. Es besagt, Objekte im Unternehmen in Bewegung bzw. im Fluss zu halten. Nur Objekte, die in Bewegung sind, sind wertschöpfend; Objekte, die liegen, also Bestände, sind nicht wertschöpfend und damit Verschwendung. Gemeinsam mit der oben genannten Kundenorientierung schlägt sich das Fließprinzip in der Pull-Logik nieder. Bei der Pull-Logik werden Aktivitäten durch den Kundenauftrag ausgelöst. Wenn der Kunde nach Bedarf Aufträge durch Prozesse zieht, werden in der Regel nur geringe Bestände aufgebaut. Der Ansatz ist, dass Bedarfe auch sofort gebraucht bzw. verbraucht werden. Demzufolge ist die Pull-Logik vorherrschende Steuerungslogik im Lean Management. Die Pull-Steuerung wurde bereits im ▶ *Kapitel 15 „Produktion“* im Vergleich mit dem traditionellen Push-Verfahren diskutiert.

18.2.2 Prozesse im Lean Management

Optimierungsobjekt im Lean Management sind Geschäftsprozesse. Zunächst im Fokus sind Produktionsprozesse direkt in den Werkshallen industrieller Produktion, wie eben bei Toyota. Allerdings werden Ansätze des Lean Managements auch erfolgreich auf administrative Prozesse und Dienstleistungsprozesse angewendet. Zur effizienten Gestaltung der Prozesse kommen Grundsätze zur Anwendung, die sich in der Philosophie wiederfinden beziehungsweise sich aus dieser ableiten. Dies sind Kundenorientierung, Vermeidung von Verschwendung, Vermeidung von Aufschaukelungen beziehungsweise gleichmäßige Auslastung, Standardisierung und dezentrale Steuerung.

Vermeidung von Verschwendung (japanisch **Muda**) ist die zentrale Zielsetzung bei der Prozessgestaltung. Als Verschwendung wird alles definiert, was nicht direkt den Kundennutzen mehrt und vom Kunden nicht bezahlt wird. Bei Toyota werden sieben Verschwendungsarten definiert, die es zu vermeiden gilt:

- **Muda durch Überproduktion:** Produktion von Ware, die nicht verkauft werden kann
- **Muda der Bestände:** Bestände von (Halb-)Fertigprodukte, Zulieferteile und Materialien, die im Prozess nicht notwendig sind
- **Muda durch Nacharbeit/Fehler:** Fehlerhafte Produkte stören den Produktionsfluss und erfordern teure Nachbesserungen.
- **Muda der Bewegung:** jede Körperbewegung, die nicht zum Wertzuwachs beiträgt
- **Muda in der Herstellung:** unzureichende Technologie oder Konstruktion
- **Muda durch Warten:** untätige Hände eines Mitarbeiters
- **Muda beim Transport:** unnötige Bewegung von Objekten

Zu diesen Verschwendungsarten werden heute von unterschiedlichen Autoren weitere Muda ergänzt:

- **Muda unerschlossener Human Resources:** Mitarbeiter werden nicht entsprechend ihrer Qualifikation genutzt, d. h. auch: Die Qualifikation wird nicht erkannt.
- **Muda durch ungeeignete IT-Systeme**
- **Muda von Energie und Wasser**
- **Muda von Kundenzeit**
- **Muda von Service- und Büroaktivitäten**

Neuere Verschwendungsarten zeigen auch, dass sich der Fokus des Lean Managements ausweitet und zunehmend indirekte, administrative Bereiche und Dienstleistungen mit einbezogen werden.

Die gleichmäßige Auslastung der Produktionsfaktoren vermeidet eine Überlastung von Maschinen und Mitarbeitern (japanisch Muri) sowie unregelmäßige Prozesse (japanisch Mura). So können Ausfälle vermieden werden und das Gesamtsystem wird synchronisiert und so gleichmäßig ausgesteuert. Dies kann erreicht werden, wenn der Produktionstakt des Kunden zum Taktgeber der eigenen Produktion wird. Dieses Vorgehen führt dazu, dass das Pull-Prinzip zur Anwendung kommt. Eine **Nivellierung** der Bedarfsmengen in der Wertschöpfungskette (**Heijunka**, vgl. ▶ *Kapitel 15 „Produktion“*) stabilisiert zudem die Prozesse im Produktionssystem. Dies ist nur möglich, wenn die Nachfrage durch den Kunden keinen größeren Schwankungen unterliegt. Problematisch ist dies dann, wenn durch das Nachfrageverhalten des Kunden Aufschaukelungen in die eigenen Prozesse hereingetragen werden. Beispielsweise ist dies in stark saisonal schwankenden Märkten der Fall. Ein **Leveling,** also ein Ausgleich der Produktionsschwankungen, wird in diesem Fall durch Lagerhaltung vorgenommen.

Für die interne Prozesskette kann eine gleichmäßige Auslastung, die durch die Orientierung am Warenfluss erreicht wird, Bestände verringern. Ansätze zur Vermeidung von Muda, Muri und Mura liefern das Pull-Prinzip und Just-in-Time-Anlieferungen. Jede Produktionsstufe „zieht" das nötige Vormaterial durch einen internen Auftrag von der vorgelagerten Produktionsstufe. Nur die Materialien werden angeliefert, die auch im nächsten Arbeitsgang beziehungsweise den nächsten Arbeitsgängen verbraucht werden. Im TPS wird dieser Auftrag in Form von „Bestellkarten", dem **Kanban**-System, umgesetzt. Ein Effekt ist, dass alle Produktionsstufen ihre Geschwindigkeit aneinander angleichen beziehungsweise sich an der langsamsten Produktionsstufe ausrichten. Überproduktion wird dadurch vermieden. Dasselbe gilt auch für Stauungseffekte zwischen den Produktionsstufen. Entsprechend pendelt sich eine einheitliche Produktionsgeschwindigkeit ein. Durch Taktung kann diese Geschwindigkeit gesteuert werden, Aufschaukelungen werden reduziert.

Eine Vereinheitlichung von Prozessbestandteilen und Abläufen durch Standardisierung erfolgt über Prozessbeschreibungen und Darstellungen. Standard-Arbeitsblätter geben vor, wie bestimmte Abläufe erfolgen müssen. Durch Standardisierung von Abläufen wird die Qualität der Arbeitsergebnisse gesichert, auch wenn verschiedene Mitarbeiter diesen Arbeitsablauf durchführen. Zudem ist die Einarbeitung neuer Mitarbeiter in einen Prozess einfacher, wenn dieser standardisiert und der Standard dokumentiert ist. Prozessveränderungen können zudem einfacher durchgeführt werden, wenn von einem gültigen Standard ausgehend ein neuer Standard definiert werden kann.

Prozessstandards reduzieren die Vielfalt unterschiedlicher Prozessabläufe im Unternehmen. Vielfalt steigert die Komplexität und erschwert das Management dieser Prozesse. So kann in letzter Konsequenz durch Standards das Prozessmanagement effektiver durchgeführt werden, insofern die Dokumentation simultan zur Prozessveränderung geführt wird. Für die nachhaltige Verankerung der Standards in der Organisation bedarf es Disziplin und nicht zuletzt eines konsequenten Vorlebens durch die Führungskräfte.

Dezentrale Steuerung entlastet und „verschlankt" das zentrale Management. Entscheidungen werden nahe am Prozess getroffen. Hier sind die notwendigen Informationen vorhanden und können direkt und zeitnah in die Entscheidungsfindung integriert werden. Die oben beschriebene Produktionssteuerung durch Auftragskarten oder Kanban setzt das dezentrale Prinzip um. Eine zentrale Steuerung der Produktionsprozesse ist nicht nötig. Ein Nachteil dieser Steuerung kann der fehlende Überblick in dezentralen Steuerungseinheiten sein.

18.2.3 Mitarbeitereinbindung

Das Prinzip der Dezentralisierung setzt die konsequente Einbindung aller Mitarbeiter voraus. Auf allen Hierarchieebenen werden Grundsätze des Lean Managements verankert und verinnerlicht. Dies wird durch die eigenverantwortliche Einbindung der Mitarbeiter erreicht. Grundlage ist die vorbereitende Schulung der Mitarbeiter. Arbeitsweisen und Grundsätze werden zunächst erklärt und gezeigt. Sehr schnell wird ein „Learning by doing"-Ansatz verfolgt. Dies fördert nicht zuletzt die Glaubwürdigkeit des Managements, da eine aktive Teilnahme der Mitarbeiter in Problemlösungsprozessen ausdrücklich erwünscht ist. Gerade in hierarchisch geführten Unternehmen kann dies Mitarbeitern das nötige Vertrauen beziehungsweise die nötige Motivation geben, um ihre operativen Kenntnisse auch an Vorgesetzte weiterzureichen und gemeinsam Ursachen besser zu identifizieren. Durch das selbstständige Anwenden des Erlernten werden Inhalte nachhaltig vermittelt. In dieser Vorgehensweise spiegeln sich ostasiatische Denkansätze wider.

Um die erlernten Inhalte zu verfestigen und Vorgehensweisen zu verstetigen, werden allen Mitarbeitern Aufgaben und Verantwortungsbereiche übertragen, die sie eigenverantwortlich wahrnehmen beziehungsweise überwachen, steuern und verbessern müssen. Um die gewünschten Ergebnisse zu erzielen, werden Richtlinien und Zielgrößen vorgegeben. Hier kommen Kennzahlen, aber beispielsweise auch Zustandsbeschreibungen oder Fotos von Zielzuständen zum Einsatz. Anhand dieser Zielvorgaben wird das eigenverantwortliche Verhalten der Mitarbeiter durch den Vorgesetzten bewertet. Zur Motivation kommen unterschiedliche Anreizsysteme zum Einsatz.

18.2.4 Optimierungswerkzeuge

Konkretisiert werden Verbesserungsmaßnahmen, indem Zielvorgaben in Form der beabsichtigten Veränderungen der jeweiligen Kennzahlen definiert werden. Entsprechend sind Methoden und Werkzeuge auch mehr oder weniger eng an Kennzahlen gekoppelt. Zentrale Kennzahl ist die Gesamtanlageneffektivität. Diese berechnet sich aus Verfügbarkeits-, Produktivitäts- und Qualitätswerten. An diesen Werten setzen die Methoden des **Total Productive Management (TPM)** bzw. des **Total Quality Management (TQM)** an.

Grundsätzlicher sind die Methoden zur Umsetzung des Fließprinzips nach einer Pull-Logik und generelle Analysemethoden, die es ermöglichen, Schwachstellen zu erkennen. Beide Methoden-Bündel dienen gleichermaßen zur Umsetzung.

18.3 Organisatorische Verankerung von Lean Management

Um Lean Management nachhaltig in einem Unternehmen zu etablieren, müssen die Denkweise und Prinzipien zuerst im Management verankert werden. Dies geschieht üblicherweise bevor oder während die konkreten Methoden angewendet werden. Zwar ist auch die isolierte Einführung einzelner Methoden möglich, jedoch auf lange Sicht nur eingeschränkt erfolgsversprechend.

Zur Verankerung des Lean Managements im Unternehmen werden mehrere Vorgehensweisen genutzt und auch parallel angewendet. So wird nach dem Vorbild des TPS ein unternehmensindividuelles Regelwerk erstellt, es werden interne Ansprechpartner und Treiber für die Umsetzung im Unternehmen etabliert und es werden Schulungsprogramme aufgesetzt, um den Gedanken des Lean Managements in den Köpfen der Mitarbeiter zu verankern.

18.3.1 Verankerung durch ein Produktionssystem als Regelwerk

In Deutschland werden Managementphilosophien, konkrete Methoden und Verfahrensweisen sowie allgemeine Regelwerke des Lean Managements häufig auf das eigene Unternehmen adaptiert, konkretisiert und in einem eigenen Produktionssystem festgeschrieben. Dies geschieht in Anlehnung an das TPS. So entsteht ein unternehmensspezifisches Regelwerk, welches die Grundsätze des Lean Managements widerspiegelt und verbindlich für alle Mitarbeiter dokumentiert. Prominente Beispiele aus der Automobilwirtschaft sind die Produktionssysteme „APS“ von Audi[19], „BPS“ von Bosch[20] oder das Produktionssystem Porsche, welches als eines der ersten in Deutschland von japanischen Beratern eingeführt wurde[21]. Ein Beispiel aus dem Maschinenbau ist „Synchro“ von Trumpf[22].

Ähnliche Regelwerke finden sich in anderen Branchen industrieller Produktion. Im Bereich der Dienstleistungen ist die Logistik Vorreiter. Als Beispiel sind hier das Rudolph Logistik System[23] oder das Huppertz Lean-Logistics-System[24] zu erwähnen. Die Logistik ist als industrienahe Dienstleistung sehr eng mit den Prozessen der produzierenden Wirtschaft, insbesondere mit der Automobilwirtschaft verkoppelt. Diese enge Verzahnung hat dazu geführt, dass die erfolgreichen Verbesserungskonzepte in diesem Bereich/Segment übertragen und adaptiert wurden.

Typisch für alle Produktionssysteme ist die Verbildlichung der Kernelemente des Regelwerks. Oftmals wird ein Säulenmodell genutzt, das zeigt, welche Prinzipien die tragenden Säulen des jeweiligen Produktionssystems sind. Inhaltlich weichen die Produktionssysteme durchaus voneinander ab und fokussieren unterschiedliche oben beschriebene Prinzipien des Lean Managements.

Oft werden auch bestimmte Optimierungswerkzeuge im Produktionssystem visualisiert und somit als bevorzugte Umsetzungsmethoden betont.

18.3.2 Verankerung in die Organisationsstruktur

Um die Lean-Management-Ansätze im Unternehmen zu etablieren, reicht die Einführung eines Produktionssystems in der Regel nicht aus. Nach dem Prinzip der Mitarbeitereinbindung müssen die Denkweisen des Lean Managements im Unternehmen diffundieren. Einerseits geschieht dies durch die oben angesprochenen Schulungsansätze, andererseits indem Treiber des Lean Managements im Unternehmen agieren.

Die Verankerung in der Organisationsstruktur eines Unternehmens kann im Wesentlichen nach zwei Mustern oder als eine Mischung dieser erfolgen. Einerseits durch die Schaffung einer zentralen, organisatorischen Einheit, welche die Etablierung des Lean Managements im Unternehmen vorantreibt. In der Praxis werden häufig Stabsstellen eingerichtet, die Lean Management in Form einer internen Beratung in die operativen Abteilungen tragen. Andererseits können dezentrale Ansprechpartner zum Thema Lean Management etabliert werden, d. h., in allen hierarchischen Ebenen und über alle Abteilungen werden Lean-Management-Verantwortliche integriert.

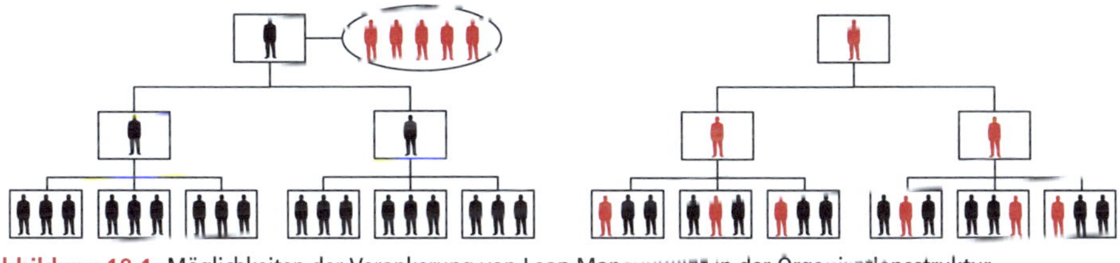

Abbildung 18.1: Möglichkeiten der Verankerung von Lean Management in der Organisationsstruktur

Beide Strukturen können kombiniert oder parallel eingeführt werden. Fraglich ist dabei die Organisation zwischen diesen beiden Ansätzen. Insbesondere die Weisungsbefugnis muss geklärt werden. Dezentrale Lean-Management-Verantwortliche können den Abteilungsleitern unterstellt werden. In diesem Fall wäre das Lean Management in einer Matrix-Logik organisiert. Aber auch die Unterstellung aller Lean-Management-Verantwortlichen unter die zentrale Einheit ist denkbar und stärkt die Stellung der Lean-Management-Abteilung.

18.3.3 Verankerung bei den Mitarbeitern durch Schulungskonzepte und Lean-Akademien

Erfolgskritisch ist insbesondere die Diffusion von Lean-Management-Wissen in der Organisation. Dabei ist nicht nur das konkrete Wissen um die Anwendung von Optimierungswerkzeugen gemeint, sondern auch die grundlegenden Prinzipien, auf denen Lean Management aufbaut. Die Einführung von Lean Management wird meist von umfassenden Schulungsmaßnahmen begleitet. Intensiver geschult werden in erster Linie die Lean-Management-Verantwortlichen, aber auch der Rest der Belegschaft wird in Grundlagen des Lean Managements eingeführt.

Da Lean Management grundsätzliche Denkweisen beinhaltet und auch zum Teil konträr zu westlichen oder europäischen Managementansätzen steht, werden alle Hierarchieebenen geschult. Der Fokus der Schulungen wird entsprechend der Vorbildung und der Verantwortlichkeiten angepasst. Wichtig in diesem Kontext ist, dass Lean Management in seinen Prinzipien von den Führungskräften vorgelebt werden muss. Hier zeigt sich wieder, dass Lean Management nicht ein theoretisches Konzept ist, sondern durch die konkrete Anwendung in Prozessen und Ablauforganisationen gelebt wird.

Ein oben beschriebenes Prinzip ist die Einbindung der Mitarbeiter. Dies beinhaltet auch die Aktivierung und Motivation der gesamten Belegschaft. Ebenso wird auch die Schulung realisiert. Schulungen im Lean Management sind stark anwendungsbezogen und sollen aktivieren und motivieren. Daher werden in vielen Schulungskonzepten Vorgehensweisen modellhaft, aber praktisch eingeübt und nicht theoretisch vermittelt. Beispiele sind Lean-Management-Spiele, wie z. B. das Plane Game oder das Schiffchen-Spiel, sowie Modellfabriken.[25]

Einige Unternehmen etablieren zur nachhaltigen Einführung von Lean Management eigene Schulungseinrichtungen oder Akademien. Diese sind unterschiedlich aufwändig organisiert und ausgestattet. In den Akademien wird die Möglichkeit geboten, Mitarbeiter kostengünstig wie auch kontinuierlich zu schulen. Zudem wird der Lean-Management-Gedanke durch eine solche Einrichtung institutionalisiert und die Nachhaltigkeit der Einführung untermauert.

18.4 Methoden und Werkzeuge des Lean Managements

▶ *Tabelle 18.1* zeigt eine Übersicht über ausgewählte Methoden und Werkzeuge, durch welche die Prinzipien operationalisiert und umgesetzt werden.

Kennzahlen / Ziele	
Analysemethoden und konzeptionelle Methoden	Operative Methoden zur Umsetzung des Fließprinzips und der Pull-Logik:
■ U-Zellen – 5S/5A ■ Poka Yoke – Ishikawa-Diagramm – 5W-Fragetechnik – Sehen Lernen/Gemba ■ Wertstromanalyse ■ Visual Management	■ Null-Fehler-Prinzip/Total Quality Management (TQM) ■ TPM/Total Productive Maintenance ■ Losgröße 1 (**one piece flow**) – Rüstzeitoptimierung/**SMED** – Milk Run/Routenzug (small train) – Kanban/Supermarkt/Shop Stock – JiT/JiS/Perlenkette – Heijunka/Nivellierung/Leveling ■ Standardisierung und Modularisierung
Kaizen / KVP / PDCA	

Tabelle 18.1: Optimierungswerkzeuge aus dem Lean Management[26]

Im Folgenden werden die ausgewählten Analysemethoden und konzeptionelle Methoden vorgestellt. Methoden und Werkzeuge mit engem Bezug zu Produktion und Produktionssteuerung sind rechts gelistet. Diese Werkzeuge sind im ▶ *Kapitel 15 „Produktion"* mit direktem Bezug zur Produktion ausführlich erläutert. Auch wenn im vorliegenden Lehrbuch die Zuordnung dieser Methoden zur Produktion erfolgt, ist es erwiesen, dass Lean-Management-Werkzeuge auch im Leistungserstellungsprozess von Dienstleistungen, wie z. B. in der Logistik, gewinnbringend eingesetzt werden können.[27]

18.4.1 Kennzahlen im Lean Management

Bei der kontinuierlichen Verbesserung steht die Verbesserung von messbaren Größen im Fokus. Um auch die Kennzahlenebene des Unternehmens „lean" zu gestalten, werden einige wenige Kennzahlen fokussiert. Zentral sind dabei die Größen Verfügbarkeit, Produktivität und Qualität. Mittels dieser Aspekte wird die **Gesamtanlageneffektivität (GAE)** gemessen (englisch: **Overall Equipment Efficiency (OEE)**. Mittels dieser Kennzahl kann erfasst werden, wie wertschöpfungsstark ein Produktionsfaktor eingesetzt wird.

Die drei genannten Dimensionen werden als Faktoren in Prozent gemessen und fließen in die Gesamtkennzahl mittels Multiplikation. ▶ *Abbildung 18.2* zeigt die Verrechnung der Faktoren grafisch.

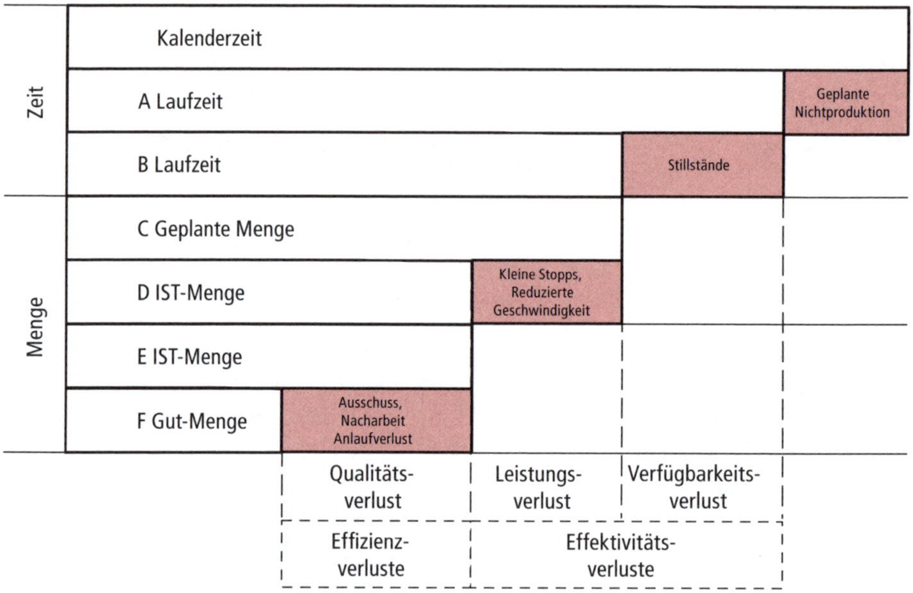

OEE = *B/A* (*Verfügbarkeit (V)*) x *D/C* (*Leistungsfaktor (L)*) x *F/E* (*Qualitätsfaktor (Q)*)

Abbildung 18.2: Berechnung der Gesamtanlageneffektivität[28]

Formel 18.1: Verfügbarkeitsfaktor (V)

$$\text{Verfügbarkeitsfaktor} = \frac{\text{Laufzeit}}{\text{Laufzeit} + \text{Stillstandzeit}}$$

Ausgehend von der gesamten Zeit, die ein Produktionsfaktor verfügbar ist, werden Stillstandzeiten abgezogen, um die reale Laufzeit zu messen. Nicht berücksichtigt werden geplante Nicht-Produktionen wie Betriebsurlaube, Urlaubstage etc.

Als Stillstandzeiten werden gerechnet

- Kurzfristig fehlendes Material/Personal
- Maschinendefekt
- Fehlender Fertigungsauftrag
- Warten auf die Instandhaltung
- Rüstzeit (wird in einigen Unternehmen nicht als Stillstandzeit gewertet)

Übrig bleibt die Zeit, in der der Produktionsfaktor wirklich im Sinne der Wertschöpfung eingesetzt werden kann. Die im Englischen genutzte Abkürzung lautet EA für Equipment Availability.

Formel 18.2: Leistungsfaktor (L)

$$\text{Leistungsfaktor} = \frac{\text{Istleistung}}{\text{Sollleistung}}$$

Der Leistungsfaktor misst, inwieweit die geplante Solleistung erreicht wird. Abweichungen ergeben sich aus kurzfristigen Stillständen, die nicht im Verfügbarkeitsfaktor berücksichtigt sind, dennoch die Ausbringungsmenge schmälern, oder die Produktion mit niedrigerer Geschwindigkeit.

Herausforderung ist hier, die geplante Sollleistung zu definieren. Ein einfacher Weg ist es, einen Wert zu messen und als erreichbaren Sollwert festzulegen.

Der Leistungsfaktor gibt also wieder, wie viel der verfügbaren Zeit im Sinne der geplanten Produktion wertschöpfend genutzt wird. Die im Englischen genutzte Bezeichnung lautet Performance Efficiency (PE).

Formel 18.3: Qualitätsfaktor (Q)

$$\text{Qualitätsfaktor} = \frac{\text{Anzahl produzierter Teile} - \text{Anzahl Nacharbeitsteile} - \text{Anzahl Ausschussteile}}{\text{Anzahl produzierter Teile}}$$

Die Qualität spiegelt wider, dass nicht alle gefertigten Teile den qualitativen Ansprüchen entsprechen und somit verkaufsfähig sind. Teile, welche die Qualitätskriterion nicht erfüllen, werden vom Output abgezogen, da diese nicht wertschöpfend für den Kunden sind.

Der Qualitätsfaktor sagt also, welchen Anteil der gefertigten Menge das Unternehmen wirklich wertschöpfend einsetzen kann.

Die Multiplikation der Prozentwerte der oben gezeigten Faktoren gibt an, welchen Anteil der verfügbaren Maschinenleistung das Unternehmen wertschöpfend nutzen kann. Im Sinne des Total Productive Management (TPM) wird nun versucht, diesen Wert zu maximieren. Dabei geben die drei Faktoren bereits die möglichen Verbesserungsrichtungen vor. Die im Englischen genutzte Bezeichnung lautet Quality Rate (QR).

Formel 18.4: Overall Equipment Effectiveness (OEE)

$$OEE = V \cdot L \cdot Q$$

Auch wenn sich die Kennzahl OEE in erster Linie auf ein Produktionssystem bezieht, kann sie auch für die Messung und Steuerung von manuellen Dienstleistungsprozessen genutzt werden.

Im Rahmen von Lean Management werden häufig zwei weitere Kennzahlen genutzt:

Die Gesamte, effektive Anlagenproduktivität (GAN) (englisch: Total Effective Equipment Performance, TEEP) berücksichtigt ergänzend zur oben beschrieben OEE die geplanten Stillstandzeiten. Die TEEP gibt also Auskunft darüber, wie die Anlage genutzt wird. Die OEE wird zu diesem Zweck zusätzlich mit der Kennzahl Equipment Utilization (EU) multipliziert. Da EU maximal 1 sein kann, also Nutzung an allen Kalendertagen, kann TEEP maximal gleich OEE sein, aber niemals höher.

Die Netto-Anlageneffektivität (NEE) (englisch: Net Equipment Effectiveness) wird ähnlich berechnet wie die OEE, allerdings wird statt der Verfügbarkeit (V) die wirkliche Nutzung (Utilization Time, UT) herangezogen.

▶ *Tabelle 18.2* fasst die beschriebenen Kennzahlen in Deutsch und Englisch zusammen:

Abkürzung	Bedeutung	Formel
OEE GAE	Overall Equipment Effectiveness Gesamtanlageneffektivität (Brutto-Anlageneffektivität)	Verfügbarkeitsfaktor × Leistungsfaktor × Qualitätsfaktor $OEE = V \cdot L \cdot Q$
TEEP GAN	Total Effective Equipment Productivity Gesamte, effektive Anlagenproduktivität	Nutzung d. Anlagen (Kalenderzeit) × Gesamtanlageneffektivität $TEEP = OEE \cdot EU$
NEE	Net Equipment Effectiveness Netto-Anlageneffektivität	Nettonutzung der Anlage × Leistungsfaktor × Qualitätsfaktor $NEE = UT \cdot L \cdot Q$

Tabelle 18.2: Ausgewählte Kennzahlen zur Anlagennutzung[29]

Bei der Umsetzung von Lean-Management-Methoden werden in der Regel konkrete Kennzahlen anvisiert und die Verbesserung der anvisierten Kennzahl mit einem definierten Soll-Wert zur Verbesserung vorgegeben.

18.4.2 U-Zelle – Fließinsel-Prinzip

U-Zellen sind ein bestimmtes Layout von isolierten Fertigungsbereichen, sog Fertigungsinseln. U-Zellen werden so genannt, da die Maschinen der Fertigungsinsel in Form eines „U" angeordnet sind. Innerhalb der u-förmigen Fertigungsinseln sind die Arbeitsabläufe optimal aufeinander abgestimmt. Die Abläufe werden von einem bzw. wenigen Mitarbeitern abgearbeitet. Vorteil sind kurze Wege zwischen den einzelnen Maschinen und ein kurzer Rückweg vom Ende der Linie zum Anfang der Linie. Innerhalb einer U-Zelle fließen die Werkstücke einzeln durch die Maschinen (One-Piece-Flow), es wird also nicht in Produktionslosen gebündelt. Der Werker transportiert die Werkstücke von einer Maschine zur nächsten, legt das Werkstück ein und startet die Maschine. Hält man sich geu an „One-Piee-Flow", dann existieren innerhalb der Insel keine Bestände. U-Zellen werden häufig mit Kanban-Systemen aneinandergekoppelt. Also entstehen zwischen den U-Zellen Bestände nur in Höhe des definierten Kanban-Behälters. Durch die Nutzung von U-Zellen wird das Fließprinzip in der Produktion umgesetzt. Die Produktivität einzelner Werker wird stark gesteigert. Durch die Spezialisierung der Mitarbeiter können Fehler reduziert werden.

18.4.3 5S/5A – Arbeitsplatzorganisation

Als erster Schritt bei der Einführung von Lean Management wird oft die **5S/5A-Methode** gewählt. Diese Methode beinhaltet viele Aspekte des Lean Managements, ist einfach einzuführen, zeigt schnelle Erfolge und kann als Lehrbeispiel genutzt werden. Zudem etabliert sie die Grundlage weiterer Verbesserungen.

5S/5A hat das Ziel, Arbeitsplätze sauber und ordentlich zu halten und diese zu standardisieren. Dabei werden fünf Schritte durchgeführt. S beziehungsweise A stehen hier für die japanischen oder deutschen Überschriften der Arbeitsschritte. ▶ *Tabelle 18.3* zeigt die Arbeitsschritte im Überblick.

Japanisch (5S)	Inhalt	Deutsch (5A)
Seiri	Es wird alles aussortiert, was am Arbeitsplatz nicht benötigt wird.	Aussortieren (Sortiere aus)
Seiton	Für alle nötigen Gegenstände wird ein Platz festgelegt, der nach ergonomischen Gesichtspunkten definiert wird.	Aufräumen (Stelle ordentlich hin)
Seiso	Der Arbeitsplatz wird sorgfältig gereinigt.	Arbeitsplatzsauberkeit (Säubere)
Seiketsu	Stetiges Säubern und Ordnen des Arbeitsplatzes stellt sicher, dass nicht in alte Gewohnheiten zurückgefallen wird.	Anordnung zur Regel machen (Sauberkeit bewahren)
Shitsuke	Durch Standardisierung, also verbindliche Einführung des Vorgehens bei Ordnung und Säuberung des Arbeitsplatzes, wird eine nachhaltige Umsetzung ermöglicht.	Alle Punkte einhalten (Selbstdisziplin halten)

Tabelle 18.3: 5S/5A

Oftmals kommen Werkzeuge des **Visual Managements** in Verbindung mit dem 5S/5A zum Einsatz: Stellflächen für Behälter werden durch **Zoning** markiert, Shadow-Boards zeigen, wo Werkzeuge aufgeräumt werden müssen. Fotos und Beschreibungen zeigen, wie der Arbeitsplatz aufgeräumt aussieht und welche Schritte zur Säuberung durchgeführt werden müssen.

Die Einführung von 5S/5A schult Mitarbeiter außerdem bei der Durchführung von Workshops. Üblicherweise sind schnelle Erfolge möglich, die deutlich machen, wie Verschwendung reduziert werden kann. So werden z. B. Suchprozesse am Arbeitsplatz reduziert. Das motiviert Mitarbeiter für die Einführung weiterer Lean-Management-Werkzeuge. Zudem ermöglicht der Standard an einem Arbeitsplatz weitere Verbesserungsschritte, da auf diesen einfach aufgesetzt werden kann.

Gut organisierte Arbeitsplätze ermöglichen nicht nur einen schnelleren und stabileren Produktionsprozess, sondern erlauben auch eine fehlerfreiere Produktion. Daher kann die 5S/5A-Methode durchaus auch dem Qualitätsmanagement zugeordnet werden.

18.4.4 Poka Yoke

Poka Yoke kann sowohl dem TPM als auch dem Qualitätsmanagement zugeordnet werden. Der Ansatz von Poka Yoke (= Narrensicherheit) ist es, manuelle Prozesse so zu gestalten, dass diese „narrensicher" sind und nicht falsch ausgeführt werden können. Damit lassen sich Fehlerraten deutlich reduzieren. Ein Beispiel ist die Konstruktion von ovalen Scheinwerfern, die schräg in die Karosserie eingepasst werden müssen. Im Gegensatz zu runden Scheinwerfern lassen sich diese nur in einer Ausrichtung einbauen. Somit stimmen sowohl die Ausrichtung der Blenden im Scheinwerfer als auch die Anschlüsse im Inneren der Karosserie. Ein fehlerhafter Einbau ist aufgrund der Passform nicht möglich. Das Prinzip des Poka Yoke findet sich auch außerhalb der Produktion z. B. bei den Einfüllstutzen von Zapfsäulen. Diesel kann aufgrund der größeren Tankrüssel nicht in Benziner eingefüllt werden.

Wenn die Vermeidung von Fehlern durch Poka Yoke nicht möglich ist, so wird zumindest versucht, Fehler schnell zu entdecken. Dies kann z. B. durch Farbgebung erfolgen. Eine falsche Farbe fällt im folgenden Verarbeitungsschritt eher auf und somit kann ein Fehler behoben werden.

18.4.5 Ishikawa-Diagramm

Ein Hilfsmittel im Qualitätsmanagement ist das **Ishikawa-Diagramm**. Es ermöglicht eine detaillierte Ursachenanalyse, sobald eine Prozess- bzw. Qualitätsschwachstelle entdeckt wurde. Die strukturierte Analyse stellt sicher, dass nicht an den Symptomen eines Problems gearbeitet wird, sondern dass die Ursachen bearbeitet werden. Dazu werden dem Problem mehrere Ursachendimensionen zugeordnet und es wird hinterfragt, welches die Ursachen des Problems sind. Typische Dimensionen, die untersucht werden, sind:

- **Mensch:** Menschliche Fehler sind Ursache.
- **Maschine:** Fehler der/an der Maschine sind Ursache.
- **Material:** Fehlerhaftes Material ist die Ursache.
- **Methode:** Eine falsche Vorgehensweise ist die Ursache.
- **Milieu/Mitwelt:** Das Umfeld verursacht das Problem.
- **Management:** Die Ursache liegt im Management.
- **Messbarkeit:** Der Fehler liegt in der Messmethodik oder der Messbarkeit der Ursache.

Die Untersuchung erfolgt anhand eines Diagramms. Da dieses den Gräten eines Fischs ähnelt, wird es gelegentlich auch als **Fischgrätendiagramm** bezeichnet.

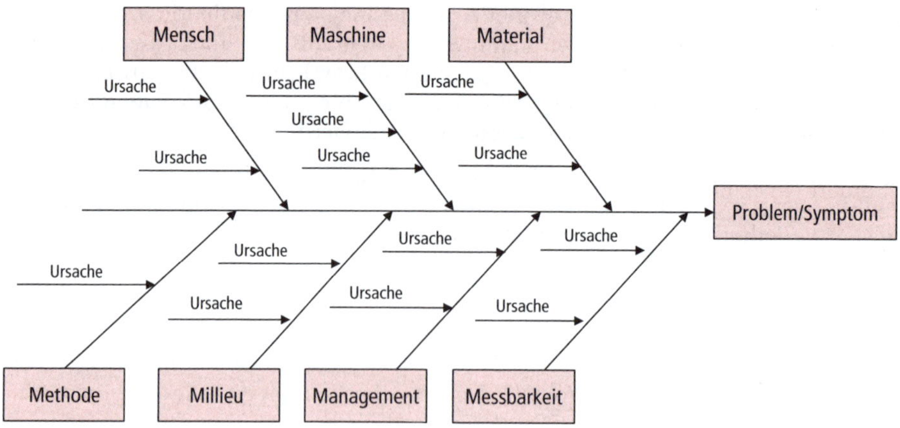

Abbildung 18.3: Ishikawa-Diagramm

Hier werden die gefundenen Ursachen einer Dimension zugeordnet. Im nächsten Schritt wird entschieden, welche Ursache die wesentlichste ist und als erste bekämpft werden muss. Diese wird dann durch einen Kaizen-Workshop und den Durchlauf durch einen PDCA-Zyklus zu beheben versucht.

18.4.6 5W-Fragetechnik

Im Zusammenhang mit dem Ishikawa-Diagramm wird häufig die 5W-Fragetechnik genutzt. Diese bezeichnet das simple Vorgehen, fünfmal mit „Warum" nach der Ursache eines Problems zu fragen. So soll erreicht werden, dass bis zur eigentlichen Ursache des Problems vorgedrungen wird. Die Zahl 5 ist in diesem Zusammenhang als Richtwert zu verstehen. In der Regel wird nach etwa fünf Fragen deutlich, wo die eigentliche Ursache eines Problems liegt. Die Methodik dient dazu zu verdeutlichen, dass die offensichtlichen Gründe eines Problems häufig Symptome und nicht Ursachen sind.

18.4.7 Sehen lernen & Gemba – Management by walking around

„Sehen lernen" steht für ein Grundprinzip des Lean Managements. Alle Mitarbeiter werden in die Umsetzung von Lean Management eingebunden. Sie werden aufgefordert, Missstände selbstständig zu erkennen und eigenverantwortlich zu beheben. Dazu müssen Mitarbeiter befähigt werden. Zum Training und im Rahmen der kontinuierlichen Verbesserung werden regelmäßige Begehungen vorgenommen. Bei diesen Begehungen, auch Gemba-Walks, wird nach Verbesserungsansätzen gesucht.

Gemba bezeichnet im Japanischen den „Ort des Geschehens" oder „Tatort". Übertragen auf das Produktionssystem ist dies die Werkshalle beziehungsweise die Produktionseinrichtung, an der Geschäftsprozesse durchgeführt werden. Für Dienstleistungen und administrative Prozesse können dies Büros oder Servicecenter sein. Als Managementmethode eingesetzt wird bei Gemba der Wertschöpfungsprozess beobachtet, um Defizite, also Verschwendung, zu erkennen.

Als Methodik wird Gemba auch „Management by walking around" genannt oder „Gemba-Walk". Konkretisiert wird dies in der „Kreidekreismethode". Das Prinzip ist gleich: Durch die ausgiebige Begehung und Beobachtung der Arbeitsabläufe wird das Verständnis für die Abläufe gestärkt, Verschwendung erkannt und Verbesserungsmöglichkeiten identifiziert. Die Methodik ist zunächst unspezifisch und wenig mit Regeln unterfüttert. Das heißt, die Produktionseinrichtung wird besucht und bestimmte Informationen werden erhoben oder auch situationsabhängig Erkenntnisse gewonnen. Eventuell wird auch direkt in die Abläufe eingegriffen, um Verschwendung aufzuzeigen und Verbesserungen durchzusetzen. Gemba ist als Gegenentwurf zum reinen Management über Zahlenwerke zu verstehen. Kennzahlen spielen im Lean Management zwar eine wichtige Rolle, müssen aber immer mit real ablaufenden Prozessen vor Ort gekoppelt verstanden werden.[30]

Durch die Kreidekreismethode ist Gemba auf einen Bereich fokussiert: Es wird ein Kreidekreis gezogen, der als Standort dient, um in einer festgelegten Zeit einen Prozessablauf zu beobachten und zu dokumentieren. Durch diese Vorgaben wird die Methodik griffiger und fokussierter, letztlich bleibt das Prinzip aber das gleiche.

18.4.8 Wertstromanalyse

Die **Wertstromanalyse** ist eine Methode zur Analyse von Produktionsprozessen. Dabei kommen standardisierte Prozessnotationen zum Einsatz. Mithilfe der Prozessnotationen wird der Produktionsprozess visualisiert, um ihn besser verstehen und analysieren zu können. Die Wertstromanalyse steht immer vor einem Schritt der Prozessoptimierung, der auch Wertstromdesign genannt wird.

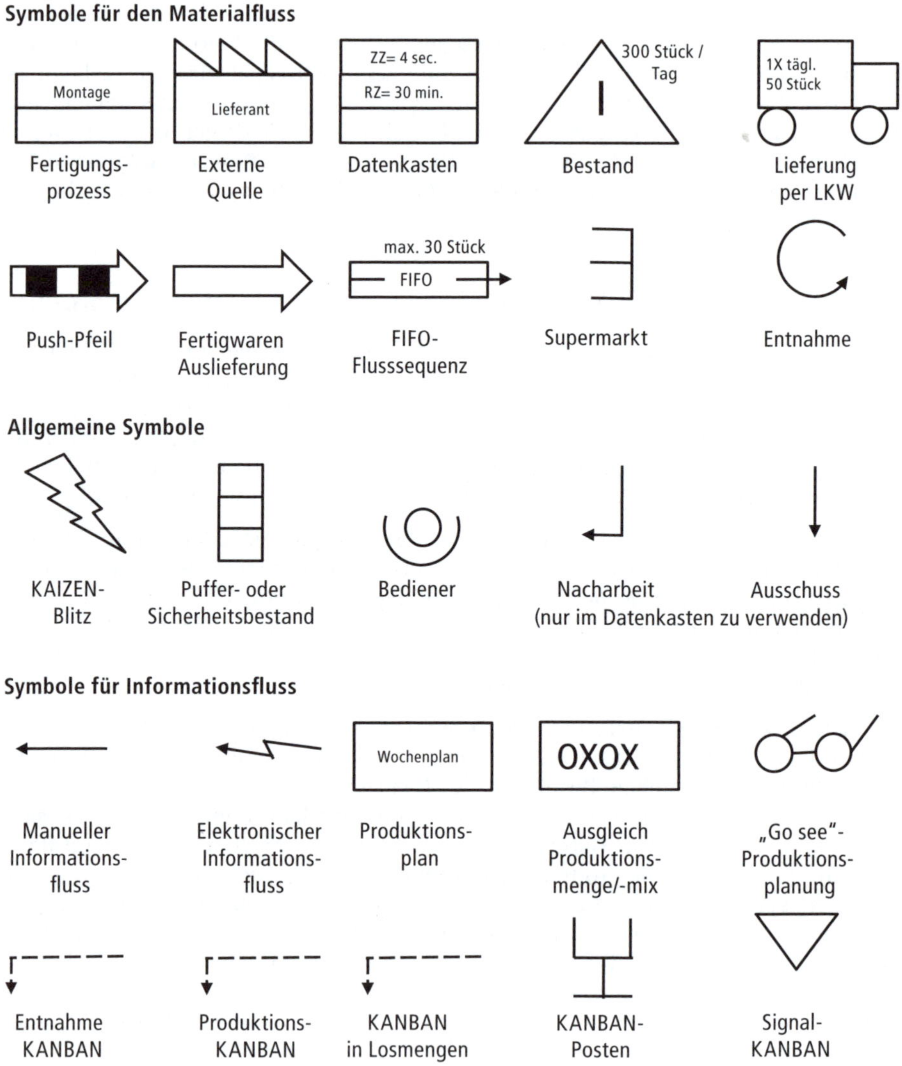

Abbildung 18.4: Basisnotationen der Wertstromanalyse[31]

Wie das gesamte Lean Management startet die Wertstromanalyse mit dem Kunden. Es wird der Kundentakt ermittelt. Aus der Bestellmenge pro Zeit wird der Takt errechnet, also die Zeit, die zwischen zwei Output-Einheiten maximal vergehen darf, um die gesamte Nachfrage des Kunden zu befriedigen. Ausgehend vom Kunden werden die

Produktionsstufen aufgenommen, d. h. einzelne Produktionseinheiten, deren Verkettung und die dazwischenliegenden Materialpuffer. Es werden Kapazitäten und Produktionszeiten aufgenommen. Zuletzt werden auf der physischen Ebene das Materiallager und der Lieferant ergänzt. Auf der informatorischen Ebene werden Steuerungslogiken und Kommunikationsverbindungen aufgeführt, mittels derer Produktionseinheiten koordiniert und gesteuert werden. Das primäre Ziel der Wertstromanalyse ist es, die Durchlaufzeiten der Objekte durch eine Produktionslinie zu erfassen. Die Durchlaufzeit wird dabei in Liegezeit und Bearbeitungszeit getrennt.

Anhand des entstandenen Bilds werden Probleme identifiziert und mit sogenannten Kaizen-Blitzen im Bild markiert. Im Anschluss werden Maßnahmen definiert, um die gefundenen Probleme zu beheben.

Die Wertstromanalyse wird in der Regel mit den Produktionsmannschaften selbst durchgeführt. Sie ist ein sogenanntes Paper an Pen Tool und kann nur mit Zettel und Stift erfolgen. Die notwendigen Informationen werden durch Beobachtung im Stile des Gemba erhoben, auch dann, wenn bereits Daten vorliegen. So soll einerseits sichergestellt werden, dass die Daten stimmen, und andererseits wird der Blick der Mitarbeiter auf die Prozesse geschärft.

18.4.9 Visual Management – Steuerung durch Visualisierung

Visual Management bezeichnet eine Vorgehensweise, die im Deutschen kurz mit der Redewendung „Ein Bild sagt mehr als tausend Worte“ umschrieben werden kann. Kern der Vorgehensweise ist es, Informationen im Unternehmen zu visualisieren und bevorzugt bildlich darzustellen mit dem Ziel, diese Informationen einfach zugänglich, eingängig und offensichtlich darzustellen. Auf diese Weise können Informationen

- den Zustand von Prozessen, Abteilungen oder eines Unternehmens widerspiegeln,
- Soll-Zustände und Abweichungen in einem Prozess sichtbar machen,
- helfen, Prozesse dezentral und einfach zu steuern.

Dargestellte Informationen werden direkt aus dem Prozess heraus gewonnen. Nach dem Prinzip der Mitarbeitereinbindung werden die Informationen häufig auch direkt von Mitarbeitern ermittelt und dokumentiert. So können Informationen sehr aktuell bereitgestellt werden. Eine Veränderung der dargestellten Informationen führt zeitnah zum Handeln der verantwortlichen Personen, sofern Anpassungen im Prozess nötig sind.

Zur Umsetzung von Visual Management werden unterschiedliche Werkzeuge genutzt. Häufig sind dies Informationstafeln, **Zoning** sowie **Andon-Tafeln** und **Shadow-Boards**.[32]

Informationstafeln werden in unmittelbarer Nähe zu den Bereichen aufgestellt, auf die sie sich beziehen. Diese werden je nach Unternehmen unterschiedlich gestaltet. Meist wird dabei die Belegschaft vor Ort einbezogen. Typische Inhalte auf Informationstafeln sind Produktivitätskennzahlen und Qualitätskennzahlen, die einer zu erreichenden Vorgabe, dem Soll-Wert, gegenübergestellt werden. Verantwortungsbereiche der Mitarbeiter, Prozessdokumentationen, Hinweise zu aktuellen Kaizen-Projekten sowie Unterlagen für Verbesserungsvorschläge, Themen zur Arbeitssicherheit, Informationen zu vorgelagerten oder nachgelagerten Stufen und grundlegende Informationen zum Produktionssystem des Unternehmens sind ebenfalls gängig.

Das **Zoning** bezeichnet die Markierung von Flächen und Bereichen im Unternehmen, meist in der Werkshalle und in logistischen Bereichen, aber auch im administrativen Bereich. Durch das Zoning wird Gegenständen ein genauer Platz zugewiesen. Ein bekanntes Beispiel für Zoning aus dem öffentlichen Bereich sind die Markierungen von Stellflächen auf Parkplätzen. Dieses Beispiel verdeutlicht auch die Steuerungskomponente des Zoning: Das Verhalten der Parker wird durch die Kennzeichnung beeinflusst. Üblicherweise wird nur innerhalb der gekennzeichneten Flächen geparkt. Eine optimale Ausnutzung der Fläche wird so erreicht.

In der Produktion wird durch Zoning z. B. Fläche für Material oder für Fertigprodukte gekennzeichnet. Die Dimensionierung der Fläche beschränkt dabei die Menge der Materialien in einer Produktionsinsel, indem z. B. nur eine oder zwei Paletten auf der Fläche Platz haben. Durch unterschiedliche Farbgebung können z. B. Materialien, Fertigprodukte und Ausschuss unterschieden werden. Die Dimensionierung der Fläche auf eine bestimmte Palettenanzahl definiert die maximalen Work-in-Progress-Bestände. Bestände in der Fertigung können so geplant werden. Die Steuerung erfolgt analog zum oben erwähnten Beispiel der Parkfläche: Überbestände sind sofort sichtbar, da diese außerhalb der definierten Fläche stehen. So wird Visual Management, insbesondere Zoning, auch zu einem Steuerungsinstrument.

In der Logistik wird durch Zoning die Fläche auf einem Lkw markiert, um die Paletten für die Beladung bereits vor der Ankunft des LKW und in richtiger Reihenfolge bereitstellen zu können. Verladeprozesse werden vereinfacht und damit beschleunigt. Zudem können Falschbeladungen vermieden werden.[33]

Andon-Tafeln zeigen direkt neben der Produktion aktuelle Produktivitätszahlen. Auf Andon-Tafeln ist die zu erreichende Produktion dargestellt, sie wird dem aktuellen Produktionsstand gegenübergestellt. Durch Ampeln wird angezeigt, ob durch die aktuelle Arbeitsleistung in der jeweiligen Schicht das gesetzte Ziel erreicht werden kann. Grün heißt demnach, dass die Produktion sich aktuell im Soll befindet und rot entsprechend, dass die aktuelle Produktivität nicht für das Erreichen des Ziels ausreicht.

Ergänzend werden Ausschuss und Qualitätsprobleme auf Andon-Tafeln dargestellt. Schwierigkeiten in der Produktion werden damit sofort sichtbar.

Ein wesentlicher Unterschied zu Informationstafeln ist der aktuelle Stand der Anzeige. Informationstafeln beziehen sich meist auf den vergangenen Tag oder die vergangene Schicht, wohingegen Andon-Tafeln den aktuellen Stand anzeigen. Letzteres ist insbesondere durch digitale Anzeigen möglich. Im Hintergrund muss ein IT-System etabliert sein, das die notwendigen Informationen generiert und auf die Andon-Tafel überträgt.[34]

Auf **Shadow-Boards** bekommen Gegenstände einen Platz zugewiesen. Meist werden Shadow-Boards genutzt, um Werkzeuge in einer Produktionsinsel aufzuräumen. Dementsprechend werden Shadow-Boards oftmals zur Umsetzung von 5S/5A genutzt.[35]

Auf einer Tafel werden die Schatten von Werkzeugen abgebildet. So wird sichtbar, wo welches Werkzeug seinen Platz hat. Aufräumprozesse werden so standardisiert. Ein Vorteil ist, dass Produktionsinseln von unterschiedlichen Schichten und Mitarbeitern gleichermaßen genutzt werden können. Individuelles Aufräumen entfällt damit und Suchprozesse werden vermieden.

Zudem ist einfach prüfbar, ob alle Werkzeuge vollständig vorhanden sind. Fehlende Gegenstände werden sofort bemerkt. Dies kann beispielsweise bei Reparaturprozessen wesentlich sein. So darf bei einem Wartungsprozess an einem Flugzeug kein Werkzeug im oder am Flugzeug hinterlassen werden.

18.4.10 Kaizen – kontinuierliche Verbesserung gestalten

Der Begriff **Kaizen** kommt aus dem Japanischen und setzt sich zusammen aus Kai = Wandel und Zen = Verbesserung und kann somit als „Wandel zum Besseren" übersetzt werden. Verankert in der japanischen Kultur sollte Kaizen nicht nur als reines Management-Werkzeug verstanden werden, sondern als grundlegende Philosophie, die auch auf wirtschaftliche Zusammenhänge bezogen wird. Kern ist das kontinuierliche und beständige Streben zum Besseren, welches auch mit der Arbeit an der eigenen Person und Veränderungen des eigenen Handelns verbunden wird. Bezogen auf wirtschaftliche Zusammenhänge bedeutet dies, Unternehmensabläufe immer wieder in Frage zu stellen und in Richtung eines Optimums zu verbessern.

Die Vorgehensweise des Kaizen steht konzeptionell dem Business-Process-Reengineering (BPR) entgegen, wo eine sprunghafte Verbesserung angestrebt und eine langfristige Weiterentwicklung vernachlässigt wird. Diese wird erzielt, indem aus einem eingeschwungenen Prozess heraus eine große Änderung geplant und umgesetzt wird. Meist wird der neue Prozess zentral entwickelt und mit Change-Management-Maßnahmen eingeführt. Die Einbindung von betroffenen Mitarbeitern ist möglich, aber nicht zwangsläufig vorgesehen.[36]

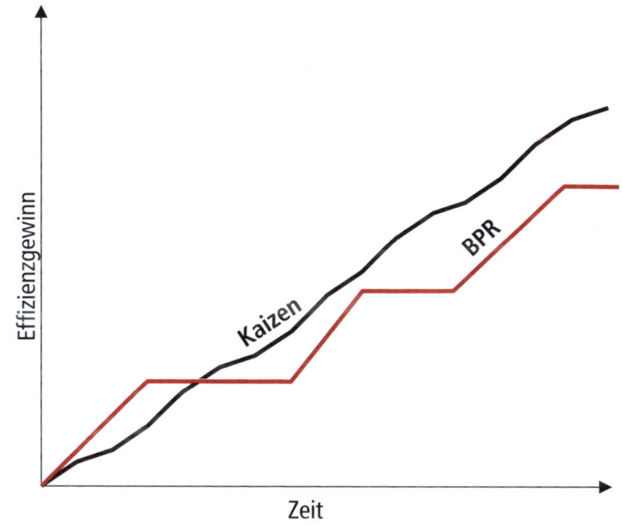

Abbildung 18.5: Kaizen und Business-Process-Reengineering im Vergleich[37]

Kaizen unterscheidet sich von BPR in wesentlichen Punkten:

Nach dem Verständnis des Kaizen gibt es in letzter Konsequenz nie einen vollständig eingeschwungenen Prozess. Der Prozess muss immer hinterfragt werden und auf Verbesserungspotenziale untersucht werden. Dies geschieht in regelmäßigen Kaizen- oder KVP-Treffen. Probleme oder Verbesserungspotenziale werden angesprochen, Maßnahmen definiert und umgesetzt. Je nachdem, wie weitreichend und investitionsintensiv die Maßnahmen beziehungsweise die Verbesserungsansätze sind, wird ein größerer KVP-Workshop initiiert.

Bei Kaizen-Maßnahmen werden immer die betroffenen Mitarbeiter eingebunden. Bei den oben bereits genannten KVP-Treffen sind meist nur Mitarbeiter des betroffenen Bereichs vertreten. Das heißt, die Verbesserungen werden von den Personen identifiziert, ausgearbeitet und vorangetrieben, die sie letztlich auch umsetzen und in ihr tägliches Arbeiten übernehmen müssen. Bei größeren, umfassenderen Maßnahmen ist dies nicht unbedingt der Fall, allerdings werden auch hier immer Verantwortliche und Betroffene aus den Arbeitsbereichen eingebunden. So werden Informationen direkt aus den Prozessen zugänglich und die Umsetzbarkeit und Umsetzung sind leichter zu erreichen. Letzteres ist auch einer der wesentlichen Vorteile dieser als Bottom-Up bezeichneten Vorgehensweise. Durch die Einbindung der Mitarbeiter am Fuße der Unternehmenshierarchie (Bottom) bei Veränderungen, die das gesamte Unternehmen betreffen und eventuell auch in andere Bereiche übertragen werden (Up), sind geringere Wiederstände bei der Einführung der Veränderungen und der Umsetzung der Verbesserungen zu erwarten. Die Akzeptanz ist höher, wenn bei der Entwicklung der Neuerung selber mitgearbeitet werden kann. Dies erspart aufwändige und häufig auch erfolglose Change-Management-Maßnahmen.

Als Orientierungspunkt bei der Suche nach Verbesserungen dienen die bereits erwähnten Verschwendungsarten. Das heißt, es wird versucht, die Verschwendung zu identifizieren und den Prozess so umzugestalten, dass die Verschwendung reduziert oder bestenfalls eliminiert wird. Neben Muda, also Verschwendung, wird auch nach Möglichkeiten zu Muri und Mura, also zur gleichmäßigen Belastung des Mensch-Maschine-Systems gesucht.

ZUSAMMENFASSUNG

In diesem Kapitel haben Sie gelernt,

- wie sich Lean Management aus dem Toyota-Produktionssystem entwickelt hat,
- welche weiteren betriebswirtschaftlichen Konzepte Lean Management geprägt haben,
- in welche Ebenen und Bestandteile Lean Management gegliedert ist,
- welche Prinzipien und grundsätzlichen Zielsetzungen Lean Management verfolgt,
- wie Prozesse im Lean Management optimiert werden,
- wie Lean Management im Unternehmen implementiert und verankert werden kann und
- welche Werkzeuge im Lean Management zum Einsatz kommen und wie diese wirken.

Lean Management ist weit mehr als die hinlänglich bekannten Werkzeuge, die operativ zur Prozessoptimierung zum Einsatz kommen.

Lean Management basiert auf einer Reihe betriebswirtschaftlicher Ansätze. Zentral ist dabei das Toyota-Produktionssystem, aus dem heraus sich das heutige Lean Management, aber auch z. B. Six Sigma entwickelt haben.

Lean Management betrifft mehrere Ebenen eines Unternehmens. Es bietet eine grundsätzliche Philosophie und Prinzipien als ideelle/kulturelle Grundlage für operative Maßnahmen. Lean Management hat zum Ziel, Mitarbeiter aktivierend einzubinden, um Wertschöpfungsprozesse maximal effizient abzuwickeln. Zur Effizienzsteigerung ist die Vermeidung von Verschwendung zentraler Ansatz, der sich in allen Maßnahmen und Werkzeugen wiederfindet. Dabei ist Verschwendung definiert als jede Aktivität, die der Kunden nicht zu zahlen bereit ist.

Um diese Zielsetzungen zu erreichen, haben sich im Lean Management eine Reihe konkreter Methoden und Werkzeuge entwickelt.

Einerseits existieren Analysewerkzeuge und konzeptionelle Methoden, mit deren Hilfe die Einführung und Implementierung vorangetrieben werden kann. Andererseits gibt es ein Bündel operativer Instrumente, die in Prozessen der Leistungserstellung, traditionell im Fertigungsumfeld, aber auch bei der Erstellung von Dienstleistungen genutzt werden können, um verschwendungsarm zu arbeiten.

Ihr Wissen können Sie im eLearning-Bereich mit einem Verständnistest prüfen.

AUFGABEN

Aufgabe 1

Skizzieren Sie die Managementansätze, die Grundlage für das heute bekannte Lean Management sind.

Aufgabe 2

Benennen Sie die Prinzipien, aus denen sich die Philosophie des Lean Managements zusammensetzt.

Aufgabe 3

Nennen und erläutern Sie kurz die sieben Verschwendungsarten aus dem Toyota-Produktionssystem. Ergänzen Sie diese um zwei weitere, neu hinzugekommene Verschwendungsarten.

Aufgabe 4

Transport gilt als eine Verschwendungsart. Als besonders lean gilt im Einzelhandel Amazon. Bewerten Sie, ob die sehr teure „same day“ Belieferung von Amazon nach Lean Management Verschwendung darstellt. Begründen Sie Ihre Einschätzung.

Aufgabe 5

Zeigen Sie zwei Alternativen, wie Lean Management im Unternehmen verankert werden kann.

Aufgabe 6

Benennen und erläutern Sie kurz die dargestellten Analysewerkzeuge und konzeptionellen Werkzeuge des Lean Managements.

Aufgabe 7

Erläutern Sie das Prinzip des Ishikawa-Diagramms und die Methodik zur Erstellung des Ishikawa-Diagramms! Inwiefern ergänzt sich diese Methodik mit der 5W-Fragetechnik?

Aufgabe 8

Beschreiben Sie die fünf Schritte des 5S/5A-Verfahrens und benennen Sie die Vorteile der Arbeitsplatzgestaltung nach diesem Verfahren.

Die Lösungen zu den Aufgaben finden Sie im eLearning-Bereich.

FALL WERTSTROMDESIGNS AUS DER WERTSTROMANALYSE IN MOVE BEI SCHAEFFLER

Einführung

Die Schaeffler-Gruppe ist mit über 83.000 Mitarbeitern weltweit eines der größten deutschen und europäischen Industrieunternehmen in Familienbesitz und unter den Marken INA, FAG und LUK bekannt für alles, was sich bewegt: in Maschinen, Anlagen, Kraftfahrzeugen und in der Luft- und Raumfahrt.[38]

Die Unternehmensstrategie der Schaeffler-Gruppe setzt sich aus mehreren Bausteinen zusammen. Über allem steht die Vision „Gemeinsam bewegen wir die Welt".

Zum Erreichen dieser Vision hat sich das Unternehmen folgende Ziele gesteckt:

- Steigerung von Schnelligkeit, Globalisierung
- Steigerung der Unternehmensqualität
- Qualifiziertes Wachstum
- Mitarbeiterzufriedenheit

Die Strategie setzt sich wiederrum aus den vier Bausteinen „One Schaeffler", „Mobilität für morgen", „Transparenz, Vertrauen, Teamarbeit" und „MOVE" zusammen. Die Strategie ist ausgerichtet an drei Erfolgsfaktoren des Unternehmens: Innovation, Technologie und Qualität.

Um all dies in der Unternehmenskultur zu verankern, wurde bei Schaeffler ein unternehmensweit laufendes Projekt MOVE durchgeführt. Leitsätze dabei waren:

- Eigenverantwortliche Mitarbeiter
- Vermeidung von Verschwendung
- Fehlerfreie Abläufe
- Synchron zum Kundentakt

Dazu wurden mehrere Teilprojekte durchgeführt, die als Fallstudien in den Kapiteln

- *Produktion:* KANBAN-System
- *Supply Chain Management:* ABC/XYZ-Analyse
- *Lean Management:* Wertstromdesigns aus der Wertstromanalyse

erläutert werden. Das gesamte Projekt mit allen Fallstudien zusammenhängend ist als Online-Kapitel verfügbar.

Beschreibung

Um die formulierten MOVE-Ziele für jeden Mitarbeiter verständlich zu machen und konkrete Handlungen für jeden Bereich abzuleiten, eignet sich in der Fertigung und den fertigungsnahen Bereichen das Werkzeug „Wertstromanalyse". Jeder MOVE-Trainer eines Fertigungsbereichs hat deshalb die Aufgabe, für seinen Bereich diese durchzuführen und ein Wertstromdesign zu erstellen. Anschließend betreut er die Maßnahmen zur Umsetzung. So auch in dieser Fallstudie, die die Fertigung für Nadellager „N" betrachtet.

Nadellager sind Wälzlager mit einer besonders niedrigen Bauform. Anwendungen finden Nadellager in der Automobilindustrie in Drosselklappen oder Getrieben. Vom Aufbau her, besteht ein Nadellager aus einem Nadelkäfig sowie einer Außenhülle.

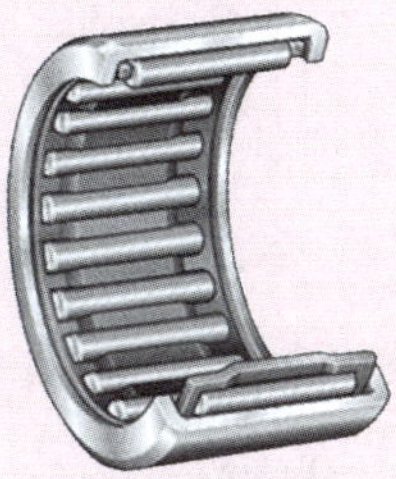

Abbildung 18.6: Nadellager

Zur Durchführung des mehrtägigen Workshops werden mehrere Teilnehmer benötigt. Folgende Personengruppen haben an den MOVE-Workshops teilgenommen:

Bereich	Teilnahme	Funktion
Abteilungsleiter	V	Entscheidungsträger
MOVE Trainer	V	Moderator
Einkauf	T	Verbindung zum Lieferanten
Vertrieb	T	Verbindung zum Kunden
Instandhaltung	V	Ansprechpartner für technische Fragen
Arbeitssicherheit	T	Kontrolle der Arbeitstätigkeiten und Ladungsträger
Qualität	T	Kontrolle der Prozesse auf ihre Qualitätssicherung
Ergonomie	T	Kontrolle der Arbeitstätigkeiten und Ladungsträger
Produktion (Teamleiter)	V	Zentraler Wissensträger
Logistik	V	Versorgung der Produktion
Produktionsplanung/Disposition	V	Ansprechpartner für Maschinen- & Planungsdaten
Personalabteilung	K	Vertretung der Arbeitnehmerinteressen
Betriebsrat	K	Vertretung der Arbeitnehmerinteressen

V = Vollzeit; T = Teilzeit; K = Kick-off

Tabelle 18.4: Gruppenzusammensetzung in MOVE-Workshops[39]

Danach stellt der MOVE-Trainer das Vorgehen des Workshops vor. Im ersten Schritt wird der Ist-Zustand mittels der Wertstromanalyse festgehalten. Darauf aufbauend findet das Design statt, welches beschreibt, wie die Fertigung zukünftig gestaltet sein soll.

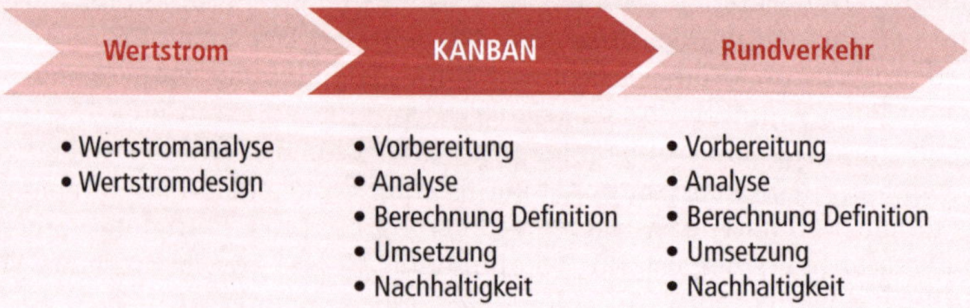

Abbildung 18.7: Erste Workshop-Phase Wertstrom[40]

1. Wertstromanalyse

Bei der Wertstromanalyse konzentriert man sich auf eine Produktfamilie, meist auf ein gut laufendes sogenanntes „Rennerprodukt“. Zunächst ermittelt man hierfür die Kundenbedarfe. Im Anschluss daran werden die Prozessschritte und Bestände nach dem „Line-Back“-Prinzip vom Kunden zum Lieferanten her aufgenommen. Anschließend wird der Informationsfluss analysiert und Verbesserungspotenziale werden identifiziert.

Materialfluss:

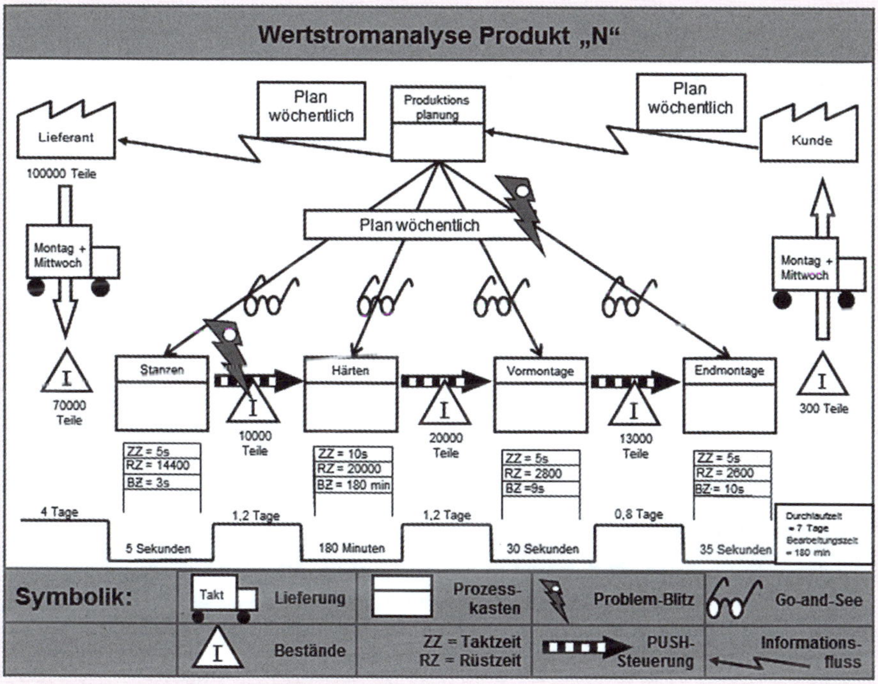

Abbildung 18.8: Ist-Wertstrom Produkt „N“[41, 42]

Der Materialfluss für Produkt „N“ beginnt somit beim Kunden. Hierbei handelt es sich um namhafte OEMs, d. h. Unternehmen aus der Automobilindustrie. Es folgt der Versand. Dieser betreut ein Fertigteillager, in dem Fertigwaren des Nadellagers gelagert sind. Daran anschließend befindet sich die Produktionshalle, in der sich die Fertigungslinie des Produkts „N“ befindet. Der letzte Prozessschritt in der Fertigung ist die Montage. In dieser findet zugleich der Verpackungsprozess statt. Die Montage unterteilt sich wiederum in eine Vor- und eine Endmontage. Zwischen diesen ist ein Puffer platziert. In der Montage werden eigengefertigte Komponenten mit Zukaufkomponenten montiert. Die Zukaufkomponenten werden in einem Bereitstellungslager im Untergeschoss der Fertigung vorgehalten. Die in Eigenfertigung hergestellte Komponente „Hülse“ kommt aus einer Wärmebehandlung, die wiederum von einer Metallpresse versorgt wird. Da diese Presse eine höhere Taktung hat, fertigt sie auch für andere Linien Komponenten. Das führt dazu, dass sich ein Bestand vor der Wärmebehandlung befindet.

Das Rohmaterial für die Presse kommt von einem ca. 600 Kilometer entfernten Stahllieferanten. Der Stahllieferant stellt das Rohmaterial auf Coils zur Verfügung. Diese werden in einem Stahllager gepuffert und an den Anlagen auf Coilständern bereitgestellt.

Prozessinformationen:

Nach der Prozessaufnahme werden zu den einzelnen Prozessschritten Prozessinformationen wie Taktzeit (oder Zykluszeit: Abk. ZZ), Rüstzeit (Abk. RZ) und Bearbeitungszeit (Abk. BZ) erhoben. Anschließend wird die Durchlaufzeit für den gesamten Strang berechnet, die durch diverse Bestände vor, zwischen und nach der Fertigung beeinflusst wird. Die Durchlaufzeit ist vielfach länger als die Summe aller Bearbeitungszeiten der einzelnen Bearbeitungsstufen. Eine Analyse der Rüstprozesse zeigt, dass der Rüstprozess der Wärmebehandlung sowie der Pressen im Vergleich zu den Montagen dreimal so viel Zeit benötigt.

Informationsfluss:

Danach folgt die Analyse des Informationsflusses von der Bestellung bis zur Auslieferung an den Kunden. Die Steuerung der Fertigung von Nadellager „N“ erfolgt per Auftrag durch den Kunden und einen wöchentlich aktualisierten Produktionsplan, der individuell aufgrund der Bestände an den einzelnen Anlagen und den aktuellen Bedarfen angepasst wird, was einer „Go-and-See“-Steuerung gleichkommt. Der Anstoß zur Auslieferung an den Kunden aus dem Fertigteillager erfolgt per Liefertermin. Die Steuerung des Materialflusses erfolgt bei der beschriebenen Produktion mittels eines „Kastenbegleitzettels“, der die Reihenfolge der Fertigungsschritte auflistet. Allerdings gibt es keinen automatischen Anstoß zur Nachversorgung der folgenden Anlage. Der Hallentransporter befördert nach persönlicher Einschätzung die Komponenten zur nächsten Station.

Schwachstellenanalyse:

Im letzten Schritt der Wertstromanalyse werden die Problemstellen identifiziert und mit „Blitz-Symbolen“ markiert. Die zwei zentralen Schwachstellen sind die Produktionsplanung und -steuerung sowie die hohen Bestände. Diese werden im Folgenden näher erklärt.

- *Steuerung:* Die Nachversorgung funktioniert aktuell nach dem Push-Prinzip und folgt keinem einheitlich definierten Prozess. Jede Maschine wird einzeln gesteuert. Die Informationsweitergabe erfolgt ausschließlich per Zuruf an den segmentinternen Logistiker, der mit einem Flurförderfahrzeug neue Verpackungen und Komponenten auf die Bereitstellungsflächen transportiert.
- *Bestände:* Auf der gesamten Fertigungsfläche befinden sich 135 Stellplätze allein für die Bereitstellung von Verpackungsmaterial und Leergut. Von dort aus versorgen sich die Bediener selbst. Wenn jedoch kein Transporter aufzufinden ist, tritt folgende Situation ein: Die Bediener verlassen ihren Arbeitsplatz und übernehmen eigenständig den Transport. Nach Befragung der Mitarbeiter zu ihren Nachversorgungstätigkeiten für Verpackungsmaterial stellt sich heraus, dass im gesamten Fertigungsbereich durchschnittlich 180 min/Schicht für logistische Tätigkeiten aufgewendet werden müssen.

2. Wertstromdesign

Anschließend folgt das Wertstromdesign. Hierbei wird der analysierte Wertstrom mit Hilfe von Lean-Methoden neu konzipiert. Auf diese Weise wird eine Prozessvision erstellt. Verschwendungen im Fluss, wie hohe Bestände vor, zwischen und nach den Fertigungsschritten und Überproduktion, werden beseitigt.

Im ersten Schritt erfolgt eine Zuordnung aller Produkte zu Maschinen, so dass eine klare Maschinen-Teile-Zuordnung erkennbar ist. Ziel ist die Kombination von Produkten und Produktfamilien in einer Form, die gewährleistet, dass ein einheitlicher Kundentakt über alle Prozesse hinweg zu realisieren ist. Zur Minimierung der Bestände und des Transports werden im nächsten Schritt alle Prozesse verkettet. Ziel ist es, einen kontinuierlichen Materialfluss nach dem Fließ-Prinzip zu erreichen.

▶*Abbildung 18.9* zeigt oben die Wertstromanalyse und unten das Wertstromdesign von Produkt „N". Im oberen Bild sind die zwei Schwachstellen zu sehen, welche durch KAIZEN-Blitze dargestellt werden. Im Wertstromdesign sind diese durch eine vereinfachte Steuerung eliminiert worden

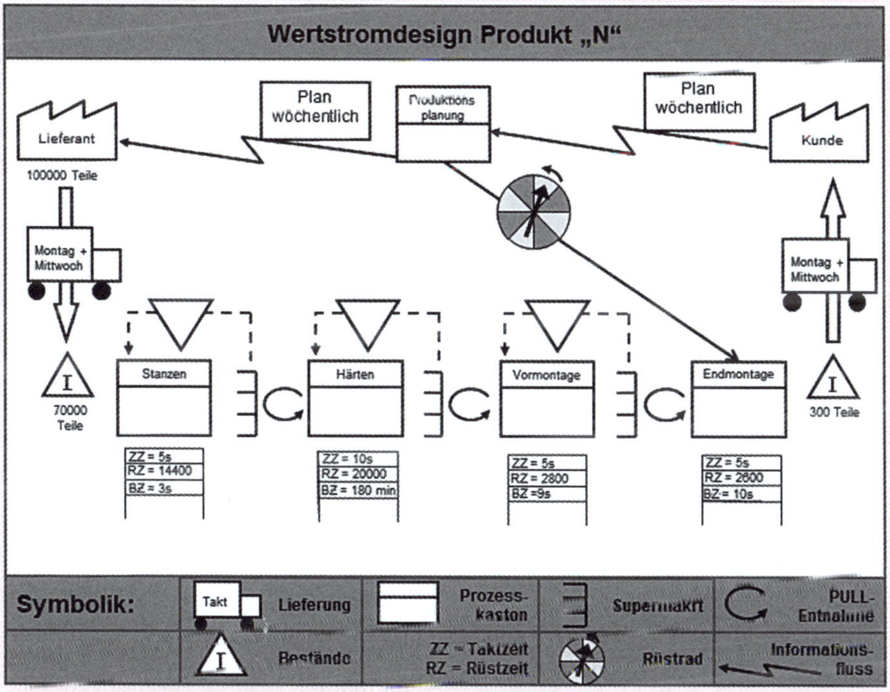

Abbildung 18.9: Wertstromanalyse und abgeleitetes Wertstromdesign[43].

Aufgabenstellungen

1. a) In welcher „Richtung“ wird bei der Wertstromanalyse vorgegangen?
b) Welches Prinzip wird dadurch umgesetzt?
c) Welche rechnerische Größe ergibt sich aus diesem Vorgehen?

2. In der Wertstromanalyse werden die Kenngrößen ZZ, RZ und BZ unterschieden. Erläutern Sie in eigenen Worten die Bedeutung dieser Kenngrößen.

3. Ein Ziel der Wertstromanalyse ist es, Durchlaufzeit und Bearbeitungszeit transparent zu machen und zueinander in Bezug zu setzen.
a) Welche Art der Verschwendung wird dadurch deutlich?
b) Mit welcher Maßnahme kann der identifizierten Art von Verschwendung begegnet werden?

4. Erläutern Sie die Funktion der Kaizen-Blitze.

5. Wie wurde grundsätzlich bei Schaeffler das Steuerungssystem überarbeitet?

Literaturhinweise

Brunner, Franz J.: Japanische Erfolgskonzepte, München, Carl Hanser Verlag, 2011.

Günthner, Willibald, Boppert, Julia: Lean Logistics – Methodisches Vorgehen und praktische Anwendung in der Automobilindustrie, Wiesbaden, Springer Verlag, 2014.

Liker, Jeffrey K.: Der Toyota Weg – 14 Managementprinzipien des weltweit erfolgreichsten Automobilkonzerns, München, FinanzBuch Verlag, 2006.

Ohno, Taiichi: Das Toyota-Produktionssystem, Frankfurt/Main, New York, Campus Verlag, 1993.

Womack, James; Jones, Daniel; Roos, Daniel: Die zweite Revolution in der Autoindustrie. 4. Aufl., Frankfurt/Main, New York, Campus Verlag, 1992.

Womack, James; Jones, Daniel: Lean Thinking: Ballast abwerfen, Unternehmensgewinne steigern, Frankfurt/Main, New York, Campus Verlag, 2004.

Lernziele

In diesem Kapitel lernen Sie,

- welche Bedeutung Marketing für den Unternehmenserfolg hat,
- welche Elemente bei der Konzeption des Marketings zu gestalten sind,
- aus welchen Teilinstrumenten das Marketinginstrumentarium besteht,
- worin sich das Käuferverhalten privater Nachfrager und gewerblicher Nachfrager unterscheidet,
- welche Aufgaben die Marktforschung als Unterstützung des Marketings ausübt und
- welche Besonderheiten im Marketing bestimmter Branchen und Sektoren bestehen.

Marketing

19

ÜBERBLICK

19.1 Darstellung und Bedeutung des Marketings

19.1.1 Marketingphilosophie

Marketing ist aus wechselnden ökonomischen Engpässen entstanden. Zunächst bestand ein Engpass in der Leistungserstellung, der durch Produktionstechnik überwunden wurde. Dann gab es einen Engpass in der Ressourcenbeschaffung von Rohstoffen, Kapital und Personal, der durch Außenhandel, neue Rechtsformen und Duale Ausbildung überwunden wurde. Damit trat historisch der Engpass der Leistungsverwertung in Kraft. Immer limitiert der Engpass den gesamten wirtschaftlichen Erfolg, d. h., selbst ein Überschuss an Produktion, Rohstoff, Kapital und Personal führt zu keinem besseren Betriebsergebnis, solange ein Mehrabsatz von daraus resultierenden Gütern nicht gewährleistet ist.

Aber auch die Nachfrage unterliegt Wandlungen. In Mangelzeiten sind die Anstrengungen, die Nachfrager unternehmen müssen, um in den Besitz gewünschter Waren zu gelangen, größer als die der Anbieter. Man spricht von einer Verkäufermarktsituation. Glücklicherweise haben die entwickelten Industrienationen diesen Zustand hinter sich gelassen. Die Realität ist heute vielmehr die des Käufermarkts. Dabei müssen Anbieter im Parallelwettbewerb zueinander versuchen, Nachfrager an ihre Leistung zu binden, neu zu akquirieren oder vom Mitbewerb wegzulocken, während die Nachfrageseite bequem verschiedenste Angebote vergleichen und das bevorzugte auswählen kann. Damit aber wird Marketing zum Engpass für den Geschäftserfolg und muss dafür Sorge tragen, dass das eigene Unternehmen gegen konkurrierende andere bei Abnehmern zum Zuge kommt. Ansonsten wenden diese sich Mitbewerbern zu.

Marketing wird damit überlebenswichtig für jedes erfolgreiche Unternehmen. Seine Aktivitäten können dabei sowohl auf die Einkaufsseite als auch auf die Absatzseite gerichtet sein. Ersteres betrifft das Beschaffungsmarketing für Personal, Betriebsmittel, Finanzen, Letzteres das Absatzmarketing von Gütern und Diensten des eigenen Unternehmens am Markt. Dieses steht hier im Vordergrund.

Im Verlauf der Zeit ergab sich dabei außerdem eine Verbreiterung (sog. Broadening) vom Business Marketing über das Non Profit Marketing (auch Social Marketing genannt) zum Non Business Marketing (z. B. für öffentliche Betriebe) und schließlich hin zum Generic Marketing (als zielorientierter Anbahnung, Erleichterung, Abwicklung und Bewertung des allgemeinen Austauschs von ideellen und materiellen Werten zwischen Parteien).

Weiterhin ergab sich eine Vertiefung (sog. Deepening) durch Einbeziehung über die rein kommerziellen Beweggründe hinausgehender Aspekte in das Marketing wie die verstärkte Berücksichtigung humanitärer Pflichten (Human Concept), der gesamtgesellschaftlichen Verantwortung von Unternehmen (Corporate Citizenship) und zum Einbezug nachhaltig wirkender ökologischer Argumente (Sustainable Development). Dies manifestiert sich im CSR-Konzept (Corporate Social Responsibility).

Die Ursprünge der Marketingentwicklung liegen in Deutschland in der Handelsbetriebslehre. Aus diesen Anfängen zur vorletzten Jahrhundertwende entwickelte sich zwischen etwa 1925 und 1970 die Absatzwirtschaftslehre. In deren Mittelpunkt stand die Distributionsfunktion, also die Verwertung der wie auch immer erstellten Unternehmensleistung zur Liquidierung am Markt. Zwischen etwa 1965 und 1985 ergab sich daraus, aufbauend auf amerikanischen Ansätzen (Kotler, Levitt[1]), die Marketinglehre. Ab etwa 1980 wurde dieser Ansatz entscheidend dadurch erweitert, dass die

Marketingsichtweise als Maßgabe für jedwede strategische Ausrichtung angesehen wurde, nämlich als Marketing-Management, um damit entscheidende komparative Konkurrenzvorteile zu erreichen. Aktuell schließlich wird Marketing als marktorientiertes Führungskonzept verstanden, das die Ausrichtung des gesamten Unternehmens auf sein Vermarktungsumfeld umfasst, also alle Anspruchsgruppen integriert.

19.1.2 Marketinginhalte

Diese fundamentalen Veränderungen der Sichtweise innerhalb einer, nach Forschungsmaßstäben, recht knappen Frist sind typisch für eine vergleichsweise junge Wissenschaft wie die des Marketings, die in relativ kurzer Zeit die Entwicklungen, die „traditionelle" Zweige der Betriebswirtschaftslehre bereits lange hinter sich gelassen haben, nachvollziehen muss.

In der Vor-Marketing-Ära waren naturgemäß dennoch absatzwirtschaftliche Funktionen zu erfüllen. Nur waren diese auf verschiedene andere betriebliche Bereiche verteilt und diesen untergeordnet. Auch fand keinerlei systematische Integration der dabei ablaufenden Aktivitäten statt. Dies wurde aufgrund auskömmlicher Marktsituationen als nicht erforderlich angesehen. Im Zuge restriktiverer Vermarktungsbedingungen reichte diese Sichtweise jedoch mitnichten mehr aus.

Marketing als Absatzpolitik von Unternehmen (traditionelle Absatzwirtschaft) führte zu einer Sichtweise des absatzpolitischen Instrumentariums (**Produkt- und Programmpolitik**, **Preis- und Konditionenpolitik**, **Kommunikations- und Identitätspolitik** sowie, mit einem gewissen Schwerpunkt, **Distributions- und Verkaufspolitik**). Es geht im Marketing also um die Stimulierung des Flusses von (vor allem) Waren, (aber auch) Geldern und Informationen, im Absatzkanal.

Bei Marketing als passiver Marktanpassung steht die Fiktion im Vordergrund, dass ein Unternehmen in dem Maße erfolgreich sein wird, indem es ihm gelingt, die Bedarfe seiner (auch potenziellen) Nachfrager zu erkennen und Produkte und Dienste bereitzustellen, die diese Bedarfe befriedigen. Problematisch ist allerdings, dass Nachfrage Idealkombinationen fordert und nicht kreativ ist, sondern nur auf Angebot reagieren kann, zumal die Bedarfe schneller wechseln, als die Produktion mit der Realisierung nachkommt.

Marketing als aktive Marktgestaltung geht indes davon aus, dass Bedarfe kreativ formbar sind. Wenn es einem Unternehmen also gelingt, die (auch potenziellen) Bedarfe seiner Nachfrager zu aktualisieren oder sogar zu generieren, schafft es sich die Kunden selbst, die der Absatz braucht. Meist gelingt dies, durchaus kontrovers, nur über die Schaffung von Problemen, die Nachfrager ohne den Anbieter nicht hatten, die sie aber sofort wieder loswerden, da der Anbieter ihnen die Problemlösung zugleich mitliefert.

Marketing kann darauf aufbauend definiert werden als die Planung, Organisation, Implementierung und Kontrolle aller Aktivitäten mit der Absicht der Erreichung qualitativer und/oder quantitativer Vorgaben bei Kunden und deren Kunden durch Aufbau, Unterhalt, Ausbau oder Wiederherstellung von Geschäftsbeziehungen mit jeweils relevanten Zielgruppen im Absatzbereich.

19.2 Zentrale Elemente der Marketingkonzeption

19.2.1 Element Kundenbeziehungen

Im Mittelpunkt aller Aktivitäten stehen die potenziellen Kunden einer Unternehmensleistung (4 Rs):

- Im **Akquisitionsmarketing** (Customer Recruitment) geht es um die erstmalige Aufnahme einer Geschäftsbeziehung zwischen Anbieter und Nachfrager. Dazu sind anbieterseitig regelmäßig hohe Kundengewinnungsaufwendungen erforderlich. Zudem bleibt die Erfolgswahrscheinlichkeit (Hitrate) angesichts verstärkten Wettbewerbs eher begrenzt. Zur Forcierung wird das Vorkaufmarketing eingesetzt.
- Das **Sicherungsmarketing** (Customer Retention) geht davon aus, dass Kunden erst profitabel werden, wenn sie über den Erstabschluss hinaus in regelmäßigen, möglichst kurzen Abständen Umsätze mit dem Unternehmen tätigen (Wiederkauf). Insofern ist es erforderlich, die einmal akquirierten Kunden gegen die Bemühungen der Konkurrenz zu verteidigen und Steigerung der Kundenverbundenheit (freiwillig) und Kundengebundenheit (erzwungen) an sich zu fördern.
- Ist eine Kundenbeziehung erst einmal stabilisiert, bietet sie im **Entwicklungsmarketing** (Customer Reinforcement) hervorragende Möglichkeiten der Ausweitung des Geschäftsumfangs, zum einen wegen der steigenden Informationen über Kundenbedarfe auf Lieferantenseite, zum anderen wegen der erarbeiteten Vertrauensbasis auf Abnehmerseite.
- Falls es doch zum Kundenverlust kommen sollte, ist der Wiederaufbau zerbrochener Kundenbeziehungen als **Rückgewinnungsmarketing** (Customer Recovery) erforderlich. Denn angesichts stagnierender Märkte darf die Abwanderung von Kunden zum Mitbewerb nicht hingenommen, sondern muss mit der Absicht deren Rückholung in den Kundenstamm beantwortet werden. Nur dies sichert den langfristigen Markterfolg.

Die Phasen 2–4 finden nicht mehr in der Vorkauf-, sondern in der Nachkaufphase statt. Dadurch ist erklärlich, dass der Fokus der Aktivitäten im Marketing sich immer mehr zugunsten der Nachkaufphase verschiebt. Außer bei Aufbau eines neuen Geschäfts (Existenzgründung) oder angesichts stark expandierender Märkte (z. B. IT) kann das beste Neugeschäft immer mit bestehenden Kunden erreicht werden. Zumal die Bedienung bestehender Kunden um ein Vielfaches kostengünstiger zu bewerkstelligen ist als die Akquisition neuer Kunden. Ziel ist daher die Realisierung einer Kundenleiter als Erfolgskette aus Kundennähe, Kundenbindung, Kundenzufriedenheit und Kundenwert (4 Ks).

Da die betrieblichen Ressourcen begrenzt sind, ist es sinnvoll, diese im Marketing auf diejenigen Kunden zu konzentrieren, die dies am meisten rechtfertigen. Dieser Ansatz führt zur Sichtweise des Kundenwerts (Customer Equity) als Betrachtung der Werthaltigkeit von Kundenbeziehungen im Zeitablauf. Der Kundenwert ist die Summe aller Einnahmeüberschüsse, die im Zeitablauf aus der Geschäftsbeziehung zu einem spezifischen Kunden erzielt werden. Durch die dynamische Sichtweise des Kundenlebenszeitwerts (Customer Lifetime Value) wird zudem der unterschiedliche zeitliche Anfall von Einnahmen von und Ausgaben für Kunden durch deren Diskontierung auf einen gemeinsamen Zeitpunkt berücksichtigt.

19.2.2 Element Marktsegmentierung

Typisch für Marketing ist, dass Unternehmensleistungen nicht allgemein dem Markt angeboten werden und Nachfrager dort schon erkennen, was für sie wichtig ist (undifferenziertes Marketing). Dies greift auf hoch kompetitiven Märkten viel zu kurz. Vielmehr bedarf es der exakten Zielung von Angeboten (Targeting) auf bestimmte Marktsegmente (differenziertes Marketing).

Diese Marktsegmente können dabei nach verschiedenen Kriterien als Teilmärkte gebildet werden, vor allem demographischen (Bevölkerungsmerkmale), geographischen, psychographischen (persönliche Disposition) und soziographischen (verhaltensorientiert), hinzu treten typologische und neuroökonomische Kriterien.

Unter **Marktsegmentierung** versteht man daher die Aufteilung eines Gesamtmarkts in hinsichtlich ihrer Marktreaktion intern weitgehend homogene und extern weitgehend heterogene Teilmärkte. Marktsegmentierung ist konstitutiv für jedes Marketing. Voraussetzung dafür, dass Anforderungen gegeben sind wie marketingpolitische Zugänglichkeit der Segmente, Messbarkeit von Unterschieden, zeitliche Stabilität, Wirtschaftlichkeit der Erreichung etc.

Wird ein gegebener Markt dabei künstlich in Teilmärkte aufgesplittet, handelt es sich um eine horizontale (deglomerative) Marktsegmentierung, gibt es von vornherein unterschiedlich reagierende Märkte, die dann auch differenziert bearbeitet werden, handelt es sich um eine vertikale (agglomerative) Marktsegmentierung.

Durch Marktsegmentierung soll es vor allem zur Abschöpfung der Konsumentenrente bzw. zum Einbehalt einer Produzentenrente kommen, indem die unterschiedliche Preisbereitschaft und Leistungserwartung der Nachfrager genutzt wird. Außerdem soll der Markenwert besser kapitalisiert werden, indem ein Angebot, das Nachfragern aus einem Marktsegment bekannt und vertraut ist, in ein anderes Marktsegment transferiert werden kann.

Die Marktsegmentierung führt zur Konsequenz der Angebotsdifferenzierung (Versioning), d. h. zum Angebot mehrerer, voneinander abgehobener Versionen eines Produkts im Programm zu gegeneinander abgesetzten Preisen.

19.2.3 Element Markenartikel

Ohne **Markenartikel** gibt es kein Marketing. Prominente Marken haben Charakterzüge, wie sie ansonsten allenfalls noch vertrauten Personen des Umfelds zugeschrieben werden. Man spricht deshalb nicht zu Unrecht und sehr anschaulich auch von Markenpersönlichkeiten. Sie sind die Visitenkarten ihrer Nutzer.

Unter Marke versteht man die formale Kennzeichnung von Waren und Dienstleistungen (Produkten) oder Unternehmen, die Interessenten deren Herkunft anzeigt, um sie bei ihnen zu identifizieren und zu profilieren sowie von Produkten anderer Herkunft oder anderer Unternehmen zu unterscheiden und abzugrenzen.

Eine Marke bildet materiell zugleich die Persönlichkeit (das Gesicht) eines Produkts, sie verhält sich komplementär zur Person ihres Verwenders und spiegelt dessen Werthaltungen, die damit im sozialen Umfeld spezifisch ergänzt oder verstärkt erkennbar werden. Produkte, die mit einer Marke versehen werden, sind, sofern ihnen vom Markt eine entsprechende Geltung zugesprochen wird, Markenartikel.

Hinsichtlich der Markenarchitektur gibt es:

- **horizontale Markenstrategien**, welche die Beziehungen verschiedener Marken innerhalb eines Unternehmens zueinander erfassen wie Dachmarke, Rangemarken, Multimarken, Einzelmarke,
- **vertikale Markenstrategien**, welche die Hierarchie verschiedener Marken innerhalb eines Unternehmens erfassen wie Premiummarke, Zweitmarke,
- weitere, absenderbezogene Markenstrategien wie Kollektivmarke, Transfermarke, Systemmarke, Handelsmarke.

Ein Problem besteht darin, dass jeder Käufer immer nur einige wenige aus allen vorhandenen Marken je Warengruppe präferiert (Evoked Set of Brands). Da aber nur unter diesen letztlich der Kaufentscheid fällt, ist es für Anbieter überlebenswichtig, zu diesen wenigen Marken bei einer möglichst großen Anzahl potenzieller Käufer in jedem Zeitpunkt und an jedem Ort der Verbreitung zu gehören (Relevant Set).

Eine Marke kann einen erheblichen immateriellen Markenwert (Brand Equity) repräsentieren. Zu dessen Berechnung gibt es vielfältige Ansätze. Dabei lassen sich zumindest zwei große Bereiche unterscheiden: finanzorientierte und nachfrageorientierte Messansätze sowie Kombinationen zwischen beiden. Viele Anbieter beziehen ihren Unternehmenswert heute im Wesentlichen aus der Marke, nicht mehr aus materiellen Assets (z. B. Apple, Google, Microsoft).

19.2.4 Element Angebotspositionierung

Erstens versteht man unter **Positionierung** ein grafisches Verfahren (Mapping) durch statistische Datenerhebung und -auswertung, zweitens das Ergebnis der Konzeptdefinitionen im Marketing (Positioning) mit Angebotsanspruch und Anspruchsbegründung.

Eine Positionierungsentwicklung erfolgt in folgenden Schritten:

- Abgrenzung des jeweils relevanten Markts („Arena"),
- Bestimmung der Angebotsdimensionen auf diesem Markt, evtl. grafische Reduktion dieser Dimensionen auf zwei oder drei,
- Auswahl der Mitbewerber auf diesem Markt,
- Profilbestimmung der wichtigsten (strategischen) Mitbewerber,
- Bestimmung der eigenen relativen Position,
- Verbalisierung dieser Position als Main Claim und Reason Why.

Diese Entwicklung kann normativ, d. h. anhand statistischer Modelle, oder heuristisch, d. h. auf Basis von Markterfahrung, erfolgen. Anlässe sind meist die Erstpositionierung eines neuen Angebots (Launch) oder dessen Umpositionierung im Zeitablauf (Relaunch).

Traditionell wird hinsichtlich der Positionierung die Forderung nach einer **Unique Selling Proposition (USP)** erhoben, d. h. eines alleinstellenden Verkaufsvorschlags. Dies ist jedoch heute angesichts der Fraktionierung der Märkte sehr problematisch, weil sich häufig nur noch „abseitige", gering relevante USPs finden lassen, die von Konkurrenten übersehen oder, eher, mangels Effekts bewusst ausgelassen worden sind. Zudem lässt jede objektive Leistungsverbesserung des Mitbewerbs die eigene

Position erodieren (z. B. fünf Klingen bei Nassrasierern). Dies limitiert aber von vornherein das Marktpotenzial und damit den präsumtiven Erfolg.

Empfehlenswerter ist daher die Besetzung einer **Unique Communication Proposition (UCP)**, d. h. einer werblichen Alleinstellungsbehauptung. Dabei kommt es nicht darauf an, ob ein Angebot objektiv alleinstellend ist, sondern nur, ob subjektiv eine glaubhafte Alleinstellungsbehauptung am Markt erhoben werden kann. Dies stellt die Metaebene der Wahrnehmung in den Mittelpunkt und macht die Position, selbst bei Leistungsverbesserung des Mitbewerbs, für diese uneinnehmbar, es sei denn, die Position wird leichtfertig freiwillig aufgegeben (z. B. Blend-a-med mit dem Parodontitis-UCP).

19.3 Marketing-Instrumentarium

In neuerer Zeit hat sich herauskristallisiert, dass die vier **Marketing-Mix**-Instrumente zweckmäßigerweise in zwei Gruppen unterteilt werden können, erstens die Instrumente der Absatzvorbereitung (Angebots-, Gegenleistungs- und Informationsgestaltung, siehe ▶*Abbildung 19.1*) sowie zweitens das Instrument des Absatzvollzugs (Verfügbarkeitsgestaltung).

Abbildung 19.1: Marketing-Instrumente

19.3.1 Produkt- und Programmpolitiken im Marketing

Produkt

Das Teilinstrument der **Produktpolitik** umfasst im Einzelnen die Produkteinführung (Innovation), die Produktfortführung, die Produktveränderung (Variation) und die Produkteinstellung (Elimination).

Zur Produkteinführung bedarf es zunächst einer neuen Angebotsidee. Diese kann intern oder auf externe Anregung hin entstanden sein. Sind nicht genügend tragfähige Ideen für Neuprodukte vorhanden, dienen Kreativitätstechniken wie Brainstorming, Methode 6-3-5, Morphologischer Kasten etc. zur zusätzlichen Ideengenerierung. Hinzu kommen andere Verfahren wie Crowdsourcing, Wikis und Intranet-Foren. Diese Ideen werden anschließend gesichtet und bewertet. Im Screening erfolgt eine Vorauswahl (Shortlist), im Scoring eine Priorisierung anhand von Beurteilungskriterien.

Um aus der Idee ein letztlich vermarktbares Angebot werden zu lassen, bedarf es der grundlegenden oder anwendungsorientierten Forschung sowie der Entwicklung und funktionalen Erprobung (Handmuster, Prototyp, Vorserie). Diese mündet in einer Nullserie, die dann zumeist einem Technik- und Markttest unterzogen wird. Bei positivem Ergebnis kommt es zur Markteinführung (Launch), bei negativem Ergebnis zur Modifikation (On) bzw. einem erneuten Test oder zum Rückzug der Idee (No go).

Wichtig ist, von Anbeginn der Marktpräsenz an eine hohe und konstante Qualität zu sichern. Dazu dienen ausgiebige Verfahren des Qualitätsmanagements. Die Qualität darf sich nicht nur auf die Verarbeitung (Total Quality Management, Zertifizierung nach DIN EN ISO 9000 ff.), sondern muss sich zur Vermeidung von Produkthaftung und Produktrückrufen auch auf die Konstruktion beziehen. Dabei geht es um Vorbeugemaßnahmen zur Vermeidung von Fehlqualität und um den Wegfall von Kostenbelastungen ansonsten erforderlicher Prüfmaßnahmen zur Ermittlung von Fehlern sowie um Selektionsmaßnahmen zur Minimierung von Ausschuss, Nachbearbeitung und Gewährleistung. Hin und wieder ist jedoch auch eine bewusste Qualitätsverschlechterung (künstliche Veralterung durch Lebensdauerbegrenzung) anzutreffen.

Ein entscheidender weiterer Faktor ist der Schutz von Innovationen durch Gewerbliche Schutzrechte. Diese schaffen eine Monopolisierung der Nutzung einer Neuerung. Im Einzelnen handelt es sich dabei um Patente, Gebrauchsmuster, Geschmacksmuster und Markenzeichen.

Zur Produktfortführung ist die kontinuierliche Angebotspflege unverzichtbar. Sie wird organisatorisch durch das Produktmanagement getragen und beinhaltet die stetige Optimierung des Marketing-Mix. Zumeist wird dabei ein **Produktlebenszyklus** als zeitbezogenes Marktreaktionsmodell zugrunde gelegt (siehe ▸*Abbildung 19.2*). Er durchläuft idealtypisch (grafisch in Glockenkurvenform) die Phasen der Vorbereitung, der Einführung, des Wachstums/der Reife, der Sättigung, des Verfalls/Absterbens oder ggf. des Wiederanstiegs. Ziel ist dabei eine Verlängerung der Marktpräsenz, damit sich die immer höheren Vorlaufaufwendungen besser über die Laufzeit verteilen. In der Vorbereitungsphase wird das Angebot noch nicht marktwirksam. In der Einführungsphase ist das Marktwachstum sehr hoch, wenngleich auf niedriger Basis. In der Wachstums-/Reifephase erfolgt eine bessere Marktdurchdringung, die Wachstumsrate des Gesamtmarkts ist hoch, verläuft jedoch bald degressiv. In der Sättigungsphase normalisiert sich die Wachstumsrate und stagniert schließlich, die Gewinne erreichen ihr Maximum und verfallen danach infolge hoher Nachfrageelastizität und Wettbewerbsintensität. In der Verfalls-/Absterbephase brechen Umsatz und Gewinn ein, Verluste laufen auf, der Cashflow wird negativ und Anbieter scheiden vom Markt aus.

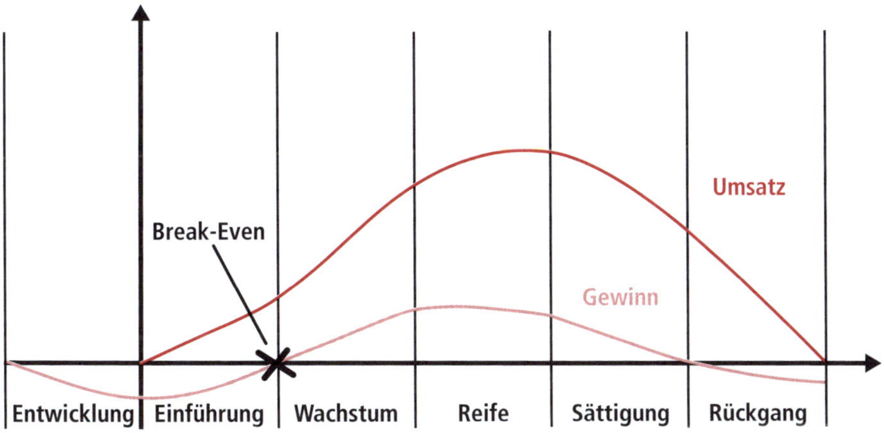

Entwicklung	Einführung	Wachstum	Reife	Sättigung	Rückgang
- keine Umsätze - keine Gewinne - hohe Kosten für Entwicklung und Pretest	- geringe Absätze - negative Gewinne - Bekanntheit schaffen – hohe Werbeausgaben - nur einige Konkurrenten	- schnell wachsender Absatz - Produkt kommt in die Gewinnphase - weiter hohe Werbeausgaben - zunehmende Konkurrenten	- langsam wachsender Absatz - hohe Gewinne - Gewinn maximieren, Anteil halten - tendenziell abnehmende Konkurrenten	- Absatz hoch/ stagniert - hohe Gewinne - Gewinnabschöpfung, Marktanteil stabilisieren	- Absatz rückläufig - fallende Gewinne - Werbung herunterfahren/ einstellen

Abbildung 19.2: Produktlebenszyklus-Modell[2]

Von Zeit zu Zeit ist jedoch auch eine Produktmodifikation erforderlich. Je nach deren Ausmaß kann es sich dabei um eine einfache Produktpflege (Product Care) oder um eine erkennbare Produktaufwertung (Facelift) handeln. Liegt hingegen eine umfassende konzeptionelle Umpositionierung (Relaunch) vor, geht die Produktmodifikation in eine **Produktvariation** über. Diese erfolgt durch Ablösung des bestehenden durch ein gleichartiges neues Produkt auf einem höheren Niveau (Up Grading), d. h. mit mehr Leistung zum gleichen bzw. einem geringfügig höheren Preis, oder auf einem niedrigerem Niveau (Down Grading), d. h. mit gleicher bzw. geringfügig geringerer Leistung zu einem geringeren Preis.

Schließlich ist eine Produktaussonderung notwendig, wenn das Angebot aus internen (z. B. Kosten) oder externen Gründen (z. B. Wettbewerb, Nachfrage) nicht mehr tragfähig ist. Sehr häufig kommt es infolge unausgereifter Produkte oder Vermarktungskonzepte auch zu einem unfreiwilligen, vorzeitigen Flop. Bei jeder Elimination sind jedoch potenzielle sachliche, räumliche, zeitliche, formale Verbundeffekte des eliminierten zu verbleibenden Produkten im Programm zu antizipieren.

Weitere wichtige Aspekte der Produktpolitik betreffen die Packung mit ihren essenziellen Funktionen der Rationalisierung (Logistik, Dimensionierung, Information), der Kommunikation (Präsentation, Verkaufserleichterung, Qualitätsauslobung) und der Verwendungserleichterung. Als Wechselvokabeln werden oft die Begriffe Verpackung, Umverpackung oder Ausstattung eingesetzt. Vor allem die Entsorgung ist dabei in den Mittelpunkt des Interesses gerückt („Grüner Punkt“).

Kundendienste als produktverbundene Dienstleistungen sind vorwiegend technischer oder kaufmännischer Natur und stehen in mehr oder minder enger Beziehung zur eigentlichen Transaktion. Gerade dadurch ist angesichts zunehmender, objektiver Austauschbarkeit von Angeboten noch eine positive Differenzierung im Markt möglich.

Programm

Innerhalb des Teilinstruments der **Programmpolitik** geht es um die **Programmbreite** und die **Programmtiefe** des Absatzprogramms (nicht hingegen des Produktionsprogramms). Das Absatzprogramm enthält neben den selbstproduzierten Produkten auch solche, die nicht selbst hergestellt, sondern fremd zugekauft werden (Handelsware). Das Produktionsprogramm enthält neben den selbst verkauften Produkten auch solche, die nicht selbst abgesetzt, sondern fremd abgegeben werden. Die Entscheidung über Eigenfertigung oder Fremdbezug (Make or Buy) ist in diesem Zusammenhang von zahlreichen Einflussgrößen abhängig. Dies führt zur Programmstruktur.

Das **Programm** ist in zwei weiteren Dimensionen gestaltbar, der Breite und der Tiefe. Breite bedeutet dabei die Anzahl verschiedenartiger Produktlinien (Einzelprodukte) innerhalb eines Programms, Tiefe die Anzahl verschiedener Ausprägungen einer Produktlinie im Programm. Folglich sind in der Breitendimension eine Programmausweitung bzw. eine Programmeinengung möglich sowie in der Tiefendimension eine Programmverkürzung bzw. eine Programmverlängerung. In der Breite führt die Programmausweitung zur Angebotsproliferierung (auch Produktdiversifizierung genannt, meist aus Gründen der Synergienutzung oder Risikoreduktion), die Programmeinengung zur Angebotsunifizierung (meist aus Gründen der Fokussierung auf die Kernkompetenz). In der Tiefe führt die Programmverkürzung zur Angebotsstandardisierung (meist aus Gründen der Komplexitätsreduktion in Produktion und Organisation), die Programmverlängerung zur Angebotsdifferenzierung (auch Produktdifferenzierung genannt, meist aus Gründen der Individualisierung der Nachfrage).

Die Programmtiefe kann durch Mass Customization gesteigert werden. Darunter versteht man die kundenindividuelle Massenfertigung von Produkten, also die Kombination von Individualität im Ergebnis und Kostendegression im Prozess. Dies kommt u. a. zustande durch Anwendung begleitender Kundendienste, Baukastenprinzipien (Plattformen/Module) und Built-in Flexibility.

19.3.2 Preis- und Konditionenpolitiken im Marketing

Preis

Das Teilinstrument der **Preispolitik** umfasst die verschiedenen Formen der Preisbildung im Marketing (siehe ▶ *Abbildung 19.3*).

Bei der marktorientierten Preisbildung erfolgt eine Ausrichtung des eigenen Preises am Marktpreis, der sich in marktwirtschaftlichen Systemen im Gleichgewicht von Angebot und Nachfrage bildet. Alle Anbieter, die bereit gewesen wären, zu einem niedrigeren als dem Marktpreis anzubieten, streichen dann eine Produzentenrente ein, d. h., sie erhalten ihre Leistung mit einem höheren Preis honoriert, als sie selbst akzeptiert hätten. Alle Anbieter, deren Preisforderung über dem Gleichgewichtspreis liegt, gehen, ein homogenes Angebot vorausgesetzt, leer aus. Umgekehrt profitieren Nachfrager, die bereit gewesen wären, einen höheren als den Marktpreis zu zahlen, in

Form einer Konsumentenrente, d. h. der Differenz aus ihrer individuellen Preisbereitschaft und dem tatsächlichen Marktpreis. Nachfrager, deren Preisbereitschaft unter dem Gleichgewichtspreis liegt, gehen allerdings leer aus. Wie sich bei Marktungleichgewichten Anpassungsprozesse für ein Produkt gestalten, darüber gibt die (direkte) Preiselastizität der Nachfrage (η) Auskunft, die zwischen starr (0) und vollflexibel (∞) schwanken kann. Wie diese Prozesse Preise und Mengen verschiedener Produkte beeinflussen, darüber gibt die (indirekte) Kreuzpreiselastizität der Nachfrage (ε) Auskunft, die zwischen 0 und ∞ sowohl positiv als auch negativ schwanken kann.

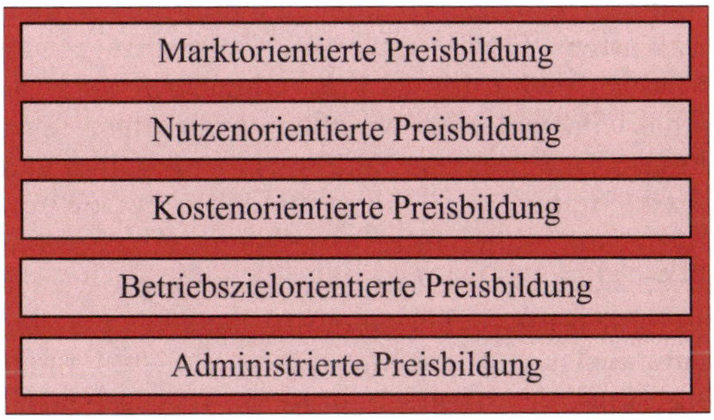

Abbildung 19.3: Formen der Preisbildung

Bei der nutzenorientierten Preisbildung erfolgt eine Ausrichtung an verschiedenen Aspekten:

- *Preisanker*, die aus Preisgegenüberstellung, Preiserfahrung der Vergangenheit oder Preisvorteilssuggestion heraus vorhanden sind und zur gestützten Beurteilung einer Preisforderung führen,
- *Preisoptik*, die sich in Schwellenpreisen (z. B. 9,99 €) und Preisfiguren (z. B. 3,33 €) ausdrückt, die in der subjektiven Wahrnehmung besonders attraktiv oder merkfähig erscheinen,
- *Kaufkraft*, die in ihrer (verfügbaren/disponiblen oder frei verfügbaren/diskretionären) Höhe jedoch regionalen und lokalen Schwankungen unterliegt, die ihrerseits durch Kaufkraftkennziffern ausgewiesen werden,
- *Nachfrageeffekte*, d. h. anomal Nachfragereaktionen auf den Preis als Bandwagon-, Snob-, Veblen-Effekte,
- *Einkommenseffekte* in Bezug auf superiore und inferiore Güter, etwa als Giffen-, Engel-Effekte,
- *Kaufvereinfachung*, z. B. durch Preis-Qualitätsvermutung, Angebotsattribute, Anbieterempfehlung, generalisierende Kaufregeln.

Letztlich ist für den Kaufentscheid das Preis-Leistungs-Verhältnis ausschlaggebend, wonach jeder Kaufentscheid anhand eines gedanklichen Quotienten aus Preisopfer im Zähler und Leistungserhalt im Nenner bewertet wird und nur solche Käufe getätigt werden, deren Quotient < 1 ist bzw. Käufe umso eher getätigt werden, je kleiner dieser Quotient ist. Die Kaufoptionen werden dann gerangreiht und je Periode bis an die jeweilige Budgetgrenze realisiert, nicht realisierte Käufe werden unterdrückt, auf die nächste Periode verschoben oder durch Kredit vorgezogen.

Dominant hat sich dabei ein hybrides Verbraucherverhalten herausgebildet, wonach zwei unterschiedliche Kaufprogramme vorhanden sind, eines für gering involvierende Produkte (täglicher Bedarf), die nach absoluter Preisgünstigkeit entschieden werden (Mindestleistung/Preisdominanz), und ein anderes für hoch involvierende Produkte (Hobby, Außenwirkung), die nach relativer Preiswürdigkeit entschieden werden (Höchstpreis/Leistungsdominanz). Im Smart-Shopper-Verhalten wird die Preisgünstigkeit auch auf hoch involvierende Produkte übertragen (gleichzeitige Preis- und Leistungsdominanz/System Beaters).

Bei der kostenorientierten Preisbildung erfolgt eine Ausrichtung an der Preisuntergrenze oder der Preisobergrenze. Die Preisuntergrenze wird traditionell durch einfache Zuschlagskalkulation (Selbstkosten plus Gewinn) oder differenzierte Zuschlagskalkulation (Materialkosten, Fertigungskosten, Verwaltungs- und Vertriebskosten, Sondereinzelkosten, plus Gewinn minus Erlösschmälerungen) ermittelt, beide gehen progressiv vor. Alternativ dazu werden vor allem eine einfache Deckungsbeitragsrechnung (Deckungsbeitrag = Differenz aus Nettoumsatz und allen variablen, direkt zurechenbaren Kosten bzw. Summe aus Fixkostenblock und Gewinn) oder eine stufenweise Fixkostendeckungsrechnung mit sukzessivem Abzug von Fixkostenanteilen vom einfachen Deckungsbeitrag mit Teildeckungsbeiträgen verschiedener Grade bis zum Gewinn/Verlust eingesetzt, beide gehen retrograd vor. Dabei werden im Falle weit verbreiteter Unterauslastung der Kapazitäten Preisuntergrenzen verschiedener Grade für ein gewinnbringendes Angebot am Markt vorgegeben. Gleichermaßen kann damit im Fall von Überauslastung die profitabelste Nutzung je Engpasszeiteinheit anhand der relativen Deckungsspanne bestimmt werden (Deckungsspanne = Differenz aus Preis und variablen Stückkosten). Problematisch ist jedoch die Gefahr von Fehlentscheidungen bei hoher Fixkostenlastigkeit der Kostenstrukturen.

Zudem stellen diese aufwärtsgerichteten Kalkulationen einen Fremdfaktor im Marketing dar, honoriert der Markt doch eindeutig keine Kosten, sondern nur Nutzen. Dies berücksichtigen abwärtsgerichtete Kalkulationen. Sie gehen von der am Markt für durchsetzbar erachteten Preisobergrenze aus und schließen davon auf die hinnehmbaren Selbstkosten. Dazu wird vor allem die Zielkostenrechnung eingesetzt. Ausgangspunkt ist die dekompositionell für jedes Leistungselement ermittelte maximale Preisbereitschaft der Nachfrage (Market into Company) bzw. die erwiesene Gesamtpreisdurchsetzbarkeit beim Wettbewerb (Out of Competitor). Von diesem Nettopreis, ggf. korrigiert um Angebotsabweichungen, wird der Plangewinn abgesetzt, so dass sich die Kostenobergrenze ergibt (Allowable Costs). Liegen die tatsächlichen Selbstkosten (Drifting Costs) darunter, kann ein Zusatzgewinn eingestrichen werden, liegen sie darüber, muss konsequenterweise auf das Marktangebot verzichtet werden. Alternativ kann in der Zielkostenrechnung aufwärtsgerichtet auf Basis der Ermittlung von Selbstkosten (Out of Standard Costs) geprüft werden, ob ein markt- und wettbewerbsfähiger Preis realisierbar ist. Ist dies nicht der Fall, müssen durch Wertanalyse die Kosten reduziert (Target Costs) oder die Leistungswahrnehmung erhöht werden (Out of Optimum Costs). Schließlich kann gegenläufig für die Preisobergrenze eine Wertgestaltung derart vorgenommen werden (Into and Out of Company), dass die anteiligen Kosten jedes Leistungselements in Konstruktion und Fertigung dessen Wertanteil nicht überschreiten (Design to Costs). Dies schafft bereits im ersten Anlauf ein konkurrenzfähiges Angebot.

Tatsächlich müssen beide Kalkulationsformen parallel angewendet werden, die aufwärtsgerichteten zur Rentabilitätssicherung und die abwärtsgerichteten, um keine Gewinnanteile am Markt zu vergeben. Die Break-Even-Analyse gibt außerdem verschiedene Schwellenmengen vor, im häufigsten Fall diejenige Absatzmenge, bei welcher der Umsatz zum ersten Mal ausreicht, die aufgelaufenen Kosten plus einem evtl. Plangewinn zu decken.

Bei der betriebszielorientierten Preisbildung werden statische, dynamische, modulare und gelenkte Ansätze unterschieden. Zu den statischen Ansätzen mit im Vorhinein ausgewiesenem Preis je Einzelobjekt gehören folgende:

Bei der **Preisinnovation** geht es um den Preisansatz bei Markteinführung. Möglich ist ein Preisansatz durchgängig oberhalb des durchschnittlichen Marktpreises (Prämienpreis), wenn ein entsprechender Nutzenvorteil vorhanden ist, durchgängig unterhalb des durchschnittlichen Marktpreises (Diskontpreis), wenn ein entsprechender Kostenvorteil vorhanden ist, oder im durchschnittlichen Marktpreis (Mediumpreis).

Bei der **Preismodifikation** geht es um die fallweise Änderung eines Preises, ohne dass dieser Bestandteil eines auf der Zeitschiene gerichteten Plans ist.

Bei der **Preisvariation** geht es um die planvolle Ablösung eines alten Preises durch einen neuen. Möglich ist dabei ein Preisansatz im Zeitablauf von einem hohen Preis durchgängig bis auf den Durchschnittspreis fallend (Abschöpfungspreis), im Zeitablauf von einem niedrigeren Preis bis auf den Durchschnittspreis steigend (Penetrationspreis) oder im Zeitablauf pulsierend, d. h. wechselnd als Normal- oder Sonderangebot (Aktionspreis).

Preisdifferenzierung (Ggs.: Preisunifizierung) bedeutet, dass für ein grundsätzlich gleiches Produkt systematisch, d. h. unter Zugrundelegung definierter Bezugsgrößen wie Raum, Zeit, Person, Menge, Verwendung etc., unterschiedliche Preise gefordert werden. Voraussetzung ist eine durchsetzungsfähige Marktsegmentierung. Zwischen verschiedenen Angeboten ist dabei ein preispolitischer Ausgleich nach Tragfähigkeit simultan (zeitpunktbezogen) oder im Zeitablauf sukzessiv zwischen Ausgleichsgebern und Ausgleichsnehmern möglich. Eine Sonderform der computergestützten, zeitlichen Preisdifferenzierung stellt das Yield Management dar, das bei bestimmten Dienstleistungen Anwendung findet.

Bei den dynamischen Ansätzen mit im Vorhinein nicht ausgewiesenem Preis je Einzelobjekt handelt es sich um folgende:

Auf informelle Weise erfolgt die Preisbildung durch freie Preisvereinbarung im Wege der Verhandlung. Dabei kommt es jeweils auf Verhandlungsposition und -geschick der Beteiligten an (1 : 1). Dies ist ebenfalls etwa auf Börsen, Märkten oder Messen der Fall (N : N).

Auf formelle Weise erfolgt die Preisbildung auf organisierten Marktveranstaltungen. Dabei handelt es sich bei Nachfragerkonkurrenz um (öffentliche) Auktion oder (verdeckte) Einschreibung mit gegenseitiger Preisüberbietung (1 : N). Diese Verfahren können sich sowohl auf realen wie auch auf virtuellen Marktplätzen vollziehen.

Bei Anbieterkonkurrenz handelt es sich um (öffentliche) Lizitation oder (verdeckte) Submission mit gegenseitiger Preisunterbietung (N : 1). Diese Verfahren können sich ebenfalls sowohl auf realen wie auch auf virtuellen Marktplätzen vollziehen.

Weitere Ansätze betreffen folgende:

Eine **Preisbündelung** liegt vor, wenn ein gemeinsamer Preis für mehrere Sach- und/ oder Dienstleistungen besteht, deren Kombination nicht aufgeknüpft werden kann (Pure Bundle) oder nur begrenzt aufzuknüpfen ist (Mixed Bundle).

Ein **Preisbaukasten** liegt vor, wenn ein aus fixen und variablen Bestandteilen zusammengesetzter Tarif besteht. Dadurch wird die Preistransparenz herabgesetzt und die Vergleichbarkeit von Angeboten erschwert. Nachfragern wird dabei häufig selbst die Wahl des Preismodells überlassen (Self Selection).

Konzerninterne Verrechnungspreise gelten für Lieferungen und Abnahmen innerhalb eines Unternehmens mit Wertschöpfung in verschiedenen Organisationsbereichen (Profit Centers).

Grenzüberschreitende Transferpreise gelten für Lieferungen und Abnahmen innerhalb eines Unternehmens mit Standorten in verschiedenen Ländern. Beide können ihrerseits marktbasiert, kostenbasiert oder verhandlungsbasiert angesetzt sein.

Bei der **administrierten Preisbildung** wird hoheitlich (z. B. durch Kalkulationsvorschriften wie VPöA, LSP, VOB/VOL) oder privat in die freie Preishöhe oder Preisermittlung eingegriffen. Bei der Preisbindung der zweiten Hand gibt die Herstellerstufe der Handelsstufe verbindlich vor, welchen Preis sie ihrerseits gegenüber der Endabnehmerstufe zu berechnen hat. Dies ist grundsätzlich verboten, aber es gibt Ausnahmen für Arzneimittel, Verlagserzeugnisse, Saatgut etc.

Eine besondere Herausforderung ergibt sich bei der **erstmaligen Preisfindung**. Hierbei sind verschiedenartige Ansätze anwendbar, z. B. die Rekonstruktion einer Preis-Absatz-Funktion, das Preisexperiment, die Preisschätzung, die Experten- oder Kundenbefragung, die Preislotterie oder das Conjoint Measurement. Diese Entscheidung ist zentral bedeutsam, denn sie wirkt unmittelbar auf den Gewinn, ist nicht ohne Weiteres reversibel, ist direkt konkurrenzbezogen kurzfristig einsetzbar und hat eine starke Signalwirkung auf die Nachfrage.

Konditionen

Das Teilinstrument der **Konditionenpolitik** bestimmt den Nettopreis, also den tatsächlich zu entrichtenden Geldbetrag (Out of Pocket Price), die bislang geschilderte Preispolitik hingegen den Bruttopreis (Listenpreis). Es umfasst folgende Elemente:

- *Absatzfinanzierungen* als Alleinfinanzierung aus eigenen Mitteln des Anbieters, Refinanzierung gegen Kreditsicherungsgestellung in der Sache oder Person seitens des Abnehmers oder Drittfinanzierung durch Leasing oder Factoring. Der Kreditierung kommt eine erhebliche praktische Bedeutung zu, vor allem im Industriegüter- und Außenhandelsgeschäft.
- *Erlösschmälerungen* vornehmlich durch Rabattierung als Preisnachlass auf der Basis von Funktionsübernahme, Mengenabnahme oder Transaktionszeit bei Abnehmern. Hinzu kommen häufig Nichtleistungskonditionen auf Basis von Nachfragemacht sowie Zuschläge als Negativrabatte bei Vorliegen von Angebotsmacht. Rabatte können unterschieden werden nach
  - Form (in Geld/Geldrabatt oder in Ware/Naturalrabatt),
  - Berechnung (in fester Höhe/Festrabatt oder in Abhängigkeit von einer Bezugsgröße/Relativrabatt),
  - Ausmaß (immer gleich hoch/Einheitsrabatt oder in der Höhe variierend/Staffelrabatt),
  - Verlauf (relativ zur Bezugsgröße progressiv, degressiv oder linear) und
  - Bezugsbasis (auf die volle Bezugsbasis/durchgerechnet oder nur auf die Veränderung der Bezugsbasis/angestoßen).

- *Kompensationsgeschäfte* als vollständiger oder teilweiser Tausch von Ware gegen Ware. Solche Gegenseitigkeitsgeschäfte werden in vielfältigen Formen praktiziert, differenziert nach Tauschquote, nach Anzahl der Beteiligten, nach Verwertung, nach Geschäftsabfolge, nach Geschäftsverbundenheit, nach Anzahl der Verträge. Sie ermöglichen den Abschluss auch bei fehlenden, kontingentierten oder unerwünschten Geldmitteln.

19.3.3 Kommunikations- und Identitätspolitiken im Marketing

Kommunikation

Das Teilinstrument der **Kommunikationspolitik** betrifft die bewusste Beeinflussung marktwirksamer Meinungen mittels Instrumentaleinsatz und mit der Absicht, die Meinungsrealität im Markt den eigenen Zielvorstellungen darüber anzugleichen.

Dazu sind zunächst die Eckpunkte der Kommunikation zu bestimmen. Dabei handelt es sich im Einzelnen um:

- die *Werbeinhalte*, regelmäßig werden darunter die Bekanntmachung, die Sympathieweckung und die Kaufbeabsichtigung für ein Angebot verstanden,
- die *Werbeziele*, regelmäßig etwa Umsatzexpansion, Umsatzerhaltung, Nachfragelenkung, Absatzrationalisierung, Umsatzstabilisierung etc.,
- die *Werbeobjekte*, regelmäßig handelt es sich um Einzelprodukte, homogene Produktgruppen, einzelne Leitprodukte, das Programm oder Unternehmen, die beworben werden,
- das *Werbebudget*, regelmäßig gebildet als Restbetrag verfügbarer Finanzmittel, durch Fortschreibung aus der Vorperiode, als Ergebnisanteil von Unternehmenserfolgsgrößen, nach relativem Wettbewerbsmaßstab, nach Ziel-Mittel-Maßstab, als Fixbetrag, je Verkaufseinheit, die abgesetzt wird, oder abgeleitet aus makroökonomischen Größen,
- das *Werbegebiet,* und zwar lokal, regional, national oder international,
- den *Werbezeitraum,* und zwar konzentriert anlassbezogen oder kontinuierlich ausdeckend.

Der Kommunikationsprozess stellt sich als ausgesprochen schwierig dar. Zwar kann man nicht nicht kommunizieren (Watzlawick), jedoch ergibt sich eine erfolgreiche Kommunikation nur bei Durchlauf einer kumulativen Kette von Prozessstufen. Auf jeder dieser Stufen können Störungen auftreten, die dann den gesamten Kommunikationsprozess zum Scheitern bringen.

Gemeinhin sind kumulativ folgende Elemente erforderlich:

- Aufmerksamkeit für ein Angebot/einen Anbieter,
- Akzeptanz der Botschaftsinhalte/Sympathie mit dem Botschaftsabsender,
- Interesse an der rationalen Auseinandersetzung damit (Kompetenzzutrauen),
- Überzeugung durch emotionale Identifizierung/Respekt,
- Kaufakt als Vollzug des Absatzerfolgs,
- Kaufnachbereitung zur Bestätigung des Entscheids,
- Kundenkontakt zur Aufrechterhaltung einer Beziehungsbrücke,
- Reaktivierung als Einleitung des Folgezyklusses.

Die konzeptionelle Angebotsprofilierung findet durch die Copy-Strategie mit Formulierung des Angebotsanspruchs (Was behauptet ein Angebot, besser zu können als alle anderen?) und der Anspruchsbegründung (Wie wird diese Behauptung substanziiert?) statt. Die Copy-Plattform transferiert diese Angebotsvorteile sinnvoll in Kundennutzen, die dann im Mittelpunkt der werblichen Umsetzung stehen. Sie besteht aus dem Nutzenversprechen (Was haben Nachfrager von der Inanspruchnahme des Angebots?) und der Nutzendarlegung (Welche Stilelemente werden zur Kommunikation eingesetzt?).

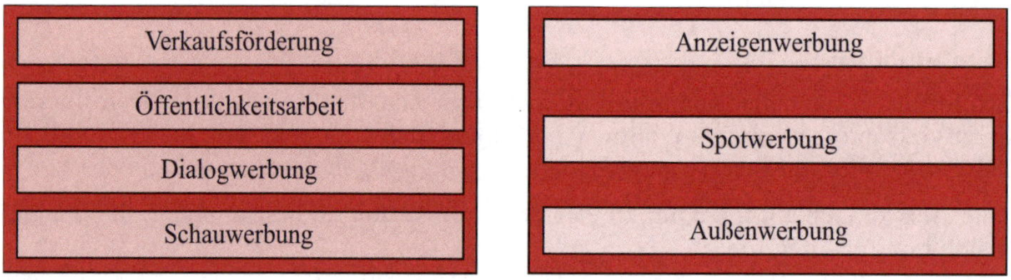

Abbildung 19.4: Klassische und nicht-klassische Kommunikationsinstrumente

Für diese Umsetzung steht eine Reihe von klassischen und nicht-klassischen Kommunikationsinstrumenten zur Verfügung (siehe ▶*Abbildung 19.4*). Zu den nicht-klassischen (Below the Line Advertising), deren Anteil immer mehr steigt, gehören:

Verkaufsförderung: Sie umfasst Maßnahmen der punktuellen Aktivierung zur Erhöhung von Absatzerfolg und Absatzchancen bei den Zielgruppen Kundenkontaktmitarbeiter, Absatzmittler und Endabnehmer mit dem Ziel von Reinverkauf in den Absatzkanal (Push), Durchverkauf und Rausverkauf aus dem Absatzkanal (Pull). Dabei geht es im Einzelnen um die Erzeugung von Aufmerksamkeit und Kontakt zur Marktetablierung neuer und zur Aktualisierung bestehender Angebote, um den Ausbau von Interesse und Motivation bei eigenen Mitarbeitern und fremden Absatzmittlern und -helfern sowie um die Auslösung und Umsetzung des Kaufakts bei Einzelpersonen und in Gruppen.

Öffentlichkeitsarbeit: Sie umfasst die traditionellen Formen der externen PR, internen PR und Multiplikatoren-PR auf dem Beschaffungsmarkt, dem Absatzmarkt und im Umfeld der Vermarktung. Sowie moderne Formen wie das Networking (Beziehungsnetzwerke vornehmlich zu Abnehmern), Placement (Schleichwerbung im redaktionellen Teil der Medien) und Sponsoring (in den Bereichen Sport, Kultur, Soziales und Ökologie). Ziel ist dabei immer die Gewinnung öffentlichen Vertrauens zum Absender einer Leistung, nicht der primäre Absatz dieser Leistung.

Dialogwerbung umfasst:

- Direktwerbeanzeigen als Printwerbung mit Responseelement,
- Direktwerbefernsehspots als DR-TV mit Call-Center-Anbindung,
- Direktwerbehörfunkspots als DR-R mit Call-Center-Anbindung,
- Direktaussendungen als adressierte Direct Mailings an vorab eigengenerierte oder fremdzugekaufte, selektierte Adressaten aus allgemein zugänglichen Quellen, andernfalls nur mit Opt-in und Herkunftsnachweis, Haushaltsverteilungen als nicht-adressierte Zustellungen,
- Online-Werbung (WWW-Banner, Mailings etc.),

- Telefax-Werbung (rechtlich eng limitiert),
- Teletext-Werbung (technisch eng limitiert),
- interaktives Fernsehen (I-TV),
- Kataloge als schriftliche Bestellunterlage,
- Telefon-Werbung (rechtlich eng limitiert).

Gemeinsam ist diesen Maßnahmen, dass sie sich an individuelle Adressaten richten bzw. bei disperser Kontaktaufnahme eine Reaktion gegenüber dem Botschaftsabsender in definierter Art und Weise erreichen sollen.

Schauwerbung: Sie umfasst Ausstellungen als Repräsentationsmärkte, Handelsplatzauftritte (Schaufenster-, Innenraumwerbung etc./Visual Merchandising), Events als eigeninszenierte Ereignisse und persönliche Präsentationen als Roadshow, Hausmesse, Demonstrationsladen).

Zu den klassischen **Kommunikationsinstrumenten** (Above the Line Advertising) gehören:

- Zeitungswerbung in Form von verschiedenformatigen Anzeigen und Beilagen in Zeitungen, die regional oder überregional, im Abonnement oder Einzelverkauf bzw. täglich oder wöchentlich in mehreren Formaten und Aufteilungen erscheinen.
- Zeitschriftenwerbung in Form von verschiedenformatigen Anzeigen, Beilagen, Beiheftern und Beiklebern, die in unterschiedlichen Formen von Zeitschriften erscheinen wie allgemeine Publikumstitel, themenspezifische Titel, zielgruppenspezifische Titel oder Fachpublikationen.
- Werbung in sonstigen Printtiteln wie Supplements, Lesezirkelmappen, Anzeigenblättern, Offertenblättern, Stadtmagazinen, Kundenheften, Verzeichnissen etc.
- Fernsehwerbung in öffentlich-rechtlichen oder privatwirtschaftlichen Sendern durch verschieden lange Spotwerbung oder Sonderwerbeformen, wobei die Gefahr des Zapping, also der Vermeidung von werblicher Beeinflussung, besteht.
- Hörfunkwerbung in öffentlich-rechtlichen oder privat-wirtschaftlichen Sendern durch verschieden lange Spotwerbung oder Sonderwerbeformen, wobei diese meist nur peripher als Hintergrundmedium aufgenommen werden.
- Filmtheaterwerbung als Kinofilme bzw. -spots oder Standbilder („Dias"), die in verschiedenen Rubriken von Kinos laufen wie Familien-, Action-, Studio-, Filmkunst-, Programm-, Sex-, Auto-, Multiplexkinos etc.
- Plakatwerbung auf Großflächen (18/1-Bogenplakat), Ganzstellen als Tafeln oder Litfaßsäulen, Allgemeinstellen als Tafeln oder Litfaßsäulen, Kleintafeln oder Spezialstellen.
- Verkehrsmittelwerbung auf Omnibussen, Straßen-, U-, S-Bahnen durch Innenraum- und/oder Rumpfflächenwerbung.
- Sonstige Außenwerbung wie an ÖPNV-Haltestellen, auf Shopping Center-Parkplätzen, als Fassaden-, Dach-, Giebelwerbung oder als Luft-, Licht-, Laufwerbung sowie an Sonderwerbestellen.

Im Rahmen der **Mediaplanung** geht es um die Auswahl der für den jeweiligen Zweck bestgeeigneten Medien, im Rahmen der Mediadurchführung um die zweckmäßige Belegung dieser Medien mit Werbung. Dazu muss zunächst im Rahmen der integrierten Kommunikation eine Zuweisung von Aktivitäten für nicht-klassische und klassische Kommunikationsinstrumente erfolgen. Anschließend wird in der Mediaplanung im Intermediavergleich nach differenzierten Kriterien der Werbetechnik, der Werbeökonomie und der Werbeleistung die jeweilig bestgeeignete Mediagattung bestimmt. Daraufhin werden (bei klassischen Instrumenten) im Intramediavergleich innerhalb dieser Mediagattung die bestgeeigneten Werbeträger (Titel, Sender, Kinos, Stellen) auf Basis der Erkenntnisse von Markt-Media-Analysen bestimmt. Dies erfolgt im Einzelnen anhand der Medialeistungswerte

- *Reichweite*, d. h. Anzahl der Zielpersonen, die mindestens einmal die Chance haben, mit einem Werbeträger und damit mit dem damit verbundenen Werbemittel Anzeige, Spot, Plakat in Kontakt zu geraten,
- *Kontaktintensität*, d. h. gesamte Anzahl der Werbeträgerkontakte bei Zielpersonen,
- *Affinität*, d. h. Ausmaß der durch einen Werbeträger erreichten und zugleich auch zur Zielgruppe gehörenden Personen und
- *Wirtschaftlichkeit*, d. h. Relation der Leistungswerte Reichweite bzw. Kontaktintensität zu den Einschaltkosten des Werbeträgers (bezogen auf 1.000 Nutzer/1.000 Kontakte).

Die Werbeträger werden nach einem dieser Kriterien gereiht und nach Menge und Frequenz zu Plankombinationen, die innerhalb der Budgetrestriktion (Streubudget) möglich sind, zusammengestellt. Die Plankombination mit dem besten Ergebnis in Bezug auf das gewählte Leistungskriterium ist die präferierte.

In der Mediadurchführung erfolgt die administrative, kaufmännische und technische Abwicklung der Mediaeinschaltungen auf Basis von Streuplänen, Kostenplänen, Vorauszahlungsübersichten und Produktionsplänen. Dabei erfolgt zugleich auch eine Optimierung der eingekauften Medialeistung.

Die Messung der Werbeeffizienz ist in allen Fällen recht problematisch. Im Einzelnen kann die Werbung hinsichtlich ihrer Transportleistung (Mediaplanungsleistung), ihrer Aufmerksamkeitsleistung vor, bei und nach ihrem Einsatz, ihrer Verarbeitungsleistung bei Zielpersonen und ihrer Wiedererkennungsleistung (Gedächtniswirkung) beurteilt werden. Jedoch ist die Zurechnung von Ergebnissen auf bestimmte Kommunikationsmaßnahmen wegen der vielfältigen internen Interdependenzen und externer Beeinflussungen leider praktisch, von Ausnahmefällen abgesehen (z. B. elektronischer Mikromarkttest), so gut wie unmöglich.

Identität

Das Teilinstrument der **Identitätspolitik** befasst sich mit der Identität des Botschaftsabsenders durch Wahrung seiner **Corporate Identity (CI)**. Dazu gehören das real wahrnehmbare Absenderverhalten (Corporate Behaviour als führungsorientierter CI-Ansatz), die formalen Erscheinungsmerkmale des Absenders (Corporate Design als gestaltungsorientierter CI-Ansatz) und die eingesetzten Kommunikationsprogramme (Corporate Communications als imageorientierter CI-Ansatz).

Dazu ist eine Integration der Medien in Bezug auf ihre inhaltliche Aussage, ihre gestalterische Klammer, ihren zeitlichen und ihren räumlichen Einsatz erforderlich. Dies wird gerade angesichts internationalisierter Werbung und vielfältiger Kommunikationsinstrumente immer schwieriger (Integrierte Kommunikation). Daher werden häufig externe Werbeberater (Werbeagenturen) hinzugezogen.

19.3.4 Marketing-Instrumental-Mix

Der Legende nach soll der Begriff Mix in Analogie zum Backen entstanden sein. Denn gerade so, wie es beim Backen darauf ankommt, die richtigen Zutaten in der richtigen Menge zur richtigen Zeit in richtiger Qualität und richtiger Reihenfolge zueinander zu mischen, so kommt es im Marketing darauf an, die relevanten Zutaten (die Marketing-Instrumente) mit der geeigneten Intensität und mit zweckmäßigem Timing in professioneller Weise im Zeitablauf zu kombinieren. Die Instrumente sind bildhaft mit dem Begriff der 4 Ps, stellvertretend für Product, Price, Place und Promotion, belegt. Im Grundsatz sind diese vier Instrumente seit ihrer „Erfindung" in den 1960er-Jahren (McCarthy, Borden), trotz mannigfacher Verfeinerungen, erhalten geblieben.

Drei-Instrumente-Ansätze kommen im Wesentlichen zustande, indem die Produkt- und die Preisteilinstrumente zusammengefasst werden. Autoren, die diese Auffassung vertreten, argumentieren, dass jegliches Angebot immer nur durch Produkt- und Preisdimensionen gemeinsam darstellbar ist. Allerdings leidet unter dieser Zusammenfassung die Differenziertheit der Erkenntnisse.

Fünf-Instrumente-Ansätze kommen im Wesentlichen zustande, indem die Distributions- und die Verkaufsfunktion bzw. die Preis- und die Konditionenfunktion aufgespalten werden.

Die Instrumente stehen in vielfachen Beziehungen zueinander. Daher bedarf es der Abstimmung innerhalb eines Mix-Instruments. Bei dieser intrainstrumentellen Abstimmung können zunächst die jeweils dominanten Elemente angewählt werden. Weiterhin ist eine interinstrumentelle Abstimmung notwendig, da Verbundeffekte und Beziehungen zwischen den Instrumenten bestehen.

Verkürzt man die Beziehung der interinstrumentellen Abstimmung der Mix-Instrumente auf nur zwei Instrumente, so ergeben sich prototypisch folgende Beziehungen:

Eine independente Beziehung bedeutet, dass die Setzung eines Instruments keinerlei Auswirkungen auf den Erfolg des anderen hat. Dies ist praktisch nicht zu vermuten.

Hinsichtlich der Effizienz interdependenter Zusammenhänge ergeben sich drei Ausprägungen. Ein substitutiver Zusammenhang bedeutet, dass ein Instrument in seiner Wirkung stufenlos durch ein anderes ersetzt werden kann. Ein limitationaler Zusammenhang bedeutet, dass ein Instrument zu seiner Wirkung eines genau definierten Einsatzes des anderen bedarf. Ein beschränkt limitationaler Zusammenhang bedeutet, dass ein Instrument auf mehreren verschiedenen Wirkniveaus effizient mit einem anderen kombiniert werden kann.

Der Instrumental-Mix ist die Achillesferse des Marketings. Denn zwar weiß man einiges über die Ausprägungen der einzelnen Instrumente, deren zweckmäßige Kombination stößt jedoch auf immense Probleme. Dies ist umso bedauerlicher, als gerade erst der „richtige" Marketing-Mix in der Lage ist, die gewünschten Ergebnisse zu zeitigen.

19.4 Käuferverhalten im Marketing

19.4.1 Privates Einkaufsverhalten

In der BWL wurde traditionell der rational handelnde Mensch für Erklärungen zugrunde gelegt. Dies entspricht jedoch nicht der Realität. Daher werden, nach kontroversen Diskussionen, zwischenzeitlich verhaltenswissenschaftliche Erkenntnisse zur

Erklärung des Käuferverhaltens als unverzichtbar angesehen. Dazu dienen vor allem Strukturmodelle, die vornehmlich psychologische und soziologische Aspekte des Ergebnisses von Kaufentscheiden betrachten, aber auch Prozessmodelle, die deren Zustandekommen betrachten.

Psychologische Determinanten

Die **psychologischen Determinanten** können in aktivierende, in individuelle oder in kognitive Elemente eingeteilt werden (siehe ▶ *Abbildung 19.5*).

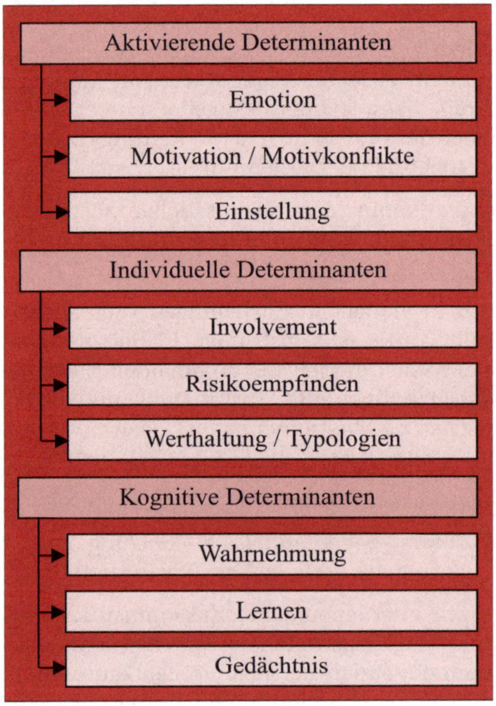

Abbildung 19.5: Psychologische Determinanten des Konsumentenverhaltens

Aktivierende Determinanten beschreiben innere Erregungszustände, welche den Organismus in einen Zustand erhöhter Leistungsbereitschaft und -fähigkeit versetzen. Man unterscheidet nach dem Aktivierungsniveau (tonisch) und im Zeitablauf nach Aktivierungsschwankungen (phasisch). Die Leistung ist dabei bei mittlerer Erregung (Arousal Level) am höchsten. Zu geringe Erregung führt zur Lethargie, zu hohe Erregung zu Hektik. Beides ist der Leistung (**Kaufverhalten**) nicht dienlich. Dafür muss ein mittlerer Erregungsgrad angepeilt werden.

Bei den aktivierenden Determinanten handelt es sich im Einzelnen um Emotion, Motivation und Einstellung. Emotion ist eine psychische Erregung, die subjektiv wahrgenommen wird (durch Interesse, Freude, Überraschung, Kummer, Zorn, Ehre, Geringschätzung, Furcht, Scham, Schuldgefühl etc.). Die Erregung bestimmt dabei das Maß der physiologischen Aktivierung, die Richtung die Art der Aktivierung (steigend oder fallend), die Qualität das Erlebnis der Aktivierung als angenehm oder unangenehm und das Bewusstsein den Wahrnehmungsgrad der Aktivierung (bewusst oder subliminal). Auslöser für Emotionen sind Schlüsselreize, also Reize, die mehrere Teilinformationen über das Wahrnehmungsobjekt in sich bündeln. Dabei handelt es sich z. B. um Markenzeichen, Testergebnis, Provenienz.

Motivation gilt als mit Antrieb versehener und auf Behebung ausgerichteter Bedarf. Je dringlicher dieser ist, desto eher soll er befriedigt werden. Mit der Befriedigung eines Bedürfnisses erhält automatisch das nächstfolgende Priorität. Es gibt primäre Motive, die angeboren sind (z. B. Versorgung, Arterhaltung, Nachteilsvermeidung) und sekundäre Motive, die erworben sind (z. B. Prestige, Macht, Lebensqualität) und in großer Mehrheit verhaltensrelevant sind. Weiterhin gibt es intrinsische Motive, die eine Selbstbelohnung/Vermeidung von Bestrafung zum Inhalt haben, und extrinsische Motive, die außengeleitet sind, sowie unbewusste Motive, die unterhalb der eigenen Wahrnehmungsschwelle liegen, also Verhalten im Verborgenen steuern, und bewusste Motive, die sich oberhalb befinden und denen gezielt nachgegangen werden kann.

Sind die Antriebe widersprüchlich, entstehen Motivkonflikte. Ein Appetenz-Appetenz-Konflikt liegt vor, wenn eine Person zwei oder mehr Motive als positiv wahrnimmt, sich aber für eines von ihnen entscheiden muss (die Qual der Wahl haben, z. B. Urlaubsreise oder Heim-Video-Anlage). Ein Appetenz-Aversions-Konflikt liegt vor, wenn ein identisches Ziel sowohl positive als auch negative Wahrnehmungen auslöst, die gegeneinander abzuwägen sind (hin- und hergerissen sein, z. B. Nespresso-Automat, aber Kapselabfall). Ein Aversions-Aversions-Konflikt liegt vor, wenn eine Person sich zwischen zwei oder mehr, von ihr sämtlich als negativ wahrgenommenen Optionen entscheiden muss (das geringere Übel wählen, z. B. verschiedene Kfz-Haftpflichtversicherungen). Es sind verschiedene Modelle zur Motivationseinordnung entwickelt worden, am bekanntesten ist wohl das Modell von Maslow. Es sieht fünf Hierarchiestufen (Bedürfnispyramide) vor, nacheinander physiologische, sicherheitsbezogene, sozialkontaktbezogene, profilierende und selbstverwirklichende Elemente. Je höherwertiger ein angesprochenes Motiv ist, desto kaufauslösender wirkt es.

Einstellung ist die relativ stabile innere Bereitschaft (Prädisposition) einer Person, auf bestimmte Stimuli konsistent positiv oder negativ zu reagieren. Mehrdimensionale Einstellungen werden Images genannt. Einstellungen führen zu organisierten Überzeugungen, Vorurteilen, Meinungen etc. Positive Einstellungen erhöhen Motivation und Leistung, negative vermindern sie. Einstellungen haben die Merkmale des Objektbezugs, d. h., sie sind immer auf ein bestimmtes Bezugsobjekt (Sache, Person, Thema, Angebot) gerichtet, der Erworbenheit, d. h., sie entspringen allein dem Sozialisationsprozess (Lernen aus Erfahrung) und des Systemcharakters, d. h., sie unterteilen sich in eine affektive Komponente, welche die gefühlsmäßige Einschätzung betrifft (Sympathie), eine kognitive Komponente, welche die verstandesmäßige Beurteilung betrifft (Respekt), und eine konative Komponente, welche die handlungsmäßige Konsequenz betrifft (Identifikation).

Individuelle Determinanten unterteilen sich in die Elemente Involvement, Risikoempfinden und Werthaltung. Unter Involvement versteht man einen inneren Zustand der Aktivierung, der die Informationsaufnahme, -speicherung und -verarbeitung beeinflusst. Diese Aktivierung ist personen-, situations- und reizabhängig. High-Involvement-Situationen sind solche, die für eine Person wichtig sind, weil sie ein hohes persönliches (Selbsteinschätzung), finanzielles (Geldmitteleinsatz), soziales (Fremdeinschätzung) oder psychologisches Risiko (Dissonanzen) bergen. Low-Involvement-Situationen sind hingegen weniger wichtig und risikoreich, so dass es als nicht sinnvoll erachtet wird, sich mit ihnen intensiv auseinanderzusetzen. Die Low-Involvement-Hierarchie unterstellt daher, dass es zu Verhalten ohne vorherige kognitive Auseinandersetzung kommen kann (V-E). Die High-Involvement-Hierarchie unterstellt hingegen, dass ohne Einstellungsbildung kein Verhalten erfolgen kann (E-V).

Das Risikoempfinden beschreibt die als nachteilig empfundenen Folgen einer Entscheidung, die nicht vorhersehbar sind. Diese Unsicherheit (Dissonanz) kann vor der Entscheidung oder vor allem danach auftreten. Dissonanzen sind meist kognitiv bedingt. Der Grad des wahrgenommenen Risikos ist von der individuellen Risikobereitschaft abhängig und hat einen finanziellen, funktionalen, sozialen und psychologischen Aspekt. Zweifel an der Richtigkeit einer Entscheidung wollen vom Menschen zur Konsonanz ausgeglichen werden. Insofern ist eine Dissonanzreduktion erforderlich. Diese erfolgt etwa durch Änderung im Umfang der Kognition, durch Hinzufügung neuer Kognitionen oder Ausschaltung dissonanter Kognitionen, durch Änderung von Inhalten der Kognition, nachträgliche Aufwertung der gewählten Option bzw. nachträgliche Abwertung der verworfenen Optionen, Unterstellung der Gleichartigkeit der gewählten zu der/den verworfenen Optionen oder Rückgängigmachung des Entscheids (Ultima ratio).

Das Element Werthaltung betrifft allgemein Auffassungen über Wünschenswertes. Sie unterliegen einem stetigen, manchmal auch sprunghaften Wandel (Wertewandel/Paradigmawechsel). Wertestrukturen kommen in Lebensstilen zum Ausdruck, die neben beobachtbaren Aktivitäten auch emotionale Interessen und kognitive Meinungen enthalten. Solche Lebensstile lassen sich, um den Preis einer gewissen Vergröberung, zu repräsentativen Merkmalskombinationen zusammenfassen, die hinsichtlich ihrer Werthaltungen hinreichend homogen zu charakterisieren sind und als Typologien ausgewiesen werden (Soziale Milieus, Sigma Milieus, Euro Socio Styles etc.).

Bei den kognitiven Determinanten handelt es sich um die Elemente Wahrnehmung, Lernen und Gedächtnis. Unter Wahrnehmung versteht man die Aufnahme, Organisation und Interpretation von Informationen. Ihre Kennzeichen sind folgende:

- *Aktivität*, d. h., sie geht vom Menschen aus, teils als angeborener Reflex.
- *Subjektivität*, d. h., sie ist von Mensch zu Mensch verschieden, da es eine objektive Wahrheit nicht gibt, sondern immer nur die subjektive Sicht der Wahrheit.
- *Kontextualität*, d. h., sie erfolgt in Zusammenhängen (Framing).
- *Selektivität*, d. h., es kann immer nur ein Ausschnitt der Realität wahrgenommen werden.

Wahrnehmung kommt nur zustande, wenn eine minimale Reizschwelle überschritten wird, darunter ist zumindest keine bewusste Wahrnehmung möglich. Durch den „Verdeckungseffekt" wird immer nur der „Lautstärkeüberschuss" über dem allgemeinen „Grundrauschen" wahrgenommen. Die Wahrnehmung unterliegt zahlreichen Verzerrungseffekten.

Ein kognitives Lernen entsteht als Lernen durch Einsicht (Ursache-Wirkungs-Bezug/Veridikation). Dann kann Verhalten aus einzelnen Kaufsituationen auf andere, für vergleichbar gehaltene Situationen übertragen werden. Weiterhin durch Lernen am Modell als Orientierung an Vorbildpersonen (z. B. Influencer), deren Verhalten in Situationen normierend für das eigene Verhalten wirkt. Und als Lernen durch Rezeption im Rahmen schulischer Wissensvermittlung (wie in Schulungen).

Das Gedächtnis bestimmt über das Behalten (z. B. durch Werbung gelernter) Inhalte und deren Abrufbarkeit. Dabei wird bildhaft im Gehirn zwischen Ultrakurzzeitspeicher für die Reizaufnahme, Kurzzeitspeicher für die Informationsverdichtung und Langzeitspeicher für die Datenablage unterschieden. Dem Behalten steht jedoch das

Vergessen gegenüber. Dieses kann zeitabhängig (autonomer Verfall) oder abhängig von umgebenden Reizen sein (Interferenz). Folglich ist die stetige Wiederholung von Botschaften wichtig bzw. deren besonders eindrucksvolle Vermittlung.

Soziologische Determinanten

Soziologische Determinanten gehen nicht von der einzelnen Person, sondern vom Zusammenwirken der Personen als Erklärungsgröße für das Verhalten aus. Dabei handelt es sich im Einzelnen um die Elemente Kultur, Gruppenstruktur, Familie, Rollenbeziehungen und Meinungsführerschaft (siehe ▶*Abbildung 19.6*).

Abbildung 19.6: Soziologische Determinanten des Konsumentenverhaltens

Unter Kultur versteht man ein kollektives Wertesystem, das durch Normen Toleranzgrenzen für konformes Verhalten innerhalb einer Gesellschaft festlegt. Bei Muss-Normen handelt es sich um Ge- oder Verbote (z. B. Einhaltung von Gesetzen), bei Soll-Normen um erwünschtes, jedoch noch nicht negativ sanktioniertes Verhalten (z. B. Fairness), und bei Kann-Normen um Verhaltensoptionen, die allesamt akzeptiert sind und dem Individuum einen gewissen Ermessensspielraum lassen (z. B. Bekleidungswahl). Die Sanktionierung erfolgt durch Belohnung bzw. Vermeidung von Bestrafung bei Normeneinhaltung sowie Entzug von Belohnung bzw. Bestrafung bei Normenverstoß. Personen sind daher im Allgemeinen bestrebt, sich normenkonform zu verhalten. Dies kommt durch Kaufobjekte zum Ausdruck.

Subkulturen sind in sich relativ geschlossene Gruppen, die sich z. B. nach ethnischen, altersmäßigen oder räumlichen Gesichtspunkten bilden. Sie gliedern die Gesellschaft horizontal und werden von spezifischen, von der allgemeinen Wertestruktur teilweise abweichenden Normen geeint, die Ansatzpunkte für die Vermarktung bieten. Subkulturen sollen im Rahmen der Diversität inkludiert werden (z. B. Gender-Marketing, Ethno-Marketing, Best-Ager-Marketing).

Die soziale Schicht ist durch die Gleichartigkeit ihrer Lebensumstände charakterisiert. Sie führt zu einer vertikalen Gliederung der Gesellschaft. Dazu werden meist demografische Kriterien herangezogen wie Alter, Ausbildung, Beruf, Einkommen etc. Diese verlieren allerdings angesichts eines historischen Wandels von der Schichten- zu einer Lebensstilgesellschaft an Bedeutung. Gruppen in der Gesellschaft eint damit nicht mehr eine ähnliche Demografie, sondern eine gleiche Werthaltung bei heterogener Demografie. Dies macht z. B. die Best-Ager-Ansprache problematisch.

Bei Gruppen unterscheidet man Kleingruppen mit direktem Kontakt der Mitglieder und Großgruppen, weiterhin temporäre und dauerhafte Gruppen sowie (familiäre) Primär- und (außerfamiliäre) Sekundärgruppen. Das Ausmaß des Gruppeneinflusses auf das Verhalten hängt von der Identifikation des Individuums mit seiner Gruppe ab. Informelle Gruppen sind nur durch Kommunikationsbeziehungen untereinander gekennzeichnet, formelle Gruppen stehen in einem rechtlich begründeten Verhältnis zueinander. Weiterhin unterscheidet man Mitgliedschaftsgruppen, die durch bloße Teilnahme am Gruppenleben entstehen oder nominell durch Aufnahme und Teilhabe begründet werden. Sowie Bezugsgruppen, in denen keine Mitgliedschaft besteht, mit denen eine Person sich aber identifiziert bzw. von der sie sich absetzen will. Diese Referenzgruppen werden häufig zum Vergleich mit der eigenen Arbeits- und Lebenssituation herangezogen. Zur Konfliktvermeidung werden Nachahmung und Konformität bzw. bewusste Absetzung betrieben. Bei positiven Bezugsgruppen (Peer Groups) sind das Verhalten und die Wertungen dieser komparativen Gruppe normierend, die für gewöhnlich eine halbe Klasse über der eigenen Klasse liegt. Der Abstand hat jedoch nach unten eine Toleranzgrenze, wird er zu groß (relative Deprivation), ohne dass dafür plausible Erklärungen erkennbar sind, wird dies als ungerecht betrachtet (Neidfaktor). Verhalten, das die Bezugsgruppe zeigt, hat eine besondere Attraktivität, weil dessen Übernahme dabei zu helfen scheint, zumindest vordergründig deren Mitglied zu werden.

Die wohl am intensivsten erlebte Gruppe ist die Familie. Nach dem relativen Anteil an Entscheidungen in der Familie unterscheidet man solche, die primär männlich dominiert sind (traditionell bei Technik, Finanzierung etc.), primär weiblich dominiert (traditionell bei Haushalt, Kindern etc.), die partizipativ entschieden werden (etwa im Bereich Urlaub, Möblierung etc.) oder autonom (etwa im Bereich Körperpflege, Hobbys). Die traditionelle Rollenverteilung gerät allerdings angesichts gesellschaftlicher Veränderungen massiv ins Wanken.

Hinsichtlich der Interaktion in Gruppen (Rollenbeziehungen) können Positions-, Kommunikations- und Machtbeziehungen unterschieden werden. Die relative Position verschiebt sich vor allem in Abhängigkeit von der sozialen Schicht. Die informationellen Beziehungen der Gruppenmitglieder sind vielfältig gestaltet. Die Macht in der Gruppe beruht auf den Potenzialen der Belohnung (z. B. Reputation), Bestrafung (z. B. Sanktionierung), Legitimation (z. B. Kaufkraft/Budget), Identifizierung (durch Vorbildfunktion) und des Expertentums (aus Wissensvorsprung). Dabei treten vielfache Konflikte auf.

Neben diesen Strukturmodellen (sie wollen das Ergebnis von Kaufentscheiden erklären) gibt es auch Prozessmodelle (sie wollen das Zustandekommen von Kaufentscheiden erklären).

Bei Meinungsführern wird davon ausgegangen, dass sich die mediale Kommunikation zwischen Anbieter und Nachfragern nicht unbedingt direkt, sondern zweistufig vollzieht. Nämlich vom Botschaftsabsender an bestimmte Meinungsbildner (Opinion Leaders) in der Gesellschaft und von diesen an weitere Personen. Meinungsführer nehmen die Botschaft auf und versuchen, etwaige Informationsdefizite durch Kontaktsuche zum Anbieter zu füllen. Gleichzeitig suchen weitere Personengruppen Kontakt zu diesen Meinungsbildnern, die auf sie dann in der zweiten Stufe ihren Einfluss ausüben. Dies macht sie aufnahmefähig für gezielte Nachrichten, die sie bei Gelegenheit ihrerseits an ihr Umfeld weitergeben. Diese Eigenschaft beruht auf informeller Kompetenz, selten auch auf Macht, und kann interpersonell je nach Themenstellung wechseln. Denkbar ist auch ein dualer Informationsfluss sowohl direkt vom Absender an Zielpersonen als auch indirekt über zwischengeschaltete Meinungsbildner. Diese sind in allen sozialen Schichten anzutreffen, kommunikationsfreudiger als der Durchschnitt, inhaltlich vorwiegend auf ein bestimmtes Thema spezialisiert, häufig Nutzer von bevorzugten Informationsquellen und mit informeller Kompetenz ausgestattet. Ihre Aussagen sind daher glaubwürdig und effizient, weil man unterstellt, dass die Person aus ihrer Empfehlung keinen Vorteil zieht.

Speziell bei Neuerungen sind deren Adoption und Diffusion von Bedeutung, die Wachstums- und Sättigungseffekte beschreiben. Meist wird dazu modellhaft die Form der kumulierten Normalverteilungskurve genutzt. Die Adoption beschäftigt sich mit der Übernahme/Ablehnung von Neuerungen auf der Individualebene, die Diffusion mit dem aggregierten Prozess, der neben umfeld- und objektbezogenen Faktoren auch von personenbezogenen Faktoren abhängt. Meist werden dabei die Phasen Kenntnis, Überzeugung, (probeweise) Umsetzung und Integration sowie Bewertung der Neuerung unterschieden. Fördernd wirken Argumente wie relative Vorteilhaftigkeit, Kompatibilität und Eigenschaftstransparenz. Auf jeder Stufe scheiden Adopter aus.

19.4.2 Gewerbliches Beschaffungsverhalten

Entscheidungen in Organisationen (B-to-B) werden typischerweise nicht mehr von Einzelpersonen getroffen, sondern von Gremien, weil die damit verbundene Verantwortung für eine einzelne Person als zu hoch empfunden wird. Für diese Gruppenentscheide werden zumeist drei Einflussgrößen zugrunde gelegt: Entscheidergremien, Promotoren/Opponenten-Eigenschaft und Clarifier/Simplifier-Einstellung (siehe ▶*Abbildung 19.7*).

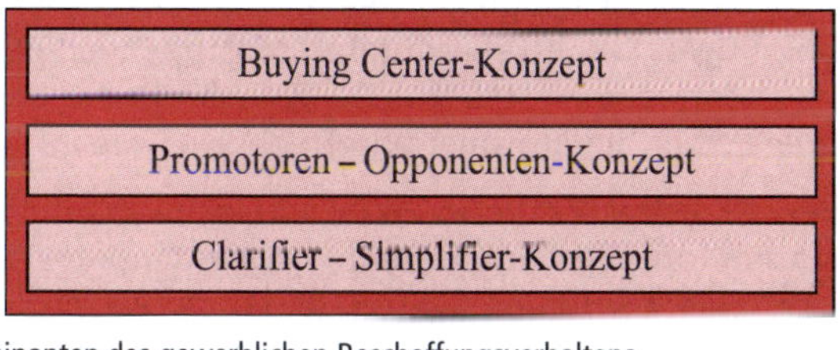

Abbildung 19.7: Determinanten des gewerblichen Beschaffungsverhaltens

Entscheidergremien bestehen aus unterschiedlichen Personen, die verschiedene Funktionen wahrnehmen. Denkbar ist aber auch, dass ein Mitglied mehrere Funktionen gleichzeitig oder nacheinander übernimmt oder mehrere Mitglieder sich dieselbe Funktion teilen. Prozesse sind somit komplex und multiorganisational, multipersonal, multitemporal, multioperativ.

Typische Funktionen in einem Gremium (Buying Center, Webster/Wind[3]) sind folgende:

- Der *Entscheider (Decider)* ist meist eine Person in leitender Stellung, welche die vorgeleistete Gremiumsarbeit durch ihr Votum sanktioniert. Fallweise nimmt sie dabei auf die Vorlage aus der operativen Ebene Einfluss, meist aber konzentriert sie sich auf die Auswirkungen der Entscheidung auf das gesamte Unternehmen und dessen Geschäftsergebnis.
- Der *Vorselektierer (Gatekeeper)* übernimmt die Informationssammlung und wirkt dabei als „Schleuse". Informationen, die diese nicht passieren, kommen für eine Entscheidung womöglich gar nicht erst in Betracht. Häufig wird diese Funktion von Sekretärinnen oder Assistenten ausgefüllt. Sie wirken insofern nicht unerheblich auf den Entscheid ein.
- Der *Betroffene (User)*, also die Person oder Personengruppe, der/die durch den Entscheid tangiert ist. Er konzentriert sich auf seinen konkreten Nutzen und will diesen maximieren. Er setzt den Entscheidungsprozess häufig erst in Gang und gibt Anforderungskriterien dafür vor.
- Der *Beeinflusser (Influencer)* nimmt durch Kompetenz Einfluss auf die Beurteilung der Entscheidungsoptionen, ohne davon selbst betroffen zu sein, was ihn vermeintlich vorurteilsfrei werten lässt. Meist handelt es sich um unternehmens- oder abteilungsexterne Experten. Deren Einfluss ist immer verzerrend.
- Der *Einkäufer (Buyer)* setzt formal die Entscheidung um. Er bedarf dazu des Backings seiner Vorgesetzten. Bei unpopulären Maßnahmen werden auch Externe damit beauftragt (Unternehmensberater). Häufig wird auch ein limitierter Entscheidungsspielraum eingeräumt.

Problematisch ist dabei zumeist, dass die den einzelnen Funktionen zugehörigen Personen nicht vorab identifiziert werden können und deren tatsächlicher Entscheidungsanteil verschwommen bleibt. Gemeinhin wird eine eher rationale Entscheidungsfindung unterstellt, was in praxi allerdings anzuzweifeln ist.

Von Gruppen ist bekannt, dass sie Entscheidungsdefekte zuneigen (Groupthink-Phänomen), d. h., die Gruppe kommt zu Entscheidungen, die jeder Einzelne in der Gruppe nicht gutheißt. Da sich jedoch niemand traut, diese Meinung zu äußern, weil er fürchtet, sich damit aus der Gruppe auszugrenzen, denkt jeder, alle anderen würden die Entscheidung tragen („Schweigespirale"). Gruppen agieren sowohl übertrieben risikoavers (Bedenkenträger, Absicherung) als auch übertrieben risikogierig (Risikoverteilung, positives Persönlichkeitsmerkmal).

Speziell bei Neuerungen in Organisationen wird zwischen Promotoren und Opponenten unterschieden. Promotoren fördern Veränderungen, Opponenten behindern, d. h. verhindern, verzögern oder fraktionieren sie. Promotoren setzen Innovationen, gegen die sich technologische, ökonomische und umfeldbezogene Widerstände ergeben, in der Organisation durch. Dazu bedarf es einer Antriebsbasis.

Machtpromotoren verfügen aufgrund ihrer hierarchischen Stellung in der Organisation über Entscheidungsmacht. Sie sind intern legitimiert, Vertragsabschlüsse bindend zu tätigen. Sie können Vorgänge durch Anordnung, Sanktion gegenüber „Bremsern" und Unterstützung treibender Kräfte in Richtung und Tempo maßgeblich beeinflussen. Sie haben dabei weniger technisch-organisatorische Details im Sinn als vielmehr deren Auswirkungen auf das Unternehmen insgesamt.

Fachpromotoren zeichnen sich, unabhängig von ihrer hierarchischen Stellung, durch spezifisches Wissen aus. Sie nehmen aufgrund fachlicher Legitimation auf die Entscheidung Einfluss. Fachpromotoren sind typischerweise im Middle Management angesiedelt. Promotoren sind also eher Personen, die Initiative ergreifen, sich engagieren, als solche, die nur mit Umsicht und Gelassenheit ihre Pflicht erfüllen und einschlägige Vorschriften beachten.

Selten treten Macht- und Fachpromotoren in Personalunion auf. Macht- und Fachpromotoren können aber kombinativ auftreten, was ihnen besondere Effektivität verleiht. Gelegentlich werden Prozesspromotoren ergänzt, die für die Durchsetzung von Entscheidungen in der Organisation Sorge tragen. Sie wirken mittels Kenntnis der internen Prozesse ein und wissen, an den richtigen Stellschrauben zu drehen.

Opponenten hemmen hingegen den Innovationsprozess. Man unterscheidet Machtopponenten (qua hierarchischer Stellung), Fachopponenten (qua Spezialistenwissen) und Prozessopponenten (qua Kenntnis interner organisationaler Abläufe). Wer im spezifischen Fall freilich Opponent und wer Promotor ist, ist vom Standpunkt des Betrachters abhängig. Außerdem gibt es verdeckte Opponenten und verborgene Promotoren.

Das Reagierer-Konzept wiederum unterscheidet zwischen den Prototypen des Clarifiers und des Simplifiers. Der Clarifier als „zerlegender" Faktenreagierer ist für eine Entscheidung an möglichst viel Information interessiert, die er sichtet und verarbeitet, um zu einem fundierten Ergebnis zu gelangen. Ihm ist an einer möglichst vollständigen, abgerundeten Beurteilung hinsichtlich aller beeinflussenden Faktoren gelegen. Dabei werden alle für das Unternehmen relevanten Gesichtspunkte geprüft, um das Entscheidungsrisiko zu senken. Wichtig ist daher eine detaillierte, aussagefähige, schriftliche und/oder mündliche Argumentation.

Dem Simplifier als „sammelndem" Imagereagierer ist hingegen gleich an verdichteten Informationen gelegen, die für ihn einfach zu verarbeiten sind. Es kommt also nicht auf die Vollständigkeit der Informationen an, sondern nur auf die Vorlage als wichtig erachteter Schlüsselinformationen, die einen Gesamteindruck über die Entscheidungsoptionen erlauben. Dabei ist jeweils der Nutzen für das Unternehmen zu betonen.

Als Mischtyp aus beiden gilt der Reaktions-Neutrale. Ihm ist an einer ausgewogenen Relation aus punktuell vertiefenden Informationen bei gleichzeitiger Wahrung eines gesamthaften Überblicks gelegen. Er sammelt proaktiv Informationen oder stellt diese auch erst anlassbezogen zusammen. Evtl. lässt er sich entsprechende harte oder weiche Fakten auch von Organisationsmitgliedern zusammenstellen.

19.5 Marktforschung als Wissensbasis im Marketing

19.5.1 Inhalte

Für die operative Absatzvorbereitung sind zureichende Marktinformationen unverzichtbar. Sie helfen vor allem bei der frühzeitigen Erkennung von Bedrohungen, der Wahrnehmung von Innovationschancen, der Stärkung der Wissensressourcen, der Reduzierung unvermeidlicher Risiken, der transparenten Strukturierung von Daten und deren konzeptioneller Selektion sowie bei der Vorwegnahme möglicher Zustände der Zukunft. Dies erfolgt im Rahmen der Marktforschung.

An die Informationen sind vielfältige Anforderungen zu stellen:

- Es soll ein möglichst hoher Informationsgrad vorliegen, d. h. Anteil der verfügbaren an allen vorhandenen Informationen.
- Die Informationen sollen einen möglichst hohen Sicherheitsgrad aufweisen, mindestens nach Wahrscheinlichkeit oder Erfahrung.
- Die Informationen sollen eine hohe Aktualität haben, was infolge volatiler Marktumfelder immer bedeutsamer wird.
- Es ist eine ausgewiesene Gültigkeit von Informationen erforderlich, d. h. ein hoher Wahrheitsgehalt der Aussagen.
- Die Informationen sollen eine gute Zuverlässigkeit haben, d. h. eine hohe Belastbarkeit ihrer Gewinnung, Verarbeitung und Aussagen.
- Zwischen den Gewinnungskosten und dem Nutzen der Informationen soll ein günstiges Preis-Leistungs-Verhältnis vorliegen.
- Die Informationen sollen einen dem Forschungszweck angemessenen Detaillierungsgrad aufweisen.

Ein **Marktforschungsprojekt** durchläuft nacheinander im Regelfall folgende Stufen:

1. Wahrnehmung einer Informationslücke als Anregung zum Tätigwerden,
2. Bestimmung des für erforderlich erachteten Informationsbedarfs,
3. Auswahl einer geeignet erscheinenden Forschungsmethode,
4. Erhebung der relevanten Daten in Primär- oder Sekundärform,
5. Datenreduktion durch statistische Aufbereitung,
6. Auswertung und Schlussfolgerung der gewonnenen Daten,
7. Kommunikation der Ergebnisse durch Dokumentation und Präsentation.

Für die Durchführung ist ein „Make or Buy“-Entscheid zu treffen, d. h. eine Bearbeitung im Rahmen der Betriebsmarktforschung oder als Institutsmarktforschung. Die jeweiligen Vor- und Nachteile verhalten sich spiegelbildlich. Relevante Aspekte sind dabei folgende:

- Vertrautheit mit der Forschungsthematik, Einarbeitungszeit,
- Kontrolle des Marktforschungsprozesses, Qualitätssicherung,
- Kommunikation der Input- und Outputdaten, „Chemie“,
- Vertraulichkeit der Behandlung,
- Nutzung proprietärer Kenntnisse, Wissensakkumulation,

- Liquiditätsbelastung/Kosten,
- Unvoreingenommenheit des Herangehens, keine Betriebsblindheit,
- Erfahrung mit Methoden und Instrumenten, Expertise,
- Infrastruktur zur Datenerhebung,
- Bearbeitungszeiten und -kapazitäten,
- Nutzung von Ergebnisvergleichen (Benchmarking).

19.5.2 Informationsquellen

Als Datenquellen kommen Primärdaten oder Sekundärdaten in Betracht (siehe ▶*Abbildung 19.8*). Die **Sekundärforschung (Desk Research)** befasst sich mit der Auswertung von bereits anderweitig erhobenen Daten zum Untersuchungszweck. Selbst wenn dies sich als nicht ausreichend herausstellt, hilft es doch bei der Einarbeitung in eine Materie und bietet wertvolle Anregungen. Insofern ist sie ohnehin unverzichtbar. Als Datenquellen kommen sowohl betriebsinterne als auch betriebsexterne in Betracht.

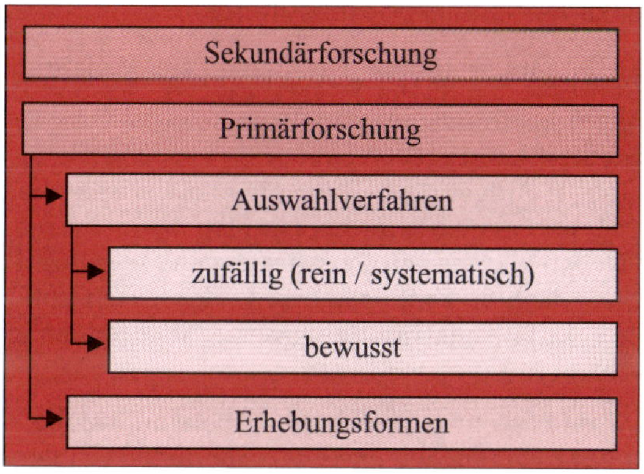

Abbildung 19.8: Marktforschungsinformationen

Beispiele sind:

- Statistisches Bundesamt, Statistische Landesämter,
- German Trade & Invest/GTAI,
- Europäische Union,
- OECD, Institut für Wirtschaftsforschung,
- Institut für Weltwirtschaft, Hamburgisches WeltWirtschaftsInstitut, Deutsches Institut für Wirtschaftsforschung, Rheinisch-Westfälisches Institut für Wirtschaftsforschung,
- Industrie- und Handelskammern,
- Bundesverband der Deutschen Industrie, Verband der Investitionsgüterindustrie, Zentralverband Elektrotechnik- und Elektronikindustrie,
- Creditreform,
- Hoppenstedt.

Primärforschung (Field Research) befasst sich der originären Erhebung von Daten für den Untersuchungszweck. Wünschenswert ist dabei eine Erfassung aller für diesen Zweck sinnvollen Erhebungseinheiten (Vollerhebung in der Grundgesamtheit). Pragmatisch ergeben sich dafür jedoch vielfache Hindernisse wie Abgrenzung, Verfügbarkeit, Adressierbarkeit der Einheiten etc. Daher wird in der Praxis überwiegend nur eine Teilerhebung vorgenommen (Stichprobe aus der Grundgesamtheit). Dabei stellt sich die Frage der Auswahl der zu erhebenden Einheiten. Diese sollen in der Stichprobe zum selben Ergebnis kommen, das sich eingestellt hätte, wäre keine Teil-, sondern eine Vollerhebung durchgeführt worden (Repräsentanz). Die Güte der Projektion hängt im Wesentlichen von der Relation von Stichprobenzahl zu Grundgesamtheit, von der Streuung der Ursprungswerte in der Grundgesamtheit und dem Anspruch an die Güte der Aussage ab. Zudem soll die Stichprobe möglichst gut ausgeschöpft werden.

Als Parameter für die Datenqualität gelten im Einzelnen die

- *Reliabilität*, d. h. Wiederholbarkeit der Ergebnisse,
- *Validität*, d. h. Gültigkeit der Ergebnisse,
- *Objektivität*, d. h. intersubjektive Nachvollziehbarkeit,
- *Signifikanz*, d. h. Überzufälligkeit der Ergebnisse.

Für die Auswahl der Erhebungseinheiten kommen zwei Verfahren in Betracht:

Bei der **Zufallsauswahl** bestimmt das Zufallsprinzip, welche Einheiten der Grundgesamtheit in die Stichprobe eingehen und welche nicht. Dies setzt jedoch voraus, dass jedes Element der Grundgesamtheit die gleiche, berechenbare und von null verschiedene Chance hat, gezogen zu werden. Dies ist aus mehreren Gründen praktisch kaum realisierbar. Neben der reinen Zufallsauswahl werden daher hilfsweise die Verfahren der systematischen Zufallsauswahl, der geschichteten Zufallsauswahl und der geklumpten Zufallsauswahl eingesetzt, die jedoch ebenso praktischen Limitationen ausgesetzt sind.

Bei der **Bewusstauswahl** bestimmt die Erhebungsperson, welche Elemente der Grundgesamtheit in die Stichprobe eingehen und welche nicht. Um dennoch eine repräsentative Abbildung der Grundgesamtheit zu erhalten, werden dazu Auswahlvoraussetzungen bestimmt. Bei der Quota-Auswahl werden Anteilsverhältnisse (offensichtliche Quoten) für relevante Merkmale in der Grundgesamtheit festgelegt. Diese Quoten werden dann auf die Stichprobeneinheiten übertragen. Ziel ist die Schaffung eines in Bezug auf diese Merkmale strukturidentischen, aber verkleinerten Abbilds der Grundgesamtheit. Bei der Konzentrations-Auswahl werden alle, für den Untersuchungszweck als besonders relevant angesehenen Einheiten erhoben und alle übrigen vernachlässigt. Dies lohnt sich bei hohem Konzentrationsgrad der Einheiten. Bei der Auswahl typischer Fälle werden nach Ansicht des Erhebers solche Einheiten erhoben, die als stellvertretend für die Grundgesamtheit anzusehen sind. Dies ist jedoch fragwürdig. Die Auswahl aufs Geratewohl ist gerade keine Bewusst-, sondern eine Willkürauswahl und daher völlig unzulänglich. Sie wird unter Laien häufig fälschlicherweise als Zufallsauswahl interpretiert.

19.5.3 Erhebungsformen

Für Erhebungen stehen verschiedene Verfahren bereit. Die Befragung arbeitet im Frage-und-Antwort-Prinzip. Die Beobachtung arbeitet durch Sichtkontakt zur Erhebungsperson (siehe ▸*Abbildung 19.9*). Beide können auch in experimenteller Form als Befragungs- oder Beobachtungs-Tests angelegt sein.

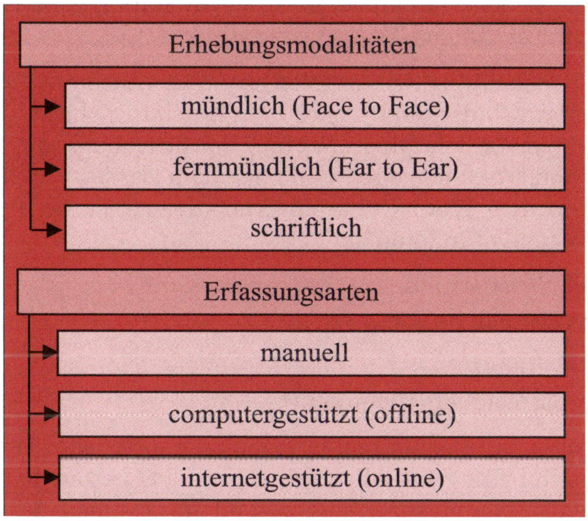

Abbildung 19.9: Erhebungsformen

Die Befragung kann nach mehreren Modalitäten erfolgen:

Die **mündliche Befragung** arbeitet im Face-to-Face-Prinzip zwischen Interviewer und Befragungsperson. Im Gruppeninterview werden mehrere Personen parallel befragt, häufig in Form einer Gruppendiskussion, die gut geeignet zur Einstimmung in eine Thematik ist. Beim Einzelinterview kann dieses vollstandardisiert, strukturiert, unstrukturiert oder frei erfolgen. Dabei ist eine Abwägung zwischen dem Eingehen auf die Individualität der Befragungsperson einerseits und der Vergleichbarkeit der Antworten untereinander andererseits vorzunehmen (Trade off). Von zentraler Bedeutung für die Qualität ist dabei der Interviewer. Stellgrößen sind seine Auswahl, sein Einsatz, seine Kontrolle und seine Qualifizierung.

Die **fernmündliche Befragung** nutzt das Telefon als Medium zwischen Interviewer und Befragungsperson. Dies ist zwischenzeitlich die häufigste Form der Erhebung. Sie hat zwar nennenswerte methodische Nachteile, weist jedoch pragmatische Vorteile (Kosten/Zeit) auf, die in der Praxis häufig überwiegen.

Die **schriftliche Befragung** arbeitet auf Basis von zugestellten/überlassenen Fragebögen, die auszufüllen sind. Dies bietet sich nur bei Spezialzielgruppen an und ist ansonsten kaum nutzbar.

Alle Modalitäten sind auch computergestützt möglich, so als computergestützte mündliche Befragung (Computer Assisted Personal Interviewing/CAPI), computergestützte fernmündliche Befragung (Computer Assisted Telephone Interviewing/CATI) und als computergestützte schriftliche Befragung (Computer Assisted Self Interviewing/CASI).

Bei den Fragen selbst kann zwischen geschlossenen und offenen Fragen unterschieden werden. Die erste Form weist Antwortvorgaben auf (zwei bei Alternativfragen, mehr als zwei bei Selektivfragen), die Letztere erlaubt hingegen eine freie Antwortformulierung. Die Fragen können direkt den interessierenden Sachverhalt ansprechen oder indirekt im Umfeld bleiben, was sich etwa bei Tabuthemen, Stigmatisierung etc. anbietet. Außerdem können verschiedene Fragetaktiken genutzt werden wie Instrumentalfragen, Ergebnisfragen oder Sonderfragen. Denkbar und methodisch günstig ist es auch, mehrere Themen in einem Erhebungsdurchgang abzufragen (Omnibusbefragung als Beteiligungs- oder Eingliederungsuntersuchung). Dadurch sind professionelle Standards auch bei kleinem Budget darstellbar.

Die systematische Beobachtung (Observation) kann im Einzelnen nach ihrem Standardisierungsgrad (genormt/individuell), nach dem Erhebungsobjekt (selbst/fremd), nach der Erhebungsform (persönlich/apparativ) und der Erhebungsumgebung (Feld/Labor) unterschieden werden. Vor allem aber wird nach dem Wissen um die Beobachtungssituation (ja/nein) und dem Wissen um den Erhebungszweck bei Probanden (ja/nein) unterschieden in folgende Situationen:

- offene/durchschaubare (ja/ja),
- nicht-durchschaubare (nein/ja),
- quasi-biotische (ja/nein),
- biotische/undurchschaubare (nein/nein).

Die offene Situation ist am leichtesten zu realisieren, birgt aber Verzerrungsgefahren, die biotische Situation führt im Allgemeinen zu den besten Ergebnissen, ist aber schwierig umzusetzen. Der Beobachtung kommt im Rahmen der Marktinformation eine große Bedeutung zu, zumal Erkenntnisse häufig durch Befragung allein nicht zu erheben sind. Anwendungen finden sich z. B. in Panels von Industrie, Händlern, Haushalten/Konsumenten. Unter Panel versteht man allgemein die Erhebung gleicher Einheiten zum selben Thema in regelmäßigen Abständen. Allerdings gibt es dabei Probleme vor allem durch Paneleffekte, Panelroutine oder Panelmortalität. Dem kann etwa durch Anlernphase, Gratifikation oder Rotation entgegengewirkt werden.

Experimentelle Befragungen oder Beobachtungen finden im Marketing in Form von Tests statt. Diese bestehen aus fünf Elementen:

- Testelemente sind die Elemente, an denen das Experiment ausgeführt wird,
- unabhängige Variable sind die Elemente, deren Einfluss gemessen werden soll, sie sind aktiv,
- abhängige Variable sind die Elemente, an denen die Wirkung gemessen wird, sie sind passiv,
- kontrollierte Variable sind Elemente, die auf die Situation zwar einwirken, aber beherrscht (z. B. konstant gehalten) werden können,
- Störgrößen sind Elemente, die auf die Situation einwirken, aber nicht beherrscht werden können, sie sind gesondert zu behandeln (z. B. Matching, Zufallszuweisung).

Das Testdesign kann nach der Umgebung (Feld-/Laborexperiment), nach dem Zeiteinsatz (Projektiv-Experiment/Ex post facto-Experiment) und nach der Durchführung (informal/formal) unterschieden werden (siehe ▶*Abbildung 19.10*). Informalexperimente (Einfaktoren-/Quasi-Experiment) haben nur die Zeit als Variable. Dabei wird unterstellt, dass alle Einflussfaktoren darin bereits repräsentiert sind. Folglich wird vor dem Einsatz der unabhängigen Variablen und danach gemessen und aufgerechnet (EBA, Experimental Group before and afterwards). Zum Vergleich kann eine Kontrollgruppe eingeführt werden (EBA-CBA, Control Group before and afterwards). Dadurch können Carry-over-Effekte als autonome zeitliche Veränderungen, Entwicklungseffekte als Lernwirkungen, Spill-over-Effekte als Überstrahlungen und Gruppeneffekte zwischen Experimental- und Kontrollgruppe ausgewiesen werden. Formalexperimente (Mehrfaktoren-Experiment) finden durch multivariate statistische Auswertung statt (Varianzanalyse). Dabei können alle Einflussfaktoren (faktorielles Design) oder nur ausgewählte von ihnen (fraktionelles Design) erfasst werden.

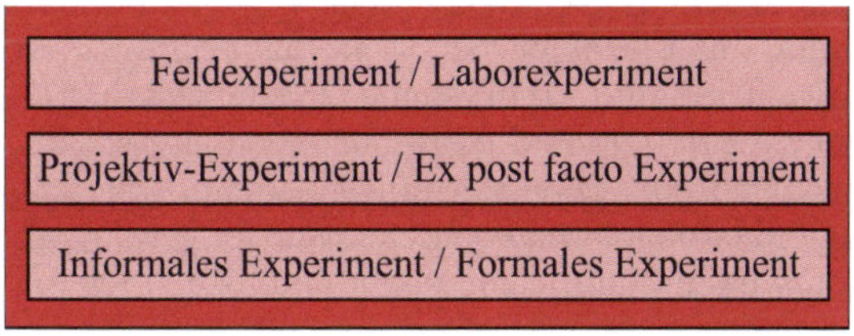

Abbildung 19.10: Experimentaldesigns

Häufige Anwendungen von Test sind Marktests, und zwar als regionale Testmärkte oder, aus pragmatischen Gründen, als Testmarktersatzverfahren in Form von Testmarktsimulation, Storetest, Mini-Markttest, elektronischer Mikro-Markttest.

Die Leistungsfähigkeit der Marktforschung allgemein, speziell auch von Tests, ist zurückhaltend einzuschätzen. Ein Beleg dafür ist die hohe Floprate bei Produktneueinführungen (bei Fast Moving Consumer Goods, je nach Quelle 70–90 %). Diese sind sicherlich im Vorfeld marktforscherischer Behandlung unterzogen worden, die dies aber dennoch nicht verhindern konnte. Insofern bleiben Intuition und Risikobewusstsein unverzichtbare unternehmerische Eigenschaften.

Alle Erhebungsformen (Befragung, Beobachtung, Experiment/Test) sind auch virtuell im Rahmen der Online-Erhebung darstellbar. Befragungen finden etwa im Internet, per E-Mail, in Newsgroups oder Chats statt. Beobachtungen nutzen das Internet als Mittel oder als Gegenstand, Letzteres z. B. durch Logfile-Analysen zur Kontrolle und Optimierung von Seiteninhalten und Werbemitteln. Tatsächlich bestehen jedoch erhebliche methodische Probleme, welche die Belastbarkeit von Ergebnissen bei Online-Erhebungen mehr oder minder stark in Zweifel ziehen lassen. Hier wird noch viel Lernerfahrung erforderlich sein.

19.6 Sektorales und spezielles Marketing

Die Marketingdenkhaltung kann auf alle Marktarten übertragen werden. Gemeinhin wird in der Praxis behauptet, dass jede Branche, teilweise gar jedes Unternehmen, sich anderen Vermarktungsverhältnissen gegenübersieht. Tatsächlich stellt man im Quervergleich fest, dass die Vermarktungsverhältnisse quer über Branchen und erst recht Unternehmen durchaus vergleichbar sind. Da Entscheider aber typischerweise branchen- bzw. unternehmensbezogene Erfahrungen machen, entsteht bei ihnen der Eindruck, dass sie besonders gebeutelt seien und andere es viel leichter anträgen. Dies ist jedoch mitnichten der Fall. Vielmehr reichen meist lediglich sektorale oder spezielle Anpassungen des generell gültigen Marketing-Mixes aus.

Seinen Ursprung hat Marketing sicherlich im **Konsumgütersektor**, dort wiederum vor allem im Bereich der Produkte des täglichen Bedarfs. Konsumgüter dienen dem privaten Ge- und/oder Verbrauch. Als Einkaufsziele sind neben der Bedarfsbefriedigung und Nutzenmaximierung immer auch zahlreiche irrationale Motive anzusehen. Die Kaufentscheidung erfolgt durch Einzelpersonen oder in Gruppen (Familie), häufig zudem wenig reflektiert als Spontan- oder Routinekauf.

Der **Industriegütersektor** umfasst alle Vermarktungsobjekte, die von Organisationen (Produzenten, Dienstleistern, Händlern, also Nicht-Konsumenten) gewerblich beschafft werden, um mit ihrem Einsatz (Ge- und/oder Verbrauch) Güter für die Fremdbedarfsdeckung zu erstellen, diese weiterzuverarbeiten oder wieder zu veräußern. Die Transaktionen beziehen sich dort im Einzelnen auf Urprodukte und Einsatzstoffe (Rohstoffgeschäft), auf Komponenten und Teilsysteme (Systemgeschäft), auf Ausrüstungen (Anlagengeschäft) sowie auf Teile und Aggregate (Produktgeschäft). Außerdem spielen Energie, Immobilien und B-to-B-Dienstleistungen hinein. Überwiegend ist die Marketingdenkhaltung im Industriegütermarkt nicht weit fortgeschritten, was vielleicht an seiner technisch-naturwissenschaftlichen, damit rationalen Prägung liegt.

Der **Dienstleistungssektor** insgesamt ist in entwickelten Volkswirtschaften von extremer Bedeutung. Gemessen daran bleiben die absatzpolitischen Erkenntnisse unterausgeprägt. Er weist als marketingspezifische Besonderheiten die Immaterialität der dort angebotenen „Produkte" (mit dem Erfordernis zu ihrer Tangibilisierung), die kundenindividuelle Integration des „Externen Faktors" Kunde (mit dem Erfordernis zur Leistungsnormierung) sowie die zeit- und raumgleiche „Uno actu" Produktion auf (mit dem Erfordernis getrennter Vor- und Endkombination der Produktionsfaktoren). Diese Besonderheiten erschweren die Vermarktung von Dienstleistungen erheblich.

Der **Social-Sektor** bezieht sich auf öffentliche Betriebe (Non-Profit-Marketing) und ideelle Initiatoren (Non-Business-Marketing). Öffentliche Betriebe sind gemeinwirtschaftlich, versorgungswirtschaftlich oder auch unternehmerisch organisiert und stellen Individualgüter mit Erwerb zu marktüblichen oder subventionierten Preisen sowie Kollektivgüter, an denen kein individuelles Eigentum erworben werden kann, zur Verfügung. Ideelle Institutionen verfolgen nicht gewerbliche, sondern religiöse, kulturelle, akademische, karitative, politische oder visionäre Anliegen, die aber dennoch dem Beziehungsmanagement zugänglich sind. Für diese Bereiche wurde lange Zeit eine Marktorientierung ihrer Aktivitäten nicht für erforderlich gehalten.

Die **internationalen Märkte** stellen besondere Herausforderungen an das Marketing. Bei der Marktwahl werden zumeist qualitative und quantitative Beurteilungskriterien zur Selektion angelegt. Der Markteintritt kann durch Außenhandel (Export) in verschiedenen Formen, auf Vertragsbasis (verschiedene Formen der Lizenzierung) oder durch Direktinvestition erfolgen. Dies entspricht meist auch einer üblichen Reihenfolge. In der Marktabfolge können ein paralleler Eintritt in mehrere Märkte („Sprinkler"), ein sukzessiver Eintritt Markt für Markt („Wasserfall") oder eine Kombination daraus gewählt werden (Lead Country, Brückenkopf). In Bezug auf die Marktführung werden gemeinhin die Landeskulturen als ausschlaggebend für ein Global Marketing (Generalisierung/Levitt) oder Local Marketing (Fokussierung/Naisbitt) angesehen.

Der **Beschaffungsmarkt** gewinnt angesichts der verbreiteten Prozessdenkweise mit Verschränkung vor- und nachgelagerter Wertschöpfungsketten, der konsequenten Auslagerung nicht kernkompetenz-relevanter Aktivitäten und der daraus resultierenden immer geringeren Fertigungstiefe erheblich an Bedeutung. Dennoch ist fraglich, ob Marketingaktivitäten dort durchgängig angezeigt sind, denn Marketing setzt eine Käufermarktsituation voraus und ist für die Anbieterseite unerlässlich. Im Beschaffungsmarkt aber ist der Lieferant Anbieter, hingegen das beschaffende Unternehmen Nachfrager.

Der **Handelsmarkt** bezieht sich auf Wiederverkäufer, die Ware ohne wesentliche Be- oder Verarbeitung weitergeben, diese jedoch mit Services vervollständigen. Dabei ist einerseits eine Emanzipation der Handelsstufen von der Herstellerstufe zu beobachten, wie sie in Handelsmarken, Geschäftsstättenmarken, Handelswerbung, Nachfragemacht etc. zum Ausdruck kommt, andererseits aber auch ein Trend zur Ausschaltung der Handelsstufen im Direktvertrieb (Disintermediation) zur Einsparung der Handelsspanne und ihrer Nutzung zu niedrigerem Marktpreis oder zusätzlichem Gewinneinbehalt, etwa in Formen des E-Commerce.

19.7 Ausblick: Beziehungsmarketing

Aktivitäten zu anderen Handlungsträgern als Kunden werden vorläufig nur insoweit als für das Marketing relevant betrachtet, als sie einen Einfluss auf die Zielerreichung bei Kunden und deren Kunden („Demandholders") haben. Die Weiterentwicklung des Marketings ist jedoch nicht mehr nur auf ökonomische Aktivitäten begrenzt, sondern betrifft jegliche Art sozialer Beziehungen (Generic Marketing). Damit ist das ganze Leben durchsetzt von Marketing und nichts anderes als Ausdruck weithin normalen menschlichen Verhaltens. Marketing umfasst demnach die Gesamtheit der Bemühungen zur Gestaltung der Beziehungen zwischen Organisationen und Individuen. Grundlage sind jeweils Transaktionen, also der Austausch von Dingen von individuellem Wert wie Produkte, Dienstleistungen, Ideen, Gefühle, Verhaltensweisen etc. Hieraus folgt für Unternehmen die Notwendigkeit, Maßnahmen des **Beziehungsmarketings** zu entwickeln und umzusetzen.

Dabei werden private Interaktionen ausgeklammert, es geht vielmehr um professionelle Interessenshalter (Stakeholder). Dies sind Handlungsträger, die in der Lage sind, den eigenen Organisationserfolg positiv oder negativ zu beeinflussen. Sie leisten Beiträge (Stakes) für den Geschäftserfolg des Anbieters und leiten daraus Leistungsansprüche an den Beitragsempfänger ab. Diese Ansprüche sind materieller und/oder immaterieller Natur.

Stakeholder verfügen über Machtmittel, die sie im Zweifel zur Durchsetzung ihrer Interessen einsetzen und die auf verschiedenen Basen beruhen. Beispiele sind

- Eigentümer (*Ziele:* Sicherheit und angemessene Kapitalrendite, Vermögenszuwachs, Gestaltungsrechte etc.),
- Management (*Ziele:* Einkommen, Status, Persönlichkeitsentfaltung, Selbstständigkeit etc.),
- Mitarbeiter (*Ziele:* Einkommen, Arbeitsplatzsicherheit, Arbeitsbedingungen etc.),
- Fremdkapitalgeber (*Ziele:* Sicherheit für Zins und Tilgung, Kapitalrentabilität, Mitspracherechte etc.),
- Lieferanten (*Ziele:* Zahlungsfähigkeit, Planbarkeit, Beziehungsstabilität etc.),
- Kunden (*Ziele:* Preis-Leistungswürdigkeit, Zuverlässigkeit, Beziehungsstabilität etc.),
- Wettbewerber (*Ziele:* Fairness, Kooperation, Informationsaustausch etc.),
- Staat (*Ziele:* Steuereinnahmen, Sozialbeiträge, Umweltschutz etc.),
- Gesellschaft (*Ziele:* Infrastruktur, kulturelles Engagement, soziale Standards etc.).

Ihre Machtmittel sind u. a.

- Kapitalentzug (Eigentümer und Fremdkapitalgeber),
- Abwanderung (Management),
- Streik (Mitarbeiter),
- Liefersperre (Lieferanten),
- Abnahmestopp (Kunden),
- Aggression (Wettbewerber),
- Sanktionierung (Staat),
- Meinungsmache (Gesellschaft).

Aufgabe des Marketings dürfte es werden, die Balance dieses Kräftefelds zu erhalten. Es geht nicht mehr nur um Transaktionen, sondern um Beziehungen, in denen zu bedenken ist, wie man ein individuelles Ziel unter Einbezug der Interessen anderer Beteiligter erreichen kann.

ZUSAMMENFASSUNG

In diesem Kapitel haben Sie gelernt,

- welche Bedeutung Marketing für den Unternehmenserfolg hat,
- welche Elemente bei der Konzeption des Marketings zu gestalten sind,
- aus welchen Teilinstrumenten das Marketinginstrumentarium besteht,
- worin sich das Käuferverhalten privater Nachfrager und gewerblicher Nachfrager unterscheidet,
- welche Aufgaben die Marktforschung als Unterstützung des Marketings ausübt und
- welche Besonderheiten im Marketing bestimmter Branchen und Sektoren bestehen.

Marketing als zentrale Funktion zur Ermittlung und Erfüllung von Kundenwünschen hat einen besonderen Einfluss auf den Unternehmenserfolg.

Bei der Konzeption des Marketings sind die Elemente Kundenbeziehung, Marktsegmentierung, Markenartikel und Angebotspositionierung zu gestalten.

Das Instrumentarium des Marketings wird häufig durch die sog. 4 Ps charakterisiert. Unternehmen müssen Entscheidungen hinsichtlich Produkt, Preis, Promotion und Place treffen (siehe ▸ *Kapitel 16 „Vertrieb“*). Dieses klassische Instrumentarium kann um weitere Aspekte, wie z. B. Prozesse, erweitert werden.

Während private Nachfrager häufig über emotionale Aspekte angesprochen werden und über eine ausgeprägtere Loyalität zum Unternehmen verfügen, sind gewerbliche Nachfrager ebenfalls erwerbswirtschaftlich orientierte Unternehmen, die Entscheidungen im Allgemeinen durch den Einsatz betriebswirtschaftlicher Verfahren treffen.

Für die operative Absatzvorbereitung sind zureichende Marktinformationen unverzichtbar. Dies erfolgt im Rahmen der Marktforschung. Dabei kommen unterschiedliche Informationsquellen und Erhebungsformen zum Einsatz.

Beim sektoralen Marketing erfolgen die Übertragung und Anpassung der grundlegenden Marketingkonzeptionen auf die Besonderheiten einzelner Branchen, z. B. im Dienstleistungsmarketing oder im Industriegütermarketing.

Ihr Wissen können Sie im eLearning-Bereich mit einem Verständnistest prüfen.

AUFGABEN

Aufgabe 1

Nennen und erläutern Sie die wesentlichen Eckpfeiler des Marketings.

Aufgabe 2

Worin liegt die Bedeutung von Marken im Marketing?

Aufgabe 3

Stellen Sie den Verlauf von Produkten im ihrem Lebenszyklus dar.

Aufgabe 4

Stellen Sie dar, nach welchen Orientierungen die Preisbildung im Marketing stattfinden kann.

Aufgabe 5

Stellen Sie dar, welche klassischen und welche nicht-klassischen Kommunikationsinstrumente unterschieden werden können.

Aufgabe 6

Nennen und erläutern Sie wesentliche psychologische Determinanten des Konsumentenverhaltens.

Aufgabe 7

Nennen und erläutern Sie Auswahlverfahren der Marktforschung.

Aufgabe 8

Welche Inhalte und Formen kennt das Beziehungsmarketing?

Die Lösungen zu den Aufgaben finden Sie im eLearning-Bereich.

FALL GESTALTUNG DES MARKETINGS AM BEISPIEL VON DYSON[4]

Ein Beispiel für die Bedeutung der Produkt-, Preis- und Distributionspolitik im Marketing ist das Unternehmen Dyson. Dyson stellt vor allem Staubsauger, Haartrockner, Leuchten, Raumklimageräte und deren Zubehör her, der Jahresumsatz beträgt ca. 2,5 Mrd. €. Das Unternehmen beschäftigt über 7.000 Mitarbeiter, hält über 8.000 Patente und ist in mehr als 70 Ländern präsent. Die Produktion erfolgt zu großen Teilen in Malaysia und Singapur.

Teil 1

Der Unternehmensgründer, James Dyson, ist sowohl Ingenieur als auch Architekt. Dadurch sind die Geräte nicht nur innovativ, sondern haben auch ein anspruchsvolles, futuristisches Design. Die Produkte erhielten dafür mehrfach Auszeichnungen (z. B. Red Dot Award) und sind in Museen ausgestellt (z. B. Pinakothek).

Basis des Erfolgs ist die Patenterteilung (1980) für den ersten beutellosen Staubsauger. Dieser funktioniert nach der Zyklontechnologie (Fliehkraftabscheider). Damit wird der Hauptnachteil herkömmlicher Staubsauger (nachlassende Saugkraft mit zunehmend gefülltem Staubbeutel) vermieden. Die Schmutzpartikel werden stattdessen nach außen geschleudert und in einem separaten Auffangbehälter entsorgt. Außerdem werden Hepa-Filter zur Reinigung der abgesaugten Luft eingesetzt (was allerdings umstritten ist). Dyson ist damit die Nr. 3 im deutschen Staubsaugermarkt, im Premiumsegment sogar die Nr. 1.

Weitere angebotene Produkte sind Händetrockner für Geschäftskunden oder Ventilatoren. Auch diese zeichnen sich durch innovative technische Lösungen aus. Der Händetrockner etwa trocknet nicht wie üblich mit erwärmter Luft, sondern presst gereinigte Umgebungsluft durch zwei Luftschlitze auf die Hände, so dass Wasserreste dort durch den harten Luftstrom abgeblasen werden. Damit sollen bis zu 80 % Energieersparnis erreichbar sein. Der Ventilator kommt ohne sichtbare bewegliche Teile (Rotorflügel) aus. Die angesaugte Luft wird dazu in einem ringförmigen Hohlraum verdichtet und durch einen rundumlaufenden Schlitz nach außen gepresst. Dadurch entsteht ein Luftstrom, der durch den trichterförmigen Ring ausgerichtet werden kann (allerdings bei höherem Geräuschpegel als bei konventionellen Lüftern).

Teil 2

Dies zeigt, dass die Basis des Erfolgs in den Produkten liegt. Durch den erheblichen Innovationsgrad und das sehr ästhetische Design kann Dyson Preise weit über dem Marktdurchschnitt realisieren (ein Staubsauger kostet deutlich über 300 €).

Teil 3

Hinzu kommt eine selektive Distribution über Fachhändler bzw. Fachabteilungen von Weiße-Ware-Großbetriebsformen. Werbung wird nur sehr zurückhaltend und zielgruppenspezifisch eingesetzt. Die Innovation ist dabei kundenzentriert und das Design funktionalistisch. Beides sind Voraussetzungen für nachhaltigen Markterfolg.

Aufgabenstellungen

Zu den drei Teilen können die folgenden Aufgabenstellungen auf Basis der Inhalte dieses Kapitels bearbeitet werden.

1. Erläutern Sie wesentliche Fragestellungen der Produktpolitik.
2. Erläutern Sie wesentliche Fragestellungen der Preispolitik.
3. Erläutern Sie wesentliche Fragestellungen der Distributionspolitik.

Lehrende finden die Lösungen und weiteres, begleitendes Material in den eLearning-Dozentenressourcen.

Literaturhinweise

Bruhn, Manfred: Marketing, 13. Auflage, Wiesbaden, Springer Gabler Verlag, 2016.

Homburg, Christian: Marketingmanagement, 6. Auflage, Wiesbaden, Springer Gabler Verlag, 2016.

Kotler, Philip; Armstrong, Gary; Harris, Lloyd C.; Piercy, Nigel: Grundlagen des Marketing, 6. Auflage, Hallbergmoos, Pearson Verlag, 2016.

Kuß, Alfred; Kleinaltenkamp, Michael: Marketing-Einführung, 7. Auflage, Wiesbaden, Springer Gabler Verlag, 2016.

Meffert, Heribert; Burmann, Christoph; Kirchgeorg, Manfred: Marketing, 12. Auflage, Wiesbaden, Springer Gabler Verlag, 2014.

Pepels, Werner: Marketing, in: Pepels, Werner (Hrsg.): BWL im Nebenfach, 4. Auflage, Berlin, BWV – Berliner Wissenschafts-Verlag, S. 189–230, 2016.

Sander, Michael: Marketing-Management, 2. Auflage, Stuttgart, UTB Verlag, 2011.

Weis, Hans Christian: Marketing, 17. Auflage, Herne, NWB Verlag, 2015.

Endnoten

Kapitel 1

1. *https://www.oecd.org/science/inno/38235147.pdf*, Zugriff am 31.01.2018
2. Gutenberg, Erich: Die Unternehmung als Gegenstand betriebswirtschaftlicher Theorie, Berlin 1929.
3. Heinen, Edmund: Zum Wissenschaftsprogramm der entscheidungsorientierten Betriebswirtschaftslehre; in: Zeitschrift für Betriebswirtschaft, 1969, S. 207–220.
4. Ulrich, Hans: Die Unternehmung als produktives soziales System, Bern 1968.

Kapitel 2

1. *http://www.investopedia.com/articles/economics/09/lehman-brothers-collapse.asp*, Zugriff am 31.01.2018.
2. *http://www.dcgk.de/de/*, Zugriff am 31.01.2018.
3. *http://www.dcgk.de//files/dcgk/usercontent/de/download/kodex/170424_Kodex.pdf*, Zugriff am 31.01.2018.

Kapitel 3

1. Schienenkartell: Deutsche Bahn treibt Hunderte Millionen Euro Schadenersatz ein, *http://www.sueddeutsche.de/wirtschaft/illegale-preisabsprachen-schienenkartell-deutsche-bahn-treibt-hunderte-millionen-euro-schadenersatz-ein-1.2915565*, Zugriff am 31.01.2018.
2. *https://www.mcdonalds.de/franchise/franchise-modell*, Zugriff am 31.01.2018.

Kapitel 4

1. Das Privatrecht, das das Zusammenleben der Bürger regelt, muss keineswegs vom Staate stammen. In Deutschland galt lange (in einigen Gebieten bis zur Einführung des BGB) das sog. „Gemeine Recht", das auf dem römischen Recht basierte. Dieses war keineswegs vom Staat erlassen, sondern von den röm. Juristen über die Jahrhunderte entwickelt und im 6. Jh. unter Kaiser Justinian lediglich zusammengefasst worden. In vielen Ländern, gerade in denjenigen, in denen nie ein Absolutismus geherrscht hat, der die Gesetzgebung als Staatsaufgabe ergriffen hatte, gilt noch heute weitgehend kein staatliches Zivilrecht (z. B. das „common law" im angelsächsischen Raum, das römische Recht in Schottland und Süd-Afrika usw.).
2. Etwa Windbichler, Christine: Gesellschaftsrecht, 24. Auflage, München, C. H. Beck Verlag, 2017, § 1 Rdnr. 1; Kübler, Friedrich; Assmann, Heinz-Dieter: Gesellschaftsrecht, 6. Aufl., Heidelberg, München u. a., C. F. Müller Verlag, 2006, § 1 I, S. 1.
3. Damals noch einschließlich Österreich, Luxemburg und Liechtenstein, was die noch heute bestehende Ähnlichkeit des (Handels- und) Gesellschaftsrechts mit Österreich erklärt
4. Auf Landesebene gab es bereits Vorläufer, wie z. B. durch die preußischen Gesetze von 1838 und 1843, die als Vorbild für die Regelung im ADHGB dienten.
5. Bereits die Römer kannten mit der „universitas" eine körperschaftlich verfasste Organisation, die zwar dogmatisch ein Vorläufer der juristischen Person ist, wirtschaftlich aber im Mittelalter ohne Einfluss blieb.
6. Ausnahmen sind für den Todesfall sowie bei ideellen Gesellschaften möglich.
7. Bei Gesetzesumgehung, also wenn der Verkauf der Beteiligung bei wirtschaftlicher Betrachtung nur dem Grundstücksverkauf dient, bejaht die Rechtsprechung das notarielle Formerfordernis aus § 311 b Abs. 1 BGB.
8. Bei der sog. Sozialversicherung steht das fiskalische Interesse an der Beitragserhebung im Vordergrund. AG-Vorstände werden dort zwar nicht als Arbeitnehmer erfasst, jedoch GmbH-Geschäftsführer, die keine oder bloß eine Minderheitsbeteiligung halten.

9. Ist die GbR aber an einer jur. Person oder einer eingetragenen Personengesellschaft beteiligt, kann diese aus §§ 18 ff. GwG verpflichtet sein, Gesellschafter als „wirtschaftlich Berechtigte" an das Transparenzregister zu melden.
10. Für die Publikums-GbR gilt dies nur noch abgeschwächt.
11. Lieder/Hoffmann, NJW 2015, 897, zählen am 31.12.2014 bereits 1702 PartG mbB.
12. Beachte auch hier die Meldepflicht der AG über die „wirtschaftlich Berechtigten" an das Transparenzregister aus §§ 18 ff. GwG.
13. BGH, ZIP 2004, 1001 = NZG 2004, 575; siehe dazu auch Hüffer, Uwe; Koch, Jens: AktG, 13. Aufl., München, C. H. Beck Verlag, 2018, § 119 Rdnr. 16 ff.
14. Dem ehemaligen Vorstandsvorsitzenden der Daimler-Chrysler AG Jürgen Schrempp wird nachgesagt, nach dem Ausstieg aus der milliardenteuren gescheiterten Fokker-Übernahme verkündet zu haben: „Ich bin der erste Topmann, der 2,3 Milliarden Mark verspielt hat." (Der Spiegel, *http://www.spiegel.de/spiegel/print/d-8926333.html*), Zugriff am 31.01.2018.
    Auch der Mannesmann-Fall ist ein deutliches Beispiel hierfür: Zunächst wehrte sich der Vorstand mit kostspieligen Öffentlichkeitsaktionen gegen die Übernahme. Später stimmten Vorstand und Aufsichtsrat (einschließlich Arbeitnehmervertretern, größtenteils hochrangige Gewerkschaftsfunktionäre) dann zu. Danach belohnten sie sich gegenseitig und andere (sogar Pensionäre und Hinterbliebene) aus dem Gesellschaftsvermögen mit für die Gesellschaft nutzlosen Anerkennungsprämien in insgesamt dreistelliger Millionenhöhe. Die Staatsanwaltschaft Düsseldorf klagte wegen schwerer Untreue an (BGH v. 21.12.2005 – 3 StR 470/04, BGHSt 50, 331 ff. = NJW 2006, 522 ff.; LG Düsseldorf v. 22.07.2004 – XIV 5/03 – NJW 2004, 3275 ff.). Diese Strafverfolgung wurde von der Politik z. T. als „Schaden für den Wirtschaftsstandort Deutschland" kritisiert. Freisprüche erfolgten wegen „unvermeidbaren Verbotsirrtums".
15. Laut BVerfG, Beschluss vom 7. 11. 1972 – 1 BvR 338/68 – NJW 1973, 500 ff. ist das verfassungsgemäß.
16. „Die Tätigkeit in einem Aufsichtsrat erfordert wenig Aufwand, ist mit keiner Verantwortung verbunden und übermäßig gut bezahlt. Dies rechtfertigt es, die durchweg ganz bedeutende Tantieme, die ohne besondere Mühe erworben wurde, mit einer besonderen Abgabe zu belasten." Zitiert nach Haarmann, Wilhelm: Die steuerliche Diskriminierung von Aufsichtsratsvergütungen, Der Aufsichtsrat 01/12, nachzulesen: *https://aufsichtsrat.owlit.de/document.aspx?docid=AR0464823&authentication=none*, Zugriff am 31.01.2018; dort auch weitere Einzelheiten.
17. Im übrigen sind Quoten Ausfluss einer Verwechselung von Gleichstellung, d. h. Gleichheit vor dem Staat (Art. 3 Abs. 1 GG) einerseits und Gleichheit andererseits. Gleichheit unter Menschen wird es nie geben, deren Unterschiedlichkeit ist vielmehr immer Ausfluss kreativer Kräfte. Wer dem Staat das Recht zugesteht, Gleichheit herzustellen, ermächtigt ihn immer, für dieses (nicht erreichbare) Ziel in die Rechte anderer Bürger einzugreifen.
18. *http://de.wikipedia.org/wiki/Sozialversicherung*, unter „Geschichte".
19. Der Verfasser weist noch einmal darauf hin, dass Haupt-Rechtssetzungsorgan in der EU der Rat (früher Ministerrat) ist. Dieser tagt immer auch nicht-öffentlich (Art. 16 Abs. 8 EUV), ist mithin demokratisch nicht kontrollierbar.
20. Siehe allein die Kompetenzen-Kompetenz der EU in Art. 352 Abs. 1 AEUV.
21. Eingehend zur EWIV: Pathe, Ilmo in Gummerth, Hans: Münchener Anwaltshandbuch Personengesellschaftsrecht, 2. Aufl., München, C. H. Beck Verlag, 2015, § 14.
22. Wicke, Hartmut, ZIP 2014, 1414, 1417.
23. Koch, Gesellschaftsrecht, 10. Aufl., München, 2017, § 42 I. 1. Rdnr. 1.
24. So Vossius, notar 2016, 314. Ob die persönliche Haftung der Gesellschafter auch für die bis dahin begründeten Alt-Verbindlichkeiten gilt, ist umstr. Hinzu kommt, dass mit Beendigung der Ltd. in Deutschland ein Aufgabegewinn zu versteuern sein dürfte. Dies alles lässt sich am besten mit einer grenzüberschreitenden Verschmelzung vor Brexit-Vollzug verhindern.
25. Eingehend zur Ltd.: Servatius in Henssler/Strohn, Gesellschaftsrecht, 3. Aufl., München, 2016, Internationales Gesellschaftsrecht B.
26. Verfügbar unter: *http://www.legislation.gov.uk/ukpga/2006/46/contents*, Zugriff am 31.01.2018.
27. *www.companieshouse.gov.uk/forms/formscontinuation.shtml#1N01.*, Zugriff am 31.01.2018.
28. Eingehend zur Corporation nach dem Recht von Delaware: Rehm in Eidenmüller, Horst: Ausländische Kapitalgesellschaften im deutschen Recht, C. H Beck Verlag, München, 2004, § 11.
29. Verfügbar unter: *http://delcode.delaware.gov/title8/c001/index.shtml.*, Zugriff am 31.01.2018.

Kapitel 5

1. Das Institut National de la Statistique et des Etudes Economiques (INSEE) ist das französische Amt für Statistik. Das Amt führt Volkszählungen durch und publiziert Informationen über die französische Wirtschaft und Gesellschaft.
2. Vgl. Porter, M. E. (1996) What is Strategy?; in: Harvard Business Review, Jg. 74, Bd. 6, S. 61–78, S. 71.
3. Vgl. Hungenberg, H. (2014) Strategisches Management im Unternehmen. Ziele – Prozesse – Verfahren. Wiesbaden: Springer Gabler, S. 149 ff.
4. Vgl. Barney, J. (1991) Firm Resources and Sustained Competitive Advantage; in: Journal of Management, Jg. 17, Bd. 1, S. 99–120, S. 101.
5. Vgl. Hungenberg, H. (2014) Strategisches Management im Unternehmen. Ziele – Prozesse – Verfahren. Wiesbaden: Springer Gabler, S. 150.
6. Vgl. Hamel, G./Prahalad, C. K. (1995) Wettlauf um die Zukunft. Wie Sie mit bahnbrechenden Strategien die Kontrolle über Ihre Branche gewinnen und die Märkte von morgen schaffen. Wien: Ueberreuter, S. 302.
7. Vgl. Barney, J. B. (2011) Gaining and Sustaining Competitive Advantage. 4. Auflage, Boston, MA: Pearson, S. 125 ff.
8. Vgl. Johnson, G./Scholes, K./Whittington, R. (2011) Strategisches Management: Eine Einführung. Analyse, Entscheidung und Umsetzung. 9. Auflage, München: Pearson, S. 138.
9. Vgl. Johnson, G./Scholes, K./Whittington, R. (2011) Strategisches Management: Eine Einführung. Analyse, Entscheidung und Umsetzung. 9. Auflage, München: Pearson, S. 131.
10. Vgl. Barney, J. B. (2011) Gaining and Sustaining Competitive Advantage. 4. Auflage, Boston, MA: Pearson, S. 136.
11. Vgl. Hamel, G./Prahalad, C. K. (1995) Wettlauf um die Zukunft. Wie Sie mit bahnbrechenden Strategien die Kontrolle über Ihre Branche gewinnen und die Märkte von morgen schaffen. Wien: Ueberreuter, S. 341.
12. Vgl. Hamel, G./Prahalad, C. K. (1995) Wettlauf um die Zukunft. Wie Sie mit bahnbrechenden Strategien die Kontrolle über Ihre Branche gewinnen und die Märkte von morgen schaffen. Wien: Ueberreuter, S. 341.
13. Vgl. Welge, M. K./Al-Laham, A. (2012) Strategisches Management. Grundlagen – Prozess – Implementierung. 6. Auflage, Wiesbaden: Gabler, S. 395 ff.
14. In Anlehnung an Welge, M. K./Al-Laham, A. (2012) Strategisches Management. Grundlagen – Prozess – Implementierung. 6. Auflage, Wiesbaden: Gabler, S. 412.
15. Vgl. Steinmann, H./Schreyögg, G. (2005) Management. Grundlagen der Unternehmensführung. Konzepte – Funktionen – Fallstudien. 6. Auflage, Wiesbaden: Gabler, S. 217 ff.
16. Vgl. Andrews, K. (1987) The Concept of Corporate Strategy. Homewood: Irvin, S. 48 ff.
17. Vgl. Müller-Stewens G./Lechner, C. (2011) Strategisches Management. Wie strategische Initiativen zum Wandel führen. 4. Auflage, Stuttgart: Schäffer-Poeschel, S. 284.
18. Vgl. Henderson, B. D. (1972/2000) Das Portfolio; Nachdruck in: von Oetinger, B. (Hrsg.) Das Boston Consulting Group Strategie-Buch – Die wichtigsten Managementkonzepte für den Praktiker (2000), Düsseldorf, S. 346–351.
19. Vgl. Hax, A. C./Majluf, N. S. (1988) Strategisches Management. Ein integratives Konzept aus dem MIT. Frankfurt/Main: Campus, S. 180 ff.
20. Vgl. Hax, A. C./Majluf, N. S. (1988) Strategisches Management. Ein integratives Konzept aus dem MIT. Frankfurt/Main: Campus, S. 180 ff.
21. Vgl. Kraljic, Peter (1988) Zukunftsorientierte Beschaffungs- und Versorgungsstrategie als Element der Unternehmungsstrategie; in: Henzler, H. A. (Hrsg.) Handbuch Strategische Führung, Wiesbaden: Springer, S. 477–497, S. 477 ff.
22. Vgl. Pfeiffer, W./Dögl, R.: Das Technologie-Portfolio-Konzept; in: Strategische Unternehmungsplanung – Strategische Unternehmungsführung; in: Hahn, D./Taylor, B. (Hrsg.) Strategische Unternehmungsplanung – Strategische Unternehmungsführung, 8. Auflage, Heid, S. 254–282.
23. Vgl. Hahn, D. (1999) Zweck und Entwicklung der Portfoliokonzepte in der strategischen Unternehmungsplanung; in: Hahn, D./Taylor, B. (Hrsg.) Strategische Unternehmungsplanung – Strategische Unternehmungsführung, 8. Auflage, Heidelberg: Springer, S. 403–439, S. 421.

24. Vgl. Hungenberg, H. (2014) Strategisches Management im Unternehmen. Ziele – Prozesse – Verfahren. Wiesbaden: Springer Gabler., S. 275–278.
25. Vgl. Pearce, J. A./Robinson, R. B. (2009) Formulation, Implementation and Control of Competitive Strategy. 11. Auflage, Chicago, Ill.: Irwin, S. 251 ff.
26. Vgl. Porter, M. E. (2013) Wettbewerbsstrategie. Methoden zur Analyse von Branchen und Konkurrenten. 12. Auflage, Frankfurt/Main: Campus, S. 79.
27. In Anlehnung an Porter, M. E. (2013) Wettbewerbsstrategie. Methoden zur Analyse von Branchen und Konkurrenten. 12. Auflage, Frankfurt/Main: Campus, S. 79.
28. Vgl. Porter, M. E. (2013) Wettbewerbsstrategie. Methoden zur Analyse von Branchen und Konkurrenten. 12. Auflage, Frankfurt/Main: Campus, S. 77.
29. Vgl. Porter, M. E. (2013) Wettbewerbsstrategie. Methoden zur Analyse von Branchen und Konkurrenten. 12. Auflage, Frankfurt/Main: Campus, S. 38 ff. sowie S. 78.
30. Vgl. Barney, J. B. (2011) Gaining and Sustaining Competitive Advantage. 4. Auflage, Boston, MA: Pearson, S. 195.
31. Vgl. Steinmann, H./Schreyögg, G. (2005) Management. Grundlagen der Unternehmensführung. Konzepte – Funktionen – Fallstudien. 6. Auflage, Wiesbaden: Gabler, S. 229.
32. Vgl. Macharzina, K./Wolf, J. (2012) Unternehmensführung. Das internationale Managementwissen. Konzepte – Methoden – Praxis. 8. Auflage, Wiesbaden: Gabler, S. 291.
33. Vgl. Müller-Stewens G./Lechner, C. (2011) Strategisches Management. Wie strategische Initiativen zum Wandel führen. 4. Auflage, Stuttgart: Schäffer-Poeschel, S. 261.
34. Vgl. Porter, M. E. (2013) Wettbewerbsstrategie. Methoden zur Analyse von Branchen und Konkurrenten. 12. Auflage, Frankfurt/Main: Campus, S. 81 ff.
35. Vgl. Porter, M. E. (2013) Wettbewerbsstrategie. Methoden zur Analyse von Branchen und Konkurrenten. 12. Auflage, Frankfurt/Main: Campus, S. 81.
36. In Anlehnung an Porter, M. E. (2013) Wettbewerbsstrategie. Methoden zur Analyse von Branchen und Konkurrenten. 12. Auflage, Frankfurt/Main: Campus, S. 83.
37. Vgl. Porter, M. E. (2010) Wettbewerbsvorteile. Spitzenleistungen erreichen und behaupten. 7. Auflage, Frankfurt/Main: Campus, S. 46.
38. Vgl. Porter, M. E. (2010) Wettbewerbsvorteile. Spitzenleistungen erreichen und behaupten. 7. Auflage, Frankfurt/Main: Campus, S. 44.
39. Vgl. Simon, H. (1988) Management strategischer Wettbewerbsvorteile; in: Zeitschrift für Betriebswirtschaft, Jg. 58, Bd. 4, S. 461 ff., S. 461 ff.
40. In Anlehnung an Hungenberg, H. (2014) Strategisches Management im Unternehmen. Ziele – Prozesse – Verfahren. Wiesbaden: Springer Gabler, S. 210.
41. Siehe Büchler, J. P. (2014) Strategie entwickeln, umsetzen und optimieren. München: Pearson, S. 114.
42. Vgl. Gilbert, X./Strebel, P. (1987) Strategies to Outpace the Competition; in: Journal of Business Strategy, Jg. 8, Bd. 1, S. 28–36, S. 28ff.
43. Vgl. Hungenberg, H. (2014) Strategisches Management im Unternehmen. Ziele – Prozesse – Verfahren. Wiesbaden: Springer Gabler, S. 204.
44. Vgl. Fleck, A. (1995) Hybride Wettbewerbsstrategien: Zur Synthese von Kosten- und Differenzierungsvorteilen. Wiesbaden: Deutscher Universitätsverlag, S. 60 ff.
45. Vgl. Fleck, A. (1995) Hybride Wettbewerbsstrategien: Zur Synthese von Kosten- und Differenzierungsvorteilen. Wiesbaden: Deutscher Universitätsverlag, S. 71 ff.
46. Vgl. Hungenberg, H. (2014) Strategisches Management im Unternehmen. Ziele – Prozesse – Verfahren. Wiesbaden: Springer Gabler, S. 204.
47. Vgl. Jenner, T. (2000) Hybride Wettbewerbsstrategien in der deutschen Industrie – Bedeutung, Determinanten und Konsequenzen für die Marktbearbeitung: Ergebnisse einer empirischen Untersuchung; in: Die Betriebswirtschaft, Jg. 60, Nr. 1, S. 7–22, S. 36.
48. Vgl. D'Aveni, R. A. (1995) Hyperwettbewerb – Strategien für die neue Dynamik der Märkte. Frankfurt/Main: Campus, S. 47 ff.
49. In Anlehnung an D'Aveni, R. A. (1995) Hyperwettbewerb – Strategien für die neue Dynamik der Märkte. Frankfurt/Main: Campus, S. 48.
50. D'Aveni, R. A. (1995) Hyperwettbewerb – Strategien für die neue Dynamik der Märkte. Frankfurt/Main: Campus, S. 26.
51. Büchler, J. P. (2014) Strategie entwickeln, umsetzen und optimieren. München: Pearson, S. 128.

52. Vgl. D'Aveni, R. A. (1995) Hyperwettbewerb – Strategien für die neue Dynamik der Märkte. Frankfurt/Main: Campus, S. 284 ff.
53. *http://www.gea.com/de/uber/organisation/organisationsstruktur/index.jsp*, Zugriff am 31.01.2018.
54. Siehe ausführlich in Büchler, J. P. (2018) Fallstudienkompendium Hidden Champions – Innovationen für den Weltmarkt. Wiesbaden: Springer Gabler, S. 158 ff.

Kapitel 6

1. In der wissenschaftlichen Diktion geht es bei einem Konzept um die Definition bzw. Umschreibung eines in der Realität vorzufindenden Phänomens, mit dem Zweck ein gemeinsames (Ausgangs-)Verständnis zu erzeugen. Alltagssprachlich würde man eher von einem „Begriff" sprechen.
2. Zentrale Grundgedanken dieser Ausführungen beruhen auf dem Artikel: P. Puranam, O. Alexy, M. Reitzig: „What's „New" About New Forms of Organizing?"; in: Academy of Management Review 2014, Vol. 39, No. 2, 162–180. *http://dx.doi.org/10.5465/amr.2011.0436*
3. Siehe J. G. March und H. A. Simon. „Introduction to the second edition", 1993. In J. G. March und H. A. Simon (Hrsg.), „Organizations" (2nd ed.): 1–19. New York: Wiley. S. 2.
4. K. E. Weick, „The psychology of organizing". Reading, 1969, MA: Addison-Wesley. K. E. Weick, „Amendments to organizational theorizing". Academy of Management Journal, 17, 1974, S. 487–502.
5. A. Newell und H. A. Simon, „Human problemsolving". Englewood Cliffs, NJ: Prentice Hall 1972. K. Dunbar. „How scientists really reason: Scientific reasoning in real-world laboratories". In R. J. Sternberg & J. E. Davidson (Hrsg.), „The nature of insight", Cambridge, MA 1995, S. 365–395: MIT Press. A. Fischer, S. Greiff, & J. Funke. „The process of solving complex problems". Journal of Problem Solving, 4, 2012, S. 19–42.
6. R. Gulati, P. R. Lawrence und P. Puranam, „Adaptation in vertical relationships: Beyond incentive conflict". Strategic Management Journal, 26, 2005, S. 415–440. P. R. Lawrence und J. W. Lorsch, „Organization and environment: Managing differentiation and integration". Boston: Harvard University Press 1967.
7. D. F. Camerer und M. Knez. „Coordination, organizational boundaries and fads in business practiceS. Industrial and Corporate Change", 1997, 5: S. 89–112. C. Heath und N. Staudenmayer. „Coordination neglect: How lay theories of organizing complicate coordination in organizations", Research in Organizational Behavior, 22, 2000, S. 153–191.
8. Siehe R. L. Daft, „Organization Theory and Design", 10. Aufl., Mason, OH: South-Western College Publishing 2009.
9. Siehe S. Peterson, Associated Press, „Wilson Sporting Goods Football Factory" [*www.chron.com*], 3. Februar 2010; T. Arbel, Associated Press, „Factory Activity Fuels Economic Recovery", Online Athens Banner-Herald [*www.onlineathens.com*], 2. Februar 2010; und M. Hiestand, „Making a Stamp on Football", USA Today, 25. Januar 2005, S. 1C+.
10. Siehe S. E. Humphrey, J. D. Nahrgang und F. P. Morgeson, „Integrating Motivational, Social and Contextual Work Design Features: A Meta-Analytic Summary and Theoretical Expansion of the Work Design Literature", Journal of Applied Psychology, September 2007, S. 1332–1356.
11. Siehe auch Abschnitt 6.1.1.
12. Siehe D. Drickhamer, „Moving Man", IW, Dezember 2002, S. 44–46
13. Für eine Diskussion zum Thema „Autoriät" siehe W. A. Kahn und K. E. Kram, „Authority at Work: Internal Models and Their Organizational Consequences", Academy of Management Review, Januar 1994, S. 17–50.
14. Siehe C. I. Barnard, „The Functions of the Executive", 30. Geburtstagsedition, Cambridge, MA: Harvard University Press 1968, S. 165–166.
15. Siehe R. Ashkenas, „Simplicity Minded Management", Harvard Business Review, Dezember 2007, S. 101–109; und P. Glader, „It´s Not Easy Being Lean", Wall Street Journal, 19. Juni 2006, S. B1+.
16. Siehe D. Van Fleet, „Span of Management Research and Issues", Academy of Management Journal, September 1983, S. 546–552.

17. Siehe Henri Fayol, „General and Industrial Management", übersetzt von C. Storrs, London: Pitman Publishing 1949, S. 19–42.
18. Siehe J. Zabojnik, „Centralized and Decentralized Decision Making in Organizations", Journal of Labor Economics, Januar 2002, S. 1–22.
19. Siehe H. Mintzberg, „Power In and Around Organizations", Upper Saddle River, NJ: Prentice Hall 1983; und J. Child, „Organization: A Guide to Problems and Practices", London: Kaiser & Row 1984.
20. Siehe P. Kenis und D. Knoke, „How Organizational Field Networks Shape Inter Organizational Tie-Formation Rates", Academy of Management Review, April 2002, S. 275–293.
21. Siehe A. D. Amar, C. Hentrich und V. Hlupic, „To Be a Better Leader, Give Up Authority", Harvard Business Review, Dezember 2009, S. 22–24.
22. Siehe E. W. Morrison, „Doing the Job Well: An Investigation of Pro-Social Rule Breaking", Journal of Management, Februar 2006, S. 5–28.
23. Siehe ebd.
24. Siehe D. A. Morand, „The Role of Behavioral Formality and Informality in the Enactment of Bureaucratic versus Organic Organizations", Academy of Management Review, Oktober 1995, S. 831–872; und T. Burns und G. M. Stalker, The Management of Innovation, London: Tavistock 1961.
25. Siehe D. Dougherty, „Re-imagining the Differentiation and Integration of Work for Sustained Product Innovation", Organization Science, September–Oktober 2001, S. 612–631.
26. Kontingenzfaktoren sind in diesem Zusammenhang alle Faktoren, welche vor dem jeweiligen spezifischen Hintergrund einen Einfluss haben (könnten).
27. Siehe A. D. Chandler, Jr., „Strategy and Structure: Chapters in the History of the Industrial Enterprise", Cambridge, MA: MIT Press 1962.
28. Siehe W. Chan Kim und R. Mauborgne, „How Strategy Shapes Structure", Harvard Business Review, September 2009, S. 73–80; L. L. Bryan und C. I. Joyce, „Better Strategy Through Organizational Design", The McKinsey Quarterly, 2007, 2, S. 21–29; D. Jennings und S. Seaman, „High and Low Levels of Organizational Adaptation: An Empirical Analysis of Strategy, Structure and Performance", Strategic Management Journal, Juli 1994, S. 459–475; D. C. Galunic und K. M. Eisenhardt, „Renewing the Strategy-Structure-Performance Paradigm"; in: B. M. Staw und L. L.Cummings (Hrsg.), „Research in Organizational Behavior", 16, Greenwich, CT: JAI Press 1994, S. 215–255; R. Parthasarthy und S. P. Sethi, „Relating Strategy and Structure to Flexible Automation: A Test of Fit and Performance Implications", Strategic Management Journal, 14 (6), 1993, S. 529–549; H. A. Simon, „Strategy and Organizational Evolution", Strategic Management Journal, Januar 1993, S. 131–142; H. L. Boschken, „Strategy and Structure: Re-conceivingthe Relationship", Journal of Management, März 1990, S. 135–150; D. Miller, „The Structural and Environmental Correlates of Business Strategy", Strategic Management Journal, Januar-Februar 1987, S. 55–76; und R. E. Miles und C. C. Snow, „Organizational Strategy, Structure and Process", New York: McGraw-Hill 1978.
29. Siehe R. Z. Gooding und J. A. Wagner III, „A Meta-Analytic Review of the Relationship between Size and Performance: The Productivity and Efficiency of Organizations and Their Subunits", Administrative Science Quarterly, Dezember 1985, S. 462–481; D. S. Pugh, „The Aston Program of Research: Retrospect and Prospect"; in: A. H. Van de Ven und W. F. Joyce (Hrsg.), „Perspectives on Organization Design and Behavior", New York: John Wiley 1981, S. 135–166; und P. M. Blau und R. A. Schoenherr, „The Structure of Organizations", New York: Basic Books 1971.
30. Siehe J. Woodward, „Industrial Organization: Theory and Practice", London: Oxford University Press 1965.
31. Siehe J. Zhang und C. Baden-Fuller, „The Influence of Technological Knowledge Base and Organizational Structure on Technology Collaboration", Journal of Management Studies, Juni 2010, S. 679–704; C. C. Miller, W. H. Glick, Y. D. Wang und G. Huber, „Understanding Technology-Structure Relationships: Theory Development and Meta-Analytic Theory Testing", Academy of Management Journal, Juni 1991, S. 370–399; J. Hage und M. Aiken, „Routine Technology, Social Structure and Organizational Goals", Administrative Science Quarterly, September 1969, S. 366–377; J. D. Thompson, „Organizations in Action", New York: McGraw-

Hill 1967; und C. Perrow, „A Framework for the Comparative Analysis of Organizations“, American Sociological Review, April 1967, S. 194–208.

32. Siehe D. M. Rousseau und R. A. Cooke, „Technology and Structure: The Concrete, Abstract and Activity Systems of Organizations“, Journal of Management, Herbst-Winter 1984, S. 345–361; und D. Gerwin, „Relationships between Structure and Technology“; in: P. C. Nystrom und W. H. Starbuck (Hrsg.), „Handbook of Organizational Design“, 2, New York: Oxford University Press 1981, S. 3–38.
33. Siehe S. Rausch und J. Birkinshaw, „Organizational Ambidexterity: Antecedents, Outcomes and Moderators“, Journal of Management, Juni 2008, S. 375–409; M. Yasai-Ardekani, „Structural Adaptations to Environments“, Academy of Management Review, Januar 1986, S. 9–21; P. Lawrence und J. W. Lorsch, „Organization and Environment: Managing Differentiation and Integration“, Boston: Harvard Business School, Division of Research 1967; F. E. Emery und E. Trist, „The Causal Texture of Organizational Environments“, Human Relations, Februar 1965, S. 21–32.
34. Siehe Abschnitt 2.
35. Siehe H. Mintzberg, „Structure in Fives: Designing Effective Organizations“, Upper Saddle River, NJ: Prentice Hall 1983, S. 157.
36. Siehe R. J. Williams, J. J. Hoffman und B. T. Lamont, „The Influence of Top Management Team Characteristics on M-Form Implementation Time“, Journal of Managerial Issues, Winter 1995, S. 466–480.
37. Siehe *http://www.metrogroup.de/internet/site/metrogroup/node/9280/Lde/index.html#anker10222*, Zugriff am 31.01.2018.
38. Siehe N. Wingfield, „To Rebuild Windows, Microsoft Razed Walls“, Wall Street Journal, 20. Oktober 2009, S. B9.
39. Siehe Q. Hardy, „Google Thinks Small“, Forbes, 14. November 2005, S. 198–202.
40. Siehe D. R. Denison, S. L. Hart und J. A. Kahn, „From Chimneys to Cross-Functional Teams: Developing and Validating a Diagnostic Model“, Academy of Management Journal, Dezember 1996, S. 1005–1023; D. Ray und H. Bronstein, „Teaming Up: Making the Transition to a Self-Directed Team-Based Organization“, New York: McGraw Hill 1995; J. R. Katzenbach und D. K. Smith, „The Wisdom of Teams“, Boston: Harvard Business School Press 1993; J. A. Byrne, „The Horizontal Corporation“, Business Week, Dezember1993, S. 76–81; B. Dumaine, „Payoff from the New Management“, Fortune, 13. Dezember 1993, S. 103–110; und H. Rothman, „The Power of Empowerment“, Nation´s Business, Juni 1993, S. 49–52.
41. Siehe J. Hyatt, „Engineering Inspiration“, Newsweek, 14. Juni 2010, S. 44; T. McKeough, „Blowing Hot and Cold“, Fast Company, Dezember 2009–Januar 2010, S. 66; H. Walters, „Inside the Design Thinking Process“, Business Week Online, 15. Dezember 2009; P. Kaihla, „Best-Kept Secrets of the World´s Best Companies“, Business 2.0, April 2006, S. 83; C. Taylor, „School of Bright Ideas“, Time Inside Business, April 2005, S. A8–A12; und B. Nussbaum, „The Power of Design“, Business Week, 17. Mai 2004, S. 86–94.
42. Quelle: R. L. Hotz, „More Scientists Treat Experiments as a Team Sport“, Wall Street Journal, 20. November 2009, S. A23.
43. Siehe G. G. Dess, A. M. A. Rasheed, K. J. McLaughlin und R. L. Priem, „The New Corporate Architecture“, Academy of Management Executive, August 1995, S. 7–20.
44. Zusätzliche Literatur über die grenzenlose Organisation bei Rausch und Birkinshaw, Juni 2008, M. F. R. Kets de Vries, „Leadership Group Coaching in Action: The Zen of Creating High-Performance Teams“, Academy of Management Executive, Februar 2005, S. 61–76; J. Child und R. G. McGrath, „Organizations Unfettered: Organizational Form in an Information-Intensive Economy“, Academy of Management Journal, Dezember 2001, S. 1135–1148; M. Hammer und S. Stanton, „How Process Enterprises Really Work“, Harvard Business Review, November–Dezember 1999, S. 108–118; T. Zenger und W. Hesterly, „The Disaggregation of Corporations: Selective Intervention, High-Powered Incentives and Modular Units“, Organization Science, 8 (1997), S. 209–222; R. Ashkenas, D. Ulrich, T. Jick und S. Kerr, „The Boundaryless Organization: Breaking the Chains of Organizational Structure“, San Francisco: Jossey-Bass 1997; R. M. Hodgetts, „A Conversation with Steve Kerr“, Organizational Dynamics, Frühjahr 1996, S. 68–79; und J. Gebhardt, „The Boundaryless Organization“, Sloan Management Review, Winter 1996, S. 117–119. Eine andere Sichtweise der grenzenlosen Organisation hat B.

Victor, „The Dark Side of the New Organizational Forms: An Editorial Essay", Organization Science, November 1994, S. 479–482.

45. Siehe M. Schulte-Zurhausen, „Organisation", 4. Aufl. 2005, Vahlen München, S. 286 und D. Vahs, „Organisation", 7. Aufl., Schäffer-Poeschel Stuttgart, S. 561 f.
46. Siehe G. Hoetker, „Do Modular Products Lead to Modular Organizations?", Strategic Management Journal, Juni 2006, S. 501–518; C. H. Fine, „Are You Modular or Integral?", Strategy & Business, Sommer 2005, S. 44–51; D. A. Ketchen, Jr. und G. T. M. Hult, „To Be Modular or Not to Be? Some Answers to the Question", Academy of Management Executive, Mai 2002, S. 166–167; M. A. Schilling, „The Use of Modular Organizational Forms: An Industry-Level Analysis", Academy of Management Journal, Dezember 2001, S. 1149–1168; D. Lei, M. A. Hitt und J. D. Goldhar, „Advanced Manufacturing Technology: Organizational Design and Strategic Flexibility", Organization Studies, 1996, 17, S. 501–523; R. Sanchez und J. Mahoney, „Modularity Flexibility and Knowledge Management in Product and Organization Design", Strategic Management Journal, 1996, 17, S. 63–76; und R. Sanchez, „Strategic Flexibility in Product Competition", Strategic Management Journal, 1995, 16, S. 135–159.
47. Siehe J. Fortt, „The Chip Company That Dares to Battle Intel", Fortune, Juli 2009, S. 51–56.
48. Siehe J. Marte, „An Internship from Your Couch", Wall Street Journal, 9. September 2009, S. D1+.
49. Siehe R. J. King, „It´s a Virtual World", Strategy+Business [*www.strategy-business.com*], 21. April 2009; Y. Shin, „A Person-Environment Fit Model for Virtual Organizations", Journal of Management, Dezember 2004, S. 725–743; D. Lyons, „Smart and Smarter", Forbes, 18. März 2002, S. 40–41; W. F. Cascio, „Managing a Virtual Workplace", Academy of Management Executive, August 2000, S. 81–90; G. G. Dess, A. M. A. Rasheed, K. J. McLaughlin und R. L. Priem, „The New Corporate Architecture"; H. Chesbrough und D. Teece, „When Is Virtual Virtuous: Organizing for Innovation", Harvard Business Review, Januar-Februar 1996, S. 65–73; sowie W. H. Davidow und M. S. Malone, „The Virtual Corporation", New York: Harper Collins 1992.
50. Diese Informationen basieren auf dem Inhalt der Website von Strawberry Frog [*www.strawberryfrog.com*], 15. Juni 2010; S. Elliott, „A Pitch for Hummus Goes Nationwide", New York Times Online, 6. Juni 2010; „Over There", Marketing Magazine, 9. Februar 2009, S. 19; M. Maddever, „The New School: An Inconvenient Truth"[*www.strategymag.com*], April 2007; J. Ewing, „Amsterdam´s Red-Hot Ad Shops", Business Week, 18. Dezember 2006, S. 52; und T. Howard, „Strawberry Frog Hops to a Different Drummer", USA Today, 10. Oktober 2005, S. 4B.
51. Siehe M. Schulte-Zurhausen, „Organisation", 4. Aufl. 2005, Vahlen München, S. 292 und D. Vahs, „Organisation", 7. Aufl., Schäffer-Poeschel Stuttgart, S. 563 f.
52. Siehe S. A. Sackmann, P. M. Eggenhofer-Rehart und M. Friesl, „Long-Term Efforts Toward Developing a Learning Organization", Journal of Applied Behavioral Science, Dezember 2009, S. 521–549; D. A. Garvin, A. C. Edmondson und F. Gino, „Is Yours a Learning Organization?", Harvard Business Review, März 2008, S. 109–116; A. N. K. Chen und T. M. Edgington, „Assessing Value in Organizational Knowledge Creation: Considerations for Knowledge Workers", MIS Quarterly, Juni 2005, S. 279–309; K. G. Smith, C. J. Collins und K. D. Clark, „Existing Knowledge, Knowledge Creation Capability and The Rate of New Product Introduction in High-Technology Firms", Academy of Management Journal, April 2005, S. 346–357; R. Cross, A. Parker, L. Prusak und S. P. Borgati, „Supporting Knowledge Creation and Sharing in Social Networks", Organizational Dynamics, Herbst 2001, S. 100–120; M. Schulz, „The Uncertain Relevance of Newness: Organizational Learning and Knowledge Flows", Academy of Management Journal, August 2001, S. 661–681; G. Szulanski, „Exploring Internal Stickiness: Impediments to the Transfer of Best Practice within the Firm", Strategic Management Journal, Sonderausgabe Winter 1996, S. 27–43; und J. M. Liedtka, „Collaborating across Lines of Business for Competitive Advantage", Academy of Management Executive, April 1996, S. 20–37.
53. Siehe J. Appleby und R. Davis, „Teamwork Used to Save Money; Now It Saves Lives", USA Today [*www.usatoday.com*], 1. März 2001.
54. Siehe S. F. Gale, „The Power of Community", Workforce Management Online, März 2009.
55. Siehe C. G. Cataldo, „Book Review", Academy of Management Learning & Education, Juni 2009, S. 301–303; E. Wenger, R. McDermott und W. Snyder, „Cultivating Communities of Practice: A Guide to Managing Knowledge", Boston: Harvard Business School Press 2002, S. 4.

56. Siehe E. Wenger, R. McDermott und W. Snyder, „Cultivating Communities of Practice: A Guide to Managing Knowledge“, Boston: Harvard Business School Press 2002, S. 39.
57. Siehe M. Hemmasi und C. M. Csanda, „The Effectiveness of Communities of Practice: An Empirical Study“, Journal of Managerial Issues, Sommer 2009, S. 262–279.
58. Quelle: Basierend auf R. McDermott und D. Archibald, „Harnessing Your Staff's Informal Networks“, Harvard Business Review, März 2010, S. 82–89; S. F. Gale, „The Power of Community“, Workforce Management Online, März 2009; sowie E. Wenger, R. McDermott und W. Snyder, Cultivating Communities of Practice: A Guide to Managing Knowledge, Boston: Harvard Business School Press 2002.
59. Basierend auf R. Wagner und G. Muller, „The Pinnacle of Partnership: Unselfishness“, Gallup Management Journal Online [http://gmj.gallup.com], 18. Februar 2010; M. T. Hansen, „When Internal Collaboration Is Bad for Your Company“, Harvard Business Review, April 2009, S. 83–88; G. Ahuja, „Collaboration Networks, Structural Holes and Innovation: A Longitudinal Study“, Academy of Management Proceedings Online, 1998; sowie M. Pincher, „Collaboration: Find a New Strength in Unity“, Computer Weekly, 27. November 2007, S. 18.
60. Siehe J. Winsor, „Crowdsourcing: What It Means for Innovation“, Business Week Online, 15. Juni 2009.
61. Siehe D. Lavie, U. Stettner und M. L. Tushman, „Exploration and Exploitation Within and Across Organizations“, Academy of Management Annals, Juni 2010, S. 109–155; H. Mitsuhashi und H. R. Greve, „A Matching Theory of Alliance Formation and Organizational Success: Complementarity and Compatibility“, Academy of Management Journal, Oktober 2009, S. 975–995; D. Durfee, „Try Before You Buy“, CFO, Mai 2006, S. 48–54; B. McEvily und A. Marcus, „Embedded Ties and the Acquisition of Competitive Capabilities“, Strategic Management Journal, November 2005, S. 1033–1055; R. D. Ireland, M. A. Hitt und D. Vaidyanath, „Alliance Management as a Source of Competitive Advantage“, Journal of Management, 2002, 28 (3), S. 413–446; E. Krell, „The Alliance Advantage“, Business Finance, Juli 2002, S. 16–23; D. Sparks, „Partners“, Business Week, 25. Oktober 1999, S. 106–112; und D. Brady, „When Is Cozy Too Cozy?“, Business Week, 25. Oktober 1999, S. 127–130.
62. Siehe ebd.
63. Siehe S. Jayson, „Working At Home: Family-Friendly“, USA Today, 15. April 2010, S. 1A+; T. D. Hecht und N. J. Allen, „A Longitudinal Examination of the Work-Nonwork Boundary Strength Construct“, Journal of Organizational Behavior, Oktober 2009, S. 839–862; und G. E. Kreiner, E. C. Hollensbe und M. L. Sheep, „Balancing Borders and Bridges: Negotiating the Work-Home Interface via Boundary Work Tactics“, Academy of Management Journal, August 2009, S. 704–730.
64. Siehe S. Greenhouse, „Work-Sharing May Help Companies Avoid Layoffs“, New York Times Online, 16. Juni 2009.
65. Siehe E. Frauenheim, „Special Report on HR Technology: Tracking the Contingents“, Workforce Management Online, April 2010.
66. Siehe S. Greenhouse, „U.S. Cracks Down on „Contractors“ As a Tax Dodge“, New York Times Online, 18. Februar 2010; und M. Orey, „They're EmployeeS. No, They're Not“, Business Week, 16. November 2009, S. 73–74.
67. Siehe ebd.
68. Siehe V. Smith und E. B. Neuwirth, „Temporary Help Agencies and the Making of a New Employment Practice“, Academy of Management Perspectives, Februar 2009, S. 56–72.
69. Siehe E. Frauenheim, „Special Report on HR Technology: Tracking the Contingents“.
70. Siehe C. E. Connelly und D. G. Gallagher, „Emerging Trends in Contingent Work Research“, Journal of Management, November, 2004, S. 959–983.
71. N. M. Adler, „International Dimensions of Organizational Behavior“, 5. Aufl., Cincinnati, OH. South-Western 2008, S. 62.
72. Siehe P. B. Smith und M. F. Peterson, „Demographic Effects on the Use of Vertical Sources of Guidance by Managers in Widely Differing Cultural Contexts“, International Journal of Cross Cultural Management, April 2005, S. 5–26.
73. Siehe H. Braverman „Labor and Monopoly Capital“, New York: Monthly Review Press 1974.
74. Vgl. M. Foucault, „Discipline and Punish: The Birth of the Prison“, Penguin 1977, Harmonsworth.

Kapitel 7

1. Nähere Informationen finden Sie unter: *https://www.pwc.de/de/consulting/business-consulting/assets/pwc-studie unternehmenserfolg_nachhaltig_sichern.pdf*, abgerufen am 17.05.2017.
2. Vgl. Berthel, J.; Becker, F. G.: Personal-Management: Grundzüge für Konzeptionen betrieblicher Personalarbeit, 10. überarbeitete und aktualisierte Auflage, Stuttgart, 2013, S. 320 ff.
3. Vgl. Jung, H., Personalwirtschaft, 10. Auflage, Berlin, 2017, S. 113ff.
4. Vgl. Drumm, H. J.: Personalwirtschaft, 6. Auflage, Heidelberg/Berlin, 2008, S. 223ff.
5. Vgl. Bartscher, T.; Nissen, R.: Personalmanagement. Grundlagen, Handlungsfelder, Praxis, München, 2017, S. 424.
6. Vgl. Bartscher, T.; Nissen, R.: Personalmanagement. Grundlagen, Handlungsfelder, Praxis, München, 2017, S. 425.
7. Vgl. Bartscher, T.; Nissen, R.: Personalmanagement. Grundlagen, Handlungsfelder, Praxis, München, 2017, S. 427.
8. Vgl. Oechsler, W.; Paul, C., Personal und Arbeit: Einführung in das Personalmanagement, 10. Aufl. Berlin/München/Boston, 2015, S. 175 ff.
9. Vgl. Bartscher, T.; Nissen, R.: Personalmanagement. Grundlagen, Handlungsfelder, Praxis, München, 2017, S. 428.
10. Vgl. Bartscher, T.; Nissen, R.: Personalmanagement. Grundlagen, Handlungsfelder, Praxis, München, 2017, S. 432.
11. Vgl. Stock-Homburg, R., Personalmanagement: Theorien-Konzepte-Instrumente, 3. Auflage, Wiesbaden, 2013, S. 123.
12. Nähere Informationen finden Sie unter: *http://www.talentmanagement-magazin.de/wp content/uploads/sites/8/2015/01/HR_TalentManagement_Februar_2015_13-16.pdf*, abgerufen am 23.05.2017.
13. Bundesministerium für Wirtschaft und Technologie, Broschüre „Fachkräfte sichern Wissens- und Erfahrungstransfer“, München, 2012, S. 6.
14. Nähere Informationen finden Sie unter: *http://www.akwissensbilanz.org/Infoservice/Infomaterial/Wissensbilanz-Leitfaden_2.0_Stand_2013.pdf*, abgerufen am 23.06.2016.
15. Vgl. Bartscher, T.; Nissen, R.: Personalmanagement. Grundlagen, Handlungsfelder, Praxis, München, 2017 S. 442.
16. Siehe auch: DGB Abteilung Arbeitsmarktpolitik: Arbeitsmarkt-aktuell-06-2015-Aussichtslos-Zur-Situation-Geringqualifizierter-auf-dem-Arbeitsmarkt, 2015, S. 2.
17. Weitere Informationen erhalten Sie unter: *http://www.rethink-blog.de/recruiting/quereinsteiger-gesucht-warum-out-of-the-box-recruiting-sinnvoll-sein-kann/*, abgerufen am 30.05.2017.
18. Weiterführende Informationen unter: *https://jobboerse.arbeitsagentur.de*, abgerufen am 03.06.2017.
19. Siehe auch: *https://precire.com/de/technologie*, abgerufen am 08.06.2017.
20. Weitere Informationen unter: *https://www.uni-bamberg.de/fileadmin/uni/fakultaeten/wi-ai_lehrstuehle/isdl/Recruiting_Trends_2016_-_Bewerbung_der_Zukunft_v_WEB.PDF*, abgerufen am 08.06.2017.
21. Becker, M., Personalentwicklung. Bildung, Förderung und Organisationsentwicklung in Theorie und Praxis, 6. Auflage, Stuttgart, 2013, S. 4.
22. Vgl. Mudra, P.: Personalentwicklung. Integrative Gestaltung betrieblicher Lern- und Veränderungsprozesse, München, 2004, S. 134 f.
23. Schwaab, M.-O.: Ohne Bildungscontrolling geht es nicht; in: Human Resources Manager, Heft August/September 2013, S. 77.
24. Vgl. Becker, M., Personalentwicklung. Bildung, Förderung und Organisationsentwicklung in Theorie und Praxis, 6. Auflage, Stuttgart 2013, S. 823.
25. Vgl. Hersey, B./Blanchard, K. H./Johnson, D.E.: Management of organizational behavior: utilizing human resources, New Jersey, 1996, S. 134.
26. Vgl. Mentzel, W.: Personalentwicklung: Wie Sie Ihre Mitarbeiter erfolgreich fördern und weiterbilden, C. H. Beck Verlag, 4., überarb. Auflage, München, 2012, S. 229ff.
27. Vgl. Becker, M., Personalentwicklung. Bildung, Förderung und Organisationsentwicklung in Theorie und Praxis, 6. Auflage, Stuttgart 2013, S. 835.

28. Vgl. Marr, R.; Steiner, K.: Personalabbau in deutschen Unternehmen. Empirische Ergebnisse zu Ursachen, Instrumenten und Folgewirkungen, Wiesbaden, 2003, S. 15.
29. Vgl. Andrzejewski, L.; Refisch, H.: Trennungs-Kultur und Mitarbeiterbindung: Kündigungen, Aufhebungen, Versetzungen fair und effizient gestalten, 4. Auflage, Köln, 2015, S. 29.
30. Siehe auch: Kastner, M., Umgang mit Belastungen und Anforderungen; in: Rosenstiehl, L.; Regnet, E.; Domsch, M. E. (Hrsg.): Führung von Mitarbeitern, Handbuch für erfolgreiches Personalmanagement, 7. Auflage, Stuttgart, 2014, S. 102.
31. Vgl. Andrzejewski, L.; Refisch, H.: Trennungs-Kultur und Mitarbeiterbindung: Kündigungen, Aufhebungen, Versetzungen fair und effizient gestalten, 4. Auflage, Köln, 2015, S. 305.
32. Vgl. Andrzejewski, L.; Refisch, H.: Trennungs-Kultur und Mitarbeiterbindung: Kündigungen, Aufhebungen, Versetzungen fair und effizient gestalten, 4. Auflage, Köln, 2015, S. 30.
33. Vgl. Bartscher, T.; Nissen, R.: Personalmanagement. Grundlagen, Handlungsfelder, Praxis, München, 2017, S. 503.
34. Weitere Informationen unter: *http://www.bmas.de/DE/Themen/Arbeitsmarkt/Arbeitsfoerderung/transferleistungen.html*, abgerufen am 07.06.2017.
35. Siehe auch unter: *http://www.umsetzungsberatung.de/turnaround/personalabbau.php*, abgerufen am 21.05.2017.
36. Siehe auch unter: *http://www.umsetzungsberatung.de/turnaround/personalabbau.php*, abgerufen am 21.05.2017.
37. Siehe J. Levitz, „UPS Thinks Outside the Box on Driver Training“, *Wall Street Journal*, 6. April 2010, S. B1+; und K. Kingsbury, „Road to Recovery“, Time, 8. März 2010, S. Global 14–Global 16; siehe auch *https://www.ups.com/us/en/about.page*, Zugriff am 31.01.2018.

Kapitel 8

1. *http://www.mediamarkt.de/de/shop/samsung-mehrwertsteuer-geschenkt.html?ga_-query=mehrwertsteuer*, Zugriff am 16.08.2017.

Kapitel 9

1. *http://www.klassikradioag.de/finanzberichte.html*, Zugriff am 31.01.2018

Kapitel 10

1. Vgl. *https://isaria.ag/unternehmen*, Zugriff am 31.01.2018.
2. *https://isaria.ag/unternehmen-unternehmensstrategie*, Zugriff am 31.01.2018.
3. Vgl. *https://www.destatis.de/DE/Publikationen/Thematisch/Bauen/BautaetigkeitWohnungsbau/BaugenehmigungenBaukostenPDF_5311103.pdf?__blob=publicationFile*, Zugriff am 31.01.2018.
4. Vgl. *https://www.destatis.de/DE/ZahlenFakten/GesellschaftStaat/EinkommenKonsumLebensbedingungen/Wohnen/Tabellen/TabellenHaushaltsstrukturWohnflaeche.html*, Zugriff am 31.01.2018.

Kapitel 11

1. Vgl. *https://www.tag-ag.com/news/pressemitteilungen/meldung/tag-immobilien-ag-erwirbt-rund-1440-wohnungen-in-der-stadt-brandenburg/*, Zugriff am 31.01.2018.

Kapitel 12

1. Vgl. *https://www.dpa.com/fileadmin/_processed_/csm_glo-011655_F_bd7ada7069.png*, Zugriff am 31.01.2018.
2. Siehe BMF vom 24.12.1999, IV B 4 – S-1300 – 111/99.

3. Vgl. z. B. Coenenberg/Haller/Schulze: Jahresabschluss und Jahresabschlussanalyse, 24. Auflage, 2016.
4. Vgl. das OECD-Musterabkommen vom 15.7.2014, Model Tax Convention on Income and on Capital Version 2014 OECD (2015) OECD Publishing, Paris. *http://www.oecd-ilibrary.org/taxation/model-tax-convention-on-income-and-on-capital-condensed-version-2014_mtc_-cond-2014-en*, Zugriff am 31.01.2018.
5. *https://www.bundesverfassungsgericht.de/SharedDocs/Pressemitteilungen/DE/2017/bvg17-034.html*, Zugriff am 31.01.2018.

Kapitel 13

1. Horváth, Péter; Gleich, Ronald; Stier, Micha (2015): Controlling, 13. Auflage, München, Verlag Franz Vahlen.
2. Küpper, Hans-Ulrich et. al. (2013): Controlling: Konzeption, Aufgaben, Instrumente, 6. Auflage, Stuttgart, Schäffer-Poeschel Verlag.
3. Weber, Jürgen; Schäffer, Utz (2016): Einführung in das Controlling, 15. Auflage, Stuttgart, Schäffer-Poeschel Verlag.
4. *https://www.icv-controlling.com/de/verein/leitbild.html*, Zugriff am 31.01.2018.
5. Die Idee, die SWOT-Analyse als zusammenfassende Grafik für strategische Entscheide zu benutzen, existiert seit relativ langer Zeit. Siehe beispielsweise Tilles, S.: „Making Strategy explicit“; in: Ansoff, H. I.: Business Strategy, Harmondsworth, 1969, S.180–209.
6. Siehe hierzu Porter, M. E.: „Competitive Strategy: Techniques for analyzing industries and competitors“, Free Press, New York 1980.
7. Kaplan, R. S.; Norton, D. P.: „The Balanced Scorecard: Translating Strategy into Action“, Harvard Business Review Press, 1996, S. 21.
8. Vgl. Erdmann, Georg; Stemmermann, Klaus: Unternehmenssteuerung in turbulenten Marktphasen – Auswirkungen der Finanzmarktkrise auf das Controlling in deutschen Unternehmen, Beiträge zur angewandten betriebswirtschaftlichen Forschung, Band 1, Nürnberg 2015.

Kapitel 14

1. Auch hier finden sich in der Literatur mitunter andere Zuordnungen, die Beschaffung und Einkauf als Teil der Materialwirtschaft bezeichnen. Diese Trennschäre ist für theoretische Beschreibungen problematisch, in Bezug auf die Praxis ist immer zu klären, welche Zuordnung von Begriffen in den jeweiligen Unternehmen gängig ist.
2. Eigene Darstellung.
3. Eigene Darstellung.
4. Eigene Darstellung nach Porter, Michael E. (1980): „Competitive Strategy: Techniques for analyzing industries and competitors: with a new introduction“, Free Press.
5. Vgl. Koppelmann, Udo (2003): „Beschaffungsmarketing“; Springer, S. 204 ff. sowie Hirschsteiner, Günter (2003) „Beschaffungsmarketing und Marktrecherchen“, Carl Hanser Verlag, S. 91 ff.
6. Vgl. Brem, Alexander (2012): „Make-or-Buy-Entscheidungen im strategischen Technologiemanagement: Kriterien, Modelle und Entscheidungsfindung“, AV Akademikerverlag, Erstauflage 2007.
7. Eigene Darstellung.
8. Eigene Darstellung in Anlehnung an Arnold, Ulli; Eßig, Michael (2000): „Konzepte als Grundelemente der Beschaffungsstrategien“; in: Wirtschaftswissenschaftliches Studium (WiSt), Jg. 29, H. 3, 2000, S. 122–128.
9. Eigene Darstellung.
10. Plowman, Edward Grosvenor (1964): „Elements of Business Logistics“; Graduate School of Business, Stanford University. Plowmann definiert zunächst „5 Rights“, die später ergänzt werden.
11. Vereinfachte, eigene Darstellung nach ten Hompel, M.; Schmidt, T. (2010): „Warehouse Management: Organisation und Steuerung von Lager- und Kommissioniersystemen“; Springer, S. 90ff.

12. Eigene Darstellung.
13. Eigene Darstellung. Anm.: Zur Erhaltung der Übersichtlichkeit sind links nicht alle möglichen Verbindungen dargestellt.
14. Eigene vereinfachte Darstellung nach Wagner, M. Gühring H. (2012): „Kommissioniersysteme“; in: Klaus, P.; Krieger, W.; Krupp, M. (2012): „Gabler Lexikon Logistik“, Gabler, S. 275–282.
15. Begründer und Entwickler sowie frühere Autoren der Studienreihe „TOP100 der Logistik“ sind Peter Klaus und später auch Christian Kille.
16. Eigene Darstellung.
17. Vgl. Schwemmer, M. (2016): „TOP 100 der Logistik 2016/2017“; DVV. Begründer und Entwickler sowie frühere Autoren der Studienreihe „TOP100 der Logistik“ sind Peter Klaus und später auch Christian Kille.
18. Vgl. Kübler, A., Distel, S.; Veres-Hom, U.: (2015): „Logistikbeschäftigung in Deutschland“; Fraunhofer Verlag.
19. *https://www.aumueller-gmbh.de/*, Zugriff am 31.01.2018.
20. Eigene Darstellung.
21. Eigene Darstellung.
22. Eigene Darstellung.

Kapitel 15

1. Vgl. Günther, H.-O.; Tempelmeier, H.: Produktion und Logistik, Springer, Berlin, Köln, 8. überarbeitete Auflage, 2009, S. 6f.
2. Vgl. Wöhe, G.: Einführung in die Allgemeine Betriebswirtschaftslehre, Vahlen, München, 21. Auflage, 2002, S. 423. Wöhe erwähnt zudem noch die Ortsgebundenheit der Fertigung. Bei einer ortsgebundenen Fertigung müssen die Betriebsmittel zum Produkt gebracht werden.
3. Vgl. Günther, H.-O.; Tempelmeier, H.: Produktion und Logistik, Springer, Berlin, Köln, 8. überarbeitete Auflage, 2009 (2009), S. 11f.
4. Vgl. Steven, M.: Handbuch Produktion – Theorie-Management-Logistik-Controlling, Kohlhammer, Stuttgart, 2007, S. 35, Günther, H.-O.; Tempelmeier, H.: Produktion und Logistik, Springer, Berlin, Köln, 8. überarbeitete Auflage, 2009, S. 11.
5. Vgl. Steven, M.: Handbuch Produktion – Theorie-Management-Logistik-Controlling, Kohlhammer, Stuttgart, 2007, S. 35.
6. Vgl. Kummer, S.; Grün, O.; Jammernegg, W.: Grundzüge der Beschaffung, Produktion und Logistik, Pearson, Hallbergmoos, 3. aktualisierte Auflage, 2013, S. 223.
7. Vgl. ebenda, S. 223.
8. Vgl. Günther, H.-O.; Tempelmeier, H.: Produktion und Logistik, Springer, Berlin, Köln, 8. überarbeitete Auflage, 2009, S. 12.
9. Vgl. Steven, M.: Handbuch Produktion – Theorie-Management-Logistik-Controlling, Kohlhammer, Stuttgart, 2007, S. 35.
10. Vgl. Kummer, S.; Grün, O.; Jammernegg, W.: Grundzüge der Beschaffung, Produktion und Logistik, Pearson, Hallbergmoos, 3. aktualisierte Auflage, 2013, S. 223.
11. Vgl. Wöhe, G.: Einführung in die Allgemeine Betriebswirtschaftslehre, Vahlen, München, 21. Auflage, 2002, S. 423.
12. Vgl. Günther, H.-O.; Tempelmeier, H.: Produktion und Logistik, Springer, Berlin, Köln, 8. überarbeitete Auflage, 2009, S. 13f.
13. Vgl. ebenda, S. 15.
14. Vgl. Corsten, H.; Gössinger, R.: Produktions- und Logistikmanagement, UTBbasics, München, 2013, S. 16.
15. Eigene Darstellung basierend auf: Tiedtke (2007), S. 448; Günther, H.-O.; Tempelmeier, H.: Produktion und Logistik, Springer, Berlin, Köln, 8. überarbeitete Auflage, 2009, S. 13ff.; Corsten, H.; Gössinger, R.: Produktions- und Logistikmanagement, UTBbasics, München, 2013, S. 16ff.; Kummer et al. (2013), S. 227ff.; Steven, M.: Handbuch Produktion – Theorie-Management-Logistik-Controlling, Kohlhammer, Stuttgart, 2007, S. 32ff.

16. Vgl. Günther, H.-O.; Tempelmeier, H.: Produktion und Logistik, Springer, Berlin, Köln, 8. überarbeitete Auflage, 2009, S. 16.
17. Vgl. Günther, H.-O.; Tempelmeier, H.: Produktion und Logistik, Springer, Berlin, Köln, 8. überarbeitete Auflage, 2009, S. 19, Corsten, H.; Gössinger, R.: Produktions- und Logistikmanagement, UTBbasics, München, 2013, S. 18.
18. Vgl. Corsten, H.; Gössinger, R.: Produktions- und Logistikmanagement, UTBbasics, München, 2013, S. 19.
19. Vgl. ebenda S. 18.
20. Vgl. Kaluza, B.: Gruppen- und Inselfertigung, HW Prod, Stuttgart, 1996, Sp. 613ff zitiert in Wöhe, G.: Einführung in die Allgemeine Betriebswirtschaftslehre, Vahlen, München, 21. Auflage, 2002, S. 423.
21. Vgl. Corsten, H.; Gössinger, R.: Produktions- und Logistikmanagement, UTBbasics, München, 2013, S. 18.
22. Vgl. Günther, H.-O.; Tempelmeier, H.: Produktion und Logistik, Springer, Berlin, Köln, 8. überarbeitete Auflage, 2009, S. 19.
23. Vgl. ebenda, S. 17ff.
24. Zu den Megatrends vgl. Klaus, P.; Kille, C.: Die TOP 100 der Logistik – Marktgrößen, Marktsegmente und Marktführer in der Logistikdienstleistungswirtschaft, DVV, Hamburg, 4. Völlig überarbeitete und erweiterte Auflage, 2006, S. 18ff.
25. Vgl. u. a. Kummer, S.; Grün, O.; Jammernegg, W.: Grundzüge der Beschaffung, Produktion und Logistik, Pearson, Hallbergmoos, 3. aktualisierte Auflage, 2013, S. 178.
26. Die Durchlaufzeit setzt sich zusammen aus der Bearbeitungszeit (Zeit, in der Bearbeitungsschritte am Produkt selbst vorgenommen werden), der Transportzeit, der Rüstzeit, der Kontrollzeit (Qualitätsprüfmaßnahmen der Qualitätssicherung) sowie Lagerungszeiten. Vgl. Schneidewind, U.; Franke, R.: Produktion, Carl von Ossietzy Universität, Arbeitsbereich Weiterbildung, Oldenburg, 2003, S. 79.
27. Produktivität = Output dividiert durch Input
28. Wirtschaftlichkeit = Output dividiert durch Input unter Berücksichtigung der jeweiligen Bewertung der eingesetzten und der erhaltenen Mengen in Geldeinheiten
29. Durchsatz oder Output-Rate: Anzahl fertiggestellter Güter (Output) pro Zeiteinheit
30. Die positive Wirkung niedriger Bestände auf die Flexibilität kann durchaus kritisch betrachtet werden, da häufig Bestände vorgehalten werden, um kurzfristig auf Kundenanfragen reagieren zu können. Deswegen wird ein Bestandsminimum (Sicherheitsbestand) benötigt. Grundsätzlich ist der Zusammenhang niedriger Bestand und hohe Flexibilität jedoch zutreffend.
31. Geringe Bestände erhöhen die Übersichtlichkeit, dadurch reduziert sich die Fehleranfälligkeit.
32. Vgl. Brüggemann, H.; Bremer, P: Grundlagen Qualitätsmanagement – Von den Werkzeugen über Methoden zum TQM, Springer Vieweg, Wiesbaden, 2012, S. 105ff.
33. Vgl. Günther, H.-O.; Tempelmeier, H.: Produktion und Logistik, Springer, Berlin, Köln, 8. überarbeitete Auflage, 2009, S. 25.
34. Vgl. ebenda, S. 25f.
35. Vgl. Corsten, H.; Gössinger, R.: Produktions- und Logistikmanagement, UTBbasics, München, 2013, S. 27.
36. Vgl. ebenda, S. 27.
37. Vgl. Corsten, H.; Gössinger, R.: Produktions- und Logistikmanagement, UTBbasics, München, 2013, S. 27.
38. Eigene Darstellung in Anlehnung an ebenda, S. 27.
39. Vgl. Seeck, S.: Erfolgsfaktor Logistik, Klassische Fehler erkennen und vermeiden, Gabler, München, 2010, S. 123.
40. Vgl. Seeck, S.: Erfolgsfaktor Logistik, Klassische Fehler erkennen und vermeiden, Gabler, München, 2010, S. 123.
41. Eigene Darstellung unter Verwendung von Kummer, S.; Grün, O.; Jammernegg, W.: Grundzüge der Beschaffung, Produktion und Logistik, Pearson, Halbergmoos, 3. aktualisierte Auflage, 2013, S. 248, Seeck, S.: Erfolgsfaktor Logistik, Klassische Fehler erkennen und vermeiden, Gabler, München, 2010, S. 123ff, Günther, H.-O.; Tempelmeier, H.: Produktion und Logistik, Springer, Berlin, Köln, 8. überarbeitete Auflage, 2009, S. 25ff.

42. Vgl. Seeck, S.: Erfolgsfaktor Logistik, Klassische Fehler erkennen und vermeiden, Gabler, München, 2010, S. 123.
43. Vgl. Wöhe, G.: Einführung in die Allgemeine Betriebswirtschaftslehre, Vahlen, München, 21. Auflage, 2002, S. 330.
44. Vgl. Wiendahl (1997) in Reinsch, S.: Verfahren der Logistik; in: Wiendahl, H.-P. (Hrsg.): Erfolgsfaktor Logistikqualität, Vorgehen, Methoden und Werkzeuge zur Verbesserung der Logistikleistung, Springer, München, 2. Auflage, 2002, S. 82.
45. Vgl. Reinsch, S.: Verfahren der Logistik; in: Wiendahl, H.-P. (Hrsg.): Erfolgsfaktor Logistikqualität, Vorgehen, Methoden und Werkzeuge zur Verbesserung der Logistikleistung, Springer, München, 2. Auflage, 2002, S. 83.
46. Vgl. ebenda, S. 349.
47. Eigene Darstellung in Anlehnung an Fördertechnik Materialfluss Logistik (Lehrstuhl der TU München): Logistikkompendium, Homepage des Lehrstuhls, *http://www.fml.mw.tum.de/fml/index.php?Set_ID=319*, Zugriff am 31.01.2018 und Ebel, B.: Produktionswirtschaft; in: Olfert, K. (Hrsg.) Kompendium der praktischen Betriebswirtschaft, kiehl, Ludwigshafen, 9. Auflage, 2009, S. 327.
48. Bei der rollierenden Planung werden die Ergebnisse der Planungsläufe in regelmäßigen Abständen aktualisiert und ergänzt, um Änderungen seit dem letzten Planungslauf zu berücksichtigen. Die Zeitabstände sind dabei fest definiert. Je näher der Produktionsstart eines Fertigungsauftrags rückt, desto präziser wird die Planung (Grobplanung vs. Feinplanung).
49. Hierzu ergänzend empfohlen: Dickmann, P. (Hrsg.): Schlanker Materialfluss mit Lean Production, Kanban und Innovationen, Springer, Berlin, Heidelberg, 2. aktualisierte und erweiterte Auflage, 2009, S. 375ff.
50. Vgl. Schneidewind, U.; Franke, R.: Produktion, Carl von Ossietzy Universität, Arbeitsbereich Weiterbildung, Oldenburg, 2003, S. 70.
51. Vgl. Günther, H.-O.; Tempelmeier, H.: Produktion und Logistik, Springer, Berlin, Köln, 8. überarbeitete Auflage, 2009, S. 327, Schneidewind, U.; Franke, R.: Produktion, Carl von Ossietzy Universität, Arbeitsbereich Weiterbildung, Oldenburg, 2003, S. 71.
52. Vgl. Reinsch, S.: Verfahren der Logistik; in: Wiendahl, H.-P. (Hrsg.): Erfolgsfaktor Logistikqualität, Vorgehen, Methoden und Werkzeuge zur Verbesserung der Logistikleistung, Springer, München, 2. Auflage, 2002, S. 84.
53. Vgl. Günther, H.-O.; Tempelmeier, H.: Produktion und Logistik, Springer, Berlin, Köln, 8. überarbeitete Auflage, 2009, S. 327, Schneidewind, U.; Franke, R.: Produktion, Carl von Ossietzy Universität, Arbeitsbereich Weiterbildung, Oldenburg, 2003, S. 72.
54. Hinzu kommt, dass gut gepflegte Stammdaten eine zwingende Voraussetzung für eine reibungslose Nutzung einer Push-Planungslogik sind. Diese Voraussetzung ist in der betrieblichen Praxis häufig nicht erfüllt.
55. Das Gesetz von Little besagt: Bestand = Output-Rate × Durchlaufzeit. Entsprechend ist die Durchlaufzeit = Bestand/Output-Rate.
56. Eigene Darstellung aufbauend auf Fördertechnik Materialfluss Logistik (Lehrstuhl der TU München): Logistikkompendium, Homepage des Lehrstuhls, *http://www.fml.mw.tum.de/fml/index.php?Set_ID=319*, Zugriff am 31.01.2018 und Ebel, B.: Produktionswirtschaft; in: Olfert, K. (Hrsg.) Kompendium der praktischen Betriebswirtschaft, Kiehl, Ludwigshafen, 9. Auflage, 2009, S. 327.
57. Anmerkung: Bei schwacher Nachfrage ist es in der Praxis durchaus üblich, fiktive Aufträge einzusteuern, die auf Absatzprognosen basieren. Dadurch wird ein Teil zentraler Bestandteil der Pull-Philosophie bewusst umgangen.
58. Produktionslager, genauere Erläuterung erfolgt in *Kapitel 15.2.2.1*.
59. Ggf. sind Einzelteile auch bei einem Lieferanten zu beschaffen. Dann löst die Entnahme eine Bestellung beim Lieferanten aus. Bestellt wird exakt die Menge, die aus dem Supermarkt entnommen wurde.
60. Reinsch, S.: Verfahren der Logistik; in: Wiendahl, H.-P. (Hrsg.): Erfolgsfaktor Logistikqualität, Vorgehen, Methoden und Werkzeuge zur Verbesserung der Logistikleistung, Springer, München, 2. Auflage, 2002, S. 84.

61. Studien haben ergeben, dass Pull-Systeme Push-Systemen überlegen sind. Vgl. Vahrenkamp, R.: Produktionsmanagement, Oldenbourg, München, 6. überarbeitete Auflage, 2008, S. 91., allerdings lassen sich diese nicht immer sinnvoll einsetzen.
62. Siehe dazu auch die Ausführungen zu Kanban, *Kapitel 15.2.2.1*.
63. Vgl. Schneidewind, U.; Franke, R.: Produktion, Carl von Ossietzy Universität, Arbeitsbereich Weiterbildung, Oldenburg, 2003, S. 73.
64. Vgl. Schneidewind, U.; Franke, R.: Produktion, Carl von Ossietzy Universität, Arbeitsbereich Weiterbildung, Oldenburg, 2003, S. 73.
65. Vgl. ebenda, S. 73.
66. Vgl. u. a. ebenda, S. 72.
67. Vgl. Reinsch, S.: Verfahren der Logistik; in: Wiendahl, H.-P. (Hrsg.): Erfolgsfaktor Logistikqualität, Vorgehen, Methoden und Werkzeuge zur Verbesserung der Logistikleistung, Springer, München, 2. Auflage, 2002, S. 85.
68. Vgl. Reinsch (2002), S. 85ff, Vahrenkamp, R.: Produktionsmanagement, Oldenbourg, München, 6. überarbeitete Auflage, 2008, S. 324ff, Günther, H.-O.; Tempelmeier, H.: Produktion und Logistik, Springer, Berlin, Köln, 8. überarbeitete Auflage, 2009, S. 328ff, Steven, M.: Handbuch Produktion – Theorie-Management-Logistik-Controlling, Kohlhammer, Stuttgart, 2007, S. 243ff.
69. Vgl. Vahrenkamp, R.: Produktionsmanagement, Oldenbourg, München, 6. überarbeitete Auflage, 2008, S. 110.
70. Vgl. Corsten, H.; Gössinger, R.: Produktions- und Logistikmanagement, UTBbasics, München, 2013, S. 173.
71. Vgl. Vahrenkamp, R.: Produktionsmanagement, Oldenbourg, München, 6. überarbeitete Auflage, 2008, S. 113, Günther, H.-O.; Tempelmeier, H.: Produktion und Logistik, Springer, Berlin, Köln, 8. überarbeitete Auflage, 2009, S. 325f.
72. Vgl. Schenk, M.; Wirth, S.; Müller, E.: Fabrikplanung und Fabrikbetrieb, Methoden für die wandlungsfähige, vernetzte und ressourceneffiziente Fabrik, Springer, Berlin, Heidelberg, 2. vollständige überarbeitete und erweiterte Auflage, 2014, S. 393.
73. Vgl. Vahrenkamp, R.: Produktionsmanagement, Oldenbourg, München, 6. überarbeitete Auflage, 2008, S. 111.
74. Häufig beträgt der Planungshorizont ein Jahr. Vgl. Arnold, D. Iserman, H.; Kuhn, A.; Tempelmeier, H.; Furmans, K. (Hrsg.): Handbuch Logistik, 3. neu bearbeitete Auflage, Springer, 2008, S. 196.
75. Vgl. Vgl. Arnold, D.; Iserman, H.; Kuhn, A.; Tempelmeier, H.; Furmans, K. (Hrsg.): Handbuch Logistik, 3. neu bearbeitete Auflage, Springer, 2008, S. 196.
76. Neben den Lagerbeständen werden auch Reservierungen (bereits bekannte zukünftige Lagerabgänge) und Bestellungen bei den Lieferanten (bereits bekannte zukünftige Lagerzugänge) berücksichtigt. Vgl. Kummer, S.; Grün, O.; Jammernegg, W.: Grundzüge der Beschaffung, Produktion und Logistik, Pearson, Halbergmoos, 3. aktualisierte Auflage, 2013, S. 126f. Die beschriebene Variante der Mengenplanung ist die sog. programmorientierte Bedarfsermittlung. Neben dieser existiert die verbrauchsgesteuerte Bedarfsermittlung, die die Mengenplanung mit Hilfe von Prognoseverfahren (z. B. auf Basis der Verbräuche in der Vergangenheit) durchführt. Letzteres kommt insbesondere bei C-Teilen zum Einsatz. Vgl. Vahrenkamp, R.: Produktionsmanagement, Oldenbourg, München, 6. überarbeitete Auflage, 2008, S. 111.
77. Vgl. Vahrenkamp, R.: Produktionsmanagement, Oldenbourg, München, 6. überarbeitete Auflage, 2008, S. 111.
78. Vgl. Günther, H.-O.; Tempelmeier, H.: Produktion und Logistik, Springer, Berlin, Köln, 8. überarbeitete Auflage, 2009, S. 326.
79. Vgl. ebenda S. 326.
80. Vgl. Corsten, H.; Gössinger, R.: Produktions- und Logistikmanagement, UTBbasics, München, 2013, S. 173.
81. Vgl. Günther, H.-O.; Tempelmeier, H.: Produktion und Logistik, Springer, Berlin, Köln, 8. überarbeitete Auflage, 2009, S. 326.
82. Vgl. Vahrenkamp, R.: Produktionsmanagement, Oldenbourg, München, 6. überarbeitete Auflage, 2008, S. 112.

83. Vgl. Reinsch, S.: Verfahren der Logistik; in: Wiendahl, H.-P. (Hrsg.): Erfolgsfaktor Logistikqualität, Vorgehen, Methoden und Werkzeuge zur Verbesserung der Logistikleistung, Springer, München, 2. Auflage, 2002, S. 86. Steven erläutert in ihren Ausführungen, dass der Kapazitätsabgleich im Rahmen von MRP II erfolgt, die Berücksichtigung aller Ressourcen jedoch erst im Rahmen von ERP-Systemen. ERP steht für Enterprise Resource Planning. Vgl. Steven, M.: Handbuch Produktion – Theorie-Management-Logistik-Controlling, Kohlhammer, Stuttgart, 2007, S. 270.
84. Vgl. Reinsch, S.: Verfahren der Logistik; in: Wiendahl, H.-P. (Hrsg.): Erfolgsfaktor Logistikqualität, Vorgehen, Methoden und Werkzeuge zur Verbesserung der Logistikleistung, Springer, München, 2. Auflage, 2002, S. 86.
85. Vgl. Klaus/Krieger (2008), S. 414.
86. Vgl. Steven, M.: Handbuch Produktion – Theorie-Management-Logistik-Controlling, Kohlhammer, Stuttgart, 2007, S. 269.
87. Vgl. Günther, H.-O.; Tempelmeier, H.: Produktion und Logistik, Springer, Berlin, Köln, 8. überarbeitete Auflage, 2009, S. 327.
88. Anmerkung: inkl. MRP II, d. h. Aktualisierung der Planungsparameter und Rückkoppelungen sind Bestandteil des Planungsvorgangs.
89. Siehe hierzu auch Vahrenkamp, R.: Produktionsmanagement, Oldenbourg, München, 6. überarbeitete Auflage, 2008, S. 246.
90. Vgl. Vahrenkamp, R.: Produktionsmanagement, Oldenbourg, München, 6. überarbeitete Auflage, 2008, S. 111.
91. Vgl. Günther, H.-O.; Tempelmeier, H.: Produktion und Logistik, Springer, Berlin, Köln, 8. überarbeitete Auflage, 2009, S. 327.
92. Vgl. ebenda, S. 327.
93. Das Gesetz von Little besagt: Bestand = Output-Rate × Durchlaufzeit. Entsprechend ist die Durchlaufzeit = Bestand/Output-Rate.
94. Vgl. Reinsch (2002), S. 82f. Definition Durchlaufzeit nach Schneidewind, U.; Franke, R.: Produktion, Carl von Ossietzy Universität, Arbeitsbereich Weiterbildung, Oldenburg, 2003, S. 79: „Die Durchlaufzeit ist die Zeit, die benötigt wird, um eine bestimmte Komponente oder ein Produkt zu erzeugen. Sie umfasst neben der reinen Bearbeitungszeit die Transport-, die Rüst-, die Kontroll- sowie die Lagerzeit."
95. Vgl. Günther, H.-O.; Tempelmeier, H.: Produktion und Logistik, Springer, Berlin, Köln, 8. überarbeitete Auflage, 2009, S. 327, Vahrenkamp, R.: Produktionsmanagement, Oldenbourg, München, 6. überarbeitete Auflage, 2008, S. 247.
96. Vgl. Schneidewind, U.; Franke, R.: Produktion, Carl von Ossietzy Universität, Arbeitsbereich Weiterbildung, Oldenburg, 2003, S. 72.
97. Vgl. Arnold, D.; Iserman, H.; Kuhn, A.; Tempelmeier, H.; Furmans, K. (Hrsg.): Handbuch Logistik, Springer, Berlin, Heidelberg, 2008, S. 197.
98. Vgl. Günther, H.-O.; Tempelmeier, H.: Produktion und Logistik, Springer, Berlin, Köln, 8. überarbeitete Auflage, 2009, S. 327.
99. Siehe Bechte, W.: Steuerung der Durchlaufzeit durch belastungsorientierte Auftragsfreigabe bei Werkstattfertigung, Dissertation Universität Hannover; in: Fortschritt-Berichte VDI, Reihe 2, Nr. 70. VDI-Verlag, Düsseldorf, 1984.
100. Vgl. Schultmann (1999), S. 189.
101. Vgl. Steven, M.: Handbuch Produktion – Theorie-Management-Logistik-Controlling, Kohlhammer, Stuttgart, 2007, S. 244.
102. Vgl. Schenk, M.; Wirth, S.; Müller, E.: Fabrikplanung und Fabrikbetrieb, Methoden für die wandlungsfähige, vernetzte und ressourceneffiziente Fabrik, Springer, Berlin, Heidelberg, 2. vollständige überarbeitete und erweiterte Auflage, 2014, S. 400.
103. Vgl. Steven, M.: Handbuch Produktion – Theorie-Management-Logistik-Controlling, Kohlhammer, Stuttgart, 2007, S. 244.
104. Vgl. Wiendahl, H.-P.; Lopitzsch, J.; Nickel, R.; Schneider, M.: Fertigungssteuerung mit BOA und CONWIP; in: Koether, R.: Taschenbuch der Logistik, Hanser, München, 4. aktualisierte und erweiterte Auflage, 2011, S. 157, Steven, M.: Handbuch Produktion – Theorie-Management-Logistik-Controlling, Kohlhammer, Stuttgart, 2007, S. 244f.

105. In der Produktionsplanung wird zwischen der Rückwärts- und der Vorwärtsterminierung unterschieden. Mit Hilfe der Vorwärtsterminierung wird der früheste mögliche Fertigstellungstermin ermittelt. Ausgehend vom Startzeitpunkt (meistens der Tag, an dem die Planung durchgeführt wird) werden die Bearbeitungszeiten (und ggf. anfallende Transportzeiten) der einzelnen Bearbeitungsstufen addiert. Dabei wird angenommen, dass jede Bearbeitungsstufe so bald wie möglich mit der Produktion beginnt. Mit dem Verfahren der Rückwärtsterminierung wird der späteste mögliche Startzeitpunkt ermittelt. Dieser Zeitpunkt gibt an, wann allerspätestens mit der Produktion begonnen werden muss, um einen geplanten Fertigstellungstermin einhalten zu können. Ausgehend vom Liefer-/Fertigstellungstermin des Produkts werden die Bearbeitungszeiten (und ggf. Transportzeiten) addiert und vom Endtermin her gesehen rückwärts gerechnet. Aufgrund parallel ablaufender unterschiedlich langer Produktionsprozesse können Pufferzeiten entstehen. Diese Pufferzeiten werden durch die Berechnung des frühesten möglichen Fertigstellungstermins und anschließende Rückrechnung zum spätesten Starttermin sichtbar gemacht. Ausführlichere Erläuterungen zur Vor- und Rückwärtsterminierung vgl. z. B. Vahrenkamp, R.: Produktionsmanagement, Oldenbourg, München, 6. überarbeitete Auflage, 2008, S. 184f.
106. Vgl. Wiendahl, H.-P.; Lopitzsch, J.; Nickel, R.; Schneider, M.: Fertigungssteuerung mit BOA und CONWIP; in: Koether, R.: Taschenbuch der Logistik, Hanser, München, 4. aktualisierte und erweiterte Auflage, 2011, S. 157.
107. Vgl. Corsten, H.; Gössinger, R.: Produktions- und Logistikmanagement, UTBbasics, München, 2013, S. 177f.
108. Vgl. ebenda, S. 177.
109. Vgl. Steven, M.: Handbuch Produktion – Theorie-Management-Logistik-Controlling, Kohlhammer, Stuttgart, 2007, S. 245.
110. Vgl. Rohloff (1995), S. 119 nach Dill (2000), S. 2 (Internetquelle: *imi.uni-karlsruhe.de*), Zugriff am 31.01.2018.
111. Vgl. Günther, H.-O.; Tempelmeier, H.: Produktion und Logistik, Springer, Berlin, Köln, 8. überarbeitete Auflage, 2009, S. 328.
112. Vgl. Corsten, H.; Gössinger, R.: Produktions- und Logistikmanagement, UTBbasics, München, 2013, S. 177f, Steven, M.: Handbuch Produktion – Theorie-Management-Logistik-Controlling, Kohlhammer, Stuttgart, 2007, S. 245.
113. Vgl. Corsten, H.; Gössinger, R.: Produktions- und Logistikmanagement, UTBbasics, München, 2013, S. 177f, Steven, M.: Handbuch Produktion – Theorie-Management-Logistik-Controlling, Kohlhammer, Stuttgart, 2007, S. 245.
114. Vgl. Ebel, B.: Produktionswirtschaft; in: Olfert, K. (Hrsg.) Kompendium der praktischen Betriebswirtschaft, kiehl, Ludwigshafen, 9. Auflage, 2009, S. 323, Zäpfel, G.: Grundlagen und Möglichkeiten der Gestaltung dezentraler PPS; in: Corsten/Gössinger: Dezentrale Produktionsplanungs- und Steuerungssysteme, Kohlhammer, Stuttgart, 1998, S. 34.
115. Vgl. Wöhe, G.: Einführung in die Allgemeine Betriebswirtschaftslehre, Vahlen, München, 21. Auflage, 2002, S. 111.
116. Vgl. ebenda, S. 111.
117. Vgl. ebenda, S. 111.
118. Vgl. Steven, M.: Handbuch Produktion – Theorie-Management-Logistik-Controlling, Kohlhammer, Stuttgart, 2007, S. 245.
119. Vgl. Reinsch, S.: Verfahren der Logistik; in: Wiendahl, H.-P. (Hrsg.): Erfolgsfaktor Logistikqualität, Vorgehen, Methoden und Werkzeuge zur Verbesserung der Logistikleistung, Springer, München, 2. Auflage, 2002, S. 89.
120. Vgl. Klaus, P; Krieger, W.: Gabler Lexikon Logistik, Gabler, Wiesbaden, 4. komplett durchgesehene und aktualisierte Auflage, 2008, S. 443.
121. Vgl. Dickmann, P. (Hrsg.): Schlanker Materialfluss mit Lean Production, Kanban und Innovationen, Springer, Berlin, Heidelberg, 2. aktualisierte und erweiterte Auflage, 2009, S. 162.
122. Vgl. Reinsch, S.: Verfahren der Logistik; in: Wiendahl, H.-P. (Hrsg.): Erfolgsfaktor Logistikqualität, Vorgehen, Methoden und Werkzeuge zur Verbesserung der Logistikleistung, Springer, München, 2. Auflage, 2002, S. 89, Steven, M.: Handbuch Produktion – Theorie-Management-Logistik-Controlling, Kohlhammer, Stuttgart, 2007, S. 245.

123. Vgl. Goldratt, E.; Cox, J.: Das Ziel, Ein Roman über Prozessoptimierung, Campus, Frankfurt, New York, 3. Auflage, 2002, S. 332.
124. Vgl. Reinsch, S.: Verfahren der Logistik; in: Wiendahl, H.-P. (Hrsg.): Erfolgsfaktor Logistikqualität, Vorgehen, Methoden und Werkzeuge zur Verbesserung der Logistikleistung, Springer, München, 2. Auflage, 2002, S. 89.
125. Vgl. Steven, M.: Handbuch Produktion – Theorie-Management-Logistik-Controlling, Kohlhammer, Stuttgart, 2007, S. 245.
126. Vgl. Bloech, J.; Bogaschewsky, R.; Götze, U.; Folker, R.: Einführung in die Produktion, 4. Auflage, Springer, Berlin, Heidelberg, 2001, S. 321–324.
127. Vgl. Reinsch, S.: Verfahren der Logistik; in: Wiendahl, H.-P. (Hrsg.): Erfolgsfaktor Logistikqualität, Vorgehen, Methoden und Werkzeuge zur Verbesserung der Logistikleistung, Springer, München, 2. Auflage, 2002, S. 89.
128. Vgl. Steven, M.: Handbuch Produktion – Theorie-Management-Logistik-Controlling, Kohlhammer, Stuttgart, 2007, S. 245.
129. Vgl. Schenk, M.; Wirth, S.; Müller, E.: Fabrikplanung und Fabrikbetrieb, Methoden für die wandlungsfähige, vernetzte und ressourceneffiziente Fabrik, Springer, Berlin, Heidelberg, 2. vollständige überarbeitete und erweiterte Auflage, 2014, S. 402.
130. Vgl. ebenda, S. 403.
131. Anmerkung: Um die volle Auslastung des Engpasses stets zu gewährleisten, werden vor der Engpassmaschine stets Sicherheitsbestände eingeplant.
132. Vgl. Wöhe, G.: Einführung in die Allgemeine Betriebswirtschaftslehre, Vahlen, München, 21. Auflage, 2002, S. 448f.
133. Ebel, B.: Produktionswirtschaft; in: Olfert, K. (Hrsg.) Kompendium der praktischen Betriebswirtschaft, Kiehl, Ludwigshafen, 9. Auflage, 2009, S. 325.
134. Vgl. Wöhe, G.: Einführung in die Allgemeine Betriebswirtschaftslehre, Vahlen, München, 21. Auflage, 2002, S. 448.
135. Vgl. Reinsch, S.: Verfahren der Logistik; in: Wiendahl, H.-P. (Hrsg.): Erfolgsfaktor Logistikqualität, Vorgehen, Methoden und Werkzeuge zur Verbesserung der Logistikleistung, Springer, München, 2. Auflage, 2002, S. 90., Klaus, P.; Kille, C.: Die TOP 100 der Logistik – Marktgrößen, Marktsegmente und Marktführer in der Logistikdienstleistungswirtschaft, DVV, Hamburg, 4. völlig überarbeitete und erweiterte Auflage, 2006.
136. Vgl. Steven, M.: Handbuch Produktion – Theorie-Management-Logistik-Controlling, Kohlhammer, Stuttgart, 2007, S. 246.
137. Vgl. Reinsch, S.: Verfahren der Logistik; in: Wiendahl, H.-P. (Hrsg.): Erfolgsfaktor Logistikqualität, Vorgehen, Methoden und Werkzeuge zur Verbesserung der Logistikleistung, Springer, München, 2. Auflage, 2002, S. 90.
138. Vgl. ebenda, S. 90.
139. Vgl. Reinsch, S.: Verfahren der Logistik; in: Wiendahl, H.-P. (Hrsg.): Erfolgsfaktor Logistikqualität, Vorgehen, Methoden und Werkzeuge zur Verbesserung der Logistikleistung, Springer, München, 2. Auflage, 2002, S. 90., Ebel, B.: Produktionswirtschaft; in: Olfert, K. (Hrsg.) Kompendium der praktischen Betriebswirtschaft, Kiehl, Ludwigshafen, 9. Auflage, 2009, S. 325.
140. Vgl. Vahrenkamp, R.: Produktionsmanagement, Oldenbourg, München, 6. überarbeitete Auflage, 2008, S. 335.
141. Vgl. Schneidewind, U.; Franke, R.: Produktion, Carl von Ossietzy Universität, Arbeitsbereich Weiterbildung, Oldenburg, 2003, S. 80, Klaus/Krieger (2008), S. 183f.
142. Vgl. dazu Vahrenkamp, R.: Produktionsmanagement, Oldenbourg, München, 6. überarbeitete Auflage, 2008, S. 335, Reinsch (2002), S. 86, Dickmann (2009), S. 161.
143. Vgl. Vahrenkamp, R.: Produktionsmanagement, Oldenbourg, München, 6. überarbeitete Auflage, 2008, S. 335.
144. Vgl. ebenda, S. 325.
145. Vgl. ebenda, S. 336f.
146. Vgl. Reinsch, S.: Verfahren der Logistik; in: Wiendahl, H.-P. (Hrsg.): Erfolgsfaktor Logistikqualität, Vorgehen, Methoden und Werkzeuge zur Verbesserung der Logistikleistung, Springer, München, 2. Auflage, 2002, S. 86.

147. Vgl. Schenk, M.; Wirth, S.; Müller, E.: Fabrikplanung und Fabrikbetrieb, Methoden für die wandlungsfähige, vernetzte und ressourceneffiziente Fabrik, Springer, Berlin, Heidelberg, 2. vollständige überarbeitete und erweiterte Auflage, 2014, S. 400.
148. Vgl. Vahrenkamp, R.: Produktionsmanagement, Oldenbourg, München, 6. Überarbeitete Auflage, 2008, S. 339.
149. Vgl. ebenda, S. 337.
150. Vgl. ebenda, S. 337.
151. Vgl. ebenda, S. 338f.
152. Vgl. Reinsch, S.: Verfahren der Logistik; in: Wiendahl, H.-P. (Hrsg.): Erfolgsfaktor Logistikqualität, Vorgehen, Methoden und Werkzeuge zur Verbesserung der Logistikleistung, Springer, München, 2. Auflage, 2002, S. 86.
153. Vgl. Schenk, M.; Wirth, S.; Müller, E.: Fabrikplanung und Fabrikbetrieb, Methoden für die wandlungsfähige, vernetzte und ressourceneffiziente Fabrik, Springer, Berlin, Heidelberg, 2. vollständige überarbeitete und erweiterte Auflage, 2014, S. 400.
154. Vgl. Vahrenkamp, R.: Produktionsmanagement, Oldenbourg, München, 6. überarbeitete Auflage, 2008, S. 339.
155. Vgl. ebenda, S. 339.
156. Vgl. Reinsch, S.: Verfahren der Logistik; in: Wiendahl, H.-P. (Hrsg.): Erfolgsfaktor Logistikqualität, Vorgehen, Methoden und Werkzeuge zur Verbesserung der Logistikleistung, Springer, München, 2. Auflage, 2002, S. 87.
157. Vgl. ebenda, S. 87.
158. Vgl. ebenda S. 87.
159. Vgl. Vahrenkamp, R.: Produktionsmanagement, Oldenbourg, München, 6. überarbeitete Auflage, 2008, S. 209.
160. Vgl. Ebel, B.: Produktionswirtschaft; in: Olfert, K. (Hrsg.) Kompendium der praktischen Betriebswirtschaft, Kiehl, Ludwigshafen, 9. Auflage, 2009, S. 256.
161. Vgl. Vahrenkamp, R.: Produktionsmanagement, Oldenbourg, München, 6. überarbeitete Auflage, 2008, S. 209.
162. Vgl. Steven, M.: Handbuch Produktion – Theorie-Management-Logistik-Controlling, Kohlhammer, Stuttgart, 2007, S. 243.
163. Vgl. Steven, M.: Handbuch Produktion – Theorie-Management-Logistik-Controlling, Kohlhammer, Stuttgart, 2007, S. 243.
164. Siehe beispielsweise Steven, M.: Handbuch Produktion – Theorie-Management-Logistik-Controlling, Kohlhammer, Stuttgart, 2007, S. 243, Vahrenkamp, R.: Produktionsmanagement, Oldenbourg, München, 6. überarbeitete Auflage, 2008, S. 209, Corsten, H.; Gössinger, R.: Produktions- und Logistikmanagement, UTBbasics, München, 2013, S. 122ff. oder Schneidewind, U.; Franke, R.: Produktion, Carl von Ossietzy Universität, Arbeitsbereich Weiterbildung, Oldenburg, 2003, S. 8.
165. Vgl. Mertens/Griese (1993) in Vahrenkamp, R.: Produktionsmanagement, Oldenbourg, München, 6. überarbeitete Auflage, 2008, S. 209.
166. Eigene Darstellung unter Verwendung von Corsten, H.; Gössinger, R.: Produktions- und Logistikmanagement, UTBbasics, München, 2013, S. 122f., Vahrenkamp, R.: Produktionsmanagement, Oldenbourg, München, 6. überarbeitete Auflage, 2008, S. 210, Steven, M.: Handbuch Produktion – Theorie-Management-Logistik-Controlling, Kohlhammer, Stuttgart, 2007, S. 243, Schneidewind, U.; Franke, R.: Produktion, Carl von Ossietzy Universität, Arbeitsbereich Weiterbildung, Oldenburg, 2003, S. 88 und Ebel (2009), S. 257.
167. Vgl. Vahrenkamp, R.: Produktionsmanagement, Oldenbourg, München, 6. überarbeitete Auflage, 2008, S. 210.
168. Vgl. ebenda, S. 209f.
169. Vgl. ebenda, S. 210.
170. Vgl. Steven, M.: Handbuch Produktion – Theorie-Management-Logistik-Controlling, Kohlhammer, Stuttgart, 2007, S. 243.
171. Vgl. Ebel, B.: Produktionswirtschaft; in: Olfert, K. (Hrsg.) Kompendium der praktischen Betriebswirtschaft, Kiehl, Ludwigshafen, 9. Auflage, 2009, S. 257.

172. Vgl. Vahrenkamp, R.: Produktionsmanagement, Oldenbourg, München, 6. überarbeitete Auflage, 2008, S. 210, Steven, M.: Handbuch Produktion – Theorie-Management-Logistik-Controlling, Kohlhammer, Stuttgart, 2007, S. 243.
173. Vgl. Schneidewind, U.; Franke, R.: Produktion, Carl von Ossietzy Universität, Arbeitsbereich Weiterbildung, Oldenburg, 2003, S. 88, Steven, M.: Handbuch Produktion – Theorie-Management-Logistik-Controlling, Kohlhammer, Stuttgart, 2007, S. 243.
174. Vgl. Steven, M.: Handbuch Produktion – Theorie-Management-Logistik-Controlling, Kohlhammer, Stuttgart, 2007, S. 243.
175. Vgl. ebenda, S. 244.
176. Vgl. ebenda, S. 244.
177. Vgl. ebenda, S. 244.
178. Vgl. Corsten, H.; Gössinger, R.: Produktions- und Logistikmanagement, UTBbasics, München, 2013, S. 122.
179. Vgl. Steven, M.: Handbuch Produktion – Theorie-Management-Logistik-Controlling, Kohlhammer, Stuttgart, 2007, S. 244.
180. Vgl. Steven, M.: Handbuch Produktion – Theorie-Management-Logistik-Controlling, Kohlhammer, Stuttgart, 2007, S. 244.
181. Vgl. Vahrenkamp, R.: Produktionsmanagement, Oldenbourg, München, 6. überarbeitete Auflage, 2008, S. 209.
182. Oftmals sind die vorhandenen Rahmenbedingungen bereits geeignet, eine Pull-Steuerungslogik zu implementieren. Der derzeitige Trend, Pull-Planungslogiken anzuwenden, statt Push-Steuerungsverfahren einzusetzen, lässt sich häufig jedoch nur dann realisieren, wenn das Fertigungssystem so angepasst wird, dass eine Pull-Steuerung möglich ist.
183. Pull-Steuerungslogiken sind ein zentraler Bestandteil des Lean Management.
184. Vgl. Hering, E.; Geiger, G.; Kummer, R.: Kanban; in: Koether, R.: Taschenbuch der Logistik, Hanser, München, 4. aktualisierte und erweiterte Auflage, 2011, S. 109.
185. Vgl. Gorecki, P.; Pautsch, P.: Lean Management, Auf den Spuren des Erfolges der Managementphilosophie von Toyota und Co., Hanser, München, 2. Auflage, 2011, S. 14f.
186. Eigene Auflistung in Anlehnung an Wildemann, H.: Betriebswirtschaftliche Wirkungen des KANBAN-Systems; in: Krieger, W.; Klaus, P.: Gabler Lexikon Logistik, Gabler, Wiesbaden, 4. Komplett durchgesehene und aktualisierte Auflage, 2008, S. 254, S. 252 f und Schürle, P.: Kanban – der Weg ist das Ziel; in: Dickmann, P. (Hrsg.): Schlanker Materialfluss mit Lean Production, Kanban und Innovationen, Springer, Berlin, Heidelberg, 2. aktualisierte und erweiterte Auflage, 2009, S. 239.
187. Vgl. Hering, E.; Geiger, G.; Kummer, R.: Kanban; in: Koether, R.: Taschenbuch der Logistik, Hanser, München, 4. aktualisierte und erweiterte Auflage, 2011, S. 112.
188. Anmerkung: Die vorgelagerte Stufe beginnt die Produktion nicht notwendigerweise nach Erhalt einer einzigen Kanban-Karte. Daher ist festzulegen, bei welcher Menge (Anzahl Kanban-Karten) die Produktion startet. Somit weicht die optimale Losgröße ggf. von der Behälterfüllmenge ab.
189. Empfohlene Literatur hierzu: Schürle, P.: Kanban – der Weg ist das Ziel; in: Dickmann, P. (Hrsg.): Schlanker Materialfluss mit Lean Production, Kanban und Innovationen, Springer, Berlin, Heidelberg, 2. aktualisierte und erweiterte Auflage, 2009, S. 227f.
190. Vgl. Corsten, H.; Gössinger, R.: Produktions- und Logistikmanagement, UTBbasics, München, 2013, S. 181., Vahrenkamp, R.: Produktionsmanagement, Oldenbourg, München, 6. überarbeitete Auflage, 2008, S. 315.
191. Ausführlicher dazu Milkrun.
192. Eigene Darstellung unter Verwendung von Dickmann, P. (Hrsg.): Schlanker Materialfluss mit Lean Production, Kanban und Innovationen, Springer, Berlin, Heidelberg, 2. aktualisierte und erweiterte Auflage, 2000, S. 166ff.
193. Vgl. Wildemann, H.: KANBAN-Karte; in: Krieger, W.; Klaus, P.: Gabler Lexikon Logistik, Gabler, Wiesbaden, 4. komplett durchgesehene und aktualisierte Auflage, 2008, S. 254.
194. Vgl. Hering, E.; Geiger, G.; Kummer, R.: Kanban; in: Koether, R.: Taschenbuch der Logistik, Hanser, München, 4. aktualisierte und erweiterte Auflage, 2011, S. 111.
195. Da die Kanban-Karte als Fertigungsauftrag fungiert, ist es theoretisch nicht notwendig, einen zusätzlichen Fertigungsauftrag im firmeninternen IT-System anzulegen. Je nach praktischer

Umsetzung erfolgt dies dennoch. Aus diesem Grund kann eine geringere Fertigungslosgröße auch zu einem höheren Verwaltungsaufwand führen. Der Steuerungsaufwand ist davon nicht betroffen, im Gegenteil, dieser reduziert sich aufgrund der Selbststeuerungslogik.

196. Hering et al. heben als Vorteil der Kanban-Steuerung unter anderem eine Reduzierung der Rüstvorgänge hervor. Ursache ist die geringere Anzahl an Schnellschüssen aufgrund falsch ausgewiesener Lagerbestände im PPS-System. Vgl. Hering, E.; Geiger, G.; Kummer, R.: Kanban; in: Koether, R.: Taschenbuch der Logistik, Hanser, München, 4. aktualisierte und erweiterte Auflage, 2011, S. 117f. Dieser Effekt tritt dann ein, wenn das Kanban-System etabliert ist und mit Unterstützung der SMED-Methode die Rüstzeiten reduziert werden konnten.
197. Vgl. Vahrenkamp, R.: Produktionsmanagement, Oldenbourg, München, 6. überarbeitete Auflage, 2008, S. 318, Zäh/Aull (2009), S. 230.
198. Vgl. Zäh, M.F.; Aull, F.: Projektmanagement zur Einführung von Kanban-Steuerungen; in: Dickmann, P. (Hrsg.): Schlanker Materialfluss mit Lean Production, Kanban und Innovationen, Springer, Berlin, Heidelberg, 2. aktualisierte und erweiterte Auflage, 2009, S. 230.
199. Vgl. Vahrenkamp, R.: Produktionsmanagement, Oldenbourg, München, 6. überarbeitete Auflage, 2008, S. 318.
200. Corsten, H.; Gössinger, R.: Produktions- und Logistikmanagement, UTBbasics, München, 2013, S. 181.
201. Vahrenkamp, R.: Produktionsmanagement, Oldenbourg, München, 6. überarbeitete Auflage, 2008, S. 318.
202. Vgl. Vahrenkamp, R.: Produktionsmanagement, Oldenbourg, München, 6. überarbeitete Auflage, 2008, S. 318.
203. Vgl. Wiendahl, H.-P.; Lopitzsch, J.; Nickel, R.; Schneider, M.: Fertigungssteuerung mit BOA und CONWIP; in: Koether, R.: Taschenbuch der Logistik, Hanser, München, 4. aktualisierte und erweiterte Auflage, 2011, S. 163.
204. Vgl. hierzu Spearman, M., Woodruff, D., Hopp, W. J.: CONWIP: a pull alternative to kanban. International Journal of Production Research 28, 1990, S. 879–894, Hopp, W. J. y Spearman, M. L.: Throughput of a constant work in process manufacturing line subject to failures, International Journal of Production Research, 29, 1991, S. 635–655, Hopp, W. J.; Spearman, M. L.: Factory Physics, Irwing, Chicago et al., 1996.
205. Vgl. Wiendahl, H.-P.; Lopitzsch, J.; Nickel, R.; Schneider, M.: Fertigungssteuerung mit BOA und CONWIP; in: Koether, R.: Taschenbuch der Logistik, Hanser, München, 4. aktualisierte und erweiterte Auflage, 2011, S. 165.
206. Vgl. ebenda, S. 167.
207. Vgl. ebenda, S. 163ff.
208. Vgl. Vahrenkamp, R.: Produktionsmanagement, Oldenbourg, München, 6. überarbeitete Auflage, 2008, S. 320.
209. Vgl. Corsten, H.; Gössinger, R.: Produktions- und Logistikmanagement, UTBbasics, München, 2013, S. 184.
210. Vgl. Wiendahl, H.-P.; Lopitzsch, J.; Nickel, R.; Schneider, M.: Fertigungssteuerung mit BOA und CONWIP; in: Koether, R.: Taschenbuch der Logistik, Hanser, München, 4. aktualisierte und erweiterte Auflage, 2011, S. 166.
211. Vgl. Corsten, H.; Gössinger, R.: Produktions- und Logistikmanagement, UTBbasics, München, 2013, S. 184.
212. Eigene Darstellung aufbauend auf Corsten, H.; Gössinger, R.: Produktions- und Logistikmanagement, UTBbasics, München, 2013, S. 184 und Lödding, H.: Verfahren der Fertigungssteuerung, Grundlagen, Beschreibung, Konfiguration, Springer, Berlin, Heidelberg, 2. erweiterte Auflage, 2008, S. 336.
213. Vgl. Wiendahl et al. (2011), S. 166., Corsten, H.; Gössinger, R.: Produktions- und Logistikmanagement, UTBbasics, München, 2013, S. 183.
214. Vgl. Wiendahl et al (2011), S. 165, Corsten, H.; Gössinger, R.: Produktions- und Logistikmanagement, UTBbasics, München, 2013, S. 184.
215. Vgl. Corsten, H.; Gössinger, R.: Produktions- und Logistikmanagement, UTBbasics, München, 2013, S. 184.

216. Vgl. Spearman et al. (1990) in Wiendahl, H.-P.; Lopitzsch, J.; Nickel, R.; Schneider, M.: Fertigungssteuerung mit BOA und CONWIP; in: Koether, R.: Taschenbuch der Logistik, Hanser, München, 4. aktualisierte und erweiterte Auflage, 2011, S. 167.
217. Vgl. Wiendahl, H.-P.; Lopitzsch, J.; Nickel, R.; Schneider, M.: Fertigungssteuerung mit BOA und CONWIP; in: Koether, R.: Taschenbuch der Logistik, Hanser, München, 4. aktualisierte und erweiterte Auflage, 2011, S. 169.
218. Vgl. Lödding, H.: Verfahren der Fertigungssteuerung, Grundlagen, Beschreibung, Konfiguration, Springer, Berlin, Heidelberg, 2. erweiterte Auflage, 2008, S. 336f.
219. Vgl. Bornhäuser, M.: Reifegradbasierte Werkstattsteuerung, Dissertation, in: Westkämper, E.; Bullinger, H.-J.; Spath, D. (Hrsg.): IPA-IAO Forschung und Praxis, Jost-Jetter Verlag, Heimsheim, 2009, S. 59ff.
220. Vgl. Lödding, H.: Handbook of Manufacturing Control, Fundamentals – Description, Configuration, Springer, Berlin, Heidelberg, 2013.
221. Vgl. Wiendahl, H.-P.; Lopitzsch, J.; Nickel, R.; Schneider, M.: Fertigungssteuerung mit BOA und CONWIP; in: Koether, R.: Taschenbuch der Logistik, Hanser, München, 4. aktualisierte und erweiterte Auflage, 2011, S. 165.
222. Grund hierfür ist, dass jeder Behälter vom jeweiligen Produkt ungefähr den gleichen „WIP-Betrag" vertreten soll. Vgl. Wiendahl, H.-P.; Lopitzsch, J.; Nickel, R.; Schneider, M.: Fertigungssteuerung mit BOA und CONWIP; in: Koether, R.: Taschenbuch der Logistik, Hanser, München, 4. aktualisierte und erweiterte Auflage, 2011, S. 168.
223. Vgl. Lödding, H.: Verfahren der Fertigungssteuerung, Grundlagen, Beschreibung, Konfiguration, Springer, Berlin, Heidelberg, 2. erweiterte Auflage, 2008, S. 331.
224. Vgl. ebenda, S. 332.
225. Vgl. ebenda, S. 333.
226. Vgl. Hopp, W. J.; Spearman, M. L.: Factory Physics, Irwing, Chicago et al., 1996 in Lödding, H.: Verfahren der Fertigungssteuerung, Grundlagen, Beschreibung, Konfiguration, Springer, Berlin, Heidelberg, 2. erweiterte Auflage, 2008, S. 331.
227. Vgl. Lödding, H.: Verfahren der Fertigungssteuerung, Grundlagen, Beschreibung, Konfiguration, Springer, Berlin, Heidelberg, 2. erweiterte Auflage, 2008, S. 332.
228. Vgl. Wiendahl, H.-P.; Lopitzsch, J.; Nickel, R.; Schneider, M.: Fertigungssteuerung mit BOA und CONWIP; in: Koether, R.: Taschenbuch der Logistik, Hanser, München, 4. aktualisierte und erweiterte Auflage, 2011, S. 169.
229. Vgl. ebenda, S. 170.
230. Vgl. Corsten, H.; Gössinger, R.: Produktions- und Logistikmanagement, UTBbasics, München, 2013, S. 185.
231. Weitere Vorgehensweisen vgl. Framinan/Gonzales/Ruiz-Usano (2003), S. 257ff in Corsten, H.; Gössinger, R.: Produktions- und Logistikmanagement, UTBbasics, München, 2013, S. 185.
232. Vgl. Lödding, H.: Verfahren der Fertigungssteuerung, Grundlagen, Beschreibung, Konfiguration, Springer, Berlin, Heidelberg, 2. erweiterte Auflage, 2008, S. 337.
233. Vgl. Corsten, H.; Gössinger, R.: Produktions- und Logistikmanagement, UTBbasics, München, 2013, S. 183.
234. Vgl. Wiendahl, H.-P.; Lopitzsch, J.; Nickel, R.; Schneider, M.: Fertigungssteuerung mit BOA und CONWIP; in: Koether, R.: Taschenbuch der Logistik, Hanser, München, 4. aktualisierte und erweiterte Auflage, 2011, S. 163.
235. Vgl. Corsten, H.; Gössinger, R.: Produktions- und Logistikmanagement, UTBbasics, München, 2013, S. 185.
236. Vgl. Wiendahl, H.-P.; Lopitzsch, J.; Nickel, R.; Schneider, M.: Fertigungssteuerung mit BOA und CONWIP; in: Koether, R.: Taschenbuch der Logistik, Hanser, München, 4. aktualisierte und erweiterte Auflage, 2011, S. 163.
237. Vgl. Lödding, H.: Verfahren der Fertigungssteuerung, Grundlagen, Beschreibung, Konfiguration, Springer, Berlin, Heidelberg, 2. erweiterte Auflage, 2008, S. 338.
238. Ausführliche Ausführungen zur Losgröße 1 (One-Piece-Flow) siehe Liker, J. K.; Meier, D. P.: Praxisbuch – Der Toyota Weg, FinanzBuch Verlag, München, 2011, S. 119ff.
239. Vgl. Liker, J. K.; Meier, D. P.: Praxisbuch – Der Toyota Weg, FinanzBuch Verlag, München, 2011, S. 49.

240. Vgl. Gorecki, P.; Pautsch, P.: Lean Management, Auf den Spuren des Erfolges der Managementphilosophie von Toyota und Co., Hanser, München, 2. Auflage, 2011, S. 81.
241. Ausführlich zu Heijunka vgl. Liker, J. K.; Meier, D. P.: Praxisbuch – Der Toyota Weg, FinanzBuch Verlag, München, 2011, S. 49., S. 198ff. und Schürle, P.: Kanban – der Weg ist das Ziel; in: Dickmann, P. (Hrsg.): Schlanker Materialfluss mit Lean Production, Kanban und Innovationen, Springer, Berlin, Heidelberg, 2. aktualisierte und erweiterte Auflage, 2009, S. 248ff.
242. Vgl. Delfmann, W.: Standardisierungsstrategien; in: Klaus, P; Krieger, W.: Gabler Lexikon Logistik, Gabler, Wiesbaden, 4. komplett durchgesehene und aktualisierte Auflage, 2008, S. 516.
243. Vgl. ebenda, S. 517.
244. Vgl. Gorecki, P.; Pautsch, P.: Lean Management, Auf den Spuren des Erfolges der Managementphilosophie von Toyota und Co., Hanser, München, 2. Auflage, 2011, S. 70.
245. Ausführlich dazu: Liker, J. K.; Meier, D. P.: Praxisbuch – Der Toyota Weg, FinanzBuch Verlag, München, 2011, S. 227ff.
246. Ausführlich dazu: Herrmann, J.; Fritz, H.: Qualitätsmanagement, Lehrbuch für Studium und Praxis; Hanser, 2011, S. 189ff.
247. Ausführlich dazu: Liker, J. K.; Meier, D. P.: Praxisbuch – Der Toyota Weg, FinanzBuch Verlag, München, 2011, S. 233ff.
248. Eigene Darstellung in Anlehnung an Luczak, H.; Eversheim, W.: Produktionsplanung und -steuerung – Grundlagen, Gestaltung, Konzepte, Springer, Berlin, Heidelberg, 2. korrigierte Auflage, 1999 in Schenk, M.; Wirth, S.; Müller, E.: Fabrikplanung und Fabrikbetrieb, Methoden für die wandlungsfähige, vernetzte und ressourceneffiziente Fabrik, Springer, Berlin, Heidelberg, 2. vollständige überarbeitete und erweiterte Auflage, 2014, S. 398.
249. Vgl. Gorecki, P.; Pautsch, P.: Lean Management, Auf den Spuren des Erfolges der Managementphilosophie von Toyota und Co., Hanser, München, 2. Auflage, 2011, S. 11.
250. Siehe dazu ausführlich: ▶ *Kapitel 18, „Lean Management“*.
251. Vgl. Schneider, M.; Ettl, M.: Lean Factory Design – Ganzheitliche Fabrikgestaltung und -betrieb nach Lean-Kriterien; in: ZWF, Hanser, München, Ausg. 1–2/2012, S. 61.
252. Ausführlich zum Thema Milkrun: Grunewald, M.: Planung von Milkruns in der Beschaffungslogistik der Automobilindustrie – Ein Ansatz zur Integration von Bestandsmanagement und Tourenplanung, Springer Gabler, Wiesbaden, 2014.
253. Zu konzeptionellen Vorteilen des Milkruns vgl. Grunewald, M.: Planung von Milkruns in der Beschaffungslogistik der Automobilindustrie – Ein Ansatz zur Integration von Bestandsmanagement und Tourenplanung, Springer Gabler, Wiesbaden, 2014, S. 36ff., Klug, F.: Logistikmanagement in der Automobilindustrie. Grundlagen der Logistik im Automobilbau, Springer, Berlin, Heidelberg, 2010, S. 225.
254. Ziel im Lean Management ist die Vermeidung von Verschwendung. Bestand ist eine der sieben Arten der Verschwendung. In der betrieblichen Praxis lässt sich Bestand im Prinzip nicht vermeiden. Vor diesem Hintergrund gilt es die Bestände so gering wie möglich zu halten.
255. Vgl. Ebel, B.: Produktionswirtschaft; in: Olfert, K. (Hrsg.) Kompendium der praktischen Betriebswirtschaft, Kiehl, Ludwigshafen, 9. Auflage, 2009, S. 319., Arnold, D.; Iserman, H.; Kuhn, A.; Tempelmeier, H.; Furmans, K. (Hrsg.): Handbuch Logistik, Springer, Berlin, Heidelberg, 2008, S. 282, 988.
256. Vgl. Arnold, D.; Iserman, H.; Kuhn, A.; Tempelmeier, H.; Furmans, K. (Hrsg.): Handbuch Logistik, Springer, Berlin, Heidelberg, 2008, S. 282.
257. Vgl. Arnolds, H.; Heege, F.; Röh, C.; Tussing, W.: Materialwirtschaft und Einkauf – Grundlagen – Spezialthemen – Übungen, Gabler, 11. vollständig überarbeitete Auflage, 2010, S. 295.
258. Vgl. Arnolds, H.; Heege, F.; Röh, C.; Tussing, W.: Materialwirtschaft und Einkauf – Grundlagen – Spezialthemen – Übungen, Gabler, 11. vollständig überarbeitete Auflage, 2010, S. 295.
259. Eine Verknüpfung der Vendor-Managed-Inventory-Systematik mit dem Konzept des Konsignationslagers ist in der Praxis weit verbreitet. Eine Verbindung beider Konzepte ist nicht zwingend erforderlich. Beim VMI stehen Bestandsmanagementaufgaben im Vordergrund, beim Konsignationslager der Eigentumsaspekt. Ausführlich zum Thema Vendor Managed Inventory, vgl. Beckmann, H.; Schmitz, M.: Vendor Managed Inventory; in: Arnold, D.; Iserman, H.; Kuhn, A.; Tempelmeier, H.; Furmans, K. (Hrsg.): Handbuch Logistik, Springer, Berlin, Heidelberg, 2008, S. 271ff. und Hellingrath, B; Hegmanns, T.; Maaß, J.-C.; Toth, M.: Prozesse in Logistik-

netzwerken – Supply Chain Management; in: Arnold, D.; Iserman, H.; Kuhn, A.; Tempelmeier, H.; Furmans, K. (Hrsg.): Handbuch Logistik, Springer, Berlin, Heidelberg, 2008, 468ff.
260. Vgl. Dickmann, P. (Hrsg.): Schlanker Materialfluss mit Lean Production, Kanban und Innovationen, Springer, Berlin, Heidelberg, 2. aktualisierte und erweiterte Auflage, 2009, S. 314.
261. Ausführlich zu Just-in-Time: Delfmann, W.: Just-in-Time; in: Klaus, P; Krieger, W.: Gabler Lexikon Logistik, Gabler, Wiesbaden, 4. komplett durchgesehene und aktualisierte Auflage, 2008, S. 249f.; Graf, H.; Hartmann, C.: Just-in-Time, Just-in-Sequence; in: Koether, R.: Taschenbuch der Logistik, Hanser, München, 4. aktualisierte und erweiterte Auflage, 2011, S. 121.
262. Vgl. Graf, H.; Hartmann, C.: Just-in-Time, Just-in-Sequence; in: Koether, R.: Taschenbuch der Logistik, Hanser, München, 4. aktualisierte und erweiterte Auflage, 2011, S. 123.
263. Weitere aus dem niedrigen Bestand resultierende Vorteile wie z. B. geringere Durchlaufzeiten, transparentere Prozesse, flexiblere Fertigung oder eine geringere Anzahl an Zulieferern vgl. Delfmann, W.: Just-in-Time; in: Klaus, P; Krieger, W.: Gabler Lexikon Logistik, Gabler, Wiesbaden, 4. komplett durchgesehene und aktualisierte Auflage, 2008, S. 250.
264. Vgl. Graf, H.; Hartmann, C.: Just-in-Time, Just-in-Sequence; in: Koether, R.: Taschenbuch der Logistik, Hanser, München, 4. aktualisierte und erweiterte Auflage, 2011, S. 128.
265. Vgl. Delfmann, W.: Just-in-Time; in: Klaus, P; Krieger, W.: Gabler Lexikon Logistik, Gabler, Wiesbaden, 4. komplett durchgesehene und aktualisierte Auflage, 2008, S. 249.
266. Vgl. Graf, H.; Hartmann, C.: Just-in-Time, Just-in-Sequence; in: Koether, R.: Taschenbuch der Logistik, Hanser, München, 4. aktualisierte und erweiterte Auflage, 2011, S. 128.
267. Ausführlich zu Just-in-Sequence: Graf, H.; Hartmann, C.: Just-in-Time, Just-in-Sequence; in: Koether, R.: Taschenbuch der Logistik, Hanser, München, 4. aktualisierte und erweiterte Auflage, 2011, S. 128ff.
268. *https://www.schaeffler.de/content.schaeffler.de/de/index.jsp*, Zugriff am 31.01.2018.
269. Eigene Darstellung.
270. Eigene Darstellung.
271. Quelle: Schaeffler (2017).

Kapitel 16

1. *https://corporate.vorwerk.de/home/*, Zugriff am 31.01.2018; *https://corporate.vorwerk.de/produkte/*, Zugriff am 31.01.2018.
2. Quelle: *https://corporate.vorwerk.de/presse/pressebilder/geschaeftsbereiche/*
3. Quelle: *https://corporate.vorwerk.de/presse/pressebilder/geschaeftsbereiche/*
4. *https://www.youtube.com/watch?v=aANvg01goLg*, Zugriff am 31.01.2018

Kapitel 17

1. Drucker, Peter (1962): „The Economy's Dark Continent“, in: FORTUNE, April, 1962, S. 103 ff.
2. Plowman, Edward Grosvenor (1964): „Elements of Business Logistics“; Graduate School of Business, Stanford University. Plowmann definiert zunächst „5 Rights“ die später ergänzt werden.
3. Ohno, Taiichi (2005): „Das Toyota-Produktionssystem“; Campus.
4. Womack, James; Jones, Daniel; Roos, Daniel (1990): „The Machine that changed the World – The Story of Lean Production“; Harper Collins.
5. Michael E. Porter (1989): „Wettbewerbsvorteile – Spitzenleistungen erreichen und behaupten“; Campus.
6. Vgl. zusammenfassend Klaus, Peter (2002): „Die Dritte Bedeutung der Logistik“, DVV.
7. CSCMP (2017): „CSCMP Supply Chain Management Definitions and Glossary“ online: *http://cscmp.org*; weitere Definitionen finden sich bei Copacino, William C. (1997): „Supply Chain Management – The Basics and Beyond“; St. Lucie Press; S. 7 oder Bowersox, Donald; Closs, David; Cooper, Bixby C. (2012): „Supply Chain Logistics Management“; 4. Ed., McGraw-Hill.
8. Vgl. Thonemann, Ulrich; Behrenbeck, Klaus; Diederichs, Raimund; Großpietsch, Jochen; Küpper , Jörn; Leopoldseder, Markus (2003): „Supply Chain Champions“, Gabler.

9. Vgl. u. a.: Porter, Michael E. (2010): „Wettbewerbsvorteile: Spitzenleistungen erreichen und behaupten“, 7. Auflage, Campus.
10. Vgl. Thonemann, Ulrich; et. al. (2003): „Supply Chain Champions“ und Thonemann, Ulrich; Behrenbeck, Klaus; Küpper, Jörn; Magnus, Karl-Hendrik (2005): „Supply Chain Excellence im Handel“; Gabler.
11. Lieferzeit ist dabei der Zeitraum zwischen Auftragserteilung und Zeitpunkt der Verfügbarkeit einer Leistung/Ware. Es wird also nicht nur die reine Transportzeit, sondern eben auch die Auftragsabwicklung/Leistungserstellung beim Lieferanten berücksichtigt.
12. Leistungsziel ist nicht die schnelle Lieferung, sondern die terminlich genaue, also pünktliche Lieferung.
13. Zu Shareholder Value Ansatz vgl.: Rappaport, Alfred (1995): „Shareholder Value – Wertsteigerung als Maßstab für die Unternehmensführung“; Schäffer-Poeschel Verlag. und Wellner, Kai-Uwe (2001): „Shareholder Value und seine Weiterentwicklung zum Market Adapted Shareholder Value Approach“; Tectum Wissenschaftsverlag.
14. Kosten für Anlagen und Lagerkosten werden hier im Detail nicht betrachtet. Dies sind klassische Optimierungsgrößen des betriebsinternen Logistikmanagements. Für beide Größen ergeben sich aus dem Supply Chain Management keine wesentlich neuen Implikationen.
15. Klaus, Peter (2002): „Die Dritte Bedeutung der Logistik“; DVV, S. 30.
16. Vgl. Kapitel Produktion.
17. In der Andlerschen Losgrößenformel werden Lagerhaltungskosten und Transportkosten gegeneinander abgewogen und so die optimale Bestellmenge errechnet. Vgl. Andler, Kurt (1929): „Rationalisierung der Fabrikation und optimale Losgrösse“; R. Oldenbourg.
18. Vgl. Kano, Noriaki: „Attractive Quality and Must-be Quality“; in: Journal of the Japanese Society for Quality Control, Heft 4, S. 39–48, 1984.
19. Eigene Darstellung nach Kano, Noriaki; Nobuhiku Seraku; Fumio Takahashi; Shinichi Tsuji (April 1984). „Attractive quality and must-be quality“. Journal of the Japanese Society for Quality Control. 14 (2): S. 39–48, vgl. auch *https://www.kanomodel.com/*, Zugriff am 31.01.2018.
20. Vgl. Forrester, Jay Wright (1961): „Industrial Dynamics“; John Wiley & Sons.
21. Knolmayer, Gerhard; Mertens, Peter; Zeier, Alexander (1999): „Supply Chain Management auf Basis von SAP-Systemen: Perspektiven der Auftragsabwicklung für Industriebetriebe“; Springer. Vgl. auch Lee, H.L., Padmanabhan, V., Whang, S. (1997): „The Bullwhip Effect in Supply Chains“, Sloan Management Review 38/3, S. 93–102.
22. Eigene Darstellung nach Lee, H. L., Padmanabhan, V., Whang, S. (1997): „The Bullwhip Effect in Supply Chains“, Sloan Management Review 38/3, S. 93–102.
23. Vgl. Klaus, P. (2002): „Die dritte Bedeutung der Logistik“; DVV.
24. Vgl. ebenda.
25. Zu Theorien mittlerer Reichweite vgl. Merton, Robert K. (1949): „Social Theory and Social Structure“; Free Press.
26. Eigene Darstellung nach Klaus (2002): „Die dritte Bedeutung der Logistik“, DVV, S. 90f.; Einige Ansätze aus den Praktikerhypothesen entstammen dem Lean Management bzw. dem Toyota-Produktionssystem, vgl. dazu auch Kapitel Lean Management.
27. Gefordert wird immer eine Abbildung der realen Welt in der IT in „real time“. Verstanden wird darunter von Nicht-Informatikern fälschlicherweise „sofort“. Für Informatiker bedeutet „real time“, dass die neuen Informationen innerhalb einer vorher definierten Zeit in IT-Systemen aktualisiert werden. Dies kann durchaus zeitverzögert geschehen.
28. Eigene Darstellung.
29. Vgl. hierzu auch: Krupp, Thomas; Paffrath, Rainer; Wolf, Johannes (2010): „Praxishandbuch IT-Systeme in der Logistik“; DVZ.
30. Eigene Darstellung.
31. Zu Business Process Reengineering vgl.: Hammer, Michael; Champy, James (1995): „Business Reengineering. Die Radikalkur für das Unternehmen“; Campus-Verlag, Frankfurt, New York, 5. Aufl. und Johanson, Henry J.; McHugh, Patrick; Pendlebury, A. John; Wheeler II, William A. (1993): „Business process reengineering: breakpoint strategies for market dominance“, Whiley, Chichester.

32. Das Supply Chain Council (SCC) ist eine weltweit tätige Organisation mit Ursprung in den USA. Das SCC hat sich zum Ziel gesetzt, die Leistung der Supply Chains ihrer Mitglieder zu verbessern. 2014 fusionierte das Supply Chain Council mit der APICS und firmiert seitdem unter dem neuen Namen APICS Supply-Chain Council (APICS SCC). APICS (2017): „SCOR framework"; online: *http://www.apics.org/apics-for-business/products-and-services/apics-scc-frameworks/scor*, Zugriff am 31.01.2018.
33. Eigene Darstellung in Anlehnung an APICS (2017): „SCOR framework"; online: *http://www.apics.org/apics-for-business/products-and-services/apics-scc-frameworks/scor*, Zugriff am 31.01.2018.
34. Zu Benchmarking vgl. Camp, Robert C. (2006): „Benchmarking. The search for industry best practices that lead to superior performance"; Quality Press. und Zairi, Mohamed; Whymark, John (2000): „The transfer of best practices – how to build a culture of benchmarking and continious learning"; in: Benchmarking – An International Journal, Vol. 7, Nr. 1, 2000, S. 62–78.
35. Eigene Darstellung nach APICS (2017): „SCOR framework"; online: *http://www.apics.org/apics-for-business/products-and-services/apics-scc-frameworks/scor*, Zugriff am 31.01.2018.
36. Weiterführende Literatur zum SCOR-Modell: APICS (2017): „SCOR framework"; online: *http://www.apics.org/apics-for-business/products-and-services/apics-scc-frameworks/scor*, Zugriff am 31.01.2018 und Poluha, Rolf G. (2008): „Anwendung des SCOR-Modells zur Analyse der Supply Chain"; 4. Auflage, Eul.
37. Vgl. Klaus, Peter (2002): „Die dritte Bedeutung der Logistik"; DVV.
38. Eigene Darstellung nach Klaus, Peter (2002): „Die dritte Bedeutung der Logistik"; DVV, S. 104.
39. Eigene Darstellung in Anlehnung an Klaus, Peter (2002): „Die dritte Bedeutung der Logistik"; DVV, S. 105.
40. Vgl. Otto, Andreas (2002): „Management und Controlling von Supply Chains"; Gabler.
41. Vgl. Krupp, Michael (2005): „Kooperatives Verhalten auf der sozialen Ebene einer Supply Chain"; Eul.
42. Vgl. Krupp, Michael (2005): „Kooperatives Verhalten auf der sozialen Ebene einer Supply Chain"; Eul, S. 39.
43. Vgl. Krupp, Michael (2005): „Kooperatives Verhalten auf der sozialen Ebene einer Supply Chain"; Eul, S. 41.
44. Vgl. Krupp, Michael (2005): „Kooperatives Verhalten auf der sozialen Ebene einer Supply Chain"; Eul.
45. Vgl. Krupp, Michael (2005): „Kooperatives Verhalten auf der sozialen Ebene einer Supply Chain"; Eul. und Klaus, Peter; Krupp, Michael (2012): „Beziehungsnetzwerke"; in: Klaus, Peter; Krieger Winfried, Krupp, Michel (Hrsg.) (2012): „Gabler Logistik Lexikon"; 4. Auflage, Gabler, S. 72–79.
46. Suri, Rajan (1998): „Quick Response Manufacturing – A Company Wide Approach to reducing Lead Time"; Productivity Pr Inc, Woodland Hills.
47. Eigene Darstellung.
48. GS1 steht dabei für Global Standard One. Zu GS1-Germany vgl. *http://www.gs1-germany.de*, Zugriff am 31.01.2018.
49. Eigene Darstellung nach GS1: „GS1 EANCOM 2002 standards edition 2016 S3" online: *https://www.gs1.org/eancom/latest*, Zugriff am 15.01.2018.
50. Kotzab, Herbert (1997): „Neue Konzepte der Distributionslogistik von Handelsunternehmen"; Deutscher Universitätsverlag., Kurt Salmon Associates (Hrsg.) (1993): „Efficient Consumer Response. Enhancing Consumer Value in the Grocery Industry"; The Research Department Food Marketing Institute., Zentes, Joachim (2002): Best-Practice Prozesse im Handel: Customer Relationship Management und Supply Chain Management, Dt. Fachverlag.
51. Bretzke, Wolf-Rüdiger (2006): SCM – Sieben Thesen zur zukünftigen Entwicklung logistischer Netzwerke; online: *http://www.bretzke-online.de/downloads/SiebenThesen.pdf*, Zugriff am 31.01.2018.
52. *https://www.schaeffler.de/content.schaeffler.de/de/index.jsp*, Zugriff am 31.01.2018.
53. Eigene Darstellung.

Kapitel 18

1. Womack, James; Jones, Daniel; Roos, Daniel (1992): Die zweite Revolution in der Autoindustrie. 4. Aufl. Frankfurt a. M.: Campus.
   Pfeiffer, Werner; Weiß, Enno (1002): Lean Management: Grundlagen der Führung und Organisation lernender Unternehmen. Berlin: E. Schmidt.
   Liker, Jeffrey K. (2006): „Der Toyota Weg – 14 Managementprinzipien des weltweit erfolgreichsten Automobilkonzerns"; FinanzBuch Verlag.
   Womack, James; Jones, Daniel (2004): „Lean Thinking: Ballast abwerfen, Unternehmensgewinne steigern"; Campus.
2. Taylor, Frederick W. (2007): „Die Betriebsleitung insbesondere der Werkstätten. Berlin"; Springer. (Nachdruck der 3. Aufl. Berlin, 1914; 2. unveränd. Neudr. 1919.)
   Taylor, Frederick W. (2011).: „Die Grundsätze wissenschaftlicher Betriebsführung"; Paderborn: Salzwasser. (Original: 1911)
3. Vgl. stellvertretend: Hebeisen, Walter (1999): „F. W. Taylor und der Taylorismus: über das Wirken und die Lehre Taylors und die Kritik am Taylorismus"; Zürich: vdf.
4. Vgl. Ford, Henry (1952): „Erfolg im Leben"; Paul List Verlag.
5. Vgl. Earley, H. J., Walkinshaw, J. R. (1996): „Setting the Pace"; Lansing.
6. Vgl. Ohno, Taiichi (1993): „Das Toyota-Produktionssystem"; Campus.
7. Vgl. Toyota Motor Corporation (1998): „The Toyota Production System – Leaner manufacturing for a greener planet"; TMC, Public Affairs Division.
8. Shewhart, W. A. (1986): „Statistical Method from the Viewpoint of Quality Control"; Dover Publ., S. 45. sowie Taguchi, G.; Chowdhury, S.; Wu, Y. (2004): „Taguchi's Quality Engineering Handbook"; Wiley.
9. Deming, W. E. (1982): „Out of the Crisis"; Massachusetts Institute of Technology.
10. Kirstein, Henning (1994): Der Einfluss Demings auf die Entwicklung des Total-quality-Management (TQM); Hanser.
11. Vgl. Ishikawa, Kaoru (1982): „Quality Control in Japan"; in: Zeitschrift für Betriebswirtschaft (ZfB); 52. Jg. (1982), Nr. 11/12, S.1104–1107. und Ishikawa, Kaoru (1976): „The Quality Control Audit"; in: Quality Progress (QP), Januar, 1987, S. 39–41. und Ishikawa, Kaoru (1976): „Guide to Quality Control"; Asian Productivity.
12. Das TQM erhebt Qualitätsmanagement zu einem Prinzip, das sich durch alle Prozesse im Unternehmen zieht und Qualität zu einer immer wiederkehrenden Aufgabe für alle Unternehmensbereiche macht und eben nicht nur an die Qualitätsabteilung delegiert.
13. Vgl. Ohno, Taiichi (1993): „Das Toyota-Produktionssystem"; Campus.
14. Six Sigma bezeichnet ein Qualitätsziel; gemeint ist die Toleranzgrenze für Abweichungen vom Zielwert. Die Toleranzgrenze ist hier maximal die sechsfache (engl.: Six) Standardabweichung (Sigma). Durch diese Festlegung der Toleranzgrenzen müssen die Streuungen der Qualitätsmerkmale extrem niedrig gehalten werden. Die Folge ist, dass sich die Produktionsqualität in Richtung der Null-Fehler-Produktion bewegt.
15. Vgl. z. B. Toutenburg, Helge; Knöfel, Philipp (2007): „Six Sigma – Methoden und Statistik für die Praxis"; Springer. und Töpfer, Armin (2007) (Hrsg.): „Six Sigma – Konzeption und Erfolgsbeispiele für praktizierte Null-Fehler-Qualität"; 4. Aufl., Springer.
16. Vgl. Dahm, Markus H.; Haindl, Christoph (2011): „Lean Management und Six Sigma"; Erich Schmidt Verlag.
17. Vgl. u. a. Brunner, Franz J. (2011): „Japanische Erfolgskonzepte", Carl Hanser Verlag.
18. Vgl. Helmut Becker (2010): „Darwins Gesetz in der Automobilindustrie - Warum deutsche Hersteller zu den Gewinnern zählen?; Springer. und Bullinger, Hans-Jörg; Spath, Dieter; Warnecke, Hans-Jürgen; Westkämper, Engelbert (Hrsg.) (2009): „Handbuch Unternehmensorganisation"; 3. neubearbeitete Aufl., Springer.
19. Vgl. Fehr, Sebastian; Sauber, Kay; Schmidt, Thorsten (2012): „Klassifizierung der Methoden eines Ganzheitlichen Produktionssystems unter Berücksichtigung der Anforderungen indirekter Bereiche?; in: Logistics Journal, Vol. 2012.
20. Vgl. Robert Bosch Lollar Guss GmbH (2017): „Bosch Production System"; online: *http://www.bosch-kundenguss.de/deu/qualitaet/production-system.html*, Zugriff am 31.01.2018.

21. Vgl. Becker, Helmut (2010): „Darwins Gesetz in der Automobilindustrie - Warum deutsche Hersteller zu den Gewinnern zählen"; Springer. S. 223–224.
22. Vgl. TRUMPF Gruppe (2017): „SYNCHRO – das Lean Management System von TRUMPF"; online: *https://www.trumpf.com/de_DE/unternehmen/trumpf-gruppe/synchro/*, Zugriff am 31.01.2018.
23. Vgl. Rudolph Logistik Gruppe (2017): „Rudolph Logistik System"; online: *https://www.rudolph-log.com/rudolph-logistik-system/*, Zugriff am 31.01.2018.
24. Vgl. Huppertz, Anja; Stühlen, Markus (2012) „Lean Logistics – Made by Huppertz"; in: Göpfert, Ingrid; Braun, David; Schulz, Matthias (2012): „Automobillogistik - Stand und Zukunftstrends", 2. Auflage, Springer, S. 305–329.
25. Das Schiffchenspiel oder das Plane Game zeigen mit einer spielerischen Produktion von Papierschiffen oder Papierfliegern die Vorteile von auftragsorientierter Produktionssteuerung und Kanban-Systemen.
    In Modellfabriken sind mehr oder weniger komplexe Produktionsprozesse modellhaft, z. B. mit Legosteinen, nachgebildet. Hier können verschiedene Lean-Management-Methoden eingeführt und deren Wirkungsweise anschaulich erfahrbar gemacht werden.
26. Eigene Darstellung.
27. Günthner, W., Boppert, J. (2014): „Lean Logistics – Methodisches Vorgehen und praktische Anwendung in der Automobilindustrie", Springer.
28. Eigene Darstellung.
29. Eigene Darstellung.
30. Vgl. Masaaki, Imai (1997): „Gemba kaizen: a commonsense low-cost approach to management", McGraw-Hill Professional.
31. Eigene Darstellung.
32. Gorecki, Pawel; Pautsch, Peter (2013): „Praxisbuch Lean Management", S. 47ff., Carl Hanser Verlag.
33. Vgl. Kaminske, Gerd F. (2013): „Handbuch QM-Methoden", S. 170f., Carl Hanser Verlag, München 2013; Gorecki, Pawel; Pautsch, Peter (2013): „Praxisbuch Lean Management", S. 119–124, Carl Hanser Verlag.
34. Vgl. Kaminske, Gerd F. (2013): „Handbuch QM-Methoden", S. 171, Carl Hanser Verlag, München, 2013; Gorecki, Pawel; Pautsch, Peter (2013): „Praxisbuch Lean Management", S. 132–138, Carl Hanser Verlag.
35. Vgl. Lunau, Stephan; Meran, Renata; John, Alexander; Staudter, Christian; Olin Roenpage, Olin (2012): „Six Sigma+Lean Toolset"; Springer-Verlag.
36. Vgl. Vahs, Dietmar (2012): „Organisation", Schäffer-Poeschel Verlag, S. 291–299., Hammer, Michael; Champy, James (1993): „Reengineering the Corporation"; HarperCollins Publishers. und Schmelzer, Herrmann J.; Sesselmann, Wolfgang (2005): „Geschäftsprozessmanagement in der Praxis"; Carl Hanser Verlag.
37. Eigene Darstellung.
38. *https://www.schaeffler.de/content.schaeffler.de/de/index.jsp*, Zugriff am 31.01.2018.
39. Eigene Darstellung.
40. Eigene Darstellung.
41. Eigene Darstellung.
42. Eigene Darstellung.

Kapitel 19

1. Vgl. dazu stellvertretend: Kotler, Philip; Armstrong, Gary; Harris, Lloyd C.; Piercy, Nigel: Grundlagen des Marketing, 6. Auflage, München, Pearson Verlag, 2016.
2. *prezi.com/1bre6dytqqgu/quelle/*
3. Vgl. Webster, Frederick E.; Wind, Yoram ; Organizational Buying Behaviour. Englewood Cliffs, NJ, 1972.
4. *www.dyson.de*, Zugriff am 31.01.2018.

Register

Numerisch

A

B

C

D

E

F

G

H

I

J

K

L

M

N

O

P

Q

R

S

T

U

V